全国电力出版指导委员会出版规划重点项目

火力发电职业技能培训教材

HUOLI FADIAN ZHIYE JINENG PEIXUN JIAOCAI

发电厂集控运行

（第二版）

《火力发电职业技能培训教材》编委会 编

U0662107

中国电力出版社

CHINA ELECTRIC POWER PRESS

内 容 提 要

本套教材在 2005 年出版的《火力发电职业技能培训教材》基础上，吸收近年来国家和电力行业对火力发电职业技能培训的新要求编写而成。在修订过程中以实际操作技能为主线，将相关专业理论与生产实践紧密结合，力求反映当前我国火电技术发展的水平，符合电力生产实际的需求。

本套教材总共 15 个分册，其中的《环保设备运行》《环保设备检修》为本次新增的 2 个分册，覆盖火力发电运行与检修专业的职业技能培训需求。本套教材的作者均为长年工作在生产第一线的专家、技术人员，具有较好的理论基础、丰富的实践经验和培训经验。

本书为《发电厂集控运行》分册，共 2 篇，主要内容包括：第一篇集控巡检，详细、系统地介绍了机组及系统简介，机组主机的工作原理、形式及结构，机组的辅助设备及系统，机组的泵与风机，机组常用的阀门，机组启动程序，机组启动前辅助设备及系统的检查与维护，辅助设备及系统的正常维护和试验工作，辅助设备及系统的异常原因及处理原则；第二篇集控值班，详细、系统地介绍了机组与电力系统，锅炉的结构及特点，汽轮机组的结构及特点，发电机和变压器的结构特点及继电保护配置，机组的计算机控制系统，机组的启停和工况变化，机组的启停，机组的运行与维护，机组的事故处理等。

本套教材适合作为火力发电专业职业技能鉴定培训教材和火力发电现场生产技术培训教材，也可供火电类技术人员及职业技术学校教学使用。

图书在版编目（CIP）数据

发电厂集控运行/《火力发电职业技能培训教材》编委会编 . —2 版 . —北京：中国电力出版社，2020.6（2024.5 重印）

火力发电职业技能培训教材

ISBN 978 - 7 - 5198 - 4469 - 1

Ⅰ. ①发… Ⅱ. ①火… Ⅲ. ①发电厂 - 集中控制 - 运行 - 技术培训 - 教材 Ⅳ. ①TM62

中国版本图书馆 CIP 数据核字（2020）第 041436 号

出版发行：中国电力出版社
地　　址：北京市东城区北京站西街 19 号（邮政编码 100005）
网　　址：http://www.cepp.sgcc.com.cn
责任编辑：赵鸣志（010-63412385）　马雪倩
责任校对：黄　蓓　李　楠　郝军燕
装帧设计：赵姗姗
责任印制：吴　迪

印　　刷：三河市万龙印装有限公司
版　　次：2005 年 1 月第一版　2020 年 6 月第二版
印　　次：2024 年 5 月北京第十七次印刷
开　　本：850 毫米 ×1168 毫米　32 开本
印　　张：24
字　　数：826 千字
印　　数：3501—4500 册
定　　价：108.00 元

《火力发电职业技能培训教材》(第二版)

编 委 会

主 任：王俊启

副主任：张国军　乔永成　梁金明　贺晋年

委 员：薛贵平　朱立新　张文龙　薛建立

　　　　许林宝　董志超　刘林虎　焦宏波

　　　　杨庆祥　郭林虎　耿宝年　韩燕鹏

　　　　杨 铸　余 飞　梁瑞斑　李团恩

　　　　连立东　郭 铭　杨利斌　刘志跃

　　　　刘雪斌　武晓明　张 鹏　王 公

主 编：张国军

副主编：乔永成　薛贵平　朱立新　张文龙

　　　　郭林虎　耿宝年

编 委：耿 超　郭 魏　丁元宏　席晋奎

教材编辑办公室成员：张运东　赵鸣志

　　　　　　　　　　　徐 超　曹建萍

《火力发电职业技能培训教材 发电厂集控运行》（第二版）

编 写 人 员

主　编：贺晋年

参　编（按姓氏笔画排列）：

王　公　　冯　涛　　冯立志　　刘全章

许林宝　　孙巧珍　　李云平　　南　轶

《火力发电职业技能培训教材》（第一版）

编　委　会

第二版前言

2004 年，中国国电集团公司、中国大唐集团公司与中国电力出版社共同组织编写了《火力发电职业技能培训教材》。教材出版发行后，深受广大读者好评，主要分册重印 10 余次，对提高火力发电员工职业技能水平发挥了重要的作用。

近年来，随着我国经济的发展，电力工业取得显著进步，截至 2018 年年底，我国火力发电装机总规模已达 11.4 亿 kW，燃煤发电 600MW、1000MW 机组已经成为主力机组。当前，我国火力发电技术正向着大机组、高参数、高度自动化方向迅猛发展，新技术、新设备、新工艺、新材料逐年更新，有关生产管理、质量监督和专业技术发展也是日新月异，现代火力发电厂对员工知识的深度与广度，对运用技能的熟练程度，对变革创新的能力，对掌握新技术、新设备、新工艺的能力，以及对多种岗位上工作的适应能力、协作能力、综合能力等提出了更高、更新的要求。

为适应火力发电技术快速发展、超临界和超超临界机组大规模应用的现状，使火力发电员工职业技能培训和技能鉴定工作与生产形势相匹配，提高火力发电员工职业技能水平，在广泛收集原教材的使用意见和建议的基础上，2018 年 8 月，中国电力出版社有限公司、中国大唐集团有限公司山西分公司启动了《火力发电职业技能培训教材》修订工作。100 多位发电企业技术专家和技术人员以高度的责任心和使命感，精心策划、精雕细刻、精益求精，高质量地完成了本次修订工作。

《火力发电职业技能培训教材》（第二版）具有以下突出特点：

（1）针对性。教材内容要紧扣《中华人民共和国职业技能鉴定规范·电力行业》（简称《规范》）的要求，体现《规范》对火力发电有关工种鉴定的要求，以培训大纲中的"职业技能模块"及生产实际的工作程序设章、节，每一个技能模块相对独立，均有非常具体的学习目标和学习内容，教材能满足职业技能培训和技能鉴定工作的需要。

（2）规范性。教材修订过程中，引用了最新的国家标准、电力行业规程规范，更新、升级一些老标准，确保内容符合企业实际生产规程规范的要求。教材采用了规范的物理量符号及计量单位，更新了相关设备的图形符号、文字符号，注意了名词术语的规范性。

（3）系统性。教材注重专业理论知识体系的搭建，通过对培训人员分析能力、理解能力、学习方法等的培养，达到知其然又知其所以然的目的，从而打下坚实的专业理论基础，提高自学本领。

（4）时代性。教材修订过程中，充分吸收了新技术、新设备、新工艺、新材料以及有关生产管理、质量监督和专业技术发展动态等内容，删除了第一版中包含的已经淘汰的设备、工艺等相关内容。2005 年出版的《火力发电职业技能培训教材》共 15 个分册，考虑到从业人员、专业技术发展等因素，没有对《电测仪表》《电气试验》两个分册进行修订；针对火电厂脱硫、除尘、脱硝设备运行检修的实际情况，新增了《环保设备运行》《环保设备检修》两个分册。

（5）实用性。教材修订工作遵循为企业培训服务的原则，面向生产、面向实际，以提高岗位技能为导向，强调了"缺什么补什么，干什么学什么"的原则，在内容编排上以实际操作技能为主线，知识为掌握技能服务，知识内容以相应的工种必需的专业知识为起点，不再重复已经掌握的理论知识。突出理论和实践相结合，将相关的专业理论知识与实际操作技能有机地融为一体。

（6）完整性。教材在分册划分上没有按工种划分，而采取按专业方式分册，主要是考虑知识体系的完整，专业相对稳定而工种则可能随着时间和设备变化调整，同时这样安排便于各工种人员全面学习了解本专业相关工种知识技能，能适应轮岗、调岗的需要。

（7）通用性。教材突出对实际操作技能的要求，增加了现场实践性教学的内容，不再人为地划分初、中、高技术等级。不同技术等级的培训可根据大纲要求，从教材中选取相应的章节内容。每一章后均有关于各技术等级应掌握本章节相应内容的提示。每一册均有关本册涵盖职业技能鉴定专业及工种的提示，方便培训时选择合适的内容。

（8）可读性。教材力求开门见山，重点突出，图文并茂，便于理解，便于记忆，适用于职业培训，也可供广大工程技术人员自学参考。

希望《火力发电职业技能培训教材》（第二版）的出版，能为推进火力发电企业职业技能培训工作发挥积极作用，进而提升火力发电员工职业能力水平，为电力安全生产添砖加瓦。恳请各单位在使用过程中对教材多提宝贵意见，以期再版时修订完善。

本套教材修订工作得到中国大唐集团有限公司山西分公司、大唐太原第二热电厂和阳城国际发电有限责任公司各级领导的大力支持，在此谨向为教材修订做出贡献的各位专家和支持这项工作的领导表示衷心感谢。

《火力发电职业技能培训教材》（第二版）编委会

2020 年 1 月

第一版前言

近年来，我国电力工业正向着大机组、高参数、大电网、高电压、高度自动化方向迅猛发展。随着电力工业体制改革的深化，现代火力发电厂对职工所掌握知识与能力的深度、广度要求，对运用技能的熟练程度，以及对革新的能力，掌握新技术、新设备、新工艺的能力，监督管理能力，多种岗位上工作的适应能力，协作能力，综合能力等提出了更高、更新的要求。这都急切地需要通过培训来提高职工队伍的职业技能，以适应新形势的需要。

当前，随着《中华人民共和国职业技能鉴定规范》（简称《规范》）在电力行业的正式施行，电力行业职业技能标准的水平有了明显的提高。为了满足《规范》对火力发电有关工种鉴定的要求，做好职业技能培训工作，中国国电集团公司、中国大唐集团公司与中国电力出版社共同组织编写了这套《火力发电职业技能培训教材》，并邀请一批有良好电力职业培训基础和经验、并热心于职业教育培训的专家进行审稿把关。此次组织开发的新教材，汲取了以往教材建设的成功经验，认真研究和借鉴了国际劳工组织开发的 MES 技能培训模式，按照 MES 教材开发的原则和方法，按照《规范》对火力发电职业技能鉴定培训的要求编写。教材在设计思想上，以实际操作技能为主线，更加突出了理论和实践相结合，将相关的专业理论知识与实际操作技能有机地融为一体，形成了本套技能培训教材的新特色。

《火力发电职业技能培训教材》共 15 分册，同时配套有 15 分册的《复习题与题解》，以帮助学员巩固所学到的知识和技能。

《火力发电职业技能培训教材》主要具有以下突出特点：

（1）教材体现了《规范》对培训的新要求，教材以培训大纲中的"职业技能模块"及生产实际的工作程序设章、节，每一个技能模块相对独立，均有非常具体的学习目标和学习内容。

（2）对教材的体系和内容进行了必要的改革，更加科学合理。在内容编排上以实际操作技能为主线，知识为掌握技能服务，知识内容以相应的职业必须的专业知识为起点，不再重复已经掌握的理论知识，以达到再培训，再提高，满足技能的需要。

凡属已出版的《全国电力工人公用类培训教材》涉及的内容，如识绘图、热工、机械、力学、钳工等基础理论均未重复编入本教材。

（3）教材突出了对实际操作技能的要求，增加了现场实践性教学的内容，不再人为地划分初、中、高技术等级。不同技术等级的培训可根据大纲要求，从教材中选取相应的章节内容。每一章后，均有关于各技术等级应掌握本章节相应内容的提示。

（4）教材更加体现了培训为企业服务的原则，面向生产，面向实际，以提高岗位技能为导向，强调了"缺什么补什么，干什么学什么"的原则，内容符合企业实际生产规程、规范的要求。

（5）教材反映了当前新技术、新设备、新工艺、新材料以及有关生产管理、质量监督和专业技术发展动态等内容。

（6）教材力求简明实用，内容叙述开门见山，重点突出，克服了偏深、偏难、内容繁杂等弊端，坚持少而精、学则得的原则，便于培训教学和自学。

（7）教材不仅满足了《规范》对职业技能鉴定培训的要求，同时还融入了对分析能力、理解能力、学习方法等的培养，使学员既学会一定的理论知识和技能，又掌握学习的方法，从而提高自学本领。

（8）教材图文并茂，便于理解，便于记忆，适应于企业培训，也可供广大工程技术人员参考，还可以用于职业技术教学。

《火力发电职业技能培训教材》的出版，是深化教材改革的成果，为创建新的培训教材体系迈进了一步，这将为推进火力发电厂的培训工作，为提高培训效果发挥积极作用。希望各单位在使用过程中对教材提出宝贵建议，以使不断改进，日臻完善。

在此谨向为编审教材做出贡献的各位专家和支持这项工作的领导们深表谢意。

《火力发电职业技能培训教材》编委会
2005 年 1 月

第二版编者的话

　　《发电厂集控运行》火力发电职业技能培训教材自 2004 年 12 月出版以来，深受广大读者的喜爱，至今已十五载。在此期间，集控运行系统不断优化，机组设备不断更新。为适应集控运行操作的新要求，进一步提高运行值班员的技能水平，特对本教材进行修编，编写第二版。

　　本书在第一版的基础上，对具体内容进行了扩充和更新，更加系统全面地对设备系统的结构、原理、功能、运行操作过程和集控运行知识进行了归纳总结，为集控运行人员的日常工作提供了技术指南。修编后，本教材更贴近生产实际，更具实用性。

　　本书共分为 2 篇，第一篇集控巡检，详细、系统地介绍了机组及系统简介，机组主机的工作原理、形式及结构，机组的辅助设备及系统，机组的泵与风机，机组常用的阀门，机组启动程序，机组启动前辅助设备及系统的检查与维护，辅助设备及系统的正常维护和试验工作，辅助设备及系统的异常原因及处理原则；第二篇集控值班，详细、系统地介绍了机组与电力系统，锅炉的结构及特点，汽轮机组的结构及特点，发电机和变压器的结构特点及继电保护配置，机组的计算机控制系统，机组的启停和工况变化，机组的启停，机组的运行与维护，机组的事故处理等。

　　本书由贺晋年担任主编，李云平负责全书的统稿和校对，全书由许林宝进行主审。许林宝、李云平、冯涛、南轶、刘全章、王公、冯立志、孙巧珍负责修编。

　　由于修编时间紧迫，编者水平有限，书中不妥之处在所难免，恳请广大读者批评指正。

编者

2020 年 1 月

第一版编者的话

随着国民经济的稳定快速发展，我国电力工业又迎来了飞速发展的黄金时期。大容量、高参数的发电机组越来越多，300MW、600MW 机组已成为我国主力机型，900MW 机组也开始崭露头角，机组对电力生产人员的素质要求越来越高。在人才竞争空前激烈的今天，加强岗位培训工作、建设技术过硬的运行队伍成为电力企业稳定与发展的首要战略任务。

本书以 300MW、600MW 火电机组设备系统的结构、原理、功能为框架，以实际设备、系统及其运行操作过程和集控运行知识为主线，力求突出 300MW、600MW 火电机组的技术特点，以从事电力生产的运行人员或全能值班员为对象，全面系统地概括和阐明了运行人员应该具备的基础知识。

本书涵盖了 300MW、600MW 机组的典型机型，而且从目前运行人员技术培训的新趋势出发，突出理论联系实际的原则，将设备构造原理、技术性能指标与实际运行经验、操作方法技能有机的相结合，书中内容力求先进性和普遍适用性，是从事集控运行操作和集控管理人员的技术指南，是 300MW、600MW 机组投运上岗培训、岗位升级培训、在职技能鉴定的实用教材，也可供电厂集控运行技术人员和高等院校热能动力及相关专业师生使用。

本书分两篇，第一篇为《集控巡视》，即第一章至第九章；第二篇为《集控值班》，即第十章至第十八章。其中，成刚负责编写第一、四、十章，任龙彦负责编写第二、八、十一、十七章，杨世斌负责编写等三、五、六、十二、十五、十六章，牛继成负责编写第七、九、十三、十八章。由于集控运行的特点和章节内容的结构，任龙彦、杨世斌、牛继成除主编了各自的章节外，还参与了其他章节内容的撰稿工作。杨劲松在第三、九、十七、十八章中参与了 4 节内容的编写，雷金海负责编写第八章第五节和第十四章，本书由成刚担任总编，由杨劲松负责本书的统稿和校对，由刘进海和成刚对全书进行了主审。

由于编者水平有限，书中不妥之处在所难免，恳请广大读者批评指正。

2004 年 9 月

目 录

第二篇　集控值班

第一篇

集 控 巡 检

第一章

机组及系统简介

第一节 火力发电厂主要生产过程

发电厂是特殊的二次能源加工厂。它是将一次能源（如煤、天然气、石油、核能以及水力能等）转换为二次能源——电能，供我们使用。火力发电厂是利用煤和油进行生产电能的。火力发电厂的发电量目前在世界发电量中占主导地位。

一、火电厂主要设备

1. 汽轮机

汽轮机按用途分为凝汽式和供热式两种类型，在有热负荷的地区应尽可能采用供热式机组，以提高机组的综合效率，供热式机组的综合效率高达60%~80%，凝汽式机组的综合效率在40%以下（25%~35%）。

2. 发电机

发电机是以汽轮机为原动机的三相交流发电机。它由发电机本体、励磁系统、冷却系统三部分组成。

3. 锅炉

锅炉设备是发电厂通过煤、油的燃烧产生热能将水变成蒸汽的设备。它由锅炉本体、锅炉附件和辅助机械组成。其中水冷壁、过热器、再热器、省煤器和空气预热器组成锅炉本体的燃烧室和受热面。

二、生产流程

火力发电厂的主要生产流程包括燃烧系统、汽水系统和电气系统。燃烧系统由锅炉燃料加工部分、炉膛燃烧部分和燃烧后除灰部分组成；汽水系统由锅炉、汽轮机、凝汽器、给水泵及辅机管道组成；电气系统由发电机、升压变压器、高压配电装置、厂用变压器及厂用配电装置等组成。本节将重点介绍燃烧系统和汽水系统的生产流程。

（一）燃烧系统

燃烧系统由锅炉燃烧部分、燃料加工部分和除灰部分组成。燃料加工简单地讲也就是将原煤从煤场经过输煤皮带先输送到碎煤机、筛煤机进行粗加工并且将其中的木块、铁件等杂物分离出来，然后进入原煤仓储存。原煤仓的煤由给煤机按负荷要求不断地送入到磨煤机，磨煤机碾磨分离后，把符合锅炉燃烧的煤粉由热风混合送入锅炉喷燃器中，在炉膛进行燃烧释放能量。燃料在锅炉中的燃烧过程较为复杂，它要求按照设计参数，按一定的调整方式、一定的热风温度、一定比例的风粉配合使煤粉在炉膛内得到充分燃烧。煤粉在燃烧后剩余的灰粉，一部分随炉膛尾气进入除尘设备，一部分颗粒较大的不可燃物在重力作用下落入炉膛底部由除渣设备将其排走。另外，磨煤机中不能碾磨的煤矸石经排矸设备分离排出。以上简单叙述了燃烧系统的生产流程。实际上，锅炉燃烧系统是一个庞大而复杂的系统，辅机设备的复杂程度也是可想而知的，尤其随着大型机组的发展，整个生产过程更复杂，这就要求提高自动化水平，采取集中控制方法以提高锅炉运行的自动化程度。

（二）汽水系统

汽水系统由锅炉、汽轮机、凝汽器、除氧器和给水泵等组成。它包括汽水循环、化学水处理和冷却水系统等，其生产流程是用水把燃料燃烧产生的热量转变成蒸汽的内能，蒸汽推动汽轮机把内能转变为机械能，做功后的乏汽凝结成水。水是一种能量转换物质，它在汽水系统中是如何运行的呢。普通水是不能直接进入锅炉使用的，因为水中含有固体杂质以及 Ca^{2+}、Mg^{2+}、Fe^{3+}、Cu^{2+} 等碱离子和 Cl^-、SO_4^{2-} 等酸根离子，加热后产生的沉淀物会腐蚀和损坏锅炉管道和汽轮机通流部分，从而降低设备的使用寿命。所以，水必须经过专门的化学水处理后才能使用。

化学补水先进入凝汽器将水中的固体杂质除去，再进入过滤器预处理。此后，经过一级除盐将大部分阴阳离子除掉，再经过二级除盐处理，使水质达到锅炉使用要求的除盐水。经过化学水处理后的除盐水由补水泵送入凝汽器，作为汽水系统的水。正常运行中排污、冲洗和泄漏会产生汽水损失，所以汽水系统要不断补充除盐水。化学处理后的除盐水需进行加热除氧后允许进入锅炉，以防止氧化而腐蚀锅炉管道和影响正常运行。凝汽器内的凝结水由凝结泵，经过低压加热器加热，然后进入除氧器除氧。发电厂把凝汽器至除氧器之间的系统称为凝结水系统。除氧后的水由给水泵升压，经过高压加热器进一步加热，达到锅炉需要的给水温度后送至省煤器。给水泵至锅炉省煤器之间的系统称为给水系统。给水通过省煤器加热，进入汽包（或直流锅炉的汽水分离器）进行汽、水分离。饱和水与给水混合后继续在锅炉水冷壁中加热。饱和蒸汽则进入过热器加热，形成一定压力和温度的主蒸汽，通过主蒸汽管道、主汽门进入汽轮机膨胀做功，做功后的蒸汽排入凝汽器凝结成水。凝结水与化学除盐补水混合后，在汽水系统中循环使用。为了提高汽水循环的热效率，一般采用从汽轮机的中间级抽出部分做了功的蒸汽加热（即高压、低压加热器）给水温度，以提高热效率。在大型的超高压、亚临界机组中还采用蒸汽再热循环，把在汽轮机高压缸全部做过功的蒸汽送到锅炉再热器加热、升温后，再送到汽轮机的中、低压缸继续做功，大大提高了机组效率。

为了保证蒸汽在汽轮机中的膨胀做功维持较高数值，排汽进入凝汽器被冷却水冷却后，蒸汽被凝结后其容积减少，于是在凝汽器内形成了高度真空。为了保证排汽的冷凝效果，发电厂必须设有循环水系统。电厂循环水一般利用河流、大海以及水库做水源，这样就有充足的水源，设备投资也较少。在水资源缺乏的地方，广泛采用冷却水塔（或冷却池）、空冷塔组成闭式冷却水循环系统。

（三）电气系统

电气系统由发电机、升压变压器、高压配电装置、厂用变压器、厂用配电装置组成。发电机发出的电能一部分供发电厂连续运行的厂用电，另一部分通过升压变压器和配电装置源源不断地输入电网。

第二节　机组控制方式

机组控制要解决的主要问题是机组的功率自动调节，也就是说要将锅炉和汽轮机（又称动力机组）作为一个电能生产的整体来适应外界负荷的变化，这就涉及锅炉、汽轮机的调节性能。

从电力系统的角度来看，动力机组负荷调节的首要要求是快速适应性。但从动力机组运行角度来看，动力机组快速适应负荷变化时必须不危及动力机组本身运行的稳定性。机、炉的调节特性有相当大的差别。锅炉热惯性大、反应很慢；而汽轮机相对地讲惯性小、反应快。当外界负荷通过负荷调节系统使汽轮机快速进行调节（汽轮机调速汽门开度变化）时，就会引起机前压力产生较大的波动，从而影响动力机组的稳定和安全运行。因此，在设计机组的负荷调节系统时，必须要充分考虑到机、炉特性的差异，以使动力机组在适应负荷变化时两者协调动作。

一、机组的控制方式

机组的自动控制方式一般有锅炉跟踪控制、汽轮机跟踪控制和机炉协调控制三种。

（一）锅炉跟踪控制

这种控制方式的原理是当需要增大机组出力时，给定功率信号增大，功率调节器首先开大调速汽门，增大汽轮机进汽量，使发电机输出功率与给定功率一致。由于蒸汽流量增加，引起主蒸汽压力下降，以主蒸汽压力低于给定主蒸汽压力值的压力偏差作为信号，使进入锅炉的燃料量增加，保持主蒸汽压力恢复到给定压力值。在这种控制方式中，动力机组的负荷由汽轮机控制，动力机组的蒸汽压力由锅炉控制，锅炉的负荷按照汽轮机的需要而改变，所以把这种控制方式称为锅炉跟踪控制或称为"炉跟机"控制方式。采用汽包锅炉的单元机组通常采用这种控制方式，它是最常用的控制方式。

锅炉跟踪控制方式按照给定功率信号的变化，利用锅炉的蓄热量（主蒸汽压力变化），使机组实发功率迅速随之变化。在锅炉蒸汽压力的允许变化范围内，其快速作出反应是完全可能的，对系统调频也有利。但在发生很大幅度的负荷变化时，由于锅炉燃烧迟延大，对主蒸汽压力的调节不可避免地有滞后现象，在锅炉开始跟踪时，主蒸汽压力已变化较大，锅炉的运行调节就不会稳定。若要抑制这种不稳定现象，在较大的负荷变化情况下，其负荷的变化率显然应加以限制。

（二）汽轮机跟踪控制

这种控制方式是当外界负荷突然增加时，给定功率信号增大，首先是控制锅炉的主信号增大，即功率调节器的输出增大，开大燃料控制阀，增加燃料量。随着锅炉输入热量增加，主蒸汽压力升高，为了维持主蒸汽压力不变，主蒸汽压力调节器将开大调速汽门，增大蒸汽量和汽轮发电机的功率，使发电机输出功率与给定功率相等。

汽轮机跟踪控制方式用控制汽轮机调速汽门来保持主蒸汽压力，主蒸汽压力变化甚小，对于锅炉的稳定运行有利，但是汽轮发电机负荷必须随着主蒸汽压力的升高才能增加，而锅炉燃料量、燃烧及热传导变化是延迟的，因而机组输出功率的变化也有较大的延迟。这样一来，对发电机出力的控制比较慢，因而对电力系统的负荷调整与频率调整不利。这种控制方式适用于承担基本负荷的机组，或者当机组刚投入运行，经验还不足时，采用这种方式可使汽压比较稳定，为机组稳定运行创造有利条件。当机组中汽轮机运行正常、机组输出功率受到锅炉限制时，也可采用汽轮机跟踪控制方式。

（三）机炉协调控制

通过上述两种控制方式的讲解可以看出：锅炉跟踪控制方式对电力系

统负荷变化的跟踪速度快，但当动用锅炉蓄热量过大（负荷变动速度过大）时，会造成主蒸汽压力波动过大，机组运行不稳定；汽轮机跟踪控制方式根本不动用锅炉的蓄热量，汽压可以十分稳定，但机组出力变化延迟，不能满足电力系统快速的负荷变化，即调频能力差。

如果我们把锅炉、汽轮机视为一个整体，把上述两种控制方式结合起来，取长补短，使整个机组的实发功率既能迅速跟踪给定功率的变化，又能维持锅炉输出蒸汽量与汽轮机输入蒸汽量的平衡，保持主蒸汽压力基本稳定。这种联合起来进行控制的控制方式比较理想，称为机炉协调控制方式（CCS）。其原理框图如图1-1所示。

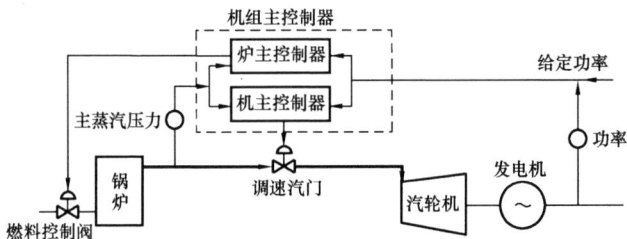

图 1-1　机炉协调控制方式原理框图

在机炉协调控制方式中，锅炉与汽轮机的调节装置同时接受功率与压力的偏差信号，在稳定工况下，机组的实发功率等于给定功率，主蒸汽压力等于给定汽压，其偏差均为零。当外界要求机组增加出力时，使给定功率信号（出力指令）加大，出现正的偏差信号。这一信号加到汽轮机主控制器上，会导致汽轮机调速汽门开大，增加汽轮机的出力；加到锅炉主控制器上，会导致燃料量的增加，提高锅炉的蒸汽量。汽轮机调速汽门的开大会立即引起主蒸汽压力的下降，这时锅炉虽已增加了燃料，但锅炉汽压的变化有一定延迟，因而此时会出现正的压力偏差信号（实际汽压低于给定汽压）。压力偏差信号按正方向加在锅炉主控制器上，促使燃料控制阀开得更大；压力偏差信号按负方向作用在汽轮机主控制器上，使调速汽门向关小的方向动作，使汽压得以恢复正常。正的功率偏差使调速汽门开大，而开大的结果导致产生正的压力偏差，又使该阀门关小。因此这两个偏差对汽轮机调速汽门作用的结果使调速汽门在开大一定程度后停在某一位置上。在机炉协调控制方式中，会同时出现功率偏差信号和压力偏差信号，正是由于这两个偏差信号作用在汽轮机主控制器上的方向相反，相互抵消，才使调速汽门开大后停在某一开度上不再变化。换句话说，在机炉协调控制方式中出现的功率偏差信号的作用可以被压力偏差信号的作用所抵消，两者之间可以建立起一定的关系。显然，这一情况不能长时间维持下去，因为功率偏差信号和压力偏差信号将逐渐消失。同时调速汽门在功率偏差和主蒸汽压力恢复（锅炉蒸发量增大）的作用下，提高机组负荷，使功率偏差也逐渐缩小，最后功率偏差与压力偏差均趋于零，机组在新的负荷下达到新的稳定状态。

从机炉协调控制方式的动作过程可以看出：这种控制方式一方面通过调速汽门动作，在锅炉允许汽压变化范围内，利用锅炉的一部分蓄热量，适应汽轮机的需要；另一方面又向锅炉迅速补进燃料（压力偏差信号与功率偏差信号均使燃料量迅速变化）。通过这样的协调控制方式，既可使机组实际输出功率能迅速跟踪给定功率的变化，又可使主蒸汽压力稳定。

二、滑压运行的协调控制方式

目前，机组有定压运行和滑压运行两种方式。定压运行用改变调速汽门开度的方法来改变机组功率，机前压力维持不变。由于大功率机组日益增多，采用滑压运行方式的机组越来越多。汽轮机在不同负荷下作滑压运行时，调速汽门全开或接近全开（在喷嘴调节中几组喷嘴是全开的），机组的功率变化靠改变汽轮机进汽压力来实现，即由锅炉维持的汽压是随机组功率变化而变化的，这时主蒸汽温度保持在额定温度。滑压运行在汽轮机变工况运行中具有提高机组的热效率，延长汽轮机寿命，提高机组的负荷适应性等优点。

滑压运行的协调控制方式原理是将功率信号同时送往锅炉和汽轮机主控制器，以使机组尽快适应电力系统的负荷变化。滑压运行的协调控制系统是以锅炉跟踪为基础的协调控制系统，滑压曲线由锅炉主控制器维持。锅炉采用了以调速汽门开度为主信号的串级系统，稳态时可保证调速汽门开度为给定位置，动态时可额外地改变燃烧率，使其更快地适应负荷变化。

三、机组负荷控制系统

机组使用的负荷控制系统（又称协调主控系统）要比上述协调控制方式复杂得多。机组负荷控制系统的主要任务如下：

（1）根据机炉运行状态及控制要求，选择控制方式和适当的外部负荷指令。

（2）对外部负荷指令进行处理，使之与机炉的动态特性及负荷变化能力相适应，并对机炉发出负荷指令。

机组负荷控制系统由功率指令处理装置和机组主控制器两大部分

组成。

功率指令处理装置的主要任务是根据机炉运行状态，选择机组可以接受的各种外部负荷指令，处理后转化为机炉的功率给定值。它具有下列功能：

（1）对负荷指令速率和起始变化幅值的限制。

（2）计算出机组实际可能允许压力，进行最高负荷限制。

（3）当机组辅机发生故障时，为了保证机组正常运行，不管此时电力系统对机组出力要求值多大，都要把机组负荷降到适当的水平，在降负荷过程中按故障类型自动选择不同的速率。

机组主控制器接受负荷指令处理装置的功率给定指令，根据机组的运行状态发出汽轮机调速汽门开度及锅炉燃烧率变化指令，选择不同的控制方式。

机组协调控制系统由负荷控制系统和局部控制系统组成。局部控制系统包括燃烧控制系统、给水控制系统、汽温控制系统及汽轮机调速系统等。下面主要介绍负荷控制系统。它由如下几部分组成。

（一）负荷指令处理回路

负荷指令处理回路的运算回路接受机组值班员手动或自动（计算机控制）指令和中调指令（DPS）。

1. 中调指令（DPS）

中调指令有两种：一种是有关调度部门根据各类型机组所带负荷、潮流分布、电力系统稳定计算、系统负荷平衡计算等，做出的负荷在各机组间的最佳分配方案，并由此发出最佳负荷分配指令信号；另一种是有关调度部门通过系统自动调频控制装置向各机组发出的电力系统频率调整指令信号。

2. 机组运行人员指令

机组运行人员根据本机组的运行状态，选择机组的运行方式，当机组负荷控制系统接受设定信号（手动设定或自动设定）后，首先进行负荷速率限制，然后进行频率偏差校正，发出综合修正出力指令；修正出力指令经负荷限制器选择后与发电机出力偏差信号比较，加上主蒸汽压力调节信号构成锅炉主控指令信号，由锅炉主控指令信号去控制燃料量和送风量。与此同时，修正出力指令经负荷限制器选择后与发电机出力偏差信号比较，加上主蒸汽压力偏差信号构成汽轮机主控指令信号；由该信号去控制汽轮机调速汽门的开度进行负荷调节。随着调速汽门开度的变化，主蒸汽流量、给水流量、主蒸汽温度、再热蒸汽流量等都要相应调整，机组从原负荷状态变化到新的负荷状态下稳定运行。

电网对机组负荷增、减的要求要根据机组增、减负荷的能力。为使机组增减负荷指令不超过一定的速度，起始变化不超过一定的幅度，需对负荷指令的变化幅值进行限制。为使机组出力不超过机组实际允许的最大出力和最小出力，在回路中还设置了负荷上、下限设定环节。

当机组采用协调控制方式时，经负荷运算回路处理后发出机组修正出力指令（负荷设定）。负荷控制系统接受修正出力指令信号，并同时送往锅炉主控制器和汽轮机主控制器，两个主控制器并行向各系统送出，当机组锅炉运行正常而汽轮机运行不正常，机组出力受到汽轮机限制时，负荷控制系统选择锅炉跟踪控制方式。修正出力指令信号仅向汽轮机主控制器输出，锅炉主控制器不接受功率指令，而使锅炉保证供给汽轮机实发功率所需要的蒸汽量，维持汽压稳定。当机组汽轮机运行正常，机组出力受锅炉限制或蒸汽压力不稳时，负荷控制系统选择汽轮机跟踪控制方式。这时负荷指令信号仅送往锅炉主控回路，而汽轮机不接受负荷指令信号，处于跟踪锅炉运行，汽轮机按主蒸汽压力偏差信号进行调节。

（二）主控制器

主控制器是汽轮机调节系统和锅炉调节系统的指挥机构。它由锅炉主控回路和汽轮机主控回路构成。

当机组采用协调控制方式时，主控制器接受负荷指令处理回路的负荷指令，对锅炉控制系统和汽轮机控制系统发出协调动作的指令。为了使锅炉和汽轮机的调节动作更好地分工协作，主控制器还引入机组输出功率（发电机出力）与负荷设定值之间的偏差及汽轮机主蒸汽压力与给定值的偏差（主蒸汽压力偏差）。

1. 汽轮机主控回路

机组采用协调控制方式时，汽轮机调速系统接受汽轮机主控信号对调速汽门进行自动控制。该指令信号主要来自运行人员或某级调度所，但同时也引进主蒸汽压力偏差，限制汽轮机负荷的增加速率。为了加强机组对电力系统负荷的适应能力，除了先给锅炉主控回路一个前馈信号外，还要充分利用锅炉的蓄热，允许压力偏差有一定范围。锅炉主控回路接受主蒸汽压力偏差信号后，经函数发生器，送往汽轮机主控回路的加法器。函数发生器的作用是使主蒸汽压力偏差在规定范围内。若主蒸汽压力偏差值大于规定值，函数发生器加大输出，使汽轮机调速汽门位置指令信号加大，调速汽门开大，主蒸汽压力下降；主蒸汽压力偏差减小，汽轮机调速汽门位置指令信号减小，调速汽门关小，主蒸汽压力上升，使主蒸汽压力偏差恢复到允许范围内，汽轮机在新的状态下稳定运行。

主蒸汽压力信号的设定分两种情况：锅炉启动阶段，主蒸汽压力信号经运算器计算设定；正常运行时，则由主蒸汽流量经函数发生器变换后自动给出。

2. 锅炉主控回路

锅炉主控回路又称锅炉燃烧率指令运算回路。满足汽轮机主蒸汽流量，维持主蒸汽压力在允许范围内是锅炉主控回路的主要任务。由于锅炉的热惯性较大，故锅炉负荷响应速度较汽轮机要慢得多，所以在协调控制系统中把负荷指令信号及其加速信号作为加快锅炉负荷响应速度的前馈信号，以尽快提高锅炉对负荷的响应能力。在回路中设有微分环节也是这个原因。

四、数字式电液调节系统

随着计算机技术的迅速发展，大容量汽轮发电机调节系统由液压机械式调节系统发展为数字式电液调节系统（digi electro hydraulic control system，DEH）。DEH 系统具有如下优点。

（1）改进控制特性。

（2）适应工艺流程改进的灵活性。

（3）带负荷时可以从喷嘴调节转换成节流调节。

（4）实现汽轮机自启动、监视和自动加减负荷。

（5）实现参数显示和趋势记录。

（6）实现显示器（cathode ray tube，CRT）显示。

（7）实现计算机间数据传输。

（一）DEH 系统的构成和工作原理

DEH 系统的汽轮机转速控制与功率控制系统是一种设备先进、性能高的控制系统，是一个程序数字控制设备，因而有灵活的适应性，可满足机组控制要求，附加的程序可以用改变软件来实现，而使硬件的改动保持在最低限度，这样就使 DEH 系统比 AEH 系统的投资更低廉。此外，万一系统失灵，可自动切换到手动备用系统。手动备用系统与数字式电液调节系统是相互独立的，且可以在线进行维修。系统的电子部分由一台计算机和一套模拟控制器组成。计算机执行输入输出的控制、转速和功率的整定值计算（或称参照值）、变化率及阀门位置的计算；根据外部条件（如运行人员干预、其他控制设备要求、机组运行状态等）自动改变机组运行方式；通过 CRT 及打印机显示各种运行信息及参数变化趋势。计算机具有完备的通信接口，可与其他计算机交换信息，组成复杂的集散控制系统。计算机的输出经模拟控制器变成连续变化的电流信号，完成高、中压调速汽门和自动主汽门的控制。DEH 系统的液压部分为主机给水泵汽轮机阀门控制提供压力油，执行紧急跳闸停机。

DEH 系统的工作原理：DEH 系统接受三种反馈信号——转速、发电机功率和调节级后汽压（此汽压与汽轮机的功率成正比，作为汽轮机功率信号），由参照值和变化率计算出控制回路的给定值，并与反馈信号比较；在转速控制过程中，给定值与转速反馈信号比较，求得转速偏差，由计算机软件完成比例积分校正，求得阀门开度值；机组带负荷后，给定值和频差偏置值之和与反馈信号（有功功率或汽压）比较，由软件完成比例积分校正后，求得阀门开度值。计算机输出的阀门开度是数字信号，在模拟控制器内经数/模转换成模拟信号，在伺服放大器中，与阀门开度反馈信号比较后的差值经放大得到电流信号，将此电流信号输送到电磁伺服阀的线圈上，阀位反馈信号是从连接在门杆上的差动变压器式位移变送器来的。伺服阀将电流信号转换成液压信号，从而控制阀门开度。液压系统中每一调速汽门或自动主汽门都配置有伺服阀及位移变送器，每个阀门的伺服回路是相互独立的。在模拟控制器内，有一套手动备用回路，它有一个增减计数器，数/模转换时，备用回路的数/模转换器和 DEH 系统数/模转换器输出都经过继电器触点，送入伺服放大器的输入端。当 DEH 系统故障时，自动投入手动备用回路，操作人员可改变计数器的内容，使数/模转换器的输出及阀门行程得以改变。DEH 系统正常投入运行时，手动回路的跟踪部分根据 DEH 系统输出，相应地改变计数器的内容，使两部分输出始终保持一致，实现无扰动切换。DEH 系统有能力与其他计算机系统交换信息，是集散控制系统的重要组成部分。DEH 系统与其他控制设备之间的联系主要是 DEH 系统接受参照值控制，这种控制可以是脉冲串输入，也可以是参照值（如 runback）。DEH 系统还可以向外部设备发出模拟量输出和开关量输出。DEH 系统必须控制的信息和监视的参数主要从汽轮机、发电机中得到。计算机主要输入信号有转速，发电机功率，高、中压缸第一级后的汽压，高、中压缸的金属温度，主蒸汽压力等。计算机主要输出有三种信号：频率偏差、负荷参照值、阀门位置整定值。模拟控制器的输出有阀位值、阀位试验、阀位偏置，分别接至各伺服机。阀门位置信号作为反馈信号输入到模拟控制器。

（二）DEH 系统的运行方式

DEH 系统有三种运行方式：自动程序控制（ATC）或数据通道控制，远方控制，运行人员控制。采用自动程序控制时，参照值由贮存在 DEH

系统计算机内的程序确定，控制元件自动完成升速、暖机、阀切换、检查同期条件、并网带初负荷，直至带规定负荷后转入运行人员控制。自动程序控制在升速、升负荷时，可同时计算出转子的热应力，由寿命损耗曲线得到相应的升速率和升负荷率以及相应的发电机升负荷率的允许值，运行人员选用的升负荷率与外部系统输入的升负荷率的允许值相比较，选出其中最低者作为升负荷率的参照值。此外，ATC 程序也可在各种运行方式中监视各运行参数、显示信息并进行应力计算等。

采用远方控制时，参照值及变化率由外部系统（DEH 系统以外的控制系统），如协调控制系统（CCS）、自动调频系统（ADS）等来确定，其他操作仍由 DEH 系统来完成。采用运行人员控制时，参照值及变化率由运行人员在 DEH 系统控制键盘上整定。

（三）数字式电液调节系统控制器

DEH 系统的控制器由数字系统、模拟系统和选用功能三部分组成。

1. 数字系统

数字系统包括数/模转换部件、计算机监视系统、DEH 系统应用程序、给定值快速返回（reference runback）、自动同步、中心调度所自动控制、汽轮机自启动和加载、CRT 显示。数字系统部分由中央数据处理机、输入、输出硬件和一组软件组成。中央数据处理单元采用小型、高速、集成化的数字计算机。软件由控制器监视系统程序和几个 DEH 系统应用程序组成。下面主要介绍 DEH 系统的两个应用程序——转速与功率给定值计算程序。

在转速控制中，转速给定是希望达到的汽轮机转速；在功率控制中，功率给定是希望达到的汽轮发电机功率（有功率反馈投入时）。这个给定值是由中央数据处理单元来计算的。给定值计算程序框图如图 1 – 2 所示。

DEH 系统的应用程序必须完成下述三个基本步骤：

（1）计算给定值（或参照值）。

（2）将给定值与汽轮发电机组的反馈值进行比较（包括转速、功率以及调节级蒸汽压力）。

（3）计算出阀门开度给定值。

当主蒸汽压力控制器退出运行时，给定值可跨越其他所有的控制方式快速返回。假如 DEH 系统处于手动控制方式，则给定值将跟踪于手动控制系统；假如 DEH 系统处于运行人员自动控制方式，运行人员给出给定值要求及其变化率，按下"运行"按钮后，就按这一预先选定的速率变化到给定值；假如 DEH 系统处于 ATC 控制、计算机控制（协调控制）或

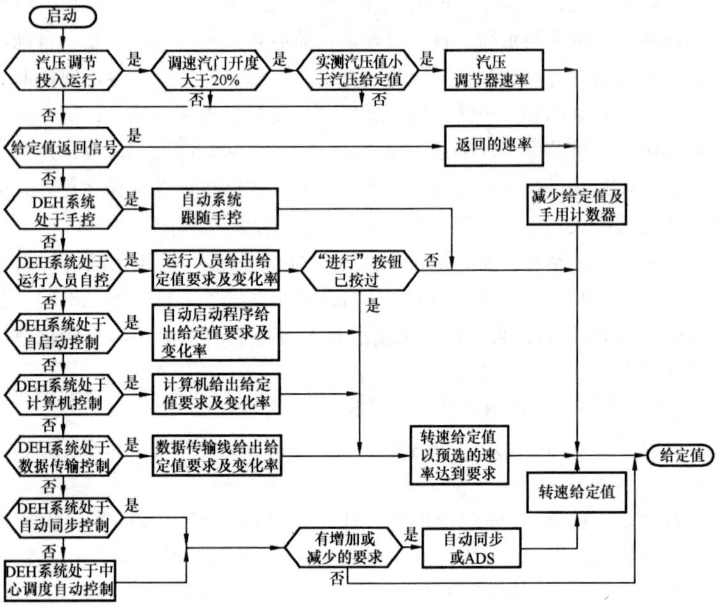

图 1-2　给定值计算程序框图

数据传输控制方式，则都将给出给定值要求及变化率，只要给定值与要求有偏差，就按预先选定的速率变化至给定值；假如 DEH 系统处于自动同步控制或中心调度自动控制方式，给定值将由外部输入模拟量改变。

如果汽轮机处于功率控制，功率给定值就需经过电力系统频率偏差修正。电力系统频率偏高，给定值就降低，频率偏低就将给定值升高，以实现汽轮机的负荷频率控制。经过修正后的功率给定值与发电机出力以及汽轮机调节级汽压值进行比较，只要新的给定值不超过调速汽门的位置极限，任何负荷偏差均能使调速汽门位置按需要变化。

DEH 系统可按两种方式调节，即喷嘴调节与节流调节。两者的转换由汽门管理程序来执行。该程序最后输出调速汽门开度指令。

如果汽轮机处于转速控制，汽轮机转速与转速给定值比较，在自动主汽门控制时，转速偏差就会使自动主汽门开度按要求变化，程序最后输出自动主汽门开度指令。

在按喷嘴调节进行功率控制时，各调速汽门根据预先编制的程序按照负荷的多少开启，汽门开启的程序要尽量减少由于节流引起的损失，使汽轮机带部分负荷时有尽可能高的运行效率。但在冷态启动及机组变压运行时，希望调速汽门全开，全周进汽，以减少转子和汽缸部件的温差热应力。对普通电液调节系统，汽轮机调速汽门的开启是由一组阀门按预定顺序进行的，如从部分进汽转换为全周进汽或者相反转换，就需要停机进行。而采用 DEH 系统，数字控制器就可以很好地修正汽阀特性，使得阀门相互转换时不影响功率变化，这是 DEH 系统的一大优点。

2. 模拟系统

模拟系统由数/模转换器、手动备用控制回路、阀门伺服环节的放大器部分和一个超速保护装置组成。

中央数据处理单元给出的阀位信号是数字式的，而阀门位置执行元件的伺服回路却要求模拟量输入信号，所以需要数/模转换器。数/模转换器设在模拟系统中，模拟量的阀位指令信号输入伺服回路，在此回路中与阀位反馈信号进行比较。

手动备用控制回路仅由一个可逆计数器和一个模拟转换器组成。可逆计数器由运行人员按照增减方向按下运行操作台上的按钮来存取。可逆计数器存贮的数值也经过数/模转换器后输入伺服回路。在手动控制时，运行人员直接操作汽门开度，也即通过它来控制转速和功率，同时自动控制系统的给定值将自动跟踪。

超速保护装置主要由超速逻辑回路和一个甩负荷逻辑回路组成。它的作用是当甩负荷时避免超速引起汽轮机跳闸，当甩部分负荷时，有助于发电机和电力系统间的稳定。万一甩负荷（主断路器跳闸），超速保护装置使高、中压调速汽门全部关闭，转速给定值自动回到额定转速，由转速来控制中压调速汽门，使再热器中的蒸汽释放掉。如甩负荷时，DEH 系统处在自动控制方式时，高压调速汽门转速偏差使其一直关到转速为同步转速止，在此时数字控制系统就控制汽轮机转速，以等待机组再次并网。手动控制时，高压调速汽门一直关至适当的阀门开度来控制转速。

第三节　机组及系统简介

随着国民经济的发展和对能源需求的增长，电力系统日益扩大，单机容量也在不断提高。采用大容量发电机组具有以下优点：

（1）降低发电厂造价，节省投资。

（2）降低发电厂运行费用，提高经济效益。

（3）加快电力建设速度，适应飞速增长的负荷要求。

（4）可减少装机数，便于管理。

所以，优先采用大型发电机组已成为发展趋势。在单机容量增加的同时，为了提高循环热效率，大机组均采用高参数。基于高参数大容量发电机组的特点，出现了采用单元制系统的发电机组，又称机组。所谓单元制系统，就是每台或每两台锅炉直接向所配合的一台汽轮机供汽，汽轮机驱动发电机所发出的电功率直接经一台升压变压器送往电力系统，这样组成了炉—机—电纵向联系的独立单元。各单元之间除了公用系统外，无其他横向联系。各单元所需新蒸汽的辅机设备均用支管与各单元的蒸汽总管相连，各单元所需厂用电取自本单元发电机电压母线，这种系统称为单元制系统。

单元制系统最简单，管道最短，发电机电压母线最短，管道附件最少，发电机电压回路的开关电器也最少，投资最为节省，系统本身事故的可能性也最少，操作方便，适用于炉、机、电集中控制。所以，新建发电厂装设单机容量为 200MW 及以上发电机组时，一般采用机、炉、电单元制系统，并采用集中控制方式。对于采用再热式发电机组的发电厂，各再热式发电机组的再热蒸汽参数因受负荷影响不可能一致，无法并列运行，因而再热式发电机组必须采用单元制系统。

单元制系统的缺点是其中任一主要设备发生故障时，整个单元都要被迫停止运行，而相邻单元之间又不能互相支援，机炉之间也不能切换运行，所以灵活性比起母管制系统要差；系统频率变化时，汽轮机调速汽门开度随之改变，发电机组没有母管的蒸汽容积可以利用，而锅炉热惯性又大，必然引起汽轮机入口汽压的波动，所以发电机组对负荷变化的适应性较差。

发电机组的系统，从本质上讲，与母管制机组的系统相同，包括汽水系统、风烟系统和电气系统。但由于发电机组容量大、参数高，往往系统复杂而庞大和辅机设备的容量大等。同时，设备的设计、制造方面采用了许多新工艺、新技术；在发电机组的运行维护方面也有许多新的问题。

一、发电机组锅炉制粉系统及设备

锅炉制粉系统可分为直吹式和储仓式两种。

1. 直吹式制粉系统

直吹式制粉系统中，磨煤机磨制好的煤粉全部直接送入锅炉燃烧室内燃烧。磨煤机的制粉量要随锅炉负荷变化而变化。若采用筒形球磨机，在低负荷下运行时，制粉系统很不经济，因此直吹式制粉系统一般配中速或高速磨煤机。

2. 中间储仓式制粉系统

中间储仓式制粉系统中，由磨煤机磨制出来的煤粉空气混合物经粗粉分离器后，不直接送入锅炉燃烧室燃烧，先经旋风分离器将煤粉从煤粉空气混合物中分离出来，储存在煤粉仓内或者经螺旋输粉机送入邻炉。锅炉需要的煤粉量由给粉机调节送入燃烧室燃烧。磨煤机可以按其本身的最佳工况运行而不受锅炉负荷的影响，提高了制粉系统的经济性。由于配置了钢球磨煤机，因此其制粉系统对煤种、煤质的适应性好。

磨煤机按其部件工作转速，可分为如下三种。

（1）低速磨煤机。转速为 15～25r/min，如筒式钢球磨煤机，其筒体的圆周速度为 2.5～3m/s。

（2）中速磨煤机。转速为 50～300r/min，如中速平盘磨煤机、中速钢球磨煤机、中速碗式磨煤机，其磨盘圆周速度为 3～4m/s。

（3）高速磨煤机。转速为 750～1500r/min，如锤击磨煤机、风扇磨煤机等，击锤和冲击板的圆周速度为 50～80m/s。

二、单元发电机组锅炉风烟系统及设备

为了使燃料在炉内的燃烧正常进行，必须向炉膛内送入燃料燃烧所需要的空气，并随时排出燃烧后所生成的烟气。为满足上述要求，大中型锅炉均采用平衡通风系统。用送风机克服空气侧的空气预热器、风道和燃烧器的流动阻力，用引风机克服烟气侧的过热器、再热器、省煤器、空气预热器、除尘器等的流动阻力，并在炉膛到引风机之间的整段烟道中维持负压。

空气预热器是利用锅炉尾部烟气的热量加热燃烧所用空气的一种对流式热交换器。空气预热器按传热方式的不同可分为传热式和再生式（又称蓄热式或回转式）两种。再生式空气预热器可比传热式空气预热器节约钢材 30%～40%，结构紧凑，质量轻，便于锅炉尾部受热面布置。因此，大容量发电机组广泛采用再生式空气预热器。

三、发电机组锅炉汽水系统及设备

锅炉汽水系统主要是由省煤器、汽包、下降管、炉水循环泵、水冷壁、过热器等设备组成。它的任务是使水吸热蒸发，最后成为具有一定参数的过热蒸汽。具体过程是：锅炉给水由给水泵送入省煤器，吸收尾部烟道中烟气的热量后送入汽包；汽包内的水经炉墙外的下降管、炉水循环泵到水冷壁，吸收炉内高温烟气的热量，使部分水蒸发，形成汽水混合物向上流回汽包，汽包内的汽水分离器将水和汽分离开，水回到汽包下部的水空间，而饱和蒸汽进入过热器，继续吸收烟气的热量成为合格的过热蒸汽，最后送入汽轮机。

随着蒸汽参数的提高，给水加热到饱和温度所需要的液体热将增加，导致省煤器的受热面增加；由于高压蒸汽的比热增大以及蒸汽温度提高，因此蒸汽过热需要的热量增加，导致过热器受热面的增加；由于汽化潜热随压力的升高而降低，蒸发所需的吸热量减少，导致蒸发受热面的减少。这就意味着随着蒸汽参数的提高，锅炉机组的省煤器、过热器的受热面相应增加，而蒸发受热面（水冷壁）则可相应减少。为此，在高压、超高压和亚临界压力锅炉中，其炉膛内除布置水冷壁外，往往还要布置另一部分辐射式或屏式过热器受热面。总之，由于蒸汽参数不同，锅炉各部分受热面的大小、占总受热面积的比例及其布置情况都会随之发生变化。

四、发电机组给水泵站

对装有中间再热凝汽式机组或中间再热供热式机组的发电厂应采用给水泵站系统。给水泵站主要是由除氧器、给水泵、高压加热器以及除氧器出口到锅炉入口这一段锅炉供水管道组成。

（一）锅炉给水泵的作用及基本工作原理

锅炉给水泵的作用是将除氧器给水箱中的水抽出提高压力后，经高压加热器送至锅炉，以维持锅炉的正常运行。同时，给水泵除了直接向锅炉供水外，还要抽出一部分水用于锅炉过热器、再热器和高压旁路等设备的减温功能。

锅炉给水泵采用离心泵，主要由叶轮、泵壳、管路和滤网等组成。在启动前，先在泵内充满水，当叶轮高速旋转时，泵内的水受到叶轮的推压也跟着旋转，叶轮内的水在离心力的作用下获得能量并将水从叶轮中心向外围甩出流进泵壳。于是叶轮中心压力降低，这个压力低于进水管内压力，水在压差作用下由进水管流进叶轮，这样水泵就可以不断吸水和供水，即水在叶轮里高速旋转获得动能。当水流出壳体时，又将动能变为压力能，所以离心泵不但能连续不断地输送液体，并能得到很高的压力。

（二）锅炉给水泵的配置

锅炉给水泵的驱动方式有两种，用汽轮机驱动的给水泵称为汽动给水泵，用电动机驱动的给水泵称为电动给水泵，这两种给水泵各有其优缺点。电动给水泵设备简单，运行可靠，但消耗厂用电量大，效率低；汽动给水泵汽水管道复杂，启动时间长，投资高，但汽动给水泵调节性能好，较采用液压联轴器、节流调节的电动给水泵更为经济，克服了电动给水泵的一些缺点。所以，发电机组给水泵站在装设两台以上锅炉给水泵时，一般都采用汽动给水泵作为经常运行泵，电动给水泵作为机组启停或事故备用泵。

锅炉给水泵容量选择要通过经济分析，常见的有下面几种方案。

（1）装设一台全容量的汽动给水泵和一台半容量的电动给水泵。当汽动给水泵发生故障时，备用电动给水泵投运，机组可带一半负荷运行，国产 300MW 发电机组的锅炉给水泵一般采用这种容量的配置方式。

（2）采用两台半容量的汽动给水泵和一台1/4 容量的电动给水泵，电动给水泵设计成定速泵，既作启动泵，又作备用泵。

（3）采用一台全容量的汽动给水泵和两台半容量的电动给水泵。电动给水泵为变速泵，用于机组启停过程及汽动给水泵的备用泵。当汽动给水泵故障时，启动两台电动给水泵则机组可以满负荷运行。

（4）采用两台全容量电动给水泵，一台运行，一台备用。因这种容量配置方式厂用电消耗量大、不经济，目前很少采用。

五、发电机组回热系统

回热系统是利用从汽轮机某中间级后抽出部分蒸汽来加热锅炉给水，提高给水温度，减少给水在锅炉中的吸热量；同时可使抽汽不在凝汽器中冷却放热，减少了凝汽器排汽的冷源损失，提高了发电机组的热经济性，同时还可以减小低压缸末级叶片的尺寸，给汽轮机设计制造带来了方便。

（一）给水回热级数

大型汽轮发电机组随着参数的提高，都采用多级抽汽回热循环，一般回热级数为 6～7 级，超高参数发电机组回热级数不超过 8～9 级。我们知道，回热循环的热经济性随着回热级数的增加而提高，但增加回热级数必然带来系统复杂的问题，而且设备投资费用显著增加，况且当回热级数超过一定限度时，回热循环的热经济性会随着级数的增加而递减，因此回热级数的选取要经过认真的综合技术经济比较。

（二）回热系统的布置

回热系统主要是由高压加热器、除氧器、低压加热器、疏水泵等设备组成。其中，加热器可分为表面式加热器和混合式加热器两种。加热蒸汽和被加热水直接混合的加热器为混合式加热器；加热蒸汽和被加热水不直接接触，其换热通过金属面进行的加热器为表面式加热器。不同形式的加热器影响回热系统的布置方式，在回热系统的布置上力求系统简单，操作方便可靠，在保证安全的前提下尽量提高循环热效率。

大容量发电机组的给水回热系统中，除氧器采用混合式加热方式，高压加热器和低压加热器均为表面式加热器。从凝汽器出口到除氧器之间布置低压加热器，给水泵和省煤器之间布置高压加热器，由于给水流量较大，一般设置双列高压加热器组。

表面式加热器按其安装方式可分为立式和卧式两种布置形式。加热器立式布置的占地面积少，尤其是同层布置的加热器，安装管道方便。但通过理论分析和实践证明，卧式布置的加热器的结构设计方便，热量传递效果好，疏水水位比较稳定，大容量发电机组将广泛采用这种布置方式。

回热系统的疏水采用逐级自流的方法。高压加热器的流水逐级自流到除氧器，低压加热器的疏水逐级自流到最末级（或次末级）加热器的疏水扩容器内，然后用疏水泵将疏水送到该加热器出口处的主凝结水管道。为了减少疏水逐级自流排挤低压抽汽所引起的附加冷源损失，又在各低压加热器疏水出口处设置疏水冷却器。

六、发电机组轴冷水系统及设备

发电厂许多回转设备在转动过程中，轴承产生的热量要由轴承冷却水带走，由轴承冷却水构成的系统称为轴承冷却水系统，简称为轴冷水系统。

轴冷水系统除供给机组回转设备轴承冷却水外，还要供给主汽轮机冷油器、发电机氢气冷却器、励磁机空气冷却器、发电机密封油冷却器等设备的冷却用水。当然不同形式的发电机组因设计方案的不同，以上设备所用的冷却水也不完全是轴冷水。

轴冷水系统为闭式循环系统，系统补充水有除盐水、凝结水、软化水几种。显然用除盐水作为补充水的轴冷水系统干净、污染小，而用软化水作为补充水的轴冷水系统容易受污染，对设备的腐蚀比较严重。

轴冷水系统主要是由轴冷水泵、轴冷水池、轴冷水冷却器、高位水箱（缓冲箱）、砂滤器等组成。

七、发电机组循环水系统及设备

发电机组循环水系统是冷却汽轮机凝汽器排汽的冷水系统。该系统除了提供汽轮机凝汽器的冷却用水外，还可以提供汽轮机冷油器、轴冷水冷却器等设备的冷却用水及化学水处理、锅炉冲灰的水源。

根据火电厂所在地的供水条件，循环水系统可分为开式循环水系统、闭式循环水系统以及开式、闭式混合使用的循环水系统三种。开式循环水系统是指从江、河汲取的冷却水经循环水泵升压后进入凝汽器等冷却水用户，冷却水回水再排放到江、河中，冷却水不重复使用的循环水系统。闭式循环水系统是冷却水经循环泵升压后进入凝汽器，经冷却汽轮机排汽后送往冷却塔，在冷却塔内冷却后再重新送回循环水泵的入口，冷却水经循环泵、升压泵再次送入凝汽器，这样循环水往复使用。采用开式、闭式混合使用的循环水系统一般是从环境保护的角度考虑的。这种系统的开式循环和闭式循环可以互相切换，一般情况下循环水系统开式循环，当凝汽器出口循环水质超过环境保护要求的数值时，采用闭式循环。

八、发电机组电气系统及设备

随着电网及发电机组容量的不断增大，目前在大中型发电厂中广泛采用的是发电机—变压器组单元接线，这种接线的优点是可以减少所用的电气设备数量，简化配电装置结构和降低建造费用；其缺点是当单元接线中任一设备故障或检修时，整个单元发电机组必须停运。厂用电源取自发电机出口，其优点是：当主变压器高压断路器以外发生故障时，发电机组可以带厂用电运行，不会造成厂用电失电，厂用电源电压较稳定。另外，由于继电保护和自动装置的不断改进和完善，使发电机和电力系统网络故障对厂用电的影响降低到了最低程度。因此，大型发电机组广泛采用本机自带厂用电的方式。

发电厂设备用电通过变压器及配电装置供给。系统分为 6000V 系统、380V 系统、保安系统、直流系统等。保安系统设有两台柴油发电机，作为全厂失电后的交流保安电源。直流系统包括 220V 系统、48V 系统和 24V 系统，用作整台发电机组的保护、控制、调节和信号的电源。因此，要保证发电机组的稳定运行，必须保证厂用电供电可靠；另外，厂用电还应设比较可靠的备用电源。

电气系统的主要设备包括同步发电机、变压器、断路器、隔离开关。

九、发电机组凝汽系统及设备

发电机组凝汽系统是由凝汽器、循环水泵、凝结水泵、抽气器（泵）等设备组成。它们以凝汽器为主，共同完成如下任务：

（1）在汽轮机低压缸排汽口建立并保持高度真空，提高汽轮机效率。

（2）把汽轮机的乏汽凝结成水并除去凝结水中的氧气和其他不凝结气体。

汽轮机凝汽系统的工作过程为：从汽轮机低压缸末级排出的蒸汽进入凝汽器后，在凝汽器中凝结成水，由凝结水泵将凝结水抽出最后作为锅炉给水；循环水泵使循环水连续流过换汽器，吸收并带走汽轮机排汽放出的热量；抽气器（泵）是将真空系统漏入的空气以及凝汽器的未凝结蒸汽排出而维持凝汽器的真空。凝汽系统的设备包括循环水泵、凝汽器、抽气器（泵）、凝结水泵。

十、发电机氢水油系统

发电机是把机械能转变为电能的设备。在能量转换过程中，同时产生各种损耗，这些损耗不但会使发电机输出功率减少，而且会使发电机发热。当发电机有热量产生时，其各部分的温度将升高，发电机各部件的温度比环境温度升高的度数叫作部件的温升。我们知道，发电机内部的热量主要是绕组铜损耗、铁芯铁损耗产生的，所以温升也主要出现在绕组和铁芯上。发电机温升过高时，将使发电机的绝缘迅速老化，其机械强度和绝缘性能降低，寿命大大缩短，严重时会将发电机烧毁，所以，发热问题直接关系着发电机的寿命和运行可靠性。另外，从制造角度考虑，如果不提高发电机的冷却效果，随着大容量发电机组的发展，将造成材料的巨大浪费，同时也将造成加工和运输上的困难。

从目前来看，发电机的冷却方式有表面冷却和内部冷却两种。冷却介质不通过导体内部，而是间接通过绕组绝缘，铁芯机壳的表面将热量带走的方式称为表面冷却，简称为外冷。当冷却介质通入空心导体内部，使冷却介质直接和导体接触把热量带走的方式称为内部冷却（简称内冷）。目前大中型发电机组大多采用内冷方式，冷却介质为氢气和水。

十一、发电机组润滑油系统

（一）润滑油系统的作用

（1）供给汽轮发电机组各轴承润滑油，同时将轴承产生的热量吸收。

（2）在润滑油循环的过程中，将油管道及轴承中的杂质带走。

（3）在汽轮机盘车启动时供给顶轴油。

（4）为发电机提供密封油。

（二）润滑油系统的形式及组成

大部分发电机组的润滑油和发电机组的调节及保安油系统共用同一种油，即透平油。在某些进口机组中，由于发电机组的调节及保安系统采用了独立的高压抗燃油系统，因此主机的润滑油系统也就成了独立的油系统。

大容量汽轮机的润滑油系统有两种较为典型的形式：一种是通过射油器为系统供油的润滑油系统；另一种是通过涡轮泵为系统供油的润滑油系统。这两种形式的润滑油系统的组成形式基本相同。

十二、发电机组燃油系统

发电厂燃油系统可分为卸油系统、供油系统和锅炉房油系统三个部分，其作用是供锅炉启动、停止和助燃用油。

（一）卸油系统

卸油系统设备主要包括喷射式除气器（油气分离器）、真空泵、桥式卸油杆、卸油泵、污油泵、燃油输送管道和加热装置，其作用是将轻油从油罐车输送到储油罐。

（二）供油系统

供油系统是指油从油罐经过滤器、供油泵、加热器送往锅炉房的油管路系统。

供油系统的作用是将轻油从储油罐输送到油枪。供油系统中装有蒸汽管路，其用途是加热、伴热和吹扫。蒸汽加热用于油罐加热；蒸汽伴热用于管路长、散热大的地方，以防管道中的油因散热而黏度加大；蒸汽吹扫用于全部油管路，以确保系统启动、运行和停运时的安全。

（1）油罐。油罐的作用是储油，将油加热和脱水，并对锅炉供油。燃煤电厂一般设置两个油罐。油罐的种类可分为地面油罐、半地下油罐和地下油罐三种。按结构不同可分为钢板焊接油罐和水泥油罐。

（2）滤油器。滤油器的作用是除去油中的机械杂质，以免磨损设备和堵塞油枪的雾化喷嘴，油系统中装有粗、细两种滤油器。

（3）供油泵。供油泵的作用是把油压升高到需要的数值，用以克服沿途设备和管道的阻力，并保证油枪雾化喷嘴所需的压力。大容量锅炉常用的供油泵为多级离心泵。

（三）锅炉房油系统

锅炉房油系统比较简单，主要是两个管路。一个是锅炉房内从供油母管到油枪的供油配油管路，另一个是用来加热、清洗管路的蒸汽管路。

十三、发电机组疏放水系统

发电厂的疏放水系统是全面性热力系统中不可缺少的一个组成部分，疏水的来源有以下几个方面。

（1）蒸汽经过较冷的管段、部件或长期停滞在某管段或部件而产生的凝结水。

（2）冷态蒸汽管道暖管时的凝结水。

（3）蒸汽带水或减温减压喷水过量等。

若蒸汽管道中积有凝结水，运行时会引起水击，使管道或设备发生振动，严重时使管道破裂或损伤设备。若水进入汽轮机，还会引起通流部分的损坏，为此，必须及时地将疏水排放掉。一般将收集和疏泄全厂疏水的管路系统及其设备称为发电厂的疏水系统。

发电厂的汽水管道、加热器、锅炉汽包等设备，在检修时其中的凝结水需排放；除氧器锅炉汽包及各种水箱、加热器要有溢流设备。这些溢、放水的管路系统及设备构成了发电厂的放水系统。

提示：本章共三节，其中第一节适用于初级工，第二、第三节适用于初、中级工。

第一章 机组及系统简介

机组主机的工作原理、形式及结构

第一节 锅炉的工作原理、分类及形式

一、锅炉的工作原理

火力发电厂的生产过程可简要地用图2－1表示。燃料送入锅炉1中燃烧，放出的热量将水加热并蒸发成饱和蒸汽，经进一步加热后成为具有一定压力和温度的过热蒸汽，然后过热蒸汽沿管道进入汽轮机2膨胀做功。高速汽流冲动汽轮机的转子带动发电机3的转子一起旋转发电。蒸汽在汽轮机中做完功以后排入凝汽器4，在其中被由循环水泵11提供的冷却水冷却而凝结成水。凝结水经凝结水泵5升压后进入低压加热器6加热再送至除氧器7。水在除氧器中被来自抽汽管10的汽轮机抽汽加热并除去水中的氧（防止腐蚀锅炉金属部件），然后再由给水泵8升压，经高压加热器9进一步加热后送回锅炉（给水泵以后的凝结水称为给水）。送入锅炉的给水又继续重复上述循环过程。汽水系统中的蒸汽和水总会有一些

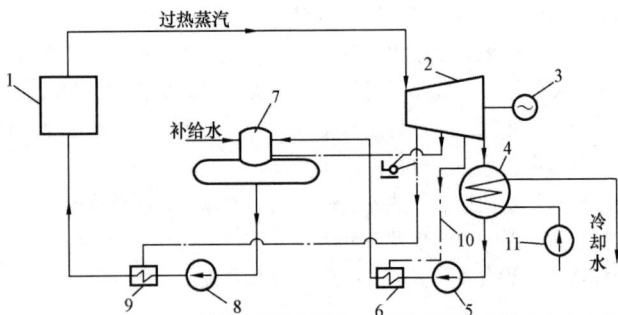

图2－1 火力发电厂生产过程示意图

1—锅炉；2—汽轮机；3—发电机；4—凝汽器；5—凝结水泵；6—低压加热器；
7—除氧器；8—给水泵；9—高压加热器；10—汽轮机抽汽管；11—循环水泵

损失，故需不断向系统补充经过化学处理的水或蒸馏水，补充水通常送入除氧器中。

二、锅炉的分类

电厂锅炉根据其工作条件、工作方式和结构形式的不同，可有多种分类方法，现简要介绍如下。

（一）按锅炉容量分

考虑现阶段我国锅炉工业发展的情况，锅炉容量的划分是：$D_e < 220 t/h$ 为小型锅炉；$D_e = 220 \sim 410 t/h$ 为中型锅炉；$D_e \geqslant 670 t/h$ 为大型锅炉（D_e——额定出力）。

（二）按蒸汽压力分

蒸汽压力 $p < 1.27 MPa$（$13 kgf/cm^2$）为低压锅炉；$p = 2.45 \sim 3.8 MPa$（$25 \sim 39 kgf/cm^2$）为中压锅炉；$p = 9.8 MPa$（$100 kgf/cm^2$）为高压锅炉；$p = 13.7 MPa$（$140 kgf/cm^2$）为超高压锅炉；$p = 16.7 MPa$（$170 kgf/cm^2$）为亚临界压力锅炉；$p \geqslant 22.1 MPa$（$225.56 kgf/cm^2$）为超临界压力锅炉；$p \geqslant 27 MPa$（$275.57 kgf/cm^2$）或过热器及再热器出口蒸汽温度大于 580℃ 为超超临界压力锅炉。

（三）按燃用燃料分

按燃用燃料分，有燃煤炉、燃油炉、燃气炉。

（四）按燃烧方式分

按燃烧方式分，有层燃炉、室燃炉（煤粉炉、燃油炉等）、旋风炉、沸腾炉等。

层燃炉是指煤块或其他固体燃料在炉箅上形成一定厚度的料层进行燃烧，通常把这种燃烧称为平面燃烧。室燃炉是指燃料在炉膛（燃烧室）空间呈悬浮状进行燃烧，通常把这种燃烧称为空间燃烧，它是目前电厂锅炉的主要燃烧方式。旋风炉是一种以旋风筒作为主要燃烧室的炉子，粗煤粉（或煤屑）和空气在旋风筒内剧烈旋转并进行燃烧，它基本上也属于空间燃烧，但其燃烧速度要比煤粉炉高得多。沸腾炉是指煤粒在炉膛（布风板）上上下翻腾，呈沸腾状态进行燃烧。这是一种平面与空间相结合的燃烧方式，这种炉子特别适宜于烧劣质煤。

三、单元制锅炉的形式

亚临界压力锅炉按蒸发受热面内工质流动方式可以分为：

1. 自然循环锅炉

锅炉蒸发受热面（水冷壁）内工质依靠下降管中的水与上升管中汽

水混合物之间的密度差进行循环的锅炉，称为自然循环锅炉。国产引进型的亚临界压力锅炉常用这种形式。

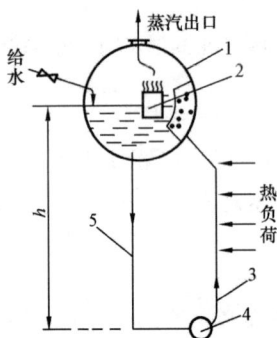

图2-2 简单的自然循环回路
1—汽包；2—汽水分离器；3—上升管；
4—下集箱；5—下降管

图2-2为简单的自然循环回路图，包括有受热的上升管和不受热的下降管，上升管和下降管的上下两端分别与汽包和下集箱连接成密闭的循环回路。

水从汽包流向下降管，下降管中的水是饱和水或达不到饱和温度的欠热水。水进入上升管后，因不断受热而达到饱和温度并产生部分蒸汽，成为汽水混合物。由于汽水混合物的密度小于下降管中水的密度，下集箱左右两侧将因密度差而产生压力差，推动上升管中的汽水混合物向上流动，进入汽包，并在汽包中进行汽水分离。分离出的汽由汽包上部送出，分离出的水则和省煤器来的给水混合后流入下降管，继续循环，这便是自然循环原理。

由此可知，自然循环的推动力是由下降管的工质柱重和上升管的工质柱重之差产生的。自然循环回路的循环推动力称为运动压头 S_{yd}，并用下式计算。

$$S_{yd} = h\rho_{xj}g - \Sigma h_i\rho_i g \qquad (2-1)$$

式中　h——循环回路高度（从下集箱中心线到汽包的蒸发表面），m；

　　　h_i——上升管各区段高度，m；

　　　ρ_i——上升管各区段内工质的平均密度，kg/m³；

　　　ρ_{xj}——下降管中工质密度，kg/m³；

　　　g——重力加速度，取9.8N/kg。

运动压头 S_{yd} 用于克服下降管阻力、上升管阻力以及汽包内的汽水分离装置的流动阻力，以使汽水能在循环回路内流动，即

$$S_{yd} = \Delta P_{xj} + (\Delta P_s + \Delta P_{fl}) \qquad (2-2)$$

式中　ΔP_{xj}——下降管阻力损失，MPa；

　　　ΔP_s——上升管阻力损失，MPa；

　　　ΔP_{fl}——汽水分离器中的阻力损失，MPa。

因此，自然循环的推动力，即运动压头取决于饱和水密度、饱和汽密

度、上升管含汽率以及循环回路高度等。随着压力的提高，饱和水和饱和汽的密度差逐渐减少，到临界压力，其密度差将为零，所以自然循环的推动力，即运动压头也随压力提高而逐渐减弱。到达一定压力后，所产生的运动压头就不足以维持水的自然循环，即不能采用自然循环了。如果只单纯依靠汽水的密度差，自然循环只能用在压力 $p \leqslant 16\text{MPa}$ 的锅炉。但因自然循环的运动压头不但与汽水的密度差有关，而且与循环高度和上升管中汽水混合物的含汽率有关。现代大型煤粉锅炉的高度很大，配 300MW 发电机组锅炉的循环回路高度可达 60m，而且上升管的含汽率也较大，所以在汽包压力为 19MPa 时仍能保证自然循环的安全性。

自然循环锅炉有以下的特点：

（1）最大的特点是有一个汽包，锅炉蒸发受热面通常就是由许多管子组成的水冷壁。

（2）汽包是省煤器、过热器和蒸发受热面的分隔容器，所以给水的预热、蒸发和蒸汽过热等各个受热面有明显的分界。汽水流动特性相应比较简单，容易掌握。

（3）汽包中装有汽水分离装置，从水冷壁进入汽包的汽水混合物既在汽包中的汽空间，又在汽水分离装置中进行汽水分离，以减少饱和蒸汽带水。

（4）锅炉的水容量及其相应的蓄热能力较大，因此当负荷变化时，汽包水位及蒸汽压力的变化速度较慢，对机组调节的要求可以低一些。但由于水容量大，加上汽包壁较厚，因此在锅炉受热或冷却时都不易均匀，使锅炉的启、停速度受到限制。

（5）水冷壁管子出口的含汽率相对较低，可以允许稍大的锅水含盐量，而且可以排污，因而对给水品质的要求可以低些。

（6）汽包锅炉的金属消耗量较大，成本较高。

2. 强制循环锅炉

蒸发受热面内的工质除了依靠水与汽水混合物的密度差以外，主要依靠锅水循环泵的压头进行循环的锅炉称为强制循环锅炉，又称辅助循环锅炉。在水冷壁上升管入口处加装节流圈的大容量强制循环锅炉又称为控制循环锅炉。

强制循环锅炉是在自然循环锅炉基础上发展起来的，因此在结构和运行特性等许多方面都与自然循环锅炉有相似之处。强制循环锅炉也有汽包，其主要差别是：自然循环主要依靠汽水密度差使蒸发受热面内的工质自然循环，随着工作压力的提高，水汽密度差减少，自然循环的可靠性降低；但强制循环锅炉由于主要依靠锅水循环泵使工质在水冷壁中作强迫流动，不受锅炉工作压力的影响，既能增大流动压头，又能控制各个回路中的工质流量。

强制循环锅炉虽然比自然循环锅炉只多用了几台锅水循环泵，但用了循环泵，可以给锅炉的结构和运行带来一系列重大的变化。在结构上，蒸发受热面就不一定采用垂直上升的形式；运行上由于在低负荷或启动时可以利用水的强制流动，使各承压部件得到均匀加热，因此可以大大提高启动及升、降负荷时的速度。

图 2 - 3 为控制循环锅炉的示意图。从图 2 - 3 可以看出，控制循环锅炉蒸发系统的流程是：水从汽包通过集中下降管后，再经循环泵送进水冷壁下集箱，再进入带有节流圈的膜式水冷壁，受热后的汽水混合物最后进入汽包。

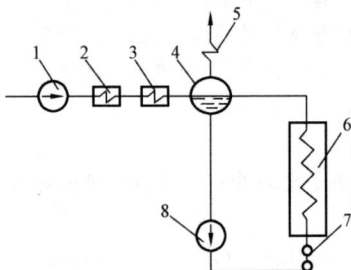

图 2 - 3 控制循环锅炉示意图
1—给水泵；2—加热器；3—省煤器；
4—汽包；5—过热器；6—水冷壁；
7—节流圈；8—循环泵

由此可以知道，强制循环锅炉（包括控制循环锅炉）有以下特点：

（1）由于装有循环泵，其循环推动力比自然循环大好几倍。自然循环产生的运动压头一般只有 0.05 ~ 0.1MPa，而强制循环则可达到 0.25 ~ 0.5MPa，因此可用小直径管作为水冷壁管。小直径管在同样压力下所需的管壁较薄，金属消耗量较少。

（2）可任意布置蒸发受热面，管子直立、平放都可以，因此锅炉的形状和受热面都能采用比较好的布置方案。

（3）循环倍率较低。因为循环倍率的大小与水冷壁的冷却有直接关系，循环倍率大则安全，但不经济（因会使循环泵流量大，消耗功率大）。由于强制循环锅炉可以使用小直径管子，管壁薄，壁温较低，如果采用较高流速 [一般质量流速 $\rho_\omega = 1000 ~ 1500 kg/（m^2 \cdot s）$]，则循环倍率可取得小一些（一般取循环倍率 $K = 3 ~ 5$）。

（4）由于循环倍率小，循环水流量较小，可以采用蒸汽负荷较高、阻力较大的旋风分离装置，以减少分离装置的数量和尺寸，从而可采用较小直径的汽包。

（5）蒸发受热面中可以保持足够高的质量流速，而使循环稳定，不会受热弱的管子发生循环停滞或倒流等循环故障。而且大容量强制循环锅炉的水冷壁管子进口处一般都装有节流圈（即为控制循环锅炉），这又是避免出现水动力的多值性、脉动现象、停滞、倒流或过大的受热偏差的有效措施。

（6）一台强制循环锅炉一般装设循环泵 3~4 台，其中一台备用。运行时循环泵所消耗的功率一般为机组功率的 0.2%~0.25%。

（7）调节控制系统的要求比直流锅炉低。

（8）锅炉能快速启停。由于循环系统的管子金属壁较薄，热容量小，在加热或冷却过程中温度易于趋向均匀，启动时汽包壁温升允许值一般可达 100℃/h（自然循环锅炉则为 50℃/h）。而且强制循环锅炉在点火前已开始启动循环泵，建立正常循环系统，所以可以缩短启动时间。

（9）其缺点是由于循环泵的采用，增加了设备的制造费用，而且循环泵长期在高压、高温（250~300℃）下运行，需用特殊材料才能保证锅炉运行的安全性。

3. 直流锅炉

给水靠给水泵压头在受热面中一次通过，产生蒸汽的锅炉称为直流锅炉。

直流锅炉的特点是没有汽包，整台锅炉由许多管子并联，然后用集箱串联连接而成。在给水泵压头的作用下，工质顺序一次通过加热、蒸发和过热受热面，进口工质为水，出口工质是过热蒸汽。由于工质的运动是靠给水泵的压头来推动的，因此在直流锅炉中，一切受热面中的工质都是强制流动的。

直流锅炉由于取消了汽包，其工作过程有如下特点：

（1）由于没有汽包进行汽水分离，也就是蒸发受热面和过热器没有中间分隔容器隔开，因此水的加热、蒸发和过热的受热面没有固定的分界，过热汽温往往也随着负荷的变动而波动较大。

（2）由于没有汽包，直流锅炉的水容积及其相应的蓄热能力大为降低，一般约为同参数汽包锅炉的 50% 以下，因此对锅炉负荷变化比较敏感，锅炉工作压力变化速度也比较快。若燃料、给水等供应比例失调，就不能保证产生合乎要求的蒸汽，这就要求直流锅炉有更灵敏的调节控制手段。

（3）在直流锅炉中，蒸发受热面不构成循环，无汽水分离问题，因此当工作压力增高，汽水密度差减小时，对蒸发系统工质的流动并无影响，因此在超临界压力以上时，直流锅炉仍能可靠地工作。

（4）由于没有汽包，直流锅炉一般不能连续排污，给水带入锅炉的盐类除了蒸汽带去的一部分外，其余都将沉积在受热面管子中，因此直流锅炉对给水品质的要求很高。

（5）由于没有汽包，热水段、蒸发段和过热段没有固定的分界，同时因为汽、水比热容不同，在直流锅炉蒸发受热面中会出现一些流动不稳定、脉动等问题，会直接影响锅炉的安全运行。

（6）在直流锅炉的蒸发受热面中，水从开始沸腾一直到完全蒸发，都是在高压、高含汽率的条件下进行的，锅炉蒸发受热面管内的换热就可能处于膜态沸腾状态下，这时受热面的金属壁温就会急剧升高，工作不安全，因此防止膜态沸腾将是直流锅炉设计和运行中必须注意的问题。

（7）在直流锅炉中，蒸发受热面中的汽水流动不像自然循环锅炉那样靠工质压差自然循环，不消耗水泵压头，而是完全靠水泵压头推动汽水流动，故要消耗较多的水泵功率。一般汽包锅炉的汽水阻力为 1 ~ 2MPa，而直流锅炉则为 3 ~ 5MPa。

（8）启动时，自然循环锅炉中的蒸发受热面靠锅水的自然循环而得到冷却。在直流锅炉中，则要有专门的系统和启动分离器，以便在启动时有足够的水量通过蒸发受热面，以保护受热面管子不致被烧坏。

（9）由于没有汽包，又不用或少用下降管，因而可节省钢材 20% ~ 30%（与汽包锅炉相比）。同时，直流锅炉的制造工艺比较简单，运输安装也比较方便。

（10）由于没有厚壁的汽包，在启、停过程中，锅炉各部分的加热和冷却都容易达到均匀，因此启动和停炉的速度都比较快。冷炉点火后 40 ~ 45min 就可供给额定压力和温度的蒸汽。而一般自然循环锅炉升火要 2 ~ 4h，停炉则需 18 ~ 24h。

（11）由于直流锅炉的工质是强制流动的，因而蒸发受热面可以任意布置，不必受自然循环锅炉必需上升、下降管直立布置的限制，因而容易满足炉膛结构的要求。

4. 复合循环锅炉

复合循环锅炉是由直流锅炉和强制循环锅炉综合而发展来的，是直流锅炉的改进。依靠锅水循环泵的压头，将蒸发受热面出口的部分或全部工质进行再循环的锅炉称为复合循环锅炉。它包括全负荷复合循环锅炉和部分负荷复合循环锅炉两种。全负荷复合循环锅炉常用于亚临界压力，其蒸发系统在整个负荷范围内都实行工质再循环，故称全负荷复合循环锅炉。由于在额定负荷时，它的循环倍率只有 1.2 ~ 2.0，故又称为低循环倍率锅炉。随着锅炉负荷的降低，其循环倍率增大。

而部分负荷复合循环锅炉是指其蒸发系统在部分负荷（即低负荷）时，按再循环原理工作，但在高负荷时，则按纯直流原理工作。这种形式多用于超临界压力锅炉。

亚临界压力的全负荷复合循环锅炉的蒸发系统示意图如图2-4所示。从图2-4可看出，亚临界压力全负荷复合循环锅炉蒸发系统的流程是：给水经省煤器1进入混合器2，与由分离器8分离出的锅水混合，经过滤器过滤后，通过循环泵4，经分配器5输送至水冷壁7的各个回路中。水冷壁的各个回路管子上都装有节流圈6，以合理分配各个回路的水量。水冷壁产生的汽水混合物在汽水分离器8中进行汽水分离，分离出来的蒸汽送往过热器，分离出来的水则送回混合器，进行再循环。循环泵一般装2~4台，其中一台备用。

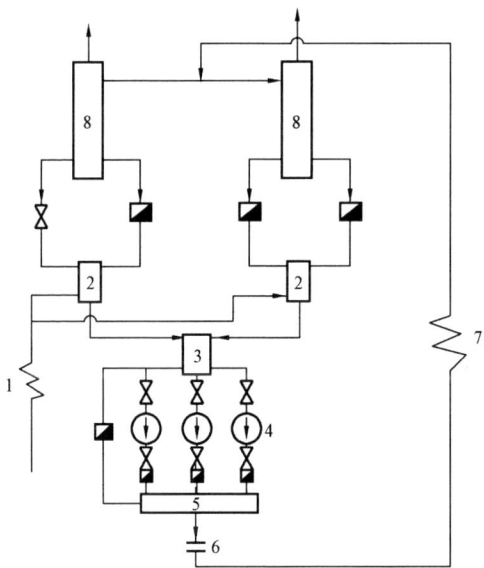

图2-4 亚临界压力的全负荷复合循环锅炉的蒸发系统示意图
1—省煤器；2—混合器；3—过滤器；4—循环泵；
5—分配器；6—节流圈；7—水冷壁；8—汽水分离器

当运行的循环泵发生故障时，备用泵便立即投入。在切换过程中，给水经备用管直接进入水冷壁，以确保锅炉的连续安全工作。

全负荷复合循环锅炉也可用于超临界压力，其系统图如图2-5所示。系统中取消了汽水分离器，因而也只适用于超临界压力。

全负荷复合循环锅炉对循环泵的特性有一定的要求，即要求循环泵在

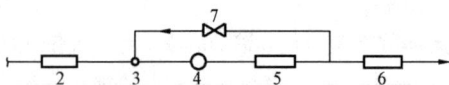

图 2-5 超临界压力全负荷复合循环锅炉循环系统示意图
1—给水泵；2—省煤器；3—混合器；4—循环泵；
5—水冷壁；6—过热器；7—止回阀

各种流量下，其压头变化不大，以便在整个锅炉负荷范围内，使流经水冷壁的工质流量大致不变。由于全负荷复合循环锅炉在各种负荷时水冷壁中工质流量变化不大，因此在额定负荷时，可以采用比直流锅炉低得多的质量流速，一般为 $\rho_\omega = 1100 \sim 1600 kg/(m^2 \cdot s)$［直流锅炉的质量流速高达 $\rho_\omega = 2000 \sim 2500 kg/(m^2 \cdot s)$］。在高负荷时，全负荷复合循环锅炉蒸发系统中的工质质量流速要比直流锅炉低得多，因此流动阻力相应要小得多。而在低负荷时，全负荷复合循环锅炉蒸发系统中的工质质量流速则较大，冷却条件又比直流锅炉好得多。

锅炉负荷变动时，给水流量、循环倍率以及分离器出口的蒸汽湿度均会发生变化。例如当负荷降低时，给水流量减少，但水冷壁管中工质流量减少不多，因而循环倍率增大，进入分离器的工质湿度也增大，但这时进入过热器的蒸汽湿度反而减少。这是因为锅炉负荷降低时，分离器的蒸汽负荷和工作压力相应降低，有利于汽水分离。全负荷复合循环锅炉分离器出口蒸汽湿度的这种变化，也使其汽温特性与其他形式的锅炉不同。在低负荷时进入过热器的蒸汽带水量，则对过热器的喷水量就要增加，在某一负荷下，喷水量达到最大值，低于这个负荷时，由于过热器的对流特性起主要作用，喷水量将随负荷的降低而减少。

在运行中，分离器水位波动较大。尽管分离器高度很大，允许水位有较大幅度的波动，但也不能低于规定的最低水位。

最大的水位波动发生在给水泵切换过程中，一般切换时间为 $10 \sim 20s$。循环泵的切换时间更短，仅为 $3 \sim 5s$，故对水位影响不大。全负荷复合循环锅炉既有直流锅炉的特点，又有强制循环锅炉的特点，但是它没有大直径的汽包，只有小直径的汽水分离器，因此钢材消耗量较少。这种锅炉的循环倍率只有 $1.2 \sim 2.0$，而强制循环锅炉则为 $3 \sim 5$，因此，循环泵的功率也较小。

由于有以上特点，全负荷复合循环锅炉最适合用于容量为 $300 \sim 600MW$ 的机组。部分负荷复合循环锅炉，则广泛应用于超临界压力的大容量锅炉。

图 2-6 为超临界压力的部分负荷复合循环锅炉的循环系统图，如图所示，系统中装有两台循环泵，其中一台作备用。由省煤器来的给水经 2~3 根连接管送入球形混合器。当负荷低于切换负荷时，给水在此与水冷壁出口的锅水混合，混合后由循环泵升压，流入球形分配器内，由此经分配管送至水冷壁的下集箱。为减少水冷壁的热偏差，这些集箱分隔成几段，每段与球形分配器上的 1~2 根分配管相连，形成各个单独回路，在球形分配器的分配管管座上开有节流小孔，按炉膛受热面热负荷分布情况来分配各回路的水流量。在再循环系统内装有循环限制阀，当锅炉按再循环工况运行时，此阀用以调节循环水流量；而当锅炉按直流工况运行时，再循环系统停止工作，此阀可起到严密断开的作用，这时循环泵仅起升压作用，或者也可以停用循环泵，使给水经旁路直接进入水冷壁。

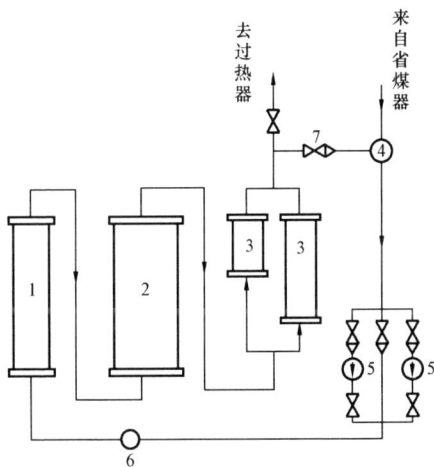

图 2-6　超临界压力的部分负荷复合循环锅炉的循环系统
1—双面曝光水冷壁；2—水冷壁；3—对流井包覆管；4—混合球；
5—循环泵；6—分配球；7—循环限止阀

综合起来，复合循环锅炉有以下的特点：

（1）需要有能长期在高温高压下运行的循环泵。

（2）锅炉汽水系统的压降小，与直流锅炉相比，能节省给水泵的能量消耗。这主要由于在高负荷时可以选用较低的质量流速，而在低负荷时则利用循环泵来得到足够的质量流速。

（3）锅炉运行时的最低负荷几乎没有限制，而一般直流锅炉的最低负荷往往限制在额定负荷的 20%～30% 内。同时，由于在低负荷时，复合循环锅炉没有旁路系统的热损失，减少了机组热效率的降低。

（4）炉膛水冷壁内工质流动可靠，很少产生故障，因此，在各种负荷下水冷壁烧坏爆管的可能性很小。

（5）旁路系统简化，使机组启动时的热损失较小。这是由于锅炉启动时用炉水再循环系统来保持水冷壁内工质有足够的质量流速，此时锅炉给水量只有最大蒸发量的 5%～10%，因而启动热损失很小，仅为直流锅炉启动热损失的 15%～25%。由此可见，复合循环锅炉有许多优点，如果循环泵能保证在高温高压下工作可靠，那么复合循环锅炉是适用于亚临界压力和超临界压力的一种比较理想的锅炉型式。

5. 超超临界锅炉

随着我国电力工业水平的快速发展，高参数、大容量锅炉不断出现。目前国内具有制造超超临界锅炉能力的锅炉厂主要有三家，即哈尔滨锅炉厂有限责任公司（简称哈尔滨锅炉厂）、上海锅炉厂有限公司（简称上海锅炉厂）、东方锅炉（集团）股份有限公司（简称东方锅炉厂）。

超超临界煤粉锅炉主要有墙式燃烧和切圆燃烧两种燃烧方式，对大容量锅炉来说，墙式燃烧和切圆燃烧都被证明是可行的。随着机组容量不断增大，对切圆燃烧 π 形锅炉由于炉内旋转气流造成炉膛出口两侧流动偏差加大，越来越显露出来。因此此机组容量达到百万千瓦级时，采用了八角切圆（双切圆）燃烧的长方形炉膛，有利于减小炉膛出口两侧流动偏差。而墙式燃烧系统的燃烧器布置方式能够使热量输入沿炉膛宽度方向均匀分布，使得在过热器、再热器区域的烟温分布也较均匀。对 900～1000MW 塔式锅炉，由于不存在炉膛出口两侧烟温偏差大的问题，可采用单炉膛四角切圆燃烧方式。

燃烧方式同样与水冷壁的结构有着密切的关系，如果切圆燃烧配螺旋管圈水冷壁，在结构处理上比较困难，这也是采用切圆燃烧的制造厂家在不断开发适应超临界参数垂直管圈水冷壁锅炉的原因之一。

第二节　锅炉的基本结构及特点

一、锅炉本体概况

锅炉本体采用单炉膛 π 形（原称倒 U 形）布置，一次中间再热，燃用煤粉，燃烧制粉系统为钢球磨煤机中间贮仓式热风送粉，四角布置切圆燃烧方式，并采用直流式宽调节比摆动燃烧器（简称 WR 燃烧器），分隔烟道挡板调节再热蒸汽温度，平衡通风，全钢结构，半露天岛式布置，固态机械除渣。

图2-7为1025t/h亚临界参数自然循环锅炉简图。炉顶中心标高为59000mm，汽包中心线标高为63500mm，炉膛四周布置了膜式水冷壁。

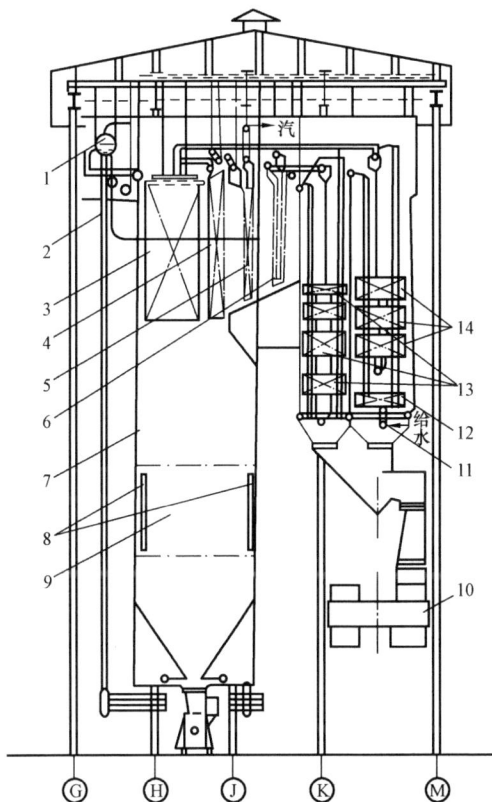

图2-7　1025t/h亚临界参数自然循环锅炉简图

1—汽包；2—下降管；3—分隔屏；4—后屏；5—高温过热器；6—高温再热器；
7—水冷壁；8—燃烧器；9—燃烧带；10—空气预热器；11—省煤器进口集箱；
12—省煤器；13—低温再热器；14—低温过热器

炉膛上部布置了四大片分隔屏，分隔屏的底部距最上层一次风煤粉喷口中心高度为21160mm，这对燃用低挥发分的贫煤（本锅炉的设计燃料）有足够的燃尽长度。为使着火和燃烧稳定，除采用WR燃烧器外，还在燃烧器四周水冷壁上敷设了适当的燃烧带（或称卫燃带）。

在分隔屏之后及炉膛折焰角上方，分别布置有后屏及高温过热器。水平烟道深度为4500mm，其中布置有高温再热器。水平烟道的底部不是采用水平结构，而是向前倾斜，其优点是可以减轻水平烟道的积灰。尾部垂直烟道（后烟井）为并联双烟道，亦即分隔成前、后两个烟道，总深度为12000mm，前烟道深度为5400mm，为低温再热器烟道，后烟道深度为6600mm，为低温过热器烟道，在低温过热器下方布置了单级省煤器。过热蒸汽温度用两级喷水减温器来调节，而再热蒸汽温度的调节是通过烟气挡板开度的改变调节尾部烟道中前、后两个烟道的烟气量，从而控制在锅炉负荷变动时的再热蒸汽温度。

尾部烟道下方设置两台转子直径为10330mm的转子转动的三分仓回转式空气预热器，这可使锅炉本体布置紧凑，节省投资。水冷壁下集箱中心线标高为7550mm，炉膛冷灰斗下方装有两台碎渣机和机械捞渣机。

锅炉构架为全钢高强度螺栓连接钢架，除空气预热器和机械出渣装置以外，所有锅炉部件都悬吊在炉顶钢架上。为方便运行人员操作，在锅炉标高为32200mm，G排至K排柱间放置了燃烧室区域的防雨设施。汽包两端并设有汽包小屋室等露天保护设施，炉顶上装有轻型大屋顶。

锅炉设有膨胀中心和零位保护系统，锅炉深度和宽度方向上的膨胀零位设置在炉膛深度和宽度中心线上，通过与水冷壁管相连的钢性梁上的止晃装置与钢梁相通构成膨胀零点。垂直方向上的膨胀零点则设在炉顶大罩壳上。所有受压部件吊杆均与膨胀零点有联系。对位移最大的吊杆均设置了预进量，以减少锅炉运行时产生的吊杆应力。

锅炉采用一次全密封结构。炉顶、水平烟道和炉膛冷灰斗的底部均采用大罩壳热密封结构，以提高锅炉本体的密封性和美观性。

单炉膛π形（原称倒U形）锅炉应用最为广泛，但随着机组容量不断增大，对单炉膛π形锅炉由于炉内旋转气流造成炉膛出口流动偏差加大，越来越显露出来。因此机组容量达到百万千瓦级时，采用八角切圆（双切圆）燃烧的长方形炉膛或者单炉膛切圆燃烧塔式炉越来越多。而墙式燃烧系统的燃烧器布置方式能够使热量输入沿炉膛宽度方向均匀分布，使得在过热器、再热器区域的烟温分布也较均匀，可采用单炉膛π形布置。

二、锅炉的主要部件

1. 燃烧室（炉膛）

炉膛断面尺寸为深12500mm、宽13260mm的矩形炉膛，其深宽比为1:1.06。这样近似正方形的矩形截面为四角布置切圆燃烧方式创造了良好条件，使燃烧室内烟气的充满程度较好，从而使燃烧室四周的水冷壁吸热比较均匀，热偏差较小。

燃烧室上部布置四大片分隔屏过热器，便于消除燃烧室上方出口烟气流的残余旋转，减少进入水平烟道的烟气温度偏差。

2. 汽包

汽包横向布置在锅炉前上方，汽包内径为1743mm，壁厚为145mm，筒身长度为20500mm，筒身两端各与半球形封头相接，筒身与封头均用BHW-35钢材制成。

汽包内部下方装有给水分配管，四根大直径下降管则均匀布置在汽包筒身底部。给水分配管上的给水孔正好在下降管管座上方，可以防止汽包壁受到低温给水冷的影响，使汽包上下壁温比较均匀。下降管入口处装有十字形消涡器，以减少或消除下降管入口产生漩涡带汽，保证水循环安全。汽包内部装有轴流式旋风分离器、波浪形干燥器、连续排污管、事故紧急放水管和加药管等。

四只单室、一只双室水位平衡容器、两只双色水位表、一只双色液位控制装置分别布置在汽包两端封头上，起就地控制、监视和保护等功能。

三只弹簧式安全阀置在汽包两端封头上，其总排放量大于锅炉最大连续蒸发量（boiler maximum continue rate，BMCR）的75%。

汽包筒身上还设置了若干只压力测点和一只压力表，作就地或远距离控制和监视压力用，并布置了一只辅助用蒸汽管座。

3. 水冷壁

水冷壁由内螺纹管和光管组成。四周炉墙上共划分为32个独立回路，其中两侧墙各有6个独立回路，前、后墙各有6个回路。最宽的回路有23根管子，它位于前、后墙中部。炉膛四角为大切角，每一切角处的水冷壁形成2个独立小回路，四角共8个独立小回路。切角下部形成燃烧器的水冷套，以保护燃烧室不致烧坏，水冷套与燃烧器一起组装出厂。

前、后墙水冷壁在15253mm标高处折成冷灰斗，以50°落灰角向下倾斜至底部，形成开口为1400mm的出渣口，与机械除渣机及碎渣机相连。后墙至标高39839mm处形成深为3000mm的折焰角，而后墙的22根水冷壁管子拉出，改为$\phi675 \times 18$管子，形成后墙悬吊管，以承受后墙水冷壁的重量。折焰角以30°水平夹角向后上方延伸成近5200mm的水平烟道，然后垂直向上形成3排排管至出口集箱。

4. 过热器

SG-1025/18.1-M319型锅炉为亚临界参数锅炉，锅炉工作压力高，过热蒸汽的吸热量比例较大，占锅炉工质总吸热量的 36.4%，过热器系统比较复杂和庞大。过热器系统包括顶棚过热器、低温对流过热器、分隔屏及后屏过热器、高温对流过热器等。

顶棚过热器分前炉顶过热器和后炉顶过热器，也包括延伸烟道，即水平烟道两侧墙的包覆管过热器。低温对流过热器水平布置在尾部烟道隔板的后烟道，逆向对流传热。四大片分隔屏过热器布置在炉膛上方，每片分隔屏由 6 小片管屏组成，其外形尺寸为高 13400mm、宽 2×28200mm，分隔屏的横向平均距离为 2698mm。20 片后屏过热器布置在炉膛出口处，每片后屏由 14 根 U 形管组成，位于炉膛内的屏高为 14300mm。高温过热器则布置在炉膛折焰角的上方，为顺流对流过热器。

5. 再热器

再热器分成两级，第一级再热器是位于尾部烟道前烟道的低温对流再热器，第二级再热器则位于水平烟道、装在高温过热器后面的高温对流再热器。汽轮机高压缸的排汽首先进入低温再热器，经加热后由低温再热器出口集箱引入高温再热器，加热后由高温再热器出口集箱分二路送至汽轮机中压缸，继续做功。

6. 省煤器

省煤器为一组水平蛇形管，布置在尾部烟道的后烟道低温过热器的下方，顺列布置，垂直于前墙。

7. 空气预热器

锅炉设置了两台转子直径为 10330mm 的三分仓回转式空气预热器，它们布置在尾部烟道的下方，用以加热一次风和二次风。预热器在正常情况下均由主电动机驱动，当冲洗、盘车或主电源发生故障时，则由另一电源的辅助电动机驱动。预热器的径向、周向和轴向均有密封装置，以防止和减少漏风，并装有吹灰器。

8. 燃烧设备

燃烧器的布置采用四角布置切圆燃烧方式，在炉室下部四个切角处各布置一组直流式宽调节比摆动式燃烧器（简称 WR 燃烧器），每组燃烧器由 8 层二次风喷嘴、4 层一次风喷嘴和 2 层三次风喷嘴组成。燃烧器区域切角管形成的水冷套把整个燃烧器包围成水冷套保护屏，可以有效地防止燃烧器烧坏和结渣，燃烧器的重量通过法兰传递到水冷壁上。

每一层一次风喷口与二次风喷口做间隔布置，而下面两层一次风及上面两层一次风又相对集中，这样有利于低挥发分煤的燃烧和稳定；两组三次风则集中布置在顶部二次风的下方，其喷嘴向下倾斜 10°，而不再摆动。除顶部二次风摆动为手动外，其余喷嘴的摆动均由摆动汽缸驱动作整体摆动。一次风摆动的角度为 ±13°，二次风摆动的角度为 ±15°，最下层的二次风喷嘴挡板为手动，经常处于常开位置。

燃烧器采用宽调节比的煤粉喷嘴，对锅炉燃用贫煤、无烟煤等低挥发分煤时煤的着火和燃烧有所帮助，而且在较低负荷时可以起到稳定燃烧的作用。一次风和三次风喷嘴内均设有周界风。

煤粉炉的点火为二级点火，由高能点火器和蒸汽雾化重油油枪组成。重油油枪为可进退的内混式挠性型油枪，重油油枪装在 AB、BC、DE 三层二次风喷嘴内，每支重油油枪侧面各布置一个高能点火器。每个角的燃烧器内装有 5 只火焰监视器，可监视着火和燃烧状况，并用作炉膛的熄火保护信号。燃烧器的喷口布置示意如图 2-8 所示。

9. 汽温调节方式

过热蒸汽温度由喷水减温器进行调节。过热器系统共布置两级喷水减温，第 1 级布置在分隔屏进口的汇总管道上，MCR 工况时的设计喷水量为 26t/h，用以控制进入分隔屏的蒸汽温度；第 Ⅱ 级喷水减温器则布置在后屏过热器出口的左右连接管上，其设计喷水量为 9t/h，用于控制高温过热器的出口汽温，以获得所需要的过热蒸汽温度。

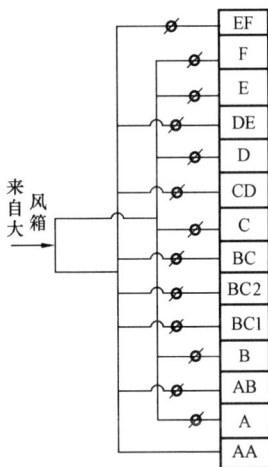

图 2-8　燃烧器喷口布置示意图
A、B、C、D、E、F—煤粉喷嘴和三次风的周界风挡板，共24组，气动；
AB、BC1、BC2、BC、CD、DE、EF—二次风挡板，共28组，气动；
AA—二次风挡板，气动；A、B、C、D——一次风煤粉喷嘴；E、F—三次风喷嘴；1AA、BC1、BC2、CD、EF—二次风喷嘴；AB、BC、DE—带油枪的二次风喷嘴

再热蒸汽的温度调节利用布置在尾部烟道下方的烟气挡板来达到。根据不同的工况，调节烟气挡板开度，以改变进入低温再热器的烟气流量，从而保证在各种工况下的额定汽温。在低温再热器进口管道上设置了事故喷水减温器，以防止过高温度的汽轮机高压缸排汽进入再热器。在低温再热器出口管道上设置了微量喷水减温器，以调节再热器出口的左右温度偏差。

第二章　机组主机的工作原理、形式及结构

10. 出渣设备

本锅炉采用两台对称布置的机械连续出渣机,它布置在渣斗下方,冷却水不断冲洗渣斗以保护渣斗。每只渣斗的冷却水量为15t/h左右。

超临界锅炉的主要部件区别是不安装汽包。以 DG3060/27.46 – Ⅱ1 型锅炉为例,锅炉启动系统为带炉水循环泵的启动系统,汽水分离器为内置式。炉膛由下部内螺纹水冷壁和上部垂直上升水冷壁两个不同的结构组成,两者间由过渡水冷壁和混合集箱转换连接。过热器采用水/煤比作为主要汽温调节手段,并配合二级喷水减温作为主汽温度的细调节,喷水减温每级左、右二点布置以消除各级过热器的左右吸热和汽温偏差。再热器调温以烟气挡板调温为主,必要时可采用事故喷水辅助调整。

三、锅炉本体的主要系统

1. 给水系统

给水通过汽轮机回热加热系统,从给水泵进入锅炉给水系统。锅炉给水系统包括100%的主给水和30%的旁路给水两条并联管路,再以单路进入省煤器进口集箱的左端。两条并联给水管路中分别装有主给水电动闸阀、气动主调节阀和旁路电动闸阀、旁路电动调节阀,见图2-9。

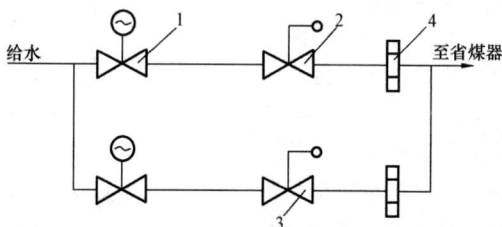

图2-9 给水系统简图

1—电动闸阀;2—气动主调节阀;3—电动调节阀;4—流量孔板

给水采用两段调节方案,即以可调速的给水泵调节给水量为主,以主给水调节阀开度调节作为辅助调节手段。

2. 水循环系统

从调速给水泵来的给水以单路进入省煤器进口集箱的左端,经省煤器加热至低于饱和温度(即用非沸腾式省煤器),从省煤器出口集箱两端引出,并在省煤器出口连接管道的终端汇总后,分3路进入汽包内下部的给水分配管,再进入锅炉的水循环系统。

锅炉的水循环系统包括汽包、大直径下降管、分配器、水冷壁管、引出管和引入管等，如图 2 - 4 所示。来自省煤器的未沸腾水进入汽包内沿汽包长度布置的给水分配管中，分 4 路直接分别进入 4 根大直径下降管的管座，使从省煤器来的欠焓水和炉水直接在下降管中混合，可以避免给水与汽包内壁金属接触，减少了汽包内外壁和上下壁的温差，对锅炉启动和停炉时有利，可以减少相应产生的热应力。

在 4 根下降管的下端均接有一个分配器，每个分配器分别与 24 根引入管相连（共 96 根引入管），引入管把欠焓水分别送入炉室前、后墙及两侧墙的水冷壁下集箱，然后流经四面墙的水冷壁中。水在水冷壁管中向上流动，不断受热而产生蒸汽，形成汽水混合物，经 106 根引出管引入汽包中。通过装在汽包中的轴流式旋风分离器和立式波形板，汽水进行良好的分离，分离后的炉水再次进入下降管，而干饱和蒸汽则被 18 根连接管引入顶棚过热器进口集箱，从而进入过热蒸汽系统。

为了防止锅炉在启动过程中省煤器管内产生汽化，因此在汽包和省煤器进口集箱之间设置一条省煤器再循环管，这条管路上装有两只电动截止阀。当锅炉启动时必须打开这两个阀门，向省煤器提供足够的水流量，以防止省煤器中的水汽化，直到锅炉建立了一定的给水流量后，才能切断此两阀。

3. 过热蒸汽系统

SG - 1025/18.1 - M319 型锅炉的过热蒸汽系统示于图 2 - 10 中。如图所示，饱和蒸汽从汽包引出管到顶棚过热器进口集箱，然后分成两路，绝大部分蒸汽（其流量占 MCR 工况流量的 81.5%）引入至前炉顶管，再进入顶棚过热器出口集箱，其余 18.5% MCR 流量的蒸汽经旁通短路管直接引出顶棚过热器出口集箱。采用这种蒸汽旁通方法后，可使前炉顶管的蒸汽质量流速降低至 1100kg/（$m^2 \cdot s$）以内，以减少其阻力损失。蒸汽从顶棚过热器出口集箱出来后分成三路：第一路进入后部烟道前墙包覆管，再引入后烟井环形下集箱的前部；第二路经后炉顶至后烟井前墙包覆管，再进入后烟井环形下集箱的后部；第三路则组成低温再热器的悬吊管，从上而下流至后烟井中间隔墙的下集箱，并经后烟井中间隔墙的管屏汇合至隔墙出口集箱。第一、第二路蒸汽在汇合在环形下集箱以后，分别流经水平烟道两侧墙包覆管和后烟井两侧墙包覆管，再汇集在隔墙出口集箱。这样，全部三路蒸汽都汇集在隔墙出口集箱后，再通过两排向下流动的低温过热器悬吊管进入低温过热器的进口集箱。在低温过热器中蒸汽自下而上与烟气作逆向流动传热，加热后至低温过热器出口集箱，经三通混合成一路后通往第一级喷水减温器，并再次分成两路从炉顶左右两侧的连接管道进入分隔屏两个进口集箱。分隔屏每一个进口集箱连接两大片分隔屏，蒸汽在分隔屏中加热后，被引入两只分隔屏出口集箱，由两根连接管引入后屏进口集箱。在 20 片后屏内蒸汽受热后再汇集在后屏出口集箱，经两路通过第二级喷水减温后又汇总成一路，使蒸汽得到充分交叉混合后，进入高温过热器引进至汽轮机的高压缸。这样，整个过热器系统经过两次充分混合，可使两侧汽温偏差值降低。布置二级喷水减温装置，也有利于调节左右两侧汽温不同的热偏差，增加运行调节的灵活性。出口集箱在高温过热器中蒸汽做最后加热，达到额定汽温，从出口集箱通过一根主蒸汽管道引至汽轮机的高压缸。

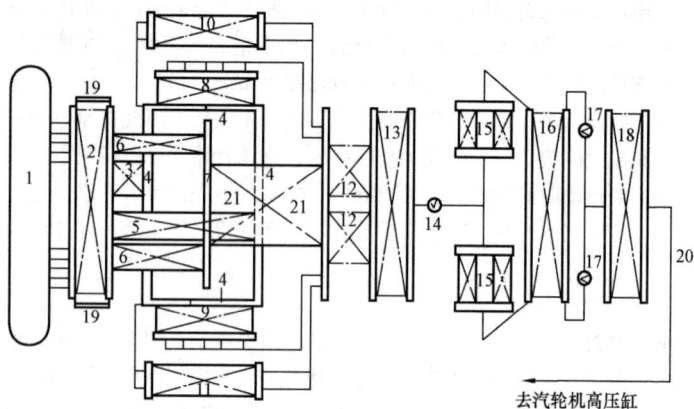

去汽轮机高压缸

图 2 - 10   SG - 1025/18. 1 - M319 型锅炉的过热蒸汽系统

1—汽包；2—顶棚过热器；3—后烟井前墙包覆管；4—后烟井环形集箱；5—后烟井顶棚及后墙包覆管；6—低温再热器悬吊管；7—后烟井分隔墙下集箱；8—后烟井左侧墙包覆管；9—后烟井右侧墙包覆管；10—水平烟道左侧墙包覆管；11—水平烟道右侧墙包覆管；12—低温过热器悬吊管；13—低温过热器；14—Ⅰ级喷水减温器；15—分隔屏；16—后屏过热器；17—Ⅱ级喷水减温器；18—高温过热器；19—短路管；20—主汽管；21—后烟井分隔墙

4. 再热蒸汽系统

SG - 1025/18. 1 - M319 型锅炉的再热蒸汽系统示于图 2 - 11 中。如图 2 - 11 所示，从汽轮机高压缸来的蒸汽，在汽轮机高压缸做功后，压力和温度都降低了，这些蒸汽首先通过锅炉两侧的两根管道引入再热器的事故喷水减温器，以防止从高压缸来的过高温度的排汽进入再热器，使再热器管子过热烧坏。然后蒸汽进入低温再热器的进口集箱，再进入水平布置的低温再热器管系，经加热后向上流动至转弯室上面，进入低温再热器出口集箱，再进入高温再热器入口集箱。在低温再热器出口集箱引出的管道上，装有微量喷水减温器，以调节低温再热器出口蒸汽的左右侧温度偏差，使进入高温再热器的蒸汽温度比较均匀，然后进入高温再热器进口集箱。蒸汽经高温再热器管系加热至额定温度后，引至高温再热器出口集箱，然后分两路引出至汽轮机中压缸，继续做功。

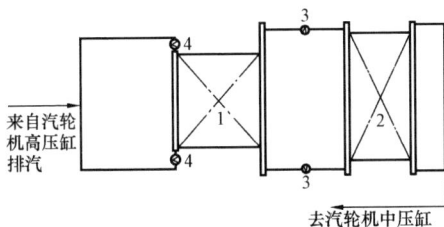

图 2-11　再热蒸汽系统

1—低温再热器；2—高温再热器；3—微量喷水减温器；4—事故喷水减温器

超临界锅炉的区别主要是水循环系统与汽包炉有较大不同。以DG3060/27.46-Ⅱ1型锅炉为例。锅炉的循环系统由内置式启动分离器、储水罐、启动再循环泵、下降管、下水连接管、水冷壁上升管及汽水连接管等组成，在负荷不小于25% BMCR后直流运行，启动分离器入口具有一定的过热度。内置式启动分离器采用旋风分离形式。在分离器湿态运行时，水冷壁出口的工质为汽水两相流，分离器起到汽水分离的作用，将分离的蒸汽直接送至过热器，分离出来疏水到储水罐，锅炉运行特性接近汽包炉。随着锅炉负荷逐渐提高，水冷壁出口的工质逐渐达到干饱和蒸汽乃至过热，进入纯直流状态运行。到临界压力及以上时，已经没有汽水两相之分了。在后两种情况下，分离器只是流通集箱，呈干式运行状态，无水位。

分离器设置有两只，分开布置，与储水罐由连接管连接，启动分离器和储水罐端部均采用锥形封头结构，封头均开孔与连接管相连。启动分离器内设有阻水装置和消旋器，尺寸规格为 φ1060×120mm，总高度为4.7m。启动分离器储水罐只设一个，尺寸规格为 1102mm×126mm，总高度为24m。

经水冷壁加热以后的工质，分别由6根连接管沿切向逆时针向下倾斜15°进入分离器，分离出的水通过连接管进入分离器下方的储水罐。储水罐通过液位控制阀控制储存水位，为分离器提供较稳定的工作条件，并且不让蒸汽进入疏水启动循环系统。储水罐容积较大，作为启动分离器排水的临时储存地，将保持一定的水位。储水罐内设有高水位、正常水位和低水位三个水位控制值，由再循环泵流量调节阀、储水罐水位控制阀调节。

分离器储水罐的疏水，从储水罐出口连接管引出，经过储水罐水位控制阀后到疏水扩容器，然后流入疏水箱，通过两台疏水泵进入凝汽器（水质合格时）或系统外（水质不合格时）。疏水管道主要用作锅炉疏水和控制分离器储水罐水位。

第三节　汽轮机的工作原理及形式

一、汽轮机的工作原理

汽轮机是以水蒸气为工质，将蒸汽的热能转变为机械能的一种高速旋转式原动机。与其他类型的原动机相比，它具有单机功率大、效率高、运转平稳、单位功率制造成本低和使用寿命长等一系列优点，它是现代火电厂和核电站中所普遍采用的发动机。在现代火电厂和核电站中，汽轮机是用来驱动发电机生产电能的，故汽轮机和发电机合称为汽轮发电机组，全世界发电总量的80%左右是由汽轮发电机组发出的。除用于驱动发电机外，汽轮机还常用来驱动泵、风机、压缩机和船舶螺旋桨等，所以汽轮机是现代化国家中重要的动力机械设备。

汽轮机的工作原理及过程：来自锅炉的蒸汽依次流过各级，将其热能转换成机械能。级是汽轮机中最基本的工作单元，在结构上，它由一列喷嘴叶栅（静叶栅）和紧邻其后与之相配合的动叶栅组成。在功能上，它完成将蒸汽的热能转变为机械能的能量转换过程。

二、汽轮机的分类

汽轮机的用途广泛，类型繁多，可以从不同的角度对汽轮机进行分类，一般常用的分类方式有以下几种。

（一）按工作原理分类

根据工作原理不同，可将汽轮机分为冲动式汽轮机和反动式汽轮机。

（1）冲动式汽轮机。主要由冲动级组成，蒸汽主要在喷嘴叶栅中膨胀，在动叶栅中只有少许膨胀。结构为隔板型，动叶片嵌装在叶轮的轮缘上，喷嘴装在隔板上，隔板的外缘嵌入隔板套或汽缸内壁的相应槽道内。

（2）反动式汽轮机。主要由反动级组成，蒸汽在喷嘴叶栅和动叶栅中的膨胀程度相同。结构为转鼓形，动叶片直接嵌装在转子的外缘上，隔板为单只静叶环结构，它装在汽缸内壁或静叶持环的相应槽道内。采用喷嘴调节的反动式汽轮机第一级为部分进汽，为避免产生过大的漏汽损失，故第一级常采用单列或双列速度级而不做成反动级。

（二）按热力特性分类

（1）凝汽式汽轮机。进入汽轮机的蒸汽在汽轮机中做功后，排入高度真空状态的凝汽器，凝结成水。

（2）背压式汽轮机。汽轮机的排汽压力高于大气压，排汽直接用于供热，无凝汽器。如排汽作为其他中低压汽轮机的工作蒸汽时，称为前置式汽轮机。

（3）调整抽汽式汽轮机。在汽轮机某级后抽出一定压力的部分蒸汽向外供热，其余蒸汽在汽轮机做完功后仍进入凝汽器。由于热用户对供热蒸汽压力有一定要求，需要对抽汽供热压力进行自动调节。根据供热需要，有一次调整抽汽和两次调整抽汽。

（4）抽汽背压式汽轮机。具有调整抽汽的背压式汽轮机。

（5）中间再热式汽轮机。蒸汽在汽轮机内膨胀到某一压力后，被全部抽出送往锅炉的再热器加热，再热后的蒸汽重新返回汽轮机继续膨胀做功。

（6）二次中间再热式汽轮机。蒸汽在汽轮机超高压缸膨胀做功后全部抽出送往锅炉的高压再热器加热，一次再热后的蒸汽返回高压缸汽轮机膨胀做功，高压缸出口的蒸汽再次全部被送入锅炉低压再热器加热，二次再热后的蒸汽返回汽轮机中低压缸膨胀做功。

（三）按主蒸汽参数分类

（1）低压汽轮机。主蒸汽压力小于 1.5MPa。

（2）中压汽轮机。主蒸汽压力为 2 ~ 4MPa。

（3）高压汽轮机。主蒸汽压力为 6 ~ 10MPa。

（4）超高压汽轮机。主蒸汽压力为 12 ~ 14MPa。

（5）亚临界压力汽轮机。主蒸汽压力为 16 ~ 18MPa。

（6）超临界压力汽轮机。主蒸汽压力大于 22.2MPa。

（7）超超临界压力汽轮机。主蒸汽压力大于 27MPa。

此外，还可按蒸汽在汽轮机内的流动方向分为轴流式和辐流式汽轮机；按用途分为电站汽轮机、工业汽轮机、船用汽轮机；按功率大小分为大功率汽轮机和中小功率汽轮机。

（四）汽轮机的型号

1. 汽轮机的型号表示方法

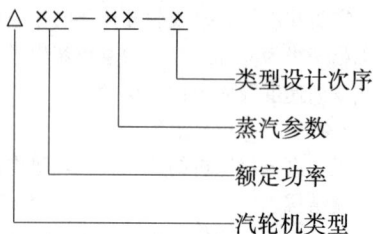

2. 汽轮机类型代号

表2-1为汽轮机类型代号。

表2-1　　　　　　　汽轮机类型代号

代号	N	B	C	CC	CB	H	Y
形式	凝汽式	背压式	一次调整抽汽式	二次调整抽汽式	抽汽背压式	船用式	移动式

3. 汽轮机型号中蒸汽参数的表示方法

表2-2为汽轮机型号中蒸汽参数的表示方法。

表2-2　　　　汽轮机型号中蒸汽参数的表示方法

汽轮机类型	蒸汽参数表示方法
凝汽式	主蒸汽压力/主蒸汽温度
中间再热式	主蒸汽压力/主蒸汽温度/中间再热温度
一次调整抽汽式	主蒸汽压力/调节级压力
二次调整抽汽式	主蒸汽压力/高压抽汽压力/低压抽汽压力
背压式	主蒸汽压力/背压
抽汽背压式	主蒸汽压力/抽汽压力/背压

三、单元制汽轮机形式介绍

目前，国内单元制机组单机容量主要为300MW机组和600MW机组，660MW和1000MW机组也有少量应用。下面重点介绍典型的300、600、1000MW机组。

1. 国产300MW机组概述

东方汽轮机厂N33-16.7/537/537-4型汽轮机，该机组是东方汽轮机厂引进和吸收国内外技术设计制造的 300MW 系列机型之一，其中调节级吸取了美国西屋公司的技术，低压部分吸取了 GE 公司和日立公司的技术。该机为亚临界、一次中间再热、单轴、高中压合缸、双缸双排汽、冲动式凝汽式汽轮机，其主要技术规范如下：

额定功率（经济功率）：300MW；

最大功率：330MW；

额定蒸汽参数：

新蒸汽：16.7MPa/537℃；

再热蒸汽：3.3MPa/537℃；

背压：冷却水温度为 20℃时，设计背压为 5.2kPa；

额定新汽流量：935t/h；

最大新汽流量：1025t/h；

给水温度：271℃；

通流级数：总共 28 级（其中，高压缸：1 个单列调节级 + 9 个冲动压力级；中压缸：6 个冲动压力级；低压缸：2×6 个冲动压力级）；

给水回热系统：3 高压加热器 +1 除氧 +4 低压加热器；

给水泵拖动方式（有两种方式可供选择）：

第一种：1×100% BMCR 的给水泵汽轮机拖动；1×50% BMCR 电动调速水泵作为备用；

第二种：2×50% BMCR 的给水泵汽轮机拖动；1×50% BMCR 电动调速给水泵作为备用；

末级动叶片高度：851mm；

末级动叶片环形排汽面积：2×6.69m²；

汽轮机主体外形尺寸（长×宽×高）：18055mm × 7464mm × 6434mm（高度是指从连通管吊环最高点到运行平台的距离）；

保证净热耗：8005kJ/kWh。

该机组为两缸两排汽形式，高、中压部分采用合缸结构。因进汽参数较高，为减小汽缸热应力，增加机组启停及变负荷的灵活性，高压部分设计为双层缸。低压缸为对称分流式，也采用双层缸结构。高压通流部分设计为反向流动，高压和中压进汽口都布置在高中压缸中部，是整个机组工作温度最高的部位。来自锅炉过热器的新蒸汽通过主蒸汽管进入高压主汽调节阀，再经高压主汽管和装在高中压外缸中部的 4 个高压进汽管分别从上下方进入高压内缸中的喷嘴室，然后进入高压通流部分。蒸汽经 1 个单列调节级和 9 个冲动压力级做功后，由高中压缸前端下部的 2 个高压排汽口排出，经 2 根冷段再热汽管去锅炉再热器，2 根再热汽管上各装 1 个排汽止回阀。再热蒸汽通过 2 根热段再热管进入中压联合汽门，再经 2 根中压主汽管从高中压外缸中部下半两侧进入中压通流部分，经中压部分 6 个冲动压力级做功后，由高中压外缸后端上半正中的中压排汽口进入连通管通向低压缸。蒸汽由低压缸中部进入通流部分，分别向前后两个方向流动，经 2×6 个冲动压力级做功后向下排入凝汽器。

高中低压转子均为整锻结构，转子间采用刚性连接，本机共有 4 个椭圆形支撑轴承和 1 个自位式轴向推力轴承，推力轴承置于 2 号支持轴承后。机组有 8 段回热抽汽，分别供给 3 个高压加热器、1 个除氧器和 4 个低压加热器。

驱动给水泵汽轮机汽源为主机中压缸排汽，即第 4 段抽汽，机组低负荷运行时，自动切换为主机新蒸汽。驱动给水泵汽轮机的排汽进入主凝汽器。该机采用从美国 Bailey 集团的 ETSI 公司引进的高压抗燃油数字电液控制系统（DEH），它可以和其他上位机取得联络，实现机电炉的协调控制。

2. 国产 600MW 机组概述

哈尔滨汽轮机厂制造的 N600 – 16.7/538/538 型汽轮机，该机为亚临界、一次中间再热、单轴、四缸四排汽反动式凝汽式汽轮机。其主要技术参数如下：

额定功率（经济功率）：600MW；

最大功率：　　　　　657MW；

额定新汽参数：

新蒸汽：　　　　16.7MPa/537℃；

再热蒸汽：　　　3.29MPa/537℃；

背压：冷却水温为 20℃ 时，设计背压为 5.4kPa；

额定新汽流量：1815t/h；

最大新汽流量：1990t/h；

给水温度：273℃；

通流级数：总共 57 级（其中，高压部分：1 个单列调节级 + 10 个压力反动级；

中压部分：2×9 个压力反动级；低压部分：2×2×7 个压力反动级）；

给水回热系统：3 高压加热器 + 1 除氧 + 4 低压加热器；

给水泵拖动方式：给水泵汽轮机拖动；

末级叶片长度：900mm；

汽轮机总长：32m；

保证净热耗率：7896kJ/kWh。

该机由 1 个高压缸、1 个分流中压缸和 2 个分流低压缸组成。

高压缸为双层缸结构，共有 11 级，除冲动式的调节级外，其余 10 个压力级均为反动级；中压缸采用分流结构，每一流向由 9 个压力反动级组成；2 个低压缸都是双流程的，每一个流程由 7 个压力反动级组成，故低压缸共有 28 级，整台汽轮机由 57 级组成。锅炉来汽经 2 个自动主汽门和 4 个调节汽门后进入高压缸，蒸汽在高压缸做功后，通过高压外缸下部的 2 个排汽口排出，去锅炉再热器。再热后的蒸汽经过 2 台组合式的再热主汽调节器（每台由 1 个再热主汽阀和 2 个调节汽阀组成）送至汽轮机中压缸，通过中压缸上下两个进汽门进入中压缸内做功，然后经中压缸两端上缸的各两个排汽口分别排出。蒸汽由两个导汽管进入低压缸，分别流向两端的排汽口，流经 7 个压力反动级做功，最后经排汽缸进入凝汽器。

机组的中压缸为双层结构，低压缸为三层缸结构。

3. 国产 1000MW 机组概述

上海电气集团股份有限公司型号为 N1000 – 31 /600/620/620 的超超临界、二次中间再热、单轴、五缸四排汽、双背压凝汽式汽轮机。其主要技术参数如下：

汽轮机型号：N 1000 – 31/600/620/620；

铭牌功率（TRL）：1000MW；

主蒸汽压力（THA）：30. 102MPa；

主蒸汽温度（THA）：600℃；

超高压缸排汽口压力（THA）：10. 73MPa；

高压缸排汽口压力（THA）：3. 479MPa；

超高压缸排汽口温度（THA）：427℃；

高压缸排汽口温度（THA）：446. 7℃；

一次再热蒸汽进口压力（THA）：10. 08MPa；

二次再热蒸汽进口压力（THA）：3. 06MPa；

一次再热蒸汽温度（THA）：620℃；

二次再热蒸汽温度（THA）：620℃；

主蒸汽进汽量（THA）：2581. 34t/h；

热耗率（THA）：7088 kJ/kWh；

给水回热级数（高压加热器 + 除氧 + 低压加热器）：4 高 5 低 1 除氧；

通流级数：87 级。

汽轮机采用一个超高压缸、一个双流高压缸、一个双流中压缸和两个双流低压缸串联的布置方式。超高压缸为单流程、双层缸设计，外缸为轴向对分桶形结构，内缸为垂直纵向平分面结构。高压缸采用双流程、双层缸设计。中压缸采用三层缸，中压外内缸、内缸采用双流程设计。低压缸采用双流程、双层缸设计。

汽轮机设置两个超高压、两个高压及两个中压联合汽门。主汽门和调门放置在共用的阀体内，并具有各自的执行机构。联合汽门均布置在汽缸两侧，机组不设调节级，采用切向进汽，全周进汽方式，节流损失小采用定-滑-定运行的方式，控制系统提供超高/高/中压缸联合启动方式、高/中压缸联合启动方式两种启动方式。汽轮机五根转子分别由六个径向轴承来支承，除超高压转子由两个径向轴承支承外，其余四根转子，即高压转子、中压转子和两根低压转子均只有一个径向轴承支承。整个汽轮机轴系总长约36m。六个轴承分别位于六个轴承座内。

第四节　汽轮机的基本结构及特点

一、汽轮机的转子与叶片

（一）转子的结构形式

现代汽轮机采用的转子形式主要有套装转子、整锻转子、整锻—套装转子和焊接转子四种。有时也采用结合两种形式的组合转子，如在整锻转子后套装几级或焊上几级叶轮。

1. 套装转子

套装转子的主轴一般都加工成阶梯形，叶轮常用红套或其他方式套装在主轴上。多采用一个径向键，并通过转子两端的轴封套和中间叶轮与轴用轴向键连接。套装转子多适用于中、低参数的冲动式汽轮机，这种结构便于加工制造并节省金属，某些高参数大容量机组的中、低压转子也有部分采用套装转子工艺。

2. 整锻转子

这种转子的叶轮、主轴及其他主要部件是在一整体锻件上加工成的。整锻转子常用作大型汽轮机的高、中压转子，这是因为：

（1）高温蒸汽可能引起套装转子叶轮和轴之间的松动。

（2）整锻转子结构紧凑，装配零件少，可缩短汽轮机的长度。

（3）在高压级中，转子直径和圆周速度相对较小，有可能采用等厚度叶轮的整锻结构。

（4）转子刚性较好。

（5）启动适应性好。

在高温区工作的转子一般都采用这种结构，如国产 125、200、300MW 汽轮机的高压转子都是整锻转子。现代大型汽轮机由于末级叶片长度增加，套装叶轮的强度已不能满足要求，所以许多机组的低压转子也采用了整锻结构。如美国西屋公司系列机组，美国 GE 公司的 350MW 机组等。目前我国引进型 300、600MW 机组的高、中、低压转子均为整锻转子。

3. 整锻—套装转子

整锻—套装组合转子也是汽轮机常采用的转子结构形式，它利用了整锻转子与套装转子的各自特点，在高温区采用叶轮与主轴整体锻造结构，而在低温区采用套装结构。这样，既可保证高温区各级叶轮工作的可靠性，又可避免采用过大的锻件；而且套装的叶轮和主轴可以采用不同的材料，有利于材料的合理利用。

4. 焊接转子

它主要由若干个叶轮和两个端轴拼焊而成，焊接转子的优点是采用无中心孔的叶轮，可以承受很大的离心力，强度好，相对质量小，结构紧凑，刚度大。焊接转子不需要采用大型锻件，叶轮与端轴的质量容易得到保证，其工作的可靠性取决于焊接质量，故要求焊接工艺高，材料的焊接性能好。

汽轮机的低压转子直径大，特别是大功率汽轮机的低压转子质量较大，叶轮承受很大的离心力。采用套装结构，叶轮内孔在运行中将发生较大的弹性变形，因而需要设计较大的装配过盈量，但同时会引起很大的装配应力。若采用整锻转子，则因锻件尺寸太大，质量难以保证，故一般采用焊接转子。

（二）汽轮机的叶片

叶片是汽轮机重要的零件之一，由多个叶片组成的叶栅起着将蒸汽的热能转换为动能，再将动能转换为汽轮机转子旋转机械能的作用。叶片是汽轮机中数量和种类最多的零件，其工作条件很复杂，除因高速转动和汽流作用而承受较高的静应力和动应力外，还因其分别处在高温过热蒸汽区、两相过渡区和湿蒸汽区内工作而承受高温、腐蚀和冲蚀作用。因此叶片结构的型线、材料、加工、装配质量等直接影响着汽轮机中能量转换的效率和汽轮机工作的安全性。所以在设计、制造叶片时，考虑到叶片既要有足够的强度，又要有良好的型线，以使汽轮机安全、经济地运行。

1. 叶片的分类

可以从不同的角度对叶片进行分类：按用途可以分为静叶片和动叶片。所谓静叶片就是在汽轮机工作过程中静止不动的叶片，也称作喷嘴叶片。静叶片安装在隔板或汽缸上，其作用是把蒸汽的热能转换为蒸汽的动能。所谓动叶片就是在汽轮机工作过程中随汽轮机转子一起转动的叶片，也称作工作叶片，动叶片安装在叶轮或转鼓上，其作用是把蒸汽的动能转换为机械能，使转子旋转。按叶片型线沿叶高的变化规律可以分为等截面直叶片和变截面扭叶片。等截面直叶片的型线沿叶高是不变的，这种叶片结构简单、加工方便、制造成本低，但流动效率相对较低。等截面直叶片一般用于汽轮机的高压短叶片级。变截面扭叶片的结构较复杂、加工困难、制造成本高，但流动效率高，所以随着加工技术的不断提高，现在扭叶片得到了广泛的应用。如国产 300MW 和 600MW 反动式汽轮机的全部静叶片和动叶片均采用了扭叶片，东方汽轮机厂生产的 300MW 冲动式汽轮机的所有压力级动叶片也均为扭叶片，上海汽轮机厂 300MW 机组的部分级也采用了扭叶片。

2. 叶片的结构

叶片一般由叶根、叶身、叶顶和叶顶连接件组成。

（1）叶根。叶根是叶片与轮缘相连接的部分，其作用是紧固动叶，使叶片在经受汽流的推力和旋转离心力作用下，不至于从轮缘沟槽里拔出来。因此，它的结构应保证在任何运行条件下叶片都能牢靠地固定在叶轮或转鼓上，同时应力求制造简单、装配方便。常用的叶根结构形式如图 2-12 所示。

1）T 形叶根。T 形叶根结构如图 2-12（a）所示，这种叶根结构简单，加工装配方便，工作可靠，为短叶片所普遍采用。它的缺点是叶片的离心力对轮缘两侧截面产生变距，而叶根承载面积小，使叶轮轮缘弯曲应力较大，轮缘有张开的趋势。为了克服这个缺点，在叶根和轮缘上做成两个凸肩，成为如图 2-12（b）所示的凸肩 T 形叶根（也称外包 T 形叶根）。叶根的凸肩能阻止轮缘张开，减小轮缘两侧截面上的应力。叶轮间距小的整锻转子常采用这种形式的叶根。在叶片离心力较大的场合下，可以采用带凸肩的双 T 形叶根，此种叶根的加工精度要求较高，特别是两层承力面之间的尺寸误差较大时，受力不均，叶根强度会大幅度下降。这种叶根结构由于增大了叶根的承力面，可用于较长叶片。

2）菌形叶根。菌形叶根的结构如图 2-12（c）所示，这种叶根和轮缘的载荷分配比 T 形叶根合理，因而强度较高，但因加工复杂，故应用不

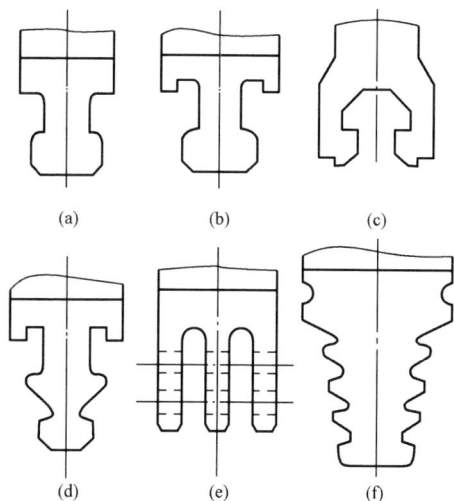

图 2 – 12　常用叶根结构形式图

（a）T 形叶根；（b）外包凸肩 T 形叶根；（c）菌形叶根；
（d）外包凸肩双 T 形叶根；（e）叉形叶根；（f）纵树形叶根

如 T 形叶根广泛。T 形叶根和菌形叶根属于周向装配方式叶根，这类叶根的轮缘上开有一个或两个缺口，叶片从这些缺口一片片依次装入轮缘槽中，最后装在缺口处的叶片为封口叶片，封口叶片的叶根与其他叶片不同。封口叶片研配装入后用两个铆钉固定在轮缘上。

3）叉形叶根。叉形叶根的结构如图 2 – 12（e）所示，叶根的叉尾从径向插入轮缘的叉槽中，并用铆钉固定。这种叶根的轮缘不承受偏心弯矩，叉尾数目可根据叶片离心力大小选择。这种叶根强度高，适应性好，而且叶根和轮缘加工方便，检修时可以单独拆换个别叶片。为了保证叶根和轮缘的连接刚性，必须在叶片安插好后再打铆钉孔和铰配铆钉，因此最后装配工作量大，且轮缘较厚，钻铆钉孔不便，所以整锻转子和焊接转子一般不用。这种叶根结构多用于大功率汽轮机的调节级和本几级。如东方汽轮机厂生产的 300MM 汽轮机的调节级动叶为三叉形叶根。

4）纵树形叶根。纵树形叶根的结构如图 2 – 12（f）所示，这种叶根和轮缘的轴向断口设计成尖劈状，以适应根部的载荷分布，使叶根和对应的轮缘承载面都接近于等强度，因此在同样的尺寸下，纵树形叶根承载能力高。叶根两侧齿数可根据叶片离心力的大小选择。但这种叶根外形复杂，装配面多，要求有很高的加工精度和良好的材料性能，而且齿端易出现较大的应力集中，所以一般多用于大功率汽轮机的调节级和叶片较长的级。

（2）叶身。叶身也称作叶型部分或工作部分，它是叶片的基本部分，叶型部分的横截面形状称为叶型，叶型决定了汽流通道的变化规律，为了提高能量转换效率，叶型部分应符合气体动力学要求。叶型的结构尺寸主要决定于静强度和动强度的要求和加工工艺的要求。按叶型沿叶高是否变化，叶片分为叶型沿对高不变的等截面直叶片和叶型沿叶高变化的变截面扭叶片。

（3）叶顶、围带和拉筋。汽轮机同一级的叶片常用围带或拉筋成组连接，有的是将全部叶片连接在一起，有的是几个或十几个成组连接。采用围带或拉筋可增加叶片的刚性，降低叶片中汽流产生的弯应力，调整叶片频率以提高其振动安全性。围带还构成封闭的汽流通道，防止蒸汽从叶顶逸出，有的围带还做出径向汽封和轴向汽封，以减少级间漏汽。对于长叶片级，往往用拉筋将叶片成组连接，其连接方式有分组连接、整圈连接、组间连接、Z型拉筋等，拉筋虽然可以改善叶片的振动特性，但由于其处在汽流通道中间，将影响级内汽流的流动，同时拉筋孔削弱了叶片的强度，所以在满足振动和强度的条件下，应尽可能不用或少用拉筋，因此有的长叶片设计成了自由叶片。

二、汽轮机的汽缸和轴承

汽轮机的外壳叫汽缸，它的作用是将汽轮机的通流部分与大气隔绝，形成封闭的汽室，使蒸汽能在其中流动做功。汽缸大体呈圆筒形或近似圆锥形，它一般做成水平对分式，分为上、下汽缸。大容量机组一般为双缸或多缸，即高压缸、中压缸和低压缸，从而达到节省和合理使用金属材料，提高机组启停灵活性的目的。

（一）高、中压缸

大功率汽轮机高压缸的工作特点是缸内承受的压力和温度都很高，一般都采用双层缸结构。图 2 - 13 表示 NC300/220/16.7/537 型汽轮机所采用的双层缸的结构。其内缸有 6 个压力级，内外缸之间的夹层与第七级后的蒸汽相通。在内外缸夹层空间对应第 4 级的位置上设置隔热环，将夹层空间分为 2 个区域，以降低内缸的温差。高压缸采用这种结构，汽流走向和流量适当，使得高压内、外缸各区域保持合理的温度和压力分布，减小了热应力和压差引起的应力。大容量中间再热机组中压缸的运行参数，其压力不是很高，但温度一般与初参数相同。从回热系统的设计考虑，中压缸一般为单层缸隔板套结构，隔板套之间即为回热抽汽口。

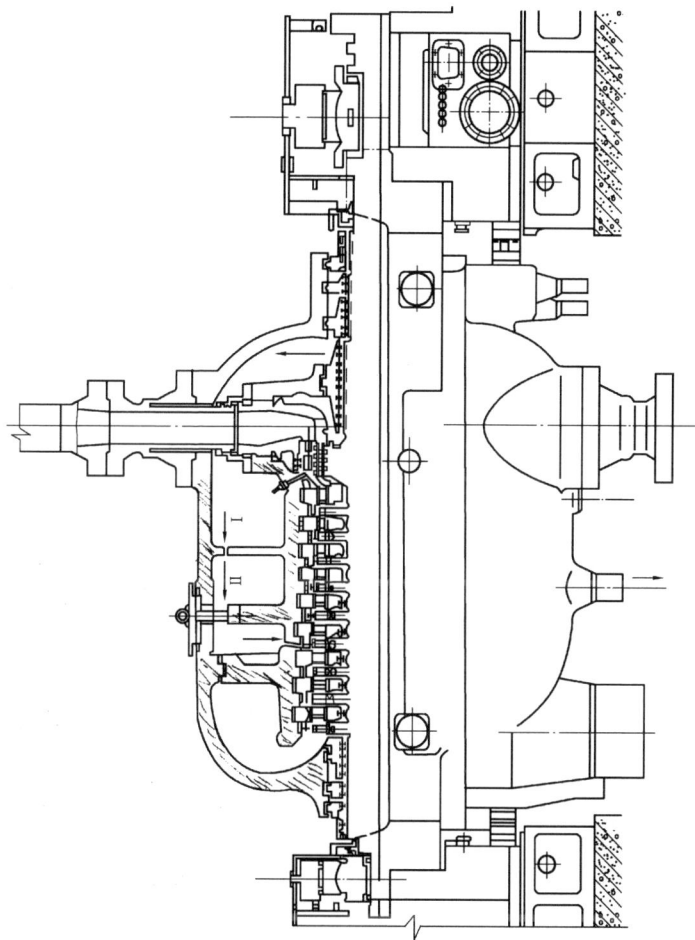

图 2 - 13 双层缸结构图

在高、中压缸的布置上，采用合缸和分缸两种方式。一般来讲，功率在350MW以上的机组不宜采用合缸方式，因为机组容量进一步扩大，使汽缸和转子过大过重，抽汽管道不宜布置，机组对负荷变化的适应性减弱。

上海汽轮机厂引进型300MW机组的高、中压缸的合并双层结构，其内、外缸均为合金钢铸造而成，高、中压缸反向布置。这种结构和布置的优点是：

（1）高、中压部分的进汽均在汽缸中部，即高温集中在汽缸中部，并且又采用双层结构，使热应力较小。

（2）高、中压缸的两端分别是高压缸排汽和中压缸排汽，压力温度均较低，因此两端汽封漏汽较少，轴承受汽封温度的影响也较小。

（3）高、中压通流部分反向布置，轴向推力可互相抵消一部分，再辅之增加平衡活塞，轴向推力也较易平衡，推力轴承的负荷较小，推力轴承的尺寸便小，有利于轴承座的布置。

（4）采用高、中压合缸，可缩短主轴的长度，减少轴承数。

（5）采用双层结构，可以把巨大的蒸汽压力分摊给内外两层缸，减少了每层缸的压差和温差，缸壁和法兰可以相应减薄，在机组启停及变工况时，其热应力也相应减小，因此有利于缩短启停时间和提高负荷的适应性。内缸主要承受高温及部分蒸汽压力的作用，其尺寸较小，故内缸壁可以较薄，从而减少了贵重耐热合金材料的消耗量。正常运行时，内、外缸之间有蒸汽流动使外缸得以冷却，故外缸的运行温度较低，可以采用一般的合金钢材料制造。在启动过程中，内、外缸夹层中的蒸汽可使内、外缸尽可能迅速同步加热，也有利于缩短启动时间。同时，外缸的内外压差比单层缸时降低了许多，因此减少了汽缸结合面漏汽的可能性，汽缸结合面的严密性能够得到保障。机组的蒸汽初参数越高，容量越大，采用双层缸的优点就越明显，因此近代高参数大容量汽轮机的高压缸多采用双层缸结构，有的机组甚至将高、中、低压缸全部做成双层缸。例如，本机组和哈尔滨汽轮机厂生产的优化引进型300MW机组的高、中压缸均为双层缸，低压缸均为三层缸结构。东方汽轮机厂生产的新型300MW机组的高压缸和低压缸为双层结构。哈尔滨汽轮机厂生产的600MW机组的高、中压缸为双层结构，低压缸为三层结构。进口机组的高、中、低压缸也多采用双层结构。

（二）低压缸

大容量机组的低压缸由于进汽温度较高，一般采用焊接双层缸结构

（为了更好地解决进汽温度较高的问题，有些机组采用三层缸结构），轴承座设在低压外缸上。

1. 低压内缸

低压内缸为焊接结构，沿水平中分面将内缸分为上、下两半，设有对称抽汽，为防止抽汽腔室之间的漏汽，在各抽汽腔室隔壁的水平中分面处用螺栓紧固。低压进汽温度较高，而内、外缸夹层为排汽参数，温度只有34℃左右，为了减少高温进汽部分的内外壁温差，在内缸中部外壁装有遮热板，在中间进汽部分环形腔室左右水平法兰上各开有弹性槽，并使整个环形的进汽腔室与其他部分分隔开，以减少热变形和热应力。内缸两端装有导流环，与外缸组成扩压段以减少排汽损失。内缸下半水平中分面法兰四角上各有一个猫爪搭在外缸上，支撑整个内缸和所有隔板的重量。水平法兰中部对应进汽中心处有立键，作为内缸的相对死点，使汽缸轴向定位而允许横向自由膨胀，内缸下半两端底部有纵向键，沿纵向中心线轴向放置，使汽缸横向定位而允许轴向自由膨胀。

2. 低压外缸

低压外缸采用焊接结构，其外形尺寸较大，为便于运输，在轴向分为三段，用垂直法兰螺栓连接；上半顶部进汽部分由带螺纹的波形管作为低压进汽管与内缸进汽口连接，以补偿内、外缸胀差和保证密封。顶部两端共装有 4 个内径为 500mm 的大气阀，作为真空系统的安全保护措施，当缸内压力升高到 0.118 ~ 0.137MPa 时，大气阀中 1mm 厚的石棉橡胶板破裂，使蒸汽排空，以保护低压叶片的安全。

（三）支持轴承与推力轴承

支持轴承与推力轴承是汽轮机的重要部件之一。前者支持转子的全部重量，后者承担转子转动时的轴向推力，因此，它们工作的好坏直接影响到汽轮机组的安全运行。

1. 支持轴承的结构

汽轮机轴承可分为轴承座和轴瓦两大部分。

轴承座一般是用铸铁铸成，大型汽轮机的轴承座是钢板焊接结构，由水平结合面分为上盖和本体两部分，用法兰连接。本体内的空腔是轴瓦的回油室。有些轴承座内尚装有调速部套、油泵、联轴器及盘车装置等。轴承座前后在汽轮机轴穿过的地方设有油挡环，防止润滑油顺轴外流。油挡环一般由铸铁或铸铝制成，并镶嵌有铜制的密封齿。密封齿与轴保持 0.15 ~ 0.25mm 的间隙。

汽轮机的轴瓦一般由上下两半用螺栓连接而成，轴瓦的本体一般为铸铁或铸钢。在其内孔加工出燕尾槽，然后衬轴承合金，再加工成所需的形状。目前汽轮机采用的轴瓦主要有：

（1）圆筒形轴瓦。其内径等于轴颈 D 加顶部间隙，顶部间隙一般约为 $2D/1000$，两侧间隙为 $D/1000$，其接触角一般为 $60°$ 左右。

（2）椭圆形轴瓦。其顶隙约为 $D/1000$，侧隙约为 $2D/1000$。其于圆筒型轴瓦的不同之处，在轴瓦上下部都形成油楔，而圆筒型轴瓦只在轴瓦下部形成油楔。

（3）三油楔轴瓦。轴瓦两端的阻油边内孔为圆筒形，其半径稍比轴颈的半径大，内孔半开，有三个油楔及三个进油口，三个油楔所占的弧长及位置根据汽轮机转子的转动方向及轴承的负荷来确定，其中较长的主油楔位于轴瓦的下部，其余两个较短的油楔位于上部两侧，为避免轴瓦中分面将油楔切断，轴瓦中分面需与水平面成一个倾角。

（4）可倾瓦支持轴承。可倾瓦轴承又称活支多瓦轴承，是密切尔式的支持轴承，它通常是由 3~5 或更多块能在支点上自由倾斜的弧形瓦块组成，其原理如图 2-14 所示。瓦块在工作时可以随着转速、载荷及轴承温度的不同而自由摆动，在轴颈四周形成多油楔。如果忽略瓦块的惯性、支点的摩擦阻力及油膜剪切内摩擦阻力等影响，每个瓦块作用到轴颈上的油膜作用力总是通过轴颈中心的，不易产生轴颈涡动的失稳分力，因此具有较高的稳定性，理论上可以完全避免油膜振荡的产生。另外，由于瓦块可以自由摆动，增加了支撑柔性，还具有吸收转轴振动能量的能力，即具有很好的减振性。可倾瓦还有承载能力大、耗功小以及能承受各个方向的

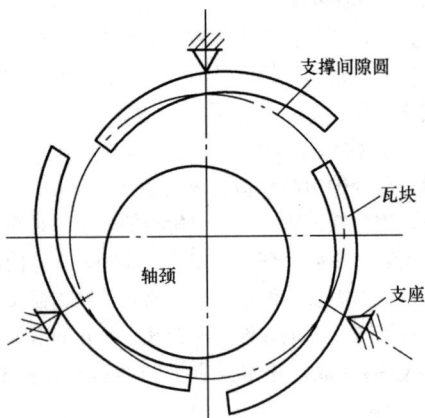

图 2-14　可倾瓦支持轴承原理图

径向载荷、适应正反转动等优点，特别适合在高速轻载及要求振动很小的场合下应用。只是由于结构复杂，加工制造以及安装、检修较为困难，成本较高等原因，限制了它的应用。

根据对上述汽轮发电机组中几种常用的支持轴承在承载量、稳定性等方面进行的许多试验表明：圆筒形支持轴承主要适用于低速重载转子；三油楔支持轴承、椭圆形支持轴承适用于较高转速的轻、中和中、重转子；可倾瓦支持轴承则适用于高转速轻载和重载转子。上海汽轮机厂生产的300MW 汽轮机有 4 个径向支持轴承，高、中压转子和低压转子各 2 个，编号为 1 号、2 号、3 号、4 号。采用三种结构形式：1 号和 2 号轴承均为可倾瓦式轴承，3 号轴承为三瓦块轴承，4 号轴承为圆筒形轴承。

轴瓦在轴承座内的支承方式有圆柱形及球形两种。圆柱形支承是靠轴瓦外圆周上设置的四块垫铁调整轴瓦位置及紧力的。球面支承是由轴瓦、轴瓦壳及瓦枕三部分组成。将调整中心及紧力用的垫铁及销饼都装在瓦枕的外侧，瓦枕与轴瓦壳做成球形配合，使轴瓦能够随轴的挠度变化，自动调整中心，保证轴瓦与轴颈保持良好接触及长度方向上负荷分配均匀。

2. 推力轴承的结构

推力轴承的作用是确定转子的轴向位置和承受作用在转子上的轴向推力。虽然大功率汽轮机通常采用高、中压缸对头布置以及低压缸分流等措施减小了轴向推力，但轴向推力仍具有较大数值，一般达几吨至几十吨。如考虑到工况变化，特别是事故工况，例如水冲击、甩负荷等，还能出现更大的瞬时推力以及反向推力，从而对推力轴承提出了较高的要求。

一般应用最广泛的推力轴承是密切尔式推力轴承，这种轴承在沿轴平均圆周速度展开图上，瓦块表面与推力盘之间能构成一角度，它们之间可形成楔形油膜以建立动压液态摩擦。通常将推力轴承和支持轴承合为一体，称为推力—支持联合轴承。如图 2－15 所示，表示的是一种联合轴承结构图，它广泛应用在国产汽轮机组中。为保证较均匀地将轴向推力分配到各个轴瓦上，选用球面形支持轴瓦。轴瓦的径向位置靠沿轴瓦圆周分布的三块垫块及垫片来调整，轴向位置靠调整圆环 1 来调整。调整圆环一般由三段组成，轴承的推力瓦块分为工作瓦块 2 和非工作瓦块 3（也叫定位瓦块）。工作瓦块承受转子的正向推力，非工作瓦块承受转子的反向推力。这些瓦块利用销子挂在它们后面的两半对分的安装环 9 和 10 上，由于几块背面有一条突起的肋，使瓦块可以绕它略微转动，从而在瓦块工作面和推力盘之间形成楔形间隙，建立液体摩擦。为减少推力盘在润滑油中的摩擦阻力，用油封来阻止润滑油进入推力盘外缘腔室中，油挡用来防止润滑油外泄以及防止蒸汽漏入。

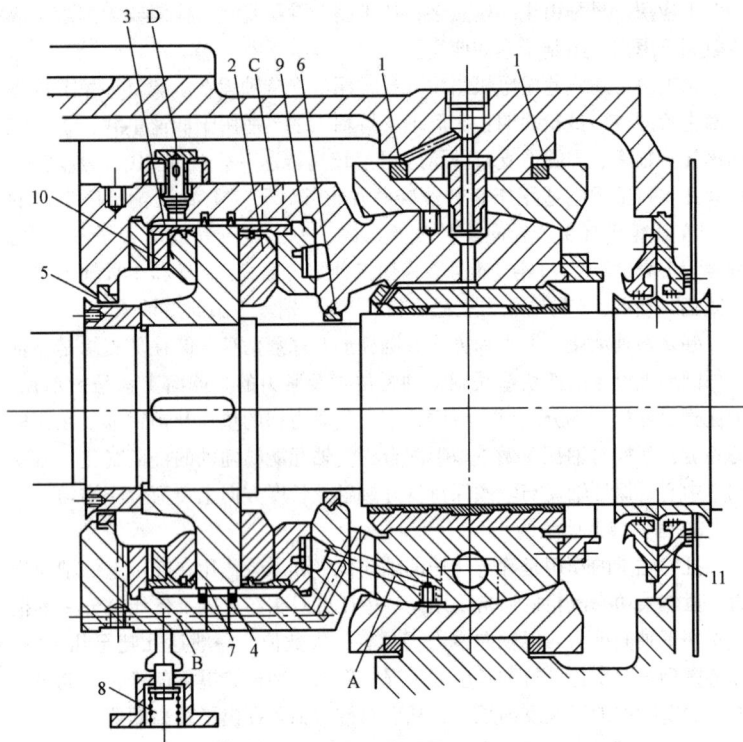

图 2 – 15　推力支持联合轴承

1—调整圆环；2—支持瓦片；3—非工作瓦片；4、5、6—油封；

7—推力盘；8—支持弹簧；9、10—瓦片安装环；11—油挡

推力瓦上的乌金厚度应小于通流部分及轴封处的最小轴向间隙，以保证事故状态下，乌金熔化，动静部分也不会摩擦。

三、汽轮机的主要系统

（一）蒸汽系统

对于采用一次中间再热的汽轮机组，蒸汽系统主要包括主蒸汽系统、再热蒸汽系统、回热抽汽系统、旁路系统、轴封蒸汽系统、辅助蒸汽系统。

1. 主蒸汽、再热蒸汽系统

主蒸汽系统是指从锅炉过热器联箱出口至汽轮机主汽阀进口的主蒸汽

管道、阀门、疏水管等设备、部件组成的工作系统。

再热蒸汽系统包括冷段和热段两部分。再热冷段指从高压缸排汽至锅炉再热器进口联箱入口处的管道和阀门。再热热段指锅炉再热器出口至中联门前的蒸汽管道。在该段管道上，也应设有暖管和疏水管道，其中疏水管道在20%额定负荷之前，应一直开通。在该段管道的中联门前，接有通往凝汽器的低压旁路管道及相应的旁路阀门。

2. 旁路系统

在某些情况下，不允许蒸汽进入汽轮机。如当锅炉（刚点火不久）提供蒸汽的温度、过热度都比较低时，或运行中的汽轮机意外地失去负荷时，都不允许蒸汽进入汽轮机。在这些情况下，锅炉提供的蒸汽就可以通过旁路系统加以处理（回收工质）。旁路系统的设置使机组采用中压缸启动较为方便，有利于改善汽轮机的暖机效果，缩短启动时间。当汽轮机系统出现小故障需要短时检修时，锅炉可维持在最低稳燃负荷下运行，故障排除后，即可很快重新冲转并网带负荷运行。

对于采用一次中间再热的机组，采用的旁路有一级大旁路系统和高低压串联的两级旁路系统两种形式。我国600MW级的汽轮机组，均采用后一种形式。高压旁路系统设置在进入汽轮机高压缸前的主蒸汽管道上，其容量的选择各不相同，30%、50%、60%、100%的额定负荷蒸汽流量均有；低压旁路系统设置在进入汽轮机中压缸前的再热热段蒸汽管道上，其容量有50%、65%的额定负荷蒸汽流量。

对于采用二次中间再热的机组，采用的旁路是高、中、低压三级串联方式。1个45%BMCR高压旁路阀，2个共50%容量中压旁路阀，2个共50%容量低压旁路阀。旁路门及喷水阀的驱动执行器采用液动执行器，供油装置配3套，其中高压旁路配1套，中压旁路配1套，低压旁路配1套，介质为高压抗燃油。高压旁路喷水减温水取自高压给水，中压旁路喷水减温水取自给水泵中间抽头，低压旁路喷水减温水取自凝结水。

旁路系统由旁路阀、旁路管道、暖管设施以及相应的控制装置（包括液压控制和DEHC控制系统）和必要的隔音设施组成。旁路系统的通流能力应根据机组可能的运行情况予以选定。旁路的通流能力并不是越大越好。旁路系统的动作响应时间则是越快越好，要求在1~2s内完成旁路开通动作，在2~3s内完成关闭动作。

高压旁路系统在下述情况下必须立即自动完成开通动作：①汽轮机组跳闸；②汽轮机组甩负荷；③锅炉过热器出口蒸汽压力超限；④锅炉过热器蒸汽升压率超限；⑤锅炉MFT（主燃料跳闸）动作。

当发生下列任一情况时，高压旁路阀快速自动关闭（优先于开启信号）：①高压旁路阀后蒸汽温度超限；②按下事故关闭按钮；③高压旁路阀控制、执行机构失电。当高压旁路阀动作时，其减温水隔离阀、控制阀同步动作。

低压旁路系统在下述情况下应立即自动完成开通动作：①汽轮机跳闸；②汽轮机甩负荷；③再热热段蒸汽压力超限。

当发生下列任一情况时，低压旁路系统应立即关闭：①旁路阀后蒸汽压力超限；②低压旁路系统减温水压力太低；③凝汽器压力太高；④减温器出口的蒸汽温度太高；⑤按下事故关闭按钮。

当低压旁路阀开启或关闭时，其相应的减温水调节阀也随之开启或关闭（后者关闭略有延迟）。

3. 轴封蒸汽系统

轴封蒸汽系统的主要功能是向汽轮机、给水泵汽轮机的轴封和主汽阀、调节阀的阀杆汽封提供密封蒸汽，同时将各汽封的漏汽合理疏导或抽出。在汽轮机的高压区段，轴封系统的正常功能是防止蒸汽向外泄漏，以确保汽轮机有较高的效率；在汽轮机的低压区段，则是防止外界的空气进入汽轮机内部，保证汽轮机有尽可能高的真空，也是为了保证汽轮机组的高效率。轴封蒸汽系统上要由密封装置、轴封蒸汽母管、轴封加热器等设备及相应的阀门、管路系统构成。

汽轮机组的高、中、低压立轴封均由若干个轴封段组成，相邻两个轴封段之间形成一个汽室，并经各自的管道接至轴封系统。

在汽轮机组启动前，汽轮机内部必须建立必要的真空。此时，利用辅助蒸汽向汽轮机的轴封装置送汽。在汽轮机组正常运行时，汽轮机的高压区段的蒸汽向外泄漏，同时为了防止空气进入轴封系统，在高压区段的最外侧一个轴封汽室，则必须将蒸汽和空气的混合物抽出；在汽轮机的低压区段，则必须向汽室送汽，而将空气混合物抽走。轴封蒸汽系统包括送汽、回（抽）汽和漏汽三部分。

为了汽轮机本体部件的安全，对送汽的压力和温度有一定的要求。因为送汽温度如果与汽轮机本体部件温度（特别是转子的金属温度）差别太大，将使汽轮机部件产生甚大的热应力，这种热应力将造成汽轮机部件寿命损耗的加剧，同时还会造成汽轮机动、静部分的相对膨胀失调，这将直接影响汽轮机组的安全。汽轮机启动时，高、中压缸轴封的送汽温度范围一般要求超过金属温度 30～50℃，并具有 50℃ 以上的过热度。低压缸轴封的送汽温度则取 150℃。为了控制轴封系统蒸汽的温度和压力，系统内除管道、阀门之外，还设有压力调节装置和温度调节装置。

在汽轮机组正常运行时，轴封系统的蒸汽由系统内自行平衡。但此时压力调节装置、温度调节装置仍然进行跟踪监视和调节。此时，通过汽轮机轴封装置泄漏出来的蒸汽分别被接到除氧器（或除氧器前的高压加热器）、低压加热器、轴封冷凝器（轴封冷却器），尽可能地回收能量，确保汽轮机组的效率。

轴封蒸汽系统通常有两路外接汽源。一路是来自其他机组或辅助锅炉的辅助蒸汽，经温度、压力调节阀之后，接至轴封蒸汽母管，并分别向各轴封送汽；另一路是主蒸汽经压力调节后供汽至轴封蒸汽系统，作为轴封蒸汽系统的备用汽源。

4. 辅助蒸汽系统

辅助蒸汽系统的主要功能有两方面。当本机组处于启动阶段而需要蒸汽时，它可以将正在运行的相邻机组（首台机组启动则是辅助锅炉）的蒸汽引送到本机组的蒸汽用户，如除氧器水箱预热、暖风器及燃油加热、厂用热交换器、汽轮机轴封、真空系统抽气器、燃油加热及雾化、水处理室等；当本机组正在运行时，也可将本机组的蒸汽引送到相邻（正在启动）机组的蒸汽用户，或将本机组再热冷段的蒸汽引送到本机组各个需要辅助蒸汽的用户。

5. 回热抽汽系统

回热抽汽系统用来加热进入锅炉的给水（主凝结水）。回热抽汽系统性能的优化对整个汽轮机组热循环效率的提高起着重大的作用。回热抽汽系统抽汽的级数、参数（温度、压力、流量），加热器（换热器）的形式、性能，抽汽凝结水的导向，以及系统内管道、阀门的性能，都应予以仔细的分析、选择，才能组成性能良好的回热抽汽系统。理论上回热抽汽的级数越多，汽轮机的热循环过程就越接近卡诺循环，其热循环效率就越高。但回热抽汽的级数受投资和场地的制约，不可能设置得很多。目前我国 300、600MW 等级的汽轮机组，采用 8 段回热抽汽（3 段用于高压加热器的抽汽、1 段用于除氧器的抽汽、4 段用于低压加热器的抽汽）。通常，用于高压加热器和除氧器的抽汽，由高、中压缸（或它们的排汽管）处引出，而用于低压加热器的抽汽由低压缸引出。1000MW 等级超超临界二次再热机组，采用十级非调节抽汽，1、2、3、4 级抽汽分别供给四台高压加热器，四台高压加热器按双列配置，增设 2 号和 4 号高加前置蒸汽冷却器。5 级抽汽除供给除氧器外，还向给水泵汽轮机及辅助蒸汽系统供汽。6、7、8、9、10 级抽汽分别供给五台低压加热器，9、10 号分别卧式布置在

B凝汽器和A凝汽器喉部。正常运行时,除8号低压加热器外,所有加热器的疏水均采用逐级自流疏水方式,8号低压加热器后设置低压加热器疏水泵,将疏水打入8号低压加热器出口。

在抽汽级数相同的情况下,抽汽参数对系统热循环效率有明显的影响。抽汽参数的安排应当是:高品位(高焓、低熵)的蒸汽少抽,而低品位(低焓、高熵)的蒸汽则尽可能多抽。

对回热抽汽系统中加热器的性能要求,可归结为尽可能地缩小蒸汽与给水(主凝结水)之间的温差,为了实现这一目的,目前主要通过两种途径。一种途径是,采用混合式加热器,从汽轮机抽来的蒸汽在加热器内和进入加热器的给水(主凝结水)直接混合,蒸汽凝结成水,其汽化潜热释放到给水中,两者成为统一体,压力、温度相同。采用这种方式的每一台加热器,都必须相应地配备一台水泵来调整给水的压力,使其与相应段的抽汽压力一致。须知水泵也是要耗功的,因此必须进行详细比较之后予以取舍。目前,除氧器是采用这种方式。有的制造厂(如俄罗斯)在最后两个低压加热器上采用混合式加热器,这是一种有益的尝试。另一种途径是,仍然采用表面式加热器(换热器),但针对汽、水特点,在结构上采取必要措施,尽量提高加热器的加热效果。

由汽轮机的高、中压缸抽出的蒸汽具有一定的过热度,在加热器的蒸汽进口处,可设置过热蒸汽冷却段(简称过热段);经过加热器换热之后的凝结水(疏水),比进入加热器的主凝结水温度高,故可设置疏水冷却段。这样,就可以充分利用抽汽的能量,使加热器进出口的(温度)端差尽量减小,有利于提高整个回热系统的效率。在过热蒸汽冷却段内,过热蒸汽被冷却,其热量由主凝结水吸收,水温提高,而过热蒸汽的温度降低至接近或等于其相应压力下的饱和温度。

在疏水冷却段内,由于疏水温度高于进水温度,故在换热过程中是疏水温度降低,主凝结水吸热而温度升高。疏水温度的降低可导致相邻压力较低的加热器抽汽量增大;进水温度升高则导致本级抽汽量的减小。其结果是:高品位的蒸汽少抽,低品位的蒸汽多抽,这对提高回热系统的效率很有好处。加热器设置疏水冷却段不但能提高经济性,而且对系统的安全运行也有好处。因为原来的疏水是饱和水,在流向下一级压力较低的加热器时,必须经过节流减压,而饱和水一经节流减压,就会产生蒸汽而形成两相流动,这将对管道和下一级加热器产生冲击、振动等不良后果。经冷却后的疏水是不饱和水,这样在节流过程中产生两相流动的可能性就大大地减小。此外,对于高压加热器来说,其疏水最后都是流到除氧器。未经

第一篇 集控巡检

冷却的疏水所带的热量将使除氧器的抽汽量大大减少，甚至造成除氧器的沸腾。而疏水冷却段的设置使疏水温度降低，有利于保证除氧器的抽汽量，也排除了其自生沸腾的可能。回热系统设备主要有除氧器、高低压加热器、轴封加热器。

6. 真空抽气系统

对于凝汽式汽轮机组，需要在汽轮机的汽缸内和凝汽器中建立一定的真空，正常运行时也需要不断地将由不同途径漏入的不凝结气体从汽轮机及凝汽器内抽出。真空抽气系统就是用来建立和维持汽轮机组的低背压和凝汽器的真空。低压部分的轴封和低压加热器也依靠真空抽气系统的正常工作才能建立相应的负压或真空。真空抽气系统主要包括汽轮机的密封装置、抽真空设备以及相应的阀门、管路等设备和部件。

对于600MW汽轮机组，目前真空抽气系统采用的抽气设备多数是水环式真空泵和射气式抽气器相结合。图2-16是水环式真空泵的结构示意图，它的主要部件有叶轮和壳体。叶轮由叶片和轮毂组成，叶片和轮毂可以整体铸出，也可以将冲压出来的叶片焊接到轮毂上组成整个叶轮。叶片有直板状的，也有向前弯的或向后弯的。试验证明，后弯式叶片的工作性能较差，前弯式或径向式地较好。壳体内有一个圆柱体空间，叶轮偏心地装在这个空间内，同时在壳体侧面的适当位置上开有吸气口和排气口，实现轴向吸气和排气。

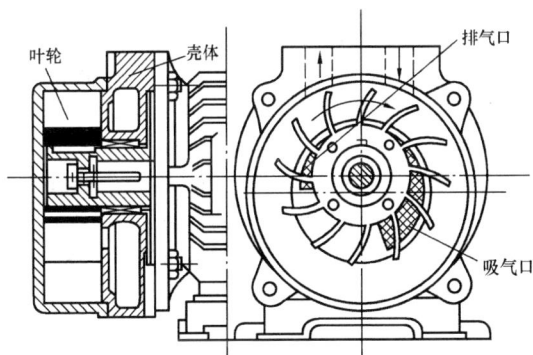

图2-16 水环式真空泵的结构示意图

（二）凝结水、给水系统

1. 凝结水系统

凝结水系统的主要功能是将凝汽器热井中的凝结水由凝结水泵送出，

经除盐装置、轴封冷凝器、低压加热器输送至除氧器，其间还对凝结水进行加热、除氧、化学处理和除杂质。此外，凝结水系统还向各有关用户提供水源，如有关设备的密封水、减温器的减温水、各有关系统的补给水以及汽轮机低压缸喷水等。凝结水系统的最初注水及运行时的补给水来自汽轮机的凝结水储存水箱。

2. 给水系统

给水系统的主要功能是将除氧器水箱中的主凝结水通过给水泵提高压力，经过高压加热器进一步加热之后，输送到锅炉的省煤器入口，作为锅炉的给水。此外，给水系统还向锅炉再热器的减温器和过热器的一、二级减温器以及汽轮机高压旁路装置的减温器提供减温水，调节上述设备出口蒸汽的温度。给水系统的最初注水来自凝结水系统。给水系统的主要设备包括给水泵、除氧器、高压加热器等。

（三）冷却水系统

冷却水系统包括凝汽器循环水系统和辅机冷却水系统。循环水系统的主要功能是向汽轮机的凝汽器提供冷却水，以带走凝汽器内的热量，将汽轮机的排汽冷却并凝结成凝结水。辅机冷却水系统的主要功能是向汽轮机、锅炉、发电机的辅助设备提供冷却水。

（四）压缩空气系统

压缩空气系统的功能是向电厂各工作系统及有关设备提供符合不同品质要求的压缩空气。它由空气压缩机、厂用气系统、仪表用气系统三大部分组成。空气压缩机的容量和台数根据电厂的规模和总体规划而定，可以全厂共用一套压缩空气系统，也可以分期设置然后并列运行。空气压缩机生产出一定压力和数量的压缩空气，并通过系统输送到厂用气和仪表用气系统。厂用气主要用于风动设备（或工具）和设备吹扫等；仪表用气则用于各类气动式仪表、装置和设备。与厂用气相比，对仪表用压缩空气的要求更高（无油、干燥、清洁、纯净）。每台空气压缩机的设计容量应当满足一台机组所需要的厂用气和仪表用气的总消耗量，而当厂用气量极小时，一台空气压缩机能够满足两台机组低负荷运行时所需的仪表用气量。

第五节　发电机、变压器的工作原理及分类

一、发电机、变压器的工作原理

（一）变压器的工作原理

变压器是发电厂和变电所的主要设备之一。它将一种等级的电压变换

成同频率的另一种等级电压，有利于电力的传输和满足不同类型负荷的需要。主要作用有两个，一是满足用户用电电压等级的需要，二是减少电能在输送过程中的损失。

变压器是一种按电磁感应原理工作的电气设备，图 2-17 为变压器的工作原理。从二次侧开始，一次侧施加电压 U_1，在绕组中流过电流 I_1，产生磁通 Φ，磁通 Φ 穿过二次侧绕组在铁芯中闭合，因而在二次侧将感应一个电动势 E_2，按照电磁感应的基本定律，可以写出以下公式

$$E = 4.44\omega\Phi f \qquad (2-3)$$

式中　f——电源频率。

ω 是绕组匝数，由于一、二次侧绕组的磁通相同，因此

$$E_1 = 4.44\omega_1\Phi f \qquad (2-4)$$

$$E_2 = 4.44\omega_2\Phi f \qquad (2-5)$$

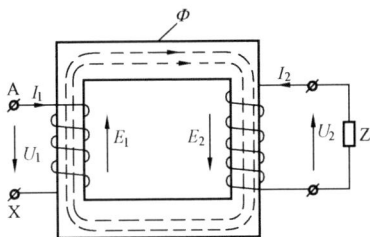

图 2-17　变压器的工作原理

可得出

$$E_1/E_2 = \omega_1/\omega_2 = k \qquad (2-6)$$

如忽略变压器压降，则 $U_1 = E_1$，$U_2 = E_2$，那么 $U_1/U_2 = k$。因此，通过变压器一、二次侧绕组的匝数不同，可以起到变压的作用，当变压器带上负载后即可输送功率。在电动势 E_2 的作用下有电流 I_2 产生。I_2 产生的磁通势 $\dot{F}_2 = \dot{I}_2\omega_2$ 作用在铁芯上，起去磁作用，但因 Φ 决定于端电压 U_1，其值不变。要维持一定的 Φ 值就要求电流 I_1 必须自动相应增加一个分量 $\dot{F}_1 = \dot{I}_1\omega_1$ 去抵消 $\dot{F}_2$，即 $F_1 \approx -\dot{F}_2$，这样，电动势从一次绕组输送到了二次绕组，根据 $\dot{F}_1 + \dot{F}_2 = \dot{F}_0 \approx 0$，$(\dot{F}_0$ 为空载磁通势) 即 $\dot{I}_1\omega_1 + \dot{I}_2\omega_2 = 0$，可见 $I_1/I_2 = 1/k$，而 $U_1/U_2 = k$，所以输送的功率不变。

（二）同步发电机的工作原理

发电机也是利用电磁感应原理工作的电气设备，电厂中的发电机都为

同步电机,它把原动机的机械能转变为电能,通过输电线路等设备送往用户。

我们知道,导线切割磁力线能产生感应电动势,将导线连成闭合回路,就有电流流过,同步发电机就是利用电磁感应原理将机械能转变为电能的。

同步发电机是由定子、转子两个基本部件组成。转子是由转子铁芯、励磁绕组、集电环和转轴等组成。定子是由定子铁芯、定子绕组(也叫作电枢绕组)组成。图2-18是同步发电机简单的结构剖面图。

图2-19为同步发电机示意图。导线放在空心圆筒形铁芯的槽里。铁芯是固定不动的,称为定子。磁力线由磁极产生。磁极是转动的,称为转子。定子和转子是构成发电机的最基本部分。为了得到三相交流电,沿定子铁芯内圆,每相隔120°分别安放着三相绕组 A-X、B-Y、C-Z。转子上有励磁绕组(也称转子绕组)R—L。通过电刷和滑环的滑动接触,将励磁系统产生的直流电引入转子励磁绕组,产生稳恒的磁场。当转子被原动机带动旋转后,定子绕组(也称电枢绕组)不断地切割磁力线,于是就在其中感应出电动势来。

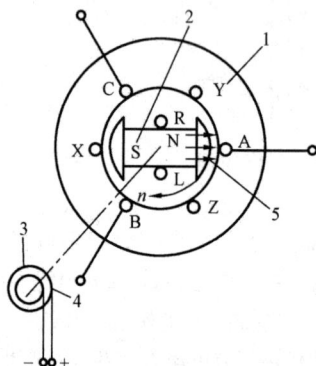

图2-18 同步发电机结构简图
1—定子铁芯;2—转子;
3—滑环;4—电刷;5—磁力线

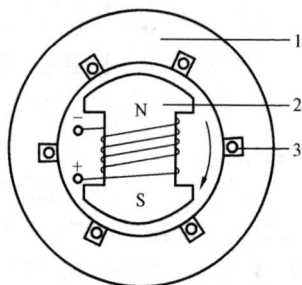

图2-19 同步发电机示意图
1—定子铁芯;2—转子铁芯;
3—定子绕组

感应电动势的方向由右手定则确定。由于导线有时切割 N 极,有时切割 S 极,因而感应的是交流电动势。

交流电动势的频率为 f,决定于电动机的极对数 p 和转子转数 n(单位为 r/min),即

$$f = \frac{pn}{60}(\text{Hz}) \qquad\qquad (2-7)$$

转子不停地旋转，A、B、C 三相绕组先后切割转子磁场的磁力线，所以在三相绕组中电动势的相位是不同的，依次差 120°，相序为 A、B、C。

当发电机带上负荷以后，三相定子绕组中的定子电流（电枢电流）将合成产生一个旋转磁场。该磁场与转子以同速度、同方向旋转，这就叫"同步"。同步电机也由此而得名。它的特点是转速与频率间有着严格的关系，即 $n = \frac{60f}{p}$。

我国电力系统规定交流电频率为 50Hz，发电机一般设计成一对极，转速为 3000r/min。随着发电机组容量增大，定子绕组的电流密度增大，发电机定子铁芯的发热现象非常严重。因此，采用的冷却介质由过去的空气由水和氢气取而代之，其冷却系统采用水和氢气不同的组合方式使发电机组相应增加了许多制造和运行维护方面的问题。

二、发电机、变压器的分类

（一）发电机的分类

同步发电机的种类按原动机的不同可分为汽轮发电机、水轮发电机和燃气轮发电机；按冷却方式分为外冷式发电机和内冷式发电机；同步发电机按冷却介质和冷却方式可分为空冷、氢冷和水冷式发电机；按照转子构造形式不同可分为凸极式和隐极式。汽轮发电机一般是卧式的，转子是隐极式的，水轮发电机一般是立式的，转子是凸极式的。

上述的冷却介质和方式还可以有不同的组合，如水—氢—氢（定子绕组水内冷、转子绕组氢内冷、铁芯氢冷）；水—水—空（定子、转子水内冷、铁芯氢冷）；水—水—氢（定子、转子绕组水内冷、铁芯氢冷）等。

（二）变压器的分类

按用途分：电力变压器、试验变压器、仪用变压器、电炉变压器、电焊变压器、整流变压器、调压变压器等。按相数分：单相变压器和三相变压器。按铁芯形式分：芯式变压器、壳式变压器。用来升高电压的变压器称为升压变压器；用来降低电压的变压器称为降压变压器。通常的变压器都为双绕组变压器，即在铁芯中有两个绕组：一次绕组、二次绕组。容量较大或特殊情况下，用来连接三种或以上不同电压的变压器称为三绕组或多绕组变压器，分裂变压器就是一种特殊的多绕组变压器。一次、二次绕组合为一起的称为自耦变压器。为加强绝缘和改善冷却散热条件，将铁芯和绕组浸入变压器油中的称为油浸式变压器。

油浸式变压器根据冷却方式的不同可分为以下几种：

(1) 油浸自然空冷式变压器。

(2) 油浸风冷式变压器。

(3) 强迫油循环风冷式变压器。

(4) 强迫油循环水冷式变压器。

(5) 强迫油循环导向冷却式变压器。

(6) 水内冷变压器。

(7) 油浸蒸发冷却式变压器。

三、发电机变压器的形式

单元制接线是指发电机出口不设母线，发电机直接与主变压器相接升压后送入系统，具有简单、可靠、经济的特点。单元制接线的发电机、变压器在结构上与其他接线形式的发电机、变压器并无多大区别，但由于机组容量、设备成本及运行安全性等因素，将会影响变压器的选型。

（一）发电机的形式

随着电力系统总容量的增长，系统中单机容量大的机组由于具有可降低发电机的造价和材料的消耗量，减少基建安装费和运行费用等优点，所占的份额越来越大，300、600MW 的单机已成为系统中的主力机组，1000MW 的单机也逐步进入较大的电网系统，单机容量的增加主要受磁通密度、转速、转子铁芯长度等因素限制，单机功率 P 的表达式为

$$P = KAB_\delta D_i^2 nL \qquad (2-8)$$

式中　K——常数；

A——定子线负荷，A/mm^2；

B_δ——气隙磁通密度，T；

D_i——定子内径，m；

n——额定转速，r/min；

L——定子铁芯有效长度，m。

要提高发电机的单机容量 P，必须提高表达式右侧 6 个因子的数值。一般来说，常数 K 与转速 n 不可能大幅度提高。增大定子内径 D_i 可以提高发电机功率，但 D_i 的增大意味着转子直径的增大，会使转子受到很大的离心力，尤其是轴中心孔受到的应力最大，其值与转子直径的 3 次方成正比。因此，加大直径要受到转子材料的机械强度限制。目前汽轮发电机

转子本体最大直径为 1.25m，其轴中心孔的应力已接近现今转子材料的极限。增加转子长度也有一定限度，转子长度和直径的比例不能太大，否则刚度不够，挠度太大，使气隙不均匀，产生不平衡的磁拉力。大型汽轮发电机转子的有效长度 L 与直径 D 的比值应满足 $6.5 \geqslant L/D \geqslant 3$，此外，提高气隙磁通密度 B_8 虽属途径之一，但目前硅钢片最大磁通密度只能达到 2T，气隙磁通密度 B_8 不能超过 1T，否则会过度饱和。

看来，通过冷却技术的发展来提高线负荷 A 有较大的潜力可挖，几十年来发电机的冷却介质由空气到氢气，又发展为水冷，使得发电机单机容量大幅度上升，这是由介质的性能所决定的。

表 2-3 列出了空气、氢气和水 3 种介质的冷却性能。表中均以空气的各项指标为 1，其他介质所列为相对值。从冷却角度看，水是最好的。水的热容量比空气大 4.16 倍，密度较空气大 1000 倍，散热能力比空气大 84 倍。此外水还有良好的绝缘性能，得到电阻系数为 $200 \times 10^3 \Omega \cdot cm$ 的凝结水是没有困难的。

表 2-3　　　　　　常用冷却介质的相对指标

冷却介质	相对比热	相对密度	吸热能力		散热能力	
			体积流量	相对吸热量	流速（m/s）	相对散热系数
空气	1	1	1	1	30	1
氢气	14.35	0.21	1	3	40	5
水	4.16	1000	0.05	208	2	84

注　按水的流速为气体流速的 1/20 计算。

大型同步发电机已没有完全的空气冷却了。当定子、转子采用氢气表面冷却时。汽轮发电机单机极限容量只能达 100MW；氢内冷是对氢表冷的重要改进，转子氢内冷、定子氢表冷则可达到 250MW，转子、定子绕组均采用氢内冷时，约可达 1000MW；而目前较为普遍的是转子绕组采用氢内冷、定子铁芯采用氢表冷、定子绕组为水冷（简称水氢氢冷却）方式，其单机极限容量可达 1200MW。

同步发电机冷却介质与冷却方式的不断改进，使得发电机的线负荷 A 由 $60A/mm^2$ 提高到了 $200 \sim 250A/mm^2$。

（二）单元制变压器的型式

由于单元制变压器的单台容量较大，以及制造工艺、原料成本等因素的影响，一般采用三相五柱式铁芯，高压厂用电系统工作和备用变压器为了限制短路电流，减少故障母线对非故障母线的影响，采用了分裂绕组变压器。机组变压器的容量较大，相应的损耗和发热量也越大，散热也较困难，因此机组所使用的变压器与普通小型变压器的主要区别为变压器的冷却措施，单元制变压器采用的冷却方式一般为油浸风冷和强迫油循环风冷，也有的采用水冷方式。

油浸式风冷变压器是在变压器油箱的各个散热器旁安装一个或几个风扇，把自然对流作用改变为强制对流作用，以增加散热器的散热能力。当负载较小时，可停止风扇使变压器以自冷方式运行。当负载超过某一规定值，例如70%额定负荷时，可使风扇自动投入运行。该方式广泛应用于10000kVA以上的变压器。

强迫油循环冷却方式是在变压器外接一冷却器，通过油泵接通变压器油箱，启动油泵从油箱中抽出温度较高的油，经冷却器冷却后，再压入油箱中，冷却效果与油的循环速度有关。强迫油循环变压器运行时必须投入冷却器，在各种负荷情况下投入的冷却器台数应根据本厂规程执行。

第六节 发电机、变压器的基本结构及保护

一、发电机的基本结构和保护

（一）发电机的基本结构

发电机按结构特点分：凸极式和隐极式，立式和卧式。大型汽轮发电机的基本结构一般为卧式布置的隐极式结构，它主要由定子机座、定子铁芯、定子绕组、转子磁轭、主磁极、转子绕组、定子端盖、转子的集电环和大轴等主要部件组成。

1. 机座

发电机机座的作用主要是用于支撑和固定铁芯、绕组等部件。整个铁芯通过它安装并固定在基础上，而且还设置了作为冷却通风系统的风道和风室。机座的机壳和铁芯背部间的空间是通风系统的一部分。氢冷发电机的氢冷器一般采用垂直放置，放在机座端部两侧位置。机座采用整体防振结构，包括内机座、外机座，内、外机座间装有弹性隔振装置。另外，机壳的防爆和密封性要求高，一般采用较厚的钢板。

2. 端盖

发电机端盖是保护定子端部绕组的，也是发电机密封的一个组成部

分。为了安装和检修方便，端盖由水平方向分成两部分，并在上面设有停机检查人孔。同样，防爆和密封仍是对端盖的基本要求。

3. 定子铁芯

发电机定子铁芯是构成发电机磁回路和固定定子绕组的重要部件。它的质量与损耗在发电机的总质量和总损耗中所占比例很大。一般大型发电机定子铁芯为发电机总质量的 30% 左右，铁损为发电机总损耗的 15% 左右。为了减少定子铁芯磁滞及涡流损耗，定子常采用磁导率高、损耗小的硅钢片叠压而成，大容量发电机定子端部铁芯及其上的金属部件是发热显著的部位，尤其在非对称运行、失磁、进相等特殊运行方式时更为突出。它是限制发电机组出力的主要因素。大型发电机一般采用以下方法来解决发电机端部发热问题。

（1）在铁芯齿上开小槽阻止涡流通过。

（2）压圈采用非磁性材料，并在其轴向中部位置开径向通风孔，加强冷却通风。

（3）设有两道磁屏蔽环，以形成漏磁通分路，使端部损耗减少，温度降低。

（4）铁芯端部最外侧加电屏蔽环。它是由导电率高的铜、铝等金属制成，其作用是削弱或阻止磁通进入端部铁芯。

（5）端部压圈和电屏蔽环等温度高的部件设置冷却水铜管。

4. 定子绕组

发电机定子绕组是由许多线棒连接而成的。每根线棒用铜线编织胶化成型后，包以绝缘带热压成型。每根线棒分直线部分和端部渐开线部分。直线部分放在槽内切割磁力线，是感生电动势的有效部分。而端部则起连接作用，将各线棒按一定规律连接起来，构成发电机的定子绕组。

大容量发电机定子绕组有以下结构特点：

（1）定子绕组的换位。为了减少漏磁场引起的槽内股线间循环电流产生的附加损耗，需对股线进行编织换位。一般发电机为 360° 槽内换位，还有把两个端部股线各做 90° 换位的，大容量发电机一般采用 540° 槽内换位。

（2）采用环氧树脂作黏合剂的粉云母绝缘，俗称黄绝缘，属 B 级绝缘。这种绝缘温度可允许达 130℃，强度高，电气特性好，缺点是塑性不够。

（3）定子绕组的固定。定子绕组在正常运行中受交变电磁力的作用。在不正常运行时，如在发生短路时，引起的电磁力的作用更大。为此，定

第二章 机组主机的工作原理、形式及结构

子绕组必须可靠固定。定子槽内线棒固定除采用径向在槽楔下用弹性波纹垫条外，还有填料填充固定和用侧面楔固定等方式。绕组端部一般采用支撑板、支撑环连接片及铁芯端部压圈来固定，以防止受各种电磁力引起的共振。

（4）定子线棒的防晕处理。线棒表面与铁芯各处电位不相等，特别是端部槽电位差大，容易产生电晕放电，放电产生的臭氧及其他物质对线棒的绝缘有腐蚀作用。为此，定子线棒上需采取防晕措施。一种是在导线绝缘层内部设置同心包绕金属箔或半导体薄层即内屏蔽层，使导线与铁芯间的电位差值减小。另一种是在线棒表面分段涂上不同电阻率的半导体漆，使线棒端部表面电位分布均匀。

5. 转子

发电机转子是发电机主要部件之一，它主要是由转子铁芯、转子绕组、护环、中心环、集电环及风扇等部件组成。转子铁芯一般采用具有良好导磁性能及具备足够机械强度的合金钢整体锻制而成。转子绕组一般采用铜或机械性能经过改善的铜银合金导体材料绕制而成。

集电环俗称滑环，分为正负两个环。为了缩短轴承支承点间的距离，减少集电环直径及圆周速度，集电环都装在发电机的轴承外侧。励磁电流由静止电刷通过旋转的集电环流入转子绕组。护环的作用是将转子端部绕组压紧在转轴上，护环对转子绕组起着固定、保护，防止变形、位移、甩出的作用。其一端热套在转子本体上，另一端固定在中心环上，材料常选用能承受很大应力的高电阻、非磁性合金冷锻钢。大容量发电机转子采用悬式护环。中心环对护环起着固定、支持和与轴同心的作用，也有防止端部绕组轴向位移的作用。其材料一般选用铬锰磁性锻钢。

6. 电刷及刷架

（1）发电机电刷是励磁回路的一个组成部分。它可以将励磁电流经集电环传递到励磁绕组中。电刷的材料一般有以下3种：①石墨电刷；②电化石墨电刷；③金属石墨电刷。一台发电机组只能采用同一类型的一种电刷。

（2）发电机刷架是固定和支持刷握及电刷的，刷握起着定位电刷的作用。

（二）发电机的保护

以上海汽轮发电机有限公司1000MW汽轮发电机为例。

发电机型号：THDF 125/67；

额定容量 S_n：1111MVA；

最大连续输出能力（铭牌工况下）：1040.012MW；

额定功率因数：0.9；

定子额定电压 U_n：27kV；

定子额定电流 I_n：23778A；

额定频率 f_n：50Hz；

额定转速 n_n：3000r/min；

额定励磁电压 U_{fn}：437V；

额定励磁电流 I_{fn}：5887A；

定子线圈接线方式：YY；

冷却方式：水—氢—氢；

励磁方式：无刷励磁方式。

发电机配置有以下保护：

（1）发电机差动保护：保护发电机定子绕组及其引出线的相间短路故障。具有防止区外故障误动的比例制动特性，防止发电机过激磁时误动。在同一相上出现两点接地故障（一点区内、一点区外）时，也可动作出口。

（2）发电机负序电流保护：作为发电机后备保护，反应发电机负荷不对称或不对称短路故障；负序电流保护由定时限和反时限两部分特性构成；反时限部分动作电流按照发电机承受负序电流的能力确定，能反应负序电流变化时发电机转子的热积累过程。

（3）发电机失磁保护：保护发电机在发生失磁或部分失磁时，防止危及发电机安全及电力系统稳定运行的保护装置。发电机失磁保护由双下抛圆特性的阻抗元件、主变压器高压侧和机端低电压元件及负序电压闭锁元件组成。具有防止机组正常进相运行时和电力系统振荡时的误动，防止系统故障、故障切除过程中以及电压互感器断线时的误动。

（4）发电机逆功率保护：防止发电机变成电动机运行方式，从而导致汽轮机尾部叶片因失去蒸汽而受损的保护装置。作为程序跳闸启动元件时，在汽轮机主汽阀关闭并且逆功率继电器动作的情况下，经较短延时启动跳闸；作为电动机运行方式保护元件，当发电机－变压器组在线运行时，逆功率继电器动作但未得到主汽阀关闭信号时经较长的时限启动跳闸。

（5）发电机过负荷保护：过负荷保护由定时限和反时限两部分组成，定时限部分用于启动报警信号，反时限部分应具有与发电机定子绕组的过载容量相匹配的特性，可以模拟定子绕组的热积累过程并启动停机。

（6）电压制动过电流保护：电压制动过电流保护是用于发电机、主变压器及相邻设备相间短路的后备保护，保护动作于停机。

（7）发电机定子接地保护：保护发电机定子及其引线的单相接地。保护装置由反映基波保护范围在发电机机端90%左右的零序过电压保护和通过比较发电机中性点的三次谐波电压和发电机机端产生的三次谐波电压来保护定子绕组余下的15%，从而构成对定子绕组的100%保护。发电机定子接地保护动作于停机。其中三次谐波段可选择停机和信号出口方式。

（8）低频保护：保护汽轮机，为防止发电机在频率异常时的保护装置，能反应频率下降和持续低频运行的时间。低频保护应在发电机开关合闸后投入运行，在发电机停机过程和停机期间自动闭锁频率异常保护。低频保护的第一时限动作于发信号，第二时限动作于停机。

（9）发电机过激磁保护：过激磁保护发电机过激磁，即当电压升高和频率降低时工作磁通密度过高引起绝缘过热老化的保护装置。保护装置分定时限和反时限两种，定时限设低定值和高定值两段，低定值定时限动作于信号，反时限及高定值定时限动作于停机。

（10）发电机过电压保护：保护发电机在启动或并网过程中发生电压升高而损坏发电机绝缘的事故。动作于停机。

（11）突加电压保护：突加电压保护用于当汽轮发电机在盘车的情况下，发电机开关意外合闸，突然加上电压。发电机投入运行后应可靠退出。突加电压保护动作于停机。

（12）发电机失步保护：保护发电机在发生失步时，造成机组受力和热的损伤及厂用电压急剧下降，使厂用机械受到严重威胁的保护装置。失步保护动作于停机。

（13）发电机定子匝间保护：反映发电机内部定子绕组匝间短路，保护装置采用电压型，发电机机端侧有专用的电压互感器。保护动作于停机。

（14）机组启停机保护：保护发电机在启、停机过程中发生相间和接地故障时，防止某些保护装置受频率变化影响而拒动的保护装置。

（15）发电机开关失灵保护：提供相电流、负序电流元件作为开关失灵保护的电流判据，经 t_1 延时跳主变压器高压侧开关，经 t_2 延时动作于全停。

（16）励磁系统故障动作、操作台手动紧急跳闸按钮动作于停机。

二、单元制变压器的基本结构特点

大型单元制机组所配用的主变压器容量较大，从相数上划分，一般有三相和单相两种类型，多采用单相三柱和三相五柱式。单相三柱式变压器中间铁芯套装高低压绕组，两边铁芯用来构成磁路，中间铁芯柱和左右立柱无穿心螺栓，用环氧树脂玻璃丝带绑扎。轭部用夹板及穿心螺栓压紧，两侧夹板、主硅钢片均不形成电流回路。整个铁芯箱底绝缘。三相五柱式变压器中间三个铁芯柱套装高低压绕组，左右两边柱为旁铁轭，使磁通分流，可以减少流经上下铁轭的磁通，所以上下铁轭的截面可以缩小，进而降低铁芯的高度。

变压器的绕组是由圆截面或矩形导线绕制而成，呈圆筒状，采用铜材制作导线，导线外使用纸、漆、天然丝、玻璃丝、棉纱等做绝缘，绕组内架是用酚醛纸板制作的圆筒。高压绕组为分级绝缘，为了改善冲击电压下的电压分配梯度，有的变压器采用了"CC防护结构"，目的是增加绕组间的电容。

油箱是整个变压器的框架，它将变压器的零件组合成一个整体。大容量变压器的油箱有的采用钟罩式，有的采用箱式全封闭矩形结构，外壁有加强箍，箱盖与箱体的法兰在制造时已全周焊接。在变压器箱体上开有人孔门，便于现场进行变压器内部连接和油箱内部必要的检查。

油枕位于变压器箱体顶部，与箱体间用管道连通，以便减少油与空气的接触面积，减缓变压器油受潮、氧化变质，同时提供变压器有热胀冷缩的缓冲余地。有的大容量变压器配备双油枕，分别位于油箱顶部的左右两侧。隔膜式全封闭油枕为水平圆柱体，在中分面上的法兰夹着一层与油枕形状相同的薄膜，薄膜以下是变压器油，薄膜以上为空气，薄膜材料是尼龙布上覆盖腈基丁二烯橡胶（NBR），使其具有极低的透气性和较高的抗油性及低温适应性（-43℃）。

油浸纸电容套管是将变压器内的绕组与外引线相连接，并且将高压带电导体与地绝缘，套管内有油浸纸电容器作为主绝缘。在套管的上部瓷套上装有一个膨胀室，以缓冲由于温度变化而引起的绝缘油膨胀。为防止绝缘油的劣化，膨胀室充氮气。

变压器在运行中的空载损耗和负载损耗都要产生热量，使变压器各部分潜油，为了降低变压器的温升，进而保证变压器绕组绝缘寿命以及防止变压器油质劣化，单元制主变压器基本上都是采用强迫油循环风冷，每台变压器配有三组到五组冷却装置，每组配备一台潜油泵和多台冷却风扇，风扇电动机和油泵电动机均装设过负荷、短路和单相运行保护。在运行状态下，根据季节和油温的变化，确定变压器运行和备用冷却器的组数，并可根据变压器油温或负荷大小自动控制冷却器的启停。冷却系统一般配有两路独立的交流动力电源，以提高控制线路的可靠性，两路电源可任选一路工作或备用，当工作电源故障时，备用电源能自动投入。

三、其他变压器的结构和特点

（一）分裂式变压器

单元制机组高压厂用电系统正常运行时从发电机引出线接至高压厂用变压器，经降压后供给本机组的负荷。一般分为两段（及以上）独立的母线供电。要求多段母线之间有较大的阻抗，以减少一段母线短路时，由其他母线所接负荷供来的反馈电流，为了限制短路电流以防止高压厂用电气负荷在短路电流的作用下发生损坏，从技术和经济方面考虑，大容量机组都采用分裂式变压器。

分裂变压器中，有一个或几个绕组（称作分裂绕组）分裂成额定容量相等的几个部分，每一部分叫作分裂绕组的一个支路。在这几个支路上没有电气的联系，仅有较弱的磁联系。分裂绕组的每个支路间因为没有电的联系，故各支路的额定电压可以不同，但应比较接近，如6kV和10kV，分裂绕组各支路间具有较大的阻抗，但各分裂支路与其他不分裂绕组之间具有相同的阻抗，分裂绕组各支路可以单独运行，也可以在不同容量下同时运行，当分裂绕组各支路的额定电压相等时，各支路也可以并列运行。当分裂绕组的几个分支并联连接组成统一的低压绕组对高压绕组运行时，叫作穿越运行，这时变压器的短路阻抗叫"穿越阻抗"。当分裂绕组的一个分支对高压绕组运行时，叫作半穿越运行，这时变压器的短路阻抗叫"半穿越阻抗"。当分裂绕组的一个分支对另一个分支运行时，叫作分裂运行，这时变压器的短路阻抗叫"分裂阻抗"。分裂阻抗与穿越阻抗的比值叫"分裂系数"，我国生产的三相分裂变压器分裂系数在3~4之间。

分裂变压器和普通变压器一样，也是运用电磁感应原理工作的，图2-20为单相双绕组双分裂变压器原理接线图和结构示意图。

两个绕组中一个（图中高压绕组3，其端头为A、X）为不分裂绕组，由两部分并联组成，另一个为分裂成两个支路的分裂绕组（图中为低压绕组1、2，起端头为 a_1X_1 和 a_2X_2），变压器为带旁轭的心式铁芯，中间两个铁芯柱上各套着两个同心式绕组，靠铁芯的为低压绕组（分裂绕组），外面为高压绕组。分裂变压器有如下特点：

（1）能有效地限制低压侧的短路电流，因而可选用轻型开关设备，节省投资。

(a)

(b)

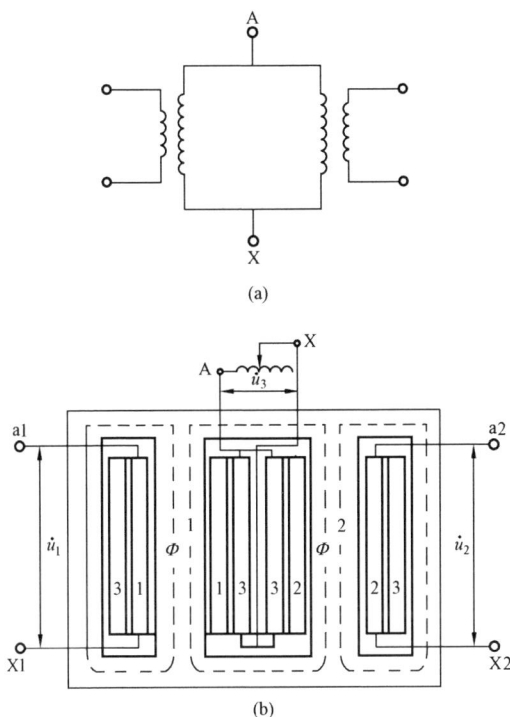

图 2 - 20 单相双绕组双分裂变压器原理及结构图

（a）原理接线图；（b）结构示意图

（2）在降压变电所，应用分裂变压器对两段母线供电时，当一段母线发生短路时，除能有效地限制短路电流外，另一段母线电压仍能保持一定的水平，不致影响供电。

（3）当分裂绕组变压器对两低压母线供电时，若两段负荷不平衡，则母线上的电压不等，损耗增大，所以分裂变压器适用于两段负荷均衡又需限制短路电流的场所。

（4）分裂变压器在制造上比较复杂，例如当低压绕组发生接地故障时，很大的电流流向一侧绕组，在分裂变压器铁芯中失去磁的平衡，在轴上由于强大的电流产生巨大的机械应力，必须采取结实的支撑机构，因此在相同容量下，分裂变压器约比普通变压器造价高 20%。

（二）高压启动/备用变压器

高压启动/备用变压器是作为高压厂用电系统的备用电源和机组启动时的厂用电源，由于与高压厂用变压器同样的原因，一般也采用分裂式变压器。为了满足厂用电电压水平的需要，高压备用变压器通常装有有载调压装置。有载调压分为无级调压和分级调压两大类，而无级调压只适用于低压和小容量的场合。分级调压的优点在于材料消耗少，变压器体积增加不多，可以做到很高的电压和很大容量。有载调压装置有多种形式，如真空式和充油式等，但基本原理相同：在变压器的绕组中引出若干分接抽头，通过有载调压的分接开关，在保证不切断负荷电流的情况下，由一个分接头切换到另一个分接头，以达到变换绕组的有效匝数，即改变变压器变比的目的。该装置主要由选择开关、切换开关、限流电阻和机械传动部分组成。

（1）选择开关，即选择变压器分接头的开关，在切换分接头的过程中是不带电流的，因此带有负载电流的切换开关的动触头在工作中只是滑动而并不切换分接头。由于选择开关在工作时不带负载电流，因此对提高开关的容量来说将是可能的。

（2）切换开关，即带负载切换分接头，或称调换开关。一般采用扇形滚动式结构，三个相的动触头分别装在扇形滚动件上，扇形滚动件分别装在主转轴臂上，主转轴臂可以往复旋转，带动滚动件转动，通过齿轮组的导向，使扇形滚动件按照滚转的方式有规则地往复动作，于是动触头按既定的程序与定触头接触和分离，完成电路的切换。

（3）限流电阻。并联在切换开关的弧触头之间，目的是使切换开关在带负荷切换过程中，有效地限制断开时的电弧电流。限流电阻值由级间电压和变压器额定负载电流决定。

（4）机械传动部分，调压分接开关机械部分主要由电动传动机构和快速机构组成，电动机轴的转动经蜗轮、螺杆降速之后，通过一对锥齿轮传递到垂直轴，再经齿轮盒引入变压器油箱，与选择开关的水平轴相递接。在水平轴锥齿轮的转动下，使垂直主轴转动，主弹簧储能，在摆杆的作用下过死点，弹簧收缩，释放能量，从而带动切换开关主轴，达到快速切换的目的。

四、变压器的保护

无论是主变压器还是厂用变压器，在火力发电厂中都是不可缺少的重要设备，对发电厂生产的安全经济性至关重要。虽然现代变压器结构比较可靠，故障机会较少，但在实际运行中出现不正常运行情况以致发生事故仍时有发生。为了提高变压器工作的可靠性，尽量限制故障范围和减轻影响程度，保证火电厂的安全运行，必须根据变压器的容量及重要程度配置相应的保护装置。

变压器的故障可分为内部故障和外部故障。内部故障主要有绕组的匝间短路、相间短路或单相接地以及铁芯烧损等。变压器的外部故障主要是套管和引线上发生短路，这种故障可能导致变压器引出线相间短路或单相引线碰接变压器外壳造成接地短路。因此，配置的保护装置应能尽快地动作于它的断路器跳闸。

下面分别说明了其保护配置情况：

（1）低压厂用工作和备用变压器的保护配置。

1）电流速断保护。电流速断保护用作反应绕组内部及引线发生的相间短路故障。保护采用两相二继电器接线方式，瞬时动作于高压侧断路器及低压侧具有备用电源自动投入装置的所有空气断路器跳闸。

2）气体保护。气体保护用作反应变压器油箱内部故障及油面降低程度。容量为800kVA及以上或装于主厂房内的400kVA及以上的油浸式变压器须装设气体保护，其轻瓦斯保护动作于信号，重瓦斯保护瞬时动作于高压断路器及低压侧具有备用电源自动投入装置的所有低压断路器跳闸。

3）过电流保护。过电流保护用作反应外部相间短路所引起的异常过电流。保护采用两相两继电器的接线方式，且带时限动作于高压侧断路器。

4）零序电流保护。零序电流保护用作反应变压器低压侧单相接地短路所引起的零序电流。

5）单相接地保护。如果变压器所引接的高压厂用电系统均装有接地保护时，则在低压厂用变压器的高压侧亦须配置单相接地保护，其接线方式同高压厂用工作变压器的单相接地保护。

（2）高压厂用工作变压器的保护装置。

1）纵联差动保护。高压厂用工作变压器的容量在6300kVA及以上时须配置纵联差动保护，用以反应绕组内部及引出线的相间短路故障。

2）气体保护。容量为80kVA及以上的油浸式变压器，应配置气体保护，用作反应变压器油箱内部故障和油面降低程度。

3）过电流保护。用作反应外部相间短路而引起的过电流，并作为纵联差动保护或电流速断保护和重瓦斯保护的后备保护。

4）单相接地保护。有选择性地指示厂用变压器高压侧的单相接地障。

5）低压侧分支差动保护。当高压厂用变压器低压侧带两个分段时若变压器至厂用配电装置间的电缆两端均装设断路器，且每分支的故障会引起发电机变压器组的断路器动作时，则在每一分支上应分别装设纵联差动保护。瞬时动作于所在分支两侧的断路器跳闸。

（3）主变压器保护配置。

1）纵联差动保护。

a. 用 BCH - 4 型继电器的差动保护。对多电源多绕组（或具有分裂绕组）的变压器，可采用 BCH - 4 型差动继电器作纵联差动保护。

b. 鉴别涌流间断角的变压器差动保护。采用鉴别涌流间断角原理构成的变压器差动保护具有灵敏度高、构造简单和动作迅速等优点。

c. 二次谐波制动的差动保护。励磁涌流中含有很大比例的二次谐波，而内部和外部短路电流中二次谐波的比例很小。因此，利用二次谐波制动原理能有效地防止涌流的影响。

2）相间后备保护。

a. 采用复合电压启动的过电流保护。

b. 采用低电压启动的过电流保护。

3）过励磁保护。由于系统的不正常运行或发电机励磁系统失控等原因，都可能造成变压器电压升高。励磁电流急剧增大，将导致铁芯过热，危及变压器安全。此外，当系统频率降低时，变压器的阻抗变小，励磁电流也会增大。所以对大型变压器装设过励磁保护是必要的。过励磁保护的主要判据是 U/F，其中 U 表示变压器的电源电压、F 表示变压器的电源频率，二者比值反应变压器内部的磁通密度变化。

4）零序后备保护。对于两侧或三侧电源的主变压器，当其与中性点直接接地电网连接时，一般需在变压器上装设零序后备保护，该保护作为相邻元件及变压器本身主保护的后备。

提示： 本章共六节，全部适用于初、中级工。

第三章

机组的辅助设备及系统

第一节　主蒸汽、再热蒸汽系统

如图 3-1 所示，主蒸汽系统是指从锅炉过热器联箱出口至汽轮机主汽阀进口的主蒸汽管道、阀门、疏水管等设备、部件组成的工作系统。在主汽阀前，通常设有电动主汽阀。在汽轮机启动以前电动主汽阀关闭，使汽轮机与主蒸汽管道隔开，防止水或主蒸汽管道中其他杂物进入主汽阀区域。在主蒸汽管道的最低位置处，设计有疏水止回阀及相应的疏水管道，用于在汽轮机启动前暖管至 10% 额定负荷以前以及汽轮机停机后及时进行疏水，避免因管内积水发生水击现象。对于设有旁路的汽轮机组，其高压旁路管道也由主蒸汽管道上接出。

再热蒸汽系统包括冷段和热段两部分。再热冷段指从高压缸排汽至锅炉再热器进口联箱入口处的管道和阀门。在接近高压缸下方的排汽管道上，设置有高压缸排汽止回阀。对于采用中压缸启动的汽轮机组，高压缸排汽止回阀另配有一个电动旁路阀（构成小旁路），用于机组启动时的倒暖缸，即利用再热冷段蒸汽经该旁路倒流至汽轮机高压缸进行暖缸。机组在冷态启动时，当高压缸的金属温度达到要求时，该电动旁路阀即关闭，并打开高压拉至凝汽器管道上的阀门，使高压缸处于真空状态。在高压缸排汽管道的最低位置处也设有疏水管道及相应的疏水止回阀。有的机组在高压缸排汽管道上，设有通往给水泵汽轮机（驱动给水泵）、除氧器和辅助蒸汽系统的管道及相应的阀门，考虑到汽轮机低负荷时，向给水泵汽轮机、除氧器和辅助蒸汽系统供汽。

对于采用中压缸启动的汽轮机组，在高压旁路管道至再热冷段的蒸汽管道之间，设置有管径较小的连通管，启动时，在高压缸进汽前用来对高压缸排汽管（即再热冷段管道）进行暖管。此时，要特别注意再热冷段应可靠地进行疏水。此外，由于采用中压缸启动，为了消除高压缸的鼓风作用，在其排汽管道与凝汽器之间设有连通管及相应的阀门，在启动过程中该管道开通，高压缸处于高真空状态，尽量减小其鼓风损失（即减小

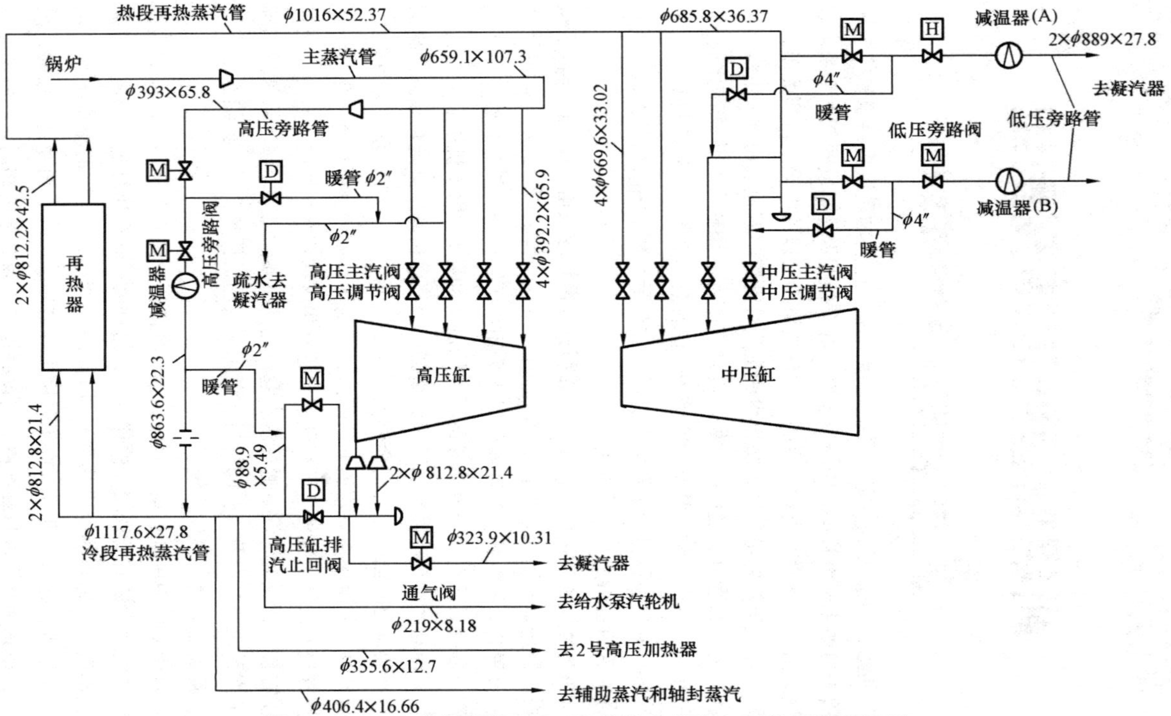

图 3 −1 一次中间再热 600MW 机组主蒸汽、再热蒸汽系统图

鼓风发热量)。

再热热段指锅炉再热器出口至中主门前的蒸汽管道。在该段管道上,也应设有暖管和疏水管道,其中疏水管道在20%额定负荷之前应一直开通。在该段管道的中主门前,接有通往排汽装置的低压旁路管道及相应的旁路阀门。

第二节 凝结水及给水回热系统

一、凝结水系统

凝结水系统的主要功能是将排汽装置中的凝结水由凝结水泵送出,经化学精处理装置、轴封加热器、低压加热器输送至除氧器,其间还对凝结水进行加热、除氧、化学处理和除杂质。此外,凝结水系统还向各有关用户提供水源,如有关设备的密封水、减温器的减温水、各有关系统的补给水以及汽轮机低压缸喷水、水幕保护等。凝结水系统的最初注水及运行时的补给水来自汽轮机的除盐水箱。

凝结水系统主要包括排汽装置、凝结水泵、凝结水储存水箱、凝结水输送泵、凝结水收集箱、凝结水精除盐装置、轴封冷凝器、低压加热器、除氧器及水箱以及连接上述各设备所需要的管道、阀门等。

凝结水泵进口处设有滤网,每台凝结水泵出口管道上均设有再循环回路,使凝结水泵做再循环运行。凝结水系统中还设有小流量回路,即通过轴封冷凝器凝结水支管经气动流量调节阀控制流经轴封加热器的最小流量。精除盐装置的凝结水回路上设有两个旁路,以便视凝结水水质和精除盐装置设备情况作不同方式的运行。

凝结水系统中所有设备均为非铜质零部件,以保护凝结水的水质。此外,凝结水系统中还设有加药点,通过添加氨和联氨来改善凝结水中的pH值和降低含氧量。

图3-2所示为机组常用的100%负荷凝结水泵剖面图。

该泵是立式、双吸式离心泵,共有4级。凝结水泵的筒体悬挂、固定在凝结水泵坑内,蜗形泵壳、短管、导管及出水导管之间采用法兰止口连接方式,各法兰上口的结合面处都有O形密封圈,其材料为合成橡胶。叶轮端部与泵壳内壁之间的密封处分别装有可更换的壳体和叶轮磨损环。泵轴由上、中、下三部分组成,各轴之间均采用对开式套筒联轴器连接。上轴顶部与电动机轴之间采用带法兰的套筒式联轴器连接;推力轴承位于电动机侧;下轴处套装有4级叶轮,第一级叶轮为双吸式,其余四级

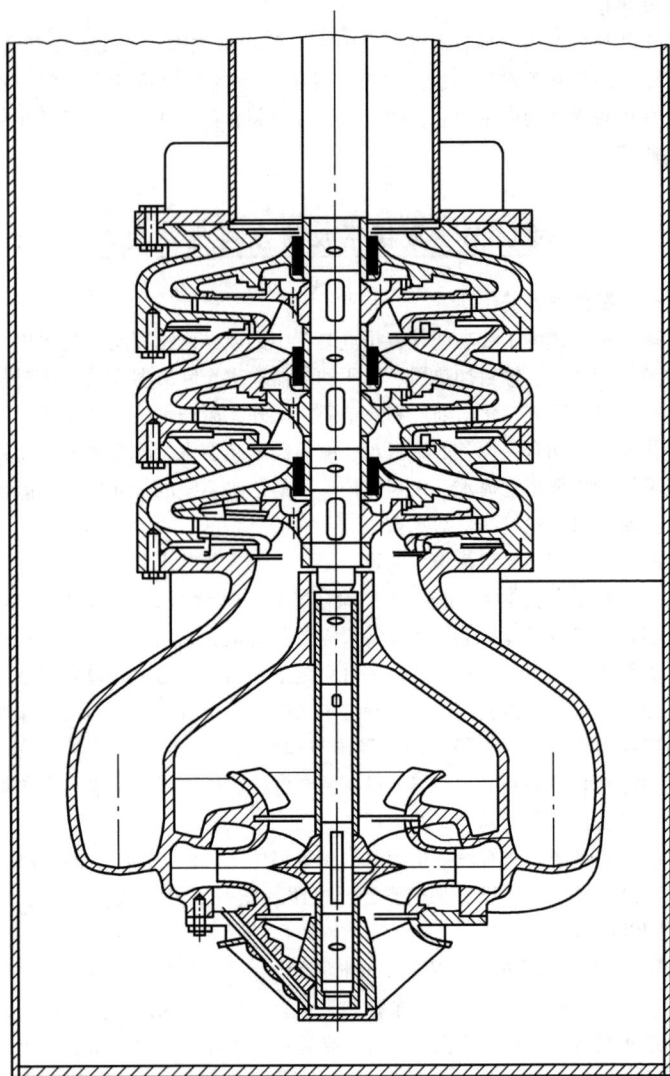

图 3-2　凝结水泵剖面图

均为单吸式。整个泵轴的导向轴承全部是橡胶轴承，泵轴的轴颈处都装有轴套。

　　凝结水泵可在主控制室内进行启、停操作，在就地控制盘上设有紧急停泵按钮。

当满足下列条件时，才可以启动凝结水泵。

（1）排汽装置水位高于 700mm。

（2）凝结水泵进口阀全开。

（3）凝结水泵最小流量阀全开。

（4）除氧器水位低于最高水位。

（5）凝结水泵出口电动阀全关或凝结水母管压力高于 2.9MPa。

凝结水泵启动后，打开其出口电动阀，待该出口电动阀全开后，投入备用凝结水泵联锁，检查投入联锁后备用凝结水泵的出口电动阀联开，以便使该备用凝结水泵处于紧急备用状态。

当发生下列任一情况时，发出报警信号，运行的凝结水泵跳闸，备用的凝结水泵即自动启动。

（1）运行泵出口电动阀未开，延时 80s 后。

（2）运行泵进口阀全关。

（3）手动按下就地紧急停机按钮。

（4）运行泵电动机推力轴承温度达到或高于 90℃。

（5）运行泵电气故障。

当发生下列任一情况时，发出报警信号。

（1）凝结水泵出口压力低于 2.9MPa。

（2）凝结水泵出口处滤网的前后压差大于 20kPa。

（3）除盐装置出口处凝结水温度高。

（4）凝结水泵的轴封水和冷却水流量低于 70% 正常流量。

当发生下列任一情况时，应立即停运凝结水泵。

（1）凝结水泵电动机轴承温度达到或高于 95℃。

（2）凝结水泵电动机绕组温度高于 135℃。

（3）凝结水泵轴承温度高于 85℃。

图 3 - 3 所示为低压加热器的结构示意图。

低压加热器一般不设过热蒸汽冷却段，由冷凝段和疏水冷构成，其水室为半球形或圆筒形。管材为不锈钢材料，这是因为在除氧器之前的凝结水含氧较高，而且设备及管道的真空部分还能继续漏入空气，故需要耐腐蚀的材料。由于没有过热蒸汽冷却段，蒸汽入口设置在加热器的中部。

二、给水系统

给水系统的主要功能是将除氧器水箱中的主凝结水通过给水泵提高压力，经过高压加热器进一步加热之后，输送到锅炉的省煤器入口，作为锅

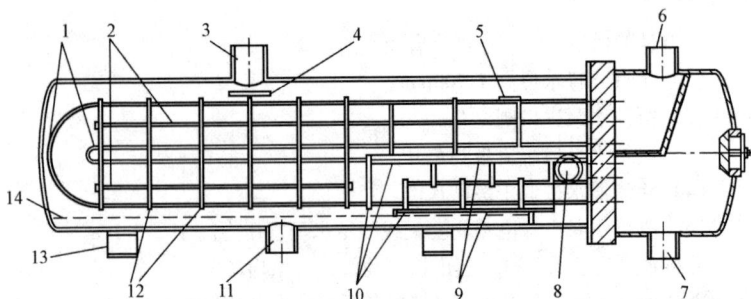

图 3-3 低压加热器的结构示意图

1—U 形管；2—拉杆和定距件；3—蒸汽进口；4—防冲板；5—防护屏板；6—给水
出口；7—给水进口；8—疏水出口；9—疏水冷却段隔板；10—疏水冷却器密封件；
11—可选用的疏水冷却段旁路；12—管子支撑板；13—加热器支架；14—水位

炉的给水。此外，给水系统还向锅炉再热器的减温器和过热器的一、二级
减温器以及汽轮机高压旁路装置的减温器提供减温水，调节上述设备出口
蒸汽的温度。给水系统的最初注水来自凝结水系统。给水系统的主要设备
包括给水泵、除氧器、高压加热器等。

1. 给水泵

我国目前已采用的 600MW 汽轮机组给水系统主要设备包括两台 50%
的汽动给水泵及其前置泵，驱动给水泵汽轮机及驱动电动机，1 台容量为
30% 的电动给水泵组，1～3 号高压加热器等设备以及管道、阀门等配套
部件。对于 600MW 汽轮机的给水泵组，目前已采用的基本配置是：2 台
50% BMCR 流量的汽动给水泵组和 1 台 30% BMCR 流量的电动给水泵组。
电动给水泵组是由 1 台主给水泵（简称给水泵）、1 台前置泵、1 台电动
机和 1 台液力耦合器组成的，给水泵与前置泵共享 1 台电动机驱动，分别
布置在电动机两侧，其中，前置泵通过联轴器直接与电动机相连，而给水
泵由电动机的另一端通过液力祸合器相连。每台电动给水泵组的轴承润滑
油由液力耦合器润滑油系统供应给水泵是汽轮机的重要辅助设备，它将
旋转机械能转变为给水的压力能和动能，向锅炉提供所要求压力下的给
水。为适应机组滑压运行、提高机组运行的经济性，大型机组的给水调节
通常采用变速方式，以避免调节阀产生的节流损失。同时，给水泵的驱动
功率也随着机组容量的增大而增大，若采用电动机驱动，其变速机构必将
更庞大，耗费的电能也将全部由发电机和高压厂用变压器提供。为保证机

组对系统的电力输出，发电机的容量将不得不做相应的增加，高压厂用变压器的容量也需增大，因此，大型机组的给水泵多采用转速可变的给水泵汽轮机来驱动。通常配置 2 台汽动给水泵（简称汽泵），作为正常运行时供给锅炉给水的动力设备，另配 1 台电动给水泵（简称电泵），作为机组启动泵和正常运行的备用泵。

为提高除氧器在滑压运行时的经济性，同时确保给水泵运行安全，通常在给水泵前加设 1 台低速前置泵，与给水泵串联运行，因前置泵的工作转速较低，所需的泵进口倒灌高度（即汽蚀裕量）较小，故降低了除氧器的安装高度，节省了主场房的建设费用；并且给水经前置泵升压后，其出水压头高于给水泵所需的有限汽蚀裕量和在小流量下的附加汽化压头，有效地防止了给水泵的汽蚀。

为了适应机组运行时负荷变化的要求，汽动给水泵和电动给水泵要有灵活的调节功能。要求汽动给水泵的给水泵汽轮机调速范围为 2700 ~ 6000r/min，允许负荷变化率为 10%/min；要求电动给水泵组从零转速的备用状态启动至给水泵出口的流量和压力达到额定参数的时间为 12 ~ 15s；要求主汽轮机负荷在 75% 以下时，给水调节功能应能够保证锅炉汽包水位在 ±15mm 范围内变化，不允许大于或等于 ±50mm。一般给水泵的出口不设调节阀，前置泵的流量等于或略大于主给水泵的流量。给水泵汽轮机的汽源通常采用高压蒸汽和低压蒸汽联合（可相互切换）供汽，以便满足给水泵汽轮机调节品质的要求。

2. 高压加热器

图 3 - 4 为高压加热器结构示意图。加热器的壳体采用轧制钢板制造，全焊接结构。为检查壳体内部便于抽出壳体，壳体上标有现场切割线。在切割线下面衬有不锈钢保护环，以免切割时损坏管束。壳体中部设有滚动支承，供检修时抽出壳体用。在壳体相应于管板的位置处是加热器的支点，靠近壳体尾部是滚动支承，当壳体受热膨胀时，加热器的壳体可以沿轴向自由滚动。在壳体的右侧是加热器的水室。它采用半球形、小开孔的结构形式。水室内有一分流隔板，将进出水分隔开。分流隔板焊接在管板上，分流隔板靠近出水侧与给水出水管的内套管相焊接，这样可以避免管、壳交接处的尖峰应力。水室上还有排气接管、安全阀座和化学清洗接头。

高压加热器管束的壁厚很小，而管板却很厚，为了可靠地将它们连接起来，并保证在高温、高压的情况下变化时不发生泄漏，采用了焊接加爆胀的连接方法，即在管子伸出管板处堆焊，然后用全方位自动亚弧焊进行

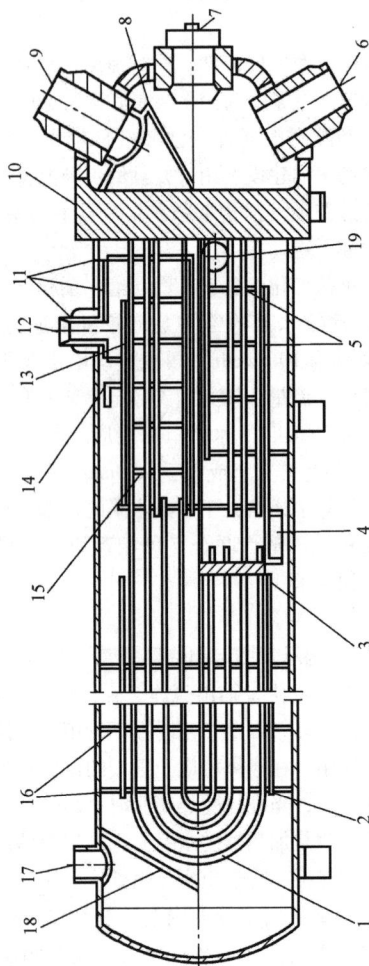

图 3 - 4 高压加热器结构示意图

1—U 形管；2—拉杆和定距管；3—疏水冷却段进口；4—疏水冷却段隔板；5—疏水冷却段隔板；6—给水进口；7—人孔密封板；
8—独立的分流隔板；9—给水出口；10—管板；11—管束；12—蒸汽进口；13—防冲板；14—管束保护环；
15—蒸汽冷却段隔板；16—隔板；17—疏水进口；18—防冲板；19—疏水出口

填角焊。胀管采用全爆胀方法，目的是消除管子与管板之间的间隙，这样既可以防止泄漏，避免间隙内腐蚀加剧，又可以在运行中减小振动；而且管子与管板之间的热传导性能也得到改善，管子和管板的温度较快地得到均匀。

过热蒸汽冷却段位于给水的下游出口端。它由包壳包围着的给水出口端给定长度的全部管段组成。过热蒸汽从套管进入本段，采用套管的目的是，将高温蒸汽与入口的管座根部、壳体及管板隔开（从而避免产生太大的热应力）。过热段的包壳以该套管为中心，可以向四周自由膨胀。该段中配置了适当形式的隔板，使蒸汽以给定的流速均匀地通过管子，达到良好的换热效果。蒸汽进口接管座的下方，设有一块不锈钢防冲板，避免蒸汽直接冲击管束。

从过热段流出的蒸汽进入冷凝段。冷凝段主要是利用蒸汽凝结时放出汽化潜热来加热给水。一组隔板使蒸汽沿着加热器长度方向均匀地分布，它们在加热器的上部留出一定的蒸汽通道，让蒸汽均匀地自上而下流动，并逐渐凝结，蒸汽由气态变成液态（相变对流换热），此时该组隔板主要起着支承和防振功能。

在加热器壳体的左侧用不锈钢板分割出一段独立的疏水扩容室，使上一级的疏水在这里扩容后再进入冷凝段，有效地避免了疏水对管束的冲击或引起的振动。

疏水冷却段位于给水进口流程侧。它采用内置式全流程虹吸式结构。其优点是结构简单、紧凑、可靠，需要的静压头小，凝结疏水不浸没换热面，能利用全部换热面；设计时还选取较低流速，隔板开口面积相近，双进口虹吸口，对平均对数温度进行修正等，这样压力损失减小，避免汽化，保证良好的液态换热性能。它用包壳板把该流程的所有管子密封起来，并用一块较厚的端板将冷凝段与疏水冷却段隔开。端板的作用是当蒸汽进入端板的管孔和管子外表面之间的间隙时，被凝结而形成水密封（毛细密封），以阻止蒸汽泄漏到该段内。

3. 加热器的运行和维护

加热器是电厂的重要辅机，它们的正常投运与否，对电厂的安全、负荷率、经济性影响很大。机组实际运行的安全性和经济，首先取决于设计和制造，但实际运行中良好、严格的管理就更加重要。

在正常情况下，高压加热器的疏水逐级自流，最后流入除氧器；低压加热器的疏水也是逐级自流，最后流入排汽装置。在事故情况下，每一个加热器都有事故疏水口，此时疏水直接流入排汽装置。

在加热器的汽侧和水侧，通常都设置有排汽管道。在正常情况下，高压加热器的排气分别独立排入除氧器，低压加热器的排气则分别独立地排入排汽装置。在启动期间，高压加热器的排汽另有一路可分别独立地排入排汽装置。加热器内的汽侧还设有充氮管接头，以便在机组停机时间较长时，为加热器进行充氮保养。加热器的汽侧和水侧都分别设有放水阀，以便在机组启动时，当水质不合格，或机组停运时，将加热器内的水排至地沟。

（1）加热器启动过程的基本操作如下：

1）随机启动。

a. 检查阀门、仪表完好，各辅助水气电接通。

b. 高压加热器旁路门关闭，给水进、出口门打开，抽汽止回门和电动隔离门打开，汽、水侧启、停排空气门打开。

c. 初次启动时应将管、壳侧放水口打开，待冲除内部垃圾后关闭。

d. 水侧充水后，待启停排空气口见水后关闭。

e. 检查正常疏水、事故疏水调整门前后手动门开启。

f. 汽轮机冲转后，汽侧有蒸汽进入，待启停排空气口见汽后关闭。

g. 当三段抽汽压力高于除氧器 0.15MPa，高压加热器疏水可以由事故疏水扩容器倒至除氧器。

h. 打开汽侧连续排空气门。

i. 投入疏水自动，正常疏水自动设定 0mm，事故疏水自动设定 38mm。

2）带负荷的启动。

a. 检查各阀门、仪表正常无误，打开启停放水门。

b. 给水进口门的注水门打开，以规定温升率（不大于 110℃/h）向高压加热器注水，放气门见水后关闭。当高压加热器压力达到旁路管道压力。打开给水出口门，关闭注水门，缓慢打开给水进口门，关闭旁路门。

c. 检查正常疏水、事故疏水调整门前后手动门开启。

d. 打开抽汽止回门，暖机并监视温升率，启停放汽口见汽后关闭。

e. 缓慢开启高压加热器进汽电动隔离门，按由低到高的顺序投入高压加热器，温升速率不大于 110℃/h。

f. 当三段抽汽压力高于除氧器 0.15MPa，高压加热器疏水可以由事故疏水扩容器倒至除氧器。

g. 打开汽侧连续排空气门。

h. 投入疏水自动，正常疏水自动设定 0mm，事故疏水自动设定 38mm。

（2）加热器停运过程的基本操作如下：随机滑参数停运：具备随机

滑停的高压加热器，当三段抽汽压力降至小于除氧器压力时，关闭至除氧器的疏水截止门，打开至排汽装置的疏水调整门，机组停机后，打开管、壳侧启停放气、放水门，排尽给水。在机组正常运行情况下检修高压加热器水侧时，按抽汽压力由高到低逐个停用，并完成以下操作：

1）逐渐关闭高压加热器进汽阀，控制给水温降速度小于110℃/h。

2）高压加热器疏水压力小于除氧器压力时，将疏水倒至排汽装置。

3）切换高压加热器入口三通阀至给水走旁路。

4）关闭高压加热器出口水门。

5）关闭汽侧连续排空气门。

6）关闭高压加热器危急疏水调整门前后手动门。

7）开启汽侧放水门，将汽侧疏水放尽。

8）开启高压加热器水侧放水门，开启水侧空气门，水侧消压放水至零。

在抽汽系统启动和运行的整个过程中，始终要监视加热器（汽侧）的疏水水位情况。系统投运前，通常正常水位已在加热器的水位指示板上标明，一般允许疏水水位偏离正常水位±38mm。加热器水位太低，会使疏水冷却段的吸水口露出水面，而蒸汽进入该段，这将破坏该段的虹吸作用，造成疏水端压差变化和蒸汽热量损失，且蒸汽还会冲击冷却段的U形管，造成振动，还有可能发生汽蚀现象破坏管束。加热器的水位太高，将使部分管子浸沐在水中，从而减小换热面积，导致加热器性能下降（出口处给水的温度降低）。加热器在过高水位下运行，一旦操作稍有失误或处理不及时，就可能造成汽轮机本体或系统的损坏（如水倒灌进汽轮机、蒸汽管道发生水击等）。

运行中，加热器出口端差是监督的一个重要指标，因为许多不正常的因素都与此有关。当加热器的换热面结垢致使加热器传热恶化或加热器管子堵塞时，加热器出口端差部将会增大；如果由于空气漏入或排汽不畅，加热器中聚集了不凝结的气体，也会严重影响传热，此时端差也会增大；加热能水位太高，淹没了部分换热面积，由于传热面积减小，也将使出口端差增大；若抽汽管道的阀门没有全开，蒸汽发生严重节流损失，也会造成加热器出口端差增大。

4. 除氧器的结构、性能

图 3-5 为喷雾填料卧式除氧器的结构示意图。溶解于水中的气体，一方面对设备起腐蚀作用，另一方面也妨碍加热器（和锅炉）的换热性能，因此必须将水中的气体去除。除氧器就是完成该项任务的设备。

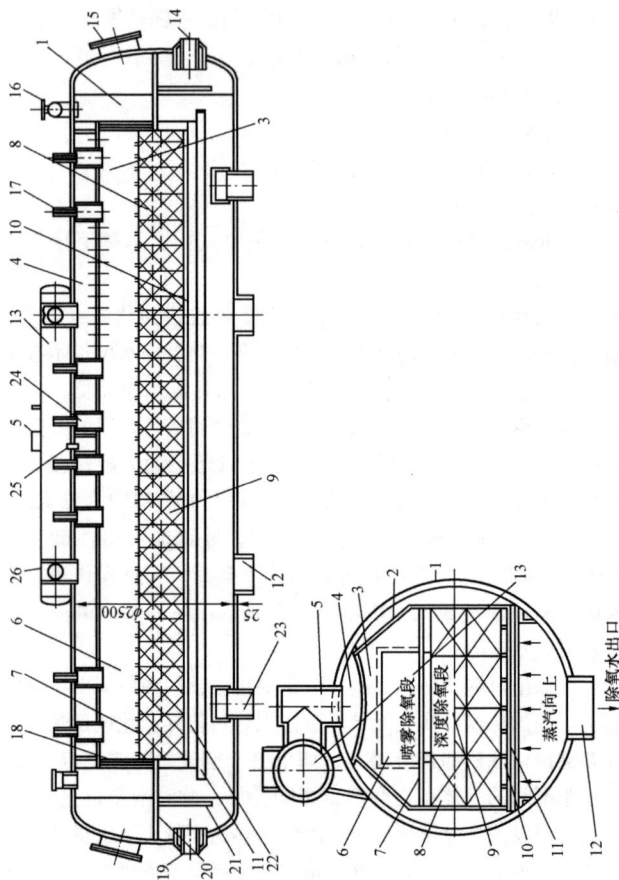

图 3-5　喷雾填料卧式除氧器的结构示意图

1—除氧器本体；2—侧包板；3—恒速喷嘴；4—栅架；5—凝结水进水室；6—喷雾除氧段；7—布水槽；8—淋水盘箱；9—深度除氧段；10—工字钢托架；11—除氧水进水管；12—凝结水出口管；13—凝结水进口集箱；14—进水管；15—人孔；16—除氧器除氧段人孔门；17—排气管；18—喷雾除氧段除氧器人孔；19—进汽管；20—进口平台；21—匀汽孔板；22—基面角铁；23—蒸汽连通管；24—放汽管；25—水压试验用放汽管；26—进水分管

除氧有化学除氧和热力除氧两种方法。热力除氧采用加热方法，它能够去除水中的大部分气体。对于亚临界压力机组，热力除氧已能够基本满足要求；对于超临界压力机组，则在热力除氧的基础上，再补充做化学除氧。

热力除氧基于如下原理：气体在水中的溶解度正比于该气体在水面的分压力。水中各种气体分压力的总和与水面的混合气体的总压力相平衡。当水加热至沸腾时，水面处蒸汽的分压力接近其混合气体的总压力，其他气体的分压力接近于零，故水中溶解的其他气体几乎全部被排除出水面。但是，气体排出水面需要路径和时间，而且水面的气体必须及时排到远离水面处。此外，能够形成较大气泡的气体才能逸出水面，而水中其他的分子状气体，则需要更强的驱动力才能排出水面。为了满足上述这些条件，在进行除氧器的结构设计时，必须注意满足下述条件：

（1）水与蒸汽要有足够大的接触表面。

（2）迅速把逸出水面的气体排走。

（3）加热蒸汽与需要除氧的水之间有足够长的逆向流动路径，即有足够大的传热面积和足够长的传热、传质时间。

也就是说，除氧器中必须构成初步除氧和深度除氧这样两个除氧过程。

从压力方面分，除氧器有真空式、大气式和高压式三种类型；从内部结构方面分，除氧器有淋水盘式和喷雾填料式两种类型；从除氧部分的设置方式分，除氧器有立式和卧式两种。300MW 及 600MW 大型汽轮机组一般采用的是高压的喷雾填料卧式除氧器。采用高压式除氧的好处是可以减少昂贵的造价、运行时高压加热器苛刻的台数条件，而且在高压加热器旁路时，仍然可以使给水温度有较高水平，还容易避免除氧器的自生沸腾现象。提高压力也就是提高水的饱和温度，使气体在水中的溶解度降低，对提高除氧效果更有利。

采用喷雾填料卧式除氧器时，可以布置多个排汽口和凝结水喷嘴，使气体能够很快排除，也使凝结水的除氧效果大大提高，并且使其更能够适应机组的变负荷运行。

从图 3－5 中可以看出，除氧器大致可分为除氧器本体、进水集箱、凝结水进水室、喷雾除氧段、深度除氧段、出水管、蒸汽连通管、恒速喷嘴等部分（部件）。

凝结水通过进水集箱分水管进入除氧器的两个相互独立的凝结水进水室。在两个进水室的长度方向均匀布置了恒速喷嘴。因凝结水的压力高于除氧器汽侧的压力，水汽两侧的压差作用在喷嘴板上，将喷嘴上的弹簧压缩而打开喷嘴，凝结水即从喷嘴中喷出。喷出的水呈圆锥形水膜进入喷雾除氧段空间。在这个空间中，过热蒸汽与圆锥形水膜充分接触，由于接触面积很大，迅速把凝结水加热到除氧器压力下的饱和温度。此时，绝大部分的非冷凝气体就在喷雾除氧段中被除去，这就是除氧的第一阶段。

穿过喷雾除氧段空间的凝结水喷洒在淋水盘箱上的布水槽中，布水槽均匀地将水分配到淋水盘箱。凝结水从上层的小槽两侧分别流入下层的小槽中。就这样一层层流下去，共流经 16 层小槽，使凝结水在淋水盘箱中有足够的时间与过热蒸汽接触，并使汽、水的换热面积达到最大值。流经淋水盘箱的凝结水不断再沸腾，凝结水中剩余的非凝结气体在淋水盘箱中被进一步除去，凝结水中的含氧量降低到标准值。这就是除氧的第二阶段，即深度除氧阶段。

在喷雾除氧段和深度除氧段被除去的非冷凝气体，均通过设置在除氧器上部的排气管排向大气。

除氧器两端各有一个进汽管，过热蒸汽从进汽管进入除氧器下部，首先由匀汽孔板将蒸汽沿除氧器下部截面均匀分配，使蒸汽均匀地从栅架底部进入深度除氧段，再由深度除氧段向上流入喷雾除氧段，这样就形成了汽、水逆向流动，以提高除氧器的除氧性能。合格的除氧水从除氧器的出口管流入除氧器水箱（即给水水箱），并由给水泵（经过各高压加热器之后）送至锅炉。

在稳定于额定负荷情况下，除氧器的定压、滑压运行方式效果基本相同。对于定压运行的除氧器，当负荷变化时，因汽源压力得到上一级的保证，仍可按定压运行，故不会发生任何变化。对于滑压运行的除氧器，负荷上升时，除氧器内的压力随之上升，而除氧器内的水温不能立即随着升高，变成不饱和水，产生"返氧"现象，但此时给水泵发生汽蚀的可能性很小；负荷下降时，则由于除氧器发生"再沸腾"而使除氧效来更好，但此时给水泵发生汽蚀的可能性增大。实际上，负荷激增的可能性较小，而负荷突然降低的可能性则经常发生，故除氧器采用滑比运行方式时应着重注意避免给水泵发生汽蚀。

除氧器必须有正确的运行方式，才能保证安全和良好的除氧效果。除氧器启动之前，必须先由凝结水泵向除氧器的进水集箱充水，并由集箱向除氧器内供水。当除氧器水箱的水位上升到正常水位之后，才能开启水箱内的加热装置，随后再按规程操作。除氧器在启动初期，由辅助蒸汽系统供汽，此时为低压定压运行；当随着负荷增加而切换为由抽汽作为汽源之后，即开始滑压运行，一直到满负荷。启动时若发生振动应立即停止送汽，并先检查是否发生水击，然后检查其他原因，并采取相应排除措施。若除氧器内压力突然升高或降低，应立即检查介质流量是否正常、压力和负荷是否适应，增大或降低进水压力，使进水压力与除氧器内部压力差在正常范围内。若除氧器水位变化过快，应检查进水流量、压力，并相应调节阀门开度直到正常水位为止。当水箱水位降到极低水位而无法调节时，应立即停运给水泵并停机。

5. 大型机组给水泵的调节

300MW 及 600MW 机组给水泵的调节主要为液力耦合器的变速调节和给水泵汽轮机直接驱动的变速调节两种方式。对于凝汽机组，以上两种调节均使用，运行泵采用给水泵汽轮机直接驱动的变速调节，备用泵采用液力耦合器的变速调节。对于大型供热机组，由于供热抽汽量已经很大，一般不使用给水泵汽轮机直接驱动的变速调节。三台给水泵均使用液力耦合器的变速调节。随着 DEH 技术的不断成熟，给水泵汽轮机直接驱动的变速调节已成为一种优良的给水泵的调节方式。

（1）液力耦合器的变速调节。液力耦合器是一种以液体（多数为油）为工作介质，利用液体动能传递能量的一种叶片式传动机械，又称液力联轴器或液体动力传动装置。按其应用场合的不同，可分为普通型（标准型、离合型）、限矩型（安全型）、牵引型和调速型四类。用于泵与风机调速节能的为调速型，故下面讨论的仅限于调速型液力耦合器。如图 3-6 所示为液力耦合器的原理图。调速型液力耦合器（简称液力耦合器）主要由泵轮、涡轮及旋转内套（勺管室）、勺管组成。泵轮与涡轮均为具有径向直叶片的工作轮，泵轮与主动轴固定连接，涡轮与从动轴固定连接，主动轴和从动轴又分别与电动机及泵连接。泵轮与涡轮之间无固定的部件联系，为相对布置，两者端面之间保持一定的间隙。由泵轮的内腔和涡轮内腔共同形成的圆环状的空腔称为工作腔。工作腔的轴面（即包含轴心线的截面）投影称为循环圆。若在工作腔内充以油等工作介质，则当主动轴带着泵轮高速旋转时，泵轮上的叶片将驱动工作油高速旋转，对工作油做功，使油获得能量（旋转动能）。同时，高速旋转的工作油在惯性离心力的作用下，被甩向泵轮的外圆周侧，形成高速的油流，在出口处以径向相对速度与泵轮出口圆周速度组合成合速度，冲入涡轮的进口径向流道，并沿着径向流道由工作油动量矩的改变去推动涡轮旋转。在涡轮出口处又以径向相对速度与涡轮出口圆周速度组合成合速度，进入泵轮的进口径向流道，重新在泵轮中获取能量。如此周而复始，形成了工作油在

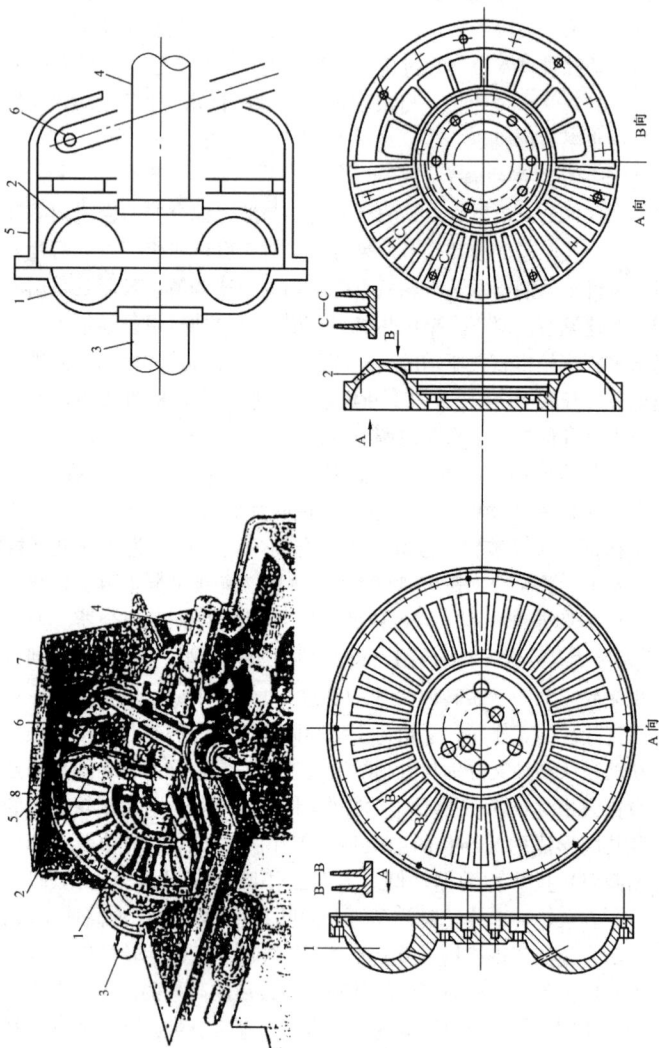

图 3 - 6 液力联轴器示意图

1—泵轮；2—涡轮；3—主动轴；4—从动轴；5—旋转内套；6—勺管；7—回油管；8—外壳

泵轮和涡轮两者之间的循环流动圆。这样，泵轮把原动机的机械能转变为工作油的动能和压力势能，进入涡轮中的工作油的机械能在涡轮中又转化为输出轴的机械能传递给泵轮，从而实现了电动机轴功率的柔性传递。

若改变工作腔中工作油的充满度，亦即改变循环圆内的循环油量，就可改变液力耦合器所传递的转矩和输出轴的转速，从而实现了电动机在定速的情况下对泵的无级变速。工作油油量的变化是通过一根可移动的勺管（导流管）位置的改变实现的。勺管可以把管口以下的循环油抽走，勺管往上推移时，在旋转内套中的油将被勺管抽吸，使工作腔中的工作油量减少，涡轮减速，从而使泵减速。反之，当勺管往下移时，泵与风机将升速。火力发电厂应用的液力耦合器有带升速齿轮和不带升速齿轮两种。当泵的额定转速高于电动机的额定转速时，就需要采用带升速齿轮的液力耦合器。如机组锅炉给水泵的额定转速通常在 5000r/min 左右，故其配置的液力耦合器就需要带升速齿轮。

（2）给水泵汽轮机直接驱动的变速调节。随着大容量火电机组的发展，驱动锅炉高压给水泵的功率也随之增加，为了提高火力发电厂的经济性，对于大容量机组给水泵的原动机的选择，目前国内外一般认为单机容量在 250～300MM 以上机组的给水泵以采用给水泵汽轮机直接驱动变速调节为佳。因为现代给水泵单机容量的增大已使给水泵汽轮机效率几乎与主机相等，在这种情况下，采用给水泵汽轮机直接驱动锅炉高压给水泵进行变速调节已成为最佳的调节方案。

采用给水泵汽轮机直接驱动进行变速调节，具有以下特点：

1）增大了机组输出电量，为发电量的 3%～4%，即降低了厂用电量。

2）不需要升速齿轮和液力耦合器，故不存在设备的传动损失。

3）提高了给水泵运行的稳定性，即当电网频率变化时，给水泵运行转速不受影响。

第三节　锅炉风烟系统及设备

为了使燃料在炉内的燃烧正常进行，必须向炉膛内送入燃料燃烧所需要的空气，并随时排出燃烧后所生成的烟气。为满足上述要求，大、中型锅炉均采用平衡通风系统。用送风机克服空气侧的空气预热器、风道和燃烧器的流动阻力；用引风机克服烟气侧的过热器、再热器、省煤器、空气预热器、除尘器等的流动阻力，并在炉膛到引风机之间的整段烟道中维持负压。

一、风机

大容量发电机组所配置的引、送风机有离心式和轴流式两种。

1. 离心式风机

离心式风机具有构造简单、工作可靠、维修工作量少、风压较高、在额定风压时效率较高（可达94％）等特点。图3-7（a）为离心式风机结构图，其工作原理是气流由轴向进入叶轮，然后在叶轮的驱动下，一方面随叶轮旋转，另一方面在惯性力的作用下提高能量沿半径方向离开叶轮。

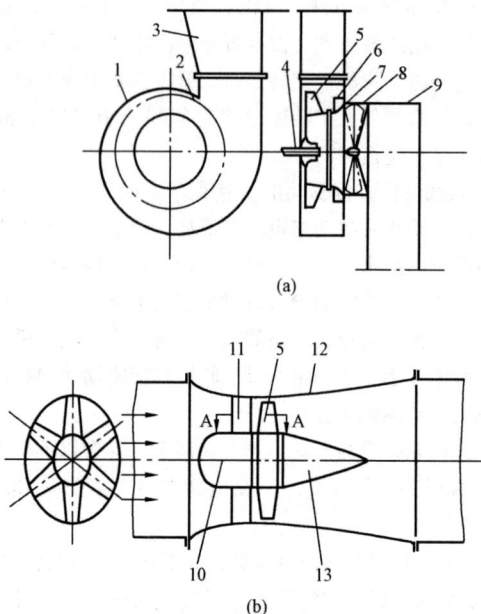

(a)

(b)

图 3-7　风机结构图

（a）离心式风机；（b）轴流式风机

1—螺旋室；2—舌；3—扩散器；4—轴；5—叶轮；6—扩压环；7—集流器；8—倒流器；9—进气箱；10—整流罩；11—前导叶；12—外筒；13—扩散筒

2. 轴流式风机

随着发电机组容量的提高，风机所输送的流量增加，因而比转速加大，离心式风机已无法满足生产的要求。轴流式风机具有流量大、压头低、占地及耗金属少等特点，采用动叶调节时，具有效率高、工况区范围广等优点。因此现代大容量发电机组的引、送风机广泛采用轴流式风机。轴流式风机的主要部件如图 3 - 7 （b）所示。其工作原理是利用当叶轮旋转时对气体产生的推与挤的作用力，把气体压出，经导叶轮、扩压器流入管路。叶轮是轴流风机的主要部件，通过叶轮，气体获得能量并做旋转运动。导叶的作用使气体由旋转运动变为轴向运动；扩压器的作用用来降低气流的速度，减少流动损失。因轴流式风机的风压较低，叶片易受磨损，所以要求所配用的除尘设备效率较高。

二、空气预热器

空气预热器是利用锅炉尾部烟气的热量加热燃烧用空气的一种对流式热交换器。空气预热器按传热方式的不同可分为传热式和再生式（又称蓄热式或回转式）两种。再生式空气预热器可比传热式空气预热器节约钢材 30% ~40%，结构紧凑，质量轻，便于锅炉尾部受热面的布置，因此大容量发电机组广泛采用再生式空气预热器。再生式空气预热器由转子、外壳、密封装置和传动装置等组成。转子内分隔成许多网格，里面装满了传热元件。外壳的扇形顶板和底板把转子的流通截面分隔成两部分。这两个部分各与外壳上部及下部的空气道和烟气道相通，使转子的一边通过空气，另一边则逆向流过烟气。当烟气流过受热面时把热量在受热面中积蓄起来，冷空气流过受热面时把该热量带走。按预热器的转动方式来分，可分为受热面转动和风罩转动两种方式。风罩再生式预热器由静子、上下风罩、传动装置、密封装置和固定的风道、烟道所组成。它的工作原理与受热面转动方式一样，不同的只是受热面再生式空气预热器是受热面为转子转动，外壳不动；风罩再生式空气预热器是受热面静止不动，而风罩旋转。受热面转动的空气预热器如图 3 - 8 所示，风罩转动的再生式空气预热器如图 3 - 9 所示。再生式空气预热器存在的主要问题是：漏风量大、低温端腐蚀堵灰、转子卡涩、传动装置故障等。

三、一次风机

锅炉运行过程中用于输送磨煤机内的煤粉并调节磨煤机出口风温的风机叫一次风机。一次风机一般采用离心式风机，在锅炉点火以前，当引（送）风机启动对炉膛和烟道进行彻底的通风吹扫后，在风烟系统、汽水系统具备点火条件时，即可点火。锅炉点火后随着炉膛烟温的提高，当要投入制粉系统时，首先要启动一次风机对磨煤机、一次风管进行暖磨、暖管和吹扫，对于一次风管至少吹扫 3 ~5min；对于磨煤机暖磨要求煤粉分离器出口温度达 60 ~90℃，300MW 机组一次风机运行中要求一次风压不低于 7kPa。600MW 机组一次风机运行中要求一次风压不低于 10kPa。

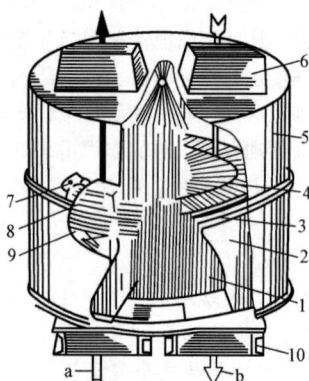

图3-8 受热面转动的空气预热器
(a) 空气运动方向；(b) 烟气运动方向
1—转子；2—转子外壳；3—转子齿圈；
4—扇形隔板；5—空气预热器外壳；
6—连接方箱；7—电动机；8—
减速箱；9—传动齿轮；10—
带有方箱的框架

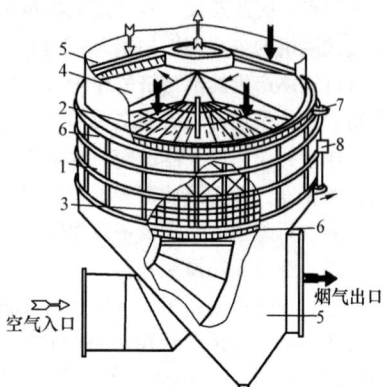

图3-9 风罩转动的再生式
空气预热器
1—转子；2—受热面元件盒；3—受热面
元件盒（内装陶瓷砖）；4—转子；5—
烟道；6—传动齿条；7—传动齿轮；
8—减速箱

　　一次风机出口一次风系统有两种，一种是多台磨煤机配一台一次风机的母管制，另一种是每台磨煤机配一台一次风机，磨煤机之间一次风互不影响。

第四节　锅炉制粉系统及设备

一、制粉系统

锅炉制粉系统可分为直吹式和中间储仓式两种。

1. 直吹式制粉系统

直吹式制粉系统中，磨煤机磨制好的煤粉全部直接送入锅炉燃烧室内燃烧。磨煤机的制粉量要随锅炉负荷变化而变化。若采用筒型球磨煤机，在低负荷下运行时，制粉系统很不经济，因此直吹式制粉系统一般配中速或高速磨煤机。

2. 中间储仓式制粉系统

中间储仓式制粉系统中，由磨煤机磨制出来的煤粉空气混合物经粗粉分离器后，不直接送入锅炉燃烧室燃烧，先经旋风分离器将煤粉从煤粉空气混合物中分离出来，储存在煤粉仓内或者经螺旋输粉机送入邻炉。锅炉需要的煤粉量由给粉机调节送入燃烧室燃烧。磨煤机可以按其本身的最佳工况运行而不受锅炉负荷的影响，提高了制粉系统的经济性。由于配置了钢球磨煤机，因此其制粉系统对煤种、煤质的适应性好。300MW 及以上机组一般使用直吹式制粉系统。

二、磨煤机

磨煤机是磨制煤粉的主要设备，通常靠撞击、挤压或碾压的作用将煤磨成煤粉。各种类型的磨煤机往往同时具有上述两种或三种作用，但以一种作用为主。磨煤机和制粉系统选型主要依据煤种和炉型来决定。对于燃用无烟煤、贫煤、劣质烟煤和煤中杂质含量大，以及煤种、煤质变化很大的火电厂，宜选用钢球磨煤机；对于燃用烟煤的火电厂，宜选用中速磨煤机；对于燃用褐煤，水分含量大的烟煤的火电厂，宜选用风扇式磨煤机。

磨煤机按其部件工作转速，可分为如下三种。

（1）低速磨煤机。转速为 15 ~ 25r/min，如筒式钢球磨煤机，其筒体的圆周速度为 2.5 ~ 3m/s。

（2）中速磨煤机。转速为 50 ~ 300r/min，如中速平盘磨煤机、中速钢球磨煤机、中速碗式磨煤机，其磨盘圆周速度为 3 ~ 4m/s。

（3）高速磨煤机。转速为 750 ~ 1500r/min，如锤击磨煤机、风扇磨煤机等，击锤和冲击板的圆周速度为 50 ~ 80m/s。

1. 低速磨煤机

筒式钢球磨煤机简称球磨机，其结构如图 3 - 10 所示，它的主体是一个直径为 2 ~ 4m、长 3 ~ 10m 的圆筒，里面装有若干 25 ~ 60 个的钢球。筒的内壁是由波浪形的锰钢瓦组成衬板，衬板外是一层绝热石棉垫，石棉垫外是钢板制成的筒身，筒身外包一层隔音用的毛毡，毛毡外还有一层钢板制成的外壳。圆筒的两端是两个封头，封头上装有空心轴颈，轴颈放在大轴承上。两个空心轴颈的两端各接一个倾斜 45°的短管，其中一个是热风与原煤的进口，另一个是气粉混合物出口。空心轴颈的内壁有螺旋形槽，当有原煤落下时，能沿着槽进入筒内。

球磨机的工作原理是筒体在一定转速下旋转，筒体内装的钢球被带到一定的高度后，沿着抛物线方向下落，撞击煤粒，将煤粒击碎。所以球磨机主要是以撞击作用磨制煤粉的。同时，钢球在筒体内运动时，钢球与钢球之间，钢球与衬板之间也产生挤压、碾压作用，将煤粒磨碎。经过磨制的煤粉由输送介质将其从磨煤机筒体中携带出，通过粗粉分离器将不合格

第三章 机组的辅助设备及系统

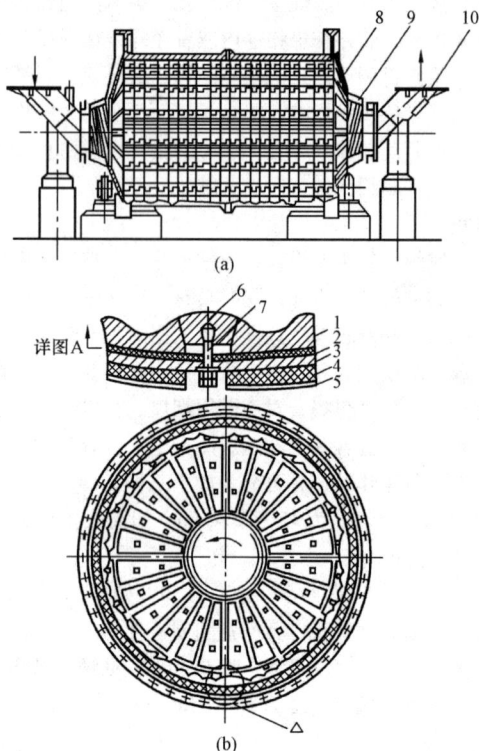

图 3 - 10　球磨机剖面

（a）纵剖图；（b）横剖图

1—波浪形的护板；2—绝热石棉垫层；3—筒身；4—隔音毛毡层；5—钢板外壳；
6—压紧用的楔形块；7—螺栓；8—封头；9—空心轴颈；10—短管

煤粉分离出来，由回粉管回到磨煤机继续磨制。

　　影响球磨机运行的主要因素有：球磨机的临界转速和工作转速、衬板、钢球装载量、球磨机筒体通风量等。

　　2. 中速磨煤机

　　目前，在我国发电设备中配套的中速磨煤机有平盘磨、碗式磨和球式磨。虽形成了多种类别，但它们的工作原理都是以碾压破碎为主，主要差别在于碾磨部件的结构不同。

　　平盘磨煤机的主要部件是转盘和辊子，电动机带动转盘转动，转盘的转动又带动辊子转动，辊子依靠自重和弹簧拉紧的压力与转盘压紧，煤在转盘与辊子间被研碎。平盘磨煤机结构如图3－11所示。

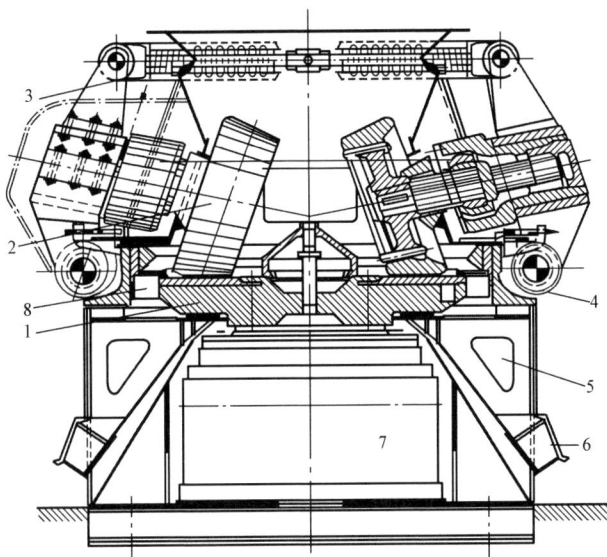

图3－11　平盘磨煤机结构图
1—转盘；2—辊子；3—弹簧；4—挡环；5—风室；
6—杂物箱；7—减速箱；8—环形风道

中速磨煤机的工作原理是：煤由落煤管落入转盘中部，依靠转盘的离心力向边缘移动而被辊子碾碎，转盘边缘有一挡环，保证盘内有一定厚度的煤层，这样可以提高磨煤效率。热风由转盘周围的风环送入转盘，携带煤粉进入磨煤机上部的粗粉分离器，不合格的煤粉重新回到转盘上被继续磨制，石子煤从风环处落入石子煤储存箱内。

影响中速平盘磨运行的主要因素有：原煤水分、原煤硬度、磨煤机转速、磨煤机通风量、弹簧压紧量。

3．高速磨煤机

高速磨煤机主要有风扇磨煤机和锤击式磨煤机两种。

风扇式磨煤机结构如图3－12所示，主要由叶轮、机壳、驱动装置组成。叶轮由前后盘及8～12块冲击板构成，机壳的内表面有护板，都是由锰钢制成。其工作原理是：原煤进入磨煤机时被高速旋转的冲击板击碎。

风扇式磨煤机既是磨煤机，又是排粉机，它可吸入热空气并将煤粉空气混合物送入粗粉分离器，不合格的煤粉返回磨煤机重磨，合格的煤粉由气流送入炉内燃烧。

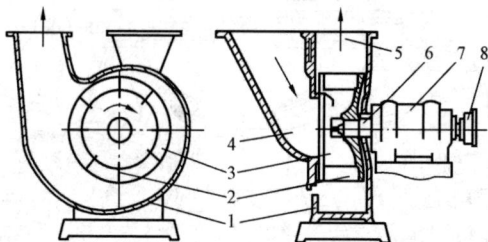

图 3 - 12　风扇式磨煤机结构图

1—机壳；2—冲击板；3—叶轮；4—风、煤进口；5—煤粉空气混合物
出口（接分离器）；6—轴；7—轴承箱；8—联轴节（接电动机）

三、制粉系统其他辅助设备

1. 原煤仓

原煤仓是储备原煤的容器，它保证正常供给磨煤机的用煤，同时也调节了输煤系统与多台磨煤机的供需关系，它是制粉系统的起点。

2. 给煤机

给煤机的作用是根据磨煤机或锅炉负荷的需要调节给煤量，并将原煤均匀地送入磨煤机。国内电厂最常用的给煤机有电磁振动式、刮板式和电子重力皮带给煤机几种。其中电子重力式皮带给煤机在现代的大型锅炉机组中应用较广，它的优点是除了发挥给煤机的作用外，还兼有称重的作用，通过计量装置，可以知道磨煤机的制粉量和锅炉的燃煤消耗量，为用正平衡法计算锅炉效率以及用微机在线计算热效率创造了条件。

3. 磨煤机

磨煤机是制粉系统中最主要的设备，磨煤机通常是靠撞击、挤压或碾压的作用将煤磨成煤粉的。每一种磨煤机往往同时兼有上述两种甚至三种作用，但以其中一种作用为主。

与直吹式制粉系统配套的中速磨煤机有平盘磨、球式磨、碗式磨及MPS磨等，与直吹式制粉系统配套的高速磨煤机主要是风扇磨煤机，与中储式制粉系统配套的低速磨煤机一般是筒式钢球磨煤机。现在有一种双进双出钢球筒式磨煤机，它不同于一般的钢球筒式磨煤机，其两端既是出口同时也是入口。它主要有以下优越性：

（1）可避免因燃料水分高而引起的堵煤现象。

（2）提高了磨煤出力。

（3）煤粉的均匀性指数有所提高。

（4）适应锅炉负荷变化的能力强。

（5）可获得稳定的煤粉细度及较小的风粉比。

（6）可在正压条件下工作。

4. 粗粉分离器

从磨煤机中带出的煤粉实际上是粗细不等的。此外，为了保证干燥、降低制粉单耗等其他原因，往往带出的煤粉中不可避免地会有一些不利于完全燃烧的大颗粒煤粉。因此，磨煤机后部都装有粗粉分离器。粗粉分离器的作用是使较粗的不合格的煤粉被分离出来，通过回粉管回到磨煤机中继续磨细，而使细度合乎锅炉要求的煤粉通过分离设备。它的另一个作用是可以调节煤粉细度，以便在运行中当煤种变化或改变磨煤出力时能保持一定的煤粉细度。

粗粉分离器主要有离心式和回转式两种，都是利用重力、惯性力和离心力的作用把较粗的煤粉分离出来的。

（1）离心式粗粉分离器。图 3 - 13 所示为用于配球磨机的离心式粗粉分离器。图 3 - 14 所示为用于配风扇磨和中速平盘磨的离心式粗粉分离器。

图 3 - 13（a）为目前国内应用最多的一种形式，它主要由内、外空心锥体、回粉管、可调折向挡板组成。工作原理是：由磨煤机出来的气粉混合物以 15 ~ 20m/s 的速度自下而上从入口管进入分离器，在内外锥体之间的环形空间内，由于流通面积增大，其速度逐渐降至 4 ~ 6m/s；最粗的煤粉在重力作用下首先从气流中分离出来，经外锥体回粉管返回磨煤机重新磨制。带粉气流继续进入分离器上部，经过沿整个圆周装设的切向挡板产生旋转运动，在离心力的作用下，较粗的煤粉进一步被分离出来，经过内锥体底部的回粉管返回磨煤机。最后煤粉气流进入出口管时，由于急转弯，惯性力又使一部分粗煤粉分离出来。气粉混合物最后由上部出口管引出。从分离器引出的气粉混合物会携带一些较粗的煤粉，被分离出的回粉中也会带有一些合格的细粉，这些细粉返回到磨煤机会被磨得更细，这样不但使煤粉的均匀性变差而且增加了制粉电耗。

图 3 - 14 所示的分离器的工作原理与图 3 - 13 所示的基本相似。离心式粗粉分离器调节煤粉细度的方法一般有三种：改变可调折向挡板的角度；调整磨煤机的通风量；调节活动套筒的上下位置。减小折向挡板与圆

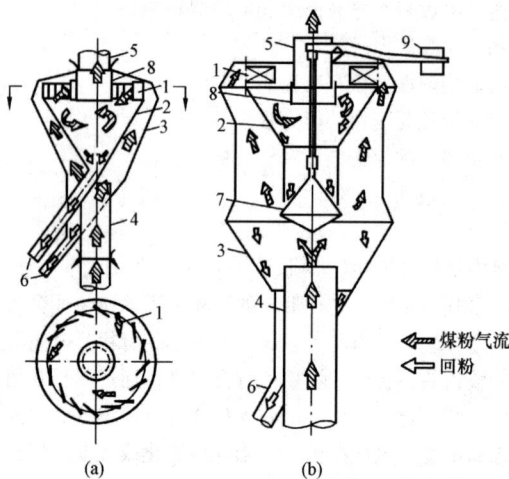

图 3 - 13   配球磨机的离心式粗粉分离器

（a）普通型；（b）具有回粉再分离作用的改进型

1—折向挡板；2—内圆锥体；3—外圆锥体；4—进口管；5—出口管；
6—回粉管；7—锁气器；8—活动环；9—重锤

周切线夹角 α 时，气流的旋转程度增大，分离出来的粗煤粉增多，气流带走的煤粉变细。增加磨煤机通风量，使得磨煤机出口的煤粉变粗，煤粉在分离器内的时间变短，从而使得分离器出口煤粉变粗。调节活动套筒的上下位置，可调节惯性分离作用的大小，从而达到调节出口煤粉细度的目的。

（2）回转式粗粉分离器。如图 3 - 15 所示，此种分离器的结构特点是：分离器上部有一个由电动机经减速器带动旋转的转子，转子由 20 个左右叶片组成，其叶片由角钢或扁钢制成。

工作原理：气粉混合物由下部进入分离器，由于流通面积的增大，气流速度降低，一部分煤粉在重力作用下被分离出来。气流进入转子区域被转子带动做旋转运动，粗粉受到较大的离心力再次被分离，沿筒壁落下经回粉管返回磨煤机重新磨制。当气流沿叶片间隙通过转子时，煤粉颗粒受到叶片撞击，于是又有部分粗粉被分离。转子的转速越高，气流带出的煤粉越细。转子的转速可在每分钟数十转到数百转的范围内进行调节，调节转子的转速便可达到调节煤粉细度的目的。

有的回转式分离器加装了切向引入的二次风，将回粉再次吹扬，减少

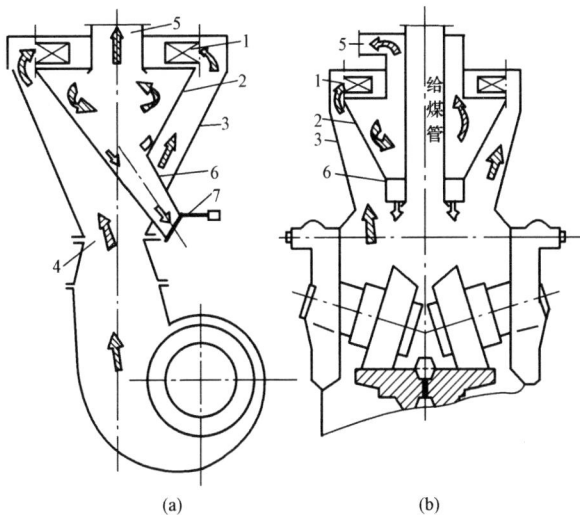

图 3 - 14 配风扇磨和平盘磨的离心式粗粉分离器

（a）配风扇磨；（b）配平盘磨

1—折向挡板；2—内圆锥体；3—外圆锥体；4—进口管；
5—出口管；6—回粉管；7—锁气器

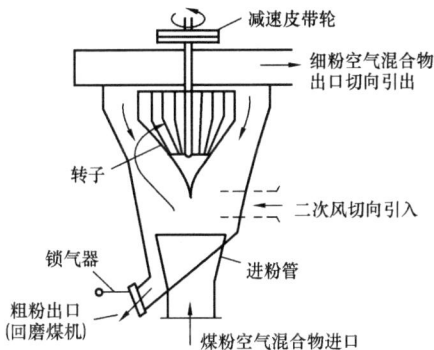

图 3 - 15 回粉式粗粉分离器

了回粉中细粉的数量，提高了分离效率，在提高制粉系统出力的同时，也降低了磨煤机的电耗。回转式和离心式粗粉分离器相比较，回转式粗粉分离器多了一套传动机构，结构比较复杂，检修工作量大，但它阻力小，调节方便，适应负荷和煤种变化性能较好。此外，它的尺寸小，布置紧凑，增加了它在特定条件下的实用性。离心式粗粉分离器除阻力和电耗较大外，其他性能尚可，结构较简单且运行可靠。

惯性式和重力式分离器结构简单，阻力小，电耗省，煤粉较粗，适用于燃用高挥发分煤的风扇磨煤机和竖井磨煤机。

图3-16所示为惯性式粗粉分离器。携带煤粉的气流改变方向时，由于惯性力的作用，使部分粗煤粉从气流中分离出来。图3-16所示的分离器装有折向挡板，用以改变气流的流向。改变挡板的角度，使气流改变方向的剧烈程度有所变化，从而调节煤粉细度。

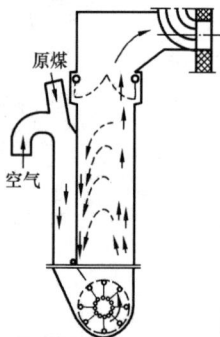

图3-17所示为重力分离竖井。上部竖井截面扩大，气流速度降低，粗粉靠自重而自行落下继续被磨细，保持分离气流具有一定的速度便可获得需要的煤粉细度。

图3-16　惯性式粗粉分离器　　　图3-17　重力分离竖井

第五节　机组冷却水系统及辅助蒸汽系统

一、辅助（厂用）蒸汽系统

辅助蒸汽系统的主要功能有两方面。当本机组处于启动阶段而需要蒸汽时，它可以将正在运行的相邻机组（首台机组启动则是辅助锅炉，无辅助锅炉则通过燃烧助燃油促使蒸汽温度升高）的蒸汽引送到本机组的蒸汽用户，如除氧器加热、暖风器及燃油加热、厂用热交换器、汽轮机轴封、燃油加热及雾化、水处理室、除尘伴热等；当本机组正在运行时，也可将本机组的蒸汽引送到相邻（正在启动）机组的蒸汽用户，或将本机组再热冷段的蒸汽引送到本机组各个需要辅助蒸汽的用户。该系统主要由辅助蒸汽母管、相邻机组辅助蒸汽母管至本机组辅助蒸汽母管供汽管，以及一系列相应的安全阀、减温减压装置等组成。为了减小热态启动期间汽轮机轴封系统的热应力，该系统还设置了再热冷段直接向轴封系统供汽的管路。

二、冷却水系统

冷却水系统包括凝结水系统和辅机冷却水系统。循环水系统的主要功能是向汽轮机的排汽装置提供冷却水，以带走排汽装置内的热量，将汽轮机的排汽冷却并凝结成凝结水。辅机冷却水系统的主要功能是向汽轮机、锅炉、发电机的辅助设备提供冷却水。

冷却水系统主要包括开式水系统、闭式系统。其中开式水系统包括：进水工作井、循环水泵房设备、循环水进水管道、凝汽器、循环水排水管（箱涵）、虹吸井、滤网、排水工作井等部分；闭式水系统包括：循环水泵房设备、循环水进水管道、循环水回水管道、蒸发冷却器、滤网、除盐水喷淋等部分。

第六节　循环水系统

为了凝结汽轮机的排汽，冷却汽轮机的润滑油、发电机的氢气，以及其他工业、生活等用水，发电厂需要大量的冷却水，因此需要供水设备及管道，以组成发电厂的循环水系统。

一、循环水系统及分类

由于电厂地理条件的不同，循环水系统所采用的循环水将有所不同，可能是江河、湖泊的淡水，也可能是海水（如海边的电厂）。系统的设置方式有开式和闭式两种。开式循环水系统将循环水从水源输送到用水装置之后，即将循环水排出，不再利用，这种方式用于水源充足的环境；闭式循环水系统将循环水从水源输送到用水装置之后，排水经冷却装置之后循环使用，运行过程中只补充小部分损失掉的循环水，这种设置方式多用于水源比较紧缺的环境。

二、循环水系统的设备

1. 循环水泵

由于混流式循环泵具有流量大、扬程比轴流式循环泵高、汽蚀性能好等优点，大容量发电机组较广泛地运用混流式循环泵，特别是立式混流循环泵。立式混流循环泵结构简单、布置方便，如循环水系统的水质好时，可采用调节叶片的方法，以进一步提高泵的调节性和经济性。当然，采用调节叶片的泵比采用不可调节叶片的泵的结构复杂、造价高，且维护麻烦。因此，在含砂量大的循环水系统中，一般采用固定叶片式混流泵。

大容量发电机组一般配置两台循环水泵，循环水泵的容量是按照发电机组所需循环水量来选择的，通常有以下两种选择方式。

（1）选用两台 50% 容量的循环水泵。这种配置方式的循环水泵，当发电机组满负荷运行时，两台循环水泵并列运行；当发电机组带低负荷运行的，一台循环水泵运行，另一台备用。在采用可调叶片的循环水泵时，可以根据季节的变化在冬季投运一台循环水泵，将叶片角度调到最大位置，在夏季将两台循环水泵并列运行，将叶片角度调到中间位置。

（2）选用 100% 容量的循环水泵。当采用 100% 容量的循环水泵时，其中一台循环水泵运行，另一台备用。这种配置方式可以提高循环水系统运行的安全性，并在一定程度上减少了设备的维护量。但是，大流量循环水泵制造困难、造价高，况且当发电机组带低负荷运行时，循环水泵电耗增大，不经济。

2. 自然通风冷却塔

自然通风冷却塔主要是由人字形支柱、储水池、钢筋混凝土壳体结构双曲线形的风筒、淋水装置等组成，水塔储水池中的水经出口滤网和循环水沟被引入循环水泵入口前池，经循环水泵升压后送入汽轮机凝汽器及有关冷却设备，冷却水吸热后沿压力管道被送到冷却塔配水槽中，冷却水沿着配水槽由冷却塔的中心流向四周，由配水槽下部的喷溅装置喷成细小的水滴落入淋水装置中。水流在飞溅下落时，冷空气依靠塔身所形成的自拔力，由冷却塔的下部吸入并与水流呈逆向流动，空气吸收热量后由塔的顶部排入大气中，而水得到冷却。

水塔的淋水区分塔心淋水区和外围淋水区。当发电机组冬季运行时，一般关水塔心淋水量而增大外围淋水量，以防水塔结冰。同时在水塔的外围，沿水塔壁一周还设有环形化冰管，从压力进水管来的一部分水经化冰管上的许多喷嘴喷向水塔内部，可以有效地减少进入水塔淋水层的冷空气量以防止水塔结冰。在水塔压力进水管上还设置有一个水塔短路管，其作用是在冬季发电机组停运后，因水塔不允许上水而循环水系统又不能中断，可将循环水泵出力调至最小，同时通过水塔短路管将压力水直接引至储水池，以防储水池和循环水管道结冰。在闭式循环水系统中，循环水运行时所携带的杂质可以通过循环水分流过滤装置滤掉，从循环水泵出口引出占循环水系统用水总量 1% 左右的水，送入旁流过滤装置，过滤后的水又返回循环水泵入口前池。

3. 循环水泵的入口滤网

循环水系统。特别是开式循环水系统，运行当中会携带杂质，为了阻止循环水中的杂质进入排汽装置，一般在循环水泵入口设有两道滤网。第一道为粗滤网，又称为挡污栅，其网格大，只起到阻拦体积较大杂物的作用。拦住的杂物可用垃圾耙车（耙草机）自动或手动耙至地面后进行清理。第二道为细滤网，一般有普通滤网和旋转滤网两种。旋转滤网可以清理大量的体积较小的杂质，而普通滤网的过滤能力要受网格直径的限制。

4. 胶球清洗装置

在循环水与凝汽器冷却水管不断接触的过程中，水中的杂质要附着在冷却水管内壁上，一旦冷却水管被污染，将减弱凝汽器的换热性，影响发电机组的效率，为了在发电机组运行中清理凝汽器冷却水管内壁上的污物，在循环水系统中设置了胶球清洗装置。该系统由胶球泵、收球网、收球器等设备组成，图3－18所示为凝汽器胶球自动清洗系统。其工作过程为：携带有胶球的水经胶球泵打入凝汽器循环水入口管，当胶球通过凝汽器冷却水管时，冷却水管内壁附着的杂物被擦掉，然后胶球从循环水出口管出来，被装在循环水出口管上的收球网拦截而返回胶球泵的入口，进行下一步循环清洗。在胶球系统中设有一个收球器，当胶球系统需停止运行时，将收球器打在收球位置，胶球被收回，可以将球取出或补充新球。胶

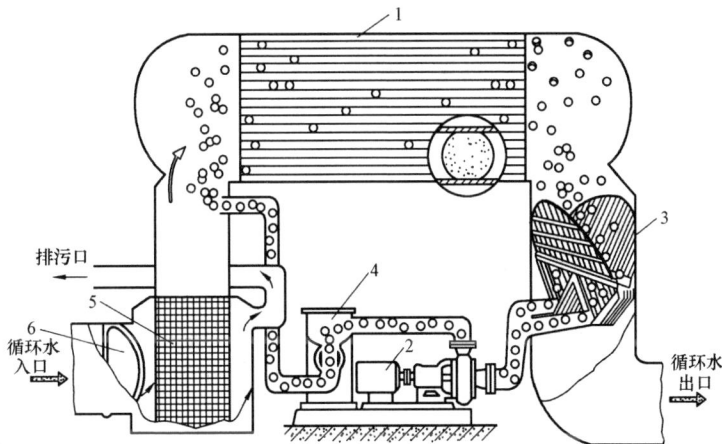

图3－18　凝汽器胶球自动清洗系统

1—凝汽器；2—胶球泵；3—收球网；4—装球室；5—二次滤网；6—碟阀

球收回以后，为了防止循环水出口管上的胶球滤网脏污，可将滤网切至反冲洗位置，靠循环水的冲力将滤网上的杂物去掉。

第七节　发电机氢油水系统

发电机在运行中会发生能量损耗，包括铁芯和绕组的发热、转子转动时蒸汽与转子之间的鼓风摩擦发热以及励磁损耗、轴承摩擦损耗等。这些损耗最终都将转化为热量，致使发电机发热，因此必须及时将这些热量排离发电机。也就是说，发电机运行中，必须配备良好的冷却系统。发电机定子绕组、铁芯、转子绕组的冷却方式，可采用水—氢—氢的冷却方式，也可采用水—水—氢的冷却方式，近年来还有采用空气冷却的方式。本节重点介绍水—氢—氢的冷却方式，即发电机定子线圈及引出线采用水内冷、转子线圈采用氢内冷、定子铁芯及其他结构部件采用氢表面冷却、集电环采用空气冷却。定子线圈的冷却水由定子冷却水泵强制循环，进出水汇流管分别装在机座内的励端和汽端，并通过水冷器进行冷却，氢气则利用装在转子两端的轴流式风扇进行强制循环，并通过发电机两端氢冷器进行冷却，在机内密闭循环。发电机采用双流环式油密封结构，以防止氢气外逸。

一、发电机氢冷系统

发电机内的氢气在发电机两端部风扇的驱动下，以闭式循环方式在发电机内作强制循环流动，使发电机的铁芯和转子绕组得到冷却。其间，氢气流经位于发电机两端四角处的共计八个氢气冷却器（氢冷器），经氢冷器冷却后的氢气又重新进入铁芯和转子绕组作反复循环。氢冷器的冷却水来自循环冷却水系统。

1. 系统概况

该系统由发电机气体装置和二氧化碳装置两大部分组成。

发电机气体装置主要由氢气冷却器、氢气干燥器、压力调节阀及其隔离阀、旁路阀、安全阀、三通阀、切换阀以及连接管道组成。该装置通过管道与来自制氢站的氢气管道或仪用压缩空气管道相连接。

氢气冷却器用于冷却发电机内的氢气。每台氢冷器分别用一只阀门与进水管和回水管连接，在回水管上设有温度计，部分机组的氢冷器出口母管装有自动温度控制阀，用以自动控制冷却水量，保持氢气温度恒定。每只冷却器都有一根排气管，每段供水管和回水管都有放水管。

氢气干燥器用来保证氢气的干燥。发电机运行时，安装在发电机转子

第一篇　集控巡检

上的风扇将氢气送进干燥器。在干燥器里，氢气中的水分被干燥剂吸收，干燥的氢气再返回发电机内。干燥器由圆形外壳、干燥室和干燥剂还原操作箱等部分组成。外壳套在干燥室外，接有氢气进口和出口、观察窗、冷却空气进口、真空吸入口、排放阀和排放箱。干燥室放有干燥剂且装有铠装线加热器，被吸收的水分经加热，又脱离干燥剂，于是干燥剂还原。脱离出来的水再由密封油系统的真空泵排入大气。

二氧化碳装置由防冻装置（加热器）和膨胀装置组成。防冻装置用于加热气体，以防止二氧化碳气体在膨胀时产生结露。它主要包括电加热器及其管道。电加热器内充有苯基乙醇加热剂，二氧化碳通过浸沐在加热剂中的铜管被加热到一定温度。膨胀装置用于降低二氧化碳气体的压力，以满足置换气体的要求。它主要包括两个互为备用的压力调节阀及其隔离阀、安全阀、以及出口阀和管道等。

2. 氢冷系统的气密性试验（发电机的风压实验）

在发电机密封油系统能正常运行、氢冷系统的设备和仪表等均能正常投运、发电机氢冷系统充入氢气之前，先用干燥压缩空气充入发电机内，并将压力升至运行工作压力。然后用洗涤液和卤素检漏的方法对系统及其设备进行仔细全面的检漏，并消除泄漏。

（1）用洗涤液检漏。向发电机内充入干燥的压缩空气，当压力升至 0.1MPa 时停止充气。通过听泄漏声和用洗涤液的方法，对氢冷系统及其设备的所有法兰结合面、焊接点、隔离阀等部位进行查漏。对查得的漏点，在发电机气压降至大气压后进行处理。处理后重新充气至 0.1MPa 的压力，未发现漏点时，则再充气至工作压力，再用洗涤液全面检查、处理，直至用洗涤液检查无漏点为止。最后进行 24h 风压实验，直到实验合格，根据 DL/T 607—1996《汽轮发电机漏水、漏氢的检验》中规定，实验时每昼夜最大漏气量见表 3-1。

表 3-1 每昼夜发电机漏气量标准

额定氢压（MPa）	$p \geqslant 0.5$	$0.5 > p \geqslant 0.4$	$0.4 > p \geqslant 0.3$	$0.3 > p \geqslant 0.2$
合格（m³/d）	3.6	3.2	2.9	1.5
良（m³/d）	2.9	2.6	2.3	1.2
优（m³/d）	2.2	2.0	1.7	0.9

（2）用卤素检漏。向发电机内充入氟利昂（卤素）气体，然后再充入干燥的压缩空气直至达到其工作压力，经 2h 后压力无变化。

（3）气体严密性试验。经全面查漏消缺后，向发电机内充入干燥的压缩空气，再放气，以排除系统内的卤素气体；然后再充入压缩空气，至工作压力，关闭阀门，经 2h 后压力无变化，则可进行气密性试验。气密性试验时间为 24~36h。其泄漏标准为漏氢率小于 5%。

3. 氢冷系统的气体置换

发电机启动前，必须先将发电机内的空气置换为二氧化碳，然后再将二氧化碳置换为氢气，最后对发电机内的氢气加压，以达到其要求的工作压力。

（1）中间介质置换法，这是一种传统的气体置换法。进入和排出发电机机壳的氢气管道装在发电机的上部，二氧化碳进入和排出的管道装在发电机的下部。

氢气与空气的混合物当氢气含量在 4%~74% 范围内，均为可爆性气体。与氧接触时，极易形成具有爆炸浓度的氢、氧混合气体。因此，在向发电机内充入氢气时，应避免氢气与空气接触。为此，必须经过中间介质进行置换。中间介质一般为惰性气体 CO_2。

机组启动前，先向机内充入 50~60kPa 的压缩空气，并投入密封油系统。然后利用 CO_2 罐或 CO_2 瓶提供的高压气体，从发电机机壳下部引入，驱赶发电机内的空气，当从机壳顶部原供氢管和气体不易流动的死区取样检验 CO_2 的含量超过 85%（均指容积比）后，停止充 CO_2，保持机内压力在 0.02~0.03MPa 之间。开始充氢，氢气经供氢装置进入机壳内顶部的汇流管向下驱赶 CO_2。当从底部原 CO_2 母管和气体不易流动的死区取样检验，氢气纯度高于 96%，氧含量低于 2% 时，停止排气，并升压到工作氢压。升压速度不可太快，以免引起静电。

机组排氢时，先降低气体压力至 0.02~0.03MPa，降压速度也不可太快，以免引起静电。然后向机内引入 CO_2 用以驱赶机内氢气。当 CO_2 含量超过 95% 时，方可引入压缩空气驱赶 CO_2，当气体混合物中空气含量达到 95%，氢气含量低于 1% 时，才可终止向发电机内输送压缩空气，这一过程中也应保持机内压力在 0.02~0.03MPa 之间。

（2）中间介质置换法的注意事项：

1）密封油系统必须保证供油的可靠性，且油—气压差维持在 0.056MPa 左右，发电机转子处于静止状态。（盘车状态也可进行气体置换，但耗气量将大幅增加）

2）密封油系统中的扩大槽在气体置换过程中应定时手动排气。每次连续 5min 左右。置换过程中使用的每种气体含量接近要求值之前应当排一次气。操作人员在排气完毕后，应确认排气阀门已关严之后才能离开。

3）氢气去湿装置排空管路上的阀门、氢气系统中的有关阀门应定时手动操作排污，排污完毕应关严这些阀门之后操作人员才能离开。

4）气体置换之前，应对气体置换盘中的分析仪表进行校验，仪表指示的 CO_2 和 H_2 纯度值应与化验结果相对照，误差不超过1%，否则给出的纯度值应相应提高，以补偿分析仪表的误差。

5）气体置换之前，应根据氢气控制系统图检查核对气体置换装置中每只阀门的开关状态是否合乎要求。

6）气体置换期间，系统装设的氢气湿度仪必须切除。因为该仪器的传感器不能接触 CO_2 气体，否则传感器将"中毒"，导致不能正常工作。

7）开关阀门应使用铜制工具，如无铜制工具时，应在使用的工具上涂黄甘油，防止碰撞时产生火花。

8）开关阀门一定要缓慢进行，特别是补氢、充氢、排氢时，更要严加注意，防止氢气与阀门、管道剧烈摩擦而产生火花。

9）外排氢时，一定要首先检查氢气排出地点20m以内有无明火和可燃物，严禁向室内排氢。

10）体置换期间，机组上空吊车应停止运行，并严禁在附近进行测绝缘等电气操作。

（3）抽真空置换法。在发电机静止不带电的条件下，可以采用直接抽真空充排氢气的方法置换气体。充氢时，抽出空气，当机壳的真空度达到90%~95%时，可以开始引入氢气。一次抽真空充氢后，应取样进行分析，当氢气纯度不符合规定时，可以再抽真空，然后再充氢，直到纯度合格为止。抽真空时，应特别注意密封油压的变化，减压阀如不能相应地调整时，应人工操作旁通阀进行调整，密封油压随真空度的提高而适当地下降。开始抽真空之前，应使油封箱中的油位降到最低限度，同时要密切注意监视密封油泵的出口油压变化。因为机内真空度提高以后，氢侧密封泵可能出现抽不出油的情况，此时可以停止氢侧泵，密封瓦以单流环式运行，但氢侧油路仍可能有油回到油封箱，使油封箱的油位越来越高。因油封箱内也处于真空状态，油无法向外排出，所以在开始抽真空之前，油封箱内存油应尽量少。抽真空排氢的速度不宜太快，以防止管道变径处因气体流速过高而引起高热点，这种高热点往往是氢气爆炸的原因之一。

4. 氢气系统运行中的注意事项

氢气纯度检测装置的进、出口管路上安装的两只排污阀，运行初期每个月至少排放3~4次，检查是否有油污，如果没有水或者油排出，则以后可以每周排放一次。因为如果有油污将会造成氢气纯度探测装置分析能力下降。被油水污染的氢气纯度探测装置应及时退出运行，并使用四氯化碳去除油水污垢。下面是系统运行中须检查监视的项目：

（1）每天均应检查监视项目：

1）监视油水探测报警器内是否有油水，如发现则应及时排放；

2）氢气干燥装置是否正常运行。

3）氢气纯度、压力、温度指示是否正常。

（2）每周检查项目：

1）氢气纯度检测装置的过滤干燥器中的干燥剂更换。

2）氢气系统管路中的排污阀门，尤其是氢气纯度检测装置和冷凝式氢气干燥装置管路中的排污阀门，每周均须做一次排污，以排除可能存在的液体。

（3）每月检查项目：排污（排放）阀门开启，排除油污和水分。

（4）每3~6个月的检查监视事项：

1）报警用开关、继电器类的动作试验。

2）安全阀动作试验。

3）氢气纯度检测装置校验。

4）气体置换盘通电，以及分析器校验。

5）每6~12个月的检查项目：压力表等指示表计校验。

6）每12个月检查项目：继电器类的检查清扫。

二、发电机密封油系统

发电机密封系统的功能是向发电机密封瓦提供压力略高于氢压的密封油，以防止发电机内的氢气从发电机轴伸出处向外泄漏。密封油进入密封瓦后，经密封瓦与发电机轴之间的密封间隙，沿轴向从密封瓦两侧流出，即分为氢气侧回油和空气侧回油，并在该密封间隙处形成密封油流，既起密封作用，又可润滑和冷却密封瓦。

1. 系统设备设置及其功能

发电机密封油系统主要包括主密封油泵、交流事故密封油泵、直流事故密封油泵、氢侧回油箱、压力调节阀、差压调节阀以及有关管道、阀门、滤网等。系统还设置有氢油分离箱、排气风机等设备。氢油分离箱为一油筒，位于空气侧回油管道的U形管上方，其油位距筒顶约300mm，即为该U形管的虹吸高度。设置该U形管的目的在于防止空气侧回油中的氢气流入汽轮机润滑油系统。排氢风机可使氢油分离箱内建立起微负压，以助于发电机轴承回油和分离该箱内氢气侧回油中的氢气，并将箱内的氢气排入大气。

（1）空侧油路。本油路的主油源来自汽轮机射油器或交流油泵，还有一台交流电动油泵和一台直流电动油泵作为备用泵。当油压降低时，通过接点压力表及延时继电器等启动交流备用油泵，直流电动油泵为第二备用泵。从射油器出来的压力油经过冷油器降温，过滤装置滤除机械杂物及油—气压差阀调节压力之后，再进入发电机两端密封瓦的空气侧。其回油与电动机轴承回油混合流入专设的隔氢装置，空侧密封油中可能含有氢气（如密封瓦内氢侧油窜入空侧油路）时，空侧密封油中含有的氢气就在此分离出来，排至厂房外的大气中，然后回流到汽轮机主油箱。因这一路油只与空气接触，饱和了空气，故称为空侧油路。

（2）氢侧油路。经过此油路向密封瓦氢侧供油。交流电动油泵从油封箱中吸油加压后经冷油器降温，过滤器滤除机械杂质及油压平衡调节阀调整到所需压力之后，再进入密封瓦的氢气侧，回油流到专设的油封箱中。如此循环，形成一个相对独立的密封油路，因这一油路只与氢气接触，故称为氢侧油路。

密封瓦供油系统的主要设备由汽轮机提供的，包括射油器，空侧交、直流油泵，隔氢装置，油封箱，氢侧交流油泵，冷油器，过滤器，油压调节站，油压平衡阀及各种指示仪器等。与油封箱连接的氢侧交流油泵没有专设备用泵，因为空侧油路是氢侧油路的备用，当氢侧油泵发生故障时，密封瓦以单流环式瓦的方式运行，同样用以维持机内的氢气密封。只是因氢、空侧油混合（当空侧油进入氢侧油路时，油中溶解的空气会析出，放出的这部分空气污染了机内的氢气，同时机内的部分氢气溶入油中而带出）使机内氢气纯度降低较快，引起排污而多消耗一些氢气。空侧油路中一台交流油泵和直流备用油泵及备用射油器在管路上均并联连接。

油封箱是氢侧油路的独立油箱，氢侧回油含有氢气，回到油封箱后必然会有部分氢气分离，分离出来的氢气可以通过油封箱上部的回气管回到发电机壳内，也可以顺着氢侧回油管回到机壳内。因此，油封箱在设计和安装时均应很好地密封，油封箱上装有液位信号器和补排油电磁阀。当液位过低时，液位信号器发出信号，并通过电气操作系统让补排电磁阀向箱内补油。空侧油路的压力油为补油电磁阀提供油源，当油位过高时，液位信号器发出信号，并通过电气操作系统开启排油电磁阀，油封箱内本身的气压将油压出并排向隔离装置。由此可见，氢侧油路通过补、排油电磁管路与空侧油路发生联系。

空侧、氢侧各设两台冷油器，一台工作，一台备用。滤油装置布置在冷却器出口端，该装置包括一只横向阀，两台过滤器（一台工作，一台备用），当工作过滤器需要清洗时，扳动换向阀手柄便可进行切换。过滤器底部装有一块永久磁钢，以吸附磁性杂质。清洗过滤器时，可以将磁钢取出，以便对其清扫。

密封瓦供油控制站设有两套滤油装置，一套供氢侧油路使用，另一套供空侧油路使用。密封油压的调节由压差阀、平衡阀来完成。

如图 3-19 为油氢差压阀示意图，它主要由阀壳、阀芯、阀杆、活塞、配重片、上盖、指示针等组成，此阀门垂直安装，当机内气压 p 和密封瓦进油压力变化时，调节阀能自动动作改变密封瓦进口油压，使氢压与密封瓦内的油压差保持一定值。

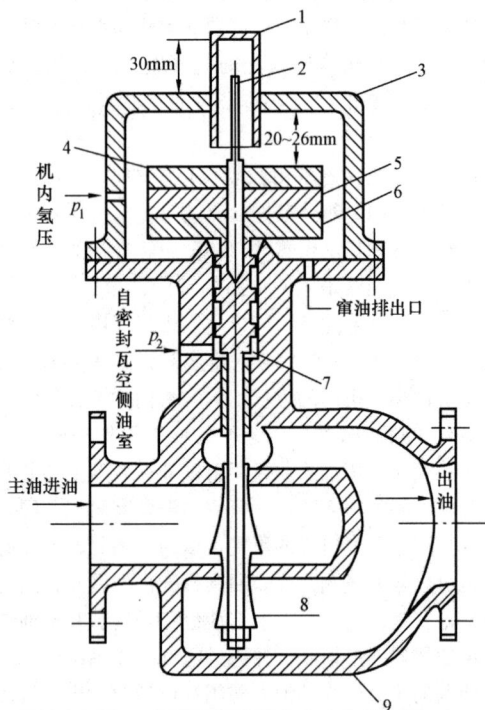

图 3-19　油氢差压阀

1—指示器；2—指针；3—上盖；4—芯；5—配重片；
6—活塞；7—油室；8—阀芯；9—阀壳

图 3-20 所示为油压平衡阀。油压平衡阀简称平衡阀,用于双流环式密封瓦的密封供油系统的氢侧油路中,用于调整氢侧密封油压,使之与空侧密封油压相等。它主要由阀壳、阀杆、阀芯、上盖、活塞组成,其中活塞上下感应密封瓦氢侧、空侧的进油压力,当此阀进口油压或空测油压变化时,该阀门自动动作,改变阀门开度,保证密封瓦氢侧油压与空侧油压相等。

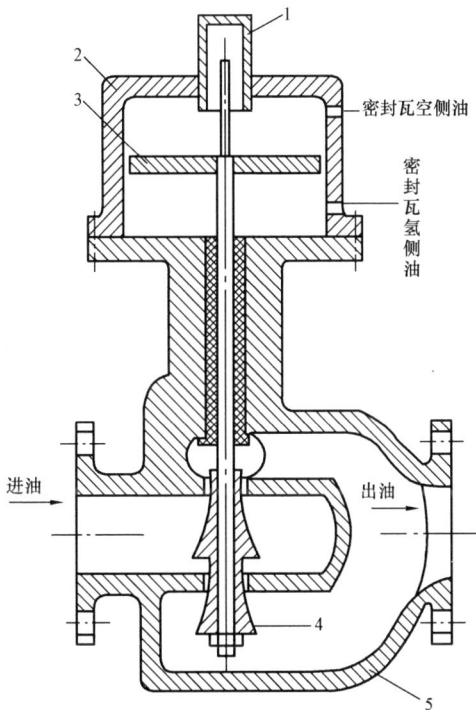

图 3-20 油压平衡阀
1—指示器;2—上盖;3—活塞;4—阀芯;5—阀壳

理论上,氢、空侧进油压力完全相等时,发电机密封瓦处于最佳工况下工作。此时能保持相对稳定的氢气纯度,因而可节省排污和补氢所耗的氢气。但由于机械摩擦及其他原因,油压平衡阀不可能使氢侧与空侧进口油压完全相等,制造厂规定最大允许压差为 ±1500Pa,如果氢侧油压高于空侧油压,则部分氢侧密封油将通过密封瓦内部轴向间隙进入空侧(称为窜油),与空侧油混合,最后进入隔氢装置,这样一来,氢侧油路的总油量将逐渐减少而使油封箱内油位降低，导致补油。反之，如果空侧油压高于氢侧油压，则空侧油将不断地进入氢侧，使氢侧总油量逐渐增加，油封箱内油位上升，导致排油，不论是补油还是排油，其结果都是空侧油进入到氢侧油路。空侧油中含有的空气进入氢侧后，空气分离出来，使机内氢气受到污染，致使氢气的纯度下降，窜油量越大，氢气纯度降低得越快，因此运行时，一定要仔细调整好平衡阀，使空、氢侧进油压力尽可能达到平衡。

2. 双流环式密封瓦介绍

图 3-21 为本机的双流环式轴密封装置结构示意图。正常运行中，供给密封瓦一定的压力油，在密封瓦与转轴间隙充满油，防止了发电机内氢气的泄出和外界空气的漏入。双流环式油封有两套独立的循环供油系统（如前所述），空侧冷却压力油流入油室，经侧面的斜油孔流到密封瓦与转轴之间的间隙内，大部分油经空侧回油管流出，氢侧冷却压力油则流入油室，经一个直油孔流到密封瓦与转轴之间的间隙内，大部分油经氢侧回油管流到油箱。这两股油流在瓦块中央被狭窄的流体密封分开，各自成为一个独立的油循环系统。氢气侧装设的平衡阀可控制密封瓦氢、空侧来油压力并使二者相同。当进油压力完全一样时，在瓦的中间区（即图 3-21 所示的两个循环回路的接触处）没有油的质量交换。氢气侧油流独自循环，与机内氢气接触并吸收氢气直至饱和；混有空气的空侧油流也独自循环，由于空侧油流不与发电机内的氢相接触，故空气不会侵入到发电机内。因此，可以认为双流环式轴密封结构中被油吸收而损耗的氢气几乎为零，同时可保持发电机内氢气纯度达到 97% 以上。双流环式密封瓦密封的优点是：结构简单，安装、调整、检修方便，气密性能好，可靠性高，若一路断油，另一路仍可向密封瓦供油，两股油路可互为备用。

三、发电机定子冷却水系统

发电机定子冷却水系统用于冷却发电机定子绕组及出线侧的高压套管。该系统为闭式循环系统。其工质为除盐水，来自化学补给水系统。在进入发电机闭式循环冷却水系统之前，冷却水先经过去离子装置进行离子交换，然后储存在定子冷却水箱，再由定子冷却水泵注入定子绕组。通常定子冷却水进水的温度在 35~46℃ 范围内（不同机组，取值也有所不同）。

发电机定子冷却水系统（见图 3-22）主要包括一只水箱、两台 100% 容量的冷却水泵、两台 100% 容量的水—水冷却器、一台去离子装置、压力调节阀、温度调节阀和滤网等设备及部件，以及连接各设备、部

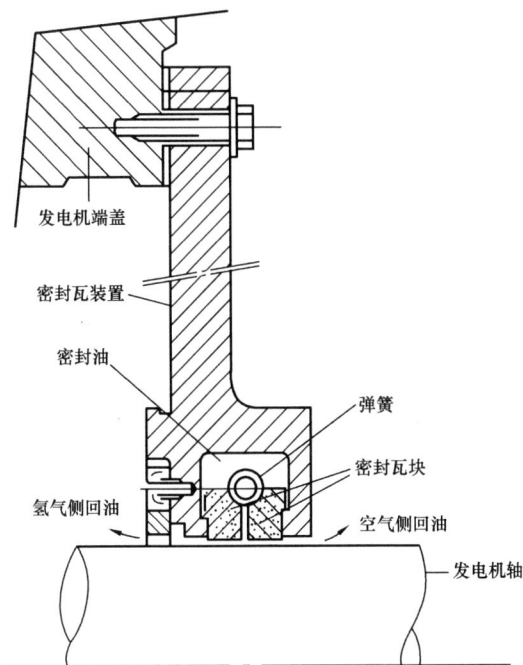

图 3 – 21 双流环式轴密封装置

件的阀门、管道等。

两台 100% 容量的冷却水泵（水冷泵）可互为切换、备用，并通过温度调节阀和压力调节阀来调整送往发电机定子绕组和出线套管的冷却水温和水量，使其保持为定值。冷却器出水管上设有过滤器，用于去除冷却水中的固体杂质。从定子冷却水泵出来的冷却水有一小部分送往去离子装置，以保证进入发电机的冷却水电导率小于要求值。

为保证冷却水管内的清洁，防止堵塞，系统中设有冲洗管路，可在安装或检修后对定子冷却水管进行冲洗，冲洗水排入地沟。定子冷却水箱设有充氮保护，系统运行时，水箱上部充以氮气，使空气和定子冷却水隔离，以防止空气进入冷却水，从而保证水质。当水箱没有水时，氮气将充满整个水箱，这样可以保护水箱的金属表面不受腐蚀。为了保证定子冷却水的水质，系统的管道采用不锈钢材料。

当发生下列情况时，辅助控制盘和 CRT 发出报警：

（1）定子进水温度高于最高整定值。

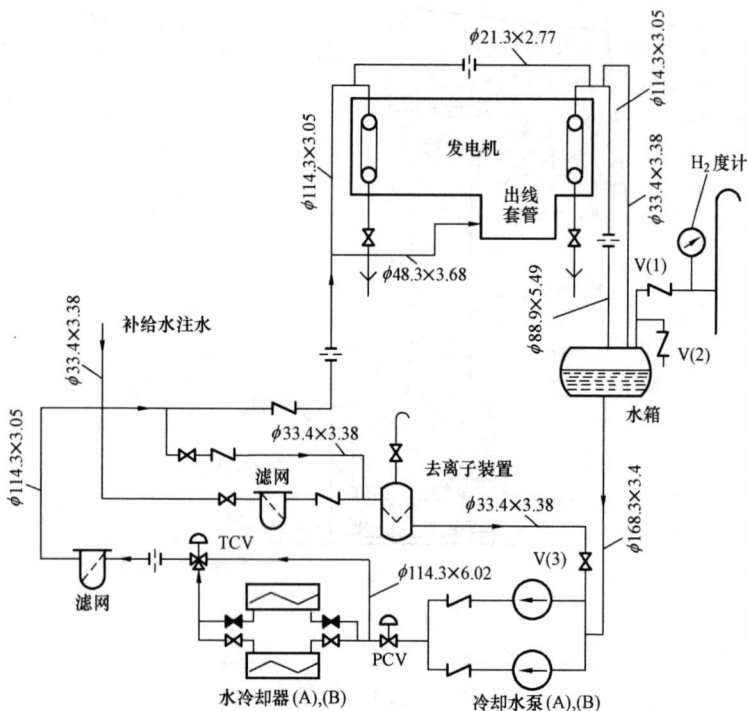

图 3-22 发电机定子冷却水系统示意图

（2）定子出水温度高于最高整定值。

（3）定子进水流量、压力低于最低整定值。

（4）定子冷却水泵出口压力低于整定值。

（5）水箱水温高/低于整定值。

（6）定子冷却水电导率超标。

（7）AC 或 DC 电源故障。

（8）系统漏入氢气。

（9）冷却水泵电气故障，电动机绕组温度高于允许值。

第八节 汽轮机油系统

汽轮机油系统是指汽轮发电机组的润滑油系统、顶轴油系统、调节/安全油系统。

一、润滑油系统

润滑油系统的任务是可靠地向汽轮发电机组的各轴承（包括支持轴承和推力轴承）、盘车装置提供合格的润滑/冷却油。同时，经套装油管分别送往发电机密封油系统、危急遮断器注油及复位装置等，并供盘车装置、各联轴器冷却用油。

由于不同制造厂的汽轮发电机组整体布置各不相同，因此相应地润滑油系统的具体设置也有所不同。但从必不可少的要求来看，润滑油系统主要由润滑油箱（及其回油滤网、排烟风机、加热装置、测温元件、油位计）、主油泵、交流电动（备用）油泵、直流电动（事故）油泵、冷油器、油温调节装置（或油温调节阀）、轴承进油调节阀（或可调节流孔板）、滤油装置（或滤网）、油温/油压监测装置以及管道、阀门等部件组成。

润滑油系统的离心式主油泵由汽轮机主轴驱动。在额定工况下，主油泵向三方面供油，一路经射油器作为动力油，将主油箱的油抽出，并经冷油器之后送往机组的各润滑点（轴承、盘车装置）、低压密封备用油管路和主油泵进口；一路送往机械式超速装置；一路送往电动机的高压密封油系统。在机组启动阶段和主油泵供油压力低于整定值时，交流备用润滑油泵自动启动，向轴承润滑油母管供油，高压氢密封油泵自动启动，向氢密封油系统和机械超速装置、手动脱扣装置供油。

在机组运行中，当润滑油母管内的油压低于整定值时，直流事故油泵即自动启动，其供油方向与交流备用润滑油泵相同。各轴承进口处供油的油温要求在45℃（极限范围43~49℃）。油箱中油温的最低极限是10℃，必须加热到25℃以上油系统才能启动。

润滑油系统配置有油净化装置，经净化后的润滑油油质达到运行要求。

正常运行时，主油泵进口处油压为0.11~0.14MPa，主油泵出口处油压为1.4~1.65MPa，润滑油压为0.18~0.19MPa。

辅助油泵均能在CRT或就地控制盘上控制其启停。事故油泵可在集控室备用盘上或就地控制盘上控制启动，而其停运只能在就地控制盘上操作。当盘车油泵或辅助油泵发生电气故障时，它们将各自停运并报警。但事故油泵发生电气故障时，则只报警，继续运行，直至人工操作停运。部分机组设置有盘车油泵，盘车也能在CRT或就地控制盘上控制其启停，并具有自启动功能。

1. 润滑油系统油泵自启动条件

（1）当发生下列任一情况时，备用的盘车油泵自动启动：

1）轴承润滑油压低。

2）主油泵出口油压低。

3）发电主开关跳闸 3s 内。

（2）当发生下列任一情况时，备用的直流事故油泵自动启动：

1）轴承润滑油压低。

2）主油泵出口油压低。

3）盘车油泵交流电源失电。

润滑油系统中一般设置两台 100% 额定容量的表面式冷油器（一台运行，一台备用），由闭式循环冷却水进行冷却。两台冷油器出口油管道上设有一连通阀，两只冷油器切换时，需先开启该连通阀，向备用中的冷油器充油，以免发生断油事故。

润滑油箱油位应保持在 ±100mm，当油位出现过高或过低时，应出现"主油箱油位高/低"报警，CRT 上出现"润滑油系统故障"报警；当主油箱油位达到最低油位时，CRT 上出现"主油箱油位低—低"报警。汽轮机执行急停。

2. 润滑油系统的主要保护

（1）润滑油箱油位高、低报警。

（2）润滑油箱负压报警。

（3）轴承进油温度高报警。

（4）润滑油压低报警。

（5）推力轴承乌金温度高报警。

（6）支持轴承乌金温度高报警。

二、顶轴油系统

设置汽轮发电机组的顶轴油系统，是为了避免盘车时发生干摩擦，防止轴颈与轴瓦相互损伤，减小盘车装置的启动力矩。目前大型汽轮机组多数设有顶轴油系统，但有的机组则不设顶轴油系统（如北仑港电厂 1 号机组）。在汽轮机组由静止状态准备启动时，轴颈底部尚未建立油膜，此时投入顶轴油系统，为了使机组各轴颈底部建立油膜，将轴颈托起，以减小轴颈与轴瓦的摩擦，同时也使盘车装置能够顺利地盘动汽轮发电机转子。

顶轴油系统主要包括两台 100% 额定容量的顶轴油泵、滤网、压力调节阀、压力开关以及阀门、管道等部件。其油源、回油均来自汽轮机的润滑油系统。自汽轮机润滑油系统来的润滑油经滤网后，进入顶轴油泵，顶轴油泵出口的顶轴油经其母管之后，通过各支管送往汽轮发电机组的各个支承轴承。每台顶轴油泵的出口管道上均装有一个出口、一个止回阀。当一台顶轴油泵启动前，其对应的出入口阀应处于开启状态，以防止泵体超压而损坏油泵密封。部分顶轴油泵出口设有再循环管，顶轴油经节流孔板减压后，回至润滑油箱，也是为了防止泵体超压而损坏油泵密封，防止顶轴油泵启动时电动机过载。

此外，部分 600MW 机组顶轴油泵出口管道上还设有压力调节阀（PCV）和减压阀，其整定值分别为 30.1MPa 和 40.1MPa。汽轮机的每个轴承进油口处均设有顶轴油泵流量调节装置，可手动调整所需要的顶轴油流量（6 ~ 10L/min）。顶轴油泵进口管道上设有两个 100% 容量的滤网（互为备用），其过滤精度为 10pm，还装有压差开关。当滤网前后压差达到 0.07MPa 时，发出报警信号。顶轴油系统投运时，在主控室或就地操作盘上均可启动或停止顶轴油泵的运行。

当汽轮机的转速高于 1r/min 时，如发生下列任一情况则顶轴油泵自动投运：

（1）盘车电动机过载。

（2）一台顶轴油泵运行时，其顶轴油压低，则另一台也投运。

（3）运行的一台顶轴油泵电气故障，则另一台投运。

当顶轴油母管内的油压降低时，压力开关动作，发出报警信号；当润滑油箱内的油位降至低—低油位时，或顶轴油泵进口压力低 0.2MPa 时，顶轴油泵自动停运。

三、润滑油净化系统

运行中，应确保系统中润滑油的理化性能和清洁度，应能够符合使用要求（包括系统注油和运行期间）。润滑油的理化性能在设计时就应当注意并予以妥善安排。润滑油的清洁度则是在安装、注油、运行、管理中应当十分重视和仔细处理的。

为了保证系统中润滑油的清洁度，必须认真做好如下工作：

（1）安装时，各种设备、管道、阀门以及通油的所有腔室都必须清理干净，直到露出金属本色；不允许有落尘、积水（湿露）、污染物、锈皮、焊渣或其他任何异物。

（2）对系统中所有的容器进行油冲洗，直到冲洗油的油质合格为止。

（3）对注入系统的润滑油进行严格的检查。

（4）清理干净和注油后的系统应保持全封闭状态，防止落入异物和水分渗入。

（5）设置油净化装置，在运行中保持润滑油的清洁度。

设置润滑油净化系统的目的是将汽轮机主油箱、给水泵汽轮机油箱、润滑油储存箱（脏油箱）内以及来自油罐车的润滑油进行过滤、净化处理，以使润滑油的油质达到使用要求，并将经净化处理后的润滑油再送回汽轮机主油箱、给水泵汽轮机油箱、润滑油储存箱（净油箱）。

润滑油净化系统的运行控制程序如下：

（1）润滑油净化系统通过位于净化油箱侧的就地控制盘机械操作，如投运、停运净化油箱，启动、停止再生油泵、循环油泵和排烟风机。控制盘上还设有自动/手动运行、正常/再循环的选择按钮，并配有报警指示灯，报警信号同时引入主控室。

（2）当精处理室内的油位低于或为"低油位"时，则通过其液位开关打开气动液位控制阀，并启动再生油泵，润滑油便流入净化油箱；当精处理室内的油位上升至高油位时，其液位开关则启动循环油泵，润滑油经精处理室过滤元件后，进入汽轮机、给水泵汽轮机油箱或润滑油储存箱（清洁油箱）。

（3）当来自再生油泵的润滑油量与循环油泵送出的润滑油量不匹配，造成油位过高或过低时，则可分别通过其油位开关控制再生油泵或循环油泵的启或停，直到油位恢复正常为止。

（4）如果过滤室内的过滤袋堵塞，造成沉淀室和过滤室内的油位上升至高油位时，也可通过其液位开关关闭液位控制阀，停止再生油泵的运行，并发出报警信号。

（5）如果精过滤室元件堵塞，而导致精过滤室前后压差大，则停止油净化系统的运行。

（6）当排烟风机前后压差大，或第三级过滤室油温高时，发出报警信号。

四、抗燃油系统

汽轮机抗燃油系统用于向汽轮机调节系统的液力控制机构提供动力油源，还向汽轮机的保安系统提供安全用油。随着机组的容量的增大、参数的提高，汽轮机的主汽门及调门均向大型化发展，迫切要求增大开启主汽门及调门的驱动力以及提高高压控制部件的动态灵敏性。如果发生液压油系统内漏外泄、油质不合格等情况，将会导致调节系统的运行不稳定，严重时还有可能造成对机组负荷或转速的影响、发生火灾等，这将影响到机组的安全经济运行。所以，采用具有高品质、良好抗燃性能的液压油以及减小各液压部件间的动、静间隙等方法来保证整个机组的安全运行。

EH 供油系统的功能是提供高压抗燃油，并由它来驱动伺服执行机构，该执行机构响应从 DEH 控制器来的电指令信号，以调节汽机各蒸汽阀开度。其工质采用高压抗燃油是一种三芳基磷酸酯化学合成油，密度略大于水，它具有良好的抗燃性能和流体稳定性，明火试验不闪光温度高于538℃。此种油略具有毒性，常温下黏度略大于汽轮机透平油。

电液控制的供油系统由安装在座架上的不锈钢油箱、有关的管道、蓄压器、控制件、两台 EH 油泵、两台 EH 油循环泵、滤油器以及热交换器等组成。一台 EH 油泵投运时，另一套即可作为备用，如果需要即可自动投入。当汽轮机正常运行时，一台 EH 油泵足以满足系统所需的用油量，如果在控制系统调节时间较长时（如甩负荷）、部分蓄压器损坏等原因导致 EH 系统油度降低的情况下，第二套油泵（备用油泵）可以立即投入，以保证机组 EH 油系统压力正常。

系统工作时由电动机驱动高压柱塞泵，油泵将油箱中的抗燃油吸入，供出的抗燃油经过 EH 控制块、滤油器、止回阀和安全溢流阀，进入高压集管和蓄能器，建立 14.2MPa ± 0.2MPa 的压力油直接供给各执行机构以及高压遮断系统的执行机构（不同机组的调节系统和安全系统采用的压力有所不同，如哈尔滨第三热电厂 600MW 机组采用的液压油压力为14.48MPa，北仑港电厂 1 号机组采用的液压油压力为11.2MPa，2 号机组采用的液压油压力为12.1MPa），各执行机构的回油通过压力回油管先经过回油滤油器然后回至油箱。安全溢流阀是防止 EH 系统油压过高而设置的，当油泵上的调压阀失灵等原因发生油系统超压时，溢流阀将动作以维持系统油压。高压母管上的压力开关 PSC4 能对油压偏离正常值时提供报警信号并提供备用泵自动启动的开关信号，压力开关 PSC1、PSC2、PSC3是送出遮断停机信号（三取二逻辑）。泵出口的压力开关 PSC5、PSC6 和20YV、21YV 用于主油泵联动试验。油箱内装有温度开关及压力开关，用于油箱油温过高及油位报警和加热器及泵的连锁控制。油位指示器安放在油箱的侧面。

为了维持正常的抗燃油温度及油质，系统除了正常的回油冷却以外，还装设了一套独立的自循环冷却及自净化系统，以确保在系统非正常运行情况下工作时，油温及油质能保证在正常范围内。另外，系统不设置回油油路的蓄能器。

1. EH 油箱

油箱是 EH 系统的重要设备之一，EH 油箱容量为 $1.4m^3$，可以保证系统装油量 1000kg，可以满足主机及两台 50% 容量给水泵汽轮机的正常用油。由于抗燃油有一定的腐蚀性，油箱全部采用不锈钢板焊接而成，采用密封结构，设有人孔板、底部泄放阀供以后维修、清洗油箱用。油箱上部设有空气滤清器、干燥器、磁性滤油器等，空气滤清器和干燥器用来保证供油系统呼吸时对空气有足够的过滤精度以保证系统的清洁度，磁性过滤器用以吸附油箱中游离的铁磁性微粒。另外，油箱底部还装设有两组电加热器。

（1）油位、油温监控。油箱侧部配置指示式就地液位计，此外还有用于报警及连锁 EH 油泵的液位开关。本系统的 EH 油温是由指示式温度计及温度开关来监控的。油箱上配置铂电阻（温度）Pt100 及相关二次仪表，可对油箱中的油温实现遥测。EH 油温正常运行控制在 35 ~ 54℃ 之间，当油温大于 54℃ 时，由温度开关去控制打开冷却器的进水电磁阀，冷却水流经冷油器，降低 EH 油温；当油温小于 35℃ 时，进水电磁阀关闭。如果 EH 供油系统油温低于 10℃ 时要启动 EH 系统，则要投入电加热器运行，待油温升至 20℃ 后再启动 EH 油系统。

（2）磁性过滤器。磁性过滤器为磁棒式，装设在油箱内回油管下部，用以吸附油箱中部分游离的铁磁性金属垃圾。一般每月应清洗一次磁组件。

2. EH 油泵

系统中的两台 EH 油泵均为高压压力补偿式变量柱塞泵。当系统用油量增加时，系统油压将下降，如果油压下降至压力补偿器设定值时，压力补偿器会调整柱塞的行程将系统压力和流量提高。同样的，当系统用油量减少时，压力补偿器将减小柱塞行程使泵的排量减少。系统配置两台 EH 油泵，正常运行时一台泵即可满足系统要求，另一台泵处于备用状态。EH 油泵布置于油箱的下方以保证泵的吸入压头。每台 EH 油泵出入口均设有手动门，可对单台油泵支路各部件进行隔离维修。另外，每台泵在油箱内的吸入口处均装有滤网，对 EH 油进行过滤。每台泵输油到高压油管的管路完全相同，并且相互独立、相互备用，提高了系统的可靠性。

3. 高压蓄能器组件

高压蓄能器组件共设置 6 组丁基橡胶皮囊式高压蓄能器，安装在油箱底座上。高压蓄能器组件通过集成块与系统相连，集成块包括隔离阀、排放阀以及压力表等，压力表指示为系统油压。它用来补充系统瞬间增加的耗油及减小系统油压脉动。在机组运行时可用隔离阀将任一蓄能器与系统隔离，一方面可以使蓄能器在线修理；另一方面可以检查蓄能器预充氮气压力是否正常，若发现氮气压力下降至允许值以下，则需要重新充氮。

4. 冷油器

两个冷油器装设在油箱上，设有一个自循环冷却系统（主要由循环泵和温控水阀组成）。冷却器用于冷却调节和保安部套回油，温度调节是靠温度开关 TS3 控制冷油器冷却水进水阀（即温控阀）来实现的。系统中的温控阀可根据油箱油温设定值来调整冷却水进水量的大小，以保证在正常工况下工作时，油箱油温能控制在正常的工作范围之内。正常运行时只需要投一台冷油器即可，也可两台并列运行。

5. 抗燃油再生装置

抗燃油再生装置是一种用来储存吸附剂和使抗燃油得到再生的精滤器装置（使 EH 油保持中性、去除水分等）。

抗燃油再生装置由硅藻土滤器和精密滤器（波纹纤维滤器）组成，硅藻土滤器可以降低 EH 油中酸值、水和氯的含量；精密滤器可以除去来自硅藻土和油系统来的杂质、颗粒等。两者呈串联布置于独立的滤油管路中，可方便地对其进行投运或停运操作。每个滤器上均装有一个压力表和压差指示器，压力表指示装置的工作压力，当压差指示器动作时，表示该滤器需要更换了。

硅藻土滤器和波纹纤维滤器均为可调换式滤芯，只要关闭相应的阀门，打开滤油器盖即可调换滤芯。

抗燃油再生装置是保证液压系统油质合格的必不可少的部分，当油液的清洁度、含水量和酸值不符合要求时，应启用液压油再生装置来改善油质。在新机组投运的第一个月，此装置每周应连续运行 8h，以后可根据油的化验结果决定是否需要将其投入。

6. 过滤器组件

过滤器组件由以下部件组成：

（1）溢流阀。安装在 EH 油泵出口，它用来监视泵的出口油压，当油压高于设定值时，溢流阀动作将油送回至油箱，确保系统正常的工作压力。

（2）直角单向阀。单向阀安装在泵出口侧高压油管路中，防止油发生倒流，备用泵在处于备用状态时，其入口和出口阀保持全开以使其处于热备用，这时靠单向阀起关闭出口的作用。

（3）高压过滤器及监测高压过滤器的差压发讯器。每台泵的出口均装设有高压过滤器，在滤网的进出口装设有监视滤网差压的差压发讯器，一旦滤网的差压达到设定值则发出报警。

（4）截止阀。正常状态为全开。若由于检修或维护等原因手动关闭其中一路不会影响机组的正常运行。

7. 回油过滤器

本装置的回油过滤器内装有精密过滤器，为避免当过滤器堵塞时过滤器被油压压变形，回油过滤器中装有过载单向阀，当回油过滤器进出口间压差大于设定值时，单向阀动作，将过滤器短路。

本装置有两个回油过滤器，一个串连在有压回油路；另一个安装在循环回路，在需要时启动系统，过滤油箱中的油液。

8. 油加热器

油加热器由安装在油箱底部的两只管式加热器组成。当油温低于设定值时，启动加热器给 EH 油加热，此时循环泵同时（自动）启动，以保证 EH 油受热均匀。当 EH 油被加热设定温度时，温度开关自动切断加热回路，以避免由于人为的因素而造成油温过高。

9. 循环泵组

本机组设有自成体系的滤油、冷油系统和循环泵组系统，在油温过高或油清洁度不高时，可启动该系统对 EH 油进行冷却和过滤。

10. 高压滤油器组件

为了保证伺服阀、电磁阀用油的油质，在每一个油动机进油口前均装有滤油器组件。滤油器组件主要由滤网、截止阀、差压发讯器和油路块等组成。正常工作时，滤网前后的两个截止阀均处于全开状态，旁路油路上的截止阀处于全关状态。当差压发讯器发讯时，表明该滤油器组件需要更换滤芯。

在正常工作条件下，一般要求至少六个月应更换一次滤芯。

当油箱处于正常油位时，可在就地控制盘或主控室启（或停）液压油泵。但切不可两台液压油泵同时停运。当汽轮机正常运行时，如果正在运行的液压油泵发生故障，或其出口油压降至 10MPa 以下，则备用中的另一台液压油泵自动启动投运。液压油系统运行时，当下列项目达到整定值时，即发出报警信号：

（1）油箱内油位高。

（2）油箱内油位低。

（3）油泵出口滤网前后压差大。

（4）冷却系统滤网前后压差大。

（5）再生系统滤网前后压差大。

（6）液压油温度高/低。

（7）液压油压力高/低。

（8）液压油系统停运后，应将系统中的油排至油箱。

第九节 供 热 系 统

1. 热网系统

按工艺流程，将热网系统分成：热网循环水系统、热网蒸汽系统、热网疏水系统、热网补水系统、热网放水排水系统。

（1）热网循环水系统。热网设有循环水泵，正常方式循环泵将热网循环水打至循环泵出口母管，从母管进入热网加热器，经加热器加热后的循环水汇入出水母管中送至热用户，再经热用户站换热后回到循环泵入口。

（2）热网蒸汽系统。将 5 段抽汽分别作为热网加热器的汽源。

（3）热网疏水系统。热网疏水经疏水泵升压后，分别打入机组主凝结水 5 号低压加热器后，回收至除氧器。

（4）热网补水系统。经过化学处理后的软化水被热网补水泵补至热网循环水回水管内。

（5）热网放水排水系统。加热器的汽水侧放水及加热器事故放水分别汇集到各自母管后排至疏水扩容器，扩容后疏水收集到疏水箱内经排水泵打至循环水回水管内。

2. 热网系统的投入

（1）投入前的准备工作：

1）检查工作票已结束，现场卫生清洁干净。

2）联系热工将有关表计及保护投入。

3）将所有电动门及电动机测绝缘合格后送电。

4）检查两个除盐水箱水位 2m 以上，并通知化学准备足量除盐水。

5）热网各转机设备应处于下列状态。

6）表计齐全，并投入运行。

7）水泵、电动机轴承内油质合格、油位正常。

8）轴瓦、盘根冷却水，水量适当。

9）对轮连接良好，盘动转子灵活、无卡涩，防护罩装设牢固。

地脚螺丝牢固，电动机接地线接地良好。

（2）投入热网循环水系统。

1）系统准备：

a. 检查循环水系统及加热器水侧放水门关闭，排空气门开启；

b. 联系热力公司调度，检查外围一次管线排水门关闭，排空气门开启，外围管线具备注水条件；

c. 检查热网循环泵再循环门、热网加热器水侧旁路一次门、热网加热器水侧旁路二次门、热网循环水供回水总门开启。

2）向热网系统注水：

a. 启动一台补水泵，开出口门向系统注水，控制补水量不大于80t/h，检查循环水系统排空气门排出水后关闭。

b. 开启抽汽管道疏水门（加热器进汽门前），开启任一台机供热抽汽止回门，稍开供热抽汽快关阀进行暖管，疏水疏尽后关闭疏水门，逐渐全开供热抽汽快关阀。

c. 供热管道沿线排空气，当系统排空气门（最高点）空气排尽后，且回水压力达0.2MPa以上。准备启动热网循环泵，建立水循环。

d. 检查热网循环泵具备启动条件，启动热网循环泵，检查循环泵各部正常，开启出口门后关闭循环泵再循环门，建立水循环。

e. 循环水系统投入运行，使出口压力维持1.56MPa左右，检查系统无泄漏联系热力公司检查外线无泄漏。

f. 当热网回水滤网压差达0.05MPa，自动进行反冲洗。

g. 投入热网回水压力自动。

（3）投入热网加热器水侧。

1）检查关闭加热器水侧放水门，开启排空气门。

2）热网循环水冲洗合格。

3）稍开加热器入口水门向加热器水侧注水（注意循环水压不得大幅度波动）。

4）空气管冒水后，关闭排空气门。

5）全开加热器入口水门，检查加热器是否泄漏。

6）确认加热器水侧不漏，全开加热器出口门。

7）逐渐关闭加热器总旁路门维持加热器入口门后压力不大于1.8MPa。

（4）投入热网加热器汽侧运行。

1）检查确认加热器水侧投入正常运行。

2）开启进汽一次门后疏水门及加热器汽侧放水门，（疏尽水后关闭），开启加热器进汽二次门，稍开加热器进汽一次门旁路手动门控制温升3~4℃/min，暖体30min。

3）开启加热器进汽一次门，关闭加热器汽侧放水门及进汽旁路门。

4）开启加热器连续排空气门。

5）缓慢操作调压滑阀，逐渐关小蝶阀，抽汽室压力提高至 0.31MPa 以上。

6）根据供水温度要求，控制抽汽压力。

7）当汽侧水位至水位计 350mm 时，保持水位，联系化学化验水质，在水质不合格前适当开启事故放水门，把疏水排至疏水扩容器内。

8）当水质化验合格后，启动疏水泵，开启疏水至凝结水母管前放水门，关闭事故放水门，进行疏水管路的冲洗，冲洗时注意冲洗流量不应太大，保持除氧器水位在正常范围。

9）当疏水管内水质化验合格后，关闭疏水至凝结水母管前放水门，逐渐全开疏水至凝结水母手动门。加热器疏水只能回收到相应机组凝结水系统中。

3. 热网设备的正常维护

热网设备的正常维护数据。

（1）热网回水压力：0.2～0.25MPa，供水压力：1.2～1.56MPa。

（2）加热器蒸汽压力：0.31～0.55MPa。

（3）疏水泵出口母管压力大于或等于 1.5MPa。

（4）排水泵出口母管压力大于或等于 0.3MPa。

（5）热网回水滤网差压小于或等于 0.05MPa。

（6）加热器出口水温度：130℃；回水温度小于或等于 70℃。

（7）加热器水位 575～675mm。

（8）供热设备的工作应严格遵守给定图表和热网调度的要求，允许偏差范围为：供水温度为 ±2℃；回水压力为 0.2～0.25MPa；供水压力为 1.2～1.56MPa。

4. 热网系统的停止

（1）热网加热器停用：

1）关闭加热器连续排空气门。

2）缓慢关闭进汽门后，开启水侧旁路门，关闭进、出口水门。

3）停止疏水泵运行，联锁关闭疏水泵出口门。

4）关闭热网加热器疏水至凝结水管疏水门，开启加热器汽侧放水门。

（2）停止热网循环泵：

1）停止补水泵，联锁关闭该泵出口门。

2）关闭循环泵出口门，停止该循环水泵运行。

3）关出口门时应注意回水压力变化。

4）将冷却水适当关小。

第十节 厂用电动机及负荷开关

一、厂用电动机及分类

电动机是将电能转换成机械能，输出机械转矩带动机械转动的原动机。

电动机的种类很多，按电源性质可分为直流电动机和交流电动机两种。交流电动机又可分为同步电动机和异步电动机。

直流电动机具有良好的启动和调速特性，这一点是交流电动机不可比的。直流电动机可以借助调节磁场电流，在大范围内均匀而平滑地调速，且调速电阻器只消耗极少的电能。此外还有启动转矩大、不依赖厂用交流电源等特点。因此，对调速性能和启动性能要求较高的厂用机械，以及发电厂中的密封油泵、润滑油泵等重要负荷的备用泵都采用直流电动机拖动。直流电动机的缺点是制造工艺复杂，成本高，维护量大，特别是换向器部分的工作可靠性较差。

异步电动机又称感应电动机，按其转子绕组的形式可分为鼠笼式和绕线式两种。异步电动机同直流电动机和交流同步电动机相比较，具有结构简单、价格便宜、工作可靠、使用方便等一系列优点，因此被广泛使用。但缺点是启动电流大，调速困难。异步电动机的启动一般不需要特殊的设备，采用直接启动的方式，从而具有额定启动转矩和较短的启动时间；但启动电流可达额定电流的4~7倍，不仅会使电源电压在启动时发生显著下降，而且会引起电动机发热，特别是在机组转动惯量较大、剩余转矩较小、启动缓慢的情况下更为严重，因此，对启动困难的机械设备，如吸风机、排粉风机、磨煤机等电动机，需要进行启动校验。发电厂中广泛使用的鼠笼式异步电动机具有单鼠笼式、深槽式和双鼠笼式三种结构形式。深槽式和双鼠笼式电动机具有启动转矩大、启动电流较小等较好的启动性能。绕线式异步电动机最大的特点是可以均匀地无级调速，一般采用转子回路串接电阻调速和串级调速。前者借助调节电阻值使其在一定范围内改变转速、启动转矩和启动电流，由于受允许静差率限制，调速范围有限，且调节电流大，损耗增加，维护工作量大，调速平滑性较差，效率低；后者是在转子电路内引入感应电势的串级调速，一般采用可控硅串级调速，具有调速范围宽、效率高的特点，但结构及辅助设备较复杂，价格较高。

交流同步电动机采用同轴直流发电机或硅整流装置直流励磁，可以工作在不同的运行状态，当以"超前"发生运行时，可以提高厂用系统功率因数，同时减少厂用电系统的能量损耗和电压损失；同步电动机对电压波动不十分敏感，从而在厂用电系统电压降低时，仍能维持稳定运行；但结构复杂，需要附加一套励磁系统，且启动、控制均较麻烦，启动转矩也小，一般在机械功率较大或者转速必须恒定时，方才采用交流同步电动机。

二、厂用负荷开关及分类

电力系统中的发电机、变压器及线路等，在正常情况下，由于检修或改变运行方式，需要接入或退出；在发生故障时，必须能迅速切断故障部分，使电力系统恢复正常运行，因此，电力系统需装设一些开关电器，按其使用的电压等级可大致分为低压开关电器和高压开关电器。

1. 低压开关电器

（1）刀闸开关。刀闸开关是最简单的低压开关，只能手动操作，因此必须与熔断器串联使用。闸刀开关按结构分为单极、双极和三极三种；按其操作方式可分为中间手柄、旁边手柄和杠杆操作三种；按用途可分为单投和双投两种；按灭弧结构可分为不带灭弧罩和带灭弧罩两种，还有一种组合式的刀熔开关电器，是利用 RT0 型熔断器两端的触刀做闸刀刃，具有熔断器和闸刀开关的性能。

（2）接触器。接触器适用于操作频繁的电路中，作为远距离操纵或自动控制，但不能切断短路电流和过负荷电流，因此不能用来保护设备。接触器种类很多，其结构大同小异，主要由吸持电磁铁、线圈、主触头、辅助触点及灭弧栅构成。按其吸持线圈使用的电源种类可分为直流接触器和交流接触器。

（3）磁力启动器。磁力启动器三相交流接触器加装继电器后便成为磁力启动器，也叫低压电磁开关，主要供远距离控制三相异步电动机的启动、停止、正反向运转，并可兼做电动机的欠压和过载保护。磁力启动器不能保护短路，因此必须和熔断器串联，通常用按钮操纵。

（4）自动空气开关。自动空气开关简称自动开关，当电路内发生过负荷、短路、电压降低或失压时能自动地切断电路。为在切断短路电流时，加速灭弧和提高短路能力，自动开关均装有灭弧装置，自动开关还可配置脱扣器，如自由脱扣器、过电流脱扣器、分闸脱扣器、失压欠压脱扣器、热脱扣器等，以满足不同工作要求。自动空气开关分为万能式（框架式）和装置式（塑料外壳式）两大类。万能式空气开关寿命高，可交、直流操作，并能实现开关"防跳"功能。装置式空气开关具有断流能力高、体积小、结构简单等特点，按其操作方式有手动和自动两种，按其脱扣方式有电磁脱扣、热脱扣、复式脱扣和无脱扣几类。

2. 高压开关电器

（1）隔离开关。隔离开关是一种高压开关电器，由于没有专门的灭弧装置，因此不能用来接通和切断负荷电流和短路电流，主要用途有：隔离电源，将需要检修和带电的设备可靠地隔离，以保证检修工作的安全进行；倒闸操作，将设备从双母线电路中的一组母线切换到另一条母线上去；接通和切断电压互感器、避雷器、小容量的空载母线和空载变压器等小电流电路等。隔离开关按绝缘支柱的数目可分为单柱式、双柱式和三柱式；按闸刀的运动方式可分为水平旋转式、垂直旋转式、摆动式和插入式；按装设地点分为户内式和户外式；按操动机构分为手动和电动、气动等；按是否有接地刀闸分为有接地刀闸和无接地刀闸。

（2）高压断路器。高压断路器是电力系统中最重要的控制电器，无论系统处于什么状态，如空载、负载或短路故障，都应能可靠动作，接通或断开电路。高压断路器按装设地点有户内和户外两种形式，按照灭弧原理有油断路器（多油断路器和少油断路器）、气吹断路器（空气断路器、六氟化硫断路器）、真空断路器和磁吹断路器等。

1）多油断路器。触头系统放置在装有变压器油的油箱中，油一方面用来熄灭电弧，另一方面还作为断路器导电部分之间以及导电部分与接地油箱之间的绝缘介质。多油断路器具有配套性强（内部自带电流互感器）、户外使用受大气条件影响较小的优点。缺点是体积庞大，用油量多，增加了爆炸和火灾的危险性，检修工作量大。

2）少油断路器。灭弧室装在绝缘筒或不接地的金属筒中，变压器油只用作灭弧和触头间隙的绝缘，而不用作对地绝缘，其导电部分的绝缘是使用空气和陶瓷绝缘材料或有机材料。少油断路器结构简单、材料消耗少、体积小、质量轻、便于生产、性能稳定、运行方便、价格便宜。有些断路器采用了液压传动机构、多断口灭弧装置，改进了灭弧室，加装了并联电阻或电容，使少油断路器的断流容量、动作时间和限制过电压的能力等性能得到了改善。

3）空气断路器。利用压缩空气作为灭弧和绝缘的介质，同时还用压缩空气作为传动的动力。空气断路器按灭弧室的供气方式可分为：①顺序供气，压缩空气只沿一条气管进入灭弧装置各个断口，装置简单，缺点是各断口上的空气压力、温度和流速均不同，各断口断路能力不一样；②平行供气，压缩空气由两路或多路同时吹向各断口；③综合供气，兼有平行供气和顺序供气两种作用。空气断路器装设附加隔离器和采用常充气式结构后，可提高断口的绝缘水平，得到最有利的灭弧条件。

4）六氟化硫断路器。六氟化硫断路器是利用无色、无臭、不燃、无毒的惰性 SF_6 气体作为绝缘和灭弧介质的断路器，具有良好的电气绝缘强度和灭弧性能。具有断口电压高、允许断路次数多、检修周期长、断路性能好、占地面积少等优点，但要求加工精度高、密封性能好，对水分与气体的检测控制要求高。按照 SF_6 气体压力系统的不同，分为双压力式和单压力式两种结构。双压力式断路器容量大，但结构复杂，维护困难，单压力式结构简单，易于制造，气体压力低，可靠性高，维护容易。此外还有成套的 SF_6 全封闭组合电器，包括断路器、隔离开关、接地开关、电压互感器、电流互感器、母线、避雷器、电缆终端或出线套等元件，各元件的高压带电部分均封闭于接地的金属外壳中，壳体中充以 SF_6 气体，作为灭弧和绝缘介质。

5）真空断路器。真空断路器是以真空作为灭弧和绝缘介质，真空是指绝对压力低于 1 个大气压的气体稀薄空间。在气体压力为 10^{-1} Pa 以下的空间，绝缘强度很高，电弧容易熄灭。由于熄弧过程是在密闭的灭弧室中完成的，因此可在有腐蚀性和可燃性、温度较高或较低的环境中使用，利用真空灭弧，不需要外界供给介质，即使开断失败也不会发生爆炸事故。其优点为：自动灭弧和开断能力强、熄弧时间短、电弧电压低、能量小、触头的电磨损率低、使用寿命长、不需要维护、适于频繁操作。但价格昂贵，容易产生危险的过电压，包括截流过电压、多次重燃过电压以及三相同时开断过电压。

第十一节　厂用电系统快速切换装置及负荷分配原则

一、发电厂一次主接线系统

发电厂一次主接线通常包括发电机母线侧的接线和升压变电所的接线。尽管各发电厂主接线不完全相同，但均应满足以下几点要求：

（1）运行的可靠性。主接线系统应保证对用户供电的可靠性，特别是保证对重要用户的供电。

（2）运行的灵活性。主接线系统应能灵活地适应各种工作情况，特别是当一部分设备检修或工作情况发生变化时，能够通过倒换运行方式，做到不中断用户的供电。

（3）主接线系统还应保证运行操作的方便及运行的经济性。

（一）大型电厂的电气主接线

大型电厂一般指总容量为 1000MW 及以上，单机容量为 200MW 及以上的发电厂。其主接线特点是：一般采用简单可靠的单元接线方式。有发电机—变压器单元接线、扩大单元接线和发电机—变压器—线路单元接线等，直接接入高压或超高压配电装置，如图 3－23 所示。

（1）300MW 及以上大机组一般都采用与双绕组变压器组成单元接线而不与三绕组变压器组成单元接线，如图 3－23（a）所示。其主要原因为：采用三绕组变压器时，发电机出口要求装设断路器，但制造短路电流很大的断路器造价甚高。另外大机组要求避免在出口发生短路，除采用安全可靠的分相封闭母线外，主回路力求简单，尽量不装断路器和隔离开关，而采用双绕组变压器时，就可以不装发电机出口断路器和隔离开关。

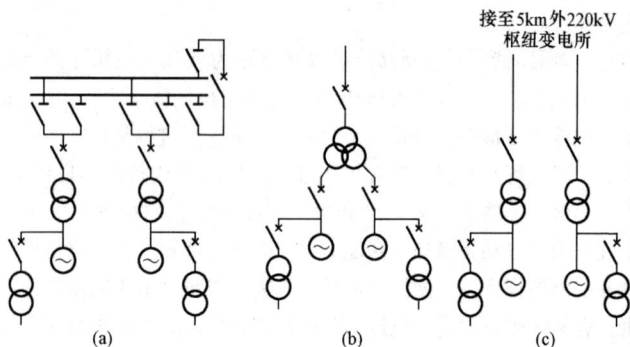

图 3－23　大型电厂的电气主接线
（a）发电机—变压器组单元接线；（b）2×200MW 发电机—变压器扩大单元接线；（c）2×300MW 发电机—变压器—线路单元接线

（2）图 3－23（b）为发电机—变压器扩大单元接线。这种接线主要用于 200～300MW 机组接至 500kV 配电装置中。扩大单元中相对来讲机组容量较小，以减少主变压器、高压断路器和高压配电装置间隔。但当采用这种接线时，发电机出口应装设断路器和隔离开关。

（3）当发电厂不设高压配电装置时，采用发电机—变压器—线路单元接线，可将电能直接输送到附近的枢纽变电所，以提高电网的安全经济运行。

（二）发电厂升压变电所的接线

发电厂常见的升压变电所的接线有单母线、双母线、桥形母线、$1\frac{1}{2}$

母线接线四种。

1. 单母线

单母线分段及单母线分段带旁路母线的系统接线如图 3 – 24 所示单母线的特点是接线简单，造价低廉。缺点是运行不灵活，不利于清扫和事故处理。由于 35～110kV 手车式少油断路器的出现以及 SF_6 全封闭组合电器的应用，这种接线越来越多地被采用。

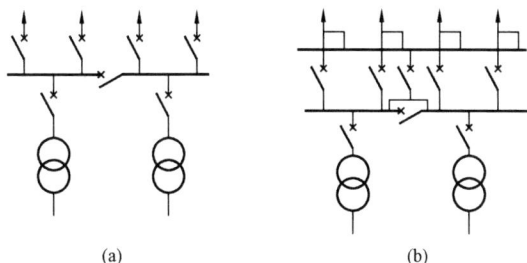

(a)   (b)

图 3 – 24   单母线分段及单母线分段带旁路母线的系统接线
（a）单母线分段接线；（b）单母线分段带旁路接线

2. 双母线

当发电厂在电力系统中居重要地位，升压配电装置的负荷重、潮流变化大、出线回路较多时，一般采用双母线。当 220kV 出线达 4 回及以上，110kV 出线达 6 回及以上时，采用带专用旁路断路器的旁路母线，如图 3 – 25 所示。双母线的优点是运行灵活，有利于事故处理和设备清扫。缺点是操作复杂、投资大、占地较多。

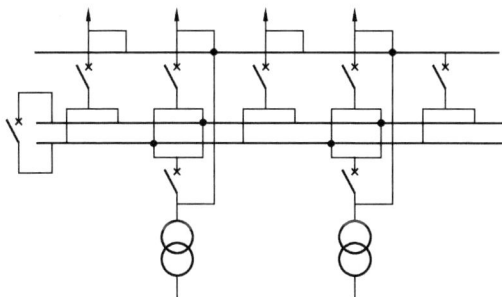

图 3 – 25   双母线带旁路接线

3. 桥形母线

桥形接线一般分为内桥、外桥、双内桥及双外桥，如图 3 – 26 所示。

桥形接线的主要优点是接线简单、经济，节省占地面积。它的主要缺点是：对于外桥接线，当线路故障时，使电厂一半容量送不出去；而对于内桥接线，一台变压器发生故障时，将影响线路送电。因此，重要电厂或连接两个系统的变电所均不宜采用。

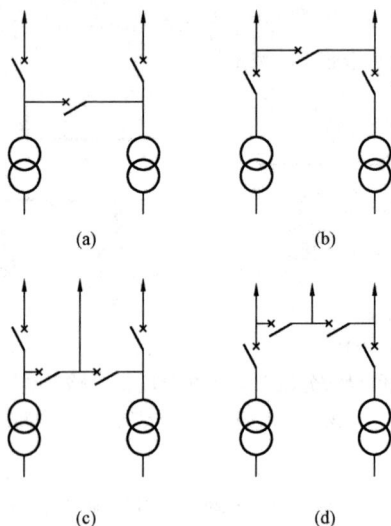

图 3 - 26　桥形接线

（a）内桥接线；（b）外桥接线；（c）双内桥接线；（d）双外桥接线

4. $1\frac{1}{2}$ 母线接线

在 330 ~ 500kV 配电装置的变电站，由于在电网中处的地位重要，要求其可靠性高，并且很少有检修机会，一般在 6 回以上常采用这种 112 接线形式的母线。使用这种接线时，常把电源和负荷回路配对成串，使母线上部分元件故障时不会造成一条母线或全部母线停电，提高了系统的稳定性。当然这种接线的造价要比上述母线接线要高，同时给母线保护的配置提出了一些新问题，使它的使用受到限制。图 3 - 27 所示为 $1\frac{1}{2}$ 接线。

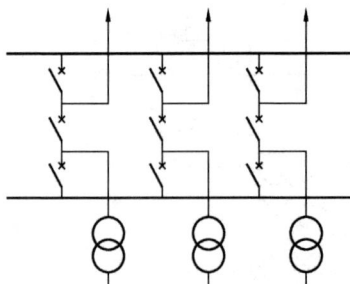

图 3 - 27　$1\frac{1}{2}$ 接线

二、发电厂各电压等级及厂用电接线系统

火力发电厂的厂用负荷主要是电动机所带的机械，作为锅炉汽轮机的辅机部分。根据厂用机械在发电厂生产过程中的作用，以及供电中断对人身、设备的影响，厂用电动机可分为以下三类：

（1）第一类负荷。短时的停用可能影响人身和设备的安全，使锅炉、汽轮机的出力减少。这类厂用机械的电动机为重要电动机。其中，高压设备有引风机、送风机、一次风机、锅炉再循环泵、给水泵、循环水泵、凝结水泵等；低压设备有锅炉冷却水泵、抗燃油泵、发电机定子冷却水泵等。对第一类厂用负荷应有两套电动机，必须保证自启动，并由两个独立的电源供电，当一个电源失电时，另一个电源应自动联动投入。

（2）第二类负荷。可以短时间停用，虽然影响锅炉、汽轮机的出力，但在短时间内，能够恢复生产的电动机，如：工业水泵、灰浆泵、疏水泵、输煤皮带等，它也设有两套电动机，由两个独立的电源供电，当一个电源失电时，另一个电源迅速手动进行切换，使其恢复供电。

（3）第三类负荷。停电与锅炉、汽轮机的出力没有直接关系，如修配、化验、电焊等，这类负荷一般由单电源供电。

在发电厂内，上述三种类型的负荷供电电压等级通常为 0.4、3、6、10kV，除满足负荷的技术要求外，应与发电机的出口电压配合选择，目前常采用电压 6kV，配低压电动机采用 380V。

发电厂的厂用电系统接线通常采用单母线接线形式，如图 3 - 28 所示，图 3 - 28（a）为发电机电压母线引接工作电源，图 3 - 28（b）为发电机出口引接工作电源，高压厂用母线由工作电源和备用电源双路供电，低压厂用电源由接在不同母线上的变压器经降压后供电。大容量发电机组还设有柴油发电机作为事故保安电源，在高压厂用电因故障全部失去时，为保安负荷供电，保证设备的安全。

为了保证厂用电系统的供电可靠性，一般都采用按炉分段的原则，单元接线更为明显，就是按照锅炉的台数分段，相对独立，既方便于运行、检修，又能将事故影响范围限制在一机一炉。

厂用电接线必须满足厂用机械的供电，随着单机容量的增大，其机炉附属设备增多，特别是锅炉设备约占厂用电的 60%，对厂用电的接线要求必须可靠。厂用母线分段的原则及配置见表 3 - 2。

如果锅炉、汽轮机公用性的附属设备较多，容量较大时，可设立公用母线段，以满足机炉负荷和供电要求。

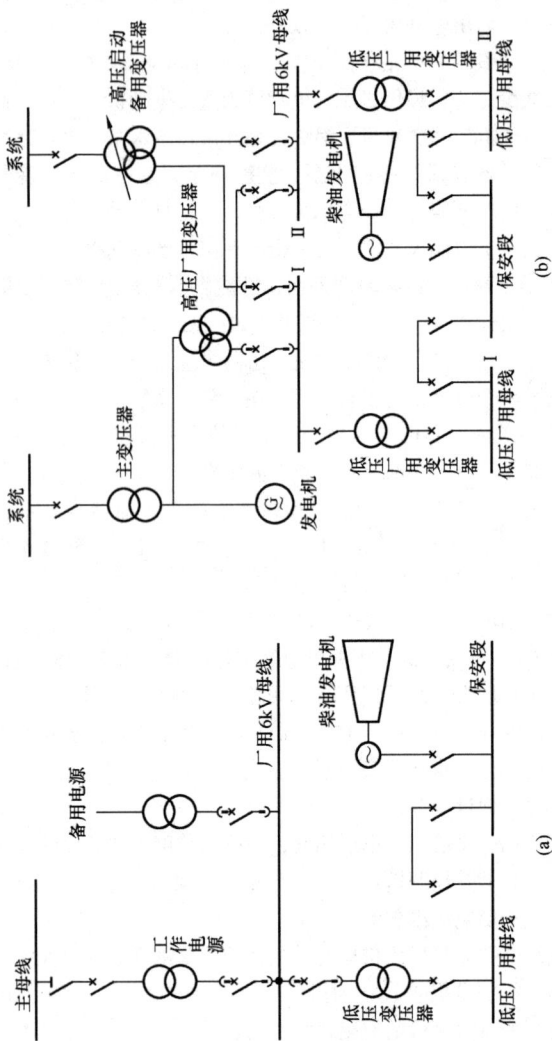

图 3 - 28 厂用电接线图

(a) 由发电机母线引接工作电源；(b) 由发电机出口引接工作电源

表 3 – 2　　　　　　　　厂 用 母 线 分 段

锅炉容量（t/h）	高压母线	低压母线
220	每台锅炉 1 段母线	有一类负荷时，按机炉对应分段
400 ~ 1000	每台锅炉 2 段母线	每台锅炉 2 段母线或 1 段供电
1000	每一种高压母线为 2 段	每台锅炉 2 段母线

注　2 段可由 1 台变压器供电；每段由 1 台变压器供电。

厂用电系统的倒换操作，6kV 各段工作电源与备用电源的倒换操作，应采用快切装置进行倒换。正常情况下快切装置通过手动启动，采用"并联自动"方式进行倒换，倒换前应检查工作电源与备用电源的压差、相角差、频差在允许范围内。事故情况下，快切装置将通过保护出口启动，采用"事故串联"切换方式将厂用电自动切换至备用电源接带，若快切装置未自动切换，工作电源未掉而需投备用电源时，应立即手动断开工作电源开关，联动备用电源投入，在倒换操作中，严防备用电源经备用电源开关和工作电源开关向发电机反充电。

装置概述：

MFC2000 – 2 型微机厂用电源快速切换装置由南京东大金智电气有限公司研制而成，该装置包括硬件及软件两部分，硬件由大面板、内部插件、被板端子组成，软件包括自动、手动、并联、串联、同时、保护等多种切换方式程序。

1. 运行中的检查

（1）正常运行时应检查快切装置电源插件上 5、+ 15、– 15、24V 电源指示灯应亮；"运行"灯约每秒闪 3 次，"就地""动作""闭锁"灯应不亮，运行状态指示灯"工作"和"备用"灯应只有一个亮。

（2）检查快切装置柜内跳、合各开关的压板应投入。

（3）在快切装置的显示屏上可在主菜单选择"测量显示"，查看电压、频率、频差、相位差、开关位置等；选择"异常报告"可查看当前有无异常报告记录；选择"事件管理""动作事件追忆"可查看最近 10 次动作事件，选择"事件管理""异常事件追忆"可查看最近 20 次异常事件。

（4）检查 DCS 系统与快切装置相关的光字牌应都不亮。

2. 厂用电快切装置的投退规定

（1）机组运行，启动备用变压器备用时，两台机组 6kV 段的厂用电

第三章　机组的辅助设备及系统

快切装置均投入。此时，若一台机组跳闸，厂用电切换完成后，将跳闸机组的快切装置出口闭锁。

（2）一台机组运行，另一台机组备用或检修时，投入运行机组的快切装置，退出备用或检修机组的快切装置。

3. 快切装置切换条件

（1）装置不处于闭锁状态。

（2）切换目标电源电压高于额定值的80%。

（3）装置必须带电且已经复位。

（4）装置相关出口压板在投入位。

4. 快切装置异常信号及光字牌说明

（1）厂用电系统和装置本身运行正常时，光字牌不会亮，只要有一个光字牌亮，说明工作状态有情况，需根据不同情况进行处理，处理完后复归光字牌。

（2）装置失电。检查装置直流电源电压，包括快切柜直流电源进线熔丝、柜后上方空气开关是否合上、装置电源插件开关是否打开等，如这些都正常，再检查电源插件小面板上5、+15V 和 - 15、24V 指示灯，以确认哪一路电压出现了故障。如属装置内部问题（包括电源插件），通知检修处理。

（3）装置出口闭锁（能自复归）。

1）后备电源失电。

2）出口闭锁包括外部出口闭锁、"方式设置"中出口退出、所有切换方式均退出。

（4）装置闭锁（不能自复归）。

1）装置动作一次后。

2）TV 断线。

3）保护闭锁。

4）装置异常。

5）开关位置异常。

（5）开位异常。

1）TV 隔离开关打开。

2）工作、备用电源开关全合。

3）工作、备用电源开关全分。

（6）装置异常。装置自检到某些重要部件如 CPU、RAM、EEPRAM、AD 等出现故障，应立即通知检修处理。

（7）后备电源失电。后备电源失电闭锁功能投入时，当厂用母线由备用电源供电，如开机前或停机后，因此时发电机机端无电压，即工作进线 TV 无电压，不具备切换条件，装置将闭锁，并发此信号。同样，当母线由机端供电时，若备用电源电压低于整定值，该光字牌也会亮。但如果在"方式设置"中将后备失电闭锁功能退出，则装置不会发后备电源失电信号，也不会发装置闭锁信号。

（8）TV 断线。表明输入装置的厂用母线三相电压中，有一相或两相低，可能由母线 TV 断线造成，需仔细查明。

5. 采用快切装置切换厂用电时步骤

（1）检查装置无异常。

（2）检查"方式设置"中控制方式设为"远方"，"远方并联切换方式"设为"自动"。

（3）检查装置上跳、合各开关的压板均在"投入"位置。

（4）检查装置已复归，确认装置无闭锁。

（5）在 DCS 电气主接线画面快切窗口启动手动切换。

（6）检查厂用电源切换正常后，退出手动切换。

（7）切换完毕装置显示"切换完毕""装置闭锁"，DCS 系统发相应光字。

（8）复归装置。

三、负荷分配原则

1. 厂用电系统负荷分配原则

为了使厂用电负荷在各段上尽可能分配均匀，应遵守以下原则：

（1）同一机炉的厂用机械有两套，其中一套纯属于备用（如凝结水泵电动机），为了提高其供电可靠性，一般采用交叉供电，即一台接到本机组的母线段，另一台接到其他母线段。

（2）属于一类负荷的低压电动机，应接在所属炉的母线段上。

（3）当设有公用母线段时，对于相同用途的一类公用负荷的供电，不应全部接在同一母线段；没有公用母线段时，应根据负荷平衡原则和负荷要求，分别接在各锅炉母线段上，但要注意集中。

（4）循环水泵电动机分别接于两段母线上，每段由主厂房内不同厂用母线段引接工作电源。为了保证循环泵的供电可靠，应从主厂房内引接备用电源或从相对独立的系统引接备用电源，同时为两段备用。

（5）附属设备离主厂房较远，其容量较大时（如输煤、化学等），采用单独的变压器供电。为了满足供电可靠性，一般设有两台变压器，其电源从锅炉不同母线段分别引接，两台变压器各带一段母线，母线段之间经联络断路器相互备用。

2. 事故保安电源负荷分配原则

为了保证大容量机组在厂用电事故停电时安全停机以及在厂用电恢复后快速启动并网的要求，设置保安电源系统。在保安电源上所带的负荷有以下几类：

（1）在机组正常运行或停机中，防止设备损坏的机炉负荷，如大型给水泵的辅助润滑油泵、锅炉空气预热器、火焰监视的冷却风机等。

（2）发电机在停机过程中和停机后，仍需要运转的设备，如汽轮发电机的交流润滑油泵、顶轴油泵、密封油泵等。

（3）蓄电池的充电设备，如供给直流220V的动力、控制电源充电的硅整流器。

与本机组有关的运行设备，如事故照明、重要设备的通风机等。

（4）按机炉保护的要求，供给热控的负荷，如：热控自动控制电源、交流不停电的备用电源等。

表3-3是一个2×300MW机组火力发电厂主要厂用电负荷在各段厂用母线上的分配情况。

表3-3　一个2×300MW机组火力发电厂主要厂用电负荷在各段厂用母线上的分配情况

设备名称	容量（kW）	负荷分配						备注
		1单元高压厂用母线段			1单元高压厂用母线段			
		1A段	1B段	数量	2A段	2B段	数量	
给水泵	63000	2	2	3	2	2	3	每单元备用一台双电源
凝结水笔	185	1	2	3	1	2	3	—
引风机	1700	1	1	2	1	1	2	—
一次风机	2500	1	1	2	1	1	2	—
二次风机	1800	1	1	2	1	1	2	—
磨煤机	650	3	2	5	3	2	5	—
备用励磁机	2800	1			1			—

设备名称	容量（kW）	负荷分配						备注
		1 单元高压厂用母线段			1 单元高压厂用母线段			
		1A 段	1B 段	数量	2A 段	2B 段	数量	
碎煤机	475	1			1			—
冲灰水泵	260	1			1			—
高压清水泵	800	1			1			—
水泵房工作电源		1	1		1			备用一路
低压厂用变压器	1000	2	1	2	2	1	3	
低压备用变压器	1000		1	1		1	2	每单元一台备用
主厂房外其他低压变压器	1000	1			1			互为备用

提示：本章共十节，全部适用于初级工。

第十二节　500kV 母线系统

1. GIS 定义

气体绝缘金属封闭开关（gas insulated metal – enclosed switchgear, GIS），它是把各种控制和保护电器：断路器、隔离开关、接地开关、互感器（TV 及 TA）、避雷器和连接母线，全部封装在接地的金属壳体内，壳内充以一定压力的 SF_6 气体作为相间及对地的绝缘。国内称之为封闭式组合电器。

2. 500kV 升压站控制系统

500kV 升压站控制采用计算机监控系统（NCS）。该系统对 500kV 配电装置的电气元件实现监视、控制并完成向网调、中调传送远动信息和执行调度 AGC 命令。该系统采用分层分布开放式系统结构，整个系统分为站控层和间隔层，所有控制、保护测量、报警等信号均在间隔层就地单元内处理，经双光纤以太网传输至集控室内监控系统的站控层。该系统站控层 CRT 设置在单元集控室，在集控室内就可掌握 500kV 系统电气设备运行情况，有利于全厂安全可靠运行。

3. 由 NCS 控制的设备

由 NCS 控制的设备有：500kV 断路器；500kV 隔离开关、接地开关；220kV 断路器（高压启动备用变压器电源开关）；220kV 隔离开关、接地开关（高压启动备用变压器电源开关）。

4. NCC 监测的设备

由 NCS 监测的设备有：500kV 断路器机构信号；500kV 系统保护；500kV 系统测量；220kV 断路器机构信号（高压备用变压器电源开关）；220kV 系统保护（高压备用变压器电源开关）；220kV 系统测量（高压备用变压器电源开关）；网控 110V 直流系统测量及运行状态。

5. 500kV 电气设备的状态

（1）运行状态。运行状态指设备的隔离刀闸、开关都在合上位置，将电源端和受电端的回路接通。设备的继电保护及自动装置均在投入状态（调度另有要求除外），控制及操作回路正常。

（2）热备用状态。热备用状态指设备只有开关断开，而隔离刀闸仍在合上位置，其他同运行状态。

（3）冷备用状态。冷备用状态指设备的开关、隔离刀闸在断开位置，断开线路、变压器压变次级回路；单个 500kV 开关在冷备用状态是指开关及两侧的刀闸在断开位置。

（4）检修状态。

1）线路及对应的两只开关在检修状态：除与线路及对应的两只开关在冷备用状态相同外，断开开关直流跳、合闸电源，切除开关液压泵电源；合上线路接地刀闸、开关两侧的接地刀闸，切除刀闸、接地刀闸的操作及控制电源。对于线路单独改检修时，只要求断开线路刀闸及其操作及控制电源，切除线路压变次级回路，合上线路接地刀闸。

2）单个 500kV 开关在检修状态：除与单个 500kV 开关在冷备用状态相同外，断开开关直流跳、合闸电源，切除开关液压泵电源；合上开关两侧的接地刀闸，切除刀闸、接地闸刀的操作及控制电源。对于线路开关，还应按继电保护运行要求调整保护。

3）带电冷备用状态：开关本身在断开位置，其有电侧的刀闸在合闸位置，而无电侧刀闸在拉开位置。

6. 500kV 操作规定

（1）开关检修后，投入运行前，必须做远方跳合闸试验，试验时应将两侧刀闸断开。

（2）开关严禁连续拉合闸试验十次以上，以免合闸线圈烧毁及机构严重磨损。

（3）开关禁止带电压手动机械合闸。

（4）各开关允许按开关铭牌上规定的数值长期运行，开关工作电压、电流和切断故障电流不应超过铭牌额定值。

（5）开关操作和合闸电源电压变动，不得超过额定值的±5%。

（6）掉闸机构失灵的开关，禁止投入运行，操动机构拒绝合闸的开关，禁止列入备用。

（7）开关的合、断后位置应以传动机构的实际合、断位置为准，不应单以位置指示牌决定。

（8）开关在投入运行前，应将变压器保护屏后相应的操作电源小开关、机构箱内温湿度控制小开关、三相储能电动机电源小开关合上，开关检修时应将变压器保护屏后相应的操作电源小开关、机构箱内温湿度控制小开关、三相储能电机电源小开关断开。

（9）一般情况下，机构箱内"远方/就地"切换开关应置于"远方"位置，在后台机上遥控操作，遥控回路故障时可选择就地电动合闸。

7．500kV系统投运前的检查

（1）检查开关本体及周围无杂物及金属线，确认没有检修人员遗留下的工具和其他物件。

（2）检查气压正常，确认无漏气现象。

（3）检查套管应清洁无破损、裂纹、放电痕迹及其他异常现象。

（4）开关各部螺丝紧固，标示牌位置应指示正确。

（5）检查操作箱应完整、清洁，机构各部位正常。

（6）二次插座、空开完好无损。

8．500kV系统运行与维护

（1）运行中的检查。

1）对正常运行的开关应按投运前检查的各项内容进行检查，另外还应注意：

（a）开关无异味、无放电闪络现象。

（b）检查操动机构及密度继电器读数是否正确。

（c）开关操作箱严密关好，当油温低于5℃（以环境温度为准）时加热器应自动投入，当温度高于15℃时，其加热器应自动退出。

（d）机构箱内驱潮电阻加热器应长期投入运行正常。

2）当发生事故或天气突然恶化时，还应进行特殊检查：

（a）开关每次事故跳闸后或事故状态中，套管应无烧伤和破裂现象，无异常声响，套管端头无松动的现象。

（b）大雪天检查各接线端子接触点落雪不应立即融化，传动机构应无冰溜子或冻结现象。

（c）大风时检查套管端头结线无剧烈摆动，上部无杂物。

（d）浓雾及阴雨天套管应无火花及放电现象。

3）SF_6开关应注意以下事项：

（a）SF_6气体可带电补充，无须退出运行。

（b）经受过放电和电弧作用的SF_6气体气味有毒，无论出于何原因一旦出现大量泄露，一般人员都应撤到嗅不到刺激性气味的地方。

（2）运行中的故障处理。运行故障处理表见表3－4。

表3－4　　　　　　　　运行故障处理表

分类	异常现象	可能原因	检查及处理
分合动作的异常	不能电气合闸	电源不良	检查控制电压（>80%Ue）
		电气控制系统不良	控制线断线、端子松、合闸线圈、辅助开关
		由于气压不足（SF_6）压力开关动作闭锁	补气到额定气压
		其他	用手动关合电磁铁，合闸，检查电磁铁间隙
	不能电气分闸	电源不良	检查控制电压（>65%Ue）
		电气控制系统	控制线断线、端子松、分闸线圈、辅助开关
		由于气压不足（SF_6）压力开关动作闭锁	补气到额定气压
		其他	用手动关合电磁铁，分闸，检查电磁铁间隙
气压控制系统异常	SF_6压力不降，发出补气信号	漏气	补气至额定气压（参考充入气作业要领），查找漏气点，消除漏点

提示：本章共十二节，全部适用于初级工。

第四章

机组的泵与风机

第一节 泵与风机的分类、工作原理及型号

一、泵与风机的分类及工作原理

（一）泵与风机的分类

泵与风机是将原动机的机械能转换为被输送流体（液体、气体）的压力能和动能的一种动力设备。输送液体的称为泵，输送气体的称为风机。在火力发电厂中，泵与风机起着全厂水、气输送的作用。火力发电厂的系统简图如图 4-1 所示。

由图 4-1 看出，向锅炉送水设有给水泵；向汽轮机凝汽器送冷却水设有循环水泵；排送凝汽器中凝结水设有凝结水泵；排送热力系统中各处疏水设有疏水泵；为了补充管路系统的汽水损失，又设有补给水泵；排除锅炉燃烧后的灰渣设有灰渣泵和冲灰水泵。另外，还有供给汽轮机各轴承润滑用油的润滑油泵；供各水泵、风机轴承冷却用水的工业水泵等。

此外，炉膛燃烧需要煤粉和空气，为此设有排粉风机、送风机，为排除锅炉燃烧后的烟气，设有引风机。

由以上可以看出，用泵输送的介质有给水、凝结水、冷却水、润滑油等，用风机输送的介质有空气、烟气以及煤粉与空气的混合物和水与灰渣的混合物等。虽然都是泵与风机，但各有不同的工作条件和要求，如给水泵需要输送压力为几个甚至几十 MPa，温度可高达 200℃以上的高温给水；循环水泵则要输送每小时高达几万吨的大流量冷却水；引风机要输送 100～200℃的高温烟气；灰渣泵、排粉风机则要输送含有固体颗粒的流体。因此，要满足各种工作条件和要求，则需要具有不同结构形式的多种泵与风机。

泵与风机类型很多，一般按工作原理分类如下。

（1）泵按产生的压力分为：

低压泵：压力在 2MPa 以下；

中压泵：压力在 2～6MPa 之间；

高压泵：压力在 6MPa 以上。

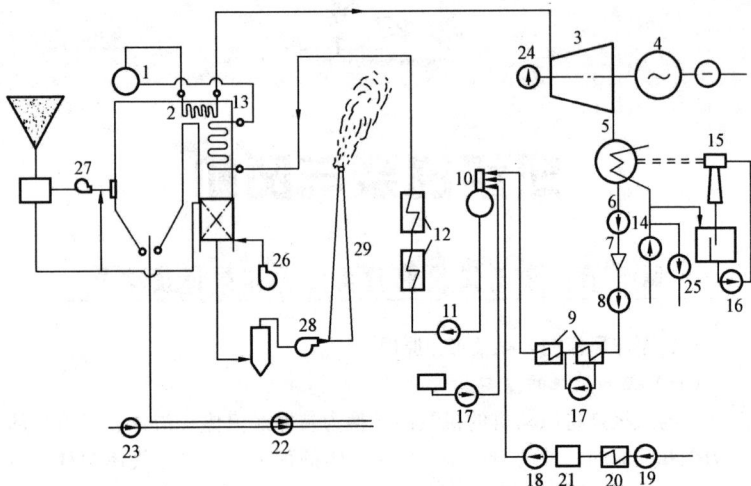

图 4 – 1　火力发电厂系统简图

1—汽包；2—过热器；3—汽轮机；4—发电机；5—凝结器；6—凝结水泵；7—除盐装置；8—升压泵；9—低压加热器；10—除氧器；11—给水泵；12—高压加热器；13—省煤器；14—循环水泵；15—射水抽汽器；16—射水泵；17—疏水泵；18—补水泵；19—生水泵；20—生水预热器；21—水处理设备；22—灰渣泵；23—冲灰水泵；24—液压泵；25—工业水泵；26—送风机；27——次风机；28—引风机；29—烟囱

（2）风机按产生的风压分为：

通风机：风压小于 15kPa；

鼓风机：风压在 15～30kPa 以内；

压气机：风压在 340kPa 以上。

其中通风机最常用的是离心通风机及轴流通风机，按其压力大小又可分为：

低压离心通风机：风压在 1kPa 以下；

中压离心通风机：风压在 1～3kPa；

高压离心通风机：风压在 3～15kPa；

低压轴流通风机：风正在 0.5kPa 以下；

高压轴流通风机：风压在 0.5～5kPa。

各种泵的使用范围如图 4 – 2 所示。由图 4 – 2 可以看出，离心泵所占的区域最大，流量在 5～20000m³/h，扬程在 8～2800m 的范围内。各种风机的使用范围如图 4 – 3 所示。这两个图可作为选择泵与风机时参考。

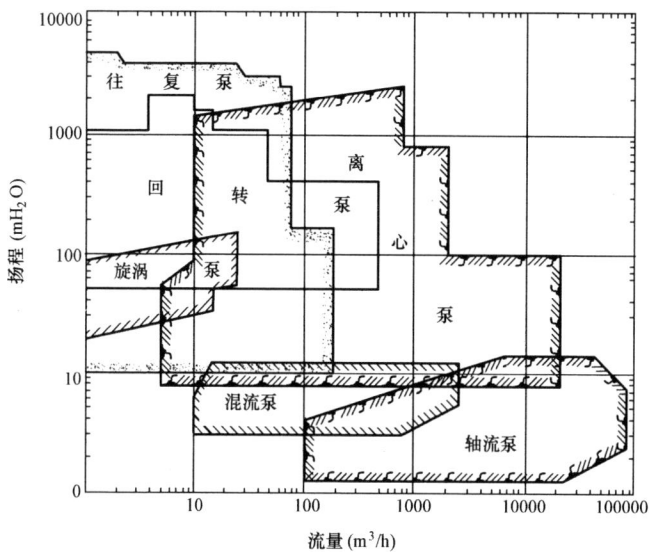

图 4 - 2 各种泵的使用范围

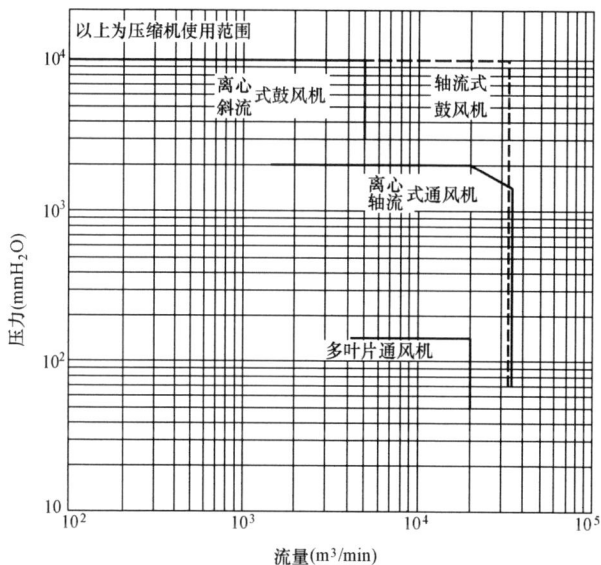

图 4 - 3 各种风机的使用范围

第四章 机组的泵与风机

（二）主要泵与风机的工作原理

1. 离心式泵与风机的工作原理

离心式系与风机的工作原理是，叶轮高速旋转时产生的离心力使流体获得能量，即流体通过叶轮后，压能和动能都得到提高，从而能够被输送到高处或远处。离心式泵与风机最简单的结构形式如图4-4（a）所示。叶轮装在一个螺旋形的外壳内，当叶轮旋转时，流体轴向流入，进入叶轮流道并径向流出，叶轮连续旋转，在叶轮入口处不断形成真空，从而使流体连续不断地被泵吸入和排出。

2. 轴流式泵与风机工作原理

轴流式泵与风机的工作原理是，旋转叶片的挤压推进力使流体获得能

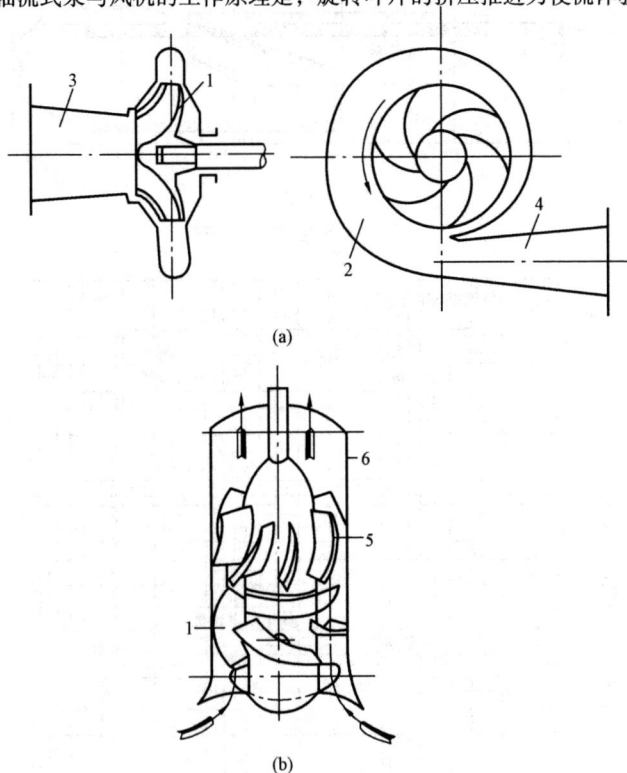

(a)

(b)

图4-4 叶片泵结构示意图

（a）离心泵示意图；（b）轴流泵示意图

1—叶轮；2—压出室；3—吸入室；4—扩散管；5—导流器；6—泵壳

量，升高其压能和动能，其结构如图4-4（b）所示。叶轮1安装在圆筒形（风机为圆锥形）泵壳6内，当叶轮旋转时，流体轴向流入，在叶片道内获得能量后，沿轴向流出。轴流式泵与风机适用于大流量、低压力的情况，电厂中常用作循环水泵及送风机、引风机。

3. 往复泵工作原理

现以活塞式往复泵为例来说明其工作原理，如图4-5所示。活塞往复泵主要由活塞1在活塞缸2内做往复运动来吸入和排除液体，当活塞1开始自极左端位置向右移动时，工作室3的容积逐渐扩大，室内压力降低，流体顶开吸水阀4，进入活塞1所让出的空洞，直至活塞1移动到极右端为止，此过程为泵的吸水过程，当活塞1从右端开始向左端移动时，充满泵的流体受挤压，将吸水阀4关闭，并打开排水阀5而排出，此过程称为泵的压水过程。

活塞不断往复运动，泵的吸水与压水过程就连续不断地交替进行。此泵适用于小流量，高压力的情况，电厂中常用作加药泵。

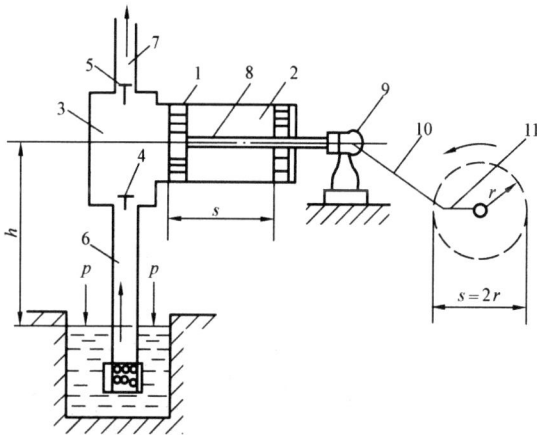

图4-5　活塞式往复泵示意图

1—活塞；2—活塞缸；3—工作室；4—吸水阀；5—排水阀；6—吸入管；
7—排出管；8—活塞杆；9—十字接头；10—曲柄连杆机构；11—皮带轮

4. 齿轮泵的工作原理

齿轮泵具有一对互相啮合的齿轮，如图4-6所示，齿轮1（主动齿轮）固定在主动轴上，轴的一端伸出壳外由原动机驱动，另一个齿轮2（从动齿轮）装在另一个轴上，齿轮旋转时，液体沿吸油管进入到吸入空

间，沿上下壳壁被两个齿轮分别挤压到排出空间汇合（齿与齿啮合前），
然后进入压油管排出。

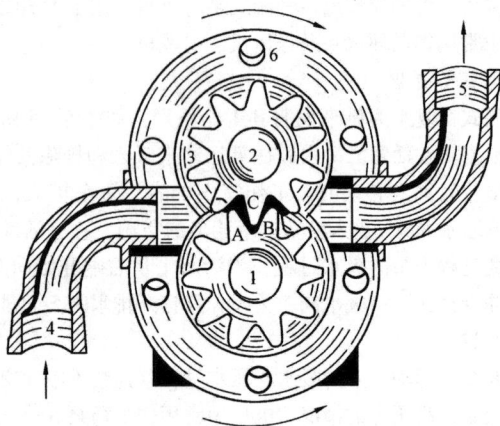

图 4 - 6　齿轮泵示意图

1—主动齿轮；2—从动齿轮；3—工作空间；4—吸入管；5—排出管；6—泵壳

5. 螺杆泵工作原理

螺杆泵工作原理如图 4 - 7 所示，螺杆泵是一种利用螺杆相互啮合来
吸入和排出液体的回转式泵。螺杆泵的转子由主动螺杆 1（可以是一根，
也可以是两根或三根）和从动螺杆 2 组成。主动螺杆与从动螺杆做相反方
向转动，螺纹相互啮合，流体从吸入口进入，被螺旋轴向前推进增压至排

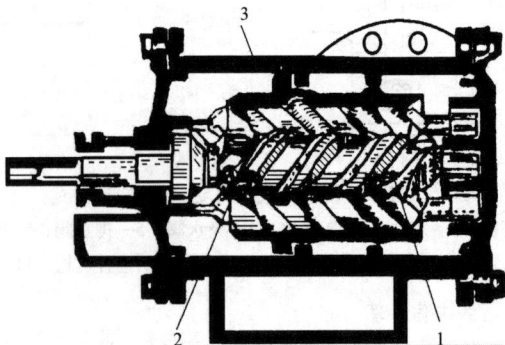

图 4 - 7　螺杆泵示意图

1—主动螺杆；2—从动螺杆；3—泵壳

出口。此泵适用于高压力、小流量的情况。电厂中常用作输送轴承润滑油及汽轮机调速器用油的油泵。

6. 喷射泵工作原理

喷射泵如图 4-8 所示，将高压的工作流体由压力管送入工作喷嘴，经喷嘴后压能变成高速动能，将喷嘴外围的液体（或气体）带走。此时因喷嘴出口形成高速使扩散室的喉部吸入室造成真空，从而使被抽吸流体不断进入与工作流体混合，然后通过扩散室将压力稍升高输送出去。由于工作流体连续喷射，吸入室继续保持真空，于是得以不断地抽吸和排出流体。工作流体可以为高压蒸汽，也可为高压水，前者称为蒸汽喷射泵，后者称为射水抽汽器。在电厂都可用作抽出凝汽器中的空气。

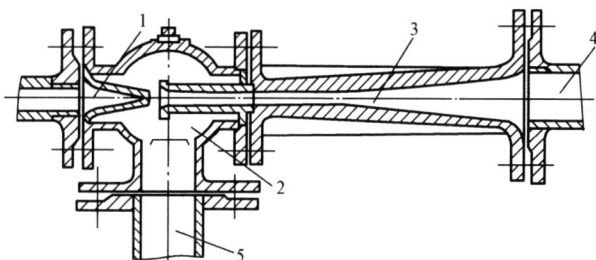

图 4-8　喷射泵示意图

1—喷嘴；2—混合室；3—扩压管；4—排出管；5—吸入管

7. 水环式真空泵工作原理

水环式真空泵的装置结构图如图 4-9 所示。圆柱形泵缸 2 内注入一定量的水，星形叶轮 5 偏心地装在泵缸内，当叶轮旋转时，水受离心力作用被甩向四周而形成一个相对于叶轮为偏心的封闭水环。被抽吸的气体沿吸气管及接头由吸气孔 3 进入水环与叶轮之间的空间，即右边月牙形部分。由于叶轮的旋转，这个空间容积由小逐渐增大，因而产生真空抽吸气体。随着叶轮的旋转，气体进入左边月牙形部分。因叶轮是偏心旋转的，此空间逐渐缩小，气体逐渐受到压缩升压，气与水便由排气孔 4 经接头沿泵排气口 7 进入水箱中，自动分离后再由放气管放出。废弃的水和气体一起被排到水箱里。

二、泵与风机的型号编制

（一）水泵的型号

水泵的型号代表水泵的结构特点、工作性能和被输送介质的性质等。

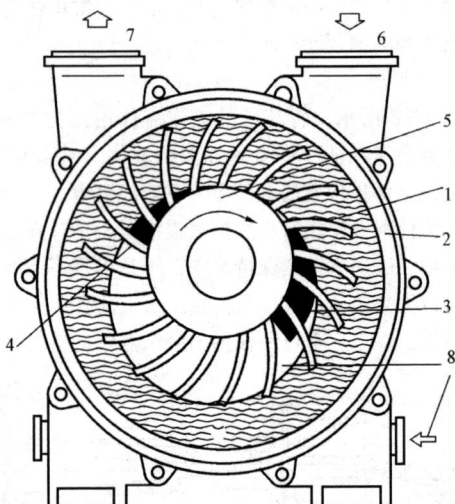

图 4 - 9　水环式真空泵示意图

1—叶轮；2—泵缸；3—吸气孔；4—排气孔；5—叶轮；

6—泵吸气口；7—泵排气口；8—工作液体

由于水泵的品种繁多，规格不一，因此型号种类较多，现将常用的水泵型号做介绍。

1. 离心泵的基本型号

离心泵的基本形式与代号见表 4 - 1。

表 4 - 1　　　　　　离心泵的基本形式与代号

泵的形式	形式代号	泵的形式	形式代号
单级单吸离心泵	IS · B	大型立式单级单吸离心水泵	沅江
单级双吸离心泵	S · Sh	卧式凝结水泵	NB
分段式多级离心泵	D	立式凝结水泵	NL
分段式多级离心泵首级为双吸	DS	立式筒袋型离心凝结水泵	LDTN
分段式多级锅炉给水泵	DG	卧式疏水泵	NW
卧式圆筒型双壳体多级离心泵	YG	单吸离心油泵	Y
中开式多级离心泵	DK	筒式离心油泵	YT
多级前置泵（离心泵）	DQ	单级单吸卧式离心灰渣泵	PH
热水循环泵	R	长轴离心深井泵	JC
大型单级双吸中开式离心泵	湘江	单级单吸耐腐蚀离心泵	IH

2. 混流泵的基本型号

混流泵的基本形式与代号见表 4 – 2。

表 4 – 2 混流泵的基本形式与代号

泵的形式	形式代号	泵的形式	形式代号
单级单吸悬臂蜗壳式混流泵	HB	立轴蜗壳式混流泵	HLWB
立式混流泵	HL	单吸卧式混流泵	FB

3. 轴流泵的基本型号

轴流泵的基本形式与代号见表 4 – 3。

表 4 – 3 轴流泵的基本形式与代号

泵的型式	轴流式	立式	卧式	半调式叶片	全调式叶片
形式代号	Z	L	W	B	Q

4. 补充型号

除上述基本型号表示泵的名称外，还有一系列补充型号表示该泵的性能参数或结构特点。根据泵的用途和要求不同，其型号的编制方法也不同，示例说明如图 4 – 10 所示。

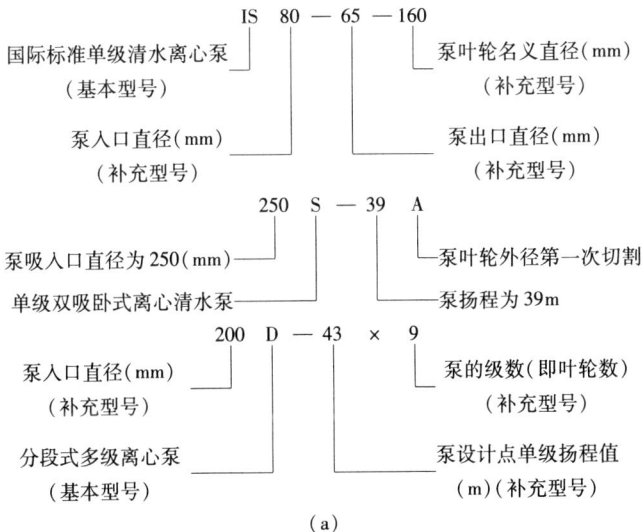

（a）

图 4 – 10 补充型号示例（一）

（a）补充型号示例一

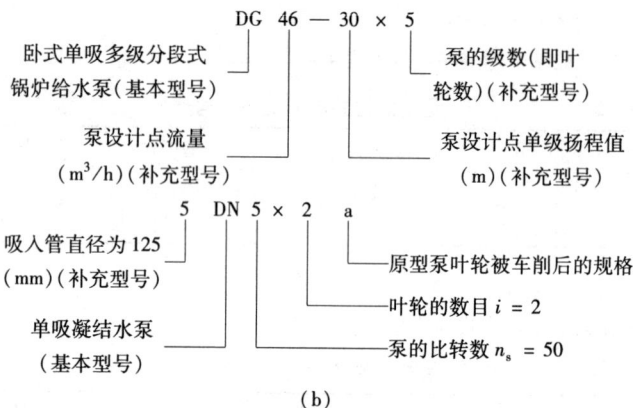

DG 46 — 30 × 5

卧式单吸多级分段式锅炉给水泵（基本型号）

泵的级数（即叶轮数）（补充型号）

泵设计点流量（m³/h）（补充型号）

泵设计点单级扬程值（m）（补充型号）

5 DN 5 × 2 a

吸入管直径为125（mm）（补充型号）

原型泵叶轮被车削后的规格

叶轮的数目 $i = 2$

单吸凝结水泵（基本型号）

泵的比转数 $n_s = 50$

（b）

图 4 - 10　补充型号示例（二）

（b）补充型号示例二

（二）离心式风机的型号编制

离心式风机的名称全称包括：名称、型号、机号、传动方式、旋转方向和风口位置六部分。

1. 名称

名称包括用途、作用原理和在管网中的作用三部分，多数产品的第三部分不做表示，在型号前冠以用途代号，如锅炉离心风机用 G、锅炉离心引风机用 Y 等名称表示。

2. 型号

型号由基本型号和补充型号组成，其形式如图 4 - 11 所示。

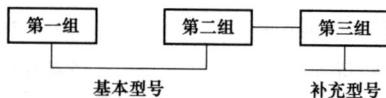

图 4 - 11　风机型号形式图

（1）基本型号：①第一组数字，表示全压系数；②第二组数字，表示比转数化整后的值。如果基本型号相同，用途不同时，为了便于区别，在基本型号前加上 G 或 Y 等符号，G 表示锅炉送风机，Y 表示锅炉引风机。

（2）补充型号。第三组数字，它由两位数字组成。第一位数字表示风机进口吸入形式的代号，以 0、1 和 2 数字表示：0 表示双吸风机；1 表示单吸风机；2 表示两级串联风机。第二位数字表示设计的顺序号。

3. 机号

机号一般用叶轮外径的分米（dm）数表示，其前面冠以 No，在机号数字后加上小写汉语拼音字母 a 或 b 表示变型。其中 a 代表变型后叶轮外径为原来的 0.95 倍，b 代表变型后叶轮外径为原来的 1.05 倍。

4. 传动方式

风机传动方式有六种，分别以大写字母 A、B、C、D、E、F 等表示，风机传动方式如图 4 – 12 所示及见表 4 – 4。

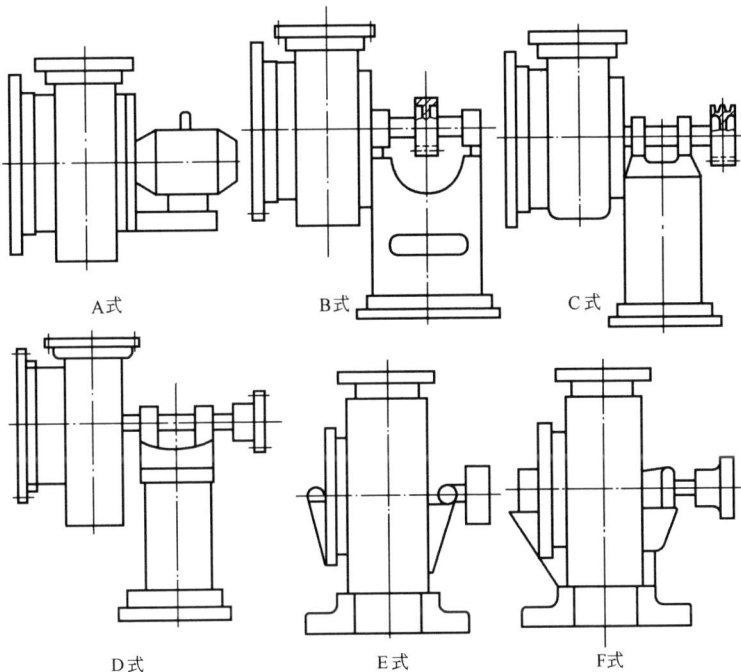

A式　　　　　　　B式　　　　　　　C式

D式　　　　　　　E式　　　　　　　F式

图 4 – 12　离心风机传动方式

表 4 – 4　　　　　　离心风机传动方式及结构特点

传动方式	A	B	C	D	E	F
结构特点	单吸，单支架，无轴承，与电动机直联	单吸，单支架，悬臂支承，皮带轮在两轴承之间	单吸，单支架，悬臂支承，皮带轮在两轴承外侧	单吸，单支架，悬臂支承，联轴器传动	单吸，双支架，皮带轮轴承在外侧	单吸，双支架，联轴器传动

5. 旋转方向

离心风机旋转方向有两种。右转风机以"右"字表示，左转风机以"左"字表示。左右之分是以从风机安装电动机的一端正视，叶轮做顺时针方向旋转称为右，做逆时针方向旋转称为左。以右转方向作为风机的基本旋转方向。

6. 出口位置

风机的出口位置基本定为八个，以角度0°、45°、90°、135°、180°、225°、270°和315°表示。对于右转风机的出风口是以水平向左方规定为0°位置；左转风机的出风口则是以水平向右方规定为0°位置，风机的出口位置如图4－13所示。

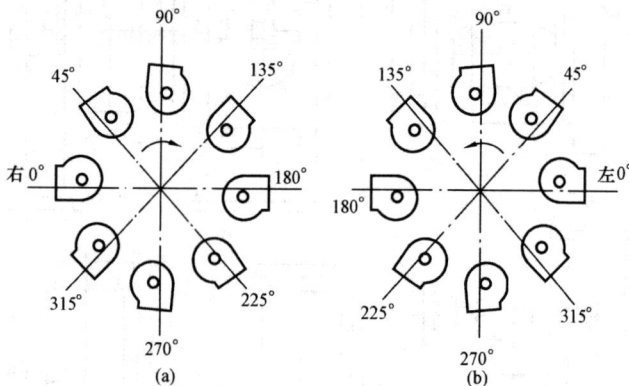

图4－13 风机的出口位置
（a）出口位置右转图；（b）出口位置左转图

以上1～6六部分即名称、型号、几号、传动方式、旋转方向、风口位置的排列顺序如图4－14所示。

名称—型号—机号—传动方式—旋转方向—出口位置

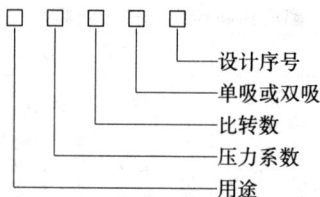

设计序号
单吸或双吸
比转数
压力系数
用途

图4－14 离心式风机名称排列顺序图

说明：

（1）一般用途的产品，可不用表示用途的代号。

（2）在产品形式中，产生有重复代号或派生型时，用罗马数字Ⅰ、Ⅱ…等在比转数后加注序号。

（3）第一次设计的序号可以不写出。

（三）轴流式风机的型号编制

轴流式风机的名称全称包括名称、型号、机号、传动方式、气流方向及风口位置六部分。

1. 名称

轴流式风机名称包括用途、作用原理和管网中的作用三部分，多数产品第三部分不做表示，常在型号前冠以用途代号，如锅炉轴流送风机为G，锅炉轴流引风机为Y等。

2. 型号

轴流式风机型号形式如图4-15所示。

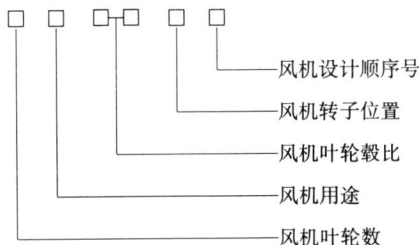

图4-15 轴流式风机型号形式图

说明：

（1）用途代号和离心式风机相同。

（2）叶轮代号在单叶轮时不表示，比叶轮用2表示。

（3）叶轮轮毂比为叶轮底径与外径之比，取两位整数。

（4）转子位置代号，卧式用A，立式用B表示，同系列产品转子无位置变化的则不表示。

（5）若产品的形式中有重复代号或派生型时，则在轮毂比数后加注罗马数字Ⅰ、Ⅱ、…表示。

（6）设计序号用阿拉伯数字1、2、…表示；若性能参数、外形尺寸、地脚尺寸、易损部件都没有变化，则不采用设计顺序号。

3. 机号

轴流式风机机号一般用叶轮外径的分米（dm）数表示。其前面冠以No，在机号数字后加上小写汉语拼音字母 a 或 b 表示变型。

4. 轴流式风机传动方式及结构特点

轴流式风机传动方式及结构特点见表4-5。

表4-5　　　　　　轴流式风机的传动方式及结构特点

传动方式	A	B	C	D	E	F
结构特点	无轴承，电动机直联传动	悬臂支承，皮带轮在两轴承中间	悬臂支承，皮带轮在轴承外侧	悬臂支承，联轴器传动（有风筒）	悬臂支承，联轴器传动（无风筒）	齿轮箱，直联传动

5. 气流方向

轴流式风机气流方式用以区别吸气和出气方向，分别以入和出表示；选用时一般不表示。

6. 风口位置

轴流式风机风口位置分进风口和出风口两种，用入、出若干角度表示；基本风口位置有4个，分别为0°、90°、180°、270°。

轴流式风机风口位置举例如图4-16所示。

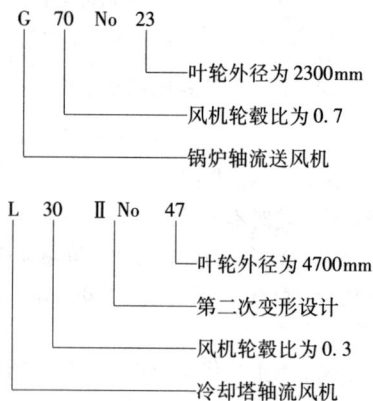

```
G  70  No  23
              └── 叶轮外径为2300mm
          └────── 风机轮毂比为0.7
   └───────────── 锅炉轴流送风机

L  30  Ⅱ  No  47
                └── 叶轮外径为4700mm
            └────── 第二次变形设计
       └─────────── 风机轮毂比为0.3
   └─────────────── 冷却塔轴流风机
```

图4-16　轴流式风机风口位置示例

第二节 泵与风机的结构

一、泵的主要部件

(一) 离心泵的主要部件

离心泵的主要部件由转子（由叶轮和轴组成）、泵壳、吸入室、压水室、密封装置、轴向力平衡装置和轴承等组成，现以多级离心泵为例，分别讨论如下。

1. 叶轮

叶轮是将原动机输入的机械能传递给液体，提高液体能量的核心部件，其形式有封闭式、半开式及开式三种，如图4-17所示。封闭式叶轮有单吸式及双吸式两种。封闭式叶轮由前盖板、后盖板、叶片及轮毂组成。在前后盖板之间装有叶片形成流道，液体由叶轮中心进入，沿叶片间流道向轮缘排出，一般用于输送清水。电厂中的给水泵、凝结水泵、工业水泵等均采用封闭式叶轮；半开式叶轮只有后盖板，而开式叶轮前后盖板均没有，半开式和开式叶轮适合于输送含杂质的液体，如电厂中的灰渣泵、泥浆泵。

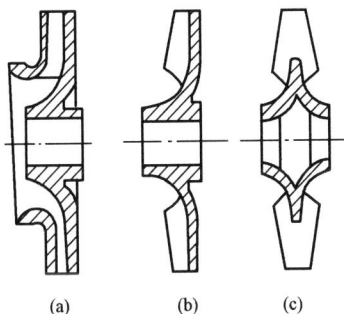

(a)　　　　(b)　　　　(c)

图4-17　叶轮的型式

(a) 封闭式叶轮；(b) 半开式叶轮；(c) 开式叶轮

2. 轴

轴是传递扭矩的主要部件。轴径按强度、刚度及临界转速确定。中小型泵多采用水平轴，叶轮装配在轴上，叶轮间距离用轴套定位；近代大型泵则采用阶梯轴，不等孔径的叶轮用热套法装在轴上，并利用渐开线花键代替过去的短键。此种方法，叶轮与轴之间没有间隙，不致使轴间窜水和冲刷，但拆装困难。

3. 吸入室

离心泵吸入管法兰至叶轮进口前的空间过流部分称为吸入室。其作用是在最小水力损失情况下，引导液体平稳地进入叶轮，并使叶轮进口处的流速尽可能均匀地分布。

按结构吸入室可分为：

(1) 直锥形吸入室。直锥形吸入室如图4-18所示，这种形式的吸入

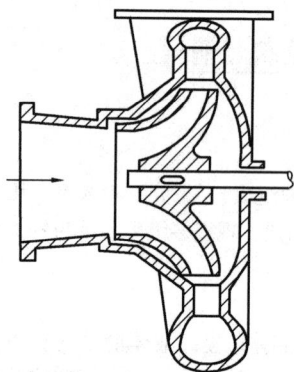

图4-18 直锥形吸入室

室水力性能好，结构简单，制造方便。液体在直锥形吸入室内流动，速度逐渐增加，因而速度分布更趋向均匀。直锥形吸入室的锥度7°~8°。直锥形吸入室广泛应用于单级悬臂式离心水泵上。

（2）弯管形吸入室。弯管形吸入室是大型离心泵和大型轴流泵经常采用的形式，这种吸入室在叶轮前都有一段直锥式收缩管，因此，弯管形吸入室具有直锥形吸入室的优点。

（3）环形吸入室。环形吸入室如图4-19所示，吸入室各轴面内的断面形状和尺寸均相同。其优点是结构对称、简单、紧凑，轴向尺寸较小；缺点是存在冲击和漩涡，并且液流速度分布不均匀。环形吸入室主要用于节段式多级泵中。

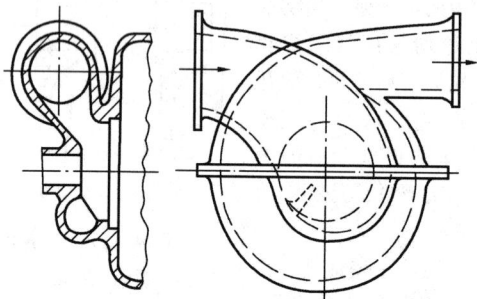

图4-19 环形吸入室

（4）半螺旋形吸入室。半螺旋形吸入室如图4-20所示，此吸入室主要用于单机双吸式水泵、水平中开式多级泵、大型的节段式多级泵及某些单级悬臂泵上。半螺旋形吸入室可使液体流动产生旋转运动，即有环量存在。由于液体环量存在而绕泵轴转动，液体进入叶轮吸入口时速度分布也就更均匀了，但进口予旋会导致泵的扬程略有降低，其降低值与流量成正比。

4. 导叶

导叶又称导流器、导轮，分径向式导叶和流道式导叶两种，应用于节段式多级泵上做导水机构。

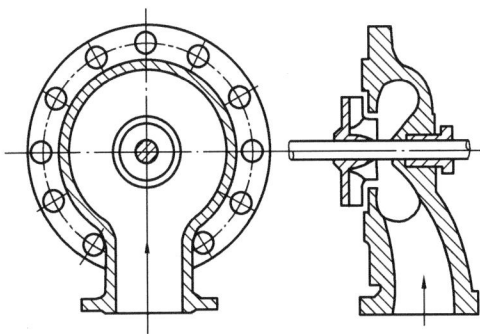

图 4 – 20　半螺旋形吸入室

径向式导叶如图 4 – 21 所示，它由螺旋线、扩散管、过渡区（环状空间）和反导叶（向心的环列叶栅）组成。螺旋线和扩散管部分称正导叶，液体从叶轮中流出，由螺旋线部分收集起来，而扩散管将液体大部分动能转换为压能，进入过渡区，起改变液体流动方向的作用，液体再流入反导叶，消除速度环量，并把液体引向次级叶轮的进口。由此可见，导叶兼有吸入室和压出室的作用。

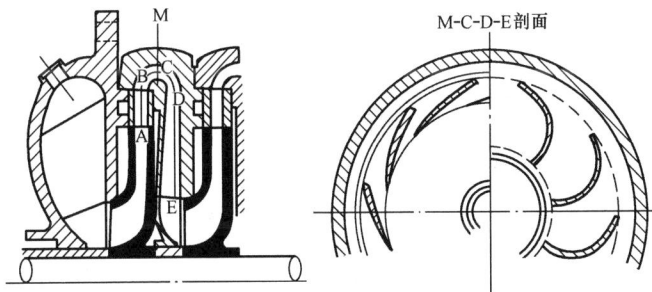

图 4 – 21　径向式导叶

流道式导叶如图 4 – 22 所示，它的前面部分与径向式导叶的正导叶相同，后面部分与径向式导叶的反导叶相类似，只是它们之间没有环状空间，而正导叶部分的扩散管出口用流道与反导叶部分连接起来，组成一个流道。它们的水力性能相差无几，但在结构尺寸上径向式导叶较大，工艺方面较简单。目前节段式多级泵设计中，趋向采用流道式导叶。

5. 压水室

压水室是指叶轮出口到泵出口法兰（对节段式多级泵是到后级叶轮

第四章　机组的泵与风机

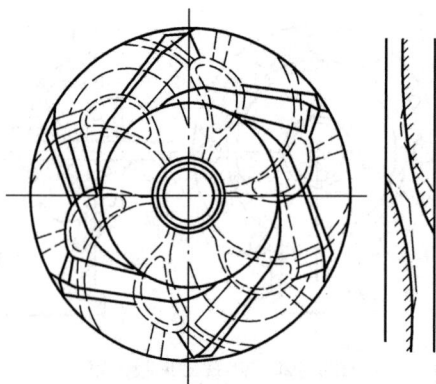

图 4-22 流道式导叶

进口前）的过流部分。其作用是收集从叶轮流出的高速液体，并将液体的大部分动能转换为压力能，然后将液体引入压水管或后级叶轮进口。

压水室按结构分为螺旋形压水室、环形压水室和导叶式压水室。

螺旋形压水室如图 4-23 所示，它不仅起收集液体的作用，同时在螺旋形的扩散管中将部分液体动能转换成压能。螺旋形压水室具有制造方便，效率高的特点。它适用于单级单吸、单级双吸离心泵以及多级水平中开式离心泵。

图 4-23 螺旋形压水室

环形压水室是在节段式多级泵的出水段上采用。环形压水室的流道断面面积是相等的，所以各处流速就不相等。因此，不论在设计工况还是非设计工况时总有冲击损失，故效率低于螺旋形压水室。

（二）轴流泵的主要部件

轴流泵的主要部件如图 4-24 所示。轴流泵的特点是流量大、扬程低，其主要部件有叶轮、轴、导叶、吸入喇叭管等。

1. 叶轮

叶轮的作用与离心泵一样，将原动机的机械能转变为流体的压力能和动能。它由叶片、轮毂和动叶调节机构等组成。叶片多为机翼型，一般为 4~6 片。轮毂用来安装叶片和叶片调节机构。小型轴流泵（叶轮直径 300mm 以下）的叶片和轮毂铸成一体，故称固定叶式轴流泵；中型轴

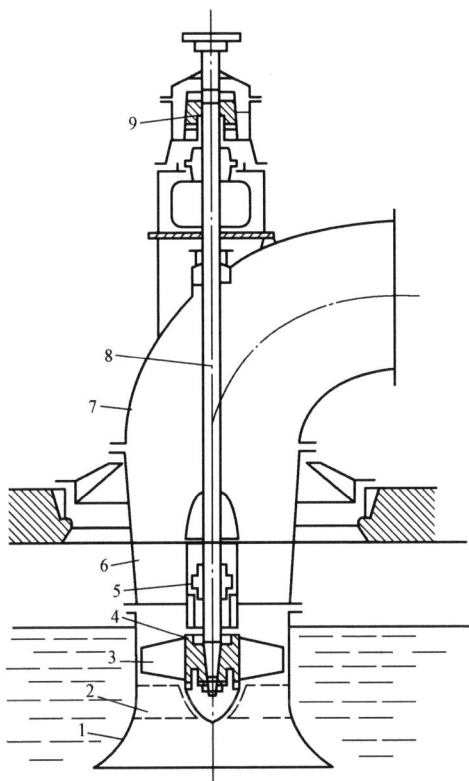

图 4 - 24 轴流式水泵示意图
1—喇叭管；2—进口导叶；3—叶轮；4—轮毂；5—轴承；
6—出口导叶；7—出水弯管；8—推力轴承；9—联轴器

流泵（叶轮直径 300mm 以上）一般采用半调节式叶轮结构，即叶片靠螺母和定位销钉固定在轮毂上。叶片角度不能任意改变，只能按各销钉孔对应的叶片角度来改变，故称半调节式轴流泵；大型轴流泵（叶轮直径在 1600mm 以上）一般采用球形轮毂，把动叶可调节机构装于轮毂内，靠液压传动系统来调节叶片角度，故称动叶可调节式轴流泵。

2. 轴

对于大容量和叶片可调节的轴流泵，其轴均由优质碳素钢做成空心，表面镀铬，既减轻轴的质量又便于装调节机构。

3. 导叶

轴流泵的导叶一般装在叶轮出口处，导叶的作用是将流出叶轮的水流的旋转运动转为轴向运动，同时将水流的部分动能转变为压能。

4. 吸入管

吸入管与离心泵吸入室的作用相同，中小型轴流泵多用喇叭形吸入管，大型轴流泵多采用肘形吸入流道。

二、风机的主要部件

（一）离心式风机的主要部件

离心式风机主要由叶轮、机壳、导流器、集流器、进气箱以及扩散器等组成，离心式风机结构如图 4 - 25 所示。

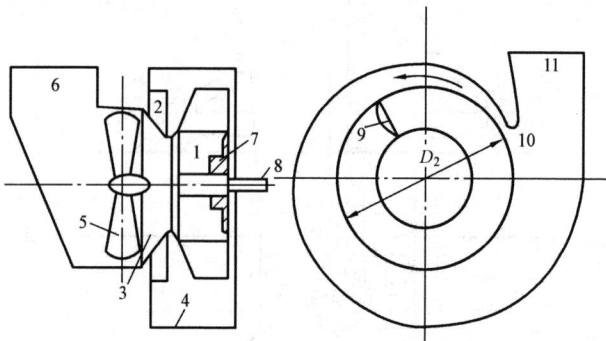

图 4 - 25　离心式风机结构示意图

1—叶轮；2—稳压器；3—集流器；4—机壳；5—导流器；6—进风箱；

7—轮毂；8—主轴；9—叶片；10—涡舌；11—扩散器

1. 叶轮

叶轮是风机的主要部件，其作用是转换能量，产生能头。叶轮分封闭式和开式两种。封闭式叶轮由前盘、后盘、叶片及轮毂组成。

叶轮前盘可分为直前盘、锥形前盘和弧形前盘三种。

叶片有机翼型、平板型和圆弧型。机翼型叶片具有良好的空气动力学特性，效率高，强度好，刚度大，输送烟气及含尘气体时，叶片易磨穿。当粉尘进入空心机翼内部时，叶轮失去平衡而引起振动；平板型直叶片制造简单，但流动特性较差；圆弧型叶片多用于前弯式风机。

2. 机壳

风机的机壳由螺形室、蜗舌和进出风口组成。螺形室的作用是收集从叶轮出来的气体并引导至出口，同时将气体的部分动能转变为压能。螺形室出口附近的"舌状"结构称为蜗舌，其作用是防止部分气流在蜗壳内循环流动。蜗舌的几何形状、蜗舌尖部的圆弧半径及距叶轮的距离，对风机的性能、效率和噪声等影响均较大。

3. 导流器

导流器又称进口风量调节器。在风机的集流器之前，一般装设有导流器。运行时，通过改变导流器叶片的角度（开度）来改变风机的性能，扩大工作范围和提高调节的经济性。常见的导流器有轴向导流器、简易导流器和斜叶式导流器，导流器形式如图 4-26 所示。

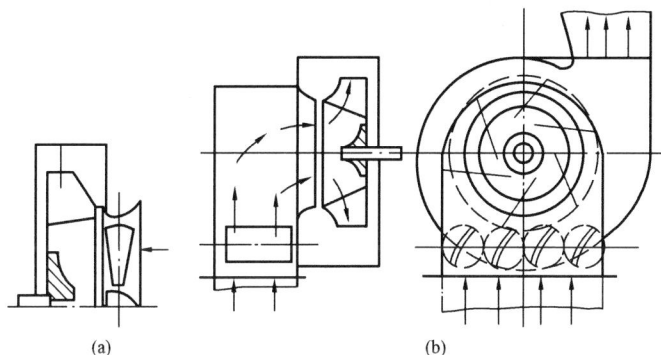

(a)　　　　　　　　　　　　　　(b)

图 4-26　导流器形式
（a）轴向导流器；（b）简易导流器

4. 集流器与进气箱

集流器的作用是在损失最小的情况下引导气流均匀地充满叶轮进口。集流器的几何形状、导流器与叶轮入口间隙的大小，对风机性能均有影响。集流器的基本形式有圆筒形、圆锥形和锥弧形等。锥弧形集流器符合气流流动规律，与圆筒形集流器相比，效率可提高 2%～3%，故在大型风机上得到了广泛的应用。

进气箱的作用是当进风口需要转弯时才采用，用以改善进口气流的流动状况，减少因气流不均匀进入叶轮而产生的流动损失。进气箱一般用于大型或双吸入的风机上，但进气箱的几何形状和尺寸对气流进入风机的流动状态影响很大，如果进气箱结构不合理，则造成的阻力损失可达全风压的 15%～20%。

5. 扩散器

扩散器又称扩压器，因蜗壳出口断面的气流速度很大，因此在蜗壳末端装有扩散器，其作用是降低气流速度，使气流的部分动能转化为压能。

（二）轴流式风机的主要部件

轴流式风机的主要部件有叶轮、集风器、整流罩、导叶和扩散筒等，如图4-27所示。近年来，大型轴流式风机还装有调节装置和性能稳定装置。

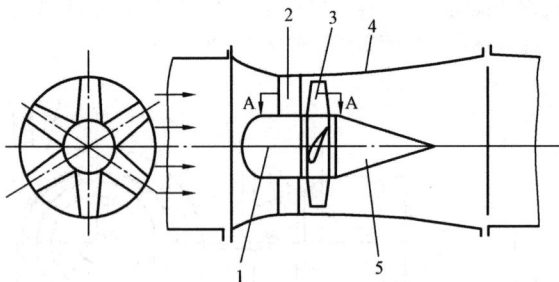

图4-27　轴流式风机示意图
1—整流罩；2—前导叶；3—叶轮；4—外筒；5—扩散筒

1. 叶轮

叶轮由轮毂和叶片组成，其作用和离心式叶轮一样，是实现能量转换的主要部件。轮毂的作用是用以安装叶片和叶片调节机构的，其形状有圆锥形、圆柱形和球形三种。

叶片多为机翼形扭曲叶片，叶片做成扭曲形，其目的是使风机在设计工况下，沿叶片半径方向获得相等的全压。为了在变工况运行时获得较高的效率，大型轴流风机的叶片一般做成可调的，即在运行时根据外界负荷的变化来改变叶片的安装角。

2. 集风器

集风器的作用是使气流获得加速，在压力损失最小的情况下保证进气速度均匀、平稳。与无集风器的风机相比，设计良好的集风器风机效率可提高10%～15%。集风器一般采用圆弧形。

3. 整流罩和导流体

为了获得良好的平稳进气条件，在叶轮或进口导叶前安装与集风器相适应的整流罩，以构成轴流风机进口气流通道。整流罩形状为半圆球形或半椭圆形，也可与尾部导流体一起设计成流线形。

4. 导叶

轴流式风机设置导叶有三种情形：①叶轮前仅设置前导叶；②叶轮后仅设置后导叶；③叶轮前后均设置有导叶。

前导叶的作用是使进入风机前的气流发生偏转，把气流由轴向引为旋向进入，且大多数是负旋向（即与叶轮转向相反），这样可使叶轮出口气流的方向为轴向流出。后导叶在轴流式风机中应用最广。气体轴向进入叶轮，从叶轮流出的气体其绝对速度有一定的旋向，经后导叶扩压并引导后，气体以轴向流出。

5. 扩散筒

扩散筒的作用是将后导叶出来的气流动压部分进一步转化为静压，以提高风机静压。

6. 性能稳定装置

近年来，大型轴流风机上加装了性能稳定装置，又称 KSE 装置。在额定流量下运行时，KSE 不起任何作用。如果流量减小，叶轮外缘的一部分或整个进口截面将出现失速，产生切向气流（漩涡）。KSE 装置消除了漩涡对气流主流的影响，保证了轮流风机的稳定运行。

7. 调节装置

调节装置是大型轴流式风机的主要组成部分。调节装置机构有机械调节和液压调节两类，对大型轴流风机一般采用液压调节。

第三节　泵与风机的主要性能参数

一、泵与风机的主要性能参数

泵与风机的主要性能参数有流量、能头（泵称为扬程）或压头（风机称为全压或风压）、功率、效率、转速，泵还有表示汽蚀性能的参数，即汽蚀余量或吸上真空度。这些参数反映了泵与风机的整体性能，现分别介绍如下：

1. 流量

流量是指单位时间内所输送的流体数量。它可以用体积流量 q_v 表示，也可以用质量流量 q_m 表示。体积流量的常用单位为 m^3/s 或 m^3/h，质量流量的常用单位为 kg/s 或 t/h。质量流量与体积流量的关系为

$$q_m = \rho q_v \qquad (4-1)$$

式中　ρ——流体密度，kg/m^3。

2. 能头

（1）泵的能头。泵的能头称为扬程，系指单位重量液体通过泵后所获得的能量，即流体从泵进口断面到泵出口断面所获得的能量增加值，泵的扬程 H 可写为

$$H = (p_2 - p_1)/\rho g + (v_{22} - v_{21})/2g + (Z_2 - Z_1) \qquad (4-2)$$

式中　p_1、p_2——风机进口和出口断面处气体的压力，Pa；

　　　　v_{21}、v_{22}——风机进口和出口断面处气体的平均速度，m/s；

　　　　ρ——气体密度，kg/m^3；

　　　　g——重力加速度；

　　　Z_1、Z_2——泵入口、出口截面中心到基准面的距离，m。

（2）风机的能头。风机的能头称为全压或风压，包括静压和动压。全压系指单位体积气体流过风机时所获得的总能量增加值，用符号 p 表示，故风机的全压为

$$p = (p_2 + \rho \times v_{22}/2) - (p_1 + \rho \times v_{21}/2) \qquad (4-3)$$

3. 功率与效率

泵与风机的功率可分为有效功率、轴功率和原动机功率。

有效功率是指单位时间内通过泵或风机的流体所获得的功率，即泵与风机的输出功率。

轴功率即原动机传到泵或风机轴上的功率，又称输入功率。

轴功率与有效功率之差是泵与风机内的损失功率。泵与风机的效率为有效功率与轴功率之比。

4. 转速

转速系指泵或风机轴每分钟的转数。

除上述五个参数外，还有比转数、允许汽蚀余量或允许吸上真空高度。

二、泵与风机的损失和效率

由于结构、工艺及流体黏性的影响，流体流经泵与风机时不可避免地要产生各种能量损失，而使其实际可利用的能量降低。因此，尽可能地减少流体在泵与风机内部的能量损失，对提高泵与风机的效率，降低能耗有着十分重要的意义。流体流经泵与风机时的损失，按其能量损失的形式不同可分为三种：机械损失、容积损失和流动损失。

（一）机械损失和机械效率

机械损失是指：当叶轮旋转时，轴与轴封、轴与轴承及叶轮圆盘摩擦所损失的功率。

1. 轴与轴封、轴与轴承的摩擦损失

轴与轴承、轴与轴封的摩擦损失功率与轴承、轴封的结构形式有关，与填料种类、轴颈的加工工艺以及流体的密度有关。对于高速给水泵，这项损失的平均值取额定功率的1%是合适的，对大型风机取额定功率的1%或更小一点；但对给水泵汽轮机泵，如果过于压紧填料压盖，有时损失会超过额定功率的3%而达到5%左右，甚至填料会发热烧坏。因此，合理地压紧填料压盖是十分重要的。应当指出，目前很多泵采用机械密封，这大大降低了轴封损失。

2. 叶轮圆盘摩擦损失

当叶轮在空腔内转动时，其盖板与流体之间存在着摩擦阻力，叶轮旋转时要克服这部分阻力而消耗的能量称为圆盘摩擦损失功率。圆盘摩擦损失与转速的三次方、叶轮外径的五次方成正比。在一定转速下，用增大外径的方法来提高泵与风机的能头势必使圆盘摩擦损失急剧增加而导致效率急剧下降。所以，低比转速〔某种标准泵或风机在最高效率情况下，扬程为1m（风机全压为1mm汞柱）流量为0.0751m³/s（风机为1m³/s）时标准泵或风机的转速为此系列泵或风机的比转速〕的泵与风机圆盘摩擦损失较大，效率较低。降低叶轮盖板外表面和壳腔内表面的粗糙度可以降低圆盘摩擦损失，从而提高效率。

3. 机械效率

机械效率等于轴功率克服机械损失后所剩余的功率与轴功率之比。机械效率和比转速有关。

（二）容积损失和容积效率

在泵与风机中，动静部件之间存在着一定的间隙，当叶轮旋转时，在间隙两侧存在着压强差，因而使部分已经从叶轮获得能量的流体不能被有效地利用，而是从高压侧通过间隙向低压侧流动，造成能量损失。这种能量损失称为容积损失，亦称泄漏损失。

1. 泵的容积损失

泵的容积损失主要发生在以下几个部位：①叶轮入口与外壳之间的间隙处；多级泵的级间间隙处；②平衡轴向力装置与外壳之间的间隙处以及轴封间隙处等。但主要是在叶轮入口与外壳之间、平衡装置与外壳之间的容积损失。

（1）叶轮入口处的容积损失。在叶轮入口处，叶轮与外壳之间有一个很小的密封间隙，叶轮工作时，由于壳腔内的压强较叶轮入口处高，因此会有流体通过密封间隙从叶轮出口流回到叶轮入口。这样，一方面，这部分流体从叶轮中获得的能量不能被有效地利用而消耗于克服间隙阻力上；另一方面，回流到入口的流体会干扰主流的流动而使流动损失增加。为了减小这部分损失，一般在入口处都装有密封环。

（2）平衡轴向力装置处的容积损失。一般离心泵都有平衡轴向力装置，如平衡孔、平衡盘等。当叶轮工作时，有一部分从叶轮中获得了能量的流体通过平衡装置处的间隙向外泄漏，造成能量损失。

2. 容积效率

容积损失的大小用容积效率来衡量。容积效率为考虑容积损失后的功率与未考虑容积损失前的功率之比，容积损失的实质是使实际流量小于理论流量。因此，容积效率还可表述为：实际流量（泵与风机的流量）与理论流量（吸入叶轮流量）之比。一般来说，在吸入口径相等的情况下，比转速大的泵，其容积效率比较高；在比转速相等的情况下，流量大的泵与风机的容积效率比较高。

（三）流动损失和流动效率

流动损失是指：当泵与风机工作时，由于流动着的流体和流道壁发生摩擦，流道的几何形状改变使流体运动速度的大小和方向发生变化而产生的漩涡，以及当偏离设计工况时产生的冲击等所造成的损失。因此，流动损失和过流部件的几何形状、壁面粗糙度、流体的黏性以及流体的流动速度、运行工况等因素密切相关，流体流动时要克服这些阻力而使能头降低。

1. 流动损失分析

流动损失发生的部位有吸入室、叶轮流道、压出室。现分别分析如下：

（1）流体在吸入室内有沿程摩擦损失和局部损失。在一般情况下，流体在吸入室内流速不大，其流动损失也较小，一般不予考虑。但吸入室形线影响叶轮进口处的流场，以致影响其他部分的流动损失。

（2）流体在叶轮流道中，一方面和壁面发生摩擦，产生摩擦损失；另一方面，由于叶轮流道的几何形状发生变化（一般是扩散的），要产生局部损失。同时，当流量偏离设计流量时，流体速度的大小和方向要发生变化，在叶片入口和从叶轮出来进入压出室时，流动角不等于叶片的安装角，从而产生冲击损失。

（3）流体在压出室的损失。对多级泵来讲，包括黏性引起的摩擦损失；由于正导叶是扩散的，而反导叶又是收缩的，所以在叶轮出口和正导叶进口之间，流道面积是突增的，从正导叶出来、进入反导叶又是转弯的，因此在这些部位都会产生局部损失；同时，动能头部分转变为静能头也在压出室内完成，产生转化损失；此外，当流量偏离设计流量时，在导叶入口也会产生冲击损失。因此，压出室的流动损失比较大。

通过以上分析可以看到，流动损失大体可以分为两类：一类是摩擦损失和局部损失，另一类是冲击损失。

2. 流动效率

流动损失的大小用流动效率来衡量。流动效率等于考虑流动损失后的功率与未考虑流动损失前的功率之比，即实际能头与理论能头之比。

三、泵与风机的总效率

泵与风机的总效率等于机械效率、容积效率和流动效率三者的乘积。因此，要提高泵与风机的效率，就必须在设计、制造及运行等方面减少机械损失、容积损失和流动损失。目前，离心式泵的总效率视其大小、结构形式的不同为 0.45 ~ 0.92，离心风机的总效率为 0.5 ~ 0.93，轴流泵总效率为 0.74 ~ 0.98，轴流风机的总效率为 0.5 ~ 0.9。

第四节　泵与风机的运行

一、管路特性曲线及工作点

（一）管路系统特性曲线

泵与风机的管路系统，是指泵与风机整个装置中除泵与风机以外的所有附件、吸入管路、压出管路及吸入容器和压出容器的总和。管路系统性能曲线是指管路系统能头与通过管路中流体流量的关系曲线。而管路系统能头（以泵为例）是指把单位重力流体自吸入容器表面输送至压出容器表面所需做的功，用 H_c 表示，单位为 m。管路系统能头 H_c 应等于下列几项之和：①流体位能的增加值；②流体压能的增加值；③流体自吸入容器表面至压出容器表面途中各项能量损失的总和，即

$$H_c = H_z + \Delta P + E_{hw} \qquad (4-4)$$

式中　$H_z + \Delta P$——静能头，不随流量改变而变化；

$\quad\quad\quad E_{hw}$——表示总的流动损失，通常情况下与流量的平方成正比。

（二）泵与风机的运行工况点

将管路性能曲线和泵与风机本身的性能曲线用同样的比例尺画在同一张图上，两条曲线的交点即为泵与风机的运行工况点，亦称工作点，如图 4-28 中的 M 点。

泵的运行工况点在稳定运行时只能是 M 点。这是因为在 M 点，泵的

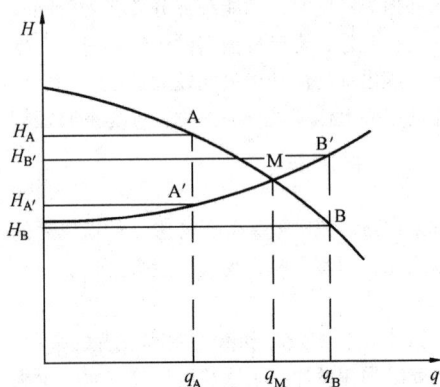

图 4-28 水泵性能曲线

扬程等于管路系统的扬程，即这时单位重力液体流经泵时，从泵中获得的能量 H 正好等于把单位重力流体自吸入容器表面输送到压出容器表面所需要的能量，于是能量供求平衡；如泵的运行工况点不是 M 点，而是 A 点，这时管路系统扬程大于泵的扬程。这说明，把流体从吸入容器输送到压出容器所需要的能量大于液体从泵中获得的能量，从而求大于供，这时流体因能量不足而减速，流量减小，工况点也沿泵的性能曲线向 M 点靠近，直至和 M 点重合为止；反之，如果泵的运行工况点不是 M 点，而是 B 点，则管路系统扬程小于泵的扬程，液体从泵中获得的能量除用于满足流体自吸入容器被输送到压出容器所需要的能量外，还有剩余，即供大于求。这时，多余的能量迫使液体加速，流量增大，B 点沿泵的性能曲线向 M 点靠近，直至重合为止。因此，泵稳定的运行工况点只能是两条曲线的交点 M。

泵与风机的性能和管路性能是完全不同的两个概念。前者表征了泵与风机本身的性能，而后者则是表征了管路系统的性能。它们之间的关系为供求关系，只有当两条曲线相交时，在交点上两者的数值才相同。

二、泵与风机的联合工作

泵与风机联合工作可以分为并联和串联两种。

（一）泵与风机的并联工作

泵与风机的并联系指两台或两台以上的泵或风机向同一压力管路输送流体的工作方式，其目的是在压头相同时增加流量。泵与风机的并联工作多在下列情况下采用：

（1）当扩建机组，相应的需要流量增大，而对原有的泵与风机仍可以使用时。

（2）电厂中为了避免一台泵或风机的事故而影响主机主炉停运时。

（3）由于外界负荷变化很大，流量变化幅度相应很大，为了发挥泵与风机的经济效果，使其能在高效率范围内工作，往往采用两台或数台并联工作，以增减运行台数来适应外界负荷变化的要求时。

热力发电厂的给水泵、循环水泵、送风机、引风机等常采用多台并联工作。泵与风机的并联工作可分为两种情况，即相同性能的泵与风机并联和不同性能的泵与风机并联，现以水泵为例分别介绍如下：

1. 同性能（同型号）的泵并联工作

两台同性能的泵并联工作时的性能曲线如图 4 - 29 所示。图中曲线Ⅰ、Ⅱ为两台相同性能泵的性能曲线，Ⅲ为管路特性曲线，并联工作时的性能曲线为Ⅰ + Ⅱ。

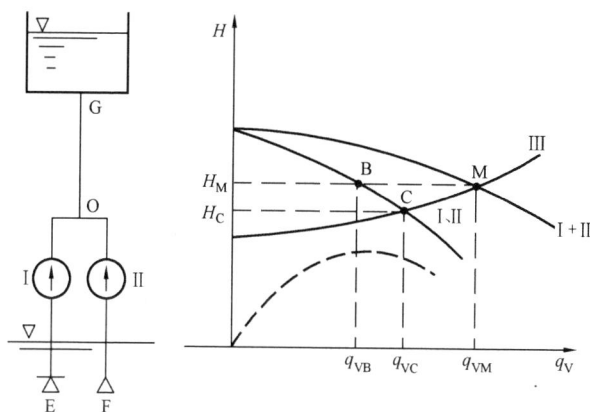

图 4 - 29　两台同性能的泵并联运行

并联性能曲线Ⅰ + Ⅱ是将单独的性能曲线的流量在扬程相等的条件下叠加起来而得到的。再画出它们的输送管路特性曲线Ⅲ，从而得到与泵并联性能曲线的交点 M，即为并联时的工作点，此时流量为 q_{vm}，扬程为 H_M。

并联工作的特点是：扬程彼此相等，总流量为每台泵输送流量之和，即 $q_{VM} = 2q_{VB}$。由图 4 - 29 可看出

$$q_{VB} < q_{VC} < q_{VM} < 2q_{VC} \qquad (4-5)$$

两台泵并联时的流量等于并联时的各台泵流量之和，显然与各台泵单独工作时相比，则两台泵并联后的总流量 q_{VM} 小于两台泵单独工作的流量的 2 倍，而大于一台泵单独工作时的流量 q_{VC}；并联后每台泵工作的流量 q_{VB} 较单独时的 q_{VC} 较小，而并联后的扬程却比一台泵单独工作时要高些。为什么并联后每台泵流量 q_{VB} 小于未并联时每台泵单独工作的流量 q_{VC}，而扬程 H_B 又大于扬程 H_C，这是因为输送的管道仍是原有的，

直径也没增大，而管道摩擦损失随流量的增加而增大了，从而阻力增大，这就需要每台泵都提高它的扬程来克服这增加的阻力水头，故并联后每台泵流量 q_{VB} 小于未并联时每台泵单独工作的流量 q_{VC}，而扬程 H_B 又大于扬程 H_C。

2. 不同性能的泵并联工作

两台不同性能的泵并联工作时的性能曲线图如图 4-30 所示，曲线 Ⅰ、Ⅱ 为两台不同性能泵的性能曲线，Ⅲ 为管路特性曲线，Ⅰ + Ⅱ 为并联工作时的性能曲线。并联后的性能曲线 Ⅰ + Ⅱ 与管路特性曲线 Ⅲ 相交于 M 点，该点即是并联工作时的工作点。确定并联时单台泵的运行工况，可由 M 点作横坐标的平行线分别交两台泵的性能曲线于 A 上两点，此即为该两台泵并联工作时各自的分配流量点：流量为 q_{VA}、q_{VB}，扬程为 H_A、H_B。这时并联工作的特点是：扬程彼此相等，即 $HM = H_A = H_B$，总流量仍为每台泵输送流量之和，即 $q_{VM} = q_{VA} + q_{VB}$；并联前每台泵各自的单独工作点为 C、D 两点，流量为 q_{VC}、q_{VD}，扬程为 H_C、H_D，由图 4-30 可看出 $q_{VM} < q_{VC} + q_{VD}$，$H_M > H_C$，又 $H_M > H_D$。这表明，两台不同性能的泵并联时的总流量等于并联后各泵输出流量之和，但总流量小于并联前各泵单独工作的流量之和，其减少的程度随台数的增多、管路特性曲线越陡而增大，也就是并联后的总输出流量减少得越多。

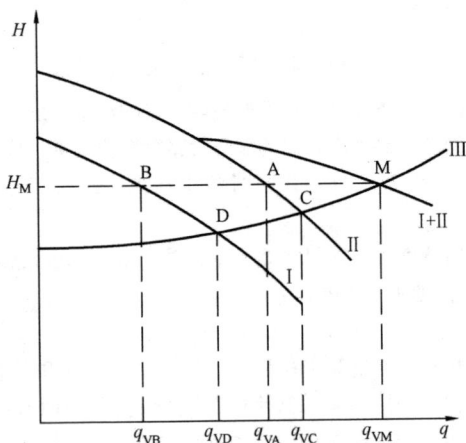

图 4-30 不同性能的泵并联运行

电动机容量的选择与同性能泵与风机并联时的选择原则相同。

由图 4-30 中可知，当两台不同性能的泵并联时，扬程小的泵输出流量减少得越多，当总流量减少时甚至没有输送流量，所以并联效果不好。不同性能泵的并联操作复杂，实际上很少采用。

（二）泵与风机的串联工作

串联是指前一台泵或风机的出口向另一台泵或风机的入口输送流体的工作方式，串联工作常用于下列情况：

（1）设计制造一台新的高压的泵或风机比较困难，而现有的泵或风机的容量已足够，只是压头不够时。

（2）在改建或扩建的管道阻力加大，要求提高扬程以输出较多流量时。

串联也可分为两种情况，即相同性能的泵与风机串联和不同性能的泵与风机串联，现以水泵为例，分别介绍如下。

1. 同性能泵串联工作

同性能泵串联工作如图 4 - 31 所示，串联前每台泵的单独工作点为 C，串联时泵的压头分配点为 B，两台泵串联工作时所产生的总扬程 H_M 小于泵单独工作时扬程的 2 倍，而大于串联前单独运行的扬程 H_C，且串联后的流量也比一台泵单独工作时大，这是因为泵串联后一方面扬程的增加大于管路阻力的增加，致使富裕的扬程促使流量增加；另一方面流量的增加又使阻力增大，抑制了总扬程的升高。

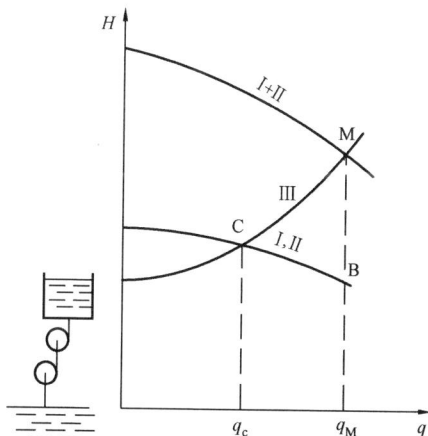

图 4 - 31　同性能的泵串联

当两台泵串联时，必须注意的是后一台泵能否承受升压，故选择时要注意泵的结构强度。启动时，要注意各串联泵的出口阀都要关闭，待启动第一台泵后，再开第一台泵的出水阀门，然后再启动第二台泵，再打开第二台泵的出水阀向外供水。

2. 两台不同性能泵串联工作

两台不同性能泵串联工作如图 4 - 32 所示，Ⅰ、Ⅱ 分别为两台不同性能泵的性能曲线，Ⅲ 为串联运行时的串联性能曲线，图 4 - 32 中表示三种不同陡度的管路特性曲线 1、2、3。当泵在第一种管路中工作时，工作点

为 M_1，串联运行时总扬程和流量都是增加的；当在第二种管路中工作时，工作点为 M_2，这时流量和扬程只用一台泵（I）单独工作时的情况一样，此时第二台泵不起作用，在串联中只耗费功率；当在第三种管路中工作时，工作点为 M_3，这时的扬程和流量反而小于只有 I 泵单独工作时的扬程和流量，这是因为第二台泵相当于装置的节流器，增加了阻力，减少了输出流量。因此，M_2 点可以作为极限状态，工作点只有在 M_2 点左侧时才体现串联工作是有利的。

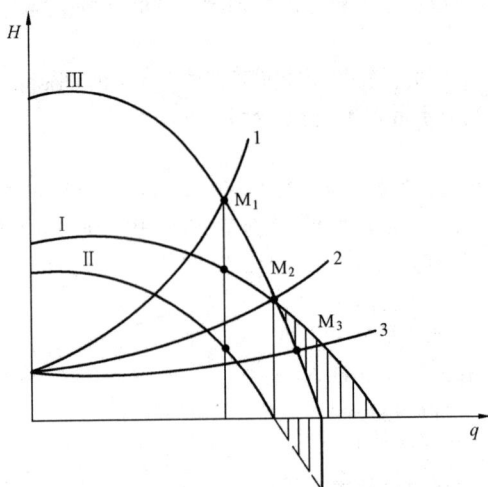

图 4-32　不同性能的泵串联

三、运行工况的调节

由于外界负荷的变化而要求改变泵与风机的运行工况，用人为的方法改变工况点则称为调节。工况点的调节就是流量的调节，而流量的大小取决于工作点的位置，因此工况调节就是改变工作点的位置。通常有以下方法：①改变泵与风机本身性能曲线；②改变管路特性曲线；③两条曲线同时改变。

改变泵与风机性能曲线的方法有变速调节、动叶调节和汽蚀调节等。改变管路特性曲线的方法有出口节流调节。介于二者间的有进口节流调节。

（一）节流调节

节流调节就是在管路中装设节流部件（各种阀门、挡板等），利用改变阀门的开度，使管路的局部阻力发生变化来达到调节的目的。节流调节又可分为出口端节流和入口端节流两种。

1. 出口端节流

将节流部件装在泵或风机出口管路上的调节方法称为出口端节流调节，如图 4 - 33 所示。阀门全开时工作点为 M，当流量减少时，出口阀门关小，损失增加，管路特性曲线由 I 变为 I′，工作点移到 A 点；若流量再减小，出口阀门关得更小，损失增加就更大，管路特性曲线更趋向陡开。该调节方法可靠、简单易行，故仍广泛地应用于中、小功率的泵上。

2. 入口端节流

利用改变安装在进口管路上的阀门的开度来改变输出流量，称为入口端节流调节。入口端节流调节不仅改变管路的特性曲线，同时也改变了泵与风机本身的性能曲线，因流体进入泵与风机前，流体压力

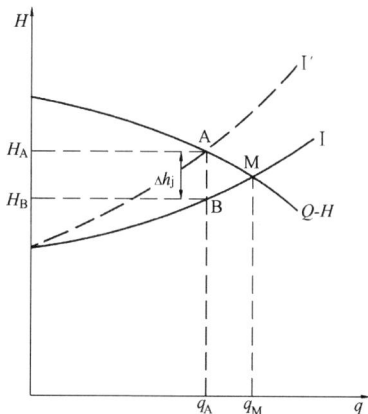

图 4 - 33　出口端节流

已下降或产生预旋，使性能曲线相应地发生变化。由于入口节流调节会使进口压力降低，容易引起水泵汽蚀，因而入口调节仅在风机上使用，水泵不宜采用。

（二）入口导流器调节

离心式风机通常采用入口导流器调节，常用的导流器有轴向导流器、简易导流器及径向导流器。

（三）汽蚀调节

汽蚀调节是利用泵的汽蚀特性来调节流量，采用汽蚀调节对泵的通流部件损坏并不严重，相反地，可使泵自动地调节流量，故在中、小型发电厂的凝结水泵上已被广泛采用。

凝结水泵的汽蚀调节，就是把泵的出口调节阀全开，当汽轮机负荷变化时，借凝汽器热井水位的变化引起汽蚀来调节泵的出水量，达到汽轮机排汽量的变化与泵输水量的相应变化而自动平衡。

为了使泵在采用汽蚀调节时，汽蚀情况不致太严重，确保泵运行的稳定性，则在汽蚀调节时应注意：凝结水泵的性能曲线与管路特性曲线的配合要适当，泵的出口压力不应过分大于管路所需克服的阻力，即管路特性

稍平坦为好，对于泵的性能曲线也宜平坦些，以便负荷变化时有较大的流量变化范围。如汽轮机负荷经常变化，特别是长期在低负荷下运行时，采用汽蚀调节会使泵的使用寿命大大缩短，为此可考虑开启凝结水泵的再循环门，让部分凝水返回凝汽器热井，使热井水位不致过低，以减少汽蚀程度。可以汽蚀调节的水泵，因其叶轮容易损坏，因此，必须采用耐汽蚀的材料。

（四）变速调节

变速调节就是在管路特性曲线不变时，用变转速来改变泵与风机的性能曲线，从而改变运行工作点。

变速调节的主要优点是大大减少附加的节流损失，在很大变工况范围内保持较高的效率。但变速装置及变速原动机投资昂贵，故一般中、小型机组很少采用。而现代高参数、大容量电站中，泵与风机常采用变速调节。

电厂中通常采用变速调节的方法有：

（1）直接变速。直接变速分为交流电动机变速和给水泵汽轮机（或燃汽轮机）变速。

（2）间接变速。间接变速分为液力联轴器变速、油膜滑差离合器变速和电磁滑差离合器变速等。

（五）可动叶片调节

大型的轴流式、混流式泵与风机采用可动叶片调节日益广泛。可动叶片调节，即动叶安装角可随不同工况而改变，这样使泵与风机在低负荷时的效率大大提高，避免了采用阀门调节的节流损失，所以这种调节方式的经济性很高。

可动叶片调节机构是泵与风机的重要部分，常用液压式调节，调节过程是负荷变化时，由锅炉发出指令，通过附属的伺服机构调节叶片。大型立式混流泵油压式动叶操纵系统如图 4-34 所示。压力油从油压装置出来，通过分配阀送到伺服油缸，操作叶片的开闭。轴流风机可动叶片调节液压传动装置的示意图如图 4-35 所示。这套调节机构的主要部件有：调节缸可沿风机的轴中心线移动，并随风机叶轮一起回转，推动各个可动叶片根部下面的曲柄，以调整叶片安装角；活塞置于调节缸内，也随风机叶轮一起回转，但轴向位置固定；位移指示杆表示调节缸所在位置；液压伺服机构固定在回转着的活塞柱上，用防磨轴承支承以保持同一轴线，它是固定的控制装置与转动部件之间的转换装置。这种调节方式的经济性很高。

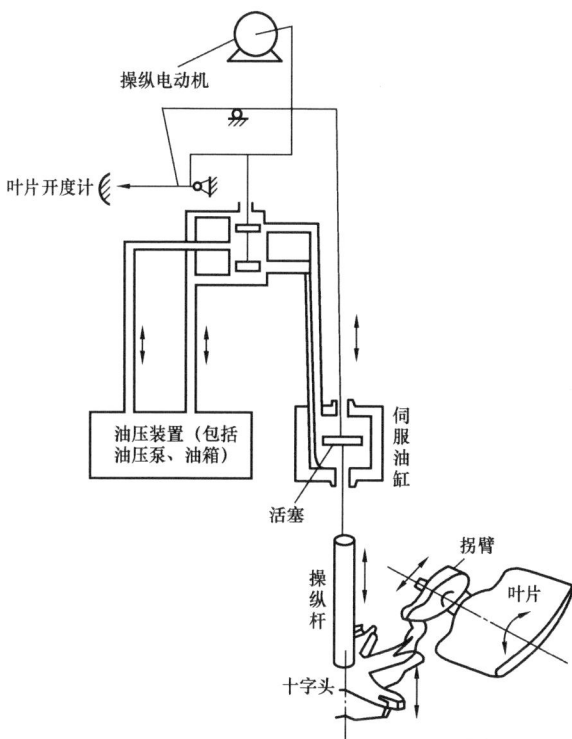

图 4 - 34　油压式动叶操纵系统

四、轴向推力及其平衡

离心泵在运行时，由于作用在叶轮两侧的压力不相等，尤其是高压水泵会产生很大的压差作用力，此作用力的方向与离心泵转轴的轴心线相平行，故称为轴向力。

（一）轴向力产生的原因

以单级叶轮为例，如图 4 - 36 所示，由叶轮流出的液体有一部分经间隙回流到了叶轮盖板的两侧。在密封环以上，由于叶轮左右两侧腔室中的压力均为 p_2，方向相反而相互抵消；但在密封环以下，左侧压力为 p_1，右侧压力为 p_2，且 $p_2 > p_1$，产生压力差 $\Delta p = p_2 - p_1$，此压力差积分后就是作用在叶轮上的推力，以符号 F_1 表示。

其次，液体在进入叶轮后流动方向由轴向转为径向，由于流动方向的改变产生了动量，导致流体对叶轮产生一个反冲力 F_2。反冲力 F_2 的方向

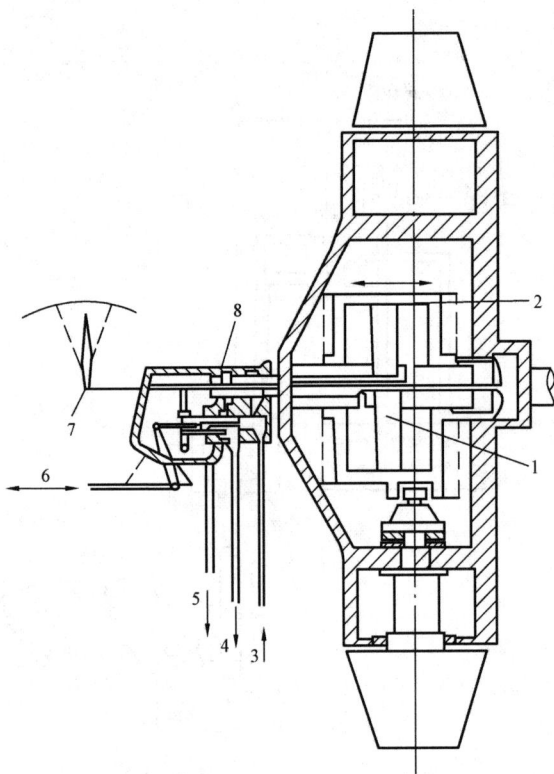

图 4-35　可动叶片调节液压传动装置的示意图

1—活塞；2—调节缸；3、4—油的进口、出口；5—放油孔；6—油伺服
电动机驱动的运动方向；7—位移指示杆；8—液压伺服机构

与轴向力 F_1 的方向相反。在泵正常工作时，反冲力 F_2 与轴向力 F_1 相比数值很小，可以忽略不计；但在启动时，由于泵的正常压力还未建立，因此反冲力的作用较为明显，启动时卧式泵转子后窜或立式泵转子上窜就是这个原因。

对于立式水泵，转子的重量是轴向的，也是轴向力的一部分，用 F_3 表示，并指向叶轮入口。

总的轴向力

$$F = F_1 - F_2 + F_3$$

在这三部分轴向力中，F 是主要的。

对卧式泵转子重量是垂直轴向的，即 $F_3 = 0$。

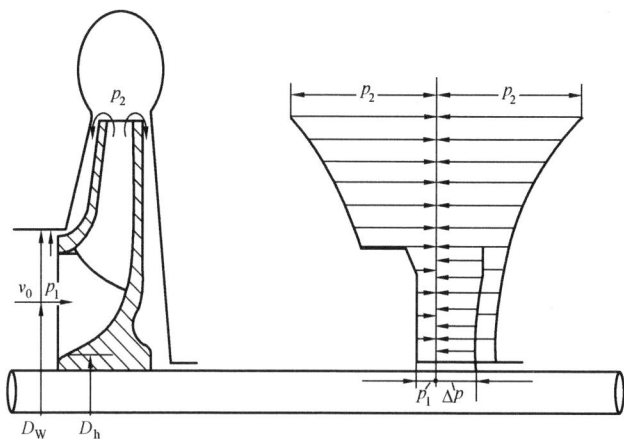

图 4 – 36　离心泵的轴向推力

D_W—自密封环半径；D_h—叶轮轮毂半径

（二）轴向力的平衡

1. 采用双吸叶轮和对称排列的方式平衡轴向力

（1）单级泵可采用双吸叶轮，因为叶轮是对称的，叶轮两侧盖板上的压力互相抵消，故泵在任何条件下工作都没有轴向力。

（2）多级泵采用对称排列的方式，如为偶数叶轮，可使其背靠背或面对面地串联在一根轴上，但用这种方法仍然不能完全平衡轴向力，还需装设止推轴承来承受剩余的轴向力。对水平中开式多级泵和立式多级泵，多采用这种方法。

2. 采用平衡孔和平衡管平衡轴向力

对单吸单级泵，可在叶轮后盖板上开一圈小孔，该孔为平衡孔，如图 4 – 37 所示，其作用是将后盖板泵腔中的压力水通过平衡孔引向泵入口，使叶轮背面压力与泵入口压力基本相等；或在后盖板泵腔接一平衡管，如图 4 – 38 所示，将叶轮背面的压力水引向泵入口或吸水管。采用平衡孔和平衡管的方法结构简单，但不能完全平衡轴向力，剩余的轴向推力仍需由止推轴承来承担。

3. 采用平衡盘平衡轴向推力

在单吸多级泵中叠加的轴向力很大，采用平衡盘或平衡鼓的方法来平衡轴向力，如图 4 – 39 所示，平衡盘左侧与泵出口相通，右侧则与泵入口相通，在平衡盘形成一个与轴向力相反的平衡力，其大小应与轴向力相等，方向则相反，此时轴向力得到完全平衡。

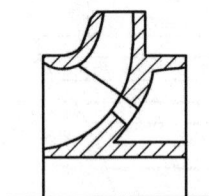

图 4 – 37 平衡孔

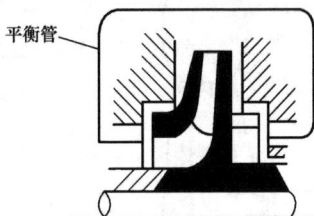

图 4 – 38 平衡管

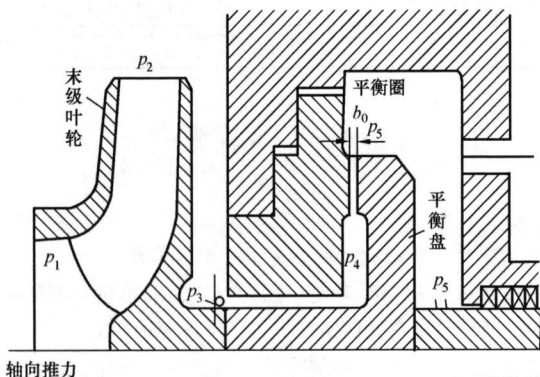

图 4 – 39 平衡盘

当工况改变，轴向力与平衡力不相等时，转子就会左右窜动。无论轴向力大于平衡力，还是平衡力大于轴向力，平衡盘在运行中能够随着轴向力的变化自动地调节平衡力的大小，来完全平衡轴向力。由于惯性作用，在轴向力与平衡力相等时，转子并不会立刻停止在平衡位置上，还会继续向左或向右移动，并逐渐往复衰减，直到平衡位置停止，因此转子是在某一平衡位置左右做轴向窜动的。由于泵的工况改变，泵出口压力改变，转子就会自动地移到对应于某一工况下的另一平衡位置上去做轴向窜动。

由于平衡盘可以自动平衡轴向力，平衡效果好，而且结构紧凑，因而在分段式多级离心泵上得到了广泛的应用。但由于存在着窜动，使工况不稳定，平衡盘与平衡圈经常磨损，此外还有引起汽蚀，增加泄漏等不利因素，故现代大容量水泵已趋向于不单独采用平衡盘。

4. 采用平衡鼓平衡轴向力

平衡鼓装置如图 4 – 40 所示。平衡鼓是装在末级叶轮后面与叶轮同轴的圆柱体（鼓形轮盘），平衡鼓后面用连通管与泵吸入口连通，从而液体在平衡鼓上有一个与轴向力方向相反的平衡力。平衡鼓的优点是没有轴间间隙，当轴向窜动时，避免了与静止的平衡圈发生摩擦。但由于它不能完全平衡变工况下的轴向力，因而单独使用平衡鼓时，还必须装设止推轴承。而一般都采用平衡鼓与平衡盘组合装置，如图 4 – 41 所示。由于平衡鼓能承受 50% ~ 80% 的轴向力，这样就减少了平衡盘的负荷，从而

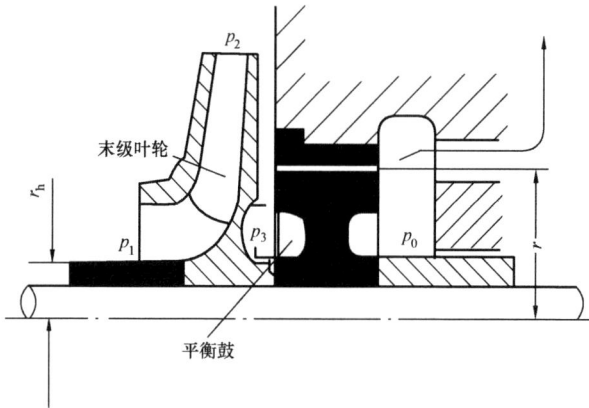

图 4 – 40　平衡鼓

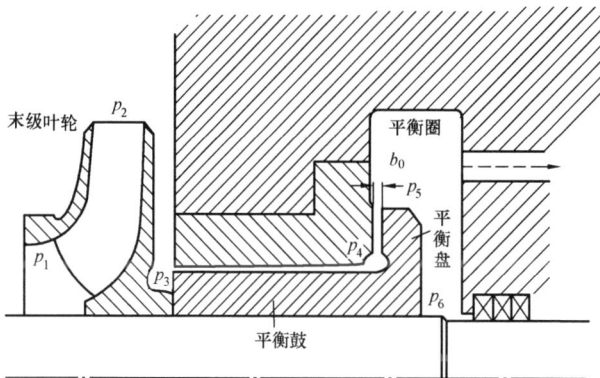

图 4 – 41　平衡鼓和平衡盘组合装置

可稍放大平衡盘的轴向间隙，避免了因转子窜动而引起的摩擦。经验证明，采用平衡鼓与平衡盘组合装置的结构效果比较好，所以目前大容量高参数的分段式多级泵大多数采用这种平衡方式。

五、泵与风机在运行中的主要问题

（一）离心泵的运行

1. 离心泵的启动

（1）启动前的检查。离心泵启动前，首先应做好如下检查工作：

1）检查泵与电动机固定是否良好，螺丝有无松动和脱落。

2）用手盘动靠背轮，泵转子应转动灵活，内部无摩擦和撞击声，否则应将泵解体检查，找出原因。

3）检查各轴承的润滑是否充分。如用油环带油润滑轴承时，检查轴承中的油位应在油位计的 $1/2 \sim 2/3$，油质应正常，否则要换新油。

4）有轴承冷却水时，应检查冷却水是否畅通，有堵塞时应清理。

5）检查泵端填料的压紧情况，其压盖不能太紧或太松，四周间隙应相等，不应有偏斜。

6）检查泵吸水池（或水箱）中的水位是否在规定水位以上，滤网上有无杂物。

7）检查泵出入口压力表（或真空表）是否完备，指针是否在零位，电动机电流表是否在零位。

8）请电气人员检查有关配电设施，对电动机测绝缘合格后，送上电源。

9）对于新安装或检修后的水泵，必须检查电动机转动的方向是否正确，接线是否有误。

（2）启动前的准备。经过全面检查，确认一切正常后，可以做启动的准备工作，主要有以下几项：

1）关闭泵出口阀门，以降低启动电流。

2）打开泵壳上的放空气阀（或旋塞）向水泵灌水，同时用手盘动靠背轮，使叶轮内残存的空气尽量排出，待放空气阀冒出水后才将其关闭。

3）大型离心泵用真空泵充水时，应关闭放空气阀及真空表和压力表的小阀门，以保护表计的准确性。

（3）启动。完成上述准备工作后，可以合上电动机开关，这时应注意电流表的启动电流是否符合允许范围，若启动电流过大，则必须停止启动，查明原因，以免造成电动机因电流过大而烧毁；启动后待泵的转速达到正常数值时，即可将电动机开关转到运转位置上，这时应注意泵进、出口压力表指示是否正常，泵组振动是否在允许范围内，如果正常即可慢慢打开出口阀门，并注意其出口压力和电流指示，将泵投入正常运行。

离心泵的空转时间不允许太长，通常以 2～4min 为限，因为时间过长会造成泵内水的温度升高过多甚至汽化，致使泵的部件受到汽蚀或受高温而变形损坏。

2. 离心泵的运行维护

（1）定时观察并记录泵的进出口压力表、电动机电流表、电压表及轴承温度计的指示数值，发现不正常现象应分析原因，及时处理。

（2）经常用听针倾听内部声音（倾听部位主要是轴承、填料箱、压盖、泵各级泵室及密封处）。注意是否有摩擦或碰撞声，发现其声音有显著变化或有异声时，应立即停泵检查。

（3）经常检查轴承的润滑情况。查看油环的转动是否灵活，其位置及带油是否正常；用黄油润滑的滚动轴承，黄油不要加得太满，黄油杯也不要用力旋紧，油量过多也会引起轴承发热；当泵连续运转 800～1000h 后，应更换轴承中的润滑油料。

（4）轴承的温升（即轴承温度与环境温度之差）一般不得超过 30～40℃，但轴承最高温度不得超过 70℃，否则要停车检查。

（5）检查泵填料密封处滴水情况是否正常，一般要求泄漏量不要流成线即可，以每分钟 30～60 滴为合适。

（6）如果是循环供油的离心泵时，还应经常检查供油设备（油泵、油箱、冷油器、滤网等）的工作情况是否正常，轴承回油是否畅通。

（7）当轴承用冷却水冷却时，还应注意冷却水流情况是否正常。

（8）运行中泵的轴承振动也是一个非常重要的运行监测项目。轴承垂直振动（双振幅）用经过校验合格的振动表测定，不应超过有关规定，对于大容量离心泵应测定垂直、水平、轴向三个方向的振动值。

3. 离心泵的停运

在停运前应先将出口阀门关闭，然后才停运，这样可以减少振动。停运后可以关闭压力表和真空表的小阀门，关闭水封管及冷却水管的阀门。如果在冬季停泵时间较长时，应将泵内的存水（液体）放净，以免冻坏泵体。

4. 离心泵常见故障及其消除方法

离心泵运行中发生故障的原因很多，部位也较广，可能发生在管路系统，也可能发生在泵本身，还可能发生在电动机上。现将离心泵常见的故障及消除方法列于表 4-6 中。由于故障的原因很多，离心泵在运行出现故障时，必须结合具体情况来分析和处理。

表 4 – 6 离心泵的常见故障及消除方法

故障现象	可能原因	消除方法
启动后离心泵不出水	(1) 泵内有空气存在。 (2) 吸入管或水封处有空气漏入。 (3) 电动机旋转方向相反。 (4) 泵入口或叶轮堵塞。 (5) 泵入、出口阀门或出口止回门未打开，门芯掉	(1) 开启排空气门排尽泵内空气。 (2) 检查吸水管及水封。 (3) 改变电源接线。 (4) 检查和清理泵入口和叶轮。 (5) 打开或检修阀门
运行中流量不足	(1) 进口滤网堵。 (2) 出入口阀门开度过小。 (3) 泵入口或叶轮内有杂物。 (4) 吸入池（水箱）内水位过低	(1) 清理过滤网。 (2) 开大有关阀门。 (3) 清理泵入口的叶轮。 (4) 调整吸水池（水箱）内水位
离心泵机组发生振动	(1) 靠背轮中心不正。 (2) 轴承磨损。 (3) 地脚螺栓松动。 (4) 轴弯曲。 (5) 动静部分摩擦。 (6) 泵内发生汽蚀	(1) 靠背轮重新找正。 (2) 检修或更换轴承。 (3) 拧紧地脚螺栓。 (4) 校直或更换轴。 (5) 查出原因，消除摩擦。 (6) 采取措施，消除汽蚀现象
轴承发热	(1) 轴瓦安装不正确或间隙不适当。 (2) 轴承磨损或松动 (3) 油环转动不灵活，不带油。 (4) 压力润滑油系统供油不足。 (5) 轴承冷却水堵塞或断水	(1) 检查并加以修理。 (2) 检修或更换轴承。 (3) 检查并消除不带油的原因。 (4) 检查并消除供油不足的原因。 (5) 清理杂物，保持水源畅通

（二）泵与风机的振动

泵与风机振动的原因大致有以下几种。

1. 流体流动引起的振动

由于泵与风机内或管路系统中的流体流动不正常而引起的振动，这和泵与风机以及管路系统的设计好坏有关，与运行工况也有关。液体流动引起的振动有汽蚀、旋转失速和冲击等方面的原因。

（1）汽蚀引起振动。当泵入口压力低于相应水温的汽化压力时，泵则发生汽蚀。一旦汽蚀发生，泵就产生激烈的振动，并伴随有噪声。

（2）旋转失速（旋转脱流）引起振动。

（3）水力冲击引起振动。由于给水泵叶片的涡流脱离的尾迹要持续一段较长的距离，在动静部分产生干涉现象，当给水由叶轮叶片外端经过导叶或蜗舌时，要产生水力冲击，形成一定频率的周期性压力脉动，该周期性压力脉动传给泵体，往往管路和基础的振率重合引起共振。若各级动叶和导叶组装的进出水在同一方位，水力冲击将叠加来引起振动。防止措施是适当增加叶轮外径与导叶或蜗舌之间的间隙，或交叉改变流道进、出水方位，以缓和冲击或减小振幅。

2. 机械引起的振动

（1）转子质量不平衡引起振动。其特征是振幅不随机组负荷改变而变化，而是与转速高低有关。造成转子质量不平衡的原因很多，如运行中叶轮叶片的局部腐蚀磨损，叶片表面积垢；风机翼型空心叶片因局部磨穿进入飞灰；轴与密封圈发生强烈的摩擦，产生局部高温引起轴弯曲致使重心偏移；叶轮上的平衡块质量与设置位置不对，检修后未进行转子动平衡、静平衡试验等，均会产生剧烈振动。因此，为保证转子质量的平衡，在组装前必须进行动平衡、静平衡试验。

（2）转子中心不正引起振动。如果泵与风机同原动机联轴器不同心，接合面不平行度达不到安装要求（机械加工精度差或安装不合要求），就会使联轴器的间隙随轴旋转出现忽大忽小，发生质量不平衡的周期性强迫振动。周期性强迫振动的原因主要是：泵或风机安装或检修后找中心不正；暖泵不充分造成上下壳温差导致泵体变形；设计或布置管路不合理，因管路膨胀推力使轴心错位；或轴承架刚性不好、轴承磨损等。

（3）转子的临界转速引起振动。当转子的转速逐渐增加并接近泵或风机转子的固有频率时，泵或风机就会猛烈地振动起来，而转速低于或高于这一转速时，就能平稳地工作，因此通常把泵与风机发生振动时的转速称为临界转速。泵和风机的工作转速不能与临界转速相重合，应相接近或成倍数，否则将发生共振，会导致泵或风机难以正常工作，甚至遭到结构性破坏。

（4）动、静部分之间的摩擦引起振动。若由热应力而造成泵体变形过大或泵轴弯曲，及其他原因使转动部分与静止部分接触发生摩擦，则摩擦力的作用方向与轴旋转方向相反，对转轴有阻碍作用，有时使转轴剧烈偏移而产生振动，这种振动属自激振动，与转速无关。

（5）平衡盘设计不良引起振动。多级离心泵的平衡盘设计不良亦会引起泵组的振动。如平衡盘本身的稳定性差，当工况变动后，平衡盘失去稳定，会产生左右较大的窜动，造成泵轴有规则的振动，同时动盘与静盘产生碰撞摩擦。

（6）原动机引起振动。驱动泵与风机的各种原动机由于本身的特点，亦会产生振动。如泵由汽轮机驱动，则汽轮机作为流体动力机械本身亦有各种振动问题，从而形成轴系振动，在此不予赘述。

此外，基础不良或地脚螺钉松动也会引起振动。

3. 磨损

（1）引风机叶轮及外壳的磨损。引风机虽设置在除尘器后，由于除尘器并不能把烟气中全部固体微粒除去，剩余的固体微粒随烟气一起进入引风机，导致引风机磨损。叶轮的磨损常发生在轮盘的中间附近，严重磨损部位在靠近后盘一侧的出口及叶片头部。防止或减少磨损的方法：①首先是改进除尘器，提高除尘效率；②其次是适当增加叶片厚度，在叶片表面易磨损的部位堆焊硬质合金，把叶片根部加厚加宽；③还可用离子喷焊铁铬硼硅，刷耐磨涂料；④选择合适的叶型，以减少积灰和振动。

（2）灰浆泵和排粉风机的磨损。灰浆泵是用来把灰渣池中的灰浆排到距电厂很远的储灰场去的设备，和排粉风机一样，磨损也极为严重，因此要定期更换叶轮或叶片。目前解决灰浆泵和排粉风机的磨损，主要是采用耐磨的金属材料，另外在叶片表面上堆焊合金钢也可延长其寿命。

4. 暖泵

采用正确的暖泵方式，合理地控制金属升温和温差，是保证给水泵平稳启动的重要条件。

暖泵方式分为正暖（低压暖泵）和倒暖（高压暖泵）两种形式。在机组试启动或给水泵检修后启动时，一般采用正暖，即顺水流方向暖泵，水由除氧器引来，经吸入管进泵，由进水段及出水段下部两个放水阀放水至低位水箱（而高压联通管水阀关闭）；如给水泵处于热备用状态下启动，则采用倒暖，即逆原水流方向暖泵，从止回阀出口的水经高压联通管，由出水段下部暖泵管引入泵体内，再从吸入管返回除氧器，也可打开进水段下部的暖泵管阀排至低位水箱（而出水段下部放水阀须关闭）。这两种暖泵方式均可避免泵体下部产生死区，以达到泵体受热均匀的目的。

泵体温度在55℃以下为冷态，暖泵时间为1.5~2h；泵体温度在90℃

以上（如临时故障处理后）为热态，暖泵时间为 1~1.5h；暖泵结束时，泵的吸入口水温与泵体上任一测点的最大温差应小于25℃。

暖泵时应特别注意，不论是哪种形式暖泵，泵在升温过程中严禁盘车，以防转子咬合。在正暖结束时，关闭暖泵放水阀后，如果其他条件具备即可启动；而倒暖时，启动后关闭暖泵放水阀及高压联通管水阀。泵启动后，泵的温升速度应小于 1.5℃/min，如泵的温升过快，泵的各部分热膨胀可能不均，会造成动、静部分磨损。

5. 最小流量

给水泵在运行中规定最小允许流量，是因给水泵在小流量下运行时，扬程较大，效率很低，泵的功耗除了部分传递给泵内给水外，很大一部分转化为热能。而给水泵散热很少，这些热能绝大部分使泵内水温升高。另外，经过首级叶轮密封环的泄漏水和经过末级叶轮后的平衡装置的泄漏水都将返回到泵的进口，这些泄漏水都经摩擦升温，从而加大给水泵内的水温升高。当水温升高到相应的汽化压力时，易发生汽蚀，会影响泵的安全，因此规定给水泵最小流量为设计流量的 15%~30%，不允许低于最小流量运行。如泵的流量等于或小于其最小流量时，便打开再循环门，使多余的水通过再循环管回到除氧器内，以保证给水泵的正常工作。如国产300MW 机组配套的主给水泵出口就装有止回阀和自动最小流量装置（再循环装置），当给水泵流量低于 $160m^3/h$ 时，再循环阀自动开启，始终保证给水泵不在最小允许流量以下运行。

第五节　离心泵密封装置的种类及原理

泵轴端伸出泵壳，泵轴与固定的泵壳之间必存在着一定的间隙，为了防止泵内压强较高的液体流向泵外，或防止空气侵入泵内（入口为真空时），通常在泵轴与泵壳之间设有轴端密封装置。根据离心泵工作的特点和用途，轴封结构也有所不同。目前火力发电厂各种泵所采用的轴端密封装置有：压盖填料密封、机械密封、迷宫式密封和浮动环密封等。

离心泵的密封装置有密封环（又称口环、卡圈）和轴端密封两部分。

（1）密封环。由于离心泵叶轮出口液体是高压液体，入口是低压，高压液体经叶轮与泵体之间的间隙泄漏而流回吸入处，所以需要装密封环。其作用是一方面减小叶轮与泵体之间的泄漏损失；另一方面可保护叶轮，避免与泵体摩擦。密封环形式有平环式、角接式和迷宫式。一般泵使用前两者，而高压泵由于单级扬程高，为减少泄漏量，常用迷宫式。

（2）轴端密封（简称轴封）。在泵的转轴与泵壳之间有间隙，为防止泵内液体流出，或防止空气漏入泵内（当入口为真空时），需要进行密封。目前电厂各种泵采用的轴端密封装置有：填料密封、机械密封、迷宫式密封和浮动环密封。

1）填料密封。带水封环的填料密封结构如图 4 - 42 所示。填料密封由填料箱、水封环、填料、压盖和压紧螺栓等组成，是目前普通离心泵最常用的一种轴封结构。填料密封的效果可用拧紧压盖螺栓进行调整，拧紧程度以 1s 内有一滴水漏出即可。放置水封环，其目的是当泵内吸入口处于真空情况时，从水封环注入高于 0.1MPa 压力的水，以防止空气漏入泵内；其次是当泵内水压高于 0.1MPa 时，可用高于泵内压力 0.05 ~ 0.1MPa 的密封水注入，起到水封、减少泄漏的作用，并起冷却和润滑的作用。根据泵内介质温度、压力的不同，可以选择不同的填料来满足离心泵工作的需要，如浸透石墨或黄油的棉编织物、巴氏合金、铝或铜等金属丝等。填料密封的最大缺点是只适合低速，即使纯金属填料也只适用于圆周速度小于 25m/s 的转轴。

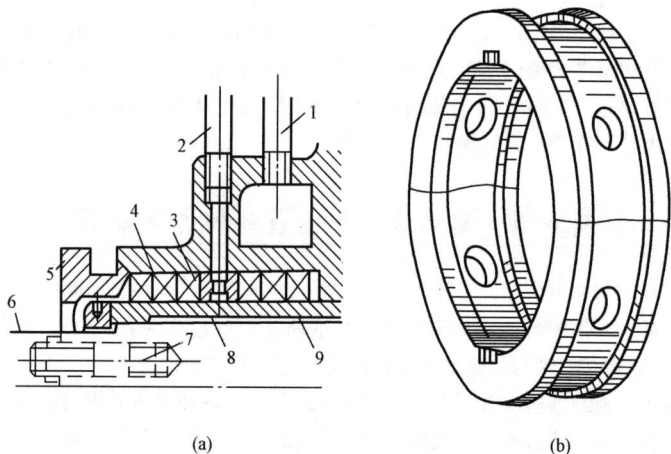

(a)　　　　　　　　　　　　(b)

图 4 - 42　带水封环的填料密封结构

（a）填料箱；（b）水封环

1—冷却水管；2—水封管；3—填料；4—填料套；5—填料压盖；6—轴；

7—压紧螺栓；8—水封环；9—轴套

2）机械密封。机械密封是土填料的密封装置，其结构如图 4 - 43 所示，它由动环、静环、弹簧和密封圈等组成。动环随轴一起旋转，并能做轴向移动；静环装在泵体上静止不动。

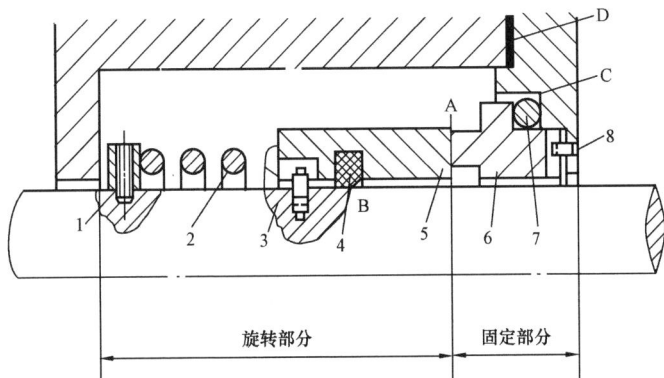

图 4 – 43 机械密封示意图

1—弹簧座；2—弹簧；3—传动销；4—动环密封圈；5—动环；
6—静环；7—动环密封圈；8—防转圈

机械密封装置是动环靠密封腔中液体的压力和弹簧的压力，使其端面贴合在静环的端面上（又称端面密封），形成微小的轴向间隙而达到密封的。为了保证动静环的正常工作，轴向间隙的端面上须保持一层水膜，起冷却和润滑作用。机械密封的优点是：转子转动或静止时，密封效果都好，安装正确后能自动调整；轴向尺寸较小，摩擦功耗较少；使用寿命长等。在近代高温、高压和高转速的给水泵上得到了广泛的应用；机械密封缺点是：结构较复杂，制造精度要求高，价格较贵，安装技术要求高等。

3）迷宫式密封。迷宫式密封在现代高速锅炉给水泵上也广泛应用，常用的有炭精迷宫密封及金属迷宫密封。迷宫式密封原理是：由轴套上密封片与炭精环组成微小间隙，流体通过间隙时压力降低，速度升高，但在密封片间的空间速度能转为压力能，从而减少间隙两侧压差，达到密封的目的。迷宫式是在轴套表面加工出密封片，密封片与方形螺纹相似，炭精环则装在密封室中。为便于组装，炭精环分成几个弧形段，用几个螺旋压簧定位，并用止动销防止转动。其优点是当炭精环与密封片尖端之间接触时，只是在炭精环内圈刻画出细沟纹，产生热量不大，并能很快散失，不致损坏密封片或转轴，泄漏量不大，而且这种密封间隙可以做得很小，一般为 $0.025 \sim 0.05$mm。

螺旋密封如图4-44所示。螺旋密封是利用在转轴上车出与液体泄漏方向相反的螺旋形沟槽，或在固定衬套表面再车出与转轴沟槽成相交的（即反向的）沟槽，达到减少泄漏的目的。

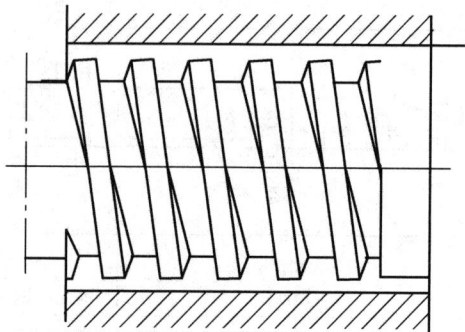

图4-44　螺旋密封

金属迷宫密封如图4-45所示。金属迷宫密封由一系列金属密封片与转轴组成微小间隙而达到密封，金属片一般为铜基合金。

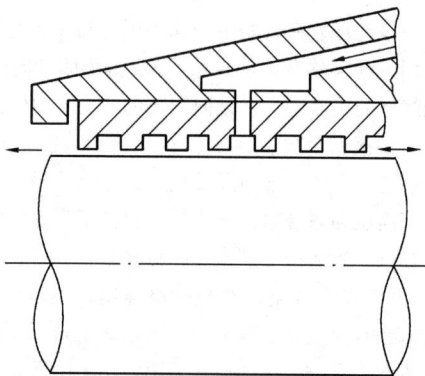

图4-45　迷宫式密封

4）浮动环密封。采用机械密封与迷宫式密封原理结合起来的一种新型密封，称浮动环密封。其结构如图4-46所示。浮动环密封是靠轴（或轴套）与浮动环之间的狭窄间隙产生很大的水力阻力而实现密封的。由于浮动环与固定套的接触端面上具有适当的比压，起到了接触端面的密封作用；弹簧进一步保证端面的良好接触。由轴（或轴套）与浮动环间狭窄缝隙中的流体浮力来克服接触端面上的摩擦力，以保证浮动环相对于轴

（或轴套）能自动调心，使得浮动环与轴不互相接触、磨损，并长期保持非常小的间隙，一般径向间隙为 0.01 ~ 0.1mm，以提高密封效果。同时，也适用于高温高压流体。我国 300MW 机组的给水泵有些就采用此种密封。

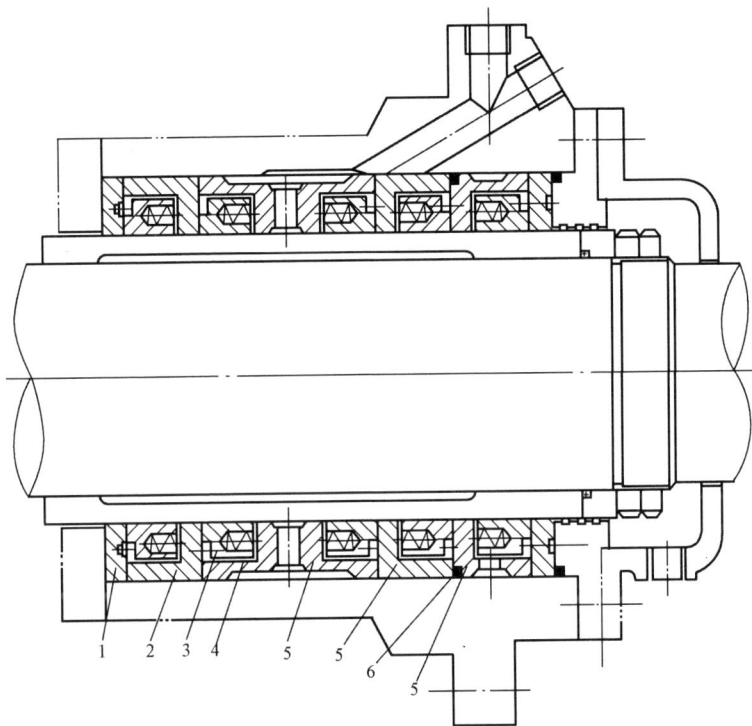

图 4 - 46　浮动环密封装置

1—密封环；2—支撑环；3—浮动环；4—弹簧；5—支撑环；6—密封圈

第六节　泵与风机的汽蚀与喘振

一、汽蚀现象及其对泵工作的影响

1. 汽蚀现象

如果使水的某一温度保持不变，逐渐降低液面上的绝对压力，当该压力降低到某一数值时，水会发生汽化，把这个压力称为水在该温度下的汽化压力，用符号 p_v 表示。如果在流动过程中，某一局部地区的压力等于或低于与水温相对应的汽化压力时，水就在该处发生汽化。汽化发生后，就有大量的蒸汽及溶解在水中的气体逸出，形成许多蒸汽与气体混合的小气泡。当气泡随同水流从低压区流向高压区时，气泡在高压的作用下迅速凝结而破裂，在气泡破裂的瞬间产生局部空穴，高压水以极高的速度流向这些原气泡占有的空间，形成一个冲击力。由于气泡中的气体和蒸汽来不及在瞬间全部溶解和凝结，因此，在冲击力的作用下又分成小气泡，再被高压水压缩、凝结，如此形成多次反复，在流道表面形成极微小的冲蚀。冲击力形成的压力可高达几百兆帕甚至上千兆帕，冲击频率可达每秒几万次，流道材料表面在水击压力的作用下，形成疲劳而遭到严重破坏，从开始的点蚀到严重的蜂窝状空洞，最后甚至将材料壁面蚀穿，通常把这种破坏现象称为剥蚀。

另外，由液体中逸出的氧气等活性气体借助气泡凝结时放出的热量，也会对金属起化学腐蚀作用。这种气泡的形成发展和破裂以及材料受到破坏的全部过程，称为汽蚀现象。

2. 汽蚀对泵工作的影响

在流动过程中，如果出现了局部的压力降，且该处压力降低到等于或低于水温对应下的汽化压力时，则水发生汽化。从对离心泵汽蚀的观察中发现，压力最低点（汽化点）随着工况的变化，汽化先后发生的部位也不同。一般在小于设计工况下运行时，压力最低点发生在靠近前盖板叶片进口处的工作面上。

开始发生汽化时，因为只有少量气泡，叶轮流道堵塞不严重，对泵的正常工作没有明显影响，泵的外部性能也没有明显变化。这种尚未影响到泵外部性能时的汽蚀称为潜伏汽蚀。泵长期在潜伏汽蚀工况下工作时，泵的材料仍要受到剥蚀，影响它的使用寿命。当汽化发展到一定程度时，气泡大量聚集，叶轮流道被气泡严重堵塞，致使汽蚀进一步发展，影响到泵的外部特性，导致泵难以维持正常运行。综上所述，汽蚀对泵产生了诸多有害的影响。

（1）材料破坏。汽蚀发生时，由于机械剥蚀与化学腐蚀的共同作用，致使材料受到破坏。

（2）噪声和振动。汽蚀发生时，不仅使材料受到破坏，而且还会出现噪声和振动。汽蚀过程本身是一种反复凝结、冲击的过程，并伴随很大的脉动力。如果这些脉动力的某一频率与设备的自然频率相等，就会引起强烈的振动。

（3）性能下降。汽蚀发展严重时，大量气泡的存在会堵塞流道的截面，减少流体从叶轮获得的能量，导致扬程下降，效率也相应降低。

二、吸上真空高度

当增加泵的几何安装高度时，会在更小的流量下发生汽蚀。对某一台水泵来说，尽管其性能可以满足使用要求，但是如果几何安装高度不合适，由于汽蚀的原因，会限制流量的增加，从而导致性能达不到设计要求。正确地确定泵的几何安装高度是保证泵在设计工况下工作时不发生汽蚀的重要条件。

立式离心泵的几何安装高度是指第一级工作叶轮进口边的中心线至吸水池液面的垂直距离。对于大型泵则应按叶轮入口边最高点来决定几何安装高度，几何安装高度根据允许吸上真空高度计算确定的。

允许吸上真空高度（H_s）和几何安装高度之间的关系为

$$H_g = H_s - v_s^2/2g - h_w \qquad (4-6)$$

式中　H_g——几何安装高度，m；

　　　v_s——泵吸入口平均速度，m/s；

　　　h_w——吸入管路中的流动损失，m；

　　　g——重力加速度，$g \approx 9.8\text{m/s}^2$。

泵安装地点的海拔越高，大气压力就越低，允许吸上真空高度就越小。输送水的温度越高时，所对应的汽化压力就越高，水就越容易汽化。这时，泵的允许吸上真空高度也就越小。

三、汽蚀余量 Δh

同一台泵在某种吸入装置条件下运行时会发生汽蚀，当改变吸入装置条件后，就可能不发生汽蚀，这说明泵在运行中是否发生汽蚀和泵的吸入装置条件有关。按照吸入装置条件所确定的汽蚀余量称为有效的汽蚀余量或称装置汽蚀余量，用 Δh_a 表示。

在完全相同的使用条件下，泵在运行中是否发生汽蚀和泵本身的汽蚀性能也有关。由泵本身的汽蚀性能所确定的汽蚀余量称为必需汽蚀余量或泵的汽蚀余量，用 Δh_r 表示。

1. 有效汽蚀余量 Δh_a

有效汽蚀余量指泵在吸入口处，单位重量液体所具有的超过汽化压力的富余能量，即液体所具有地避免泵发生汽化的能量。有效汽蚀余量由吸入系统的装置条件确定，与泵本身无关。

$$\Delta h_a = = (P_e/\rho_g) - (P_v/\rho_g) - H_g - h_w \qquad (4-7)$$

式中　P_e——吸入液池面压强，Pa；

　　　P_v——液体汽化压强，Pa；

ρ_g——液体密度，kg/m^3。

当流量增加时，由于吸入管路中的流动损失 h_w 与流量的平方成正比变化，所以 Δh_a 随流量增加而减小。因而，当流量增加时，发生汽蚀的可能性增加。

在非饱和容器中，泵所输送的液体温度越高，对应的汽化压力越大，Δh_a 也越小，发生汽蚀的可能性就越大。

2. 必需汽蚀余量 Δh_τ

必需汽蚀余量 Δh_τ 与吸入系统的装置情况无关，是由泵本身的汽蚀性能所确定的。泵吸入口处的压力并非泵内液体的最低压力。因为液体从泵吸入口至叶轮进口有能量损失，因而致使压力继续降低。最低压力通常在叶片进口边稍后。必需汽蚀余量 Δh_τ 指液体从泵吸入口至压力最低点的压力降。影响压力降有以下原因：

（1）吸入口至压力最低点截面有流动损失，致使液体压力下降。

（2）从吸入口至最低点截面时，由于液体转弯等引起绝对速度分布不均匀，导致流体压力下降。

（3）吸入管一般为收缩形，因速度改变而导致压力下降。

（4）流体进入叶轮流道时，以相对速度绕流叶片进口边，从而引起相对速度的分布不均匀，致使压力下降。

其中（1）和（2）项的流动损失和绝对速度分布不均匀所造成的损失难以正确计算。因而在推导计算公式时，暂不考虑，以后再加以修正。

必需汽蚀余量为

$$\Delta h_\tau = \lambda_1 v_o 2/2g + \lambda_2 W2_o/2g \tag{4-8}$$

式中　　λ_1、λ_2 ——压降系数；

　　　　v_o、W_o——叶片进口边前液体的绝对速度和圆周速度。

3. 有效汽蚀余量与必需汽蚀余量的关系

有效汽蚀余量是吸入系统所提供的在泵吸入口大于饱和蒸汽压力的富余能量。有效汽蚀余量越大，表示泵抗汽蚀性能越好。而必需汽蚀余量是液体从泵吸入口至叶轮处的压力降，必需汽蚀余量越小，则表示泵抗汽蚀性能越好，可以降低对吸入系统提供的有效汽蚀余量的要求。随流量的增加，有效汽蚀余量减小，是一条下降的曲线。而必需汽蚀余量随流量增加而增加，是一条上升的曲线。但由图 4-47 可知，这两条曲线交于 C 点。C 点为汽蚀界限点，亦即临界汽蚀状态点，该点的流量为临界流量 q_{vc}，当 $q_v > q_{vc}$ 时，有效汽蚀余量所提供的超过汽化压力的富余能量不足以克服泵入口部分的压力降，此时造成泵内汽蚀。

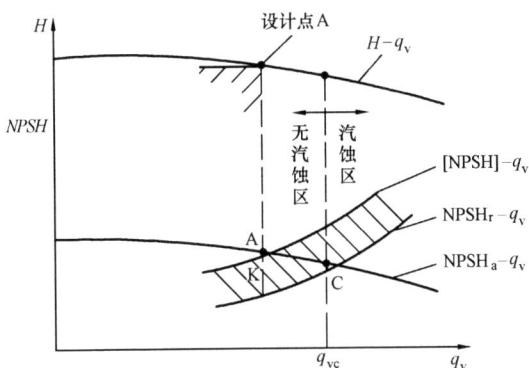

图 4 – 47 有效汽蚀余量和必需汽蚀余量与流量的关系

四、比转速

把某一水泵的尺寸按几何相似原理成比例地缩小为扬程为 1m 水柱、功率为 1hp（马力）（745.65W）的模型泵，该模型泵的转速就是这个水泵的比转速，以 n_s 表示。

$$n_s = \frac{3.65n\sqrt{q_v}}{H^{\frac{3}{4}}} \tag{4 – 9}$$

式中 n——水泵的转速，r/min；

q_v——泵的流量，对于双吸叶轮，用 $q_v/2$ 代入计算，m^3/s；

H——泵的扬程，对于多级离心泵用一个叶轮产生的扬程代入计算，m。

相似的泵在相似的工况下比转速相等，不相似的泵一般来说比转速是不相等的。同一台泵可以有许多工况点，相应就可得到许多的比转速。为了能表达各种系列的泵的性能，便于分析、比较，一般把最高效率点的比转速作为泵的比转速。

泵的比转速即是水泵相似与否的特征数，可把它作为水泵分类的标志。根据比转速的不同，把泵分成不同的类型，比转速介于 30～300 为离心泵，介于 300～500 为混流泵，介于 500～1000 为轴流泵。

随着比转速由小变大，泵的流量由小变大，扬程由大变小。所以离心泵的特点是小流量、高扬程；轴流泵的特点是大流量、低扬程。

在比转速由小增大的过程中，要满足流量由小变大，扬程由大变小，叶轮的结构也应相应变化，比转速低，叶轮狭长；比转速高，叶轮短宽。在比转速由小增大的过程中，液体在叶轮内的流动方向由径向演变成轴向。离心泵叶轮内液体的流动方向沿轴向吸入，然后由径向排出，且液体在叶轮内的流动大部分是径向流动；随着比转速的增加，从叶轮排出的方向是介于轴向和径向之间的混流形式，且流体在叶轮内的流动一般也是混流形式，这种类型的泵称为混流泵。随着比转速的再增加，叶轮出口直径进一步减小，就形成了轴流式，其液体由轴向吸入，轴向排出。

比转速低时，Q-P（流量压力特性，Q 为流量；P 为压力）性能曲线随流量的增加而上升，最小功率发生在空转状态，为保护电动机，离心泵应该在出口阀门关闭时启动。随着比转速增加，Q-P 性能曲线随流量的增加而下降。混流泵的 Q-P 性能曲线有可能出现近乎水平形状，但轴流泵的 Q-P 性能曲线必定是下降的，最大功率出现在空转状态，所以轴流泵应打开阀门启动，即带负荷启动。

五、提高泵抗汽蚀性能的措施

1. 提高泵本身的抗汽蚀性能

（1）降低叶轮入口部分流速。一般采用两种方法：①适当增大叶轮入口直径；②增大叶片入口边宽度。

（2）采用双吸式叶轮。采用双吸式叶轮，必需汽蚀余量是单吸式叶轮的 63%，因而提高了泵的抗汽蚀性能。

（3）增加叶轮前盖板转弯处的曲率半径。这样可以减小局部阻力损失。

（4）叶片进口边适当加长。即向吸入方向延伸，并做成扭曲形。

（5）首级叶轮采用抗汽蚀性能好的材料。如采用含镍铬的不锈钢、铝青铜、磷青铜等。

2. 提高吸入系统装置的有效汽蚀余量

（1）减小吸入管路的流动损失。即适当加大吸入管直径，尽量减少管路附件。

（2）合理确定两个高度。即几何安装高度及倒灌高度。

（3）采用诱导轮。诱导轮是与主叶轮同轴安装的一个类似轴流式的叶轮，其叶片是螺旋形的，主叶轮前装诱导轮，使液体通过诱导轮升压后流入主叶轮（多级泵为首级叶轮），因而提高了主叶轮的有效汽蚀余量，改善了泵的汽蚀性能。

（4）采用双重翼叶轮。双重翼叶轮由前置叶轮和后置离心叶轮组成，与诱导轮相比，其主要优点是轴向尺寸小，结构简单，且不存在诱导轮与主叶轮配合不好而导致效率下降的问题，使泵的抗汽蚀性能大为改善。

（5）采用超汽蚀泵。在主叶轮之前装一个类似轴流式的超汽蚀叶轮，其叶片采用了薄而尖的超汽蚀翼型，使其诱发一种固定型的气泡，覆盖整个翼型叶片背面，并扩展到后部，与原来叶片的翼型和空穴组成了新的翼型。其优点是气泡保护了叶片，避免气泡在叶片后部溃灭，因而不损坏叶片。

（6）设置前置泵。随着单机容量的提高，锅炉给水泵的水温和转速也将随之增加，则要求泵入口有更大的有效汽蚀余量。为此，除氧器的倒灌高度随之增加。而除氧装置高度过高不仅造成安装上的许多困难，同时也不经济。所以，目前国内外对大容量的锅炉给水泵，广泛采用在给水泵前安装低速前置泵，使给水经前置泵升压后再进入给水泵，从而提高了泵的有效汽蚀余量，改善了给水泵的汽蚀性能；同时除氧器的安装高度也大为降低。这是防止给水泵产生汽蚀的简单而又可靠的一种方法。

六、喘振

1. 产生原因

若具有驼峰形性能曲线的泵与风机在不稳定区域内运行，而管路系统中的容量又很大时，则泵与风机的流量、压头和轴功率会在瞬间内发生很大的周期性波动，引起剧烈的振动和风机的喘振噪声，这种现象称为喘振现象。风机的喘振如图4-48所示，当工况点落在风机全压性能曲线最高点K左边的区域时，将出现不稳定运行。

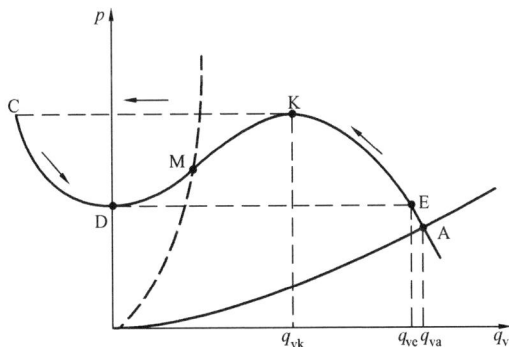

图4-48　风机的喘振

当风机启动后，风机与管路系统处于能量平衡状态，相应的运行工况点为A，风机运行是稳定的。当风量逐渐减小，运行工况点由A沿全压性能曲线向左上方移动至K点时，风机运行仍然是稳定的，其中K点为临界点。当流量继续减少为q_{vm}时，风机所产生的全压将小于管路系统的压头，因为管路系统容量较大，在此瞬间管路系统中的压头仍保持不变，而风机的全压已降低，于是风机完全停止向管路系统输送气体，并且为了保持风机的全压与管路的压头相平衡，风机的运行工况点便由 K 点迅速跳到第二象限内的 C 点，此时气体开始倒流而出现负流量。由于倒流，管路系统中的压头迅速下降，风机的运行工况点则沿其全压性能曲线由 C 点降至 D 点；如果管路系统中的压头下降到风机零流量下的压强，风机又重新开始输出流量，为了使风机的全压与管路系统中的压头相平衡，风机就不可能继续维持在 D 点运行，而是迅速地由 D 点跳到 E 点；若管路系统的流量需求仍为 q_{vm}，则此时风机所提供的全压远小于管路系统所需相应流量下的压头，因此，风机的运行工况点将由 E 点滑向 K 点；此后，风机的运行将会周而复始地按 E、K、C、D、E 各点重复循环；而其运行工况点始终落不到 M 点上，这种不稳定的运行工况即为喘振现象。

2. 防止喘振的措施

（1）使泵与风机的流量恒大于 q_{vk}，如果系统中所需要的流量小于 q_{vk}，可装设再循环管或自动排出阀门，使泵与风机的排出流量恒大于 q_{vk}。

（2）如果管路性能曲线不通过坐标原点，改变风机的转速也可得到稳定的运行工况；通过风机各种转速下性能曲线中最高全压点的相似抛物线，将风机的性能曲线分割为两部分，右边为稳定工况区，左边为不稳定工况区。

（3）轴流式泵与风机可采用动叶调节。当系统需要的流量减小时，则减小其动叶安装角，性能曲线下移，临界点向左下方移动，输出流量也相应变小，如图 4 – 49 所示。

（4）最根本的措施是尽量避免采用具有驼峰形性能曲线的泵与风机，而应采用性能曲线平直向下倾斜的泵与风机。

喘振是泵与风机性能与管路系统耦合后振荡特性的一种表现形式，它的振幅、频率等基本特性受泵与风机管路系统容量的支配，其流量、全压和轴功率的波动是由不稳定工况区造成的。

提示：本章共六节，第一、第二、第三、第四节适用于初级工，第五、第六节适用于初、中级工。

第五章

机组常用的阀门

第一节　阀门的工作原理及分类

阀门是用来改变管道通路断面以实现关闭或开启，或调节管路系统输送介质的流量或其他介质参数，以实现管道系统正常运行的装置。

一、电厂常用阀门的分类

阀门种类繁多。按介质分类有水阀、蒸汽阀、煤气阀等；按材质分类有铸铁阀、铸钢阀、锻钢阀等；按驱动方式分类有手动阀、电动阀、气动阀等。目前，大多数是按压力和结构来进行分类。

1. 按压力分类（p_n 介质压力）

低压阀：$p_n < 1.6$MPa；

中压阀：p_n 为 2.5、4.0、6.4MPa；

高压阀：10MPa $< p_n < 100$MPa；

超高压阀：$p_n > 100$MPa。

2. 按结构分类

按照阀门的结构特点，阀门可分为闸阀、截止阀、节流阀、止回阀、安全阀、减压阀、蝶阀、球阀、疏水阀等。

二、阀门的型号

1. 阀门型号的意义

根据 JB - 308 - 74《阀门型号编制规则》规定，国产的任何一种阀门都必须有一个特定的型号。阀门的型号由 7 个单元组成，用来表示阀门类别代号、驱动方式代号、连接形式代号、结构形式、密封圈衬里材料、公称压力和阀体材料。各单元的排列顺序和表示意义如下：

单元 1 为阀门类别代号；单元 2 为驱动方式；单元 3 为连接形式；单元 4 为结构形式代号；单元 5 为密封圈材料或衬里材料代号；单元 6 为公称压力代号；单元 7 为阀体材料代号。

第五章　机组常用的阀门

第 1 单元为阀门类别代号，用汉语拼音字母表示，见表 5 – 1。

表 5 – 1 阀门类别代号

类型	代号	类型	代号
闸阀	Z	旋塞阀	X
截止阀	J	止回阀、底阀	H
节流阀	L	安全阀	A
球阀	Q	减压阀	Y
蝶阀	D	疏水阀	S
隔膜阀	G		

第 2 单元为驱动方式代号，用阿拉伯数字表示，见表 5 – 2。

表 5 – 2 阀门驱动方式代号

驱动方式	代号	驱动方式	代号
电磁动	0	伞齿轮	5
电磁 – 液动	1	气动	6
电 – 液动	2	液动	7
蜗轮	3	气 – 液动	8
正齿轮	4	电动	9

第 3 单元为连接形式代号，用阿拉伯数字表示，见表 5 – 3。

表 5 – 3 阀门连接形式代号

连接形式	代号	连接形式	代号
内螺纹	1	对夹	7
外螺纹	2	卡箍	8
法兰	4	卡套	9
焊接	6		

第 4 单元为结构形式代号，用阿拉伯数字表示，见表 5 – 4。

表 5-4 阀门结构形式代号

类别	1	2	3	4	5	6	7	8	9
闸阀	明杆楔式单闸板	明杆楔式双闸板	明杆平行式单闸板	明杆平行式双闸板	暗杆楔式单闸板	暗杆楔式双闸板	暗杆平行式单闸板	暗杆平行式双闸板	
截止阀	直通式（铸造）	直角式（铸造）	直通式（铸造）	直角式（铸造）	直流式		隔膜式	节流式	其他
旋塞阀	直通式	调节式	直通填料式	三通填料式	保温式	三通保温式	润滑式		
止回阀	直通升降式	立式升降式	直通升降式	单瓣旋启式	多瓣旋启式				
疏水阀	浮球式		浮桶式		钟形浮子式			脉冲式	热动力式
减压阀	外弹簧薄膜式	内弹簧薄膜式	膜片活塞式	波纹管式	杠杆弹簧式	气热薄膜式			

第 5 单元为密封圈材料或衬里材料代号，用汉语拼音字母表示，见表 5-5。

表 5-5 阀门密封圈材料或衬里材料代号

材料	代号	材料	代号
钢合金	T	聚四氟乙烯	SA
橡胶	X	聚三氟乙烯	SB
耐酸钢、不锈钢	H	聚氯乙烯	SC
渗氮钢	D	石墨石棉	S
巴氏合金	B	衬胶	CJ
硬质合金	Y	衬铅	CQ
蒙乃尔合金	M	衬塑料	CS
硬橡胶	J	搪瓷	TC
皮革	P	尼龙	NS
无密封圈	W	酚醛塑料	SD

第 6 单元为公称压力代号，直接用公称压力的数值表示。并以短线与第 5 单元隔开。阀门的公称压力为 1、2.5、6、10、16、25、40、64、100、160、200、320kg/cm^2 等数级。

第 7 单元为阀体材料代号，用汉语拼音字母表示，见表 5-6。

表 5-6　　　　　　　阀体材料代号

材料名称	代号	材料名称	代号
灰铸铁	Z	中镍钼合金钢	I
可锻铸铁	K	铬镍钛（铌）耐酸钢	P
球墨铸铁	Q	铬镍钛钼（铌）耐酸钢	R
铸钢	T	铬钼钒合金钢	V
碳钢	C		

以上代号只是一般规定，不包括各制造厂自行编制的型号和新产品型号。

现在，只要提出阀门型号，我们就可以知道阀门的结构和性能特点。如 Z944T-10Dg300 阀门，根据代号顺序："Z"表示闸阀，"9"表示电动机驱动，"T"表示密封面材质是铜，"10"表示公称压力为 10kg/cm^2（1MPa），第 7 单元代号未标出，表示此阀门阀体材料为灰铸铁。所以，此阀门是电动机驱动、法兰连接的明杆平行式双向板灰铸铁闸阀，公称压力为 1.0MPa（10kg/cm^2），公称直径为 300mm。

2. 阀门的识别

一般阀门的识别方法如下：

（1）阀门的类别、驱动方式和连接形式可按阀门的外形加以识别。

（2）阀门的公称直径、公称压力或工作压力、介质温度以及介质流动方向，已由制造厂标示在阀体的正面，如"pn4050→"表示该阀门的公称直径为 50mm，公称压力为 4.0MPa，箭头表示介质流动方向。

第二节　机组中常用的阀门及结构

1. 闸阀

闸阀的作用是利用阀瓣沿通路中心的垂直线方向移动来实现开启或关闭管路通路。闸阀的主要启闭零件是阀瓣和阀座。闸板与流体流向垂直，改变阀瓣与阀座间的相对位置，即可改变通道截面大小，从而改变流量。

为了保证关闭严密，阀瓣与阀座密封面进行了研磨。

闸阀按阀瓣的结构形状，可分为楔式闸阀和平行式闸阀两大类。

楔式闸阀的结构如图 5－1 所示。它的阀瓣呈楔形，是利用楔形密封面之间的压紧作用达到密封目的。

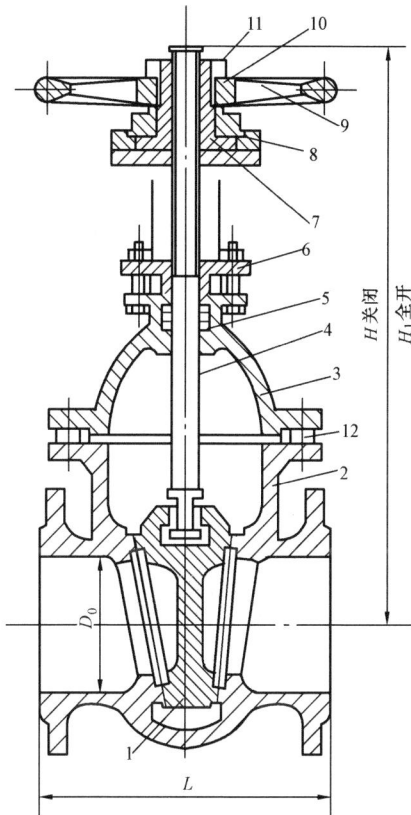

图 5－1 闸阀结构图

1—闸板；2—阀体；3—阀盖；4—阀杆；5—填料；6—填料压盖；7—套筒螺母；

8—压紧环；9—手轮；10—压紧螺母；11—键；12—阀盖垫；

D_0—阀门入口通径；L—法兰距离；H_1—阀门全开的几何高度；

H—阀门全关的几何高度

平行式闸阀的间体中有两块对称且平行放置的阀瓣，阀瓣中间放有楔块。阀门关闭时，楔块使阀瓣张开，紧压阀体密封面，截断通道；阀门开启时，楔块随阀瓣一块上升，扩大了通道。

根据闸阀启闭时阀杆运动情况的不同，闸阀又可分为明杆式和暗杆式两大类。明杆式闸阀在开启时，阀杆、阀板同时做上下升降运动；而暗杆式阀杆只能做旋转运动而不能上下升降，但阀瓣可以做升降运动。明杆式闸阀的优点是能够通过阀杆上升高度来判断阀门的开启程度，缺点是阀杆所占空间高度大；而暗杆式闸阀则相反。

闸阀的特点是结构复杂，尺寸较大，价格较高，开启缓慢，无水锤现象，易调节流量，流体阻力小，密封面较大，易磨损。在电厂，闸阀被广泛地应用于给水、凝结水、蒸汽、抽汽、空气等系统中。

2. 截止阀

截止阀的结构如图 5 - 2 所示。截止阀是利用阀瓣控制启闭的阀门。

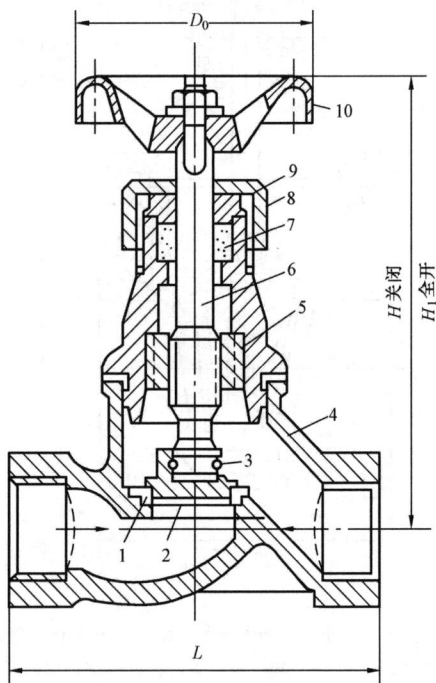

图 5 - 2　截止阀

1—阀座；2—阀瓣；3—铁丝圈；4—阀体；5—阀盖；6—阀杆；7—填料；
8—填料压盖螺母；9—填料压盖；10—手轮

截止阀的主要启闭零件是阀瓣和阀座，阀瓣沿阀座中心线移动，改变阀瓣和阀座之间的距离，即可改变通道截面积，从而控制和截断流量。为防止渗漏，阀瓣与阀座接触面均经研磨配合。阀瓣是由阀杆来控制的，阀杆顶端有手轮，中间有螺纹及填料函密封段。对于小型内螺纹截止阀，阀杆螺纹在阀体内。当阀杆旋转时，它在螺母中做上下运动，所以可由阀杆露出阀盖的高度来判断阀门的开启程度。

根据连接方式的不同，截止阀又可分为螺纹连接和法兰连接两种。

截止阀的结构形式有直通式、直流式、直角式等结构。直通式安装在直线管路上，介质由下向上流经阀座，流体阻力较大。直流式也是安装在直线管路上，阀门处于倾斜位置，操作稍不便，但流体阻力小。直角式安装在管道垂直相交的地方。

截止阀的优点是操作可靠，关闭严密，易于调节或截断流量。但结构复杂，价格较贵，流体阻力大，启闭缓慢。

截止阀应用也极广，主要应用于蒸汽管路上，但也可用于给水、空气等其他系统管路中。

截止阀是有方向性的，安装时必须注意，介质流动方向是由下向上流过阀瓣，这样安装流体阻力小，开启省力，关闭时填料不接触介质，易于检修。

3. 止回阀

止回阀又称止逆阀或单向阀，广泛地应用于各类泵的出口管路、抽汽管路、疏水管路以及其他不允许介质倒流的管路上。止回阀结构如图5-3所示。

止回阀是利用阀前阀后介质的压力差而自动启闭的阀门。它的作用是使介质只做一个方向的流动，而阻止其逆向流动。按其结构形式的不同，止回阀分为升降式和旋启式两种。

升降式止回阀的结构如图5-3（a）所示，它的阀体与截止阀相同，但阀瓣上有导杆，可以在阀盖的导向筒内自由升降。当介质自左向右流动时，能推开阀瓣而通过；若流向相反，则阀瓣下降，截断通路，阻止逆流。升降式止回阀安装时必须装在水平管路上，且使阀瓣的轴线严格地垂直于水平面，这样才能保证阀瓣的灵活升降与可靠工作。

旋启式止回阀的结构如图5-3（b）所示。旋启式止回阀是利用摇板式阀瓣来启闭的，当介质由左向右流过时，阀瓣由于介质的压差作用而开启；反之，当介质反向流动时，阀瓣关闭，截断通路。在安装旋启式止回

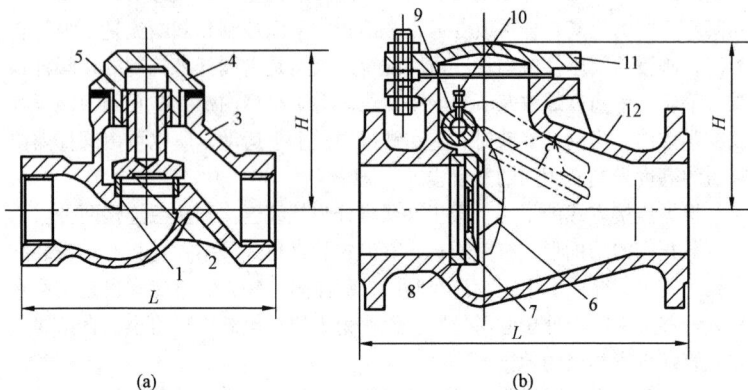

图 5 - 3　止回阀

（a）升降式止回阀；（b）旋启式止回阀

1—阀座；2—阀瓣；3—阀体；4—阀盖；5—导向套筒；6—摇杆；7—阀瓣；
8—阀座密封圈；9—枢轴；10—定位紧固螺钉与锁母；11—阀盖；12—阀体

阀时，只要保证阀瓣的旋转枢轴呈水平，可任意安装在水平、垂直或倾斜的管路上。

4. 安全阀

安全阀是容器和管路系统中的安全装置。在电厂汽轮机系统中的除氧器、高压加热器等处都可见到。当系统中介质压力超过规定的工作压力时，安全阀就会自动开启，降低压力；当压力恢复正常后，它就会自动关闭。

安全阀分为弹簧式和杠杆式两种。弹簧式安全阀，是利用弹簧的压力来平衡容器或管道内压，根据工作压力的大小来调节弹簧的松紧，弹簧式安全阀结构如图 5 - 4 所示。

杠杆重锤式安全阀，其结构如图 5 - 5 所示，是利用重锤的重量通过杠杆的作用所产生的压力来平衡容器或管道的内压，根据工作压力的大小来确定重锤的重量和杠杆的长度。

安全阀按开启高度的不同可分为微启式和全启式。微启式安全阀用于液体介质场合；而全启式安全阀用于气体或蒸汽介质场合。弹簧式安全阀又有封闭式和不封闭式两种，一般易燃易爆或有毒介质应选用封闭式；蒸汽、空气或惰性气体等可选用不封闭式。安全阀的选用要根据实际工作压力决定。对于弹簧式安全阀，在公称压力范围内，生产厂家有多种工作压力级的弹簧供选用。在安装使用安全阀时，不仅要了解安全阀的型号、名称、介质、温度等，还要了解安全阀内弹簧的工作压力等级。

5. 节流阀

节流阀的结构与截止阀十分相似，仅在启闭件（阀瓣）的形状上有所不同，截止阀的启闭件为盘状，而节流阀的启闭件为锥状或抛物线状。

节流阀的特点是启闭时流通截面的变化比较缓慢，因此比截止阀调节性能好；流体通过阀瓣和阀座时流速较大，易冲蚀密封面；由于密封性能较差，故不宜作隔断阀用。

节流阀适用于输送温度较低、压力较高介质的管路系统，作调节流量和压力用。

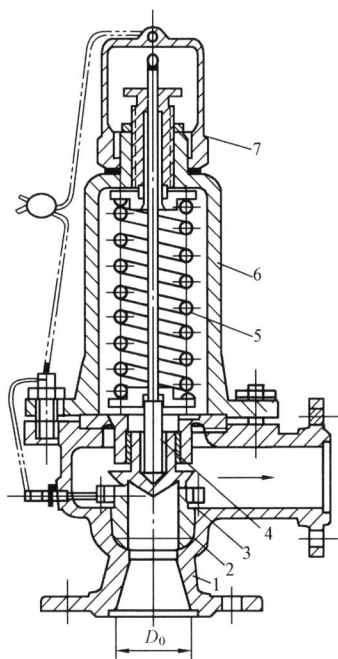

图 5 - 4　弹簧式安全阀
1—阀体；2—阀座；3—阀瓣；4—阀杆；
5—弹簧；6—阀盖；7—调整螺丝

6. 蝶阀

蝶阀主要由阀体、阀门板、阀杆与驱动装置等组成。蝶阀通过旋转手柄，使驱动装置带动阀门板绕阀体内一固定轴旋转，由转动角度的大小来达到启闭和节流的目的。

蝶阀的特点是：结构简单、重量轻、维修方便。当阀门渗漏时，只需更换橡胶密封圈即可。其缺点是不能用于精确地调节流量，橡胶密封圈易老化而失去弹性。

在电厂，蝶阀多见于低温、低压的循环水管道系统中。

7. 疏水阀

疏水阀的作用是能自动、间歇排除蒸汽管道及蒸汽设备系统中的冷凝水，并能防止蒸汽泄出。疏水阀的种类很多，目前常用的有浮桶式、热动力式、脉冲式等。

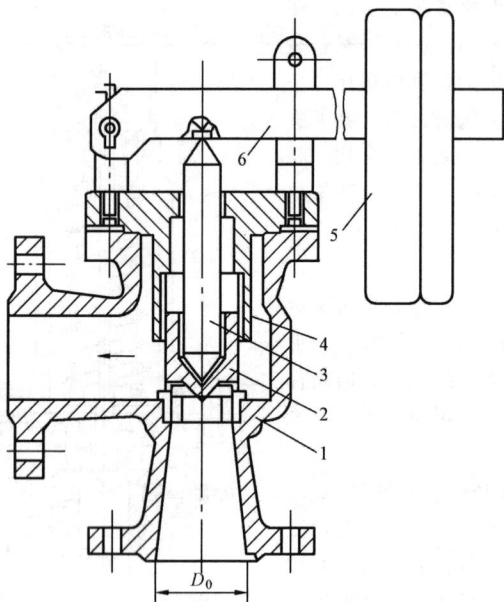

图 5 – 5 　杠杆式安全阀

1—阀体；2—阀瓣；3—阀杆；4—导向套；5—重锤；6—杠杆

第三节　阀门操作要求及故障处理

　　阀门是热力系统的重要部件，由于阀门故障或操作失误，经常会造成设备停运、系统异常运行、甚至出现机组被迫解列的事故。运行人员应熟悉和掌握阀门的结构和性能，正确识别阀门方向、开度标志、指示信号。应能熟练准确地调节和操作阀门，及时果断地处理各类应急故障。操作时主要注意以下几类：

　　（1）识别阀门开关方向。一般的手动阀，手轮顺时针旋转方向表示阀门关闭方向，逆时针方向表示阀门开启方向。有个别阀门的方向与上述启闭相反，操作前应检查启闭标志后再操作。旋塞阀阀杆顶面的沟槽与通道平行，表明阀门在全开位置，当阀杆旋转90°时，沟槽与通道垂直，表明阀门在全关位置。有的旋塞阀以扳手与通道平行为开启，垂直为关闭。三通、四通的阀门操作应按开启、关闭、换向的标记进行。

（2）用力要适当，操作阀门时，用力过大或过猛容易损坏手轮、手柄，擦伤阀杆和密封面，甚至压坏密封面。切勿使用大扳手启闭小的阀门，防止用力过大而损坏阀门。

（3）开启蒸汽阀门前，必须先将管道预热，排除凝结水，开启时要缓慢开启，以免产生水锤现象，损坏阀门和设备。

（4）较大口径的阀门设有旁通阀，开启时，应先打开旁通阀，待阀门两边压差减小后，再开启大阀门。关阀时，首先关闭旁通阀，然后再关闭大阀门。

（5）闸阀、截止阀类阀门开启到头后要回转 1/4 ~ 1/2 圈，这样有利于操作时检查，以免拧得过紧而损坏阀件。

（6）冷态进行阀门开闭试验时，"关终端"的校对应考虑阀门在热态时的变形，给阀门热态时的变形留有间隙，防止阀门热态时损坏。

运行中的阀门常常会发生各种故障，为了更有效地消除故障，必须先了解阀门在使用时的情况，针对发生的故障认真分析发生故障的原因，然后采取有效的方法在检修中合理地予以消除。下面就一般阀门的一些常见故障的原因及处理方法介绍如下。

1. 阀门关闭不严

（1）密封面的接触面不平，有沟纹、划痕等缺陷，需根据具体情况进行研磨或堆焊后研磨。

（2）密封面材质不良，应更换或堆焊后加工研磨。

（3）密封面间有杂物垫住，将门开启，冲洗后再关闭。

（4）闸阀阀瓣与阀杆间隙过大，造成阀瓣下垂而使密封面接触不好，应调整阀瓣与阀杆间隙或更换阀瓣。

2. 阀门开关不灵活

（1）传动装置卡死，应对传动装置的有关部位进行检查处理。

（2）齿轮轴与齿轮或与齿轮轴套咬死，应将齿轮与齿轮轴拆下进行打磨或车削，加大间隙，使其转动自如。

（3）推力轴承破碎或锈住，应更换推力轴承或清洗后注油。

（4）阀杆弯曲，出现时松时紧现象，应校直或更换。

（5）热状态时阀门关闭太紧或开启过大而卡住，用力缓慢试开或再关 0.5 ~ 1 圈。

（6）阀瓣脱落卡死在接触面上，检查顶尖、阀瓣卡子及阀瓣与阀杆销子是否由于运行时间过长而磨损脱落，针对具体情况进行修复或更换有关零件。

（7）阀杆与阀套螺母咬扣或锈死。若只是锈死，可加少许煤油或松动剂浸泡后开关数次，直至阀杆转动自如；若是螺母咬扣，可修复阀杆或阀套螺纹，损坏严重不能修复时，应更换门杆或门套。

（8）阀杆与压兰（热合类高分子聚合物复合管件）胀死。应对该部位进行打磨或车削压兰内径，使其间隙符合要求。

（9）盘根压得过紧，在保证不漏的情况下松一松压兰螺丝。

3. 盘根泄漏

（1）盘根不合格、质量差、高温下烧焦萎缩，应更换合格盘根。

（2）填盘根的方法不符合要求，按正确方法重填。

（3）阀杆上有严重腐蚀、麻点、沟纹等缺陷，应更换阀杆。

（4）盘根太松、紧偏或压兰弯曲变形，应进行调整。

（5）盘根使用时间太长而失效，应更换盘根。

4. 阀盖垫或法兰垫泄漏

（1）螺栓紧力不够或紧偏。应对称紧螺栓，紧力一致，结合面间隙应一致。

（2）垫片失效或损坏，应更换垫片。

（3）接触面不光滑，不平整，有麻点、沟槽、削纹等缺陷，应进行修复研磨。

（4）接触面上有汽孔、砂眼等缺陷，可进行补焊，然后磨光处理。

（5）法兰止口配合不当，装配时中心没找好，应重新对好中心后装配。

5. 阀瓣腐蚀损坏

阀瓣腐蚀损坏主要是由于阀瓣材料选择不当，应按介质、性质和温度选用阀瓣材料或更换阀门。

6. 阀门本体泄漏

（1）制造时浇铸不好，有砂眼或裂纹。

（2）阀体补焊时开裂。处理方法为：挖去裂纹或砂眼，打磨坡口，改进补焊工艺，重新施焊，探伤检查验收。

7. 紧固螺栓损坏

（1）螺栓螺纹粗糙度超标，加工不合格，应重新加工或更换螺栓。

（2）螺栓材料不对，高温时变形，应更换材质符合要求的螺栓。

（3）涂料不干净使螺栓紧不动，应清除涂料或采用紧一圈松半圈的方式紧螺丝，不可强紧。

提示：本章共三节，全部适用于初级工。

第六章

机组的启动程序

第一节 机组启动概述

发电机组的启动是指锅炉点火、升温、升压，蒸汽参数达到要求，汽轮机进行暖管、冲车、暖机、定速，发电机并网带基本负荷，锅炉撤油枪，逐渐加至满负荷的过程。其实质是火焰、烟气及蒸汽向锅炉和汽轮机金属部件传热的复杂交换过程，属于不稳定的导热过程。其不稳定的启动工况带来了设备的热应力的变化。由此看来，研究发电机组的启动方式，是寻求发电机组合理的加热过程，也就是在启动过程中保证发电机组各部分温差热应力、热变形以及转子与汽缸之间胀差和转动部分的振动均维持在较好水平，以减少热应力、热变形及热膨胀。在保证安全的基础上，尽量缩短启动时间，减少损失，提高其经济性。

当然，各种发电机组特点也不尽相同，即使同类型发电机组也有不同的特性，因此必须根据每台发电机组的特性，制定启动方案，编制启动流程图，以防止启动过程中的失误，防止给设备造成损坏或者给设备带来隐患，以致降低发电机组的使用寿命。

发电机组均为大容量、高参数发电机组，是炉、机、电纵向联系的一条完整的生产系统，因此机、炉、电互相联系，互相制约，各环节的操作必须协调一致，互相配合，才能顺利完成发电机组的启动过程。

一、发电机组启动组织

要组织好大容量发电机组的启停操作，需要应用现代化管理科学中的"网络计划技术"。它就是应用网络形式表达一项启动（或停机）任务中各项操作顺序的先后和相互关系，找出总任务中关键操作和关键路线，并在执行过程中进行有效的控制与监督，保证最合理地使用人力、物力和资源，顺利地完成任务。

首先制订出启动的网络图，然后做好启动前的准备工作，所有检修工作完成，发电机组启动前的静态试验合格，设备系统全面检查没有问题，热工仪表正确投运，专用工具及原材料、燃料等备妥。那么，整个系统已处于启动的准备阶段。

值长要根据上级要求的并网时刻,按网络图计算出炉上水、点火、冲转定速等的时刻,通知机组长。机组长可按网络图计算出各项操作的最早可能开始的时刻,最迟必须开始的时刻。若根据具体情况,可按主次、缓急分别进行。

启动过程中,应把握住主要矛盾的发展,并随时督促次要矛盾的发展情况。若发现次要矛盾可能转变为主要矛盾时,应局部调整网络图,调动人力解决卡脖子的问题,并尽量不使矛盾转化。一旦由于设备损坏或误操作使一些次要矛盾转化为主要矛盾时,则要进行较大调整,并按主要矛盾组织操作,通过利用网络计划技术指导操作,可以明确每一步操作在整个启动过程中的作用和地位。因而可以发挥主观能动性,积极地为解决主要矛盾创造条件,同时也可避免忙乱,提高安全操作水平,使上级给安排的任务预期完成。

二、发电机组启动前条件

发电机组启动前做充分的准备工作是安全启动和缩短启动时间的重要保证。

首先检查发电机组的检修工作全部结束,所有的工作票应严格按有关要求终结完毕,各处临时栅栏、标志牌及各种管道上的临时堵板应拆除,所有的楼梯、栏杆、平台应完整,有关通道及设备周围应无妨碍工作和通行的杂物,厂房内外处的所有照明应良好,事故照明系统正常。机炉房所有需要保温的管道要保温完整,风、烟、水系统应正常,所有设备的控制电源、操作电源、仪表电源均应正常投入。集控室内各种指示记录仪表应投入。各种操作开关按钮应完整正常,各种油系统应符合要求,消防设施应齐全,厂内外通信系统应正常,各辅助设备的联动试验、保护试验和各电动截门试验应已全部合格,各项保护均应投入运行,发电机组启动用的专用工具、仪器、仪表及各种记录应准备齐全。

另外,锅炉、汽轮机、发电机—变压器组系统及环保设备应具备以下条件。

(1)锅炉燃烧室及冷灰斗内无结焦、积灰及其他杂物。

(2)炉墙、风道、烟道、空气预热器和冷灰斗等处人孔、检查孔应完整,而且关闭严密。

(3)空气压缩机、气体系统和燃油泵检查准备就绪。

(4)汽轮机本体各处保温完整,各种测量元件无损坏,调速系统静态试验合格。

（5）油箱、油管、冷油器、油泵均应处于完好状态，冷油器油温在35~40℃之间。

（6）氢冷发电机组发电机已充氢。

（7）确认各处挂牌地线、短路线或标示牌等其他安全设施已拆除。

（8）发电机、励磁机滑环碳刷机构应完好，并符合标准，发电机大轴接地碳刷投入。

（9）发电机、励磁机、变压器各部分绝缘测定符合标准，变压器冷却系统正常。

（10）发电机—变压器组恢复备用，大型发电机组的继电保护定值整定合格，自动装置投入。

（11）直流系统及蓄电池投入。

（12）所有电气设备经测定绝缘并确认无误后送电。

（13）脱硫吸收塔、浆液循环泵、氧化风机设备检查准备就绪。

（14）石灰石浆液制备完成，脱硫吸收塔注浆到规定高度。

（15）脱硝反应器及附属设备检查准备就绪。

（16）脱硝反应还原剂储量充足。

除了以上条件外，还要对外围各处准备好，如燃料上煤、化学制水、除灰系统的投运等。有些工作还需与检修、热工及计算机人员共同配合，所以为了加速发电机组的启动，必须加强各个专业之间的联系。

三、启动方式分类特点

汽轮机的启动方式较多，归纳起来有以下 4 种分类方法。

（一）按新蒸汽参数分类

1. 额定参数启动

额定参数启动时，在整个启动过程中，从冲转至并网带负荷的全过程，汽轮机至汽阀前的蒸汽参数（如压力、温度）始终维持额定参数。这种启动方式的额定参数——压力、温度相当高，它与汽缸转子等金属部件的温差很大，而高温、高压发电机组启动中又不允许有过大的温升速度。为了设备的安全，在这种条件下只能将进汽量控制很小，这样导致节流损失增加，同时汽轮机必须延长升速和暖机的时间，致使经济性降低。汽轮机调节级后温度变化剧烈，零部件受到很大的热冲击，热应力也大，以及各部件受热不均易产生热弯曲（冲转时部分进汽量小）。另外，锅炉还需将蒸汽参数达到额定值后，汽轮机才能冲转。在整个启动过程中将损失大量的燃料，降低发电厂的效益，所以额定参数启动仅适用于母管配汽的汽轮机，而不适用于单元制的大容量发电机组。

2. 滑参数启动

滑参数启动是指汽轮机主汽阀前的蒸汽参数（如压力、温度）伴随汽轮机的转速和负荷的升高而升高，直至启动结束，蒸汽参数达到额定值的启动过程。滑参数启动克服了额定参数启动时由于蒸汽参数高，对汽轮机部件产生热冲击，进汽流量小、暖机和启动时间长，以及冲转前为了提高蒸汽参数而锅炉燃料和汽水浪费大等缺点，因此在单元制大容量发电机组启动中得到广泛应用。滑参数启动有真空法和压力法两种。

（1）真空法滑参数启动。真空法滑参数启动是启动前全开电动主汽门、自动主汽门和调汽门，真空区一直到锅炉汽包。锅炉点火后炉水在真空状态下汽化，在不到 0.1MPa 的汽压下就可以冲动汽轮机。随着锅炉燃烧的增强，一方面提高汽温、汽压，另一方面汽轮机升速、定速、并网。但真空法滑参数启动存在一定的缺点，如疏水困难、蒸汽过热度低，依靠锅炉热负荷控制汽轮机转速不太容易，容易引起水冲击，安全性较差。对于中间再热式发电机组，由于高压汽缸排汽温度相应较低，再加上再热器一段布置在烟气低温区，使再热器出口汽温很难提高，可导致中压汽缸、低压汽缸内蒸汽湿度增大。真空法滑参数启动时真空系统庞大，启动过程中抽真空也较困难，因此目前真空法滑参数启动应用较少。真空法启动是利用低参数来暖管、暖机、升速和带负荷。由于汽温是从低到高逐渐上升，因此允许通汽流量较大，即有利于暖管和暖机，也可使过热器、再热器充分冷却，促进锅炉水循环及减少汽包壁的温差，又使锅炉产生的蒸汽得以充分利用。所以，真空法滑参数启动方法比较经济，对锅炉又比较安全。

（2）压力法滑参数启动。汽轮机真空只抽到高压主汽阀，启动冲转参数选用适当压力和温度的过热蒸汽（过热度不小于 50℃），从冲转到汽轮机达额定转速的全过程中，蒸汽参数基本维持不变，而是通过控制汽轮机进汽量来达到控制汽轮机转速的目的。相比于真空法滑参数启动，压力法滑参数启动便于控制转子转速，可避免中压转子、低压转子叶片的水蚀。由于压力法滑参数启动参数足够高，故整个启动过程中操作简单，控制方便，但也存在一定的问题。如冲转时蒸汽温度与金属温度的匹配不理想，有一定程度的热冲击，降低了汽轮机的寿命。

高参数、大容量的超临界和超超临界机组冲转都采用压力法滑参数启动。启动参数普遍提高，上海汽轮机有限公司生产的 N1000 − 31/600/610/610 型超超临界二次再热汽轮机冷态启动主汽参数为 12MPa/400℃。高参数冲转有利于汽轮机的升速率控制，也有利于提高冲转蒸汽品质。

（二）按冲转时进汽方式分类

1. 高压缸、中压缸启动

高压缸、中压缸启动时，蒸汽同时进入高压缸和中压缸冲动转子。这种启动方法对高压缸、中压缸合缸的发电机组，可使分缸处加热均匀，降低热应力，缩短启动时间。

2. 中压缸启动

冲转时高压缸不进汽而中压缸进汽，待汽轮机转速达 2300 ~ 2500r/min 时或并网后在低负荷阶段，才开始向高压缸送汽。这种方式对控制胀差有利，可不考虑高压缸的胀差问题。这样虽能保证发电机组的安全，但启动时间太长。另外，还需增加较为复杂的高压旁路系统。

3. 高压缸启动

冲转时高压缸进汽而中压缸不进汽，待汽轮机转速达 3000r/min 时或并网后在低负荷阶段，才开始向中压缸送汽。如果缸体和轴系的膨胀能够得到良好的控制，那么这种方式具有启动时间短；升速率容易控制的优点。

（三）按控制进汽流量的阀门分类

1. 调汽门启动

启动时电动主闸门和自动主汽门处于全开位置，进入汽轮机的蒸汽流量由调速汽门控制。

2. 用自动主汽门或电动闸门的旁路门启动

启动前调汽门全开，用自动主汽门或电动主闸门的旁路门控制蒸汽流量。

（四）按启动前汽轮机金属温度（内缸或转子表面温度）分类

1. 冷态启动

启动前，当汽轮机高压缸调节级汽室的金属温度低于维持汽轮机空转时蒸汽温度，其金属温度在 150 ~ 200℃ 以下时，称为冷态启动。

2. 温态启动

金属温度为 200 ~ 370℃ 时的启动，称为温态启动。

3. 热态启动

金属温度在 370 ~ 450℃ 时的启动，称为热态启动。

4. 极热态启动

金属温度为 450℃ 以上时的启动，称为极热态启动。

以上的启动标准是在原部颁《电力工业技术管理法规》（电技字第

26号）中规定的。另外，有的国家也按停机时间来划分：停机一周为冷态；停机48h为温态；停机8h为热态，2h为极热态。

第二节　机组启动程序

机组启动的主要步骤为：启动前的准备辅助设备及系统的投运锅炉点火及升温升压暖管并列和接带负荷升负荷至额定出力。机组的启动为整组启动，机炉电之间的相互联系，互相制约，各环节的操作必须协调一致，互相配合，才能顺利完成。

一、机组辅助设备及系统的投入

辅助设备和系统的投入是保证机组顺利启动的基础。机组启动前应按机组启动的需要、系统的状态、设备的投入时间的前后顺序及时投运下列系统。

（一）锅炉上水

锅炉上水一般用经除氧器除过氧的热水。锅炉上水前应根据启动上水要求对汽水系统各阀门进行检查，并根据系统特点决定上水方式。向锅炉上水是通过带有节流装置的旁路进行的，这样可以防止过多地磨损给水主调节阀和易于控制。上水到水位计所示的最低水位为止，然后检查膨胀指示器并记录，比较上水前后的膨胀情况。在锅炉进水开始时，稍打开给水管路上的阀门，进行排气暖管，并注意给水压力的变化情况和防止水冲击。当给水压力正常时，可逐渐开大进水控制阀门。

对于自然循环锅炉，考虑到在锅炉点火以后，炉水要受热膨胀和汽化，水位要逐渐上升，所以最初进水的高度一般只要求到水位表低限附近。对于强制循环锅炉，由于上升管的最高点在汽包标准水位以上很多，因此进水的高度要接近水位的顶部，否则在启动循环泵时，水位可能下降到水位表可见范围以下。在锅炉点火之前，对循环泵应严格遵循专门的程序和方法，仔细地灌水和放气，并进行其他检查和准备，使每台泵都能随时投运。当向锅炉快速加热水时，特别是锅炉初温较低时，由于汽包壁温差过大，在壁内将出现热应力。为了避免应力过高，规定上水温度不得高于90℃，开始时采用小流量，控制上水持续时间，通常为2.5~3.5h，当锅炉金属的初温较低时（如在冬季），上水水温开始时不得超过50~60℃，上水速度也应慢些。对于有缺陷的锅炉则要更酌情减慢。

对于直流锅炉，启动给水泵向锅炉上水，分离器入口排空阀见水，且贮水箱水位开始出现上升后，维持锅炉上水流量及过冷水流量不变，控制

第一篇　集控巡检

分离器贮水箱水位 8000mm 左右，锅炉进行开式冲洗。锅炉开式冲洗完毕后，启动炉水循环泵，锅炉进行冷态循环清洗。

（二）凝汽系统投运

1. 循环水系统

循环水是凝汽器的冷却水源，同时也作为汽轮机冷油器、发电机和调速给水泵空气冷却器、发电机水冷却器的冷却水源，此外也是射水抽气器的工作用水。按照启动程序并保证循环水不漏入汽轮机油系统和发电机水冷系统的要求，凝汽器通入冷却水。

2. 凝结水、给水系统

凝结水系统各级低压加热器的出口旁路门关闭，两台凝结水泵的进出口阀门、轴封加热器进出水门、各低压加热器的进出水门开启，使随机启动的各低压加热器能正常工作，凝结水不致误排入地沟。凝汽器汽侧补水至水位计的 2/3 处。凝结水控制系统做好投入使用的准备。凝结水控制系统两只滤网的进出水门、高压缸二路排汽止回门电磁阀的进出水门、各级抽汽止回门控制器进水门及电磁阀出水门、低压缸喷水电磁阀进水门、凝结水控制系统回水到水封阀门等均开启。此外两台凝结水泵的密封填料处应通以密封水。凝结水供旁路系统用的减温水总门开启。在凝汽器汽侧已补水及凝结水泵密封填料通水的情况下，逐台试验凝结水泵，检查其振动、声音、水压、电流、温度及密封填料正常，然后校验低水压自启动和相互自启动均符合要求，且一台泵启动后另一台停下来的泵无倒转现象，否则说明止回门异常，应进行处理。开启凝结水再循环阀门，如其不严密时，须在启动凝结水泵后方能开启。对抽汽管道使用水压止回门的机组，凝结水泵运行后，可以检查水压止回门的动作情况。真空系统的密封水也在此时投入。

凝结水系统的运行方式，一般是让水通过轴封冷却器、轴封抽气器和低压加热器，然后使凝结水经过再循环门重新回到凝汽器。这样，轴封抽气器、轴封冷却器中有冷却用的凝结水流过，就具备了投入运行的条件。

给水泵校验前，除氧器和给水箱应投入运行，给水箱进补给水并冲洗，直到水质合格。然后进水，再用备用汽源加热，维持除氧器压力。大型机组的给水泵，目前已广泛采用调速给水泵，除了泵体有液力偶合器等设备实现调速功能外，相应的外围设备也增加了供油泵、密封水泵等设备及系统，因此在校验给水泵之前应先校验其辅助设备并投入。供油泵为供给水泵启停及油系统故障时使用的设备，它的校验包括：开启供油泵，其电流、油压、振动、声音等应正常，油系统无漏油，轴承回油畅通，油位

第六章 机组的启动程序

火力发电职业技能培训教材　·227·

正常。校验润滑油压高能自动停泵，润滑油压低能自启动；密封水系统包括：开启密封水泵，逐台检查水压、电流、声音、振动、温度及密封填料正常。校验密封水泵的低水压自启动、相互自启动应正常。当备用密封水泵已投用或无备用时，密封水压下降至正常值的一半，自动开启备用凝结水源电磁阀门，对密封水箱补水，恢复水压至正常值。当密封水压低到极限值，密封水压与给水泵平衡盘后的压差小到极限值时，给水泵自动停用（此时校验电气接线回路即可）。

为避免大型电动机的多次启动，校验给水泵自启动可在给水泵电动机交流电源切断的状态下，校验其自启动回路，校验完毕再送上交流电源。正式启动给水泵，检查给水泵和电动机无剧烈振动和异声，电动机电流和启动时间、给水泵进出口压力等正常。给水泵正式投入前，为避免冷态启动时过大的热应力，应事先进行暖泵，使泵体温度逐渐上升到接近给水温度值，一般暖泵约需1h，冬天较冷的时期可延长暖泵时间。给水泵的油箱、油管、给油泵、冷油器及给水泵密封水回路应完整良好，给水泵电动机空气冷却器风门严密，室内清洁无积水。

高压加热器高水位联锁保护校验：高压加热器水位有Ⅰ、Ⅱ、Ⅲ三个水位值。通常当水位高到Ⅰ值时报警；高到Ⅱ值时危急疏水动作，开启疏水阀门放水；当水位继续升高到Ⅲ值，自动关闭高压加热器进水门和进汽门及一、二级抽汽止回门，使高压加热器自动停用。校验方法为：高压加热器危急疏水阀关闭，开启高压加热器进汽门及进水门，投入高压加热器连锁保护开关，人为接通各定值水位接点，动作情况应符合要求。

抽汽止回门联锁保护校验：抽汽止回门保护包括主汽阀关闭或发电机掉闸使一至七级抽汽止回门动作关闭；高压加热器水位高使一、二、三级抽汽止回门关闭；除氧器水位高使四级抽汽止回门关闭。控制机构有水控、气控两种。校验方法是：水控机构先启动凝结水泵，使抽汽止回门操纵机构有水源；气控机构则先开通气源，然后搬运开启抽汽止回门电磁阀，检查各抽汽止回门控制器手柄在开位置，投入抽汽止回门连锁开关，分别校验上述项目。由于主汽阀在关闭位置，抽汽止回门应相应动作到关闭位置。抽汽止回门联锁保护和旁路联锁保护都与主汽阀关闭和发电机跳闸有联锁关系，故校验时应将发电机掉闸和主汽阀关闭轮流退出，以保证校验的正确性。

排汽温度高及低压缸喷水联锁校验：关闭低压缸喷水装置阀门，人为接通排汽温度高的接点，低压缸喷水装置阀门应开启。

3. 抽真空系统及轴封供汽

启动射水抽气器或真空泵抽真空。射水泵启动之前先将射水箱补水至正常水位，然后逐台检查和校验射水泵的低水压自启动和相互自启动。在真空达到冲动转子所要求的数值之前，轴封供汽管路已事先暖好，疏水排净。当真空增长缓慢时，若要采用向轴封送汽，以提高到需要的数值时，应该注意向轴封送汽的时间必须恰当。过早地向轴封送汽，在连续盘车的情况下转子虽然不致弯曲，但供汽时间过长会使上、下汽缸的温差增大，这同样会使机组动静部分的径向间隙减小。同时供汽时间长，转子受热膨胀较多，因而在冲动转子前，转子和汽缸的相对膨胀正值便要增大，这都是不利的。还应指出，必须在连续盘车后才可向轴封送汽，以免转子产生热弯曲。

转子在冲转前，应有适当的真空，一般为 53kPa 左右。如果真空过低，转子冲转时需要的蒸汽较多，蒸汽进入排汽缸时，排汽缸的温度升高较多，同时凝汽器内的压力也要瞬间升高较多。正常启动冲动转子时，真空也要有所下降。下降过多有可能使凝汽器内形成正压，造成排大气安全门动作，同时也会对汽缸和转子造成较大的热冲击。另外还将使排汽缸的中心线抬高，造成冲转时的振动；但冲转转子的真空也不应过高，如果真空过高，不仅要加长建立真空的时间，也因为通过汽轮机的蒸汽量较少，因而放热系数较小，使得汽轮机加热缓慢，转速也不易稳定，从而显著延长启动时间。

启动时利用给水箱汽平衡来的汽源或来自其他机组的备用汽源，供轴封均压箱和汽加热使用。这些汽源管道的总门和轴封均压箱自动调整器进汽门及旁路进汽门、轴封自动调整器排凝汽器门等均应关闭，有关疏水阀应开启。

轴封送汽后，应该检查轴封抽气器、轴封冷却器水位和内部压力是否正常。无论在启动时向轴封送汽，还是机组正常运行时向轴封供汽，都应保持轴封冷却器和轴封抽气器工作的正常，使轴封供汽和轴封抽气形成环流，防止轴封蒸汽压力过高而沿轴漏出，这将会造成蒸汽顺轴承油挡间隙漏入油中，从而恶化油质。

（三）盘车预热汽轮机

蒸汽对金属的凝结放热系数比过热蒸汽的放热系数大许多倍。汽轮机冷态启动时，汽缸、转子等部件金属温度很低，冲转时蒸汽将引起金属部件过大的热冲击，蒸汽接触过冷的金属部件时将产生凝结。因此，大多数机组为避免启动时产生的热冲击以减少机组寿命损耗，使蒸汽与汽缸、转子的金属部件温度相匹配，采用在盘车状态下预热汽轮机的方式，即在汽轮机转子在盘车转动的情况下，通入加热蒸汽，使汽轮机转子与汽缸在冲转前进行预热，使汽轮机转子金属温度达到金属材料脆性转变温度以上（150℃左右）。

采用盘车预热启动有以下几点好处：

（1）由于高、中压转子的中心温度已被加热（盘车预热）到接近或超过材料的脆性转变温度（FATT），可以缩短暖机的时间。这样从冲转开始，可以以较快的速度升至全速。

（2）采用盘车预热易于利用凝结放热的形式在较低温度下加热高压转子，用阀门控制小汽量加热，避免金属温升率太高，又可避免高温蒸汽的热冲击。特别是对转子直径较大的反动式汽轮机和采用多层汽缸及窄法兰结构的机组更有利。

（3）盘车暖机可以利用辅助蒸汽加热，缩短机组启动时间。又由于金属部件金属温度水平较高，可以提高冲转参数，尽早接带负荷。

（四）润滑油系统的投入

主油箱、润滑油放油门关闭，润滑油泵、抗燃油泵及顶轴油泵进出油门开启，油箱和各冷油器放油，放水门、加油门、事故放油总门关闭，各冷油器进出油门开启，润滑油系统进行油循环，顶轴油到各轴承进油门开启，高中压主汽阀及中压油动机活动试验油门关闭等，使油系统进入启动油泵及盘车前的状态。

顶轴油泵及盘车装置联锁保护校验：顶轴油泵和盘车装置在联锁开关投入时的相互联锁关系为润滑油压低，顶轴油泵不能启动。润滑油压低或顶轴油泵未启动，盘车电动机不能启动。同时盘车手柄未推进，盘车也不能启动，盘车手柄脱扣则盘车自动停止运行。

检查调节系统和调节汽阀的外部情况，所有螺栓、销子、防松螺帽等均应装配齐全，一切完好。

润滑油系统的可靠性应该通过检查加以证实。在高压油泵运行前，润滑油泵应已投入运行，打开润滑油泵和高压油泵出口连接管上的阀门，以驱除高压油泵和调节系统中的空气，然后试验高压油泵，试验正常后投入运行。高压油泵运行正常后，启动排油烟机。排油烟机运行时，油箱及轴承回油管路的负压不宜过大，防止从油挡处吸进较多的脏空气和蒸汽，以保持油质良好。高压油泵运行后，投入润滑油泵的低油压自启动装置，用低油压继电器压力油管泄油的办法做低油电动润滑油泵自启动的试验。试验后恢复到原来的运行状况，然后可以做汽轮机静止时调节系统的动作试验。检查各部分有无卡涩现象，如果发现不正常的情况应设法消除，否则禁止启动机组。启动盘车装置时，先开润滑油的进油门，并检查其电动机和齿轮的啮合情况。顶轴油泵在盘车投入之前先行投入。

汽轮机装置中，一般不采用油箱加热的设备，冷油器也不接装较高温度的水源，而是采用提早开动高压油泵，使油流循环加热的办法来提高润滑油和调节油的温度。汽轮机启动时，润滑油的温度不得低于35℃，润滑油温随转速的升高而升高，在转子通过第一临界转速后，油温应在40℃以上。正常运行时，油温一般控制在 40～45℃ 之间，但不得超过45℃。

机组冲转前，必须确认油系统的正常工作，即也要保证连续地供给润滑系统和调节系统以正常稳定的油压与油温。汽轮机油系统油压高些，一般危害性不大，如果压力过高，会影响油管等部件的安全，易发生油管法兰等处漏油。油压太低会使调节系统工作失调，动作困难。润滑油压过低，影响轴承正常润滑，油温过高，影响轴承油膜减薄，并使轴承温度进一步升高。长期在高温下运行，汽轮机油质量易发生老化，油的使用寿命减短。如果冷油器出口油温过低，使油的黏度增大，会使轴承油膜增厚，油膜稳定性差，可能引起轴承油膜振荡。

（五）发电机冷却系统

1. 发电机水冷却系统的投入

首先应将发电机冷却水回水箱进行外部循环的反复冲洗，直至水质化验合格。进水到回水箱水位计的2/3处，然后开通发电机的水冷却系统。发电机的两台水冷泵的进出水门、三台水冷却器的发电机冷却水（凝结水）进出水门、静子和阻尼环进出水门、转子进水门等均开启，进行包括发电机本体静子、转子、阻尼环等水回路的冲洗，直至水质合格。然后关闭放水门，静子、转子压缩空气倒冲门，以及回水箱的放水门和取样门。测量发电机绝缘电阻应合格。

发电机水冷泵校验：在发电机冷却水回水箱已经投入的情况下，逐台启动水冷泵检查，校验低水压自启动和相互自启动符合要求。

2. 发电机氢气冷却系统的投入

氢气冷却的汽轮发电机组，只有处于氢气冷却时，方可投入运行。因此在发电机转子处于静止时，首先应将发电机氢气冷却系统投入运行，然后逐步将发电机密封油系统投入运行，最后逐步升压至发电机额定氢压运行。

充氢时应保持轴密封的密封油压力，以免漏氢。充氢过程如下：先用二氧化碳（或氮气）充满气体系统，以驱出空气。再用氢气充满气体系统，以驱出二氧化碳（或氮气），将发电机转换到氢气冷却运行状态。充氢后，当发电机内的氢纯度、定子内冷凝结水水质、水温、压力、密封油压等均符合规程规定，气体冷却器通水正常时，才可启动转子。

二、锅炉点火及升温升压

1. 锅炉点火前的吹扫

点火前必须对轻重油、天然气、雾化蒸汽和空气管道进行认真吹扫，目的是清除可能残存的可燃物，防止点火时发生炉内爆燃。锅炉点火前，应打开所有烟道挡板及阀门，先启动回转式空气预热器，然后按顺序启动引风机和送风机各一台，以排除烟道及炉内残存的可能引起爆炸的气体和沉积物，满足炉膛、烟道及预热器的吹扫要求，并可防止点火后回转式空气预热器由于受热不均而发生严重变形的问题。先启动引风机，后启动送风机，以保证炉内有一定的负压，防止正压出现。

锅炉吹扫系统根据其结构和制粉系统的形式而略有不同，吹扫风量通常保持在 25% ~ 30% 额定风量，时间不应少于 5min。吹扫完毕，锅炉主燃料跳闸装置自动复位。

2. 锅炉点火

由于许多未知因素的存在，首次点火很可能不易成功，造成燃油进入炉膛污染受热面，成为潜在的事故根苗，因此要充分重视，为此可预先检查试验点火工作，确保点火顺利地进行。轻油容易燃烧，对锅炉受热面的沾污也较小，但其价格较重油贵得多。点火油嘴一般同时使用两个，如点火油嘴和喷燃器为四角布置，则应先点着对角的两只油嘴，以后定期调换另外对角的两只，这可使锅炉各部分均匀受热。初始燃料量约为额定负荷的 10%。为了防止未燃油滴和油气在烟道内积聚，此时通风量应比需要量大，通常约为额定负荷时的 20% ~ 25%，以减少爆燃的可能性。轻油点燃后，使炉膛和水冷壁受热逐渐升温。待过热器后烟温和热风温度上升到一定数值（400℃）才投入主喷燃器。这段时间对煤粉炉来说，一般需 30 ~ 40min。

当前，不少电厂采用重油作为锅炉点火到机组带 20% ~ 30% 额定负荷的主要燃料。其点火方式有：①用轻油点火器分别点燃重油及煤粉燃烧器；②用轻油点火器点燃重油燃烧器，再由重油燃烧器点燃煤粉燃烧器，而轻油点火器的轻油是靠高能发火器来引燃的。对于轻油或重油系统，在其投运前应进行油系统泄漏检查，检查快关阀及炉前系统泄漏合格与否。轻、重油的泄漏试孔检查，关键在于确认轻、重油的快关阀和回油阀之间的管路是严密不漏。其试验的方法是首先保持快关阀前后压力相等的情况下，将快关阀关闭，要求其能够保持压差为零达5min，再将回油阀开启，看油压能否进到最低脱扣动作，然后关闭回油阀，要求低油压脱扣也能保持5min，以考核快关阀是否严密。

目前四角布置的燃烧锅炉，燃料油控制系统多采用油层启动逻辑：当按下油层启动按钮后，油层按照先对角启动的原则，并进行油检启动操作，完成整个油层点火。单支油机的启动程控系统包括油检推进到位，点火栓推进到位，点火油阀打开，见火焰信号后点火枪返回。

如果油阀开若干秒内未见火焰，则认为点火失败，关闭油阀，自动进行油枪的吹扫。因冷炉点火炉膛温度比较低，对燃烧重油的锅炉应注意重油中未完全燃烧的成分易沾污受热面，造成局部温度偏高。最初投入的主喷燃器也不应少于两只，以保证燃烧稳定，且投燃料时应先投入油嘴上的喷燃器。因为这里的温度较高，容易引燃。投燃料后，由于炉膛温度低，有可能会熄火。一旦发生熄火，或投入燃料5s后在炉膛内还未点燃，应立即切断燃料供应，并按点火前的要求对炉膛和烟道进行通风吹扫，再重新点火。点火时喷燃器出口的一、二次风都应较小，否则不利于煤粉的点燃。待煤粉着火后，根据燃烧情况调整二次风。当炉膛温度较低时，投煤粉喷燃器，对于直吹式制粉系统可先关小热风门，让磨煤机内积聚一些煤粉后再适当开大热风门，这样能增大点燃时的煤粉浓度，以利于煤粉着火。

近年来，燃煤挥发分较高的锅炉普遍采用等离子点火技术，节约启动用油。等离子点火启动时先启动一次风机、磨煤机密封风机，检查一次风机和密封风机运行正常，一次风、密封风母管风压调整至适当值。进行等离子点火装置确认准备：.

（1）确认一台等离子冷却水泵投入，检查冷却水压力正常，其余两台备用。

（2）确认等离子载体风系统投入，确认风压正常。

（3）确认等离子火检冷却风系统运行正常。

（4）等离子图像火检装置无异常。

（5）检查等离子点火装置电源及控制系统无异常。

（6）检查辅汽系统已经投运正常，投入磨煤机暖风器系统。

在暖磨过程中等离子点火装置拉弧，调节等离子装置的设定电流，磨煤机电机启动，建立磨煤机一次风量，投运磨煤机暖风器，投入暖风器后一次风温升至150℃左右，调整各粉管一次风流速 18 ~ 20m/s。直到磨煤机出口温度到 60℃ ~ 80℃，启动给煤机，适当提高给煤量，观察着火稳定。

3. 锅炉升温、升压

锅炉点火以后，燃料燃烧放热，使锅炉各部分逐渐受热。蒸发受热面和炉火温度也逐渐升高。水开始汽化后，汽压也逐渐升高。从锅炉点火直到汽温、汽压升至工作温度和工作压力的过程，称为锅炉升温、升压过程。由于水和蒸汽在饱和状态下，温度与压力之间存在一定的对应关系，因此蒸发设备的升压过程也就是升温过程，通常以控制升压速度来控制升温速度。为避免温升过快而引起温差热应力，在升压过程中，汽包内水的平均温升速度限制为 1.5 ~ 2℃/min。

在升压初期，汽包内压力较低，汽包金属主要承受由温差引起的热应力，而此时各种温差往往比较大，故升压率应控制小些。另外，在低压阶段，升高单位压力的相应饱和温度上升值大，因此升压初期的升压速度应特别缓慢，并应采取措施加强汽包内水的流动，从而减小汽包上下壁的温差。一般采用汽包内设置邻炉蒸汽加热装置和加强下联箱放水，以尽早建立水循环和控制汽包热应力。当水循环处于正常后，为不使汽包内外壁、上下部壁温差过大，仍应限制升温升压的速度。当压力升至额定值的最后阶段，汽包金属的机械应力也接近于设计预定值，这时如果再有较大的热应力是危险的，故升压速度仍受限制。一般规定汽包上下部壁温差不得超过 50℃，为此，在大型锅炉汽包上一般均装设上下部壁温测点若干对，以便在启动时监视。若发现壁温差过大，就应降低升压速度。就升压而言，锅炉很容易做到。只要炉内燃烧，暂时不送或少送蒸汽，压力就会很快地升高。然而升温的问题就比较复杂。升温太快，往往会危及设备的安全。除了从燃烧安全方面考虑以外，其他几乎都是由升温条件决定的。升温速度决定于燃烧率。为了保证锅炉设备的安全，升温速度和燃烧率都有严格的限制。但是对锅炉来说，汽轮机要求冲转的参数总是压力较低而温度较高。因此，在锅炉的启动过程中必须设法缓和压力的上升，而尽可能加快汽温的升高。

锅炉在启动初期压力很低时，水循环尚未正常建立，升压速度不能过高，待水循环正常后，且压力较高时，才允许适当提高升压速度。升压速度太慢，则延长锅炉的启动时间，增加启动损失。因此，对于不同类的机组，应当根据其具体条件，通过启动试验，确定升压各阶段的升压速度，以便制订出该机组的升压曲线，作为启动时的依据。

直流锅炉当分离器进口温度达到 150℃ 时，开大给水旁路调节阀，增加锅炉的给水流量,锅炉进行热态冲洗。调节给水量应以"省煤器入口流量=炉水循环泵出口流量+蒸汽流量-过冷水流量"为调整原则。

4. 锅炉点火及升温升压时要注意的问题

在锅炉点火初期和升温升压的过程中,对水冷壁运行工况的监视是十分重要的。对自然循环汽包炉来说,初期水循环不稳定,水冷壁受热的均匀性较差,水冷壁的热膨胀也存在着较大的差别。水冷壁的受热膨胀情况可通过装在下联箱上的膨胀指示器加以监视。点火前应进行记录,点火初期检查的时间间隔要短些,后期可适当延长,对膨胀小的水冷壁,可采取改变燃烧方式或放水的办法加快水循环。

自然循环汽包炉启动初期采用间断上水。停止给水时,省煤器内局部可能产生水的汽化,如生成的蒸汽停滞不动,则该处管壁可能超温。此外,间断给水使省煤器的水温也间断变化,在管壁引起交变应力,从而影响金属和焊缝的强度。为保护省煤器,设有再循环管,当停止上水时,应立即开启再循环管上的再循环门,使汽包与省煤器之间形成自然循环回路,靠炉水循环冷却省煤器。重新上水时,应关闭再循环门,防止给水直接进入汽包。再热器的安全与旁路系统的类型有关。对于Ⅰ、Ⅱ级串联旁路系统,在启动期间,锅炉产生的蒸汽可以通过高压旁路流入再热器,然后经中、低压旁路流入凝汽器,因而再热器能得到充分冷却。对于单级大旁路系统,冲转前因高压缸无排汽,再热器内没有蒸汽流过,这时应严格控制再热器前烟温,有的锅炉使用烟气旁路来控制进入再热器的烟气流量。再热器的安全与冲转参数也有密切关系。因冲转参数的高低与锅炉当时的燃烧量有关,燃烧量又影响再热器前烟温,所以对于采用单级大旁路系统的机组,冲转参数宜选得低些。一般规定在锅炉蒸汽量小于约10%额定值时,必须限制过热器入口烟温,考虑到在启动阶段,烟气侧有较大的热偏差,故烟温的限值应比过热器金属允许承受的温度还要低些。控制烟温的主要办法是限制燃料量和调整炉内火焰的位置。

随着负荷流量的提高,对管壁的冷却效果提高,烟温也升高,这时就转为限制过热器出口汽温的办法来保护过热器,其限值一般比额定负荷时的汽温低50~100℃。启动过程中,如用喷水使过热器减温,应注意喷水量不能太大,以防喷水不能全部蒸发而积在过热器管内,形成水塞引起超温。

直流锅炉升温升压过程中应控制启动分离器贮水箱水位。控制类似于自然循环锅炉的汽包水位,也应保持在合适的范围内,特别是汽水膨胀阶段,必须严格控制燃烧率和上水量。直流锅炉不具备自然循环锅炉的水循环自补偿特性，所以升温升压阶段更要严格控制分离器出口蒸汽温度变化速率不高于1.5℃/min，水冷壁出口升温率不大于220℃/h，防止水冷壁局部超温过热损坏。启动期间，炉水循环泵入口水温正常应低于分离器压力对应饱和温度10℃以上，否则应检查过冷水流量是否偏低，必要时提高给水压力，增加过冷水量。

三、暖管

启动前，主蒸汽管道、再热蒸汽管道、自动主汽阀至调速汽阀间的导汽管、电动主闸阀、自动主汽阀、调速汽阀的温度相当于室温。锅炉点火后，利用所产生的低温蒸汽对上述设备及管道进行预热，称为暖管。暖管的目的是减少温差引起的热应力和防止管道内的水冲击。对汽轮机的法兰螺栓加热装置、轴封供汽系统、汽动油泵和蒸汽抽气器的供汽管道也应同时进行暖管。

对于机组，锅炉点火升压与暖管是同时进行的。锅炉汽包至汽轮机电动主闸阀之间的主蒸汽管道上的阀门在全开位置，电动主闸阀及其旁路阀处在全关位置，再热机组通过汽轮机旁路系统对再热蒸汽管道进行暖管。同时，也可通入少量蒸汽，在盘车情况下对高、中压缸进行暖缸。

对高参数、大容量的机组，暖管时温升速度一般不超过3℃/min。暖管应和管道的疏水操作密切配合。当蒸汽进入冷的管道时，必然会急剧凝结。蒸汽凝结成水时放出汽化潜热，使管壁受热而壁温升高。如果这些凝结水不能及时地从疏水管路排除，当高速汽流从管道中通过时便会发生水冲击，引起管道振动。如果这些水被蒸汽带入汽轮机内，将发生水击事故。另外，通过疏水可以提高蒸汽温度。因此，疏水是暖管过程中的一项重要工作。在暖管过程中，主蒸汽管和再热蒸汽冷、热段管的疏水，一般通过疏水管道、旁路系统的排汽，经疏水扩容器排至凝汽器，此时凝汽器已经带了热负荷，所以要保证循环水泵、凝结水泵及抽气设备的可靠运行。如果这些设备发生故障而影响真空时，应立即停止旁路设备，关闭导向凝汽器的所有疏水阀，开启所有排大气疏水阀。另外，在暖管过程中，要定期开启疏水管的检查门，以观察是否还有积水。在暖管过程中，对自动主汽阀和调速汽阀的预热问题应引起注意。大容量机组的自动主汽阀和调速汽阀体积大、形状复杂、壁厚变化大，加上应力集中的影响，往往因热应力大而发生裂纹。因此，现在许多国家的制造厂家对这一问题都做了相应的规定。如日立公司引进美国西屋技术制造的300MW机组，当主汽温度高于调速汽阀室温度43℃以上时，必须预热调速汽阀，预热时调速汽阀内壁温升不超过100℃/h。在主蒸汽管道暖管的同时，具有法兰和螺栓加热装置机组的加热系统也应暖管。

在机组暖管升压过程中，排汽量与给水流量较小，汽包水位较难控制，当燃料量、旁路阀门及排汽量变化较大时，都会引起汽包水位发生较大的变化，因此必须加强对锅炉汽包水位的监视与调整，以保持水位正常。

四、汽轮机冲转与升速

（一）冲转应具备的条件

冲转条件是保障汽轮机从盘车状态下安全过渡到正常运转的必要保证。通常汽轮机厂家为保护设备的安全均在操作手册中做出了具体要求。

（1）主要技术参数指标符合机组冲转要求限值范围，如：汽缸膨胀胀差、轴向位移、转子偏心度、润滑油压、油温、各轴承温度、凝汽器真空和汽缸各部分金属温度等。

（2）机组各辅机设备及系统总门状态，连续盘车 2h 以上，冲车前，试验工作全部完成且试验结果均应正常，必要时保护已全部投入。

（3）冲转参数选择合理，其原则如下：

1）冲转时主蒸汽压力选择应综合机炉两方面及旁路系统的因素来考虑，要从便于维持启动参数的稳定出发，进入汽缸的蒸汽流量应能满足汽轮机顺利通过临界转速和初负荷的需要。为使金属各部件加热均匀，增大蒸汽的容积流量，冲转蒸汽压力应尽量适当选择低一些。理想的冲转蒸汽温度是应当能避免启动初期对金属部件的热冲击，同时为防止蒸汽过早进入湿蒸汽区而造成的凝结放热及末级、次级叶片的水蚀，要有足够高的过热度。总之，蒸汽温度应保持与金属温度相匹配，且不匹配度不应超过允许范围。

2）凝汽式汽轮机的启动都无例外地要求冲转前建立必要的真空，凝汽器保持真空度的高低对启动过程有着很大影响。在冲转的瞬间，大量的蒸汽进入汽轮机内，因为蒸汽的凝结需要有个过程，所以真空度会有不同程度的降低。如果真空度过低，在冲转的瞬间就会有使排汽安全门动作的危险。此外，凝汽器真空度过低还会使排汽温度大幅度升高，使凝汽器铜管急剧膨胀，造成胀口松弛，以致引起凝汽器管子泄漏；过高的真空度也是不必要的，在其他冲转条件都具备时，仅仅为了等真空度上来，必然会延迟机组的冲转时间。另外，真空度越高，冲动汽轮机需要的进汽量越少，将达不到良好的暖机效果，从而延长了暖机时间。

3）启动前对大轴晃动值进行测定，主要是检查是否在停机期间发生了轴的弯曲，所以大轴晃动值是汽轮机冲转的一项重要条件。如果机组安装后原始大轴晃动值比较大时，一定要记录下最大晃动值的方位，作为以后启动前测量大轴晃动值的参考。

（二）冲动转子和低速检查

冲动转子是汽轮机的金属由冷态变化到热态，转子由静止变化到高速转动的初始阶段。这个阶段的矛盾却是由金属温度升高的速度和转子转速升高的速度而引起的。在暖管阶段，各项工作完成以后，即可开始冲动转子。冲动转子有调节阀冲转和主汽阀冲转两种不同方法。有一些汽轮机生产厂家要求在转子冲转后立即关闭冲转阀门。在低速下对机组进行听音并进行全面检查，确无异常后，再开启冲转阀门，重新启动汽轮机。因为汽轮机在冷态启动时蒸汽和汽缸的温差很大，为防止汽轮机各金属部件受热不均匀产生过大的热应力和热变形，在冲转后转速升至额定转速前，需要有一定时间的暖机检查过程。高压汽轮机均设有连续盘车装置，它在汽轮机冲转前已先期投入。汽轮机通汽冲转并非从静止开始，而是由某一转速加速，故所需蒸汽量并不很大。同时为了避免冲转阶段汽轮机调节级汽缸温升过快，启动汽门的开启应平缓。由于冲转蒸汽流量小，汽门后压力表计量程太大，无法反映蒸汽压力和流量微小的变化，必须借助于转速监测间接判断启动情况。当转速升到 500r/min 后，应关闭调速汽阀，用听音棒倾听汽轮机内部有无摩擦声。因为调速汽阀关闭后，排除了汽流声，便于分辨异常声音，此时需特别注意，勿使转子静止。确信无异常情况，重新开启调速汽阀，维持 500r/min 的转速，做全面检查。应检查盘车是否脱开，停止盘车电动机，转子转动后应对各轴瓦的回油情况、油温、油的受热度进行检查。

冲动转子后，检查机组各轴瓦的振动。如轴承箱有明显的晃动，则说明转子可能因弯曲或机组的动静部分之间发生碰撞，此时应立即手打危急保安器，关闭启动汽门停止启动，测量转子轴颈晃度，找出振动大的原因后方可重新启动；冲动转子后，注意凝汽器真空度变化情况。由于一定数量的蒸汽突然进入凝汽器，真空度瞬间下降较多，无其他原因，当蒸汽正常凝结后，真空度又要上升，这时要及时调整，保持凝汽器真空度为在该转速下暖机的真空度；冲动转子后，注意调整凝汽器的水位，防止发生凝汽器热井满水或因调整不当引起热井水位过低而致使凝结水泵打水中断。在启动过程中，射汽式抽气器、轴封冷却器需要保持足够的冷却水量，否则将引起其工作失常，引起凝汽器真空度下降。对于水内冷发电机组要调整转子进水压力，氢冷发电机要调整密封电压。低速检查时要投入法兰、螺栓和汽缸加热装置。

从冲动转子开始，需定期记录测量仪表的读数。冲动转子的瞬间，高温新蒸汽同低温汽轮机部件接触，蒸汽对金属进行剧烈的凝结放热，这时金属的升温率较大，容易产生很大的热应力。随着转速的升高，汽轮机金属温度也将升高，汽缸内蒸汽对金属的对流放热成分逐渐增加，金属温度升高速度才放慢。限制新蒸汽流量才能控制温升速度。蒸汽流量与转速、负荷有一定的关系，因而控制升速和负荷也就是控制温升速度。

（三）升速和暖机

汽轮机在冷态启动时，蒸汽与汽缸、转子的温差很大，为防止汽轮机各金属部件受热不均匀产生过大的热应力和热膨胀，在冲转升速至额定转速前，需要有一定时间的暖机过程。暖机的目的是防止金属材料脆性破坏和避免过大的热应力。升速暖机过程是转速和各部件的金属温度逐步升高的过程。这个过程能否正确进行，将直接影响到汽轮机整个启动过程中各部件的热应力、热变形、热膨胀及振动等情况。启动过程规定的升速速度是根据汽轮机金属允许的温升率来选择的。在升速暖机过程中，必须严格控制金属温升率，即控制金属温度上升速度。升速过快会引起金属过大的热应力；升速过慢只是不必要地延长启动时间，而无别的好处。不同的机组在不同的升速阶段，金属温度升高速度也不同，应该了解所属机组从冲动转子到额定转速的各阶段中汽轮机金属温度的变化情况，在金属温升率大的阶段，按照运行规程正确控制升速速度。

监视汽轮机金属温度变化情况，一般以启动过程中温度变化比较剧烈的调节级汽室下汽缸内壁温度（或上、下汽缸的平均温度）作为汽轮机启动过程中金属温度的监视指标，因为这一温度指标能反映出整个高压段汽缸金属的温度水平。

高压机组启动时，为保证金属温度均匀上升，一般分别在 1000~1400r/min、2200~2400r/min 的时候停留，进行中速和高速暖机，但应避开在临界转速时暖机。中速暖机转速一般在离临界转速 150~200r/min 的范围内进行。因为在启动过程中，主蒸汽参数、真空度都会有波动，如不避开临界转速一定范围，将引起机组转速落入临界转速而发生振动。中速暖机是高压汽轮机启动的重要一环。中速暖机必须充分，因为中速暖机之后升速时，将要通过机组的临界转速，再进行高速暖机。如果中速暖机不充分，高速暖机时金属温升率将可能过高。

升速和暖机过程中，应严格控制汽轮机各部分的金属温差，从而把金属的热应力和热变形控制在允许的范围之内。主要控制的温差有上下汽缸温差、法兰内外壁温差、上下左右法兰之间的温差、法兰与螺栓的温差等。

一般在中速暖机前后，法兰内外壁金属温差显著增加，法兰与螺栓温差也显著增加。这个阶段须适时投入法兰和螺栓加热装置。法兰和螺栓加热装置投入后，要严格控制法兰内外壁温差、法兰与螺栓温差、左右两侧法兰温差。要注意检查汽轮机的金属温度、汽缸膨胀、相对膨胀和汽缸左右两侧的对称膨胀情况。考虑到启动中汽缸和转子的受热条件不同，膨胀情况也不同，各级轴向间隙将发生改变，个别的间隙将缩小很多，所以法兰加热装置一定不能使用过度。汽缸膨胀主要是法兰温度水平的反映，当法兰温度低，限制汽缸膨胀时，则须适当地延长升速和暖机的时间。汽缸膨胀数值间歇跳跃式的增加，说明机组滑销系统卡涩，应列入重大缺陷之内，应在近期的检修中加以消除。使用法兰螺栓加热装置时，均为从外部不同部位分别对汽轮机进行加热，所以应特别注意汽缸左右两侧加热的对称情况。避免汽缸两侧加热不均而导致机组中心变动，引起机组振动。通常要求左右法兰中心温差不得大于10℃，汽轮机左右两侧膨胀应该对称。

高压汽轮机启动、升速和暖机过程中，如果法兰加热装置使用过度，法兰温度过高，那么靠法兰加热装置后部的各段动叶片进汽侧轴向间隙将缩小。当法兰外壁温度高于内壁时，由于外壁金属的伸长较多，使汽缸前后两端成为立椭圆，中间段形成横椭圆。这时前端固定在汽缸上的阻汽片的左右两侧辐向间隙将减小，非悬挂式安装的中间段下隔板将抬高，减小下部的辐向间隙。如下汽缸温度低，又出现猫拱背现象，两者同时出现就可能引起径向摩擦。所以汽缸法兰外壁温度过高比过低更加危险。启动时法兰外壁温度不应高于内壁温度。法兰温度一般不得高于汽缸温度，是使用法兰加热装置的原则之一。对螺栓的加热，螺栓的温度无论如何不应高于汽缸法兰的温度，以免汽缸法兰的连接松开，以致汽缸自结合面漏汽。

升速到2200~2400r/min进行高速暖机，这是升速过程中汽轮机金属加热速度最大的阶段。这时由于进汽量增大，汽缸膨胀比较显著。高速暖机大约需30min以上，汽缸或法兰内壁温度才能达到运行规程规定的数字。随着汽轮机转速的升高，润滑油温度和发电机风温都要升高，可以投入润滑油冷油器和发电机冷却器，以保持运行规程规定的油温和风温。转速升高后，也应相应调整凝汽器的真空度、氢冷发电机的密封油压。

高速暖机后，当转速升到2800r/min左右，主油泵已能正常工作，可逐渐关小启动油泵出口油门。油压达正常工作时的数值，且主轴转速升至额定转速后才可以停止启动油泵的运行。

汽轮机定速后，应对机组进行全面的检查，一切正常后，方可进行手打危急保安器试验。在进行打闸试验时，启动油泵应继续运行。如果这时油泵停运，自动主汽阀关闭后，主机转速和调速油压下降较快，将不利于危急保安器挂闸。假如一次挂闸未成，随着转速降低，会引起调速油压失压。如果启动油泵保持运行，则可避免这一缺点。试验结束后，停止启动油泵，在关油泵出口门时，一定要慢关，特别注意监视主油泵出口油压及润滑油压的变化。发现油压降低，应立即开启启动油泵出口门，待查到油压下降的原因并采取措施后，再重新进行停止油泵的操作。

在额定转速下，因排汽在排汽缸内分布的不均匀，有可能产生局部涡流，并可能有死区，这将引起汽缸的局部过热，使凝汽器的喉部和其他部分温度不一致。发生这种情况时，也需采取降低排汽温度的办法，以避免排汽缸的不均匀膨胀。

（四）汽轮机冲转与升速要注意的问题

高压汽轮机启动时，振动多发生在中速暖机及其前后的升速阶段。升速和通过临界转速的过程中，要特别注意轴承振动的变化。升速和通过临界转速的过程中，若发现振动和汽缸内声音异常，则不应强行升速，应仔细判明原因后及时消除。机组升速中明显振动，振动增大较多时，用听针能听到轴承内的敲击声，前箱也可能出现左右晃动的情况下，不允许强行升速。否则，易使轴封段磨损，进而造成转子热弯曲。转子越弯曲，振动越大；振动越大，磨损越严重，造成恶性循环。发生明显振动时，比较安全的办法是迅速打闸停机找出原因，再行启动。转子的动不平衡或转子的热弯曲产生的振动，振动幅度与转速的平方成正比，所以中速暖机前，如机组出现0.03mm以上的振动，则应停机处理。因冲过临界转速时，蒸汽流量有较大的变化，易造成过大的热应力和膨胀不均匀，故冲过临界转速后，应在适当转速下停留适当一段时间，使各部分金属温度趋于一致。每次升速前后均应检查机组振动、摩擦声音、金属温度、汽缸以及转子膨胀情况。还应检查轴瓦回油温度、油压、油质情况以及油箱油位。此外新蒸汽参数、排汽温度、凝汽器真空度也应在检查之列。高压大容量汽轮机转子的临界转速偏低，当工作转速约等于最低临界转速的两倍时，可能发生油膜振荡。大型机组在运行中应特别注意这一点。

油温对转子运行稳定性的影响是很大的。油温调节不当并偏低时，往往会使稳定性裕度不大的机组发生油膜振荡。故一般情况下，油温不应低于40℃，为了增加稳定性，可将油温维持在40～45℃范围内运行。

五、机组并列和接带负荷

（一）机组并列操作

机组并列操作是指将汽轮发电机组并入电网的操作过程。机组在额定转速下，经检查确认设备正常，完成规定试验项目，即可进行发电机的并网操作。汽轮发电机并网操作均采用同期法，要严格防止非同期并列。发电机与系统并列操作必须注意主开关合闸时没有冲击电流，并网后保持稳定的同步运行。除要满足上述两点外，准同期并网时还必须满足三个条件，即发电机与系统的电压相等、电压相位一致、周波相等。如果电压不等，其后果是并列后发电机与系统间有无功性质的冲击电流出现。如果电压相位不一致，则可以产生很大的冲击电流，使发电机烧毁或使发电机端部受到巨大电动力作用而损坏。如频率不等，则会产生拍振电压和拍振电流，将在发电机轴上产生力矩，从而发生机械振动，甚至使发电机并入电网时不能同步。准同期法并网的优点是其发电机没有冲击电流，对电力系统没有什么影响。

大容量机组一般都采用自动准同期方法，自动准同期方法能够根据系统的频率检查待并发电机的转速，并发出调节脉冲来调节待并发电机的转速，使发电机的转速达到比系统高出一个预先整定的数值。然后检查同期回路便开始工作，这些工作是由发电机自动准同期装置（ASS）来完成的。当待并发电机以一定的转速向同期点接近，由电压自动调整装置（AVR）通过调节转子励磁回路的励磁电流改变发电机电压。当待并发电机电压与系统的电压相差在 ±10% 以内时，自动准同期装置（ASS）就在一个预先整定好的提前时间上发出合闸脉冲，合上主断路器，使发电机与系统并列。

（二）机组带负荷过程

在冷态滑参数启动过程中，汽轮机的调速汽阀处于全开状态，机组增升负荷的控制主要取决于锅炉的燃烧与调整。为使机组并网后能平稳地增升负荷，要求主蒸汽升压速度控制在 20～30kPa/min，主蒸汽温升速度为 1～2℃/min。在冷态滑参数启动的初始负荷阶段，汽轮机高压调速汽阀应保持全开，新蒸汽可均匀进入汽轮机。以后增升负荷，主要靠加强锅炉燃烧，增大锅炉蒸汽蒸发量来完成。随着蒸汽蒸发量的增加，主蒸汽压力也相应提高。在低负荷阶段，要求主蒸汽压力变化率控制在 20～30kPa/min 范围之内。这样可以确保稳定地增升负荷，也可防止流通部分蒸汽流量增加过快，造成高压外汽缸及其法兰的加热跟不上转子的加热，引起正胀差值超过运行允许值。以后机组提升负荷时，主蒸汽压力变化率可适当加大。

汽轮机的升负荷实质上就是增加汽轮机的进汽量。因此汽轮机各级压力和温度都将随着负荷（流量）的增加而提高，通常汽轮机金属温度的升高速度与负荷的增加速度成正比。因此，在升负荷过程中，控制金属的温升率就归结为控制汽轮机的升负荷速度。允许的升负荷速度取决于最危险区域（一般指调节级附近）金属的允许温升速度。根据汽轮机的参数和结构特点不同，可定出不同的规定值。对于中参数汽轮机，每分钟可增加 4% ~5% 的额定负荷，而对于高参数汽轮机，每分钟可增加 1% ~2% 的额定负荷。最初带负荷暖机和以后升负荷暖机过程中，除仍须对油系统、机组振动、金属温度、轴封供汽情况进行重点监督外，还必须对转子的轴向推力变化加以严格监督。一般认为负荷增加后，蒸汽流量增加，轴向推力要增大，推力支承部分的弹性位移要增大。因此，应对转子的轴向位移、推力瓦温度，推力瓦回油温度进行认真的检查和记录，发现异常应停止升负荷，分析原因，予以处理。

并列后的升负荷过程中，有关系统和附属设备逐步按运行要求投入运行。抽汽管道的止回门保护应投入工作；低压加热器疏水量增大以后，应该启动疏水泵；法兰或汽缸金属温度达到一定数值时可关闭汽缸疏水阀和调速汽阀疏水阀。升负荷过程中，应该检查调速系统动作是否正常，调速汽阀有无卡涩。升负荷过程中也必须监督机组的振动情况。若升负荷时引起振动则说明机组加热不均匀，或因轴向、径向间隙消失而引起动静部分摩擦，或因加热不均匀改变了机组的中心所致。无论是几个轴承，还是一个轴承的某个方向（垂直、水平或轴向）的振动逐渐增大，必须停止升负荷，使机组在原负荷下维持运行一段时间。当振动减小后，可以继续增升负荷。但如果停止升负荷后，振动仍然较大，或第二次升负荷时振动重新出现，须仔细分析研究以确定汽轮机是否可以继续运行。

机组接带负荷的过程、汽缸和转子胀差的变化也是很重要的监视范围。为避免轴向间隙变化到危险程度使动静部分发生摩擦，不仅应对胀差进行严格的监视，而且还应对机组胀差的变化可能对机组正常运行产生的影响应有足够的认识。

根据运行实践，在带负荷阶段，减少胀差的主要途径是：

（1）按滑参数启动曲线的要求，控制温升速度，避免过大的波动。

（2）调整好法兰螺栓加热的进汽量。

（3）发电机并网后，要缓慢开大调速汽阀。

（4）必要时可关小调速汽阀或降低主蒸汽温度，延长暖机时间。调速汽阀节流后进汽量减少，可降低调节级温度及以后各级温度，使转子的膨胀速度得到缓和。

（5）使高压缸在盘车状态下预先加热，使得冲转时的胀差比较小，在冷态启动时也可采取人为供汽预热汽缸这一方法。

低压加热器通常是随机启动，高压加热器则是在负荷带至一定值或抽汽压力超过大气压力后投入。低压加热器投入得过晚，有可能影响汽缸的上下壁温差。高压加热器投入过晚，会影响给水温度，给锅炉燃烧造成困难。低压加热器，特别是高压加热器不投入运行时，应按高压加热器之后几级的通流能力确定机组所带的最高负荷。一般应限制汽轮机的负荷，以保证这些叶片、隔板不过负荷，并使轴向推力保持在安全的范围之内。高压加热器如未随机启动，可在升负荷和暖机过程中投入。随着负荷的增加，凝汽器中凝结水位要升高，所以应及时调整凝结水再循环阀门及抽气器出口凝结水阀门，保持热井水位正常。根据负荷的增加情况，关闭凝结水再循环阀门。随着负荷的增加，调节级（速度级）汽室压力也要升高，高压端轴封的漏汽也要增加，要随时调整轴封供汽阀门以保持轴封供汽压力正常。

汽缸法兰和螺栓的温差接近于零或不大时，或下汽缸温度达 340～350℃时，可停止法兰螺栓加热装置。当调节级下汽缸或法兰内壁金属温度，达到相当于新蒸汽温度减去新蒸汽与调节级金属最大允许温差时，机组升负荷已不受限制，此时可以认为启动加热过程基本结束，此后可以根据主蒸汽参数要求将机组负荷增加到额定负荷。

直流锅炉在并网升负荷阶段要进行湿态运行向干态运行转换。从二相介质的再循环模式运行（即湿态运行）转为单相介质的直流运行（即干态运行）。锅炉湿、干态转换点既不是一个精确的负荷点，也不是一个稳定的点，取决于汽水分离器储水箱水位和汽水分离器内的过热度。锅炉干湿态转换前，确认给水调节由给水旁路调节阀切至主回路运行，视煤量情况启动第三台制粉系统，湿态转干态时负荷应控制 250～290MW 之间完成；机组负荷达到 270MW 时，稳定锅炉给水流量，贮水箱水位正常，锅炉分离器疏水调阀（WDC）投入自动；开始转换时主汽压力 9.6MPa 左右，稳定省煤器进口流量 850t/h 左右，缓慢增加燃料量，贮水箱水位逐渐降低，WDC 阀全关，视贮水箱水位下降情况，关闭炉水循环泵出口调整阀，流量低时检查炉水泵再循环阀联锁打开，当炉水循环泵出口阀全关时，锅炉由湿态转入干态运行，停止炉水泵运行，关闭过冷水电动阀；转换结束时，分离器出口过热度在 10℃ 左右为宜。

转干态过程中的注意事项：

（1）在转干态过程中，应保证给水流量稳定，逐步增加燃料量，严防给水流量和燃料量的大幅波动，确保转换一次成功，避免干、湿态的交替转换。

（2）转干态过程中要严密监视分离器出口过热度和分隔屏过热器入口温度，不可大幅下降。若出现这种情况，应适当增加燃料量，适当降低给水流量。

（3）WDC阀暖管管路必须在锅炉干态运行、WDC阀前电动门完全关闭后才允许启用，锅炉正常运行中应确保此暖管管路正常投入使用。

（4）转换过程中应控制主汽压力稳定，监视省煤器入口流量、锅炉各受热面壁温变化情况，防止超温现象。

（5）切换过程中，注意炉水循环泵出口流量小于380t/h，再循环阀联锁打开。

（6）锅炉转干态运行后，确认炉水循环泵暖泵、暖管阀门开启，炉水循环泵转为热备用。

第三节 锅炉和汽轮机启动前的检查

大容量发电机组的启动操作是机、电、炉整组大型复杂的操作，只有认真地做好启动前的检查与试验工作，才能保证发电机组安全、经济、顺利地启动。启动前的检查基本上是按照机、电、炉分专业地进行。

一、启动前的检查

（1）检查燃烧室及烟道内部应符合：①炉墙、烟道及支吊完整、严密，无严重烧损现象。②看火门、打焦门及人孔门完整，能严密关闭，水冷壁管、排管、过热管、省煤器管及空气预热器的外形正常，内部清洁，各部的防磨护板完整牢固，回转式空气预热器的上、下环形密封板无严重磨损及卡涩现象，隔绝烟风的扇形密封板不变形，密封间隙合适。③煤粉燃烧器固定牢固，无严重烧坏现象，一、二次风套筒应同心，燃烧调风器的位置适当，固定牢固，留有足够的调整范围。④各测量仪表和控制装置的附件位置正确、完整、严密、畅通；防爆门完整严密，防爆门上及其周围无杂物，动作灵活可靠。⑤挡板完整严密，传动装置完好，开关灵活，位置指示正确；吹灰装置完好，动作灵活，开关位置指示正确。

（2）检查除渣、除灰装置应符合：①冷灰斗完整不变形，密封良好，斗内无焦渣及杂物，除灰水门严密不漏，电除尘器底部灰斗及落灰管不堵塞，除灰沟内无杂物，灰沟盖板齐全，除灰机械及其传动装置完好，无焦渣及杂物。②检查脱硝还原剂喷射阀门组调整正确，脱硝反应催化剂无磨损积灰，脱硝反应器无烟气旁流缝隙。检查脱硫系统烟气挡板状态正确，石灰石浆液制备及循环系统备用良好，脱硫吸收塔注入浆液达到启动高度。

（3）检查传动机械应符合：①所有的安全遮栏及防护罩完整、牢固，靠背轮连接完好，传动皮带完整、齐全，紧度适当，地脚螺栓不松动。轴承内的润滑油洁净，油位计完好。②指示正确，清晰易见，油位接近正常油位线，放油门或放油丝堵严密不漏。油盒内有足够的润滑脂，轴承油环良好，接头螺丝牢固，轴承温度表齐全。冷却水充足，排水管畅通，水管不漏。

（4）检查汽水管道，燃油管道，各阀门、风门、挡板应符合：①管道支吊架完好，能自由膨胀，保温完整，管道上有明显表示介质流向的箭头，与系统隔绝用的堵板拆除；②阀门与管道连接完好，法兰螺栓已紧固，手轮完整，门杆洁净，无弯曲及锈蚀现象，开关灵活，传动装置的连杆、接头完整，各部销子固定牢固；③电控、气控或油控装置良好，阀门位置指示器的指示与实际位置相符合。标志牌齐全，其名称、编号、开关方向正确。

（5）检查热工测量装置及就地表计应符合：①就地表计表盘清晰，表计指示正确，带有报警、保护触点表计的指针正确地指在报警保护值上，仪表校验合格，贴有校验标志，加装铅封；②二次门开启，排水门关闭；③热工测量装置接线牢固，外观齐全完整，与管道、设备的接触处无泄漏，一次门已开启。

（6）检查现场照明应符合：现场各部位的照明灯头及灯泡齐全，具有足够的亮度，事故照明电源可靠，操作盘及表计附近照明充足，光线柔和。

（7）电气部分应符合：①工作票已收回，安全措施全部拆除，常设遮栏和标志牌已恢复；②发电机—变压器组所属封闭母线各段接头处密封良好，连接条紧固，短路板可靠接地，封闭母线周围清洁，无漏水、漏汽现象；③有关检修试验数据齐全，记录完整，交代清楚；④变压器绝缘合格，冷却装置齐全可靠，油质合格，油位正确，油窗清晰，不漏油；⑤套管清洁无裂纹、无渗油、无放电痕迹且端头接线紧固，所有阀门的位置正确，保护装置经检修人员传动合格，断路器位置指示远方和就地一致，合跳闸灵活，主触头齐全完整，弹簧无松动，传动轴和连杆无损伤和裂痕现象，储能和操动机构各部完整，螺丝紧固，断路器油色透明，油位在油标线以内；⑥二次插头、插座完好无损，二次柜内电气保护定值正确，传动正常；⑦所有电缆、电动机绝缘合格，电动机外壳接地装置紧固、完整。

二、启动前的试验

1. 电动门、调整门校验及联锁试验

确认电动门、调整门电源正常，校验时对运行中的系统及设备无影响。检修后的电动门、调整门校验应会同热机检修人员、电气检修人员（或热工人员）进行。校验前应检查确认机械部分转动灵活，电动机转向及阀门动作方向正常。有近控、遥控的电动门及调整门应在专人监视下进行近控、遥控校验，有"停止"按钮的阀门、极限开关、力矩保护正常，阀门开度指示与实际相符，信号显示正确。电动门电动关闭后，预留的手动操作关闭圈数应符合制造厂的规定，校验结束后，应将手动关闭的圈数复归，以防电动复归不了。有联锁的电动门、调整门，经"开"和"关"校验良好后，再进行联锁试验，使之正常。

2. 转动机械的试转及有关电气、热工联锁试验

转动机械试转前应检查确认设备系统已恢复，符合投运条件。如果电动机因检修工作拆过接线时，应进行电动机空转试验。对于低压电动机可直接送电后进行动作试验；而高压电动机应先将电源送到试验位置，待静态传动有关联锁、保护信号及远方打闸试验后再送电，然后进行空转试验。一般规定电动机的空转试验不少于 30min，在此期间查看电动机转向应正确，空载电流符合制造厂规定。电动机空转结束，连接对轮后进行转动机械的试验。在试验过程中，检查转动机械的出力应达到设计值，转动部分无异声，测量各轴承的振动符合要求，电动机电流不超标。然后按照程序设计的要求，试验运行程序及联锁装置程序。

转动机械试运行时，有关检修负责人应到场，运行前应有人检查验收，操作盘上也应有人监视启动电流、运行电流及启动电流在最大值的持续时间、启动程序、联锁程序是否正确。

3. 报警、联锁信号的试验

设备大修后或信号回路工作结束后应进行报警、联锁信号试验。有条件时采用提高和降低压力、温度及液位的方法，试验高低限报警、联锁信号，使之正常。试验联锁、报警信号时，应按规定的试验顺序逐项试验，确证符合设计要求。

三、发电机组辅机设备启动顺序

大容量发电机组的启动操作，项目繁多工作量大，在自动化程度高的

电厂中，设备的启动程序可以完全由计算机系统按自动程序控制发电机组的启动。在自动化程度不太高的电厂中，设备的启动往往需要很多的运行人员操作，且耗用的时间较长，只有进行科学的组织和协调配合，才能做到节省人力、物力和降低能源消耗，缩短启动时间，尽早并网发电。若组织得不好，往往会影响启动速度和经济性，甚至会导致启动失败。

由于各电厂辅机设备的启动规定有所不同，在这里不再一一讲述，只介绍常规的启动顺序。

1. 公用系统及有关系统的投运

建立厂用电，公用、厂用、保安段送电，直流系统投入；热工显示、报警、联锁、保护、自动调节系统投用；输煤系统选择运行方式，启动上煤至原煤仓煤位正常；厂用蒸汽系统投入；化学制够足量的 H_2，并配置相当数量的 CO_2；启动空气压缩机，压缩空气系统充气；化学水处理系统全部投运，且各种水有一定的储存量；投运轴冷水系统；投运除盐水补水系统，凝汽器，发电机定子冷却水系统注水；投入循环水系统，各冷却设备通水；除灰水系统注水；消防水系统充水；启动燃油泵，投燃油伴热，进行燃油及锅炉喷燃器的油循环；启动汽轮机润滑油泵、高压油泵，汽轮机油系统充油，提高润滑油温；投入发电机密封油系统，发电机充氢后投入主机盘车；布置在环境温度较低场所的有关设备的强制润滑油系统投入运行，建立油循环。

2. 锅炉点火前辅机设备系统的投入

启动凝结水泵，向给水箱注水，并投入给水箱加热；电动给水泵、汽动给水泵注水，投入汽动给水泵盘车装置；启动电动给水泵锅炉上水（有锅炉低压上水装置的，先低压上水后启动给水泵）；锅炉冷态水冲洗；汽轮机真空系统投入；投入锅炉水封系统及冲灰水系统；投锅炉暖风器系统；投空气预热器；投入气体系统；点火前4h投电除尘及冷灰斗加热；点火前30min投电除尘振打装置；投入锅炉火焰监视系统，投电除尘；启动引、送风机炉膛通风，投入捞渣机、碎渣机运行；旁路站投入，油枪点火。

3. 汽轮机冲转前辅机设备的投入

机炉侧疏放水系统投运；锅炉减温水系统投运；启动一次风机，启动第一套制粉系统，减小油枪出力；电气进行保护试验，升压站做好并网准备，合变压器高压侧隔离开关及并网开关两侧隔离开关，发电机集电环碳刷装置投入，进行励磁系统投运准备；汽轮机暖管暖阀及倒暖高压缸；汽动给水泵抽真空，暖管暖阀；发电机冷却水系统投入。

4. 发电机组并网后辅机设备的投入

投入汽动给水泵，高低压加热器，启动第二、第三、第四套制粉系统，撤全部油枪；记录完整，交代清楚；变压器绝缘合格，冷却装置齐全可靠，油质合格，油位正确，油窗清晰，不漏油；套管清洁无裂纹、无渗油、无放电痕迹且端头接线紧固，所有阀门的位置正确，保护装置经检修人员传动合格，断路器位置指示远方和就地一致，合跳闸灵活，主触头齐全完整，弹簧无松动，传动轴和连杆无损伤和裂痕现象，储能和操动机构各部完整，螺丝紧目，断路器油色透明，油位在油标线以内；二次插头、插座完好无损，二次柜内电气保护定值正确，传动正常；所有电缆、电动机绝缘合格，电动机外壳接地装置紧固、完整。

第四节　发电机启动前的检查

为了保证发电机启动后能长期安全运行，在启动前，应对有关的设备及系统进行全面检查和试验，确认各部分都处于良好状态时，才可以启动。

在发电机启动前应做如下检查：

1. 对发电机及其系统的检查和绝缘试验

启动前检查发电机及附属系统所有安全措施已全部拆除（包括接地线、短路线、临时线），常设遮栏已恢复正常。发电机、励磁机本体各部分应完整清洁；无杂物，无油污。检查励磁回路（包括励磁机或半导体励磁装置等）各部分应安装齐全；检查励磁机整流子和滑环表面应清洁完好，电刷均在刷握内，并保持 $0.1 \sim 0.2mm$ 的间隙，刷握压簧的压力应均匀，无卡涩现象；供观察用的玻璃孔清洁明亮，集电环通风孔无堵塞。检查一次回路的电气设备应正常，发电机密封油系统无漏油、渗油现象，轴承座与油管绝缘处清洁无油污，全部氢、油、水管路完好，各设备测温外部元件良好，温度指示正常，各设备油漆及着色完整、鲜艳，指示明显。

在全部设备检查完毕后，应测定发电机的绝缘电阻。测量定子绕组的绝缘电阻时，通常使用 $1000 \sim 2500V$ 的绝缘电阻表。测量时可以包括引出母线或电缆在内。发电机定子绕组的绝缘电阻值，在热状态下不应低于 $1M\Omega/kV$，并应与上次测量的数值相比较，以判断绝缘电阻合格与否。如果所测得的绝缘电阻值较上次测量的数值降低 $1/3 \sim 1/5$ 时，则认为绝缘不良。同时还应测量发电机绝缘的吸收比，即要求测得的 60s 与 15s 绝电阻的比值，应该大于或等于 1.3（$R60s/R15s \geqslant 1.3$），比值低于 1.3，则说明发电机绝缘受潮了，应进行烘干。测量发电机转子及励磁回路的绝缘电阻，应使用 500～1000V 的绝缘电阻表。一般情况下，发电机转子绕组和励磁回路可以一起测量。全部励磁回路的绝缘电阻值不应低于 0.5MΩ。

为了防止发电机运行中产生轴电流，还应测量发电机的轴承对地、油管及水管对地的绝缘电阻不小于 1MΩ。

水内冷发电机的定子绝缘电阻可用专用的绝缘电阻测量仪来测定。测量分通水前和通水后两种状态。通水前测量绝缘电阻时，应将定子绕组内的积水用压缩空气吹尽，并且将集水环与外部水管的连接拆开。这时测得的绝缘电阻值应与一般发电机相似。通水后测得的绝缘电阻值主要与水质有关，不能作为判断发电机绝缘的依据，但应在 0.2MΩ 以上，否则应对水质进行检查。水内冷发电机转子绕组的绝缘电阻用 500V 绝缘电阻表或万能表测量。在 65℃ 时，一般为数千欧至数万欧，它也不能作为判断转子绕组对地绝缘状况的依据，仅能反映转子绕组无金属性接地现象。测量结果应与制造厂提供的数值相接近，如绝缘电阻值低于 1～2kΩ 时，应查明原因。

2. 对冷却系统和辅机的检查和试验

发电机启动前，对冷却系统和辅助设备要进行全面的检查及试验。检查发电机引出线和定子冷却水的水质应符合运行规定的要求，检查发电机氢气冷却系统投入正常，定子及出线冷却水系统投入正常，定子冷却水泵联动试验正常。各参数表计完好，警告牌齐全，发电机灭火设备齐全、充足。对于空冷和氢冷的发电机，检查空气冷却器或氢气冷却器风道应严密，各窥视孔（空冷发电机）应完好；投入冷却水后，冷却器供水系统的水压应正常，并无漏水现象。

氢冷发电机启动前应先进行投氢工作。目前，发电机置换气体的方法一般采用二氧化碳法，即先向发电机内充入二氧化碳，赶走机内全部空气，再充入氢气，驱走二氧化碳。这样氢气不会直接与空气混合，避免了发生爆炸的危险。置换还可以采用真空置换法，即先将发电机内抽成真空（700mm 汞柱以上），然后通入氢气。这种方法的优点是操作简单方便，不需要二氧化碳。在置换气体的过程中，应杜绝烟火，注意监视密封油系统的正常运行，密封油压应高于氢气的压力。在置换完毕后，应检查氢气的纯度在 95%～98% 之间，并且氢气压力正常，然后投入自动补氢系统。

发电机启动前还应检查机组各辅助设备（如凝结水泵、氢冷泵、密封油泵、循环泵、交流油泵及直流事故油泵等）安装齐全，并应试运转以表明工作情况良好。对于水内冷发电机，启动前除应做好上述检查工作外，还应检查供水系统严密不漏，并且应取样化验水质合格。

3. 对信号、控制和保安系统的检查及试验

发电机启动前，应检查发电机表计、信号光字牌、控制开关、继电保护装置及快切装置二次接线端子排良好，保护及自动装置出口连接片按规定投入，连接牢固，以确保其处于良好状态。首先，进行发电机主断路器、灭磁开关及厂用分支断路器的合、分闸试验和机炉电大联锁静态试验；然后，根据现场规程进行主断路器与灭磁开关的联动试验。

在完成上述工作后，得到值长许可，值班人员即可进行启动操作。

提示： 本章共五节，全部适用于初、中级工。

第七章

机组启动前辅助设备及系统的检查与维护

第一节 辅助设备及系统启动前的检查及准备工作

一、公用系统的投用

1. 厂用电系统投运

厂用电的投运是电厂生产的基础工作,无论投产初期的第一次带电,还是检修后恢复运行,安全、可靠地将厂用电系统投入运行是至关重要的。其具体投运步骤如下。

(1)检查厂用系统新投运设备确实具备投运条件,有检修及各项试验合格的书面交代。

(2)新投运设备外部检查无缺陷,符合规程规定,各开关静态传动动作正常。

(3)厂用系统设备保护及自动装置电源送好,静态试验动作可靠。

(4)运行人员测试各投运设备绝缘电阻合格,并做好记录。

(5)按照操作票的内容,逐条进行。

(6)对投运后的设备应进行详细检查,以防止事故发生。

(7)各系统的送电应掌握先送电源后送负荷,先高压后低压的原则。

在厂用各系统的送电过程中,若出现异常或事故时,应首先确保人员及设备的安全,对跳闸的设备,在未查明原因之前不得强送电,以防发生事故,造成人员伤亡和设备损坏,对有可能并列运行的两个系统,必须满足变压器并列运行条件,即:

(1)各变压器变比相等,允许差值在 ±0.5% 以内。

(2)各变压器的短路电压应相等,允许相差在 ±10% 以内。

(3)各变压器的接线组别相同。

对检修完恢复运行的系统,一定要检查确无接地点;对未检修的设备,保证它们之间有明显的断开点,并且加装绝缘隔板。

2. 热工显示、报警、联锁、保护、自动调节系统的投用

热工系统是单元集控运行发电机组的神经系统，它控制着设备的启停、出力的调整，监视设备系统的运行工况，感受设备的故障情况，保证了设备的安全、经济运行。如果失去热工系统，发电机组将无法正常运行，所以热工系统的投入工作必须在设备投运之前优先进行。

在厂用电系统受电之后，热工系统就具备了投用的必要条件。热工显示、报警、连锁、保护系统一般在热力系统投用前投入运行，而自动调节回路往往是在热力系统运行工况达到一定参数时再投运，其原因是：①因热力系统刚投入时工况参数不稳定，一旦在此时投入自动调节系统不利于热力系统的稳定；②在热力系统刚投用（或投用前）时，如果投入自动调节系统，有可能造成设备的超出力运行，不利于安全，所以在热力系统刚投运时，自动调节系统一般处于跟踪状态，待热力系统稳定之后再完全投入。

在投用热工系统之前要做好充分的检查、准备和试验工作，检查变送器的一、二次门开启，热电阻、热电偶及变送器外观完整，接线牢固，触点式变送器的定值正确，水位变送器的正压侧注水。正负压侧充分排气，热工回路送电之后，要传动有关信号，检查定值是否正确。尤其是对于检修过或调整过的回路要按照设计要求逐项核对，经过检查、试验之后，热工回路即可投入运行。

3. 消防水系统的投用

消防水系统是发电厂不可缺少的系统之一。消防水系统能否正常运行，关系到生产现场人身和设备的安全。消防水系统一般设有高、低压消防水泵，高、低压消防水泵都从消防水池（或循环水泵入口前池）取水，出口水经储能罐分别送至高、低压消防水系统。高压消防泵和低压消防泵分别设有 2~3 台，其中一台运行，其余检修或备用。泵与泵之间由热工联锁信号联动，当运行泵跳闸时，备用泵自动投入运行，为了减少厂用电系统故障对消防水系统的影响，每一台消防水泵电动机都接有双路电源，双路电源分别来自不同的厂用电低压段，两路电源互为备用、消防水系统的投用过程如下。

（1）消防水系统投运前要检查消防水系统各阀门位置正确，消防水池水位正常，有关表计、信号、保护和联锁系统投入，各台消防水泵的入口门开启，泵内注水，泵体排空气。

（2）分别启动一台高压消防泵及低压消防泵，开启泵的出口门，高、低压消防水系统注水。消防水系统压力达到正常值后，开启备用泵的出入

口门，备用泵注水，泵体排空气，作为备用。

4. 压缩空气系统的投用

（1）投运前的检查：①系统检修工作结束，工作票注销；②电动机绝缘合格，接地良好；③曲轴箱油位指示正常，油质合格；④各部地脚螺丝无松动，传动装置完整无损，手动盘车无卡涩或松脱现象；⑤所属设备的压力、温度、流量表计完整齐全，指示正常，各取样一次门开启；⑥所有的空气、冷却水、伴热蒸汽管道、仪表取样表管以及各阀门严密不漏；⑦入口侧滤网、各管道自动疏水器、安全阀以及各类特殊阀门应完整无损；⑧各阀门开关灵活，无卡涩和漏水、漏油、漏气现象；⑨功能组控制柜、配电盘及有关热工、电气信号指示正常，无误发和保护闭锁现象。

（2）投运顺序：空气压缩机冷却水系统→储气罐→油水分离器→外置冷却器→启动空气压缩机→开湿空气门向外供湿空气→投入干燥器→开干空气门向外供干空气。

5. 辅机冷却水系统的投用

辅机冷却水系统应在发电机组所有的回转设备投用前投入运行，在轴冷水系统投用前应做好下列检查和准备工作。

检查系统有关的检修工作已结束或检修设备已与系统可靠隔离，系统所有阀门位置正确，符合运行要求，辅机水泵及系统有关电动门已送电，电动门及调整门已试验合格，热工显示、联锁、报警、保护系统已投入。

以上检查和准备工作结束后，水池补水或膨胀水箱至正常水位，启动一台辅机水泵。并投入辅机水冷却器，另一台辅机水泵及辅机水冷却器自动列入留用状态，将辅机水冷却器的轴冷水侧和冷却水侧充分排空气，待辅机冷却水系统充水完毕，辅机水储水箱水位至正常值时，将辅机水泵出口调门和辅机水温度调整门投自动，系统运行正常后投入砂滤器，检查砂滤器的出入口压差，当砂滤器脏污时，进行砂滤器的反冲洗工作。

当发电机组大修后辅机冷却水系统投用时，为了防止冷却设备及管道内携带有杂物而污染辅机冷却水系统，应在辅机水系统的供、回水管道上的合适部位装设对外排放管道，然后启动一台辅机水泵，进行系统的开式冲洗，当冲洗合格后恢复系统，再进行一段时间的闭式循环。在此过程中，要化验水质指标，并将不合格的水及时排放，直到水质合格为止。

6. 循环水系统、空冷系统的投运

发电机组厂用汽系统恢复后，因有部分疏水要排到汽轮机凝汽器，如果此时凝汽器得不到冷却，将会引起冷却水管过热等不利因素，所以在发电机组的厂用汽系统投运后，有疏水回凝汽器前要投入循环水系统。

（1）循环水系统投运前，要进行如下检查和准备工作：

1）循环水系统的检修工作已结束，工作票已注销，循环水管、凝汽器以及其他冷却水用户的放水门已关闭，人孔已封堵，具备投运条件。

2）循环泵及其出口电动门、调整电动机以及循环水系统的有关电动门已送电。

3）循环水系统的热工系统已投入。

4）循环泵入口前池水位已正常，入口滤网完好清洁。

5）循环泵各轴承箱油位正确，油质合格，循环泵出口碟阀在关闭位置。

6）冷却塔的喷淋装置完好、清洁，储水池内清洁无杂物，冷却塔的上水电动门开关位置正确，配水方式合理。

7）对于可调式叶片的循环泵，在泵启动前要将叶片角度调到最低值，以防泵启动时电动机过负荷。

以上检查准备工作结束后，启动循环水泵。检查泵的出口碟阀应自动开启，循环泵电流不超标，同时派专人检查循环水系统所有设备是否有跑水、漏水处，因循环水系统管路较长、管径大，在循环水泵启动后，要检查循环泵水池的水位下降情况，并及时补水，同时循环水管道中一般都集有空气，在循环泵启动后，管路中的空气会聚集到凝汽器循环水室内，一般的凝汽器在循环水室的顶部都装有自动排气装置，所以在循环水泵启动后要检查凝汽器顶部自动排空气装置的动作情况是否正常，并且将其他循环水冷却设备的冷却水侧排空气，对于可调式叶片的循环泵在启动后要检查叶片角度并调到正常值。

闭式循环水系统冬季运行时，在机组带低负荷运行的前一阶段时，因凝汽器出口循环水温度较低，为了防止水塔结冰，在循环水系统投运后不宜将凝汽器出口循环水引到水塔淋水层，应将循环水回水经水塔短路管引到储水池内，当凝汽器出口循环水温达到20℃以上时，再将水引至水塔淋水层。

（2）空冷系统投运前的检查及投运，要进行如下检查和准备工作：

1）设备及系统检修完毕，台账、表报齐全。

2）保温恢复完毕，管道支吊架完好。

3）各水位计、油位计正常投入，转动机械加好符合要求的润滑油脂。

4）各种阀件传动检查合格，已编号、挂牌并处于备用状态。

5）各指示、记录仪表经校验调整准确，擦拭干净并标注名称。

6）各热工表计经校验合格，热工测点、信号、保护和自动控制逐项调试检查，在 DCS 上应有正确的显示。

7）电气部分安装完毕，其回路及电动机绝缘合格，转向正确。

8）检查机组润滑油系统、密封油、盘车装置、凝结水系统已投入运行。

9）启动两台水环真空泵，系统抽真空。

10）系统抽真空至 3kPa 后关闭真空破坏门。

11）冷态启动应尽早投轴封供汽，热态启动投汽封后与抽真空操作应衔接紧密。

12）当汽轮机的真空高于 62kPa 时，空冷凝汽器可以开始进汽。

13）按照先逆流后顺流的顺序分别启动空冷凝汽器冷却风机运行。冬季时，当空冷岛凝结水温度达到 35℃时才可以再开启一个蒸汽分配阀，待四个蒸汽分配阀全开后启动冷却风机运行，注意控制抽气温度不低于 25℃。

14）单列风机投自动后此列风机可投同操。

15）每列风机同操投自动后可投风机总操并根据情况将风机总操投自动。

7. 化学补充水系统的投用

在发电厂生产过程中不可避免地存在汽水损失，如循环水在通过冷却水塔时因蒸发要有一部分蒸汽排入空气中，除氧器的排氧管总要排走一部分蒸汽，锅炉汽包要定期排污，辅机冷却水系统的部分回水不能回收，加热器或水箱的溢流等。这些工质被排放后是无法回收的，为了维持机组正常的生产过程，就必须不断地补充各种质量合格的水。

大容量发电机组的补充水有除盐水、软化水，其中除盐水主要补在汽轮机的凝汽器中，软化水主要补在机组的热网系统中。

8. 燃油系统的投用

燃油系统可分为卸油系统、供油系统和锅炉房油系统三部分，其作用是供锅炉启动、助燃用。

（1）启动前的检查。

1）油罐油位、温度就地与远方指示正确。

2）燃油系统中所有设备应严密不漏，各阀门开关灵活，各放油门关闭。

3）燃油泵前滤网清洁、完整。

4）燃油泵附近无影响运转的杂物，各地脚螺栓完整无松动，靠背轮安全罩完好，电动机绝缘合格。

5）燃油泵轴承润滑油油位正常，油质良好，冷却水充足。

6）加热蒸汽系统正常。

7）防雷、防静电设施符合要求，试验合格。

8）消防设施齐全，经消防部门检查合格。

9）油区照明、通信设施应具备启动条件。

10）污油箱及疏油泵应符合要求，完好可用。

11）锅炉房油系统投入应具备启动条件。

（2）投运顺序。开启储油罐至燃油泵管路上的供、回油门→开启油过滤器出入口门→开启高压油泵入口门→启动燃油泵→开启出口门向内部油系统供油。当油枪前压力达到要求值时，开启油枪来回油门，关闭来油循环回路短路门，进行油枪油循环。

9. 厂用汽系统的投用

厂用汽系统主要供给汽轮机轴封、除氧器加热锅炉暖风器、厂房采暖、燃油伴热等系统用汽。在机组启动、正常运行、停机的全过程中，厂用汽系统必须安全可靠地投入运行。

大容量发电机组的厂用汽系统常设多路汽源，如老厂来汽、本厂启动锅炉来汽、邻机取汽、本机供汽（再热汽冷段、热段为汽源）等。

厂用汽系统的投用要遵照分段暖管、充分疏水、逐步投入的原则。

10. 除尘、除灰系统的投用

（1）投运前的检查。除灰、除尘系统投运之前，必须对所有设备和系统进行一次全面检查，使其完整、无泄漏，以确保其正常投用。

1）转动机械的检查。①捞渣机转动机械应完好，减速箱内润滑油应充足，油质应良好；②水封斗、螺旋槽及碎渣室内清洁无杂物，灰沟激流喷嘴已打开，灰沟畅通无阻塞；③电动机符合启动条件。

灰渣泵外壳应完整，附近无影响运转的杂物；各地脚螺栓、靠背轮螺丝及安全罩完整牢固；轴承箱润滑油位、油质应符合规定，轴承箱冷却水畅通；泵出口门在关闭位置，轴封水压力不低于 $0.8 \sim 1MPa$；事故按钮可靠好用；电动机符合启动条件。

2）管路系统及部件的检查。①冲灰水系统、水封系统水量充足；②管道、阀门连接完好，无泄漏、无缺损；③激流喷嘴良好，无堵塞现象；④所有测量仪表完好，指示正确，可靠投入。

3）电气除尘器的检查。①电气除尘各冷灰斗内无积灰，下灰管畅通、地沟畅通；②灰斗保温完好，各处人孔、检查孔关闭严密，振打装置变速箱及各个轴承润滑油充足，油质良好。

（2）捞渣机的启动。捞渣机应在锅炉点火前30min投运。投运时先开启灰斗水槽喷水门和碎渣室喷水门，保持水封水位适当。先启动碎渣机，后启动捞渣机。

（3）电气除尘器（布袋除尘）的投入。锅炉启动点火前4h投入灰斗、绝缘子加热装置；锅炉点火前30min，投入电除尘灰斗水封及地沟激流喷嘴，投入电除尘阴极、阳极振打装置。

风冷式机械除渣系统由过渡渣井、液压关断门（又称炉底排渣装置）、干式排渣机、碎渣机、斗式提升机、渣仓、干式散装机、双轴搅拌机、监视控制系统等组成。

高温炉渣落入到过渡渣井内，大的渣块留在渣井格栅上先进行预破碎，小渣直接落在输送带，高温灰渣在输送带上低速运动，在锅炉炉膛负压作用下，锅炉房内自然风逆向进入干式排渣机内，将高温炉渣进行冷却和运输。冷却炉渣产生的热风直接进入锅炉炉膛，冷却后的炉渣排入布置在干渣机驱动端的碎渣机中。经碎渣机破碎后的炉渣由斗式提升机提升至渣仓，渣仓下设置有两个卸料口，分别布置干式散装机和双轴搅拌机。

11. 脱硫系统的投运

湿法烟气脱硫技术的特点是整个脱硫系统位于烟道的末端、除尘系统之后，脱硫过程在吸收塔中进行，脱硫剂和脱硫生成物均为湿态。湿法烟气脱硫过程是所液反应，其脱硫反应速度快，脱硫效率高，钙利用率高，可达到90%以上的脱硫效率，适合于大型燃煤锅炉的烟气脱硫。锅炉点火时，脱硫系统必须投运。

二、汽轮机润滑油系统的投用

（一）汽轮机润滑油系统投用前的检查工作

汽轮机润滑油系统投入前，应进行如下检查工作：

（1）油管道、油箱、冷油器、油泵等均处于完好状态，油系统无漏油现象。

（2）油箱油位正常，油位计的浮标上下移动灵活，无卡涩现象，CRT画面显示的油位与就地相同。

（3）经化验，油箱内油质合格，符合运行要求。

（4）各个轴承的磁性滤网完好。为了滤油所加的临时滤网及检修时临时添加的堵板，启动前均应拆除。

（5）检查油系统的热工信号及仪表、连锁、保护回路已正确投入，热工测量装置的一次门已开启，变送器放污门已关闭。

（6）检查冷油器出口油温，如果油温过低，将冷油器冷却水入口门关闭，冷却水出口门可在开启状态。

（7）油系统所有油泵的电动机、电动截止门已送电。

（二）汽轮机润滑油系统的投运

以上准备工作结束后，就可以进行润滑系统的注油工作，如果润滑油系统有漏油点，在备用高压油泵启动的情况下，大量的润滑油会泄漏。所以在油系统注油时，一般首先启动油流量较低的备用直流润滑油泵。为了防止直流油泵过负荷，在润滑油系统无油压的情况下，直流润滑油泵应在关闭出口门的前提下启动，当直流润滑油泵启动后缓慢开启泵的出口门，润滑油系统开始注油。此时应派专人对润滑油系统进行如下检查工作：

（1）汽轮机各轴承润滑油压、回油情况是否正常，轴承箱盖结合面、油挡是否漏油。

（2）润滑油管道、法兰、阀门是否漏油。

（3）热工信号油管道、变送器、测点与轴瓦及油管道的接触处是否漏油。

（4）油系统的放油门是否有内漏或误开而造成集油箱、污油箱的油位升高。

（5）主油箱油位的变化情况以及主油箱内油滤网前后落差是否正常，主油箱上的排油烟风机是否已投运。

（6）集控 CRT 画面显示的润滑油压与就地表计相符。

（7）开启盘车供给油门，检查盘车装置无漏油处。

通过以上检查，确证油系统正常后，启动备用交流润滑油泵。当润滑油压达到运行要求的参数时，启动一台备用高压油泵，汽轮机调节油系统通油。此时应进行如下检查工作：

（1）汽轮机主同步器、辅助同步器、高/中压自动主汽门、调汽门、高压缸排汽止回门、各段抽汽止回门，高低压旁路站的关断阀、调节阀在关闭位置。

（2）汽轮机调节、保安系统以及旁路系统的所有电磁阀带电，电磁阀不漏油。

（3）高压油管道、法兰不漏油。

（4）热工信号油管道、变送器及保护装置不漏油。

备用高压油泵启动后，当润滑油系统油温低于 35℃ 时开启油泵的出口再循环门，油系统循环加热。

（三）油系统投运后的工作

油系统投运以后，应进行以下工作。

1. 冷油器列备用

润滑油系统的冷油器一般都设有一台作备用，在油系统投入后，将其中的一台冷油器的油侧出口门、水侧入口门关闭，油侧排空气门开启，该冷油器就列备用状态。当一台冷油器列备用后，应检查其他运行冷油器水侧、油侧的出入口手动门开启，并将水侧、油侧充分排空气。

2. 油系统的联锁试验

润滑油系统投运后，根据机组设计的油泵联动功能，做油泵的联锁试验，一般应做的试验项目如下。

（1）备用油泵的联动试验。检查两台油泵中的一台正常运行，另一台已列入备用。从热工终端单元加信号或就地按运行油泵的事故按钮，将运行中的油泵停止，备用油泵应联后、同样将另一自泵作为运行泵，原来运行的泵列为备用，做联动试验应正常。

（2）润滑油低油压试验。备用高压油泵启动后，将交直流润滑油泵停运，由热工回路模拟润滑油压低信号或按试验按钮。此时集控 CRT 画面显示润滑油压下降，控制盘上"汽轮机润滑油压低"报警，保护信号发出，交直流润滑油泵应联启。

（3）调节油压低联动备用高压油泵、汽轮机高压油泵正常运行后，将非运行的高压油泵列备用，由热工回路模拟调节油压低信号，或按动调节油低油压试验按钮。此时集控 CRT 画面显示调节油压下降，控制盘上调节电压低"保护、报警信号发出，备用高压轴泵应联启。

三、发电机氢、水、油系统的投用

发电机氢、油系统的投用工作是在发电机转子静止状态下按先投油后投氢的步骤进行的；而水系统在发电机组启动前完成系统充水、流量整定及热工回路的调校工作，汽轮机冲车过程中完成投用工作的。

（一）发电机密封油系统的投用

在密封油系统未投入时，发电机密封瓦内没有密封油，如果此时启动汽轮机盘车必将损坏密封瓦，所以密封油系统的投用必须在汽轮机盘车启动前投用。

密封油系统投用前，首先要进行下列检查及准备工作：

（1）检查并关闭密封油系统各油泵、油滤网、油箱、管路、冷油器的放油门；开启主密封油泵、事故密封油泵的出、入口门以及系统有关阀门，恢复系统至正常投用状态。

（2）检查并开启密封油差压阀、密封油压等用于热工回路和油压调节的信号油门。

（3）给主密封油泵、事故密封油泵、真空泵电动机送电，系统有关电动门送电。

（4）热工显示、报警、连锁、保护回路投入。

以上检查及准备工作结束后即可进行密封油系统的注油工作，密封油系统的油来源于汽轮机的润滑油。启动一台交流密封油泵，油回路中各设备开始注油。在油系统充油的过程中，要开启油滤网、冷油器的排空门，将油侧空气排净。油系统注油完毕，保持密封油泵一直运行，密封油系统的工作也就结束了。此时检查真空罐、除氢箱、辅助除氢箱内的电位应正常，空、氢侧密封油回油管油流正常。

在密封油系统投用后应进行主密封油泵、备用密封油泵以及交、直流密封油泵的联动试验，确认动作正常。

（二）发电机氢气系统的投用

发电机氢气系统的投用是在发电机密封油系统已正常投入运行后进行的，氢气系统的投用可分为发电机气体置换和发电机氢气升压阶段。

1. 发电机气体置换

在发电机密封油系统投用后，发电机内存有一定量的空气，在 H_2 充入发电机前必须用 CO_2 气体作为中间介质，进行气体置换，严禁 H_2 和空气直接接触，气体置换过程如下。

首先将发电机氢气系统的补氢门关闭，排氢门开启，CO_2 至发电机的进气门开启，CO_2 站准备足量的 CO_2 气瓶，气瓶经挠性连接器、止回门和 CO_2 母管连接好，CO_2 气瓶的加热水源准备好。

开启 CO_2 气瓶加热水门，缓慢旋开气瓶出口门，CO_2 气体经调整门沿管道进入发电机底，随着 CO_2 气体的充入，发电机内的空气由上部氢气配置管经发电机排氢门排入大气中。充气一直到发电机排氢门后放出的混合气体中 CO_2 气体的浓度达到 70% 以上，才可停止充 CO_2，关闭各 CO_2 瓶的出口门及加热水门，关闭 CO_2 至发电机的进气门。

当发电机内空气排出后，接着要用 H_2 排出发电机内的 CO_2，从制氢站来的 H_2 经补氢门和 H_2 调节阀向发电机壳内充氢。氢气由发电机上部的氢气配置管出来，占领机壳的上部。因为氢气的密度比二氧化碳小，所以氢气将首先充满机壳上部各个角落，随着 H_2 的不断充入，CO_2 气体由其配置管通过发电机排氢阀排出机外，一直充到发电机排氢门后 H_2 含量达

90%以上，打开有关阀门短时间吹管后，方可停止充氢，此时可投用 H_2 纯度分析仪。校对分析仪，待机壳内气体充分混合后，H_2 纯度可以达到 95%以上。

2. 发电机氢气升压

气体置换完毕，调节 H_2 压力调节阀把机内压力提高到额定值或要求值，在氢气升压的过程中要监视发电机氢、空侧密封油压的上升情况，检查氢、油差压值是否正常。

（三）定子冷水系统的投用

定子冷水系统投用前应检查关闭发电机定子积水环、定子冷水泵、定子冷却器等系统各放水门；开启系统有关阀门；定子冷水泵电动机及系统有关电动门送电，投入热工回路，将系统恢复至机组正常运行时的状态。

系统恢复后，开启发电机定子冷水系统注水门。系统注水的过程中，开启定子冷却器、过滤网、定子积水环等处的排空气门，系统充分排空气，当发电机顶部的通风排气缸吸管中有水流出时，说明系统已注水完毕。

启动一台定子冷却水泵，调整定子冷却水流量至设计值，化验冷却水的水质。当系统水质不合格时，进行冲洗排放直至合格；做定子冷却水泵联动试验，传动有关热工信号使之正常。

四、凝结水系统投用前的检查、凝结水系统投运及除氧器上水、投入除氧器加热

1. 凝结水系统投用前的检查

（1）凝结水系统的所有放水门关闭，凝汽器补水至正常水位，凝汽器补水调整门投自动。

（2）凝结水泵轴承油位正常，油质合格，轴承冷却水、密封水投入，泵入口滤网及泵体排空气门开启。

（3）凝结水系统有关电动门已送电，凝结水泵电动机已送电。

（4）低压加热器水侧旁路门开启，水侧出入口电动门关闭。

（5）凝结水系统有关表计、保护、连锁回路投入。

（6）除氧器上水手动门、排氧门已开启。

2. 凝结水系统投运及除氧器上水

在凝结水泵启动前，由于除氧器和凝结水管道内没有水。为了防止除氧器上水调整门接受除氧器低水位信号而开度过大，防止当凝结水泵启动后造成水泵电动机过负荷，应将除氧器上水调整门手动关闭，同时检查凝结泵出口再循环调整门也应在关闭位置。

以上准备工作结束后选择一套（或一台）凝结水泵为运行泵，按功能组程序启动凝结水泵，检查凝结泵的启动程序符合设计要求。当凝结泵启动后，手动开启除氧器上水调整门，将凝结泵出口再循环调整门投入自动。当除氧器水位达到正常运行的高度时，将除氧器上水调整门投自动。

3. 除氧器投加热

当发电机组启动时，锅炉炉管的温度较低，当锅炉上水时，水冷壁、省煤器等管道要承受较大的给水压力，为了防止因炉管温度低而发生应力损坏，一般要求给水温度达到 90～100℃ 时，方可进行锅炉的上水工作。为了获得较高的给水温度，常用的方法就是在给水泵启动前除氧器投加热。

除氧器投加热所用的汽源来自厂用蒸汽系统，在除氧器上水时，除氧器投加热工作即可同时进行。将除氧器辅助汽源进汽调整门按自动后，按照压力调整回路的给定值，除氧器辅助汽源进汽调整门自动开启，将蒸汽送入除氧头内进行加热。

为了提高除氧器加热速度，有些机组在除氧水箱（给水箱）内设有再沸腾加热装置，也就是在给水箱内设置蒸汽加热装置。在除氧器投加热时开启除氧器再沸腾管来汽门，可以提高除氧器加热速度。

为了提高给水温度，有些机组采用凝结水循环加热方法。凝结水循环加热系统就是将给水箱中的凝结水引至低压加热器疏水泵入口，经低压加热器疏水泵再将这部分水沿凝结水管道送入除氧头内继续加热。对设有该系统的发电机组，通过凝结水的不断循环加热，可以得到更高温度的给水。

给水泵启动后，随着锅炉上水量的增加，一套（台）凝结水泵不能满足除氧器上水要求时，要检查、启动第二套（台）凝结水泵。

五、发电机组给水泵站的投用及锅炉上水和冷态冲洗

（一）给水泵站投运前的检查

给水泵站投运前应检查的内容如下：

（1）检查关闭给水泵站的所有放水；给水泵注水，放完空气，暖泵操作完成；所有水、油系统阀门在启动位置状态。

（2）油箱油位正常，油质合格；油箱油温达到一定值，主、副油泵联锁功能完好。

（3）热工有关表计、信号、保护和联锁完好，均处于投入状态。

（4）电动机具备启动条件。

（二）给水泵站投运

启动电动给水泵之前，应先启动油泵，提供油压以保证电动机及其辅助设备正常运转。启动电泵后，为防止汽蚀和振动，先开足再循环阀，使给水泵有一定的水流过。开启出口电动门的旁路门，系统充水，系统水压升高后，再开出口门，以防给水泵过负荷。

发电机组一般采用旁路给水管向锅炉上水，因为旁路给水管流量小，易于控制，同时能防止主给水调节阀磨损过多，并且在锅炉开始上水时，为防止阀门前后压差过大和产生水冲击，先打开小旁路门进行充压、暖管，然后打开相应电动门。

（三）锅炉上水

锅炉上水应在机组启动前的检查工作完毕后进行。上水的水质应符合给水的质量标准，锅炉冷态启动时，因汽包金属温度接近室温，当水进入汽包时，总是先与汽包下壁接触，并且是内壁先受热；但因汽包壁较厚（一般为100mm左右），汽包外表面的温度升高较慢，从而使汽包上下部之间、内外壁之间形成了温差。内壁温度高，有膨胀的趋向，但受到外壁低温金属的限制，所以产生压应力；反之，外壁则受拉伸应力。汽包壁越厚，上水温度越高，上水速度越快，均使汽包内外壁温差越大，由此产生的热应力也就越大，严重时会使汽包内表面产生塑性变形。为此，原电力部颁布的《锅炉运行规程》（79电生字第35号）规定锅炉的上水温度一般不超过100℃，上水的时间根据季节的变化控制在2～4h。如锅炉尚未冷却，则给水温度与汽包壁温差不应超过40℃，否则不得进水，但锅炉进常温水时，上水温度必须高于汽包材料性能所规定的脆性转变温度33℃以上。

（四）冷态冲洗

点火前，汽包锅炉受热面一般不必进行清洗，因炉水中含有的杂质可在启动过程中用定期排污的方法除去。

直流锅炉由于进入锅炉的给水一次蒸发完毕，杂质沉积在锅炉管子内壁或被蒸汽带往汽轮机，对锅炉和汽轮机的安全有极大的危害性。因此，在点火之前，直流锅炉必须建立一定的流量，对受热面进行清洗，直到水质合格后才允许点火。循环清洗的目的在于排除给水管路和汽水系统中的金属氧化物和沉淀的盐垢、硅酸盐等化学成分，以免当锅炉运行时在锅炉受热面中沉积盐垢，特别是亚临界垂直一次上升管屏的直流锅炉，某水冷壁管径很小，如果受热面中结垢，会引起流量偏差，甚至发生管子堵塞。由于结垢的管子传热恶化，还会引起水冷壁超温爆管，为防止其他设备及管道内的污物进入炉内，锅炉清洗可分步进行。首先进行给水泵前低压系统的循环清洗，水质合格后再进行高压系统的循环清洗。该高压清洗系统包括凝结水系统、除氧器、给水泵及高压加热器、启动分离器及其前面的炉管。循环清洗的水量一般为额定蒸发量的 30% ~ 40%。在清洗阶段快结束前，最好保持最大水流量进行清洗，以便将清洗时所形成的悬浮物从锅炉内排尽。

六、锅炉通风

锅炉点火以前，为彻底清除可能残存在炉膛和烟道内的可燃气体，防止锅炉点火时发生爆燃，多采用启动两组引、送风机的方法，对炉膛和烟道进行彻底的通风吹扫工作。吹扫时炉内通风的容积流量应大于 25% 额定风量，吹扫通风时间不少于 5min。对于煤粉炉的一次风管亦应吹扫 3 ~ 5min，对于燃油管及油喷嘴也应用蒸汽进行吹扫，以确保点火时油路畅通及防止点火时爆燃。待吹扫工作结束后，维持炉膛负压为 0.049 ~ 0.098kPa，调整有关喷燃器二次风门开度，准备点火。

锅炉通风前，应先启动回转式空气预热器，然后顺序启动引、送风机，以满足炉膛、烟道及预热器吹扫要求，并可防止点火后回转式空气预热器由于受热不均而发生严重变形。现代大型锅炉为保证通风吹扫质量，均装有通风闭锁，如通风时间不足或通风量低于额定值的 25% 时，则自动闭锁，不能进行下一程序的操作。

七、汽轮机凝汽系统的投用

发电机组汽轮机凝汽系统的投用工作应在锅炉点火前完成。

凝汽器抽真空前，要检查并关闭凝汽真空破坏门、汽轮机负压系统所有的排空门及放水门，投入汽轮机的负压密封水系统，检查真空系统没有漏空之处。射水池（或分离水箱）水位正常，抽气器（或抽气泵）具备投用条件。

凝结水系统投用正常后即可开始凝汽器的抽真空工作。根据启动时机组的状况，投用凝汽器抽真空系统有两种方案：一种是发电机组冷态启动时要先抽真空后送汽封；另一种是发电机组热态启动时汽轮机要先送汽封后抽真空，以防冷空气沿汽轮机轴封进入汽缸，引起转子局部冷却而变形。

汽轮机冷态启动时，凝汽器抽真空的过程是：用功能组启动射水泵（对于装有抽气泵的系统要先投用射汽器，后投用抽气泵），汽轮机轴封供汽管道暖管疏水，当凝汽器真空达 20 ~ 30kPa 时，用功能组投用轴封加热器，汽轮机高、低压轴封系统送汽，将轴封压力调整门投自动。

热态启动时，首先要对汽轮机轴封系统充分暖管、疏水，然后投用轴封加热器，汽轮机轴封系统送汽，将轴封压力调整门投自动，其余的工作与冷态启动相同。在汽轮机高压轴封系统送汽时，要注意轴封蒸汽温度与汽轮机高压转子积分温度相匹配，不允许低温蒸汽送入轴封内，以避免造成转子局部冷却。

八、锅炉点火、热态冲洗

锅炉点火是发电机组启动操作的正式开始。目前，大型锅炉多数采用轻油作为点火燃料，轻油容易燃烧，对锅炉受热面沾污较少，容易实现自动控制。点火油枪一般同时投入两支，如点火油枪和喷燃器为四角布置时，则应先点燃对角的两支油枪；如油枪为多层布置时，则应先点燃最下边一层的对角两支油枪，为使锅炉受热均匀，还应定期调换另外对角的两支油枪。一般轻油点火油枪是靠高能发火器来引燃的。轻油油枪投运后，炉温逐渐升高，对于煤粉炉，为使煤粉能稳定着火燃烧，要求炉内具有一定的热负荷。一般要求锅炉具有20%以上的额定蒸汽负荷，并要求热空气温度在150℃以上，才允许投运煤粉燃烧器。

锅炉点火初期，应加强燃烧的监视与调整。注意观察火焰，油枪的雾化应良好。如火星太多或冒黑烟，可能是风量不足，尤其是油枪根部配风不足；如雾化不好，火星太多或产生油滴，可能是油压低、油温低、黏度大，雾化蒸汽或空气量不足。如油枪雾化片有脏物堵塞时，应停止该油枪，进行吹扫后重新点燃。在增投油枪时，应注意调整油压，对蒸汽（或空气）雾化式油枪，应及时调整雾化汽（或气）压力，监视油枪的雾化情况，防止未燃尽的油滴带到尾部受热面发生燃烧或沉积在炉膛内发生爆燃。如果点火失败或发生熄火，应立即切断燃料，并按点火前的要求对炉膛进行重新吹扫后再点火，否则往往会发生炉内爆燃。喷燃器投入后，应注意监视炉膛负压的变化及工业电视等，随时掌握燃烧变化情况。待煤粉着火后，应适当提高一次风压，以免煤粉管内由于风速过低，使气流中的粉粒分离出来而发生堵塞现象，同时注意调整二次风门，以适应燃烧的需要。经常检查燃油系统无泄漏，防止火灾事故的发生。

为了防止空气预热器因金属温度太低而引起腐蚀和积灰，点火前应投入暖风器运行，并根据所燃用的燃料，选择适当的冷端金属温度设定值。

直流锅炉因为不能排污，因此对给水品质要求很高，但尽管给水经过深度除盐，仍难免有部分杂质带入炉内，炉水蒸发后，盐类就会沉积在受热面上产生盐垢，引起传热恶化，受热面超温爆管。进入锅炉的盐类有易溶性盐类和难溶性盐类，它们随着炉水温度的升高，其溶解度减小，特别是超过300℃时，溶解度更小。但是，当炉水温度在260～290℃时，盐类在水中有较大的溶解度，若在这时清洗，能有效地排除水中的盐类和氧化铁等。因此，当锅炉点火后，启动分离器进口水温在260～290℃时进行锅炉的热态清洗。把不合格的水排入地沟，直到锅炉进入启动分离器的水含铁量小于100PPb时并且热态清洗合格，才允许锅炉继续升温、升压。

九、制粉系统投用及锅炉升温升压

（一）制粉系统投运前的检查

（1）转动机械的转动部分和传动装置完整正常，无影响运转的杂物，各部螺栓无松动。

（2）管道和各部件无积粉和自燃现象，若发现有积存的煤粉应立即彻底清除，否则不准启动。

（3）制粉系统设备齐全，保温完整，无漏风处；防爆门合乎要求，无破损；蒸汽灭火系统各汽门处于关闭位置；制粉系统锁气器严密，动作灵活，不应有卡涩现象；风门、挡板开关灵活，方向正确，开度指示与实际开度相符。

（4）润滑油系统各有关油门应开启，油质良好，油温应符合规定，并有充足的油量；冷却水系统管路畅通，水量充足，回水不堵；制粉系统内各测量、监视仪表齐全；电动机符合启动条件。

（5）原煤斗内应有足够的煤量。

（二）制粉系统的投运

1. 中间储仓式制粉系统的投运

首先应投入磨煤机润滑油系统，以保证其润滑工作正常。开启本系统的混合风门，再开启温风门，同时进行排粉机的"倒风"，切换管路，倒风时一定要注意保持一次风压稳定不变。倒风完毕，进行暖管。待磨煤机出口温度达要求时，启动磨煤机，启动给煤机加煤。初始给煤量要适当，不宜过大，否则磨煤机出口温度下降过多。待系统正常后，再缓慢增大给煤量和通风量，同时注意保持一次风压及磨煤机入口负压在规定范围内，并应注意监视磨煤机出口温度保持在允许范围。启动完毕后进行一次全面检查。

2. 中速磨煤机直吹式制粉系统的投运

磨煤机润滑油系统运行正常，符合要求。启动一次风机，开启磨煤机出口挡板，开启一次风入口风门，微开热风调节门15%～35%，调节一次风量60%～70%，进行暖磨。为了使碾磨部件及煤粉管道弯头不发生过大温差和热应力而损坏，需要控制升温率进行暖磨，一般保持磨煤机出口温升率小于5℃/min为宜。为防止无煤时金属摩擦加剧磨损，暖磨在不启动磨煤机的状况下进行，直到给煤时才启动磨煤机。给煤机启动后，在60%额定出力前，加煤速度通常控制在10%/min以内；在60%~100%负荷时，加煤速度宜控制在5%/min以内。过大的加煤速度将会造成磨煤机满煤及过多的石子煤量，因此在加煤的同时应注意电流变化，另外在加煤时还必须相应增加系统通风量，保持一定的风煤比例。

十、发电机组疏放水系统的投用

发电机组疏放水系统的投用是在发电机组启动的各个阶段，按先后顺序逐步投入的。在疏放水投入的过程中，要兼顾经济性和安全性两个问题。首先是安全性，如果在发电机组启动过程中，疏放水系统不能及时投入，必将产生蒸汽管道、汽轮机缸体内部等处集有大量的凝结水，从而引起管道振动、汽轮机通流部分水击、上下汽缸温差大等不利情况；其次是经济性，如果在发电机组并网后已带一定负荷的情况下，疏水至锅炉排污扩容器的门、疏水对空排放门以及电动疏水门（或汽动疏水门）、疏水器旁路门还迟迟不能关闭，则会造成汽水损失增大，凝汽器热负荷增加，从而影响了发电机组运行的经济性。

在发电机组启动前要对疏放水系统进行如下检查和准备工作：

（1）疏放水系统的检修工作结束，工作票已注销。

（2）检查开启疏水器的出入口手动门。

（3）检查气动疏水门的工作气源已投入，气压正常，电动疏水门已送电。

（4）疏水罐的水位测量回路已投入，疏水门的程序控制回路正常。

以上检查和准备工作结束后，疏放水系统即可逐步投入。

下面介绍疏放水系统的投入方法。

厂用蒸汽系统及公用减温减压站疏放水系统的投用发电机组厂用蒸汽系统的管路较长，在厂用汽停用后一般有大量的疏水聚积在管道内。在厂用汽投运前，应将厂用汽联箱及管道上的自动疏水器旁路门开启，并开启流水器出口至锅炉排污扩容器的一、二次手动门，同时开启联箱上的排空门、疏水至排污管的自由疏水门。待管道内的集水放净后，稍开厂用汽分断门，并开启厂用汽来汽电动门，让少量的蒸汽通入厂用汽联箱。随着厂用汽联箱温度的逐步升高，关闭自由疏水门及排空门，逐渐开启厂用汽分段门，关小疏水到锅炉排污扩容器的调整门。当厂用汽系统恢复后，根据现场需要投入公用减温减压站，并当发电机组具备条件时再投入本机供厂用汽的减温减压站。公用减温减压站及本机供厂用汽减温减压站投入时，疏放水的投用方法和厂用汽投用时基本相同，必须充分疏水后方可投入。在投运初期一般将疏水排到锅炉排污扩容器，当减压站正常投入后，汽轮机凝汽器真空建立时，将疏水倒入汽轮机本体扩容器内。

1. 锅炉点火前疏放水系统的投用

当发电机组停运后，在主蒸汽管道、再热蒸汽管道以及汽轮机阀室、缸体内部等处会集有一定量的疏水。同时当锅炉点火后，热蒸汽遇到温度较低的管道及设备时也会产生疏水。如果这些疏水不能及时排放，会引起蒸汽管道振动及汽缸进水。为此，在锅炉点火前应投入以下各疏水。

（1）开启锅炉各级过热蒸汽联箱疏水电动门及手动门。

（2）开启锅炉再热蒸汽联箱疏水电动门及手动门。

（3）开启汽轮机侧主蒸汽管道、再热蒸汽冷段管道、再热蒸汽热段管道、高中压导管、高中压阀门、汽轮机缸体上的疏水器出入口门及旁路门，并开启疏水到锅炉排污扩容器疏水门。对于依照程序设置的自动开关的电动疏水门，要检查程序执行的正确性。

（4）开启高压旁路站后的疏水器出入口门。

2. 汽轮机冲车前疏放水的投入

随着锅炉的升温升压，当主蒸汽、再热蒸汽压力达到设定值时，要分别关闭锅炉过热蒸汽及再热蒸汽联箱上的疏水电动门。同时在汽轮机冲车前投入以下疏水：

（1）汽轮机各段抽汽止回门前后疏水器的出入口门及旁路门。

（2）汽轮机各段抽汽管道上的疏水器出入口门及旁路门。

（3）法兰加热装置排汽管道上的疏水器出入口门及旁路门。

3. 机组并网后疏放水系统的操作

当发电机组并网带一定负荷以后，锅炉、汽轮机的疏水已基本排放完毕，此时应检查并关闭自动疏水器的旁路门以及疏水排放门，并检查所有的疏水电动门应按照程序设定的要求自动关闭。

十一、回热系统的投用

机组回热系统的投用工作是随主机的启动过程分步进行的。所有加热器都是以蒸汽加热锅炉给水，所以加热器投入蒸汽之前，必须确认加热器的水侧已运行正常。

为了防止出现较大的热冲击而损坏汽轮机设备，回热加热器的投用总是按其加热汽源压力的高低逐级投入。同时，为了防止加热器投运时，由于抽汽压力不足可能出现疏水不畅现象，因此在加热器运行中一般规定，当机组负荷大于20%额定负荷时，投入低压加热器和除氧器；而当发电机组负荷大于25%额定负荷时，投入高压加热器运行。

高压加热器和低压加热器是用功能组按预先设定的程序投用的，首先开启水侧出、入口电动门，关闭水侧旁路电动门，在水侧投入后再投入汽侧。为了防止加热器进汽电动门短时间全开后，大量蒸汽进入加热器引起加热器温升过快而产生应力损坏，加热器进汽电动门一般要按照程序设定的延时时间脉冲开启，从而保证加热器有足够的暖体预热时间，一般要求至少进行5min以上的加热器暖体。

投入低压加热器、除氧器、高压加热器前要按照规定开启进汽电动门及抽汽止回门前、后疏水阀进行疏水，同时要开启高、低压加热器的汽侧排空气门。高压加热器水侧启动前应采用电动给水泵出口注水间进行注水，同时要打开高压加热器水侧出口阀前的空气阀排放空气。

各加热器正常投入运行后，有疏水回到低压加热器疏水泵前的扩容器时，可启动低压加热器疏水泵。

十二、汽动给水泵组的投用

1. 汽动给水泵组冲车前的准备工作

汽动给水泵组启动前，对给水泵汽轮机和给水系统进行如下检查及准备工作。

（1）给水泵汽轮机及给水泵的检修工作结束。

（2）给水泵及给水系统有关放水门关闭。

（3）给水泵及汽轮机系统有关电动门、各泵电动机、盘车电动机送电。

（4）汽动给水泵组油系统具备通油条件。

（5）投入给水泵的密封水、轴承冷却水及汽轮机凝汽器冷却水。

（6）给水泵注水，并排净泵内空气，给水泵注水后暖泵。

（7）确认热工测量、显示、连锁、保护、自动调节回路已投入。

以上工作完成后，可根据汽动给水泵启动时间的安排进行如下工作，使给水泵汽轮机具备冲转条件。

（1）油系统通油，进行油循环，汽动给水泵各轴承油压调整，油系统各油泵联动试验。

（2）对于油系统附属于主机油系统的汽动给水泵，在油系统投用时开启主机供泵组的润滑油门和调节油门，同时启动一台润滑油增压泵，投入供油滤网。在润滑油投入后，要监视回油箱油位，当油位升高到设定值时回油泵要自动联启。

（3）对于油系统自成系统的汽动给水泵组，启动一台主油泵，将辅助油泵和事故油泵列备用，当油温达到设定值时启动油箱排油烟风机。

（4）油系统投入运行后，检查给水泵各轴承的油压是否正常，各轴承回油要畅通，油系统是否有漏油处，发现问题设法消除，按程序做油泵联动试验。

2. 投运汽动给水泵盘车

给水泵汽轮机盘车投运前，泵体必须注满水，检查开启泵出口再循环电动门，确认油系统油循环正常。润滑油压、油温达到正常值后，启动盘车电动机，盘车啮合并投入运行，确认转子转速达到给定值，检查给水泵汽轮机和给水泵无摩擦声。

3. 汽动给水泵汽轮机抽真空

汽动给水泵汽轮机盘车启动后，开启轴封供回汽管路上的疏水门，轴封系统暖管，投入汽动给水泵汽轮机的轴封蒸汽，开启给水泵汽轮机的抽真空电动门。

4. 汽动给水泵汽轮机暖管暖阀

汽动给水泵汽轮机凝汽器真空达 40kPa 左右时，投入疏水开启给水泵汽轮机来汽电动门，对以下几个部分进行疏水暖管：①低压汽源疏水暖管；②高压汽源疏水暖管；③高低压汽源电动间管道疏水；④给水泵汽轮机本体、高低压自动主汽阀前疏水暖管。给水泵汽轮机具备冲车条件时，挂闸暖阀。

5. 给水泵汽轮机的冲车带负荷

当达到启动条件时，给水泵汽轮机挂闸，将高低压调节阀投自动，将转速给定投自动。汽轮机受电调回路控制，按照设定的升速率开始冲转，当转速达到设定的暖机转速时，转速给定由自动切到手动状态，给水泵汽轮机保持暖机转速暖机，此时控制盘上暖机转速信号灯亮，当暖机结束后控制盘上"暖机结束"信号灯亮，将转速给定投自动。给水泵汽轮机按照设定的升速率升到某一设定值时，"转速给定"再次切到"手动状态"。控制盘上运行转速信号灯亮，等待带负荷。如果将"转速给定"投自动，则给水泵汽轮机接受锅炉给水自动的信号，自动调整转速，以满足锅炉上水的需要。

在给水泵汽轮机冲车的过程中，要注意以下几个问题：

（1）在升速的过程中，有专人监视各轴承的温度、振动，倾听通流部分无异声。

（2）当转速超过盘车转速时，盘车装置应脱开。

（3）在暖机转速下，汽轮机各参数不超限。

（4）在升速过程中，应监视汽轮机给水泵推力轴承的温度、给水泵平衡室与泵入口温差等参数。当平衡室与泵入口温差增大时，适当开启平衡室回水手动门。

（5）在升速初期，泵出口再循环门保持开启状态，当泵的出口流量大于设定值时，再循环门应关闭。

第二节　高、低压动力负荷开关的停、送电

一、典型操作步骤

倒闸操作应根据值班负责人或调度人员的命令，接令人复诵无误后执行。命令的发布应准确、清晰、明了，使用正规的操作术语和设备双重编号（设备名称和编号），电话发布命令应先互通姓名，并做好书面记录。操作时应持操作命令卡（或通知单），复杂的操作应使用操作票。

操作应由两人执行，其中一人对设备较为熟悉者作为监护，单人值班的操作，可由一人执行。特别重要和复杂的操作，由熟练的值班人员操作，值班负责人、值长或专业负责人监护。

停电拉闸操作必须按照开关、负荷侧隔离开关、母线侧倒闸的顺序依次操作。送电合闸操作按与上述相反的顺序进行，应先合电源侧隔离开关，后合负荷侧隔离开关。这样，即使发生带负荷操作时，故障电流通过相应的电流互感器，其在"合"位的开关动作跳闸，停电范围仅限本组开关送电的线路。

二、停、送电注意事项

（1）设备不允许无保护运行。倒闸操作中或设备停电后，如无特殊要求，一般不必操作保护或断开压板。

（2）设备虽已停电，如该设备的保护动作（包括校验、传动）后，仍会引起运行设备断路器跳闸时，也应将有关保护停用，压板断开。

（3）开关由运行改检修，控制保护保险的退出必须在操作相应隔离开关之后（相反，投入必须在操作相应隔离开关之前）。目的是万一发生带负荷拉隔离开关，可以由本身开关跳闸，缩小停电范围，减小事故的影响。

（4）开关合闸保险的退出应在操作隔离开关之前。如果远控合闸回路有熔丝，操作隔离开关前应把该熔丝退出（有转换开关的应切换至就地位置），这样切断了开关合闸电源，可以确保在操作隔离开关的过程中，开关状态不会改变，既可以防止带负荷拉隔离开关，又可保护操作人

员不受伤害。

电动合闸操作的断路器，在正常情况下，不应进行手动合闸操作。

（5）遥控操作的断路器，在控制断路器把手时，不要用力过猛，防止损坏控制开关。也不要返回太快，因为时间太短，开关来不及合闸。

（6）断路器本身的故障，有拒绝合闸、拒绝跳闸、假合闸、假跳闸、三相不同期（触头不同时闭合或断开）、操动机构损坏、切断短路能力不够以及具有分相操作能力的开关不按相别动作等，造成开关喷油、爆炸等情况发生，因此在拉、合断路器时，运行人员应从各个方面检查判断开关触头状态与外部指示（包括电气信号、光字和机械指示）及电气仪表（电流表、电压表、功率表等）的显示一致，把好操作质量关。

（7）当分、合闸操作或闭锁装置异常时，应根据运行方式采取相应的措施，尽快将故障开关停电，及时进行处理，限制异常现象的蔓延，防止影响其他设备、系统及机组的正常运行。

（8）禁止将下列设备投入运行：①开关拒绝跳闸的设备；②无保护设备；③绝缘不合格设备；④开关达到允许事故遮断次数且喷油严重的设备；⑤内部速断保护动作未查明原因的设备；⑥有重大缺陷或周围环境泄漏严重的设备。

第三节　辅助设备及系统检修隔离

一、隔离范围的确定和隔离原则

电厂设备及系统出于各种目的需要进行检修，如当设备发生故障或失效时进行的非计划性维修；以设备状态为基础、以预测设备状态发展趋势为依据主动安排时间和项目的计划性检修（状态检修）；为了消除设备先天性缺陷或频发故障，对设备的局部结构或零件的设计加以改进，并结合检修过程实施的改进性检修。进行检修时应将设备和系统停止运行并隔离出来，以满足检修人员人身安全及其他设备正常运行的需要。

电气设备有运行、热备用、冷备用和检修四种状态。①运行状态指设备闸刀和开关都在合上位置（包括电压互感器、避雷器），将电源至受电电路接通；②热备用状态指设备只靠开关断开而闸刀仍在合上位置；③冷备用状态指设备开关和闸刀（包括电压互感器、避雷器）都在断开位置，电压互感器高低压熔丝都取下；④检修状态指设备在冷备用的基础上装设接地线、悬挂标示牌，设备进行检修工作。

所谓运行中的电气设备，是指全部（或一部分）带有电压的电气设备，或者一经操作即有电压的电气设备，即处于运行或热备用状态的电气设备。进行检修的设备必须把各方面的电源完全断开，与停电设备有关的变压器和电压互感器必须从高、低压两侧断开，防止向停电设备反送电。必须拉开隔离开关，使各方向至少有一个明显的断开点，即电气设备冷备用状态，禁止在只经开关断开电源的设备上工作。此外还应根据需要采取其他安全措施，如封挂接地线，装设遮栏、标示牌及邻近带电间隔门关闭上锁等。

检修设备隔离范围即停电范围的确定是以检修对象及保证工作人员的安全为原则的。《电业安全工作规程》（发电厂和变电站电气部分）（GB 26860—2011）分别规定了"设备不停电时的安全距离"和"工作人员工作中正常活动范围与设备的安全距离"，见表 7-1、表 7-2。

表 7-1　　　　　　　　　设备不停电时的安全距离

电压等级（kV）	安全距离（m）	电压等级（kV）	安全距离（m）
10 及以下（13.8）	0.70	154	2.00
20~35	1.00	220	3.00
44	1.20	330	4.00
60~110	1.50	500	5.00

表 7-2　　工作人员工作中正常活动范围与设备的安全距离

电压等级（kV）	安全距离（m）	电压等级（kV）	安全距离（m）
10 及以下（13.8）	0.35	154	2.00
20~35	0.60	220	3.00
44	0.90	330	4.00
60~110	1.50	500	5.00

《电业安全工作规程》（发电厂和变电站电气部分）（GB 26860—2011）规定，在工作地点，必须停电的设备为：

（1）检修的设备。

（2）与工作人员在进行工作中正常活动范围的距离小于表 7-2 规定的设备。

（3）在 44kV 以下的设备上进行工作，上述安全距离虽大于表 7-2 的规定，但小于表 7-1 的规定，同时又无安全遮栏措施的设备。

（4）带电部分在工作人员后面或两侧无可靠安全措施的设备。

表 7 – 1 是在移开遮栏或无遮栏的情况下，并考虑了工作人员在工作中的正常活动范围以后，如工作人员对带电部分的距离还能保持表 7 – 1 所规定的数值时，则允许在该带电设备不停电的情况下进行工作，表 7 – 1 中所规定的安全距离，并不是单纯从放电着想的，也不是"最小安全距离"，而是在考虑了一定的意外情况和安全裕度以后所确定的经验数值。表 7 – 2 是考虑了工作人员在工作中可能依据的空间位置与带电设备所应保持的安全距离，也就是当考虑了工作中的正常活动范围以后，工作人员与带电导体的距离小于表 7 – 2 所规定的数值时，则对该带电部分也必须同时予以停电。但当大于表 7 – 2 所规定的数值而小于表 7 – 1 所规定的数值时，则可以在工作地点和带电部分加装牢固可靠的遮栏后，允许在该带电部分不停电的情况下进行工作。如大于表 7 – 1 所规定的数值，则该邻近带电部分可不予停电。但当带电导体在检修人员的后侧或两侧，即使距离略大于表 7 – 1 中规定的数值，也应将该带电部分停电。

二、布置公用系统检修隔离措施的注意事项

（1）尽量减小对非检修设备的影响。公用系统一般应有两路或更多的独立电源，在布置隔离措施时，应保证未进行检修的设备的正常供电。装有同期装置时，应鉴定符合条件后，再进行电源的切换和系统的隔离。因隔离受到影响的设备，必要时应倒接临时电源以保证其供电，并做好记录以便在隔离措施拆除后恢复。在隔离点处应有明显、醒目的标记和完善的安全防护措施。

（2）不能失去参数监视。设备及系统的运行状态正常与否通常是通过表计、信号指示和其他象征反映出来的，是正确判断、分析运行工况的依据，应使设备始终处于受控状态，不能失去控制电源。电厂、变电所二次线的引接一般都是利用端子排、万能转换开关来完成的，因此在对控制回路布置隔离措施时，应注意控制范围，必要时采用临时解开连接点的方法，使无检修作业的设备不致失去控制电源。待检修工作结束及时予以恢复。

（3）不能无保护运行或引起保护和自动装置的误动、拒动和不配合。保护装置能反映系统中的故障或不正常运行状态，并动作于断路器跳闸或发出信号，能自动、迅速、有选择地切除故障，保证设备或运行的安全。公用系统检修隔离时可能会同时停用一些保护装置，但不能将保护装置全部停运，使设备无保护运行。此外，还应根据运行方式的变化，对保护或自动装置进行相应的改变，使其满足当前设备运行安全、稳定的要求。

（4）潮流分布合理，各元件设备不应过载，各参数不超过规定值，能维持系统及设备的稳定运行。

第四节　发电机组辅助设备系统的停运

发电机组辅助设备系统的停运过程及注意内容有：

当负荷减至 70% 额定负荷时，应停止一套制粉系统运行；当负荷减至 60% 额定负荷时，应停止一台循环泵运行；当负荷减至 50% 额定负荷时，应停止第二套制粉系统运行，停止一台汽动给水泵、一台凝结泵运行；当负荷减至 40% ~ 30% 额定负荷时，若汽动给水泵不能维持运行，可将汽动给水泵切为电动给水泵运行，停止第三套制粉系统运行，电气进行厂用电切换；当负荷减至 25% 左右时，应停止高压加热器。保持一套制粉系统运行；当负荷减至 20% 时，按照抽汽压力由高至低的顺序依次停止各低压加热器，停止低压加热器疏水泵运行；当机组负荷降至 5% 后，停机停炉，停止一次风机、电动给水泵、炉膛水吹灰泵运行；锅炉通风 10min 后，停止引、送风机和暖风器运行。当蒸汽管道内无压力、无疏水回至凝汽器时，可停止射水泵运行；凝汽器真空至零，轴封供汽停止后，方可停止轴封加热器、轴封抽风机和凝结水泵运行。为防止空气预热器冷却不均产生变形，空气预热器进口烟温降至 100℃ 时，方可将其停止；炉水温度降至 150℃ 以下时，停止炉水循环泵运行；炉水温度降至 80℃ 时，停止高压燃油泵和火焰监测器冷却风机运行。当电除尘、空气预热器落灰斗不落灰时，则可解列其水封，停止冲灰水系统运行；锅炉停运 6h 以上，炉膛内残留的焦块脱落干净后停止捞、碎渣机运行。当汽轮机排汽缸温度降至 50℃ 以下，停止循环泵运行；高、中压缸内壁温度降至 150℃ 以下时，停止盘车运行。当机组所有的冷却水用户均停运后，停止工业水泵运行。

提示：本章共四节，全部适用于初、中级工。

第八章

辅助设备及系统的正常维护和试验工作

第一节 辅助设备的运行调整操作及维护

一、发电机组运行维护调整的概念和内容

发电机组是机、电、炉纵向联系构成一个不可分割的整体，其中任何一个环节运行状态的变化都将引起其他环节运行状况的改变。但正常运行中各环节的工作又都有其特点，如锅炉侧重于调整，汽轮机侧重于监视，而电气侧与发电机组的其他环节以及外部电力系统联系紧密。

发电机组运行维护主要是通过运行参数的监视与调整，以及对设备的巡回检查、定期切换、试验，确保发电机组的安全稳定和经济运行。

运行中应监视和控制的主要指标有：主蒸汽压力、主蒸汽温度、再热蒸汽压力、再热蒸汽温度、排汽装置真空、汽轮机抽汽段压力、给水温度、汽包水位（或分离器水位）、炉膛负压、发电机电压、发电机温度、变压器温度、H_2纯度和压力、水质指标、轴承振动、轴瓦振动、轴向位移、汽轮机转子热应力、轴瓦温度、炉管壁温、锅炉承压部件膨胀等。高参数大容量发电机组一般都设有较为先进的自动调节与控制系统，如汽包水位的调节、燃烧的调节、蒸汽温度的控制以及辅机设备的出力控制等大多采用了计算机 DCS 控制系统。在发电机组运行中，必须认真监视各运行参数的变化情况，必要时对自动调节的工作进行干预并及时进行调整。

单元制集控运行发电机组的运行人员除了在集中控制室进行 DCS 监视和远方操作外，还应定时巡回检查。通过耳听、目睹、手摸、鼻嗅等直观方法对设备进行监视和检查，了解设备运行状态，及时发现隐性事故。检查内容包括：主机（汽轮机、发电机、主变压器、锅炉）本体检查、热力系统检查、辅机和附属设备检查、厂用变压器及厂用配电装置检查、蓄电池和直流系统检查。应经常巡检的项目有：

（1）生产现场的照明，设备卫生情况。

第八章 辅助设备及系统的正常维护和试验工作

（2）设备跑、冒、滴、漏现象。

（3）转动机械的声音、轴承温度及油位油质。

（4）轴承冷却水及密封水供回水情况是否正常。

（5）设备的出力、加热器的温升是否达到要求。

（6）各轴承润滑良好，温度正常，油压、油位、油温正常，轴承冷却水畅通无泄漏。

（7）电动机电流正常，外壳温度正常。

（8）各轴封处密封良好，无泄漏现象。

（9）调节风门、挡板的连接部分良好，无受阻现象。

（10）不同辅机还应按照相应的特殊规定进行检查。

（11）如无特殊规定，高、低压电动机外壳温度不大于70℃，定子线圈温度不大于75℃。

（12）轴承冷却水、空冷器回水温度不大于40℃。

（13）滚动轴承温度不大于80℃。

（14）滑动轴承温度不大于65℃。

（15）振动的规定，见表8-1。

表8-1 振 动 的 规 定

额定转速 n	$n \leqslant 750\text{r/min}$	$750 < n \leqslant 1000\text{r/min}$	$1000 < n \leqslant 1500\text{r/min}$	$1500 < n \leqslant 3000\text{r/min}$
振幅（μm）	≤120	≤100	≤80	≤50

（16）电动机及机械串轴值滚动轴承不超过0.05mm，滑动轴承不超过2mm。

为了确保主机的安全，还必须保证各类保护、信号系统及备用辅助设备处于完好和随时可用的状态。这就要求按规定进行定期试验和辅机设备的定期切换，如汽轮机的测温、测振；热工设备定期检查；发电机保护压板的定期检查；润滑油的低油压实验；备用电源静态试验、事故照明试验、柴油发电机试验、事故油泵及其启动装置试验、抽汽回止门动作试验、安全门动作试验、高压加热器保护动作试验、真空系统严密性试验、备用泵的定期切换等工作。

总之，运行维护是一项艰苦而细致的工作。只有在"三熟""三能"的基础上勤检查、勤分析，才能对事故苗头和异常现象保持警觉，并正确处理，从而确保发电机组的安全、稳定、经济运行。

二、发电机组轴冷水系统的运行维护

凝汽式发电厂中，为了使汽轮机的排汽凝结，需要大量的循环冷却水，除此之外，发电厂中还有许多转动机械因轴承摩擦而产生大量热量，各种电动机和变压器运行因存在铁损和铜损也会产生大量的热量。这些热量如果不能及时排出而积聚在设备内部，将会引起设备超温甚至损坏。为确保设备的安全运行，电厂中需要完备的循环冷却水系统对这些设备进行冷却。此外，为了满足其他生产（如消防、冲灰、设备冲洗、清洁等）生活等用水需要，还设有服务水系统。循环冷却水系统和服务水系统因各厂情况不同而有很大差异。

轴冷水系统是个闭式循环系统，补充水量很少。当发电机组正常运行时，可通过轴冷水池（轴冷水管或膨胀水箱）的水位信号自动控制补水量。

轴冷水系统的温度和差压的控制分别由温度和差压控制装置来实现。它设有"自动"和"手动"两种方式，可根据发电机组运行的需要投入"自动"或"手动"进行轴冷水的温度和差压值的调整，以得到一个稳定的轴冷水温度和压力。

当轴冷水温度超过允许温度时，要投入备用冷却器。在发电机组正常运行中，为了保证备用冷却器处于满水备用状态，应保持备用冷却器冷却水的出口阀为全开状态。当备用冷却水投入时应缓慢进行排空气和注水工作，避免因系统失水而造成扰动。

如果汽轮机润滑油主冷却器、发电机氢气冷却器和发电机密封油冷却器是采用轴冷水冷却时，要严防冷油器和氢气冷却器进水，保持轴冷水压力低于氢气压力和油压，当氢气冷却器或冷油器内部工质没有压力时，严禁投入轴冷水。

如果轴冷水的水质不合格，将污染被冷却设备的换热面，影响到设备的安全、经济运行。所以在轴冷水系统运行中，要投入过滤器，并经常化验水质，当过滤器出入口压差超限时，停止过滤器的运行，进行反冲洗，然后投入运行。当轴冷水的水质不合格时，要进行排污、换水工作。

三、循环水系统的运行维护

1. 冷却塔的运行与维护

加强自然通风冷却塔运行和维护的管理，对确保电厂的安全生产，降低煤耗，节水节电都有极大的意义。为此，提出以下三点要求。

（1）冷却塔的配水方式要随季节的变化而改变。发电机组在夏季运行时，水塔的中心部分和外围部分都上水，以增加水塔的淋水面积。发电机组在冬季运行时，由于循环水量的减少，往往出现配水不均现象。在淋水密度小的区域，由于汽温的下降，将出现结冰问题。所以要采用关闭塔心部分上水，增大外围淋水的办法来增大淋水区的密度，从而防止水塔结冰。另外，发电机组在冬季运行时，要开启水塔化冰门，通过化冰水在水塔外围一周形成水帘，可以有效地防止冷空气大量地进入水塔，减少了水塔结冰的机会。

（2）为了保证夏季运行时冷却塔有较高的冷却效率，在入夏前或整个高温的季节里，要对冷却塔进行定期检查，及时清除淤泥杂物，消除结垢、漏水和堵塞现象。要更换不符合设计要求的设备，提高冷却塔的安全和经济运行。

（3）发电机组在冬季停运后，为了防止水塔及循环水管道结冰，要保持一台循环水泵运行，将泵的出力调至最小，开启水塔短路门，汽轮机凝汽器出口循环水经短路门进入水塔储水池，关闭水塔上水门和化冰门，不允许循环水进入水塔淋水层。并且要将水塔上水管和化冰管内的积水放掉，以防管道内部结冰而冻裂管子。在机组停运期间，保持水塔储水池内有 500～1500mm 的积水，不允许将池内的积水排空，以防冻坏水泥结构。

目前，大型机组对于闭式水的冷却方式，除了冷却塔以外，越来越多的企业使用的是蒸发冷却器，本文以板管式蒸发冷却为例。

（1）板管式蒸发冷却器的构成。蒸发冷却器由风机、喷淋系统（包括一台喷淋泵、喷头、喷淋水管路）、板管换热器、进出水管等构成，板管式蒸发冷却器示意图如图 8-1 所示。

（2）板管式蒸发冷却器的原理。

1）蒸发式冷却器是以水和空气作冷却介质，利用水的蒸发带走气态制冷剂的冷却热。

2）工作时冷却水由水泵送至冷却管组上部喷嘴，均匀地喷淋在冷却排管外表面，形成一层很薄的水膜，高温气态制冷剂由冷却排管组上部进入，被管外的冷却水吸收热量冷凝成液体下部流出，吸收热量的水一部分蒸发为水蒸气，其余落在下部集水盘内，供水泵循环使用，风机强迫空气以 3～5m/s 的速度掠过冷却排管促使水膜蒸发，强化冷却管外放热，并使吸热后的水滴在下落的进程中被空气冷却，蒸发的水蒸气随空气被风机排出，未被蒸发的水滴被脱水器阻挡住落回水盘。

3）水盘中设浮球阀，自动补充冷却水量。

（3）蒸发冷却器的维护保养。

1）每月清理一次滤网和水箱，使用环境差的每半月清理一次。

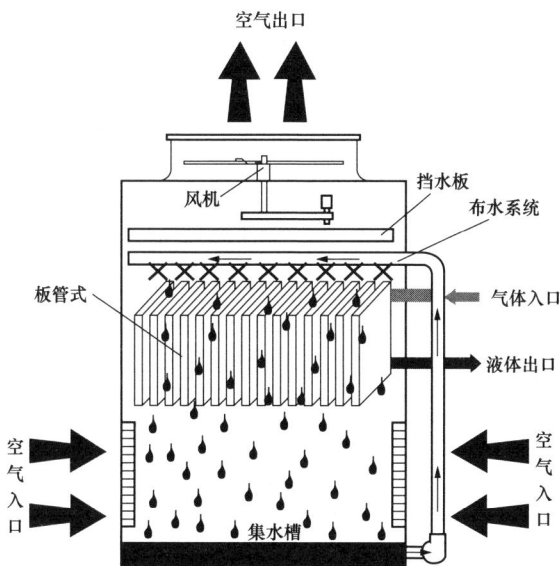

图 8 - 1   板管式蒸发冷却器示意图

2）每半年一次彻底的清淤排污除藻，使用环境差的每季一次。

3）每年一次检修梯台走道。

4）经常检查喷淋水分布状况，疏通被堵塞的喷嘴。

5）每年检修一次喷淋水泵。

6）对管束结垢影响换热能力的要及时清垢。

7）电气设备每年检修一次。

（4）蒸发冷却器的冬季防冻。

1）北方冬季低温运行，在没有热负荷的情况下即使循环水保持流动也会发生管束冻冰的情况，严重的还会胀裂管束，必须高度重视冬季防冻。

2）保持循环水有一定的热负荷，保证循环水温度不低于7℃（南方3℃），可用电加热或蒸汽注热维持防冻的最低温度。

3）保持循环水的最小流量为循环水流量的15% ~ 20%。

4）在闭路系统里注入防冻液如乙二醇或丙二醇。

5）系统设备停机备用期间可靠关闭循环水进出口阀门，排净管束内积水和水箱里的喷淋水，打开排气阀门和排水阀门与大气连通。

2. 循环水泵的运行维护

600MW 机组循环水泵的配置一般为一机两泵，管线布置一般为单元制，也有采用扩大单元制的。循环水泵流量大小的选择主要与机组凝汽器的凝汽量和机组的冷却倍率有关，而扬程的高低则取决于泵房位置和机组的系统阻力等因素循环水泵来输送凝汽器所需的冷却水和电厂的其他工业用水。循环水系统分一次循环和二次循环两种，一次循环时不同火力发电厂循环水泵的扬程相差较大，二次循环则差别不大。输送的介质视电厂的具体情况分为海水和淡水两种。在输送不同介质的情况下，泵要选择适合所输送的介质要求的材料进行制造。要求泵的效率高且高效区应尽量宽，一般设计为效率不低于87%，以降低厂用电量。

国内 600MW 超临界机组中使用的循环水泵大多采用立式湿坑式固定叶片斜流泵（即带空间导叶的混流泵），与其他形式的循环水泵相比，立式湿坑式斜流泵具有以下特点：体积小占地面积少；易施工；安全可靠；使用寿命长；效率在 85% ~90% 之间，且高效区域宽；拆装方便；容易维修；泵流量、扬程适应范围广；轴功率曲线较平缓；泵在运行中不易出现因偏离设计工况而超功率的现象；汽蚀性能好，可减少泵房开挖深度立式斜流泵的轴封一般采用软填料密封，也有采用内部层状剪切型注入式软填料的。前者价格低，但寿命较短、轴套易磨损；后者价格高、寿命较长、轴套不易磨损泵的导轴承内村为橡胶或赛龙，其润滑由外接水或本体水来完成，导轴承的使用寿命应满足一个大修期的要求。

由于沿海地区的火力发电和内陆地区的火力发电厂所选择的循环冷却介质不同，循环水泵的制造材料应按输送介质是淡水还是海水来分别选取。

泵输送淡水时，叶轮、叶轮室一般选用不锈钢，吸入喇叭口、导时体一般选用灰口铸铁外筒体、内接管、导流片、导流片接管、泵支撑板、电动机支座等一般选用普通碳素钢焊接泵主轴一般选用 45 号钢，导轴承一般选用丁橡胶或赛龙作内衬。导轴承一股采用外接清洁水润滑，也可采用泵本体水来润滑。

泵输送海水时，叶轮、叶轮室一般选用耐海水腐蚀的不锈钢（如316、316L 等），吸入喇叭口、导叶体、外筒体、导流片、导流片接管一般选用镍铬合金铸铁，内接管一般采用不锈钢焊接，泵支撑板、电动机支座一般采用普通碳钢焊接，泵主轴一般选用 45 号钢，导轴承一般选用丁橡胶或赛龙作内衬。导轴承一般采用外接清洁水润滑，也可采用泵本体水来润滑。

由于循环水泵大都安装在低于水位线的位置上，故循环水泵的泵壳、叶轮和吸入罩均浸没在液体中，泵启动之前不必进行充水工作就可启动。对于轴流式循环泵，在启动前要开启出口门，而混流式循环泵则要关闭出口门启动。对于可调式叶片的循环泵，在泵启动前要将叶片角度调到最低值，启动以后再将叶片角度调至正常值。在第二台循环泵启动前要将第一台循环泵的叶片角度调到中间位置，然后才能启动第二台循环泵，以防第二台循环泵电动机过负荷。

在循环泵运行过程中，要监视循环泵电流与叶片角度的对应关系，循环泵各轴承油质合格、油位正常、轴承冷却水压力及流量正常。对支持轴承采用自身水润滑的循环泵，要监视轴承润滑水压力是否正常。

对于采用自身水润滑的循环泵，在循环泵启动和停泵惰走期间要保证所需要的轴承润滑用水。

四、回热系统的运行维护

（一）高、低压加热器的运行维护

1. 高、低压加热器的主要运行数据

为了更好地监督高、低压加热器的运行情况，必须掌握下列主要运行数据。

（1）加热蒸汽的压力、温度、流量。

（2）高、低压加热器内疏水水位。

（3）高、低压加热器进、出口水温及温升。

（4）凝结水、给水流量。

特别要提出的是，回热加热器的给水温度直接影响到机组的循环效率。据有关资料统计，大容量发电机组的高压加热器不能投运时，将使机组出力降低 8% ~ 9%，供电煤耗增大 3% ~ 5%，所以要严格控制加热器各项运行参数，确保加热器的安全、经济运行。

2. 高、低压加热器运行维护项目

（1）高压加热器运行中的维护项目有以下内容：

1）运行中应注意监视加热器的汽、水参数。因为这些参数的变化不仅影响加热器运行的经济性，而且也影响加热器运行的安全性。

2）运行中应注意检查加热器的端差是否正常。加热器的端差有上端差和下端差之分。加热器的上端差是指加热器汽侧压力下的饱和温度与加热器给水出口温度之差；加热器的下端差是指加热器的疏水温度与加热器给水进口温度之差。

3）运行中，加热器上端差增大的原因是：加热器内积存空气；加热器超负荷运行；加热器通道间泄漏或管子结垢。

4）运行中加热器下端差增大的原因是：加热器水位低、内部积垢；加热器疏水冷却段包壳板泄漏。

5）运行中应保持加热器内排气通道的畅通。因为一旦出现非凝结气体积聚，不仅使加热器内热恶化，导致经济性降低，更重要的是会造成加热器内部设备腐蚀受损，严重影响加热的运行安全。

6）运行中，加热器的排气由内置的节流孔控制，每个加热器的运行排气接头都有单独的阀门引导排气至有关设备。具体情况是，高压加热器的排气通往除氧器；低压加热器排气通往排气装置。

7）运行中应注意监视加热器的水位，要使加热器安全经济运行，必须保证加热器的正常水位。加热器的正常水位即为加热器运行中的控制水位，这在电厂运行规程及加热器水位指示板上都有明确的标注。一般，卧式加热器正常运行时，允许水位偏离正常水位 ±38mm。

8）加热器水位低于正常水位 38mm 时为低水位运行。加热器低水位运行时，水位过低会使疏水冷却段进口（吸入口）露出水面，而使蒸汽进入该段，这将破坏该段疏水的虹吸作用，也破坏了凝结段与疏水冷却段之间的密封，同时使疏水冷却段的过冷作用降低，影响回热系统的热经济性。更为重要的是，同时会产生下列失常现象：①造成疏水差的变化，在设计工况正常运行时，疏水温度高于给水进口温度 5.5～11.1℃。如果疏水温度高于给水进口温度 11～28℃ 时，则疏水冷却段可能部分进汽。②造成蒸汽热量的损失，由于大量的蒸汽直接进入水系统，热量不能回收利用，因此使回热系统经济性降低。③处于疏水冷却段进口区的 U 形管束将受到蒸汽的冲刷而损坏，蒸汽进入疏水冷却段后，经过 U 形管束内给水的冷却，其体积急剧变化，因而出现汽蚀现象，使管束损坏。如果由于某种原因，如冷却效果差，抽出的蒸汽参数突然升高等，使疏水冷却段的进口形成汽水二相流，或者疏水门被突然打开一个较大的开度，使高压加热器疏水进口露出也会破坏虹吸，运行中在处于频发虹吸玻环的工况下（尤其是在较高的负荷下），适当提高 3 号高压加热器运行水位，以防止即使在有 1 段抽汽压力波动，汽水二相层减薄的情况下，也不致疏水冷却段的入口暴露出来，从而防止虹吸破坏的现象发生。

9）加热器水位高于正常水位 38mm 时为高水位运行。加热器高水位运行时，部分管子将浸入水中，减少了加热器的有效传热面积，使给水出口温度降低。另外，加热器水位过高时若保护装置失灵及抽汽止回阀不严，还有可能造成汽轮机进水事故。

10）加热器运行中，水位过高造成加热器满水事故的原因有三个：一是加热器内管束破裂或管板焊口泄露；二是疏水调节阀故障，使疏水不畅；三是下一级疏水调节阀事故而关闭，使上一级加热器的疏水无法及时排走。上述任一情况发生使加热器水位升高至某一值时，保护装置动作、均开启相应的高压加热器事故疏水放水阀，疏水直通疏水扩容器后再排入排汽装置。

11）运行中注意观察加热器的水位和疏水调节阀的工作状况，可检测出管束是否泄露，例如在相同的加热器负荷条件下，若水位升高或疏水调节阀的开度增大（严重时两者同时出现）则表明加热器运行中管束泄漏，为了进一步证实管束是否漏，加热器停运后可进行注压实验。

12）高压加热器停运后的保护，加热器停运后要对管束的水侧和汽侧进行保护，否则会造成设备的腐蚀，如热器停运后的保护根据其停运时间长短可有不同的保护措施，加热器中、短期停运时、在汽测充满蒸汽并通过调节水侧联氨的注入量保持水侧 pH 值为 10。加热器较长时间停运（如设备或系统大修）时，可在加热器完全干燥后充入氮气进行保护。

（2）低压加热器运行中的维护项目有以下内容：

1）加热器运行中只有当蒸汽和水的压力、温度及凝结水的水位都符合设计要求时，加热器才能达到保证的性能。因此，加热器正常运行时，应特别注意监视和调整汽、水参数及加热器的水位，使它们始终处在规定的范围内，另外加热器运行中，还应注意检查加热器端差的变化情况，以及保持加热器内排气通道的畅通避免加热器内积存空气。

加热器水位升高时需正确判断水位升高的原因，若是 U 形管破或疏水冷却段水阻塞不畅，则应采用事故疏水系统，必要时应开启主凝结水的旁路阀，切断水侧和汽侧，并在不使其他低压加热器的运行受到影响的情况下，关闭该加热器疏水管道上的阀门和空气抽出管道上的阀门，停止该加热器的运行。

总之，低压加热器正常运行中应监视的项目和要求与高压加热器基本相同，具体情况可参阅本章高压加热器的有关内容。

2）低压加热器停运后的保护，低压加热器停运后与高压加热器一样需要对管子的水侧和汽侧进行保护，若低压加热器是短期的停运，则必须在加热器汽侧，水侧充满凝结水进行保护；若低压加热器停运时间较长（2 个月以上），则必须进行充氮气保护。

3）低压加热器运行中易出现的问题：

a. 法兰密封面泄漏，低压加热器各法兰接口，长期使用后密封片可能老化而损坏，从而引起泄露。处理方法是一经发现就立即更换垫片，同时把法兰密封面清理干净。

b. 水室隔板泄漏，应在停运待设备冷却后，放尽水室内存水，打开人孔法兰盖然后进行检修。检修时，先将出现泄漏的焊缝挑掉，清理干净然后补焊，如泄漏是因水室内盖板泄漏引起，则只需校平内盖板，清理干净密封面，更换打新垫片，均匀拧紧螺栓即可。

c. 正常疏水排放不畅。当正常运行时疏水排放不畅，而设备本身及疏水控制设备无问题时，则可能是系统布置不当，如疏水管道阻力过大，使疏水在管道内降压闪蒸所致，此时需采取措施减小管道阻力，最好把疏水控制设备（如调节阀等）布置在下一级低压加热器疏水进口处，同时尽量减小管道的弯头。目前，国内投产的600MW机组多台低压加热器都不同程度地出现了疏水不畅的问题，基本上在70%负荷以下疏水不能够实现逐级自流。而是要开启危急疏水来保证水位正常。这一方面是系统设计时把4台低压加热器布置在同一层平台上，减小了疏水压头；另一方面是布置管道时管线过长，弯头过多，增加了流动阻力，从而造成疏水不畅，减小了热经济性。

（二）除氧器的运行维护

除氧器运行中的维护项目如下：

（1）维持除氧器水位在规定的范围内。机组在负荷变化过程中，应及时调整除氧器水位，避免水位过低导致给水泵断水或水位太高引起除氧器振动甚至引起低压轴封系统进水。

（2）除氧器滑压运行中，应注意压力的变化情况。当机组负荷突然降低时，备用汽源应能即时投入，以防除氧器内压力降低而使给水汽化。

在除氧器运行中，要特别注意发电机组在高负荷时进入除氧器的各路疏水情况，防止因疏水问题造成除氧器超压。

（3）送向除氧器的各路水源均应连续均匀送入，避免水源时断时续而达不到除氧效果。给水含氧量应小于$7\mu g/g$，在含氧量合格的情况下，应尽量关小甚至排氧门，以免引起更大的汽水损失。

（4）除氧器进行汽源切换时，要特别注意有关阀门的动作情况及除氧器的运行情况。在除氧器压力必须要降低时，应严格控制除氧器的降压速度，一般不应大于$0.1MPa/min$。

（5）运行中应注意检查除氧器压力和水温的变化情况。要使除氧器能正常工作，必须保证除氧器内的凝结水温度加热到除氧器压力下的饱和温度。若除氧器压力偏高，则不易除氧；若除氧器压力偏低，虽然易除氧，但在降负荷时给水泵可能汽蚀。

（6）运行中应定期进行除氧器安全门动作检验。

（7）由于除氧器内部温度较高，一般情况下严禁向除氧器内补充冷水，以免温差过大而损坏设备。

五、给水系统的运行维护

在热力系统中，通常将除氧器出口到锅炉入口这一段锅炉供水管道以及附属设备称为给水系统。给水系统的主要附属设备有除氧器、给水泵和高压加热器。除氧器及高压加热器的运行维护已在上一节中做过介绍，本节主要介绍给水泵的运行维护。

（一）汽动给水泵的运行维护

锅炉给水泵是一种高温、高压、高转速、大容量的离心泵，工作条件对泵的运行提出了更高的要求。对于汽动给水泵而言，它兼有汽轮机和给水泵维护的特征，在运行维护中必须统筹兼顾，精心维护。汽动给水泵的维护工作有以下几项。

1. 汽动给水泵油系统的运行维护

汽动给水泵的油系统有两种供油方式：一种是汽动给水泵的控制油和润滑油靠本身的油系统提供；另一种是由主机的油系统供给，回油经油泵回到主机油箱。对于靠自身油系统供油的汽动给水泵，运行中要检查润滑油泵和调节油泵的运行工况良好，备用油泵处于良好的备用状态，汽动给水泵的润滑油压、控制油压符合要求，油系统无漏油处。对于油系统附属于主机油系统的汽动给水泵，要检查供油滤网出入口压差不超过规定值，否则切换为备用油滤网；润滑油升压泵通常为两台，一台运行正常，另一台升压泵处于良好的备用状态；各轴承润滑油压正常，回油箱油位在规定的范围内；回油泵运行正常，备用回油泵处于良好的备用状态；回油调门工作正常，回油滤网出入口压差不超限，否则切换为备用油滤网。

2. 汽动给水泵汽轮机部分的维护

汽动给水泵汽轮机运行中要监视调汽门的远方开度和控制盘上指示一致，各调门动作灵活、无卡涩现象。汽轮机的备用汽源处于可靠的备用状态，来汽电动门开启，来汽管充分暖管疏水。汽轮机缸体、各阀室、蒸汽导管、轴封供回汽管道疏水畅通，疏水器无内漏和泄漏。汽轮机各轴承振动不超限，轴承温度及轴瓦回油温度不超过允许值。当轴承振动或温度超限时，汽泵要降出力运行。汽动给水泵汽轮机的真空系统一般附属于主机的真空系统，凝汽器的冷却水系统也附属于主机的冷却水系统。正常运行中无论是汽动给水泵汽轮机还是主机，当任何一个真空系统发生漏真空现象或真空下降时，都将影响到对方的运行。所以要加强汽动给水泵汽轮机真空系统的维护工作，在真空下降时要检查真空系统是否有泄漏处，凝汽器冷却水温升是否正常，凝汽器热水井凝结水水位是否过低。

3. 给水泵的运行维护

在给水泵运行维护方面，要注意以下几个问题。

（1）在汽动给水泵运行中，要检查前置泵及主泵各轴承润滑油压是否正常。尤其是主泵的推力轴承，它所需要的润滑油压要大于其他轴承的油压，所以对于附属于主机润滑油系统的汽动给水泵，一般在润滑油供油管道上设置了增压泵。运行中必须保证增压泵的可靠运行，否则有损坏推力轴承的危险。

（2）汽动给水泵大部分轴向推力是由平衡活塞平衡的。在给水泵运行中，要保证平衡室与泵入口水温差在规定的范围内，当温差过大时说明平衡活塞没有得到很好的冷却，同时会发生推力瓦块损坏的事故。所以，在调整平衡室回水量时，要以汽动给水泵推力瓦工作面及非工作面的温度为基准。当平衡室回水量增大时推力瓦的非工作面受力较大，当平衡室回水量减小时推力瓦非工作面受力较小。

（3）要保证给水泵前置泵的轴承冷却水畅通，主泵的密封水压力、流量充足。汽动给水泵的密封水一般来自凝结水的中间抽水或由其他泵供水。当这些泵故障跳闸时，给水泵的密封水有中断的危险，这一点必须引起重视。

（4）保证前置泵出入口压差达到要求值，泵入口滤网压差不超限。当前置泵出入口压差下降或入口滤网压差超限时，要进行相应的检查或清理工作，否则会引起给水泵的汽化现象。

（5）并列运行的两台汽动给水泵，在锅炉上水量减小时，将其中一台泵的转速控制切至手动降低出力，当给水流量下降到某一值时要开启泵的再循环门。

（二）电动给水泵的运行维护

大容量发电机组的电动给水泵，一般在发电机组启停及汽动给水泵故障情况下投用。由于电动给水泵属于高温、高压、大容量、高转速的离心泵，同时电动机容量大，在运行维护方面必须注意以下几个问题。

（1）在汽动给水泵正常运行的情况下电动给水泵要处于良好的备用状态。也就是给水泵电动机已送电，泵的出口门、中间抽水门、入口门、轴承冷却水门、电动机冷却水门、泵密封水门已开启，前置泵的泵体排空气门已开启，给水泵内部已注满水，给水与泵体温度的温差在允许的范围内，液压联轴器油箱油位正常，辅助润滑油泵随时都可以投用，给水泵转速控制机构自动跟踪锅炉水位调整系统。

（2）发电机组启动，给水管路没有水压形成的时候，电动给水泵启动前要关闭泵出口门及出口旁路门、中间抽水门、再循环门，将液压联轴器勺管控制切至手动并调至最低位置。泵启动后，开启再循环门和出口旁路门，当给水母管压力大于规定值时再开启出口门和中间抽水门，缓慢开大勺管，待锅炉汽包（或分离器）水位达到正常值时，将转速控制投自动，以防泵过负荷。

（3）在给水泵的工作冷油器和润滑冷油器中，因油箱和冷油器之间的高度差等原因，有可能积有空气，如果这样，空气被送入液压联轴器的泵轮内部会造成联轴器的转速失稳。所以，在给水泵启动前及正常运行中一定要将冷油器内部的空气排放掉。

（4）要保证泵的轴承冷却水畅通，密封水量及水压充足。对带有自密封冷却器的给水泵，在运行中要检查密封水冷却器冷却效果良好。否则要检查密封水冷却器内部是否积有空气，冷却器是否被污染，密封水滤网是否堵塞。在给水泵停运期间，滤网的旁路门要开启，从而形成自然循环冷却。

六、锅炉制粉系统的运行维护

锅炉制粉系统的运行维护有如下六方面。

（1）检查并记录润滑油压、润滑油温和润滑油滤网差压等，并注意检查回油观察窗内的油流情况，如有任何异常情况，均应及时查明原因予以消除。

（2）制粉系统运行中，应检查并监视各轴承温度、轴承振动，确保其在正常范围内。

（3）制粉系统在启动、停止过程中，由于磨煤机出口温度不易控制，很容易发生由于超温使煤粉爆炸的事故；在运行中由于断煤处理不及时，磨煤机出口温度过高，也容易发生煤粉爆炸，因此制粉系统在启动、停止过程和运行中应特别注意防爆问题。在启动前要进行认真检查，确保无积粉和自燃现象；在运行中保持磨煤机出口温度不超过规定值；停止过程中，随给煤量的减少，应严格控制磨煤机的出口温度，防止过高，并必须将系统中的积粉抽尽。

（4）保持一次风压稳定。一次风压过高，则一次风量、风速也大，将使燃料的着火延迟；一次风压过低，可能使着火过早，也容易造成一次风管堵塞。如果风压忽高忽低，将使炉内火焰很不稳定，易引起炉膛灭火。

（5）保证煤粉的质量合格，以满足锅炉燃烧的要求。煤粉过粗，不易完全燃烧；煤粉过细，容易自流和自燃。

（6）中速磨煤机在启停和运行过程中，应注意检查石子煤箱的煤量，认真做好排渣工作。防止因排渣不及时而造成渣箱自燃。

七、锅炉风烟系统的运行维护

（一）锅炉风机运行维护

（1）为了保证锅炉风机安全运行，在运行中必须经常检查轴承的润滑、冷却情况和温度的高低。

（2）离心式风机必须在关闭调节挡板后进行启动，以免启动过载烧坏电动机。待运转达到额定转速后，逐渐开大调节挡板，直至满足规定负荷为止。

（3）注意运转中的风机振动、噪声和撞击声，防止风机处于不稳定区工作。如发现风机有强烈的振动和噪声，轴承温度急剧上升，电动机冒烟，冷却水管漏水等情况时，必须立即停机检查。

（4）为保证锅炉风机经济运行，当两台风机并联运行时，总流量减至一台风机能满足时，就应采取一台风机单独运行，使其处在高效区工作。另外，风机在运行时，流量不能小于极限流量，否则会出现喘振。

（二）空气预热器的运行维护

（1）锅炉启动时，为防止预热器在点火以后由于受热不均而产生严重变形，应在启动引、送风机和投用暖风器之前，先启动预热器。

（2）油系统油箱油位正常、油质合格，润滑油压、润滑油温和轴承回油观察窗回油正常。

（3）为防止冷层元件金属受酸性腐蚀，可投入暖风器并保持预热器入口空气温度为30℃。

（4）为保证受热面的清洁，运行中应定期吹灰。

（5）停炉时，在引风机停止运行后，当预热器进口烟温降至安全温度（150℃）以下时，才能停止预热器运行，以防发生热变形而卡涩，甚至损坏预热器。

八、汽轮发电机组凝结水系统的运行维护

汽轮发电机组凝结水系统运行维护的项目主要是保持排汽装置水位、除氧器水位正常，凝结水泵工作正常。另外，对凝结水水质指标的监督也是大容量发电机组凝结水系统运行维护工作的一个重要项目。

在发电机组运行中，凝结水系统的运行维护工作主要有以下几点。

（1）在机组运行中，应维持排汽装置水位在规定的范围内。当排汽装置水位太低时，会引起凝结水泵入口汽化；而水位太高时，会造成凝结水过冷度增大，机组的效率下降，还会造成凝结水溶氧增加。当水位太高时还会影响到机组的真空系统，使真空下降。排汽装置水位是靠排汽装置补水调整门自动维持的，当补水自动失灵时，要切为手动控制。

（2）注意检查凝结水泵和除盐水泵电流不超过额定值，若由于凝结水泵过负荷引起电流超限，应启动备用泵降低故障泵出力甚至停止故障泵运行。

（3）注意检查凝结水泵的流量变化，当必须增大凝结水量时，应根据具体情况加大凝结水泵的出力或开启除氧器水位调节旁路门，甚至启动备用凝结水泵。

（4）运行中应定时检查凝结水泵的振动情况，凝结水泵的振动应小于规定值，发现振动增大应检查凝结水泵地脚螺栓是否松动，泵与电动机对轮是否松动，泵是否发生汽蚀等。

（5）检查凝结水泵的轴承温度不高于规定值，并应仔细检查轴承油位在 1/2～2/3 之间，油质合格，没有乳化，以及凝结水泵的轴承冷却水、密封水供回水畅通，供水量充足，检查凝结水泵盘根不漏水、不吸空气。检查凝结水泵电动机外壳温度不高于规定值，发现电动机外壳温度升高时，应对照电动机电流、水泵出力、电动机通风情况进行检查。

（6）注意倾听凝结水泵及电动机、各轴承处有无异声，发现有摩擦等异常声音时，应立即给予消除。

（7）监视精处理旁路调节阀的投运情况，在精处理投运期间，其差压应小于规定值。当差压增大到极限时，应开启精处理旁路电动门并解列精处理，以免造成凝结水量下降，凝结水泵出口压力升高。

（8）在凝结水系统运行中，各调节和保护装置应动作正常，各低压加热器、轴封加热器应经常投入运行，一旦保护动作则应检查水侧旁路门是否自动开启，防止凝结水系统断水。除氧器水位调整门应工作正常，发现水位调整门自动失灵时，应马上手动调节上水量，切忌上水量突增突减而引起凝结水管道振动。

（9）加强对备用设备的检查，凝结水泵备用状态下，应开启其出入口手动门、轴承冷却和密封水门，检查轴承油位正常、油质合格，凝结水泵电源已送至工作位置，并且其自动控制装置投入，确证处于良好备用状态。

（10）发电机冷却水系统正常投入，应及时调节定子冷却器的凝结水量、凝结水温度，以维持定子冷却水温在规定范围内。

九、发电机氢、水、油系统的运行维护

（一）发电机氢气系统的运行维护

发电机氢气系统的运行维护项目主要有氢压、氢气纯度、氢气湿度、发电机冷氢温度、发电机热氢温度等。发电机氢气系统投用后应进行下列维护工作。

（1）维持发电机内氢压在规定的范围内，当氢压下降时应及时补氢。对于氢内冷发电机而言，冷却效果基本上和氢气的压力成正比，定子、转子绕组导体的温升随氢压的升高而降低。因此，发电机在额定负荷下运行时，氢压也要达到额定值，如果氢压降低了，将会影响到发电机组的效率。

（2）当发电机内氢气纯度下降时，会影响发电机的冷却效果，并对发电机设备产生氧腐蚀，更严重的是当氢纯度下降到氢、氧混合物爆炸极限时，会发生氢气爆炸事故。所以，发电机内氢气纯度必须保持在98%以上，当氢气纯度下降后应对发电机氢气排污，排出发电机内不合格的氢气。

（3）维持发电机内氢气湿度小于 $10g/m^3$。当氢气湿度增大时，氢冷器、定子线棒、定子积水环等处会结露而影响发电机的绝缘程度。在发电机运行中，保持氢气干燥器连续不断地运行，发现问题及时处理。

（4）控制冷、热氢温度在规定的范围内。当冷氢温度太低时会造成发电机内结露；而冷、热氢温度升高后，将影响发电机的出力。

（二）发电机水系统的运行维护

（1）无论任何情况下都必须保持发电机定子冷却水压力低于发电机氢气压力，一般保持发电机氢、水压差在18kPa以上。

（2）在发电机负荷变化过程中，定子冷却水流量要随发电机内氢气压力的变化而改变。

（3）保持发电机定子冷却水的水质合格。当水质不合格时，应增大除盐水补水量（或者改为凝结水补水），系统排污。

（4）检查定子冷却水泵及定子冷却器的运行情况，当它们故障时应及时投入备用设备。

（三）发电机密封油系统的运行维护

发电机密封油系统的正常运行是保证发电机安全运行的重要环节之一。发电机内充氢后，密封油系统必须可靠地投入运行。调整发电机的氢油压差在规定的范围内，油系统各油箱内的油位符合运行要求，密封油温

第一篇 集控巡检

不超过规定值。

真空箱内的负压是保证密封油中的气体充分排放的前提条件。当负压不合格时要设法消除，并加强氢气纯度的检查，必要时补充新鲜氢气。

由于发电机轴流风扇的抽吸以及密封瓦损坏等原因，密封油很有可能进入发电机内。运行中要定期检查发电机底部油、水收集器内的液位，一旦发现有油，要设法处理，必要时停机处理。

如果密封油的油质不合格，一方面会造成密封油系统设备的腐蚀；另一方面油中的水分会被发电机中的氢气吸收而引起氢气湿度增大。所以，在发电机组运行中，要定期化验油质，并进行各油箱的排水工作，当油质不合格时，补充合格的油。

十、厂用电系统的运行维护

（一）厂用电系统的运行

因发电机组种类的不同，其厂用电系统的接线方式也各不相同，配电设备也多种多样，可是对厂用电系统供电高度的可靠性和不间断性的要求是一样的。

厂用电系统的运行方式，根据其可靠性、合理性及适应事故的能力分为正常运行方式和非正常运行方式。厂用电系统在运行中要尽可能运行在正常方式下，一旦设备有故障使运行方式改变，也应等设备修好后尽快恢复正常运行方式，提高厂用电系统的抗干扰能力。

对厂用电系统各设备运行参数的监视与调整也是非常重要的。设备只有运行在额定参数范围内，才能保证其安全和寿命。厂用电系统在运行中各段的负荷应分配均匀，通过远方或就地表计监视各分支电流不得超过变压器的额定电流或断路器额定电流。如果发现有超限现象，应联系机、炉值班员调整厂用电负荷，保证厂用电系统正常运行。

6kV 系统母线电压一般应连续维持在 6.3kV，不得低于 6kV。如果电压超过规定值，值班员可在运行中采用调整变压器分接头的位置来调整母线电压或适当调整负荷分配及出力来调整母线电压。

380V 段母线电压正常应维持在 400V，可在 380～418V 之间变动，照明段母线变动范围为 380～400V。电压一般采用调整 6kV 电压及母线段的负荷来调整。如上述手段无效，应将低压变压器停运后，调整变压器的分接头位置，使之正常。

（二）厂用电系统的维护

科学技术的发展使电气设备在制造、安装、调试等方面有了很大提高，再加上先进的保护装置的应用，电气设备的故障和发生故障后对系统的影响相对减小。但是，这并不能说明事故能完全避免，对电气设备的检查和维护是很有必要的。电气值班员每班应巡视检查下列项目：

（1）各开关的状态指示和实际位置与系统的运用状态一致。

（2）在远方、就地检查各段母线电压在允许范围内，且三相电压平衡。

（3）各运行开关的电流指示不大于额定值。

（4）各运行设备的保护、控制柜无不正常掉牌，保护、控制电源完好。

（5）倾听各变压器、开关、配电盘内无放电声及其他杂声。

（6）检查配电室内温度、湿度符合要求，而且无进水、漏水情况。

（7）检查各油断路器及变压器油位应在标示范围内。

（8）检查各电气设备的保护屏蔽设施完好，配电柜门关好。

（9）检查配电设备各部分应清洁，通风良好。

十一、发电机组凝汽设备及系统的运行维护

发电机组凝汽设备及系统在运行中可能出现各种问题，例如排汽装置真空系统空气泄漏量剧增，凝结水出现过冷度，循环水量不足，冷却水管泄漏和冷却水管污染等。这样，不但影响到凝汽器的传热效果，造成真空度下降，而且还直接影响到锅炉给水的品质。因此，在凝汽器运行中，必须加强监视，发现问题及时处理。

发电机组在正常运行中凝汽设备及系统主要监视的项目有：排汽装置中凝结水水位、冷却水在凝汽器中的温升、排汽装置的端差、排汽装置的过冷度和真空系统的严密性。这些参数的变化情况，可以反映凝汽设备及系统运行情况的好坏。

（一）排汽装置中凝结水水位

发电机组在运行中，要调整排汽装置中凝结水水位在允许的范围内。当水位太低时，会影响凝结水泵的正常运行，严重时会造成凝结水泵跳闸、除氧器断水等严重后果。如果排汽装置中凝结水的水位超过允许值，而且淹没了排汽装置冷却水管时，会造成凝结水过冷度的增大，影响发电机组的经济运行。尤其是水位升高到凝汽器抽汽口上部并淹没了抽真空管时，会造成汽轮机真空度下降。

（二）凝结水的过冷度

凝结水过冷度的存在，严重影响到系统的经济性。据有关资料统计，每增加1℃过冷度，机组的煤耗量约增加0.1%。同时，出现过冷度使给水中的含氧量有所增加，加重了对设备和管道的腐蚀，所以要减少凝结的过冷度。目前大型汽轮发电机凝结水过冷度一般不超过 $0.5 \sim 1.0 ℃$。

出现凝结水过冷度的主要原因有以下几点：

（1）排汽装置中凝结水水位太高。

（2）漏入排汽装置的空气量增加或抽气系统工作不良。

（三）排汽装置冷却水温升

发电机组在正常运行中，凝结水在排汽装置内的温升应符合排汽装置所设计的冷却水量、进入排汽装置的汽轮机乏汽量、凝结水温升关系曲线。在同样负荷下，如果凝结水温升增大时，说明系统存在下列问题：

（1）排汽装置凝结水量有可能减少。

（2）排汽装置热负荷增大。主要是发电机组疏放水系统的阀门位置不正确，或内漏、排汽装置真空低、汽轮机排汽温度偏高等原因造成。

（四）真空系统严密性

真空系统严密性是汽轮机凝汽设备系统重要的经济技术指标，据有关资料统计，汽轮机排汽装置的漏汽量增加到 $10kg/h$ 时，发电机组的汽耗量增加 $0.4\% \sim 0.5\%$，或真空度有 1% 的下降，将使发电机组在正常负荷下的汽耗量增加 1%。所以发电机组正常运行中，要加强汽轮机真空系统的检查维护，进行真空系统严密性试验，发现严密性不合格时，要进行真空系统的查漏工作。

（五）凝汽器端差

大型汽轮机组凝汽器端差一般控制在 $2 \sim 6 ℃$ 之间，当端差增大时，说明凝汽设备系统存在以下问题：

（1）凝汽器冷却水管内壁污染或水管堵塞，造成凝汽器换热效果下降，应加强冷却水水质的维持和监督，保持胶球系统正常投用。利用机组带低负荷的机会进行凝汽器的半面清洗。

（2）凝汽器真空系统不严密，系统漏空。

（3）凝汽器抽真空系统工作不正常。

第二节　辅助设备及系统的定期工作

机组的定期工作是保障机组正常运行及事故情况下能安全停运的一项重要工作，各级运行管理干部及运行值班人员都必须重视这项工作。

定期工作主要包括定期切换运行、定期试验、定期加油及定期放水和排污等项目。

由于各厂设备状况不同，机组形式不同，对定期工作各厂均有不同的规定，但共同点都是以保证设备安全运行，提高机组运行可靠性为前提。

1. 定期切换运行

切换前应制定相应的技术措施，并做好防止设备跳闸的事故预想，对确证不具备切换条件的禁止进行切换。另外，在切换前运行人员必须提前对备用设备、系统进行认真检查，确保备用设备、系统可靠备用。切换工作结束后，应将切换时间、设备状况、切换负责人以及发现的问题记录清楚。

2. 定期试验工作

定期试验工作进行前首先应确证是否具备试验条件，不能盲目地进行试验，重要的试验工作应有车间及有关人员参加，必要时还应制订并采取防止设备跳闸的措施。试验后应将试验时间、结果及负责人记录清楚。对试验结果不理想或不合格者还应提出相应的改进意见。

3. 定期加油工作

定期加油工作主要包括油位检查、油质检查和补加油。油位要求应大于油窗总刻度的 2/3，对油位低于油窗总刻度 2/3 的设备应补加油（特殊情况除外）。补加油时应注意润滑油的型号，防止因型号不匹配引发事故。加油工作应依照加油表进行，工作结束后，应将时间、加油前油位、加油后油位、油质、负责人记录清楚，并存档。车间应根据加油记录，对各部耗油情况进行分析，对补油频繁或油质改变的应采取相应的措施。

第三节　工作票及电气系统倒闸操作

一、倒闸操作的目的及注意事项

电气设备可分为四种不同使用状态：运行使用状态、热备用使用状态（指线路充电而没有负荷）、冷备用使用状态（指线路停电可随时送电）和检修状态。为了将这些电气设备由一种使用状态转换到另一种使用状态，就需要进行一系列的操作，即倒闸操作。倒闸操作主要是指拉开或合上某些断路器和隔离开关。但同时还包括拆除及安装临时接地线等。倒闸操作除转变电气设备的运行状态外，还包括变更一次系统的运行接线方式以及保护、二次接线、自动装置投撤、切换试验等，是电气值班工作中最重要也是最为常见的任务之一，倒闸操作的目的是使设备适应运行方式、设备检修、故障处理的需要，保证操作安全无差错。生产现场不仅要健全各项安全工作制度，狠抓落实，而且还要充分发挥运行岗位上人员的积极能动作用，发扬主人翁精神和高度的职业责任心，精心操作和监护，才能实现正确倒闸操作的目的。

进行倒闸操作时，应注意以下几点：

（1）改变后的运行方式应正确、合理及可靠，优先采用运行规程中规定的各种运行方式，使电气设备及继电保护尽可能处在最佳状态运行。

（2）倒闸操作是否会影响继电保护及自动装置的运行。在倒闸操作过程中，如果预料有可能引起某些保护自动装置误动或失去正确配合，要提前采取措施或将其停用。

（3）系统高峰负荷期间、直流设备接地期间以及操作设备所在系统发生交流接地期间，一般不进行操作。

（4）要严格把关，防止误送电，避免发生设备事故及人身触电事故。为此，在倒闸操作前应遵守以下要求：

1）在送电的设备及系统上，不得有人工作，工作票应全部收回。同时设备要具备以下运行条件：①发电厂或变电所的设备送电，线路及用户的设备必须具备受电条件；②一次设备送电，相应的二次设备（控制、保护、信号、自动装置等）应处于备用状态；③电动机送电，所带机械必须具备转动条件，否则靠背轮应甩开；④防止下错令，防止将检修中的设备误接入系统送电。

2）设备预防性试验合格，绝缘电阻符合规程要求，无影响运行的重大缺陷。

3）严禁约时停送电、约时拆挂地线或约时检修设备。

4）新建电厂或变电所，在基建、安装、调试结束及工程验收后，设备正式投运前，应经本单位主管领导同意及电网调度所下令批准，方可投入运行，以免忙中出错。

5）应制订倒闸操作中防止设备异常的各项安全技术措施，并进行必要的准备。

6）进行事故预想。电网及变电所的重大操作，调度员及操作人员均应做好事故预想；发电厂内的重大电气操作，除值长及电气值班人员要做好事故预想外，热机等主要车间的值班人员也要做好事故预想。事故预想要从电气操作可能出现的最坏情况出发，应结合本专业的实际，全面考虑，拟定的对策及应急措施要具体可行。

7）正确使用绝缘安全工具，即绝缘棒、绝缘手套、绝缘垫等。

二、倒闸操作的原则及顺序

倒闸操作的基本原则有：

（1）不致引起非同期并列和供电中断，保证设备出力，满发满供，不窝出力，不过负荷。

（2）保证运行的经济性，系统功率潮流合理，机组能较经济地分配负荷。

（3）保证短路容量在电气设备的允许范围之内。

（4）保证继电保护及自动装置正确运行及配合。

（5）厂用电可靠。

（6）运行方式灵活，操作简单，事故处理方便、快捷，便于集中监视。

倒闸操作应由专职电工按倒闸操作票的顺序逐项进行，复杂操作应由两人进行，即一人操作，另一人监护。操作时，监护人手指指着操作设备的编号，对操作人下达操作命令。操作人指着操作的设备编号，重复操作命令，等监护人核对无误后，发出"对"或"执行"的命令时，操作人再进行操作。倒闸操作应区别不同的工作内容，遵守一定的顺序进行：

（1）切断电源时，先拉开断路器，然后拉开隔离开关。拉开隔离开关时，应先拉开负荷侧隔离开关，后拉开电源侧隔离开关。合上电源时，操作顺序与此相反。防止发生带负荷拉、合隔离开关的事故。

（2）拉开三相单极隔离开关或配电变压器高压跌落式熔断器时，应先拉中相，再拉下边相，最后拉另一边相。合隔离开关时，操作顺序与此相反。

（3）在装设临时携带型接地线时，应先接接地端，后接导体端。拆除时的操作顺序与此相反。

（4）保护和自动装置的投入，应先送交流电源，后送直流电源，检查继电器正常后，再投入有关压板。退出时与此相反。

三、倒闸操作质量的检验

操作质量的检查是电气倒闸操作中一个重要的方面，是一个相对重要的操作票项目，一般均在操作时末实施，也是切实保证操作安全的技术措施。操作之前慎重检查，可以对所带负荷做出正确估计，对所操作的对象加以审度，安全把关。操作后的检查，负荷分配已平衡或线路已带负荷，是对整个操作目的的概括性验证，一般主要通过以下几个方面来进行操作质量的检查：

（1）信号指示灯。信号指示灯包括表明开关状态的红、绿灯及储能状态的储能灯，一般通过开关的辅助接点、机械行程开关来切换，也有再经过中间继电器转换后切换的，可直观地表明开关的状态，同时可反映操作回路的完好性。但信号显示正常与否受接点接触情况、控制回路电源电压、接线、设备良好状态等因素的影响。

（2）开关的机械指示。开关的机械指示是利用开关操动机构位置的变化来指示开关的状态，不受开关接点接触情况、控制回路等因素的影响，但不能反映开关触头接触是否良好等情况。

（3）电压表。电压表可反映设备带电情况，便于远方监视，需要经过电压互感器、熔断器、变送器等中间转换设备。

（4）带电显示仪。带电显示仪一般装在开关柜内负荷侧，用以表明该间隔的带电情况，其信号接自柜内电流互感器。

（5）声音。电气设备带电运行时，会因电磁、鼓风、摩擦、转动等因素产生声音、振动等现象，据此变化可区分设备状态的变化。

（6）电流表。通过电流互感器、分流器等设备测量、显示设备的电流参数，反映设备的工作状态。在倒闸操作中，系统的解列、并列、启动、停运等，都会使电流发生变化。

（7）光字信号。某些光字信号，如"备用电源无压""电压回路断线"等具有监控功能，可根据操作前后信号的变化来辅助检查操作质量。

（8）直接测量。直接测量包括电压、电流的测量，以及转速、温度等的检查。注意所使用的安全用具均应在有效试验期之内，应进行模拟试验，检查声光显示正常，设备电路完好。

由于生产现场情况复杂，单就依据某一方面来判定操作完成情况，有时会有偏差，比如：辅助接点接触不良或信号灯损坏，将导致信号切换异常；开关内主触头接触不良，信号灯、机械指示会正常转换，但电流、设备运行声音将异常。所以，应综合考虑各个方面，特别是电压、电流及声音的变化，对所进行的操作应得出准确的判断，避免回路中有接触不良或未接通等问题出现，认真执行两票，把好倒闸操作质量关。

第四节　火力发电厂常用油脂的种类及特性

火力发电厂主要使用的油品有电气绝缘油类、汽轮机润滑油和磷酸酯抗燃油三大类，其他常用油品还有球磨机油、压缩机油、齿轮油，这几种应归属于机械油品类。本节重点介绍汽轮机用油品和电气绝缘油的特性及使用规定。

一、变压器油

1. 变压器油应具备的功能

（1）绝缘功能。在电气设备中，变压器油可将不同电位的带电部分隔离出来，使其不至于形成短路，绝缘油增加了介电强度，不会被击穿，这是绝缘油可靠的绝缘性能。

（2）散热冷却作用。变压器运行中产生的热量被绝缘油吸收，然后通过油的循环而使热量散发出来，从而保证设备的安全运行。

（3）灭弧功能。在开关设备中，变压器油主要起灭弧功能，否则开关触头会由于电弧产生的热量而被烧毁。

（4）由于变压器油能在绝缘材料的空隙之中，所以可起到保护铁芯和绕组组件的作用。

（5）由于油充填在绝缘材料的空隙之中，油会使混入设备中的氧首先起氧化作用，从而延缓了氧对绝缘材料的侵蚀。

2. 变压器油的化学特性

（1）具备低凝点的特性，适应户外低温环境。

（2）绝缘油的酸值较低，以减小电导和对金属的腐蚀。

（3）具有良好的氧化稳定性或抗氧化性。

3. 变压器油的物理特性

（1）较低的黏度，变压器的冷却作用依靠较低的黏度才能发挥出来。

（2）可避免在寒冷气候下，出现"浮冰"现象，通常情况下，其密度小于水的密度。

（3）适应户外使用的低凝点。

（4）闪点高，低挥发性，具有一定的运行安全性。

4. 绝缘油的使用规定

众所周知，变压器的寿命就是变压器绝缘系统的寿命，而变压器油是变压器绝缘系统的一部分，正确使用变压器油，加强日常维护才能保证电气设备的安全运行。

（1）必须定期地对变压器油进行各个项目的分析，然后进行综合判断，才能正确地评价运行中变压器油的质量和变压器内部状况。

（2）将所有试验项目的结果综合起来判断。其中，油中水分含量和油的气相色谱分析是最为重要的。

（3）试验样品必须具有代表性，正确取样是保证试验结果真实的先决条件，必须按有关取样方法进行。取样时，应注意油样不能存放在脏污的容器中或者接触脏污的设备，有些重要试验项目的油样必须避光保存。

（4）为了保证运行中变压器油的质量，首先应对设备投运前的新油进行认真的验收和跟踪监督。对新变压器油的验收，应严格按有关标准的方法和程序进行，需要由有经验的和技术水平较高的工作人员操作，并对全过程的微小细节严加注意，以保证数据的真实性和可靠性。

一般来讲，油化人员应对下述四个环节进行监控：

（1）新油交货时的验收。在新油交货时，应对接受的全部油品进行监督，以防出现差错或带入脏物。

（2）新油在脱气注入设备前的检验。当新油经验收合格后，在注入充油设备前必须用真空脱气滤油设备进行过滤净化处理，以脱除油中的水分、气体及其他杂质。

（3）新油注入设备时进行热循环后的检验。新油经真空注入设备后，经过 12h 以上的静置并检验合格后，应进行热油循环。

（4）新油注入设备后通电前的试验。新油注入设备后通电前的试验包括击穿电压试验、酸值、界面张力、介质损耗因数、油的外观与颜色、水分含量、固体绝缘的化学监督。

二、汽轮机油

1. 汽轮机油的性能

（1）能在一定的运行温度变化范围内和油质合格的条件下，保持油的黏度。

（2）能在轴颈和轴承间形成薄的油膜，以抗拒磨损并使摩擦减小到最低程度。

（3）能将轴颈、轴承和其他热源传来的热量转移到冷油器。

（4）能在空气、水、氢的存在以及高温下抗拒氧化和变质。

（5）能抑制泡沫的产生和挟带空气。

（6）能迅速分离出进入润滑系统的水分。

（7）能保护设备部件不被腐蚀。

2. 汽轮机油的物理特性

（1）黏度。黏度是表征润滑油润滑性能的一项重要指标。润滑油的黏度对汽轮机发电机组的运行最为重要，油的黏度对轴颈和轴承面建立油膜和决定轴承效能及稳定特性都是非常重要的。黏度决定了油的流动能力和油支承负荷及传送热量的能力。

（2）抗氧化能力。润滑油循环时会吸收空气。油在紊流及流向轴承、联轴器和排油口时，都会挟带空气。油能与氧反应形成溶解的或不溶解的氧化物。油的轻度氧化一般害处不大，这是由于最初的生成物是可溶性的，对油没有明显的影响。可是进一步氧化时，则会产生有害的不溶性产物。继续深度氧化将在轴承通道、冷油器、过滤器、主油箱和联轴器内形成胶质和油泥。这些物质的堆积会形成绝热层，限制了轴承部件的热传导。这些可溶性的氧化物，在低温时又会转化为不溶性的物质沉析出来，积累在润滑系统的较冷部位，特别是在冷油器内。油氧化后会使黏度增大，影响轴承的功能。氧化也能导致复杂的有机酸形成，当有水分存在的情况下，这些氧化产物会加速腐蚀轴承和润滑系统的其他部件。此外，设备密封不严、油泵漏气或油箱中的润滑油过分地飞溅都会使空气滞留在油中。

（3）抗泡沫性能和空气释放值。在油中的空气表现为气泡和雾沫空气两种形式。油中较大的空气泡能迅速上升到油的表面，并形成泡沫。而较小的气泡上升到油表面较慢，这种小气泡称为雾沫空气。无论空气是以哪种形式存在于油中，都会对设备运转带来不良的影响，常见的是引起机械的噪声和振动。泡沫的积累还会造成油的溢流和渗漏，发电机轴承滴下的渔波可能被吸入电气线圈，落在集流环上，会使绝缘损坏、短路和冒火花。此外，油中存在空气时还能造成润滑油膜的破裂以及润滑部件的磨损。

（4）破乳化性。油中最常见的杂质是水，水可能由冷油器的渗漏、湿空气的凝结而产生。油中的水分促进部件生锈、形成乳化油和产生油泥。油品和水形成乳化液后再分成两相的能力称为破乳化性。油品的破乳化时间越短，它的抗乳化性越好；反之，油品破乳化时间越长，它的抗乳化性就越差。

（5）防锈性。润滑油中有水存在，不但能使运转机件金属表面产生锈蚀，同时还能加速润滑油的氧化变质。

（6）凝点和倾点。润滑油的凝点和倾点都是用来衡量润滑油低温流动性的指标，它们的高低与润滑油的组成有关，在一般情况下倾点和凝点的差值为 $3 \sim 5℃$。

（7）酸值。酸值是润滑油使用性能的主要指标之一。润滑油在使用过程中由于氧化变质生成一些有机酸雨使酸值增加。如果酸值过大，一方面造成设备的腐蚀，另一方面也会促使润滑油继续氧化生成油泥，这些都会给设备运行带来不利后果。在使用中，润滑油的酸值超过规定就不能继续使用，必须进行处理或更换新油。

（8）闪点。闪点是一项安全指标。要求汽轮机油在长期高温下运行时，应安全、稳定、可靠。一般，闪点越低，挥发性越大，安全性越小，故将闪点作为运行控制指标之一。

3. 汽轮机油的使用规定

（1）为了保证运行中汽轮机油的质量，应严格控制新油验收的各个环节。

（2）根据机组的运行情况，建立定期检验制度。

（3）进行试验数据分析，包括以下内容：外观、颜色、水分、运动黏度、闪点、酸值、油泥、防锈性能、破乳化性能、起泡沫性、空气释放值、颗粒度。

（4）汽轮机、水轮机等发电设备需要补充油时，应补加与原设备所用相同牌号的新油或曾经使用过的合格油。由于新油与已老化的运行油对油泥溶解度不同，特别是向油质已严重老化的油中补加新油或接近新油质量标准时，就可能导致油泥在油中析出，以致破坏汽轮机油的润滑、散热和调速特性，威胁机组的安全运行。因此，补油前必须预先进行混合油样的油泥析出试验，无油泥析出方可允许补加。

（5）混合使用的油，混合前其各自质量均必须检验合格。

（6）不同牌号的汽轮机油原则上不宜混合使用，因为不同牌号油的黏度范围各不相同，而黏度是汽轮机油的一项重要指标。不同类型、不同转速的机组，要求使用不同牌号的油，这是有严格规定的，一般不允许将不同牌号的油混合使用。在特殊情况下需要混用时，应先按实际混合比例做混合油样的黏度测量，如黏度符合要求时才能继续进行油泥析出试验，以决定是否可混。

（7）进口油或来源不明的油，需与不同牌号的油混合时，应预先对混合前后的油进行黏度试验。

（8）试验时，油样的混合应与实际使用的比例相同，如果运行油的混合比是未知的，则油样混合比为 1:1。

三、磷酸酯抗燃油

随着电力工业的高速发展，大容量、高参数的机组投建越来越多。汽轮机的主汽门、调节汽门及其执行机构的尺寸也相应增大，为了减小液压部件的尺寸，必须提高系统的压力；同时为了改善汽轮机调节系统的动态特性，降低甩负荷时的飞升转速，必须减少油动机的时间常数。因而，调节系统工作介质的额定压力也随之升高，也增加了油泄漏到主蒸汽管道而导致火灾的危险性。为了保证机组的安全经济运行，调节系统的控制液多采用抗燃液压液，即抗燃油。目前我国大机组一般采用机械液压和电液型调节系统（EHC），并将抗燃油作为液压调节系统、给水泵汽轮机、高压旁路等系统的工作介质。为此，必须对调节系统抗燃油的性能、种类、特点及应用和监督维护等进行全面的了解。

1. 磷酸酯抗燃油的性能

磷酸酯作为一种合成油,它的某些特性与矿物油的差别是很大的。

(1)密度。密度是磷酸酯抗燃油与石油基汽轮机油的主要区别之一。磷酸酯抗燃油的密度大于 $1kg/m^3$,一般为 $1.11 \sim 1.17kg/m^3$,而石油基汽轮机油的密度小于 $1kg/m^3$,一般为 $0.87kg/m^3$ 左右。由于抗燃油的密度大,因而有可能使管道中的污染物悬浮在液面上而在系统中循环,造成某些部件的堵塞与磨损。如果系统进水,水会浮在抗燃油的液面上而使排除较为困难。

(2)黏度。抗燃油的黏度较润滑油为大,一般为 $28 \sim 45mm^2/s$。

(3)酸值。新油的酸值与含不完全脂化产物的量有关,它具有酸的作用,部分溶解于水,它能引起油系统金属表面的腐蚀。酸值高还能加速磷酸酯的水解,从而缩短油的寿命,故酸值越小越好。

(4)优良的抗燃性能。磷酸酯抗燃油的抗燃作用在于其火焰切断火源后,会自动熄灭,不再继续燃烧。

(5)氯含量。氯离子超标会导致伺服阀的腐蚀。

(6)挥发性。具有较低的挥发性,抗燃性能好。

(7)介电性能。磷酸酯抗燃油的电阻率较大。

(8)润滑性和抗磨性。磷酸酯本身就是很好的润滑材料,另外它具有优良的抗磨性能,它在摩擦时对金属表面起化学抛光作用。

(9)抗氧化安定性。抗氧化安定性试验的结果可以用来评价磷酸酯抗燃油的使用寿命。如果运行油酸值迅速增加或颜色急剧加深,应考虑进行氧化安定性试验,以确定需要采取的维护措施。

(10)腐蚀性。磷酸酯的腐蚀性很小但其热氧化分解产物和水解产物对某些金属有腐蚀作用,特别是铜和铜合金。

(11)脱气性和起泡沫性。脱气性和起泡沫性表示液体的压缩性,是液压油的重要性能。脱气性和起泡沫性合格可以减小液压泵系统的振动,消除噪声,减缓油的老化。

(12)相容性和溶剂效应。磷酸酯抗燃油对许多有机化合物和聚合材料有很强的溶解能力。

(13)水解安定性。主要用于评定磷酸酯抗燃油的抗水解能力,如果运行油的颜色没有发生显著变化,而酸值升高,则可能是油的水解所致。此时应考虑测定油的水解安定性和水分含量,必要时测定油中的游离酚含量,分析酸值升高的原因。

(14)辐射安定性。磷酸酯抗燃油的辐射安定性比石油基油差,在多数不同类型的照射下，酯均分解。

2. 使用规定

（1）严把新油验收质量关，按照规定进行采样，核对标号，并做好备查样品的存储。

（2）定期进行油质检查，注意油样的采集方法，如发现油质劣化的倾向，应增加采样点和检测次数。

（3）做好机械设备的保护、清洗工作，防止抗燃油受到污染。

（4）降低抗燃油运行的环境温度。

（5）保证油箱空气过滤器的完好，正常工作。及时更换吸附剂和滤芯。

（6）抗燃油严禁与汽轮机润滑油混合使用。运行中抗燃油系统需补油时，应补加相同牌号经化验合格的油。如果抗燃油老化比较严重，补油前应按照有关方法进行混油老化试验，无油泥析出时，才能补加。因为新油和老化油对油泥的溶解度不同，可能会使油泥在抗燃油中析出而导致调节系统卡涩。抗燃油混合使用时，混前其质量必须分别化验合格。不同牌号的抗燃油原则上不宜混合使用。因牌号不同，黏度范围也不同，质量标准也不同。在特殊情况下需要混用时，可以将高质量的抗燃油混入低质量的抗燃油中使用。同时，还必须先进行混油试验，当无油泥析出，并且混合后油的质量高于混合前低质量的抗燃油时，才能够混合使用。进口抗燃油与国产抗燃油混合时，应分别进行油质分析，分析数据均在合格范围之内时，再进行混油试验。试验后混油的质量不低于混合前两种油中较差的一种时，才能够混合使用。

第五节　热工仪表及自动装置的巡检

集控巡检人员应该对热工仪表及自动装置的工作原理、安装和使用要求有所了解。

一、压力测量仪表

在火力发电机组中，压力的监控是生产过程控制中一个非常重要的环节，他对机组的安全经济运行起着决定性作用，所以必须重视压力的测量及其准确性。火力发电机组程控保护中常涉及压力测量，锅炉主保护有：炉膛压力、火检冷却风压、主汽压力、汽包水位（差压）；汽轮机主保护有：润滑油压力、抗燃油压力、排汽装置真空、背压；主要辅机主保护有：辅机轴承润滑油压力及电动机轴承润滑油压力、冷却水（风）压力等。调节控制中涉及压力测量的重要参数有：调节级压力、主汽压力、汽包压力、汽包水位（差压）、除氧器压力、排汽压力、各级抽汽压力、给水压力、炉膛压力、一次风压力、二次风压力、磨煤机出入口差压等。

（一）压力测量仪表的安装与投运

压力测量仪表的正常运行与其正确安装关系很大。压力测量仪表的安装包括：取压口的选择、传压管路的敷设、仪表的安装。

1. 取压口的选择

（1）取压口要选在被测介质做直线流动在直管段上，不能选在拐弯、分岔、死角或其他能形成漩涡的地方。

（2）测量流动介质的压力时，传压管应与流动介质垂直，倾角在5°～10°以内，并避免倾角向着流速方向。传压管口应与工艺设备管壁平齐，不得有毛刺。

（3）要防止取压口积灰和堵塞。测量液体的压力时，采样点应在管道下部；测量气体压力时，测点应在水平管道上部。

（4）测量低于 0.1MPa 的压力时，选择采样点时，应尽量减少液柱重力所引起的误差。

2. 传压管路的敷设

（1）传压管的粗细、长短应选取合适。一般内径为 6～10mm，长为 3～50m。

（2）水平安装的传压管应保持 110°～120° 的倾斜角度，以利于排除凝结水或气体。

（3）被测介质为液体时，在测量管路最高处要设排气装置；被测介质为气体时，在测量管路最低处要设排污装置；被测介质含粉尘时，传压管要向被测介质倾斜，并有能吹扫的接头；被测介质为高温介质时，应在二次门前加 U 形管或盘形管；被测介质黏度大或有侵蚀时，应加隔离装置；测量急剧变化和有脉动压力时，应加缓冲器。

（4）传压管不应有机械应力。

3. 仪表的安装

（1）压力测量仪表应安装在满足规定的使用环境条件和易于观察和维护的地方。

（2）在仪表的连接处，应根据被测压力的高低和介质性质，加装适当的垫片。中压及以下可使用石棉垫、聚乙烯垫，高温高压下应使用退火紫铜垫。

4. 压力测量仪表的投运

（1）开启一次门，使取压管充满被测介质。

（2）二次门为三通门时，缓慢开启排污门，利用被测介质冲洗取压管，干净后关闭排污门。

（3）缓慢开启二次门，投入压力测量仪表。测高温介质的压力时，应待取压管内有凝结水或高温介质的温度降至不烫手时，再开启二次门。

（4）测量蒸汽或液体压力时，压力表有指针跳动现象，一般是取压管内有空气造成的。应打开放气阀门进行放气，若无放气门，应先将二次门关闭，稍微松开仪表接头，再稍微打开二次门，放出取压管内的空气，再关闭二次门，拧紧仪表接头，重新打开二次门投入仪表。

（5）真空压力表投入后，应进行严密性试验。将一次门关闭，15min内指示值的降低不大于3%。

（6）带隔离容器的仪表投运前应先将隔离容器灌隔离液，并在运行中检查是否泄漏，防止隔离液漏光后，侵蚀介质进入仪表。

5. 差压测量仪表的投入过程

（1）检查差压测量仪表正、负压门关闭，平衡门打开。

（2）开启排污门，缓慢打开一次门冲洗取压管，冲洗不少于两次后关闭排污门。

（3）若管路中有空气门，开空气门排气后关闭空气门。

（4）待取压管冷却后，缓慢开启变送器正压门，当测量介质为蒸汽或液体时，待充满凝结水或液体后，松开变送器正、负测量室排污螺钉，待介质逸出并排净空气后拧紧螺钉，检查渗漏和仪表零点。

（5）关闭平衡门，缓慢打开负压门。

（二）常用压力测量仪表

就地显示压力表一般采用弹性式压力表，如弹簧管压力表、波纹管压力表和膜盒压力表等。火电厂中汽、水、油系统一般都采用弹簧管压力表；风烟系统、制粉系统、炉膛压力系统一般都采用膜盒压力表。

1. 弹簧管压力表

弹簧管压力表的工作原理是：在压力的作用下，弹簧管的自由端产生位移，该位移量通过拉杆带动传动放大机构，使指针偏转，并在刻度盘上指示出被测压力值。弹簧管压力表常见故障现象和可能的故障原因见表8-2。

表8-2　　弹簧管压力表常见故障现象和可能的故障原因

故障现象	可能原因
加压后压力表无指示	(1) 一次门或二次门未打开。 (2) 取压管堵塞。 (3) 接头堵塞。 (4) 弹簧管裂缝后泄漏。 (5) 压力表中心齿轮与扇形齿轮因磨损而不能啮合或卡死。 (6) 传动机构和弹簧管自由端脱开
除压后指针不回零	(1) 指针打弯。 (2) 指针松动。 (3) 弹簧管因超压或腐蚀而失效。 (4) 压力表中心齿轮与扇形齿轮因摩擦而卡住。 (5) 游丝力矩不足
指针跳动或呆滞	(1) 指针与刻度盘或表面玻璃有摩擦。 (2) 取压管与表接头有时堵有时通的现象。 (3) 中心齿轮轴弯曲，与刻度盘摩擦。 (4) 中心齿轮与扇形齿轮啮合处有油污。 (5) 连杆与中心齿轮及扇形齿轮、弹簧管的自由端连接处过紧
指示值偏高	连杆与扇形齿轮的夹角不正确
指示值偏低	(1) 取压管或接头有泄漏。 (2) 弹簧管有泄漏。 (3) 连杆与扇形齿轮的夹角不正确

2. 膜盒压力表

膜盒压力表的工作原理是：被测压力通过管接头引入膜盒，在压力的作用下，薄膜盒产生变形，该位移量通过拉杆带动传动放大机构，使指针偏转，并在刻度盘上指示出被测压力值。膜盒压力表常见故障现象和可能的故障原因见表8-3。

3. 压力变送器

压力变送器就是将被测压力转换成电量进行测量，在输出 4～20mA 的标准信号进行远传。

压力变送器有力平衡式变送器、电感式变送器、电容式变送器、振弦式变送器、扩散硅式变送器等。火电厂中最常用的是电容式压力变送器和扩散硅式压力变送器。

表 8 - 3 膜盒压力表常见故障现象和可能的故障原因

故障现象	可能原因
加压后压力表无指示	（1）一次门或二次门未打开。 （2）取压管或接头堵塞。 （3）膜盒有泄漏。 （4）指针杆脱落。 （5）传动部位过紧或卡住。 （6）传动部分连杆或拉杆与膜盒连接处脱落
除压后指针不回零	（1）指针松动。 （2）膜盒弹性失效。 （3）活动部位有摩擦或卡住。 （4）活动部位松动。 （5）游丝力矩不足
指针跳动或呆滞	（1）指针与刻度盘或表面玻璃有摩擦。 （2）取压管与表接头有时堵有时通的现象。 （3）活动部位有摩擦或卡住。 （4）轴承损坏
指示值偏高	（1）微调支板调整不合适。 （2）连杆与拔杆的传动比不合适。 （3）栏杆与铰链杆及拉杆之间的传动比不合适
指示值偏低	（1）取压管或接头有泄漏。 （2）膜盒泄漏。 （3）连杆与拔杆的传动比不合适。 （4）栏杆与铰链杆及拉杆之间的传动比不合适

二、温度测量仪表

火力发电机组程控保护中常涉及温度测量，锅炉主保护有：主蒸汽温度高、再热器出口汽温高等；汽轮机主保护有：支持轴承或推力轴承温度高、汽轮机排汽缸温度高等；主要辅机有：辅机轴承温度、电动机轴承温度、电动机定子温度等。调节控制中涉及温度测量的重要参数有：主蒸汽温度、再热蒸汽温度、各级过热器出/入口汽温、各级再热器出/入口汽温、排汽温度、各级抽汽温度等。

温度测量仪表的种类很多，火电厂多采用热电阻和热电偶测温。

（一）热电偶

热电偶的工作原理是：将热电偶的热端放在温度有变化的场所时，就能产生正比于温度变化的电动势，该电动势可以直接用温度单位进行分度。

火电厂中，热电偶主要用于主蒸汽温度、再热蒸汽温度、烟气温度等较高温度的测量。

1. 热电偶的主要特点

（1）可测温度范围广，为 0~1600℃，适于中、高温度测量。

（2）信号可远传，便于集中检测和自动控制。

（3）测温精确度较高，动态响应速度快。

（4）可测局部温度。

（5）结构简单，便于维修。

（6）需进行冷端温度补偿，在低温段的测量精确度较低。

2. 热电偶的冷端温度补偿

根据热电偶的测温原理，冷端温度恒定时可使热电偶产生的热电动势仅与热端温度有关，但在实际测温中，热电偶冷端的环境温度不可能稳定，因此要对冷端温度进行补偿，以使测温结果准确。

（1）热电偶冷端温度补偿的方法有：① 热电势修正法；② 补偿导线法；③ 冷端恒温法；④ 辅助热电偶法；⑤ 动圈仪表机械零点调整法。

（2）补偿导线法。热电偶冷端温度补偿多采用补偿导线法。使用补偿导线能将热电偶的冷端从高温处移到环境温度较稳定的地方，同时节省大量价格较高的贵金属和性能稳定的稀有金属；还便于安装和线路敷设；用较粗的补偿导线代替热电偶线还可减小回路电阻，有利于信号采集和正常工作。

（3）使用热电偶补偿导线法时的注意事项。

1）补偿导线只能与相应型号的热电偶配用。

2）补偿导线和热电偶连接点的温度不得超过规定的使用温度。

3）补偿导线与热电偶、仪表连接时，正负极不能接错。

4）根据线路电阻要求，选用合适的补偿导线线径。

3. 影响热电偶测温的主要因素

（1）热电极在使用中表面局部金属挥发和氧化。

（2）热电极在使用中内部某些元素选择性的氧化。

（3）高温下由于热扩散造成热端附近的化学成分改变。

（4）热电极的沾污和腐蚀。

（5）热电极受外力作用引起变形。

4. 热电偶装配要求

（1）测量端焊接应光滑、牢固，无气孔和夹灰，无残留的助焊剂等污物。

（2）各部分装配正确，连接可靠，零件无缺损。

（3）保护管外层无显著锈迹、凹痕和划痕。

（4）电极无短路、断路，极性标志正确。

（5）补偿导线连接正确、牢固。

（二）热电阻

热电阻的工作原理是：利用金属电阻值随温度变化的特性，该电阻值的变化量与温度的变化量成线性正比的关系。

火电厂中，最常用的热电阻是 Cu50 和 Pt100 两种，主要用于设备轴承温度、定子温度、油系统、水系统等较低温度的测量。

1. 热电阻测温的主要特点

（1）精确度高，铂电阻温度计被用作基准温度计。

（2）灵敏度高，输出信号较强，易于远距离传送。

（3）测量范围为 −200～650℃，适于低、中温度的测量。

（4）具有较好的线性度，复现性和稳定性也较好。

（5）体积较大，测点温度较困难。

（6）热惯性较大，不利于动态测温。

2. 热电阻在使用中的注意事项

（1）为了减小环境温度对线路电阻的影响，工业上常采用三线制连接，也有采用四线制连接的。

（2）通过热电阻的电流越大，其灵敏度及分辨率越高，但是热电阻消耗的电能越大，热电阻的自热效应越强，由此产生的附加误差越大，因此热电阻的工作电流应小于规定值，工业用时规定值为 6mA。

（3）接线要求紧固，减小接触电阻。

（4）热电阻测温时对插入深度有一定的要求，例如测量高温气体，要求热电阻插入深度在减去感温元件的长度后，应为保护管直径的 15～20 倍。

（5）保护管对热电阻测温精度的影响很大，对保护管有一些原则要求，即：

1）能够承受被测介质的温度、压力。

2）高温下物理、化学性能稳定。

3）有足够的机械强度，能承受振动、冲击等机械作用。

4）抗热震性能好，不因温度骤变而损坏（抗热震性，又称抗热冲击性，俗称热稳定性，指材料在承受急剧温度变化时，评价其抗破损能力的重要指标）。

5）有良好的气密性。

6）导热性能良好。

7）不产生对感温元件有害的气体。

8）对被测介质无影响、不玷污。

3. 热电阻测温的常见故障

（1）热电阻的电阻丝之间短路或接地。

（2）热电阻的电阻丝断开。

（3）保护套管内积水或有污物，造成局部短路。

（4）电阻元件与接线盒间的引出导线断路。

（5）连接导线接触不良使阻值增大，或局部短路。

三、特殊测量仪表

在火电厂生产过程中，除了压力、温度外，还有流量、液位、物位、氧量、转速、振动、氢气纯度等重要参数需要监控。

（一）流量测量仪表

在火电厂中，流量测量仪表主要使用差压式流量计，它与压力测量仪表在安装要求、使用注意事项、投运步骤、就地检查、校验等方面基本相同，二者的主要区别在于流量测量仪表需要安装标准节流装置。

1. 标准节流装置

我国国家标准规定的标准节流装置为标准孔板和标准喷嘴。

（1）标准孔板的结构简单，加工方便，安装容易，省料，造价低，但是压力损失较大。孔板入口边缘抗流体磨蚀的性能差，孔板膨胀系数的误差也比喷嘴大。

（2）标准喷嘴的结构复杂，加工工艺要求高，测量范围大，需要的直管段较短，压力损失较小，运行中对介质冲刷的敏感性低，耐磨损，使用寿命长。

2. 标准节流装置的安装要求

（1）节流装置的开孔中心必须和管道中心线同心。

（2）节流装置的入口端面应与管道中心线垂直。

（3）节流装置安装方向必须正确，标准孔板的圆柱形锐边应迎着介质流动的方向，标准喷嘴的大口应迎着介质流动的方向。

（4）节流装置前后必须有适当长度的直管段，避免流束扰动影响流量系数的准确性。其前方最小直管段长度根据管道局部阻力、有无截门等情况而不同，可以从专门的图表中查到这个值，其后部的直管段长度一般应大于 5 倍直径。

（5）节流装置的管道内径应符合设计值。

（6）节流装置前 10 倍直径长度及后 4 倍直径长度间的管段内应光滑、无结垢、无沉积物、无明显凸凹。

（7）节流装置的密封垫不得突入管道内壁。

（8）安装节流装置的管道处于水平或倾斜位置，取压口位置根据被测介质是液态还是气态而按照规定要求进行选择；若处于垂直位置时，取压口位置可任意选择。

（9）测量蒸汽流量的节流装置前后侧取压口应分别装设冷凝器，并使两个冷凝器有相等的恒定高度。测量高温高压介质的流量，安装时各部分的配合应考虑材质的膨胀系数，以保证在受热情况下，节流装置能自由膨胀，防止变形。

（10）对于新安装的管道，节流装置必须在管道冲洗洁净后再安装。

3. 标准节流装置对取压管的要求

（1）取压管应能抗侵蚀，一般采用钢管或铜管，内径应在 12～15mm 之间。

（2）取压管总长度一般在 50～60m 之间，若被测介质温度大于 100℃，则长度不小于 6m。

（3）取压管根据被测介质压力要求应有足够的耐压强度，一般汽水取样用无缝钢管，风量等微压介质用优质气体管。取压管敷设完毕后应做严密性试验或耐压试验。

（4）取压管的装设应保持垂直，或与水平之间有不小于 1%～10% 的倾斜角，正负压侧管路应向同一方向倾斜，并根据具体情况在取压管最高处装排气门，或在最低处装放水门。

（5）多根仪表管束一起敷设时，应排列整齐，敷设易燃易爆介质的表管时，应注意隔热和防火。

（6）取压管穿越楼板、平台铁板时，应加装护管或留有充裕的孔口，并定期检查磨损情况。

（7）正负压侧管路应并排敷设，并处于同一环境温度中。若采用伴热装置，应注意防止正负压侧管路加热不匀，或局部汽化造成测量误差。

（8）取压管应刷油漆，并用标牌注明用途和名称，必要时可刷色标。

（二）电接点水位计

在火电厂中，水位测量仪表主要使用差压式水位计，它与压力测量仪表在使用上基本相同。

电接点水位计是近几年应用广泛的一种水位测量仪表，它分为高压和低压两种。它可以在汽包、除氧器、加热器、凝汽器、工业水箱等需要测量水位的地方使用。

1. 电接点水位计的工作原理

电接点水位计由水位传感器和电气显示仪表两部分组成。水位传感器是一个带有若干个电接点的测量筒，由于汽和水的导电性有差异，被水淹没的电接点处于低电阻状态，水中电极导通，使氖灯或发光二极管点亮；没有被水淹没的电接点处于高电阻状态，电极不通，氖灯或发光二极管不亮。这样就可以根据氖灯或发光二极管点亮的数量，来判断水位的高低。

电接点水位计除了直接显示水位，还可以将水位信号转换成 4~20mA 的标准信号进行远传。

2. 电接点水位计使用和维护时的注意事项

（1）各电接点之间的水位不能显示，存在不灵敏区。

（2）为了防止电接点受炉水中介质离子的极化作用，必须采用交流电源。

（3）高压锅炉上电接点损坏的原因，主要是绝缘套和瓷封件因腐蚀而泄漏造成的。

（4）电接点水位计在投运时，应对电接点缓慢预热，防止汽流冲击电极和温度骤变损坏电极。

（5）拆卸电极时，应待测量筒冷却后进行，防止电极螺栓和电极座的螺纹损坏。

（6）在检修中不应敲打电极，以免电极受振损坏。

（三）氧量测量仪表

在火电厂生产过程中，氧量的测量使用氧化锆氧量测量计。氧量的准确测量对锅炉的安全和经济运行起着重要作用。

1. 氧量测量仪表的工作原理

氧量测量计的核心部件是氧化锆测量探头。它利用氧化锆固体电解质做传感器，在氧化锆固体电解质的两侧附上多孔的金属铂电极，在高温下，其两侧气体中的氧浓度不同即产生氧浓差电势，温度一定时，这个电势只与两侧气体中的氧气含量有关,通过测量氧浓差电势,就可测得氧气含量比,如果一侧用氧气含量固定的标准气体,即可求得另一侧的氧气含量。

2. 氧化锆氧量计的安装要求

(1)测氧的取样点必须是高温烟气,而且要确保烟样被抽到氧化锆探头处保持至少 600℃,而且希望达到设计的工作温度。如果采用定温电炉的氧化锆探头,可适用于低温烟道处测氧。

(2)取样点的烟气含氧量必须有变化,不应取自死区烟道的烟样。取样装置应保证烟样的流速至少为 10~15m/s。

(3)取样装置应便于烟流量和空气流量的调节和监视。

(4)氧化锆传感器应在热态条件下能确保氧化锆管与氧化铝管接头处的严密性,此处如果有泄漏会造成指示偏低。

3. 氧化锆氧量计的使用要求

(1)因氧气含量一定时,氧浓差电势与温度成正比,所以测量系统中应有恒温装置。

(2)为了有足够的灵敏度,工作温度应在 800℃ 以上,又因氧化锆烧结温度为 1200℃,所以使用温度不能超过 1150℃。

(3)标准气体中的氧分压要恒定不变,并且比被测气体中的氧分压大,这样可以提高输出灵敏度。

(4)用于锅炉风量控制系统中的氧量测量装置,其测量电路应进行非线性校正和烟温自动补偿。

(5)每隔 3 个月应该用标准气体校验一次。

(6)仪表最好在锅炉启动前投入运行,停炉后停止运行,以避免低温腐蚀。

(四)转速测量仪表

汽轮机转速是机组安全运行的重要参数。在启动过程中要控制暖机转速,使转子和汽缸均匀膨胀;升速时要迅速通过临界转速,避免振动过大;正常运行时要维持转速恒定,保证频率质量。

1. 转速传感器的工作原理

常用的转速传感器有光电式和磁电式两种。

(1)光电式转速传感器用在实验室或便携式仪表上,它由光源、光敏器件和转盘组成,转盘转动时使透射(或反射)的光线产生有无或强弱变化,光线的变化又使光敏器件产生与转速成正比的脉冲信号,经放大整形后送计数器计数,就可测得转速。

（2）现场安装均选用磁电式转速传感器，它由磁电探头和带有齿的转盘组成，转盘一般有 60 个齿，并由导磁钢铁材料加工而成，磁电式探头内有永久磁铁，其外绕有线圈，当转盘转动时，由于磁通发生变化，感应出脉冲电势，经放大整形后送计数器计数，就可测得转速。

2. 转速测量仪表安装和使用中的注意事项

（1）外观检查良好。

（2）转速探头安装前必须先校验，校验时工作人员不可站在齿轮盘切线方向，应注意人身安全。

（3）转速探头与齿轮盘的安装距离应严格按照说明书执行，一般为 0.8～1.2mm。

（4）转速探头的工作环境振动较大，并且在运行中不能安装，所以要求探头安装牢固，接线正确并紧固。

（5）转速探头的工作环境电磁干扰较强，所以转速信号电缆采用高密屏蔽电缆，并根据系统和仪表的要求可靠接地。

（6）转速探头安装完毕后，应测量探头电阻，确保探头及引出线在安装过程中没有受损。

（五）氢纯度测量装置

由于氢气易燃易爆，氢纯度测量装置在运行中有一些特殊要求。氢纯度测量装置在运行中的注意事项如下：

（1）运行中应保持测量系统严密不泄露。

（2）运行中浮子流量计中的浮子应处于红线位置，即流量为 0.5～1L/min。若不处于红线位置，应利用进出口门调整好氢气流量；若进出口门均已全开，流量仍达不到要求，即说明取样管堵塞，应关闭一次门，打开排污门放出油和水，并重新调整氢气流量，使之达到规定值。

（3）停机时，二次仪表和变送器必须停电，由于此时测量系统进出口没有差压，测量系统管内氢气不流动，若变送器不停电，桥路铂电阻可能超温，影响变送器的寿命，并使管内氢气局部温度升高。

（4）检查棉花过滤器保持干净。

（5）按下检查开关，指针应能迅速回零。

（6）经常与化学分析结果进行对照，并检查"氢纯度低"信号正确。

（7）做现场检验时，通入标准气样。但必须特别注意安全，校验场地应通气良好，禁止烟火，不允许存放易燃易爆物品，也不应有可能产生火花的其他原因，并应在现场准备灭火器。

四、调节执行机构

调节阀是火电厂生产过程控制中使用最广泛的调节执行机构，它用来改变管道系统中的水、蒸汽或气体（风烟）介质的流量，从而控制生产过程。调节阀的特性直接影响控制系统的调节品质。

（一）调节阀简介

1. 调节阀的类型

按照操作能源的不同，调节阀可分为电动、气动、液动三大类。液动调节阀在实际使用中很少，电动和气动调节阀使用较多。

2. 调节阀的常见问题

由于调节阀直接与工作介质接触，使用条件恶劣，因此容易出现故障。

（1）调节阀选型不合理或特性不好，可调范围不够，使调节品质降低，甚至不能调节。

（2）调节阀被腐蚀、结垢、堵塞或漏流量过大，使其工作特性变坏。

（3）调节阀不能适应控制系统的变化速度。

（4）调节阀机械性能差，动作不灵敏或振荡。

（二）电动调节阀

1. 电动调节阀的组成和作用

电动调节阀主要由放大器和执行器两大部分组成。电动执行器是以伺服电动机为动力的位置伺服机构，它接受调节器来的 4～20mA 标准直流信号，将其线性地转换成 0～90°的机构转角或直线位置位移，用以操作风门、挡板、阀门等调节机构，以实现自动调节。

2. 电动调节阀就地手动操作

电动调节阀要就地手动操作时，可将电动机上的把手拨到"手动"位置，拉出手轮，摇转即可。

（三）气动调节阀

1. 气动调节阀的特点

气动调节阀以压缩空气为操作动力，它结构简单，动作平稳可靠，输出推力大，维修方便，防火防爆而且价格低廉。另外，如果能正确地选用调节阀的流量特性，还能对自动调节系统的动态特性起补偿作用。因为它的优点突出，所以在火电厂自动控制中得到了最广泛的应用。

2. 气动调节阀就地手动操作

气动调节阀就地手动操作时，可将控制箱上的平衡阀扳到"手动"位置，将上、下缸气路连通。不带手轮的气动调节阀，在其支架转轴端部带有六方头，可使用专用扳手进行手动操作。

3. 气动调节阀的维护项目

（1）检查阀芯表面的磨损、冲蚀情况，检查阀芯和阀杆的连接有无松动。

（2）检查阀座的磨损以及阀座螺纹的腐蚀情况。

（3）检查填料的老化及配合情况。

（4）检查执行机构膜片及密封圈的老化、损裂情况。

（5）使用于高压差和有腐蚀性介质场合的阀体内壁受到介质冲蚀，因此应重点检查耐压、耐腐蚀的情况。

4. 气动调节阀的安装要求

（1）气动调节阀应安装在便于调整、检查和拆卸的地方，在保证安全生产的同时考虑节约和美观。

（2）调节阀最好垂直安装在水平管道上，特殊情况下需要水平或倾斜安装时，调节阀一般要加支撑。

（3）选择调节阀的安装位置时，应在其前后有不小于 10 倍直径长度的直管段，避免调节阀的工作特性畸变严重。

（4）为了防止执行机构的薄膜老化，应尽量远离高温、振动、有毒及腐蚀严重的场合。

（5）流体流动方向应与调节阀上的箭头方向一致。

（6）对于无手轮或虽有手轮但属于重要调节系统的调节阀，必须采用旁路，并装有切断阀和旁路阀，其目的是便于切换、手动操作或在不停机的情况下检修气动调节阀。

5. 电气转换器的维护

电气转换器的作用是将调节器输出的 4～20mA 信号线性转换成 0.02M～0.1MPa 的输出信号，作为调节阀的气动控制信号。电气转换器是气动调节阀的关键部件。

（1）转换器的气源应保持干燥洁净，定期对空气过滤器减压器的储水槽进行排污，防止污物进入转换器气路。

（2）为了便于观察转换器正常工作，必须保持气源及输出端的两块压力表显示清楚准确，并对它们定期校验。

（3）转换器外壳底部有一个 1.5mm 的小孔，作为喷嘴的排气孔。若此孔被堵塞，或刷油漆时等不小心将它堵住，转换器的气动部分会停止工作，所以必须经常检查以保证此孔畅通。

（4）转换器上的铭牌及防爆标志应保证完好无损，若使用在具有腐蚀性气体的工作环境下，须对铭牌、防爆标志、压力表外露部分进行必要的防腐措施。

五、分散控制系统的环境要求及运行设备检查

（一）分散控制系统的环境要求

现代分散控制系统具有较强的适应性，它不如科学计算所用的计算机要求工作环境完善，但是对它所处的物理环境等也要具备一定的条件，我们对这方面的知识应有所了解并在工作中加以注意。

1. 控制室及电子设备间的空气质量

控制室及电子设备间的空气中微粒浓度应达到 2 级标准，见表 8 - 4。

表 8 - 4   空气微粒标准

微粒尺寸	浓度（μg/m³）		
	分类级别		
	1 级	2 级	3 级
> 1 mm	< 1000	< 5000	< 10000
100 ~ 1000 μm	< 500	< 3000	< 5000
1 ~ 100 μm	< 70	< 200	< 350
< 1 μm	< 70	< 200	< 350

控制室及电子设备间内机柜滤网应定期清洗和更换；机柜内电缆孔洞应封堵；空气流通不仅要考虑补充新鲜空气，而且要维持控制室及电子设备间处于微正压（25.4 ~ 50.8Pa），减少粉尘进入；工作人员进入电子设备间内应着装干净；每年对控制室及电子设备间环境空气质量进行一次测试。

2. 控制室及电子设备间的温度和湿度

电子设备间的环境温度宜保持在 18 ~ 20℃，不超过 25℃，温度变化率应小于或等于 5℃/h。相对湿度宜保持在 45% ~ 70%，在任何情况下，不允许结露。冬季相对湿度不能维持在此范围内时，最低值应以不产生静电为宜。当空调设备发生故障时，应严密监视室温不超过制造厂的允许值。

3. 分散控制系统远程设备环境

分散控制系统现场布置的远程设备环境的空气质量、温度、湿度应满足制造厂的要求。对于要安装的特定站和外围设备来说，温度、湿度、振动及磨损或腐蚀物质必须控制在一定的水平内，所有的设备应进行遮盖，避免雨、湿气、灰尘以及阳光直射。

4. 电磁干扰

机组运行时，在电子设备间内不宜使用产生电磁干扰的设备（如移动电话、对讲机等）。遇特殊情况需要使用时，应按制造厂的规定进行（机柜门关闭，距机柜 2m 以外使用）。机组运行时，严禁在电子设备间使用电焊机、冲击钻等强电磁干扰设备。

5. 装修材料

控制室和电子设备间内的装修材料除按设计规范选用外，还应考虑防静电、防滑、吸光的要求。

6. 分散控制系统配置的基本要求

分散控制系统配置应能满足机组任何工况下的监控要求（包括紧急故障处理），CPU 负荷率应控制在设计指标之内并留有适当裕度。所有控制站的 CPU 负荷率在恶劣工况下不得超过 60%，所有计算站、数据管理站、操作员站、工程师站、历史站等的 CPU 负荷率在恶劣工况下不得超过 40%，并应留有适当裕度。CPU 负荷率应定期检查统计，如超过设计指标应迅速采取措施进行处理。控制站、操作员站、计算站、数据管理站、历史站或服务器脱网、离线、死机，在其他操作员站监视器上应设有醒目的报警功能，或在控制室内设有独立于 DCS 系统之外的声光报警。主要控制器应采用冗余配置，重要 I/O 点应考虑采用非同一板件的冗余配置。分配控制回路和 I/O 信号时，应使一个控制器或一块 I/O 板件损坏时对机组安全运行的影响尽可能小。I/O 板件及其电源故障时，应使 I/O 处于对系统安全的状态，不出现误动。冗余 I/O 板件及冗余信号应进行定期检查和试验，确保处于热备用状态。主系统及与主系统连接的所有相关系统（包括专用装置）的通信负荷率设计必须控制在合理的范围（保证在高负荷运行时不出现"瓶颈"现象）之内，其接口设备（板件）应稳定可靠。通信总线应有冗余设置，通信负荷率在繁忙工况下不得超过 30%，对于以太网则不得超过 20%。定期检查测试通信负荷率，若超过设计指标，应采取措施，优化组态，降低通信量。

（二）分散控制系统运行设备的检查

分散控制系统好像人的大脑，执行器就是它的四肢，分散控制系统控制柜、控制室、工程师站及其设备就是它的身体，运行人员应该知道如何对它们进行检查。

1. 仪表控制气源质量

仪表控制气源质量应满足如下要求：

气源中微粒直径小于或等于 3μm，工作压力下的露点低于当地最

低环境温度 $10℃$，正常条件下，油含量不能大于 $10mg/m^3$（不包括不凝结部分）。

保证仪表控制气源质量所采取的措施如下：

仪控气源母管及控制用气支管应采用不锈钢管，至仪表设备的支管应采用紫铜管、不锈钢管或尼龙管；应定期清理或更换过滤器的滤网；气源自动再生干燥装置应定期检查，干燥介质应定期更换；在气源储气罐和管路低凹处应有自动疏水器，并应保证灵活可靠；气源压力应能自动保持在 $0.7～0.8MPa$ 范围内，仪控气源报警保护功能应正常；应检查确认，当空气压缩机全部停用时，储气罐有 $10～15min$ 保证仪控设备正常工作的储气容量；定期检查气源系统和仪控设备的泄漏；仪控气源不得挪作他用，当用杂用气源作为后备时，应采取相应的安全措施；气动设备前的减压过滤装置应定期检查维修；气源管路途径高温到低温，室内到室外时，应对低温侧管路进行保温；布置于环境温度低于零度的送风机、引风机、一次风机等处的气动控制装置应加设保温间和伴热带以免结露、结冰，引起设备拒动或误动；仪表控制气源质量应在每年入冬前进行一次测试；应保证仪控气源管路、阀门的标志准确、齐全。

2. 执行器

执行器检查内容如下：外观清洁、完好；刻度、标牌完整、清楚；执行机构紧固件、连杆及插销无松动、损伤现象；执行机构的位置状态、执行机构内的电源及外部接线正常；液动执行机构的油位、油压正常，油管路无泄漏；气动执行机构的气源及气压设定值正常；气动执行机构进、出气管路完好，无泄漏。

3. 现场仪表及盘柜

现场仪表及盘柜检查内容如下：外观清洁，标牌完整；仪表管路及阀门无泄漏；仪表指针无卡涩、跳动现象，指示值正确；柜内照明应正常；柜内保持清洁，密封完好；冬季检查柜内加热器应正常工作，保持柜内适当的温度；冬季检查仪表管路伴热带系统应正常；检查完毕应把柜门关好、上锁。

4. 分散控制系统控制柜

分散控制系统控制柜检查内容如下：控制柜的环境温度和湿度；滤网清洁及完好程度；柜内温度应符合厂家要求，带有冷却风扇的控制柜，风扇应正常工作，对运行中有异常的风扇，应立即更换或采取必要的措施；电源及所有模件工作状态；事件顺序记录（SOE）应工作正常，打印纸充足，时钟与分散控制系统同步。

5. 控制室、工程师站及其设备

控制室、工程师站及其设备检查内容如下：了解热工自动化设备的运行状况；打印机工作正常，打印纸充足；记录仪工作正常，记录纸充足；操作按钮、指示灯泡、报警光字牌、显示仪表工作正常；操作员站、工程师站人机接口设备、模件、电源、风扇工作正常，滤网清洁；利用操作员站或工程师站，检查模件工作状态，通信有无报警以及重要的热工信号状态；巡检时发现的缺陷，应及时登记并按有关规定处理。

6. 机组检修前的准备工作

机组检修前应通过操作员站、工程师站对下列设备状态进行检查、分析和判断，包括：DCS 系统模件、电源、风扇、I/O 通道、通信网络、操作员站和工程师站等；测量元件、变送器、执行机构和各种盘柜；模拟量控制的主要趋势记录和整定参数；汽轮机振动、差胀、偏心，锅炉金属壁温、汽轮机壁温和发电机绕组及铁芯温度；核实退出的保护及定值。另外，机组检修前，应利用停机的机会，有针对性地对存在缺陷的系统或设备进行试验，如辅机故障减负荷功能（RUNBACK）试验、模拟量控制系统扰动试验或重要保护试验。

提示：本章共五节，其中第一、第二、第三节适用于中级工，第四、第五节适用于初、中级工。

第九章

辅助设备及系统的异常原因及处理原则

第一节 交流系统的异常及事故处理

一、中性点接地方式

我国火力发电厂的厂用电系统中，厂用变压器中性点接地方式大体上分两种形式。380V 系统一般采用中性点直接接地的方式；6kV 系统均采用中性点非直接接地的方式。但是，当照明变压器和动力变压器分开后，380V 动力变压器的中性点接地方式可以分别为直接接地、不接地或经小电阻接地等方式。究竟采用哪种方式为好，需根据具体情况做技术经济比较来确定。对于 6kV 系统，中性点接地方式除上述三种外，还有经消弧线圈接地。各种接地方式下发生单相接地故障时的电流、电压的数值和它们间的相位关系各异，相应接地保护也不尽相同。

为了提高高压厂用电系统的可靠性，目前国内外发电厂几乎都采用中性点非直接接地或不接地系统。从安全运行的观点出发，380V 系统大部分采用中性点直接接地方式，以防止导线对地电压的对称性严重破坏。380V 动力负荷与照明负荷分开后，也可采用中性点不接地系统，中性点不接地系统具有下述优点：

（1）单相接地故障率在各种故障中最高，采用中性点不接地系统给动力负荷单独供电后，可减少事故停电的机会。

（2）减轻电动机启动对照明的影响。

（3）减少照明网络故障对动力负荷的影响。

（4）电动机外壳是直接接地的，在发生单相接地故障时，人触及电动机外壳是没有危险的。这种接地方式由于经济技术方面的原因，并未得到广泛应用，但并不排除它的优越性。

二、厂用电系统的接地保护方案

近年来，随着机组容量的增大，厂用电的重要性显得越来越重要，对厂用电系统的接地保护也越来越重视。

根据接地保护工作原理，接地保护装置可分为两大类：①利用故障时的稳态分量实现接地保护；②利用故障时的暂态分量实现接地保护。

（一）利用故障时的稳态分量实现接地保护

1. 绝缘监视装置

厂用电中性点非直接接地或不接地系统中，当任一点发生接地故障时都会出现零序电压。因此，可利用零序电压的存在与否来实现无选择性的绝缘监视装置（见图 9 - 1），该装置仅发出信号。

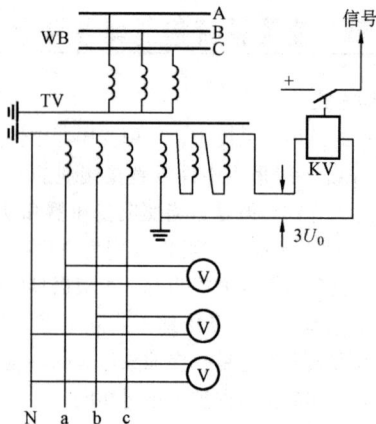

图 9 - 1　绝缘监视装置

图 9 - 1 中，在厂用电源母线上装有一套三相五柱式电压互感器（TV），其二次侧有两个绕组。其中的一个绕组接成星形，各相对地之间分别接入一个电压表（或一个电压表加一个三相切换开关）；另一个绕组接成开口三角形，并在开口处接一个过电压继电器（KV），用来反应接地故障时出现的零序电压。正常运行时，厂用电系统三相电压绝缘监视装置接地保护方案对称，所以三个相电压表的读数相等，过电压继电器不动作。

当厂用电系统母线（WB）上任一条出线或任一个元件回路发生接地故障时，接地相电压为零，而非接地相的对地电压升高 3 倍。同时，在系统中出现零序电压，过电压继电器动作，发出接地信号。值班人员根据信号和电压表指示，可以知道厂用系统哪一相发生接地了，但不知道哪条线路或元件发生了接地故障，这就必须用依次瞬断线路或元件的办法来寻找。如断开某线路（或元件）时，零序电压信号消失，则表明故障发生在这条线路（或这个元件）上，继之转换负荷，以便停电检查和消除故障。

由于电压互感器本身有误差和高次谐波电压，正常运行时，开口侧就有不平衡电压。因此，过电压继电器的动作电压应躲过不平衡电压，通常整定为15V左右。

2. 零序电流保护

当厂用电系统中出线较多时，用绝缘监视装置往往不能满足运行要求，这时需在厂用电系统中增设有选择性的接地保护。零序电流保护就是利用故障线路的零序电流比非故障线路大的特点来实现。这种保护一般使用在有条件安装零序电流互感器的线路（或元件）上。例如电缆线路利用零序电流互感器构成的保护接线如图9-2所示，其中KA为中间继电器。

正常运行时，厂用电系统三相对称，一次侧电流总和为零，没有零序电流。此时，二次侧只有由于三相导线排列不对称或负荷不对称产生的不平衡电流，其值甚小，所以零序电流保护不会动作。

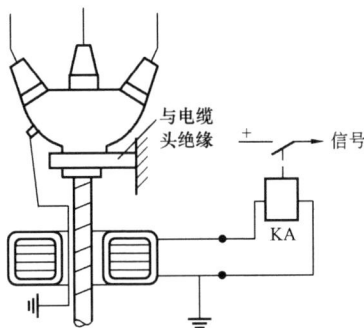

图9-2　利用零序电流互感器构成的接地保护

当发生接地故障时，一次侧电流的相量和不为零，相电流在磁导体内产生的磁通相量和也不为零，即零序电流互感器一次电流所产生的合成磁能 $\dot{\Phi}$ 和零序电流分量 $\dot{I}$ 成正比，可用下式表示为

$$\dot{\Phi} = 3K\dot{I} \tag{9-1}$$

式中　K——变换系数。

则在二次绕组中出现感应电动势，从而使零序电流保护动作。

为保证动作的选择性，零序电流保护装置的动作电流 I_{dz} 应大于本线路的零序电流，即

$$I_{dz} = K_{rel} 3U_x \omega C_0 \tag{9-2}$$

式中　U_x——线路的线电压；

　　　C_0——本线路每相对地电容；

K_{rel}——可靠系数，其值与保护动作时间有关。如保护为瞬时动作时，则为防止接地电容电流暂态分量影响，一般取为 $4 \sim 5$；如保护为延时动作，可取为 $1.5 \sim 2$。

3. 保护装置的灵敏度校验

由于本线路发生单相接地故障时，通过本线路的零序电流等于所有非故障线路的接地电容电流之和。它与动作电流相比，就是零序电流保护的灵敏系数 K_{sen}，即

$$K_{sen} = \frac{3U_1\omega(C_{0\cdot\Sigma} - C_0)}{K_K 3U_1\omega C_0} = \frac{C_{0\cdot\Sigma} - C_0}{C_0} \quad (9-3)$$

式中　U_1——线路的线电压；

　　　C_0——接地相对地电容；

　　　K_K——可靠系数；

　　　$C_{0\cdot\Sigma}$——系统最小运行方式下，各线路每相对地电容之和。

生产实践要求，当采用零序电流互感器时，K_{sen} 应大于 1.25。显然，厂用电系统出线越多，线路越长；而被保护线却越短时，灵敏度越易满足。

（二）零序功率方向保护

中性点不接地系统中，当出线较少时，非故障线路的零序电流总和与故障线路的零序电流相差不多，采用零序电流保护往往不能满足灵敏度的要求，可考虑采用零序功率方向保护。分析指出，在中性点不接地系统中发生单相接地故障时，故障线路的零序电流滞后于零序电压 90°；非故障线路的零序电流超前于零序电压 90°。即故障线路与非故障线路的零序电流相差 180°。因此，采用零序功率方向继电器可明显区分故障线路与非故障线路。

由于故障线路的零序电流滞后于零序电压 90°，因此应使用正弦型功率方向继电器，其转矩方程为

$$M_{op} = KU_K I_K \sin\phi_K \quad (9-4)$$

式中　K——常数；

　　　U_K——加入继电器绕组的电压；

　　　I_K——流入继电器绕组的电流；

　　　ϕ_K——U_K 与 I_K 的夹角。

当流入继电器绕组的电流 $\dot{I}_K = 3\dot{I}_0$，加于电压绕组的电压 $\dot{U}_K = 3\dot{U}_0$，而 $\dot{I}_K$ 滞后于 $\dot{U}_K 90°$（即 $\phi_K = 90°$）时，继电器动作最灵敏，且动作于信号。对于非故障线路，由于其 $3\dot{I}_0$ 超前于 $3\dot{U}_0 90°$（即 $\phi_K = -90°$），继

电器转矩为负值最大，故可靠制动。零序功率方向保护装置原理接线图如图 9 – 3 所示（K 为继电器、WB 为母线、QF 为断路器）。

（三）由故障暂态分量的实现方法

根据接地故障对暂态零序电流和零序电压第一个半波幅值和方向与正常时截然不同的特点，构成下述保护：

（1）反应暂态电流幅值的接地保护。

（2）反应暂态分量首半波方向的接地保护。

由于实际使用较少，在此不做详细叙述。

图 9 – 3　零序功率方向保护
装置原理接线图

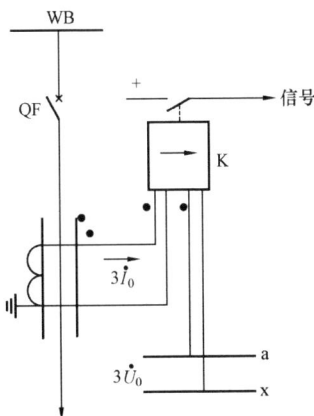

第二节　直流系统的异常及事故处理

发电厂直流供电网络分布较广、系统复杂并且外露部分较多，容易受外界环境因素的影响，使得支流系统绝缘水平降低，甚至可能发生绝缘损坏而接地。如果是正极、负极都接地，此时故障回路的熔断器熔丝熔断，使相应部分直流系统停电。如果一极接地，直流网络可继续运行，但这是危险的不正常情况。主要危害有：

（1）直流系统中，如发生一点接地后，在同一极的另一地点再发生接地或另一极的一点接地时，便构成两点接地短路，将造成信号装置、继电保护和断路器的误动作。

（2）断路器合闸、跳闸线圈或继电保护装置出口继电器接地后，再伴随第二点接地，断路器将会发生合闸、误跳闸，或者是拒绝动作。

（3）两点接地引起熔断器熔断，同时有烧坏继电器触点的可能。

鉴于上述原因，为了防止两点接地可能发生的误跳闸，直流系统必须装设灵敏度足够高的绝缘监察装置。

一、绝缘监察装置

（一）绝缘监察装置的工作原理

直流系统的绝缘有的采用绝缘继电器，普遍是采用平衡电桥方式来判定对地绝缘，即为正或负对地绝缘降低时，平衡电桥失去平衡，绝缘监测指示上正对地或负对地电压会升高或降低，来进行绝缘的检查，如图 9 - 4 所示。当直流系统任何一极的绝缘下降到 15 ~ 20kΩ 时，绝缘监察装置应发出灯光和音响信号。

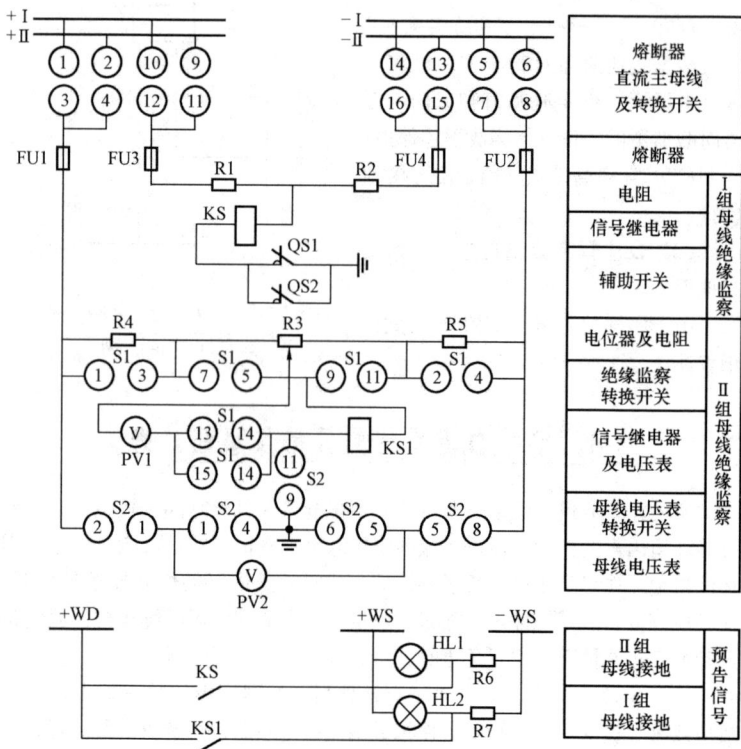

图 9 - 4   绝缘监察装置灯光和音响信号控制回路图

正常运行时，Ⅰ、Ⅱ段直流母线经 QS1、QS2 联络运行，故继电器 KS 退出。电压表 PV2 用来表示直流母线电压，S2①—②和⑤—⑧触点接通，同时通过切换 S2 来测量对地电压，也可用以粗略估计正极和负极的绝缘电阻。电压表 PV1 用以测量直流系统正负极对地的总绝缘电阻，正常时绝缘监察转换开关 S1 切至中间位置，其触点⑦—⑤接通，S1 的⑨—⑪及 S2 的⑨—⑪接通，信号监视继电器 KS 投入，同时电压表 PV1 开路，指示为零。当正极或负极接地，对地绝缘电阻失去平衡时，电流继电器 KS 动作发出信号。此时可先借 PV2 判断是正极还是负极的绝缘降低。若正极绝缘下降，应先将 S1 投到"Ⅰ"位置，其触点①—③接通，R4 被短接，测量正极对地的绝缘电阻值，然后调节电桥的电位器 R3，使其平衡，PV1 指示为 0，读出调节电阻 R3 的百分数，再将 S1 投到"Ⅱ"位置，其触点②—④接通，R5 被短接，此时读出电压表 PV1 的读数，就是直流系统的总电阻值。同理，当负极绝缘降低时，也可测出直流系统对地的总绝缘电阻值。

由于平衡电桥回路选用的电阻目前尚无统一标准。各生产厂家均有不同的平衡电桥电阻取值，就现场实际运行情况，平衡电桥的电阻取值从 1～36kΩ 不等，这样仅仅用对地电压的变化来说明接地故障的程度，显然不是十分准确的。直流系统对地的绝缘情况准确地说，应该用阻抗来衡量。发达国家的电力系统，对一座较大规模的发电厂、变电站，直流系统对地绝缘阻抗的报警值设定在 50kΩ。目前我国一些全套引进进口设备、管理先进的个别发电厂，直流系统绝缘报警值仍沿用国外标准，设为 50kΩ。事实上绝大部分的电厂、变电站，由于种种原因，其接地故障报警值一般设在 5～25kΩ 之间，有些甚至更低。这就形成一个直流系统接地故障的怪圈，运行水平高、管理严格的发电厂、变电站，比运行水平低、管理松散的发电厂、变电站的直流接地故障概率似乎还高。个别运行水平低下的变电站一两年也难有直流接地故障报警。其根本在于直流系统绝缘监测平衡电桥电阻取值的极大差异，造成对地绝缘整定值过低，无法真正体现实际的绝缘情况。哪怕断路器因直流系统接地故障有过误跳，也查不到事故的真正原因。

发电厂和变电站的直流系统为各种监控保护设备及操作回路提供电源，其工作状况的好坏直接关系到发电厂和变电站能否正常运行。支路接地是直流系统最常见的故障，若不能及时找到并排除，在系统出现多点接地时，将造成直流电源短路或保护设备误动，引起严重后果。

传统的直流系统接地检测装置采用低频信号注入法，该方法有两个致命缺陷，一是检测准确度受系统分布电容影响较大，二是向直流系统注入交流信号，实际上是给直流系统引入了一个干扰源，影响直流系统正常工作。随着传感器技术的发展，直流微电流传感器问世，利用该类传感器直接测量母线及支路的漏电流，根据漏电流计算出绝缘电阻。该方法克服了低频信号注入法的两个致命缺陷。近年来，多采用微机型的绝缘监察装置，正常时监测母线电压，具有接地报警，母线过、欠压报警，装置失电报警，自动寻找接地回路等功能。并具有故障查询、追忆、通信等功能。

下面以 TLZJ－2 微机直流系统绝缘监视装置为例进行说明：

1. 装置功能

（1）检测功能。检测母线电压，母线正、负极对地电压；检测母线正、负极对地绝缘电阻值；检测支路正、负级接地电阻及接地电流值。

（2）接地选线功能。可判别母线接地和支路接地，若为支路接地，可选出接地的支路。

（3）故障报警功能。当母线发生过压、欠压、母线或支路绝缘电阻下降、接地故障时产生报警信号，并通过报警继电器输出。

（4）显示功能。显示实时时钟，装置运行状态，系统配置参数，接地故障的母线或线路号，故障起止时间，母线电压，母线正、负极对地电压，母线正、负极对地绝缘电阻，支路正、负极对地电阻及接地电流值。

（5）设置功能。提示用户设置或修改母线参数，线路参数，报警限值，实时时钟，通信方式，整定时间等

（6）通信功能。装置具有一个串行通信口，用户可根据需要通过菜单设置成 RS－232 或 RS－485 通信接口。通信速率可通过菜单选择，

（7）故障追忆。可追忆查询最近 32 次接地故障。

2. 装置组成

装置的硬件框图如图 9－5 所示。

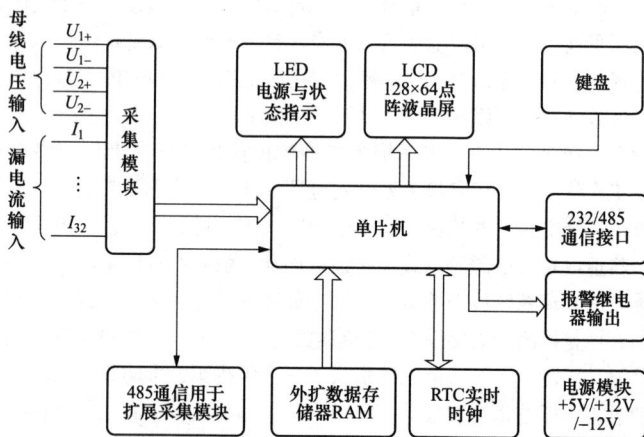

图 9－5　TLZJ－2 微机直流系统绝缘监视装置硬件框图

该装置硬件主要包括主控板、信号采集板、底板、键盘显示板、电源板。模拟量输入、开关量输出及数据通信全部采用了光电隔离，现场抗干扰能力强，设备运行稳定可靠。采用了高性能的滤波电路，提高了选线的

准确性。采用了瞬态抑制电路，抗雷击等强干扰能力强。

3. 选线原理

根据直流系统的特点，本装置的测量分为两个部分：①直流母线绝缘监测；②支路漏电流巡检。

（1）直流母线绝缘监测。根据不平衡电桥原理实现正负母线对地绝像电阻的测量，如图 9-6 所示，其中：U 为直流系统正负母线电压；U_+ 为直流系统正极母线对地电压；U_- 为直流系统负极母线对地电压；R_z 为直流系统正极母线对地电阻；R_f 为直流系统负极母线对地电阻；R_j 为直流系统电桥接地检测电阻；A 为电桥网格一接地检测电压；B 为电桥网络二接地检测电压 K1、K2 分别为电桥网络一和电桥网络二接地检测开关。利用电桥网络一和电桥网络二可计算出母线正极对地电阻 R_z 和母线负极对地电阻 R_f。

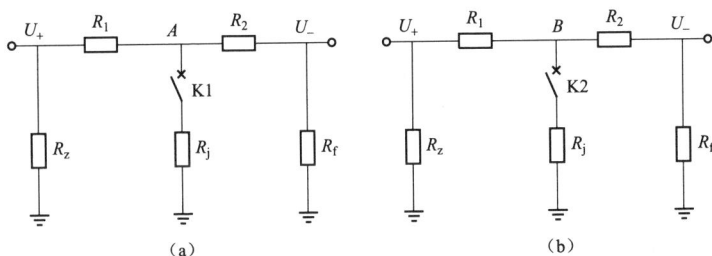

图 9-6 不平衡电桥原理实现正负母线对地绝像电阻的测量

（2）支路漏电流巡检。当直流母线对地绝缘电阻下降到设定报警极值时，装置自动检测各支路的电流大小，漏电流传感器环绕安装在直流回路的正负出线上，当装置运行时，实时检测各支路传感器输出的信号，当支路绝缘情况正常时，流过传感器的电流大小相等，方向相反，其输出信号为零；当支路有接地时，漏电流传感器有差流流过，传感器的输出不为零，因此通过检测各支路传感器的输出信号，就可以判断直流系统接地支路。该原理选线精度高，不受线路分布电容的影响。支路漏电流巡检如图 9-7 所示。

（二）直流系统接地处理的原则

根据运行方式、操作情况、气候影响来判断可能接地的地点：

（1）先信号和照明部分后操作部分；

（2）先室外部分后室内部分；

（3）先负荷后电源。

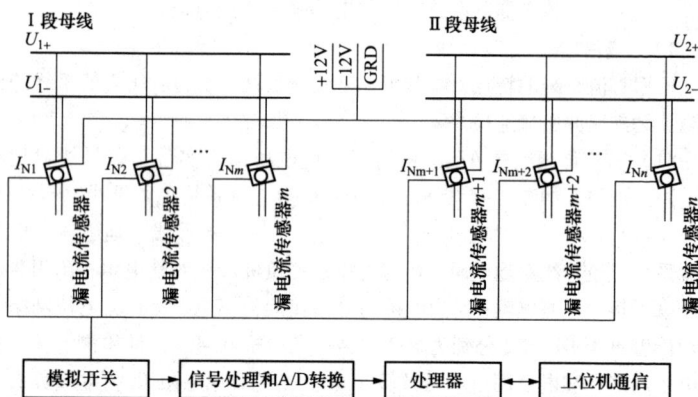

图9-7 支路漏电流巡检

根据以上原则采取拉路寻找分路处理的方法。在切断各专用直流回路时，切断时间不得超过3s，无论回路接地与否均应合上。当发现某一专用直流回路有接地点时，应及时找出接地点，尽快消除。如设备不允许短时停电（失去电源后引起保护误动作），则应将直流系统解列运行后，再寻找接地点。

（三）检查直流系统接地时的注意事项

（1）禁止使用灯泡寻找接地点，以防止直流回路短路。

（2）使用仪表检查接地时，所有仪表的内阻不应小于2000 Ω/V。

（3）当直流系统发生接地时，禁止在二次回路上工作。

（4）检查直流系统一点接地时，应防止直流回路另一点接地，造成直流短路。

（5）寻找和处理直流系统接地故障，必须有两人进行。

（6）在拉路寻找直流系统接地前，应采取必要的措施，用以防止因直流电源中断而造成保护装置误动作。

二、直流系统接地处理的步骤

（1）现象：集控室DCS系统"直流母线故障"报警；直流母线绝像监测装置有接地报警指示；直流正成负母线对地电压超过报警值。

（2）原因：电池接地故障；负载接地故障；母线接地故障。

（3）处理方法。

1）测量对地电压，判明接地极及接地性质。

2）首先对作业设备查找，若因工作引起接地，则应排除故障，并终止其工作。

3）了解有无刚启动的设备，对该设备试拉。

4）通过绝缘监察装置巡查绝缘低支路情况，如未查到接地点，则试拉直流负荷支路、试停闪光装置、试停微机绝缘监察装置、按运行操作程序检查充电装置和落电池回路。

5）如经以上检查未查出接地点，则是母线接地，应及时汇报有关部门联系处理。

查找直流接地时应注意，经值长同意试拉保护电源，应短时退出有可能动作的保护，查找接地时间不应超过2h。

（4）查找接地故障的方法。

1）拉回路法。这是电力系统查直流接地故障一直沿用的一个简单办法。所谓"拉回路"，就是停掉该回路的直流电源，停电时间应小于3s。一般先从信号回路、照明回路、再操作回路、保护回路等。该种方法，由于二次系统越来越复杂，大部分的厂站由于施工或扩建中遗留的种种问题，使信号回路与控制回路和保护回路已没有一个严格的区分，而且更多的还形成一些非正常的闭环回路，必然增大了拉回路查找接地故障的难度。正由于回路接线存在不确定性，往往令在拉回路的过程中，常常发生人为的跳闸事故，再加上微机保护的大量应用，计算机的运行特性也不允许随意断电。"拉回路"可能导致控制回路和保护回路发生重大事故。

2）直流接地选线装置监测法。直流接地选线装置监测法利用在线直流系统监测装置检查对地的绝缘情况，其优点是能在线监测，随时报告直流系统的接地故障，并显示出接地回路编号。缺点是该装置只能监测直流回路接地的具体接地回路或支路，但对具体的接地点无法定位。技术上它受监测点安装数量的限制，很难将接地故障缩小到一个小的范围。而且该装置必须进行施工安装，对旧系统的改造很不便。此类装置还普遍存在检测精度不高，抗分布电容干扰差，误报较多的问题。

3）便携式直流接地故障定位装置故障定位法。该方法近几年开始在电力系统推广，特点是无须断开直流回路电源，可带电查找直流接地故障。完全可以避免再用"拉回路"的方法，极大地提高了查找直流接地故障的安全性。而且该装置可将接地故障定位到具体的点，便于操作。目前生产此类产品的厂家也较多，但真正好用的产品很少，绝大部分产品都存在检测精度不高，抗分布电容干扰差，误报较多的问题。

4）低频信号注入法。向直流系统注入低频交流信号，每条出线加装一交流TA（电流互感器），正常时，穿过TA的直流电流和为零，不会引起磁偏、磁饱和。当系统接地时，人为地向直流系统注入一低频信号，则该信号通过接地点和母线构成一闭合回路。此时，由各 TA 来检测各支路的交流电流量，由此来确定接地线路。造成该方法局限性的主要原因是回路（系统）对地分布电容的影响。随着微机保护的使用，一些厂家人为地在电源与大地间接抗干扰电容，这就使得回路支路电容增大，使选线难度增大。为了克服对地分布电容的影响，人们也做过各种尝试，也在一定程度上缓解了电容的影响，但完全消除电容的影响是做不到的，因此也就限制了用该原理制成的选线装置的适用范围。

5）欧姆定律直测法。该方法是在每条出线上加装一直流传感器，并测正、负母线对地的电压。该方法比较理想，不需向直流系统注入信号，且不受线路对地电容的影响。影响该方法的推广的主要原因是直流 TA 的精度和灵敏度。制造该 TA 有一定的困难。随着微电子技术的发展和理论研究的深入，使利用相位差磁调制式原理制成的直流传感器的技术已经成熟，也就使得利用欧姆定律直测法检测直流接地成为实用技术。

第三节　典型辅助设备异常的原因分析及处理

一、发电机组设备及系统故障的特点

发电机组所发生的故障具有以下特点。

（1）发电机组是机、电、炉纵向联系、不可分割的一个整体，机、电、炉任一环节发生了故障，都会影响整个发电机组的运行。同时，发电机组辅机的容量普遍增大，对附属设备的要求也因主机参数的提高而更加严格，不论是辅机还是附属设备的损坏，都有可能造成发电机组的出力下降，甚至发生事故停运。

（2）发电机组大量地利用热工自动装置。随着发电机组容量的增加，要求自动装置及保护回路相应完善和可靠。但是由于设备及人为的各种原因，现场往往不能正确地使用它们。保护误动、自动调节失灵、顺控程序紊乱等情况的发生，造成发电机组的停运和设备的损坏事故经常发生。

（3）发电机组容量一般都较大，事故停运后，经济损失巨大。大型发电机组若其设备损坏，则检修工期长，修复费用高。即使没有造成设备损坏，发电机组停运后的恢复所需的时间也较长。所以，发电机组若发生事故，将会造成人力、物力的巨大损失。

（4）发电机组若发生严重的主设备损坏事故，其修复工作十分困难，而且难以使设备恢复至原始水平，降低了设备健康水平，限制了发电机组

的出力。例如，发电机定子铁芯损坏，汽轮机通流部分严重损坏，锅炉严重打炮等，都是很难恢复的。

二、发电机组设备及系统故障的处理总则

事故是指机组在启动过程、停止过程、正常运行中以及备用时所发生或继续运行将要发生的影响人身安全，影响电网安全稳定，降低设备出力水平以及设备系统结构发生损坏的现象。当发电机组发生故障时，运行人员一般应按照下面所述顺序进行工作，消除发生的故障。

事故处理应按"保人身、保电网、保设备"的原则迅速按规程规定正确处理。

机组发生事故后应立即汇报，由值长统一指挥，按照规程中的有关规定及时正确地处理故障。值长的命令除对人身设备有可能造成危害外，均应坚决执行。

机组发生事故时，值班人员应根据仪表指示及机组的外部现象，迅速准确地判断事故性质，及时消除对人身和设备危险，果断处理，防止事故扩大；运行人员不得随意退出保护；在确定设备不具备运行条件或继续运行对人身设备有直接危害时，应立即紧停，对非故障设备保持其继续运行。

对于规程中没有规定的事故象征，应根据自己的所学知识和经验进行综合分析、判断，正确处理，同时立即向上一级汇报。

调整运行方式，设法保证正常的厂用供电，尤其应保证事故保安段电源的可靠性。

事故消除后，运行人员应将事故发生的时间、地点、现象、原因、经过及处理方法详细地记录在值班记录本上。交班后应按照"四不放过"的原则认真地分析、总结并从中吸取经验教训。

事故发生及处理过程中的有关数据资料应完整保存。

事故发生之前，往往有一定的预兆，运行人员要根据发电机组存在的隐患和设备系统运行参数的不正常情况，做好事故预想工作。消除故障时，动作应当迅速正确，但不应急燥、慌张，否则不但不能消除故障，反而会使故障扩大。事故发生后要根据事故发生前机组的运行参数、外部象征迅速判断事故的性质，达到紧停条件时，要果断停机，千万不能犹豫不决，因为许多恶性事故往往是在几秒钟甚至不到 1s 的时间内就会发生，容不得操作人员再三考虑或请示汇报。在确证事故已经发生而事故原因不能马上弄清的情况下要坚持"宁停勿损"的原则，决不能等待观望，侥幸过关。在事故发生以后，要迅速消除对人身和设备的危险，在采取相应措施却无效的情况下将故障设备解列，同时可靠隔离。在处理事故的过程中，禁止有与消除事故无关的人员停留在故障发生的地点，以免发生意外的伤亡事故。

在发电机组内部故障的处理中，要尽量缩小事故波及的范围，保持电力系统的安全稳定运行，防止连续反应造成电力系统的瓦解。

发电机组一般都具有较完善的自动装置、保护和仪表，要根据它们的指示、信号及机组外部象征进行综合分析，指导事故处理，切忌主观片面，凭想象，误判断，误操作。在发电机组内部故障的处理中，要机、炉、电统筹兼顾，全面考虑，切不可顾此失彼，在事故发生后要尽最大努力，保持厂用电系统的正常供电。

三、给水系统故障

（一）电动给水泵液压联轴器故障

1. 液压联轴器转速失控

（1）现象：

1）电动给水泵的转速、流量、出口压力、电动机电流不稳定。

2）给水泵的声音不正常，振动较大。

3）电动给水泵转速调节不能投自动或勺管开度摆动。

（2）原因：

1）给水自动调节回路工作不正常，液压联轴器勺管调整电动机接收的开关信号不稳。

2）液压联轴器勺管的反馈机构故障。

3）液压联轴器供、回油调整滑阀的控制凸轮线性不匹配。

4）液压联轴器控制油压不稳。

5）液压联轴器工作油中空气含量大，空气进入泵轮和涡轮之间的腔室后，反复压缩和膨胀，造成油压不稳。

（3）处理方法。

1）如果因热控回路问题引起转速摆动时，应解除电动给水泵转速自动调整，改为手动控制。

2）在电动给水泵启动前和连续运行一阶段以后，要进行工作油冷油器和润滑油冷油器的排空气工作，以防空气进入泵轮和涡轮之间。

3）检查勺管反馈机构，调整供、回油控制滑阀的线性关系。

4）检查液压联轴器控制油过压阀、节流孔板及油管路是否有异常并处理。

5）重新调整液压联轴器供、回油滑阀控制凸轮的线性关系，使供、回油调整相匹配。

6）定期化验液压联轴器油箱的油质，保证其符合要求。

2. 液压联轴器工作油温高

（1）现象：

当液压联轴器工作油温高时，报警信号发出，给水泵站就地液压联轴器工作油温表计指示升高。

（2）原因：

1）工作油冷油器冷却水量不足，冷却水压力低。

2）工作油冷油器油侧积有空气，冷油器冷却水管结垢，热交换效果不好。

3）液压联轴器工作油油质恶化。

4）液压联轴器勺管位置调整不当，长时间停留在油循环不畅的位置附近，工作油泵出力不足及工作油箱油位低。

（3）处理方法：

1）检查工作油冷油器的冷却水出入口门在全开位置，冷却水压力、流量在规定范围内，对于装有两路冷却水的冷油器，最好采用压力较高的冷却水去冷却，并充分排掉工作油冷油器水室的空气。

2）及时排掉冷油器油侧的空气。

3）检查液压联轴器的工作油质是否符合要求，必要时应重新换油，定期排放电动给水泵液压联轴器油箱底部的积水。

4）改变勺管位置，尽量避开液压联轴器油循环不畅的位置，并根据具体情况降低电动泵的出力。

（二）电动给水泵出力不足

电动给水泵出力不足的原因分为给水泵转子及通流部分故障和给水泵汽化两类。

1. 电动给水泵转子及通流部分故障

（1）电动给水泵出力不足的现象：

1）轴承声音异常、振动、温度超标。

2）给水泵转速下降，出力降低。

3）给水泵电动机电流异常。

（2）电动给水泵出力不足的原因：

1）由于平衡盘径向间隙调整不当，在泵启、停或变负荷时所产生的轴向窜动使平衡盘磨损，轴向力不平衡。

2）给水泵启动前，暖泵不充分或未进行暖泵，使泵的外壳上下部分膨胀不均产生热应力，造成泵壳歪斜及转子弯曲等。

3）给水泵入口滤网脏，使杂物进入动、静环结合面，运行中发生摩擦。

4）给水泵超工作区运行，使平衡盘后压力升高。

5）轴套松动或转子振动超限引起动、静部分摩擦。

（3）电动给水泵出力不足的处理方法：电动给水泵转子及通流部分发生故障后，一般只能采取停泵检修的方法。

（4）电动给水泵转子及通流部分故障的预防措施：

1）给水泵启动前，按规定进行充分的暖泵工作。

2）给水泵运行中，要监视入口滤网前后差压。当差压超限时，应停泵清理滤网。

3）保证给水泵运行在工作区内。

4）给水泵启、停及运行工况变化时，及时调整平衡室的回水量，同时监视推力轴承的温度，以防转子因轴向推力不平衡而损坏。

2. 电动给水泵汽化

（1）电动给水泵汽化现象：

1）给水泵转速突然升高，泵出口压力、流量、电流表指示大幅度摆动。

2）给水泵平衡室与泵入口温差增大，出现异声，发生振动。

3）给水泵"汽化报警"或"汽化保护"信号发出，给水泵再循环门自开。

（2）电动给水泵汽化原因：

1）给水泵入口压力低于给水温度对应下的饱和压力。

2）除氧器水位突然下降。

3）给水泵前置泵滤网堵，引起泵入口压力下降。

4）发电机组突然甩负荷引起除氧器压力瞬间降低。

5）给水泵出力突增，给水流量变化快，引起泵入口压力下降。

（3）电动给水泵汽化处理方法：

1）打开给水泵出口再循环电动门，给水泵严重汽化时，应立即停泵处理，防止损坏设备。

2）若除氧器水位突降，应检查凝结水泵是否跳闸，除氧器事故放水门是否误开；检查除氧器上水调整门误关或凝结水系统是否有断水的地方；检查凝结泵出口再循环电动门是否误开等。此时应采取相应措施，保证除氧器水位恢复正常。另外，除氧器水位突降时，应降低给水泵的出力。

3）若给水泵入口压力低于凝结水饱和温度对应下的压力时，应检查除氧器的压力变化；若除氧器压力下降，应投入除氧器备用汽源，提高除氧器压力到规定值；若给水泵滤网差压大，应根据需要停泵处理滤网。

（4）电动给水泵汽化预防措施：

1）确保除氧器水位、压力在规定的范围内，且备用汽源能可靠投入。

2）确保给水泵在工作区域内运行。

3）保证给水泵出口再循环门开关灵活、联动正常。

4）定期清理给水泵入口滤网。

5）监视前置泵出、入口压差不能低于极限值。

3. 汽动给水泵转速失控

（1）汽动给水泵转速失控现象。

汽动给水泵转速变化异常，转速无法控制，或者汽泵转速大幅度摆动不能稳定在某一转速，转速严重失控时将会引起超速保护动作。

（2）汽动给水泵转速失控原因。

1）汽动给水泵汽轮机的主汽门、调汽门严密性差或调汽门运行中发生卡涩。

2）汽动给水泵调速系统动态特性不良，由于控制油压（脉冲油压）波动引起油动机活塞上部油压与活塞下部弹簧力不能保持平衡，造成调汽门摆动。或者，调速系统速度变动率或迟缓率过大。

3）锅炉给水自动调节回路故障或汽动给水泵电调回路故障，造成汽泵调汽门误动作。

4）汽动给水泵严重汽化，使汽泵转速突升。

（3）汽动给水泵转速失控处理方法。

1）针对给水泵在运行中转速突降或转速加不上去的情况，需要区别对待。转速突降时，应首先检查汽动给水泵汽轮机的进汽调门是否关小，进汽压力是否下降，进汽电动门是否误关，给定转速与实际转速偏差负值是否超限。查明原因，及时恢复。汽动给水泵转速突降或下降时，应注意汽泵出口的流量变化，流量下降到规定值时，应及时开启汽泵出口再循环门，防止"平衡室与泵入口温差大"保护动作。若汽动给水泵转速降低不能正常运行时，应迅速启动备用电动给水泵，维持主机低负荷运行。

2）汽动给水泵转速频繁波动的情况。检查汽泵汽轮机进汽调门是否波动，若调汽门开度、给水流量及进汽参数正常，则联系检修人员检查电调转速显示回路是否正常；检查给水自动调节是否失灵，若调节回路故障，应手动控制锅炉的上水量。

3）汽动给水泵转速升高的情况。汽动给水泵汽化引起转速升高时，应手动降转速到要求值。汽动给水泵调汽门瞬间开大或备用汽源调门误开时，应关小正常供汽调门或关闭备用汽源调门。若因调汽门开到较大位置发生卡涩引起汽动给水泵转速降不下来时，应立即打闸，停泵处理。

（4）汽动给水泵转速失控预防措施。

1）主汽门、调汽门应开关灵活、无卡涩，严密性试验合格，发现缺陷及时处理。

2）坚持汽泵调速系统静态试验，保证速度变化率、迟缓率符合要求。

3）投入汽泵"超速控制"及"超速保护"，并按规定进行超速试验。

4）合理调整汽泵汽封压力，防止油中进水，加强蒸汽品质监督，防止门杆结垢。

5）完善给水自动调节及汽泵转速控制回路，减小误动作次数。

6）加强培训，提高运行人员的操作水平。例如，不得将调速汽门开到100%，合理使用汽泵备用汽源，正确调节汽泵转速，切忌转速突升突降等。

4. 给水泵站出力偏大

（1）给水泵站出力偏大的现象：给水流量比同运行工况下偏大，电动给水泵电流或汽动给水泵转速偏大，主蒸汽与给水流量比以往偏大。

（2）给水泵站出力偏大的原因：

1）给水泵转速太高。

2）给水温度低于规定值。

3）给水泵超出正常工作范围。

4）给水泵出口再循环门误开或锅炉给水系统有泄漏点。

5）给水泵转子或定子卡涩或变形。

（3）给水泵站出力偏大的处理方法及预防措施。

1）若给水泵转速太高，应降低其转速运行。

2）若给水温度偏低，应检查各低压加热器温升是否正常，凝结水是否产生过冷却，除氧器喷嘴是否脱落或堵塞而使雾化效果不好。此时应设法提高加热温度，必要时开启给水箱再沸腾二次门，提高给水温度的规定值。

3）调整给水泵在允许工作区内运行，使泵的出口压力和流量在最佳工况点，改变汽泵转速或勺管的位置，调整给水阀前后差压，使压力、流量相配。

4）检查并关严给水泵出口再循环门，检查高压加热器水位计和疏水调整门的变化，若确证高泄漏应切除其运行；若锅炉泄漏，应根据具体情况进行停炉处理。

5）若判定给水泵转子在定子密封环内或补偿装置内卡涩，或密封环由于外部保温损坏导致定子变形，则应停泵更换转子或定子的损坏部件，修整定子保温。

四、回热系统故障

（一）加热器泄漏

1. 加热器泄漏的原因

（1）加热器管严重腐蚀和侵蚀。

（2）加热器管束隔板设计或安装不正确，使加热器因严重振动而损坏管束。

（3）加热器的材质和制造工艺不符合要求，管子有裂纹或管子与管板连接不严密。

（4）运行方式不当产生热应力或运行人员操作不当使加热器管受到热冲击，致使加热器管破裂。

2. 加热器泄漏的现象

（1）加热器水位升高或满水。

（2）同一负荷下，加热器的疏水调整门开度增大，同时加热器的疏水或凝结水漏入汽侧后，部分加热器管子被侵蚀而减少了热交换面积，使加热器端差增加。

（3）最严重的泄漏是管子破裂，此时会出现水位计满水，加热器汽侧压力升高，抽汽管和疏水管振动，加热器汽侧安全门动作，加热器出口水温骤降等现象。

3. 加热器泄漏的处理方法

根据以上现象判断加热器确已泄漏时，应及时将该加热器解列，关闭加热器的进汽电动门和抽汽止回门，开启加热器水侧旁路门，关闭水侧进出口电动门，开启加热器事故疏水门，将加热器内疏水排净。联系检修人员及时用带有小圆锥度的铜塞头堵塞泄漏管，堵管数不得超过全部管子的1/10，否则需要换整个管束。

4. 加热器泄漏的预防措施

（1）正确投运加热器水侧及汽侧。在投运加热器水侧前，应打开水侧排空门充分排空后，再投运加热器水侧。投运加热器汽侧之前，应按规定打开抽汽电动门及抽汽止回门前、后疏水阀进行疏水，开启加热器汽侧排空门，并将加热器的抽汽电动门先开约 10%，至少进行 2min 以上的加热器暖体后，加热器调节阀投自动；当加热器暖体后，方可脉冲（逐渐）全开抽汽电动门，投运加热器汽侧。

（2）为了防止出现较大的热冲击而损坏汽轮机设备，投运加热器时，应按照由低压加热器到高压加热器逐级投运的原则。同时，为了防止加热器投运时，由于抽汽压力不足可能出现疏水不畅现象，不少电厂的加热器都设有到主机凝汽器的疏水调节阀，当发电机组并网后可逐级投运低压加热器。但是，为了确保加热器安全经济运行，一般规定，当发电机组负荷大于 20% 额定负荷时，才允许投入低压加热器运行；当发电机组负荷大于 25% 额定负荷或高压加热器汽侧压力大于除氧器压力某一值时，才允许投入高压加热器运行。

（3）加热器运行时，要注意监视主凝结水和给水流量、加热器前后水温等。特别要注意观察各加热器汽侧水位和疏水阀开度。一般情况下，应将疏水阀投自动位置，加热器水位波动值应控制在 ±38mm 之内，若水位波动较大，应及时寻找故障原因，并进行调整。

（4）在发电机组运行中，必须保证凝结水和锅炉给水水质合格，以免造成加热器管束腐蚀。高压加热器运行期间，给水的 pH 值保持在 6.8～9.5，溶氧量小于 7μg/g。

（5）在高、低压加热器及除氧器停运后，应根据停止运行时间的长短进行必要的维护保养，以防止设备腐蚀。当发电机组停用时间不到两周时，只需在温热条件下切断加热器汽水侧，使汽侧自行干燥。当发电机组停用时间较长时，对低压加热器和除氧器头应进行充氮保养，对除氧器给水箱加联氨水进行保养，而高压加热器的汽侧和水侧均采用充入低压氮气进行保养。

（二）加热器温升小

1. 加热器温升小的原因

（1）加热器进汽压力不足。若加热器的进汽电动门或抽汽电动门未开到头，将会引起加热器进汽压力下降；另外，加热器的抽气止回阀前后疏水阀在运行中误开也会引起抽汽压力不足。

（2）加热器内聚集气体使传热恶化，在投入加热器汽侧时，应同时开启加热器汽侧空气门。

（3）加热器疏水调节阀故障引起加热器高水位运行，减少了热交换面积。

（4）加热器水侧旁路门不严，使加热器出口水温下降。这可根据加热器出口水温与下一级进口水温是否一致来判断。

2. 加热器温升小的预防措施

（1）投入加热器的水侧和汽侧均应开启各自的排空门，水侧排空门见水后关闭，汽侧排空门在运行中应保持某一开度，以便提高加热器的传热效果。

（2）加热器水侧投运后，确认关严水侧旁路门；汽侧投运后，应检查并开启加热器抽气止回门和进汽电动门，并按规定在加热器进汽电动门全开后，再关闭抽气止回门前后的疏水阀。

（3）加热器运行期间，应维持加热器水位正常，不得使加热器高水位长期运行，否则检查加热器疏水调节阀的实际开度，降低加热器水位，使加热器受热面增大，提高加热器温升。

（三）除氧器除氧效果不好

1. 原因

（1）在发电机组启动和低负荷工况下，由于机组提供给除氧器的抽汽压力不足，甚至不能投入抽汽供汽，就无法保证除氧器进行除氧，或者即使投入除氧器备用汽源，但由于其压力和温度较低，进汽量不足，也不能使除氧器充分除氧。

（2）在发电机组变工况时，除氧器内压力和水温变化速度不一致，压力变化快，水温由于存在水的热惯性变化较慢，水温总滞后于压力变化。尤其在发电机组负荷突升时，水温的升高远远落后于压力的升高，致使除氧器内原来的饱和水瞬间变成不饱和水，原来逸出的溶解氧会重新溶回水中，出现"返氧"现象，除氧效果显著下降。

（3）除氧器头上的排气阀开度较小，造成除氧器排气不畅，使除氧器内气体分压增加而造成除氧效果不好。

（4）运行人员误操作，在发电机组工况稳定时，误投除氧器备用汽源会造成除氧器压力升高，除氧困难。

（5）除氧器喷嘴脱落、堵塞，雾化效果不好或淋水装置脱落等原因，造成除氧效果不佳。

2. 预防措施

（1）在发电机组启动或低负荷时，如果正常加热气源压力过低则应投入除氧器备用汽源；当机组负荷升高之后，按规定切换汽源，即投入除氧器的抽汽对除氧器进行加热，停止备用汽源。

（2）在发电机组加负荷过程中，负荷应缓慢变化，使除氧器内的压力和水温变化速度相一致。当发电机组负荷突升时，应及时投入储水箱内的加热蒸汽，以防除氧效果恶化。

（3）合理调整除氧器排气阀开度，维持稳定的除氧效果，避免由于排气阀开度过大而引起排气带水和除氧器振动。

（4）若除氧器发生喷嘴脱落或堵塞，应在发电机组停运后立即更换或清理。

五、凝结水系统故障

（一）凝结水泵故障

1. 凝结水泵出力不足

凝结水泵出力不足的原因及处理方法如下：

（1）泵内或吸入管留有空气。此时应开启泵入口管道及泵体放空气门驱出空气。

（2）排汽装置水位过低，引起凝结水泵汽化。此时应开大排汽装置补水调门，提高排汽装置水位。

（3）凝结水泵入口滤网堵，有杂物，造成凝结水泵进水量不够。应清理滤网。

（4）凝结水泵转子转向不正确。若凝结水泵倒转，应立即停泵并联系检修人员进行处理。

（5）总扬程与泵的扬程不等，应采取措施并设法降低凝结水管道的系统阻力。

（6）密封环磨损过多。应检查或更换密封环。

2. 凝结水泵振动超标

凝结水泵振动超标的原因及处理方法如下：

（1）凝结水泵汽蚀。应检查并提高凝汽器水位，驱出泵内或吸入管内留有的空气。

（2）凝结水泵水流量小。应检查凝结水系统有关阀门位置是否正确，提高凝结水流量，或开启凝结泵出口再循环电动门及调整门。

（3）泵轴与电动机轴中心不一致，轴弯曲。应校正泵与电动机中心，处理大轴的弯曲。

（4）泵转动部分与固定部分擦碰或轴承损坏。应更换轴承或找正轴线。

（5）轴套或填料层磨损过多。应更换及磨光轴套。

（6）转动部分不平衡引起振动。应联系检修人员并消除不平衡。

（7）泵轴承座地脚螺栓松动。应联系检修人员并消除。

3. 凝结水泵轴承温度高

轴承温度高的原因及处理方法如下：

（1）轴承箱内油位过高或油脏。应降低油位或更换新油。

（2）泵的密封水、轴承冷却水压力不足。应检查密封冷却水管道及供、回水管是否畅通，提高进水压力。

（3）泵轴与电动机中心不一致，轴弯曲，转动部分不平衡引起振动。应找正中心，消除不平衡。

（4）轴承或密封磨损过多，形成转子偏心，轴套或填料层磨损过多。应更换并校正轴承，磨光轴套。

（二）除氧器上水困难

除氧器上水困难的原因及处理方法如下：

（1）凝结水泵跳闸或出力不足。应检查凝结水泵的运行方式，若运行泵出力不足，应先启动备用泵，查找泵出力不足的原因并予以消除。

（2）凝结水系统运行方式不当。凝结水系统运行方式不当包括：①除氧器水位调整门卡涩或上水电动门未开，造成除氧器上水困难。应设法开大上水调门，并开启上水电动门。②某台低压加热器或轴封加热器水侧断水。当加热器保护动作后，应及时检查凝结水的流量变化，尤其要检查并开启加热器水侧旁路门，以防止凝结水系统断水。③混床（凝结水精处理装置）差压大。应检查混床运行方式，当混床前后差压大于规定值时，应开启混床旁路电动门。④误开凝结泵出口再循环管道阀门，使凝结水被短路，部分凝结水又返回凝汽器。应检查并关严凝结泵再循环管道的所有阀门。

（3）除氧器给水箱事故放水电动门误开。应检查事故放水电动门是否自动联开或手动误开，若误开时手动关闭，自动开时应马上关回，同时联系检修人员进行修理。

六、润滑油系统故障

发电机组润滑油系统运行失常，可分为油系统漏油、润滑油压上升或下降、冷油器出口油温上升、任一轴承回油温度上升、油箱油位下降或油位异常升高、主油泵或辅助油泵故障等。下面主要介绍油系统泄漏、润滑油温升高和油泵失常三种故障。

（一）油系统泄漏

油系统泄漏按以下方法处理：

（1）油箱油位和油压同时下降时，应检查压力油管道及冷油器是否漏油。压力油管道如果是裸露式的，较易发现漏油，而套装式的压力油管道发生漏油后要根据各供油点的油压下降情况综合进行判断。冷油器发生漏油时，冷油器出口冷却水中必定将有一层油花。润滑油压下降后要根据具体情况设法消除，并根据油箱液位下降情况进行补油。

（2）油箱油位下降、油压不变时，应检查回油管道、从油箱引出的放油门及管道、滤油机出入口管、冷油器放油门、油泵轴封、各轴承油挡是否漏油。根据情况设法消除，并根据油箱油位进行补油。

（3）油压下降、油箱油位不变时，应检查油箱内、轴承室的压力油管道是否漏油，油系统滤网是否堵塞，主油泵及注油器（或油涡轮）工作是否正常，备用油泵止回门是否严密，油系统阀门位置是否正确。如发生上述不正常情况应设法消除，必要时可启动备用油泵。当调节系统油管道漏油时，还应注意调节系统工作是否正常。

（4）油箱油位升高时，要检查补油门是否误开，同时要进行油箱底部放水工作，检查油箱中是否进水。必要时化验油中的水分。

（二）润滑油温升高

润滑油温升高时，应做如下处理：

（1）汽轮机发电机组轴向位移是否超限，推力瓦供油是否充足，推力瓦工作面和非工作面回油温度是否正常。必要时，发电机组可降出力运行。

（2）如果个别轴承回油温度升高，应检查油流、油压是否正常，轴承振动是否偏大，轴瓦附近的轴封是否有漏汽处。要根据具体情况设法消除，并且要严密监视轴承温度的变化情况。如有脏物进入轴承油管或轴瓦故障，引起出口油压急剧升高，甚至使轴承断油冒烟，应按规定破坏真空事故停机。

（3）如各轴承回油温度普遍升高，应投入备用冷油器，增加冷油器冷却水量，必要时可进行冷油器反冲洗，对冷却水室排放空气，清洗冷却水滤网等工作。

（三）油泵失常

油泵失常时，应按如下方法消除：

1. 主油泵失常

应启动备用高压油泵，维持发电机组运行或破坏真空停机。

2. 备用油泵失常

应按下列方法处理：

（1）正常停机前发现各备用油泵均有故障，应立即修复一台油泵后停机。

（2）在停机过程中如发现任一备用油泵故障，应尽可能保持轴承在有润滑油的条件下进行停机。

另外，为了防止发电机组润滑油系统故障，应做好如下工作：

（1）油系统运行中应不间断地进行滤油工作，油箱及有关积油器的排水工作。定期由化验人员化验油质，当油质不合格时要加强滤油工作，必要时更换润滑油。

（2）油系统各辅助油泵要处于良好的备用状态，发电机组启动前和停运前要进行备用油泵的联动试验。如果联动试验不成功，则不允许进行发电机组的启停工作。

（3）运行中如发现油系统有漏油处时，要及时处理，并将漏油擦拭干净，当油漏到保温层上时，应将保温层更换，以免发生着火事故。

（4）运行中要巡检各轴承润滑油压，供、回油温升和油流量，冷油器出口油温，油箱油位等，若发现有异常时，应及时汇报，并妥当处理。

七、制粉系统故障

（一）给煤机故障

1. 称重式给煤机故障的原因及消除措施

（1）给煤机皮带打滑：

1）给煤机皮带打滑的原因：

a. 给煤机皮带过松，张力小。

b. 煤粉仓原煤水分高。

c. 给煤机皮带本身的质量问题。

2）给煤机皮带打滑的现象：

a. 给煤机煤量晃动。

b. 磨煤机出口温度不稳定。

c. 磨煤机出口风压不稳。

3）给煤机皮带打滑的处理：

a. 如系给煤机皮带太松或皮带质量问题，则安排停运给煤机，并通知检修人员处理。

b. 如系原煤潮湿引起，则降低转速减小给煤机煤量，并通知燃料有关人员。

c. 如系给煤机煤量过大，则应减小给煤机的煤量，以防磨煤机阻塞。

（2）给煤机皮带跑偏：

1）原因：

a. 给煤机皮带张力未调整好。

b. 清扫电动机停运，皮带下煤堆积过高，影响皮带的正常运行。

2）现象：

a. 给煤机煤量不稳。

b. 给煤机皮带跑偏甚至跑出辗筒以至与拉坏皮带。

3）处理：

a. 及时停运给煤机。

b. 仔细检查、分析给煤机皮带跑偏的原因，尽快消除，恢复正常。

（3）清扫电动机的停转：

1）原因：

a. 清扫电动机过荷热偶动作。

b. 给煤机跳闸联锁动作。

c. 剪切销断裂、机械故障。

2）现象：

a. 清扫电动机刮板停转。

b. 给煤机皮带下堆煤，严重时将会造成给煤机皮带跑偏。

3）处理：

a. 仔细检查、分析清扫电动机停转的原因，尽快消除，恢复正常。

b. 如系剪切销被切断引起，则将清扫电动机开关置"停运"位置，并隔绝清扫电动机电源，通知检修人员调换剪切销。

c. 清扫电动机停运，且故障一时无法消除，而给煤机未停运情况下，应尽快安排给煤机、磨煤机退出运行，否则将影响给煤量的准确性及给煤机皮带的安全。

（4）落煤管阻塞：

1）原因：

a. 原煤水分高，煤粒细，黏性大。

b. 给煤机停运时间太长。

c. 给煤机煤量太大。

2）现象：

a. 给煤机煤量下降，煤流监测器产生断煤信号。

b. 磨煤机出口温度度升高。

3）处理：

a. 及时调整给煤机煤量，维持总煤量不变。

b. 敲击落煤管。

c. 经上述手段后，仍未消除的，则应停运给煤机处理。

（5）给煤管阻塞：

1）原因：

a. 原煤水分高，煤粒细，黏性大。

b. 给煤量过高。

c. 给煤机煤量控制失灵。

d. 给煤机出口闸门未完全开出。

2）现象：

a. 磨煤机电流下降，出口温度升高。

b. 该层制粉系统燃烧不稳。

c. 机组负荷可能下降。

d. 给煤机可能由于堵煤而跳闸。

3）处理：

a. 检查全开给煤机出口闸门。

b. 调整该给煤机煤量。

c. 调整该磨煤机出口温度、风量。

d. 敲击给煤管。

e. 经上述手段后，仍未消除，则应停运给煤机处理。

2. 电磁振动给煤机故障的原因及消除措施

（1）运行中振动突增，电流增大。

故障原因：①一次元件短路；②变送器回路开路。

消除措施：①更换元件、消除短路；②消除变送器回路的开路故障。

（2）运行中振动突然停止。

故障原因：①一次元件断路；②晶闸管烧坏或断路；③控制回路分头开路；④晶体管损坏；⑤熔丝突然熔断。

消除措施：①更换元件；②消除断路；③更换晶闸管；④更换晶体管；⑤更换熔丝。

（3）振动微弱，改变功率时振幅不变或变动很小，电流增大。

故障原因：①晶闸管击穿失去整流作用；②气隙堵塞某线圈断路；③板弹簧间堵；④固有频率增大，振幅减小。

消除措施：更换晶闸管；消除堵塞，修复线圈，消除断路；修复板弹簧间的间隙。

（4）电流过大，线圈发热。

故障原因：气隙过大。

消除措施：减少气隙。

（5）冲动或间歇振动，电流变化大。

故障原因：气隙小，铁芯和衡铁碰撞，线圈或导线损坏，振动部分质量变化并破坏共振条件。

消除措施：调整气隙，修复线圈或导线。

（6）噪声大，调整反应不规则，有猛烈撞击。

故障原因：弹簧板有断裂，给煤槽与连接器螺栓松动。

消除措施：更换弹簧板，拧紧螺栓。

（7）接通电源后不振动。

故障原因：熔丝熔断，接头断开，绕组短路，两个绕组首尾端接错了。

消除措施：更换熔丝、接好接头、消除绕组短路、重新调换两个绕组的首尾接线。

（二）磨煤机故障

1. 磨煤机断煤

（1）钢球磨煤机断煤。

现象：①磨煤机出口温度升高；②入口负压增大，压差减少；③钢球噪声增大；④排粉机电流增大，断煤信号动作。

原因：①给煤机故障；②煤中有杂物，落煤管堵塞；③原煤斗无煤走空。

处理方法：①适当关小热风门，开大冷风门，疏通落煤管；②无煤时应及时上煤；③消除给煤机故障，清理卡物。

预防对策：①投加振动器和木屑分离器，并将碎煤机振动筛投入运转；②合理配煤。

（2）中速磨煤机断煤。

现象：①磨煤机分离器出口温度升高；②磨煤机电流下降；③磨煤机振动；④电负荷下降。

故障原因：①给煤机故障；②原煤仓无煤或棚煤。

预防对策：①燃料车间给煤仓配煤时，严禁异物进入煤仓；②控制原煤水分，防止棚煤，合理配煤。

（3）风扇磨煤机断煤。

现象：磨煤机电流下降，入口负压升高，出口温度升高。

故障原因：①原煤太湿或有杂物，使落煤管堵塞；②原煤斗走空；③给煤机卡住。

处理方法：①关小热风门，开大冷风门，控制磨煤机的出口温度；②疏通落煤管；③停给煤机，消除卡物。

预防对策：①加振荡器，并将碎煤机及振动筛投入；②加木屑分离器，合理配煤。

2. 磨煤机堵塞

（1）钢球磨煤机堵塞。

现象：①磨煤机压差增大；②入口负压减少或变正，风压晃动；③磨煤机出口温度降低；④筒体噪声低哑；⑤排粉机、磨煤机电流下降。

故障原因：给煤量过大，系统通风量太小，输送能力降低。

处理方法：减少或停止给煤，适当加大通风量，保持一次风压，如处理无效，则应停止磨煤机的运行。

预防对策：掌握给煤机的调节特性，减少入口漏风，防止煤矸自流，注意风门实际位置和风量不要太小。

（2）中速磨煤机堵塞

1）现象：①磨煤机电流增大，摆动幅度大；②磨前一次风量降低，磨煤机分离器后的温度下降；③磨煤机入口一次风压上升、出口一次风压下降；④磨煤机出口风速下降。

2）故障原因：①给煤量过大，风煤比失调；②一次风压下降；③磨煤机排石子管堵塞。

3）处理方法：减少加煤，适当增加风量或停磨掏煤。

4）预防对策：合理给煤，制定合理的风煤比。

（3）风扇磨煤机堵塞。

1）现象：磨煤机电流增大，磨煤机入口变正压。

2）故障原因：①给煤量过多；②杂物造成锁气器动作不良；③大量塌粉。

3）处理方法：停止给煤，加大风量吹扫，如电流超限45s后不下降，应采取停止磨煤机的处理方法。

4）预防对策：①加强对煤中杂物的清理；②控制给煤量，一次给煤不宜过多。

3. 磨煤机内部自燃与爆炸

（1）原因：

1）原煤中混有易燃、易爆物品。

2）分离器或磨煤机内部堆积煤粉。

3）渣斗清理不及时。

4）磨煤机出口温度过高。

（2）现象：

1）磨煤机出口温度急剧上升。

2）磨煤机磨盘前后差压晃动。

3）炉膛负压、燃烧可能不稳。

（3）处理：

1）紧急停运磨煤机。

2）打开消防蒸汽灭火门。

3）监视磨煤机出口温度趋势。

4）待磨煤机温度下降至45℃以下时，方可进行磨煤机内部分清理和渣斗的清理工作。

（4）预防措施：①保持制粉系统工况稳定，控制磨煤机出口温度在允许值内；②加强输煤系统和煤场管理，原煤中不应进入易燃物；③磨煤机停运后，冷风吹扫5min，将磨煤机内残留的煤粉吹尽；④增设防火系统设备，如安装低压惰性气体（如 CO_2）喷射、注水或蒸汽喷射等防火系统。

八、回转式空气预热器故障

1. 预热器漏风大

（1）原因：①预热器变形，引起密封间隙过大；②预热器受热面转动引起的携带漏风。

（2）消除方法和预防措施：①调整扇形板与转子密封面间的间隙，采用自动跟踪及控制装置；②提高安装、检修质量，保证各密封间隙符合设计值。

2. 预热器机械部分卡死不转

（1）原因：①预热器变形，动静部分发生摩擦犯卡；②径向密封片掉下犯卡；⑧由于传动装置故障，造成预热器变形犯卡。

（2）消除方法和预防措施：①停炉检修，重新调整各密封间隙；②加固各密封片；③提高检修质量，减少漏风，改善工作环境。

3. 预热器堵塞和腐蚀

（1）原因：①受热面壁温低于烟气露点；②长期低负荷煤、油混烧；⑧吹灰效果不佳。

（2）消除方法和预防措施：①投入暖风器，提高预热器入口空气温度；②合理吹灰，增加吹灰次数，提高吹灰效果；③采用低氧燃烧，减少烟气、空气中的过剩氧，阻止和减少 SO_2 转变为 SO_3。

九、锅炉燃油系统故障

1. 燃油系统油压低或出力不足

（1）原因：①油罐吸油管高于油位；②油罐油温低，黏度大，入口阻力大；③滤网堵塞，吸油口有脏物；④系统漏空气，或空气未排净。

（2）处理方法和预防措施：①放低吸油管；②提高油温；③清理滤网和入口脏物；④消除漏气，排净空气。

2. 燃油系统、油泵过载

（1）原因：①出口门开得过大，带负荷启动；②泵轴串动，动静部分发生摩擦；③密封压得太紧。

（2）处理方法和预防措施：①关小油泵出口门，提高系统阻力；②检修或更换油泵；③提高检修工艺。

3. 燃油系统油喷嘴堵塞、雾化效果差

（1）原因：①脏物堵塞切向槽；②油压、油温低；③喷嘴口磨大；④喷口结焦；⑤加工精度差。

（2）处理方法和预防措施：①解列油枪，打开喷嘴清理脏物；②提高油压、油温，降低黏度；③改善材质；④消除漏油；⑤提高加工精度。

4. 燃油系统油喷嘴漏油

（1）原因：①压紧螺帽未上紧和咬紧；②垫片未垫平、偏斜；③结合面研磨不良。

（2）处理方法和预防措施：①拧紧压紧螺帽；②组装时垫片不偏斜；③提高加工精度。

5. 燃油系统油喷嘴磨损烧坏

（1）原因：①材质硬度不够；②油压、油速选得过高；③锅炉运行中油嘴未抽出冷却。

（2）处理方法和预防措施：①使用耐热钢；②合理选择油压、油速；③停运或解列后抽出油嘴冷却。

6. 燃油系统漏油

（1）原因：①使用垫料不合适；②连接法兰螺栓未紧好、紧匀；③结合面加工粗糙不平，管道焊接质量差，有气孔；④设备阀门使用等级低。

（2）处理方法和预防措施有：①严格按照规定使用合理的垫料；②紧匀、紧好螺栓；③加强焊接和加工质量的检验；④使用高一级的阀门设备。

7. 锅炉燃油系统着火

（1）原因：①系统漏油，附近管路未保温，有热源；②油区电气设备短路，有弧光火源；③油区内检修时施工用电、火焊安全措施不够；④油区油气浓度超标；⑤燃油加热温度超标；⑥油区明火抽烟。

（2）处理方法和预防措施有：①消除漏油，管路保温，隔绝热源；②监测电气绝缘接线，避免短路弧光；③油区内电火焊必须按有关规定做好安全措施；④严格控制油库油温不要过高，禁止油气挥发浓度超标；⑤严禁油区明火抽烟，挂警告牌；⑥在操作、维护时，要使用铜制工具；⑦严格执行工作人员进出油区的登记制度。

十、 引（送）风机、一次风机故障

1. 引（送）风机、一次风机轴承温度高

（1）原因：①油位低，润滑油不足；②润滑油质差，有脏物；③轴承损坏或磨损；④轴承安装检修质量不良，间隙调整不当，紧力过小过大；⑤轴承冷却水量不足或中断；⑥轴承振动超限。

（2）消除方法和预防措施有：①加注新油；②更换新油；③更换新轴承；④严格执行检修工艺标准；⑤排除冷却水故障；⑥若因转子不平衡引起的振动超标，则应采取找转子动或静不平衡；⑦若因积灰引起不平衡时，则应进行清灰；⑧当风机与电动机中心不正引起的振动超标时，则应重新找正。

2. 引、送风机振动超标

（1）原因：①轴弯曲引起振动；②叶轮磨损，积灰造成转子不平衡；③轴承磨损，使游隙过大；④联轴器两端不同心；⑤基础不牢固或机座的刚度不够；⑥在不稳定区运行；⑦动静部分相触；⑧由于电气方面的缺陷而引起的，如磁力不均匀、电动机三相电流不平衡、气隙调整不当。

（2）消除方法和预防措施：①采取找转子动或静不平衡；②找平衡或换叶轮；③更换新轴承；④重新找正；⑤重新加固；⑥改善运行工况；⑦停风机检修。

3. 引、送风机性能故障

（1）原因：①风机反转；②调节装置失灵；③风机处于不稳定工况区；④系统阻力损失变化；⑤烟气密度变化；⑥叶轮、壳体或管道变形、磨损。

（2）消除方法和预防措施：①停电，改变电动机相序；②若是控制系统故障，切为手动位置，就地操作；③调整入口调节挡板，改善风机运行工况；④检查风烟道设备；⑤改善运行条件；⑥联系检修或更换。

4. 引、送风机叶轮飞车

（1）原因：①风机磨损、积灰，使转子失去平衡，引起强振动，以致飞车；②叶片设计不良，强度低，引起叶片断裂飞车；③风机叶片焊接、铆接质量差，磨损脱落，以致叶轮或叶片飞出；④风机长期在不稳定区工作。

（2）消除方法和预防措施：①加强运行维护，提高除尘效率；②在安装或大、小修时，要认真检查风机磨损及叶片、叶轮的焊接和铆接质量等情况，如有损坏或缺陷，都应及时修补完善；③加强风机运行工况的调节，尽力避免风机在不稳定工况区工作。

第四节　转动机械润滑油恶化

汽轮发电机组的汽轮机、发电机以及重要的辅助设备都是转动机械，如给水泵、凝结水泵、真空泵、锅炉的各类风机。这些转动设备的轴承均采用各类润滑油进行润滑冷却，以保证轴承运转正常。如果转动机械的润滑油恶化，造成的后果是极其严重的。

一、润滑油的主要功能

润滑油的主要功能表现在以下几个方面：

1. 润滑功能

对于全油膜润滑的滑动轴承，轴颈和轴承的轴瓦表面被一层薄的油膜隔开，通过油膜支承轴颈给予的负荷，润滑油供给系统则向轴瓦和转动的轴颈之间的间隙不断地供应润滑油。若油品被水分、金属粉末、灰尘和油劣化产物而产生沉淀、油泥等杂质污染，将会改变润滑油的黏度等性能，而形成不了液体摩擦来代替其间的固体摩擦，润滑油起不到润滑功能。对于滚动轴承油质恶化，轴承滚珠之间、滚珠与轴径之间润滑性能的下降，会导致摩擦加剧，这样极易损坏轴承及转动机械。

2. 散热冷却作用

由于转动设备运行转数较高，一般为 1500 ~ 3000r/min，轴承内摩擦会产生大量的热量，如不及时散出，会严重影响机组的安全运行。润滑油可将这些热量带走，通过高效率的冷油器进行冷却或自然散热将热量带出。若油质劣化，产生沉淀物和油泥，在热油中这些老化产物呈溶解状态，当油温降低时，这些老化产物就会沉积下来，不能很快将油中大量的热量散发出来，转动机械轴承温度将随之升高。

二、油质劣化的原因分析

润滑油油质劣化的原因一般有以下几点：

1. 受热和氧化变质

温度对油质氧化速率的影响是相当大的。一般温度在 60℃ 以上时，温度每增加 10℃，氧化速率就会加倍。在高温下，碳氢化合物的热裂解会形成不稳定的化合物，进一步聚合成各种树脂和油泥。如果汽轮机发电机组转轴碰上积碳，就会引起严重的磨损。若碳堆积在轴乌金瓦最薄油膜处的附近，这种积碳会改变轴承的稳定特性和改变大轴中心线。

2. 受杂质的影响

由于油中存在水分、金属和颗粒物质等杂质，会促进油的氧化，并有助于泡沫、积垢和油泥的形成。颗粒物质如粉煤灰、空气中灰尘和细砂都可能通过轴承箱的开口处和油箱的门盖进入润滑系统。管道的结垢（铁锈）和其他颗粒物质等都有可能进入油系统，甚至在润滑系统经安装冲洗后仍然留在系统内。润滑油内若避免不了水分的存在，将会引起轴承腔室的腐蚀，形成锈斑、坑蚀或轴承表面的表皮剥离。这些老化物质又会进一步促进油的氧化，形成恶性循环。

3. 油系统的结构和设计

（1）部分转动机械设有整套的润滑系统，其储油设备油箱的结构设计对油的品质起着一定的作用，若油箱容量设计过小，增加油循环次数，油在油箱停留时间就会相应缩短，起不到水分析出和乳化油的破乳化作用，加速了油的老化。

（2）油的流速、油压对油的品质也有影响。进油管中的油不但应有一定的油压，而且还应维持一定的流速。回油管中的油是没有压力的，因此流速一般也较小。若回油速度太大，回到油箱的冲力也大，会使油箱中的油飞溅，容易形成泡沫，造成油中存留气体而加速油品的变质。同时冲力造成的激烈搅拌会导致含水的油形成乳化状态。

4. 油系统检修

润滑油系统检修质量的好坏，对油品的物理化学性能有着直接的关系。出现漏汽、漏水的转动设备（如给水泵的油系统、汽轮机的润滑油系统都比较脏），如不能彻底清洗，则会降低油品性能，但清洗剂遗留在润滑油中，则会造成油质污染。

三、油质恶化的处理方法

运行中，转动机械的润滑油如已不能正常发挥其冷却、润滑作用，应及时停运设备，防止转动机械损坏。查明油质恶化原因并消除后，重新投运设备。为延长油的使用寿命，保护转动机械，运行中应采取防止恶化的措施，根据具体情况进行处理。主要方法有：

（1）投入重力沉淀处理设备以清除游离水分和杂质颗粒，如汽轮机油的油净化装置。

（2）投入吸附剂再生装置，除掉油中的老化产物及杂质颗粒。

（3）在油脂内加入抗氧化剂，延缓油脂的氧化进程。

（4）添加防锈剂防止金属锈蚀。

（5）加入破乳化剂，如汽轮机的透平油的乳化是普遍存在的问题，加入破乳化剂可以破坏乳化形成的环节，消除乳化。

第五节　辅助设备紧急停运和自动跳闸的条件

一、辅助设备紧急停运的条件

（一）辅助设备紧急停运的一般原则

1. 转动设备紧急停止的条件

（1）转动设备强烈振动或有较大碰撞声。

（2）转动设备内部有明显的金属摩擦声。

（3）轴承温度高，或者冒烟着火。

（4）滑动轴承温度超过 75℃，滚动轴承温度超过 85℃。

（5）电动机冒烟着火。

（6）电动机冒烟或电流过大，电动机温度上升过快超过规定值。

（7）油箱油位降至最低，看不到油位，冷却水中断，轴承渗水。

（8）设备严重泄漏并危及人身和设备安全时。

2. 紧急停止电动机运行的情况

（1）发生需要立即停用电动机的人身事故时。

（2）电动机及所带机械损坏至危险程度时。

（3）电动机转子与静子摩擦冒火。

（4）电动机组产生强烈振动时。

（5）电动机及电缆冒烟冒火，有短路象征。

（6）电动机转速降低，并有鸣声。

（7）电动机被水淹没。

（二）各种辅机的紧急停运条件

1. 磨煤机

（1）锅炉安全保护动作。

（2）一次风量小于最低风量。

（3）分离器出口温度：≤55℃或≥120℃。

（4）磨煤机运行中润滑油压低低不超过 0.1MPa，延时 30s。

（5）磨煤机液压加载油压力不超过 2.0MPa。

（6）磨煤机运行中磨推力轴承温度不低于 70℃。

（7）密封风与一次风差压低不超过 1.0kPa，延时 30s。

（8）磨煤机出口一次风插板（四选二）关闭。

（9）磨煤机出粉管堵塞。

（10）磨煤机堵煤，经过处理无法消除。

（11）对应给煤机机不能维持正常运行。

（12）制粉系统发生爆炸，危及设备安全时。

（13）给煤机跳闸后，对应磨煤机不联跳时。

（14）磨煤机本体、轴承、减速机电动机发生强烈振动时。

（15）磨煤机电动机电流突然增大、减小时。

（16）磨钢瓦脱落，磨煤机内有异常撞击声时。

2. 风机（适用于引风机、送风机、一次风机、排粉风机等）

（1）对人身安全产生威胁时。

（2）发生剧烈振动，强烈撞击声或异常噪声时。

（3）轴承温度急剧上升或电流急剧上升时。

（4）电动机有严重故障，如线圈温度超限，冒烟着火时。

（5）水淹设备或发生火灾危及设备安全时。

（6）油系统大量漏油或冷却水中断时。

（7）保护动作应跳而未跳，操作台无法停止时。

3. 刮板式捞渣机

（1）刮板变形、损坏、脱落、偏斜严重。

（2）链条磨损严重、拉断、脱链或链环有明显裂迹。

（3）减速机大量漏油、油窗破损。

（4）零部件损坏致使设备可能发生损坏或威胁人身安全。

（5）锅炉受热面上的防磨片等附件掉入捞渣机，可能对捞渣机运行产生威胁时。

4. 普通水泵

（1）发生强烈振动，振动值超过允许值。

（2）泵声音突变，有明显的金属摩擦声或撞击声。

（3）轴承温度超过允许值或冒烟、烧红。

（4）离心泵发生汽蚀。

（5）盘根或机械密封处大量漏水或冒烟。

（6）电动机冒烟着火。

（7）水泵大量跑水，系统及泵房安全受到威胁时。

（8）危及人身安全时。

5. 给水泵

（1）运行参数达保护定值而保护未动。

（2）给水泵、前置泵及液联（调速箱）内有清晰的金属摩擦声。

（3）给水泵组任一轴承冒烟。

（4）给水泵组强烈振动。

（5）给水管道破裂、大量跑水。

（6）电动机冒烟着火。

（7）给水泵组机械密封大量漏水威胁泵组安全时。

（8）给水泵组油箱油位降至危险油位而补油无效时。

二、辅助设备自动跳闸的条件

1. 给煤机跳闸条件

（1）对应磨煤机停止，延时跳闸。

（2）给煤机转速高，超出保护定值，延时跳闸。

（3）MFT 动作。

（4）给煤机变频器故障

2. 引风机跳闸条件

（1）电动机轴承温度高于Ⅱ值（Ⅰ值报警，Ⅱ值保护动作）。

（2）风机轴承温度高于Ⅱ值（Ⅰ值报警，联备用轴冷风机，Ⅱ值保护动作）。

（3）电动机前、后轴承润滑油压低。

（4）双侧风烟系统运行时，一台送风机跳闸。

（5）锅炉负压达到保护动作值时。

（6）一侧空气预热器主、辅驱动电动机都停运后，烟气联络挡板或另一侧空气预热器入口烟气挡板中任意一个挡板不全开。

（7）两侧空气预热器主、辅驱动电动机都停运。

3. 送风机跳闸条件

（1）对应侧引风机跳闸时。

（2）两侧引风机都停。

（3）送风机轴承温度高。

（4）控制油压低。

（5）电动机轴承供油压力低。

（6）锅炉负压达到保护动作值时。

4. 一次风机跳闸条件

（1）MFT动作。

（2）风机损坏、电气保护动作。

（3）轴承温度高（缺油、冷却水中断、热风再循环门误开、轴承故障、油质不良）。

（4）电动机电流大（风机负荷过载、电压低或电气元件故障、动静部分摩擦、轴承振动）。

5. 给水泵

（1）润滑油压低。

（2）主泵入口压力低，延时。

（3）密封水差压大。

（4）电动机绕组温度高。

（5）工作冷油器入口温度高。

（6）除氧器水位低。

（7）给水流量小，再循环门未开，延时跳闸。

（8）泵组出口门运行中未全开。

（9）泵组入口门关闭。

提示：本章共五节，全部适用于中级工。

第二篇

集 控 值 班

第十章

机组与电力系统

第一节　机组与电力系统简介

一、机组介绍

火力发电厂的主要设备－锅炉、汽轮机、发电机及其辅助设备，由原来各自分散的操作运行方式转变为单元集中控制运行方式，组成发电机组，其组成设备和系统之间联系密切，生产的连续性强，要求值班人员把整套发电机组视为一个统一的对象来对待，形成了机、电、炉等新的生产体系。

发电机组必须有相应的自动化水平的要求，热工自动控制系统及保护连锁系统已成为发电机组不可缺少的组成部分。特别是计算机在电厂自动化领域中的应用，更大大地提高了火电厂的自动化水平。

二、发电机组集控运行特点

随着生产发展的需要和对大型发电机组再认识的不断深入，从生产工艺、管理上讲，集控运行特点主要体现在以下几方面：

（1）大型发电机组自动化程度高，各专业交叉结合、联系紧密，没有明显的分界线，原专业运行已远远不能满足生产工艺管理的需要。

（2）保证大型发电机组安全、经济、稳定运行，必须打破专业界线，统一协调指挥，要求集控值班员为精通各专业的全能集班员。

（3）国内投产的200、300、600、1000MW火力发电机组更新了传统的生产操作手段，打破了原常规仪表参数局部孤立和无过程跟踪状态显示操作的习惯，建立了全过程、多参数和综合操作的新概念，向操作集中、智能、程序化，以及操作的精确性、稳定性、安全性、预见性和优化性方面迈出了一步。这些发电机组辅机庞大，系统复杂，运行维护要求严谨。

三、发电机组和联合电力系统

动力系统中输送和分配电能及改变电能参数（如电压、频率）的设备，称为电力网。其包括各种输电线路、变电所的配电装置、变压器、换流器、变频器等设备。

发电机和用电部门的电气设备以及将它们联系起来的电力网，统称为电力系统。电力系统是动力系统的核心。发电机组的出现，使电力系统单机容量日益增大，由于发电机组距负荷中心较远，出现了远距离超高压输电线路将远方大型发电机组与负荷中心联系起来，使电力系统的规模不断扩大。为提高安全性和经济性，各地方电力系统逐渐用高压输电网络互相连接在一起，形成了联合电力系统。联合电力系统进一步互相结合，形成了跨地区全国统一电力系统，甚至成为跨国电力系统。

联合电力系统的出现，提高了供电的可靠性，一路电源故障，可以由其他电源回路继续供电，一个地区故障可以由其他地区支援。

发电机组联合电力系统也出现了一些矛盾，如电力系统稳定问题显得更加重要，电网之间的联系加强后，互相影响增大，系统瓦解故障概率大。

四、联合电力系统的电压和电网结构

1. 电力系统的电压

电力系统的电压分成很多等级。一个电力系统应采用哪些电压等级比较合适，是个复杂的技术经济问题。其影响因素有送电容量、距离、运行方式、动力资源分布、电源及工业布局以及发展远景等。

我国现行的额定电压标准为：3、6、10、35、60、110、220、330、500、1000kV。

一般来说，10kV 及以下称为低压电网（注意，这里的定义与安全电压等级的定义不同）；35～110kV 称为高压电网；220～750kV 称为超高压电网；1000kV 及以上称为特高压电网。±800kV 以下的直流电压等级称为高压直流；±800kV 及以上的直流电压称为特高压直流。输送功率和输送距离增加，要求的电压就增高。根据经验确定的，与各额定电压等级相适应的输送功率和输送距离见表 10－1。

表 10－1　各额定电压等级相适应的输送功率和输送距离

额定电压（kV）	输送功率（kW）	输送距离（km）
3	100～1000	1～3
6	100～1200	4～15
10	200～2000	6～20
35	2000～10000	20～50
60	3500～30000	30～100
110	10000～50000	50～150
220	100000～500000	100～300
330	200000～800000	200～600
500	1000000～1500000	250～850
800	2000000～2500000	500～1000

2. 电网结构

电网按其功能分为输电网和配电网两部分。输电网由输电线、系统联络线以及大型变电所组成，是电源与配电网之间的中间环节。配电网起分配电力到各配电变电所再向用户供电的作用。

电网接线方式，即电网结构是否合理，直接影响电力系统的运行。对于一般低压和高压电网，它必须满足以下要求：

（1）运行的可靠性。电网结构应保证对用户供电的可靠性。如对第一类负荷必须有两个独立电源供电。对第二类负荷是否需要备用电源，应看该用户对国民经济的重要程度，经技术经济比较确定。

（2）运行的稳定性。电网运行方式改变后，必须保证各条输出线路的稳定性，否则会产生电网不稳，甚至解列运行。

（3）运行的灵活性。电网结构必须能适应各种可能的运行方式，要考虑正常运行方式及事故运行方式。

（4）运行的经济性。电网的接线应考虑送电过程中电能损失尽量小，运行费用低。

（5）操作安全性。电网结构必须保证所有运行方式下及进行检修时运行操作人员安全。

（6）保证各种运行方式下的电能质量。电网接线大致可分为无备用和有备用两类。无备用接线包括放射式、干线式、链式网络，如图 10-1 所示。有备用接线包括放射式、干线式、链式以及环式和两端供电网络，如图 10-2 所示。

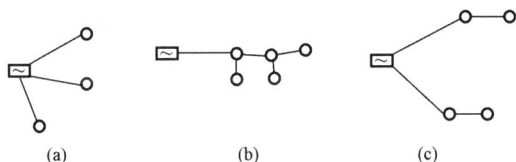

图 10-1　电网无备用接线方式
（a）放射式；（b）干线式；（c）链式

无备用接线的优点在于简单、经济、运行方便，主要缺点是供电可靠性差。但因架空线路已广泛采用自动重合闸装置，而自动重合闸的成功率又很高，使无备用接线的供电可靠性得到提高，所以这种接线方式适应于两点负荷。

在有备用接线中，双回路的放射式、干线式、链式接线不常用。其优

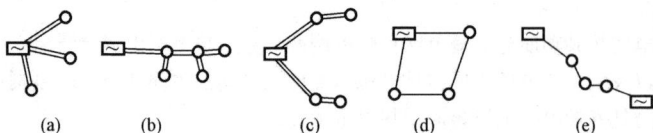

图 10 – 2　电网有备用接线方式

(a) 放射式；(b) 干线式；(c) 链式；(d) 环式；(e) 两端供电网络

点是供电可靠性和电压质量高，缺点是投资高。如双回路放射式接线对每一负荷都以两回路供电，每回路的负荷不大，而往往为避免发生电晕等原因，不得不选用大于这些负荷所需的导线截面积，浪费有色金属。干线式或链式接线所需开关电器很多。有备用接线的环式接线有与上列接线方式相同的供电可靠性，但却更经济。但缺点是运行调度复杂，且故障断开某一回路后，用户处的电压质量明显恶化。

有备用接线中的两端供电网络为最常见，采用的条件是要有两个或两个以上的独立电源。

电力系统的主要网络简称主网，它主要是指输电网络，是电力系统中最高电压线的电网，起电力系统骨架的作用，所以又简称网架。

第二节　电力系统安全经济运行与调度管理基本知识

一、电力系统安全经济运行的基本要求

1. 保证可靠、持续地供电

发供电设备的可靠性要求是由电力生产的特点所决定的。只有发电机组的可靠性提高，使其等效可用系数达 90% 以上，非计划降出力小时接近于零，电网又有 20% 的备用容量，同时供电可靠率达 99.9%，才能满足日益发展的国民经济的需要。

2. 保证良好的电能质量

良好的电能质量通常指用户处电压偏移 ±5%（有的用户允许偏移 −10% ~ +5%）；系统频率偏移不超过 ± (0.2 ~ 0.5) Hz。当电压或频率偏移过大时，会影响工农业生产。当严重时，还会引起电力系统瓦解事故，甚至影响人身和设备安全。

当电力系统的有功、无功不足时，往往会出现频率、电压偏低的情况。为解决这个问题，除加快建设新发供电设备以外，还要充分挖掘现有设备的潜力，开展节约用电。

在电力富裕的系统中，也有可能出现电压、频率过高或过低的情况，这是由于网络结构不合理或调度管理不当、运行调整不及时等造成的。

3. 保证系统运行的经济性

现代发电机组、大型电厂电能生产的规模很大。电能在生产、输送、分配中的消耗和损失的数量是相当可观的，因此降低每生产 1kWh 电所消耗的能源，降低输送、分配时的损耗有着极其重要的意义，为此应开展电力系统经济运行工作，使负荷在各发电厂、各发电机组间合理分配。例如：①使水电厂在丰水期充分利用水能多发电、少弃水；②火电厂中大型发电机组多发电，小型（差）的发电机组少发电，多调峰，以避免大型发电机组频繁开停机；③促使功率潮流在电力系统中合理分布，以降低损耗等。

二、电力系统调度管理基本知识

为保证电力系统安全经济运行，充分发挥系统的优越性，必须有完善的管理组织和相应的规章制度。在电力系统中直接指挥系统生产运行的机构是调度所（局）。

（一）调度局（所）的任务及机构设置

1. 调度局（所）的任务

（1）正常运行时，保证安全运行，可靠地向用户供电，满足用户预定的负荷。保证系统中各点电能及热能的质量（频率、电压、温度、压力），保证整个系统最经济地运行，如合理调度发电机组的运行，在电厂之间经济地分配负荷等。

（2）统一调度管理系统中各发电及输变电设备的检修工作，合理配置备用容量，使系统（发电机组）电力平衡，达到最经济合理。

（3）当发生事故时，指挥事故处理，迅速恢复供电。

2. 机构设置

在较小的系统中，一般设置一个中心调度所，实行一级调度管理。在较大的系统（200MW 及以上）中，通常采用二级调度，即设置中心调度所及地区调度所。系统中的主力发电厂、变电站及主要干线直接由中心调度所调度管理，地区调度服从中心调度的指挥。对于大区的联合电力系统，则又有总调所（局）领导各电力系统的中心调度所。目前，我国电网调度机构分为以下 5 级：

（1）国家电网调度机构。

（2）跨省、自治区、直辖市电网调度机构。

（3）省、自治区、直辖市级电网调度机构。

（4）省辖市级电网调度机构。

（5）县级电网调度机构。

发电机组作为电源点一般属省辖市级或省、自治区、直辖市电网调度机构调度。发电机组值班员（值长）应严格执行《电网调度管理条例》。

（二）系统调度计划的制定（电量及电力平衡）

用户用电量及负荷大小是编制系统生产计划及调度计划的依据。计划供电量与系统容量的平衡错误会给系统运行带来不良后果。如估计负荷太小可能导致用户限电，或造成电能质量下降，或打乱煤炭供应计划，导致燃料供应困难；如估计负荷过高，会使电力系统运行经济性降低，燃料储存增多、积压资金等。

1. 需电量与发电量的平衡

编制生产计划要进行电量平衡，通常是用经验分析统计方法确定用户需电量。根据历年各地区统计资料，考虑经济发展和自然增长后初步得出计划年的需电量，还要分析用电申请书，加上新用户的需电量，最后确定系统的计划需电量。电力系统较大（系统内发电机组多）时，则由各地区分别计算该地区的计划用电量，汇总后得出全系统的计划需电量。该需电量加上线路损失和发电厂的自用电量即可得出系统的计划发电量。

在发电厂之间分配发电量任务的步骤如下：

（1）新能源（风电、光伏、水电等）根据实际情况申报预测发电量。

（2）根据热负荷计算出各热电厂的低限供热发电量。

（3）由总计划发电量减去以上两部分发电量，剩余部分按经济原则在火力发电厂中进行分配。

2. 电力平衡与电力系统检修计划的制定

首先根据历年情况（或短期负荷预测）确定全年各月份的最大负荷需求，再根据发电设备总容量和新机投产情况以及各发电厂综合出力的限制，确定各月份的实际发电出力，以满足最大负荷需求。除对全系统进行电力平衡以外，有时还需要对某些受送变电设备容量限制的地区进行电力平衡。在以上工作基础上制定年度检修计划。季、月检修计划是在年度检修计划的基础上制定的，并且每月要专门召开调度会议，审定下月份检修计划。具体检修工作开始之前还要向调度所提出申请，待批准后再执行。

3. 日调度计划

日调度计划是值班调度员调度指挥电力系统运行的依据，它包括以下几方面：

（1）预测日负荷曲线。

（2）根据检修计划及安全经济运行的原则确定各厂（发电机组）运行方式和开停机时间。

（3）在发电厂之间进行负荷的经济分配，确定每小时各发电厂应带的负荷。

（4）确定电力系统接线图及主要干线的潮流分布（功率分布），同时要核对中枢点电压水平，以保证电压质量。

日调度计划中的有关部分在前一天晚上通知各电厂、变电站、地区调度所，并要求遵照执行。

第三节　机组与电力系统的协调运行

电力系统是一种时刻在变化着的动态系统，如负荷波动、设备检修退出工作、设备投入运行以及调整、试验等均会引起系统状态的变化。这种状态变化往往涉及几个、几十个单位甚至整个系统，所以必须在系统调度员统一指挥下，系统内各单位相互配合才能完成。

1. 调度员指挥操作的主要内容

（1）发电厂有功、无功功率的增减，电压、频率的调整。

（2）系统间和发电厂与系统间的并列与解列。

（3）输电线与变压器的停送电。

（4）网络的合环与解环。

（5）母线接线方式的改变。

（6）中性点接地方式的改变和消弧线圈补偿度的调整。

（7）继电保护和自动装置使用状态的改变。

（8）线路检修开工前，线路所有电源端接地线的装设与竣工后的拆除。

2. 操作制度

对需要由调度统一指挥的操作，各现场运行人员只有在得到调度员的命令后才能执行本单位所承担的部分操作。调度操作命令分单项命令和综合命令两种方式。

（1）单项命令。操作时，由调度员逐项下达，一项完成后，再由调度员下达下一项操作命令。

（2）综合命令。调度下达操作目的和要求，现场发电机组值班人员在得到调度员允许之后，即可自行进行操作，完毕后再向调度员汇报。

在实际操作中，凡不需要其他单位直接配合的，均采用综合命令。只有当一个项目操作完毕，必须由其他单位操作之后，该单位才能再进行下一项操作时，方采取单项命令方式。一个较为复杂的操作，常常是综合命令方式兼有单项命令方式。

调度员在发布操作命令时，必须根据事先拟定的完整操作票进行。现场人员则根据调度员预先发布的操作票，制定本单位详细的倒闸操作票。

操作票应包括下面的内容（全部或一部分）：

（1）断路器和隔离开关的操作次序。

（2）有功、无功电源的调整。

（3）继电保护和自动装置的启用、停用和整定值的改变。

（4）中性点接地方式的调整。

（5）输电线路在电源出口装设接地线的情况。

（6）输电线路作业单位数的说明。

操作票由一人填写后应由技术等级更高的人员审查核准。操作前应进行操作预演，以鉴定是否正确无误。

另外，还应执行操作监护制度、复诵制度、记录制度等，这些制度是防止误操作的有效措施。

在事故情况下，电力系统将遭受剧烈的冲击。调度员应沉着冷静地全面掌握情况，迅速分析事故性质，果断地做出正确决定，指挥全系统迅速行动，于最短时间内消除事故。

提示：本章共三节，全部适用于中、高级工。

第十一章

锅炉的结构及特点

第一节　机组锅炉的结构特点及技术规范

锅炉的结构及系统特点具体表现在蒸汽参数、燃烧方式、制粉系统、空气预热器、循环方式、调温方式六方面。

（一）蒸汽参数

大型发电机组，特别是 300MW 及以上发电机组，锅炉蒸汽参数有两种选择：一种是一次中间再热超临界参数，另一种是一次中间再热亚临界参数。

（1）超临界压力蒸汽参数。国外超临界参数中的过热蒸汽压力，一般采用 24.2、25.3、26.4MPa 三个级别（指汽轮机进口压力），其中以采用 24.2MPa 压力等级为较多。过热蒸汽温度通常设计为 538℃，也有采用 966℃ 的，但过热器管必须使用奥氏体钢，再热汽温般采用 566℃，高温再热器出口管子采用奥氏体钢。

（2）亚临界压力蒸汽参数。与 300MW 及以上发电机组相配套的亚临界参数锅炉，过热器出口压力为 16.7～18.5MPa，过、再热器出口汽温基本上均为 540℃。

（二）燃烧方式

（1）采用直流式喷燃器，四角布置，切圆燃烧，适于燃用煤种为烟煤、贫煤或褐煤。直流喷燃器的一、二次风是相互隔地从圆形或矩形喷口喷出，其射流不旋转，扩散角很小，但射程较远。直流喷燃器一般都装在炉膛截面接近正方形炉子的四角，相邻两层之间装有一层油喷嘴，可供点火或稳定燃烧之用。喷燃器的轴线与炉膛中心的假想圆相切，从喷燃器喷出的四股直射气流在炉膛中心相互作用造成很大的旋转气流，加强了在炉内的混合，也即切向燃烧。若假想切圆的直径太大，气流喷出喷燃器后就偏于贴壁，加上射流两边的补气条件相差较大和邻角喷燃器射流的冲击作用更加剧了射流的偏斜，这样的空气动力工况可能导致严重的结渣。太小的切面直径也不应采用，切圆直径等于零时，即喷燃器沿对角线将风粉射入炉膛，气流不稳定。

四角布置喷燃器的炉膛宽度与深度之比最好接近于 1，若深度和宽度相差太大，射流与相邻炉墙之间夹角相差也就过大，气流总是向夹角小的炉墙偏斜，严重时造成射流冲刷炉墙，而正方形炉膛则能使气流较好地充满炉膛。

目前采用的直流式喷燃器，从结构上可分为固定式和摆动式两种。摆动式直流喷燃器的喷嘴可向上或向下摆动，调整火焰中心位置，起到调节再热汽温的作用。

大型锅炉中还经常采用直流燃烧器单炉膛八角双切圆布置，采用 2 个相对独立的反向切圆燃烧方式，每层布置 8 组燃烧器，这样的布置方式优点在于，在大型锅炉中燃烧器的高度不会增加过多，延长了燃料在炉膛停留时间且炉膛出口左右两侧烟温偏差大大降低。这种布置中如果有起分隔作用的水冷壁，由于它双面受热，将会导致严重的结焦问题；如果不布置起分隔作用的水冷壁，由于燃烧系统的不平衡和负荷的变化，双火球的位置容易发生浮动，引起不均衡的通风和不均衡的热负荷分布，同时细小煤粉颗粒容易冲刷水冷壁。

直流式喷燃器结构简单，流动阻力小，对煤种适应性强，既能保持气流稳定地着火，又能保证一、二次风及时混合，使燃烧稳定，但在自由射流截面上，煤粉浓度分布不均及气流温度低，造成煤粉着火差，然而一、二次风的后期混合好，这对于低挥发分煤的燃烧过程十分合适。

（2）采用旋流式喷燃器前后墙布置燃烧方式，其所用煤种均为烟煤。旋流式喷燃器的特点是一次风和二次风或单独或同时在喷燃器内做强烈旋转运动，旋转气流方向相同，气流从喷燃器喷入炉膛内部扩散成圆锥形的气流。在圆锥形气流的外表面，气体与圆周介质进行强烈的紊流混合。在气流中心形成负压区，把高温烟气吸入根部，形成回流区，被卷进来的高温烟气能把燃料气流迅速加热，造成燃料良好的着火条件。另外，由于旋转运动使得燃料与空气的混合比较好，气流在炉内的旋转运动是扩散的，动能衰减较快。所以旋流式喷燃器具有着火较快，火焰行程短，燃料与空气初期混合作用非常强烈，而后期混合作用不强的特点。

旋流式喷燃器按结构的不同可分为双蜗壳喷燃器和可调导向叶片喷燃器两种。可调导向叶片喷燃器调节性能好，可使气流的扩散角、射程、热回流区的位置以及一、二次风的混合速度等发生变化，适应不同燃料燃烧的需要，其次通过对每一个喷燃器的调节，可以调整炉内工况，并间接影响着其他方面的运行工况，如火焰中心位置、炉内火焰充满程度、过热汽温等。

（三）制粉系统

300MW 及以上发电机组一般采用直吹式制粉系统，以中速磨煤机为主。直吹式制粉系统煤粉经磨煤机磨成粉后直接吹入炉膛燃烧，每台锅炉所有运行磨煤机制粉量总和，等于锅炉煤耗量，即制粉量随锅炉负荷的变化而变化。

1. 直吹式制粉系统

配中速磨煤机的直吹式制粉系统有正压和负压两种连接方式。

在负压直吹式制粉系统中，燃烧所需的煤粉全部要通过排粉风机，因此排粉风机磨损严重。这不仅降低风机效率，增加运行电耗，而且需要经常更换叶轮，致使维护费用增加，系统可靠性降低。此外，负压直吹式制粉系统漏风较大，大量冷空气随一次风进入炉膛会降低锅炉效率。负压直吹式制粉系统的最大优点是不会向外漏粉，工作环境比较干净。

目前国内外最常用的正压直吹式制粉系统的冷一次风机系统如图 11-1 所示。该系统简单、布置紧凑，但对锅炉工作的可靠性有一定影响，只要系统中发生故障就会威胁锅炉的运行。另外，磨煤机内的阻力较大，燃煤量的调节只能在给煤上进行，因此滞延性较大。

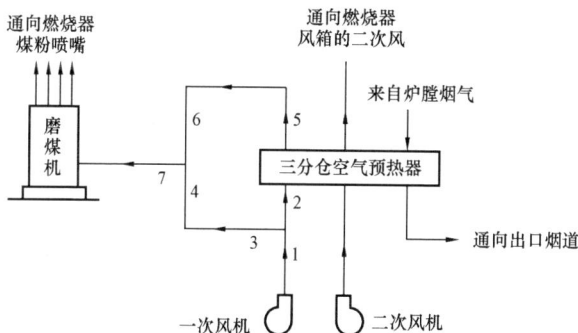

图 11-1 正压直吹式制粉系统的冷一次风机系统

1——一次风机出口冷风；2——预热器进口冷风；3——旁路冷风（调温）；4——至单台磨煤机冷风；5——预热器出口热风；6——至单台磨煤机热风；7——进单台磨煤机混合热风

在大型锅炉系统中还广泛采用双进双出钢球磨煤机正压直吹式制粉系统。该系统可靠，紧凑，维护费用低，煤种适应性广。系统以调节磨煤机通风量方法控制给粉量，响应锅炉负荷变化性能好。

2. 半直吹式制粉系统

采用正压双进双出钢球磨煤机半直吹式制粉系统的冷一次风机系统如图 11－2 所示。这种系统具有煤粉细度细、送粉温度高、风/粉比小的特点；对燃用低挥发分煤比较有利，煤种适应性好。该系统中的一次风除了供应磨煤机煤粉干燥外，还增设了一路热风送粉，利用文氏管前后的差压来输送高浓度的煤粉。由于文氏管进口要具有较高的风压，因此需要一次风机的风压很高。为了避免过高的一次风压，可采用增压风机。

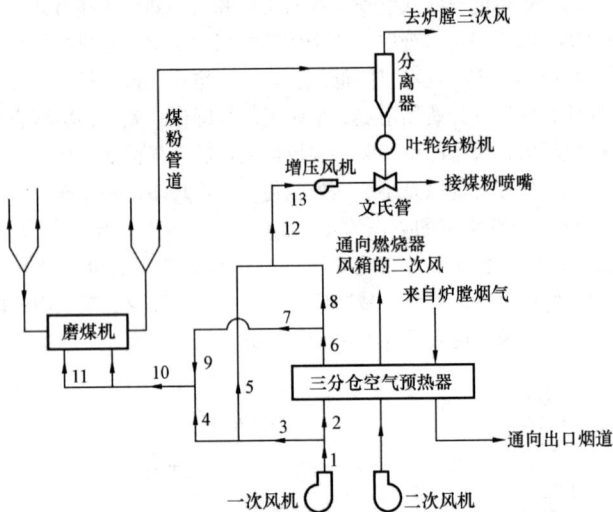

图 11－2　半直吹式制粉系统的冷一次风机系统

1—一次风机出口冷风；2—预热器进口冷风；3—旁路冷风（调温）；4—至磨煤机冷风；5—至增压风机冷风；6—预热器出口热风；7—至磨煤机热风；8—至增压风机热风；9—至单台磨煤机热风；10—至磨煤机混合热风；11—磨煤机单根风管热风；12—至增压风机混合热风；13—至单台增压风机

（四）空气预热器

大容量锅炉全部采用回转式预热器，其中以三分仓受热面回转的容克式空气预热器为主，有的也采用风罩回转的诺特缪勒式空气预热器。

1. 三分仓受热面回转式空气预热器

三分仓受热面回转式空气预热器的受热面是转动的，烟风道是固定的，外壳的顶部和底部上下对应地被分隔成烟气流通区、一次风流通区、二次风流通区和密封区四部分，各流通区与相应的烟风道相接。当转子低速转动时，受热面不断交替地通过各流通区：①当受热面转动到烟气流通区时，烟气自上而下流过受热面，受热面吸收烟气热量而被加热；②当受热面转到一、二次风流通区时，受热面把蓄积的热量传给自下而上流动的风，这样不断地循环下去，转子每转一周就完成一个热交换过程。根据实际容积流量的大小，三种通道的角度大小为：烟气流通区的角度最大，一次风流通区的角度最小。

2. 风罩回转双流程空气预热器

风罩回转双流程空气预热器的受热面不转动，而烟风罩转动。一、二次风分别从下风道引入，经过双层下风罩（内层为一次风，外层为二次风）进入静子受热面加热后，经与双层下风罩同步回转的上下风口，严格对准双层上风罩，分别进入一、二次热风引出管。烟气侧从烟道引进固定的上烟罩，然后进入风罩以外的静子受热面，放热后进入下烟罩。下烟罩也是双层的，内层为一次烟，外层为二次烟，一次烟道装有挡板，以调节烟气流量，控制空气温度。

这两种空气预热器的进口设备漏风率没有差别，均能达到保证值。国产风罩回转的空气预热器漏风率远大于受热面回转式空气预热器。

由于大型锅炉设计的排烟温度一般为130℃，即使是进口设备，其冷端受热面也存在堵灰问题。

（五）循环方式

1. 自然循环

吸收火焰和烟气的热量而使水产生蒸汽的受热面称为蒸发受热面。水的沸腾蒸发是具有相变的传热过程，组织良好时换热系数很大，有效地冷却受热面金属，使其能长期安全工作。锅炉炉内的高温火焰向周围辐射出大量的热量，而在炉膛四周装设的水冷壁管正好构成吸收热量的蒸发受热。

自然循环的原理图如图 11－3 所示。整个自然循环回路由不受热的下降管、受热的上升管（即水冷壁管）、汽包、水冷壁下联箱、水冷壁上联箱和汽水引出管等组成。汽包具有较大

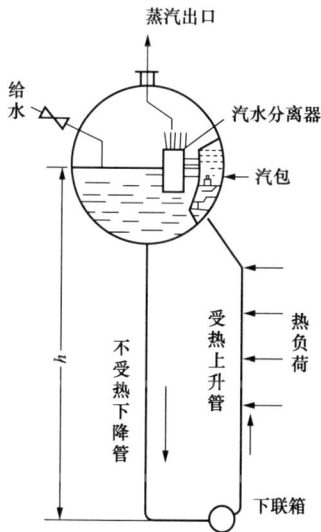

图 11－3　自然循环的原理图

的容积，其中下半部充满水，上半部为蒸汽空间，两者之间的分界面叫作蒸发面；整个回路中的水称为锅炉水。上升管中水加热达到饱和温度并产生部分蒸汽，而下降管中为饱和水或未饱和水（欠热水）。由于蒸汽的密度小于水的密度，因而上升管中汽水混合物平均密度小于下降管中水的密度，这个密度差推动上升管中汽水混合物向上流动进入汽包，并在汽包中进行汽水分离；分离出来的蒸汽由汽包送出，分离出来的饱和水与省煤器来的给水混合后进入下降管并且从上向下流动，这样就构成了水循环。

（1）大容量锅炉采用自然循环时，水冷壁大部分为焊制鳍片管模式。它气密性好、漏风少，炉墙只需应用轻型绝热材料，便于采用悬吊结构，易于组合安装。此外，还具有蓄热量小，可缩短启动时间、降低金属耗量等特点。为了确保自然循环锅炉的安全性，采取的主要措施如下：

1）水冷壁采用内螺纹管。亚临界压力自然循环锅炉，由于汽水密度差的减小，往往采用较高水冷壁管出口质量含汽率的方法来提高运动压头。然而，亚临界压力锅炉一般容量大、炉膛热负荷高且水的临界热负荷又很低，若含汽率太高，就有发生膜态沸腾的危险。为了解决这一问题，部分发电厂锅炉水冷壁在炉膛热负荷较高的区域内均采用内螺纹管。

2）采用大直径下降管。设法降低汽水导管和下降管中的流动阻力，可提高循环流速，有利于水冷壁的工作安全、增加管子直径可减少相对摩擦阻力系数。

3）提高下降管欠焓。随着蒸汽压力的提高，饱和水的汽化潜热减少，水冷壁吸收炉内热辐射足以完成汽化过程，因而可采用非沸腾式省煤器，适当减少省煤器的受热面积，一方面可节省空间以布置过热器和再热器，另一方面可增加下降管欠焓，提高运动压头。

4）减小并联管子的吸热不均。一般来说，炉膛中不同部位的水冷壁管受热是不同的。炉膛的中间部分一般受热最强，而炉角上管子受热弱，当整面水冷壁组成一个循环回路时，回路中并联各管的吸热很不均匀。如果把这些管子分为几个独立的循环回路，这样每个回路的吸热不均匀性就明显减小，划分的回路数越多，每个回路中的并联管路越少，吸热就越均匀，但结构也复杂些。为了解决这一问题，有的采用在水冷壁管的入口处分别设有孔径大小不同的节流孔板（节流孔板的具体尺寸，视各水循环回路的热负荷而定），以使水循环回路的流量与其热负荷相匹配。

（2）汽包是自然循环方式中的又一重要设备，汽水充分分离、蒸汽净化是汽包应完成的两大任务。大容量锅炉汽包的结构特点如下：

1）汽包直段内壁设有夹层。夹层将炉水与水冷壁流入的汽水混合物隔开。汽水混合物以适当流速均匀地把热量传递给汽包壁。由于采用了夹层结构,能使汽包壁上、下壁温升均匀,加快了锅炉启停速度,但应注意汽包两端封头的应力状况。

2) 循环倍率小。总循环流量相对减少,水冷壁进入汽包的汽水混合物中含汽量多,需分离出来的水量减少,汽水分离器的数量和尺寸也就相应减少,最终导致汽包的尺寸减小,因而其蓄水量和蓄热量相应减小,对负荷、汽压等波动较为灵敏。

3) 旋风分离器沿汽包长均匀分布分离出来的蒸汽流量在汽空间分布较均匀,避免了局部蒸汽流速较高的现象,同时相邻两只旋风分离器做交叉反向旋转布置,以互相抵消水的旋转作用,消除旋风分离器下部出水的旋转动能,稳定汽包水位。

4) 在汽包的顶部和蒸汽引出管间沿汽包长度方向布置有集汽孔板。集汽孔板的作用是利用孔板的节流,使蒸汽空间负荷沿汽包水平截面分布均匀,可减少蒸汽的机械携带。

5) 在旋风分离器上部还布置有波形板分离器,波形板分离器能聚集和除去蒸汽中带有的微细水滴。波形板二次分离器和集汽孔板联合使用,集汽孔板在上面,波形板在下面。

6) 蒸汽净化的另一个措施是排污。排污分连续排污和定期排污。连续排污点位于汽包水容积里含盐浓度最大的部位,连续不断地排出部分炉水,使炉水含盐浓度不致过高,并维持炉水一定的碱度。定期排污点位于汽水系统的最低处,定期排出炉水中的沉淀物,如沉渣和铁锈。

2. 多次强制循环

多次强制循环锅炉有汽包,在循环回路下降管系统中设置了循环泵,工质在炉膛受热面内循环流动的动力主要为循环泵的压头。适用于亚临界压力锅炉强制循环锅炉是在自然循环锅炉基础上发展起来的,在结构和运行特性方面都与自然循环锅炉有相似之处。其主要差别是:自然循环主要依靠水、汽密度差驱动蒸发受热面内工质自然循环,随着工作压力的提高,水汽密度差减少,自然循环的可靠性降低,但强制循环锅炉,由于主要依靠锅水循环泵使工质在水冷壁中作强迫流动,不受锅炉工作压力的影响,既能增大流动压头,又能控制各个回路中工质的流动。

强制循环锅炉虽然比自然循环锅炉多用几台锅水循环泵(600MW锅炉一般用3台),但是却给锅炉的机构和运行带来了一系列重大的变化,在结构上,蒸发受热面就不一定采用垂直上升的形式,可以更自由地布置;在运行上,由于在低负荷或启动时可以利用水的强制流动,使各承压

第十一章 锅炉的结构及特点

部件得到均匀加热。因此，可以大大提高启动及升、降负荷时的速度。

对于采用多次强制循环方式的锅炉，炉水在水冷壁中流动主要依靠强制循环泵的压头。水冷壁可全部采用膜式水冷壁，不必用内螺纹管或大直径的下降管，即可将汽包来的水汇集在泵的吸入总管，然后分配到各强制循环泵的入口，在泵中升压后，经出水管将炉水送至联箱，由联箱分配给各水冷壁管。只要强制循环泵及其管路系统安全可靠，水冷壁就能正常工作，强制循环锅炉的水冷壁进口装置了节流圈，使流量能按管子所受热负荷大小来合理分配。

3. 直流锅炉

直流锅炉最大的特点是工质一次通过加热、蒸发、过热各受热面，汽水间无明显的分界点。纯直流锅炉正常运行时，给水量等于蒸发量，由于取消了笨重的汽包，且启停时间短，受热面可自由布置。其缺点为给水品质要求高，给水泵消耗功率较大，自动调节及控制系统较复杂，以及需要专门的启动旁路系统等。

直流锅炉的蒸发受热面结构和布置方式较为灵活，在大容量锅炉机组中应用最广、发展较快的是螺旋管圈直流锅炉。

直流锅炉的水冷壁设计往往面临难以兼顾炉膛尺寸与必须具有足够的质量流速的矛盾。炉膛周界尺寸是由燃烧侧条件决定的。当锅炉负荷和设计煤种确定后，炉膛周界尺寸也就基本确定了。在炉膛周界尺寸确定后，对垂直管圈水冷壁而言，为了保证具有足够的质量流速，在选择水冷壁管径时，会遇到很大困难，若采用内径非常小的水冷壁管，会对安全可靠性带来不利影响。螺旋管圈水冷壁的最大特点是在达到足够的质量流速的同时，其水冷壁管径和管子根数不受炉膛周界尺寸的限制，解决了垂直管圈难以兼顾炉膛周界尺寸和质量流速的矛盾。

螺旋管圈水冷壁的主要优点如下：

（1）能根据需要得到足够的质量流速，保证水冷壁的安全运行。

（2）管间吸热偏差小。

（3）由于吸热偏差小，水冷壁进口可以不设置改善流量分配的节流圈，降低了阻力损失。

（4）适应于滑压运行要求。

直流锅炉在启、停过程或低负荷时，为了锅炉本身各受热面之间以及汽轮机间工质状态的匹配，并实现工质和热量的回收，必须备有启动旁路系统。汽水分离器是启动系统中的一个重要组成部分：①锅炉自启动至某一低负荷范围内，汽水分离器充当汽包的作用，其水冷壁的运行与汽包炉相似；②在高负荷情况下，汽水分离器被切除或串联在汽水系统中，这时锅炉做滑压直流运行。被切除的汽水分离器称作外置式，被串联于系统中的汽水分离器称作内置。无论哪一种形式，汽水分离器的作用是一致的，主要有：

（1）汽水分离器组成循环回路，建立启动流量。

（2）实现进入分离器的汽水混合物的两相分离，使分离出来的水和热量得以回收，并向过热器、再热器、暖管、冲转和带负荷提供汽源。

（3）在启动时，可固定蒸发终点，可使汽温、给水量和燃料量的调节成为互不干扰的独立部分。

4. 低倍率循环

低倍率循环是介于直流和自然循环之间的一种循环方式。采用低倍率循环的锅炉称为低倍率循环锅炉。它与直流锅炉的根本区别在于它的蒸发受热面终点固定。直流锅炉汽温调节依靠煤水比来控制，而低倍率循环锅炉的给水调节系统则较简单，接近于汽包炉。然而，低循环倍率锅炉循环倍率小，接近于直流锅炉，也需要维持燃料、供热量与给水成比例，这点可通过控制分离器中的水位来实现。

低倍率循环锅炉与汽包炉的根本差别就在于它具有较小的蓄热容量。当进入汽包炉的给水流量发生变化时，仅使汽包水位发生变化，而对其他锅炉参数（如蒸发量、蒸汽压力及蒸汽温度）没有影响。而低循环倍率锅炉的给水流量变化时，会影响到蒸发量和汽温等。

（六）调温方式

调温方式虽受到各制造厂家传统技术的影响，但对过热汽温的调节均采用喷水减温，在 50% ~ 100% 的负荷范围内能达到额定值。对再热汽温的调节，有的采用喷燃器摆动，必要时辅以喷水；有的采用烟气挡板，必要时辅以喷水。由于再热汽温采用喷水调节后，会降低发电机组循环热效率，因此这种喷水也称事故喷水。

第二节　锅炉的燃烧理论及燃烧设备

一、煤粉燃烧的特点

煤粉燃烧过程不同于煤粒或煤块的燃烧。将煤粒放在空气中燃烧，其燃烧过程一般分成四个阶段，即预热干燥阶段、挥发分析出阶段、燃烧阶段和燃尽阶段。必须指出，将煤粒的燃烧阶段分为四个阶段，只是对一颗煤粒而言。对群集的煤粒群来说，只是为了分析问题方便，但实际上因为各煤粒的大小不同，受热情况又有差异，燃烧过程四个阶段往往是交错进行的。例如，在燃烧阶段，仍不断有挥发分析出，只是数量逐渐减少，同时灰渣也开始形成。

现代大型煤粉炉的煤粉燃烧，由于煤粉颗粒很细，炉膛温度又很高，因此悬浮在气流中的煤粉粒子加热速度可高达 $104℃/s$。在这样高的升温速度下，现代的研究表明，煤粉燃烧与一般煤粒燃烧有些不同，主要表现在：

（1）挥发分的析出过程几乎延续到煤粉燃烧的最后阶段。

（2）在高速升温情况下，挥发分的析出、燃烧是和焦炭燃烧同时进行的速度下，甚至是微小的煤粉粒子先着火，然后才热分解析出挥发分。

（3）高速加热时，挥发分的产量和成分都与低速加热的现行常规测试方法所得的数值有所不同，产量有高有低，成分也不尽相同。

（4）快速加热形成的焦炭与慢速加热形成的焦炭，在孔隙结构方面也有很大差别。

二、煤粉气流着火和熄火的热力条件

通常燃烧过程又可归纳为两大阶段，即着火阶段和燃烧阶段。着火是燃烧的准备阶段，燃烧又给着火提供必要的热量来源，这两大阶段是相辅相成的。燃料由缓慢的氧化状态转变到化学反应，自动加速到高速燃烧的瞬间过程称为着火，着火时反应系统的温度称为着火温度。

锅炉燃烧设备中，燃料着火的发生是由于炉内温度不断升高而引起的，这种着火称为热力着火。各种固体燃料在自然条件下，尽管和氧（空气）长时间接触，但不能发生明显的化学反应。然而随着温度的升高，它们之间便会产生一定的反应速度，同时放出反应热，随反应热量的积累，又使反应系统温度进一步升高，这样反复影响，达到一定温度便会发生着火。

燃料和空气组成的可燃混合物，其燃烧过程的发生和停止（着火或熄火）以及燃烧过程进行是否稳定，都取决于燃烧过程所处的热力条件。因为在燃烧过程中，可燃混合物在燃烧时要放出热量，但同时又向周围介质散热。放热和散热这两个相互矛盾过程的发展，对燃烧过程可能是有利的，也可能是不利的，它可能使燃烧发生（着火）或者停止（熄火）。

三、影响煤粉气流着火的主要因素

煤粉空气混合物经由燃烧器以射流方式喷入炉膛后，通过紊流扩散和内回流卷吸周围的高温烟气，同时又受到炉膛四壁及高温火焰的辐射，而将悬浮在气流中的煤粉迅速加热。根据我国多年来的研究和实测结果，发现煤粉气流着火所需吸热量的 70% ~ 90% 来源于卷吸高温烟气时的对流换热，10% ~ 30% 来源于炉膛四壁及高温火焰的辐射。煤粉获得了足够的热量并达到着火温度后就开始着火燃烧。在实际燃烧设备中，希望煤粉离开燃烧器喷口不远处就能稳定地着火。如果着火过早，可能使燃烧器喷口过热而被烧坏，也易使喷口附近结渣；如果着火过迟，就会推迟整个燃烧过程，致使煤粉来不及烧完便离开炉膛，增大机械未完全燃烧热损失。而且着火推迟，还会使火焰中心上移，造成炉膛上部或炉膛出口处受热面发生结渣。

煤粉气流的着火快慢用着火时间或着火速度表示，所谓着火速度就是火焰传播速度，也就是指在稳定着火后，火焰前沿的扩张（移动）速度。煤粉气流着火后就开始燃烧，形成火炬。着火以前是吸热阶段，需要从周围介质中吸收一定的热量来提高煤粉气流的温度，着火以后才是放热阶段。将煤粉气流加热到着火温度所需的热量称为着火热，用 Q_{zh} 表示，它主要用于加热煤粉和空气以及使煤中水分蒸发和过热。着火热随燃料性质（着火温度、燃料水分、灰分）和运行工况（煤粉气流的初温、一次风量）的变化而变化。此外，炉内着火情况还与煤粉细度、燃烧器结构、气流运动工况、锅炉负荷以及炉膛的散热条件等有关。由此可分析影响煤粉气流着火的主要因素有如下几种。

1. 燃料的性质

燃料性质中对着火过程影响最大的是挥发分 V_{daf}。挥发分降低时，煤粉气流的着火温度显著升高，着火热也随之增大。就是说，必须把煤粉气流加热到更高的温度才能着火，因此低挥发分煤的着火要困难些，着火点离开燃烧器喷口的距离自然也增大些。

原煤水分增大时，着火热也随之增大。同时由于一部分燃烧热消耗在加热水分并使之汽化和过热上，也降低炉内烟气温度，从而使煤粉气流卷吸的烟气温度以及火焰对煤粉气流的辐射热都相应降低，这对着火是不利的。

原煤灰分在燃烧过程中不但不能放出热量，而且还要吸收热量。特别是当燃用高灰分的劣质煤时，由于燃料本身发热值较低，燃料消耗量增加幅度较大，大量灰分在着火和燃烧过程中要吸收更多热量，因而使锅炉炉膛内烟气温度降低，同样使煤粉气流着火推迟，而且也影响着火的稳定性。

煤粉气流的着火也与煤粉细度有关，煤粉越细，着火就越容易。这是因为在同样的煤粉质量浓度下，煤粉越细，进行燃烧反应的表面积就越大，而煤粉本身的热阻却减小，因而在加热时，细煤粉的温升速度要比粗煤粉大。因此，煤粉颗粒细，就可以加快化学反应速度，更快地达到着火。一般总是细煤粉首先着火燃烧，因此对于难着火的低挥发分无烟煤，将煤粉磨得细些，无疑会加速它的着火过程。

2. 炉内散热条件

为了加快和稳定低挥发分无烟煤的着火，常在燃烧器区域用铬矿砂等耐火涂料将部分水冷壁遮盖起来，构成燃烧带（或称卫燃带）。其目的是减少水冷壁的吸热量，提高燃烧器区域，即着火区域的温度水平，以改善煤粉气流的着火条件。实践表明，敷设燃烧带是稳定低挥发分煤粉着火的有效措施。但燃烧带区域往往又是结渣的发源地。所以只在燃用无烟煤时才敷设，通常布置于直流燃烧器两侧的水冷壁上。

3. 煤粉气流的初温

提高煤粉气流的初温，在实践中常采用较高温度的预热空气作为一次风来输送煤粉，即采用热风送粉的制粉系统。由于煤粉气流的初温提高，减少了把煤粉气流加热到着火温度所需的着火热，从而加快着火。因此，在燃用无烟煤时，广泛采用热风送粉的制粉系统。

4. 一次风量和风速

若一次风所占份额大，着火热将明显增加，使着火过程推迟，减少一次风量，从而使着火热显著减小。因为在同样的炉温和卷吸烟气量的情况下，可将煤粉气流更快地加热到着火温度。但是，一次风量又不能过小，否则会由于着火燃烧初期得不到足够的氧气，而使反应速度减慢，阻碍着火的继续扩展。另外，一次风量还必须满足输煤的要求，否则会造成煤粉堵塞，因此一次风量对应于某一煤种应有一个最佳值。通常一次风量用一次风率表示，一次风率是指一次风量占送入炉内的总风量的百分比，对于燃用无烟煤、贫煤并采用热风送粉的制粉系统时，一次风率应在 20% ~ 25% 范围内。

除一次风量外，一次风煤粉气流出口速度对着火过程也有一定影响。若一次风速过高，使通过气流单位截面积的流量增大，势必降低煤粉气流的加热速度，使着火推迟，并使着火距离拉长，影响整个燃烧过程。但一次风速过低时，会引起燃烧器喷口过热烧坏，以及煤粉管道堵粉等故障。最适宜的一次风速与燃用煤种和燃烧器形式有关。对于燃用无烟煤、贫煤，并采用直流煤粉燃烧器的固态排渣煤粉炉，一次风速的推荐值为 $20 \sim 25 \text{m/s}$。

5. 燃烧器的结构特性

影响着火快慢的燃烧器结构特性，主要是指一、二次风混合的情况。如果一、二次风混合过早，在煤粉气流着火前就混合，等于增大了一次风量，相应地使着火热加大，推延着火过程，因此若燃用低挥发分的无烟煤、贫煤，应使一、二次风的混合适当的推迟。

此外，燃烧器尺寸也影响着火的稳定性，如果燃烧器出口截面大，煤粉空气混合物着火时离开喷口的距离就较远，着火拉长。从这一点来看，采用尺寸较小的小功率燃烧器代替大功率燃烧器是合理的。这是因为小尺寸燃烧器既增加了煤粉气流着火的表面积，同时也缩短了着火扩展到整个射流截面所需要的时间。

6. 炉内空气动力场

合理组织炉内空气动力场有效措施。

锅炉的运行负荷加强高温烟气的回流，强化煤粉气流的加热，使改变着火的锅炉负荷降低时，送进炉内的燃料消耗量相应减少，水冷壁的吸热量虽然也减少一些，但减少的幅度却较小，相对于每千克燃料来说，水冷壁的吸热量却反而增加了，致使炉膛平均烟温降低，燃烧器区域的烟温也降低，因而锅炉负荷降低，对煤粉气流的着火是不利的。当锅炉负荷降到一定程度时，就将危及着火的稳定性，甚至引起熄火，因此着火稳定性条件常常限制煤粉锅炉负荷的调节范围。通常在没有其他措施的条件下，固态排渣煤粉炉只能在高于70%额定负荷下运行。

着火阶段是整个燃烧阶段的关键，要使燃烧能在较短时间内完成，必须强化着火过程，即要保证着火过程能够稳定而迅速地进行。由上述分析可知，阻止强烈的烟气回流和燃烧器出口附近煤粉一次风气流与高温烟气的激烈混合，是保证供给着火热量和稳定着火过程的首要条件；提高煤粉气流初温，采用适当的一次风量和风速，是降低着火热的有效措施；而减小煤粉细度和敷设燃烧带，则是燃用无烟煤时稳定着火的常用方法。

四、燃烧良好的条件

要组织良好的燃烧过程，其标志就是尽量接近完全燃烧，也就是在保证炉内不结渣的前提下，燃烧速度快，而且燃烧完全，得到最高的燃烧效率。要接近完全燃烧，其原则性条件有以下几项。

1. 供应合适的空气量

供应足够而又适量的空气是燃料燃烧完全的必要条件。锅炉应在最佳空气系数 α''_1 下运行，最佳 α''_1 是使 q_2、q_3、q_4 三者之和为最小值时的炉膛出口过量空气系数。最佳 α''_1 取决于炉型，燃料特性以及炉内工况和运行经验等因素，一般应通过燃烧调整试验确定。燃用无烟煤、贫煤或劣质煤时，在额定负荷下的 α''_l 值应为 $1.20 \sim 1.25$。

2. 保证适当高的炉温

炉温对燃烧反应速度有着极其显著的影响。炉温高，着火快，燃烧过程也进行得快，燃烧也容易趋于完全燃烧。但炉温也不能过分地提高，因为过高的炉温会引起炉膛水冷壁结渣和膜态沸腾，所以锅炉的炉温应控制在中温区域即 $1000 \sim 2000℃$ 之间。

保持足够高的炉温范围，取决于燃料性质、预热空气温度、炉膛容积热强度和炉膛断面热强度。

在燃用低挥发煤时，一般采用较高的预热空气温度和用热风送粉方式，可以有效地加快着火和提高炉温。炉膛容积和截面热强度的大小意味着燃烧放热和水冷壁吸热比例的大小。热强度大，通常炉温较高，尤其是炉膛断面热强度，它反映了燃烧器区域的温度水平，对着火和燃烧都有明显的影响。

3. 有足够的燃烧时间

在一定炉温下，一定细度的煤粉要在一定时间才能燃尽。煤粉在炉内停留的时间，是指煤粉从燃烧器出口到炉膛出口这段行程所经历的时间，在这段行程中，使煤粉从着火、燃烧以致燃尽才能燃烧完全。否则将增大燃烧热损失，或者在炉膛出口之后煤粉还在燃烧，而导致炉膛出口的过热器受热面结渣及过热汽温升高，使锅炉运行不安全。

4. 空气和煤粉的良好扰动和混合

煤粉燃烧是多相燃烧，其燃烧反应主要在煤粉表面进行，燃烧反应速度主要取决于煤粉的燃烧反应速度和空气扩散到煤粉表面的扩散速度，因此要做到完全燃烧，除保证足够高的炉温和供应合适的空气量外，还必须使煤粉和空气能充分扰动、混合，及时将空气输送到煤粉燃烧表面去。要做到煤粉和空气的良好扰动混合，就要求燃烧器结构特性及其一、二次风的良好配合，以及有良好的炉内空气动力场。不但在着火后的燃烧阶段要做到，特别注意燃尽阶段。因为在燃尽阶段中，可燃质和氧的数量已很少，而且煤粉表面，可能有一层灰渣包裹着，加强混合扰动，可增加煤粉和空气的接触机会，有利于燃料的完全燃烧。

以上说明了良好燃烧所要求的四个条件，这四个条件之间有着密切的联系，互相依赖，相辅相成，有时也可能是互相矛盾的。在锅炉设计和运行时，必须全面考虑，并根据具体情况，分清主次，正确处理有关问题。煤粉锅炉的燃烧设备由炉膛（或称燃烧室）、燃烧器和点火装置组成。

炉膛是供煤粉充分燃烧的空间，这个空间应足够大，使煤粉在其中能基本上燃烧完全。在炉膛内，燃烧生成的高温烟气主要通过辐射方式把一部分热量传给布置在炉膛四周炉墙上的水冷壁等受热面，使炉膛出口烟气温度降低到对流受热面安全工作允许的温度范围内。因此，要求炉膛应有合理的形状和足够的空间尺寸，并与燃烧器共同组织好炉内的空气动力场，保证火焰烟气流在炉膛的充满程度，火焰不贴墙、不冲壁，并有比较均匀的壁面热强度分布。此外，对燃烧设备的要求是：

（1）燃烧效率高，即化学未完全燃烧热损失 q_3 和机械未完全燃烧热损失 q_4 应尽量小。大容量固态排渣煤粉炉要求 $q_3 \leqslant 0.5\%$，$q_4 \leqslant 1.5\%$ ~ 2.5%，即燃烧效率要接近97% ~98%。

（2）着火和燃烧稳定、可靠。燃烧设备应能保证着火和燃烧稳定和连续，并能保证设备和人身的安全，在运行中不发生结渣、腐蚀、灭火和回火等故障。

（3）运行方便，燃烧设备应便于点火、调节等运行操作，并且操作和调节控制机构要灵活简便。

（4）制造、安装和检修要简单、方便。

固态除渣煤粉锅炉的炉膛形状，一般是横截面为矩形或正方形的柱体，也有用六角形（如元宝山电厂法国进口的苏尔寿低倍率塔式布置锅炉）和八角形（如姚孟电厂的比利时进口的苏尔寿盘旋管育流锅炉的下部炉膛）。

现代煤粉锅炉的煤粉燃烧器形式很多，就其出口气流特征，可分为旋流式燃烧器和直流式燃烧器两大类。

旋流燃烧器一般布置在炉膛的前、后墙或两侧墙，其出口气流是一边旋转，一边向前做螺旋式的运动。这股旋转气流是从燃烧器喷口喷入炉膛空间自由扩展，形成带旋转运动的扩展射流，它可以是几个同轴旋转射流的组合，也可以是旋转射流和直流射流的组合。气流的旋转运动可以借助于蜗壳或导向叶片来造成。旋流燃烧器的喷口都是圆形的，中间内圈喷口是一次风，一次风外圈是二次风，二个喷口同一轴心，每边墙上可以布置多个、多排的独立燃烧器。

旋转射流的特点在于扩散角大。一方面，扩散角越大，则回流区越大，射流出口段湍流动度大，故早期混合强烈；另一方面，强烈的湍流，衰减也快，故后期的混合较差，射流也较短。所以在锅炉中，它由于射程的影响，应用受到限制，而且，往往只适用于燃用高挥发分的煤种，如烟煤和褐煤等。

直流燃烧器的出口气流是不旋转的直流射流或直流射流组。通常直流燃烧器布置在炉膛四角，四角燃烧器出口的射流，其几何轴线同切于炉膛中心的假想圆，形成四角布置切圆燃烧方式，以此造成气流在炉膛内的强烈旋转。使炉膛四周气流呈强烈的螺旋上升运动：它在炉膛内燃烧器区域形成一个稳定的旋转大火球，各个角上燃烧器喷出的煤粉气流，一进入炉膛就受到高温旋转火球的点燃，而迅速着火。因此着火条件良好，煤种的适应范围较广，可以成功地燃用各种固体燃料，炉内气流的强烈旋转上升，可使煤粉气流的后期扰动混合仍十分强烈，煤粉的燃尽条件较好。

国内外常用直流燃烧器布置在炉膛四角，但在国外，也有用直流燃烧器顶部布置，形成 U 形或 W 形火焰燃烧技术，在燃用低挥发分的无烟煤时，也收到良好的效果。

第三节　煤粉的性质及制粉系统

一、煤粉的性质及可磨性系统

（一）煤粉的性质

1. 煤粉的一般特性

煤粉是由不规则形状的微细颗粒组成的颗粒群，其尺寸一般为 $0 \sim 300\mu m$，其中 $20 \sim 50\mu m$ 的颗粒占多数。与其他的颗粒群体不同的是，煤粉出于在制粉系统中被干燥，其水分一般为 $0.5 \sim 1.0 M_{ad}$（空气干燥基水分），因此干燥的煤粉具有很强地吸附空气的能力。它借助颗粒表面极薄空气层的减阻作用而具有很好的流动性（又称松散性），能够像水一样因自重而由高处向低处自流，像流体一样很容易地在管内输送。

刚刚磨出来的煤粉是松散的，轻轻堆放时，自然倾角为 $25° \sim 30°$。吸附了空气薄层的煤粉自然堆积密度约为 $700kg/m^3$。在煤粉仓内堆放久了的煤粉，被压紧成块，流动性减少，其堆积密度可增加到 $800 \sim 900kg/m^3$。

由于干燥的煤粉流动性好，它可以通过很小的空隙，因此制粉系统的严密性应予以足够重视。煤粉的自流现象，给锅炉运行中的调整操作造成困难。

干燥的煤粉也有很强地从周围空气中吸收水分的能力，称为吸湿性。煤粉吸收水分后，会影响它的导电性、自黏性，特别会影响到煤粉的流动性能，影响煤粉的正常气力输送，因此在制粉系统的煤粉仓设计中，要设法去除可能造成煤粉受潮的环境条件。

当煤粉在管道中进行输送及在制粉系统内流动时，煤粉在惯性力作用下对管道及各种部件的金属表面进行着冲撞和摩擦，以致造成壁面的磨损，这就是煤粉的磨蚀性。在煤粉制备系统中的输送管道转弯处，粗分离器的内筒，导向叶片，以及旋风分离器进口气流第一次拐弯处的筒壁、锥体本部分，磨损情况特别严重。其中对分离铝锥体部分的磨损主要是由于大颗粒的煤粉冲击的结果，这些大颗粒从器壁上反弹而做跳跃式的运动，在很多情况下，它们未落入煤粉仓中，而在锥体部分继续旋转，形成高浓度的粗大煤粉颗粒群对锥体部分的磨损。

煤粉与其他粉尘一样，有结块和黏附在金属器壁上的倾向，这取决于煤粉之间自身的黏结作用（称为自黏性）。

2. 煤粉的自燃与爆炸性

煤粉（挥发分很低的无烟煤除外）堆积在某一死区里，与空气中的氧长期接触而氧化时，自身热分解释放出挥发分和热量，使温度升高，而温度升高又会加剧煤粉的氧化。若散热不良，会使氧化过程不断加剧，最后使温度达到煤的着火点而引起煤粉的自燃。在制粉系统中，煤粉是由气体来输送的，气体和煤粉混合成云雾状的混合物，它一遇到火花就会造成煤粉的爆炸。在封闭系统中，煤粉爆炸时所产生的压力可达 0.35MPa。

影响煤粉爆炸的因素很多，如挥发分含量、煤粉细度、气粉混合物的浓度、流速、温度、湿度和输送煤粉的气体中氧的比例等。

一般说来，挥发分含量 $V_{daf} < 10\%$ 的煤粉（无烟煤）是没有爆炸危险的；$V_{daf} > 10\%$ 的煤粉（烟煤等）很容易自燃，爆炸可能性很大。

煤粉越细，越容易自燃和爆炸。粗煤粉爆炸可能性较小，例如烟煤粒度大于 0.1mm 时几乎不会爆炸。对于挥发分高的煤，不允许磨得过细。

煤粉浓度是影响爆炸的重要因素。实践证明，最危险的浓度在 1.2 ~ 2.0kg/m³，大于或小于该浓度时爆炸可能性都会减小。在实际运行中，一般很难避免危险浓度。为此，制粉系统的防爆是一个十分重要的问题。

煤粉空气混合物的温度要低于煤粉的着火温度，否则可能自燃而引起爆炸。

制粉系统中煤粉管道应具有一定的倾斜角。气粉混合物在管内的流速应适当：过低易造成煤粉的沉积，过高又会引起静电火花，导致爆炸，故一般应在 16 ~ 30m/s 的范围内。

潮湿的煤粉具有较小的爆炸危险性。对于褐煤和烟煤，当煤粉水分稍大于固有水分时，一般没有爆炸危险。煤粉的水分往往反映在磨煤机出口风温上。对不同煤种，应控制适当的出口风温。

煤粉细度是煤粉最重要的特性之一，是煤粉颗粒群粗细程度的反映。

煤粉细度是指：把一定量的煤粉在筛孔尺寸为 x 的标准筛上进行筛分、称重，煤粉在筛子上剩余量占总量的质量百分数定义为煤粉的细度 R_x，即

$$R_x = \frac{a}{a+b} \times 100\% \qquad (11-1)$$

式中　a——筛孔尺寸为 x 的筛上剩余量；

　　　b——通过筛孔尺寸为 x 的煤粉量。

对于一定的筛孔尺寸，筛上剩余的煤粉量越少，则说明煤粉磨得越细，也就是 R_x 越小。我国电站锅炉煤粉细度常用筛孔尺寸为 $200\mu m$ 和 $90\mu m$ 的两种筛子来表示，即 R_{200} 和 R_{90}。

从燃烧的角度看，煤粉磨得越细越好，这样可以适当减少炉内送风量，使排烟热损失降低，同时煤粉细可使机械不完全燃烧热损失降低。但从制粉系统的角度，希望煤粉磨得粗些，以便降低磨煤所消耗的能量，并减少磨煤系统的金属消耗，因此锅炉实际采用的煤粉细度应根据不同煤种的燃烧特性对煤粉细度的要求与磨煤运行费用两个方面进行综合的技术经济比较后确定。把 $q_2 + q_4 + q_N + q_M$ 之总和为最小时所对应的 R_{90} 称经济细度，如图 11-4 所示。

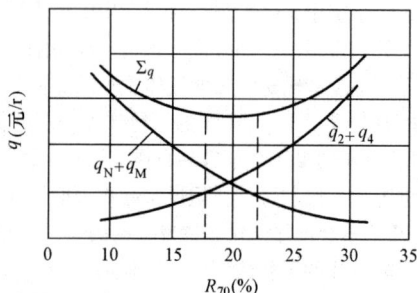

图 11-4　煤粉经济细度

q_2—排烟热损失；q_4—机械不完全燃烧损失；q_N—磨煤电能消耗；

q_M—制粉设备金属消耗；Σq——q_2、q_4、q_N、q_M 之和

影响煤粉经济细度的因素很多，主要有以下几点：

（1）燃料的燃烧特性。一般来说，V_{dar} 高、发热量高、活性强，活化能低的燃料容易燃烧，其 R_{90} 可以大一些，即煤粉可以粗一些，否则应磨细一些。

（2）磨煤机和分离器的性能。不同形式的磨煤机磨制煤粉的均匀性不同。一般情况下，煤粉颗粒均匀的，即使煤粉粗一些也可能燃烧得比较完全，所以煤粉细度 R_{90} 可以大一点。在各种磨煤机中，竖井磨煤机以

及带回转式粗粉分离器的中速磨煤机磨制的煤粉颗粒度比钢球磨煤机均匀。

（3）燃烧方式。对燃烧热负荷很高的锅炉，如旋风炉，由于燃烧强烈，可以烧粗一些的煤粉，甚至燃用碎煤屑。

3. 煤粉的均匀性指标、煤粉水分

煤粉颗粒群的颗粒分布可以用来说明不同尺寸颗粒的组成。煤粉水分 M_{mf} 对于供粉的连续性和均匀性、燃烧的经济性、磨煤机的出力及制粉设备工作的安全性等都有很大的影响。

（二）煤的可磨性系数和磨损指数

煤的可磨性系数，表示煤被磨碎成煤粉的难易程度。在风干状态下，将质量相等的标准燃料与被测燃料由相同粒度磨碎到相同的煤粉细度所消耗的电能之比称为煤的可磨性系数，用 K_{km} 表示。

标准燃料是用一种比较难磨的无烟煤，其可磨性系数定为 1。燃料越容易磨，则磨制煤粉耗电越小，可磨性系数就越大。

我国原煤的可磨性系数 $KBTM_{km}$ 一般在 0.8 ~ 2.0 范围内。通常认为 $KBTM_{km} < 1.2$ 的煤为难磨的煤，$KBTM_{km} > 1.5$ 的煤为易磨的。对于褐煤和油页岩，较易破碎，但由于它们破碎后成纤维状，不易通过筛孔，使实测的 $KBTM_{km} \approx 1.0$，应属极难磨的煤种，这显然不合理。此时必须通过工业试验确定。

二、300MW 锅炉机组常用的磨煤机

（一）低速磨煤机

钢球磨煤机（简称球磨机）是一种低速磨煤机，其转速为 15 ~ 25r/min。它利用低速旋转的滚筒带动筒内钢球运动，通过钢球对原煤的撞击挤压和研磨实现煤块的破碎和磨制成粉。钢球磨煤机结构简图如图 11 - 5 所示，其磨煤部分是一个直径为 2 ~ 4m、长 3 ~ 10m 的圆筒。筒内用锰钢护甲做内衬，护甲与筒壁间有一层石棉衬垫，起隔音作用。为了保温，在筒身外面包有毛毡，最外层是薄钢板做的外壳。筒内装有占总容积 20% ~ 25%、直径 30 ~ 60mm 的钢球。大功率电动机经变速箱带动这个笨重的圆筒运动，筒内的钢球被转动到一定高度后落下，通过钢球对煤块的撞击及钢球之间、钢球与护甲之间的研压，把煤磨碎。原煤和热空气从圆筒一端进入，磨成的煤粉被空气流从圆筒的另一端带出。热空气的速度决定了被带出的煤粉的粗细。过粗的不合格煤粉从球磨机的后部流出，经粗粉分离器而被分离下来，又从回粉管再送至圆筒内重新研磨。热空气除了输送煤粉外，还起到干燥煤的作用，因此热空气在制粉系统里又称为干燥剂。

钢球磨煤机最大的优点是能磨制几乎所有的煤种，从最硬的无烟煤一直到褐煤。

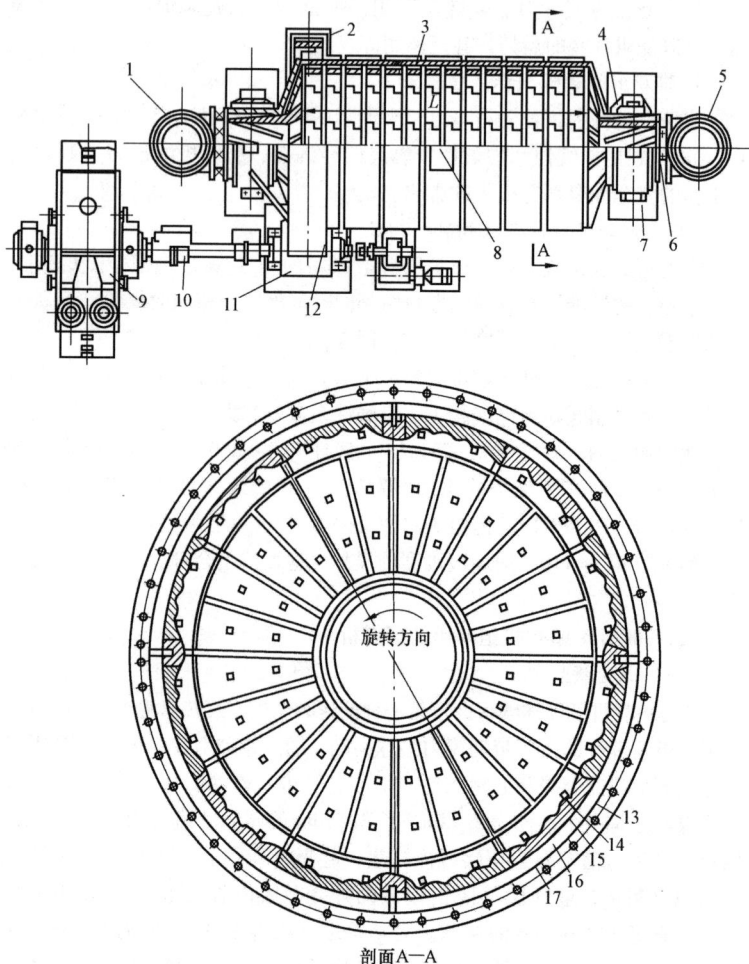

剖面A—A

图 11 - 5　筒式钢球磨煤机

1—进煤连接管；2—齿轮轮缘；3—磨煤机筒体；4—轴承座；5—煤粉出口连接管；6—密封装置；7—轴承座基础；8—检查孔；9—电动机；10—联轴器；11—传动小齿轮；12—传动齿轮外罩；13—筒身；14—护甲；15—石棉垫；16—隔音毛毡；17—外包铁皮

（二）双进双出球磨机

前述钢球磨煤机系普通的单进单出球磨机，即仅有一个原煤入口、一个煤粉出口。与此不同的是，双进双出球磨机在一个筒体内，同时有两个原煤入口、两个煤粉出口，这也正是其名称之来源。

双进双出球磨机在磨制高灰分、高腐蚀性煤，以及要求煤粉细度较细的情况下，由于其系统简单、维护方便、运行可靠，已在国内外广泛应用，特别是近十几年来其发展十分迅速。配双进双出球磨机制粉系统的运行机组单机容量已达 665MW 级。

双进双出球磨机在我国电力系统第一个引进并投入运行的是清河发电厂（配套机组容量 100MW），在 300MW 以上机组中第一个采用的是华能岳阳电厂（配套机组容量为 362MW）。而第一个引进其制造技术的是沈阳重型机器厂。

1. 双进双出球磨机的结构特点与工作原理

双进双出球磨机的工作原理与一般钢球磨煤机基本相同，即利用圆筒的滚动，将钢球带到一定的高度，然后落下，通过钢球对煤的撞击以及由于钢球之间、钢球与滚筒衬板之间的研压将煤磨碎。对于一般的钢球磨煤机来说，粗煤与热风从磨煤机的一端进入，而细煤粉则由热风从磨煤机的另一端带出；对双进双出球磨机而言，粗煤和热风则从磨煤机的两端进入，同时，细煤粉又由热风从磨煤机的两端带出。就像在磨煤机的中间有隔板一样，热风在磨煤机内循环，而不像一般球磨机热风直接通过球磨机。

目前，国外生产的双进双出球磨机大致可以分为两大类型：一类是在双进双出球磨机轴颈内带有热风空心圆管，另一类在双进双出球磨机轴颈内不带热风空心圆管。

轴颈内带热风空心圆管的双进双出球磨机。如图 11-6 所示，轴颈内带热风空心圆管的双进双出球磨机的每端进口有一个空心圆管，圆管外围有用弹性固定的螺旋输送器，螺旋输送器和空心圆管随双进双出球磨机筒体一起转动，螺旋输送器将给煤机下落的煤块，由端头部不断地刮向筒体内。螺旋输送器与空心圆管的径向侧有一个固定的圆筒外壳体，该圆筒外壳体与带螺旋的空心圆管之间有一定的间隙，下部间隙用以通过煤块，上部间隙用以通过磨制后的风粉混合物。由于螺旋输送器的螺旋铰刀是采用弹性方式固定在空心圆管上的，允许有一定的位移变形，因此当有硬质杂物通过螺旋输送器时，不容易被卡环。对轴颈内带热风空心圆管的双进双出球磨机，其端部出口与粗粉分离器的连接一般有两种方式，一种是粗粉分离器与磨煤机为一个整体，称之为 BBDI 型，如图 11 - 6（a）所示。在 BBDI 型双进双出球磨机系统中，落煤管接入粗粉分离器的下部，煤块从分离器中部直接落到端部螺旋输送器的下半部，磨制后的风粉混合物从磨煤机端部的上半部间隙直接进入粗粉分离器入口。粗粉分离器无回粉管，回粉直接落入磨煤机端部。从外表看磨煤机的端部，只有与粗粉分离器的接口和进入空心圆管的热风接口，布置比较紧凑。双进双出球磨机端部出口与粗粉分离器连接的另一种方式是将粗粉分离器与球磨机分开布置，称之为 BBD2 型，如图 11 - 6（b）所示。在 BBD2 型双进双出球磨机系统中，分离器与磨煤机之间有一定的垂直高度，一般在煤仓运行层，其落煤管单独连接，分离器有回粉管，本身就有一定的重力分离作用，因此其磨制的煤粉细度比之前述 BBDI 型的要好些。此外，因其落煤管是单独连接的，对于水分较大的煤种，布置热风和煤的预干燥混合装置比较有利。

如图 11 - 7 所示，在轴颈内不带热风空心圆管的双进双出球磨机的筒体两端，各装有一个进出口料斗。料斗从中间隔开，一边用来进煤，另一边用来出粉。空心轴颈内衬有可更换的螺旋管护套，当磨煤机连同空心轴颈旋转时，来自给煤机的原煤经进出口料斗一侧沿护套螺旋管进入磨煤机，磨细的煤粉则随热风经进出口料斗的另一侧进入粗粉分离器。

2. 双进双出球磨机与一般球磨机的主要区别

双进双出球磨机与一般球磨机的主要区别表现在以下几方面：

（1）在结构上，双进双出球磨机两端均有转动的螺旋输送器，一般球磨机则没有。

（2）从风粉混合物的流向来看，双进双出球磨机在正常运行时，磨煤机两端同时进煤，同时出粉，且进煤出粉在同一侧。而一般球磨机只是从一端进煤，在另一端出粉。

（3）在出力相同（近）时，一般球磨机比较大，占地也大。

（4）一般情况下，在出力相同（近）时，一般球磨机电动机容量大些，单位磨煤电耗也较高。

（5）双进双出球磨机的热风、原煤分别从磨煤机的端部进入，在磨内混合。而一般球磨机的热风、原煤是在磨煤机入口的落煤管内混合的。

（6）从送粉管的布置上看（尤其是对于大容量锅炉），由于双进双出球磨机从磨煤机两个端部出粉，而一般球磨机只从一个端部出粉，前者一台磨煤机比后者多一倍出粉口。对于配 300MW 机组的锅炉，按一台炉配四台磨煤机比较，双进双出球磨机有八个出粉口，而一般球磨机只有四个

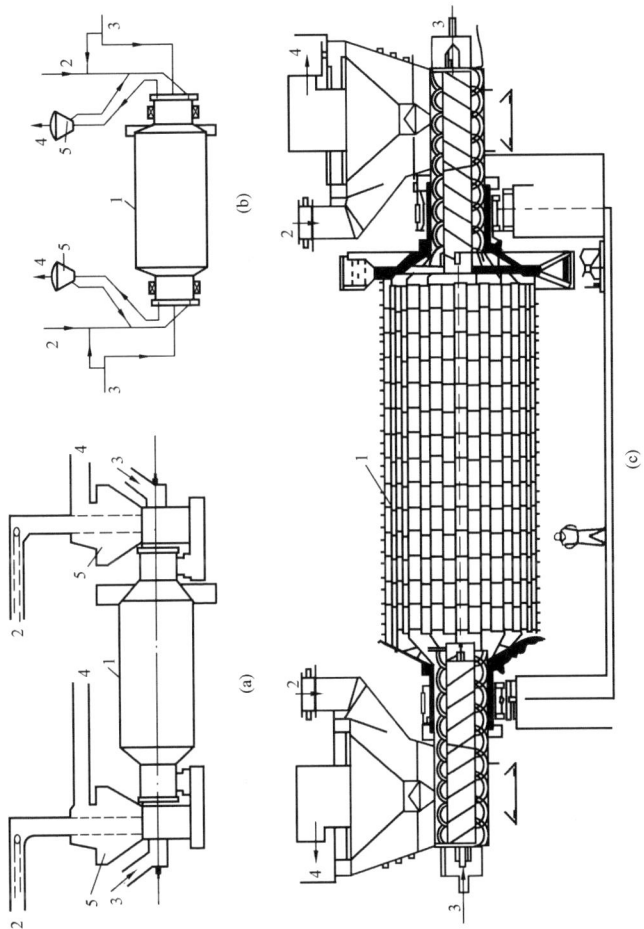

图 11 - 6 带热风空心圆管的双进双出球磨机
(a) BBD1 型；(b) BBD2 型；(c) 结构图
1—球磨机筒体；2—进煤管；3—热风（干燥剂）；4—煤粉干燥剂出口；5—分离器

第十章 锅炉的结构及特点

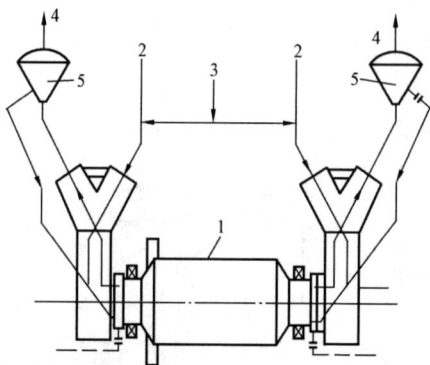

图 11 – 7 轴颈内不带热风空心圆管的双进双出球磨机
1—球磨机筒体；2—进煤管；3—热风（干燥剂）进口；
4—煤粉干燥剂出口；5—分离器

出粉口。因此，无论是从煤粉分配上，还是从管道的阻力平衡上，双进双出球磨机比一般球磨机在布置上都更有利。

3. 双进双出球磨机的优点

（1）可靠性高，可用率高。国外运行情况表明，包括给煤机在内的双进双出球磨机制粉的年事故率仅为 1%，且磨煤机本身几乎无事故发生。据称磨煤机的可靠性高于锅炉本体。

（2）维护简便，维护费用低。与中、高速磨煤机相比，双进双出球磨机维护最简便，维护费用也最低，只需定期更换大牙轮油脂和补充钢球。

（3）出力稳定。能长期保持恒定的容量和要求的煤粉细度，不存在磨煤机出力下降的问题。

（4）能有效地磨制坚硬、腐蚀性强的煤。双进双出球磨机能磨制哈氏可磨性系数小于 50 的煤种或高灰分（>40%）煤种，而中、高速磨煤机对于这些煤是无法适应的。

（5）储粉能力强。与中、高速磨煤机相比，双进双出球磨机的筒体本身就像一个大的储煤罐，有较大的煤粉储备能力，相当于磨煤机运行 10～15min 的出粉量。

（6）在较宽的负荷范围内有快速反应的能力。试验表明，双进双出球磨机直吹式制粉系统对锅炉负荷的响应时间几乎与燃油和燃气炉一样快，其负荷变化率每分钟可以超过 20%，双进双出球磨机的自然滞留时间是所有磨煤机中最少的，只有 10s 左右。

（7）煤种适应能力强。双进双出球磨机对煤中杂物不那么敏感，这已有国内外运行情况的证明。但应当指出，磨煤机两端的螺旋输送器，对于煤中杂物的限制比一般球磨机要严格。

（8）能保持一定的风煤比。在双进双出球磨机中，通过磨煤机的风量与带出的煤粉量呈线性关系。当设计的风煤比一定时，如果要求磨煤机的出力增加，实际上风量也呈比例增加。

（9）低负荷时能增加煤粉细度。在低负荷运行时，由于一次风量减小，相应的风速也减小，带走的只能是更细的煤粉，这对于燃用低挥发分煤的稳燃有利。

（10）无石子煤泄漏。与中速磨煤机相比，双进双出球磨机省去了石子煤处理系统，节省了投资，布置也得到了改善。

（11）灵活性显著。对双进双出球磨机而言，当其低负荷运行或在启动时，既可全磨也可半磨运行，被研磨的介质既可以是一种，也可以是几种混合物料。此外，当一台给煤机事故或一端煤仓（或落煤管）堵煤时，磨煤机能照常运行。

总之，双进双出球磨机与一般球磨机相比，有许多无法比拟的优点，在某些情况下，比中、高速磨煤机适应性更好，因此它在大容量机组的制粉系统中得到了越来越多的应用。

（三）中速磨煤机

中速磨煤机是指工作转速为 60～300r/min 的磨煤机械。这种磨煤机具有质量小、占地少、制粉系统管路简单、投资省、电耗低、噪声小等一系列特点，因此在大容量机组中得到了日益广泛的应用。

目前国内外采用较多的中速磨煤机有四种：辊－盘式中速磨煤机，又称平盘（德国莱歇 Loesche 式）磨煤机；辊－碗式中速磨煤机，又称碗式（raymond 或 RP 式）磨煤机；辊－环式中速磨煤机，又称 MPS 磨煤机；球－环式中速磨煤机，又称中速球磨煤机或 E 形磨煤机。这四种磨煤机分别如图 11-8～图 11-11 所示。其中前三种均属于辊式中速磨煤机，E 形磨煤机则属于钢球式中速磨煤机。

中速磨煤机的结构各异，但都具有共同的工作原理。它们都有两组相对运动的研磨部件，研磨部件在弹簧力、液压力或其他外力的作用下，将其间的原煤挤压和研磨，最终破碎成煤粉。通过研磨部件的旋转，把破碎的煤粉甩到风环室，流经风环室的热空气流将这些煤粉带到中速磨煤机上部的煤粉分离器，过粗的煤粉被分离下来重新再磨，在这个过程中，还伴随着热风对煤粉的干燥。在磨煤过程中，同时被甩到风环室的还有原煤中夹带的少量石块和铁器等杂物，它们最后落入杂物箱，被定期排出。

中速平盘磨煤机如图 11 - 8 所示，其研磨部件是 2 ~ 3 个锥形辊子和

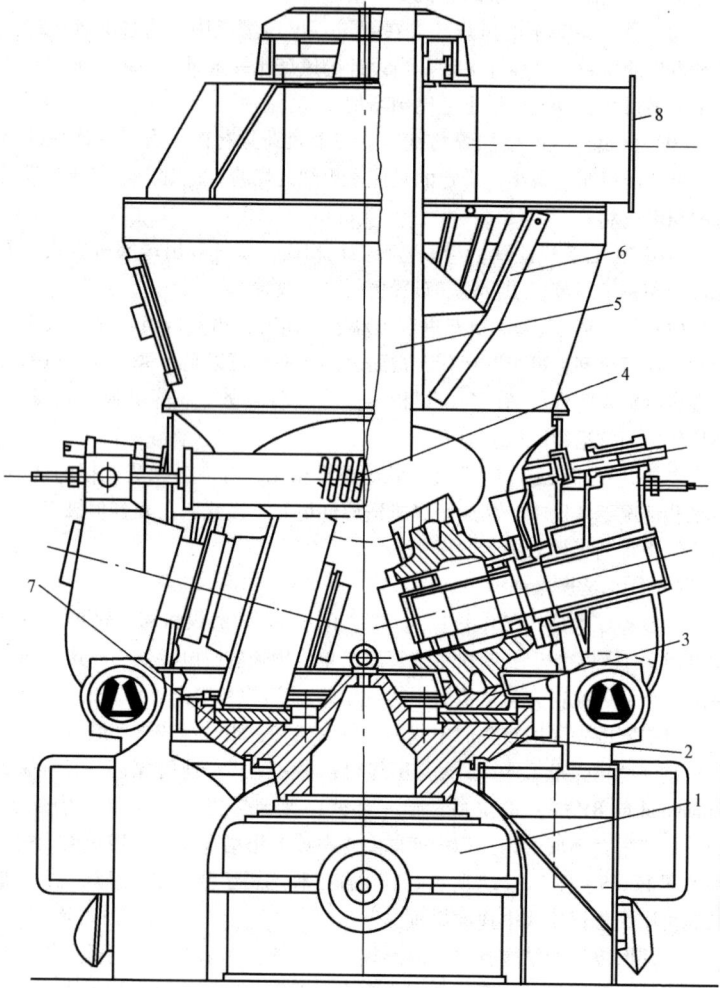

图 11 - 8　中速平盘磨煤机

1—减速器；2—磨盘；3—磨辊；4—加压弹簧；5—下煤管；6—分离器；

7—风环；8—气粉混合物出口管

圆形平盘，辊子轴线与平盘成15°夹角。磨盘由电动机带动旋转，磨辊绕固定轴在磨盘上滚动，由于磨辊与磨盘存在相对运动，所以煤在磨辊下依靠挤压和研磨两种作用被粉碎。磨辊研压煤的压力一部分靠辊子本身的质量，但主要是靠弹簧的压力。由于磨盘转动时离心力的作用，磨成的煤粉被抛向磨盘四周的风环处。为了防止原煤在旋转平盘上未经研磨就被甩到风环室，在平盘外缘设有挡圈，挡圈还使平盘上保持适当煤层厚度，以提高研磨效果。磨煤干燥用的热空气由风环进入磨煤机，上升的热空气（风环处风速为 50m/s 以上）携带煤粉进入上面的分离器，不合格的粗粉又落回到磨盘重磨，大颗粒的石子、矸石和铁块从风环落到石子煤储存箱内。煤的干燥基本上是在磨盘上方的空间内进行的，在磨盘上的干燥作用不大。因此，这种磨煤机对原煤水分的变化比较敏感，水分过多的煤会被压成煤饼而使磨煤出力大幅度下降，所以平盘磨煤机不宜磨 $M_{ar} > 12\%$（M_{ar} 收到基全水分含量）的煤；此外，煤太硬或灰分过多将使磨辊和磨盘磨损过剧，因此平盘磨煤机只宜用来磨制可磨性系数不小于 1.1 和原煤收到基灰分小于 30% 的煤种。

中速平盘磨煤机的特点是钢材耗量少、磨煤电耗小、设备紧凑且噪声小，但其磨煤部件——辊套和磨盘衬板寿命短。

碗式中速磨（RP 磨）煤机如图 11-9 所示。这种磨煤机在国外应用广泛，由于其单位能量磨制的煤粉数量高，因而近年来在国内大型机组中得到了应用。如河南某厂两台 300MW 机组中采用了德国动力设备公司（EVT）RP903X 型 RP 磨煤机。

在 RP 磨煤机中，要磨制的煤送入磨煤机转动磨碗的中心进煤管内，其研磨部件为辊筒和碗形磨盘。早期制造的 RP 磨煤机的钢碗较深，随着磨煤机出力的提高，现多采用浅碗形或斜盘形钢碗，当煤送入中心进煤管后，由于离心力的作用，煤通过转动磨碗的磨环和磨辊之间的间隙，向磨碗出口做周边运动。为了很好地对煤破碎和研磨，由压力弹簧或液压缸传送给磨辊一定的压力，一部分磨成的煤粉连续不断地经过磨环边缘被带走，带走煤粉的介质是来自送入磨碗下部的磨侧室内的热空气。热空气通过磨碗流至粗粉分离器，边加热、干燥、边携带煤粉，并流入分离器的内锥体顶部的可调节角度的折流板窗，最后经过文丘里管和多出口通路装置，由气粉管路流至锅炉燃烧。

在气流上升过程中，煤粉中有 15%~25% 部分的细度合格的，其余大部分为较粗的重粒，由于撞击分离器壳体壁面以及自身重力的作用将返回到磨碗中进一步磨制。混入煤中铁块和难以研磨的硬质杂物，脱离空气

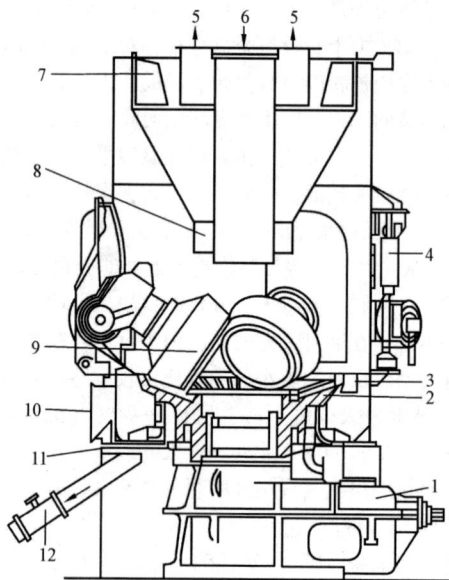

图 11-9　碗式中速磨煤机

1—减速器；2—磨碗；3—风环；4—加压缸；5—气粉混合物出口；
6—原煤入口；7—分离器；8—粗粉回粉管；9—磨辊；
10—热风进口；11—杂物刮板；12—杂物排放管

流而落到磨煤机底部的下侧杂质室（铁块室）内，这里装有连接着磨碗轴体的旋转刮板，将铁块或杂质刮入垃圾排放管。运行中如果发现被磨制的煤也从杂质口排出，这往往说明给煤过多、磨辊压力弹簧压力或液压过低、空气流量（流速）过小或磨煤机出口温度过低、磨煤部件磨损过度或调整不当等原因所致。杂质排放管装有阀门，正常运行时其阀门开启而被排放的杂质存放在密封的垃圾斗内，绝不能用关阀门的方法来防止磨内杂质的排放。如果该阀门的关闭时间较长，这时杂质就会留在磨侧中被刮板、护挡和支撑装置来研磨，从而上述部件过分磨损，并带来产生静电的危险。为了获取磨煤机所需出力，必须有相应量的热空气送入磨中干燥所磨煤种，必须对磨辊施加适当的压力，同时为了获得合理的煤粉细度，粗粉分离器折流板叶片的开度位置应该与磨煤机设计的要求相接近。

应该指出，上面介绍的向磨辊传送压力的两种方法：压力弹簧及液压缸技术是两种不同的方法，后者是经过改进的新结构。采用液力轴颈替代机械弹簧轴颈向轴颈辊提供压力的好处是：机械弹簧负载在磨煤时三个弹簧彼此是独立的，而液力系统三个液压缸却是将其相互连接在一个共同压力下，从而作用在转动磨碗的压力，对液力系统而言，其三个磨辊是相同的，而压力弹簧通常难以达到相同，除非具有严格的监视手段。经验表明，各磨辊间压力不同，将导致转动磨辊负载不平衡，会引起传动立轴的疲劳损坏。

MPS中速磨煤机是一种新型的中速磨煤机，如图11-10所示，其研磨部件是三个凸形辊子和一个具有凹形槽道的磨环。辊子的尺寸大，且边缘近于球状；辊子轴线固定，这些都促使其磨煤出力高于其他中速磨煤机。此外，MPS磨煤机的研磨压力是通过弹簧和三根拉紧钢丝绳直接传递到基础上的，故可以在轻型机壳条件下对研磨部件施加高压。这些独特之处使MPS磨煤机更易大型化。

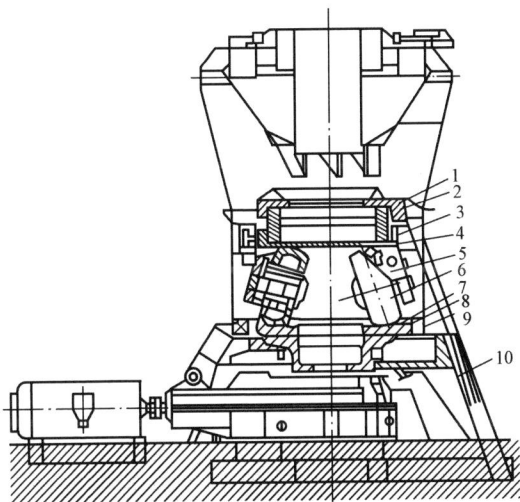

图11-10　MPS中速磨煤机

1—弹簧压紧环；2—弹簧；3—压环；4—滚子；5—压块；6—辊子；

7—磨环；8—磨盘；9—喷嘴环；10—拉紧钢丝绳

中速球磨煤机（E形磨煤机）如图11-11所示。这种磨煤机好似一个大型的无保持架的推力轴承，其钢球夹在上、下磨环之间，它们上下配合的剖面图形犹如字母"E"，这也就是其名称之来源。下磨环由垂直的主轴带动旋转，上磨环由导轨挡住不转，但能上下垂直移动，并由气缸或弹簧对其施加压力。随着下磨环的转动，钢球也进行滚动。而磨煤工作是由磨盘和在滚道上自由滚动的空心铸钢球来进行的。所有钢球依次紧密地在上下磨环滚道内排成一圈，煤由磨煤机中央进煤管落入磨煤机内，在下磨环转动的离心力作用下，被甩到钢球和磨环的间隙中研磨成煤粉。煤粉再由旋转的下磨环甩至磨环的外缘落下。在磨煤机的全周上，干燥用的热空气通过下磨环与外壳之间的风室将落下的煤粉吹起来，在这里进行初步分离和干燥，粗煤粉颗粒掉回滚道内重磨，较细的煤粉则被空气带到分离器去，大颗粒的矸石和铁块下落到石子、铁块储存箱。在分离器中，合格的煤粉通过煤粉管道送至燃烧器，不合格的粗粉被分离出来，通过回粉斗落到磨腔内重磨。在磨煤过程中，处于磨环中间的钢球在回转的同时，也不断改变自身的旋转轴线，因此钢球在整个工作寿命期间始终保持圆球形，从而可以保持磨煤性能不变。为了在长期工作中磨煤出力不致受钢球磨损的影响，E形磨煤机都采用加载系统，通过上磨环对钢球施加一定压

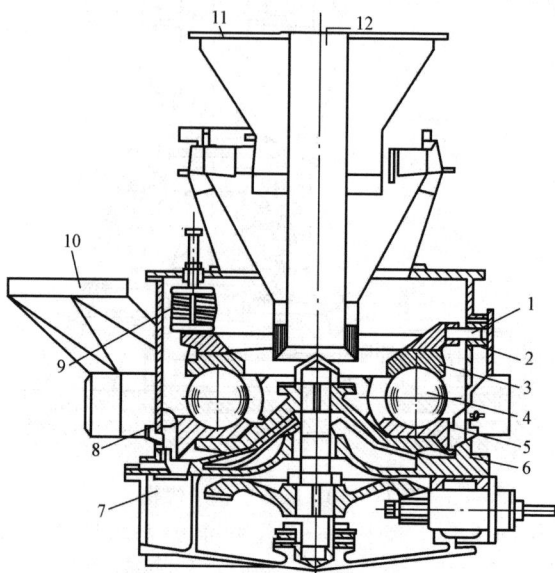

图 11-11　中速球磨煤机

1—导块；2—压紧环；3—上磨环；4—钢球；5—下磨环；
6—轭架；7—石子煤箱；8—活门；9—压紧弹簧；
10—热风进口；11—煤粉出口；12—原煤进口

力。对中小容量的 E 形磨煤机，磨煤力由弹簧加载。随着磨煤元件的磨损，弹簧工作长度伸长，载荷减少，直接影响磨煤机的出力。为此，要定期压紧弹簧。随着磨煤机容量的增加，压紧弹簧的劳动强度相应加重，而且要频繁地停机调整，影响磨煤机和锅炉的工作。因此，在大出力的 E 形磨煤机上采用了液压 - 气动加载装置。这种装置可以在研磨部件的使用寿命内自动维持磨环上的压力为定值，而不受钢球磨损的影响，同时在运行中加载和卸载方便而又迅速，这样就可以将研磨部件的磨损对磨煤出力和煤粉细度的影响降低到最低程度。E 形磨煤机的内部没有磨辊，因此不需要润滑和洁净的工作条件，也没有磨辊穿过机体外壳的问题，对密封要求较低，所以它能够在正压下运行。

（四）高速磨煤机

高速磨煤机有风扇磨煤机和竖井磨煤机两种，后者仅应用于一些小型煤粉锅炉上。以下主要介绍风扇磨煤机。

风扇磨煤机的构造类似风机，如图 11 - 12 所示，带有 8 ~ 10 个叶片的叶轮以 500 ~ 1500r/min 的速度高速旋转，具有较高的自身通风能力。燃料从磨煤机的轴向或切向进入，在磨煤机中同时完成着干燥、磨煤和输送三个工作过程。进入磨煤机的煤粒受到高速旋转的叶片（又称冲击板）的冲击而破碎，同样又依靠叶片的鼓风作用把用于干燥和输送煤粉的热空气或高温炉烟吸入磨煤机内，一边强烈地进行煤的干燥，一边把合格的煤粉带出磨煤机经燃烧器喷入炉膛内燃烧。风扇磨集磨煤机与鼓风机于一体，并与粗粉分离器连在一起，使制粉系统结构十分紧凑。

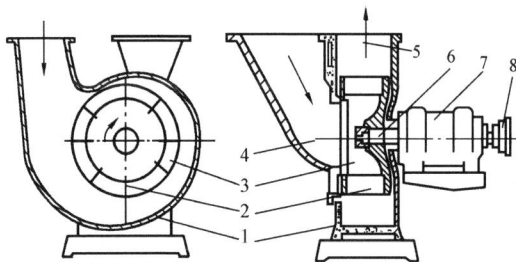

图 11 - 12　风扇式磨煤机

1—机壳；2—冲击板；3—叶轮；4—燃料进门；

5—出门；6—轴；7—轴承箱；8—联轴节

为了提高风扇磨煤机磨制更高水分煤种的适应能力，在磨煤机前装置一干燥竖井，可以从炉内抽取温度高达 900 ~ 1000℃ 的烟气与热空气混合作为干燥剂，在如此高温和宽大空间的竖井内具有较强烈的干燥作用，因此风扇磨可以磨制其他磨煤机所不能适应的 $M_{ar} > 30\%$ 的高水分褐煤。为了减少叶片的磨损，提高磨煤机的长期连续运行时间，对于含有较多石英砂矿物质的褐煤，可以在磨煤机前装置一组前置式打击锤。据德国巴布科克（Babcock）公司实践认为，把前置锤与叶轮分轴并反向旋转可以提高煤块和叶轮间的相对速度，提高磨煤出力。通过改变前置锤的转速可以调整磨制煤粉的细度。按前苏联的试验资料，带前置锤的风扇磨可比无前置锤的风扇磨的磨煤出力提高 40%，但磨煤机的提升压头则降低了 15% ~ 30%，故一般在磨制磨损指数高的褐煤和油页岩时才采用带前置锤的风扇磨。当今，几乎所有的褐煤锅炉都采用了具有不同结构的风扇磨制粉设备。

三、制粉系统的其他设备

1. 给煤机

给煤机的作用是根据磨煤机负荷的需要调节给煤量，并把原煤均匀连续地送入磨煤机中。国内应用较多的给煤机有圆盘式、振动式、刮板式、电子重力皮带式等几种，其中后两者在大型机组中应用较多。

（1）刮板式给煤机。这种给煤机利用煤在自身内摩擦力和刮板链条拖动力的作用下，在箱体内沿着刮板链条的运动方向形成连续的煤层流，不断地从进煤口流到出煤口，实现连续均匀定量的输送任务。刮板式给煤机可以通过煤层厚度调节板调节给煤量，也可用改变链轮转速的方法进行调节。湖北某电厂 300MW 机组采用的 MG - 100 型埋刮板给煤机示意图如图 11 - 13 所示，特点如下：

1）其结构合理、系统布置灵活，能满足较长距离的供煤要求。

2）可制成全密封式，故适用于正、负压下运行。

3）速度调节采用电磁调速异步电动机，操作方便并利于集中控制和远控，还可满足过载安全保护的要求。

4）安装维修方便。

5）不足之处是占地面积较大。

（2）电子重力皮带式给煤机。电子重力皮带式给煤机的主要部件有壳体、皮带、皮带轮、称重传感器、校正装置、清扫输送带装置、皮带刮板、皮带传感器、出煤口堵塞指示板等。它具有先进的皮带转速测定装置、精确性高的称重机构、防腐性能好、良好的过载保护、完善的检测装置等特性，因此具有自动调节和控制的功能，在国内 300MW 及 600MW 机组中均得到了广泛的应用。

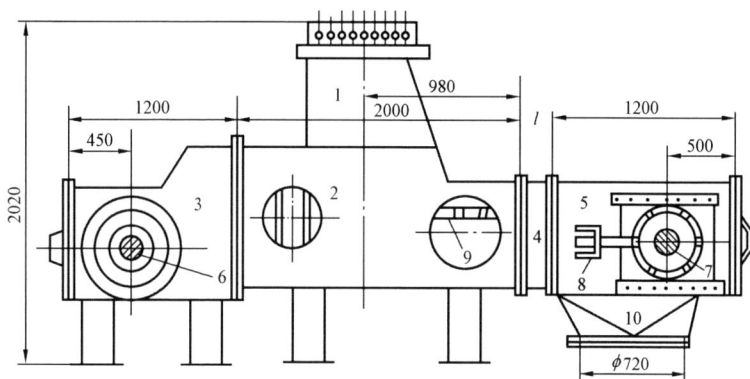

图 11 – 13　MG – 100 型埋刮板给煤机

1—煤进口管；2—进口箱体；3—头部箱体；4—中间箱体；5—出口箱体；
6—主链轮轴；7—从链轮轴；8—拉紧装置；9—刮板链条；10—煤出口管

电子重力皮带式给煤机的工作原理为：由原煤斗下来的原煤，通过煤闸门和落煤管送入给煤机中。当煤闸门开启向给煤机供煤时，主动轮转速是由给煤机驱动电动机涡流离合器输入与输出之间的电磁滑块位置决定的。如果燃烧系统要求的给煤率与实际给煤不符时，则电磁滑块产生相应的移动，以改变皮带转速快慢使两者保持一致。皮带转速是根据主动轮上的数字测量发出代表皮带速度信号和称重模块质量指示发出的煤质量信号，这两者相乘而产生的给煤率信号，使煤在皮带上得以称重，从而确定转速的。

2. 粗粉分离器

粗粉分离器是制粉系统中必不可少的分离设备，其任务是对磨煤机带出的煤粉进行分离，把粗大的颗粒分离下来返回磨煤机再磨，合格的煤粉供锅炉燃烧用。此外，它还可以调节煤粉细度，以便在运行中当煤种改变或磨煤出力（或干燥剂量）改变时能保证所要求的煤粉细度。

在中间储仓式制粉系统中还有一个重要的煤粉分离设备——细粉分离器，其任务是把煤粉从制粉系统的乏气分离开来，因它依靠旋转运动实现惯性分离，故又名旋风分离器。

粗粉在分离器中的分离过程主要是靠重力分离、惯性分离和离心分离三种作用实现的。依靠惯性力进行分离常应用在风扇磨上，而离心分离器在我国电厂应用最普遍，它利用切向叶片的导向作用使煤粉气流通过它时产生旋转。在惯性离心力作用下，粗大颗粒便从主流中分离出来，沿分离器的回粉管返回磨煤机中。图 11 – 13 中的改进Ⅱ型离心分离器（见图 11 – 14）采用了缝隙结构，优点在于能在锥体全周向均匀、连续地排出粗粉。

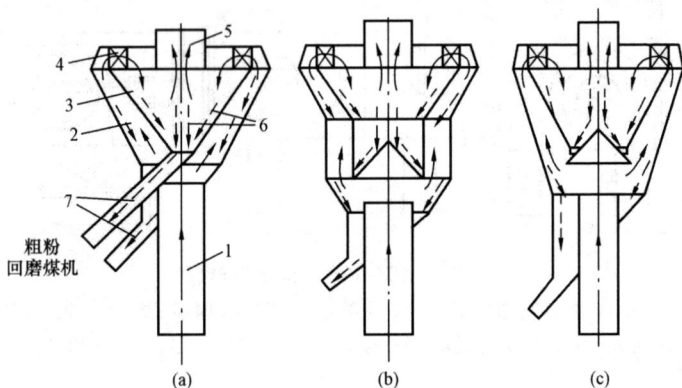

图 11 – 14　离心式分离器示意图

（a）原用型；（b）改进Ⅰ型；（c）改进Ⅱ型

1—分离器入口管；2——次分离粗粉；3—内锥体；4—可调切向挡板；

5—合格煤粉出口；6—二次分离粗粉；7—不合格粗粉回粉管

离心式分离器结构较复杂，故阻力也较大。但分离后的煤粉较细，调节幅度宽广，适用于无烟煤、贫煤、烟煤和褐煤，可配用各种磨煤机，适应能力强，应用面广。

除了上面介绍的几种制粉系统部件外，混合器、锁气器等辅助设备的性能对制粉系统正常运行及锅炉燃烧正况的组织也有很重要的作用。

第四节　锅炉的受热面

一、省煤器和空气预热器

（一）省煤器

1. 省煤器在锅炉中的主要作用

（1）吸收低温烟气的热负以降低排烟温度，提高锅炉效率，节省燃料。

（2）由于给水在进入蒸发受热前先在省煤器内加热，这样就减少了水在蒸发受热面内的吸热量，因此可用省煤器替代部分造价较高的蒸发受热面。也就是以管径较小、管壁较薄、传热温差较大、价格较低的省煤器来代替部分造价较高的蒸发受热面。

（3）提高了进入汽包的给水温度，减少给水与汽包壁之间的温差，从而使汽包热应力降低。

基于这些原因，省煤器已成为现代锅炉必不可少的部件。

2. 省煤器的分类

按照省煤器出口工质的状态，省煤器可分为沸腾式和非沸腾两种。如出口水温低于饱和温度，叫作非沸腾式省煤器，如果水被加热到饱和温度并产生部分蒸汽，就叫作沸腾式省煤器。

省煤器按所用材质又可分为铸铁式和钢管式：铸铁式耐磨损、耐腐蚀，但不能承受高压；钢管省煤器应用于大型锅炉，它是由许多并列（平行）的管径为 28～42mm 的蛇形管组成。蛇形管可以顺列也可错列。为使省煤器受热面结构紧凑，一般总是力求减小管间节距。管子多数为错列布置。错列布置省煤器的结构如图 11 - 15 所示。蛇形管的两端分别与进口联箱和出口联箱相连，联箱一般布置在烟道外。省煤器的管子固定在支架上，支架支撑在横梁上而横梁则与锅炉钢架相连接。

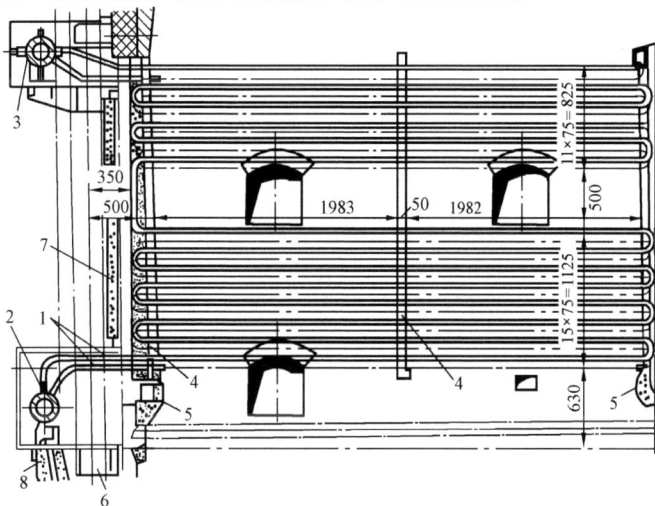

图 11 - 15　错列布置省煤器的结构

1—蛇形臂；2—进口联箱；3—出口联箱；4—支架；5—支撑梁；

6—锅炉钢架；7—炉墙；8—进水管

省煤器管子一般为光管，为了强化烟气侧热交换和使省煤器结构更紧凑可采用鳍片管、肋片管和膜式受热面。

焊接鳍片管省煤器所占据的空间比光管式少 20% ~25%，轧制鳍片管省煤器可使外形尺寸减小 40% ~50%。

鳍片管和膜式省煤器还能减轻磨损。这主要是因为它比光管省煤器占有空间小，因此在烟道截面不变的情况下，可采用较大的横向节距。从而使烟气流通截面增大，烟气流速下降磨损减轻。

肋片式省煤器主要特点是热交换面积明显增大，这对缩小省煤器的体积、减少材料消耗很有意义。主要缺点是积灰比较严重。

省煤器蛇形管通常均取水平放置，以利于停炉时排水。而且尽可能保持管内的水自下而上流动以利于强制流动的水动力特性和便于排除水被加热后所释放的空气，避免引起管内空气停滞产生内壁局部的氧腐蚀。此外，由于对流烟道中烟气往往从上而下流动。这样既有利于吹灰又可使烟气对于水流做逆向流动，保持较大的传热温差。

省煤器管内水速应维持在一定范围内，水速过高增加给水泵耗电量，水速过低金属冷却难于保证，且引起蛇形管中的空气停滞。特别在沸腾式省煤器中，管内会产生汽水分层，导致管子上部过热。为此，在额定负荷下，对于非沸腾式省煤器要求水速不低于 0.3m/s；对沸腾式省煤器要求水速不应低于 1.0m/s。

3. 省煤器的启动保护

省煤器在启动时，常是间断给水，如省煤器中的水不流动，就可能使管壁超温损坏，因此启动时应进行保护。一般保护方法是在省煤器进口与汽包下部之间连接一个再循环管，管上装有再循环门，停止进水时，再循环门开启，进水时再循门关闭。哈尔滨锅炉厂 2008t/h 锅炉在省煤器进口导管和炉膛下部环形集箱之间装有再循环管，当压力达到 4.14MPa 时启用再循环管，在省煤器和汽包之间形成循环流动（该锅炉装有锅水循环泵）。

（二）空气预热器

锅炉空气预热器是利用烟气的热量来加热燃烧所需空气的热交换设备。由于它工作在烟气温度最低的区域，可以回收烟气的热量，降低排烟温度，从而提高锅炉效率；同时也由于空气被预热，强化了燃料的着火和燃烧过程，减少了燃料不完全燃烧热损失，进一步提高了锅炉效率；此外空气预热还能提高炉膛内烟气温度，强化炉内辐射换热。因此，空气预热器已成为现代锅炉的重要组成部分。

按换热方式可将空气预热器分为传热式和蓄热式（或称再生式）两种。管式预热器属于传热式空气预热器；回转式空气预热器则是蓄热式空气预热器。

1. 管式空气预热器

管式空气预热器是由直径为 40 ~ 51mm、壁厚 1.2 ~ 1.5mm 的直管子制成。管子两端焊接到管板上形成一个立方形箱体，管子垂直放置，烟气在管内由上而下流动，空气在管外横向流动，两者交叉流动交换热量，如图 11 - 16 所示。

按照进风方式的不同，空气预热器有单面进风、双面进风、多面进风之分。在大容量锅炉中空气需要量迅速增加，当单面进风时为保持合宜的风速、空气通道高度将会过高，空气横向冲刷管子的行程将减少，这样会降低传热温差，所以大容量锅炉中常采用多面进风方式，如图 11 - 17 所示。

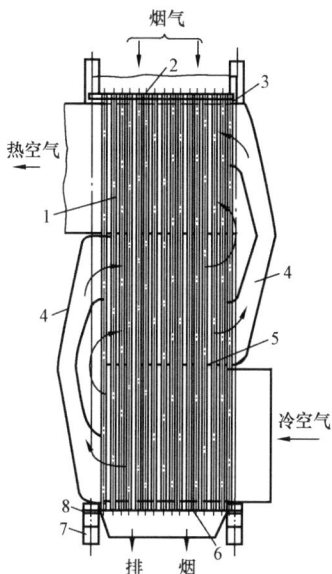

图 11 - 16　管式空气预热器

1—管子；2—上管板；3—膨胀节；
4—空气罩；5—中间管板；6—
下管板；7—钢架；8—支架

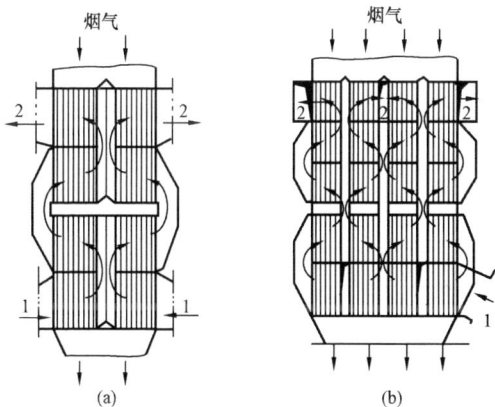

图 11 - 17　多面进风钢管空气预热器

（a）双面进风；（b）多面进风

1—冷空气进口；2—热空气出口

热空气温度低于270℃可采用一级管式空气预热器。热空气温度高于270℃时，需采用双级管式空气预热器或一级管式空气预热器及一级回转式空气预热器。几种采用双级空气预热器时的布置图如图11-18所示。当采用双级空气预热器布置时，一般采用图示的两级省煤器和两级空气预热器交替布置的结构。图11-18（c）的布置只有当热空气温度高于350℃时才采用，因为一级回转式空气预热器可将空气加热到350℃。图11-18（d）的布置可将送入磨煤制粉系统温度较高的一次空气和将送入炉膛的温度较低的二次空气分别进行加热。

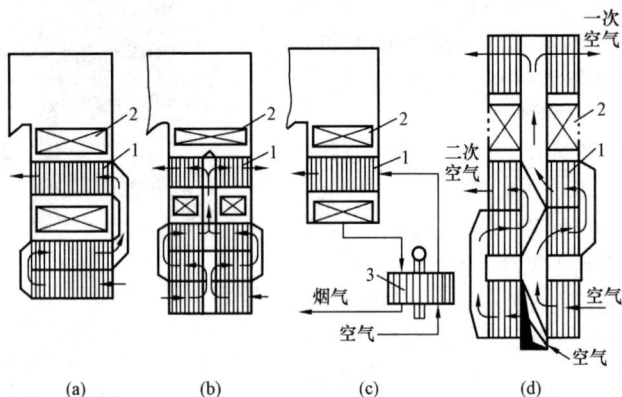

图11-18 空气预热器双级布置
（a）单面进风双级布置；（b）双面进风双级布置；（c）一级管式、一级回转式空气预热器的布置；（d）一、二次空气分别加热的双级布置
1—管式空气预热器；2—省煤器；3—回转式空气预热器

2. 回转式空气预热器

回转式空气预热器是一种蓄热式预热器，它利用烟气和空气交替地通过金属受热面来加热空气。由于锅炉参数的提高、容量的增大，管式空气预热器的受热面也应明显地增加，这就给尾部受热面的布置带来了困难，因此就要采用结构紧凑、外形尺寸小的回转式空气预热器以代替管式空气预热器。在同样的条件下，回转式预热器受热面的壁温较高、烟气腐蚀较管式轻些，但回转式预热器主要缺点是密封结构要求高，漏风量较大。

回转式空气预热器分为受热面回转式和风罩回转式两种。

（1）受热面回转式空气预热器。受热面回转式空气预热器的结构如图11-19所示。受热面装于可转动的圆筒形转子中，转子被分离成若干

第二篇 集控值班

个扇形仓格，每个扇形仓内装满波浪形金属薄板组成的传热元件（蓄热板）。圆形外壳顶部、底部与转子上下对应地被隔板分成烟气流通区和空气流通区。烟气流通区与烟道相连，空气流通区与风道相连。由于烟气的容积流量比空气大，故烟气通道占有转子总的通流截面的 50% 左右，空气通道占 30% ~ 45%，其余部分为密封区。

这种空气预热器的工作原理是：电动机通过减速装置带动受热面转子以 1 ~ 4r/min 的转速转动，转子中的传热元件（蓄热板）便交替地被烟气加热

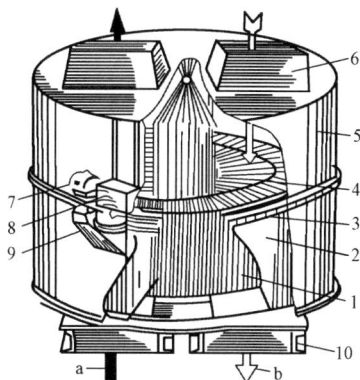

图 11 – 19　受热面回转式空气预热器

1—转子；2—转子外壳；3—转子齿圈；4—扇形隔板；5—空气预热器外壳；6—连接方箱；7—电动机；8—减速器；9—传动齿轮；10—带有连接方箱的固定框架；a—空气运动方向；b—烟气运动方向

和空气冷却，烟气的热量也就经由传热元件蓄热后再传递给空气，使冷空气的温度得到提高。转子每转一圈，传热元件吸热、放热交替变换一次。

回转式空气预热器转动的转子与固定的外壳之间存在间隙，并且空气与烟气之间有较大的压差。因而在运行中正压空气会漏入烟气侧或漏入大气，为了减少漏风、装有径向、环向和轴向三种密封装置。

回转式空气预热器的受热面分高温段和低温段，高温段受热面由齿状波形板和波形板组成，如图 11 – 20（a）所示，它们相隔排列，前者兼起定位作用以保持板间间隙，故又称定位板。低温段受热面由平板和齿形波形板组成，如图 11 – 20（b）所示，其通道较大以便减少积灰，板材较厚，目的是延长因腐蚀而损坏的期限。

（2）风罩回转式空气预热器。回转式空气预热器的直径较大，转子质量也大，为了减轻支撑负载，近些年来又采用了叫作风罩回转式空气预热器的比较新型的回转式预热器，其结构如图 11 – 21 所示。风罩回转式空气预热器是由装有蓄热板的静子（静子部分的结构与转动式预热器的转子相似，但它固定不动，故称静子或定子）、上、下烟道，上、下风罩以及传动装置等部件组成。上、下风道与静子外壳相连接，静子的上、下两端装有可转动的上下风罩。上、下风罩用中心轴相连。电动机通过传动

第十一章　锅炉的结构及特点

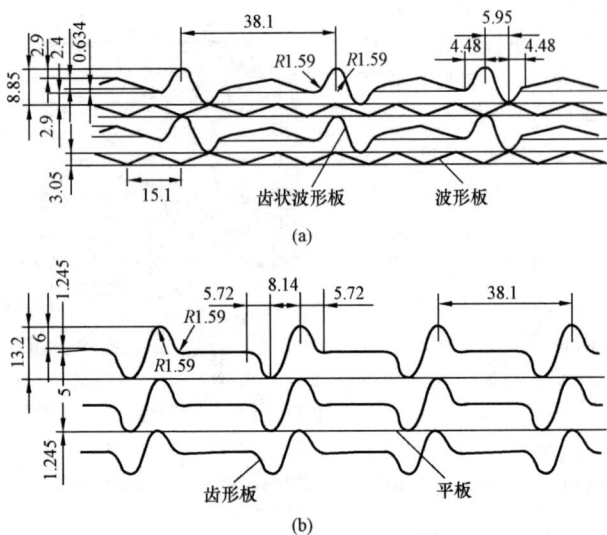

图 11-20 高温段和低温段的受热面板形
(a) 高温段；(b) 低温段

装置驱动下风罩旋转，上风罩也同步旋转。上、下风罩里的空气通道是呈同心相对的"8"字形。风罩回转式空气预热器的静子截面分为烟气流通区、空气流通区和密封区。其工作过程是冷空气经下部固定冷风道进入旋转的下风罩，裤衩型的下风罩把空气分成两股气流，自下而上流经静子受热面而被加热，加热后的空气由旋转的上风罩汇集后流往固定的热风道；烟气在风罩以外区域分成两部分，自上而下流经静子，加热其中的受热面；当风罩转动一圈，静子中的受热面进行两次吸热和放热。

回转风罩与定子的密封由膨胀节、密封框架和密封板组成，形成径向密封和内外环密封。空气预热器入口冷风温度一般规定不低于30℃，当低于此温度时，容易对空气预热器产生低温腐蚀和积灰。因此，往往采用提高冷空气温度的方法，以防止烟气温度降至露点温度以下而造成硫腐蚀和灰分黏结。提高冷空气温度的方法中有热空气再循环法，即从热风箱引出部分热空气送入送风机入口与冷空气混合再进入空气预热器（俗称热风再循环）。另外是间接加热，即在送风机出口加装暖风器。暖风器是一种蒸汽-空气管式热交换器，管内流过由汽轮机抽汽引来的蒸汽，空气在管外通过时被加热。

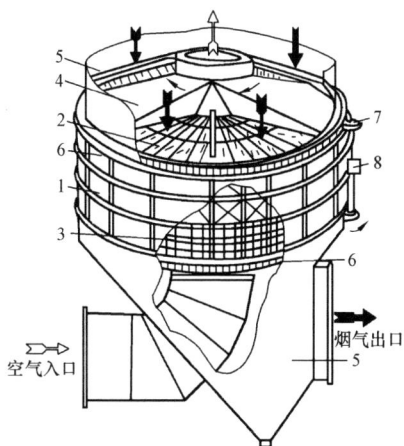

图 11 – 21　风罩回转式空气预热器

1—外壳；2—受热面元件盒（内装波形板）；3—受热面元件盒内装蜂窝状陶瓷砖；
4—8 字风道（转子）；5—烟道；6—传动齿条；7—传动齿轮；8—减速箱

二、蒸发受热面与水循环

1. 水冷壁

锅炉最主要的蒸发受热面就是布置在炉膛四周吸收辐射热的水冷壁。火焰对水冷壁的辐射已成为锅炉传热的重要方式。炉膛内装设水冷壁后减少了高温对炉墙的破坏作用，大大降低了炉墙的内壁温度，因此炉墙厚度可以减薄、质量可以减小。近年来大型锅炉广泛采用膜式水冷壁，更减轻了炉墙质量，因而也降低了造价，而且便于采用悬吊结构，提高炉膛严密性，从而降低热损失。由于炉膛结构蓄热能力的减小，炉膛（燃烧室）升温快，冷却也快，可缩短启、停时间，也缩短了事故情况下的抢修时间。

2. 水冷壁的结构形式

（1）光管水冷壁。光管水冷壁是用轧成的无缝钢管制作成的，可分为大管径和小管径水冷壁管。

（2）鳍片管式水冷壁。片管式水冷壁为我国大中型锅炉广泛采用。鳍片管水式冷壁有两种：一种是光滑和鳍片焊接而成；另一种是热轧成型的。鳍片管主要焊接构成膜式水冷壁。采用膜式水冷壁的主要优点是，可充分吸收炉膛辐射热量，保护炉墙，减少耐火材料，炉墙厚度、质量大为减少，并有良好的气密性，为消除炉膛漏风创造了条件。

（3）带销钉的水冷壁，也叫刺管水冷壁。带销钉的水冷壁主要用于液态排渣炉和炉膛卫燃带。销钉上敷设有耐火材料，可减少水冷壁吸热，使该部位炉温增高，以便燃料迅速着火和稳定燃烧。销钉沿管长呈叉列布置，其长度为20~25mm、直径为6~12mm。

（4）内螺纹膜式水冷壁。内螺纹膜式水冷壁用于高热负荷区域，可以增强流体的扰动作用，防止发生传热恶化，使水冷壁得到充分冷却。

3. 水冷壁布置

水冷壁的布置应保证水循环回路工作的可靠性。自然循环锅炉将水冷壁分成若干回路，在同一回路中各管受热应相近。以 DG – 670/13.7 – 540/540 – 8 型锅炉为例，它的水冷壁布置如下：

（1）前墙水冷壁由4个管屏组成，两边的两个管屏各有39根水冷壁管，中间两个管屏各有37根水冷壁管，均向上进入对应的上联箱。这四个上联箱上各接6根汽水导管，共24根，把汽水混合物送入汽包。

（2）两侧墙水冷壁各由4个管屏组成，各管屏依次有39、21、22根和39根水冷壁管。除最后一个管屏外，其余的管屏都是垂直向上，进入各自对应的上联箱。最后面的一个管屏延伸到折焰角时，靠后面的24根水冷壁管间隔地抽出12根，引入到每侧两个的水平烟道侧包墙下联箱。每个下联箱引入6根水冷壁管；其余的12根引入到侧墙水冷壁中间联箱。中间联箱向上引出24根管，进入侧墙水冷壁后面的上联箱。水平烟道侧墙两个下联箱分别引出20根和21根包墙管，进入一个上联箱。

（3）后墙水冷壁有4个下联箱。水冷壁管的布置情况在折焰角以下和前墙一样，后墙水冷壁管形成折焰角以后，间隔地抽出1/3的管子向上形成前凝渣管，通过烟道进入4个前凝渣管上联箱，其余的2/3水冷壁管，在按原倾角继续延伸形成水平烟道的斜底包墙以后，在水平烟道出口向上引出两排纵向布置的后凝渣管，垂直通过烟道，进入后凝渣管上联箱。后凝渣管上联箱共3个，中间一个较长，和后墙水冷壁中间两个下联箱相对应。

（4）后竖井侧包墙，每侧有三个管屏，由前向后分别有19、19、18根水冷壁管，这些水冷壁管垂直向上进入和下联箱相对的上联箱。全炉水冷壁系统共27个水冷壁上联箱由92根汽水导管引入汽包。炉膛四壁均由60×6、节距为80mm 的管子加扁钢焊成的膜式水冷壁遮盖。

三、过热器与再热器

1. 过热器

过热器的作用是将饱和蒸汽加热成具有一定温度的过热蒸汽,以提高热效率。它是电站锅炉中一个必备的重要部件,它在很大程度上影响着锅炉的经济性和运行安全性。提高过热蒸汽的参数是提高火力发电厂热经济性的重要途径,但是过热蒸汽参数的提高受到了金属材料性能的限制,因此过热器的设计必须确保受热面管子的外壁温度低于钢材的抗氧化允许温度,并保证其机械强度和耐热性。

过热器根据传热方式可分为对流式过热器、半辐射式过热器和辐射式过热器三类。

(1)对流过热器。该形式的过热器一般布置在对流烟道中,主要吸收烟气对流热量。对流过热器由无缝钢管弯制成蛇形管和两个或两个以上的集箱组成。蛇形管外径为 32～42mm,一般做顺列布置,管子横向节距与外径之比 S_1/d 为 2～3。纵向节距与弯管半径有关,一般此节距与管子外径之比 S_2/d 为 1.6～2.5,过热器管子和集箱连接采用焊接。

对流过热器根据蛇形管的布置方式可分为立式和卧式两种,水平烟道中的对流过热器采用立式(垂直布置),尾部竖井中的对流过热器则采用卧式(水平布置)。过热器根据烟气和蒸汽的相对流动方向可分为顺流、逆流、双逆流和混流四种,如图 11 - 22 所示。烟气和蒸汽的相对流动方向中顺流布置,壁温最低,传热最差,受热面最多;逆流布置,壁温最高,传热最好,受热面最小;双逆流和混流布置,管壁温度和受热面大小居前两者之间,应用较广。逆流布置较多应用于低烟温区,顺流布置较多应用于高烟温区或过热器的最后一级。

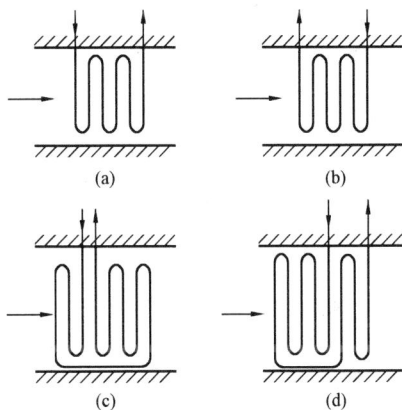

图 11 - 22　烟气与蒸汽的相对流向
(a) 顺流;(b) 逆流;(c) 双逆流;
(d) 混合流

(2)半辐射式过热器。半辐射式过热器由外径为 32～42mm 的钢管及联箱组成,由于它制作成屏风形式,称屏式过热器。屏式过热器一般吊悬在炉膛上部或炉膛出口处,既吸收对流热又吸收辐射热，吸收的对流热和辐射热的比例依布置位置而定。屏与屏之间的节距 S_1 一般为 500~1000mm，屏中管数一般 15~30 根，根据所需蒸汽流速确定。每根管子之间的节距 S_2 和管径之比 S_2/d 为 1.1~1.25。屏式过热器的结构如图 11-23 所示。有的锅炉装有两组屏式过热器，通常把靠近炉前的叫前屏过热器，靠炉膛出口的叫后屏过热器。前者属辐射过热器，后者属半辐射过热器。

(3) 辐射式过热器。放置在炉膛中直接吸收火焰辐射热的过热器称辐射过热器。在大型锅炉中布置辐射过热器对改善汽温调节特性及节省材料有利。辐射过热器的布置方式很多，除了布置成屏式过热器外，还可以布置在炉膛四周称墙式过热器，墙式过热器可布置在炉墙上部，也可以自上而下布置在一面墙上，如图 11-24 所示。辐射式过热器布置在炉墙上部可以不受火焰中心的强烈辐射，对工作条件有利，但这使炉下半部水冷壁管的高度缩短，不利于水循环；自上而下布置在一面墙上的过热器对水循环无影响，但靠近火焰中心的管子受热很强。炉膛热负荷高，管内蒸汽冷却差，壁温较高，工作条件差，

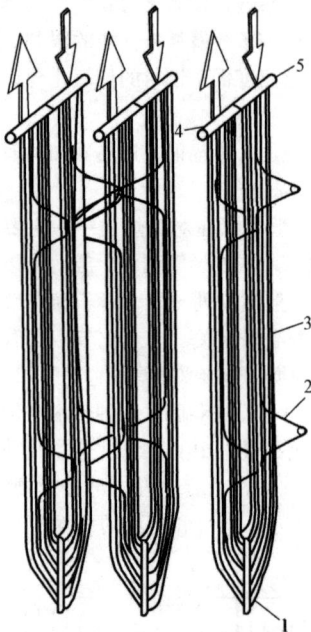

图 11-23 屏式过热器结构示意
1—包扎管；2—连接管；3—屏式过热器管子；4—后屏的出口集箱；5—后屏的进口集箱

因此对金属材质有更高的要求，同时还需解决锅炉启动和低负荷时安全性和过热器管与水冷壁管膨胀不一致的问题。

过热器按布置位置可分为顶棚过热器、包墙过热器、低温对流过热器、分隔屏过热器、后屏过热器、高温对流过热器。

(1) 顶棚过热器。顶棚过热器布置在炉膛、水平烟道顶部，吸收炉膛火焰辐射热及烟气流中的一小部分辐射热，也吸收烟气的对流热。

(2) 包墙管过热器。在大型锅炉中，为了采用悬吊结构和敷管式炉墙，在水平烟道、竖井烟道的内壁像水冷壁那样布置包墙管，其优点是可

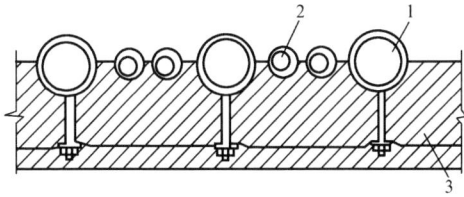

图 11－24　墙式过热器

1—水冷壁管；2—辐射式过热器壁；3—敷管炉墙

以将水平烟道和竖井烟道的炉墙直接敷设在包墙管上形成敷管炉墙，从而可以减小炉墙质量简化炉墙结构，采用悬吊锅炉构架。但包墙管紧靠炉墙受烟气单面冲刷，而且烟气流速低，故传热效果较差。

（3）低温对流过热器。低温对流过热器布置在竖井烟道后半部（尾部烟道），采用逆流布置对流传热。有垂直布置和水平布置两种布置形式。

（4）分隔屏过热器。分隔屏过热器布置于炉膛出口处，主要吸收辐射热。其作用是：

1）对炉膛出口烟气起阻尼和分割导流作用。四角燃烧锅炉，炉膛内气流按逆时针方向旋转时，通常炉膛出口右侧烟温偏高，为了消除出口烟气的残余旋转及烟温偏斜的影响，在炉膛上部设置了分割屏以扰动烟气的残余旋转，使炉膛出口的烟气沿烟道宽度方向能分布得比较均匀些。

2）能降低炉膛出口烟温、避免结渣。

3）在锅炉放大调节范围内，其过热器出口蒸汽温度可维持在额定数值中。

4）可有效吸收部分炉膛辐射热量，改善高温过热器管壁温度工况。

（5）后屏过热器。布置在近炉膛出口折焰角处，同时吸收辐射热和对流热，属半辐射式过热器。后屏采用顺流布置。分割屏与后屏之间可左右交叉连接，以降低屏间热偏差。

（6）高温对流过热器。高温对流过热器布置在折焰角上方，吸收对流热。因高温对流过热器处于烟温和工质温度都相当高的工况下，故采用顺流布置。高温对流过热器为立式布置，悬吊方便，结构简单，管子外壁不易磨损，不易积灰，但管内存水不易排除，在启动初期，如处理不当，可能形成汽塞而导致局部受热面过热。

2. 再热器

随着蒸汽压力的提高，为了减少汽轮机尾部的蒸汽湿度以及进一步提高整个发电机组的热经济性，在大型锅炉中普遍采用中间再热系统，即将汽轮机高压缸的排汽引回到锅炉中再加热到高温，然后再送到汽轮机的中压缸中继续膨胀做功，这个加热部件称为再热器。

由于再热蒸汽压力低，蒸汽比容大，密度小，故放热系数 α_2 比过热蒸汽小得多，因而再热蒸汽对管壁的冷却能力差，管壁温度超过管中蒸汽温度的程度大于过热蒸汽，同时再热系统的经济性受再热系统阻力的影响很大，例如再热系统的阻力增加 0.1MPa，使汽轮机热耗增加 0.28%，因此，通常规定系统总阻力不大于再热器进口压力的 10%，即一般不超过 0.2~0.3MPa，其中再热器本身阻力占 50%，因此再热器中的流速是受到限制的。另外，由于再热蒸汽压力低，其比热值较小，因而在同样热偏差条件下，出口汽温的偏差比过热蒸汽要大，而由于受阻力的限制又不能采用过多的交叉措施。综合上述原因，再热器受热面一般应布置在烟温稍低的区域内，并且采用较大管径和多管圈的结构。

再热器根据蛇形管的布置方式可分为垂直布置和水平布置。立式再热器布置在锅炉的水平烟道中，结构和立式过热器相似；卧式再热器布置在尾部竖井中，和卧式过热器相似。再热器的管子一般为光管，由于管内工质的放热系数小，为了降低管壁温度可采用纵向内肋片管，由于纵向内肋片管的内壁面积增大，传热改善，可将管壁温度降低 20~30℃。

四、汽水分离设备

1. 汽包

汽包是汽包锅炉中的重要组件，其作用如下：

（1）连接上升管（水冷壁）与下降管，组成自然循环回路，同时接受省煤器来的给水，以及向过热器输送饱和蒸汽。因而汽包是加热、蒸发与过热三个过程的连接点。

（2）汽包中存有一定水量，因而有一定蓄热能力，可以减缓汽压变化速度。

（3）汽包中装有各种内部装置，用以保证蒸汽品质。

汽包结构如图 11-25、图 11-26 所示。图 11-25 为高压、超高压锅炉汽包内部装置，图 11-26 为多次强制循环锅炉汽包内部装置。

汽包内部由弧形衬板形成环形夹层作为汽水混合通道。汽包内装有两列对称 110 只涡轮叶片分离器和百叶窗、波形板。汽包上部有饱和蒸汽引出管和汽水混合物引入管；下部有大直径下降管及来自省煤器的给水管。

汽包的工作流程是：从水冷壁管来的汽水混合物经过汽包上部引入管进入汽包内部，沿着汽包内壁与弧形衬板形成的狭窄的环形通道流下，使

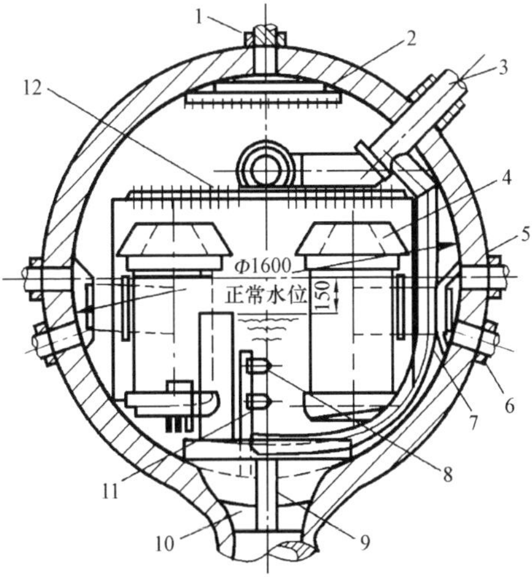

图 11 – 25　高压、超高压锅炉汽包内部装置

1—饱和蒸汽引出臂；2—均汽板；3—给水管；4—旋风分离器；5—汇流箱；6—
汽水混合物引入管；7—旋风分离器引入管；8—排污管；9—下降管；10—十字
挡板；11—加药管；12—平孔板清洗装置

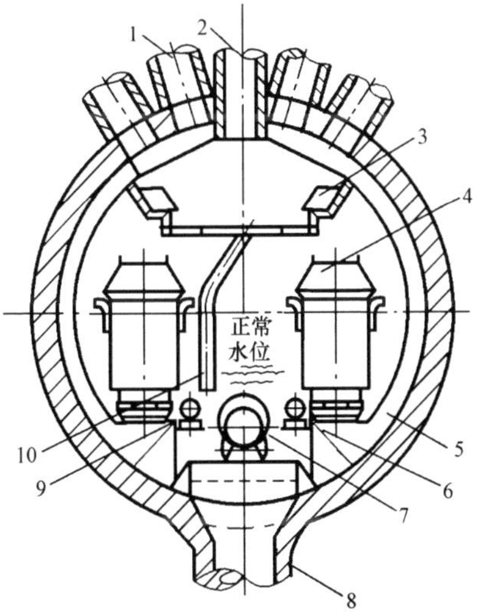

图 11 – 26　多次强制循环锅炉汽包内部装置

1—汽水混合物引入臂；2—饱和汽引出臂；3—百叶窗；4—涡轮分离器；5—汽水
混合物汇流箱；6—加药管；7—给水管；8—下降臂；9—排污管；10—疏水管

汽水混合物以适当的流速均匀地传热给汽包内壁，这样克服了自然循环汽包炉在启停时汽包上下壁温差过大的困难，可以较快速地启动。从环形通道下侧出来的汽水混合物，分别进入汽包两侧的涡流式分离器。涡流式分离器为同心圆筒的结构，内部装有固定螺旋形叶片使汽水混合物产生旋转运动，靠离心力作用将水滴抛向内套筒的内壁，并依靠汽水混合物的冲力把水滴推向上部，在筒上部装有环形导向圈，把水挡住，并引向内、外套筒之间的环形汽包水空间，而蒸汽则在内套筒中间上流动，这是汽水混合物的第一次分离。

被分离出来的蒸汽仍带有少量的水，从内筒中部进入波形板分离器（或称二级分离器）。波形板分离器是两列对称排列的密集波形板，装置在蜗轮式分离器上部。带有部分水滴的蒸汽在波形板间隙缝中流动，由于多次改变流动方向，依靠惯性力将水滴再次分离出来，而附在板面上。附在板面上水的速度比蒸汽速度低，能在板面上形成水膜，使水不被蒸汽带走。蒸汽从水平方向引出，水沿波形板流到下方的水空间，这样有效防止了水滴与蒸汽相碰而引起二次飞扬，这称为二次分离。

在第二次分离结束后，蒸汽以比较低的速度继续向上流动，通过安装在汽包上部沿着汽包长度方向布置的数排百叶窗式分离器，当蒸汽以相当低的速度穿过百叶窗弯板间的曲折通道时，蒸汽中携带的残余水分会沉积在波形板上，并沿着波形板流向中间的疏水管道，通过此管道返回到汽包水空间，这是第三次分离。

蒸汽经过三次分离后，达到了蒸汽质量标准，再由汽包顶部饱和蒸汽管引往顶棚过热器。

2. 汽水分离装置

汽水分离装置的工作原理：①利用汽水密度差进行重力分离；②利用汽流改变方向时的惯性力进行惯性分离；③利用汽流旋转运动时的离心力进行汽水离心分离和利用使水黏附在金属壁面上形成水膜往下流形成的吸附分离。

（1）旋风分离器。旋风分离器由筒体、引管、顶帽和筒底导叶等部件组成，其构造如图 11 - 27 所示。汽水混合物由引管切向进入旋风分离器筒体，产生旋转运动，在离心力的作用下使水汽分离。分离出来的水通过筒底导叶排出，蒸汽则通过顶帽进入汽包的有效分离空间。由于汽水混合物的旋转，旋风分离器筒内水面将呈漏斗状，贴着上部筒壁的只有一薄层水膜。为了防止这层水膜被上升气流撕破表面使蒸汽携带水分增加，因此在顶部装有溢流环。溢流环与筒体的间隙既要保证水膜顺利溢出，又要防止蒸汽由此窜出。

为了防止筒内的水向下时带汽，用底板与导向叶片组成筒底。导叶沿底板四周倾斜布置，倾斜方向与水流旋转方向一致，可使排水平稳地流入汽包水室，但不能消除排水的旋转运动。

由于离心力的作用，筒体出口蒸汽速度很不均匀，局部速度很高，有大量水滴被带出。加装顶帽能使汽流出口速度均匀，又可利用附着力进一步分离水滴，故可把蒸汽携带的湿分进一步减少。

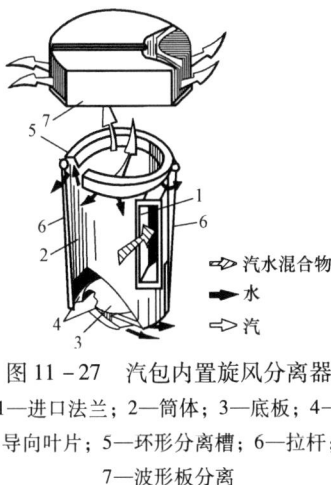

图 11 – 27　汽包内置旋风分离器

1—进口法兰；2—筒体；3—底板；4—导向叶片；5—环形分离槽；6—拉杆；7—波形板分离

高压和超高压锅炉主要采用立式波形板圆形顶帽，它由许多波形板组成。在板上经常附着一层水膜，带有细水滴的汽流经波形板时，细水滴可被水膜黏住，从而提高分离效果。

汽水混合物进入旋风分离器的流速越高，汽水分离效果越好，但分离器阻力增大，对水循环不利。一般高压、超高压锅炉为 4~6m/s。

（2）涡轮分离器。涡轮分离器的结构如图 11 – 28 所示。汽水混合物自筒体底部轴向进入，通过旋转叶片时，混合物发生强烈旋转从而使汽水分离。水沿筒壁转到顶盖受阻挡后，从内筒与外筒之间的环缝中流入水空间。蒸汽则由筒体中心部分上升经波形顶帽进入汽包蒸汽空间。涡轮分离器分离效果好，分离出来的水滴不会被蒸汽带走，但阻力大，多用于多次强制循环汽包锅炉。

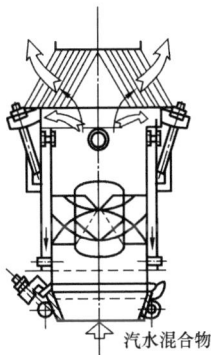

图 11 – 28　涡轮分离器

（3）波形板分离器。波形板分离器又称百叶窗，其结构如图 11 – 29 所示。波形板分离器是一种用薄钢板密集组成的细分离设备，布置在汽包顶部。

波形板分离器能够聚集和除去蒸汽中带有的微细水滴。汽水混合物经过粗分离设备

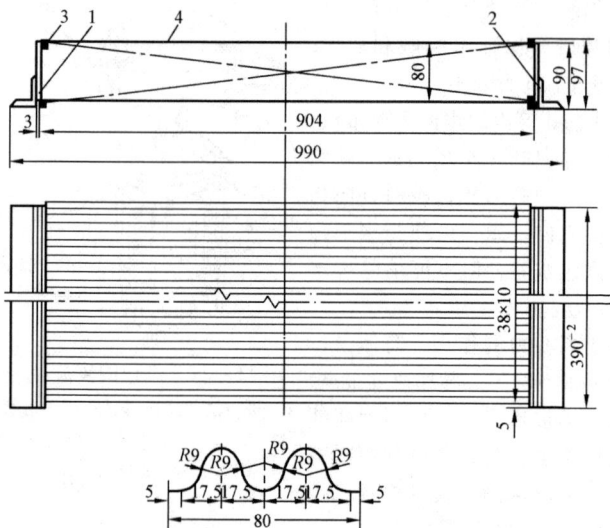

图 11 – 29　波形板分离器
1—钢板；2—角钢（∠40×40×4）；3—槽条；4—枚形板

进行分离后，较大的水滴已被分离出去，对于细小的水滴因其质量小，很难用重力、离心力等方法将其从蒸汽中分离出来，而利用黏附力进行分离则效果很好，波形板分离器就是根据这一原理工作的。在波形板分离器的波形板上附着一层水膜，带有细小水滴的蒸汽流过波形板时，细小水滴就会被水膜黏住，沿板壁向下流动，最后流入汽包水容积，使汽、水得到进一步分离。

（4）均汽孔板。均汽孔板也叫顶部多孔板，它的作用是利用孔板的节流作用，使蒸汽沿汽包的长度和宽度均匀引出。在与波形板分离器配合使用时，还可使波形板前蒸汽负荷均匀，避免局部蒸汽流速过高。另外它还能阻挡住一些小水滴，起到一定的细分离作用。

均汽孔板用 3～4mm 厚的钢板制成，孔径一般为 10mm 左右，蒸汽穿孔速度在超高压锅炉中为 4～6m/s。

3. 蒸汽清洗装置

汽水分离装置只能减少蒸汽机械携带的盐分含量，而不能解决蒸汽溶盐问题，因此对高压以上锅炉，除采用汽水分离装置外，还需采用蒸汽清洗装置以减少蒸汽中的溶盐量。给水的含盐浓度很低，蒸汽清洗的原理就是让蒸汽和给水接触，通过质量交换，可使溶于蒸汽中的盐分部分转移到给水中，从而使蒸汽含盐量降低。

按蒸汽与给水接触方式的不同，可将清洗装置分为穿层式、雨淋式、水膜式等几种。目前我国主要采用穿层式，穿层式清洗装置的结构如图 11 - 30 所示。图 11 - 30（a）中的钟罩式穿层清洗装置由下底板（清洗槽）和上盖板（孔板顶罩）组成，蒸汽从下底板两侧缝隙中进入清洗装置，流过进口缝隙的流速小于 0.8m/s，然后以 1 ~ 1.2m/s 的速度穿过孔板和孔板上的清洗水层后流出，给水由板上流入汽包水容积。钟罩式穿层清洗装置工作可靠而有效，但结构较复杂。图 11 - 30（b）中的平板式穿层清洗装置简单，由平孔板清洗槽和 U 形卡组成，孔板上的开孔孔径一般为 5 ~ 6mm，蒸汽穿孔速度为 1.3 ~ 1.6mm/s，板厚 2 ~ 3mm，其清洗面积比钟罩式增大而阻力减小，因而应用较广。清洗水层厚度一般为 30 ~ 50mm。

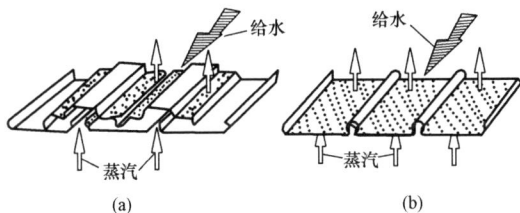

图 11 - 30　穿层式清洗装置
（a）钟罩式；（b）平板式

第五节　风 机 设 备

一、离心式风机

（一）构造

离心式风机的构造可以分为转动和静止两部分。转动的部分由叶轮和转轴所组成；静止部分由风壳、轴承、支架、导流器、集流器、扩散器等组成。

1. 叶轮

离心式风机的叶轮有封闭式和开式两种。开式叶轮在电厂风机中很少见，电厂锅炉风机中常用的是封闭式叶轮。封闭式叶轮又分为单吸式和双吸式两种。封闭式的叶轮由叶片、前盘、后盘及轮毂组成，如图 11 - 31

所示。叶片的形状基本上有后弯叶片、径向叶片和前弯叫片三种。叶轮是用来对气体做功并提高其能量的主要部件，除了其尺寸应符合容量的要求外，叶片的角度和线型对风机工作的效率影响很大。由于机翼理论的发展，把风机叶片做成空心机翼型后，可使叶片的线形更适应气体流动的要求，从而提高了风机的效率。

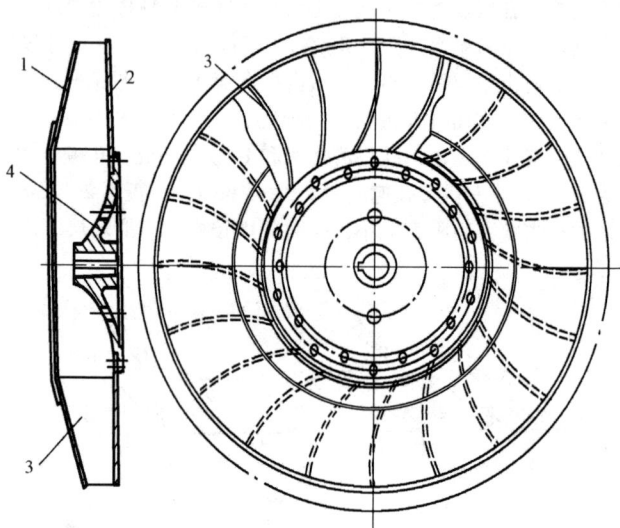

图 11 – 31 风机的叶轮

1—前盘；2—后盘；3—叶片；4—轮毂

2. 转轴

离心式风机的转轴是传递机械能的主要零件。主轴的尺寸是根据传递最大扭矩时产生的剪应力来进行计算的。

3. 风壳

风机的性能不仅取决于气流在叶轮中的运动情况，而且还受离开叶轮后所经过的部件对气流的影响，其中主要是风机外壳的结构影响，即受螺旋室、风舌及扩散器的影响。离心式风机外壳的形状如图 11 – 32 所示。

风壳的作用是收集自叶轮排出通向风机出口断面的气流，并将气流中部分动能转变成压力能。螺旋室的断面形状通常采用阿基米德螺旋线。风舌的几何形状以及风舌离叶轮的圆周的距离，对风机的效率和噪声都有一

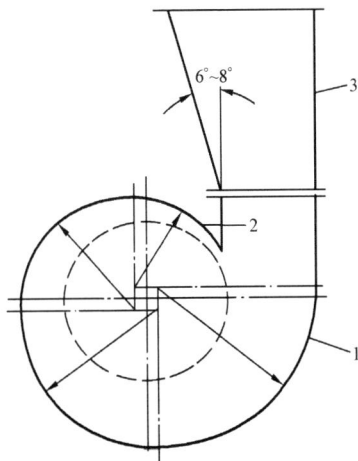

图 11 – 32　外壳
1—螺旋室；2—风舌；3—扩散器

定的影响。

　　在一般情况下，风壳出口断面上气流速度分布是不均匀的，通常朝叶轮一边偏斜。因此，扩散器最好是向叶轮一侧偏斜，并采用扩大的单面扩散管。一般扩散器的扩散角在 6°~8° 的范围内。

　　4. 集流器

　　风机叶轮进口处装有集流器，其作用在于保证气流能均匀地充满叶轮的进口断面，并且使风机进口处的阻力尽量减小。风机采用的几种集流器的形式如图 11 – 33 所示。

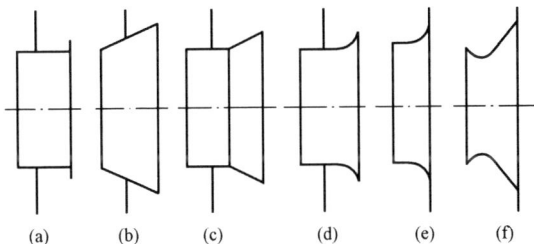

图 11 – 33　集流器的形式
（a）短圆柱形；（b）圆锥形；（c）短圆柱和圆锥组合形；
（d）、（e）流线型；（f）缩放体形

5. 导流器

　　在离心式风机集流器之前，一般安装有导流器。导流器常称为入口挡板，其作用是调节风机的负荷。常用的轴向导流器的结构如图 11 – 34 所示，适用于圆形风道。在圆周上安装有 12 片径向布置的导叶，在每一片导叶上安装有转轴，转轴外缘端头上装有转动臂。执行器通过转盘带动转动臂转动。改变叶片的旋转角度可以调节风机负荷的大小。通过导流器的空气是旋转的（由于导流器叶片角度的作用），并且旋转方向与风机叶轮旋转方向一致。

　　矩形风道通常采用图 11 – 35 所示的简易导流器。

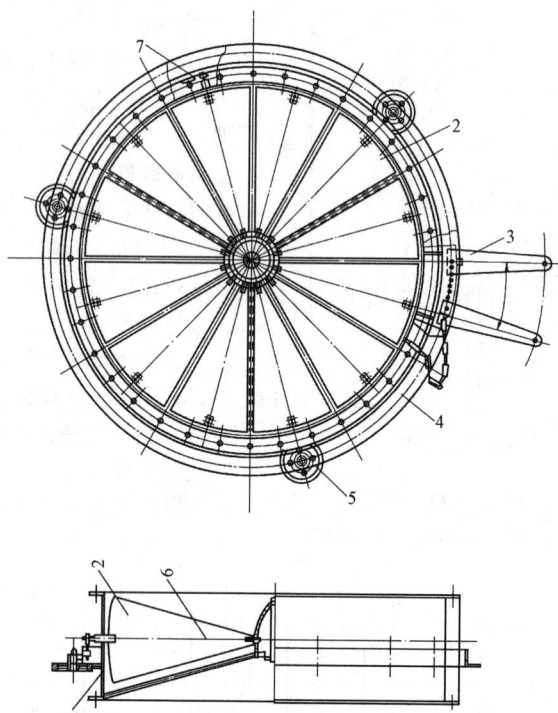

图 11 - 34　轴向导流器

1—外壳；2—叶片；3—把手；4—转盘；5—滑轮；6—转轴；7—转动臂

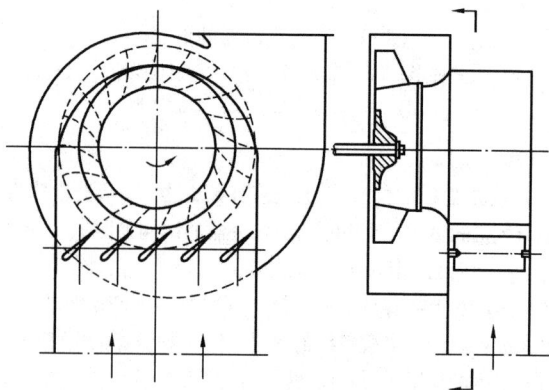

图 11 - 35　简易导流器

（二）工作原理

离心式风机是利用离心力来工作的。当叶轮转动时，充满在叶片间的气体随同叶轮一起旋转，旋转的气体因其自身的质量产生了离心力，而从叶轮中甩出去，并使叶轮外缘处的空气压力升高，利用此压力将气体压向风机出口。与此同时，在叶轮中心位置，气体压力下降，形成一定的真空或者负压，使入口风道的气体自动补充到叶轮中心。

离心式风机能够产生压头的高低主要与叶轮直径有关，叶轮直径越大，转速越快，气体在风机中获得的离心力就越大，因而产生的压头就越高。除此之外还与流体的密度（或相对密度）有关，流体的密度越大，能够产生的压头也就越高。

（三）负荷调节装置

1. 变角调节

这种调节方法是用改变性能曲线的方法来改变工作点的位置，在离心式风机中应用较普遍，通常称为导流器调节。在离心式风机进口装有导流器，利用导流器叶片角度的变化进行流量的调节。

2. 变速调节

由于大功率三相交流电动机难于达到变速调节，现多采用液力联轴器对风机实现变速调节。采用液力联轴器的变速调节没有附加阻力，是比较理想的一种调节方法。

液力联轴器是用液体来传递功率（转矩）的一种传动部件。液力联轴器的结构示意图如图 11 - 36 所示。液力联轴器主要由泵轮、涡轮和旋转内套（也称勺管室）组成。泵轮和旋转内套与主动轴相连接，主动轴是连接在由电动机带动的增速齿轮后的。涡轮通过从动轴与风机轴连接。在泵轮和涡轮中分别形成了两个腔室，并在腔室里有径向叶片，叶片一般为 20 ~ 40 片。在泵轮与涡轮间的腔室中有工作油，形成了一个环形流道。

泵轮直接由主动轴带动，它的作用是将主动轮输入的机械能转变成工作液体的动能。泵轮起着提高液体能量的作用，即相当于离心泵的工作叶轮，故称为泵轮。液体在泵轮中提高了能量之后，沿循环流道并在离心力的作用下冲动涡轮旋转，即将液体中的动能转变成机械能（转矩），并以此来驱动从动轴。它就像汽轮机受到高能量汽流冲动而获得机械功一样，因此叫作涡轮。所以，液力联轴器是以液体为介质来传递能量（转矩）的。

液力联轴器是靠泵轮与涡轮的叶轮腔室内工作油量的多少来调节转速

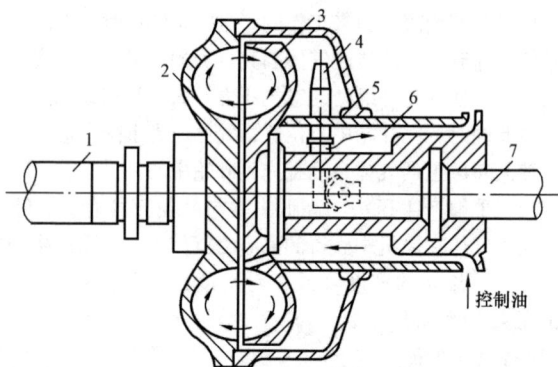

图 11 - 36　液力联轴器结构示意图
1—主动轴；2—泵轮；3—涡轮；4—勺管；5—旋转内套；
6—回油通道；7—从动轴

的。因泵轮以固定转速旋转，工作油量越多，传递的转矩越大。反过来，
如果主动轮的转矩不变，那么工作油量越多，涡轮的转速也越大。因此，
可以通过改变腔室内工作油量的多少来调节涡轮的转速，以适应负载的需
要。油量的多少可由勺管来控制。勺管升高，回油量增多，腔室内油量减
少，涡轮转速下降；反之涡轮转速升高。所以，液力联轴器是在电动机转
速不变的情况下改变其输出轴转速的。

液力联轴器具有很高的传动效率（0.95 ~ 0.98），运转平稳，能有效
地控制原动机的过载；能吸收振动，消除冲击性载荷的影响，易于调节和
实现自动化，能实现无级调速。液力联轴器可以使电动机的启动转矩大大
减小，这样就可以大大降低电动机的富裕容量。

二、轴流式风机

随着锅炉机组容量的增大，风机需要的流量增大，而需要的风压变化
不大，离心式风机无法适应，因此大容量锅炉的送风机、引风机普遍采用
轴流式风机。

（一）构造和原理

图 11 - 37 为轴流式风机的结构示意图。轴流式风机由叶轮、转轴、
风壳及导流叶片（也称导叶）等所组成。在轴流式风机中，气体受叶片
的推挤作用而获得能量，提高压力，然后经导流叶片由轴向压出，轴流式
风机是按叶栅理论中升力原理工作的。

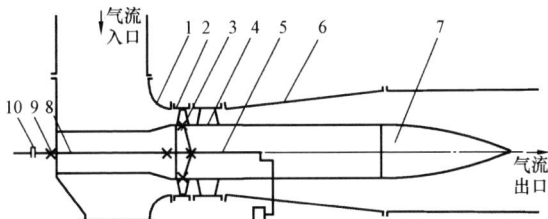

图 11 – 37　动叶调节的轴流式风机结构示意图
1—进气室；2—外壳；3—动叶片；4—导叶；5—动叶调节机构；
6—扩压器；7—导流器；8—轴；9—轴承；10—联轴器

1. 叶轮

叶轮是轴流式风机的主要部件之一。气体通过叶轮的旋转获得能量，沿着轴线做螺旋线的轴向运动。轴流式风机叶片有固定式和动叶调节两种形式。动叶叶轮主要由动叶片、轮毂、叶柄、轴承、曲柄、平衡块等组成。动叶调节式叶片沿径向宽度逐渐缩小并扭曲，这样既可以减小叶片旋转时产生的离心力，不使叶柄及推力轴承受力过大，又不影响叶片的强度。扭曲叶片能减少气流的分离损失，提高风机的效率。在运行中，改变叶片角度可调节风机的出力。

2. 导叶

导叶是静止的叶片，装在动叶轮的后面，因为从动叶中流出的气流是沿轴向运动的旋转气流，旋转气流的圆周分速度必然会引起能量损失。为了提高风机效率，因而在动叶后面装置了扭曲形的导叶。导叶的进口角正对准气流从叶片中流出的方向，导叶的出口角与轴向一致，所以气体从导叶中流出后又变为轴向的。

3. 进气室

进气室的作用主要是保证气流在损失最小的情况下平顺地、充满整个流道地进入叶轮。

4. 扩压器

经导叶流出的气体具有一定的压力及较大的动能，为了使动能部分地转变为压力能，以提高流动效率及适应锅炉工作需要，在导叶后设有渐扩形的风道，叫作扩压室，或称扩压器。在扩压器中，气流速度逐渐下降，压力逐渐上升，达到动能部分转变成压力能的目的。但扩压器的扩散角度不能太大，否则局部损失太大，噪声也大。扩散角一般在 5° ~ 6° 为宜。

（二）负荷调节机构

轴流式风机常采用改变动叶片角度和改变导流器叶片角度的方法进行负荷调节。

轴流式风机采用的导流器，其结构与离心式风机采用的导流器结构相同。一种机械式的动叶调节机构如图 11 – 38 所示。

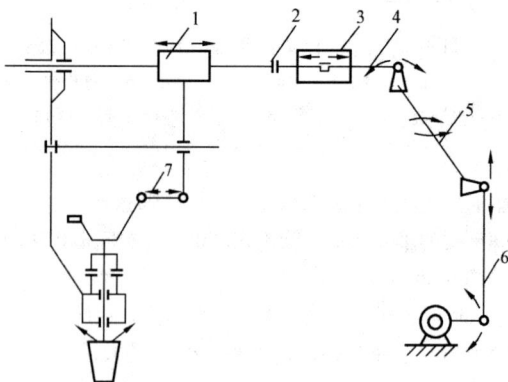

图 11 – 38　轴流式风机动叶调节机构示意图
1—转换器；2—联轴器；3—滑块；4—连杆；
5—传动轴；6—杠杆；7—连杆

当电动机执行器动作后，带动杠杆 6 上、下移动，从而使传动轴 5 转动。传动轴的转动带动连杆 4 与联轴器 2 左、右移动。联轴器 2 的左右移动推动了转换器 1 左、右移动。转换器的移动又驱使连杆左、右移动，由此带动曲柄转动，改变动叶角度来调节风机的负荷。

三、风机的运行

1. 启动前的检查

（1）对于检修后的风机在启动前检查时，应将检修用的脚手架全部拆除，通道和平台保持畅通、平整，检修现场已全部清理，保温已恢复，各人孔门、检查孔门已关闭。

（2）主电动机与各轴承及风机本体的地脚螺栓、风机的风壳法兰结合面螺栓全部拧紧。

（3）联轴器的固定螺栓齐全牢固，防护罩完好牢固。

（4）风机的入口挡板、动叶可调风机的动叶角度以及带有液力联轴器风机的勺管开度应关小到零。检查执行器及传动部分的连接良好，执行器置于远动位置。

（5）对于强制油循环润滑的风机，应检查油箱的油质、油位、油温达到启动要求。检查就地油压表应投入运行，开启油泵的出口门。带有油冷却器的应根据环境温度情况投入冷却器并调好冷却水的流量。冬季启动时，有油箱电加热器的应投入电加热器自动温度控制。

（6）对于强制油循环的油系统，可提前启动油泵运行，并在油泵启动后对油系统的油压、油温、油流量、回油量、油泵运转情况进行全面检查。

（7）对于油环润滑的轴承，应检查轴承油位表油位指示达到规定值。

（8）电动机的电源线、地线接线盒完好。

（9）带有轴承冷却风机的应启动冷却风机，并对运转的冷却风机进行检查。

（10）风机启动前不允许有明显的反转。

（11）风机主电动机事故按钮应良好并处于释放位置。

2. 风机的运行监视和检查

（1）用听针检查各轴承、液力联轴器、电动机、风轮的运转声，以便及时发现异常的摩擦声、碰撞声、气流噪声。

（2）用手摸各轴承的振动情况，根据经验确定风机轴承振动值的大小。如果振动较大（超过正常范围），应向司炉汇报，并用振动仪测量准确的振动值。

（3）检查各轴的温度。如果轴承瓦座上装有温度表，则以表计监视为主并以手摸监督表计指示的正确性；没有温度表的要用手摸，粗略判断轴瓦温度值的高低。如果发现温度不正常地升高但仍在允许的范围内时，可用便携式温度计测，量其准确数值，并迅速查明原因，开大冷却水量或者增加润滑油流量。如果温度急剧上升并超过允许值甚至冒烟时，应立即停止风机运行。

（4）轴承油位应在规定刻度范围，无异常的下降或者渗漏，油质良好。油环润滑的轴承，应检查油环带油正常。

（5）对于强制油循环的轴承润滑油系统，应检查油箱的油位、油质和油温在正常范围，油泵运转无异声，油压、油流量、供油温度等参数正常。油系统管道应严密不漏。

（6）冷却水量应根据油温、轴承温度进行合理的调节。

（7）带有冷却风机的应检查冷却风机的运转声和振动情况。

3. 风机的启动步骤

（1）启动轴承润滑油泵。带有轴承冷却风机的则应启动轴承冷却风机。带有液力联轴器的风机，应启动辅助润滑油泵对各级齿轮和轴承进行供油。

（2）动叶调节的轴流风机，应将动叶角度关到零位。带有液力联轴器的风机应将勺管位置关到零位。关闭风机入口调节挡板，关闭风机出口挡板，使风机在空载下启动。

（3）启动风机主电动机，待电流恢复到正常值时，开启风机出入口挡板，增加风机负荷。

（4）风机启动后，应对风机运转状况做一次全面检查。

4. 风机的停止

（1）对于采用入口调节挡板的风机，应关闭入口挡板。对于采用液力联轴器的风机，应将转速（勺管位置）减至最小。对于采用动叶调节的风机，应将动叶关小到零位。

（2）停止风机主电动机运行。关闭风机出、入口风挡板。

（3）对于带液力联轴器的风机，在主电动机停止时注意检查辅助润滑油泵应联动启动，并继续运转一段时间自动停止。

（4）停止冷却风机运行。停止辅助润滑油泵运行。

四、风机的常见故障及处理

1. 风机振动大

风机振动超标是风机的一种常见故障。引起风机振动的原因主要有以下方面：

（1）转子动、静不平衡引起的振动，这除了与制造、安装、检修的质量有关外，运行中发生的不对称的腐蚀、磨损，叶片不均匀的积灰、转轴弯曲、转子原平衡块位移或脱落，以及双侧进风风机的两侧风量不均衡，都能引起风机振动。

（2）风机、电动机联轴器找中心不准或者联轴器销子松动造成电动机与风机轴不在一条中心线上。

（3）转子的紧固件松动或者活动部分间隙过大，轴与轴瓦间隙过大，滚动轴承固定螺母松动等。

（4）基础不牢固或者机座刚度不够，如基础浇注质量不良，地脚螺栓或垫铁松动，机座连接不牢或连接螺母松动，机座结构刚度太差等。

发现风机振动大时应加强运行监视，适当减小振动风机的负荷。如果振动太大超过最高允许值威胁到设备和人身安全，应立即停止风机运行。

2. 风机轴承温度高

轴承温度高是轴承损坏的重要因素之一。引起轴承温度偏高的主要原因有以下几点：

（1）润滑油脂质量不良。油环润滑的轴承，因油位太低会带油不足，因油环损坏会影响正常带油。强制油循环的系统，供油压力太低或者供油流量太小使动静金属直接摩擦发热，油脂润滑的轴承油脂太少形成缺油等。

（2）滚动轴承装配质量不良，如内套与轴的紧力不够，外套与轴承座间隙过大或者过小。

（3）滑动轴承轴瓦表面损伤或过量磨损，轴瓦刮研质量不良，乌金接触不好或者脱胎；滚动轴承滚动体表面有裂纹、碎裂、剥落等，都会破坏油膜的稳定性与均匀性，而致使轴承发热。

（4）轴承振动过大受冲击负载，严重影响润滑油膜的稳定性。

（5）润滑油牌号使用不合理，油的物理性能不能满足轴承的要求。

（6）轴承冷却水量不足或者中断，而使轴承产生的热量带不走。

当风机轴承温度偏高时，应检查冷却水量是否过小或者中断，如是这两种原因，则调整冷却水量后轴承温度恢复正常。检查油环带油状况和油质。对于强制油循环的系统，应检查轴承供油压力、供油流量、供油温度和回油温度，检查轴承振动情况。用听针检查轴承内部的运转声。通过检查分析确定风机是否可以继续运行以及继续运行应采取哪些安全措施。

当供油压力不足或者供油流量不足，供油温度偏高时，应及时采取调整手段使这些参数恢复正常。如果属于用油牌号不合适，但风机仍可继续运行，则应选择合适的机会停机换油。若属于机械检查修理才能解决的问题，应在停机检修时处理。当轴承温度达到或者超过运行最高允许值时，应立即停止风机运行。

3. 风机的紧急停运

遇到下列情况时，应立即用就地事故按钮紧急停风机运行：

（1）风机内部强烈振动威胁设备和人身安全时。

（2）风机轴承振动大，达到现场规程规定的紧急停运数值时。

（3）风机轴承温度达到或者超过规程规定的最高允许值时。

（4）风机轴承冒烟时。

（5）风机主电动机冒烟时。

（6）润滑油泵停止运行或者润滑油压低于最低允许值，风机未跳闸时。

第六节　电除尘器及布袋除尘的构造

一、电除尘系统

电除尘器主要由两大部分组成：一部分是电除尘器本体系统，另一部分是电气系统。电除尘器的主要部件由下述设备和系统组成：灰斗、料位监测及卸灰自动控制装置、绝缘子加热恒温自动控制装置和其他。

二、电除尘器的本体设备

电除尘器的本体主要包括烟箱系统、电晕极系统、收尘极系统、槽形板系统、储排灰系统、管路系统、壳体保温和梯子平台等。它们的大致布置如图 11 - 39 所示。

（一）收尘极系统

收尘极系统由收尘极板（阳极板排）、极板的悬吊装置和极板振打装置三部分组成。收尘极系统的功能是捕获荷电粉尘，并在振打力作用下使收尘极板表面附着的粉尘成片状脱离板面，落入灰斗中，达到除尘的目的。

1. 收尘极板

极板是电除尘器主要部件。在每一个电场中，每一排极板不能用整块钢板制成，这不仅受到钢板规格的限制，而且整块的收尘极板安装很不方便，使用时会因受热和受冷发生弯曲变形，因此极板均制成一条一条的细长条形。

立式电除尘器的极板常见的有圆管状和郁金花状两种。郁金花状立式电除尘器有防止粉尘二次飞扬的性能，应用较广泛。

卧式电除尘器的极板形式繁多，有网状、鱼鳞状、波纹状、C 形、Z 形和大 C 形。其中大 C 形极板（见图 11 - 40）是吸收了 C 形、Z 形、鱼鳞板等极板的优点，克服了它们的缺点而改造成的。大 C 形极板的优点表现为：保持了鱼鳞板的防止二次飞扬的性能，克服了 C 形板不能充分利用空间的缺点，克服了鱼鳞板振动性能差的缺点，吸收了 Z 形板电性能好，

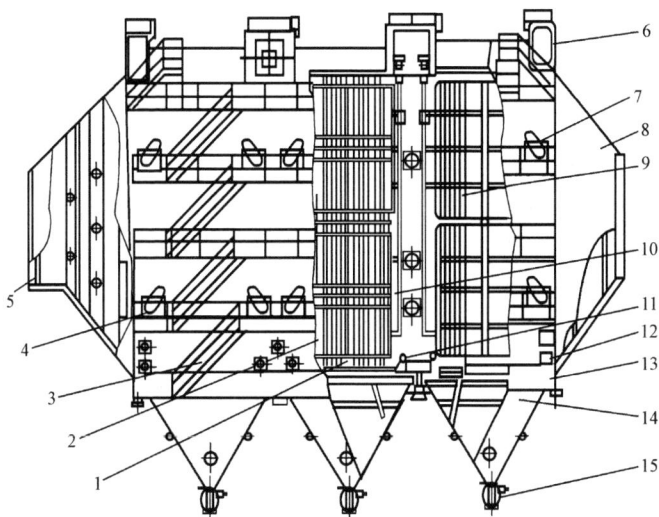

图 11 – 39　电除尘器总图

1—阳极板排；2—芒刺阴极线；3—扶梯平台；4—阴极振打装置；5—进气烟箱；
6—顶盖；7—阴极振打传动装置；8—出气烟箱；9—星形阴极线；10—阴极
振打装置；11—阳极振打装置；12—阳极振打传动装置；13—底盘；
14—灰斗；15—卸灰装置

能防止二次飞扬、振动加速度均匀等优点，改变了 Z 形极板易扭曲、钢材消耗量大的不足，厚度由原来的 2mm 改为 1.5mm，因此在我国电厂的电除尘器中得到了广泛采用。

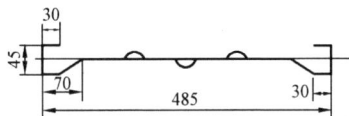

图 11 – 40　大 C 形极板示意图

极板应具备如下特性：

（1）钢材消耗量少，刚度强。

（2）防止粉尘二次飞扬的性能好。

（3）振打传递性能好，振打加速度值分布均匀，清灰效果好。

（4）极板边缘无锐边和毛刺，无局部放电现象。

（5）极板电流密度和极板附近场强分布较均匀。

2. 极板的悬吊装置

目前国内流行的极板悬吊装置是紧固连接型。紧固连接型极板悬吊装置的上、下均采用螺栓把极板紧固，借助垂直于极板表面的法向力，使粉尘层克服法向作用力而与极板分离。紧固连接型极板悬吊装置的优点是位移量小，振打加速度大，固有频率高，而且振打力从振打杆到极板的传递性能好。

3. 收尘极板的振打装置

收尘极板振打装置是使一定厚度的粉尘层脱离极板表面的装置。大部分的电除尘器制造厂是采用下部机械切向振打的装置。机械切向振打装置由传动装置、振打轴、锤头和轴承四个部分组成。

振打轴的轴承在国内多采用叉式轴承。叉式轴承维修方便，寿命也较滑动轴承高 3~4 倍。

传动装置采用程序控制，进行周期振打，并合理地控制振打力的大小，以获得理想的除尘效率。减速机构普遍采用行星摆线针轮减速机。行星摆线针轮减速机的特点是减速比大，传动效率高，结构紧凑，质量小，故障少，寿命长。

（二）电晕极系统

电晕极系统是电除尘器的第二个主要组成部分。它包括电晕线、电晕线框架、框架吊杆及支撑套管、电晕极振打装置等部分。

1. 电晕线

电晕线是电除尘器的阴极。一般说来，为了使电除尘器安全、经济、高效的运行，对电晕线的要求有三点：

（1）不断线或断线少。

（2）放电性能好。所谓放电性能好，包含了三层意思：

1）起晕电压低，即在相同条件下，起晕电压越低，就意味着单位时间内的有效电晕功率越大，除尘效率越高。越大的电晕线，起晕电压越低。

2）伏安特性好，即在相同的外加电压下，电流尘荷电的强度和概率越大，除尘效率越高。

3）对烟气条件变化的适应性强，即对烟气流速、含度、比电阻等适应性强。

（3）电晕线强度高，高温下不变形，利于振打，传递灰效果好。

在我国，常用的电晕线形有锯齿线、鱼骨线、RS 芒刺星形线。从上述几个特点的比较来看，每种电晕线都有的特点，尤以改进型的 RS 芒刺线的综合优势较明要好。

2. 电晕线框架

电晕线框架包括阴极小框架和阴极大框架。阴极小框架的作用主要是固定电晕线，对电晕极进子打清灰。阴极小框架由电晕线和钢管框架组成，其结构如图 11 – 41 所示。电晕线在框架上的安装方式因线的型式不同而不同。阴极（电晕极）大框架（如图 11 – 42）的作用是：

（1）承担阴极小框架、阴极线及

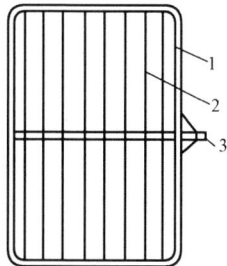

图 11 – 41　电除尘器阴极小框架
1—框架；2—电晕线；3—振打砧

阴极振打锤轴的荷重，并通过阴极吊杆把荷重传到绝缘支柱上。

（2）按设计要求使阴极小框架定位。

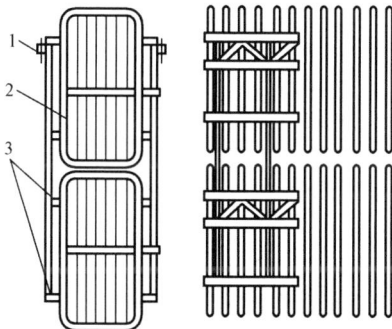

图 11 – 42　阴极小框架与大框架连接示意图
1—大框架；2—小框架；3—连接

3. 阴极吊挂装置

电晕极框架通过吊杆悬吊于壳体顶部的绝缘部件上，绝缘部件要承受框架质量和高电压的作用，保证与壳体有良好的绝缘性能。

阴极吊挂装置常用结构形式有两种：

（1）绝缘套管式。绝缘套管式阴极吊挂装置既是主要承重部件，同时又是主要绝缘部件。此种方式的结构简单，占用空间小，可以用在绝缘性能比较容易保证的场合。

（2）阴极绝缘支柱式。在电除尘器工作过程中绝缘套管破裂是常见故障。为了改善它的工作条件，可将电晕极质量由外部的一组瓷柱承担。此种吊挂方式的承载能力大，绝缘可靠性高，因而得到广泛采用。

第十一章　锅炉的结构及特点

为了保证电晕极框架的支持绝缘套管周围干燥，不致因温度过低时出现冷凝水汽，导致沿面放电，需在套管外或梁外壁加装管状电加热器。

4. 阴极振打装置

它主要包括绝缘瓷轴、密封板、减速机、熔断器（或保险销）、叉式轴承和拨叉等。其主要作用是提供阴极振打清灰的动力。电晕极振打装置一般采用连续振打方式。电除尘器停运后，振打机构应继续运行一段时间，把黏附在电极上的灰尽可能振打下来。在整个停运期间，应定期开动振打机构，防止其转动部分锈死。

（三）槽形板装置

槽形板装置由在电除尘器出气烟箱前平行安装的两排槽形板组成。在除尘器的电场内，由于烟气流的涡流现象，总有一些微小粉尘会从电场逸出。此外，在靠近电场出口附近振打极板时会产生粉尘的二次飞扬，这些粉尘一般不会重新沉积到收尘极板上，因此在出口烟箱前加装不带电的槽形板对这些粉尘有再次捕集的作用。

在槽形板装置上需装设振打设备，以清除板上的积灰。

（四）烟箱系统与气流均布装置

1. 烟箱系统

烟箱系统包括进气烟箱和出气烟箱两部分。

为了使粉尘在烟道中不发生沉降，含尘烟气在烟道中的流速为 8 ~ 13m/s。为保证电除尘器的捕集效率，烟气在电场内的流速为 0.8 ~ 1.5m/s，因此烟气通过电除尘器时，是从具有小断面的通风管过渡到大断面的工作室，再由大断面的工作室过渡到小断面的通风管。因此，进口烟箱采用渐扩式，出口烟箱则采用渐缩式，以使气流逐渐扩张或压缩，改善电场中气流均匀性。

进气烟箱具有扩散气体的作用，它的设计应满足扩散气体的要求，防止局部积灰，满足结构强度、刚度及密闭性要求。

根据工艺条件的要求，进气烟箱可采用前进气式、下进气式、上进气式、侧进气式、斜进气式等形式，其中以前进气式和下进气式最常见。出气烟箱与进气烟箱的形式基本相同，但出气烟箱的角度一般较进气烟箱大，主要是因为电除尘器出口处粉尘的粒度比进口处细，黏附力强。

2. 气流均布装置

为保证进入电场的粉尘气流能均匀分布，提高除尘效率，通常在进气烟箱的入口处设置气流导向板，同时在箱内设置气流均布板。

气流均布板的结构形式很多，目前应用最广泛的是多孔均布装置。

3. 阻流板

阻流板有电场内部阻流板和灰斗阻流板两种。阻流板的作用是防止气流不经过电场而从旁路绕流，并防止烟气绕流引起的灰斗粉尘二次飞扬。

（五）壳体

电除尘器的壳体基本分为框架和板两个部分。框架由大梁、立柱、底梁和支撑构成，是电除尘器壳体的主要承力体系。各框架通过屋面板、墙板和底梁等纵向构件连接在一起，组成电除尘器的壳体。

电除尘器对壳体的要求是：

（1）能支撑起阴、阳两种电极，建立空间电场。

（2）能够围成一个独立的收尘空间，把外界隔开。

（3）能封闭严密，内外气体不能交流。

（4）方便维护与检修，有适宜的进出口通道。

（5）防止降温结露，有良好的保温和防护措施。

（6）必须具有强度高、刚度大、稳定性好等特点。

（六）储排灰系统

电除尘器的储灰系统主要指电场下部的灰斗。灰斗通常设计为漏斗形，在灰斗下部的外壁焊有螺旋状的蒸汽加热管。灰斗内部与气流垂直的方向装有三块阻流板，防止烟气"短路"和防止因烟气短路在灰斗中产生粉尘二次飞扬。有些电厂在电除尘器灰斗内设有上、下两个料位计：上料位计用来发出开始排灰信号，下料位计发出停止排灰信号。

（1）插板箱。插板箱装于灰斗下口，在卸灰机发生故障时可关闭灰斗下口。所以插板箱是除灰装置故障时阻止灰斗下灰的设备。正常工作时，它应处于常开状态。

插板箱由插板、箱体、驱动机构等组成，其结构如图 11－43 所示。

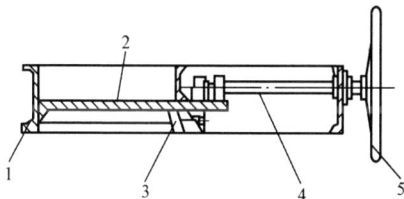

图 11－43　插板箱

1—箱体；2—插板；3—填料；4—丝杠；5—手轮

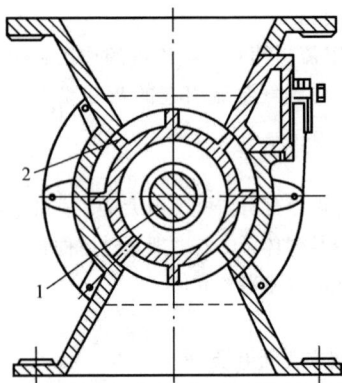

图 11 - 44 卸灰机
1—传动轴；2—叶片

（2）卸灰机。卸灰机装于插板箱下部，它的结构如图 11 - 44 所示。卸灰机的主要作用是将灰斗落下的干灰连续、均匀地卸入冲灰系统或取灰装置。

三、管路系统及辅助设施

1. 管路系统

火电厂电除尘器的管路系统一般包括三部分；

（1）蒸汽加热系统。蒸汽加热系统由汽轮机抽汽或其他蒸汽源引来蒸汽，通过紧贴在电除尘器灰斗外壁的蒸汽加热管，使落在灰斗内的干灰不致受潮结块造成堵灰引起电场短路。

（2）热风保养管路。热风保养管路由空气预热器出口引来热风，穿过灰斗壁直接通入电除尘器内部，作为停机时保养及水冲洗后烘干的热源。也有的电除尘器运行中持续向电绝缘用瓷轴、绝缘瓷柱、绝缘瓷套管等部位引入少量热风进行吹扫，以防表面积灰。

（3）水冲洗管路。水冲洗管路用管道与消防水源接通，停机时将水引入电除尘器内部，对电极进行冲洗。

2. 辅助设施

辅助设施包括保温层、扶梯、平台、栏杆、吊车、雨棚等。

（1）保温层敷设在电除尘器进出口、外壳灰斗的表面上，用于防止电除尘器内部结露及腐蚀，同时也使电除尘器外表面温度降至 50℃ 以下，防止人员烫伤。

（2）扶梯、平台、栏杆。扶梯、平台是维护及检修的通道，要求通行方便并具有承受荷载的能力。栏杆应符合国家标准要求，高度在 1050mm。

（3）吊车、雨棚。吊车用于检修顶部变压器，以便于就地检修，还可以起吊零米的检修器材。雨棚既可防止阳光直射变压器，也可防雨，延长变压器的寿命。

四、布袋除尘器

我国从 2012 年开始实施新的 GB 13223—2011《火电厂大气污染物排放标准》，该标准对火电厂烟气排放物的浓度重新要求，处于大中城市的火电厂采用常规静电除尘器很难长期满足此要求，采用布袋除尘器则可以较好地解决这一问题。

（一）概况

袋式除尘器是一种利用有机纤维和无机纤维过滤布（又称过滤材料），将含尘气体中的固体粉尘通过过滤（捕集）而分离出来的高效除尘设备，因过滤材料多做成袋形，所以又称为布袋除尘器。

含尘气体进入布袋除尘器，气体中颗粒大、比重大的粉尘，由于重力的作用沉降下来，落入灰斗，含有较细小粉尘的气体在导流板的作用下通过滤袋，粉尘被阻留，从而达到净化烟气的目的，净化后烟气的含尘浓度能达到超低排放的水平，即标准状态粉尘浓度小于 $5mg/m^3$。与静电除尘器相比，没有复杂的附属设备及技术要求，造价不太高，在高效率的除尘设备中属于结构比较简单、运行费用相对较低的设备。尤其是袋式除尘器对粉尘特性不敏感、不受粉尘比电阻的影响。这点对我国燃煤电厂尤为重要，因为锅炉一般很难始终保证在设计煤种下运行，造成现有电除尘器效率不高。

（二）工作原理

低压脉冲袋式除尘器的气体净化方式为外滤式，含尘气体由导流管进入各单元过滤室，由于设计中滤袋底离进风口上口垂直距离有足够、合理的气流通过适当导流和自然流向分布，达到整个过滤室内空气分布均匀，含尘气体中的颗粒粉尘通过自然沉降分离后直接落入灰斗，其余粉尘在导流系统的引导下，随气流进入中箱体过滤区，吸附在滤袋外表面。过滤后的洁净气体透过滤袋经上箱体、排风管排出。

滤袋采用压缩空气进行喷吹清灰，清灰机构由气包、喷吹管和电磁脉冲控制阀等组成。过滤室内每排滤袋出口顶部装有一根喷吹管，喷吹管下侧正对滤袋中心设有喷吹口，每根喷吹管上均设有一个脉冲阀并与压缩空气气包相通。清灰时，电磁阀打开脉冲阀，压缩空气经喷由清灰控制装置（差压或定时、手动控制）按设定程序打开电磁脉冲喷吹，压缩气体以极短促的时间按次序通过各个脉冲阀经喷吹管上的喷嘴诱导数倍于喷射气量的空气进入滤袋，形成空气波，使滤袋由袋口至底部产生急剧膨胀和冲击振动，造成很强的清灰作用，抖落滤袋上的粉尘。

（三）工艺指标

吹灰气体压力：≥0.5MPa；

烟气出口含尘浓度：≤5mg/m³；

循环时间：60min～120min；

烟气温度：120～160℃；

运行阻力：≤1200Pa。

（四）系统设备

1. LCMD 型离线清灰低压脉冲袋式除尘器本体结构框架及箱体

结构框架用于支撑除尘器本体、灰斗及输灰设备等。箱体包括上箱体、中箱体及灰斗等。

2. 滤袋、笼骨和花板

滤袋和笼骨组成了除尘器的滤灰系统。花板用于支撑滤袋组件和分隔过滤室（含尘段）及净气室，并作为除尘器滤袋组件的检修平台。滤袋组件从花板装入。

（1）滤袋。对于整台锅炉布袋除尘器而言，滤袋是其核心部件。滤料质量直接影响除尘器的除尘效率，滤袋的寿命又直接影响到除尘器的运行费用。选用进口德国 BWF 优质赖登针刺毡：PPS/PPS551CS17、聚苯硫醚、防水防油处理，耐温 190℃瞬间 200℃，单位面积质量大于或等于550g。此滤料为表面过滤型滤料，清灰彻底，减少了粉尘在滤袋表面形成布粉层后板结的可能。

（2）笼骨。袋笼采用圆形结构，袋笼的纵筋和反撑环分布均匀，并有足够的强度和刚度，防止损坏和变形（纵筋直径大于或等于4mm，12条，加强反撑环 ϕ5、间距 200mm，ϕ158 ×6000mm），顶部加装"η"形冷冲压短管，用于保证袋笼的垂直及保护滤袋口在喷吹时的安全。

笼骨材料采用 20 号碳钢，使用笼骨生产线一次成型，保证笼骨的直线度和扭曲度，滤袋框架碰焊后光滑、无毛刺，并且有足够的强度不脱焊，无脱焊、虚焊和漏焊现象。

袋笼采用有机喷涂技术，镀层牢固、耐磨、耐腐，避免了除尘器工作一段时间后笼骨表面锈蚀与滤袋黏结，保证了换袋顺利，同时减少了换袋过程中对布袋的损坏。

3. 电磁脉冲阀

电磁脉冲阀是清灰系统的关键设备，它的选用关系到除尘器的造价及清灰效果。电磁脉冲阀为喷吹压力大于或小于 0.3MPa 的进口电磁脉冲阀，DC24V、ϕ3″，膜片经久耐用，寿命大于 100 万次以上，满足了脉冲电磁阀的高效运行要求、极大地减少了维护工作量。

4. 旁路阀、离线阀

旁动装置与高温区保留有一定的距离，以保证长期高温情况下的动作良好。

每台除尘器配置多套旁路阀门，以满足除尘器旁路保护功能启动时烟气的通过。

离线阀（或称提升阀，除尘器旁路通道布置在进出风管中间，为内置形式）旁通阀和离线阀采用气动快开压盖形式、O 形双向密封沟槽，密封圈采用耐酸碱、耐高温的氟橡胶，一般的耐温达到 200℃，使用寿命至少为 2 年。

两阀采用动作简单可靠的直线运动，避免转动故障率高所引起的麻烦；阀门动作设置导向滑轨，将驱动提升阀，每室配备一个，使除尘器具有离线清灰、离线检修功能。

提升阀和旁通阀为薄板型结构。两阀由气缸控制，阀门气缸主要部件选用进口产品，二位五通电磁阀电压等级为 24V。整套阀门结构简单、可靠，启闭速度快，关闭时能达到零泄漏要求，通过 PLC 能控制一个或多个同时工作，关闭一个或多个仓室用于离线清灰、离线检修。

提升阀及手动切换阀关闭时，能确保该仓室的完全离线，实现了除尘器工作状态下的单仓检修（手动切换阀也可兼作调节进风量之用），提升阀上的限位装置可使操作人员及时检测其运行状况。

（五）运行操作要点

袋式除尘器的运行可分为试运行与日常运行。首先，进行试运行时，必须对系统的单一部件进行检查，然后做适应性运行，并要做部分性能试验；在日常运行中，仍应进行必要的检查，特别是对袋式除尘器的性能的检查。要注意主机设备负荷的变化会对除尘器性能产生的影响。在机器开动之后，应密切注意袋式除尘器的工作状况，做好有关记录。

在新的袋式除尘器试运行时，应特别注意检查下列各点：

（1）风机的旋转方向、转速、轴承振动和温度。

（2）处理风量和各测试点压力与温度是否与设计相符。

（3）滤袋的安装情况，在使用后是否有掉袋、松口、磨损等情况发生，投运可目测烟囱的排放情况来判断。

（4）要注意袋室结露情况是否存在，排灰系统是否畅通。防止堵塞和腐蚀发生，积灰严重时会影响主机的生产。

（5）清灰周期及清灰时间的调整，这项工作是左右捕尘性能和转运状况的重要因素。清灰时间过长，将使附着粉尘层被清落掉，成为滤袋泄漏和破损的原因；清灰时间过短，滤袋上的粉尘尚未清落掉，就恢复过滤作业，将使阻力很快地恢复并逐渐增高起来，最终影响其使用效果。

两次清灰时间间隔称清灰周期，一般希望清灰周期尽可能长一些，使除尘器能在经济的阻力条件下运转。因此，必须对粉尘性质、含尘浓度等进行慎重的研究，并根据不同的清灰方法来决定清灰周期和时间，并在试运转中进行调整达到较佳的清灰参数。

在开始运行的时间，常常会出现一些事先预料不到的情况，例如出现异常的温度、压力、水分等将给新装置造成损害。气体温度的急剧变化，会引起风机轴的变形，造成不平衡状态，运转就会发生振动。一旦停止运转，温度急剧下降，再重新启动时就又会产生振动。最好根据气体温度来选用不同类型的风机。设备试运转的好坏，直接影响其是否能投入正常运行，如处理不当，袋式除尘器很可能会很快失去效用，因此做好设备的试运转必须细心和慎重。

（六）日常运行

在袋式除尘器的日常运行中，由于运行条件会发生某些改变，或某些故障，都将影响设备的正常运转状况和工作性能，因此要定期地进行检查和适当的调节，目的是延长滤袋的寿命，降低动力消耗及回收有用的物料。日常运行应注意的问题有：

1. 运行记录

每个通风除尘系统都要安装和备有必要的测试仪表，在日常运行中必须定期进行测定，并准确地记录下来，这就可以根据系统的压差，进、出口气体温度，主电动机的电压、电流等的数值及变化来进行判断，并及时地排出故障，保证其正常运行。

通过记录发现的问题有：清灰机构的工作情况，滤袋的工况（破损、糊袋、堵塞等问题），以及系统风量的变化等。

2. 流体阻力

压差可用来判断运行情况：如压差增高，意味着滤袋出现堵塞、滤袋上有水汽冷凝、清灰机构失效、灰斗积灰过多以致堵塞滤袋、气体流量增多等情况；而压差降低则意味着出现了滤袋破损或松脱、进风侧管道堵塞或阀门关闭、箱体或各分室之间有泄漏现象、风机转速减慢等情况。

3. 安全

袋式除尘器要特别注意采取防止燃烧、爆炸和火灾事故的措施。在处理燃烧体或高温气体时，常常有未完全燃烧的粉尘、火星、有燃烧和爆炸性的气体等进入系统之中，有些粉尘具有自燃着火的性质或带电性，同时大多数滤料的材质又都是易燃烧、摩擦易产生积聚静电的。在这样的运转条件下，存在着发生燃烧、爆炸事故的危害，这类事故的后果往往是很严重的，所以应很好地考虑采取防火、防爆措施，如：①在除尘器的前面设燃烧室或火星捕集器，以便使未完全燃烧的粉尘与气体完全燃烧或把火星捕集下来；②采取防止静电积聚的措施，各部分用导电材料接地，或在滤料制造时加入导电纤维；③防止粉尘的堆积或积聚，以免粉尘的自燃和爆炸；④人进入袋室或管道检查或检修前，务必通风换气，严防 CO 中毒。

4. 停止作业注意事项

当袋式除尘器停止运行前，除必须彻底清灰外，还应注意下列问题：① 袋室内往往发生湿气凝结现象，这是含湿气体，特别是燃烧产生的气体冷却后引起的，因此要在系统冷却之前，把含湿气体排出去，完全换上干燥的空气，也就是在工艺设备停止运转后，袋式除尘器的排风机应运行一段时间后，才停止运行。②在长期停止运转期间，要充分注意风机的清扫、防锈等工作，防止灰尘和雨水进入轴承（注意电动机的防潮）。在停止运转前，应把灰斗内的积灰排除干净。清灰机构与驱动部分要充分。③在袋式除尘器停止运转期间，定期地进行短时间的运行（空运转）是保证除尘系统正常运转最好的维护方法。

5. 维护

（1）要经常检查控制阀、脉冲阀以及定时器等的动作情况。脉冲阀橡胶膜片的失灵是常见故障，它直接影响清灰效果。袋式除尘器属于外滤式，袋内装骨架，要检查固定滤袋的零件是否松弛，滤袋的张力是否合适，支撑框架是否光滑，以防止磨损滤袋。清灰采用压缩空气，因此要求除油雾及水滴，且油水分离器必须经常清洗，以防运动机构失灵及滤袋的堵塞。

（2）防止结露。使用中要防止气体在袋室内冷却到露点以下，特别是在负压下使用袋式除尘器更应注意。由于袋式除尘器外壳常常会有空气漏入，使袋室气体温度低于露点，滤袋就会受潮，致使灰尘不是松散地而是黏附在滤袋上，把织物孔眼堵死，造成清灰失效，导致除尘器压降过大，无法继续运行，甚至有的产生糊袋无法除尘。

（3）防止除尘效率降低。

1）堵住漏风，特别要堵住除尘器排灰口的漏风。因为在除尘器的灰斗中有大量缓慢下落的粉尘，逆流向上的漏风气流又造成下落粉尘的二次飞扬，多次循环，因而排灰口漏风可使除尘器内的含尘浓度成倍地高于进气的含尘浓度，这样就恶化了袋式除尘器的工作条件，影响了袋式除尘器的除尘效率。

2）防止除尘器内部气流短路。因为尘源气体含尘浓度高（如20g/m³），即使只有1%短路逸出，也将超过排放标准。含尘气体不经过滤袋直接从某些缝隙逸出，这种情况不允许发生。

（七）启动步骤

1. 投运前的预喷涂

除尘器的预喷涂是除尘器投入运行前必须要做的工作，目的是在除尘器运行前在滤袋表面形成由碱性粉末组成的灰层，防止烟气对滤袋的腐蚀。

2. 要求脉冲阀动作顺序正确

上述全部调整工作完毕以后，便可进行空负荷调试和带负荷调试。当然在进行这一工作时，整个工艺系统应能正常运行。负荷调试应进行以下工作：

（1）接通全部电源，压缩空气源，启动输灰设备，清灰控制器置手动状态。

（2）接通测压装置（可见U形管压力计）到除尘器的测压口。

（3）启动主风机，观察空负荷运行阻力。

（4）启动全部工艺设备，通入含尘烟气，观察除尘器运行阻力上升情况及排气口的排放情况。在新滤袋投入使用时，排放口将会有微量粉尘逸出，这是正常现象，过一段时间会自行消除。

（5）当收尘器阻力上升到1000～1200Pa时，启动清灰控制器进行清灰，并观察压力下降情况。

（6）当整个工艺系统稳定正常以后，即可进行清灰周期的测定（定压式可以不测定），方法是：启动清灰控制器进行清灰，并开始计时，这一段时间便为清灰周期。这种方法应重复三次，取其平均值作为正式周期调整清灰控制器，如为定压控制器，应调整压力设定值，并观察在此设定值时是否准确启动。

（7）将清灰控制器置自动状态，观察自动控制情况。

（8）观察排灰装置工作情况。

一切正常以后，便可投入正常运行。

（八）停运步骤

1. 系统短期停运

（1）停止清灰，保证滤袋由粉煤灰保护。

（2）开启仓泵系统，把灰斗里的灰排掉。

（3）下次进入除尘器系统不用进行预喷涂。

（4）短期停运时间不超过两天。

2. 系统长期停运

（1）至少执行三次没冲清灰循环，把布袋的灰全部清掉。

（2）开启仓泵系统，把灰斗里的灰排掉。

（九）故障异常现象及处理

常见故障现象及处理见表 11 - 1。

表 11 - 1 常见故障现象及处理

编号	故障异常现象	原因	排除方法
1	灰斗粉尘不能排出，高料位报警	（1）下灰口粉尘堵塞。 （2）灰斗内粉尘拱塞。 （3）粉尘潮湿，产生附着。 （4）输灰系统故障	（1）清理堵塞粉尘。 （2）清除积灰拱塞。 （3）检查灰斗加热器。 （4）检查输灰系统
2	阻力异常上升，高阻力报警	（1）清灰不良。 （2）粉尘湿度大、糊袋。 （3）气包压力降低	（1）检查清灰机构。 （2）调整烟气性质。 （3）检查压缩气管路、气包是否漏气，减压阀开度，提高气包压力
3	阻力太低	清灰间隔太短，锅炉负荷小	增加清灰间隔
4	无压缩空气	（1）空气压缩机故障。 （2）压缩空气管路堵塞或漏气	（1）检查空气压缩机。 （2）检查压缩空气管路，排除故障
5	出口浊度显著增加	（1）滤袋破损。 （2）滤袋口与花板之间漏气。 （3）掉袋	（1）更换滤袋，检查袋笼消除毛刺。 （2）重新安装滤袋
6	除尘器压差异常增大压差长久无变化	（1）差压引压管堵塞。 （2）PLC 模块信号采集点坏	（1）对引压管吹扫或更换。 （2）检查 PLC

编号	故障异常现象	原因	排除方法
7	脉冲阀常开	(1) 电磁阀不能关闭。 (2) 小节流孔完全堵塞。 (3) 膜片上的垫片松脱漏气	(1) 检查、调整。 (2) 疏通小节流孔。 (3) 更换
8	脉冲阀常闭	(1) 控制系统无信号。 (2) 电磁阀失灵或排气孔被堵。 (3) 膜片破损	(1) 检修控制系统。 (2) 检修或更换电磁阀。 (3) 更换膜片
9	脉冲阀喷吹无力	(1) 大膜片上节流孔过大或膜片上有砂眼。 (2) 电磁阀排气孔部分被堵。 (3) 控制系统输出脉冲宽度过窄	(1) 更换膜片。 (2) 疏通排气孔。 (3) 调整脉冲宽度
10	电磁阀不动作或漏气	(1) 接触不良或线圈断路。 (2) 阀内有赃物。 (3) 弹簧、橡胶件失去作用或损坏	(1) 调换线圈。 (2) 清洗电磁阀。 (3) 更换弹簧或橡胶件

五、锅炉除灰设备

锅炉内部除灰系统的主要设备有捞渣机、碎渣机以及喷射泵。锅炉外部除灰系统的主要设备有灰浆泵、回水泵（渣水回收泵、灰水回收泵）、浓缩池、搅拌槽或湿式搅拌机、容积泵（包括水隔离泵、油隔离泵、柱塞泵）、箱式冲灰器等。

（一）锅炉内部除灰系统

1. 刮板式捞渣机

刮板式捞渣机主要由调节轮，前后两个下压轮、水封导轮、壳体、链条刮板、滚轮和驱动装置组成。

调节轮的轴承镶在可以滑动的支座上，用以调整环形链条的松紧度。刮板装在两根环形链条之间，是刮灰部件。

壳体由上底板分隔成上、下两仓。上仓为水槽，炉渣掉入水槽内急剧粒化，变成多孔性沙状颗粒，通过链条刮板沿上底板及其斜坡刮走。下仓为干仓，供链条刮板回程用，壳体两侧有溢水口，采用连续进水和溢流形式，使水位恒定，作为水封，以防冷风漏入炉内。水温一般控制在 55 ~ 60℃，在此温度下，渣块粒化的耗水量最为经济，粒化效果好，上底板及其斜坡部分铺设了铸石，可提高耐磨性，并减小刮板与它的摩擦力。

水封导轮与下压轮是链条的导向机构，也是链条的限位机构。由于水封导轮要与水接触，故在导轮的轴中开有小孔通入低压水，形成轴封，以防污水进入轴承。

驱动装置主要由电动机、减速齿轮箱和滚子链传动机构组成。电动机、驱动减速齿轮箱和滚子链带动主轴，再由主轴上的链轮牵引链条刮板。链条刮板的移动速度可以根据渣量进行调节。

刮板式捞渣机具有下列优点：

（1）与水力除渣机比较，能大量节约水、电和投资。

（2）有良好的水封装置，可以防止漏风。

（3）水仓中有足够的冷却水量，能充分满足炉渣粒化要求。

（4）运行平稳可靠，能连续工作，系统无瞬间流量变化，便于管理。

（5）容量大，结构简单，可以移动，便于安装和维修。

（6）刮板在槽内滑动，使用寿命较长，功耗较少。

2. 碎渣机

煤燃烧后形成的灰渣易结成块，如果直接进入渣井，容易造成渣井及管道堵塞，甚至会严重堵塞渣浆泵的流道，引起泵的故障，因此在捞渣机落渣口下方设置碎渣机，由捞渣机捞出的渣块先经碎渣机粉碎后再掉入渣沟，由喷射泵将渣粒冲入沉渣池内。

江苏海门电力机械厂生产的 CE830 单辊碎渣机如图 11 - 45 所示。

单辊碎渣机的工作原理是：电动机驱动摆线针轮减速机进行一次变速，再由减速机出轴的小链轮通过双排套筒滚子链带动大链轮进行二次变速，大链轮带动碎渣机转子旋转。转子上的锤齿与本体锤座的楔塞作用（咬合）咬入渣块，锤齿与锤座不断锤轧将灰渣破碎成小于 50mm 的颗粒。

单辊碎渣机的结构特点是：

（1）齿辊的布齿为间隔排布式。锤齿在齿辊柱面的轴向和圆周方向均取间隔排布，锤齿与间隔板相间排布。齿辊柱面分左右两边相错设置，海边由四块锤齿板和四块间隔板相间组成，分别由螺柱紧固于螺面上。

（2）在辊轴与壳体两端壁孔配合处设有"水封"。水封的水压为 0.3 ~ 0.4MPa。轴承座采用整体式结构，密封材料为羊毛毡。

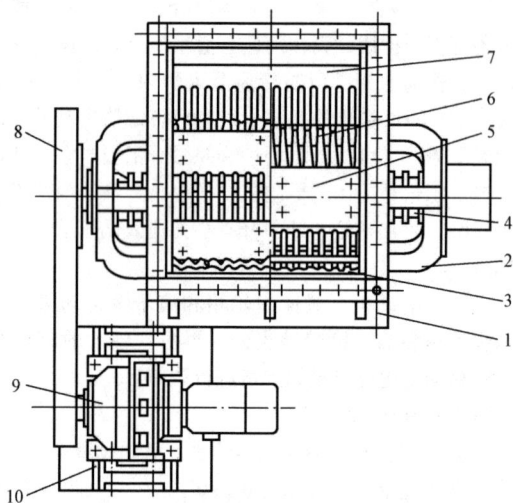

图 11 –45　CE830 单辊碎渣机简图

1—壳体；2—轴承；3—斜齿座；4—转轴；5—间隔板；6—锤齿；7—锤座；
8—链传动装置；9—摆线针轮减速机；10—调整支座

（3）调整支座位置可调节摆线针轮减速机与齿辊转子的轴心线倾斜度以及调节链条的松紧度，使链条传动装置在最佳工况下工作。

（4）主要磨损件都采用高锰铸钢制造，提高了抗磨性，延长了使用寿命。由于采用螺栓紧固，可靠且更换方便。

（5）该碎渣机在系统中为开式布置，与捞渣机用法兰连接。

3. 喷射泵

在锅炉水力排渣设备中，常采用喷射泵来冲刷炉灰，含灰的水由喷射泵打至沉淀池或贮灰场。

喷射泵喷嘴示意图如图 11 –46 所示。喷射泵由喷嘴、扩散室、吸入室三个基本部分组成。工作流体经过喷嘴后以很大的速度进入扩散室，由于高速射流周围压力很低，使喷嘴附近产生真空，被抽送流体便被吸进吸入室，与工作流体混合后一起进入扩散室，然后由出口排出。喷射泵的效率一般在 15% ~30% 。

（二）锅炉外部除灰系统

1. 灰浆泵

灰浆泵是低浓度水力除灰系统的关键设备。用于输送细灰的灰浆泵多

第二篇　集控值班

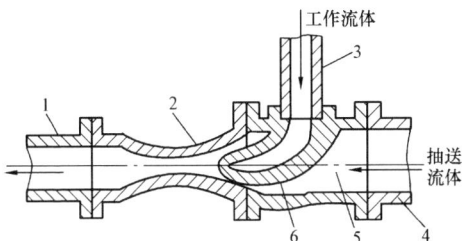

图 11 - 46 喷射泵喷嘴

1—排出管；2—扩散室；3—管子；4—吸入管；5—吸入室；6—喷嘴

为离心泵，叶片对流体沿着它的运动方向做功，从而使流体的压力能和动能均有所增加。流体离开叶轮后，循着导叶和蜗壳的引导而流向出口。由于叶轮不断旋转，使流体在出口处有较高的能量得以连续不断地向前方流去，达到输送灰浆的目的。

2. 回水泵（灰水回收泵、渣水回收泵）

低浓度水力除灰系统中，灰浆泵打出的灰浆中水的比重占到 75% ~ 85%，若直接排到灰场势必造成水资源的极大浪费。因此许多发电厂采用高浓度水力除灰系统，即用浓缩机（池）来浓缩灰浆，将浓缩池溢流水由回水泵重新打入除尘器的办法来节水，节水效果十分明显。通常回水泵采用离心泵，其结构形式与灰浆泵相仿，这里就不再重复介绍。

3. 搅拌器

电除尘器捕集下来的干灰经落灰管后一般有两种冲灰方式（湿式）：一种是由箱式冲灰器排向灰浆池；另一种是干灰进入搅拌桶搅拌成灰浆再排向灰浆池。这两种方式的区别在于耗水量不同：箱式冲灰器的耗水量大，灰浆浓度低；搅拌桶则在节水上有明显优势，但搅拌桶的体积大，占地面积较大，故障处理方面不如箱式冲灰器方便。

（1）搅拌桶。落灰管插入搅拌桶上部由上盖板、隔板、液面形成的封闭空间内。干灰经落灰管落入搅拌桶，清水自清水管注入桶内。电动机带动大轴及叶轮将灰、清水搅拌成灰浆。灰浆从溢流管流入倾斜的灰沟，最后流入灰浆池内，下部设置事故放水门，用于故障处理或防冻时放掉桶内的灰浆。

（2）箱式冲灰器。冲灰器上口与除尘器下灰管口相连，冲灰器下部装有进水管和喷嘴，在冲灰器内部安装有隔板和灰水出口管。当冲灰水沿切向进入后，水在槽内产生漩流，使灰与水搅拌后经灰水出口排入灰沟。

运行中，水位应保持与灰水出口管同样高度，以形成水封。烟道底部的细灰，也可通过此装置排入灰沟。

4. 浓缩机（池）

浓缩机（池）是将灰浆浓缩，以满足高浓度水力除灰系统输灰要求的一种设备。它可使灰浆浓度由 15% 提高到 50%。目前常用的浓缩机（池）为周边传动的耙架式浓缩机。

耙架式浓缩机（池）为一圆形钢筋混凝土结构，池底为锥形，池内装置的耙架沿周边缓慢转动。灰浆从池中心的上部进入，在池内向下沉淀。沉淀于池底的高浓度灰浆在耙架的推动下向锥形底中心集中，通过下浆管进入排浆设备。浓缩后上部的清水则从池周边的溢流槽溢出，通过回水泵循环使用。

5. 柱塞泵

PZNB 型喷水式柱塞泥浆泵是我国自行设计制造的一种新型泥浆泵，是我国燃煤发电厂除灰系统高浓度、远距离输送灰浆的较理想设备。

该泵由柱塞泵及柱塞清洗系统两部分组成。它通过曲柄连杆机构，将电动机的回转运动变为往复运动。曲轴采用偏心轮结构、飞溅润滑方式，运行可靠，维修方便。泵的传动系统是电动机通过皮带带动皮带轮及泵内齿轮两级减速达到设计泵速，在不改变柱塞直径的情况下，仅改变泵速就可以达到不同排灰量的要求。

泵的外壳采用焊接结构。阀箱组件为 L 形布置，易于加工和更换。泵的吸入阀、排出阀采用橡胶密封圈密封，人字形齿轮及偏心轮的大轴承在旋转过程中不断地浸入油中从而得到润滑。十字头、导板的润滑是通过飞溅润滑实现的。主轴与偏心轮两端轴承都是油脂润滑，柱塞清洗系统采用注水泵提供高压水清洗。为防止灰浆倒流，在清洗水管上装有双重单向阀，因此在启动柱塞泵前应先启动注水泵。高压水清洗的主要部件是柱塞密封装置及柱塞。

柱塞泵适用于高浓度的灰浆输送。要求灰渣颗粒直径小于 3mm，大颗粒灰渣含量不大于 20%。灰浆质量浓度不大于 60%，一般在 40% 左右为好。

柱塞泵的吸入管路应尽可能直和短，必须拐弯时应采用较大弯曲半径，并用钢筋混凝土支墩固定。吸入管路直径应不小于泵的吸入口径，吸入管路上应配置吸入室空气罐，同时配置放压阀和截止阀。

吸入压力应保证有 0.02 ~ 0.1MPa 的正压。因浓缩池采用高位布置，一般能满足此要求。为防止超过允许颗粒直径的杂物进入泵，必须在泵前设置过滤装置。

排出管路直径不应小于泵排出管直径。排出管应用钢筋混凝土支墩固定，以防振动。排出管路必须配置排出空气罐，目的是使脉冲式的出口流体给扩容器后平稳压力，避免输灰管发生振动。排出管路的空气罐容积不小于 $1.9m^3$，压力与泵的额定排出压力相同。同时排出管上还应配置放压阀、截止阀和防爆门。

6. 油隔离泵

油隔离泵借助于矿物油作隔离物质，使灰水不能进入活塞缸，从而延长活塞缸的使用寿命。油隔离泵由活塞缸、油水分离罐、Z形管、阀箱、油箱、出口空气罐（室）和机械传动装置组成。油与灰在油水分离罐中因密度不同自然分离，使灰水不能进入活塞缸，具有隔离作用。由于往复泵活塞的来回冲程容易在管路中形成振动或水击，因此在泵出口设置空气罐用来扩容稳压。空气罐由空气压缩机提供压缩空气。灰浆的输送是靠电动机传动装置减速后，由齿轮上的偏心轮带动连杆使活塞在活塞缸中做往复运动。当活塞从前顶点向后移动时，油水分离罐内形成真空，油被吸入活塞前缸，吸入阀开启，排出阀关闭，灰浆吸入Z形管。当活塞到达后限位点，吸入过程完毕。之后活塞回程前移，吸入阀关闭，排出阀开启，油被推回油水分离罐，并驱使灰浆进入灰浆出口管排出，如此循环。油隔离泵的优点是：输送灰浆浓度大，最大可达到60%，省水、节能；压力高，输送距离远。

油水分离罐及上部油箱使用20号透平油，或使用抗乳化性能好、黏度相当于20号透平油的其他种类的油。传动箱内用机械油，夏季用40号机械油，冬季用10号机械油。活塞杆填料函的油盅用20号透平油，齿轮轴的轴承用钙基脂润滑油。

7. 水隔离泵

水隔离泵是一种新型除灰设备，它的特点是：

（1）水隔离泵泵体结构较为简单，加工精度要求低，易损件少，使用寿命较长，便于维护。

（2）水隔离泵用高压清水作为隔离介质，工作环境好。

（3）运行平稳。单向阀、闸板阀等易损件的动作频率低，使用寿命长。检修维护工作量小，维护费用低。

（4）控制功能齐全，运行可靠性高。

灰浆通过泥浆泵压送到隔离罐体内，并使隔离球随之上升，隔离球升到上止点时，探点即接收到隔离球中心同位素发出的信号，并把信号输送到物位测控仪处理，然后把信号传递给可编程控器—PC 机，PC 机依次指示电磁阀控制油路开通，进而控制液压同板阀的开关，再通过高压清水泵的清水所具备的能量使隔离球移动，将浆体压送到外管路，输送到指定地点。六个液压闸板阀在 PC 机控制下，使三个隔离罐交替排浆，从而实现连续、均匀、稳定地输送物料。

　　提示： 本章共六节，其中第一节适用于中级工，第二节适用于高级工，第三、第四、第五、第六节适用于中、高级工。

第十二章

汽轮机组的结构及特点

第一节　汽轮机的类型、结构特点及技术规范

一、汽轮机的分类

（一）按工作原理分类

近代火电厂采用的都是由不同级顺序串联构成的多级汽轮机。来自锅炉的蒸汽逐次通过各级，将其热能转换成机械能。级是汽轮机中最基本的做功单元：在结构上，它是由喷嘴叶栅（静叶栅）和跟它配合的动叶栅组成的；在功能上，它完成将蒸汽的热能转变为机械能的能量转换过程。蒸汽在汽轮机级中以不同方式进行能量转换，便构成了不同工作原理的汽轮机—冲动式汽轮机和反动式汽轮机。

（1）冲动式汽轮机。冲动式汽轮机主要由冲动级组成，蒸汽主要在喷嘴叶栅（或静叶栅）中膨胀，在动叶栅中只有少量膨胀。

（2）反动式汽轮机。反动式汽轮机主要由反动级组成，蒸汽在喷嘴叶栅（或静叶栅）和动叶栅中都进行膨胀，且膨胀程度相同。现代喷嘴调节的反动式汽轮机，因反动级不能做成部分进汽，故第一级调节级常采用单列冲动级或双列速度级。

冲动式汽轮机和反动式汽轮机在电厂中都获得了广泛应用。这两种类型汽轮机的差异不仅表现在工作原理上，而且还表现在结构上，前者为隔板型，后者为转鼓形（或筒形）。隔板型汽轮机的动叶叶片嵌装在叶轮的轮缘上，喷嘴装在隔板上，隔板的外缘嵌入隔板套或汽缸内壁的相应槽道内；转鼓形汽轮机的动叶片直接嵌装在转子的外缘上，隔板为单只静叶环结构，它装在汽缸内壁或静叶持环的相应槽道内。

（二）按热力特性分

（1）凝汽式汽轮机：蒸汽在汽轮机中膨胀做功后，进入高度真空状态下的凝汽器，凝结成水。

（2）背压式汽轮机：排汽压力高于大气压力，直接用于供热，无凝汽器。当排汽作为其他中、低压汽轮机的工作蒸汽时，称为前置式汽轮机。

（3）调整抽汽式汽轮机：从汽轮机中间某几级后抽出一定参数、一定流量的蒸汽（在规定的压力下）对外供热，其排汽仍排入凝汽器。根据供热需要，有一次调整抽汽和二次调整抽汽之分。

（4）中间再热式汽轮机：蒸汽在汽轮机内膨胀做功过程中被引出，再次加热后返回汽轮机继续膨胀做功。

背压式汽轮机和调整抽汽式汽轮机统称为供热式汽轮机。目前凝汽式汽轮机均采用回热抽汽和中间再热。

（三）按主蒸汽参数分

进入汽轮机的蒸汽参数是指进汽的压力和温度，按不同的压力等级可分为：

（1）低压汽轮机：主蒸汽压力小于 1.47MPa。

（2）中压汽轮机：主蒸汽压力为 1.96~3.92MPa。

（3）高压汽轮机：主蒸汽压力为 5.88~9.8MPa。

（4）超高压汽轮机：主蒸汽压力为 11.77~13.93MPa。

（5）亚临界压力汽轮机：主蒸汽压力为 15.69~17.65MPa。

（6）超临界压力汽轮机：主蒸汽压力大于 22.15MPa。

（7）超超临界压力汽轮机：主蒸汽压力大于 32MPa。

（四）其他分类

（1）按汽流方向分类可分为轴流式、辐流式、周流式汽轮机。

（2）按用途分类可分为电站汽轮机、工业汽轮机、船用汽轮机。

（3）按汽缸数目分类可分为单缸、双缸和多缸汽轮机。

（4）按机组转轴数目分类可分为单轴和双轴汽轮机。

（5）按工作状况分类可分为固定式和移动式汽轮机等。

二、机组汽轮机概述

（一）300MW 机组

300MW 机组均为亚临界、一次中间再热、单轴机组，主汽压力为16.1~16.7MPa，主再热蒸汽温度为 535~550℃。通流部由高、中、低压三部分组成，部分机组的低压缸采用两个双流式低压缸，所以有四缸组成的，也有三缸组成的 300MW 机组。高、低压缸均为双层缸结构，中压缸有双缸结构的，部分机组采用隔板套结构。中压缸的布置采用反向布置。高压缸由一个单列调节级和压力级组成，中压缸、低压缸均由压力级组成。机组一般设有八段抽汽，高压缸有两段抽汽，中压缸有两段至四段抽汽，部分供热机组考虑到供热的需要，中压缸只能有两段或三段抽汽，纯凝汽机组的中压缸抽汽可以多一段。汽轮机的抽汽主要为以下设备提供汽源：三台高压加热器、除氧器的加热、四台低压加热器、汽动给水泵用汽及厂用蒸汽联箱。

（二）600MW 机组

国内外 600MW 等级汽轮机组在通流部分的结构方面，冲动式和反动式的优点得到了很好的应用。蒸汽参数多数采用以亚临界压力 16～19MPa、温度 530～566℃ 的参数，且以 16.6～16.7MPa、540℃ 最为普遍，而采用超临界压力的蒸汽压力约为 24MPa、温度 536～566℃。汽轮机组的热耗，亚临界压力机组约为 7790～8000kJ/kWh，超临界压力机组为 7650～7910kJ/kWh。汽轮机本级叶片长度对机组的功率和效率有明显的影响，目前用于 600MW 等级机组的合金钢末级叶片长度为 787～1072mm；已研制成功的钛合金叶片长度有 700、900、1000、1200、1300mm。我国早期安装的 600MW 等级汽轮机组的本级叶片长度为 850～900mm，近期安装的机组末级叶片长度为 1000～1072mm。在汽轮机组的总体结构方面，600MW 等级机组多数采用四缸四排汽的形式，即高压缸、中压缸（单流程、双流程均有采用）、两个双流程低压缸。也有采用高、中压缸合缸的结构，构成三缸四排汽的总体结构，其好处是使机组更加紧凑。但由于合缸高中压缸尺寸较大，热惯性大，有可能造成调峰性能较差。这种结构形式的中压缸级数较少，有可能限制中压缸效率的提高。600MW 等级机组的高、中、低压缸采用双层（内、外）缸形式。高、中压缸由铸造制成，低压缸多数为焊接结构。绝大多数制造厂的汽缸采用带法兰的水平中分面。现代 600MW 等级汽轮机汽缸采用窄法兰，不设法兰螺栓加热，运行、检修较为方便。采用双层缸结构，汽缸壁可以较薄，有利于降低启动、停机过程的热应力。600MW 等级机组的汽轮机转子，绝大多数制造厂采用整锻转子或焊接转子，只有俄罗斯和日本的三菱公司还有套装转子。现在制造的整锻转子大多数没有中心孔。汽轮机转子的支撑方式，有采用两根转子四个轴承和两根转子三个轴承两种基本形式（四支撑和三支撑）。支持轴承的形式，对承受负荷不很重的轴承（如高中压转子和第一根低压转子的），采用可倾瓦轴承，对承受负荷很重的轴承（如第二根低压转子和发电机转子的），则采用圆筒形轴承，轴系的稳定性较好。中国的东方汽轮机厂、俄罗斯、日本的日立公司，对负荷不很重的轴承，采用可倾瓦轴承，对承受负荷很重的轴承，采用椭圆形轴承，瑞士的 ABB 公司采用类似于椭圆形轴承的改良型袋式轴承。汽轮发电机轴系的盘车，多数采用低速盘车方式。在重载轴承处，有用顶轴油设施和不用顶轴油设施两种形式。

三、单元汽轮机的结构特点

（一）高、中压缸合缸反向布置

采用高、中压缸合缸反向布置的汽轮机，高温部分集中在汽缸中段，具有汽缸效应力小、两端轴封漏汽少、轴向推力较易平衡以及轴承受轴封温度影响小等优点。但是这种布置方法使用汽轮机比较复杂，同时中段管道布置拥挤，不利于检修工作的进行。

（二）高、中、低压缸均采用双层缸

采用双层缸结构，在制造、运行和材料使用方面也带来了很大的好处。对原有的双层结构的汽缸，后来人们也做了进一步的改进，在内外缸之间采用了隔热室的设计，隔热室所通入的蒸汽参数应预先通过计算后进行选择。总之，在双层缸的夹层中流过压力和温度较低的蒸汽，不但使内外缸的缸壁压差大大减少，使缸壁厚度设计得薄些，而且有利于减少发电机组运行时内外壁温度梯度，降低了热应力，加快了启动速度，适应了负荷的变化。

四、汽轮机设备的经济性及可靠性

（一）汽轮机运行的经济指标

1. 循环热效率

汽轮机设备的循环热效率，即在理想情况下 1kg 蒸汽在汽轮机内可转换为机械功的热量 E_0 与蒸汽在锅炉内吸热量 Q_0 之比，即

$$\eta_t = E_0/Q_0 \tag{12-1}$$

随着汽轮机蒸汽参数的提高和机组结构的完善，目前大功率汽轮发电机组的热效率已达 40% 以上。

2. 汽轮机的内效率

汽轮机的相对内效率（简称内效率）为蒸汽在汽轮机内的有效比焓降 Δh_i 与等比焓降 Δh_t 之比，即：

$$\eta_i = \Delta h_i/\Delta h_t \tag{12-2}$$

汽轮机内效率是评价汽轮机内部结构是否合理，技术是否先进的一个重要指标。

3. 汽耗率

汽耗率是汽轮发电机组每生产 1kWh 电所需要的蒸汽量，即：

$$S_R = q_0/P_{el} \tag{12-3}$$

式中　S_R——汽耗率，kg/kWh；

　　　q_0——汽轮机进汽量，kg/h；

　　　P_{el}——电功率，kW。

4. 热耗率

热耗率是汽轮发电机组每生产 1kWh 电所消耗的热量，即：

$$H_R = Q_0 / P_{el} \qquad (12-4)$$

式中　H_R——热耗率，kJ/kWh；

　　　Q_0——蒸汽从锅炉内吸收的总热量，kJ/h。

对于不同形式的汽轮发电机组，在具体应用中的形式将有所差别。

一次中间再热凝汽式机组（采用电动给水泵）的净热耗率为：

$$H_R = q_0(h_0 - h_{fw}) + q_{rh}(h_{rh} - h_{ch}) \; P_{el} - P_{fw} \qquad (12-5)$$

式中　q_0——汽轮机进汽量，kg/h；

　　　q_{rh}——再热蒸汽流量，kg/h；

　　　P_{el}——电功率，kW；

　　　P_{fw}——电动给水泵耗功，kW；

　　　h_0——主蒸汽比焓，kJ/kg；

　　　h_{rh}——热再热蒸汽比焓，kJ/kg；

　　　h_{ch}——冷再热蒸汽比焓，kJ/kg；

　　　h_{fw}——主给水焓，kJ/kg。

一次中间再热凝汽式机组（主机的抽汽作为驱动锅炉给水泵汽轮机汽源）的毛热耗率为：

$$H_R = q_0(h_0 - h_{fw}) + q_{rh}(h_{rh} - h_{ch}) \; P_{el} + P_{fw} \qquad (12-6)$$

调整抽汽式机组（采用电动给水泵）的毛热耗率为：

$$H_R = q_0(h_0 - h_{fw}) - q_{mp}(h_p - h_{wp}) \; P_{el} \qquad (12-7)$$

式中　q_{mp}——供热抽汽量，kg/h；

　　　h_p——调整抽汽实际比焓，kJ/kg；

　　　h_{wp}——供热回水实际比焓，kJ/kg。

（二）汽轮机运行的可靠性

汽轮机运行的可靠性是指其在额定功率下连续运行的性能，是以统计时间为基准，用表示机组所处状态的各种性能指标来表征，主要指标有可用率、等效可用率、强迫停机率和等效强迫停机率等。

1. 可用率

机组的可用率（A_F）是指在统计期间内，机组运行累计小时数（S_H）及备用停机累计小时数（R_H）之和与该期间日历小时数（P_H）的百分比，即：

$$A_F = \frac{S_H + R_H}{P_H} \times 100\% \qquad (12-8)$$

或

$$A_F = \frac{P_H - (U_{OH} + P_{OH})}{P_H} \times 100\% \qquad (12-9)$$

即在统计期间内（如一年）要扣除事故停机时间（U_{OH}）和检修停机时间（P_{OH}）。

2. 等效可用率

等效可用率（E_{AF}），即机组计及降低出力影响后的可用率，可按下式计算：

$$E_{AF} = \frac{P_H - (U_{OH} + P_{OH}) - E_{DH}}{P_H} \times 100\% \qquad (12-10)$$

式中　E_{DH}——机组在运行中降低出力小时数折算至机组全停的等效小时数；

P_H——设备处于在使用状态的日历小时数；

U_{OH}——非计划停运小时数；

P_{OH}——计划停运小时数。

3. 强迫停机率

强迫停机率（F_{OR}）是指在统计期间，机组的强迫停运小时数（F_{OH}）与机组的运行小时数（S_H）及强迫停运小时数（F_{OH}）之和的百分比，即：

$$F_{OR} = \frac{F_{OH}}{S_H + F_{OH}} \times 100\% \qquad (12-11)$$

4. 等效强迫停机率

等效强迫停机率（F_{OR}），即计及降低出力的影响后的强迫停机率，即：

$$F_{OR} = \frac{F_{OH} + 1、2、3 类等效非计划降低出力小时数之和}{S_H + F_{OH} + 1、2、3 类等效非计划降低出力备用停机小时数之和} \times 100\% \qquad (12-12)$$

第二节　汽轮机本体及其凝汽设备

一、汽轮机的转子与叶片

（一）转子的结构形式

现代汽轮机采用的转子形式主要有套装转子、整锻转子和焊接转子三种。有时也采用结合两种形式的组合转子，如在整锻转子后套装几级或焊上几级叶轮。

1. 套装转子

套装转子的主轴一般都加工成阶梯形，叶轮最常用热套或其他方式套装在主轴上，多采用一个径向键，并通过转子两端的轴封套和中间叶轮与轴用轴向键连接。套装转子多适用于中、低参数的冲动式汽轮机，这种结构便于加工制造并节省金属，某些高参数大容量机组的中、低压转子也有部分采用套装转子工艺。

2. 整锻转子

这种转子的叶轮、主轴及其他主要部件是在一整体锻件上加工成的。整锻转子常用作大型汽轮机的高、中压转子，这是因为：

（1）高温蒸汽可能引起套装转子叶轮和轴之间的松动。

（2）整锻转子结构紧凑，装配零件少，可缩短汽轮机的长度。

（3）在高压级中，转子的直径和圆周速度相对较小，有可能采用等厚度叶轮的整锻结构。

（4）转子刚性较好。

（5）启动适应性好。

在高温区工作的转子一般都采用这种结构，如国产 125、200、300MW 汽轮机的高压转子都是整锻转子。现代大型汽轮机，由于末级叶片长度增加，套装叶轮的强度已不能满足要求，所以许多机组的低压转子也采用了整锻结构。如美国西屋公司系列机组，美国 GE 公司的 350MW 机组等。目前我国引进型 300、600MW 机组的高、中、低压转子均为整锻转子。

3. 整锻—套装转子

整锻—套装组合转子也是汽轮机常采用的转子结构形式，它利用整锻转子与套装转子的各自特点，在高温区采用叶轮与主轴整体锻造结构，而在低温区采用套装结构。这样，既可保证高温区各级叶轮工作的可靠性，又可避免采用过大的锻件，而且套装的叶轮和主轴可以采用不同的材料，有利于材料的合理利用。

4. 焊接转子

焊接转子主要由若干个叶轮和两个端轴拼焊面成，优点是采用无中心孔的叶轮，可以承受很大的离心力，强度好，相对质量小，结构紧凑，刚度大。焊接转子不需要采用大型锻件，叶轮与端轴的质量容易得到保证，其工作的可靠性取决于焊接质量，故要求焊接工艺高、材料的焊接性能好。

汽轮机的低压转子直径大，特别是大功率汽轮机的低压转子质量较大，叶轮承受很大的离心力。采用套装结构，叶轮内孔在运行中将发生较大的弹性变形，因而需要设计较大的装配过盈量，但同时会引起很大的装配应力。若采用整锻转子，则因锻件尺寸太大，质量难以保证，故一般采用焊接转子。

（二）汽轮机的叶片

叶片是汽轮机重要的零件之一，由多个叶片组成的叶栅起着将蒸汽的热能转换为动能，再将动能转换为汽轮机转子旋转机械能的作用。叶片是汽轮机中数量和种类最多的零件，其工作条件很复杂，除因高速转动和汽流作用而承受较高的静应力和动应力外，还因其分别处在高温过热蒸汽区。在两相过渡区和湿蒸汽区内工作而承受高温、腐蚀和冲蚀作用。因此，叶片结构的形线、材料、加工、装配质量等直接影响着汽轮机中能量转换的效率和汽轮机工作的安全性。所以，在设计、制造叶片时，应考虑到叶片既要有足够的强度，又要有良好的形线，以使汽轮机安全经济地运行。

1. 叶片的分类

可以从不同的角度对叶片进行分类。

（1）按用途可以分为静叶片和动叶片。

1）所谓静叶片就是在汽轮机工作过程中静止不动的叶片，也称作喷嘴叶片。静叶片安装在隔板或汽缸上，其作用是把蒸汽的热能转换为蒸汽的动能。

2）所谓动叶片就是在汽轮机工作过程中随汽轮机转子一起转动的叶片，也称作工作叶片。动叶片安装在叶轮或转鼓上，其作用是把蒸汽的动能转换为机械能，使转子旋转。

（2）按叶片形线沿叶高的变化规律可以分为等截面直叶片和变截面扭叶片。

1）等截面直叶片的形线沿叶高是不变的，这种叶片结构简单、加工方便、制造成本低，但流动效率相对较低。等截面直叶片一般用于汽轮机的高压短叶片级。

2）变截面扭叶片的结构较复杂、加工困难、制造成本高，但流动效率高，所以随着加工技术的不断提高，现在扭叶片得到了广泛的应用。如国产 300MW 和 600MW 反动式汽轮机的全部静叶片和动叶片均采用了扭叶片，东方汽轮机厂生产的 300MW 冲动式汽轮机的所有压力级动叶片也均为扭叶片。上海汽轮机厂 300MW 机组的部分级也采用了扭叶片。

2. 叶片的结构

叶片一般由叶根、叶身、叶顶和叶顶连接件组成。

（1）叶根。叶根是叶片与轮缘相连接的部分，其作用是紧固动叶，使叶片在经受汽流的推力和旋转离心力作用下，不至于从轮缘沟槽里拔出来。因此，它在结构上应保证在任何运行条件下叶片都能牢靠地固定在叶轮或转鼓上，同时应力求制造简单、装配方便。常用的叶根结构形式如图12-1所示。

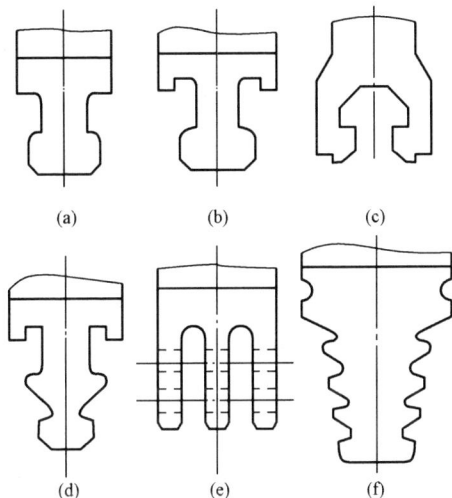

图12-1 叶根的结构形式

(a) T形叶根；(b) 外包凸肩 T形叶根；(c) 菌形叶根；
(d) 外包凸肩双 T形叶根；(e) 叉形叶根；(f) 纵树形叶根

1）T形叶根。T形叶根结构如图12-1（a）所示，这种叶根结构简单，加工装配方便，工作可靠，为短叶片所普遍采用。它的缺点是叶片的离心力对轮缘两侧截面产生变距，而叶根承载面积小，使叶轮轮缘弯曲应力较大，轮缘有张开的趋势。为了克服这个缺点，在叶根和轮缘上做成两个凸肩，成为凸肩 T形叶根（也称外包 T形叶根），如图12-1（b）所示。叶根的凸肩能阻止轮缘张开，减小轮缘两侧截面上的应力。叶轮间距小的整锻转子常采用这种形式的叶根。在叶片离心力较大的场合下，可以采用带凸肩的双 T形叶根，此种叶根的加工精度要求较高，特别是两层承力面之间的尺寸误差较大时，受力不均，叶根强度会大幅度下降。这种叶根结构，由于增大了叶根的承力面，可用于较长叶片。

2）菌形叶根。菌形叶根的结构如图12-1（c）所示，这种时根和轮

第十二章 汽轮机组的结构及特点

缘的载荷分配比 T 形叶根合理，因而强度较高，但因加工复杂，故应用不如 T 形叶根广泛。T 形叶根和菌形叶根属于周向装配方式叶根，这类叶根的轮缘上开有一个或两个缺口，叶片从这些缺口一片片依次装入轮缘槽中，最后装在缺口处的叶片为封口叶片，封口叶片的叶根与其他叶片不同。封口叶片研配装入后用两个铆钉固定在轮缘上。

3）叉形叶根。叉形叶根结构如图 12 - 1（e）所示，叶根的叉尾从径向插入轮缘的叉槽中，并用铆钉固定。这种叶根的轮缘不承受偏心弯矩，叉尾数目可根据叶片离心力大小选择。叉形叶根强度高，适应性好，而且叶根和轮缘加工方便，检修时可以单独拆换个别叶片。为了保证叶根和轮缘的连接刚性，必须在叶片安插好后再打铆钉孔和铰配铆钉，因此最后装配工作量大，且轮缘较厚，钻铆钉孔不便，所以整锻转子和焊接转子一般不用。这种叶根结构多用于大功率汽轮机的调节级和末几级，如东方汽轮机厂生产的 300MM 汽轮机的调节级动叶为三叉形叶根。

4）纵树形叶根。纵树形叶根结构如图 12 - 1（f）所示，这种叶根和轮缘的轴向断口设计成尖劈状，以适应根部的载荷分布，使叶根和对应的轮缘承载面都接近于等强度，因此在同样的尺寸下，纵树形叶根承载能力高。叶根两侧齿数可根据叶片离心力的大小选择。但这种叶根外形复杂，装配面多，要求有很高的加工精度和良好的材料性能，而且齿端易出现较大的应力集中，所以一般多用于大功率汽轮机的调节级和叶片较长的级。

（2）叶身。叶身也称作叶型部分或工作部分，它是叶片的基本部分，叶型部分的横截面形状称为叶型，叶型决定了汽流通道的变化规律，为了提高能量转换效率，叶型部分应符合气体动力学要求。叶型的结构尺寸主要决定于静强度和动强度的要求和加工工艺的要求。按叶型沿叶高是否变化，叶片分为叶型沿、对高不变的等截面直叶片和叶型沿叶柄变化的变截面扭叶片。

（3）叶顶、围带和拉筋。汽轮机同一级的叶片常用围带或拉筋成组连接，有的是将全部叶片连接在一起，有的是几个或十几个成组连接。采用围带或拉筋可增加叶片的刚性，降低叶片中汽流产生的弯应力，调整叶片频率以提高其振动安全性。围带还构成封闭的汽流通道，防止蒸汽从叶顶逸出，有的围带还做出径向汽封和轴向汽封，以减少级间漏汽。对于长叶片级，往往用拉筋将叶片成组连接，其连接方式有分组连接、整圈连接、组间连接、Z 形拉筋等，拉筋虽然可以改善叶片的振动特性，但由于其处在汽流通道中间，将影响级内汽流的流动，同时拉筋孔削弱了叶片的强度，所以在满足振动和强度的条件下，应尽可能不用或少用拉筋，因此有的长叶片设计成了自由叶片。

二、汽轮机的汽缸和轴承

汽轮机的外壳叫汽缸,它的作用是将汽轮机的通流部分与大气隔绝,形成封闭的汽室,使蒸汽能在其中流动做功。汽缸大体呈圆筒形或近似圆锥形,它一般做成水平对分式,分为上、下汽缸。大容量机组一般为双缸或多缸,即高压缸、中压缸和低压缸,从而达到节省和合理使用金属材料,提高机组启停灵活性的目的。

(一) 高、中压缸

大功率汽轮机高压缸的工作特点是缸内承受的压力和温度都很高,一般都采用双层缸结构。图 12 - 2 表示 NC300/220/16.7/537/537 型汽轮机

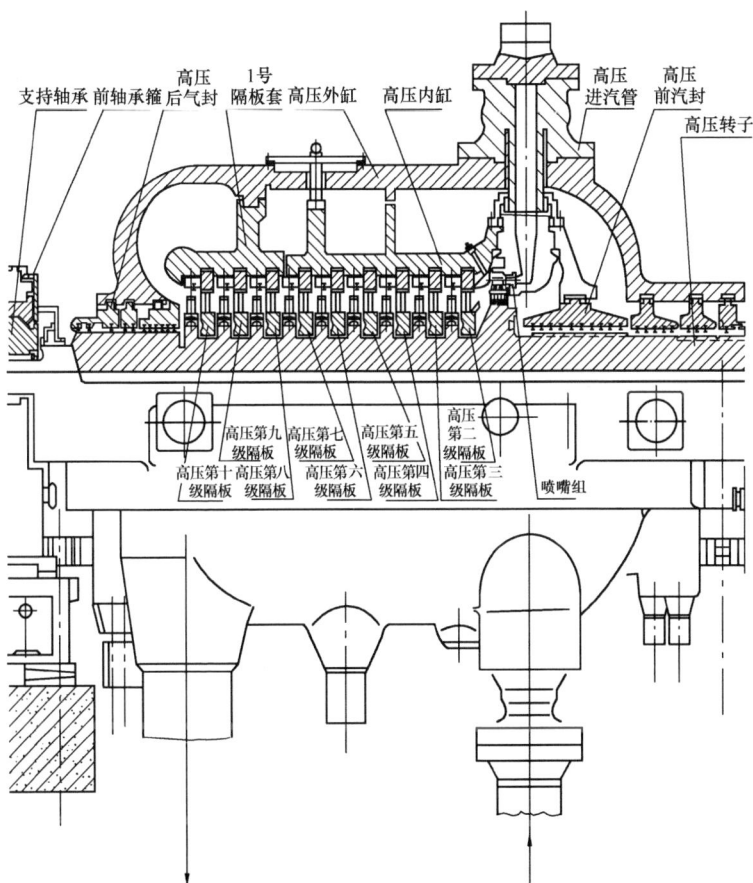

图 12 - 2　高压双层缸结构

所采用的双层缸的结构。其内缸有 6 个压力级，内外缸之间的夹层与第七级后的蒸汽相通。在内外缸夹层空间对应第 4 级的位置上设置隔热环，将夹层空间分为 2 个区域，以降低内缸的温差。高压缸采用这种结构，汽流走向和流量适当，使得高压内、外缸各区域保持合理的温度和压力分布，减小了热应力和压差引起的应力。

大容量中间再热机组中压缸的运行参数，压力不是很高，但温度一般与初参数相同。从回热系统的设计考虑，中压缸一般为单层缸隔板套结构，隔板套之间即为回热抽汽口。

在高、中压缸的布置上，采用合缸和分缸两种方式。一般来讲，功率在 350MW 以上的机组不宜采用合缸方式，因为机组容量进一步扩大，使汽缸和转子过大过重，抽汽管道不宜布置，机组对负荷变化的适应性减弱。

上海汽轮机厂引进型 300MW 机组的高中压缸的合并双层结构，其内外缸均为合金铜铸造而成，高、中压缸反向布置。这种结构和布置的优点是：

（1）高、中压部分的进汽均在汽缸中部，即高温集中在汽缸中部，并且又采用双层结构，使热应力较小。

（2）高、中压缸的两端分别是高压缸排汽和中压缸排汽，压力温度均较低，因此两端汽封漏汽较少，轴承受汽封温度的影响也较小。

（3）高、中压通流部分反向布置，轴向推力可互相抵消一部分，再辅之增加平衡活塞，轴向推力也较易平衡，推力轴的负荷较小，推力轴承的尺寸便小，有利于轴承座的布置。

（4）采用高中压合缸，可缩短主轴的长度，减少轴承数。

（5）采用双层结构，可以把巨大的蒸汽压力分摊给内外两层缸，减少了每层缸的压差和温差，缸壁和法兰可以相应减薄，在机组启停及变工况时，其热应力也相应减小，因此有利于缩短启停时间和提高负荷的适应性。内缸主要承受高温及部分蒸汽压力的作用，其尺寸较小，故内缸壁可以较薄，从而减少了贵重耐热合金材料的消耗量。正常运行时，内外缸之间有蒸汽流动使外缸得以冷却，故外缸的运行温度较低，可以采用一般的合金钢材料制造。在启动过程中，内外缸夹层中的蒸汽可使内外缸尽可能迅速同步加热，也有利于缩短启动时间。同时，外缸的内外压差比单层缸时降低了许多，因此减少了汽缸结合面漏汽的可能性，汽缸结合面的严密性能够得到保障。机组的蒸汽初参数越高，容量越大，采用双层缸的优点就越明显，因此近代高参数大容量汽轮机的高压

第二篇 集控值班

缸多采用双层缸结构，有的机组甚至将高、中、低压缸全部做成双层缸。例如，哈尔滨汽轮机厂生产的优化引进型 300MW 机组的高中压缸均为双层缸，低压缸均为三层缸结构。东方汽轮机厂生产的新型 300MW 机组的高压缸和低压缸为双层结构。哈尔滨汽轮机厂生产的 600MW 机组的高、中压缸为双层结构，低压缸为三层结构。进口机组的高中低压缸也多采用双层结构。

大容机组的低压缸，由于进汽温度较高，一般采用焊接双层缸结构（为了更好地解决进汽温度较高的问题，有些机组采用三层缸结构），轴承座设在低压外缸上。

1. 低压内缸

低压内缸为焊接结构，沿水平中分面将内缸分为上、下两半，设有对称抽汽，为防止抽汽腔室之间的漏汽，在各抽汽腔室隔壁的水平中分面处用螺栓紧固。低压进汽温度较高，而内外缸夹层为排汽参数，温度只有 34℃ 左右，为了减少高温进汽部分的内外壁温差，在内缸中部外壁装有遮热板，在中间进汽部分环形腔室左右水平法兰上各开有弹性槽，并使整个环形的进汽腔室与其他部分分隔开，以减少热变形和热应力。内缸两端装有导流环，与外缸组成扩压段以减少排汽损失。内缸下半水平中分面法兰四角上各有一个猫爪搭在外缸上，支撑整个内缸和所有隔板的质量。水平法兰中部对应进汽中心处有立键，作为内缸的相对死点，使汽缸轴向定位而允许横向自由膨胀。内缸下半两端底部有纵向键，沿纵向中心线轴向放置，使汽缸横向定位而允许轴向自由膨胀。

2. 低压外缸

低压外缸采用焊接结构，其外形尺寸较大，为便于运输在轴向分为三段，用垂直法兰螺栓连接；上半顶部进汽部分由带螺纹的波形管作为低压进汽管与内缸进汽口连接，以补偿内外缸胀差和保证密封。顶部两端共装有 4 个内径为 500mm 的大气阀，作为真空系统的安全保护措施，当缸内压力升高到 0.118 ~ 0.137MPa 时，大气阀中 1mm 厚的石棉橡胶板破裂，使蒸汽排空，以保护低压叶片的安全。

（二）支持轴承与推力轴承

支持轴承与推力轴承是汽轮机的重要部件之一。前者支持转子的全部质量，后者承担转子转动时的轴向推力，因此它们工作的好坏直接影响到汽轮机组的安全运行。

1. 支持轴承的结构

汽轮机轴承可分为轴承座和轴瓦两大部分。

轴承座一般是用铸铁铸成，大型汽轮机的轴承座是钢板焊接结构，由水平结合面分为上盖和本体两部分，用法兰连接。本体内的空腔是轴瓦的油室。有些轴承座内尚装有调速部套、油泵、联轴器及盘车装置等。轴承座前后在汽轮机轴穿过的地方设有油挡环，防止润滑油顺轴外流。油挡环一般由铸铁或铸铝制成，并镶嵌有铜制的密封齿。密封齿与轴保持 $0.15 \sim 0.25$mm 的间隙。

汽轮机的轴瓦一般由上下两半用螺栓连接而成，轴瓦的本体一般为铸铁或铸钢。在其内孔加工出燕尾槽，然后衬轴承合金，再加工成所需的形状。目前汽轮机采用的轴瓦主要有以下几种：

（1）圆筒形轴瓦。圆筒形轴瓦的内径等于轴颈 D 加顶部间隙，顶部间隙一般约为 $2D/1000$，两侧间隙为 $D/1000$，其接触角一般为 $60°$左右。

（2）圆形轴瓦。圆形轴瓦的顶隙约为 $D/1000$，侧隙约为 $2D/1000$。其于圆筒形轴瓦的不同之处为，在轴瓦上下部都形成油契，而圆筒形轴瓦只在轴瓦下部形成油契。

（3）三油楔轴瓦。轴瓦两端的阻油边内孔为圆筒形，其半径比轴颈的半径稍大，内孔半开有三个油楔及三个进油口，三个油楔所占的弧长及位置根据汽轮机转子的转动方向及轴承的负荷来确定的，其中较长的主油楔位于轴瓦的下部，其余两个较短的油楔位于上部两侧，为避免轴瓦中分面将油楔切断，轴瓦中分面需与水平面成一个倾角。

（4）可倾瓦支持轴承。可倾瓦轴承又称活支可倾瓦轴承，是密切尔式的支持轴承，它通常是由 $3 \sim 5$ 或更多块能在支点上自由倾斜的弧形瓦块组成，其原理如图 12 - 3 所示。瓦块在工作时可以随着转速、载荷及轴承温度的不同而自由摆动，在轴颈四周形成多油楔。如果忽略瓦块的惯性，支点的摩擦阻力及油膜剪切内摩擦阻力等影响，每个瓦块作用到轴颈上的油膜作用力总是通过轴颈中心的，不易产生轴颈涡动的失稳分力，因此具有较高的稳定性，理论上可以完全避免油膜振荡的产生。另外，由于瓦块可以自由摆动，增加了支撑柔性，还具有吸收转轴振动能量的能力，即具有很好的减振性。可倾瓦还有承载能力大、耗功小以及能承受各个方向的径向载荷、适应正反转动等优点，特别适合在高速轻载及要求振动很小的场合下应用。只是由于结构复杂、加工制造以及安装、检修较为困难，成本较高等原因，限制了它的应用。

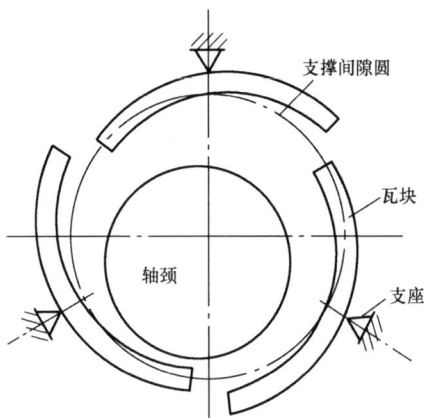

图 12 – 3 可倾瓦支持轴承原理图

根据对上述汽轮发电机组中几种常用的支持轴承在承载量、稳定性等方面进行的许多试验表明:①圆筒形支持轴承主要适用于低速重载转子;②三油楔支持轴承、椭圆形支持轴承适用于较高转速的轻、中转子和中、重转子;③可倾瓦支持轴承则适用于高转速轻载和重载转子。上海汽轮机厂生产的 300MW 汽轮机有 4 个径向支持轴承,高、中压转子和低压转子各 2 个,编号为 1 ~ 4 号。采用三种结构形式:1 号和 2 号轴承均为可倾瓦式轴承,3 号轴承为三瓦块轴承,4 号轴承为圆筒形轴承。

轴瓦在轴承座内的支撑方式有圆柱形及球形两种。圆柱形支撑是靠轴瓦外圆周上设置的四块垫铁调整轴瓦位置及紧力的;球面支撑是由轴瓦、轴瓦壳及瓦枕三部分组成。将调整中心及紧力用的垫铁及销饼都装在瓦枕的外侧,瓦枕与轴瓦壳做成球形配合,使轴瓦能够随轴的挠度变化,自动调整中心,保证轴瓦与轴颈保持良好接触及在长度方向上的负荷分配均匀。

2. 推力轴承的结构

推力轴承的作用是确定转子的轴向位置和承受作用在转子上的轴向推力。虽然大功率汽轮机通常采用高、中压缸对头布置以及低压缸分流等措施减小了轴向推力,但轴向推力仍具有较大数值,一般可达几吨至几十吨。如考虑到工况变化,特别是事故工况,例如水冲击、甩负荷等,还能出现更大的瞬时推力以及反向推力,从而对推力轴承提出了较高的要求。

一般应用最广泛的推力轴承是密切尔式推力轴承,这种轴承在沿轴瓦平均圆周速度展开图上,瓦块表面与推力盘之间能构成一角度,它们之间可形成楔形油膜以建立动压液态摩擦。通常将推力轴承和支持轴承合为一体，称为推力—支持联合轴承。一种联合轴承结构图如图 12－4 所示，它广泛应用在国产汽轮机组中。为保证较均匀地将轴向推力分配到各个轴瓦上，选用球形支持轴瓦。轴瓦的径向位置靠沿轴瓦圆周分布的三块垫块及垫片来调整，轴向位置靠调整圆环 1 来调整。调整圆环一般由三段组成，轴承的推力瓦块分为工作瓦块 2 和非工作瓦块 3（也叫定位瓦块）。工作瓦块承受转子的正向推力，非工作瓦块承受转子的反向推力。这些瓦块利用销子挂在它们后面的两半对分的瓦块安装环 9 和 10 上，由于几块背面有一条突起的肋，使瓦块可以绕它略微转动，从而在瓦块工作面和推力盘

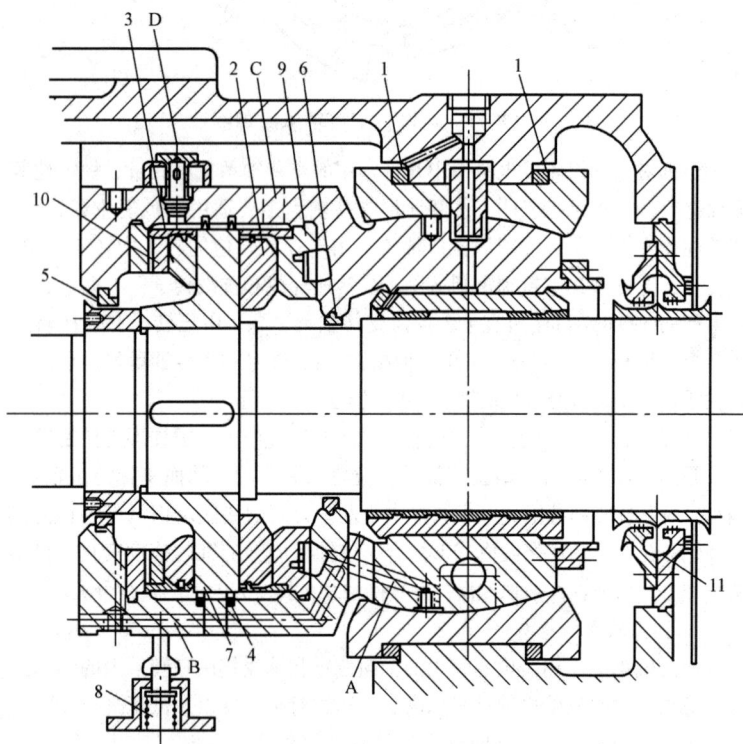

图 12－4　推力支持联合轴承

1—调整圆环；2—工作瓦块；3—非工作瓦块；4～6—油封；

7—推力盘；8—支撑弹簧；9、10—瓦块安装环；11—油挡；

A—工作瓦进油孔；B—非工作瓦进油孔；C—工作瓦泄油孔；D—非工作瓦泄油孔

之间形成楔形间隙，建立液体摩擦。为减少推力盘在润滑油中的摩擦阻力，用油封来阻止润滑油进入推力盘外缘腔室中，油挡用来防止润滑油外泄以及防止蒸汽漏入。

推力瓦上的乌金厚度应小于通流部分及轴封处的最小轴向间隙，以保证事故状态下，即便乌金熔化，动静部分也不会摩擦。

三、汽轮机的凝汽设备

凝汽设备是凝汽式汽轮机装置的重要组成部分之一，它的工作情况直接影响到整个装置的热经济性和运行可靠性。

凝汽设备在汽轮机装置的热力循环中起着冷源作用。降低汽轮机排汽的压力和温度，就可以减小冷源损失，提高循环热效率。降低排汽参数的有效办法是将排汽引入凝汽器凝结为水。

目前火电厂和核电站广泛使用表面式凝汽器，其特点是冷却介质与蒸汽通过管壁换热，从而很好保证凝结水的洁净。根据冷却介质不同，表面式凝汽器又分为空气冷却式和水冷却式两种。其中，水冷却式凝汽器应用得较广泛，因此水冷却表面式凝汽器常简称为表面式凝汽器。空冷式凝汽器只在缺水地区使用。

表面式凝汽器的结构如图 12 - 5 所示，大功率汽轮机的凝汽器外壳呈方箱形。外壳两端是端盖和管板，端盖和管板之间形成水室。数量很多的冷却管束固定在管板上。冷却水从进水口进入凝汽器，沿箭头所示方向流经冷却水管进入水室，转向后从出水口流出。汽轮机的排汽自上而下横掠过管束。冷却水在管内流动，吸收流动于管外的蒸汽的热量，使其凝结，形成的凝结水汇集在热井，由凝结水泵抽走。这样，凝汽器的内部空间被分为两部分：一部分是蒸汽空间，称为汽侧；另一部分为冷却水空间，称为水侧。漏入凝汽器汽侧的主蒸汽通过抽气口被抽气器抽走。为了减轻抽气器的负担，改善抽气效果，空气与少氧蒸汽的混合物在被抽出之前，要经过一次冷却以减小蒸汽含量，降低混合物的容积流量。为此，在凝汽器中分出一部分冷却管束（为全部冷却管束的 8% ~ 10%）作为空气冷却区。这样，凝汽器的换热空间分为主凝结区和空冷区两部。

根据冷却水流程的不同，凝汽器可分为单流程、双流程、多流程凝汽器，同一股冷却水在凝汽器冷却水管中经过一次往返后才排出的，称为双流程凝汽器。若冷却水只经过单程就排出，称为单流程凝汽器。依次类推，有三流程、四流程等多流程凝汽器。流程数越多，水阻越大。

根据空气抽出门位置的不同，即凝汽器中汽流流动形式的不同，现代凝汽器分为汽流向心式和汽流向侧式两大类，这两种凝汽器应用都较广泛。

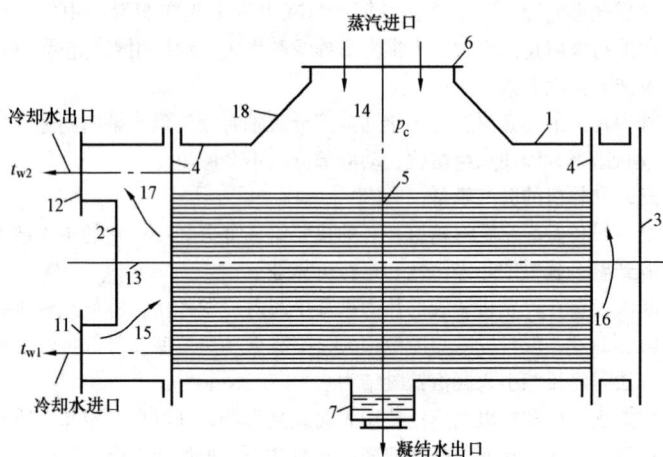

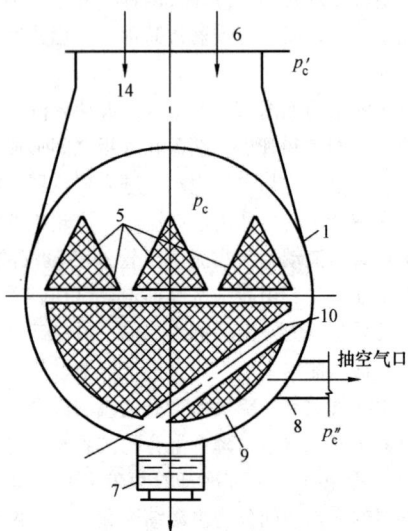

图 12－5 表面式凝汽器结构简图

1—外壳；2—水室端盖；3—回流水室端盖；4—管板；5—冷却水管；6—蒸汽入口；
7—热井；8—空气抽出口；9—空气冷却区；10—空气冷却区挡板；11—冷却水进
水管；12—冷却水出水管；13—水室隔板；14—凝汽器汽侧空间；15—水室；
16—喉部；17—出口水管；18—喉部

发电厂采用翅片管式的空冷散热器，直接或间接用环境空气来冷凝汽轮机排汽的冷却系统，称为空冷系统。采用空冷系统的汽轮发电机组简称为空冷机组。据理论计算和实测结果，与同容量湿冷机组相比，空冷机组冷却系统本身可节水97%以上，全厂性节水约65%。即相同数量的水，可建设的空冷机组规模比湿冷机组的规模大三倍。所以，空冷机组是"富煤缺水"地区或干旱地区建设火力发电厂的最佳选择。尤其我国的华北、西北、东北地区，煤炭资源丰富，但水资源贫乏，所以发展空冷机组具有广阔的前景。

发电厂的空冷系统主要有三种，即直接空冷系统、带喷射式（混合式）凝汽器的间接空冷系统（又称为海勒式间接空冷系统）和带表面式凝汽器的间接空冷系统（又称为哈蒙式间接空冷系统）。其中，哈蒙式间接空冷系统的优点是节约厂用电、设备少、冷却水系统与汽水系统分开，两者水质均可保证、冷却水系统防冻性能好；缺点是空冷塔占地大，基建投资多。系统中进行两次表面式换热，使全厂热效率有所降低。国内外机组单机容量为200、300、600MW 的机组投入使用该系统。一般单机容量为300、600MW 的机组只发展直接空冷系统和哈蒙式间接空冷系统。哈蒙式间接空冷机组原则性汽水系统如图 12 – 6 所示。

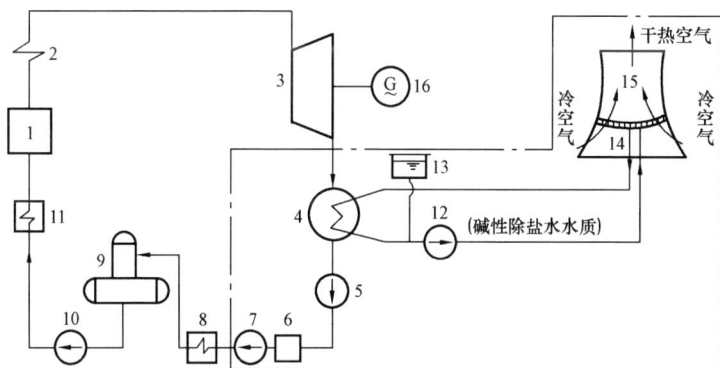

图 12 – 6　哈蒙空冷机组原则性汽水系统
1—锅炉；2—过热器；3—汽轮机；4—喷射式凝汽器；5—凝结水泵；6—凝结水精处理装置；7—凝升泵；8—低压加热器；9—除氧器；10—给水泵；11—高压加热器；12—冷却水循环泵；13—调压装置；14—全铝制换热器；15—空冷塔；16—发电机

第三节　汽轮机的调节控制及油系统

发电机组汽轮机都为中间再热式汽轮机。由于再热器及再热器蒸汽管道内储存有巨大蒸汽容积，为此对中间再热器汽轮机组的调节及保护系统提出了新的要求，以保证机炉的相互匹配及发电机组对负荷的适应性。

一、汽轮机的调节

汽轮机调节的主要任务是保证汽轮机按照预定的要求运转。

（一）汽轮机调节特性

静态特性和动态特性，是判断汽轮机调节系统优劣的主要指标之一。

1. 静态特性

静态特性指发电机组的平衡工况的特性，即发电机组在平衡工况下运行时输入信号与输出信号的关系、上述的输入信号是功率，输出信号是转速，因此静态特性也就是指汽轮机发出的功率和转速的关系。静态特性又分为无差静态特性与有差静态特性。无差静态特性是指无论输入信号是多少，在平衡工况下输出信号始终不变。有差静态特性是指当输入信号不同时，在平衡工况下，输出信号值也不同，如图 12 - 7 所示。

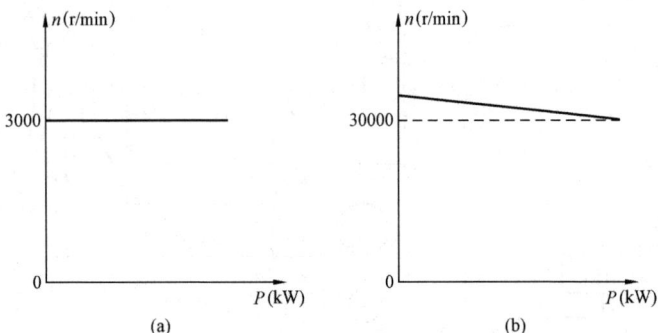

图 12 - 7　汽轮机调节静态特性

（a）无差调节静态特性；（b）有差调节静态特性

2. 动态特性

动态特性是指发电机组平衡工况受到外界干扰破坏时的运动特性和从一个平衡工况过渡到另一个新的平衡工况时过渡过程的特性。它是分析调节对象或评价调节系统时非常重要的因素。图 12 - 8 为静态特性与动态特性比较图。由图 12 - 8 可看出，静态特性是平衡工况下输入信号与输出信号之间的关系，与时间无关，而动态特性是输入信号随时间变化的特性以及输出信号随时间变化的特性曲线。由图 12 - 8 可看出，发电机在原来工况点 H 工作，当负荷改变时降至点 X 工作，由静态特性知道，发电机组转速由 n 升到 n'。发电机组是怎样由 H 工况点过渡到 X 点的呢，它并不是静态特性变化的，从 H 到 x 有个过渡过程，也就是按动态特性过渡的。如果系统是稳定的，随着时间 t 的增长，发电机组工况逐渐由 H 过渡到 x，一般说这个过程是周期振荡的，也可能是单调的。在过渡过程的某一瞬间 t_1，转速可能大大超过允许值而导致机器损坏，这个暂态现象叫动态超速。

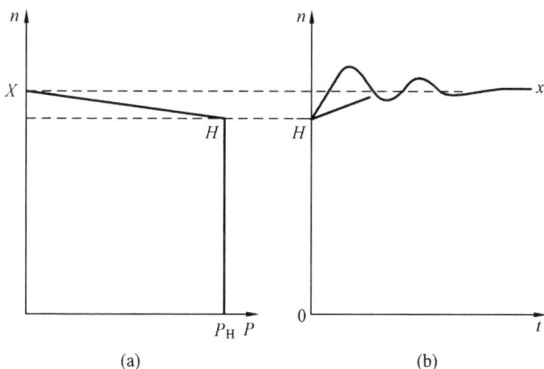

图 12 - 8 静态特性与动态特性比较图

(a) 静态特性；(b) 动态特性

(二) 调节系统指标

1. 速度变动率 δ

由于汽轮机调速系统一般为有差调节，因此功率增加，转速将略有降低，虽然这种转速变化并不大，但调速器就是根据这转速的变化来控制阀门的。对应发电机组从空载 P_x 到满载 P_H 的转速变化，通常用速度变动率 δ 来表示。其表达式为

$$\delta = (n_{max} - n_{min}) / n_0 \qquad (12 - 13)$$

式中 n_{max}——对应于空载 P_x 时的转速；

n_{min}——对应于满载 P_HH 时的转速；

n_0——平均转速，或取汽轮机额定转速。

速度变动率无论对调速系统静态特性还是动态特性都很重要。通常调

速系统的速度变动率在 3% ~ 6%，速度变动率太大或太小将导致调节系统不能正常工作，使主设备损坏。一般讲小机组取大一些的速度变动率，大机组可取小一些的速度变动率。

2. 迟缓率 ε

由于调节系统存在摩擦和油动机存在间隙等原因，不可避免地存在一个不灵敏区，也就是说有一定的迟缓，它破坏了调节系统的单值对应性。

迟缓率 ε 通常用下式表示，即

$$\varepsilon = (n_1 - n_2)/n_0 \qquad (12-14)$$

式中 n_1、n_2——调速系统调节开始和终了的转速；

$\quad\quad$ n_0——发电机组额定转速。

ε 要求越小越好。由于制造工艺等方面的原因，目前一般取 $\varepsilon \leqslant 0.3\% \sim 0.5\%$。

（三）发电机组并列运行

为了便于分析，假设电网中只有两台发电机组并列运行。两台机组单独运行时的静态特性曲线如图 12 - 9（a）、图 12 - 9（b）所示；两台发电机并列运行时的静态特性如图 12 - 9（c）所示。并列运行时的发电机组转速是相同的。

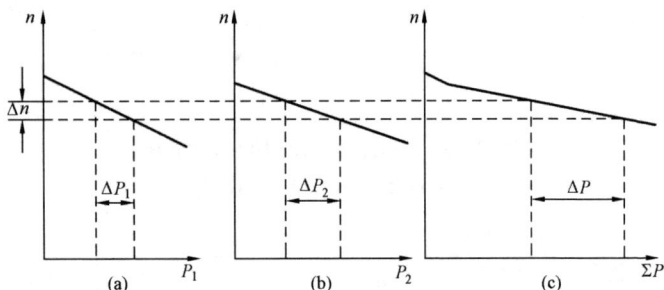

图 12 - 9　两台发电机并列运行
（a）1 号发电机组静态特性；（b）2 号发电机组静态特性；
（c）两台机组并列运行的静态特性

当电负荷减小时，发电机组转速均增加 Δn，这时两台发电机组的调节系统各按自己的特性进行工作，减小自己进汽量。如果 1 号发电机组的 δ_1 大于 2 号发电机组的 δ_2，则 1 号发电机组功率减小得少，2 号发电机组功率减少得多，即 $\Delta P_1 < \Delta P_2$ 且 $\Delta P_1 + \Delta P_2 = \Delta P$，所以并列运行发电机组在电网负荷变化时，应根据它们各自的静态特性曲线进行负荷分配，δ 越

大，则分配给该台发电机组的负荷改变越小；而 δ 越小，则分配给该台发电机组的负荷改变越大。

由于并列运行的各台发电机组是按各自的静态特性来自动分配负荷的，所以希望静态特性曲线的斜度应该接近，但在静态特性上的每一点都可能是工作点，因此，每台发电机组的静态特性应该接近于一光滑的直线。电网的容量越大，则电网的静态特性越平，同时电负荷的变动分给每台发电机组的负荷变动就越小，电网频率变化就越小。因此电网容量越大，并列运行的发电机组的速度变动率 δ 越小，频率的稳定越容易保证；反之，电网越小，则 δ 越大，频率的波动可能较大。

（四）一次调频与二次调频

发电机组的一次调频是在电网频率变化时，电网中全部并列运行的发电机组按其静态特性承担一定的负荷变化，以减小频率的改变，所以一次调频特点为：所有并列运行的发电机组都参加一次调频；一次调频不可能保持频率不变，而只是减小频率的变化程度。二次调频的使用是在电网负荷发生变化时，达到新的供求平衡以维持频率稳定。这主要是靠调整同步器来改变发电机组的功率以恢复电网正常频率。一次调频是暂态的，即电网负荷变化后，二次调频还来不及充分保证电网功率的供求平衡时，暂时由一次调频来保证频率不致变化过大而造成严重后果。当二次调频跟上后，使电网频率恢复正常，这时一次调频卸掉，其作用消失，完全按一定的负荷曲线进行调整，由于电网负荷的变化有其一定规律，根据运行经验大体上可以事先掌握这种规律性，编制出各种形式的负荷曲线，可以事先根据"负荷曲线"合理分配发电机组间的功率，制定各发电机组的负荷曲线。这样既保证了用电功率的平衡，又达到经济运行的目的。

但实际情况往往和编制的负荷曲线有出入，不可能完全平衡。因此，电网频率就要发生变化，靠一次调频只能缓和这种变动而不能消除，要想维持频率，必须进行二次调频。此时指定部分发电机组除了按规定的负荷曲线运行外，还要承担计划外的负荷变化，根据电网频率的变动来调整同步器的开度，以维持频率不变。这种发电机组叫作调频发电机组。如二次调频是由自动调频器来进行，则自动调频器和汽轮机的调节组成了串联调节，并由自动调频器控制汽轮机调节系统的给定值。对于按负荷曲线运行的发电机组，根据电力系统经济运行的原则可分为带基本负荷、中间负荷和尖峰负荷三类发电机组。为了进行二次调频，电网中应具备一定的调频能力，一般说调频机组容量为电网总负荷的5%。

二、中间再热发电机组的调节特性

1. 中间再热汽轮机特点

（1）中间再热发电机组的再热器压力随负荷变化而变化。机炉采用单元制方式，而且对机炉的辅机工作可靠性也提出很高的要求。

（2）为了防止中间再热发电机组超速，除了在高压缸前装有主汽阀和调节阀外，在中压缸前也没有再热主汽阀和中压调节间以及其他快速关闭装置。为了减小节流损失，提高发电机组的经济性，当中压缸负荷较大（一般为33%的额定负荷）时，应保持调速汽门全开。只有在负荷低于一定值时或转速超过正常值，中压调节阀才开始关闭。

（3）设置旁路系统。对再热发电机组，其机炉可以看作是一个整体，但机炉的工况不可能在任何时候都一致，如锅炉最低负荷是额定负荷的30%，而汽轮机则是额定负荷的5%～8%，甚至更小。为此必须设置旁路系统，以维持锅炉最低负荷运行和保护再热器，同时也提高了发电机组快速启动的灵活性。

2. 再热发电机组的功率特性及调节

对于一般汽轮机的调节是在改变调速汽门开度后，汽轮机进汽量随着改变，发电机组的功率也得以改变。而对于单元制再热机组，在负荷变化时，其高压缸的流量能迅速改变，而中低压缸的流量则由于再热器的存在，变化必须经过一段时间后才能达到它应有的功率，这种现象叫作功率滞后。如发电机组功率由 P_1 增至 P_2，对于普通的汽轮机，开大调速汽门瞬间即完成。而对于再热发电机组，则这个功率变化要有滞后现象，即使高压调速汽门瞬间开大到要求开度，但发电机组的实际功率是按曲线 P_H（高压缸）及 P_L（中低压缸）形式，经过一段时间后 $P_H + P_L$ 才能等于 P_2。因为当增负荷开大调速汽门时，高压缸功率 P_H 可以立即增加，但中低压缸功率 P_L 并不立即增加，只能随着再热系统压力的增加而增加，同时 P_H 随着再热系统压力 P_L 的增加而略有减小，所以发电机组实际功率的变化过程有时滞现象，如图 12-10 所示。而且中低压缸的功率约占发电机组总负荷的 2/3～3/4，所以中低压缸功率滞后现象降低了中间再热发电机组的一次调频能力。因此中间再热发电机组的调节往往采用动态过调法来实现，即发电机组负荷变化时，使高压调速汽门的开度短时超过静态要求值，超出的部分用来补偿功率时滞，如要求增加发电机组的功率，高压调速汽门开度先超过静态要求值的一定值，随着再热器压力的增大，中低压缸负荷逐渐增加，同时高压调速汽门就逐渐减小。如果配合好就能使高压缸动态多发出的功率正好等于中低压缸动态少发的功率，功率增加并不延迟。同理，在降负荷时，通过动态特性就可以实现。

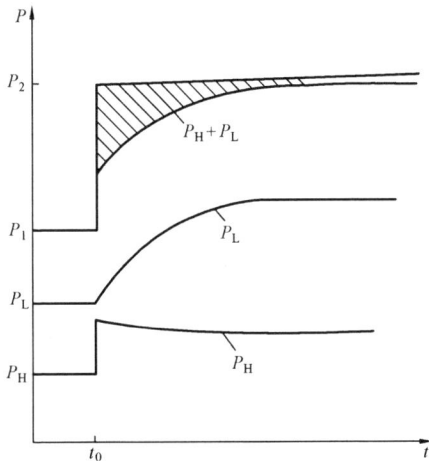

图 12 – 10　再热发电机组调节功率时滞

三、润滑油系统及其设备

机组的润滑油系统采用汽轮机油。系统除为全部汽轮发电机组轴系的主轴承、推力轴承和盘车装置提供润滑油外，还为发电机氢密封油系统提供高压和低压密封油，同时为机械式超速危急遮断系统提供压力油。

在正常运行时，润滑油系统的全部需油量由主油泵和注油器提供。主油泵的出口压力油先进入润滑油主油箱，然后经箱内油管路分为两路：一路向汽轮机机械式超速危急速断装置供油，同时作为发电机高压备用氢密封油；另一路作为注油器的射流动力油。注油器的出油分为三路：主油泵进口油；经冷油器送至各径向轴承、推力轴承以及盘车装置的润滑油；发电机氢密封油。

主油泵向机械超速危急遮断装置提供的一路油，经过一固定节流孔在危急遮断油路中建立起压力。当危急遮断装置动作时，会在瞬间使危急遮断油路泄油失压。由于有节流孔，此时流入该油路的压力油不足以影响快速泄油失压。另外，流过节流孔的油量很少，因而也不会造成主油泵出口油压和油量的过大变化，以维持其他用油部件的正常供油量和油压。

润滑油系统中有 2 台冷油器。正常运行时，一台冷油器工作，另一台备用。因此两台冷油器可以轮换进行清洗和维护。两台冷油器间装有三通转换阀，可以在运行中进行冷油器的切换，但备用冷油器在切换前必须充满油，以防止在切换后的瞬间造成轴承断油而引起事故。在需要时，两台冷油器可并联使用。润滑油经过轴承和盘车装置后，油温要升高。油温反映了轴承的工作情况，影响着机组的安全运行，因此必须将轴承回油温度限制在一个允许的范围内。一般情况下，要求所有轴承回油温度低于70℃，为了达到这个要求，需要调节冷油器的冷却水量，以保持冷油器的出口油温在43～49℃之间。如果冷油器的出口油温在这个范围内，而轴承回油温度仍达到70℃以上，则可能有故障发生，这时必须检查原因。

机组运行对油质要求很高，因而专门配置了一套净油装置。当润滑油系统运行时（包括盘车装置在运行时），净油装置同时投入工作，以不断清除油中的杂质和水分。

在启动和停机过程中，当主轴转速小于2700～2800r/min时，主油泵不能提供足够的油压和油量，故注油器也达不到正常出力，此时启动交流电动辅助油泵，以满足系统供油需要。在盘车过程中，盘车装置用油由电动轴承润滑油泵提供。其中一路油进入盘车装置集油堰，为盘车齿轮提供油浴，另一路油经电磁阀后由装在油管上的喷嘴连续地向传动齿轮喷油。

汽轮机转子轴承和发电机前后轴承处，设有顶轴装置。在盘车投入时，顶轴装置使盘车阻力矩减小，并避免了轴颈和轴瓦之间的摩擦。

润滑油系统的正常运行，直接对机组的安全起着保障作用。润滑油压低将影响机组的运行，因此在油系统中设有监控轴承油压降低的压力继电器。该继电器接通辅助油泵的电动机控制线路，使交流电动润滑油泵投入工作，以恢复油压。前者向注油器出口油管供油。在机组运行过程中，为了检验辅助油泵是否能在规定的低油压下自启动，润滑油系统中还设有两套交流润滑油泵和直流事故油泵的自启动试验装置。它通过打开一个放油阀，使轴承油压继电器处产生局部压力降，对继电器和辅助油泵的备用情况进行试验。油流先通过一个固定的节流孔，这样在正常运行中继电器感受的是轴承润滑油压，而在试验时不会使润滑油母管中的油压下降到运行所不允许的数值。因此，可以在运行过程中进行试验，而不影响油系统的工作。如果润滑油压继续降低，系统中设置的保护压力开关将使机组紧急停机，以保护机组的安全。

润滑油系统的油管是防护性的套管，最外层的大管道是通向主油箱的回油管，同时也对里面套装的管道起防护作用。内部的小口径管道是压力油输送管，每隔一段距离由角钢支撑，一只有压力油泄漏，漏油将流回油管道，不会喷射到汽轮机的高温管道上。从电厂防火角度来说，套装管道是较理想的油管结构。套装管道上有集污器和清洗器，因而可以很方便地对管路进行维护和清洗。发电机轴承的进排油管道不是套装管道，回油由专门管路排入发电机氢密封油箱，然后将氢气从氢密封系统中排出。

汽轮机的机械超速遮断信号是由一路压力油传递的。通过一个节流孔向危急遮断装置提供的压力油控制着隔膜阀，当这个油压失去时，隔膜间开启，引起调节系统的 EH 油失压，从而关闭汽轮机的全部进汽阀门。在不解列的情况下，为了试验危急遮断飞锤能按要求飞出，在油路上布置了超速遮断试验阀。

润滑油系统主要由润滑油主油箱、主油泵、交流电动辅助油泵、注油器、冷油器、直流事故油泵、顶轴装置、油烟分离装置和净油装置等组成。300、600MW 容量机组的润滑油系统基本类似。

1. 主油泵

润滑油系统的主油泵安装在汽轮机高压转子前端短轴上，一般为双吸式离心泵，如图 12 – 11 所示。它供油量大，出口压头稳定，轴向推力小，且对负荷的适应性好。在额定转速或接近额定转速运行时，主油泵供给润滑油系统的全部压力油。

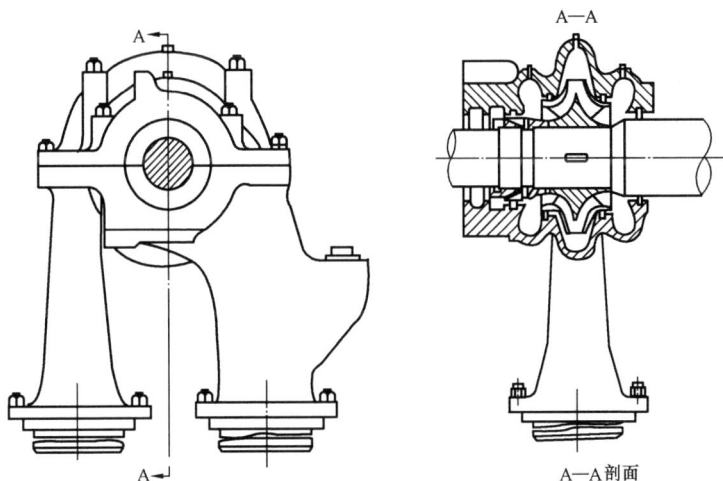

图 12 – 11　主油泵

这种主油泵不能自吸，因此在汽轮机启、停阶段要依靠电动机驱动的辅助油泵供给机组用油和主油泵的进口油。在正常运行时，主油泵由注油器提供一定压力的进口油。如果主油泵的吸油管道中进入了气体，泵的正常工作会被破坏，从而造成润滑油系统的工作不稳定，因此主油泵的进口必须保持一定的正压。离心油泵的出口油压基本上与转速的平方成正比，随着汽轮机转速的升高，主油泵的出口压力也增高。当汽轮机转速达到90％额定转速时，主油泵和注油器就能提供润滑油系统的全部油量，这时要进行辅助油泵和主油泵的切换。切换时应监视主油泵出口油压，当油压值异常时应采取紧急措施，以防止烧瓦。

2. 注油器

注油器装在主油箱内油面以下的管道上，它实质上是一个射流泵，如图 12 – 12 所示。其优点是结构简单、工作稳定、易于制造和调整，缺点是噪声大且效率不高。

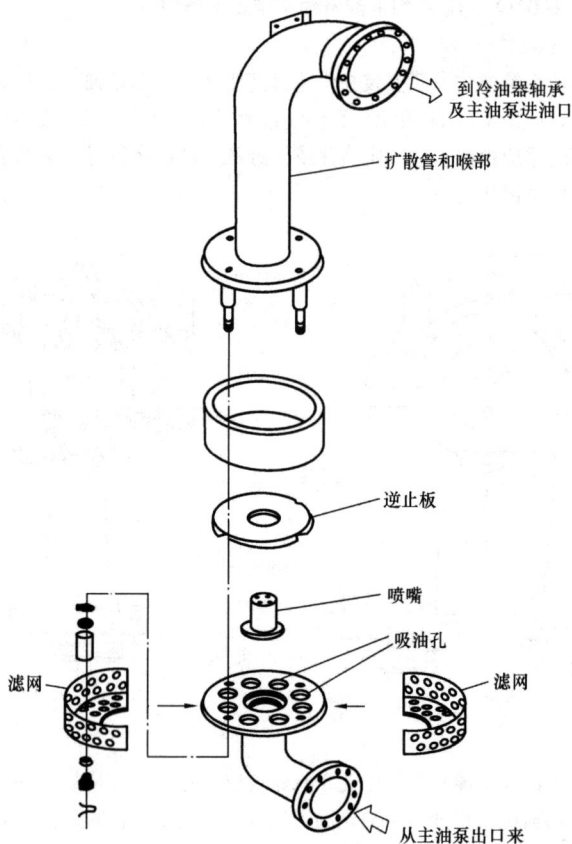

图 12 – 12　注油器

注油器由喷嘴、混合室、喉部和扩散段等基本部分组成。喷嘴的进口与提供动力油的主油泵出口相连。工作时，主油泵来的压力油以很高的速度从喷嘴射出，在混合室中造成一个负压区，油箱中的油被吸入混合室。同时，由于油的黏性，高速油流带动吸入混合室的油进入注油器喉部。从油箱中吸入的油量基本等于主油泵供给喷嘴进口的动力油量。油流通过喉部进入扩压管以后速度降低，部分动能又转变为压力能，使压力升高，最后将有一定压力的油供给系统使用。为了防止喷嘴被杂质堵塞和异物进入系统，在注油器的吸油侧装有一个可拆卸的多孔钢板滤网。在一定程度上，这个滤网还起着稳定注油器工作的作用。在注油器扩压管后装有可调止回阀，它在注油器不工作时，可以防止油从系统中倒流回注油器而进入油箱。在混合室吸油孔的上方，装有一可上下自由移动的止回板，当主油泵和注油器正常工作时，混合室中是负压，止回板被顶起，油箱中的油可通过 8 个吸油孔吸入混合室。而在机组启停等过程中电动辅助油泵工作时，止回板落下，阻止系统中的油经吸油孔倒流回油箱。

止回板是该机组注油器特有的结构，它与扩压管后的止回阀一起将油倒流的可能性减小到最低程度。

3. 冷油器

润滑油的温度由冷油器调节。机组一般都装有 2 台冷油器，在正常运行工况，一台投入运行，另一台备用。在某些特殊情况下，如高温季节或冷油器污脏时，2 台冷油器可以同时并联运行。冷油器布置在润滑油管路上，无论从何处来的轴承润滑油，在进入轴承前都须经过冷油器。

油在冷油器壳体内绕管束环流，冷却水在管内流过。进入工作冷油器的润滑油流量通过装在 2 台冷油器之间的三通换向阀来控制。图 12-13、图 12-14 表示了冷却水和润滑油在冷油器中的流向以及三通换向阀的工作设置。润滑油通过三通换向阀后从冷油器下端进油口进入冷油器，经过设置在冷却水管外的导向板不断改变流动方向，最后由冷油器上部出油口流出，经三通换向阀进入润滑油母管。冷油器上部水室分成两部分，各有管束通到下部水室。冷却水进入上部水室的一侧，经该侧冷却水管束流到下部水室，然后经另一部分冷却水管束流回上部水室的另一侧后排出。可以任意选择上部水室的一侧作为进水侧，另一侧为排水侧。水室管板与管束间密封，以保证冷却水不漏入油中。

四、EH 油系统及其设备

为了提高控制系统的动态响应品质，普遍采用了抗燃油。抗燃油是一种三芳基磷酸酯的合成油，它具有良好的润滑性能、抗燃性能和流体稳定

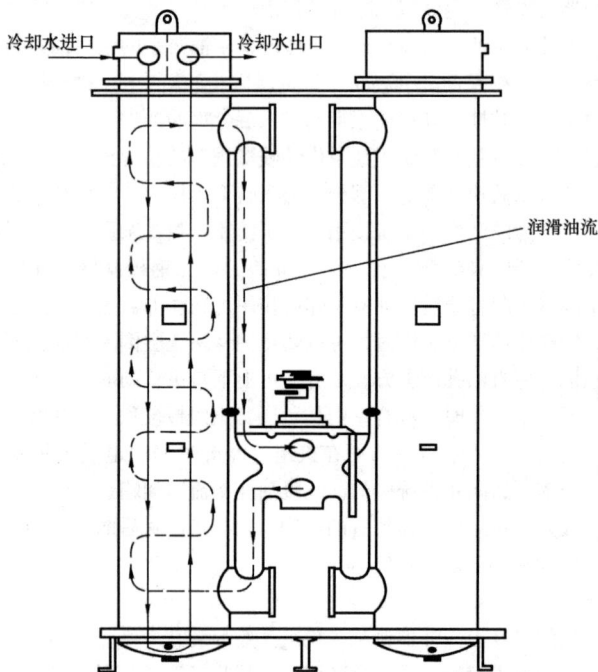

图 12 - 13 冷却水和润滑油在冷油器中的流向

性，自燃点为560℃以上。因而在事故情况下，当有高压动力油泄漏到高温部件上时，发生火灾的可能性大大降低。但抗燃油价格昂贵，具有一定腐蚀性，并对人体健康有影响，不宜在润滑系统内使用，因而设置单独的供油系统。

  EH油系统主要由EH油箱、高压油泵、控制单元、蓄能器、过滤器、冷油器、抗燃油再生装置及其他有关部件组成。系统的基本功能是提供电液控制部分所需要的压力油，驱动伺服执行机构，同时保持油质完好。整个EH油系统由功能相同的两套设备组成，当一套投运时，另一套为备用，如果需要，则立即自动投入。为了保证电液控制系统的性能完好，在任何时候都应保持抗燃油油质良好，使其物理和化学性能都符合规定。因此，除了在启动系统前要对整个系统进行严格的清洗外，系统投入使用后还必须按需要运行抗燃油再生装置，以保证油质。

  1. 油箱

  油箱是EH油系统的最重要设备之一。由于抗燃油有一定的腐蚀性，

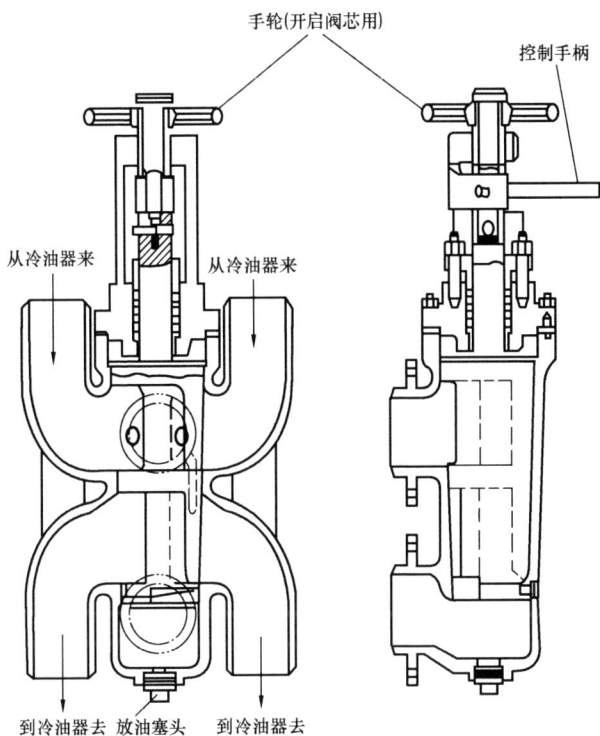

手轮(开启阀芯用)

控制手柄

从冷油器来

从冷油器来

到冷油器去　放油塞头　到冷油器去

图 12 – 14　三通换向阀

油箱用不锈钢板制成。油箱顶部装有浸入式加热器、控制单元组件、各种监视仪表和维修人孔等。油箱上还装有加油组件以及供油质监督取样的取样阀。整个结构布置紧凑、工作可靠、检修方便。装有磁棒的空心不锈钢杆全部浸泡在油中作为磁性过滤器，以吸附油中可能带有的导磁性杂质。它们必须定期清洗。每个不锈钢杆及磁芯可以单独拆出进行清洗，因此清洗工作可轮换进行。油箱除有就地的指示式油位计外，还设有浮子式油位继电器，在油位改变时，它们推动限位开关动作。其中一个用于低油位报警和低油位遮断停机，另一个则用于高油位报警和高油位遮断停机。油箱油温由指针式温度计和温度控制继电器控制。EH 油系统不能在低于21.1℃的情况下长期运行，而且不得在低于 10℃的情况下运行，为此在油箱内装有电加热器，在油温低于 21.1℃时对油进行预热。而在油温升高到 57 ~ 60℃时，温控继电器动作，发出报警信号或通过温度调节阀调节冷油器的冷却水量，保持系统在正常油温范围运行。

2. 高压油泵

EH 油系统的压力抗燃油由交流电动机驱动的高压叶片泵或恒压变量柱塞泵提供。系统中装有 2 台相同的油泵，2 台泵并联装在油箱的下方，以保证在正吸入压头下工作。油泵的进口安装有吸油滤网。滤网由 140μm 的金属丝网构成，能很方便地拆出进行维修，而不影响其他相邻部件的正常工作。

每台油泵输油到高压油集管的油路系统完全相同，并且相互独立。正常运行时，1 台油泵的出油就能满足整个 EH 油系统的运行需要，故 2 台油泵互为备用。特殊情况下 2 台泵也可以同时运行。

高压油集管在正常运行时，发生油压异常降低，与集管相通的压力继电器动作，通过中间继电器接通备用油泵的驱动电动机电路，使备用油泵启动。压力继电器的信号油路与高压集管之间设置了 1 个固定节流孔，在调整压力继电器整定值、进行备用油泵自启动试验时，打开布置在压力继电器信号油路上的试验阀向油箱排油，使压力继电器信号油路产生局部压力降，检验其动作情况。此时，高压油集管的压力基本不变，不会因试验而影响系统的正常工作。试验阀有 2 个：一个是压力继电器附近的电磁阀，用于远方操作试验；另一个是油箱附近的手动阀，用于就地操作试验。

3. 油箱控制单元组件

EH 油箱控制单元由卸荷阀、止回阀、过压保护阀、截止阀和金属过滤器等组成的组合装置，安装在 EH 油箱顶盖上。

从高压油泵的来油首先经过控制组件中具有 10μm 金属丝网的滤芯式过滤器。对应每台油泵的出口，为了判断滤网是否为污物堵塞，在油泵出口过滤器上都装有压差开关，用于感受过滤器进出口侧的压差。当过滤器进出口两侧压差偏大时，压差开关引起音响警报，表示此过滤器被堵，需要进行清洗或调换滤网。

高压油泵的来油经过滤网后流入卸荷阀（也称压力控制阀），如图 12-15 所示。卸荷阀用于控制系统中的压力，它的动作压力由调整旋钮 12 调整锥形弹簧 9 的预紧力来整定。系统高压油集管的油压引入卸荷阀并作用在控制柱塞 4 的左端。当集管压力低于 14.48MPa 且控制滑阀 13 处于关闭位置时，弹簧 9 将控制柱塞 4 推在左侧，钢球 7 堵住控制座 6 的通油口。控制滑阀 13 内腔的油不能排出，在滑阀弹簧 1 的作用下，控制滑阀 13 被顶在下方堵死套筒 3 的泄油窗口，此时卸荷阀处于关闭状态。

油泵来油全部进入高压油集管。当集管中油压达 14.48MPa 时，柱塞克服锥形弹簧力右移，将钢球 7 和球座 8 右推，控制滑阀 13 内腔压力通过节流孔 14，经锥形弹簧泄油孔排至油箱。此时控制滑阀 13 内腔压力降低。作用在其下部的油泵出口油压作用力克服弹簧 1 和滑间内腔油作用力后使沿间上移，打开套筒泄油窗口，将油泵来油直接送回油箱，卸荷阀处于排油状态。由于油箱内油压甚低，故卸荷间处于排油状态时，高压油泵负载最小，功耗最小，发热效应减小，有益于延长泵的使用寿命。在排油状态下，球座 8 的左侧有压力油作用，产生一个附加的向右的油压力。这个力使锥形弹簧 9 在集管压力略有降低时不能推动球座。只有在集管压力降低到 12.415MPa 时，弹簧 9 才克服集管油压通过柱塞 4 作用在钢球上的力和球座两侧差压作用力，将钢球 7 推向左侧堵住控制座 6 上油口。此时，通过节流孔 15、14 的油不能流出，使控制滑阀 13 内腔压力逐渐恢复到油泵出口压力，将滑阀推向关闭排油窗口的位置，油泵来油重又进入高压油集管。此时卸荷阀复位。卸荷阀的排油和复位压力之差值由卸荷阀控制部

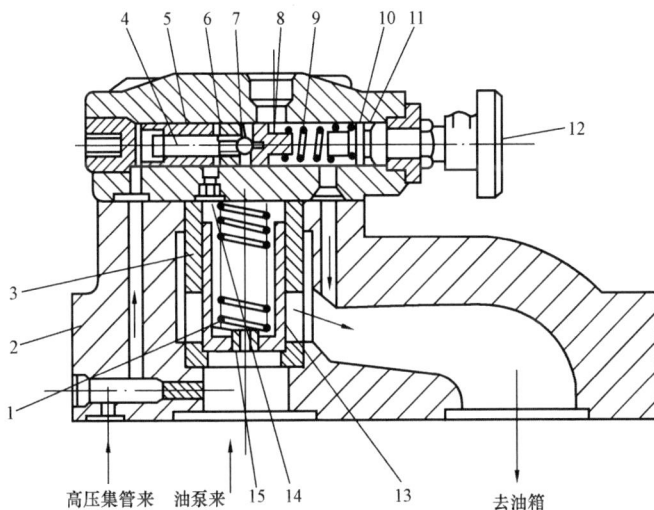

图 12 - 15 卸荷阀

1—滑阀弹簧；2—阀体；3—套筒；4—控制柱塞；5—控制滑块；6—控制座；
7—钢球；8—球座；9—锥形弹簧；10—密封活塞；11—O 形圈；
12—调整旋钮；13—控制滑阀；14、15—节流孔

件的结构尺寸决定。可见，在正常运行中，卸荷阀一直在循环地进行工作，而系统高压油集管压力则在 12.415~14.484MPa 之间变动。

当卸荷阀处于排油状态时，集管与油箱通过卸荷阀连通。因此为了阻止在卸荷阀排油状态下，集管内高压油通过卸荷阀倒流回油箱，控制组件上，在油泵出口管与集管之间设有止回阀。当卸荷阀处于排油状态时，油泵出口与油箱连通，油压很低，因而止回阀的弹簧将关闭，阻止高压油集管压力油倒流回油箱。而当卸荷阀复位以后，油泵出口压力建立，顶起止回阀，将油输入高压油集管。

高压油集管的设计压力很高，因此超压是十分危险的。尽管有卸荷阀控制，但为了提高可靠性，在控制组件上还设置了过压保护阀（或称溢流阀、安全阀）。过压保护阀与止回阀后的集管连通，以防集管超压，可保护系统安全。过压保护阀结构与卸荷阀类似，动作原理基本相同，从对集管的保护作用来说，它实际上可看成是卸荷阀的备用阀。

4. 蓄能器

为了维持系统的油压在卸荷阀的两个动作油压之间的相对稳定，以防止卸荷阀或过压保护阀反复动作，EH 油系统中装有高压蓄能器，其中一只安装在油箱边上，另外较小的安装在调节汽阀附近的支架上。蓄能器有活塞式蓄能器和球胆式蓄能器两种。

活塞式蓄能器实际上是一个有自由浮动活塞的油缸。活塞的上部是气室，下部是油室，油室与高压油集管相通。为了防止泄漏，活塞上装有密封圈。蓄能器的气室充以干燥的氮气，充气时，用隔离阀将蓄能器与系统隔绝，然后打开其回油阀排油，使油室油压为 0MPa，此时从蓄能器顶部气阀充气，活塞落到下限位置，正常的充气压力是 8.966MPa。机组运行时，蓄能器中的气压与系统中的油压相平衡，不会发生气体泄漏。但停机时，系统中无油压，会有一定的漏气发生。当气室压力小于 7.932MPa时，需要再次充气。

气体是可压缩的介质，故油压高于气压时，活塞上移，压缩气体，油室中油量增多。在调节机构动作而油泵又没有连续向集管输油的情况下，蓄能器的储油借助气体膨胀被活塞压入高压油集管，以保证调节机构动作需油量及所需的动作油压。当集管油压达 14.484MPa 时，卸荷阀动作使高压油泵处于卸荷状态工作，无压力油送入集管，这时活塞式蓄能器的气室压力也是 14.484MPa，用以维持系统的油压和补充系统的用油量。

在通向油箱的压力回油管路上装有低压蓄能器。低压蓄能器结构是球胆式的，由合成橡胶制成的球胆装在不锈钢壳体内，通过壳体上的充气阀可以向球胆内充入干燥的氮气，充气压力为 0.2096MPa。壳体下端接压力回油管，球胆将气室与油室分开，起隔离油气的作用。由于合成橡胶球胆可以随氮气的压缩或膨胀任意变形，因此使低压蓄能器在回油管路上起调压室的缓冲作用，减小回油管中的压力波动。当球胆中氮气压力降到 0.1655MPa 时，必须再次充气。

5. 冷油器和滤油器

国产优化引进型 300MW 机组 EH 油系统在回油管道上装有两套滤油器——冷油器装置，所有的 EH 回油在送回油箱以前均流过滤油器和冷油器。正常运行时，只需一套装置便可以满足系统的需要，另一套作为备用装置。

为了保证油温在正常范围内，在冷油器循环冷却水出口处装有温度控制阀，它与浸在油箱中的温度控制器温包相连，对流过冷油器的水流量进行控制。冷却水进口管路中装有配备清洗塞的滤网。冷油器装在油箱边上，冷却水在管内流过，EH 回油在冷油器外壳内环绕管束流动。冷却水量除通过温度控制阀控制外，也可由手动控制。水量应调到保证系统的回油温度在 43.3 ~ 54.4℃ 之间。油箱表盘上的盘式温度计随时指示油箱中的油温。当油温高到 57.2 ~ 60℃ 时，由一个温度敏感开关发出报警信号。滤油器的过滤元件为具有互换性的 10μm 渗透性滤芯。为了便于调换滤芯，在每个滤油器外壳上装有可拆卸的盖板。

6. EH 油再生装置

EH 油再生装置是一种用来储存吸附剂使抗燃油再生的装置。油再生的目的是使油保持中性，并去除油中的水分等。该装置实际上是 1 个精密滤油器组件，它主要由硅藻土滤油器与波纹纤维滤油器串联而成，通过带节流孔的管道与高压油集管相通。硅藻土过滤器根据具体情况可以经旁路，使油仅通过波纹纤维滤油器。硅藻土滤油器与波纹纤维滤油器的滤芯均为可调换的。每个滤油器上装有一个压力表，当指示出不正常的压力值时，表明滤油器需要检修。

第四节　汽轮机组的热力系统及给水泵组

一、给水回热加热系统及其设备

（一）给水回热加热的热经济性

由汽轮机某些中间级后抽出一部分蒸汽对锅炉给水进行加热称为给水回热加热，相应的蒸汽循环称为给水回热循环，这种给水加热方式可以提高循环热效率。从蒸汽热量利用方面看，采用汽轮机抽汽在加热器中对给水加热，减少了凝汽器中的热损失，提高了循环热效率；从给水加热过程方面看，利用汽轮机抽汽对给水加热时，换热温差比锅炉烟气加热时小得多，因而减少了给水加热过程的不可逆性，提高了循环的效率。

（二）给水回热加热器的类型

（1）给水回热加热器的类型按布置形式分，有立式和卧式两种。

（2）按加热器中汽水介质的传热方式分，有混合式和表面式两种。

1）在混合式加热器中，汽水两种介质直接混合并进行传热。其优点为：①能将水加热到加热蒸汽压力下的饱和温度，无端差，热经济性高；②它没有金属受热面，构造简单，价格便宜；③易于汇集不同温度的水流，并能除去水中所含的气体。但混合式加热器出口必须配置水泵，有的水泵还需在高温下工作。在汽轮机变工况运行时，会影响水泵工作可靠性。为了保证给水系统工作的安全可靠，须装设备用泵和给水箱，其中水箱具有大的容积并有足够的高度，这使汽轮机热力系统及厂房布置变得复杂。

2）在表面式加热器中，汽水两种介质通过金属受热面来实现热量传递。表面式加热器按水侧承受的压力不同，回热加热器又分低压加热器和高压加热器两种。与混合式加热器相比，表面式加热器虽存在有端差、热经济性较低、金属消耗量大、造价高等缺点，但就整个表面式加热器组成的系统而言，却有系统简单，运行可靠性高等优点。所以，在现代电厂中，表面式加热器被广泛地采用，一般1台机组只配置1台混合式加热器用于对锅炉给水进行除氧，对不同水流进行汇集。

（三）高压加热器

1. 设计特点

高压加热器带有内置式蒸汽冷却段和疏水冷却段。蒸汽冷却段利用汽轮机抽汽的过热度来提高给水温度，使给水温度接近或略高于该加热器压力下的饱和温度。它位于给水出口流程侧，并用包壳板密封，如图12-16所示，从蒸汽进口19进入的过热蒸汽在一组过热蒸汽冷却段隔板3的导向下以适当的速度均匀地流过加热管束，并使蒸汽留有足够的过热度以保证蒸汽离开该段时呈干燥状态。当蒸汽离开该段进入凝结段时，可防止湿蒸汽的冲蚀和水蚀损害。

凝结段是利用蒸汽凝结的潜热加热给水，一组隔板2使蒸汽沿着加热器长度方向均匀分布并支撑加热管的作用。

进入该段的蒸汽，根据流体冷却原理自动平衡，直到由饱和蒸汽冷凝

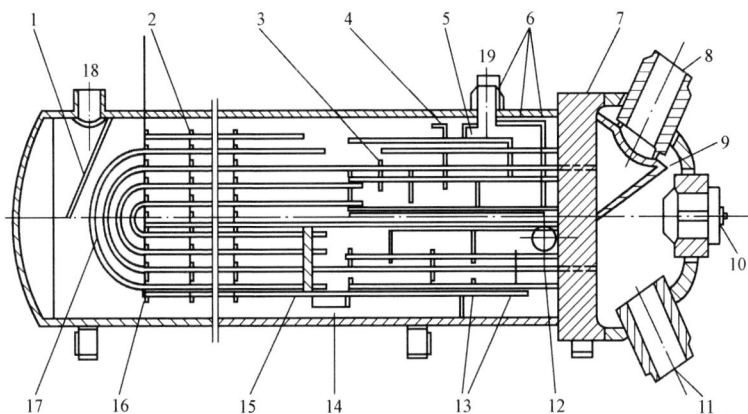

图 12 – 16　高压加热器示意图

1—防冲板；2—隔板；3—过热蒸汽冷却段隔板；4—管束保护环；5—防冲板；
6—过热蒸汽冷却段遮热板；7—管板；8—给水出口；9—分流隔板；10—
压力密封入孔；11—给水进口；12—疏水出口；13—疏水冷却段隔板；
14—疏水冷却段进口；15—疏水冷却段端板；16—拉杆；17—U 形管；
18—疏水进口；19—蒸汽进口

为饱和的凝结水（疏水），并汇集在加热器的尾部或底部，然后流向疏水
冷却段。

疏水冷却段是把离开凝结段的疏水热量传给进入加热器的给水，从而
使疏水温度降到饱和温度以下，疏水冷却段位于给水进口流程侧，并有包
壳密闭。疏水温度降低后，当流向下一级压力较低的加热器时，削弱了管
内发生汽化的趋势。疏水冷却段端板 15 和疏水冷却段进口（吸入口）14
保持一定的疏水水位，使该段密封。疏水进入该段后由一组疏水冷却段隔
板 13 引导流动，然后从疏水出口 12 流出。

2. 结构特点

壳体是钢板焊构件，为保证其焊缝质量，焊缝都经过 100% 无损检
查。壳体与水室焊接。为了便于壳体拆移，还安装了吊耳及壳体滚轮，使
壳体在运行时能自由膨胀。水室组件由半球形封头、圆柱形筒头和管板组
成。管板上钻有孔，以便插入 U 形管。管子焊接或爆炸胀接于管板上。
水室设有压力密封入孔，便于水室的维修。钢制隔板沿着长度方向布置，
这些隔板支撑着管束并引导蒸汽沿着管束按 90° 转折流过管子，隔板又借

第十二章　汽轮机组的结构及特点

助拉杆和定距管固定。防冲板布置在壳体进汽口处，它可使壳侧液体与蒸汽不直接冲刷管束以免管子受冲蚀。

（四）低压加热器

低压加热器一般为卧式单列表面式加热器，蒸汽空间由凝结区段和疏水冷却区段组成。为了维修方便，低压加热器设计为可拆卸壳体结构，以便抽出管束进行检修。为了防止管束受冲刷，低压加热器所有加热蒸汽及疏水进口管座处设有不锈钢防冲击板，如图 12－17 所示。

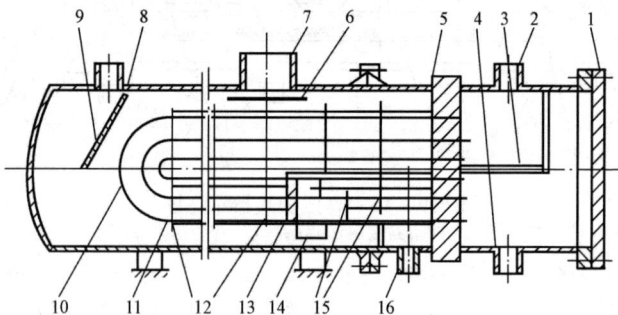

图 12－17　低压加热器示意图

1—端盖；2—给水出口；3—水室分割板；4—给水进口；5—管板；6—防冲板；
7—蒸汽进口；8—疏水进口；9—防冲板；10—U 形管；11—拉杆及定位杆；
12—凝结段隔板；13—疏水冷却段端板；14—疏水冷却段进口；15—
疏水冷却段隔板；16—疏水出口

（五）回热加热器的运行

给水回热加热提高了锅炉给水温度，使工质在锅炉内的吸热量减少，从而节省了燃料消耗量，提高了电厂的热经济性。

是否投入高压加热器，对机组经济性影响很大，对于 300MW 机组停运高压加热器，标准煤耗增加 14g/kWh。从安全角度看，加热器的停运，会使给水温度降低，造成高压直流锅炉水冷壁超温，汽包炉过热，汽温升高。抽汽压力最低的那级低压加热器停运，还会使汽轮机末几级蒸汽流量增大，加剧叶片的侵蚀。加热器的停运，还会影响机组的出力，若要维持机组出力不变，则汽轮机监视段压力升高，停用的抽汽口后的各级叶片、隔板的轴向推力增加，为了机组的安全，就必须降低或限制汽轮机功率。

为了保证回热加热器的安全经济运行，应注意运行监视和做好下述工作。

1. 保证加热器传热端差最小

加热器端差一般为 - 1 ~ 7℃，运行中端差增大，可能由下列原因引起：

（1）加热面结垢，增大了传热热阻，使管内外温差增大。

（2）加热器蒸汽空间聚集了空气，空气是不凝结气体，它附在管子表面上形成空气层，空气的放热系数比蒸汽小得多，增大了传热热阻。因此，加热器抽空气管道上的阀门开度与节流孔应调整合理。阀门开度小，空气的抽出量会受限制；阀门开度大，高一级加热器内的蒸汽会被抽吸到低一级加热器中并排挤一部分低压抽汽，从而降低了回热的经济性。后者称之为加热器排汽带汽现象。

（3）疏水装置工作不正常或管束漏水，造成凝结水位过高，淹没了一部分受热面管子，减少了蒸汽放热空间，被加热的水达不到设计温度，传热端差加大。

（4）加热器旁路门漏水，使传热端差增大。运行中应检查加热器出口水温与相邻高一级加热器进口水温是否相同，若相邻高一级加热器进口水温低，则说明旁路漏水。

2. 疏水水位控制

加热器疏水水位过高或过低，不仅要影响机组的经济性，而且还会威胁机组的安全运行。当水位升高到进汽管口时，水会从进汽管倒流进汽轮机，造成水击。高水位产生的原因为：

（1）疏水调节阀工作失常。

（2）加热器的疏水压差不够。

（3）汽轮机超负荷运行。

（4）加热器管束损坏或水室漏水。

水位进一步降低会使疏水冷却段进口（吸水口）露出水面，而使蒸汽进入该段。这会破坏该段的虹吸作用，并产生下面所列的不利影响：

（1）造成疏水端差的变化。

（2）由于蒸汽泄漏，产生了热损失。

（3）在疏水冷却段进口处和疏水冷却段内产生冲蚀，使管子损坏。

为确定是否有加热蒸汽进入疏水冷却段，可比较疏水出口温度与给水进口温度。在正常运行时，疏水温度高于给水进口温度 5.6 ~ 11.1℃。如疏水温度高于给水进口温度 11.1 ~ 27.8℃，则疏水冷却段可能漏入了蒸汽。

在加热器运行时，保持正常水位十分重要。每台高压加热器均设有水位显示、调节和报警装置，玻璃水位计，危急疏水阀，疏水调节阀及控制声、光显示等装置，形成了一套维持加热器水位正常的完整系统。

3. 监视加热器内的蒸汽压力与出口水温

加热器运行时，如加热器汽侧内的压力比抽汽口压力低很多，则加热器出口水温下降，回热效果降低。造成这种现象主要原因是抽汽管道阀门节流损失大，止回阀或截止阀未开足或卡涩。为此，抽汽管道止回阀应定期做严密性试验，截止阀应在全开位置，尽量减少抽汽管道的压力损失。

4. 高压加热器的投运

加热器冷态启动或运行工况变动时，温度变化率都应限制在低于55℃/h内。必要时可允许变化率低于110℃/h，但不能超过此值。规定这个温度变化率可使厚实的水室锻件、壳体和管束有足够的时间均匀吸热或放热，以防止热冲击。运行经验表明，当温度变化不超过 69℃ 时，热冲击不会造成部件损坏。但是，随着温度变化加剧，故障也会相应增加。

5. 高压加热器的停运

高压加热器可采用随机滑停的方式停运。当末级高压加热器的抽汽压力下降到一定值时，关闭除氧器的疏水截止阀，打开凝汽器（或疏水扩容器）的疏水调节门，机组停机后打开壳侧放气、放水阀，排尽给水。

6. 事故情况下高压加热器的解列

当高压加热器发生泄漏时，水位剧急上升，接通报警点，自动打开危急疏水阀。如水位继续上升，另一触点接通，同时迅速打开给水旁路阀，关闭给水进出阀和抽汽隔离阀。关闭疏水至除氧器截止阀和排气阀，打开疏水至凝汽器或疏水扩容器的截止阀，打开启停放水阀，排除积水，打开放汽门排汽。

如果自动解列系统失灵，产生拒动作时，应按手控"解列"按钮，如仍无效，则应到现场手动各给水阀门的手轮，强行解列。

7. 停机保护

停机阶段对管子和壳侧进行保护是必要的。运行过程中短期停运时，使壳侧充满蒸汽和适当地调节除氧水的 pH 值可以起到很好的保护作用。停机时间较长时（例如系统设备维修），必须对加热器提供持久性的保护措施，例如采取向加热器内充氮或其他适合的化学抑制剂。碳钢管给水加热器建议采用的保护措施为：

（1）壳侧（蒸汽侧）充氮。在长期停用期间，须完全干燥后充入干的氮气。

（2）水室（水侧）充氮。当机组停机时，加大氨的注入量，使其在加热器内的浓度提高到 200mg/L，并且采用增加氨的方法来调节和控制 pH 值为 10.0。

二、给水除氧系统及其设备

1. 除氧原理

当水与空气或某种气体混合物接触时，就会有一部分气体溶解到水中去。因此天然水中溶解有大量的空气，其中溶解的氧气可达 10mg/L。水中溶解气体的量的多少，与气体的种类和气体在水面的分压力以及水的温度有关。

由凝结水和补充水组成的锅炉给水中也溶有一定数量的气体。因为凝汽器、部分低压加热器及其管道附件处于真空状态下工作，空气可以从不严密处漏入主凝结水中，补充水在化学处理过程中也会溶解一些气体。

给水溶解的气体中，危害最大的气体是氧气，它对热力设备造成的氧腐蚀，通常发生在给水管和省煤器内。当给水含氧量超过 0.03mg/L 时，给水管和省煤器在短期内会出现穿孔的点状腐蚀，严重地影响发电厂安全运行。给水中溶解的二氧化碳也会引起腐蚀。

此外，在热交换设备中存在气体还会妨碍传热，降低传热效果。因为气体是不凝结的，它可在传热面上形成空气层，增大传热热阻。因此给水中溶有任何气体都是有害的。

为了保证发电厂安全经济运行，必须将锅炉给水中的含氧量控制在允许范围内，按《火力发电厂水、汽质量标准》（SD 163—85）规定：工作压力为 6.1MPa 以上的锅炉，给水含氧量应小于 $7\mu g/L$。为此，除氧器的任务是及时除掉锅炉给水中溶解的氧气和其他气体。

给水除氧的方法有化学除氧和物理除氧两种。化学除氧是利用与氧能发生化学反应的化学剂，使之与溶于给水中的氧气发生化学反应，生成不腐蚀金属的物质而达到除氧的目的。化学除氧法能彻底地清除水中的氧气，但不能除去其他气体，生成的氧化物还会增加给水中可溶性盐类的含量，而且化学剂价格昂贵，所以发电厂很少采用。

物理除氧价格低廉，不但可以除掉给水中的氧气，同时还可除掉水中其他气体，而且不会产生其他残留物质，故在电厂中广泛采用。物理除氧也称为热力除氧。

保证热力除氧效果的基本条件是：

（1）水应该加热到除氧器工作压力下的饱和温度。即使有少量加热不足（几分之一摄氏度），都会引起除氧效果的恶化，使水中残余溶氧量增高。

（2）必须把水中逸出的气体及时排走，以保证液面上氧气及其他气体分压力减至零或最小。

（3）被除氧的水与加热蒸汽应有足够的接触面积，蒸汽与水应逆向流动，保证有较大的不平衡压差。

加热除氧过程是个传热传质的过程，传热过程就是把水加热到除氧器压力下的饱和温度，传质过程就是使溶解于水中的气体从水中离析出来。气体从水中离析出来的过程可分为两个阶段：

第一阶段为除氧的初期阶段，此时由于水中有大量的气体，不平衡压差较大，通过加热给水可以使气体以小气泡的形式克服水的黏滞力和表面张力离析出来。此阶段可除去水中 80% ~ 90% 的气体。

第二阶段为深度除氧阶段，此时水中还残留少量气体，相应的不平衡压差 Δp 很小，气体已没有能力克服水的黏滞力和表面张力离析出来。这时可采用增大汽水接触面积和缩短气体逸出的路径的方法来加强扩散作用，以实现深度除氧。

为了使水、汽有足够大的接触面积，设计和制造除氧器时，可以装筛盘或喷嘴雾化除氧水，使水形成细流、雾状、水滴、膜状等形式，有利于少量残余气体扩散、逸出。因此，在结构上必须为传热传质过程顺利进行创造条件，以获得良好的除氧效果。

2. 除氧设备的构造

根据水在除氧器内流动形式的不同，除氧器结构型式可分为水膜式、淋水盘式、喷雾式等几种。

水膜式除氧器主要用于处理水质比较差的水，目前电厂已不再采用。

淋水盘式除氧器制造工作量大，检修困难，外形尺寸大，除氧效果差，往往达不到额定功率，对进水温度变化和负荷变化适应性差，容易发生振动。

喷雾式除氧器是比较理想的一种除氧器，它由两部分组成，上部为喷雾层，由喷嘴将水雾化，下部为淋水盘或填料层，故又可分为喷雾淋水盘式和喷雾填料式除氧器两种。喷雾式除氧器的主要优点是：

（1）加强了传热。传热面积大，不受进水温度的影响。

（2）能够深度除氧。除氧后水中氧含量可小于 $7\mu g/L$。

（3）能适应负荷、进水温度的变化。

喷雾淋水盘式除氧器集喷雾式除氧器和淋水盘式除氧器的优点于一体，按外形分有立式塔和卧式塔两种，其内部结构相同，除氧头选择立式或卧式结构，主要取决于水喷嘴的布置。为了避开相邻的喷嘴水雾化后相互干扰，喷嘴不能布置过密，这就要求有足够的喷雾面积，卧式除氧器可满足上述要求，在给水箱直径相同的情况下，提高了除氧器的功率。卧式除氧器除氧头放置在水箱上，落水口通过两根直径较小的短管与水箱连接，因此水箱强度要求不高，但制造麻烦，检修也不方便。喷雾淋水盘式和喷雾填料式除氧器工作原理相同，在喷雾层中除去水中大部分氧，在淋水盘层或填料层中除去水中余氧。

300MW 机组配置的卧式喷雾淋水盘式除氧器的结构简图如图 12 - 18 所示，其工作原理如下。

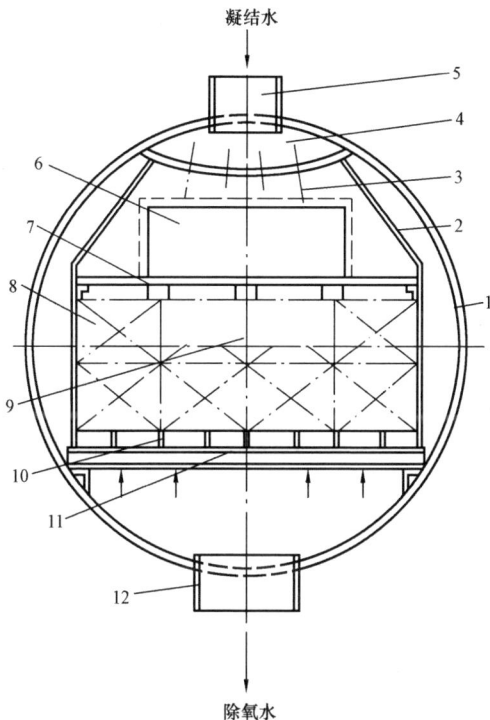

图 12 - 18　300MW 机组配置的卧式喷雾淋水盘式除氧器的结构简图
1—除氧头；2—侧包板；3—恒速喷嘴；4—凝结水进水室；5—凝结水
进水管；6—喷雾除氧空间；7—布水槽钢；8—淋水盘箱；
9—深度除氧空间；10—栅架；11—工字钢托架；
12—除氧水出口管

凝结水通过进水管 5 进入除氧器的凝结水进水室 4，在进水室长度方向均匀布置 74 只 16t/h 恒速喷嘴 3，因凝结水的压力高于除氧器内的汽侧压力，汽水两侧的压差 Δp 作用在喷嘴板上，将喷嘴上的弹簧压缩，打开喷嘴使凝结水在喷嘴中喷出，呈现一个圆锥形水膜进入喷雾除氧空间 6，在这个空间中，过热蒸汽（汽轮机抽汽）与圆锥形水膜充分接触，迅速把凝结水加热到除氧器压力下的饱和温度，绝大部分非凝结气体在喷雾除氧空间中被除去。穿过喷雾除氧空间的凝结水喷洒在淋水盘箱上的布水槽钢 7 中，布水槽钢均匀地将水分配给淋水盘箱 8。淋水盘箱由多层、一排排的小槽钢交错布置而成，凝结水从上层的小槽钢两侧分别流入下层的小槽钢中，一层层交替流下去共经过 16 层小槽钢，使凝结水在淋水盘箱中有足够的停留时间并与过热蒸汽接触使汽水加热交换面积达到最大值。流经淋水盘箱的凝结水不断再沸腾，凝结水中剩余的非凝结气体在淋水盘箱中被进一步除去，使凝结水中的含氧量达到锅炉给水标准的要求（含氧量小于 $7\mu g/L$），故该段称为深度除氧空间 9。凡是在喷雾除氧段和深度除氧段被清除的非凝结气体均上升到除氧器上部的特定的排气管中排向大气。除氧水从出口管 12 流进除氧器给水箱中。

卧式喷雾淋水盘式除氧器有以下结构特点：

（1）除氧头外壳采用复合钢板，在除氧头内凡是与凝结水中释放出非凝结气体接触的零件材料，全部采用耐热不锈钢，不易氧化，保证锅炉安全运行。给水箱封头和筒体的材料均采用锅炉钢板，可焊性好，便于工地安装，采用三支座结构，确保水箱的荷重均匀分布在支座上。

（2）凝结水进水室由一个弓形不锈钢罩板与两端挡板焊接在筒体上而成。弓形罩板上沿除氧器长度方向均匀布置 74 只 16t/h 恒速喷嘴及 6 只排放非凝结气体用的排气管套筒，喷嘴在制造时装在不锈钢的罩子上，安装时若需要对喷嘴解体，只要松开固定喷嘴的螺母就可将喷嘴从罩上卸下。

（3）喷雾除氧空间由两侧的两块侧包板和两块密封板焊接而成。两端密封板都有人孔门，方便检修人员进出。深度除氧空间的淋水盘箱也可从人孔门及除氧头的搬物孔拿出除氧器外，以便对淋水盘进行校正、修理。

（4）深度除氧空间也是由侧包板与密封板焊接而成。深度除氧空间由上层布水槽钢、中层淋水盘箱和下层栅架组成。

（5）除氧器两端各有 1 根进汽管，过热蒸汽进入除氧器时由布汽孔板均匀分开。使蒸汽均匀地从栅架底部进入深度除氧空间，再由深度除氧空间流向喷雾除氧空间。汽水的逆向流动提高了除氧器的除氧性能。

（6）除氧器的出水管和蒸汽连通管与给水管连通，出水管的作用是把除过氧的凝结水送入给水箱，蒸汽连通管的作用是平衡除氧头和给水箱之间的工作压力。

（7）给水箱给水出口设有防漩涡装置。为了防止对筒壁的冲刷，给水箱上的给水再循环管采用喷水管结构。

三、旁路系统及其设备

中间再热式汽轮机一般都装有旁路系统。旁路系统是指高参数的蒸汽不进入汽轮机的通流部分做功，而是经过该汽轮机并联的减温减压器，降压降温后，进入低一级参数的蒸汽管道或凝汽器的连接系统。

（一）旁路系统的作用

1. 加快启动速度、改善启动条件

大容量单元再热机组普遍采用滑参数启动方式，为适应这种启动方式，应在整个启动过程中不断地调整汽温、汽压和蒸汽流量，以满足汽轮机启动过程中不同阶段（暖管、冲转、暖机、升速、带负荷）的要求。如果单纯调整锅炉燃烧或调整汽压是很难适应上述要求的，因此一般都要设置旁路系统来配合解决这一问题。在机组热态启动时也可以用来提高主蒸汽或再热蒸汽汽温，从而加快了启动速度，改善启动条件。

2. 保护锅炉再热器

机组在启、停和甩负荷时，再热器内无蒸汽或中断了蒸汽，此时可经旁路把新蒸汽减温减压后送入再热器，使再热器不至于因干烧而损坏。

3. 回收工质与消除噪声

机组在启、停和甩负荷过程中，有时需要维持汽轮机空转，由于机、炉蒸汽量不匹配，锅炉最低负荷一般为额定蒸发量的30%左右，而对大容量汽轮机而言，汽轮机维持空转的空载汽耗量一般为额定汽耗量的7%～10%。因此需要将多余的蒸汽及时排掉。如果排入大气，不但损失了工质和热量，而且制造排汽噪声和热污染，设置旁路系统则可以达到既回收工质又保护环境的目的。

此外，当汽轮机组快速减负荷或甩负荷时，利用旁路系统可以防止锅炉超压，减少锅炉安全阀动作的次数。

（二）旁路系统的形式

常见旁路系统有以下5种类型，如图12-19所示。

1. 三级旁路系统

国产200MW机组的三级旁路系统如图12-19（a）所示。高、低压

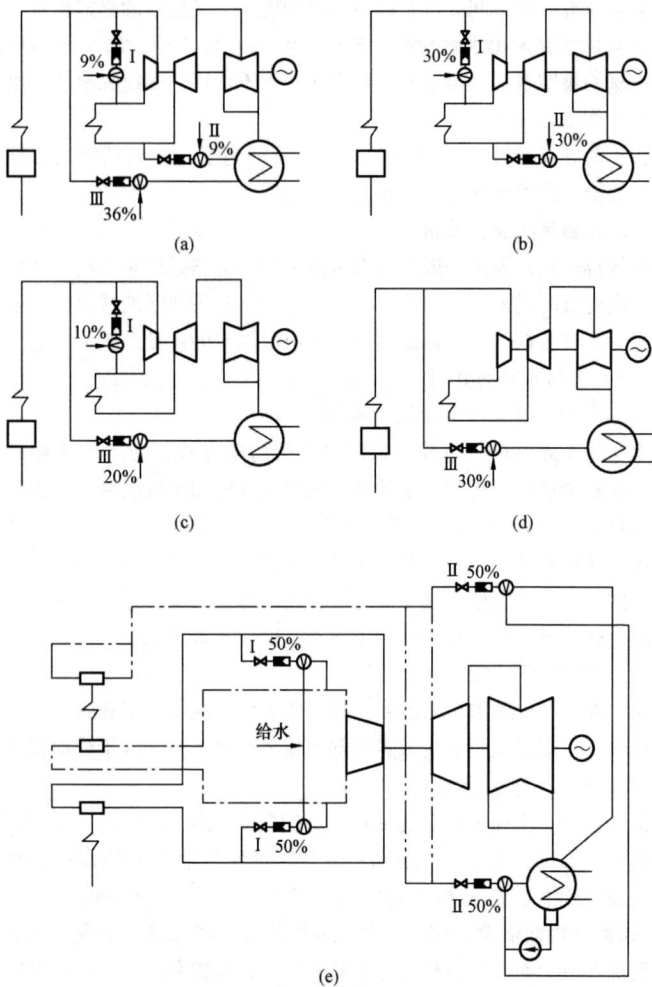

图 12 – 19 常见的几种旁路系统

（a）三级旁路系统；（b）两级旁路串联系统；（c）两级旁路并联系统；
（d）整级旁路系统；（e）装有三用阀的两级串联旁路系统

旁路为串联系统，采用快速液压系统控制，其容量（通流量）均为锅炉
额定蒸发量的 9%。整机旁路采用慢速电动机控制，其容量为锅炉额定蒸
发量的 36%。该系统能适应各种工况的调节，运行灵活性较高，机组骤

然降负荷或甩负荷时，能迅速将大量蒸汽排往凝汽器，使锅炉不致超压而引起安全阀动作，从而可以避免或减少锅炉对空排汽。但该系统复杂、金属消耗量和投资大，布置困难，也不便操作运行。

2. 两级串联旁路系统

两级串联旁路系统如图 12－19（b）所示。由锅炉来的主蒸汽绕过汽轮机高压缸，经Ⅰ级旁路（也称高压旁路）减温减压后进入锅炉再热器，以防止再热器超温或烧坏。由再热器加热出来的再热蒸汽又绕过汽轮机的中、低压缸，经Ⅱ级旁路（也称低压旁路）减温减压后排入凝汽器，以回收工质和消除噪声。

3. 两级并联旁路系统

图 12－19（c）为国产 300MW 机组采用的高压旁路和整机旁路两级并联系统，其容量分别为锅炉额定蒸发量的 10% 和 20%。新设计的 300MW 机组的容量已分别增大到 17% 和 30% 的锅炉额定蒸发量。

高压旁路的作用是保护再热器，在机组启动时作为暖管的手段，热态启动时可以通过再热器热段上的向空排汽阀来提高再热汽温。整机旁路的主要作用是将各种工况下的多余蒸汽排入凝汽器，运行时该旁路还起安全阀的作用，即主蒸汽超压时，它能自动动作，使安全阀少动作或不动作。

4. 单级（整机）旁路系统

图 12－19（d）为单级（整机）旁路系统。再热机组的主汽管路的管径较大，采用两级、三级旁路系统时，管道附件增多，投资增加，且布置困难。旁路系统又常处于热备用状态，热损失也较大，随着机组容量的增大，这些缺点更为突出，因而简化旁路已趋必然。

该系统的优点是系统简单、投资省、便于操作。其缺点是机组启动或甩负荷时，再热器处在干烧状态得不到保护。机组滑参数启动时，尤其在热态启动时，不能调整再热蒸汽温度。

5. 装有三用阀的旁路系统

图 12－19（e）为由法国进口的 300MW 机组的装有三用阀的旁路系统（实质上为两级串联旁路系统），其容量为锅炉额定蒸发量的 100%。该系统的特点是高压旁路阀兼启动调节阀、减温减压旁路阀和安全阀的作用，故称三用阀。三用阀是可控的，能实现快速（全开时间 2.5s）自动跟踪超压保护，省去锅炉安全阀。液压控制系统通过调节控制汽压以适应机组不同工况的滑参数启停和运行。机组甩负荷后锅炉可不立即熄火，机组可维持带厂用电运行，等事故排除后几分钟内即可重新投入运行，既减少锅炉启停次数，又减少了对汽轮机的热冲击，缩短了恢复时间。减温水

的调节与高压旁路快速联动，能大幅度降温降压，减少了电厂庞大的减温减压系统及设备。三用阀的结构尺寸小，便于布置和检修。因为三用阀具有多种功能，在热控和调节系统力面要求高，液压控制，耗功较多。全容量旁路系统管道尺寸大，投资也较大。

目前，广泛采用苏尔寿公司生产的旁路系统。该系统包括：高压旁路控制阀、低压旁路控制阀、蒸汽隔离阀、高压旁路减温水调节阀、低压旁路减温水调节阀、液压系统及控制系统。它具有下列特点：

（1）旁路的控制系统既能与汽轮机的 DEH 配合工作，也能脱离 DEH 单独工作。

（2）旁路系统管理方便，在计算机屏幕监视器上可以看到旁路装置的运行情况，便于操作。

（3）旁路系统控制能适应机组变压运行和定压运行的要求。例如，旁路阀的开启，既能采用蒸汽压力达到设定启动值开启，也能根据变压运行工况的压力曲线，使阀门开启的整定值与压力曲线保持一定的关系。在热备用的状态下，旁路处于关闭状态。当主汽压力波动，升压率大于设定速率时，高压旁路阀开启调节，防止压力大幅度波动。当再热器压力瞬间超过正常压力过多时，低压旁路阀开启调节再热器压力。

四、给水泵组

（一）概述

目前我国 300MW 火电机组通常配置两台汽动给水泵，一台作为正常工作时保证锅炉功率需要的给水，一台电动给水泵为备用。每台给水泵容量均为锅炉给水量的 50%，有些供热机组配置三台电动给水泵。给水泵组包括前置泵、前置泵的拖动电动机、主给水泵、给水泵汽轮机。汽动给水泵各部件之间的相对位置示意图如图 12－20 所示。电动给水泵的调整方式一般通过液力联轴器完成，在主泵与前置泵之间布置有液力联轴器。

为了提高除氧器在滑压运行时的经济性，同时又确保主给水泵的安全，通常在主给水泵前加装一台低转速的泵，称为前置泵或升压泵，它与主给水泵串联运行。由于前置泵的转速低，其必需汽蚀余量较小，可以降低除氧器的安装高度，减少主厂房建设费用。同时给水经前置泵升压后，其出水压头高于主给水泵的必需汽蚀余量和它在小流量工况下的附加汽化压头，有效地防止了给水泵的汽蚀。

（二）给水泵的驱动

当机组负荷发生变化时，要求给水泵及时改变锅炉的给水量。中、小容量的给水泵多采用定转速、改变阀门开度的调节方法，这种方法装置简

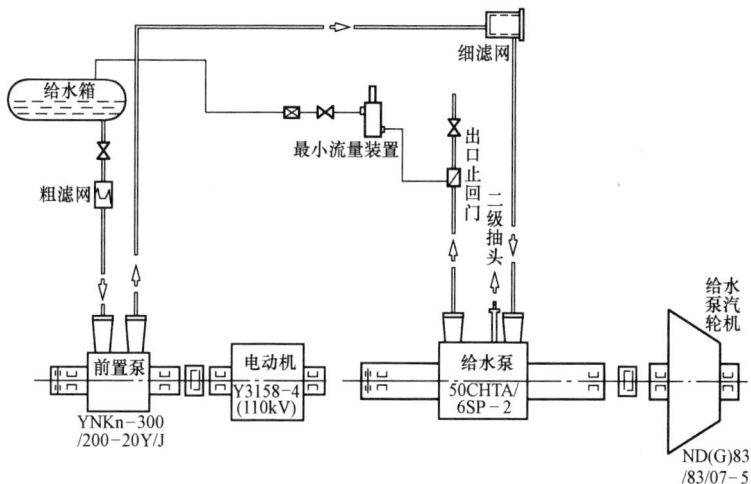

图 12 - 20　给水泵组部件相对位置示意图

单、操作方便,但阀门的压差太大,易损坏阀门。

大容量机组多采用变速给水泵来调节给水流量,这种调节是通过电动机驱动,或用给水泵汽轮机驱动实现的。给水泵的电动机驱动方式的优点是装置简单、工作可靠、成本较低。但当机组功率增大时,相应的电气设备的容量要增大,使整个装置的成本增加,而已消耗的厂用电也增加,限制了其在大容量汽轮发电机组中的应用;而给水泵汽轮机驱动方式保证有较宽的调速范围,而且节省了大量厂用电,另外,给水泵汽轮机以主汽轮机的抽汽为工质,减少主机的末级蒸汽流量,从而降低了主机的末级叶片高度和末级的余速损失,提高了主机的内效率,因此这种驱动方式逐渐成为 300MW 及以上机组应用最广泛的驱动方式。但它的缺点是价格高、系统复杂,且只有当给水泵汽轮机效率高于 75% 时,才具有经济性。

驱动给水泵汽轮机的形式主要分背压式、背压抽汽式与凝汽式。

背压式给水泵汽轮机的新汽来自主汽轮机某一压力较高的抽汽,通常取自高压缸排汽。给水泵汽轮机做完功的乏汽送入本汽轮机压力较低的某一级抽汽。多数背压式给水泵汽轮机中间有若干级抽汽送到主汽轮机的回热系统,又称为背压抽汽式,这种给水泵汽轮机由于排汽送回主汽轮机回热系统,减少了主机回热抽汽,故不能改善主汽轮机的热经济性。另外,由于给水泵汽轮机与主汽轮机回热系统联系紧密,而两者的变工况特性难以匹配,故对各种工况的适应性很差。目前除少数几个制造厂还继续生产外，背压式、背压抽汽式给水泵汽轮机已逐渐被凝汽式给水泵汽轮机所替代。

目前广泛采用的凝汽式给水泵汽轮机，均设计成纯凝汽式形式。它的工作蒸汽来自主汽轮机的中压缸或低压缸抽汽。由于主机抽汽压力随负荷下降而降低，因此当主机负荷下降至一定程度时，需采用专门的自动切换阀门，将高压蒸汽引入给水泵汽轮机，或者从其他汽源引入一定压力、温度的蒸汽，保证机组的运行。这种多种汽源的供汽方式增加了运行的灵活性，但是系统比较复杂。凝汽式给水泵汽轮机的排汽排入自备凝汽器或主凝汽器。

（三）给水泵的运行

1. 试转前的检查

试转前需对给水泵组进行全面仔细检查，合格后方可试转。对电动机驱动的给水泵组应做如下的检查：

（1）检查电动机的转向正确，泵的旋转方向已在轴承盖或吸入端上标出。

（2）确认泵机组安装完毕时间，如果超过1个月才开始运转，则要将余组中已涂上的防护油清洗掉，同时检查整个泵机组的联锁装置。

（3）检查泵机组所有连接部分是否已拧紧，校核联轴器是否按规定对中，联轴器外套的轴向串量是否适当。

（4）装上前置泵的填料，并用塞尺检查轴套与压盖之间应有均匀的间隙。

（5）检查机械密封冷却水系统、冷却室、油冷却器和电动机冷却水系统，把冷却水主截止阀打开并检查通过的冷却水流量，排除冷却水管路中的气体。

（6）检查供油系统，启动辅助油泵，检查所有机器的油压，检查在法兰接头及管路连接部分是否漏油，观察液力耦合器上可切换的双联油过滤器上的油压差，当达到0.06MPa时，要清洗过滤器。

（7）向给水系统供水。缓慢开启进水阀，向吸入管路、泵、吐出管路直到排出间为止的所有管路注水，同时彻底排净此段管路及压力表管上的空气。排出阀仍保持关闭状态，这时应打开最小流量控制装置管路上的截止阀。通过打开、关闭截止阀来检查最小流量系统截止阀的作用，当机组空转时，截止阀必须在开启位置。同时检查再循环自动打开的时间是否在规定数值内，以防泵水汽化。

（8）对液力耦合器，参考耗油表上的数值进行检查，同时用一手柄调整勺管的位置，装置的运行极限位置暂时定在最小 10% ~ 15% ，最大 80% 的范围内，启动给水泵前应先启动辅助油泵，勺管最好调整到 10% 的位置，而不应在 0% 位置。

（9）对测量和控制仪表的功能进行检查，证实在规定的测点进行报警和断开，在检查时应借助于联锁装置进行，以确保泵组的正常启动和运行，并对泵组加以保护。在泵组处于备用状态下，可卸下各电阻温度计，在一个盛有油或水的容器（电热设备）内将它们加热，通过一精密度高的温度计确定温度，并且用精密测量仪表对辅助油泵的开、关、电动机的合闸与跳闸时的油压等各压力操纵装置的压力点进行核准，也可通过调节截止阀来检查机组空转时压力控制装置的作用。

2. 暖泵

对停运不久的水泵，其暖泵水引自相邻前置泵出口的热水，由给水泵低压端接管进入，由高压端下部接管排放至凝汽器热井，实现所谓的正暖；也可自给水母管在减压下倒回入高压端下部接管，然后自吸入管经前置泵倒流入除氧器给水箱，实现所谓的倒暖。如果全部水泵停运后，为了加快启动，则可让泵水很快排放至凝汽器热井，但流入泵内的热水量应适量控制，以保证泵壳的一定温度。如果不立即开足阀，大约需暖泵 60min 。

3. 泵组启动

启动前给水箱中应有最低水位线以上的存水，开启吸入阀，完全排除给水系统的吸入管、前置泵和主泵之间的连接管、主泵排出管直到给水泵出口止回阀前的空气，吸入阀应处于完全开启位置，而排出阀是关闭的，打开最小流量阀和截止阀。冷却水系统投入运行，液力耦合器的勺管调整到最小位置，即 10% 位置，然后启动辅助润滑油泵。

启动驱动机后，首先使电动机和前置泵都以最大速度旋转，将勺管调到 10% ~ 15% 。在启动后及升速过程中都应注意检查下列几项：

（1）油压和轴承温度。

（2）水泵出水压力。

（3）再循环管通过的最小流量（通过接触最小流量管路的方法检查流动的噪声和温度）。

（4）所有轴承运转的平稳性。

（5）检查轴封。对前置泵着重检查填料函的密封性，仔细调整使其只有轻微滴漏。对主泵着重检查机械密封，它也只能有少量的泄漏，同时要检查冷却器管路的温度，它不应超过 80℃ 。

以上几项合格后，就可用手柄调整勺管的位置，进行缓慢升速。从装置刻度上检查限位凸轮是否调整好，勺管的下限应在 10% ~ 15%，上限应在 80% 左右的位置上，以后带负荷运行期间再进行最终调整。

如泵组自动关断，应检查自动控制部分。这时必须再次启动辅助油泵，当主油泵压力降至 0.1MPa 时，供油可能用完了。为调整油压和两个油泵的转换点，有必要将机组开动几次，这时油温应在 35 ~ 40℃ 范围内。关闭电动机后机组将要经过 30 ~ 60s 才能停下。对主泵各润滑点的油压进行检查，采用适当方法调整，如安装或钻出孔板来加以调整。

4. 锅炉上水

确认上述各项检查均符合要求后，即可给锅炉首次注水。启动时锅炉处于冷态，且为空管。启动泵组后，当泵出口压力达到 8MPa 时，再缓慢开启出口阀，使水进入出水管和关闭的给水控制阀，并同时排气。此时出水压力会稍微下降，待压力回升时，就可向锅炉注水，即把出口阀完全打开，注意观察出水压力，使出水压力保持最初的恒定值，再小心地打开给水控制站操作台的控制阀，给水开始流入锅炉，通过仪表可指示出流量的大小。

不断观察机组的运行情况，在小流量下运行时，必须仍然打开最小流量阀。为了检查最小流量阀的关闭点位置，向锅炉内的注水量应大于最小流量，这时慢慢打开给水控制阀，同时必须注意观察最小流量阀的位置，达到规定的给水量后关闭最小流量阀，此时泵送出的给水全部流至锅炉。

为了检查最小流量阀的打开点位置，同样要缓慢地调节给水控制阀，慢慢地减少注入锅炉的给水。当给水量降到允许的最小流量时，就按规定的时间马上打开最小流量阀，打开点和关闭点相差 10 ~ 15m³/h。如果相差太大，应对控制系统进行调整。

5. 运行中的监控

为确保给水泵组的安全运行，应对下列项目进行严格监控：

（1）泵运行过程中，运行应平稳，噪声和振动在规定范围内。

（2）泵绝不允许干转，在出口间关闭情况下，也不应长时间运转。

（3）轴承温度允许比室温高 50℃，但也不能超过 75℃。

（4）利用轴向位移监控器检查转子位置。

（5）泵在运行过程中，不得关闭入口管上的阀门。

（6）检查轴封的泄漏量及轴承润滑油管和冷却水管的温度。

（7）检查冷却水流量和温度，温差最大不得超过 10℃。

（8）备用泵应定期试转，以保证在意外情况下能随时启动，同时还应监视暖泵系统。

（9）检查轴承和联轴器处的润滑油的质量及流量。

6. 泵组停运

泵机组在解列前，首先必须降低转速，直到最小流量，注意观察和检查最小流量阀动作的位置。勺管位置应在 10%～15% 处。继续降低转速直至最小速度，此时可关闭电动机电源。观察辅助油泵是否已经启动，同时记下泵组惰走时间，泵组停下后，检查暖泵系统的运行，接着关闭出口阀，最后关闭进水阀，当泵壳温度降至 80℃ 以下时，关闭暖泵系统，停止供冷却水、油，然后打开吸入管、排出管及泵壳的放水器，使泵组完全泄压排尽存水。但如果保持水泵处于热备用状态，则不必关闭进出水阀，并按照暖泵系统的要求进行操作。

提示：本章共四节，其中第一节适用于中级工，第三节适用于高级工，第二、第四节适用于中、高级工。

第十三章

发电机和变压器的结构特点及继电保护配置

迅速发展的电力工业和不断提高的电机制造业，促进了并网运行的发电机及其配套的变压器、继电保护和自动装置等设备日趋大型化。区域性电力联网使电网结构不断扩大，为了满足远距离输送电能的要求，输电线路的电压不断提高。这就形成了现代电力系统具有大机组、高电压、大电网的结构特点。

第一节　发电机和变压器的结构特点

一、发电机结构特点

电力生产的发展，要求有大容量的发电机与之相适应。目前，国内制造的汽轮发电机组最大单机容量已达 100MW，国外制造的发电机组最大单机容量已达 1300MW。300～600MW 的发电机组已成为我国各电网的主力发电机组。但是，由于发电机容量的不断增大，其发热量也大大增加，因此要想不断提高发电机容量，必须解决发电机在运行中的发热问题。

目前，大容量发电机组已在定、转子的制造方面做了很多的技术改进工作。近年来，随着单机容量的不断增大，散出的热量也越多，单采用氢气做冷却介质，往往不能满足要求，且在制造时又受到了材料加工、运输的限制，因此进一步改善发电机的冷却效果成为大型发电机发展的必须。所以研究出了液体作为冷却介质，即在定子绕组中通入冷却水，定子铁芯为氢外冷，发电机转子氢内冷，即所谓的水—氢—氢冷却方式。目前大容量发电机组均采用此种冷却方式。

下面就目前大容量发电机组的水—氢—氢冷却方式加以说明。

1. 发电机定子绕组铁芯氢内冷

汽轮发电机采用氢气密闭循环冷却时，其通风系统都采用三路或多路通风。根据定子通风路径的不同，发电机定子氢气冷却风路系统可分为轴向分段通风冷却系统和周向分区通风冷却系统。根据定子通风路径的不同，发电机定子氢气冷却风路系统可分为轴向分段通风冷却系统和周向分区通风冷却系统。

（1）轴向分段通风冷却系统。轴向分段通风冷却系统是采用较多的典型通风系统。大部分汽轮发电机采用沿发电机轴向长度分段的通风冷却系统，且发电机两端的风路对称。当定子轴向分为五段时，其中偶数段（二、四）为进风区，奇数段（一、三、五）为出风区，通常称为二进三出通风系统，如图 13 - 1 所示。由于发电机两端的风路是以其轴向中线为对称的，下面仅介绍以轴向中线划分的一端风路，即可知其全貌。

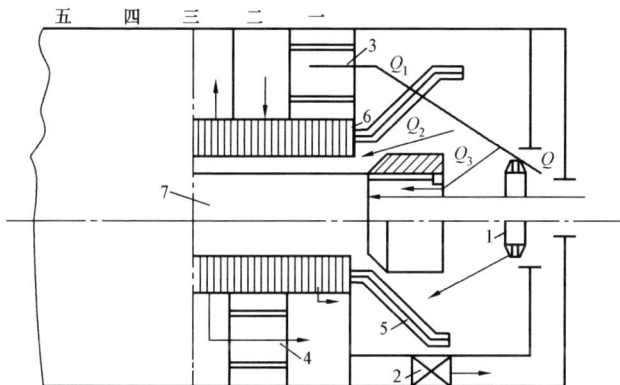

图 13 - 1 轴向分段的二进三出通风系统
1—风扇；2—冷却器；3—冷风道；4—热风道；
5—定子绕组端部；6—定子铁芯；7—转子

从发电机端部被风扇旋转时产生的压力鼓风机内后，分为三路。

1）一路（大部分）风量 Q_1 在冷却定子端部后，经铁芯背部冷风区二，再经过定子铁芯径向通风沟进入气隙。进入气隙后的气流分成两部分冷却发电机转子表面，并分别经定子端部和中部的铁芯通风沟，进入热风区一和三区。

2）另外一路风量 Q_2 由端部直接进入气隙，也冷却转子表面后，经定子铁芯端部通风沟，进入热风区一区。

3）还有一路风量 Q_3 由转子端部中心环与轴之间的间隙进入，冷却转子绕组端部后，经定子铁芯端部通风沟也去热风区一区。

冷却风经铁芯通风沟时，即带走该区段铁芯和定子绕组的热量并使之得到冷却。汇集于热风区的热风均回到放置在冷风室或机壳中的冷却器，经冷却后成为冷风又送到风扇前。如此形成密闭循环，使发电机定、转子绕组得到冷却。

（2）周向分区通风冷却系统。发电机的转子冷却风扇采用离心式风扇。风扇后冷风的风路，如图 13-2 所示。冷却发电机的少部分风量从气隙进入后，经端部铁芯段通风到达定子铁芯背部的热风区 K 后再去冷却器；大部分风量则进入均匀分布于定子铁芯背部的六个冷风道 T，然后也经铁芯通风沟、气隙、热风区 K 到冷却器去。定子铁芯通风沟除按轴向分段外，还沿周向分成几组冷、热风区。冷、热风区的通风沟沿周向间隔排列。如冷风由 T 区进入后，由铁芯通风沟进入气隙冷却转子表面，再经两边相邻热风区 K 的铁芯径向通风沟至背部的热风室。由于沿铁芯背部整个圆周的热风区都是连通的，热风汇合后回到冷却器，经冷却后的氢气又进入发电机内，这样就实现了循环冷却的效果。

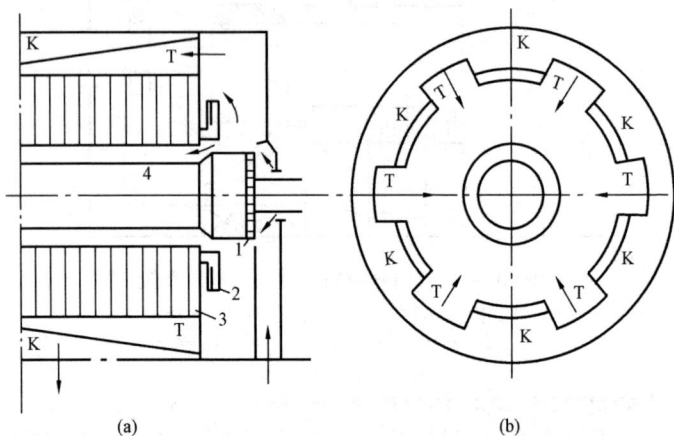

图 13-2　周向分区通风冷却系统
（a）轴向端部进风炉径；（b）周向冷热风区
1—风扇；2—定子绕组端部；3—定子铁芯；4—转子；
T—冷风区；K—热风区

2. 发电机转子绕组铁芯的氢内冷

发电机转子绕组铁芯的氢内冷有间接冷却转子通风系统和直接冷却转子气隙取气斜流式通风系统两种。

（1）间接冷却转子通风系统。综上所述，从定子铁芯风路中进入气隙的风同时也冷却转子表面，而且气隙中的冷风也包括从转子出来的风。转子端部通风示意图如图 13 - 3 所示。

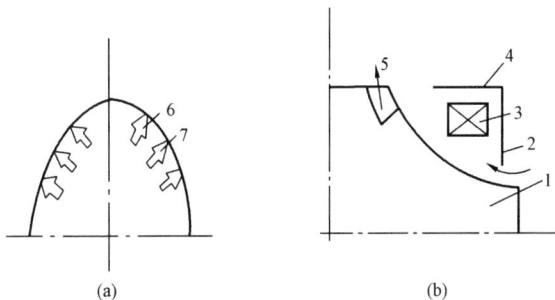

图 13 - 3　转子端部通风示意图
（a）转子槽风路；（b）转子端部风路
1—转子轴；2—中心环；3—绕组端部；4—护环；
5—月牙槽；6—通风槽；7—嵌线槽

如图 13 - 3（b）所示，从风扇鼓进的风量经花鼓筒的凹形槽进入护环下，冷却转子绕组端部，若护环有通风孔时，风就从此通风孔出去进入气隙；若护环无通风孔时，风则从靠近转子端部大齿上的月牙槽出去。有的转子在大齿两侧开有通风槽，此时冷却转子绕组端部的风，一部分从月牙槽出去进入气隙，另一部分则由此通风槽出去，从槽楔上开设的通风孔出去，进入气隙。从转子进入气隙的风，都经热风定子铁芯通风沟回到冷却器。

（2）接冷却转子气隙取气斜流式通风系统，如图 13 - 4 所示。由转子表面槽楔上的进风斗对气隙气流的相对运动所形成的正压，和气体从槽楔上反向的出风斗甩出时所形成的负压，构成了转子内部冷却风沟里气体流动的压力源。沿着发电机本体的长度将进、出风区分段。随着本体长度增加，也增加了并联风路数，而不增加每条风路的长度。由于冷热风区相间，沿定子绕组长度上的温度分布均匀。

气隙取气斜流有两种基本结构，即"一风斗一风道"式和"一风斗二风道"式。前者为导体侧面铣槽，每一风沟三个散热面。后者为导体内部铣两排通风孔，槽楔上一个风斗供两排内风沟的进风之用，每一风沟有四个散热面。发电机端部装有立式氢气冷却器，经冷却的氢气通过发电

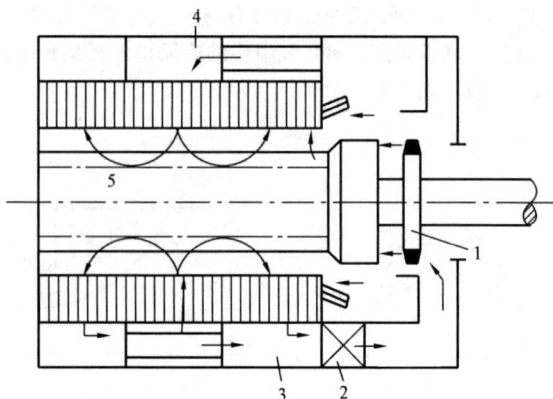

图 13 – 4 气隙取气斜流式通风系统

1—风扇；2—冷却器；3—出风区；4—进风区；5—转子

机的风扇从两端压入定、转子之间，进入循环区，使冷却发电机后的氢气得到冷却。

3. 定子绕组水内冷结构

水内冷定子绕组的导体，既是导电回路，又是冷水通路。定子绕组的线棒，通常以 1 根空心导线和 2~4 根实心导线为一组，再由若干组分两排（特大容量发电机为四排）并列而成。为降低涡流损耗也有在两排实

图 13 – 5 水内冷定子
线棒截面图

心导线之间放一排薄壁高阻不锈钢管，用以通水冷却。水内冷定子线棒截面图如图 13 – 5 所示。国外的发电机定子线棒还有全部采用空心导线的。

定子绕组水内冷的水路系统有两种：即定子绕组中一个绕组为一条水路，且进出水在发电机同一端，如图 13 – 6 所示。定子的一个绕组边为一条水路，且进出水各在发电机一端，如图 13 – 7 所示。

定子绕组采用水内冷时，定子绕组中线圈管壁对水的温差不到 1℃，可以认为空心导线温度等于水的温度。由于有绝缘温降，因而实心线棒在任何断面上的平均温度比水高 2~9℃。在额定负荷下，定子绕组内水的温升平均约 20℃。

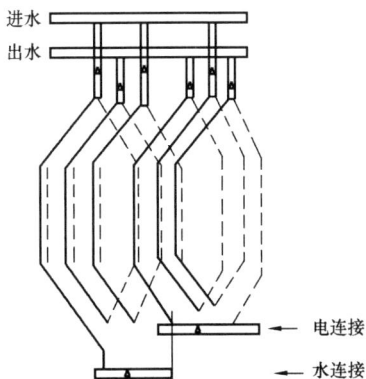

图 13 - 6　一个绕组一条水路且进出水在同一端
的定子绕组水电连接示意图

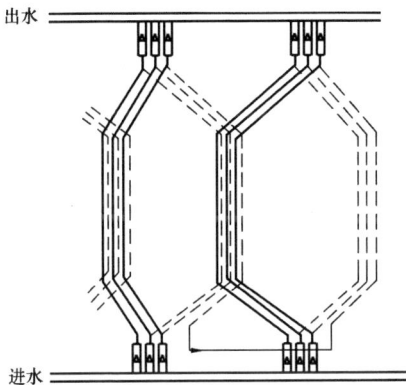

图 13 - 7　一个绕组一条水路且进出水各在一端
的定子绕组水电连接示意图

二、变压器的结构特点

　　每台较大容量的变压器，一般是由铁芯、绕组、油箱、绝缘套管等主
要部分组成。铁芯和绕组是变压器进行电磁能量转换的有效部分，称为变
压器的器身。油箱是油浸式变压器的外壳，箱内灌满了变压器油，变压器
油起绝缘和散热作用。绝缘套管是将变压器内部的高低压引线引到油箱的
外部，不但作为引线对地的绝缘，而且担负着固定引线的作用，以下分述
各部分的内容。

1. 变压器铁芯结构

铁芯是变压器的磁路，为提高变压器磁路的磁导率，铁芯材料采用高导磁性能的硅钢片，为减少交变磁通在铁芯中引起的涡流损耗，铁芯通常是用 0.28 ~ 0.35mm 相互绝缘的硅钢片跌成。

变压器铁芯的基本结构有两种，一种叫心式铁芯，一种叫壳式铁芯。由于心式变压器结构比壳式简单厂且绕组与铁芯间的绝缘易处理，故电力变压器一般都制造成心式铁芯。

三相心式变压器有三相三柱式和三相五柱式两种。三相三柱式是将 A、B、C 三相的三个绕组分别放在三个铁芯柱上，三个铁芯柱与上下两个磁轭共同构成磁回路。三相五柱式与三相三柱式相比较，在铁芯柱两头多了两个分支铁芯，称为旁轭，旁轭没有绕组。随着电力变压器单台容量的不断增大，其体积也相应地增大，与运输的高度限制发生矛盾，解决的办法之一是采用三相五柱式铁芯。它能将变压器的上下铁轭高度几乎各减去一半，即整个变压器降低了一个铁轭的高度，而降低后，铁轭中的磁通密度仍保持原值。

在大容量变压器中，为节省材料和充分利用空间，铁芯柱的截面一般做成一个外接圆的多级阶梯形。随着变压器容量的不断增大，铁芯柱的直径也随着增大，阶梯的级数也随着增加。为了使铁芯中发出的热量被绝缘油的循环充分地带走，以达到良好的冷却效果，除铁芯柱的截面做成阶梯形外，还设有散热沟（油道），散热沟的方向可做成与钢片平行的，也可做成垂直的。铁芯的装配有直接接缝、半直半斜接缝和全斜接缝低损耗的电力变压器。这种装配方式在磁力线改变方向时损耗可降到最低；同时使芯柱和轭部无空港螺孔，从而减小了由于冲孔产生的铁损。由于钢片无孔，钢片的夹紧采用环氧玻璃黏带绑扎，减少了附加损耗。变压器铁芯与油箱绝缘，铁芯地线经附加绝缘套管引至油箱外接地。

2. 变压器的绕组结构

SFP7 - 360000/220 型变压器接线图如图 13 - 8 所示，低压绕组做成双螺旋式，采用换位导线绕制，进行 360°全换位；高压绕组为外接内屏蔽式，部分线股采用换位导线环绕，共 398 匝。无论高低压绕组，除了保证足够的绝缘强度外，还要具有足够的机械强度。大型变压器的任何部位都应能承受低压套管三相短路，

变压器的绕组绝缘分为主绝缘和纵绝缘。主绝缘是指绕组和铁芯、油箱等接地部分之间、各相绕组之间和各不同电压等级之间的绝缘；纵绝缘是指绕组匝间、层间、段间以及静电板间绝缘。大容量变压器主绝缘一般

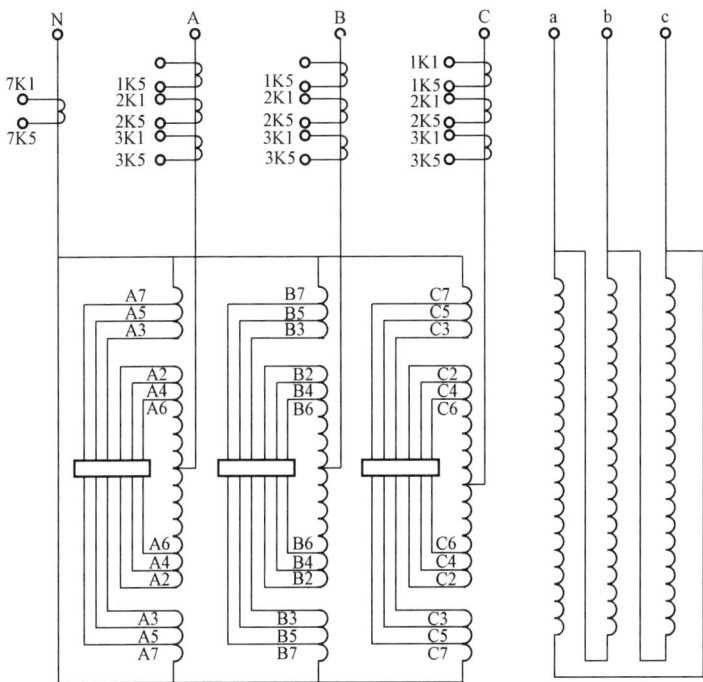

图 13 - 8　SFP7 - 360000/220 型变压器接线图

采用油—纸板筒复合绝缘的薄纸筒小油隙结构。绕组端部与铁轭间有铁轭绝缘，一般采用绝缘圈。各绕组特别是高压绕组端部的电场强度较大，因而放置正、反角环和静电屏蔽板。为了防止电力系统或变压器本身短路时，绕组及其绝缘受到大的电动力冲击而造成主绝缘或纵绝缘损坏，在变压器的装配过程中对绕组采取了相应的紧固措施。为防止绕组位移变形，增强其动稳定性，上铁轭下绕组端部用开口的厚钢板垫以绝缘后压在各绕组上，并用强度足够、绝缘合格的压钉、压环轴向压紧。为防止涡流造成的局部过热，压圈经一接地片接地。对于中性点直接接地的变压器采用分级绝缘，即所谓的半绝缘。此类变压器中性点侧的绕组绝缘水平比进线侧绕组端部的绝缘水平低。

3. 变压器外壳

变压器铁芯和绕组就放置于油浸式变压器的外壳内。外壳按变压器容量的大小，结构基本上有芯式和吊罩式两种。大容量变压器由于体积重量大，如采用吊芯式外罩结构，在实际检修中比较困难。因此，大型电力变压器的外壳，都毫不例外地做成吊罩式。这种箱壳犹如一只钟罩，故又称钟罩式油箱。当变压器铁芯和绕组需进行检修时，吊去外面钟罩形状的外壳，即上节外罩，变压器铁芯和绕组便全部暴露在外了，可以做充分的检修。吊外罩显然比吊铁芯和绕组容易得多，不需要特别重型的起重设备。随着变压器技术的发展，变压器的性能和可靠性大大提高，越来越多的大型变压器采用全焊接结构，这样可减少变压器的渗漏点，便于运行维护，缺点是一旦变压器出现故障，必须切开变压器外壳。

4. 变压器油枕

每个变压器设有一个油枕，油浸式变压器的壳体内充满了变压器油，油枕内的油通过瓦斯继电器的连通管与变压器壳体连通，变压器油既起冷却作用，又起绝缘作用。油中含杂质和水分将降低绝缘性能，变压器为全密封结构，变压器油不和外界空气接触。但当油温变化时，油的体积会膨胀或收缩，就引起油面的升高和降低。油枕中一半是油，一半是空气，油和空气用胶囊隔离，大型电力变压器还在储油柜上部装一个呼吸器。当油受热膨胀后，储油柜的油面上升，胶囊内的空气通过呼吸器排到外面大气中去；当冷却时二油面下降，外部空气通过呼吸器的管子又进入胶囊内，呼吸器的下端装有能够吸收水分和杂质的物质。油枕上装有全密封式带磁性的油位指示器。

瓦斯继电器的作用是：当变压器任何一部分因过热而使绝缘损坏，产生的气体将聚集在瓦斯继电器上部，使油面降低，瓦斯继电器发出信号；当变压器内部发生严重故障时，有大量气体突然产生，瓦斯继电器接通变压器电源跳闸回路，将变压器跳闸。

5. 安全阀及自动复位泄压装置

安全阀及自动复位泄压装置主要用于迅速释放变压器内可能产生的任何过大压力，以保证变压器不发生壳体结构严重变形，甚至爆炸或喷油着火等严重的损坏事故。当变压器发生故障时，由于某种原因没有立即切断电源，油箱内将产生很高的压力。为了防止油箱破坏，而装置防爆管，故障时，油箱内压力升高，油和气体通过压力释放阀喷出。

6. 绝缘结构和绝缘磁管

变压器的绝缘分主绝缘和纵向绝缘两大部分。主绝缘是指绕组对地之间，相间和同一相而不同电压等级的绕组之间的绝缘；纵向绝缘是指同一电压等级的一个绕组，其不同部位之间，例如层间、匝间、组对静电屏之间的绝缘。主绝缘应承受工频试验电压和全波冲击试验电压的作用，因此，主绝缘结构应保证在相应电压级试验电压作用下，具有足够的绝缘酯并保持一定的余度。

变压器的绝缘套管，是将变压器内部的高、低压引线引到变压器外壳外部，不但作为引线对地的绝缘，而且担负着固定引线的作用。

第二节　发电机、变压器组保护的配置和原理

大型发电机组在电力系统中具有重要地位，并且发电机组价格昂贵，检修工艺复杂、困难，停机所造成的损失大，因此在考虑大型发电机组的保护配置时，其最重要的是要保证发电机组安全和最大限度地缩小故障破坏范围，尽可能地避免不必要的停机，特别要避免保护的误动和拒动。这就要求有可靠性、灵敏性、选择性和快速性都非常好的保护装置，保护的整体应尽量完善、合理，避免烦琐、复杂。

大型发电机组的保护可以分为短路保护和异常保护两类。

（1）短路保护。短路保护用以反应和保护各种类型的短路故障。为防止保护拒动又有主保护和后备保护之分。

（2）异常运行保护。异常运行保护用以反应各种可能给发电机组造成危害的异常工况，但这些工况不致很快造成发电机组的直接破坏。

（一）发电机组继电保护配置的特点

1. 快速保护双重化

当发电机机端发生短路故障时，为保证不损坏发电机，应在很短时间内切除故障，为此配备了发电机差动保护、主变压器差动保护、高压厂用变压器差动保护和发电机—变压器组大差动保护。差动保护的双重化，降低了保护拒动率，提高了可靠性，有利于发电机组的安全运行。

2. 机组配置后备保护

为防止大型发电机—变压器组在电力线路发生故障时可能造成发电机组损坏，发电机组应装设阻抗保护，作为发电机和主变压器的后备保护。

3. 发电机—变压器组的出口断路器装设失灵保护

按照远后备保护的要求，主变压器出口断路器拒动时应由相邻元件（如线路对侧、并列运行的发电机组）的后备保护切除故障，但切除时间长，而且可能扩大停电范围。

因此，大型发电机组应装设断路器失灵保护，用以在断路器拒动时切

除故障。该保护在极短时间内再切一次拒动断路器，稍长的时间切除失灵断路器所在母线的全部断路器。

4. 主变压器装设零序保护

主变压器高压侧，一般都是220kV及以上中性点直接接地系统。在超高压电网中，单相接地故障最多。为了在某些情况下，不致使电网失去保护，所以尽管相邻线路上配置了完善的近后备保护，一般还是要求在变压器中性点装设零序保护，并对相邻线路构成远后备保护。零序保护还用于消除电流互感器与断路器之间的保护死区。

5. 发电机装设具有100%的两段定子接地保护

发电机定子绕组接地故障对发电机损坏非常严重，为此发电机组装设了具有100%的两段定子接地保护。

6. 发电机组配置反应异常运行的保护

现代大型发电机组，不但装有反应电气设备异常的保护装置，而且还通过电气量反应发电机组异常工况并装设保护，如强励保护、过电压保护、低频率保护、逆功率保护、过负荷保护、失磁保护等。

总之，大型发电机组继电保护在总体配置上要力求严密，功能力求完善，但是也带来了保护复杂化的问题。

（二）发电机组继电保护的配置

大型发电机组所配置的继电保护不仅有与小型发电机组原理结构相同的一些主要保护，如发电机差动保护、变压器瓦斯保护等，还有一些小型发电机组所没有装设的保护，如发电机逆功率保护、低频率保护等。下面仅对一部分根据大型发电机组的特殊要求所装设的特殊保护加以说明，以便使读者进一步了解大型发电机组的继电保护原理和作用。

1. 发电机匝间短路保护

现代300MW以上的发电机中性点引出线只有3个端头，由此不能采用常规的横差保护作为定子绕组匝间短路保护。目前，国内外研制的发电机匝间保护主要有以下几种：

（1）反应纵向零序电压的匝间短路保护。

（2）反应转子电流二次谐波分量的匝间短路保护。

（3）反应转子电流五次谐波分量的匝间短路保护。

下面以介绍反应负序功率闭锁的零序电压匝间短路保护为例，说明匝间保护的动作过程，匝间保护动作原理示意图如图13-9所示。

图13-9中TV2为匝间保护专用电压互感器，其一次绕组中性点与发电机中性点直接连接，当发电机发生单相接地故障时，因并没有破坏三相

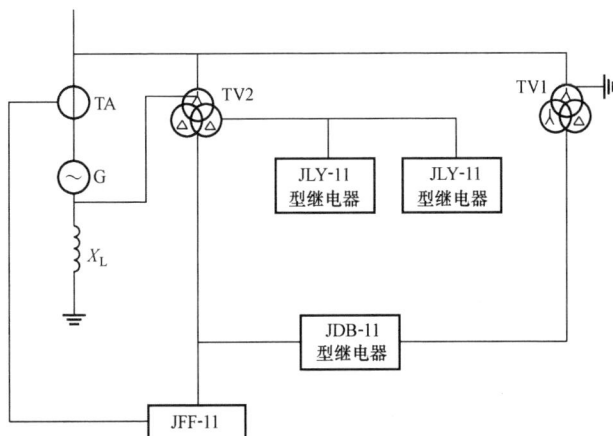

图 13 – 9   匝间保护动作原理示意图

对中性点电压的对称性,所以电压互感器二次开口三角形绕组无电压输出。而发电机发生匝间短路时,TV2 开口三角形绕组有零序电压 $3U_0$ 输出。

绕组上接有两个 JLY – 11 型滤过式电压继电器,为了提高可靠性,防止区外故障时保护误动作,由发电机出口电流互感器二次电流和 TV2 二次电压接入的 JFF – 11 型负序方向继电器作为保护的闭锁元件。发电机匝间短路保护按躲过正常运行时 TV2 开口三角形绕组的不平衡电压整定。匝间短路保护动作后作用于发电机组全停。

2. 发电机定子接地保护

对于发电机定子接地故障,通常均采用零序电压保护,由于整定值要避开不平衡电压,保护范围一般只能达到定子绕组的 85% ~ 95%,故在发电机中性点附近存在有死区。大型发电机组,特别是水内冷机组,其定子接地保护,应保证具有 100% 的保护范围,即要配置 100% 的定子接地保护装置。

其实现方法大致可分以下三类:

(1) 反应三次谐波电压的方式。反应三次谐波电压的方式能可靠地覆盖零序电压保护的死区,与零序电压保护一起组成 100% 定子接地保护。

(2) 利用外加电源进行对地检测,以实现 100% 保护。如采用发电机中性点加工频电压法、人工二次谐波电流法、外加低频电压或编码信号法及外加直流法进行检测，实现 100% 定子接地保护。

（3）利用接地故障产生的行波以实现保护。

下面以三次谐波电压型接地保护为例，介绍 100% 定子接地保护的基本原理和动作过程。

反映基波零序电压和三次谐波电压构成的定子 100% 接地保护动作原理图如图 13 - 10 所示。其保护由两大部分组成，JY - 21 型电压继电器接于发电机端电压互感器，TV 开口三角形绕组的输出反映发电机定子绕组靠近机端部分的接地故障。JDJ - 31 型继电器是用来比较发电机机端与中性点的三次谐波电压。正常运行中，发电机中性点三次谐波电压大于机端的三次谐波电压，JDJ - 31 型继电器不动作。在发电机发生单接地故障时，若故障点发生在发电机机端到定子绕组中、后部的 85% ~ 95% 范围内时，反映基波零序电压的 JY - 21 型继电器动作，跳开发电机出口断路器，将发电机组解列。如故障发生在发电机中性点附近的 10% ~ 30% 范围内（此范围为反映基波零序元件的死区）时，由反映三次谐波电压的继电器—JDJ - 31 型继电器动作，也将发电机解列。

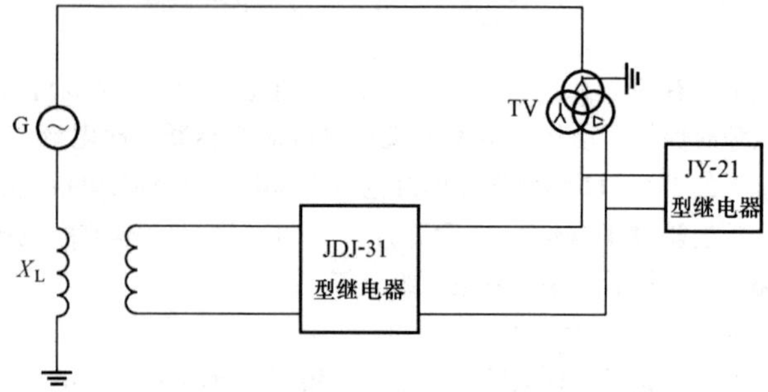

图 13 - 10　100% 定子接地保护动作原理图

综上所述，反映基波零序电压的继电器保护范围是从定子出口端算起 95% 范围，而反映三次谐波低电压继电器的保护范围是从中性点算起 10% ~ 130% 的范围。这两个元件组成一体就构成定子 100% 接地保护。

3. 发电机逆功率保护

逆功率保护用于保护汽轮机。由于某种原因使主汽门误关闭，或机炉保护动作于关闭主汽门而出口断路器未跳闸时，发电机变为同步电动机运行时，从电力系统吸收有功功率。

这种情况对发电机并无危险，但由于鼓风损失，汽轮机低压缸排汽温度将升高，汽轮机尾部叶片可能过热损坏。因此，大型发电机组有必要装

第二篇　集控值班

· 518 · 火力发电职业技能培训教材

设逆功率保护,以防止此类事故发生。

逆功率保护主要由逆功率继电器构成,如图 13 – 11 所示。逆功率一般整定值取额定功率的 3% ~ 5%。保护动作后经延时发出信号,再经较长延时作用于跳开发电机出口断路器。

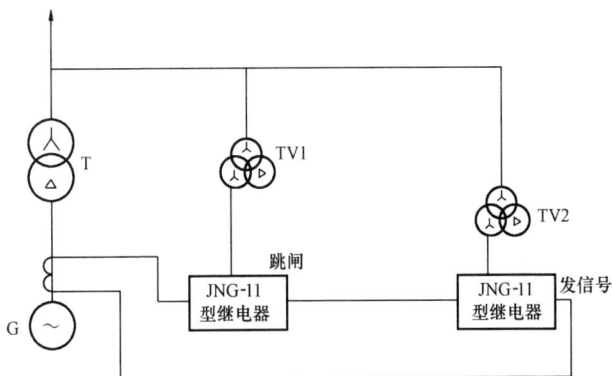

图 13 – 11　逆功率保护动作原理示意图

纵联差动保护能快速、灵敏地切除保护范围内的相间短路故障,一般作为发电机和变压器的主保护。

大型发电机组在发电机与主变压器之间不设断路器。发电机与主变压器、高压厂用变压器之间连接非常紧密,一旦其中的任何一个设备和引出线上发生故障,都将威胁其他设备的安全运行,为此,大容量发电机组除了发电机、主变压器和高压厂用变压器分别装设有差动保护外,还装设了发电机—变压器组的大差动保护,用来保护在发电机—变压器组内发生的短路故障,与发电机、变压器的差动保护构成快速双重化保护系统。

某厂发电机—变压器组差动保护配置示意图如图 13 – 12 所示。

当电力系统中出现不对称故障或带不对称负荷时,将有负序电流流过发电机定子绕组,在发电机中将产生与转子旋转方向相反的旋转磁场,使转子产生倍频电流,引起附加损耗,导致转子过热。特别值得注意的是:倍频电流主要是在转子表层流过,将在转子本体与护环之间、槽楔与槽壁之间等接触面上形成局部过热,将转子烧伤;还可能使转子表面电流密度过大的部位及阻尼环等分流过大的部位,因温度过高而降低了材料的强度;并且还有可能使转子本体与护环的温差超过允许限度,严重时导致护环松脱,造成发电机损坏的事故。

为了不使发电机转子在流过负序电流时过热损坏,要求流过发电机的

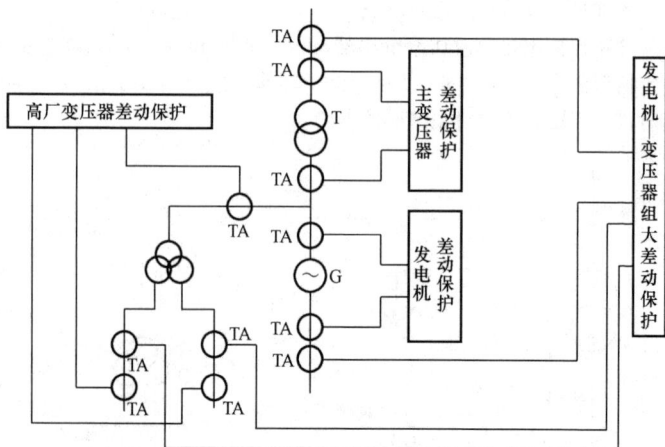

图 13 – 12 发电机—变压器组差动保护配置示意图

负序电流与允许它通过发电机的时间关系为

$$I_2^2 t = A \qquad\qquad (13-1)$$

式中 A——与发电机型式和冷却方式有关的允许过热时间常数。一般地
说,对绕组内冷式发电机,容量为 300MW 时,A = 8.5;对
水轮发电机,A = 40。

目前,大容量发电机组都装设有与发电机允许负序过电流特性相适应
的反时限负序电流保护。

反时限过电流保护和反时限
负序电流保护均是保护装置的动
作时间自动随电流的大小而相应
变化,即电流越大,保护动作时
间越短,电流越小,则保护动
作时间越长。发电机反时限负
序电流保护特性曲线如图 13 – 13
所示。

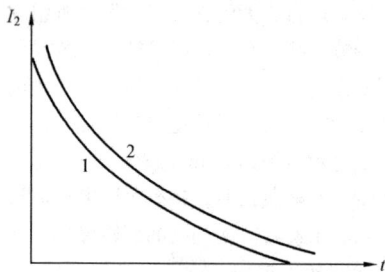

图 13 – 13 发电机反时限负序电流
保护特性曲线

1—允许符合电流曲线;2—保护特性曲线

4. 发电机低励、失磁保护

所谓低励,表示发电机励磁
电流低于静稳极限所对应的励磁
电流,以与欠激运行(进相)和完全失去励磁电流相区别;失磁则表示
发电机失去了励磁系统供给的励磁电流。

发电机低励和失磁是一种常见的故障。发电机特别是大型发电机组，多采用比较先进的励磁系统，因系统结构复杂，环节比较多，这就增加了发生低励和失磁故障的概率。

造成低励和失磁的主要原因为励磁回路部件故障、自动控制部分失调以及人为操作不当等。此外，也有些失磁是由于系统故障造成的。

发电机发生低励和失磁故障时对发电机和系统都将造成危害。但是，失磁对发电机和电力系统的危害，并不像短路故障那样迅速地表现出来。再者，大型发电机组的突然跳闸对发电机组和辅机将造成很大冲击，电力系统也会受到较大的扰动。因此，对于运行中发电机发生失磁时往往采取监视母线电压或定子电流的办法，当电压低于或电流大于允许值时才切除该发电机组，否则不应立即切除发电机，而是首先采取切换励磁电源、切换厂用电源以及迅速降低原动机出力等措施，并随即检查造成失磁的原因予以消除，使发电机组恢复到正常运行，避免不必要的突然停机事故。

下面以无功功率方向元件和低电压元件构成的低励、失磁保护动作原理为例，说明失磁保护的动作过程。

图 13-14 所示为以无功功率方向元件和低电压元件构成的失磁保护原理框图。当发电机失磁后，无功功率反向，于是无功功率方向元件 Q 动作。元件 Q 的动作值，按发电机带一定的有功功率进相运行时稳定极限所允许的无功功率整定。低电压元件 V 按系统稳定运行所允许的电压

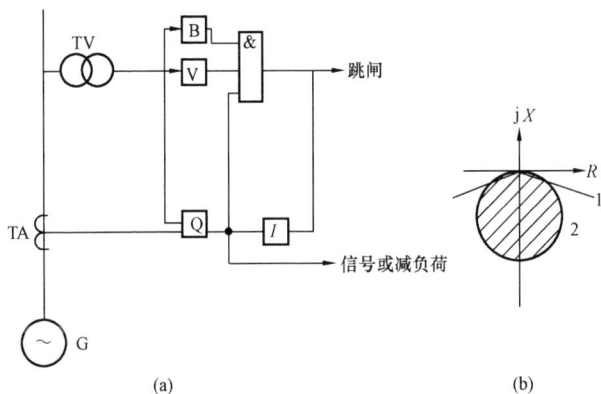

图 13-14 无功功率方向元件和低电压元件构成的失磁保护
（a）保护框图；（b）测量阻抗动作特性
1—无功功率方向元件动作区；2—临界电压阻抗圆

临界值整定。当发电机进相运行，并达到整定值时，元件 Q 动作。当电力系统电压低到允许的电压临界值时，电压元件 V 动作。

当两个元件都动作时，保护动作于跳闸。

由于低电压元件 V 的动作与连接阻抗 X 有关。当 X 大时，机端电压下降大，低电压元件的动作就比较可靠；当 X 小时，机端电压下降不多，低电压元件可能不动作。在这种情况下，元件 Q 动作发出信号。同时还可以按发电机组允许的无励磁异步运行时间，延时跳闸。

为防止电力系统振荡和外部相间短路时保护误动，保护装设有闭锁用的电压元件 B，其整定值应比低电压元件 V 低，闭锁元件动作时闭锁保护。

这种保护是以电压接近临界值为主要判据，由于低电压元件受连接阻抗 X 的影响大，当连接阻抗 X 小时，要靠反向的无功功率去延时跳闸，因此保护不能确切地反映出发电机的临界失步。

5. 主变压器过励磁保护

现代大型变压器，一般额定工作磁密为 $B = 1.7 \sim 1.8T$，而饱和磁密 $B_s = 1.9 \sim 2.0T$，两者相差不多。当 U/f（U 为电网电压；f 为电网频率）值升高时，它们很容易达到饱和。当铁芯饱和后，励磁电流急剧增大。某些大型变压器，当工作磁密达到 $(1.3 \sim 1.4)B_s$ 时，励磁电流的有效值可达到额定电流水平。而且这一励磁电流是非正弦波，含有幅值相当大的高次谐波，而铁芯和金属构件的涡流损耗又与频率的平方成正比，所以将导致变压器铁芯过热。若过励磁比较严重，持续时间又长，将可能直接造成变压器损坏。在大多数情况下，虽然不致直接损坏变压器，但过励磁反复出现，多次积累，将使变压器绝缘劣化，造成隐患。因此，现代大型变压器，特别是主变压器都考虑装设过励磁保护。

变压器过励磁保护是由电压/频率（V/Hz）元件及时间元件组成。当变压器励磁超过整定值时，保护发出信号，通知值班人员引起注意，以及时处理异常事故。

第三节　发电机组励磁系统

同步发电机是将旋转形式的机械功率转换成三相交流电功率的设备。为完成这一转换，它本身需要一个直流磁场，产生这个磁场的直流电流称为同步发电机的励磁电流，也称为转子电流。为同步发电机提供励磁电流的有关设备，统称为励磁系统。具有自动控制与自动调节功能的励磁系统，称为自动调节励磁系统。

励磁系统是发电机的重要组成部分。它由供给直流励磁的电源部分及控制、调节励磁的调节器两大部分组成。

一、发电机励磁系统的分类

由于容量和使用上的限制，大容量发电机组都不再采用传统的同轴直流励磁机励磁系统，取而代之的是整流励磁系统，即半导体励磁系统。该系统是将交流励磁电源经半导体整流装置变为直流后进行励磁的。根据交流励磁电源的种类不同，同步发电机的半导体励磁可分为两大类。

（1）第一类是采用与主发电机同轴的交流发电机作为交流励磁电源，经硅整流器或晶闸管进行整流，供给励磁。这类励磁系统由于交流电源来自主发电机之外的其他独立电源，故称为他励整流励磁系统，简称他励系统。用作励磁电源的同轴发电机称为交流励磁机。此类励磁系统，按整流器是静止还是旋转，以及交流励磁机是磁场旋转或电枢旋转的不同，又可分为以下 4 种励磁方式：

1）交流励磁机（磁场旋转式）加静止硅整流器。

2）交流励磁机（磁场旋转式）加静止晶闸管整流。

3）交流励磁机（电枢旋转式）加旋转硅整流器。

4）交流励磁机（电枢旋转式）加旋转晶闸管整流。

上述 3）、4）两种方式，硅整流元件和交流励磁机电枢与主轴一同旋转，直接给主发电机转子励磁绕组供励磁电流，不需滑环和炭刷，故称无刷励磁方式，或称旋转半导体励磁方式。相对于旋转半导体而言，上述 1）、2）两种方式的半导体整流元件是处于静止状态的，故称为他励静止半导体励磁方式。

（2）第二类是采用变压器作为交流励磁电源，励磁变压器接在发电机出口或厂用电母线上。因励磁电源取自发电机自身或发电机所在的电力系统，故这种励磁方式称为自励整流器励磁系统，简称自励系统。在他励系统中，交流励磁机是旋转机械，而在自励系统中，励磁变压器、整流器等都是静止元件，故自励系统又称为全静态励磁系统。

自励系统也有几种不同的励磁方式。如果只用一台励磁变压器并联在发电机端，则称为自并励方式。如果除了并联的励磁变压器外，还有与发电机定子电流回路串联的励磁变流器，两者结合起来，则构成所谓自复励方式。自复励方式有以下 4 种：

1）直流侧并联自复励方式。

2）直流侧串联自复励方式。

3）交流侧并联自复励方式。

4）交流侧串联自复励方式。

二、对励磁装置的基本要求

无论发电机采取何种励磁方式，它都必须满足以下基本要求：

（1）励磁装置应能保证发电机所要求的励磁容量，并适当留有裕度。

（2）应有足够大的强励顶值电压倍数。

（3）根据运行需要，应有足够的电压调节范围，励磁装置的电压调差率应能随电力系统要求而改变。

（4）励磁装置应无失灵区。

（5）励磁装置本身简单、可靠，动作迅速，调节过程稳定。

三、励磁系统的主要结构

整流励磁系统的结构方式是多种多样的，其电路形式也各不相同。但其不外乎由主电路和调节电路两部分组成。其基本结构框图如图 13－15 所示。

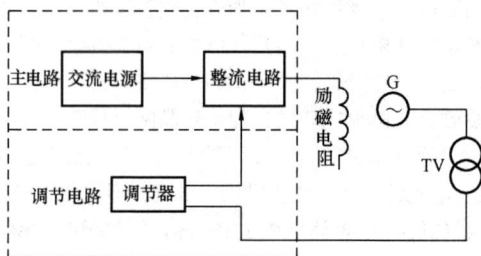

图 13－15　励磁系统基本结构框图

（一）主电路部分结构

主电路是指发电机励磁功率通过的电路，它主要由励磁电源及整流电路组成。

1. 他励系统

（1）交流励磁机加静止硅整流器励磁系统（也称为静止半导体励磁系统）。这种励磁系统由交流励磁机经半导体整流得到直流电源，而交流励磁机的励磁由同轴的中频交流副励磁机经晶闸管整流器整流后供给。交流副励磁机有两种形式：一种为感应子式，其励磁由本机机端经自励恒压装置供给，在机动中需由外部直流电源短时起励；另一种为永磁式，去掉了容易发生故障的自励恒压装置，可靠性得到了提高。发电机的励磁调节，正常通过自动励磁装置控制 100Hz 的交流主励磁机励磁来实现。若调节器因故退出，则通过手动调节感应调压器来完成。运行中自动和手动两种方式可以切换，如图 13 - 16 所示。

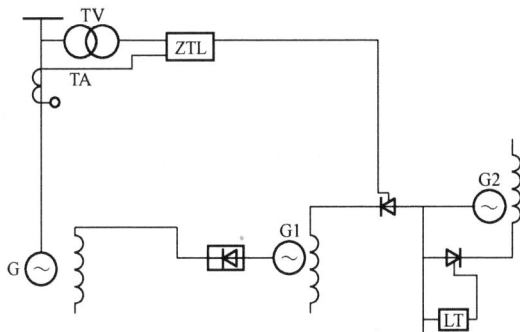

图 13 - 16　他励静止晶闸管励磁系统

G—发电机；G1—主励磁机；G2—副励磁机；
ZTL—励磁调节装置；LT—副励磁调节装置

（2）交流励磁机加静止晶闸管励磁系统（也称为励静止晶闸管励磁系统）。交流励磁机加静止晶闸管励磁系统的励磁机的励磁采用自励恒压装置，利用调节电路自动控制晶闸管的导通角，根据需要来改变励磁机的输出电压。此种励磁系统结构简单，调节快速，同时利用晶闸管的逆变工作状态，可以实现快速逆变灭磁，如图 13 - 17 所示。

（3）交流励磁机加旋转硅整流器励磁系统（也称为旋转半导体励磁系统）。交流励磁机加旋转硅整流器励磁方式又称为无刷励磁系统，其特点是交流励磁机的交流绕组与励磁绕组的安装位置互换，即把励磁绕组装在定子上，而交流绕组装在转子上，硅整流器也是同轴旋转的。整流后的励磁电流，可经空心轴直接引入发电机的励磁绕组，因而可以取消通常的炭刷和滑环，运行维护将大大减小。这种励磁系统的副励磁机一般做成永磁式，其

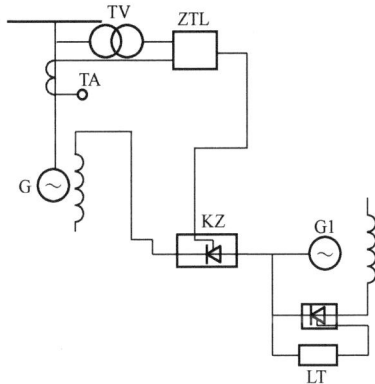

图 13 - 17　他励静止晶体管励磁系统

G—发电机；G1—励磁机；ZTL—电压调节器；LT—励磁机电压调节器

输出经晶闸管整流后供给交流励磁机，晶闸管由调节电路自动调节，如图 13 – 18所示。

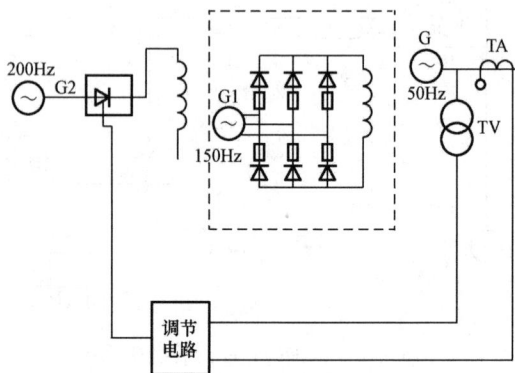

图 13 – 18　他励旋转半导体励磁系统
G—发电机；G1—励磁机；G2—副励磁机

（4）交流励磁机加旋转晶闸管励磁系统（也称旋转晶闸管励磁系统）。旋转晶闸管励磁方式是在前述无刷励磁基础上发展起来的更新型的无刷励磁，它要求晶闸管也作为旋转元件，且将调节电路也置于旋转部分之中。其交流励磁机可用永磁式，但由于容量的限制一般只用于中、小型发电机之中。如果采用具有励磁绕组的交流励磁机，则容量还可进一步增大。交流励磁机加旋转晶闸管励磁系统的结构简单、紧凑，静止部分是一个中压检测装置，其电压控制信号通过旋转变压器传给转动部分，调节电路采用集成电路，与晶闸管一起旋转。由于通过晶闸管直接控制励磁电流，所以调节、灭磁都很迅速，甚至可省去灭磁开关，因此是无刷励磁中最有发展前途的一种励磁方式，如图 13 –19 所示。

2. 自励系统

（1）直流侧串联自复励方式。直流侧串联自复励励磁系统的优点是复励及自动晶闸管在正常运行及短路强励状态下都能较好地配合。在发电机仅带电容性负荷时，电压升高后励磁系统可以进行逆变励磁，这在发电机对高压空载长线路充电时是有利的。直流侧串联自复励励磁系统的结构框图如图 13 –20 所示。

（2）交流侧串联自复励励磁系统。交流侧串联自复励励磁系统的励

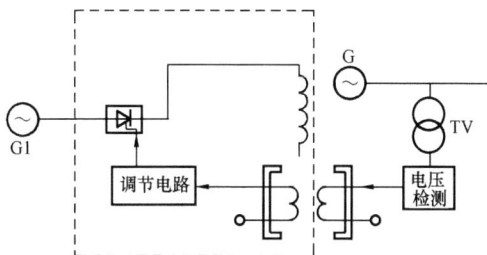

图 13 – 19　旋转晶闸管励磁系统

G—发电机；G1—励磁机

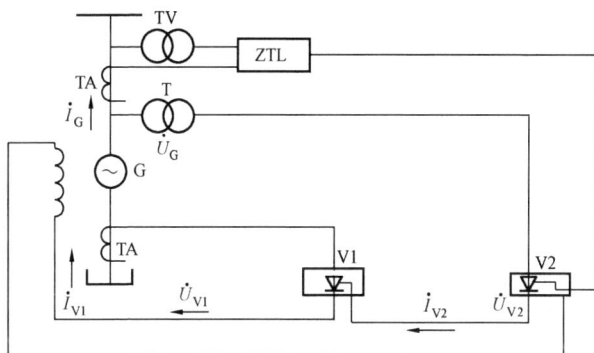

图 13 – 20　直流侧串联自复励励磁系统结构框图

G—发电机；ZTL—调节装置；V1、V2—晶闸管整流装置

磁变压器和变流器的二次串联，经晶闸管整流后供给发电机励磁。

交流侧串联自复励励磁系统对电力系统短路及其切换具有很好的动态适应性能，其强励能力高，有利于系统稳定及继电保护正确动作，适应于大型发电机组的励磁，交流侧串联自复励励磁系统的结构框图如图 13 – 21所示。

自励方式除了以上两种自复励方式外，还有在交流侧、直流侧采用并联自复励励磁方式，这些励磁方式在大型发电机组中应用较少，在此不详细介绍。

（二）控制、调节电路部分结构

控制、调节电路部分是励磁系统的调节中枢指挥系统。控制、调节电路部分根据测量机构获得的电压偏差信息，经过综合放大再作用到晶闸管

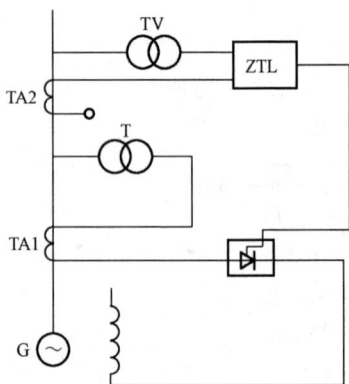

图 13 – 21 交流侧串联自复励磁
系统结构框图

G—发电机；ZTL—调节装置

的整流电路中，通过改变晶闸管的导通角，调节发电机的励磁电流，使无功功率的输出符合电力系统和发电机组的稳定运行要求。

四、励磁系统的故障对发电机与电力系统的危害

运行中的大容量发电机组，如果发生低励、失磁故障，将对发电机和电力系统的稳定运行造成非常严重的影响。

（一）对电力系统的影响

（1）低励或失磁时，发电机从电力系统吸收无功，引起系统电压下降。如果电力系统无功储备不足，将使邻近故障发电机组的系统某点电压低于允许值，使电源与负荷间失去稳定，甚至造成电力系统因电压崩溃而瓦解。

（2）一台发电机失磁电压下降，电力系统中的其他发电机组在自动调整励磁装置作用下将增大无功输出，从而可能使某些发电机组、线路过负荷，其后备保护可能发生误动作，使故障范围扩大。

（3）一台发电机失磁后，由于有功功率的摆动，以及电力系统电压的下降，可能导致相邻正常发电机与电力系统之间或系统各回路之间发生振荡，造成严重后果。

（4）发电机额定容量越大，低励、失磁引起的无功缺额会更大。如果相对电力系统容量越小，则补偿这一无功缺额能力更差，产生的前述后果就更严重。

（二）对发电机本身的影响

（1）失磁后，发电机定、转子间出现转差，在发电机转子回路中产生损耗超过一定值时，将使转子过热。特别是大型发电机组，其热容量裕度较低，转子易过热。而流过转子表面的差频电流，还将使转子本体与槽楔、护环的接触面上发生严重的局部过热。

（2）低励或失磁发电机进入异步运行后，由机端观测到的发电机等效电抗降低，从电力系统吸收无功功率增加。失磁前所带的有功越大，转差就越大，等效电抗就越小，从电力系统吸收的无功就越大。因此，在重负荷下失磁发电机进入异步运行后，如不采取措施，发电机将因过电流使定子绕组过热。

（3）在重负荷下失磁后，转差也可能发生周期性的变化，使发电机出现周期性的严重超速，直接威胁着发电机组安全。

（4）低励、失磁时，发电机定子端部漏磁增加，将使发电机端部部件和边段铁芯过热。这一情况通常是限制发电机失磁异步运行能力的主要条件。

提示： 本章共三节，其中第一节适用于中级工，第二节适用于中、高级工，第三节适用于高级工。

第十四章

机组的计算机控制系统

第一节　机组自动控制系统的总体结构

火力发电是一个经化学能→热能→势能→动能→机械能→电能的多层次能量转换的过程，其中涉及的热力设备众多，热力系统庞大，生产过程复杂，并且多数生产设备长期处于高温、高压、高速、易燃、易爆等恶劣条件或某种极限状态下运行，所以对其生产过程进行有效的控制是电力安全经济生产的一项基本任务。计算机控制系统以其可靠性高、实时性好、适应性强、人机联系完善、软件配备齐全、数据处理能力卓越、性价比富有竞争力，而在电力生产过程控制中得到全面深入的应用。目前，分散型计算机控制的应用方兴未艾，综合自动化的研究和应用已成为电厂自动化的重要发展方向。

一、机组控制系统发展简介

火力发电机组控制系统的发展大致经历了三个阶段。

（一）就地控制阶段

20世纪20、30年代，火电厂机组的容量很小，仅仅能对锅炉蒸汽压力、汽包水位、汽轮机转速等实现简单的自动控制。国外20世纪40年代以前和我国20世纪50年代建设的火电厂基本上采用这种控制方式。

（二）集中控制阶段

集中控制阶段分为局部集中控制和机组集中控制两个子阶段。

20世纪40年代初，由于出现了中间再热式机组，锅炉和汽轮机之间的联系增加，为了协调机炉间的运行，出现了局部集中控制系统。这一阶段控制系统的显著特点是：

（1）锅炉和汽轮机的控制系统表盘相对集中地安装在一起。

（2）运行人员同时监视和控制机炉的运行。

（3）控制设备主要是气动或电动单元组合仪表。

国外20世纪40年代至50年代和我国20世纪60年代至70年代初建设的火电厂基本上采用这种控制方式。

20世纪50年代后，火电厂机组的容量进一步增大，机电炉之间的联系更加密切，同时仪表和控制设备的尺寸缩小，而且出现了新型的巡回检测仪表和局部程控装置，机组集中控制系统成型了。这一阶段控制系统的显著特点是：

（1）整个机组机电炉的监视和控制表盘集中在一个控制室内。

（2）运行人员同时监视和控制机电炉的运行。

（3）控制设备主要是电动单元组合仪表、组件组装式仪表、以微处理机为核心的数字式仪表。

国外20世纪50年代至60年代和我国20世纪70年代至80年代建设的火电厂基本上采用这种控制方式。

（三）计算机控制阶段

随着火电厂机组向高参数大容量方向发展，生产过程中需要监视的内容越来越多，过程控制的任务越来越重，另外，计算机的发展与普及、现代控制理论的产生与应用，以及两者相结合所形成的计算机控制系统向工业领域渗透，计算机控制系统应运而生了。计算机控制阶段分为集中型计算机控制、分散型计算机控制和综合自动化三个子阶段。

计算机控制系统最初在火电厂应用，采用的是集中型计算机控制系统。集中型计算机控制系统最显著的特点是：用一台计算机实现几十甚至几百个控制回路和许多被控量的控制、显示、操作、管理等。但是，集中型计算机控制系统存在致命的缺点：由于当时计算机硬件可靠性不够高，而用一台计算机承担所有的监视和控制任务，使得危险高度集中，一旦计算机故障，将导致生产过程全面瞬间瘫痪。而且在计算机速度和容量有限的情况下，一台计算机所承受的工作负荷过大，影响系统的实时性和正确性。

20世纪70年代初，大规模集成电路制造成功和微处理器问世，使得计算机的可靠性和运算速度大大提高，而且价格大幅度下降。计算机技术的发展与日益成熟的分散型计算机控制思想相结合，促使火电厂自动化技术进入了分散型计算机控制的新时代。分散型计算机控制系统就是常说的分散控制系统。它的显著特点是：①由多个基本控制单元去控制复杂生产过程中的局部系统；②通过CRT与数据高速公路交换数据，使得运行人员能够对整个系统集中进行监视、操作、管理等。也就是控制分散，危险分散，管理集中。我国于20世纪80年代中期开始在火电厂机组上应用分散控制系统，而且新建机组普遍采用分散控制系统。下面一节还要对它做重点介绍。

在分散控制系统的基础上，火电厂控制系统正向更高层次的综合自动化方向发展。综合自动化是一种集控制、管理、决策为一体的全局自动化模式，它是在对各局部生产过程实现自动控制的基础上，从全局最优的观点出发，把火电厂的运作体系视为一个整体，实现生产过程的全局自动化。

近年来，技术更新、技术进步、新技术产生的速度不断加快。随着大数据、云计算、互联网、物联网等技术的出现与使用，集成化、智能化、智慧化已成为现代电力企业追求的运营目标。智慧电厂以一体化大数据管控平台为支撑，融合智慧设备及控制层、智慧设备管理及诊断层、智慧运维及管理层、智慧经营及决策层，在发电厂控制系统、厂级监控系统、管理信息系统、辅助监控系统等基础上，构建智慧发电运行控制与管理系统，实现发电过程的智能控制、智能安全、智能管理。

二、分散控制系统

分散控制系统主要指功能分散，即计算机控制系统的数据采集、过程控制、运行显示、监控操作等按功能进行分散，这样就意味着整个系统的危险分散。

1. 分散控制系统基本知识

有许多与分散控制系统相关联的英文缩写的术语，这里介绍一部分，如下：

分散控制系统（distributed control system，DCS）、顺序控制系统（sequence control system，SCS）、燃烧器管理系统（burner management system，BMS）、炉膛安全监控系统（furnace safteguard supervisory system，FSSS）、数据采集与处理系统（data acquisition system，DAS）、旁路控制系统（bypass system，BPS）、汽轮机监测系统（turbine supervisory instrumentation，TSI）、汽轮发电机数字电液控制系统（digital electro-hydraulic control system，DEH）、汽轮机基本控制（base turbine control，BTC）、汽轮机自动程序控制（auto turbine control，ATC）、协调控制系统（coordinated control system，CCS）。

现阶段我国电力工业中使用的 DCS 系统种类众多，包括国外西门子、ABB、西屋公司的产品，也有国内品牌国电智深、浙大中控、和利时等。

2. 分散控制系统基本结构及各部分功能简介

分散控制系统是由以微处理器为核心的基本控制单元、数据采集站、高速数据通道、上位监控和管理计算机以及 CRT 操作站等组成。分散控制系统的基本结构如图 14-1 所示。

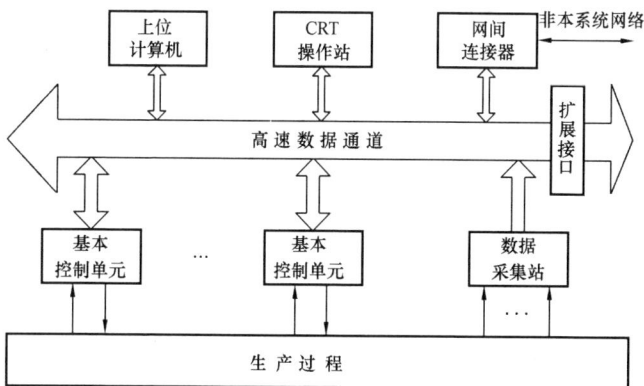

图 14 - 1　分散控制系统基本结构

基本控制单元是直接控制生产过程的硬件和软件的有机结合体，是分散控制系统的基础，它可以实现闭环模拟量控制和顺序控制，完成常规模拟仪表所能完成的一切控制功能。它有很多个，每个基本控制单元只控制某一局部生产过程，一个基本控制单元故障不会影响整个生产过程。

CRT 操作站是用户与系统进行信息交换的设备，它以屏幕窗口或文件表格的形式提供人与过程、人与系统的界面，可以实现操作指令输入、各种画面显示、控制系统组态、系统仿真等功能。

高速数据通道是信息交换的媒介，它将分散在不同物理位置上执行不同任务的各基本控制单元、数据采集站、上位计算机、CRT 操作站连接起来，形成一个信息共享的控制和管理系统。

上位计算机用于对生产过程的管理和监督控制，协调各基本控制单元的工作，实现生产过程最优化控制，并在大容量存储器中建立数据库。有的分散控制系统没有设置上位计算机，而是把它的功能分散到系统的其他一些工作站中，建立分散的数据库，并为整个系统公用，各个工作站都可以透明地访问它。

数据采集站主要用来采集各种生产现场数据，以满足系统监测、控制以及生产管理与决策计算的需要。有的分散控制系统没有专门的数据采集站，而由基本控制单元来完成数据采集和生产过程控制的双重任务。

网间连接器是分散控制系统与其他标准的网络系统进行通信联系的接口，使得系统的通信性能具有时代要求的开放性。

3. 典型分散控制系统

美国西屋电气公司生产的 WDPF - Ⅱ 系统是一款典型的计算机分散控

制系统，其系统结构如图14-2所示。

　　WDPF-Ⅱ系统目前有4种类型的WEStation工作站，即操作员工作站、工程师工作站、历史站、记录站：操作员工作站一般有5台，它主要是运行人员用来通过过程图监视生产现场实时参数，通过操作画面启停或开关设备，通过曲线显示或报警一览等查阅某一时段生产过程参数、状态、操作记录。操作员工作站还可以完成系统诊断及状态报告、算法参数调整、系统时间更新、保密级别设置等功能；工程师工作站具备操作员工作站所有功能，系统管理员用它来完成数据库建立、控制逻辑组态、显示图形建立、文件设计及软件加载、历史数据组态、外部通信网络数据链接等任务；历史站的作用是存储和检索历史信息，如报警、操作和事件顺序信息的存储；记录站的作用是实现值班报表、日报表、事件顺序报表、文本数据/历史数据/现行数据输出、文件输出、报警打印、操作记录输出、屏幕拷贝等功能。

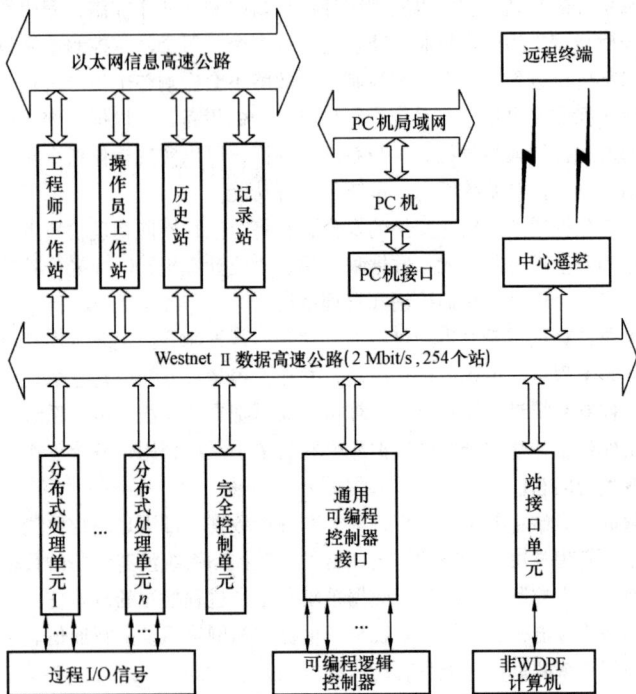

图14-2　WDPF-Ⅱ系统结构图

下面用一个例子来分析分散控制系统各种功能实现的简单流程。假如2号分布式处理单元控制的是引风机系统，引风机系统现场设备（如A号引风机、B号引风机、引风机出入口门等）的运行状态回报信号、热工保护信号等，通过硬接线进入2号分布式处理单元的I/O端子，2号分布式处理单元就可以采集到这些数据，然后2号分布式处理单元将这些数据以"点"的形式广播到数据高速公路，各个工作站通过数据高速公路获得这些数据，运行人员在操作员工作站上就能实时地监视引风机系统的运行状态。如果某一热工保护动作，经过2号分布式处理单元内控制逻辑运算后，直接输出信号去动作相应的继电器，使相应设备跳闸。如果运行人员在操作员工作站上，通过操作画面去停A号引风机，这一信息通过操作员工作站广播到数据高速公路上，2号分布式处理单元从数据高速公路上获得这些信息，经过2号分布式处理单元内控制逻辑运算后，输出信号去动作相应的继电器，使A号引风机停下来。这些过程中表示各类信息的"点"如果已经在历史站上组态好，那么我们可以通过实时/历史曲线、报警一览、操作记录等功能，在工作站上查出某一时刻某一热工保护动作，动作值和动作设备是否正确。也可以查出某一时刻在某一工作站上对某一设备进行了什么样的操作，该操作是否及时，是否正确。

运行人员通过鼠标、键盘、CRT与分散控制系统建立联系，并且对分散控制系统和热力生产过程进行监视、控制和管理。

第二节　机组的控制方式

此处主要介绍机组的协调控制系统（CCS）和再热汽轮机的电液控制系统（DEH）。

一、协调控制系统简介

在机组运行中，锅炉和汽轮发电机既要共同保障外部负荷要求，也要共同维持内部运行参数（主要是主蒸汽压力）稳定。机组输出的实际电功率与负荷要求是否一致，反映了机组与外部电网之间能量的供求平衡关系，而主蒸汽压力是否稳定，则反映了机组内部锅炉与汽轮发电机之间能量的供求平衡关系。但是锅炉和汽轮发电机的动态特性差异很大，即汽轮发电机对负荷请求响应快，锅炉对负荷请求响应慢，所以机组内外两个能量的供求平衡关系相互制约，外部负荷响应性能与内部运行参数稳定性之间存在着固有的矛盾，这是机组负荷控制中最主要的特点。根据这一特点，为了解决负荷控制中的内外两个能量供求平衡关系，提出来一种控制系统，这种控制系统就是协调控制系统。

（一）协调控制系统的任务及控制原则

协调控制系统把锅炉和汽轮发电机作为一个整体进行综合控制，既保证机组对外具有较快的功率响应和一定的调频能力，又保证对内维持主蒸汽压力偏差在允许范围内。协调控制系统的主要任务是：

（1）协调控制系统接受中调负荷指令或运行人员的负荷给定指令及电网频差信号，及时响应负荷请求，使机组具有一定的电网调峰调频能力，适应电网负荷变化的需要。

（2）协调机炉运行，在负荷变化较大时，维持两者之间的能量平衡，保证主蒸汽压力稳定。

（3）协调机组内部燃料、送风、炉膛压力、给水、汽温等控制系统，在负荷变化过程中使机组的主要运行参数在允许的工作范围内，确保机组有较高的效率和安全性。

（4）协调外部负荷请求与主辅机设备实际能力，在机组主辅机设备能力异常情况下，根据实际情况限制或强迫改变机组负荷，实现协调控制系统的联锁保护功能。

从改变锅炉燃料量和给水量到改变机组输出电功率，这一过程有较大的惯性和迟滞，所以只依靠锅炉侧的调整不能获得迅速的负荷响应，而汽轮机进汽调节阀动作，可使机组释放或储存锅炉的部分能量，输出电功率暂时得到迅速响应。综合以上两点，可以提出协调控制系统的基本原则：为了提高机组负荷响应速度，可以在保证机组安全运行的前提下，即主蒸汽在允许范围内变化，充分利用锅炉蓄热能力，也就是负荷变化时，汽轮机进汽阀适当动作，允许主蒸汽压力有一定波动，释放或吸收部分锅炉蓄热，加快机组初期负荷的响应速度，同时根据外部负荷请求指令，加强对锅炉燃料量和给水量的控制，及时恢复锅炉蓄热，使锅炉蒸发量与机组负荷保持一致。

（二）控制系统的基本组成

机组协调控制系统是由负荷管理控制中心、机炉主控制器、锅炉子控制系统和汽轮机子控制系统组成，如图 14-3 所示。

负荷管理控制中心的主要作用是：对机组的各种负荷请求指令（电网中心调度所负荷自动调度指令 ADS 或运行人员设定的负荷指令）进行选择和处理，并与电网频差信号一起，形成机组主辅设备负荷能力和安全运行所能接受的、具有一次调频能力的机组负荷指令，机组负荷指令作为机组实发电功率的给定值信号，送入机炉主控制器。

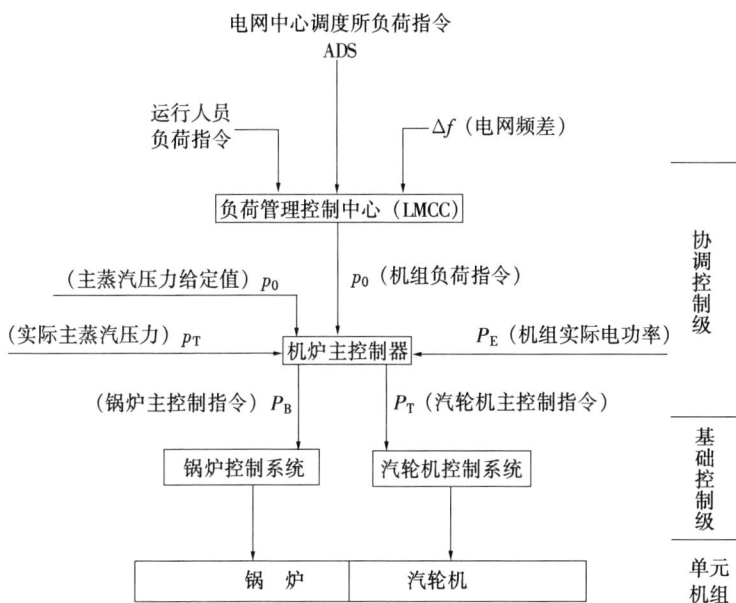

图 14 - 3　机组协调控制系统组成

机炉主控制器的主要作用是：

（1）接受负荷指令、实际电功率、主蒸汽压力给定值和实际主蒸汽压力信号。

（2）根据机组当前的运行条件及要求，选择合适的控制方式。

（3）根据机组的功率偏差和主蒸汽压力偏差进行控制运算，分别产生锅炉负荷指令和汽轮机负荷指令。

锅炉负荷指令和汽轮机负荷指令作为机炉协调动作的指挥信号，分别送往锅炉和汽轮机有关子控制系统。

锅炉和汽轮机有关子控制系统包括燃料量控制系统、送风控制系统、炉膛压力控制系统、一次风压控制系统、二次风量控制系统、过热汽温控制系统、再热汽温控制系统、给水控制系统等。在本节的后面还要介绍各个子控制系统的工作原理。

炉膛安全监控系统（FSSS）和汽轮机数字电液控制系统（DEH）是协调控制系统的支持系统。

（三）协调控制系统的控制方式

协调控制系统一般有炉跟随协调控制方式、机跟随协调控制方式和综合型协调控制等方式。它们都有各自的特点，但是无论何种调控制方式，都是从解决"快速负荷响应和主要运行参数稳定"这一对源于机炉动态特性差异的矛盾出发而设计的。在此仅介绍炉跟随协调控制方式、机跟随协调控制方式、综合型协调控制方式的控制过程，以及各自的优缺点。

1. 炉跟随协调控制方式

在炉跟随协调控制方式中，汽轮机主控制器接受机组负荷指令和机组实发功率反馈信号，当负荷指令改变时，汽轮机主控制器立刻根据负荷偏差，改变进入汽轮机子控制系统的负荷指令，进而改变进汽调节阀的开度及进汽流量，使发电机输出功率迅速与机组负荷指令趋于一致，满足负荷的需求。而锅炉主控制器接受主蒸汽压力给定值和机前实际主蒸汽压力反馈信号，当汽轮机侧调负荷或其他原因引起主蒸汽压力变化时，锅炉主控制器根据汽压偏差，改变锅炉子控制系统的负荷指令，进而改变锅炉燃烧率及相应的给水流量，以补偿锅炉蓄能的变化，维持主蒸汽压力稳定。

对这个控制过程分析可以发现，汽轮机侧响应负荷指令的速度很快，即负荷指令变化时，通过改变进汽调节阀的开度，充分利用锅炉蓄能，使机组实发功率做出快速响应。这时必然引起主蒸汽压力较大的变化，尽管锅炉侧控制可以因主蒸汽压力变化引起的偏差来补偿锅炉蓄能，但是由于主蒸汽压力对燃烧率的响应存在较大的迟滞，仍会使主蒸汽压力出现较大偏差。为了减小主蒸汽压力在负荷变化过程中的波动，将主蒸汽压力偏差信号引入汽轮机侧的控制，用它来限制汽轮机进汽调节阀的开度变化。但是这个限制又减缓了机组对负荷的响应速度。

综上所述，炉跟随协调控制方式的特点是：负荷响应速度快，主蒸汽压力波动大，为了减小主蒸汽压力波动，而抑制汽轮机侧的负荷响应速度，使机炉之间的动作达到协调。

2. 机跟随协调控制方式

在机跟随协调控制方式中，锅炉主控制器接受机组负荷指令和机组实发功率反馈信号，当负荷指令改变时，锅炉主控制器立刻根据负荷偏差，改变进入锅炉子控制系统的负荷指令，进而改变锅炉燃烧率及给水流量，满足负荷的需求。而汽轮机主控制器接受主蒸汽压力给定值和机前实际主蒸汽压力反馈信号，当锅炉侧调负荷或其他原因引起主蒸汽压力变化时，汽轮机主控制器根据汽压偏差，改变汽轮机子控制系统的负荷指令，进而改变进汽调节阀开度，维持主蒸汽压力稳定。

对这个控制过程分析可以发现，锅炉侧响应负荷指令的速度缓慢，即负荷指令变化时，通过改变燃烧率并不能立刻转化为适应负荷需求的蒸汽能量。尽管在这个过程中主蒸汽压力非常稳定，但是锅炉蓄能没有被利用，负荷响应速度缓慢，为了提高机组负荷响应能力，将负荷偏差信号引入汽轮机侧的控制，用它来改变汽轮机进汽调节阀的开度，加快机组负荷响应速度。但是这又会引起主蒸汽压力较大的偏差。

综上所述，机跟随协调控制方式的特点是：负荷响应速度慢，主蒸汽压力稳定，为了提高负荷响应速度，牺牲主蒸汽压力的稳定性来加快锅炉侧的负荷响应速度，使机炉之间的动作达到协调。

3. 综合型协调控制方式

在综合型协调控制方式中，当负荷指令改变时，机、炉主控制器对汽轮机侧和锅炉侧同时发出负荷控制指令，改变燃烧率和汽轮机进汽调节阀开度，一方面利用锅炉蓄能暂时应付负荷请求，另一方面改变进入锅炉的能量，保持机组输入能量与输出能量的平衡。当主蒸汽压力产生偏差时，机、炉主控制器对汽轮机侧和锅炉侧同时控制，一方面加强锅炉燃烧补偿蓄能变化，另一方面适当限制汽轮机进汽调节阀开度维持主蒸汽压力稳定，保持机炉之间的能量平衡。

综上所述，综合型协调控制方式的特点是：既有较好的负荷适应性，又有良好的主蒸汽压力稳定性，是一种较为完善合理的协调控制方式。但是这种方式系统结构复杂，调试及参数整定困难。

4. 协调控制系统中的子控制系统

协调控制系统中的子控制系统主要包括：燃料量控制系统、送风控制系统、炉膛压力控制系统和给水控制系统等。下面介绍各个子控制系统的工作原理。

（1）燃料量控制系统。机组能量的输入是靠燃料的及时供给和炉膛内的良好燃烧来保证的。燃料量控制系统的任务是控制进入机组的燃料量，使燃料量所提供的热能满足蒸汽负荷的要求。燃料量控制系统的工作原理是：它接受机组主控制器送来的锅炉负荷指令，锅炉负荷指令经过水温度校正和总风量交叉限制后，得到总燃料量指令，总燃料量指令减去实际燃油量得到燃煤量指令。燃煤量指令作为给定值在 PID 调节器入口与经过热量校正后的总给煤量信号进行比较得出一个偏差值，这个偏差值经过 PID 运算、手动/自动站、速率限制后，形成控制给煤（粉）机的指令，去控制正在运行的给煤（粉）机的转速，进而改变给煤（粉）量，以维持总给煤（粉）量与给定值一致，满足汽轮机蒸汽负荷对锅炉热能的需求。

为了提高主燃料对负荷指令的响应速度，有的控制系统增加磨煤机一次风量前馈，利用锅炉主控指令的前馈信号改变燃料量的同时改变磨煤机一次风量的设定，充分利用磨煤机内的蓄粉来快速响应负荷需要，也就是快速改变磨煤机的风粉比例。也可在磨煤机入口一次风量的设定上增加一个微分环节，在变负荷时，进一步改变风粉比。

（2）送风控制系统。送风控制系统的基本任务是保证燃料在炉膛中的充分燃烧。它一般通过调整送风机动（静）叶开度直接控制进入炉膛的二次风量，利用二次风挡板来维持二次风箱压力。送风控制系统的工作原理是：经过氧量校正的总风量给定值与实际风量比较得出一个偏差值，这个偏差值经过送风调节器 PID 运算，其输出与为加强送风控制、保证送风量及时适应燃烧需求的前馈信号（一般为送风量给定值）叠加后，形成送风机控制指令，分别送至两台送风机的手动/自动站。在手动/自动站中，根据两台送风机的特性和出力情况，可以在 A 送风机控制站中设置偏置值，分别对两台送风机动（静）叶控制指令进行加减分配，然后去改变送风机动（静）叶的开度，进而控制进入炉膛的二次风量，维持总风量与其给定值一致。

（3）炉膛压力控制系统。锅炉炉膛内的压力直接影响炉膛内燃料的燃烧质量和锅炉安全运行。炉膛压力控制系统的基本任务是通过控制引风机动（静）叶或入口挡板来维持炉膛压力，以稳定燃烧、减少污染、保障安全。炉膛压力控制系统的工作原理是：运行人员设置的炉膛压力给定值与实际炉膛压力比较得出一个偏差值，这个偏差值经过炉膛压力调节器 PID 运算后，与前馈信号（一般是送风指令）叠加后，形成引风机控制指令，分别送至两台引风机的手动/自动站。在手动/自动站中，根据两台引风机的特性和出力情况，可以在 A 引风机控制站中设置偏置值，分别对两台引风机动（静）叶控制指令进行加减分配，然后去改变引风机动（静）叶的开度，进而控制引风量及炉膛压力，维持实际炉膛压力与给定值一致。

燃料量控制系统、送风控制系统、炉膛压力控制系统是燃烧控制系统中三个密切相关的部分。在投自动时，要严格遵守以下顺序：引风机自动→送风机自动→氧量校正自动→燃料量自动。

（4）给水控制系统。给水控制系统的主要任务是使锅炉的给水量跟踪锅炉的蒸发量，保证锅炉进出的物质平衡和正常运行所需的工质。对于采用汽包炉的机组来说，给水控制系统的任务就是维持汽包水位在正常范围内变化。

汽包水位间接反映了锅内物质平衡状况（主要是蒸汽量与给水量的平衡关系），它是表征锅炉安全运行的重要参数，也是保证汽轮机安全运行的重要条件。汽包水位过高，会降低汽包内汽水分离装置的汽水分离效果，导致出口蒸汽带水严重，含盐浓度增大，使过热器受热面结垢烧坏，使过热汽温急剧变化，使汽轮机叶片易于结垢降低出力，甚至会使汽轮机产生水冲击造成叶片断裂；汽包水位过低，则会破坏炉水循环，使某些水冷壁得不到冷却而烧坏，甚至引起锅炉爆炸事故。汽包水位还与锅炉运行的经济性密切相关，连续均匀稳定的给水会使锅炉汽压稳定，保证锅炉在合适的参数下稳定运行，使锅炉具有较高的运行效率。

300MW 及以上机组一般采用"汽动泵 + 电动调速泵 + 调节阀"的控制手段。下面介绍这种给水控制系统的工作原理。

这种给水控制方式是根据机组不同的负荷阶段和不同的给水控制特性，选择与之适应的控制方式，对给水实现从机组启动到带满负荷的全过程连续控制。机组不同的负荷阶段和不同的给水控制特性见表 14 – 1。

表 14 – 1　机组不同的负荷阶段和不同的给水控制特性

负荷	给水控制情况
0% ~ 15%	主给水电动门关闭，由电动调速给水泵控制给水旁路调节阀前后差压，保证调节阀线形度及给水泵出口与汽包间差压，使汽包上水自如，汽包水位的控制采用单冲量控制方式通过给水旁路调节阀 PI 调节器控制给水旁路调节阀开度实现
15% ~ 25%	顺序控制系统自动打开主给水电动门，主给水电动门全开后，连锁逻辑自动将给水旁路调节阀控制器切为手动，并强制将给水旁路调节阀开至 100%，避免给水旁路调节阀承受过大差压而损坏，然后将汽包水位控制转换到电动调速给水泵控制器，由它来采用单冲量方式控制给水量保证汽包水位
25% ~ 35%	联锁逻辑将汽包水位控制转换到电动调速给水泵串级三冲量的两个控制器，由它们来采用三冲量方式控制给水量保证汽包水位
35% ~ 50%	预先启动一台汽动给水泵，当汽动给水泵由 MEH 系统控制转速达到临界转速以上时，无扰切换到由协调控制系统控制汽动给水泵转速的方式上，由一台汽动给水泵和一台电动给水泵采用三冲量方式控制汽包水位

第十四章　机组的计算机控制系统

负荷	给水控制情况
50%~100%	预先另启一台汽动给水泵，当这台汽动给水泵由 MEH 系统控制转速达到临界转速以上时，无扰切换到协调控制系统控制，逐步降低电动给水泵负荷而增加汽动给水泵负荷，当电动给水泵负荷接近最低值、汽动给水泵工作正常、汽包水位稳定时，可停运电动给水泵作为备用泵，系统由两台汽动水泵采用三冲量方式控制汽包水位

在机组降负荷时，各个负荷阶段的控制过程与升负荷阶段大致相反。

（四）超临界机组控制系统的特点

1. 超临界机组协调控制系统的基本情况

超临界锅炉有两种运行方式。两种运行方式的分界点大约在锅炉产生的蒸汽流量等于锅炉最小给水流量的工况点上。"湿态—干态"方式转换按以下确定：随着负荷和燃料量的增加分离器储水箱液位和锅炉循环水流量将减少。当燃料量增加，锅炉达到最小给水流量时，分离器里的水全变成蒸汽。如果锅炉产生的蒸汽流量小于锅炉最小给水流量，即称为"湿态方式"，如果锅炉产生的蒸汽流量大于锅炉最小给水流量，即称为"干态方式"。湿态运行方式可以被看作一个汽包锅炉。当然，随着锅炉运行方式的不同，控制策略也会不同。目前机跟炉的协调控制方式和炉跟机的协调控制方式在超临界直流锅炉的控制中都有应用，但随着电网对 AGC 功能的要求及对机组考核的日益严重，炉跟机的协调控制方式已成为机组协调方式的主流。在炉跟机的协调控制方式下，功率的控制虽然严格，但炉侧压力波动带来的燃料量变化给机组运行的稳定性带来影响。

机组投入协调方式（CCS）运行后，汽轮机主控制器和锅炉主控制器均已处于自动状态。在汽轮机主控制回路中，机组负荷指令与实发功率比较，其偏差送入 PID 调节器，调节器的输出作为汽轮机主控输出。为了提高机组对负荷的响应速度，引入了机组负荷指令的前馈信号，增强汽轮机主控指令随负荷设定的变化速度。在功率调整过程中，为了不使主蒸汽压力波动太大，引入主蒸汽压力偏差的校正作用以补偿锅炉能量，即压差对功率的拉回回路。在主蒸汽压力偏差较大时，拉回回路虽然能避免炉侧的过量调节，但对功率的控制品质带来负面的影响。在锅炉控制回路中，主蒸汽压力的偏差通过 PD 调节器、模拟量输出模块产生锅炉主控指令以保持主蒸汽压力为给定值。为了较快响应主蒸汽压力的变化，克服锅炉制粉系统、燃烧系统的惯性，采用负荷指令的函数及负荷指令变化率的微分作为负荷变化过程的动态前馈；在机组投入滑压运行时，也可引入压力设定值的微分作为锅炉主控的前馈。

2. 超临界机组的锅炉分离器入口温度控制

分离器入口温度的控制也就是水煤比控制（WFR），是直流锅炉与汽包锅炉控制的最大区别，也是整个直流锅炉控制的核心。

分离器入口温度控制目的是通过分离器入口温度（中间点温度或过热度）的偏差控制修正机组的给水流量和燃料量的配比为最佳状态，由汽包炉变为超临界直流锅炉，其运行方式中给水流量直接转换为蒸汽，没有汽包的缓冲，给水系统和燃烧系统不能单独控制，增加了系统间的相互耦合。为了在运行调整和自动控制中体现出这种耦合关系，超临界直流锅炉引入了"水煤比"这个概念，即实时总给水量与总燃料量的比值。

水煤比在燃料量和给水控制系统的设定上有几种基本方案：

（1）以给水为主的控制系统（煤跟水的控制策略）。锅炉主控输出的负荷指令（BID）送到给水调节器，燃料量跟踪给水量，保持一定的水煤比。采用煤跟水的控制策略时，给水流量指令直接响应锅炉负荷指令，燃料量指令的设定值由两部分组成：一部分根据锅炉负荷所设计的煤水比形成，这是燃料量指令的主要部分；另一部分由中间点温度或焓值的稳态校正信号形成，这是燃料量指令的次要部分。这种控制方案也叫以水为基础的控制方案。

（2）以燃料为主的控制系统（水跟煤的控制策略）。燃料主控接受锅炉主控输出的负荷指令（BD），给水量跟踪燃料量，保持一定水煤比。采用水跟煤的控制策略时，锅炉负荷指令（BID）直接设定燃料量指令，给水流量的设定值由两部分组成：一部分根据锅炉负荷所设计的水煤比形成，这是给水流量指令的主要部分；另一部分由中间点温度或焓值的调节信号形成，这是给水流量指令的次要部分。这种控制方案也叫以煤为基础的控制方案。

（3）在上述两种控制策略的基础上，采用水跟煤的控制策略时，由于燃料量对水煤比的调节速度较慢，为保证水煤比在一定的范围内，当过热度或焓值的偏差超出一定的范围，将对给水的设定进行调节，此时燃料量和给水同时调整，只是对给水的修正调节带有一定的死区（5～10℃之间）。此方案也可归入水跟煤的控制策略，只是更为复杂、更难于各量值间的整定以及控制回路的跟踪切换、不同状态下的调节器量值跟踪输出，但对中间温度的控制更为稳定，偏差能够控制在±10℃之内。

3. 主蒸汽压力控制与中间点温度控制的关系

在机组的运行过程中，影响中间点温度的因素非常多，如燃料量的扰动、给水流量的扰动、高压加热器的运行状态、锅炉的吹灰、煤质的变化、主蒸汽压力的变化（蒸汽流量）等。其中，随机组负荷变化过程，主蒸汽压力的控制品质对中间点温度的波动影响最大。某一负荷下主蒸汽压力偏差大，这时的汽水分界面偏离正常位置便会较大，严重影响给水变为蒸汽时的汽化潜热的吸收和释放，在负荷不变的情况下，实际主蒸汽压力偏低时，中间点温度偏低；压力偏高时，中间点温度偏高。因此，中间点温度整定的前提必须是在锅炉主控对主蒸汽压力的整定处在较好的水平之后，否则，单纯修改中间点温度的控制参数，又会对主蒸汽压力的控制产生影响，不会得到很好的控制品质。而主蒸汽压力的控制品质（压力偏差）与机组滑压曲线的选择、滑压速率的设置以及主蒸汽压力设定的延时时间存在密切的关系，通常按锅炉的设计说明首先确定机组的滑压曲线；然后按照电网要求的机组负荷变化率设置机组的滑压变化率，以满足负荷设定对压力设定的一致性为原则，即变负荷过程，负荷设定值达到负荷目标值时，压力设定也达到目标负荷对应的压力；而滑压设定的延时时间应当是机组负荷变化率的函数，而非一个固定的时间常数，这个函数还应当随不同的负荷段以及负荷的上升、下降过程而有所差别。

在主蒸汽压力控制品质达到理想状态后，进行中间点温度控制回路的优化。首先确定中间点温度的设定函数，通常按照分离器的入口压力来设定，此外也可采用负荷设定值来设定中间点温度，但必须注意与机组的滑压曲线相匹配；负荷变化过程中，中间点温度的设定也随之发生改变，设定值变化过程的延时时间与变负荷过程主蒸汽压力的响应过程应相匹配。

二、再热汽轮机数字电液控制系统（DEH）

再热汽轮机的控制系统，经历了液压（或机械液压）控制系统、模拟电调控制系统（AEH）和数字电调控制系统（DEH）三个发展阶段。现代再热汽轮机普遍采用数字电调控制系统（DEH），一般它的电气部分采用计算机分散控制，液压部分采用高压抗燃油电液伺服控制，电－液的连接与转换采用计算机伺服控制回路。汽轮机数字电液控制系统（DEH）是协调控制系统的支持系统之一。

1. DEH 控制系统工作原理

DEH 控制系统由微处理机控制柜、操作员站、工程师站、电液转换系统及 EH 液压系统组成。DEH 控制系统是把模拟调节、程序控制、数据监视和处理装置结合在一起的数字式电液控制系统。运行人员通过操作键盘输入命令，从 CRT 上监视机组运行参数。对于中间再热汽轮机组，来自锅炉的主蒸汽通过主汽门 TV 和调节汽门 GV 进入汽轮机高压缸。蒸汽在高压缸内做功后，进入再热器，并通过中压主汽门 RSV 和中压调节汽门 IV 再进入汽轮机中压缸。汽轮发电机的转速和负荷由主汽门和调节汽门开度控制。DEH 控制器接受机组的转速、功率、调节级压力三个反馈信号，输出各阀门控制指令给伺服阀，控制油动机开度，从而控制机组的转速和负荷。当机组投入协调控制系统时，DEH 控制系统相当于一个执行机构。

2. DEH 控制系统的功能

（1）自动挂闸。挂闸是使汽轮机的保护系统处于警戒状态的过程。复位高压安全油与油箱回油的危急遮断装置同时使 AST 电磁阀带电截止高压安全回油。连接在高压安全油母管上的压力开关 PS1、PS2、PS3 发出讯息后机组挂闸即完成。挂闸允许条件：汽轮机已跳闸且所有主汽门在关位。

（2）启动前控制及启动方式选择。

1）自动判断机组热状态。

控制系统根据调节级高压内缸壁温的高低划分机组热状态（冷态、温态、热态和极热态），在汽轮机自动启动控制（automatic turbine start - up control，ATC）模式下自动选择不同的启动升速曲线。

2）高压调门阀壳预暖。

汽轮机冲转前，可以选择对高压调节阀阀壳预暖。通过高压主汽门的开启和关闭来预暖整个高压控制阀组。

3）选择启动方式。

汽轮机挂闸且未运行前可以选择高压缸或中压缸启动模式。

（3）转速控制。

根据机组热状态，控制机组按启动曲线完成升速率设置、摩检、暖机、过临界转速区，直到 3000r/min 定速。转速调节为闭环无差调节，给定转速与实际转速之差，经 PID 运算后通过伺服系统控制油动机开度，使实际转速跟随给定转速变化。当机组转速进入临界转速区时，自动将升速率设置为某一较快速率（如升速率 300r/min/min）以快速脱离临界区。在升速过程中，通常需对汽轮机进行中速、高速暖机，以减少热应力。

（4）同期并网带初负荷。

可与自动准同期装置配合，将机组转速调整到电网同步转速，以便迅速完成并网操作并网时，自动使发电机带上初负荷以避免出现逆功率。

（5）负荷控制。

通过设置负荷率、目标负荷来改变功率给定值，给定功率与实际功率之差，经 PI 运算后控制油动机的开度。在给定功率不变时，油动机开度自动随蒸汽参数变化而变化，以保持发电机功率不变。

高负荷限制功能投入时，在负荷大于限制值时，高负荷限制动作，总阀位指令以一定的速率下降，限制机组出力直至满足功率要求。

（6）压力控制。

通过设置压变率、目标压力来改变压力给定值，给定压力与实际压力之差，经 PI 运算后控制油动机的开度。在给定压力不变时，油动机开度自动随蒸汽参数变化而变化，以保持主蒸汽压力不变。

主蒸汽压力低限制功能投入时，在主蒸汽压力低于主蒸汽压力限制值时，主蒸汽压力低限制动作，总阀位指令以一定的速率下降，直至主蒸汽压力升高到限制值以上为止。

（7）阀位控制。

通过设置目标阀位或按阀位增减按钮控制油动机的开度。在阀位不变时，发电机功率将随蒸汽参数变化而变化。DEH 的控制方式可在阀位控制、功率控制、主蒸汽压力控制方式之间方便地无扰切换，并且可与协调控制主控器配合，完成协调控制功能。

（8）超速保护功能。

在发电机解列状态下，转速超过 3090r/min 时，强关高压调门和中压调门；当转速小于 3060r/min 时，控制系统释放强关指令。发电机解列时，目标给定自动置位 3000r/min，各调门立即快关 2s 后，恢复正常转速控制。

加速度限制保护功能，当汽轮机转速大于 3060r/min、加速度大于 49r/min/s 时，加速度限制回路动作，快速关闭中压调门，抑制汽轮机的转速飞升。

功率负荷不平衡保护功能，当甩负荷或电气暂态故障时，这个回路用来避免汽轮机超速。当汽轮机功率（用中压缸排汽压力）与汽轮机负荷（用发电机功率）不平衡时，会导致汽轮机超速。当中压缸排汽压力与发电机功率之间的偏差超过设定值时，功率负荷不平衡继电器动作，快速关闭中压调门，抑制汽轮机的超速。

目前常用的超速保护有机械飞锤超速保护系统、TSI 电气超速保护系统、DEH 软逻辑超速保护系统和 DEH 测速板硬件超速保护系统等。

（9）在线试验功能。

1）飞锤喷油试验。

喷油试验的目的是活动飞环，防止出现卡涩，确保危急遮断器飞环在机组一旦出现超速，达110%～112%额定转速时能迅速飞出遮断汽轮机，保证机组安全。

此试验就是将油喷到飞环中使飞锤增大离心力并飞出。但飞环因喷油试验飞出不应打闸，因此设置试验用隔离电磁阀。

2）阀门活动试验。

为确保阀门活动灵活，需定期对阀门进行活动试验，以防卡涩。为减小试验过程中负荷的变动，需要投入本地负荷控制。

为了取得阀门活动试验效果，需要在各主汽阀全开、负荷在50%～70%额定负荷之间时进行此项试验。

阀门活动试验包括高压主汽门活动试验、高压调节阀门活动试验、中压主汽门活动试验（与中压调门相对应）。

3）主遮断电磁阀试验。

在高压遮断集成块上有四个主遮断电磁阀AST1～AST4及两个试验压力开关PS1、PS2。四个主遮断电磁阀分别单独试验（逻辑闭锁），通过压力开关状态来判断是否试验成功，检验遮断模块动作是否灵活，实现在试验过程中确保机组保护系统不误动和拒动。

4）功能电磁阀试验。

通过各功能电磁阀动作试验，可以对EH油压力低、润滑油压力低和真空低等保护进行在线试验。

第三节　炉膛安全监控系统

炉膛安全监控系统（FSSS）也称作燃烧器管理系统（BMS）、燃烧器控制系统或燃料燃烧安全系统，是现代化大型火力发电机组锅炉必须具备的一种监控系统。它实际上是将燃烧系统的安全运行规程用一个逻辑控制系统予以实现，对燃烧系统的大量参数与状态进行连续密切的监视和逻辑判断运算，不仅能够自动完成各种操作和保护动作，还能避免运行人员手动误操作或操作不及时。炉膛安全监控系统不仅是协调控制系统的支持系统之一，而且与协调控制系统一起被视为现代大型火力发电机组锅炉控制系统的两大支柱。

一、炉膛安全监控系统简介

炉膛安全监控系统一般分为两大部分：燃烧器控制系统和燃烧安全系统。燃烧器控制系统的任务是锅炉点火及暖炉油枪控制，对制粉系统及给粉系统设备实现自启停或远方操作，稳定锅炉燃烧过程；燃烧安全系统的任务是避免由于燃料系统故障或运行人员误操作造成的炉膛爆燃（炸）事故。

1. 炉膛安全监控系统的重要性及防止炉膛爆炸的措施

大容量锅炉需要控制的燃烧设备比较多，有点火装置、油燃烧器、煤粉燃烧器、二次风挡板、周界风挡板，不仅类型复杂，而且它们的操作过程也复杂。例如：点油枪过程包括推进点火枪、推进大油枪、开雾化蒸汽（空气）门、开进油门等；停用油枪包括关进油门、油枪吹扫、退出油枪等；煤粉燃烧器的投停操作和监视判断同样更加复杂。另外还需要对冷却风机、火焰信号、点火条件、炉膛吹扫、燃烧器组合、磨煤机及有关风门等设备启动条件等进行监视判断。在锅炉启动或事故情况下燃烧器操作工作更加复杂，很可能由于手动误操作或操作不及时发生事故或使事故扩大化。所以，对于这种对自动化要求很高的炉膛安全监控系统，必须由系统逻辑和各种联锁保护自动完成各种操作，以保证这些设备和整个系统的安全。由此可见炉膛安全监控系统的重要性。

防止炉膛爆炸是炉膛安全监控系统的主要任务之一。炉膛爆炸主要原因在于炉膛或烟道中积聚了一定数量未燃烧燃料与空气混合物，遇有点火源时，如锅炉启动点火、锅炉熄火后重新点火或燃料本身所积存的能量等，使可燃混合物突然点燃，这时火焰传播速度极快，近于同时点燃，生成烟气后容积突然增大，来不及排出炉膛，使炉膛压力骤增，这种现象称为爆燃（打炮），严重的爆燃即为爆炸。若炉膛压力过高，超过炉膛结构所能承受的压力，使炉墙向外崩塌，这种现象称为外爆。通过热力学定律可以证明：爆炸前温度越低，爆炸后产生的压力越大，因而点火时炉膛爆炸造成的破坏性很大。点火时的爆燃称为冷态放炮，它一般破坏下部炉膛，严重时破坏整个炉膛；运行时的爆燃称为热态放炮，一般破坏炉顶或水平烟道。由于控制系统失灵或运行人员误操作等情况使引风机出力较大，或炉膛瞬间突然熄火，造成炉膛负压过低，使炉膛内外差压超过炉墙所能承受的压力，炉墙向内坍塌，这种现象称为炉膛内爆。炉膛的熄火速度越快或锅炉熄火时负荷越大，炉膛内爆的可能性和程度越大。

在锅炉启动、运行和停炉的全过程都可能发生爆燃，甚至爆炸的恶性事故，因此炉膛安全监控系统必须全过程投入。根据理论和实践可以证明，炉膛爆燃大多发生在点火和暖炉期间，点火时最危险的情况为点火器已点着，但能量太小，不足以点燃主燃烧器，此时火焰检测显示有火焰（点火器火焰），而实际上主燃烧器并未点燃，此期间进入炉膛的燃料积存在炉膛内，待主燃烧器点燃后将它们一起点燃，形成爆燃。炉膛熄火和锅炉低负荷时也常发生炉膛爆燃，在锅炉较高负荷时，因火焰较稳定而较少发生炉膛爆燃。我们应根据不同运行工况采取不同措施，防止炉膛爆燃原则性措施为：

（1）在主燃料与空气混合物进口处有足够的点火能源，点火器的火焰要稳定，要有恰当的位置和一定的能量，能将进入炉膛的燃料迅速点燃。

（2）当进入炉膛的燃料未点燃时，应尽快采取措施缩短未点燃的时间，以减少可燃混合物在炉膛内的积存量。

（3）对于已进入炉膛的可燃混合物应尽快冲淡，使之不在可燃范围内，并不断将它吹扫出去。

（4）当进入炉膛的燃料只有部分燃烧时，应继续冲淡，使之成为不可燃的混合物。

炉膛内爆是指当炉膛内负压过高，超过了炉膛结构所能承受的限度时，炉膛结构会向内坍塌，这种现象称为炉膛内爆。随着大容量机组的发展和除尘、脱硫设备的装设及高压头引风机的使用，增加了锅炉内爆的可能性。防止炉膛内爆发生的主要方法是在锅炉灭火和 MFT 动作后的初期提高炉膛驻留介质的质量，通常采取减缓燃料切断的速度（这与防止炉膛外爆相反）、增加送风量和减少引风量等措施。

过去国内机组缺少这种炉膛安全监控系统，使国产锅炉性能受到影响，锅炉安全运行受到威胁，而且大容量锅炉爆炸力大，采用防爆门无法承受炉内压力，增加防爆门面积又不现实。如今炉膛安全监控系统已经在火电机组的锅炉中普及，锅炉取消了防爆门。并且，随着 DCS 系统的改进和不断发展，现在 DCS 系统的软硬件可靠性已经完全满足 FSSS 系统控制的需要，目前 FSSS 系统的所有功能在设计时都可以包含在 DCS 系统中。FSSS 系统设计有独立的跳闸继电器机柜，包含后备硬手操 MFT 按钮及硬跳闸继电器，具有完善的故障容错诊断功能，避免出现保护拒动。

2. 炉膛安全监控系统基本结构

炉膛安全监控系统一般由控制台、逻辑控制系统、驱动装置和检测敏感元件四部分构成。炉膛安全监控系统的系统构成如图 14-4 所示。

（1）控制台。控制台包括运行人员控制盘（BTG 盘）、操作员 CRT

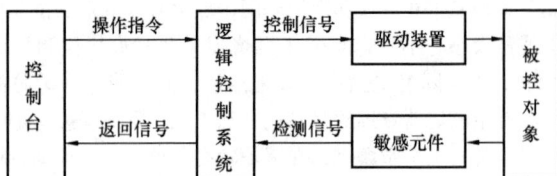

图 14 – 4 炉膛安全监控系统

与键盘、就地控制盘、系统模拟盘。运行人员可以通过运行人员控制盘和操作员 CRT 监视各种状态信息，例如阀门或挡板的开或关、电动机的启动或停止、燃烧器运行工况、异常工况报警、首次跳闸原因等。也可以通过它们发出各种指令，例如启动点火器、开始炉膛吹扫、开主油阀等；就地控制盘主要用于维修、测试和校验现场设备，正常运行时它上面的所有开关都应放在远控位置；系统模拟盘主要在系统调试或查找故障时进行模拟操作试验，以检查逻辑控制系统功能是否正常。

（2）逻辑控制系统。逻辑控制系统是炉膛安全监控系统的核心，所有运行人员的指令都是通过它实现的，所有驱动装置和敏感元件的状态都通过它进行连续的监测。逻辑控制系统根据运行人员发出的操作指令及控制对象传出的检测信号进行综合判断和逻辑运算，只有在逻辑系统验证满足一定安全许可条件后，才将运算结果送到驱动装置上，用以操作相应的控制对象（如燃烧器、挡板等）。逻辑控制对象完成操作后，经过检测，再由逻辑控制系统将回报信号送到控制台，告知运行人员设备的操作运行状况。当出现危及设备和机组安全运行的情况时，逻辑系统会自动发出操作指令停掉有关运行设备。逻辑控制系统实现的方式有：继电器式、逻辑组件式、计算机式、可编程控制器式等，现代大型机组一般将它做在分散控制系统的某几个基本控制单元内，作为分散控制系统的一部分来实现。炉膛安全监控系统作为协调控制系统的支持系统，它还可以改变协调控制系统的指令，例如协调控制系统对引送风量调节指令超过安全许可范围时，炉膛安全监控系统可以修正这些指令，使一次风挡板和二次风挡板维持不变。

（3）驱动装置。驱动装置是用于控制和隔离进入炉膛的燃料及空气的执行机构，包括电动门、气动门、挡板、电机、油枪伸缩机构等。

（4）敏感元件。敏感元件用于监测炉内燃烧和燃料空气系统状态，包括压力开关、温度开关、流量开关、执行机构限位开关和火焰检测器。火焰检测器担负着检测炉膛火焰的任务，是炉膛安全监控系统中至关重要的部件,有紫外线式、可见光式、红外线式等。由于紫外线易于被油雾、水蒸气、煤尘等吸收,所以在低负荷、燃用劣质煤或风量失调时,检测信号很不可靠,新建大型机组中已不采用紫外线式火焰检测器。

3. 炉膛安全监控系统功能

炉膛安全监控系统主要分为燃烧器控制系统和燃烧安全系统,少数公司的产品还有控制炉水循环泵的作用。炉膛安全监控系统在锅炉启动(停止)阶段,按运行要求启动(停止)油燃烧器和煤燃烧器。在机组故障情况下,它与协调控制系统配合完成主要辅机局部故障自动减负荷(RUNBACK)、机组快速甩负荷(fast cut back,FCB)、主燃料跳闸(master fuel trip,MFT)等功能。炉膛安全监控系统不直接参加燃料量和送风量的调节,仅完成锅炉及其辅机的启停监视和逻辑控制功能,但是它能行使超越运行人员和过程控制系统的作用,可靠地保证锅炉安全运行。

燃烧器控制系统是炉膛安全监控系统的重要组成部分,它的任务是锅炉点火及暖炉油枪控制,对制粉系统及给粉系统设备实现自启停或远方操作,稳定锅炉燃烧过程。燃烧器控制系统担负着轻油点火器、重油燃烧器、磨煤机、给煤机、给粉机、煤粉燃烧器和风门挡板的控制。

燃烧安全系统是炉膛安全监控系统的核心部分,它的任务是避免由于燃料系统故障或运行人员误操作造成的炉膛爆燃(炸)事故。燃烧安全系统通过事先制定的逻辑程序和安全联锁条件,保证在锅炉运行的各个阶段防止燃料和空气混合物在炉膛内的任何部位聚集;它还对炉膛的火焰进行监视与控制,保证锅炉安全启停和正常运行。燃烧安全系统典型的功能有炉膛吹扫、油泄漏试验、全炉膛火焰检测、炉膛灭火保护、主燃料跳闸和事故状态下燃烧器投切等。

二、典型炉膛安全监控系统的主要逻辑功能

1. 炉膛吹扫

锅炉点火前和停炉后必须对炉膛进行连续吹扫。吹扫开始和吹扫过程中必须满足吹扫条件(分为一次和二次吹扫条件),以便有效地清除炉膛及烟道内聚积的可燃物。吹扫时必须切断进入炉膛的所有燃料源,并最少有25%~30%额定空气量的通风量,吹扫时间不少于5min。在吹扫过程中FSSS逻辑连续监视吹扫允许条件,如果一次吹扫允许条件不满足就会导致吹扫中断,同时计时器复位;如果二次吹扫条件不满足吹扫计时器复位,但不中断吹扫,满足条件后自动吹扫。

2. 燃油泄漏试验

在点火前检查进行油泄漏试验,检查燃油系统是否有泄漏,试验分三个步骤：

（1）充油试验：打开进油阀和回油阀对油母管充油。从回油阀关闭后开始计时，若在一定时间内油母管压力建立则关闭进油阀，进行下一步；若油压未建立则充油失败。

（2）油角阀及母管泄漏试验：充油成功后关闭进油阀计时开始，如果一定时间内油母管压力一直保持在规定值，则回油阀、油角阀及油母管没有泄漏，油角阀及母管泄漏试验成功。

（3）进油阀泄漏试验：油角阀及母管泄漏试验成功后开回油阀，将母管油压泄压后关回油阀，延时 5s 稳压，开始进油阀泄漏试验，在一定时间内如果进油阀后的压力低于规定值，则进油阀没有泄漏，试验成功，否则表明进油阀有泄漏，试验失败。

3. 主燃料跳闸

MFT 是炉膛安全监控系统最主要的功能，它连续地监视预先确定的安全运行条件是否满足，一旦出现可能危及锅炉安全运行的情况，就快速切断进入炉膛的所有燃料以达到保护锅炉的目的，在以下任一条件出现时，将引起 MFT 动作（以直流锅炉为例）：①引风机全停；②送风机全停；③空气预热器全停；④炉膛压力高高；⑤炉膛压力低低；⑥手动 MFT；⑦火检冷却风丧失；⑧一次风机全停且任一煤层投运；⑨燃料投入且给水泵全停；⑩燃料投入且给水流量低；⑪总风量小于 25% BMCR；⑫汽轮机跳闸；⑬主蒸汽压力高高；⑭再热器保护；⑮全燃料丧失；⑯全炉膛灭火；⑰三次点火失败；⑱点火延迟；⑲脱硫跳闸。

发生 MFT，画面中显示最先引起 MFT 动作的原因。MFT 动作将造成以下设备动作：

MFT 跳闸继电器动作；关闭主给水电动阀；关闭过热减温喷水总阀和一、二级过热减温喷水阀（硬联锁）；关闭再热减温喷水总阀（硬联锁）；关闭进油阀（硬联锁）；关闭回油阀（硬联锁）；送信号至就地点火柜（硬联锁）；停所有给煤机（硬联锁）；停所有磨煤机，关闭磨入口冷、热风门和磨出口门（硬联锁）；跳一次风机（硬联锁）；MFT 动作后炉膛压力低三值跳所有引风机；MFT 动作后炉膛压力高三值跳所有送风机；开主蒸汽疏水阀；跳吹灰（硬联锁）；送信号至 METS（硬联锁）；送信号至 ETS（硬联锁）；送信号至电除尘（硬联锁）；送信号至脱硫（硬联锁）；送信号至各 DPU（硬联锁）。

4. 油燃料跳闸（oil fuel trip，OFT）

油燃料跳闸是为了防止在 OFT 情况下燃料流入炉膛，生成爆燃物。

OFT 条件为：

（1）任意油角阀开时母管油压力低低。

（2）任意油角阀开时进油阀未开。

（3）任意油角阀开时回油阀未开。

（4）锅炉房仪用压缩空气压力低低。

（5）MFT。

（6）手动 OFT。

当发生 OFT 时，所有的油枪、油角阀、进油阀、回油阀全部关闭。

5. 燃油控制（油枪组点火、退出程控）

锅炉经过炉膛吹扫，并且所有"油燃烧器启动允许条件"满足后，锅炉才能点火启动。油枪只能依靠自己所属的高能点火器点火。在 DCS 操作油燃烧器时，可分为油层控制、对角控制和单角控制。

炉膛点火允许条件为（与）：

（1）MET 已复位。

（2）OFT 已复位。

（3）锅炉总风量正常或任一油层或任一煤层已投运。

（4）火检冷却风压正常。

油燃烧器启动允许条件为（与）：

（1）炉膛点火允许条件满足。

（2）燃油母管压力正常。

（3）进油阀全开。

（4）回油阀全开。

（5）吹扫蒸汽压力不低。

（6）无油燃烧器在启动过程中。

6. 炉膛火焰检测

锅炉运行中，常因进入炉内的燃料量与风量控制不当而发生燃烧不稳乃至锅炉突然熄火。若未及时采取紧急措施，继续让燃料进入炉膛，就有可能瞬间爆燃，出现严重的锅炉灭火放炮事故。火电机组均使用单个燃烧器的火焰检测装置，同时检测火焰的强度和脉动频率。

7. 制粉系统控制

锅炉满足"煤层点火允许条件"时，可按预定程序启停制粉系统各设备，或磨组按预定程序自动启停。磨煤机、给煤机为锅炉的重要辅机，设计有磨煤机、给煤机的启动允许和保护逻辑。当机组在运行中出现某些影响正常运行的特殊工况时，如 RUNBACK 工况，需要快速降负荷，使锅炉从全负荷或高负荷运行迅速回到较低负荷，相应的控制逻辑迅速跳停一定台数的磨煤机，只保留较少台数继续运行，同时投入一层油枪，配合 MCS 的调节功能快速稳定地使锅炉转移到目标负荷。

第四节　联锁保护逻辑系统

热工保护系统一般由输入信号单元、逻辑处理回路（或专用保护装置）以及执行机构等组成。热工保护可分为两级保护，即事故处理回路（包括进行局部操作和改变机组的运行方式）及事故跳闸回路的保护。事故处理的目的是维持机组继续运行。但是，当事故处理回路或其他自动控制系统处理事故无效，致使机组设备处于危险工况下，或者这些自动控制系统本身失灵而无法处理事故时，只能被迫进行跳闸处理，使机组的局部退出工作或整套机组停止运行。跳闸处理的目的是防止机组产生机毁人亡的恶性事故，所以跳闸处理是热工保护最极端的保护手段。

一、热工保护联锁的维护、检修及试验

热工保护是保证机组安全运行的有力措施，热工保护包括机、炉主保护，辅机保护控制回路和相关的取样测量装置，连锁联动装置及相关电源，声光报警系统，事故追忆等。为了保证机组安全运行，必须对热工保护进行有效的维护、检修及定期试验。

（一）热工保护的维护

（1）检查保护一次采样元件，如压力开关是否渗漏、采样门是否打开、接线有无松动。

（2）若有保护在线试验功能，应定期试验，以检查该保护是否动作正常，防止保护拒动，造成事故。

（3）定期检查保护控制装置工作状态，指示灯和程序运行是否正常。

（4）严格执行热工保护投退制度，严禁私自投退保护。

（5）机组运行中，应定期逐一检查各种保护已正常投入运行，防止保护误投、漏投。

（6）对设备进行清扫时，尤其是跟保护相关设备，应做好措施，防止误碰设备，引起保护动作。

（7）运行中发生保护设备故障时，进行检修前应做好措施，防止保护误动或拒动，并执行保护投退制度。若无法处理时，必须停机，不得无保护运行。

（8）机组运行中，发生保护动作时，应记录保护动作的原因、时间、

是否正确等。发生保护误动时，必须查明原因，严禁私退保护启动。

（9）运行中定期巡检。

（10）随时检查电源状况。

（11）每月做好保护传动试验，确保保护系统的可靠性和准确性。

（12）定期校验保护元器件，并做好记录。

（二）热工保护的检修

（1）机组停运后，应定期校验保护用的开关变送器，以检验保护定值是否正确，有无漂移现象。保证保护可靠动作。

（2）对保护逻辑的修改，严格执行保护逻辑修改制度，严禁擅自改动保护逻辑。

（3）对保护相关设备进行彻底的清扫。

（4）停机期间应对电源冗余功能进行试验：

1）当任一路电源丧失时，保护控制装置能正常工作。

2）当发生电源切换时，保护控制装置应无扰动，不初始化数据。

3）当控制装置因故障切换时，应是无扰切换。

以上功能必须试验正常。

（5）机组启动前，应逐一做保护的传动试验，以检查信号传动及保护逻辑回路是否正常，发现问题及时处理，确保保护功能正常。

（6）设备间的电缆绝缘良好，无接地、短路现象；信号回路无接地、短路现象。

（7）回路接线符合设计，正确无误，端子和回路接线紧固，不松动。

（8）继电器性能完好，计时准确。

（9）电源工作正确，电压等级符合设计要求。并且要定期检查保护系统 UPS 电源工作正常。

（三）热工保护联锁试验

热工保护在投入运行前，必须由专人进行全面检查和试验，并做好相应记录。机组大小修后启动前也要按要求严格逐一做保护动作试验，并详细记录试验参数，发现问题要及时解决，动作试验不合格的保护不准投入运行。

1. 保护联锁试验项目

（1）大修期间一般进行下列项目试验：

1）汽轮机保护试验。

2）润滑油系统联动试验。

3）密封油系统联动试验。

4）抗燃油系统联动试验。

5）定子冷却水系统联动试验。

6）抽气止回门开、关试验。

7）高、低压加热器保护联锁试验。

8）电动给水泵、汽动给水泵保护联锁试验。

9）真空系统联动试验。

10）循环水系统联动试验。

11）凝结水泵联动试验。

12）闭式冷却水系统联动试验。

13）汽轮机盘车联动试验。

14）旁路系统联动试验。

15）汽轮机所有阀门联锁试验。

16）锅炉保护联锁试验。

17）风机保护及联锁试验。

18）磨煤机保护及联锁试验。

19）锅炉所有阀门试验。

20）机、炉、电大联锁。

21）大修中变更的保护联锁试验。

22）运行中出现过异常的保护联锁试验。

（2）小修期间一般进行下列项目试验：

1）汽轮机保护联锁试验。

2）锅炉保护联锁试验。

3）机、炉、电大联锁试验。

4）小修中变动的保护联锁试验。

5）运行中出现过异常的保护联锁试验。

2. 保护联锁试验时间

保护联锁试验应在下列情况下进行：

（1）设备检修后应做保护联锁试验。

（2）保护系统（设行、定值、逻辑等）变更后，应进行试验，以验证其正确性。

（3）保护定期试验，应按运行规程执行。

3. 保护联锁试验验收

保护联锁试验验收分为三级：

（1）班组验收的试验项目：一般辅机保护联锁试验和所有挡板、阀门的试验。

（2）部门级验收的试验项目：主要辅机保护联锁及功能组试验。

（3）厂级验收的试验项目：机、炉、电大联锁和汽轮机跳闸保护及锅炉跳闸保护。

4. 试验方法

试验方法应采用物理试验方法，即在测量设备输入端实际加入被测物理量的方法，如：高压加热器水位采用就地注水，汽轮机润滑油压力低采用停油泵等加温、加压、注水、放水的方法。当现场采用物理试验法有困难时，应确保测量设备校验准确的前提下，可以在现场侧最近设备处模拟试验条件，不宜采用在控制柜内输入端子处模拟试验条件的简单试验方法。

5. 试验要求

（1）试验前，应由相关专业配合完成分步试运工作。

（2）试验前应填写规定格式的试验单，试验单应包括试验时间、试验项目、试验内容、试验方法等。

（3）每项试验合格后，应由参加试验人员签字。

（4）试验合格后交付运行，如再有变动，必须履行有关手续并重新试验。

（5）试验时发现有不正常现象要分析和查找原因，直至彻底解决存在的隐患，才能交付运行。

（6）试验时模拟的试验条件应有详细记录，试验后应立即恢复至正常状态。

（7）为了保证保护联锁试验的顺利进行，机组检修后有留有足够的试验时间，大修应留 3~4 天，小修应留 1~2 天，以上时间应明确列入检修计划中。

二、机、炉主保护

锅炉主保护的任务是对锅炉的一些重要参数进行连续监视，并在其中之一超过动作值时，发出主燃料跳闸（MFT）信号给 FSSS 去切断进入炉膛的全部油、煤燃料，实行紧急停炉；汽轮机主保护的任务是对汽轮机的一些重要参数进行连续监视，并在其中之一超过动作值时，发出危急遮断（ETS）信号给 DEH 去关闭汽轮机的全部进汽阀门，实行紧急停机。

（一）锅炉主保护

1. 锅炉主燃料保护

由于各种机组的结构形式、配用辅机、热力系统和运行方式等存在很大差异，因而锅炉主燃料跳闸的条件也各不相同。锅炉主燃料跳闸一般包括以下条件：

（1）硬手操跳闸。

（2）软手操跳闸。

（3）炉膛火焰全无。

（4）临界火焰丧失。

（5）角火焰丧失。

（6）燃料全部中断。

（7）送风量小于额定风量的 25%。

（8）炉膛压力高保护。

（9）炉膛压力低保护。

（10）汽包水位高保护。

（11）汽包水位低保护。

（12）火检冷却风压低保护。

（13）送风机全部不运行。

（14）引风机全部不运行。

（15）给水泵全部不运行。

（16）主蒸汽温度高保护。

（17）再热器出口汽温高保护。

（18）主蒸汽压力高保护。

（19）汽轮机跳闸。

锅炉主保护动作不正确、不及时，会造成受热面烧损、炉膛爆炸、锅炉超压等严重后果，所以对锅炉主要保护有一些原则性要求。

2. 汽包水位保护

在汽包锅炉运行中，汽包水位或高或低超限都可能造成严重后果，因此必须装设汽包水位保护，并要求具有如下三项功能。

（1）锅炉缺水时能及时保护，该保护的作用是避免"干锅"和烧坏水冷壁，具体要求是：

1）水位低保护按Ⅰ、Ⅱ、Ⅲ三个定值设置，低于Ⅰ、Ⅱ值报警，低于Ⅲ值停锅炉。

2）当水位由Ⅰ值低至Ⅱ值时，保护系统应动作采用补救措施，即打开备用给水门或开启备用给水泵。

3）对于机组，因为汽轮机甩负荷后，所需蒸汽量减少，使汽包压力升高，引起汽包水位下降，但这是虚假水位，此时保护不应动作，而是应立即将"水位低"保护闭锁，经过一定延时后，虚假水位已消失，自动解除闭锁作用。

(2) 锅炉出现水位过高时应能及时保护，及时打开汽包事故放水阀，汽包水位达到高Ⅲ值时紧急停炉。实际设置时应达到：

1) 当锅炉汽压过高致使安全门开启时，由于蒸汽压力急剧下降，汽包水位出现瞬时增高（虚假水位），这时不应送出水位高的信号，因此要加入延时闭锁。

2) 与汽包水位低保护相同，汽包水位高保护应按Ⅰ、Ⅱ、Ⅲ三个定值设置。水位高于Ⅰ值报警；当安全门未动或动作并闭锁在规定时间之后，水位高至Ⅱ值时应报警并打开事故放水门，而在水位恢复到Ⅰ值以下时应关闭事故放水门；若水位上升至Ⅲ值时，实施紧急停炉。

(3) 汽包水位测量应高度可靠，因为汽包锅炉的水位保护是极为重要的，因此要求水位信号的测量应高度可靠，在实际应用中，一般采取"三取二"的办法。也可采用步进式鉴别方法，即Ⅱ值中串取Ⅰ值，Ⅲ值中串取Ⅱ值的方法。

3. 炉膛灭火保护

在锅炉运行中，由于种种原因会造成燃烧不稳而引起灭火。灭火后应急操作不当，则易发生爆炸，造成严重的设备损坏事故。因此，必须对锅炉炉膛及燃烧系统进行安全保护。

(1) 灭火保护应依据锅炉容量的大小和燃料的特性，一般应具有如下功能：

1) 监视锅炉各燃烧器火焰及全炉膛火焰。

2) 当炉膛正、负压力超过规定值时发出报警信号，如压力继续增大而达到灭火保护定值时，应灭火并停锅炉。

3) 当主燃料跳闸后，在一定的吹扫条件下进行自动吹扫，清除炉膛内的可燃物。吹扫完成的基本条件是吹扫时间，吹扫未完成不能点火。

4) 对事故发生的原因和参数进行记忆，其中必须有首次掉闸原因记忆。

5) 灭火保护系统与机电炉大联锁相互独立，灭火保护发出的 MFT 信号要直接作用于最终执行对象。

(2) 炉膛压力取样系统的要求：

1) 每个压力信号宜取在炉膛同一横截面的左、右、前三处，且位置宜选在炉膛遮焰角 ±1m 内。

2) 采用无源压力开关，取样点必须独立开孔、独立敷设管路。

3) 采用"三取二"逻辑运算。

4. 主蒸汽压力高保护

（1）炉主汽压力高保护的最后执行对象是打开锅炉安全门。所以，锅炉安全门保护，是防止锅炉超压损坏的根本措施，因此锅炉主汽压力高保护和锅炉安全门保护都是压力高保护，但必须遵照下列要求：

1）安全门保护自成系统。

2）必须有机械式和电动式两种安全门，而再热机组必须是汽包、过热器和再热器均设安全门。

（2）对于具有旁路系统的机组，要充分发挥其作用。当汽轮机突然甩负荷造成锅炉主汽压力升高超过规定值时，高压旁路阀快速将锅炉蒸汽从旁路系统排出，经减温减压后的蒸汽进入汽轮机的凝汽器，发挥安全保护作用。

（3）锅炉压力高保护设置要求：

1）锅炉压力高保护一般要求按Ⅰ、Ⅱ、Ⅲ三个定值整定：①一台给水泵运行（两台运行时，一台突然停运）、电气故障等原因造成的负荷突降使主汽压力升高到Ⅰ值时，先停选择好的给粉机；②当压力由Ⅰ值继续升到Ⅱ值时，进一步停Ⅱ值选定的给粉机，降低燃烧强度，同时打开对空排汽；③当主汽压力升高到Ⅲ值时，打开安全门，对空排汽。

2）当发电机掉闸、汽轮机甩负荷时，按锅炉转为低负荷运行的原则处理。

5. 超临界直流锅炉保护

设计有给水流量低MFT主保护是超临界机组主保护最大的特点。为了保证水冷壁的安全，水冷壁内工质必须以较高的流速流动。亚临界自然循环汽包锅炉通过汽水密度差来驱动水冷壁内工质，其汽包有一定的蓄水能力，故以汽包水位过低来触发MFT；而超临界直流锅炉通过强制循环来保证水冷壁内工质的流速，因为没有汽包，只有汽水分离器和一个容积很小的贮水箱在低负荷下进行汽水分离，故当给水流量过低的时候，为确保水冷壁的安全必须要触发MFT。

另外，主汽压力过高动作MFT也是超临界机组主保护的一个重要特点。由于超临界直流锅炉没有汽包炉的重型汽包、较大的水容积和较粗的下降管及联箱等，其蓄热能力比汽包炉小2~3倍，这种特性使得超临界机组在外界负荷变动时，主汽压力的波动比汽包炉要剧烈得多。国产600MW超临界机组额定主汽压力一般为25MPa左右，在此基础上主汽压力一旦发生大幅波动而过高，很容易造成安全门动作、给水泵上水困难其至过热器爆管。故目前一般国产 600MW 超临界锅炉厂家都要求设计主汽压力过高 MFT 保护，其定值一般在 PCV 阀动作值之上，在过热器出口安全门动作值之下。

（二）汽轮机主保护

汽轮机的保护项目随机组的容量、参数和热力系统不同而有些差异。这是因为保护的设置必须考虑紧急停机、甩负荷、低负荷等几个方面的要求。紧急停机保护是汽轮发电机组在运行中因某一部分设备故障并将危及机组安全运行时，为防止设备损坏和人身事故而设置的，该类保护动作后应迅速停机。

（1）汽轮机主保护一般包括如下内容：

1）远方手动停机。

2）汽轮机超速保护（TSI）。

3）汽轮机超速保护（DEH）。

4）润滑油压低保护。

5）抗燃油压低保护。

6）凝汽器真空低保护。

7）汽轮机转子轴向位移保护。

8）汽轮机汽缸和转子膨胀差保护。

9）振动保护。

10）背压保护。

11）支持轴承或推力轴承温度高保护。

12）汽轮机排汽缸高温保护。

13）发电机故障保护。

14）油开关断开保护。

（2）对汽轮机主要保护也有一些原则性要求：

1）汽轮机超速保护（TSI）、汽轮机超速保护（DEH）、润滑油压低保护、抗燃油压低保护、凝汽器真空低保护一般都进行"三取二"处理，避免保护系统误动或拒动，确保停机可靠。

2）汽轮机超速对机组有极大危险，为防汽轮机超速设有多道防线：①汽轮机转速到 103% 额定转速时，超速防护（OPC）动作，通过 DEH 发出指令关闭各调节汽阀，起到超速防护的作用；②汽轮机转速到 110% 额定转速时，汽轮机轴系监测系统（TSI）、汽轮机电液调节系统（DEH）、机械超速保护三套独立的超速保护分别动作。TSI 的 110% 超速保护和DEH 的 110% 超速保护其中之一动作，就去动作危急遮断系统，关闭所有的主汽阀和调节汽阀，实行紧急停机。机械超速保护通过飞锤自动遮断机组，实行紧急停机。

（3）汽轮机还应配有手动遮断系统，供紧急情况下就地操作使用。

（三）机组机、电、炉联锁保护

一般情况下，发电机故障作为汽轮机跳闸条件；汽轮机跳闸作为锅炉主燃料跳闸动作条件；锅炉灭火作为汽轮机跳闸条件，汽轮机跳闸作为发电机跳闸条件。这是简单意义上的机电炉大联锁。

对带有旁路系统的中间再热机组，可以根据旁路容量大小、旁路系统快开速度及机组是否具有快速甩负荷功能（FCB）等情况，决定汽轮机跳闸时是否动作 MFT。机组快速甩负荷功能（FCB）是指当汽轮发电机故障跳闸后，机组实现停机不停炉的运行方式，锅炉维持最低负荷运行，蒸汽经汽轮机旁路系统进入凝汽器。待事故原因消除后，机组可以进行热态启动，迅速并网发电。锅炉在低负荷运行时，要切除一部分煤燃烧器，为稳定燃烧还要投运部分油枪。当 FCB 发生时，保留哪些煤燃烧器，切除哪些煤燃烧器，投运哪些油枪，都是预先设定的，并由 FSSS 自动完成。

当机、炉主要辅机发生故障时，机组也紧急降到运行辅机所能允许的负荷，即自动减负荷（RUNBACK）。这时候 FSSS 自动选择最佳燃烧器运行搭配，并切除部分煤燃烧器，根据燃烧稳定性要求，决定是否投入油枪助燃。协调控制系统（CCS）一般选择汽轮机跟随方式，由汽轮机主控制器快速调整主汽压力，维持锅炉安全运行，由锅炉主控制器维持运行辅机所能允许的相应负荷，这时对负荷的精度要求不高。

第五节　机组自启停的计算机控制

汽轮机和锅炉本体及其辅助设备的热力系统相当复杂，需要操作的设备众多，特别是机组启动和停机时的监视操作非常频繁，所需时间也较长。为了简化启停操作手续，缩短启动时间，减少启停过程中的错误操作以及降低运行人员的劳动强度，现在的分散控制系统（DCS）中，设计了汽轮发电机组的自启停控制系统。

各公司生产的分散控制系统的种类很多，设计的汽轮发电机组的自启停控制系统也有差异。本节以 N90 分散控制系统为例，介绍机组顺序控制系统（SCS），让大家对汽轮发电机组的自启停控制系统有一个较详细的认识。

N90 分散控制系统中机组顺序控制系统由机组自启停顺序控制

（UAM）系统和功能组级、设备级顺序控制系统（SEQ）组成。UAM 为机组级顺序控制，即最高一级顺序控制；SEQ 包括 SEQ 本身及 UCM 的一部分，它可分为功能组级顺序控制及设备级顺序控制两部分。SCS 通过通信接口模块将信息传输到环路上，并可从环路上接受信息。传输到环路上的信息包括设备运行状态、运行参数和报警信号等。从环路上接收的信息主要有管理命令系统的操作命令和从其他控制系统来的设备运行参数、报警信号、跳闸信号等。SCS 通过环路送出的信息均采用"例外报告"的形式，即只在设备状态及运行参数异常的情况下送出信息，采用例外报告的形式是为了减少通信环路中信息的拥挤现象，保证信息传输的及时可靠，提高工作效率。上述通过环路传递的信息只占 SCS 所传递信息的小部分，SCS（主要是 SEQ 和 UCM）的大部分信息是在 SCS 和现场设备之间通过硬接线直接传递的。

N90 分散控制系统结构组成为机组顺序控制系统（SCS）、机组自启停顺序控制系统（UAM）、设备级顺序控制系统（SEQ）、管理命令系统（MCS）、工程师工作站（EWS）、燃烧器管理系统（BMS）、数据采集系统（DAS）。

MCS 和 EWS 为 DCS 系统的公用设备，MCS 由 CRT、控制和接口模块、键盘等设备组成。DCS 所属的各个控制系统均由 MCS 集中进行监视和控制；EWS 是 DCS 系统的软件组态工具。当 SCS 中的主控制模块根据组态图对现场设备进行控制，以及在线监视组态图中的每一个环节的逻辑信息。一般情况下，DCS 系统只需一套 EWS。至于 MCS，如果 DCS 系统所包含的控制系统数量较多，规模较大，则采用多台 MCS 并列运行。

一、机组自启停顺序控制系统

机组自启停顺序控制系统（unit automation mode，UAM），其功能是使机组在冷态、温态（机组停运不足 36h）或热态（机组停运不足 10h）等方式下启动；在冷态方式下从循环水泵启动开始直到机组带满负荷；以及在任何负荷下，将机组负荷降到零。

UAM 既作为 SCS 的一部分，在 DCS 系统中也作为一个独立的节点。它占用一个过程控制单元（PCU），共有 2 只机柜。UAM 的控制对象为组旁路系统（BPS）、锅炉主控顺序（BMS）、设备级顺序控制系统（SEQ）、汽轮发电机数字电液控制系统（DEH）和汽轮机保护系统等子系统。UAM 通过通信环路向上述子系统发出操作指令，并从这些子系统获得运行参数、状态信息和操作反馈信号。UAM 不直接控制现场设备。

（一）UAM 的控制系统结构

在 UAM 的控制系统结构上，最高一级为机组主控顺序（UMS），UMS 的流程图分为启动和停机两部分；第二级为汽轮机主控顺序（TMS）、锅炉主控顺序（BMS）、辅机主控顺序（BOP MS）、锅炉汽动给水泵 A 主控顺序（BFPTA MS）和锅炉汽动给水泵 B 主控顺序（BFPTB MS）。第二级主控顺序的流程图也可分为启动和停机两部分，而且这些主控顺序各自包含若干程序段。如 TMS 就包含盘车、低压旁路、空转方式、励磁和负荷等五个程序段。第一、第二级主控顺序都属于 UAM 的范围；第三级为子系统级，包括 SEQ 的所有功能组，BCS 的所有控制系统，汽轮机电调系统（DEH），汽动给水泵的电调系统（MEH），高压旁路和低压旁路的控制系统等。由程序段发指令给有关的子系统或提示操作员进行某种操作。

1. 机组主控顺序（UMS）

机组主控顺序流程如图 14 - 5 所示。

2. 汽轮机主控顺序（TMS）

（1）盘车程序段（润滑油、盘车、密封油、定子冷却）。

（2）低旁程序段（液压泵、汽轮机疏水、真空泵、真空破坏门、轴封汽、低压旁路调门）。

（3）空转方式程序段（复置空转、汽轮机升速、汽轮机主汽门）。

（4）励磁程序段。

（5）负荷程序段（同期、汽机投自动）。

3. 锅炉主控顺序（BMS）

（1）锅炉排汽和疏水程序段（锅炉准备、锅炉预清洗、锅炉充热水）。

（2）给水系统程序段（电动给水泵、高压加热器 1～3 号，暖风器加热器）。

（3）风烟系统程序段（送风机、引风机、一次风机、空气预热器、挡板、检测器冷却风）。

（4）燃烧器管理程序段（点火器、轻油枪、重油枪、磨煤机、炉膛吹扫）。

（5）闭环控制程序段。

4. 辅机主控顺序（BOP MS）

（1）供汽程序段（冷再、抽汽、辅汽）。

（2）冷却水程序段（循环水系统、闭式冷却泵、凝汽器水箱、补给水泵）。

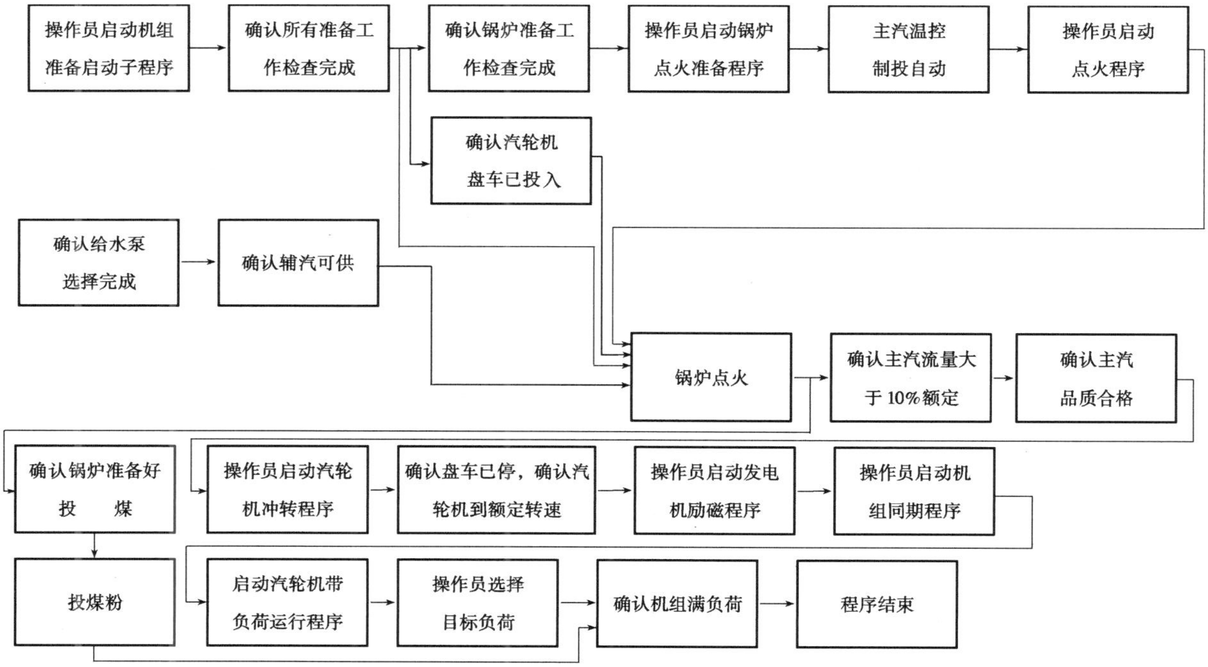

图 14-5 UAM 的自启动流程

（3）凝结水程序段（凝结水系统、除氧器）。

（4）给水程序段（锅炉给水泵的隔绝门）。

5. 汽动给水泵 A 主控顺序（BFPTA MS）

（1）停机程序段（盘车停、润滑油系统停）。

（2）盘车程序段（润滑油系统启动、液压油系统启动、再循环门开、出口门关、盘车启动）。

（3）轴封蒸汽程序段（疏水功能组启动、冷再供汽隔离门开、轴封汽隔离门开、轴封汽排汽隔离门开）。

（4）控制方式程序段（BFPT 排汽门开、BFP 前置泵 FG 开、BFP 出口门开、盘车停、复置汽轮机脱扣）。

6. 汽动给水泵 B 主控顺序（BFPTB MS）

汽动给水泵 B 主控顺序同汽动给水泵 A。

（二）UAM 的自启动流程

UAM 的自启动流程如图 14 - 5 所示。从图 14 - 5 中可以得出以下结论：

（1）流程图表示机组的冷态启动流程，即包含了机组启动的全过程（从 BOP 系统的启动开始，一直到机组带 100% 额定负荷）。

（2）机组启动过程不是全自动的，而是要求少量的人工干预。在 UMS 主控顺序中和在部分程序段的执行过程中都需干预。根据人工干预的情况，又将机组的启动过程大致分为五个阶段。

1）第一阶段为机组启动前准备检查阶段，包括 BOP 准备检查、锅炉准备检查、投入凝水精处理系统、燃油系统及辅助蒸汽系统。BOP 准备检查的内容为投入循环水泵和凝结水系统等；锅炉准备检查的内容为除氧器水位投自动，启动高压旁路门、分离器疏水调门和再热器安全门液压系统。

2）第二阶段为锅炉点火准备阶段，这一阶段的操作内容包括：启动电动给水泵，锅炉注水、疏水及清洗，投入汽轮机润滑油系统、盘车系统、发电机密封油系统、定子冷却水系统和锅炉风烟系统等。

3）第三阶段为锅炉点火阶段，投轻油枪、重油枪，并根据需要投煤粉，确认主蒸汽品质合格。

4）第四阶段为汽轮机冲转阶段。确认发电机励磁程序投入及汽轮机到额定转速。

5）第五阶段为机组并网及带负荷阶段。投入汽动给水泵，停电泵，关高压旁路门，关分离器疏水调门，投入协调控制方式，投入 5 台磨煤机，直到机组带 100% 额定负荷。

（3）控制顺序每执行完一步，便在 MCS 上显示出来。这样，既便于操作员确认，也可将该反馈（显示）信号作为下一步的条件。

（4）UAM 一旦投入正常使用，对机组的自动化水平和提高机组运行的安全性、经济性而言将是一次飞跃。

二、功能组级和设备级顺序控制系统

SCS 的控制分三级：机组级、功能组级和设备级。机组级控制的功能全部包含在 UAM 中，而功能组级和设备级控制的功能则全部包含在 SEQ 系统中。UAM 根据机组启停各个阶段的需要，直接发指令给 SEQ 的有关功能组。功能组在接到 UAM 的启停指令，并执行完毕后，送出反馈信号到 UAM 和 MCS。

设备级控制也有自动和手动两种方式。在自动方式下，既可接受功能组的启停指令，又可根据有关设备的运行状态和运行参数，而自动进行启停操作。

三、机组自启停过程中汽轮机热应力的自动控制

汽轮机的启动过程对汽轮机的汽缸、转子等部件来说是个加热过程。汽轮机冷态启动时，通流部件的温度等于室温；而正常运行时，通流部件的温度非常高，在整个启动过程中，汽轮机转子的金属温度要升高 500℃ 以上。随着进入汽缸蒸汽温度的升高和流量的增加，蒸汽传给汽缸和转子的热量不断增加，使汽缸和转子的温度升高。汽缸被加热时，汽缸内壁温度高于外壁温度，内壁的热膨胀由于受到外壁的约束，受压缩产生压缩热应力；而外壁则由于受内壁膨胀的拉伸产生拉应力。

汽轮机降负荷及停机过程是汽轮机部件的冷却过程，随着蒸汽温度的降低和流量的减少，汽缸内壁和转子外表面首先被冷却，而汽缸外壁和转子中心冷却则滞后一些，致使汽缸内壁温度低于外壁，转子表面温度低于中心。产生的各应力则与启动情况相反。

为了更好地控制汽轮机热应力，以德国西门子公司为代表的一批先进汽轮机生产厂家在设计中进行了特殊的温度传感器布置，并引入了温度裕量的概念。温度裕量是指汽轮机部件的允许温度差减去实际温度差的温度值，即温度差的富余量。这一概念的出现使得程序可以随时计算出汽轮机部件的热应力程度，并进行监控，随时调整自动启停机的速度。在一些关键进度节点采用了 X 准则判断，X 准则的设置和在 DEH 中的应用，能帮助真正意义上实现从汽轮机冲转到发电机并网带负荷过程的计算机自动控制。

X 准则包含 X1～X8 共 8 个准则。DEH 根据 X1、X2 准则自动判断打开高压主汽门进行暖高压阀门腔室的时机（中压主汽门随高压主汽门的开启而开启）；根据 X4、X5、X6 准则自动判断汽轮机冲转蒸汽温度；根据 X7A、X7B 准则自动判断汽轮机低速暖机是否结束，是否可以升速至额定转速；根据 X8 准则自动判断汽轮机在额定转速下的暖机是否结束，是否可以进行发电机自动并网。以上温度裕量和 X 准则概念的引入为机组实现自动启停提供了可能。计算机技术和人工智能的发展有力推动了火电机组自动化的进步。

提示：本章共五节，其中第一节适用于中级工，第二、第三节适用于中、高级工，第四、第五节适用于高级工。

第十五章

机组的启停和工况变化

第一节 锅炉启动中的热力特性

一、锅炉汽包的温差与热应力

1. 锅炉上水工况

机组冷态启动时，在锅炉汽包上水之前，汽包温度接近于环境温度。一定温度的给水进入汽包后，内壁温度随之升高，因汽包壁较厚（一般为100mm左右），外壁（外表面）温升较内壁温升慢，从而形成内、外壁温差，如图15-1所示。由于汽包内、外壁温差的存在，温度高的内壁受热，力图膨胀，温度低的外壁则阻止膨胀。因此，在汽包内壁产生压缩热应力，外壁产生拉伸热应力，温差越大，产生的应力也越大，严重时会使汽包内表面产生塑性变形。此外，管子与汽包的接口也会由于过大的热应力而受到损伤。DL/T 612—2017《电力行业锅炉压力容器安全监督规程》中规定，汽包锅炉应严格控制汽包上下壁温差，以不超过50℃为宜。

为此，部颁锅炉运行规程中规定，启动过程中的进水温度一般不超过90~100℃，进水时间根据季节的变化控制在2~4h；热态上水时，水温与汽包壁的温差不能大于40℃。另外，为安全起见，要求锅炉进常温水时，上水温度必须高于汽包材料性能所规定的脆性转变温度33℃以上。

2. 锅炉升压工况

一般自然循环锅炉在启动过程中，汽包壁温差是必须控制的重要安全性指标之一。在启动开始阶段，蒸发区内的自然循环尚不正常，汽包内的水流动很慢或局部停滞，对汽包壁

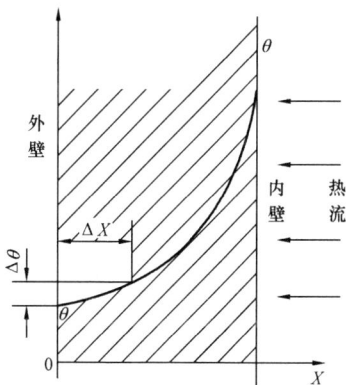

图15-1 汽包内壁温度变化图
X—汽包壁厚变化；
θ—沿汽包壁厚方向的温度

的放热很少，故汽包下部金属温度升高不多；汽包上部与饱和蒸汽接触，蒸汽对金属冷凝放热，此放热率比汽包下部大好几倍，故汽包上部金属温度较高。汽包上下产生了温差应力，如图 15－2 所示。由于受到与汽包连接的各种管子对变形的限制，

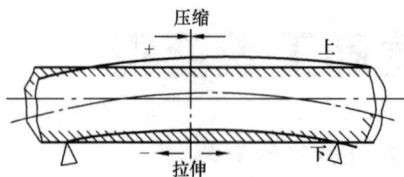

图 15－2　汽包上下壁温差应力图

这种温差应力将使汽包上部金属受压应力，汽包下部金属受拉应力，汽包趋向于拱背状变形。另外，在启动过程中，汽包金属从工质吸收热量，其温度逐渐升高并由内向外散热。

因此，汽包壁由于内外存在温差而产生应力，为了防止过大的热应力损坏汽包，目前国内各高压和超高压锅炉的汽包上下壁温差及汽包筒体任意两点的温差均控制在 50℃ 以下。汽包壁上下及内外温差的大小在很大程度上取决于汽包内工质的温升速度，速度越大则温差越大。一般规定汽包内工质温升的平均速度不超过 1.5～2℃/min。

二、锅炉受热面的温差与热应力

1. 水冷壁

自然循环锅炉在点火过程中，特别在升温升压的初始阶段，水冷壁受热不多，管内工质含汽量很少，故水循环还不正常。又因这时投入油枪或燃烧器的数量少，故水冷壁受热和水循环的不均匀性较大。因此，同一联箱上的水冷壁管之间存在金属温差，产生一定的热应力，严重时会使下联箱变形或管子损伤。尤其是膜式水冷壁应特别注意其受热的不均匀性。为此，通过正确选择和适当轮换点火油枪或燃烧器，可以使水冷壁受热趋于均匀，对于水循环弱、受热较差的水冷壁管，可从它们联箱的最低点放水以加速其受热。

对多次强制循环锅炉，由于使用强制循环泵进行强制循环，水流能按照计算设置的各水冷壁管的进口节流孔板进行分配，因而在锅炉启动过程中，水冷壁管之间的温差很小，无须采取特殊措施来改善水冷壁的受热情况。

直流锅炉水冷壁的运行条件较自然循环锅炉要差，更容易发生热偏差和流动不稳定现象。直流锅炉水冷壁在结构上广泛采用带内螺纹的管材，即使流经管子的水速较低时，也能达到较高的管内传热系数，避免发生膜态沸腾传热恶化。部分锅炉在炉膛高热负荷的下部水冷壁采用螺旋盘绕水冷壁，以控制管间热偏差。在启动运行阶段，超临界直流锅炉要求点火前

必须在水冷壁系统中建立启动压力和启动流量，清除水冷壁的水动力不稳定，改善水动力特性。

2. 过热器和再热器

锅炉正常运行时，过热器被高速蒸汽所冷却，管壁金属温度与蒸汽温度相差无几。而在启动过程中，情况就与此大不相同。在冷炉启动之前，屏式过热器一般都有凝结水或水压试验后留下的积水。点火以后，这些积水将逐渐被蒸发，或被蒸汽流所排除。但在积水全部被蒸发或排除以前，某些管内没有蒸汽流过，管壁金属温度近于烟气温度。即使过热器内已完全没有积水，如蒸汽流量很小，管壁金属温度仍较接近烟气温度。因此，一般规定，在锅炉蒸发量小于10%额定值时，必须限制过热器入口烟温。在炉膛内过热器和再热器的烟气上游区域装有烟温探针，启动过程中用来辅助监视受热面干烧时的烟气温度。控制烟温的方法主要是限制燃烧率（控制燃料）或调整火焰中心的位置（控制炉膛出口温度）。另外，还可使用喷水减温方法，但要注意对喷水量的控制，以防喷水不能全部蒸发，使蒸汽带水，危害汽轮机。此外，过热器和再热器升温过快时，不但会增大厚壁元件的热应力，而且不利于积水的蒸发，加剧了过热器和再热器管间加热的不均匀性。因此，过热器和再热器在启动过程中应尽可能均匀地加热，加热过程中可通过监视过热器和再热器出口管的金属壁温，检查其加热的均匀性。大容量锅炉启动过程中由于炉膛截面积大，燃烧强度弱，过热器和再热器的管间热偏差明显，不但影响结构的膨胀，也可能引起传热恶化，所以必须通过燃烧调整尽量控制和消除热偏差。启动过程中，再热器的安全主要与旁路系统的形式、受热面所处的烟气温度、启动方式（主要指汽轮机冲转的蒸汽参数）以及再热器所用的钢材性能有关。对于采用串联二级旁路系统的再热机组，启动期间锅炉产生的蒸汽可通过高压旁路站流入再热器，然后经低压旁路站流入凝汽器，使再热器得到充分冷却。对采用一级大旁路的系统，汽轮机冲转前再热器无蒸汽流过，因而应严格控制再热器前的烟温，有的锅炉可使用烟气旁路来控制进入再热器的烟气量。另外，为控制进入再热器的烟温，在条件允许时，汽轮机的冲转参数宜选低一些。

3. 省煤器

在点火后的一段时间内，锅炉不需进水或只需间断进水。在停止给水时，省煤器内局部的水可能汽化，如生成的蒸汽停滞不动，该处管壁可能超温。间断进水时，省煤器内的水温，也就间断地变化，使管壁金属产生交变应力，导致金属和焊缝产生疲劳。自然循环锅炉绝大多数采用锅炉汽包与省煤器下联箱连通的措施，可形成经过省煤器的自然循环回路，但由于其循环压头低，不易建立正常循环。另外，当汽包水温比给水温度高较多时，间断进水仍会使省煤器金属温度发生较大的波动。因此，使用再循环管也应注意汽包水温与给水温度的温差不能过大。同时，为防止给水从再循环管路直接进入汽包，锅炉上水时应关闭再循环门。对多次强制循环锅炉，由于省煤器再循环压头高，循环水量大，因而省煤器的水温也波动较小。

总之，锅炉启动过程中应该主要注意安全问题。另外，锅炉在低负荷燃烧时，不但过剩空气量较大，而且不完全燃烧损失也较大；同时，启动过程中的排汽和放水，也必然伴随着工质的损失。这些损失的大小与启动方式、操作方法以及启动持续时间等有关。所以，锅炉启动的原则是：在确保设备安全的条件下，既要能满足整套机组启动的要求，又要尽量节省工质和燃料，力求在最短时间内让机组投入运行。

第二节 汽轮机启动状态主要指标

汽轮机启动、停机是汽轮机设备运行的特殊阶段。在这个阶段中，汽轮机各部件及相连管道的机械状态和热状态将产生巨大的变化，为此汽轮机组运行的如何以及寿命的情况，实质上取决于正确的启动和停机。从以往发生的事故及运行经验表明，汽轮机设备事故，多数发生在启动阶段，并且是值班人员的不正确操作以及设备本身的缺陷所造成，即使当时未发生设备事故，也将产生不良的后果，留下隐患。因此，分析和监视汽轮机汽缸、转子、阀门、法兰及其结合面、法兰螺栓等部件金属结构状态的变化和热应力的变化是启动成败的关键。

汽轮机的启动操作一般分为三阶段：启动准备阶段、冲转暖机阶段和并网带负荷阶段。

一、启动准备阶段

启动准备阶段对于汽轮机本体来讲，主要是在锅炉点火后的暖管、暖阀、疏水操作，直到达到冲转参数为止。要想使这一步骤很好地完成，旁路系统的使用很重要，特别是机前的蒸汽温度提升是通过旁路系统来实现的，同时还要注意配合管路疏水。

在锅炉点火后，通过旁路系统，将蒸汽引至汽轮机进汽门前。这时主蒸汽管路和汽轮机进汽阀门温度较低，蒸汽经过后放出汽化潜热，凝结成水，管道、阀门温度升高。这一阶段换热特别迅速，可能产生大量的凝结水，从而引起水冲击、管路振动，因此必须将疏水排走。这时管道、阀门温度变化较快，在管道和法兰处很可能产生过大的热应力。根据蒸汽的参数及管道法兰原温及阀门壳体的情况，确定暖管时间的长短和顺序。管壁越厚，阀门壳体壁厚越大，暖管越要缓慢。

当主蒸汽管路金属温度无法监视时，可根据蒸汽压力的变化情况确定暖管、暖阀，暖管、暖阀的强度取决于壁温的变化速度，且必须执行有关规程规定。对于 300MW 及以上高压汽轮机的蒸汽管路的升温平均速度为 2～4℃/min；在暖管初始阶段（金属温度在 400℃ 以下）升温速度为 3～4℃/min，在金属温度大于 400℃ 时，管道升温速度为 2～3℃/min。需要注意的是再热蒸汽管路也需要进行暖管、疏水，而且还是利用经过旁路系统的主蒸汽来进行的。

现代大型汽轮机组一般都是利用当锅炉出口蒸汽温度大于汽轮机进口处的蒸汽管温度时，全开汽轮机主汽门（高、中压调速汽门全关）、通过阀室的疏水，缓慢地对阀室进行加热。例如西门子 350MW 汽轮机冷态启动预暖规定：在汽轮机冲车前进行高中压进汽阀门组预暖。首先确认蒸汽温度高于金属温度 40℃ 以上且不高于汽轮机进汽保护温度；关闭调阀前疏水后再开启主汽阀，避免瞬间进汽量过大，加热剧烈；主汽阀开启后蒸汽进入阀门组开始暖阀，汽轮机控制器根据阀体金属温度变化速率自动控制调阀前疏水阀门开度，维持平稳的预暖升温速率。国产 600MW 汽轮机同样规定：蒸汽温度大于阀室温度进行加热，直到将阀室温度加热到锅炉出口压力下的饱和温度，加上 20℃ 的过热度（冲车条件之一）。这种暖阀的优点是在于随着锅炉的升温升压，阀室缓慢加热，避免了汽轮机冲车时，蒸汽对阀室凝结放热的热冲击，减小了阀室的热应力。但应特别注意的是，对调汽门的严密性要求提高。国产 600MW 汽轮机规定：主汽门开启，调汽门关闭状态汽轮机转速不能大于盘车转速，否则认为调汽门严密性不合格。

二、冲转暖机阶段

具备冲车条件后，对汽轮机进行冲车，汽轮机的冲转是随转速上升的过程对汽轮机各零部件进一步加热的过程。在整个过程中，各部件及管道的热应力和温度状态都产生很大的变化，运行人员必须对汽轮机金属温差、温升率、汽缸的膨胀及转子和汽缸的膨胀差值、法兰内外壁温差、汽缸上下缸温差进行严密的监视和调整。众所周知，以上这些指标的大小都与蒸汽的温升率有关。为此，在整个启动过程中，必须严格控制蒸汽的温升率，使金属各部件的热应力、热变形、热膨胀在允许范围内。控制蒸汽温升率是为控制金属的温升率不超限。对于温升率的要求，可根据各阶段蒸汽参数的不同和金属温度的不同，规定不同的数值。当冲动转子时，蒸汽参数较小，蒸汽温升率可大些；随着蒸汽参数的提高，温升率将逐渐减小。一般要求金属温升率不大于 2～4℃/min。现代发电机组一般都规定了在各个阶段金属的温升率、汽缸的温升以及转子受热后膨胀和汽缸受热后膨胀程度。如国产 300MW 发电机组规定，转子冲动 20min 后，高压内下缸壁温升率为 2.13℃/min；当冲转到 3000r/min 时则温升率为 1.72℃/min；当并网后 20min 后，则温升率为 1.95℃/min；从并网到额定负荷状态的温升率为 0.655℃/min。冲转后升速条件是中压缸已膨胀出 2mm，膨胀结束后则胀出 6～7mm；高、中压缸总的膨胀 22mm。

西门子 350MW 汽轮机的自动控制系统设有热应力控制器。有温度准则和温度裕度两套控制输出。温度准则（X1～X8）是采集并计算关键部位的温度状态，判断汽轮机能否进入下一个启动阶段的依据。X1、X2 准则是限制汽轮机暖阀的条件；X4、X5、X6 准则是限制汽轮机冲车到暖机转速的条件；X7A、X7B 准则是限制汽轮机冲车到额定转速的条件；X8 准则是限制发电机组并网的条件。温度裕度是采集高压缸、中压缸、高压阀门组、中压阀门组的金属热应力情况，与最大允许热应力比较，给出当前的暖机加热速率距离金属最大允许升温速率还有多少富余量，准确直观的指导运行人员进行启动操作。

在冲转过程中，控制汽缸温度的同时，对转子的膨胀也必须严密监视和调整，特别是暖机时刻，在保证汽缸已胀出时，转子与汽缸膨胀差不超规定值，同时凝汽器真空、低压胀差以及采用中压缸进汽冲车时高压缸的鼓风情况等都会对胀差产生很大的影响。必要时，可利用改变蒸汽温度的方法来调整胀差。

三、并网带负荷阶段

发电机并网以及按规定的升负荷速度升至额定负荷的过程是对汽轮机管路及各部件进一步加热的过程，直到额定参数。对于汽轮机而言，在并网后进入汽轮机内的蒸汽流量逐渐增大，蒸汽与汽轮机本体的换热强度增大。为了避免过大的热应力，应严格规定升负荷速度和蒸汽的升温速度。有必要时，可进行中（低）负荷下的暖机，使汽轮机各部件的温升率不会太大，各部件温差减小。对于滑压运行的发电机组，还要规定升压速度，保证蒸汽压力和发电机负荷相匹配。国产 300MW 发电机组规定，并列带初参数和低负荷进行暖机，在 10～20MW 负荷下暖机 20～30min，然后在 40～45MW 负荷下进行第二阶段的暖机，暖机时间为 60～90min。无论是低负荷暖机，还是最高负荷暖机，也无论暖机时间长短，其唯一的目的是使得蒸汽温度与金属温度相匹配，使得金属温升率不至于太大。对上汽 1000MW 机组，初始负荷暖机一般取 70～100MW，500MW 以下的升负荷速率不大于 5MW/min；500MW 以上的升负荷速率不大于 15MW/min。对东汽 1000MW 机组，初始负荷暖机一般在 20MW，暖机约 58min 后，以 5MW/min 的升负荷率升至 50MW，并暖机 50min。以 5MW/min 的升负荷率升至 300MW，转入正常运行方式。对哈汽 1000MW 机组，初始负荷暖机一般在 30MW，随后分别在 250、300、500MW 负荷点分别暖机。

在并网升负荷的过程中，一个要特别注意的问题是，汽缸法兰温度变化滞后的问题，使得汽缸膨胀不出来，正胀差超限，为此必须对法兰和螺栓加热装置及其使用提出特别的要求。有资料规定，沿法兰宽度的允许温差不大于 50℃，法兰与螺栓的温差不大于 20℃，法兰加热装置投入时，必须是在高压（中压）转子膨胀与汽缸膨胀差值增大时投入，否则不得投入法兰加热装置，为此应注意以下问题：

（1）当法兰内外壁温差增大时投入法兰加热，但是在整个投运过程中，法兰外壁温度不得高于法兰内壁温度，法兰温度不得高于汽缸温度许多，否则会发生动静摩擦。当法兰外壁温度高于内壁温度时，汽缸前后成为立式椭圆，中间成为横式椭圆；如果下汽缸温度低时，将会出现横拱背现象，两者同时出现时，就可能引起径向摩擦。

（2）使用法兰螺栓加热装置时，应特别注意汽缸左右两侧的加热情况，要求左右法兰中心温差不大于 10℃，汽轮机左右两侧膨胀对称。

（3）法兰螺栓加热装置的结构特点对上汽缸法兰和螺栓的加热比较有利。所以在投入加热装置后，除会出现内外法兰温差过大的现象外，还很可能导致内上缸与法兰内壁温差过大。一般规定为内外法兰温差超过 30℃时减缓加热程度，如超过 35℃时，或是内缸顶部温度与法兰内壁温差大于 5℃时，必须停用法兰螺栓加热装置。

（4）在法兰螺栓加热装置刚投入阶段，法兰外壁和螺栓温度会有一定程度的降低。这是因为加热蒸汽流量过小，同时又受到所通过管路的冷却，甚至操作不当有未排疏水直接接触法兰和螺栓而引起，这就是在投入加热装置后，法兰内外壁温差要增加若干后才开始降低，运行中如不考虑法兰螺栓加热装置的投运过程和机理，也会造成法兰内外壁出现较大的温差。

在并网带负荷过程中，除要监视汽缸的膨胀状况外，还注意转子的膨胀。在启动过程中，由于汽缸和转子换热条件不同，出现了汽缸和转子的膨胀差，称为胀差，也叫转子的相对膨胀。如不注意监视和调整转子的相对膨胀，其严重时会发生动静部分摩擦。在启动初期，高、中、低压胀差都是在增加，不同的发电机组在不同状态下都有相应的规定，在冲车前，低压胀差的变化不一定是正值增加，由于此时凝汽器真空有可能出现负胀差，但冲车后马上消失为正值；在并网带负荷阶段，高压缸正胀差增加，此时由于汽缸的换热远远低于转子，可能出现正胀差超限，为此法兰加热装置的使用尤为重要，以降低正胀差数值，加快汽缸的膨胀。另外一种方法是减缓升负荷速度和蒸汽升温速度。对于中、低压缸胀差，还受再热汽温和排汽缸温度的影响。

第三节　汽轮机启动中的热力特性

　　汽轮机在启动、停机和变工况运行中，由于蒸汽与金属各部件的传热条件不同，以及汽缸和转子等部件的材料结构、导热系数、导热时间等不同因素，使得汽缸内外壁、汽缸和法兰与转子之间、上下缸之间等产生温差，由于温差的存在，使汽轮机部件内部产生热应力。

一、热应力

　　由于温度变化，引起零部件的变形称为热变形。热变形受到约束时物体内部会产生内应力，这种由于温度变化使物体产生的内应力，称为热应力。如果部件温度变化时，各点温度分布均匀且产生的热变形未受到任何约束，则不会产生热应力，当受到约束时才会产生热应力，其热应力的数值可以按虎克定律表示如下

$$\delta = E\beta\Delta t \qquad\qquad (15-1)$$

式中　δ——热应力，kg/cm^2；

　　　E——材料在相应温度时弹性模数，kg/cm^2；

　　　β——材料线膨胀系数，$1/℃$；

　　　Δt——零部件的温度变化量，℃。

　　物体由于加热膨胀受到约束，会产生压缩热应力；而冷却收缩受到约束，则产生拉伸热应力。但是如果部件内部温度变化不均匀时，即使部件没有受到约束，在部件内部也会产生热应力，也就是说温度变化大的部件，要产生一定的膨胀，温度变化小的则膨胀量要相对小，产生拉伸热应力；温度变化量大的部件就要承受压缩热应力。由此可知，当物体内温度变化时，由于其不能自由伸缩或物体内部被此约束而产生热应力，为此引起热应力的根本原因是在温度变化时，物体变形受到约束所致。

二、机组启停、变工况时的热应力

发电机组启停和变工况运行将使汽轮发电机组各部件承受较大的热应力，金属各部件的温度、温差的变化也比较剧烈，各部位的热应力水平也不相同。为此现代大型的汽轮机都采用双层缸的结构，使得内缸的参数高，热交换强烈。外缸的次之，因此内缸的应力水平、应力变化的趋势要高于并先于外缸，为此在设计时都应实行蒸汽在内缸做完功后，然后到达外缸做功，减小了内缸内外壁的温差，降低了内外缸应力水平之差。但是无论发电机组是在启动、停机，还是正常运行，汽轮机汽缸各部件的温度不相同，因此各部位产生的热应力也是不同的，而最大应力的部位是在高压缸调速级处、再热发电机组中压缸进汽区、缸体内外缸壁面、法兰中分面及其内外壁面、法兰螺栓等处。在启动过程中，汽缸应力变化过程为：

（1）冷态启动，在开始冲转时，由于蒸汽和金属温度相差较大，造成一个热冲击，使汽轮机各部位的热应力增加到很高。此时，汽缸内壁热应力水平低于外壁。法兰内壁热应力水平较大，属于压缩热应力。法兰外壁热应力水平也较高，属于拉伸热应力。由于材料的耐压而拉的特点，要对汽缸外壁，特别是螺栓孔处的热应力进行监视，以防热应力超限发生变形，必要时进行暖机或延长暖机时间，合理地按规程规定使用法兰加热装置，降低温差和热应力水平，并随着对金属零部件的继续加热，其应力将逐渐下降。

（2）热态启动，蒸汽很可能低于汽缸金属温度，特别是大型发电机组以及极热态启动，很难达到金属要求的蒸汽温度启动，这样就使得汽缸先冷却，然后重新加热，使汽缸热应力产生一个变化过程，严重影响发电机组的寿命。热态启动时，热应力变化情况与冷态不相同，热冲击现象不存在，热应力不是很大，各部分热应力水平低于冷态启动。但最大热应力的部位是相同，所以对启动时最大热应力的部位，在启动中虽不会造成损坏，但从长期运行角度来看，该处部位极易产生裂纹，特别是启停次数已超过寿命统计标准时，更要特别注意。

从汽缸的角度考虑，在启动过程中要注意以下几个方面：

（1）汽缸初始温度与冲转时蒸汽温度、金属温度越低，蒸汽温度过高，则造成热冲击。

（2）暖机过程。在汽缸温度较低时，暖机过程可以降低热应力水平。

（3）蒸汽温升率。

（4）法兰、螺栓和加热装置的使用。

三、启停时转子的热应力

汽轮机转子热应力是限制汽轮机启动速度和保证安全运行的重要指标之一。在启停过程中，随着蒸汽温度的变化，转子将产生很大热应力。冷态启动时，蒸汽进入汽缸对汽缸和转子进行加热。对于转子，由于是高速转动，其换热系数大，使转子外表面的温度上升很快，可是转子中心孔要靠热传导的方式由外壁的热量传入，中心孔的温度要滞后于转子表面的温度，使得转子内外壁的温差产生且逐渐增大，转子外表面产生压缩应力，中心孔则产生拉伸应力，故现代大型汽轮机都把模拟测量的中心孔温度作为启动过程中的重要判据。在启动初期，转子外表面热应力大于中心孔热应力，经过一段时间后，转子径向温度分布基本呈线性，转子内外表面热应力基本相同；热态启动时，与汽缸相同，转子经过一个冷却再加热的过程。转子表面和中心孔表面的热应力完成一个交变应力的循环，这就是与冷态启动明显的差别。

停机是对零部件的冷却过程，随着蒸汽温度的降低和流量的减小，汽缸内壁和转子表面被冷却，而外缸壁和转子中心孔的变化稍滞后些，使得汽缸内壁温度低于外壁，转子表面温度低于中心孔，热应力与启动时正好相反，汽缸内壁和转子表面产生拉伸热应力，汽缸外壁和转子中心则产生压缩热应力。

四、转子热应力控制启停

现代大型汽轮机在启停或负荷变化时，主要以监视转子的热应力来判断发电机组整个热应力水平，同时确定发电机组启停，其主要原因是在启停和变工况下，转子的热应力要大于汽缸的热应力。

（1）转子是高速旋转的，其换热系数远远大于汽缸的换热系数，同时现代大型汽轮机转子直径增大很多，转子表面和中心孔的厚度已超过了汽缸的内外壁的厚度，故转子表面和中心的温差要大于汽缸内外壁的温差。

（2）转子和汽缸分别承受着两种应力，一种是热应力，另一种是工作应力。汽缸的工作应力是蒸汽的压力，而转子的工作应力是转动时产生的离心力，这种转子的离心力要远远大于蒸汽对汽缸的压力。

所以，大型汽轮机都把转子的应力作为启动过程中状态变化的重要依据。如华能上安电厂 350MW 发电机组，以转子的低温脆性转变温度来划分启动状态，冷态启动是调节级处金属温低于高压转子的低温脆性转变温度；600MW 发电机组则是根据转子热应力裕温的大小来决定汽轮机的转速和负荷变化率。它首先由安装在调节级处的温度探针，测出调节级的金属温度场来计算出转子温度，并转换成转子表面温度；然后根据模拟出的转子表面与离表面几厘米处的金属温度差，计算出转子的热应力与材料的许用应力比较后算出转子的热应力数值。

第四节　汽轮机热膨胀与热弯曲

一、汽轮机的热膨胀

汽轮机从冷态启动到带额定负荷运行，金属温度显著增大，汽轮机的汽缸在各个方向的尺寸都明显增大，这也就是汽缸的热膨胀。汽缸膨胀是否正常直接影响着发电机组的启动速度及正常运行，而滑销系统的合理布置和应用，正是为了满足汽缸在各方向上的自由膨胀的要求，同时也保证了汽轮机、发电机等部件的相对位置不发生变化及各轴承座与转子的中心一致而设立的，从而也保证了发电机组不致因膨胀不均匀而产生较大的应力和振动。滑销系统包括横销、纵销、立销、角销和斜销：横销只允许轴承座做横向膨胀，不准其轴向膨胀；纵销只允许轴承座做纵向膨胀，不准向横向膨胀；在汽轮机汽缸和轴承座之间设有立销，立销作用仅仅允许汽缸在垂直方向膨胀，使汽缸中心与轴承中心在同一纵分面上，保证转子和汽缸中心一致；如果分别通过横销与纵销做两直线，它们的交点既不能做纵向膨胀，也不能做横向膨胀，这称为汽缸膨胀死点。死点在任何工况下是固定不变的，是汽缸纵向膨胀和横向膨胀的分界点。在汽缸膨胀的同时，转子也在以推力盘为死点沿着轴向进行膨胀，只不过膨胀的量与汽缸的轴向膨胀不一定相同。

在发电机组启动时，汽缸膨胀的数值决定于汽缸本身的长度、材质以及汽缸内部的热力过程。介于汽缸沿轴向尺寸（长度）最大，汽缸在轴向膨胀的数值也为最大，故在启动时重点监视汽缸的轴向膨胀。还有一个要注意的是汽缸的法兰，因法兰比汽缸壁要厚得多，在启动过程中会产生较大的温差，使得法兰的膨胀量要滞后于汽缸膨胀许多。为了缩短启动时间，减小法兰内外壁温差，现代汽轮机都设立了法兰螺栓加热装置，保证汽缸的膨胀不受约束，以减小汽缸的热应力作用。在严密监视汽缸的绝对膨胀值的同时，对汽缸的左右两侧膨胀也要注意监视，确保汽缸两侧、四角膨胀的正常，确保汽缸在横向与轴向的膨胀正常。如发现汽缸膨胀有跳跃式的增加（减小）时，说明滑销系统或轴承座台板的滑动面可能有卡涩现象，必须停止启动待查明原因并予以消除后，再重新启动发电机组。

对于汽缸的膨胀运行，值班人员必须熟知发电机组滑销系统及其布置情况，以及汽缸的死点；熟知在各种工况（启动状态）下，汽缸的膨胀量以及汽轮机各部位的膨胀方向，在任何时候都要确保汽缸的膨胀均匀。否则，将会产生汽轮机组中心的偏移，发生动静部分摩擦并使得机组振动增加。

从理论上，汽缸和转子的绝对膨胀值可用下式计算

$$L = \sum_{i=1}^{n} a_0(t)(t_0 - I_0) x_t \qquad (15-2)$$

式中　L——转子或汽缸各区段沿轴向的绝对膨胀值，m；

　　　t_0——各区段的平均温度，℃；

　　　I_0——初温度，一般取 20℃，℃；

　　$a_0(t)$——按各区段的平均温度查得材料的线性膨胀系数；

　　　x_t——某一区段的长度，m。

使用上式计算时，把转子和汽缸沿轴向分成若干个区段，算出各区段的绝对膨胀值，相加所得数值就是整个转子或汽缸的绝对膨胀值。

二、汽缸和转子的相对膨胀

在启动、停机及变工况中，汽缸和转子分别以各自的死点向各个方向进行膨胀。可是由于蒸汽流经转子和汽缸的相应截面的温度不同，汽缸和转子的质量不同、工作条件也不相同等原因，使得汽缸和转子存在较大的温差，互相之间存在着膨胀及膨胀差。如转子的膨胀大于汽缸的膨胀，其两者的膨胀差值为正值，称为正胀差；反之，转子的膨胀小于汽缸的膨胀，称为负胀差。在发电机组启动阶段或正常运行增负荷时，转子的加热先于汽缸，则出现胀差正值增加。在停机或减负荷时，又是转子收缩先于汽缸，出现胀差的负值增加。由于汽轮机各级动叶片的出汽侧轴向间隙大于进汽侧的轴向间隙，故允许的正胀差大于负胀差，在变工况及停机过程中，严禁出现负胀差。

在热态启动中，初始阶段汽缸暂时冷却，状态变化较大的是转子，转子明显地相对缩小。随着转速的升高，转子的相对收缩加剧。当转子的相对收缩超出极限时，必须停止启动。在热态与极热态启动过程中，为防止转子的相对收缩，对轴封供汽可切换为高温汽源供汽。根据汽轮机的状态，可调整轴封供汽温度。在热态和温态启动时，进入汽轮机的蒸汽温度高于汽缸的金属温度，转子温度高于汽缸的温度，结果是转子相对伸长。这种状态的启动一般是对汽缸进行加热的过程，采用法兰加热装置，使得转子轴向间隙不超过极限值。

影响胀差的主要因素有六种。

1. 进汽参数的影响

当汽轮机进汽参数发生变化时，首先是转子的热状态发生变化。对于膨胀（或收缩）汽缸要滞后于转子一段时间，所以汽轮机组的胀差发生变化。也就是说，蒸汽的温度变化率大，转子和汽缸的温差增加。所以在启动、停机过程中，合理地控制蒸汽的温升（或温降）速度，基本上就能控制汽轮机组胀差在安全范围以内。但有时在蒸汽温度变化率不大而在启停和变工况时胀差还有超限现象，其主要原因是：①通流部分轴向间隙小，胀差的限制数值小；②滑销系统不合理，汽缸膨胀（或收缩）阻力大，再加上各种管道的作用力，在工况变化时，阻碍了汽缸的膨胀（或收缩），使胀差超限。

2. 凝汽器真空的影响

当发电机组维持一定转速（或负荷），在凝汽器真空降低时，增加蒸汽流量，这样就使高压转子的受热面加大，其胀差值随之增大；在凝汽器真空升高时，正好与真空降低的过程相反，高压转子的胀差减小。对中、低压转子的胀差，其真空高低的影响正好与高压转子的胀差相反。这是由于中、低压转子的叶片较长，其鼓风摩擦产生的热量比高压转子大。在真空降低时，中、低压转子鼓风热量被增加的蒸汽量带走，所以中、低压胀差并不会增加。在真空升高时，蒸汽流量减小，中、低压转子的鼓风热量相对于真空低时被蒸汽带走的少，同时中、低压缸的蒸汽来自再热器，通过中间再热的蒸汽量减少时，再热蒸汽的温度相应提高，引起中、低压转子伸长，胀差增大。因此在升速、暖机过程中，不能采用提高真空的办法来调整中、低压转子的胀差。

3. 法兰加热装置的影响

汽缸法兰、螺栓、加热装置的使用，可以提高汽缸法兰和螺栓的温度，同时降低了法兰内外壁、汽缸内外壁、汽缸与法兰、法兰与螺栓的温度差，加快了汽缸的膨胀，控制了高压转子胀差值。在启动暖机阶段，调整高压转子胀差的主要手段是合理地使用法兰和螺栓加热装置，但是使用法兰和螺栓加热装置要受到许多因素影响，如：①加热蒸汽温度不够高；②加热蒸汽温度过高；③相应的法兰外表面有产生过热的危险；④加热的蒸汽量小、由于许多不利因素的存在和在使用时，法兰有过冷却的危险，这时法兰、螺栓加热装置不能投入。有时虽然在启动阶段，采用法兰和加热装置使胀差受到控制，但通流部分和汽封还是发生了卡涩，其原因是投入法兰加热装置时，轴向间隙沿汽缸长度变化相当不均匀，发生了轴向间隙的再分配，与转子汽缸每一个区段的局部加热有关。转子和汽缸即使没有投入局部加热系统，也会发生中间各级轴向间隙的变化与测得整个转子相对膨胀不一致的情况，这与转子和汽缸个别区段的热惯性不同也有关。

4. 摩擦鼓风热量的影响

汽轮机转子的摩擦鼓风损失与动叶长度成正比，与圆周速度的三次方成正比，所以低压转子的鼓风损失比高压转子要大，这部分损失变成了热量来加热通流部分，会对胀差产生较大的影响。特别是在低负荷的工况下，这种影响更为显著。随着流量的增加和转速的升高，这种影响将逐渐减小。

5. 轴封供汽温度的影响

轴封供汽温度的影响主要是在热态或极热态启动时，高温的长轴与送来的蒸汽相接触。如轴封供汽温度较低，造成轴封段的轴迅速冷却收缩，特别是对于高、中压汽缸的前后轴封，这种现象更为严重，会造成前几级动叶的入汽侧磨损，这种情况往往从胀差表上没有反映出来；对于汽轮机从高负荷下迅速降低时，调速级的蒸汽温度也相应下降，从高压前轴封漏出的蒸汽温度也会降低，并会产生上述同样的后果。在额定参数下停机的过程中，如果要求保持一定时间的空转，前轴封送入低温蒸汽也会产生上述同样的后果。为此在许多发电机组中都设置了高、低压两套轴封供汽系统。

6. 转速的影响

转子在旋转时，离心力与转速成正比。在离心力的作用下，转子会发生径向伸长。根据泊桑效应，这时转子的轴向必然会缩短，影响到胀差，使胀差减小。当转速降低时，又会发生与上述相反的现象。

三、汽轮机的热变形

汽轮机在启停、变工况下运行时，由于蒸汽对汽轮机各部件的加热（或冷却）程度不同，使得转子和汽缸在径向和轴向产生温差，此时除了产生热应力外，还会引起热膨胀、热变形和热弯曲。同时由于转子和汽缸的热弯曲以及它们之间存在的相对位移，使得汽轮机的动静间隙减小，轻者使发电机组效率降低，重者将使发电设备损坏。

1. 汽缸的热变形

在汽轮机启停、变工况时，由于汽缸的质量和保温以及与汽缸相连的各种管道和汽缸内工质流动，使得上下汽缸、法兰内外壁产生温差，温差的产生使上下汽缸轴向膨胀不同，导致汽缸产生热弯曲。上缸温度高于下缸的温度，使上缸的变形大于下汽缸，即上缸的热弯曲大于下汽缸，引起上缸向上拱起，下缸底部径向间隙减小。一般在停机时，由于汽缸冷却，使上下缸温差高达 80 ~ 120℃。据有关资料表明，上下缸温差每有 10℃ 存在，搞导致汽缸热变形弯曲 0.08 ~ 0.13mm，并易发生动静摩擦。汽缸和转子的热变形弯曲如图 15 - 3 所示。为此，在停机后，必须立即投入连续盘车。如由于故障导致上下缸温差超限不能投入连续盘车时，也必须定期手动盘动转子，待温差恢复，手动盘动转子轻松后，立即投入连续盘车。

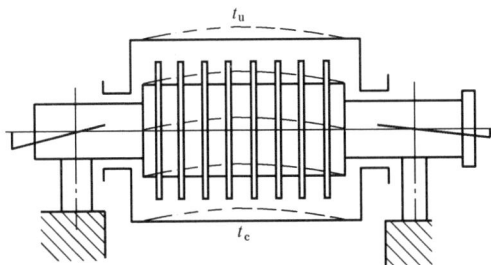

图 15 - 3 汽缸和转子的热变形弯曲

t_u—汽缸和转子的上部较高温度值；t_c—汽缸和转子的下部较低温度值

引起上下汽缸温差大的原因有以下几方面：

（1）上下汽缸的质量、散热面积不同，使得在相同的加热或冷却条件下，上缸温度高，下缸温度低。

（2）在汽缸内蒸汽向上流动，凝结水流到下缸，产生上下缸温差。同时在汽缸大气空间中空气由下向上流动，造成汽缸的冷却条件不同，进一步导致上下缸温差的产生。

（3）由于汽缸保温不良，如下汽缸保温工艺差，运行中与汽缸脱离，使保温层与汽缸之间存在间隙，流入空气使下汽缸散热比上汽缸快。

（4）在给汽缸法兰、螺栓加热时，上法兰相对于下法兰过热，也是汽缸发生热变形弯曲的原因之一。这也是因为法兰结构不同所引起的。

（5）由于汽缸疏水不畅，使得启停时上下汽缸温差的加剧。由于下汽缸连接抽汽管道，在停机后，有冷汽（气）从抽汽管中返回汽缸，造成汽缸温度的突降。

（6）采用喷嘴调节的汽轮机，当调速汽门开启的顺序不当时，会造成部分进汽，使上下汽缸温度不均匀。

所以汽轮机无论在启动、停机工况，还是变工况下运行，总存在着上下缸温差问题，使汽缸发生热变形弯曲。由于汽缸结构庞大，形状复杂，要对汽缸的热变形弯曲进行精确的计算是很困难的，但可对其最大的弯曲值进行估算如下：上下汽缸存在温差是汽缸产生热变形弯曲的主要原因之一。一般规定上下汽缸温差小于 35～50℃；对双层结构的汽轮机，其内缸上下汽缸温差 Δt 不大于 35℃，外缸上下汽缸温差 Δt 不大于 50℃，而且明确规定了上下汽缸温差超限时，严禁冲动汽轮机转子。

2. 汽缸法兰的热变形

大容量中间再热汽轮机的高、中压缸的水平法兰厚度为汽缸壁厚的 4 倍，其法兰刚度比汽缸大得多。在启动时，由于加热器件不同，使得法兰的温度变化滞后于汽缸温度的变化，且法兰处于单项导热状态，使法兰内外壁、法兰内壁与汽缸内壁之间产生温差，法兰内壁温度高于法兰外壁温度，这除了引起热应力外，还会沿法兰垂直和水平结合面方向引起热变形弯曲，特别是法兰的水平热变形弯曲，往往会使汽缸横断面变形。

汽缸的变形量与法兰内外壁温差成正比，因此在启动过程中，蒸汽温升率越大，金属温差也就越大，汽缸变形量也就越大。启动时法兰内壁高于外壁，法兰（或汽缸）内壁伸长量较大，而外壁的伸长量较小，沿汽缸轴向各截面将产生变形，使法兰在水平方向上发生热变形弯曲，如图 15－4 所示；汽缸中间段横截面变为立椭圆，出现内张口，即垂直方向直径大于水平的直径，如图 15－5（b）所示；汽缸前后两端的横截面变为横椭圆，出现外张口，即水平方向直径大于垂直方向直径，如图 15－5（c）所示。其结果是汽缸中间段两侧的直径间隙减小，汽缸前后两端的上下部位的径向间隙减小。如果这种热变形量过大、热弯曲过大，将引起动静摩擦现象，使法兰结合面局部段发生塑性变形。因此对装有法兰、加热装置的发电机组，规定法兰

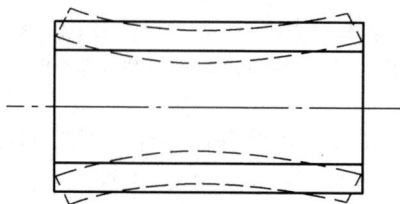

图 15－4　法兰在内壁温度高于外壁时水平面内产生热变形弯曲的示意图

内外壁温差 Δt 不大于 30℃。在启停过程中，直接控制蒸汽温升率，并对法兰、加热装管进行合理的调整，尽可能有效地减小法兰内外壁的温差，减小热变形。但是，投法兰加热装置时，特别注意法兰内壁温度与汽缸顶部温度的差值，当其温差大于某一数值时立即停止法兰加热。

3. 汽轮机转子的热弯曲

转子的热弯曲有两种：一种是由于转子本身径向温差而引起，如转子上下部存在温差，产生热弯曲，当温度均匀后，转子又恢复原状，变形

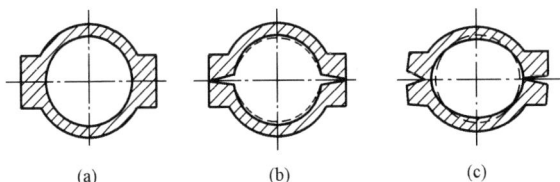

图 15 – 5 法兰、汽缸的变形图

（a）变形前；（b）中间段变形；（c）前后两段变形

消失，这种弯曲称为弹性弯曲，即热弯曲；另一种是产生塑性变形后，造成永久弯曲。

热弯曲产生的主要原因如下：

（1）汽缸内对流换热。

（2）向轴封供汽不对称。

（3）启动时建立真空。

（4）停机时，汽轮机尚未冷却就停止连续盘车。

在转子有较大热弯曲时，启动汽轮机，转子重心偏离旋转中心，高速旋转将产生很大的离心力，使发电机组发生强烈振动。因此，对高参数、大容量中间再热汽轮机规定，热弯曲最大值为 0.03 ~ 0.04mm。启动时充分盘车的主要原因也是降低转子的热弯曲和重力弯曲，对于转子产生永久弯曲的原因，一般是由于转子有热弯曲时，在高速旋转的情况下，单侧摩擦过热，局部表面温度急剧升高（如与汽封的摩擦等），与周围金属产生很大的温差。金属过热部分受热要膨胀，因受到周围温度较低部分金属的限制而产生了压应力。如果压应力超过该温度下金属材料的屈服极限时，就造成该局部金属的塑性变性，使受热部分的金属受压而缩小。当转子完全冷却或温度均匀后，大轴就向相反的方向弯曲，成为永久弯形。所以一般在转子产生了弹性变性的情况下，采用手动定期盘车来消除热弯曲。

大型汽轮机都装有转子挠度指示器，可直接测量大轴的弯曲值。无此装置的发电机组应监视转子的振动，比较先进的发电机组可直接测量轴的振动。目前现场常用千分表测量转子热弯曲的，其测量原理如图 15 – 6 所示。转子偏心最大值为

$$L_{max} = 20.25l / L \times L_g \qquad (15 – 3)$$

式中 L_g ——千分表测得挠度值，μm；

　　　L ——两轴承之间轴的长度，mm；

　　　l ——千分表位置与轴承间的距离，mm。

第十五章　机组的启停和工况变化

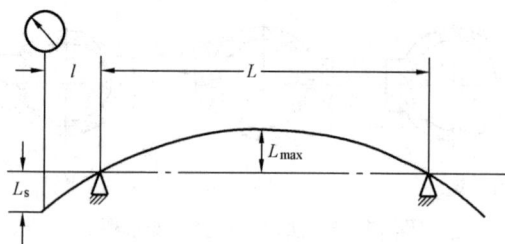

图 15 - 6　用千分表测量转子热弯曲原理图

四、汽轮机的寿命

汽轮机寿命管理是实现机组科学管理的一项重要工作。汽轮机使用寿命控制的主要内容，就是在汽轮机启停及变负荷运行时，最大限度地提高启停速度及响应负荷变化的能力，防止裂纹萌生或降低裂纹的扩展速率，延长汽轮机使用寿命，推迟机组的老化，在安全的基础上，实现长期的经济运行。

（一）汽轮机寿命定义

汽轮机寿命取决于其最危险部件的寿命。一般来讲，汽轮机转子作为汽轮机的一个关键部件，其材料性能、几何形状和运行工况都对汽轮机的正常运行影响很大，汽轮机转子的工作环境较恶劣，热应力变化大，运行温度高，不仅引起低频疲劳损伤，而且还要引起高温蠕变损伤。另外，转子旋转速度高，应力集中部位多，一旦出现裂纹不仅不能用改变运行方式来阻止裂纹的继续扩展又不易修复，还容易造成转子转动的不平衡，因此转子是整个机组中最危险的部件，它的寿命决定了整台汽轮机的寿命。所以，汽轮机寿命指的就是转子寿命，一般分为无裂纹寿命和剩余寿命两种。所谓无裂纹寿命是指转子从第一次投运开始直到产生第一条工程裂纹（约 0.5mm 长、0.15mm 深）为止所经历的运行时间，无裂纹寿命又称致裂寿命；根据断裂力学分析，当出现了第一条裂纹时并不意味着转子寿命的终结，还有一定的剩余寿命，而且这一部分寿命在总寿命中占有相当大的比例，只有当裂纹扩展超过临界裂纹时才会出现裂纹失稳扩展造成转子断裂。所以剩余寿命是指从产生第一条工程裂纹开始直到裂纹扩展到临界裂纹为止所经历的安全工作时间。无裂纹寿命和剩余寿命之和就是转子的总寿命。

（二）汽轮机寿命损伤

影响汽轮机寿命的因素很多，汽轮机寿命损伤由两部分组成，即受到高温和工作应力的作用而产生的蠕变损伤，以及受到交变应力作用引起的低频疲劳损伤。从寿命的定义可知，汽轮机寿命不仅与运行时间的长短有关，还与蠕变损伤和转子能够承受交变载荷次数的多少有关，即与低频疲劳损伤有关。

1. 低频疲劳损伤

汽轮机在启停或负荷变化过程中，转子承受的是交变热应力。启动加热时，转子表面承受压应力，停机冷却时则为拉应力，在这种交变应力作用下，经过一定周次的循环，就会在金属表面出现疲劳裂纹并逐渐扩展以致断裂。汽轮机转子承受的这种交变应力的特点是交变周期长、频率低、疲劳裂纹萌生的循环周次少，即便是汽轮机每天启停一次参与调峰运行，其循环周次也不会超过 10^4，故称为低频疲劳。

2. 高温蠕变损伤

金属在高温下工作，即使所受的应力低于金属在该温度下的屈服点，但在这样应力的长期作用下也会发生缓慢的、连续的塑性变形（这种变形在温度不太高或应力不太大的情况下几乎觉察不出来），这一现象叫蠕变，长期的塑性变形必然会对材料产生损伤。汽轮机转子长期处于高温下工作，因此应考虑满负荷稳定运行时高温蠕变所造成的损伤。

3. 高温蠕变和低频疲劳同时产生的总损伤

总损伤即高温蠕变和低周疲劳产生的总损伤。

4. 材料软化对无裂纹寿命影响

汽轮机部件长期在高温环境下工作，因热疲劳、蠕变等因素产生了损伤积累，材质也因时效发生老化现象。CrMoV 转子钢材质老化现象的典型特征之一就是材料软化。材料的软化会降低材料的低周疲劳及蠕变性能，严重影响转子的使用寿命。

材料软化的主要原因是碳化物在晶内聚集粗化和基体固溶含碳量降低等组织变化所致，其表现特征就是材料硬度的降低。

硬度是衡量部件材料软化的一个重要指标。转子耐高温部分的低频疲劳与蠕变断裂特性下降的主要原因，就是因转子材料硬度的不断降低所引起的。因此，这种由于运行历史产生的材料硬度下降，会大大加剧其疲劳和蠕变寿命的降低。

（三）汽轮机寿命评估

汽轮机寿命由无裂纹寿命和剩余寿命组成，应分别进行评估。

1. 无裂纹寿命估算

通常，汽轮机设计寿命为 30 年，只要汽轮机保证不在超温状态下长时间运行，其蠕变损伤一般只占总损耗的 20% ~ 30%，其余损耗基本都为低周疲劳损伤。所以在研究汽轮机寿命管理的问题时，主要是针对低频疲劳损伤而言。对于每台汽轮机，由于其转子材料及结构尺寸一定，都可根据疲劳曲线制定出其寿命损耗曲线，典型的汽轮机转子寿命损耗曲线如图 15 - 7 所示，横坐标为转子金属温度变化幅度，纵坐标为金属温度的变化速率。如果给定金属温度变化幅度和变化率，就可从其交点查出该次温度变化引起的寿命损耗。应该说明，转子温度不易直接测量，通常近似用内缸温度来代替，当然在制定寿命损耗曲线时，纵坐标和横坐标也可采用蒸汽温度来代替，这样更便于应用。从图 15 - 7 中的曲线上可以看出，转子温度变化幅度越大，温度变化率越大，在转子内引起的热应力也越大，损耗转子寿命的百分数也越大。图 15 - 7 中的阴影部分为转子中心孔部分应力限制区，主要考虑到转子表面裂纹比较容易发现和处理，而转子中心孔内容易产生裂纹则不易发现，且转子中心部位在冶炼过程中易产生缺陷，为此将转子内孔合成应力限制在金属材料屈服极限的 $0.6\sigma_{0.2}$ 以内，将此作为转子内孔的应力限制区，在汽轮机启动及工况变化时，要控制好蒸汽温度的变化情况，严防寿命损耗率落入限制区。

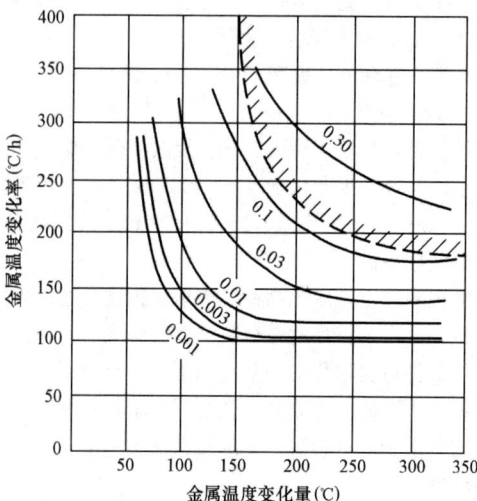

图 15 - 7　汽轮机转子寿命损耗曲线

2. 剩余寿命估算

汽轮机转子产生第一条宏观裂纹，并不意味着转子使用寿命到达终点。事实上如果裂纹是表面或近表面的，经过适当的处理，消除裂纹后，仍可使转子寿命保持相当高的值，即使是内部埋藏裂纹，也不能简单认为转子完全报废，因为裂纹从初始尺寸扩展到临界尺寸仍有相当长的寿命。

剩余寿命，一般以临界裂纹作为转子寿命的终点。因此估算剩余寿命要了解裂纹的扩展和应力场的关系，材料抵抗脆性破坏的能力（材料的断裂韧性），以及临界裂纹的计算等。

（四）汽轮机寿命管理

汽轮机寿命管理，对于电站的可靠性和经济性至关重要，延长其部件的寿命，已经成为一个重要的课题。随着电网容量不断增加，用电结构不断变化，特别是新能源大量接入，电网调峰压力巨大，并网运行的火电机组基本都要参与调峰运行，特殊时段还可能深度调峰、启停调峰。因此，蒸汽参数及金属温度均频繁的变化，使得受热部件产生较大的交变应力，其寿命损伤比带基本负荷时大，机组的寿命管理更为重要。

汽轮机寿命管理的任务就是正确评价汽轮机部件的寿命（包括无裂纹寿命和剩余寿命），合理分配机组服役期内各种工况下的寿命损耗率，延长汽轮机的使用寿命。做好机组寿命管理工作，有助于合理使用材料，充分利用设备潜力，避免灾难性事故的发生。

1. 汽轮机寿命分配

为了更好地使用汽轮机，必须对汽轮机的寿命进行有计划的管理，汽轮机的寿命管理应该包括两个方面的内容：

（1）对汽轮机在总的运行年限内的使用情况做出明确的切合实际的规划，也就是确定汽轮机的寿命分配方案，事先给出汽轮机在整个运行年限内的启动类型及启停次数以及工况变化、甩负荷次数等。

（2）根据寿命分配方案，制订出汽轮机启停的最佳启动及变工况运行方案，保证在寿命损伤不超限的前提下，汽轮机启动最迅速，经济性最好。

在正常运行条件下，汽轮机的寿命损伤主要包括低周疲劳损伤和蠕变损伤两部分，其比重视机组担负的负荷性质而有所不同，同时还要考虑工况变化、甩负荷等造成的寿命损伤。

在制定机组寿命规划时，机组的使用年限要视国家能源政策和机械加工水平等因素综合分析。我国汽轮机的使用年限，一般认为 30 年比较合适。

2. 变负荷寿命管理

汽轮机转子寿命的消耗与转子温度变化幅度的大小和变化的速度有

关，温度变化幅度越大，变化速度越快，寿命损耗指数越大。汽轮机变工况运行时，无论采用哪种负荷调节方式，第一级处蒸汽温度都要发生变化，其中以喷嘴调节方式变化最大，这种温度的变化可能要引起转子寿命消耗，因此机组在完成负荷调节时，都要根据厂家规定的"推荐变负荷指导图"和变动负荷的初始点及目标点，求出最终的变负荷速率。

第五节　发电机变工况主要监控指标

一、发电机定子、转子温度与温升

发电机是把机械能转变为电能的设备。在能量转换过程中，同时会产生各种损耗，这些损耗不但会使发电机输出功率减少，而且会使发电机发热。当发电机有热量产生时，其各部分的温度将升高，部件的温度比周围空气温度升高的度数值，叫作部件的温升。发电机内的热量主要是绕组铜耗和铁芯铁耗产生的，所以温升也主要出现在这些部分。当温升过高时，将使发电机绝缘迅速老化，机械强度和绝缘性能降低，寿命大大缩短，严重时会把发电机烧毁。所以，发热问题直接关系着发电机的寿命和运行可靠性。

1. 发电机各部件的温度

发电机内部的各种损耗变成热能，一部分被冷却介质带走，余下的部分则使发电机各部件的温度升高。发电机各部件的温度等于冷却介质的温度加上各种损耗引起的温升之和。实际上，各种部件温升与其相应的损耗成正比。当发电机转速恒定时，机械损耗也是恒定的。发电机铁损与发电机机端电压的平方成正比，发电机铜损与电流平方成正比。因此，监视发电机定子和转子绕组以及定子铁芯的温度可以了解发电机的损耗，进而掌握其工作状态。

2. 发电机绝缘材料的耐热等级

发电机在运行中因损耗发热，引起铁磁材料和绝缘材料的温度升高。对铁磁材料和导电材料而言，通常在温度为200℃以下工作不会显著影响其电磁和机械性能。但绝缘材料的耐热性能较低，过高的运行温度，除加速其热老化外，还会破坏它的性能，使其基本特性，如绝缘电阻、电气绝缘击穿强度、机械强度下降，引起发电机组在正常运行中绝缘损坏。因此，发电机各有效部分的允许温度受到绝缘材料耐热能力的限制。

绝缘材料的耐热能力以它在正常条件下允许的最高工作温度来划分。按照国际电工委员会的分级规定，我国绝缘材料耐热能力的等级及其温度限值见表 15 - 1。

表 15 -1　　　　　绝缘材料耐热能力等级及其温度限值

绝缘材料耐热等级	O	A	E	B	F	H	C
温度限值（℃）	90	105	120	130	135	180	180 以上

3. 绝缘寿命与温度的关系

绝缘材料在运行过程中，会逐渐失去初期的性能而发生劣化。通常绝缘寿命随温度增加按指数规律减小，其关系应遵循蒙托辛格法则：

$$L = Ae^{-m}\theta \qquad (15-4)$$

式中　L——绝缘寿命，年；

A、m——由绝缘材料确定的系数；

　　θ——绝缘运行温度。

实践证明，对于 A 级绝缘材料，寿命减到一半时的温度差 $\theta = 8℃$。即当 A 级绝缘材料的温度高于其限额温度值8℃连续运行时，寿命将降低到原来的一半（八度法则）；对 B 级的绝缘材料，所求得的温度差 θ 为10～20℃。

4. 发电机的允许温升

监视、控制运行发电机温度的目的，是控制其温升不超过规定值。因为发电机各部件的温度是随冷却介质入口温度变化的，而温升与入口温度无关，仅反映发电机内部损耗引起的发热情况，故通常规定为温升限值。当冷却介质入口温度降低时，与热流的温差增大，冷却效果增强，在相同负荷下发电机各部分的温度要低一些；或者在允许温度限值下，发电机的负荷可以增加一些。确定发电机正常运行时的允许温升与该发电机的冷却方式、绝缘等级和冷却介质有关，其值和冷却介质的温度均以制造厂的规定为准。若没有制造厂规定的限值时，可参照国家有关发电机的绝缘等级及冷却方式的标准。汽轮发电机冷却气体的温度规定，见表 15 - 2。

表 15 -2　　　　　汽轮发电机冷却气体温度规定

冷却方式	冷却气体温度（℃）
空气冷却	20～40
氢气直接冷却	不超过40
氢气间接冷却	20～40

对于绕组直接冷却者，冷却水温度为 20～50℃。功率大于 200MW 的

发电机，冷却水的变化不应超过10℃，一般要对水温度进行自动调节。

对于B级绝缘的汽轮发电机，在额定运行时各部分的温升或温度限值，按冷却方式、冷却介质的不同，应符合表15-3中的规定。

表15-3　　　　　　　B级绝缘发电机的温度规定

发电机部件或冷却介质	温度测量位置和测量方法	冷却方法	允许温度限值（℃）
直接冷却有效部分	检温计法	水	85
出口处的冷却介质		氢气	110
定子绕组	槽内上、下层线棒埋置检温计法		120
	温度计法（出口处）	水	85
转子绕组	电阻法	氢气直接冷却	
		转子全长上径向出风孔数目	
		1和2	100
		3和4	105
		5~7	110
		8及以上	115
集电环	温度计法		120
定子铁芯	埋置检温方法		120

5. 发电机在异常工况下运行时的定子、转子绕组温升监视

（1）发电机过负荷运行时的温升监视。在正常情况下，发电机是不允许过负荷运行的。但考虑在特殊情况下，电网严重缺额时发电机对电网的支持需要，可以在厂家规定的范围内短时过负荷运行。不过此时过负荷的限定仍以定子、转子的温度和温升为限定值，一定要确保定子、转子绕组的温升不超额定，否则无论何种情况都应降负荷运行。

（2）发电机在发生不对称运行时对转子温升的监视。发电机在不对称运行时，会出现负序电流。负序电流将使转子表面发热达到或超过规定值。严重时会造成发电机转子烧损事故。为此，发电机都有负序电流保护，在保护未动作时，运行人员应加强对发电机负序电流的监视，一般规定连续运行的机组负序电流不得超过8%的额定电流值。

二、汽轮发电机的运行图与允许负载区域

汽轮发电机的运行图，俗称 $P - Q$ 曲线图，如图 15 - 8 所示。汽轮发电机的运行图表示了发电机在其端电压和冷却介质为额定值的条件下，其有功功率和无功功率的关系。由此可看出，发电机在功率因数变化的各种情况下，保证发电机长期安全运行所允许的运行限额值。下面就发电机 $P - Q$ 曲线绘制的主要依据加以说明。

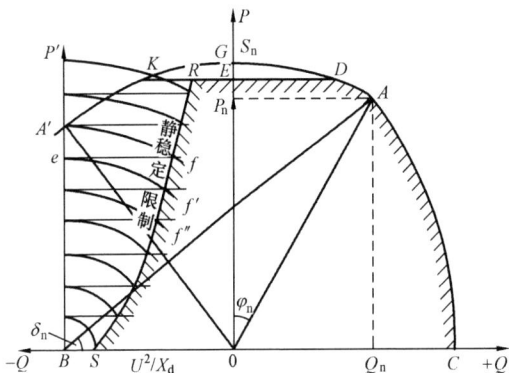

图 15 - 8　隐极式汽轮发电机运行容量图（$P - Q$ 曲线图）

φ_n—发电机额定功率因数；δ_n—发电机额定功角；$+Q$—发电机送出无功功率；

$-Q$—发电机吸收无功功率；P_n—发电机额定有功功率；

Q_n—发电机额定无功功率

（一）隐极式同步发电机的功率图

大型同步发电机均采用隐极式结构制造。隐极式同步发电机在并入电网并在额定工况下运行时的电势相量图及其电压三角形公式说明如下。

发电机并网后的连接参数如图 15 - 9 所示，因此由图 15 - 9 可得出

$$\dot{I} = \frac{P - jQ}{U} = I_P - jI_Q \quad \dot{E}_0 = \dot{U} + \dot{I}\, jX_d = \dot{U} + (I_P - jI_Q)\, jX_d$$

$$= \dot{U} + \dot{I}\, jX_d = \dot{U} + I_Q X_d + jI_P \tag{15 - 5}$$

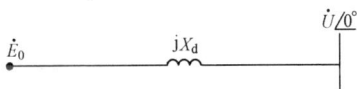

图 15 - 9　同步发电机并网后连接参数

$$X_d = \dot{U} + \frac{QX_d}{\dot{U}} + j\frac{PX_d}{\dot{U}} \qquad (15-6)$$

所以，可以根据式（15-5）和式（15-6）画出其电势相量图，如图 15-10 所示。

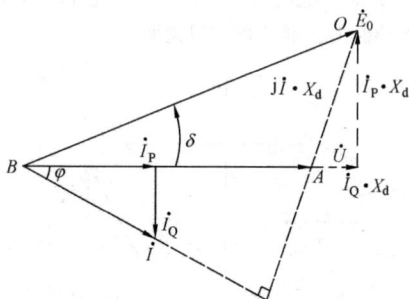

图 15-10　隐极发电机在额定工况下运行的电势相量图

$\dot{E}_0$—发电机电动势；X_d—发电机同步电抗；$\dot{I}_P$—发电机有功电流；

$\dot{I}_Q$—发电机无功电流；δ—发电机功角；φ—发电机功率因数

将相量图 OBA 三角形的各边乘以 $\dfrac{3U}{X_d}$ 可得到 $BA = \dfrac{3UE_0}{X_d}$，$BO = \dfrac{3U^2}{X_d}$，$OA = 3UI$。即得到发电机的功率相量图，如图 15-11 所示。

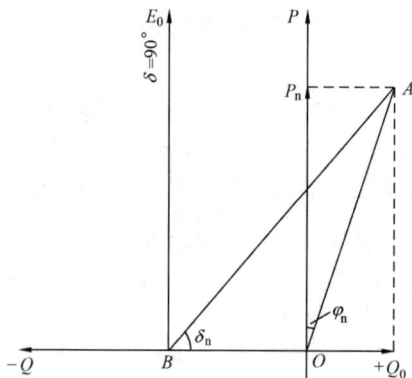

图 15-11　隐极同步发电机功率相量图

δ_n—发电机功率因数角；φ_n—发电机功率因数；P_n—发电机
额定有功功率；Q_0—发电机无功功率

从图 15 – 11 可得以下几点：

（1）发电机的额定容量 $S_n = OA$。

（2）OA 在纵轴和横轴上的投影分别代表额定有功功率和无功功率，即有功功率 $P_n = 3UI\cos\varphi_n$，无功功率 $Q_n = 3UI\sin\varphi_n$。

（3）A 点对应于发电机的额定运行工况为定子额定电压 U_n，定子额定电流 I_n，额定功率因数 $\cos\varphi_n$ 及额定冷却介质数时的运行点。此时的额定功角为 δ_n。

（4）纵轴（$+P$）与 $\cos\varphi = 1$ 对应；横轴（$+Q$）与 $\cos\varphi = 0$ 对应；$-Q$ 轴与 $\cos\varphi = 0$ 相对应。

（5）随着功率角增大，当 $\delta = 90°$ 时，容量线 OA 移到 OA'，极限功率为 BA'，OB 代表发电机与无限大系统并列运行 $P = 0$ 时可吸收的最大无功功率。

（二）发电机的运行图

将上述发电机功率三角形用额定容量为基准的标幺值表示，可得 $OA = 1$。并令 OA 代表定子电流额定值，则发电机未饱和时励磁电流与电动势成正比，故 AB 也代表励磁电流的额定值，通过功率因数角 φ 的变化可反映 $\cos\varphi$ 功率因数的大小和发电机容量的变化情况。由此可得发电机运行容量图（$P – Q$ 曲线）。

1. 滞相运行范围

如隐极式汽轮发电机运行容量图（$P – Q$ 曲线图）15 – 8 中的曲线所示，在发电机滞相运行并保持冷却介质温度不变时，为了保证该发电机转子绕组的温升不超过允许值而造成过热，要求其定子、转子电流均不得超过额定值。以 B 点为圆心，AB 为半径作转子额定电流圆弧 AE；以 O 点为圆心，OA 为半径作定子额定电流圆弧 $ADGK$。两个圆弧的交叉点 A，为发电机定子、转子电流同时达到额定值时的运行点。当 $\cos\varphi$ 降低（φ 增大）时，由于受转子电流限制，发电机的运行点不能超过弧线 AC。C 点为 $\cos\varphi = 0$ 时发电机发出的无功功率最大值。此时，定子绕组电流达不到额定值。所以按定子电流不超额定值的条件来确定的视在功率，在以低于额定的功率因数运行时，发电机的视在功率应使转子电流不超过额定值的条件也满足。从而使运行功率低于额定功率 S_n，当 $\cos\varphi$ 增大（φ 减小）时，发电机以高于额定功率因数运行。由于电枢反应减小，所需的励磁电流减小，故转子电流又不成为限制条件。但此时要受到定子电流的限制，即发电机的运行点不能超过弧线 $ADGK$，此时转子绕组又未充分利用。由于发电机的有功功率不能超过汽轮机的额定出力，因此，过 D 点后再提高

cosφ 时，要受原动机出力限制线 DF 的限制。

综上所述，发电机的迟相运行范围为 OEDACO 围成的闭合曲线。实际上发电机铁芯总是有饱和的，而且在不同氢压下的温升也不尽相同。所以有必要进行对不同氢压下各温升值校验，才能使该滞相区域更加准确化。

2. 进相运行范围

发电机进入进相运行状态时，发电机电动势将降低，电磁转矩减少，功角增大，发电机的静稳定度减小，容易失去稳定。同时，发电机定子端部漏磁也趋于严重，损耗增加。此时的进相运行容量（允许的有功功率和无功功率值）主要由定子铁芯端部的过热和静稳定极限两者中的最小值来确定。

对于静稳定的极限限制发电机负荷来讲，当发电机与无穷大系统相联系时，并列运行的稳定性所决定的限制条件在运行图 15-8 中为 BP'。因为发电机到这个极限运行状况时，空载电动势和端电压的相位角 φ 为 90°，连接相量 $\dot{U}_n$ 和 $\dot{E}_0$ 端点的直线 OA' 将代表这种情况下的视在功率，它在纵、横轴上的投影分别代表其相应的有功功率和无功功率。我们知道，发电机要保证有一定的稳定储备容量，需要曲线 BA' 减少为 BE。但此时空载电动势不因此而改变，即其运行点应仍位于原始 $\dot{E}_0$ 对应的 S 上。这运行点就是从点 E 做横轴平行的直线与圆弧 S 的交点 f，以 B 为圆心，做一系列类似圆弧 S 的弧，可得一系列类似于 f 的运行点，这样连接起来的曲线 RS 即为并列运行稳定性的极限。

对于定子铁芯的发热限制，只能通过空测来确定。这样图 15-8 中的斜线 CADRSC 区域为发电机的运行极限，其中弧线 AC 表示励磁电流的限制条件，弧线 DR 表示原动机的限制条件，弧线线段 RS 表示并列运行稳定性的限制条件。

需要说明的是，由于发电机是经外部电抗并列于电网的。当计及这一电抗 X_s 时，静稳态极限的特性是一个圆。经推导为

$$P^2 + \left[Q^2 - \frac{U^2}{2}\left(\frac{1}{X_s} - \frac{1}{X_d} \right) \right]^2 = \left[\frac{U^2}{2}\left(\frac{1}{X_s} + \frac{1}{X_d} \right) \right]^2 \quad (15-7)$$

即圆心在无功坐标轴上，坐标点为 $\left[0, \frac{U^2}{2}\left(\frac{1}{X_s} - \frac{1}{X_d} \right) \right]$，圆的半径为 $\frac{U^2}{2}\left(\frac{1}{X_s} - \frac{1}{X_d} \right)$，在进相区域画出的圆弧就是进相运行时稳定的理论最大

值。考虑到实际运行中过负荷等因素的影响，比最大允许时还要小些，即图15－8中画出的 *RS* 线段。另外铁芯端部温升的极限仅由实验后才能确定，为考虑此因素，进相运行的容量可能还会小些。再者大容量发电机组装有快速励磁的自动装置和电力系统稳定器，可允许发电机进相容量适当大一点。

提示： 本章共五节，全部适用于中、高级工。

第十六章

机组的启停

第一节 机组启停概述

一、发电机组启动组织

要组织好大容量发电机组的启停操作，需要应用现代化管理科学中的"网络计划技术"。"网络计划技术"就是应用网络形式表达一项启动（或停机）任务中各项操作顺序的先后和相互关系，找出总任务中关键操作和关键路线，并在执行过程中进行有效的控制与监督，保证最合理地使用人力、物力和能源，顺利地完成任务。

首先制订出发电机组启动的网络图，然后做好启动前的准备工作，所有检修工作完成，发电机组启动前的静态试验合格，设备系统全面检查没有问题，热工仪表正确投运，专用工具及原材料、燃料等备妥。

值长要根据上级要求的并网时刻，按网络图计算出锅炉上水、点火、冲转定速等的时刻，通知机组长、机组长可按网络图计算出各项操作的最早可能开始的时刻，最迟必须开始的时刻。若根据具体情况，可按主次、缓急分别进行。启动过程中，应根据工作进展情况局部调整网络图，调动人力解决瓶颈的问题。

二、发电机组启动前条件

发电机组启动前作充分的准备工作是安全启动和缩短启动时间的重要保证。机组启动前要检查以下方面：

（1）所有检修工作已全部结束，工作票已终结。各平台、楼梯、栏杆、地沟盖板等完好无损，通道无杂物，检修安全措施及围栏已拆除，现场卫生清洁。

（2）各系统支吊架完整牢固，保温良好，膨胀指示器正确。

（3）各系统的风门、挡板，汽、水管道的阀门、法兰、盘根完好，阀门手轮完整，传动装置完整牢固，阀门开关灵活，实际位置应与指示相符，电动门及调门就地位置正确，核对编号、名称一致。限位开关良好，各阀门铭牌齐全，标志清楚。

第二篇 集控值班

（4）厂房内各处的照明良好，事故照明系统正常，通信系统正常。

（5）现场消防设备完整齐全，消防水系统完好，主要辅机、电气设备、燃油系统及制粉系统等易发生火灾的地方，备有足够的消防器材。

（6）各有关控制电源按要求送上，控制气源供气阀门检查在开启位置。

（7）所有取样点、表计测点一次门及就地表计完好并处于良好投运状态。

（8）值长通知相关车间及时制水、制氢、上煤，做好启动前的准备。

（9）DCS 操作画面的检查：

1）所有开关、阀门及设备状态指示正确，各联锁开关位置正确。

2）各参数齐全、完整，指示正确。

3）光字牌指示齐全、正确，热工信号、事故音响、声光报警完好。

（10）旁路系统完好，各自动保护装置具备投入条件。

（11）检查主油箱、补充油箱、EH 油箱油位正常，油质合格。

（12）确认各辅机电动机绝缘良好，有关电源送电。检查转动设备、系统完好、仪表齐全，机械部分盘动无卡涩，轴承润滑油位正常，冷却水、密封水正常投入。

（13）检查启动仪用压缩空气系统，保持供气母管压力 0.6～0.8MPa。汽机侧 0.5～0.7MPa。

（14）检查确认电气设备各处所挂接地线和所合接地刀闸、短路线、标示牌、脚手架等安全措施已拆除或断开，常设遮栏已恢复。

（15）检查发电机各部位之间安装连接是否可靠，有无松动现象。

（16）定冷水质合格，在发电机解列备用状态下，通知检修人员测量发电机定子绕组绝缘合格。

（17）检查发电机滑环及电刷表面清洁，各电刷完整齐全，连接牢固，电刷与滑环接触良好、压力适宜，无过短或间隙过大晃动现象；绝缘垫清洁完好。

（18）投入封闭母线微正压装置，且运行正常。

（19）检查励磁整流柜，励磁调节柜及其他辅助柜表计、信号、指示灯正常，冷却风机运行正常；励磁调节器设为 A 套为主、B 套为从。

（20）检查发电机－变压器组表计、操作开关、信号灯及二次回路完好，保护传动试验正常，各联锁试验正常。

（21）检查主变压器、高压厂用变压器、发电机变压器组保护装置正常。

（22）检查发电机、励磁变、高压厂用变压器、主变压器各部温度指示正确。

（23）发电机的气体严密性试验合格；氢油水系统投入，检查各回路无渗漏现象；水质合格，氢气品质合格。

（24）检查 GIS 组合电器正常，符合投运条件；检查瓷套管无裂纹、破损，各充油设备无漏油、渗油现象。无 SF_6 气体泄漏现象。

（25）检查发电机中性点接地变压器柜完好。

（26）检查发电机出口 YH 完好。

（27）检查发电机大轴接地碳刷装置完好。

（28）停机后或停机时间超过 24h 的发电机启动前，应测量发电机系统绝缘电阻，并将测量结果正确记录。

1）发电机定子绕组的绝缘由高压班用专用摇表测量，其值应符合规定，绝缘电阻值低到前次测量值的 1/3 以下时应查明原因。

2）摇测发电机转子绝缘，转子绕组冷态（20℃）下的绝缘，用 500V 的绝缘电阻表测量不得低于 $1M\Omega$；励端轴瓦绝缘用 1000V 绝缘电阻表测量，绝缘电阻值不应低于 $1M\Omega$。

3）测量发电机系统绝缘的工作应在主开关、刀闸、高压厂用变压器低压侧开关、发电机 YH、避雷器均处于断开状态下进行。

4）测量发电机转子回路绝缘电阻时，还应断开灭磁开关、三套整流柜的直流输出刀闸及起励电源保险。

5）以上绝缘电阻不合格时，应采取措施加以消除，若不能恢复时，是否投入运行，应由总工程师决定。

（29）检查高压缸排汽止回门、所有抽汽止回门及疏水系统电动门和气动门能正常工作，联动试验正常。

（30）检查并消除锅炉各部位任何有碍膨胀的故障，各处膨胀指示器齐全、完整、刻度清晰并记录好初始值。

（31）清除锅炉周围杂物和垃圾，保证平台、扶梯畅通。

（32）检查锅炉各人孔已关闭，所有风门及烟道挡板开关灵活，挡板就地开关位置应与 DCS 显示相符。

（33）检查所有的阀门处于启动的正确位置，阀门无泄漏，开关灵活，电动（气动）执行机构良好，开度指示与实际位置应相符。

（34）汽包就地水位表计完整齐全，指示正确，照明良好，水位摄像系统工作正常。

（35）燃烧器完整，其摆角位置正确，摆动机构动作正常、灵活，无卡涩情况，保温良好，风道风箱上无积粉、积油；油枪、点火器、电磁阀等良好备用。

（36）检查回转式空气预热器的传动装置、密封间隙、润滑冷却系统，各指示正常。

（37）排渣系统正常投运。

（38）各汽水管道、烟风道、燃烧器等吊架完整，受力均匀，弹簧吊架已处于正常工作状态。

（39）检查锅炉所有控制系统（包括FSSS）热工仪表等均处于正常工作状态。

（40）火焰摄像系统正常，其冷却系统投运正常。

除了以上条件外，还要对外围各处准备好，如化学制水、除灰、脱硫、除尘系统的投运等。有些工作还需与检修、热工及计算机人员共同配合，所以为了加速发电机组的启动必须加强各个专业之间的联系。

第二节 机组启停方式及旁路系统

一、机组启动方式分类及特点

汽轮机的启动方式较多，归纳起来有四种分类方法。

（一）按新蒸汽参数分类

1. 额定参数启动

额定参数启动时，在整个启动过程中，从冲转至并网带负荷的全过程，汽轮机至主汽阀前的蒸汽参数（如压力、温度）始终维持额定参数，这种启动方式的额定参数—压力、温度相当高，它与汽缸转子等金属部件的温差很大，而高温、高压发电机组启动中又不允许有过大的温升速度，为了设备的安全，在这种条件下只能将进汽量控制很小，导致节流损失增加，同时汽轮机必须延长升速和暖机的时间，致使经济性降低；汽轮机调节级后温度变化剧烈，零部件受到很大的热冲击，热应力也大，以及各部件受热不均易产生热弯曲（冲转的部分进汽量小）。另外，锅炉还需将蒸汽参数达到额定值后，汽轮机才能冲转，在整个启动过程中将损失大量的燃料、降低发电厂的效益。所以额定参数启动仅适用于母管配汽的汽轮机，而不适用于单元制的大容量发电机组。

2. 滑参数启动

滑参数启动是指汽轮机主汽阀前的蒸汽参数（如压力、温度）伴随汽轮机的转速和负荷的升高而升高，直至启动结束，蒸汽参数达到额定值的启动过程。

滑参数启动克服了额定参数启动时由于蒸汽参数高，对汽轮机部件产生热冲击，进汽流量小，暖机和启动时间长，以及冲转前为了提高蒸汽参数而致使锅炉燃料和汽水浪费大等缺点，因此在单元制大容量发电机组启动中得以广泛应用。

滑参数启动有真空法和压力法两种。

（1）滑参数真空法。滑参数真空法是启动前全开电动主汽门、自动主汽门和调汽门、真空区一直到锅炉汽包。锅炉点火后炉水在真空状态下汽化，在不到 0.1MPa 的汽压下就可以冲动汽轮机。随着锅炉燃烧的增强，一方面提高汽温、汽压，另一方面汽轮机升速、定速、并网。但真空法滑参数启动存在一定的缺点，如疏水困难，蒸汽过热度低，依靠锅炉热负荷控制汽轮机转速不太容易，容易引起水冲击，安全性较差。对于中间再热式发电机组，由于高压汽缸排汽温度相应较低，再加上再热器一段布置在烟气低温区，使再热器出口汽温很难提高，可导致中、低压汽缸内蒸汽湿度增大；真空法滑参数启动时真空系统庞大，启动过程中抽真空也较困难。因此，目前在真空法滑参数启动应用较少，真空法启动是利用低参数来暖管、暖机、升速和带负荷。由于汽温是从低到高逐渐上升，所以允许通汽流量较大，既有利于暖管和暖机，又可使过热器、再热器充分冷却，促进锅炉水循环及减少汽包壁的温差，同时还使锅炉产生的蒸汽得以充分利用。所以，这种方法比较经济，对锅炉又比较安全。

（2）滑参数压力法。汽轮机真空只抽到高压主汽阀，启动冲转参数选用适当压力和温度的过热蒸汽（过热度不小于50℃），从冲转到汽轮机达额定转速的全过程，蒸汽参数基本维持不变，只是通过控制汽轮机进汽量来达到控制汽轮机转速的目的。相比于滑参数真空法，滑参数压力法便于控制转子转速，可避免中、低压转子叶片的水蚀。由于压力法启动参数足够高，故整个启动过程中操作简单、控制方便，但也存在一定的问题，如冲转时蒸汽温度与金属温度的匹配不理想，有一定程度的热冲击，降低了汽轮机的寿命，定速后缸温水平不高，需要在低负荷下长时间暖机。

一些国外发电机组在启动前采用盘车暖机预热高压汽缸，启动参数较高，一般为 4~6MPa，300~350℃，称为中参数启动，仍属于压力法滑参数启动，这种方式便于电子计算机按程序进行控制。

（二）按冲转时进汽方式分类

1. 高、中压缸启动

高、中压缸启动时，蒸汽同时进入高压缸和中压缸冲动转子，这种启动方法对高、中压缸合缸的发电机组，可使分缸处加热均匀，降低热应力，缩短启动时间。

2. 中压缸启动

在汽轮机启动冲转过程中，高压缸不进汽，只向中压缸进汽冲动汽轮机转子，待机组达到一定转速或带到一定负荷后，再切换为高、中压缸共同进汽的方式，直至机组带满负荷运行。这种启动方式称为中压缸启动。

中压缸启动方式与高、中压缸联合启动方式相比，高压缸采用倒暖方式，中压缸全周进汽，使得汽缸加热比较均匀，温升较为合理。在机组启动初期，减少了高压缸热应力和胀差对机组启动速度的影响和限制。由于高压缸在启动初期不进汽做功，在同样的工况下，进入中压缸的蒸汽量大，使得暖机更加充分、迅速，从而缩短了机组启动持续时间。

机组冷态工况采用中压缸启动方式时，当锅炉再热蒸汽参数升到一定数值后（一般比高压内缸温度高出 50℃ 左右）即可开启高压缸排汽止回门，对高压缸进行倒暖。通常，当高压缸金属壁温达到 200～230℃ 即可停止倒暖，此时可以开启高压缸通往凝汽器管道上的真空阀，使高压缸处于真空暖热状态。在进行倒暖的同时，主蒸汽、再热蒸汽参数仍按规定速度升温、升压，待主蒸汽和再热蒸汽参数达到冲转要求时，即可进行中压缸进汽冲转操作。

当达到切换转速或切换负荷后，关闭高压缸通往凝汽器的抽真空阀门，微开高压调节汽门，并打开高压缸排汽止回阀，让少量蒸汽流入高压缸，此时应注意高压缸缸体温度的变化，然后逐渐开大高压调节汽门直至全开。在恢复高、中压缸同时进汽方式操作期间，高压旁路阀随之缓慢关闭。当切换完成后继续增加负荷时，高压调节汽门保持开度不变，负荷由蒸汽压力的逐步上升而升高。整个切换过程时间不应过长，切换时应特别注意高压缸温度变化，避免产生过大的热冲击。调整高低压旁路时也应保持主蒸汽和再热蒸汽参数的稳定。

在机组进行热态启动时，采用中压缸冲转方式通常不需要进行高压缸倒暖操作，只需将高压缸处于真空隔离状态即可。在热态工况下，保持恰当的启动再热蒸汽参数，在高压缸处于真空状态下，使中压缸进汽冲转转子。当负荷达到切换负荷时，即可进行进汽方式的切换，切换过程结束，仍按高中压缸进汽启动操作程序进行。

（三）按控制进汽流量的阀门分类

1. 调汽门启动

启动时电动主闸门和自动主汽门处于全开位置，进入汽轮机的蒸汽流量由调速汽门控制。

2. 用自动主汽门或电动闸门的旁路门启动

启动前调汽门全开，用自动主汽门或电动主闸门的旁路门控制蒸汽流量。

（四）按启动前汽轮机金属温度（内缸或转子表面温度）分类

根据机组状态的不同，汽轮机的启动可以分成不同的启动状态，划分启动状态的目的是根据不同的启动状态来决定汽轮机启动的方式和启动的速度，以获得最快的启动速度和最经济的效果。

现在，国内外一般都把汽轮机的转子温度作为汽轮机温度的代表，具体测量时，则以汽轮机调节级温度作为转子温度的代表。根据启动前调节级温度来进行汽轮机启动状态的划分，也有的汽轮机制造厂以汽轮机停机时间的长短作为相对状态划分的依据，但是无论依据什么，大都把汽轮机的启动状态分为冷态、温态、热态和热态 4 种状态。也有的制造厂把汽轮机启动状态分为冷态、温态和热态 3 种状态。在各种状态下，超临界600MW 汽轮机启动状态划分温度见表 16 - 1。

表 16 - 1　　超临界 600MW 汽轮机启动状态划分温度表

状　　态		制　造　厂			
		哈汽公司	东汽公司	通用公司	东芝公司
冷态	高压缸第 I 级金属温度	<120℃	<150℃	<270℃	<270℃
温态	高压缸第 I 级金属温度	120～400℃	150～350℃	270～350℃	270～350℃
热态	高压缸第 I 级金属温度	400～450℃	350～400℃	350～400℃	350～400℃
极热态	高压缸第 I 级金属温度	≥450℃	≥400℃	≥400℃	≥400℃

以上的启动标准是在电力工业部颁发《电力工业技术管理法规》（电技字第 26 号）中规定的，另外，有的国家也按停机时间来划分：停机一周为冷态；停机 48h 为温态；停机 8h 为热态；停机 2h 为极热态。

二、停机方式分类特点

汽轮机的停机方式可分为事故停机和正常停机两类。

（一）事故停机

事故停机是指电网发生故障或发电机组的运行设备发生严重缺陷和损

坏，使发电机组迅速从电网中解列出来，甩掉所带全部负荷，然后根据事故情况决定是维持空转、准备重新接带负荷还是停机。事故停机分为紧急停机和故障停机两种。

1. 紧急停机

紧急停机是指汽轮机发电机组所发生的异常情况已经严重威胁汽轮机设备及系统安全运行的停机。紧急停机后应立即确认发电机已自动解列，否则应手动解列发电机。同时，注意启动油泵的联启，转速下降至 $2500r/min$ 时应破坏凝汽器真空，以使转子尽快停止转动。

2. 故障停机

故障停机是指汽轮机发电机组所发生的异常情况，还不会造成汽轮发电机组设备及系统的严重后果的停机。汽轮机带负荷运行中，如出现一般故障停机的异常情况时，应尽量采取措施予以挽回，无法挽回时应尽可能采取减负荷停机。

（二）正常停机

根据电网生产计划安排，有准备停机，称为正常停机。它分为额定参数停机和滑参数停机两类。

1. 额定参数停机

额定参数停机是指若设备和系统有一些小缺陷处理，但只需短时间停机，待缺陷处理后就可立即恢复运行。这种情况在停机后要求机、炉金属温度保持较高水平，以便重新启动时节省时间。所以在停机过程中蒸汽参数保持额定值，以较快速度减负荷，大多数汽轮机都可以在 30min 内均匀地减负荷至安全停机，不产生过大的应力。

2. 滑参数停机

滑参数停机是指在调速汽门逐渐全开的情况下，汽轮机负荷随锅炉蒸汽参数的降低而下降，机、炉的金属温度也相应下降，直至负荷到零为止。发电机解列后，还可继续降低蒸汽参数来降低汽轮机汽缸的温度水平。这样金属的温度可降低，缩短了冷却时间，可以使检修人员尽快揭缸，缩短了检修工期。

滑参数停机时蒸汽流量较大，又是全周进汽，对汽缸冷却均匀，对汽轮机热变形和效应力较小，同时还可减少停机过程的热量和汽水损失，并且充分利用锅炉余热发电。滑参数停机对叶片、喷嘴还有清洗作用。

三、各种启停方式的适应情况

（一）启动方式的适应情况

额定参数启动适应于母管配汽的汽轮机，而单元制大功率中间再热发电机组广泛采用滑参数压力法、高中压缸或中压缸进汽的启动方式。事实上，启动方式的选择，不仅与汽轮机的结构有关，而且与成熟的运行经验也有关系。例如，华能大连电厂日本三菱公司制造的350MW机启动方式为滑参数压力法（中参数）、高中压缸进汽、主汽阀预启阀控制进汽流量冲动转子，而法国较多采用中参数中压缸进汽启动。

（二）停机方式的适应情况

汽轮机的停机方式可根据停机后启动的需要，采用额定参数停机或滑参数停机。如以检修为目的，希望发电机组尽快地冷却下来，则可在减负荷的同时按滑参数停机曲线降低蒸汽参数，使汽轮机处于较低的温度。若根据系统负荷的需要以及设备或系统出现一些小缺陷，需要短时间停机处理，待缺陷处理完立即恢复发电机组的情况要求，机、炉金属温度保持较高水平，以便重新启动时而采用额定参数进行停机。

（三）旁路系统对启停方式安全性的影响

旁路系统的设置能够在发电机组启停或甩负荷时保证再热器不超温，可以使再热器布置在烟温较高区域，综合利用烟气的热量加热再热蒸汽，制造再热器的金属材料也不需太昂贵，因此提高了经济性。在发电机组热态启动中，能够满足主蒸汽和再热蒸汽管道暖管的需要，并起到调节蒸汽温度的作用，避免了发电机组负荷差启动，延长了汽轮机的寿命。旁路系统的设置缩短了发电机组启动的时间，能够回收工质和热量，减小排汽噪声。另外，在冲转前建立一个汽水循环系统，可使蒸汽品质达到要求，以避免汽轮机受到不合格蒸汽的侵蚀。在负荷瞬变时，旁路系统还可以处理过渡工况剩余的蒸汽量；在发电机组甩负荷时，可维持锅炉运行，以便在故障排除后向汽轮机供汽恢复向电网供电；在电网故障时，可维持汽轮发电机带厂用电运行，这样不仅提高了发电机组的可用率，而且也提高了电网的稳定性。综上所述，旁路系统不但可以改善发电机组的安全性能，而且还能够保证发电机组启停的灵活性、稳定性和经济性。

第三节　机组冷态滑参数启动

一、配用自然循环汽包炉的机组冷态滑参数启动

1. 启动前的准备工作

机组启动前的准备工作基本上是炉、机、电分别进行的，有相当一部分与采用母管制系统的机组启动前的准备工作大体相同。启动前对所有设备和系统都要进行详细检查，有关阀门、挡板应在规定的开或关状态，电

动门、调整门和主要辅机都要经过认真局部试运行，确保运行性能良好，进行锅炉水压试验，锅炉上水、连锁试验，汽轮机润滑油提升油温，油泵联动试验，大轴挠度测量；发电机—变压器组绝缘测定，断路器传动试验以及发电机—变压器组恢复备用等。但由于机组是一个整体，启动前的准备工作中，炉、机、电是互相联系的。因此，机组启动前的准备工作具有以下特点：

（1）大容量机组锅炉出口有的不设立阀门或不能加装临时堵板，锅炉水压试验时，水压一直打到汽轮机主汽门前，要求该门一定关严。水压试验结束后，锅炉放水至低水位，而主蒸汽管道放水要在锅炉点火之前完成，以防可能引起主蒸汽管道的水冲击。

（2）对中间再热机组来说，汽轮机调速系统的静态试验必须在锅炉点火前进行，否则当锅炉点火后，蒸汽旁路系统投入，主汽和再热汽系统已充汽，有些机组尽管汽轮机主汽门在关闭状态，但中压缸进汽管没有自动主汽门，如中压调速汽门一旦开启，就有可能由于中压缸进汽而冲动汽轮机。对有些没有电动主闸门的机组，则存在高、中压缸同时进汽的危险。

（3）机组均设置一系列保证安全的保护装置，在滑参数启动中，除低温保护（滑参数启动中汽温低）和低真空保护（启动过程中真空系统往往不稳定）等因启动过程的特殊条件不能投入外，其他各种保护在冲转前应全部投入。

（4）高参数大容量汽轮机转子的临界转速偏低，当转速为最低临界转速的 2 倍以上时，易发生油膜共振。油温调节不当并偏低时，也容易使稳定裕度不大的机组发生油膜共振，因此，要求油温不低于 40℃。为了增加其稳定性，可维持油温为 45℃。

（5）发电机–变压器组（包括发电机出口隔离开关）恢复备用一定要在汽轮机冲转前完成。汽轮机一经冲转，整个发电机–变压器回路即认为"带电"。这一点对热态启动尤为重要。因为热态启动过程所需时间很短，电气的准备工作一定要提前完成，才不至于影响整个启动过程。

（6）值长或单元长应提前组织好外围各专业的准备工作，如燃运系统上煤或供油（气），化学水处理系统制水，发电机充氢等，有些启动前的准备工作还需与检修、热工及计算机人员等共同配合做好。

（7）锅炉上水所需时间，要视水温、气候条件及锅炉形式而定。高参数大容量锅炉的汽包壁较厚，为防止过大的汽包内应力，应适当控制上水速度。一般锅炉的上水为加热以后的除氧水（温度视锅炉底部加热后汽包壁温而定），夏季上水时间不应少于 2h，冬季上水时间不应少于 4h。

2. 锅炉点火

锅炉点火是机组启动操作的正式开始，机组启动主要操作都在集控室内进行。

（1）锅炉点火前的准备。

1）单元长在接到点火命令后，通知各岗位做好准备工作。给水水质满足启动时的给水质量要求，并在 8h 内达到正常运行时的标准。

2）确认锅炉各保护及联锁试验合格并投入。

3）启动除渣、除灰系统运行。

4）确认冷灰斗、烟道灰斗密封良好。

5）联系灰水专业做好除尘系统的准备工作。

6）检查仪用压缩空气压力正常。

7）校对汽包两侧就地水位计指示，应与 DCS 画面显示水位相符。

8）启动 A、B 空气预热器，确认预热器运转良好；投入电动门及备用电机联锁和各项保护；并确认空气预热器的间隙系统工作正常，密封间隙处在设定值范围内。

9）启动一台火检风机，检查火检冷却风压正常，备用火检风机投联锁。

10）根据环境温度投入暖风器运行。

11）启动引、送风机，检查风机运转正常后；开始进行炉膛吹扫工作；炉膛允许吹扫的条件如下：

a. 无锅炉 MFT 跳闸条件。

b. 燃油供油阀关闭。

c. 燃油系统的油阀关闭。

d. 所有磨煤机停止。

e. 所有给煤机停止。

f. 全炉无火检。

g. 炉膛压力正常。

h. 二次风挡板在吹扫位（挡板开度大于 55%）。

i. 火检冷却风系统正常。

j. 空气加热器任意一台运行。

k. 至少有一台送风机在运行。

l. 至少有一台引风机在运行。

m. 两台一次风机均停止。

n. 汽包水位正常。

o. 锅炉总风量在吹扫风量。

p. MFT 继电器柜电源正常。

q. 脱硫已运行。

r. MFT 已动作。

12）以上条件全部满足时发出"吹扫请求"信号，然后启动吹扫手动指令，吹扫时间为 5min，炉膛吹扫完成后，MFT 自动复位，OFT 手动复位，锅炉允许点火。

13）开启各过热器、再热器疏水门。

14）投入炉膛烟温探针，确认炉膛火焰监视电视摄像头的冷却风机风压大于 1.05kPa。

15）锅炉炉前燃油系统泄漏试验完成，准备点火。

16）点火前汽轮机应完成下列工作：

a. 轴封供汽系统暖管疏水，汽轮机本体及主、再热蒸汽管道，各抽汽管道疏水门在开启状态。

b. 投入轴封系统：辅汽供轴封压力定值为 24kPa；再热冷段供轴封压力定值为 28kPa；轴封溢流压力设定值为 31kPa。低压轴封减温水调整门温度定值为 150℃。

c. 启动两台真空泵，关闭真空破坏门，维持汽轮机真空 62kPa 以上。

d. 利用暖缸系统对高、中压缸进行预暖，使汽缸膨胀上升至 10mm以上。

（2）锅炉点火。

1）油枪投入。

a. 先投底层 1 号角油枪。启动 1 号角点火器，开启 1 号角油阀。

b. 投入 1 号角油枪成功后，每隔 15s 依次投入 3、2、4 号角油枪，当点火器冷却切除后，二次风与炉膛内的压差必须维持在 0.25 ~ 0.40kPa 以上，以满足点火喷嘴的冷却需要。

c. 燃烧器角的编号，面对锅炉从炉前左侧角开始，按顺时针方向分别为 1、2、3、4 号。

d. 投底层油枪时，如点火不成功，可再试两次（需间隔一定时间），三次都不成功，则应联系检修人员处理。

e. 通过炉膛火焰监视电视和就地观察孔，观察燃烧情况。如燃烧不佳，通常表现为着火点不稳定、火焰上有拖尾现象、火焰不明亮、有未燃尽碳形成的火星、火焰形状不规则等情况。

f. 根据燃烧情况和需要采取投用底层油枪同样的方法投入上层油枪。

2）油枪应按照由下向上，先投对角后投全层的原则逐步投入。油枪点火后，及时观察炉内着火情况，调整燃烧，保证油枪雾化良好，着火稳定，发现问题，及时联系检修处理。

3）点火后严密监视炉膛出口烟温小于538℃；否则，应调整燃料量，降低燃烧率。在汽轮机冲转后退出烟温探针，在烟温监视过程中，应经常调整烟温探针，以测定不同区域烟温，并将烟温探针停留在高烟温区。

4）点火后，根据汽包水位情况启动给水泵。

5）汽包水位和给水基本稳定后，给水调节旁路置自动，锅炉连续进水后，关闭省煤器再循环阀。

6）点火后，空气预热器使用辅汽汽源进行连续吹灰。

7）点火后，通知化学加药。

8）点火后，投入连排系统，开启水冷壁下集箱定排门进行排污，每路全开时间不宜超过30s，以加速蒸发受热面各部分受热均匀，提高炉水品质。

3. 锅炉升温升压

锅炉点火后，各部分温度逐渐升高，炉水温度也相应升高。炉水汽化后，汽压也逐渐升高。锅炉从点火至汽压升至额定压力的过程称为升压过程。由于水和蒸汽在饱和状态下温度和压力存在一定对应关系，所以升压过程也就是升温过程。通常以控制升压速度来控制升温速度。升温过快，将引起较大的热应力，为此高压和超高压锅炉在升压过程中，汽包内水的平均温升速度限制在 1.5～2℃/min。锅炉启动时的升温升压速度主要用调整燃烧率来控制。

在锅炉升压过程中，要重视对汽包和水冷壁的保护。在升压初期，汽包内压力较低，各种温差往往较大，汽包金属主要承受由温差引起的热应力，故升温速率应控制小些。另外，在低压阶段升高单位压力的相应饱和温度上升值大，因此升压初期的升压速度应特别缓慢，并应采取措施，加强汽包内水的流动，从而减少汽包上下壁温差。一般采用汽包内设置邻炉蒸汽加热装置和加强下联箱放水，以尽早建立水循环和控制汽包热应力。当水循环处于正常后，为不使汽包内外壁、上下壁温差过大，仍应限制升温升压速度，当压力升至额定值的最后阶段，汽包金属的机械应力也接近于设计预定值，这时如果再有较大的热应力是危险的，故升压速度仍应受到限制。一般规定汽包上下壁温差不得超过50℃，为此在大型锅炉汽包上一般装设上下壁温测点若干对，以便在启动时监视温差。若发现上下壁温差过大，就应降低升压速度。锅炉升压过程中为使水冷壁受热均匀，除应使喷燃器的运行方式合理外，还要加强下联箱放水，使受热较弱的水冷壁管受热加快。有些高压和超高压锅炉的下联箱上装有蒸汽加热装置，点火前用邻炉 0.8～1.3MPa 的蒸汽加热水循环系统，可改善膨胀状况，降低汽包上下壁温差，并可减少启动中的燃料消耗和排汽损失。考虑到启动初期锅炉蒸汽流量少，各受热面金属温度与烟温接近，因而还应考虑对过热器、再热器和省煤器进行保护。

4. 暖管

冷态启动前，主蒸汽管道、再热蒸汽管道、自动主汽门到调速汽门的导汽管、自动主汽门及调速汽门等的温度均相当于室温。锅炉点火后利用所产生的低温蒸汽对上述设备和管道进行预热和疏水，这就是暖管。暖管的目的，是防止未经预热的管道突然通入大量的高温蒸汽，使管道及其附件产生破坏性的热应力及管道水冲击。法兰螺栓加热装置、轴封供汽系统、各辅助设备的供汽管道也应同时进行暖管。锅炉点火、升压和暖管同时进行时，锅炉汽包至汽轮机之间主蒸汽管道上的所有阀门在全开位置，旁路门在全关位置。再热机组通过汽轮机旁路系统对再热蒸汽管道进行暖管，同时可通入蒸汽，在盘车工况下对高、中压缸进行暖缸。

暖管时要注意及时疏水，防止发生水冲击和管道振动，同时还可帮助提高汽温，加快暖管速度。主蒸汽管道和再热器冷热段疏水一般经疏水扩容器排至凝汽器，如上旁路系统的排汽，使凝汽器已带上热负荷，所以应保证循环水泵、凝结水泵及抽气器的可靠运行，使排汽室温度调整在 60～70℃为宜，不允许超过 120℃。

大容量机组的配汽机构阀门体积庞大，形状结构复杂，暖管时应注意暖阀速度，以防热应力过大而产生裂缝。暖管温升速度一般不超过 3～5℃/min。

5. 冲转、升速和暖机

（1）冲转应具备以下条件：

1）确认机组连续盘车 4h 以上，偏心度小于 76μm；盘车电流正常；机组内部及轴封处无异音；顶轴油泵运行正常；各轴瓦回油畅通；

2）确认汽轮机主保护"DEH 大于 110% 超速保护；转速大于 3330r/min 超速保护 轴向位移大"润滑油压低"EH 油压低"轴振大""锅炉汽包水位高 MFT"在"投入"位。并记录投入保护的详细情况。

3）冲转参数符合下列要求：

a. 机前蒸汽参数，在从主汽阀切换到调节汽阀控制之前，主汽阀进汽参数应在附录图示"主汽阀前启动蒸汽参数"中"冷态启动"范围内，再热主汽阀进汽参数应在附录图示"再热主汽阀前启动蒸汽参数"中"冷态启动"范围内。

b. 真空应在附录图示"再热蒸汽温度与背压的要求"图示中"全速 – 空负荷"曲线上。

c. 高压启动油泵出口油压：0.838 ~ 0.896MPa；

d. 润滑油压：0.083 ~ 0.124MPa；润滑油：38 ~ 45℃；

e. EH 油压：12.4 ~ 15.2MPa，EH 油温：38 ~ 54℃，EH 油箱油位：438 ~ 800mm；

f. 600MW 汽轮机冲转前的蒸汽质量符合下表要求，并在 8h 内达到正常运行时的标准。

600MW 汽轮机冲转前的蒸汽质量参数表见表 16 – 2。

表 16 – 2　　600MW 汽轮机冲转前的蒸汽质量参数表

主要参数		哈汽机组	东汽机组	G/A 机组	东芝机组
冷态	主蒸汽压力（MPa）	>8	8.73	4.5（8.7）	6.68
	主蒸汽温度（℃）	低于 430 和高于过热温度 56	380	330 ~ 400	365
温态	主蒸汽压力（MPa）	主蒸汽压力大于 8MPa，进汽时调节级出口蒸汽和调节级金属温差 −56 ~ 110℃之间且高于过热温度 +56℃	主蒸汽压力大于 8.7MPa，主蒸汽和再热蒸汽温度高于第 1 级金属温度 50℃，且过热度大于 50℃	主蒸汽压力大于 8.7MPa，主蒸汽和再热蒸汽温度高于第 1 级金属温度 50℃，且过热度大于 50℃	主蒸汽压力大于 6.68MPa，主蒸汽和再热蒸汽温度高于第 1 级金属温度 50 ~ 100℃，且有 50 ~ 80℃过热度
	主蒸汽温度（℃）				
热态	主蒸汽压力（MPa）				
	主蒸汽温度（℃）				

主要参数		哈汽机组	东汽机组	G/A 机组	东芝机组
极热态	主蒸汽压力（MPa）	—	—	16.6	—
	主蒸汽温度（℃）		—	高于第 1 级金属温度 50℃，且过热度大于 50℃	—

4）凝汽器真空不得低于 65～85kPa（真空的允许低限取决于当地的大气压力）。

5）必要的保护和连锁已经投入。

6）发电机—变压器组已恢复备用（包括发电机出口隔离开关已在合闸位置）。

（2）冲转方式。国产机组一般采用高中压缸进汽的冲转方式（也有部分进口机组采用中压缸进汽的冲转方式）。

（3）升速和暖机。汽轮机在冷态启动时，为防止汽轮机各金属部件受热不均匀产生过大的热应力和热膨胀，一方面要合理控制冲转参数，避免蒸汽与汽缸、转子形成大的温差（国外有些机组规定汽轮机冲转前蒸汽与转子的温差不得超过 180℃）；另一方面，在冲转升速至额定转速前，需要有一定时间的暖机过程。暖机的目的是防止金属材料脆性破坏和避免过大的热应力。

暖机转速越高，则蒸汽对金属的放热系数越大，加热越剧烈，但其离心应力过高会带来危险性。暖机转速太低，其放热系数小，加热慢，延长启动时间且增加启动损失。所以按不同类型的机组，可选择不同的转速和暖机时间。国产大容量高参数机组均采用中速暖机，即在 1000～1400/min、真空 80～86kPa 下，暖机 30～60min，有时还需要在 2000～2400r/min 下进行高速暖机。

在整个升速暖机过程中，遇到转子临界转速要迅速以均匀升速率通过，但不要升速太快，以免失去控制，造成设备损坏。由于大容量汽轮发电机组均由高、中、低压转子组成，轴系长，临界转速比较分散，通常在中速或高速暖机时，以 100～150r/min（或 150～250r/min，或 250～300r/min）的速度升至额定转速。升速的每个阶段，对各轴承振动值应严格监测，并与以往启动时的振动值加以比较，如有异常应查明原因并处理，有问题时严禁硬闯临界转速。在转子一阶临界转速以下轴承振动值达 0.08mm 或过临界转速时轴承振动值达 0.254mm，应立即打闸停机，待查明原因并进行处理后才允许重新启动。

国产机组由于法兰凸缘长而厚，法兰温差大，因而汽缸的热应力是升速暖机过程中应监视的重点。进口机组由于采用双层汽缸，法兰凸缘短而薄，法兰温差小，因而升速暖机过程中主要考虑的是转子的温度应力。

汽轮机暖机过程中，应检查汽缸、转子膨胀和上、下缸温差，并做好记录，发现异常应查明原因，及时解决。当转速升至 2800r/min 以上时，要注意主油泵是否投入工作。定速后，根据金属温度、温差、胀差和振动情况决定是进行额定转速暖机还是进行并网操作。

6. 并网与接带负荷

达到额定转速后，经检查确认设备正常，完成规定试验项目，即可进行发电机的并网操作。并网操作采用准同期法，要严格防止非同期并列。发电机与系统并网时的要求有：

（1）主断路器合闸时没有冲击电流。

（2）并网后能保持稳定的同步运行。

为满足上述要求，准同期并网必须满足三个条件：①发电机与系统的电压相等；②电压相位一致；③频率相等。如电压不等，其后果是并列后发电机与系统间有无功性质的冲击电流；如电压相位不一致，则可能产生很大的冲击电流，使发电机烧毁或使发电机端部因受到巨大电动力作用而损坏；如频率不等，则会产生拍振电压和拍振电流，将在发电机轴上产生力矩，从而发生机械振动，甚至使发电机并入系统时不能同步。准同期法并网的优点是发电机没有冲击电流，对电力系统没有什么影响。

准同期法分自动准同期、半自动准同期和手动准同期三种。调频率（汽轮机转速）、调电压及合主断路器全由运行人员手动操作的称手动准同期；三项操作全由自动装置来完成的，称自动准同期；三项操作中有一项或两项为自动的，即为半自动准同期。

大型机组一般都采用自动准同期的方法并网。自动准同期装置能够根据系统的频率调机组的转速，使机组的转速达到比系统高出一个预先整定的数值；然后，当待并发电机电压与系统的电压差值在 ±10% 以内时，装置就在一个预先整定好的超前时间发出脉冲，合上主断路器，完成并列。

汽轮发电机并网后，用开大调速汽门或主汽门（主汽门冲转带基本负荷）的方法接带 5% ~12% 的额定负荷进行低负荷暖机。此时，发电机可立即接带部分无功负荷以改善系统电压水平。对于表面冷却的发电机在并列后即可按定子额定电流的50%接带无功负荷。但对于内冷式发电机，冷态启动时立即给转子加很大励磁电流，由于转子绕组与铁芯发热时间常数差别较大（转子绕组的发热时间常数为3~5min，铁芯为40min），将在两者之间形成比稳态运行时大得多的温差，这样多次启停引起的多次热应力循环将加速转子绝缘损坏。因此，有关发电机运行的规程规定：内冷式发电机并网后，电流的增长速度不应超过正常有功负荷的增长速度，但电力系统发生事故，要求输出无功功率时例外。

机组并网后，低负荷暖机的负荷值和暖机时间根据蒸汽和金属温度的匹配情况决定，如失配越大，负荷值越小，暖机时间越长。在初负荷暖机阶段，除必须严格控制蒸汽温升率和金属温差外，尚需监视胀差变化。如发现胀差过大，应延长暖机时间，还可以通过调整真空和增大法兰加热进汽量的方法进行调整。同时也必须严格监视振动情况，发现振动增大，也要延长暖机时间。

有的机组用自动主汽门启动，当负荷增加到10%额定负荷左右时进行"阀切换"，由自动主汽门控制切换到调速汽门控制。

为防止汽轮机转子发生脆性断裂事故，一般规定启动后，负荷为25%额定负荷运行3h后，待转子内孔温度达150℃以上时，再解列进行超速试验。

随着机组负荷的增加，按规程要求，要进行凝结水回收，倒轴封汽源，倒电动给水泵运行为汽泵运行，锅炉各台磨煤机启动和投入，关凝结水再循环泵，投入高、低压加热器，电气倒厂用电等操作。当负荷增至80%额定负荷后，汽缸金属的温度水平接近额定参数下额定工况的金属温度水平，锅炉滑参数增加负荷的过程即告结束。此后，随着锅炉蒸汽参数的提高，要逐渐调节调速汽门，但负荷保持不变，待蒸汽参数达额定值后，再逐渐开大调速汽门把负荷增加到额定值。

二、配多次强制循环锅炉的机组启动特点

配多次强制循环锅炉的机组与配自然循环汽包炉的机组的启动程序基本相同。但由于其配备了炉水循环泵，启动时，与自然循环锅炉相比有以下特点。

1. 升压过程中汽包工作安全

由于多次强制循环锅炉汽包内部有弧形衬板，汽水混合物由汽包顶部引入，沿弧形衬板与汽包壁自上而下流动，进入汽水分离装置，因而汽包上、下半部之间几乎没有温差。点火前，炉水循环泵就已启动，建立了水

循环，点火一开始，汽包受热就比较均匀，有利于升压速度的提高。

2. 水冷壁和省煤器不需采取其他保护措施

由于强制循环锅炉使用强制循环泵进行强制循环，实现了水冷壁管流量按热负荷分布规律来分配，因此水冷壁管内流量与启动燃烧工况没有直接关系。从点火到带满负荷，水循环完全可靠，启动初期循环倍率较大，管内有足够水量循环，炉水温度均匀，所以锅炉在点火启动过程中无须特殊措施，也能保护水冷壁的安全。

多次强制循环锅炉在带 25% ~ 30% 额定负荷之前，依靠强制循环泵对省煤器进行强制循环，由于循环水量大，保护可靠，再循环门可保持全开状态。

对多次强制循环锅炉，强制循环泵的启动及安全运行是锅炉安全运行的重要保证。强制循环泵启动中应注意的几个问题如下：

（1）启动前，必须先充水排除空气。

（2）启动及运行时要监视强制循环泵的差压变化。

（3）启动时要注意汽包水位的变化。

（4）强制循环泵投运后，要确保二次冷却水（冷却器内冷却水）。

三、冷态滑参数启动曲线

机组冷态滑参数启动过程中，汽轮机的加热和膨胀过程较复杂，也易出问题，锅炉的升温升压以及加负荷速度主要取决于汽轮机。为保证汽轮机启动顺利进行，防止由于加热不均使金属部件产生过大的热应力、热变形，以及由此引起的动静摩擦，在启动过程中应对蒸汽的温升速度、金属的温升速度、上下缸温差、汽缸内外壁温差、法兰和螺栓的温差、胀差等加以控制，尤其是必须严格控制蒸汽的温升速度。汽轮机的暖管、暖机、升速及升负荷对温升速度的要求限制了锅炉的升压速度。为了达到安全经济及快速启动的目的，一般根据具体设备及系统的条件，制定出启动曲线作为启动的依据。国产 300MW 机组（配直流锅炉）冷态滑参数启动曲线如图 16 - 1 所示。

四、直流锅炉的启动特点

直流锅炉一开始点火就必须不间断地向锅炉进水，建立起足够的工质流速和压力，以保证给水连续地强迫流经所有受热面。因此，直流锅炉在启动之前就要建立起一定的启动流量和启动压力，甚至采用全压启动。可见，直流锅炉的启动过程主要是工质的升温过程。

直流锅炉与汽包锅炉不同，其启动方式和启动系统有如下几个特点。

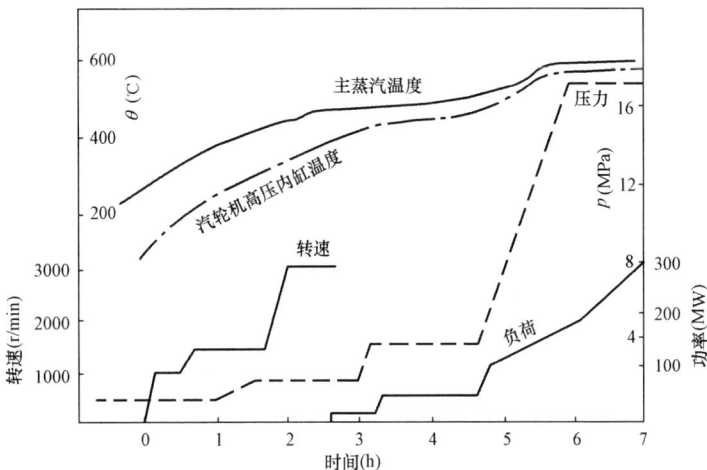

图 16 - 1　国产 300MW 机组冷态滑参数启动曲线

1. 具有启动分离器

直流锅炉启动时要建立一定的启动流量和压力，启动初期从水冷壁，甚至过热器输出的只是热水或汽水混合物，启动过程中还有工质膨胀现象。这就使直流锅炉与汽轮机在工质状态、流量以及启动时间上不协调，因而必须有一个中间缓冲环节，这个缓冲环节就是启动分离器。其主要作用如下：

（1）将启动初期直流锅炉输出的热水或汽水混合物进行分离，防止不合格的工质进入汽轮机。

（2）保护过热器。从启动分离器出来的蒸汽送入过热器使之冷却，以免过热器超温。这些蒸汽是干饱和蒸汽，能防止在启动过程中，尤其是热态启动时过热器充水引起管壁热应力剧变。

（3）回收工质和热量。启动过程中剩余蒸汽或不合格蒸汽，经启动分离器扩容、分离后，成为蒸汽或热水，再分别送至高压加热器、除氧器、凝汽器等，回收工质并利用其热量。

（4）适应机组滑参数启动的需要。可用控制启动分离器压力的方法来调整汽轮机的进汽参数和蒸汽流量。当启动分离器压力达到额定值时，机组负荷已达额定负荷的 20% ~ 30% ，即可切除启动分离器，但启动分离器仍应处于热备用，以备甩负荷时用。为避免水冷壁局部超温爆管，在切除启动分离器时，可通过增加油枪出力进行燃烧调整，并控制给水流量

第十六章 机组的启停

不低于额定值的 30%，高温过热器后烟温比正常运行工况低 30~50℃。

2. 直流锅炉启动快

直流锅炉没有汽包，其承压部件由许多小直径的管子组成，受热膨胀均匀，故可以快速升温升压，使启动时间大为缩短。如某水平绕管圈式直流锅炉冷态启动时，从点火到锅炉参数达到额定值只需 45min。但由于大型直流锅炉都与汽轮机配套组成机组，因而机组的启动时间受汽轮机的限制。

3. 冷态清洗和热态清洗

直流锅炉给水中的杂质除一部分溶解于过热蒸汽被带出之外，其余都沉积在受热面上。停炉期间锅炉本身及热力系统中还会产生腐蚀物质。因此，直流锅炉除对给水要求严格外，在启动阶段还要进行清洗。

冷态清洗指锅炉点火前用 104℃ 的除氧水进行的循环清洗。首先进行给水泵前低压系统的循环清洗，水质合格后再进行高压系统的循环清洗。当省煤器进口水质含铁（Fe）小于 50μg/L，分离器出口水质含铁（Fe）小于 100g/L 时，认为水质合格，冷态循环清洗结束。

点火后，随着工质温度的上升，当水中含铁量增加超过规定值时，应进行热态清洗。铁的沉淀温度在 260~290℃，故规定锅炉升温过程中应在这一温度范围进行热态清洗，以避免水中铁的氧化物重新发生沉积现象。

4. 启动过程中的工质膨胀现象

点火后，随着炉膛热负荷的增大，水冷壁内工质温度逐渐升高，一旦达到饱和状态就开始汽化，工质比容增大很多倍，将汽化点以后管内的水向锅炉出口排挤，使进入启动分离器的工质流量比锅炉入口流量大很多倍，这种现象称为工质膨胀现象。待启动分离器前受热面出口处工质也达饱和温度时，工质膨胀高峰过去。工质膨胀现象影响启动的安全，因膨胀量过大时，工质压力和启动分离器水位都难以控制，故启动过程中要注意防止水冷壁及启动分离器超压，合理控制燃料投入速度，并及时调节分离器进口调节门以及分离器各排泄通道的排泄量。

5. 启动参数的选择

（1）启动压力。直流锅炉受热面中工质的稳定流动必须依靠给水具有一定压头，所以在点火之前就要建立一个足够高的启动压力（启动旁路系统前受热面内的压力）。启动压力的选择与水动力稳定性、膨胀现象、升火节流阀（分离器进口阀）的磨蚀有关。在阀门质量允许的前提下，启动压力应尽量选高些，甚至采用全压启动。

（2）启动流量。为了确保直流锅炉受热面在启动时的冷却，要求有足够的启动流量，但过大的启动流量又会造成启动损失大，且膨胀量也大，要求启动分离器的容量也大。所以启动流量的选择原则是在可靠地冷却水冷壁的前提下，尽量选小些。通常取锅炉额定蒸发量的 25% ~ 30%。

第四节　机组热态滑参数启动

当机组停运时间不久，机组部件金属温度还处于较高温度水平时，再次进行机组的启动操作称为热态启动。热态启动与冷态启动操作的区别在于机组冲转前金属部件温度的始点不同。

冷态与热态划分的原则主要是考虑汽轮机转子材料的性能。试验研究表明，转子金属材料的冲击韧性随温度的降低而显著下降，呈现出冷脆性。这时即使在较低的应力作用下，转子也有可能发生脆性断裂破坏。因为热态启动时的金属温度也超过转子材料的脆性转变温度，因此它可以避免产生转子的脆性损坏事故。

一、机组热态启动的特点和方法

1. 机组热态启动的特点

汽轮机热态启动按其新蒸汽参数情况，分为额定参数启动和滑参数启动两种方式。热态额定参数启动与热态滑参数启动同样要求汽轮机转子的弯曲情况必须在允许的范围之内，大轴晃度值应与冷态启动时测得的大轴晃度相同。上下汽缸的温差也必须在允许的范围之内，一般规定该温差应小于 50℃。因为启动升速快，启动时润滑油温应保证高于 40℃。

热态滑参数启动特点是启动前机组金属温度水平高，汽轮机进汽的冲转参数高，启动时间短。

2. 机组热态启动的方法

热态启动前，盘车装置保持连续运行，先向轴端汽封供汽，后抽真空，再通知锅炉点火，这是与冷态启动操作方法的主要区别之一。因为热态启动时，汽轮机金属的温度较高，抽真空前应该投入高压轴封的高温汽源，以保证转子不被过度冷却和相对膨胀值不致减少过多。如果这时使用低温汽源，除了会使转子相对收缩较大外，还会因为低温蒸汽沿轴封漏入汽缸，使上下汽缸温差增大。正常处于热态的汽轮机，应根据金属温度的不同，投入不同参数的轴封汽。汽缸金属温度在 150 ~ 300℃ 以内时，轴封用低温汽源供汽。如果汽缸金属温度水平高于 300℃，轴封供汽应投入高温汽源。

热态启动时，锅炉开始供出的蒸汽温度往往过低，故先将机炉之间隔绝起来，点火后锅炉产生的蒸汽可经旁路系统送入凝汽器或对空排汽，直到蒸汽的参数满足要求时才能冲转。在这个过程中，锅炉出口汽温应在安全的前提下较快升高，而压力则相对上升得慢一些。采用直流锅炉的机组，冷态启动时要在工质膨胀前冲转，热态启动时则要在工质膨胀后冲转，以适应汽轮机对主蒸汽参数的要求。

热态启动时，应根据汽轮机汽缸、转子的金属温度来决定冲转的参数、升速率、带负荷速度以及暖机的时间。利用机组本身的启动曲线来确定上述控制指标。对没有启动曲线的机组，应当由与汽缸金属温度对应的冷态滑参数启动工况曲线上的相应点来确定。在新蒸汽压力和温度达到工况点要求时，使用调速汽阀冲动转子；在起始负荷之前的升速和升负荷过程应该尽可能地快，减少这一工况点之前的一切不必要的停留时间。一般在满足低速全面检查要求基础上需稍做停留，然后快速地以 $200 \sim 300 \text{r/min}$ 的速度把转数升到额定转数及时并列；迅速并列后即以每分钟 $5\% \sim 10\%$ 的额定负荷加到起始负荷点，这样做可避免汽轮机金属的冷却；达到起始负荷以后，按照冷态滑参数启动曲线开始新蒸汽参数的滑升，以后的工作与冷态滑参数启动时相同；到起始负荷后，汽轮机的进汽量已符合汽轮机启动中金属温度变化的要求，所以进汽暖机后，升速和升负荷可以完全按冷态启动汽轮机的要求进行。

热态滑参数启动在起始负荷之后，蒸汽才开始对汽轮机金属进行加热。加热后，汽缸和转子的膨胀差值可能逐步由负值变为正值。法兰与螺栓加热装置的使用，应根据当时汽缸温度水平灵活掌握。因为同样是热态启动，其温度差别是比较大的。机组在汽缸温度为150℃时启动，与汽缸温度为300℃或400℃时的启动，其启动参数与启动时间均有所区别。胀差的变化也不一样，当汽缸温度为 $150 \sim 300$℃时，要防止胀差正值过大。当汽缸金属温度水平在300℃以内时，为防止胀差正值过大，需投入法兰螺栓加热装置，以便适当地提高汽缸温度，控制胀差的正值增长；当汽缸金属温度高于300℃时，就不需要投入法兰螺栓加热装置。

为了减少汽轮机部件的疲劳损耗，在热态启动时，蒸汽温度要与汽缸金属温度相匹配。高压汽轮机热态启动时，一般都规定新蒸汽温度应高于调节级金属温度50℃以上。这样可以保证新蒸汽经启动汽阀节流，导汽管散热。蒸汽经调节级喷嘴膨胀后，温度仍不低于调节级金属温度。因为机组启动过程是一个加热过程，不允许汽缸金属温度在热态启动时受到冷却，这样可以缩短启动时间，并可避免转子产生相对收缩。如在热态启动过程中，新蒸汽温度太低，会使金属产生过大的热应力，并使转子突然受冷却而产生急剧收缩，造成通流部分轴向动静间隙消失，从而使设备严重受损。停机时间很短后启动的机组，这时汽轮机部件的温度还很高，要求正温差启动有很大困难，为了满足电网需要，不得采用负温差启动。所以在热态启动初始阶段，汽轮机暂时受到冷却，这种冷却都在较大程度上发生在转子上，结果造成轴封段的转子收缩，胀差负值增大。因此，为保证机组的安全，在启动中要密切监视机组的膨胀、相对膨胀差、振动等情况。同时尽量不采用负胀差启动，应尽可能提高进汽温度，加快升速及带负荷的速度。对于汽缸温度较高的热态启动，轴封供汽使用高温汽，对调整高中压负胀差有明显的效果。

热态启动在升速过程中，要特别注意汽轮机的振动情况。在中速以下，轴承发生异常振动，振动超过允许值时，并伴随着前轴承箱横向晃动，则说明转子已有明显弯曲。任何盲目升速或降速的办法，都将使事故扩大，甚至造成动静部分磨损、大轴永久弯曲等事故。

二、热态启动应注意的问题

1. 转子热弯曲

转子的弯曲一般用与之相对应的转子轴颈晃度作指标。有的机组装有电磁感应式的大轴挠度指示表，给监视转子的弯曲带来方便。启动前转子的挠度超过规定值时，应先消除转子的热弯曲，一般方法是延长连续盘车的时间。如果大轴晃度有增大趋势，并有金属摩擦声，应采取手动盘车180°的方法调直，其方法是：首先手动盘车360°，测量大轴的晃动值，记下晃动值最大的方位，然后将转子停放在晃动表指示为最小的位置，即转子温度较高的一侧处于下汽缸，而温度较低的一侧处于上汽缸。在上下汽缸温差和空气对流的影响下，原来转子两侧径向温差逐渐缩小，使转子暂时性的弯曲得以消除。当晃度表的指示变化到最大晃动度数值的一半时，马上投入连续盘车，检查晃动度是否已达到所要求的数值。如果晃动度仍大于规定数值，则可重复上述操作，再次消除热弯曲，直到符合启动要求为止。如果转子和静子部件严重卡涩，机组暂时动不起来，则不要强行盘车，待冷却后再做检查。

冲转前连续盘车不少于 4h，以消除转子临时产生的热弯曲。在连续盘车时间内，应尽量避免盘车中断。如果中断，则每中断 1min 则应延长 10min 的盘车时间，且最长不能中断 10min。当高压缸内壁温度在 350℃ 以上，盘车停止不得超过 3min，并且每停止 1min，就要盘车 10min。在整个盘车期间不可停止供油。经过盘车确认大轴挠度达到要求后方可冲转，否则应继续盘车。盘车投入后，从窜轴指示表的摆动情况可初步了解轴弯曲情况。还要在盘车状态仔细听音，检查在轴封处有无金属摩擦声，同时也可以从盘车电动机电流摆动情况，分析判断动静部分有无摩擦现象。如有摩擦，则不应启动机组。如动静部分摩擦严重时，则应停止连续盘车。

2. 上下汽缸温差在允许范围

上下汽缸温差是汽轮机热态启动时常见的问题，也是必须正确处理的问题。高压汽轮机金属的温度在从高温状态逐渐冷却的过程中，由于下汽缸比上汽缸冷却得快，上下汽缸将出现较大的温差，使汽缸产生拱背变形。这将使调节级段下部动静部分的径向间隙减小甚至消失。另外高压汽轮机的轴封段比较长，汽缸变形引起轴封处汽缸从缸内向缸外向下倾斜，使幅向间隙减小或消失。所以在热态启动时，对上下汽缸温差应做出明确规定，为了防止汽缸有过大的变形，一般规定调节级处上下汽缸温差不得超过50℃。汽轮机从高温状态中快速减负荷停止以后，下汽缸冷却的速度大于上汽缸。在转子的径向也容易产生温差。转子径向温差使转子上凸弯曲，弯曲最大部位在调节级的范围内，并且转子弯曲最大的时刻也几乎是上下汽缸温差最大和汽缸拱背变形最大的时刻。

转子弯曲加上汽缸变形，造成转子旋转时机组动静部分径向可能发生摩擦。这将产生很大的热量，使轴的两侧温度差很快增大；温差增大使转子的弯曲又增大，而弯曲的增大又加剧摩擦；转子的弯曲使转子的重心与旋转中心偏离，转动着的转子受到很大离心力作用，随转速的升高造成越来越大的振动。这样，摩擦、弯曲、振动的恶性循环，必然导致汽轮机大轴永久性的弯曲，使设备损坏。

3. 轴封供汽及抽真空

启动过程中，轴封是受热冲击最严重的部件之一。对盘动中的转子提前供给轴封蒸汽，不致使转子因受热不均而挠曲。同时先向轴封供汽后抽真空，真空可迅速建立，这样向轴封供汽的时间也不会太长。

在热态启动时，汽封处的转子温度很高，一般只比调节级处汽缸温度低30～50℃。如果轴封供汽温度与金属温度得不到良好匹配，或大量的低温蒸汽通过汽封段吸入汽缸时，它不仅将在转子上引起较大的热应力，而且将使汽封段转子收缩，引起前几级轴向间隙减小，严重时会造成动静部分摩擦。因此，在轴封供汽前应充分暖管疏水，高温高压机组还要备有高温汽源或高温中温混合汽源供汽，使轴封供汽温度尽量与金属温度相匹配，并要求蒸汽有一定的过热度。有些机组的高低压轴封供汽均由主蒸汽提供，同时也备有辅助低温汽源，启动时可根据汽缸温度选择汽源。具有高低温两个轴封汽源的机组，在汽源切换时必须谨慎，切换太快不仅会引起相对膨胀的显著变化，而且可能产生轴封处不均匀的热变形，从而产生摩擦、振动。

在热态启动时，凝汽器的真空应适当地保持高一些。因为主蒸汽各部蒸汽管道的疏水都是通过扩容器排至凝汽器的，真空维持高一些，可以使疏水更迅速排出，有利提高蒸汽温度。特别是当锅炉内余压较高时，凝汽器真空不应过低。这样在旁路投入后，不致使凝汽器真空下降过多，可防止排大气安全门动作。然而真空过高也有它不利的一面。当主汽阀、调速汽阀严密性较差时，可能因漏汽使汽缸受到冷却，这点也必须注意。

第五节 发电机组停机

机组的停运是指机组从带负荷运行状态，到减去全部负荷、锅炉熄火、发电机解列、汽轮发电机惰走、投入盘车装置、锅炉降压、冷却辅机停运等全部过程。机组的停运方式取决于停运的目的，根据不同的情况，机组停运过程可分为正常停机和故障停机两大类。正常停机是根据电网计划安排有准备的停运。

正常停机根据不同的停机目的，在运行操作方法上也有不同，停机后所保持的汽缸金属温度水平也不同。一般电气设备和辅助设备有一些小的缺陷需要处理时，只需短时间停机，缺陷处理后就及时启动。在这种情况下，停机要求汽缸金属温度保持在较高的水平，因此采用额定参数停机。额定参数停机即是在减负荷过程中，使新蒸汽参数通常维持在额定值不变，只通过关小调节阀减少进汽的方法减负荷，这样即使是负荷减得较快，也不致产生较大的热应力。大多数汽轮机可在很短的时间内均匀地将负荷减到零；机组计划大修停机，一般希望停机后汽轮机金属降低到较低的温度水平，以有利缩短检修工期，这时采用滑参数停机。滑参数停机就是在停机过程中，使汽轮机进汽调节阀保持全开，调整锅炉燃烧，使新蒸汽压力和温度逐渐降低，将机组负荷逐渐减到零。滑参数停机过程中，调节阀保持全开，通流部分通过的是大流量、低参数的蒸汽，各金属部件可以得到较均匀地冷却，逐渐降到较低的温度水平，热应力和热变形相应地保持在比较小的状态内。

如果电力网突然发生故障或运行设备发生严重影响机组运行的缺陷，使机组必须迅速解列，甩掉所带的全部负荷，则称为故障停机。故障停机又可分为紧急故障停机和一般故障停机。当发生的故障对设备、系统构成严重威胁时，必须立即打闸解列并破坏真空进行紧急故障停机；一般故障停机可按规程规定将机组停下来，不必破坏真空。在事故情况下，机组的停用操作应进行得十分迅速，这就必须依赖可靠的热工自动控制和运行人员的准确判断及熟练操作。

一、滑参数正常停机

（一）停机前的准备工作

停机前准备工作的好坏，是机组能否顺利停下来的关键。要根据设备的特点和运行方式等具体情况，做好停机前的一切准备工作，预想停机过程中可能发生的问题，制定具体的应急措施，并做好以下停机准备工作：

（1）为了保证停机过程中和盘车时轴承的润滑及轴颈的冷却，需要做好高压电动油泵及交、直流润滑油泵试验。对于使用汽动油泵的汽轮机，还需做汽动油泵低转速试验。试验后使之处于联动备用状态，以确保转子惰走和盘车过程中轴承润滑和轴颈冷却用油的供应。油泵不正常必须事先检修好，否则不允许停汽轮机。

（2）做好盘车电动机的空转试验，对于设有顶轴油泵的汽轮机，需做好顶轴油泵和盘车装置试验，保证停机转子静止时立即投入连续盘车运行，然后可以将交、直流润滑油泵和盘车装置的联动开关投入联动位置。

（3）自动主汽阀和电动主闸阀的活动等试验，向关闭的方向活动自动主汽阀（最小 5～10mm）。自动主汽阀动作应当灵活，无卡涩现象。

（4）停炉应做好油燃烧器投入前的控制准备工作，以备在减负荷过程中用以助燃，防止炉膛燃烧不稳定和灭火。

（5）对于长时间停机的机组，在停运前应停止向原煤仓上煤。一般要求将原煤仓的煤用完，以防止自燃。

（6）锅炉在停止前应对受热面进行全面吹扫，以保持受热面在停炉后处于清洁状态。

（7）在没有邻机供抽汽的情况下，要将启动锅炉投入运行，向厂用蒸汽联箱供汽作为辅助蒸汽汽源。并切换汽轮机的轴封供汽联箱、除氧器、轴封抽气器汽源。

（二）减负荷过程

滑参数减负荷过程必须遵守机组滑参数停机曲线进行降压、降温、减负荷。其速度应参照机组负荷变化的建议曲线进行。

1. 减负荷的操作步骤

停机前如果机组是在额定工况下运行，应先把负荷减到 80%～85% 额定负荷，并把蒸汽参数降到与负荷相对应的数值，此时随着蒸汽参数的降低，逐渐全开调节阀，使汽轮机在这种工况下稳定一段时间，当金属温度降低并且各部件的金属温差减小后再开始滑停。

滑参数通常分阶段进行。一般是在稳定负荷情况下，通过调整锅炉燃烧并使用喷水减温的办法来降低新蒸汽温度，使调节级的蒸汽温度低于该处金属温度 30～50℃。为了不使汽缸热应力超越允许限度，金属温度下降速度不要超过 1.5℃/min。待金属温度降低减缓且新蒸汽过热度接近 50℃时，即可开始降低新蒸汽压力，此时负荷也伴随下降。降到下一挡负荷停留若干时间，使汽轮机金属温差减小后，再次降温、降压。每当新蒸汽温度和汽缸或法兰金属温度的差值超过 35℃限额时，就应重复上述做法，逐渐降温、降压、降负荷。

滑参数停机过程中，当降到较低负荷后，有两种停机方法：

（1）汽轮机打闸停机，同时锅炉熄火，发电机解列。采用这种停机方式，汽缸金属温度一般都在250℃以上，停机后还必须投入盘车装置。

（2）锅炉维持最低负荷燃烧后即熄火，因此时汽轮机调节汽阀全开，仍可利用锅炉余热发电 4～6min，待负荷到零时发电机解列。这时汽轮机利用锅炉余汽继续空转，以便冷却汽轮机金属。随着余汽量的减少，转速逐渐降低，快到临界转速时，降低凝汽器真空，可用减小凝汽器真空的办法制动，使机组迅速通过临界转速。这种方法可使汽缸温度降到150℃以上，停机后即可开缸检修。

从充分利用能量和缩短检修工期来说，后一种方法无疑较为优越。锅炉释放余热是相当缓慢的，如滑停时间很短，汽轮机主汽阀关闭过早，停机后将使锅炉汽压回升过多。回升值越大，表明锅炉余热的利用越不充分，如汽压回升超过规定时，势必要排汽而影响热经济性。

在低负荷阶段调速汽阀和自动主汽阀漏汽应切换为排凝汽器运行，停止排向其他热力系统，以防止外界压力低时汽水倒灌，也防止汽轮机停止后有汽水由轴封汽系统进入汽缸。轴封供汽如果是由汽轮机的调节系统控制，这时则需改为手动旁路阀进行控制，以便汽轮机惰走阶段仍能维持正常供汽。轴封漏汽系统如果与其他热力系统相连的话，也应切换为排向凝汽器运行。对于采用自动主汽阀、调速汽阀门杆漏汽供给轴封用汽的机组，在任何情况下，必须注意自动调整阀门前后蒸汽压力的变化，否则可能引起轴封供汽中断。

减负荷后发电机静子和转子电流相应减小，线圈和铁芯温度降低，应及时减少通入气体冷却器的冷却水量。氢冷发电机组的发电机轴端密封油压，可能因发电机温度降低改变了轴密封结构的间隙而发生波动，也需及时调整。

2. 停机过程应注意的问题

（1）停机过程中的不同阶段，蒸汽参数的下降速度是不同的。对于不同压力参数的高压机组，通常新蒸汽相应平均的降压速度为 0.02 ~ 0.03MPa/min，平均降温速度为 1.2 ~ 1.5℃/min。应当指出，停机开始阶段汽压较高，降压速度可较大，后阶段的汽压较低，降压速度应较小。在汽压下降的同时，汽温也会下降。但是对冷却汽轮机来说，往往还希望汽温下降得更快些，使汽轮机前的汽温比汽轮机部件的温度低，但也应有足够的过热度（约 50℃），以免汽轮机后部的蒸汽温度过大。在降温过程中，必须保证主蒸汽温度不低于 50℃ 的过热度。但主蒸汽压力低于 3.0MPa 以后，过热度不易保证，要特别注意防止发生水击。

滑参数停机曲线还应给出其压力下对应的饱和温度曲线，以便于运行人员掌握。滑参数停机时，转子的冷却快于汽缸，由于厚重的法兰不能及时冷却，限制了汽缸的收缩，因此在停机减负荷过程中，当新蒸汽温度低于法兰内壁金属温度时，为了防止胀差负值增长过快，应投入法兰螺栓加热装置（实际起冷却法兰外壁作用），以冷却汽缸法兰，但必须将法兰内外壁温差控制在允许范围内。滑参数停机的关键在于准确地控制新蒸汽参数的滑降速度。在滑参数停机的低负荷阶段，往往由于锅炉控制不当，新蒸汽温度滑降速度过大，致使汽轮机相对膨胀负值过大，造成不能继续滑降参数。因此，在滑停过程的低负荷阶段应细心调整，使新蒸汽温度不应有大幅度的变化。在减负荷过程，锅炉应相应减少给水量和引、送风量，并根据负荷逐步停用给粉机和相应的燃烧器。对于中间储仓式制粉系统，应根据粉仓位高低提前停用制粉系统，以便有计划地将粉仓中煤粉用完。对于直吹式制粉系统，则应减少各层、组制粉系统的给煤量，然后停用各层、组制粉系统。停用制粉系统和燃烧器时应做好磨煤机、给粉机和一次风管的清扫工作。对停用的燃烧器应通以少量的冷却风以保证燃烧器不被烧坏。

（2）在减负荷过程中，汽缸加热装置和法兰加热装置（滑停时实际为冷却装置）应紧密配合地投入。一般当内、外缸温差接近时，即可投入汽缸加热装置。根据夹层缸内的汽压情况，也可提前投入。当新蒸汽温度低于法兰内壁金属温度，或法兰内、外壁温差小于 20 ~ 30℃ 时，即可投入法兰加热装置，以冷却汽缸法兰。这时可以只使用本机组滑降参数的新蒸汽，也可以同时使用低温汽源，使加热联箱蒸汽温度保持低于法兰金属温度 80 ~ l00℃。原则上法兰加热装置可以一直使用到打闸停机。如果没有及时投入法兰加热装置或负荷降过快，则汽缸与转子将会出现负胀差。在法兰或汽缸的冷却跟不上时，可暂停锅炉降温降压，以免出现负胀差或胀差急剧减小的情况。

（3）在机组减负荷过程中，必须注意监视机组各部状态的变化。如振动、胀差、轴向位移、轴承温度以及机炉各通流部分、承压部件的蒸汽和金属温度、温差，及时进行辅助系统与设备的切换，以保证机组各部参数的正常。机组加热器在滑参数停机过程中，最好是随机滑停。在负荷下降过程中，应注意加热器疏水水位及装置的自动切换。非调整抽汽较长时间的使用有利于汽缸的冷却，也有利于加热器的冷却。随着机组负荷的降低，应相应地减少给水量，以保持锅炉汽包正常的水位，并应随时注意给水自动调节器的工作情况，如不好用即应改换手动调节给水，必要时应切换给水管路或调节方式。机组负荷降至一定负荷后，为了保证燃烧稳定不致发生突然熄火或爆燃事故，应投入油枪来稳定燃烧。当负荷减至较低负荷时，应注意调整除氧器、凝汽器水位，切换除氧器汽源，开启凝结水再循环以保证凝结水泵的正常工作。根据排汽缸温度上升情况，投入排汽缸冷却水，保持排汽缸温度正常。

（三）发电机解列与转子惰走

当机组减至最低负荷后，无功负荷到零解列发电机。发电机解列后，即可脱扣汽轮机。发电机自电网解列并去掉励磁后，自动主汽阀和调速汽阀关闭、汽轮机停止供汽后，由于惯性作用，转子仍然继续转动一段时间才能静止下来。从主汽阀和调节阀关闭时起，到转子完全静止的这一段时间，称为转子惰走时间，表示转子惰走时间与转速下降关系的曲线称为转子惰走曲线。惰走曲线的形状是与汽轮发电机转子的惯性力矩、摩擦鼓风损失和机械损失有关。

新机组投入运行一段时间，待各部件工作正常后即可在停机时测绘汽轮机转子转速降低与时间的关系曲线，此曲线称为该机组的标准惰走曲线，如图 16-2 所示。绘制这条曲线要在汽轮机停机过程中并控制凝汽器真空以一定速度降低的情况下进行，或者在凝汽器真空为一定的情况下进行。

从转子惰走曲线图 16-2 中可以看出，惰走曲线可分为三个阶段：

（1）第一阶段（ab）转速下降较快。这是因为打闸后，汽轮机转速从额定转速开始下降，汽轮发电机的转子在惯性转动中因为转速高，鼓风摩擦损失的能量很大。这部分能量的损耗约与转子转速的三次方成正比，就是说转速降低一半时鼓风摩擦损失减少约 88%，因此从 3000r/min 到

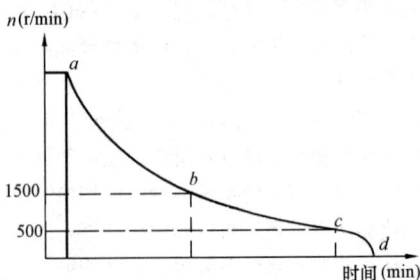

图 16 - 2 汽轮机标准惰走曲线

1500r/min 的阶段，只要很短的时间。

（2）第二阶段（bc）在较低转速范围内，即在 1500r/min 以下，转子的能量损失主要消耗在克服调速器、主油泵、轴承、传动齿轮等的摩擦阻力上。与在较高转速下鼓风摩擦相比，这比机械损失要少得多，并随转子转速的降低更为减小。所以这时转子转速的降低极为缓慢，转子惰走的大部分时间被这个阶段所占据。

（3）第三阶段（cd）是转子即将静止阶段。在此阶段，由于油膜的破坏，轴承处的摩擦阻力迅速增大，转子的转速也迅速下降，而达到静止状态。

每次停机都应记录转子惰走的时间，并尽量检查转子的惰走情况。通过把惰走时间和惰走情况与该机组的标准惰走曲线对比，可以间接判断汽轮机的某些故障。如果转子惰走的时间急剧减少，可能是轴承已经磨损或机组动静部分发生了摩擦；如果惰走时间显著增加，则说明可能是汽轮机的新蒸汽管道阀门不严，或抽汽管道阀门不严，致使有压力的蒸汽自抽汽管漏入了汽缸。惰走曲线与真空变化有密切关系，若真空下降太快，汽缸内摩擦鼓风损失将大幅度地增加，惰走时间将大大缩短，反之当真空下降较慢，转子惰走时间相应延长。因此每次停机转子惰走时，需控制真空的变化，以便在真空相同条件下对惰走曲线进行比较。通常当转速下降到大约为额定转速的一半时，开始逐渐降低真空（一般通过关小抽气器或开启真空破坏门等方法来降低真空），但转子在整个惰走时间内，真空不能降到零。

转子惰走时，轴封供汽不可过早停止，以防止大量空气从轴封处漏入汽缸内发生局部冷却，轴封供汽停止的时间应该掌握得适当。如真空未到零就停止轴封供汽，冷空气将自轴端进入汽缸，转子轴封段将受到冷却，严重时会造成轴封摩擦。当转子静止时真空到零后停止轴封供汽，汽缸内部压力与外部大气压力相等，这样就不会产生冷空气自轴端进入汽缸的危险。如转子静止后，仍不切断轴封供气，则会有部分轴封汽进入汽缸而无法排出，造成静止腐蚀的可能性，也会造成上下汽缸的温差增大和转子受热不均匀，从而发生热弯曲。轴封进汽量过大还可能引起汽缸内部压力升高，冲开排汽缸排大气安全门。因此，最好的办法是控制转速到零，同时真空也降到零时，停止轴封供汽。

（四）停运后的若干工作

1. 投入盘车

使用连续盘车装置的高压机组，停机后要保持连续盘车，一直到汽缸金属温度水平达150℃以下，才可以停止连续盘车。有些厂在停止连续盘车后，还保持一段时间的间断盘车，即过0.5h或1h把转子转180°，直到汽缸金属温度到150℃以下为止。连续盘车可以使转子不产生热弯曲和减小上下缸的温差，从而在上下汽缸温差不过大时，保证机组随时都能启动。盘车期间，应定期记录汽缸金属温度，特别是上下缸的温度、大轴弯曲指示以及各个汽缸的相对胀差值。使用连续盘车装置的机组，如因某种原因，停机之后盘车装置不能立即投入，则应记录转子静止时的位置。当可以连续盘车时，先将转子盘动180℃，消除热弯曲，然后再投入连续盘车。无论采用哪种盘车方式，在启动盘车之前应当启动润滑油泵，以使盘车不致因发生干摩擦而损坏轴瓦。有些机组装有高压油顶轴装置，在这种条件下投盘车装置前，应先启动顶轴油泵，确认大轴已被顶起后盘车装置才可投入运行。这样可以减小盘车电动机的启动力矩，能够使轴瓦建立正常油膜的高速盘车装置，也可以避免轴瓦的磨损。

2. 锅炉的其他操作

锅炉停止燃烧、停止对外供汽时，即应同时开启过热器出口疏水阀或对空排汽门冷却过热器。此时可继续保持给水，在停止给水前，应把汽包水位升到较高允许值。停止进水后，应开启省煤器再循环门，保护省煤器。锅炉停止供汽后，还应继续加强对锅炉汽压、水位的监视。由于蓄热作用可能会使汽压升高。在锅炉停止燃烧进入降压冷却阶段要控制好降压、冷却速度，以防止冷却过快产生过大的热应力，尤其是注意不使汽包壁温差过大。停炉冷却过程中，锅炉汽包温度工况的特点是壁温和其内的水长时间地保持在饱和温度。由于汽包向周围介质散热很少，因此停炉过程汽包的冷却主要靠水的循环。由于蒸汽对汽包壁凝结放热量大于水对汽包壁的放热量，因此对蒸汽接触的汽包上半部长时间地保存着较多的热量，冷却较慢，因而造成了汽包上下壁温度的不均匀性。与锅炉启动时一样，上部温度高于下部温度。在正常情况下这一温差一般在50℃以下，若冷却过快则温差会超过允许值，从而引起汽包产生过大热应力。冷空气之间的对流热交换是其冷却的主要因素，当机械通风停止以后的4~8h内，必须严密关闭烟道挡板和所有的人孔门、检查门、看火门和除灰门等，防止冷空气涌入炉内使锅炉急剧冷却。频繁地补、放水对锅炉的冷却有着重大的影响。由于进入汽包的水温较低，使汽压的下降和锅炉的冷却加快，所以在停炉冷却的初期不可随意增加放水、补水的次数，尤其不可大量地放水和进水，以免锅炉受到急剧的冷却。通常停炉8~10h后可进行放水和进水，此后如有必要加快锅炉的冷却，可启动引风机进行通风冷却。若需把炉水放净时，应待汽压降至零后，炉水温度降至70~80℃以下，方可开启所有空气阀和放水门将炉水全部排出。

3. 辅助设备的操作

当凝汽器内无任何水源进入后，才可以停止凝结水泵的运行。当排汽温度下降且低于50℃时，方可停止循环冷却水泵运行。润滑油泵运行期间，冷油器也需运行，使润滑油温度不高于40℃，到一定阶段后可以减少冷油器冷却水量，当冷油器出口油温低于35℃以下时，可以停止冷油器冷却水。

氢冷发电机停机后仍为充氢状态，所以轴端密封油系统仍需保持运行。只有机组抢修或需退出备用时方可退氢，停用密封油系统运行。

（五）机组快冷

为了充分发挥机组的效益和提高机组的可用率，缩短检修工期是一项重要措施。由于机组采用了良好的保温材料，汽轮机金属部件在停机后的冷速度减慢了，从而延长了检修工期。200MW汽轮机停机后，按要求高压缸金属温度下降到150℃才能停止盘车，进行检修工作。采用滑参数停机，一般高压缸金属温度滑至250℃左右，自然冷却到150℃需要20h以上。如果是故障停机，缸壁温度达400℃以上，自然冷却到150℃，需100~110h。设法缩短这一冷却时间，对缩短检修工期是十分有利的。从机组停机后的自然冷却实践可以看出，汽缸温度水平较高时，冷却速度较快，而在缸温较低阶段冷却很慢。200MW汽轮机组从450℃降到300℃大约占整个冷却过程（450℃降到150℃）时间的30%。为进一步缩短汽缸低温阶段的冷却时间，很多电厂采用了各种强迫冷却汽缸的方法。如真空抽吸空气法、强制通风冷却法及邻机抽汽快速冷却法。真空抽吸空气对汽轮机进行强迫冷却，主要是汽轮机打闸停机后，汽封照常供汽，真空保持在 40~53kPa 数值，盘车装置连续运行。此时开启锅炉过热器对空排汽门及电动主闸阀，高、中压调速汽阀，使冷空气由高温过热器向空排汽管进入，经主汽管、主汽阀、调速汽阀、汽缸，最后进入凝汽器。为避免上下缸温差增大，汽缸疏水阀应关闭。真空抽吸空气强迫冷却汽缸效果要比自然冷却好。一般汽缸温度从 300℃ 降到 200℃，自然冷却温降率为 2~3℃/h，而抽真空冷却汽缸温降率为 4~6℃/h；强制通风冷却法就是用压缩空气对停机后的汽轮机进行强迫冷却。根据冷却空气与工作蒸汽流动方向的异同可分为逆流和顺流两种冷却方式。顺流冷却方式即高压缸冷却空气由自动主汽阀后疏水管引入，经高压缸排汽缸疏水管排出；逆流冷却方式即冷却空气相逆工作蒸汽流向流过汽轮机通流部分。冷却空气同时进入高压缸。高压缸冷却空气进、出口与顺流冷却相反。冷却过程需隔断锅炉过热器以及与冷却空气流程无关的系统。顺流冷却空气自高温区引入，传热温差大，比逆流冷却有较大的热冲击风险。但由于是圆周进汽，对转子、汽缸冷却比较均匀，进汽区原来都有金属测点，可便于监视和控制冷却速率。为了防止冷却开始阶段在空气引入口处产生热冲击，在空气引入前可设置加热器，预先将冷却空气加热到 150℃ 左右是有益的。用作汽轮机冷却介质的压缩空气，应该是干燥洁净的空气。为了从压缩空气中清除水分和油分，必须选择无油润滑空气压缩机，并要有过滤、干燥装置。

采用压缩空气强迫冷却汽缸时，由于冷却空气量比抽真空法的进入量大，故其对应的冷却率也大，但需增加一套空气压缩机冷却系统。以长远观点看，强制通风冷却是发展方向。

二、额定参数正常停机

当要求停机后保持机组金属具有较高温度水平时可采用额定参数停机。在停机过程中，新蒸汽的压力和温度基本保持为额定值。

首先应做好停机前的准备工作。对设备系统进行全面检查，活动各管道系统的阀门，使之处于可以投运状态进行必要的试验。如：电动油泵的启停、盘车电动机空转、自动主汽门和电动主闸门的活动等试验。

额定参数停机的步骤为：先将机组的负荷降低，降负荷的速度应能满足机组金属温降速度不超过 1~1.5℃/min，目的是使汽缸和转子的热应力、热变形及胀差控制在规定范围。每减去一定负荷后要停留一段时间。待负荷降到接近零时，拉开发电机断路器使之与电网解列，注意转数变化，防止超速。启动辅助油泵，将自动主汽门关小一半，然后打闸断汽，最后关闭电动主闸门将机炉隔离。

三、机组的非正常停机

在机组运行过程中发生了严重故障直接威胁人身或设备安全时，需要采取紧急措施停止机组运行，此种停机方式称为非正常停机。根据停机过程降负荷方式又称为故障停机或紧急停机的方式。

故障停机方式是指设备或系统缺陷需要停机进行处理，只需短时间停机缺陷处理后即可恢复运行。在这种情况下要求停机后保持机组金属具有较高温度水平时可采用额定参数停机。在停机减负荷过程中，蒸汽参数基本上保持为额定值；在机组发生严重问题，直接威胁人身或设备安全时，为了消除对人身或设备的危险，需立即将机组设备紧急停止时称为紧急停机方式。紧急停止方式可分为两种方法：一为破坏真空停机方法；二为不破坏真空停机方法。破坏真空停机方法可以使机组转子尽快地停止转动以避免机组转动所带来的设备继续损坏。

（一）故障停机过程以及注意事项

故障停机基本上有较充裕的时间进行降负荷操作。在这种情况下通常应按正常的操作要求以较快的速度减负荷，大多数机组可以在 30~60min 内均匀地减负荷，使机组安全地停止而不会产生过大的热应力。为保证机组安全，减负荷速度有一定要求，这个要求主要取决于汽轮机金属允许的温降速度（停机过程中金属温降速度一般要求不得超过 1℃/min）。

为了把汽缸和转子的热应力、热变形及胀差控制在规定范围内，每减去一定负荷后，就要停留一段时间，使汽缸和转子的温度均匀下降，并使各部件金属温差得到缓和。在一般情况下，只要正确执行制造厂和运行规程的要求，按规定速度降负荷，汽轮机金属的温降速度和温差允许值就是能够保证的。

根据具体情况需要亦可采用复合变压减负荷方式，以消除机组故障后能够较快地并网接带负荷。即在开始减负荷时，主蒸汽只降压不降温，保持调速汽阀开度不变，待汽轮机降至某一负荷后，保持主蒸汽压力、温度不变，通过关小调速汽阀使负荷减到零。如因锅炉燃烧调整等条件的限制，也可保持主蒸汽压力、温度不变，以较快的速度减负荷到零，随即解列、停机。

在减负荷的各个阶段应进行必要的系统切换和依次停止有关辅助设备。如除氧器降温降压和高压加热器、低压加热器疏水，给水泵、疏水泵的切换。此外，调整凝汽器水位、打开再循环水阀门，保证蒸汽抽气器冷却用水，切换轴封和抽气器用汽（由邻机或母管供给）等。

故障停机过程应注意下面四方面问题。

1. 减负荷过程的胀差变化

对于大容量汽轮机，由于汽缸与转子的质面比相差比较悬殊，因此在减负荷过程中，往往负胀差较大。特别是减负荷使高压缸前轴封漏出蒸汽量减少，使轴封处温度降低，可能造成该段转子冷却收缩，负差胀值增大而导致高压缸前几段的轴向间隙减小，甚至发生轴向摩擦。前轴封备有高温汽源的机组，必要时可投入高温汽源。此外，停机后也要注意监视胀差的变化，因为转子和汽缸的长度决定于其体积平均温度。要达到稳定的体积平均温度，在停机后还需要一定的时间。

2. 避免大的温降率

在停机减负荷过程中，温降率过大将引起转子表面在拉伸应力下屈服，导致较大的寿命损耗。汽缸内壁也产生拉应力，汽缸壁的裂纹及损坏，大多数由这种拉应力引起，所以要予以控制。从转子和汽缸的安全以及使用寿命出发，汽轮机在停机过程中，金属温度每分钟下降的速度和温差应比启动时控制得更加严格。

3. 蒸汽压力切忌大起大落

减负荷过程中，蒸汽压力切忌大起大落，引起汽温的剧烈波动，使汽轮机部件热变形不均匀，造成动静磨损事故。同时，也可能导致疏水量的骤增聚积，有的汽轮机因此发生严重的水冲击事故。

4. 锅炉降压冷却

故障方式停运时，汽包内饱和蒸汽压力和温度有较大幅度的变动，而且由于汽和水的热导率不同以及汽包结构因素的影响，汽包壁不同部位将存在温度差异，产生热应力。这种热应力与因工作压力引起的机械应力、自重和不圆度引起的弯曲应力以及焊接残余应力等叠加，使汽包处在十分复杂的应力状态。通过实践证明，汽包壁最大温差是发生在停炉以后，停炉时的停炉压力速度对汽包上下壁温差及随后的热态启动影响很大。

（二）紧急停机条件及操作过程

1. 机组紧急停机条件

汽轮机在下列情况下，紧急故障停机：

（1）汽轮机轴向位移增大保护时，保护未动作。

（2）汽轮机转速上升至 3300r/min 而危急保安器不动作。

（3）1～6、9 号轴承金属温度升至 113℃，7、8 号轴承及推力轴承瓦块金属温度超过 107℃时。

（4）汽轮发电机组发生剧烈振动（轴承振动达 0.08mm，轴振达 0.254mm）或内部发生明显的金属摩擦声或撞击声时。

（5）汽轮机发生水冲击（高中压缸上下温差超过56℃）或汽轮机侧主、再热汽温30min内急剧下降66℃及以上。

（6）汽轮发电机组任一轴承回油温度至82℃或断油冒烟时。

（7）高压胀差大于9.18mm或小于1.56mm，低压胀差大于17.48mm或小于1.508mm。

（8）汽轮机润滑油中断或轴承润滑油压下降至0.07MPa保护未动作，启动交、直流润滑油泵无效。

（9）油箱油位下降至 -563mm补油无效。

（10）汽轮机油系统着火不能很快扑灭，严重威胁机组安全。

（11）轴封异常摩擦冒火花。

（12）发电机冒烟、着火或氢气系统发生爆炸。

（13）发电机空氢侧密封油压力到零，氢压急剧下降时。

发电机运行中遇有下列情况之一时，应立即将发电机从系统中解列，并迅速汇报值长。

（1）发电机内有摩擦、撞击声，振动突然增加0.05mm或超过0.1mm。

（2）发电机、励磁变压器内部冒烟着火。

（3）发电机组氢气爆炸，冒烟着火。

（4）发电机内部故障，保护或开关拒动。

（5）发电机主开关以外发生长时间短路，定子电流表指针指向最大，电压剧烈降低，发电机后备保护拒动。

（6）发电机无保护运行。

（7）发电机电流互感器着火冒烟。

（8）励磁回路两点接地，保护拒动。

（9）定子线圈引出线漏水、定子线圈大量漏水，并伴随定子线圈接地且保护拒动。

（10）发电机 - 变压器组发生直接危及人身安全的危急情况。

（11）发电机20kV系统发生一点接地，定子接地保护拒动。

（12）发电机发生失磁，失磁保护拒动。

（13）发电机定子冷却水中断，30s内不能恢复供水，断水保护拒动。

（14）汽轮机发生危急情况，汽轮机打闸，"热工保护"动作信号发，同时发电机负荷到零或负起。

（15）定子线圈槽部最高与最低温度间温差达14℃或各定子线圈出水温度间温差达12℃，或任一定子线圈槽部温度超过90℃或任一定子线圈出水温度超过85℃时，在确认测温元件无误后，应立即停机处理。

（16）当发电机的转子绕组发生一点接地时，应立即查明故障点与性质。如系稳定性的金属接地，应立即停机处理。

凡遇下列情况之一者，不必征求值长、单元长及有关方面意见，立即停止锅炉机组运行，然后再视具体情况进行正确处理：

（1）达到 MFT 动作条件时，而 MFT 拒动或该条件解除时。

（2）锅炉严重满水或严重缺水，汽包水位达到规定的跳闸限值。

（3）所有汽包水位计失灵，损坏，无法监视水位时。

（4）锅炉汽水管道或承压部件发生爆破，无法维持正常运行参数（汽温、汽压、水位、炉膛负压等）或威胁人身设备安全时。

（5）蒸汽压力超过安全门动作值而安全门拒动同时手动 EBV 阀又无法打开时。

（6）安全门动作后经采取措施后仍不能回座，且汽温、汽压下降到汽轮机不允许时。

（7）再热蒸汽中断时。

（8）主蒸汽温度偏离参数，其绝对值超过汽轮机许可值时。

（9）所有 DCS 画面黑屏，不能立即恢复，无法监视水位、汽温、汽压时。

（10）尾部烟道发生二次燃烧，经处理无效，使排烟温度不正常地升高至 250℃时。

（11）炉膛内或烟道发生爆炸，使主要设备严重损坏时。

（12）锅炉机组范围内发生火灾，直接威胁锅炉的安全运行。

紧急停机是机组事故状态下的一种停止方式，由于是发生在非常情况下，往往发生时间比较突然，但是一般在事故发生前均会有一些较为明显的征兆，如能及时发现并分析处理便可及时将机组顺利地停止下来，使损失减少到最小。

2. 紧急停机过程操作过程重点

（1）紧急停机条件之一出现后，具有保护的条件出现后保护应动作，若保护未动或非保护条件出现，要立即在集控室用硬手操或在就地手动打闸，检查确认高、中压主汽门，调速汽门关闭，负荷到零或零值以下后，程跳逆功率应联跳发电机，否则立即用硬手操按钮解列发电机，开真空破坏门，停止真空泵运行。锅炉 MFT 保护应动作，否则用硬手操按钮同时按下两个 MFT 按钮，磨煤机、给煤机、一次风机应立即跳闸，关闭燃油速断阀、关闭过热器、再热器减温水门，锅炉灭火后，炉膛通风吹扫5min，停运送风机和引风机。

第十六章　机组的启停

（2）立即检查交流润滑油泵联锁启动，如交流油泵启动不成功，立即用硬手操启动直流油泵。

（3）检查厂用电自动切换，否则检查工作电源开关在分闸状态后，立即用硬手操按钮合上备用电源开关。

（4）检查各抽汽止回门和抽汽电动门、供热抽汽 LEV 阀、工业抽气 IEGV 阀、高压缸排汽止回门关闭。轴封自动切换为辅助蒸汽运行。

（5）根据需要切换汽动给水泵驱动汽源至辅助蒸汽或启动电动给水泵，调整给水流量，维持汽包水位。

（6）严禁开高、低压旁路（如果因冷汽、冷水进入汽轮机停机时，要立即开启汽缸及有关疏水，放掉积水后，严密关闭所有疏水门）。

（7）真空到零，停止轴封供汽。

（8）除氧器汽源切为辅汽汽源供。

（9）拉开 500kV 出线刀闸，将 6kV 厂用电源开关解备。

（10）转子静止前，应倾听机组机内部声音，记录惰走时间。

（11）转子静止后，投入盘车（如因机组断油停机，不得强行投盘车）。

（12）其他操作与正常停机相同。

第六节　发电机组停机后的维护

一、停炉保养原则

（1）锅炉停运后不论是备用或检修均应认真执行防腐工作。

（2）不让空气进入停运锅炉的汽水系统。

（3）保持停用锅炉汽水系统的金属内表面干燥或在金属表面形成具有防腐蚀作用的保护膜。

（4）锅炉停运时，当环境温度小于5℃时，应采取防冻措施。

二、防腐工作的责任分工

（1）防腐方法应根据停炉性质，停炉时间及上级要求来确定，特殊防腐方式应由化学专业制定专门措施，防腐工作由值长协调，化学、集控等专业实施。

（2）在具体防腐工作中加药、充氮、对炉水品质监督，对防腐药品的检查由化学专业执行，其他工作由锅炉专业执行。

（3）定期对备用设备防腐效果的检查鉴定由化学人员负责，有关部门参加。

三、具体保养方法

（1）蒸汽压力法。停炉后维持汽包压力大于 0.3MPa，以防止空气进入锅炉，达到防腐的目的。汽包压力降至 0.3MPa 时，点火升压或投入水冷壁下集箱蒸汽加热，在整个保护期间保证锅水品质合格。停运 5 天以内，准备随时启动，采用此法。

（2）余热烘干法。待汽包压力降至 0.8～0.5MPa 时，开启定排及大直径下降管放水门快速放水。压力将至 0.2～0.15MPa 时，全开空气门、对空排汽、疏水门进行余热烘干。锅炉受压部件检修或一个月以内备用时，采用此法；在烘干过程中，禁止启动引风机、送风机通风冷却。

（3）充氮或充气相缓蚀剂防腐。

1）该种保养方法是采用向锅炉内充入氮气或气相缓蚀剂，将氧从锅炉受热面内驱赶出来，使金属表面保持干燥，与空气隔绝，从而达到防止金属腐蚀的目的。

2）充氮防腐时，氮气压力一般保持在 0.020～0.049MPa（表压力）左右，使用的氮气纯度大于 99.9%。

3）锅炉充氮或充气相缓蚀剂期间，应经常监视压力的变化和定期进行取样分析，并及时进行补充。

4）此法可用于锅炉停转一个月以上的较长期的备用。

（4）十八胺保养法。

1）准备工作：由化学人员备足 10% 的十八胺乳浊液 325kg 和充足的除盐水。将系统连接好，试验准备工作结束。

2）机组按正常滑参数停炉，将主蒸汽温度降至 420℃ 前，完成下列准备工作：关闭连排和关小除氧器排气门，通知化学运行值班人员。

3）当主汽温度降到 420℃ 左右时，通知化学开始加药，此时应维持主汽温 420℃ 左右，最高不得超过 450℃，给水流量 200t/h，最大不得超过 300t/h，汽包水位正常或略低，避免水位高放水。

4）加药结束后，化学应及时汇报值长，机组运行 1～1.5h 后停运。将除氧器排气门恢复到加药前状态。

5）停炉后，按正常停炉的要求进行放水操作。

（5）停用保护缓蚀剂 SW‒ODM 药剂保护法。在大小修停运时，为了减缓机组的腐蚀，机组停运的过程中加入 SW‒ODM 药剂，在设备内壁形成保护膜进行防锈蚀保护。

1）从机组开始滑参数停运时，化学开始机组汽水系统内加药。

2）化学加药后，机组滑停过程中必须保证汽水系统循环 4h 的时间。

3）机组停运后正常冷却后，按有关放水操作要求执行。

（6）热风吹干法。

1）正常停炉后关闭各孔门、风门和烟道挡板，禁止通风。

2）自然降压至锅炉汽包压力 $0.5 \sim 0.8$ MPa，执行锅炉热炉放水操作。

3）锅炉放水结束后，启动专用的正压吹干装置，将 $180 \sim 200$℃ 的热压缩空气，以此吹干再热器、过热器、水冷壁及省煤器系统。

4）监督各排汽点的空气相对湿度，小于或等于当时大气相对湿度即为合格。

5）锅炉短期停运时吹干即可，若长期备用时应每周启动一次正压吹干装置，维持受热面内相对湿度小于或等于大气相对湿度。

（7）锅炉停炉其他保养必须经过化学人员的同意，总工程师批准后实施。

四、汽轮机停运后的保养

（1）汽轮机停止运行不超过一周时（指盘车停运时间不超过一周）应做好下列防腐工作。

（2）检查关闭与公共母管连接的汽、水、疏水、放水、排水等系统隔绝门，有关向大气排放的疏水、放水、放空气等阀门应开启、放尽存汽、存水，对有泄漏的隔绝门应加装堵板，防止汽、水倒入汽缸内。

（3）放尽汽轮机设备范围内的汽、水管道中的积水。

（4）开启排汽装置、高压加热器、低压加热器、轴封加热器等汽侧放水门，放尽存水。

（5）开启发电机内冷水系统有关放水门，放尽存水；开启内冷水箱放水门，放尽存水。

五、发电机停运后的保养

发电机 - 变压器组停运后的保养，应根据其环境及冷却系统的不同而有所差别。下面简单介绍大容量发电机组的保养。

对于氢冷发电机，发电机组停运期间，需考虑排氢或降低低压。对于定子绕组用水冷却的发电机组，在冬季停运期间，应保持机房内温度不得低于 $+5$℃。

若机房气温不能保证 $+5$℃ 以上，则应考虑以下几点：

（1）启动一台定子冷却水泵，用通水循环的方法防冻。

（2）若冷却水系统故障或长时间停运，则应将水排放干净，并用压缩空气冲洗干净。

（3）发电机内仍有氢气时氢气报警系统不应退出。

（4）停机期间发电机内充满氢气时，应保证密封油系统正常运行。

（5）发电机停运后，根据内冷水质情况，应电气车间要求对定子内冷水系统进行反冲洗，以保证水回路的畅通。

对于发电机滑环与碳刷，因停运后，滑环与碳刷的机械磨损比流过正常电流时大，因此根据停运时间长短应拔松或拔出碳刷。再者由于滑环、碳刷正负极性的磨损程度不同，则应根据厂家规定的时间调换极性。变压器作为室外设备，在停运时无须特别维护，但可根据环境情况应考虑各部件的防潮问题。若环境温度过低时则应投入冷却风扇，对某些气温过低有影响的设备（如变送器等），则应可靠地投入加热系统。

发电机 – 变压器组应根据自身特点制定各自的维护措施，以保证设备在停运期间的安全。

六、锅炉辅机保养

锅炉辅机的保养原则是保护冷却水畅通，各辅机在随时投运的状态下保存。此外，应按防止轴承部件锈蚀所规定的周期，对辅机进行定期运转或用手盘动，以防轴承部件锈蚀，并在其他部分涂上防锈油。

提示：本章共六节，全部适用于中、高级工。

第十六章　机组的启停

第十七章

机组的运行与维护

第一节 锅炉运行调节

一、主蒸汽压力调节

锅炉的运行工况是与外界负荷相适应的。当外界负荷变化时，锅炉需要进行一系列的调节，以保持运行工况的稳定。其中，主蒸汽压力是表征锅炉的运行工况是否与外界负荷相适应的最重要的参数。

1. 主蒸汽压力的调节方式

机组主蒸汽压力一般有以下三种调节方式：

（1）锅炉调压方式。当外界负荷变化时，汽轮机通过调节调速汽门开度保证负荷在要求值，锅炉通过调节燃料量来保证主蒸汽压力在要求值范围内。

（2）汽轮机调压方式。当外界负荷变化时，锅炉通过改变燃料量满足外界负荷的需要，汽轮机通过调节调速汽门开度保证主蒸汽压力在规定值范围内。

（3）锅炉、汽轮机联合调节方式。当外界负荷变化时，汽轮机开大调速汽门，锅炉同时增加燃烧率，这时主蒸汽压力实际值与给定值出现了偏差，偏差信号促使锅炉继续调节燃烧率，汽轮机继续调节调速汽门开度，使主汽压力与给定压力相一致。

2. 主蒸汽压力的调节方法

启动初期，主蒸汽压力主要依靠汽轮机旁路系统来维持，通过调节旁路系统来控制升压速度。锅炉则通过调整燃烧来保证锅炉热负荷增长速度，防止主蒸汽压力过快增长。大容量机组一般采用滑压运行方式。正常运行中，主蒸汽压力根据滑压运行曲线的要求来控制，要求主蒸汽压力与给定压力相一致。给定压力与发电负荷在滑压运行曲线上是一一对应的，在汽轮机降负荷或甩负荷时，汽轮机的用汽量减少很快，但锅炉的减负荷速度要比汽轮机慢得多，这样主蒸汽压力必然会迅速升高，此时锅炉要通过汽轮机旁路系统排放蒸汽，以保证主蒸汽压力在规定值范围内。

第二篇 集控值班

在异常情况下，汽压突然升高，用正常的方法操作无法维持汽压时，应及时采取措施减少给煤量或停止部分制粉系统，必要时可开启 EBV 阀进行泄压；在非紧急状况下，禁止用手动开启 EBV 阀和对空排汽门等手段降低汽压；汽压超出正常范围时，及时减少燃料量，若无明显效果，应及时停运上层制粉系统，防止安全门动作；在操作 EBV 阀时，应注意对汽包水位和汽温、汽压的影响。

正常运行中的调整：

（1）锅炉正常运行中应保持蒸汽压力的稳定，始终保持锅炉蒸发量与汽轮机所需蒸汽量之间的平衡。正常运行时可以采用定压运行方式，也可以采用定 – 滑 – 定运行方式。

（2）正常运行时，保证主蒸汽压力在额定压力范围内。

（3）汽压调整应以燃烧稳定为原则，合理组织燃烧，可通过增、减燃料等来调整汽压，对有可能影响汽压大幅度波动的操作及设备缺陷，应提前做好事故预想。

（4）调整汽压时，在汽压上升过程中，应注意提前减少煤量，在汽压趋于稳定时，再适当增加煤量，以稳定汽压，不使汽压下降。遇有汽压过高，大量减煤时，注意同时减风，如配合不好，反而使汽压瞬间上升。

（5）在"协调控制"好用情况下，应投入"协调控制"，以减少负荷对汽压的影响。

（6）"协调控制"解列时，必须严密监视机组负荷变化趋势，控制主汽压力正常。

（7）各压力表指示值应经常校对，若有误差应及时修复。

（8）下列情况对汽压影响较大，应注意监视和调整。

1）机组负荷变化时。

2）投停油枪时。

3）启、停磨煤机或增、减给煤量时。

4）自动控制系统失灵时。

5）高、低压旁路开关时。

6）高压加热器投、停时。

7）安全门动作时。

8）锅炉发生灭火时。

二、汽温调节

对大容量机组，由于系统复杂，以及过热器和再热器的材料在性能方面留有的裕量极为有限等原因，因此对运行参数和管壁温度有严格的限制。烟气侧和蒸汽侧运行状态的变化影响着汽温的变化。烟气侧主要影响因素有燃料性质、风量及其分配、燃烧器的运行方式及受热面清洁程度等。蒸汽侧主要影响因素有蒸汽流量、饱和蒸汽湿度、减温水量和水温、给水温度等。大容量机组锅炉过热器一般设有 2 ~ 3 级喷水减温装置，用以维持出口过热器出口汽温在正常数值，而其他几级过热器也不超温。再热器调温方法较多，一般有喷水减温、摆动式燃烧器、烟气再循环和烟气旁路四种，特殊的还有蒸汽旁路法。以上几种方法可以组合运用，但绝大多数机组以喷水减温为辅，其他几种方法为主。

1. 过热器汽温调节

过热器汽温调节一般以烟气侧调节作为粗调，蒸汽侧结构复杂，过热器汽温的时滞和惯性大大增加，故过热器汽温控制多采用分级控制系统，即将整个过热器分成若干级，每级设置一个减温装置，分别控制各级过热器的汽温，以维持主蒸汽温度为给定值。由于过热器受热面传热形式和结构的不同，均采用不同的控制方法。如果整个过热器的受热面的传热属于纯对流形式，则应采用分级控制法将各级过热器汽温维持在一定值，每级设置独立的控制系统。如果过热器的受热面传热形式既有对流又有辐射，则必须采用温差控制系统，即前级喷水用以维持后级减温器前后的温差。

由于汽温动态特性的时滞和惯性较大，给调节带来一定的困难，故自动控制系统中除了以被调信号作为主调节信号外，一般还用减温器后某点的汽温或汽温变化率的信号来及时反应调节的作用，而该点汽温或汽温变化率能迅速反应喷水量的变化。如果该点的汽温能保持一定，该级过热器出口汽温就能基本稳定，从而改善了喷水减温的效果。为了进一步提高调节质量，有的调温系统中还加入能提前反映汽温变化的信号，如锅炉负荷、汽轮发电机功率等。实际运行过程中，除了严密监视各级过热器出口汽温，特别是出口过热器出口汽温为规定值外，还要特别注意监视各减温器后的温度，当各减温器后温度大幅度变化时，就应进行相应的调整。如果当过热器出口汽温变化时才做调整，则调温幅度大，汽温也不易稳定。另外，各级减温喷水均应留有一定的余量，正常运行中各减温喷水门均应保持一定的开度，若发现部分减温喷水门开度过大或过小，应及时通过燃烧调节来保证其正常的开度。

2. 再热器汽温控制

再热器汽温的控制，一般以烟气侧控制的方式为主，喷水减温只作为事故喷水或辅助调温手段。

（1）采用烟气挡板控制再热器汽温。采用烟气挡板控制再热器汽温的自动控制系统中，以再热器出口汽温作为主调信号，正常时主要靠烟气挡板来调节再热汽温，并能及时修正烟气挡板开度与汽温变化的非线性关系。低负荷时，烟气挡板不能将再热器汽温维持在给定值，因而在保证一定的过热度的条件下，可适当降低再热器汽温的给定值。为了防止锅炉异常时再热器超温，通过汽温偏差信号使事故喷水阀打开，当再热器汽温恢复正常时，汽温偏差信号消失，事故喷水阀关闭。另外，还引入蒸汽流量导前信号，使烟气挡板能提前动作，以克服再热器汽温的时滞和惯性。

（2）采用烟气再循环控制再热器汽温。采用烟气再循环控制再热器汽温的自动控制系统中，通过实际再热器汽温与给定值的偏差信号去改变烟气挡板的开度，使烟气再循环量相应改变，以控制再热器温度。当再热器超温时，能使再循环挡板关闭，烟气再循环失去调温作用，同时打开事故喷水阀，使再热器汽温保持在规定值范围内。为了防止系统由烟气再循环转入喷水时，喷水门过分频繁动作，降低机组热经济性，故允许汽温存在少量偏差。另外，为了防止高温烟气倒入再循环烟道烧坏设备，当再循环烟气挡板关闭时打开热风挡板，以密封再循环烟道。当再热器汽温回复至正常值时，关闭热风挡板，烟气再循环系统重新投入工作。采用烟气再循环控制再热器汽温对于再热器布置于竖井烟道的锅炉是适宜的，不大的再循环烟气量可获得理想的再热器汽温，同时对过热器汽温的影响也小。但大多数锅炉的烟气再循环未能正常使用，而采用喷水减温调节再热器汽温。这是由以下原因造成的：

1）机组带基本负荷，再热器汽温已达到规定值。

2）炉内结渣、煤种改变、汽轮机高压缸排汽温度高等原因，使再热器汽温已达规定值。

3）竖井烟道设计烟速过高，采用烟气再循环会加剧省煤器的磨损。

4）再循环风机磨损严重，在停用烟气再循环后，因挡板无法关闭严密，造成高温烟气倒流，烧坏炉底设备。

5）投用烟气再循环后，会使炉膛温度降低，影响燃烧的稳定。

（3）改变燃烧器倾角控制再热器汽温。改变燃烧器的角即改变炉膛火焰中心高度，借以改变炉膛出口烟温，使炉膛辐射传热量和对流传热量的分配比例改变，从而实现再热器汽温调节，又称摆动式燃烧器调温。采用这种控制方法时，距炉膛出口越近的受热面，吸热量的变化越大。对于接受辐射热较强的再热器采用这种调温方法，再热器汽温调温幅度大，延迟小，调节灵敏，但燃烧器倾角的改变，将会直接影响炉内的燃烧工况，限制了燃烧器上下摆动的幅度，一般摆动角度为 $\pm20° \sim \pm30°$。当再热布置在远离炉膛的对流烟道中时，再热器汽温受火焰中心位置的影响很小，再热器汽温的调节与过热器汽温的调节产生较大的矛盾，故不宜采用上述方法。为了防止由于卡涩，使燃烧器倾角不能正常调节及事故情况下再热汽超温，同时应设有事故喷水减温系统。

（4）喷水减温控制再热器汽温。喷水减温控制再热器汽温会降低机组的热经济性，一般情况应尽量少用。大容量中间再热机组为了保护再热器，往往还设有事故喷水，但在低负荷时应尽量不用事故喷水，遇骤减负荷或机组紧急停用时，应立即关闭事故喷水隔绝门，以防喷水倒入汽轮机高压缸。再热器汽温的控制方法很多，无论采用哪种方法进行调节，都必须做到既能迅速稳定汽温，又能尽量提高机组的经济性。

大量使用再热器减温水会影响机组效率，并会引起汽温波动，应尽量把减温水总量控制在设计值范围内，通过燃烧调整控制再热器汽温。

三、水位调节

水位是锅炉运行中的一个重要参数，它间接地表示了锅炉负荷和给水的平衡关系。维持水位是保持汽轮机和锅炉安全运行的重要条件。

1. 对给水控制的要求

随着锅炉参数的提高和容量的扩大，对给水控制提出了更高的要求，原因如下：

（1）汽包体积减小，使汽包的蓄水量和蒸发面积减小，从而加快了汽包水位的变化速度。

（2）锅炉容量的增大，显著地提高了锅炉蒸发受热面的热负荷，加剧了锅炉负荷变化对水位的影响。

（3）提高了锅炉的工作压力，使给水调节阀和给水管道系统相应复杂，调节阀的流量特性更不易满足控制系统的要求。

由此可见，随着锅炉向高参数、大容量方向发展，给水系统必然采用自动控制，并且这个给水控制系统非常复杂且完善。

对大容量机组来说，多采用由单冲量和三冲量调节系统组成的给水控制系统。单冲量调节系统主要用于锅炉点火、升温升压和带低负荷时。由于此时锅炉汽水流量不平衡，给水与主蒸汽流量测量误差大，投三冲量调节系统有困难，因而投入仅引进水位冲量，根据水位变化调整给水流量的单冲量调节系统。当机组负荷升至额定负荷的 25% ~ 30% 时，单冲量调节系统自动切至三冲量调节系统，实现给水全程自动控制。三冲量调节系统中的给水流量包括给水流量测量值与一、二级减温水流量。这样，水位信号、蒸汽流量信号、给水流量信号构成三冲量调节系统的三个调节信号，利用蒸汽流量作为先行信号、给水流量作为反馈信号，进行粗调，然后用水位信号进行校正。

2. 手动调节的注意事项

投入给水自动控制系统后，也应加强对水位的监视，若水位自动调节失灵，应迅速切换为手动调节。手动调节时应注意以下几点：

（1）运行中应注意"虚假水位"现象。若出现"虚假水位"，应根据产生"虚假水位"的原因及时采取措施处理。

（2）在监视水位时，必须注意使给水流量与蒸汽流量保持平衡，采用双路给水的锅炉，还应注意保持两侧的给水流量一致。

（3）应掌握水位变化的规律和给水调节门的调节特性，达到均匀、平稳，以防水位波动过大。

（4）注意给水压力的变化，防止给水泵工作点落入下限特性区或超压。

（5）在定期排污、给水泵切换及给水系统工况变动、安全阀动作、燃烧工况变动时，都应加强对水位的监视与调整。

3. 下列情况应加强对水位的监视和调整

（1）给水压力、给水流量发生较大波动时。

（2）负荷变化较大时。

（3）在事故情况下。

（4）给水自动故障时，应切至手动调整。

（5）安全门动作时。

（6）启动首台磨煤机或运行中启动下层磨煤机时，应注意虚假高水位。

（7）给水泵故障、切换给水泵或进行给水泵并列操作时。

（8）锅炉机组启动或停止时。

（9）锅炉燃烧不稳定时。

（10）给水管道切换时。

（11）受热面泄漏时。

四、燃烧调节

1. 燃烧调整的任务

锅炉运行参数的稳定与外界负荷的变化和锅炉内部因素的改变有着密切的关系。只要上述因素中任何一个变动，均会影响锅炉运行的稳定及安全性，因此必须对锅炉进行一系列的控制和调节，使锅炉的参数与外界的变动或内因的改变相适应，使锅炉能达到安全和经济的运行。

锅炉燃烧的好坏对锅炉及整个电厂运行的安全性和经济性有很大的影响，燃烧的调节要适应外界负荷的要求。

2. 燃烧调整的目的

（1）保证锅炉的汽温、汽压和蒸发量稳定正常。

（2）着火稳定，燃烧中心适当，火焰分布均匀，配风合理，避免结焦等。

（3）使锅炉运行保持较高的经济性。

3. 燃烧调整

（1）根据煤质，确定适当的一、二次风及周界风的配比，组织良好的炉内燃烧工况，按设计煤种（或实际燃用煤种）控制调整一、二次风及周界风达到合理的配风要求，并注意监视左、右两侧风量比，及时调整消除风量偏差。

（2）经常检查炉内燃烧工况，观察煤粉的着火情况，有无偏斜冲刷炉墙现象。

（3）监测炉膛出口左、右侧烟温偏差，若两侧烟温偏差大时，可调整 OFA 层二次风。

（4）注意锅炉运行中的漏风情况，正常运行中所有门孔应严密关闭。

（5）根据炉前煤的分析，及时了解煤质变化，并采取相应的措施。

（6）二次风的调节，根据满足省煤器出口最佳过量空气系数及辅助风、燃料风和顶部二次风的分配进行，满负荷时炉膛出口过量空气系数 1.25。

（7）改变锅炉负荷时，应注意风煤比的匹配。当负荷变化不大时，可调整给煤机的转速，调整速度不宜过大，尽量减少对燃烧的影响。当负荷变化幅度大时，应启、停磨煤机。

（8）变化负荷时，应先加风量，后加燃料量；先减燃料量，后减风量，并加强风量和燃料量的协调配合。

（9）燃烧调整时，除组织良好的炉内燃烧工况外，还应注意各段过热器蒸汽和再热器蒸汽工质温度的变化，以防管壁超温，注意炉膛结焦情况，如发现结焦应及时消除，并定期进行水冷壁吹灰，当结焦严重时，应降低锅炉负荷。

（10）当发现结焦燃烧不稳定时，应停止水冷壁吹灰及打焦，并投入油枪，稳定燃烧。

（11）根据实际燃用的煤质保持合理的煤粉细度，根据化学分析及时调整分离器的挡板开度，低负荷时，可适当降低细度，以利燃烧。

第二篇 集控值班

（12）低负荷时要少投燃烧器，保持较高的煤粉浓度。高负荷时，要多投燃烧器，合理分配各煤粉燃烧器的燃料量，使炉内热负荷均匀，燃烧稳定。

（13）经常检查燃烧器工作状况及时除渣，在高负荷时燃烧低熔点煤时尤其应注意。

4. 降低 NO_x 的调整

通过采用低 NO_x 燃烧器来满足炉膛出口标准状态下 NO_x 的排放小于 $410mg/m^3$（$O_2 = 6\%$）。采取选择性催化还原（SCR）脱硝工艺来去除烟气中 NO_x，使烟气标准状态下的排放小于设计值 $50mg/m^3$（$O_2 = 6\%$）。

（1）使用燃尽二次风（OFA）。对应负荷下使用燃尽二次风（OFA）开度见表 17 - 1。

表 17 - 1　　对应负荷下使用燃尽二次风（OFA）开度

负荷	MW	0	165	264	330
OFA 开度	%	0	100	80	50

（2）使用分离燃尽风（SOFA）。对应负荷下使用分离燃尽风（SOFA）开度见表 17 - 2。

表 17 - 2　　对应负荷下使用分离燃尽风（SOFA）开度

负荷	MW	0	165	264	330
SOFA - I	%	0	100	10	10
SOFA - II	%	0	100	100	100
SOFA - III	%	0	0	100	100
SOFA - IV	%	0	0	0	100

5. 加减负荷时的燃料量调整

燃料量的调整方法与负荷增减的幅度和制粉燃烧系统的形式有关。

（1）对配有中间储仓式制粉系统的锅炉，在负荷变化不大时，可采用调节给粉机的转速来改变进入锅炉的燃料量。当负荷变化较大，超出给粉机正常调节范围时，则应先采用改变给粉机的运行台数，即投、停给粉机，大幅度地调整燃料量，对燃烧进行粗调，然后用改变给粉机的转速对燃烧进行细调。但此时应注意燃烧器运行方式的改变应以保持炉内燃烧中心和稳燃为前提。如运行的燃烧器相隔太远，中间又无油枪助燃，可能导致燃烧不稳定，甚至灭火。这就要求投、停的燃烧器要尽量对称，尽量投下层或中层燃烧器，停运上层燃烧器。调整给粉机的转速时，应尽量保持同层燃烧器的粉量一致，以便于配风。给粉机转速的调节范围不宜太大。若给粉机转速过高，则不但会因煤粉浓度过大堵塞一次风管，而且容易使给粉机超负荷和引起不完全燃烧；若给粉机转速过低，则在炉膛温度不太高的情况下，由于煤粉浓度小，着火不稳，易发生炉膛灭火。

当投运备用燃烧器时，应先开一次风门至所需开度，对一次风管进行吹扫，待风压正常后，方可启动给粉机，并开启二次风门，观察着火情况是否正常。在停运燃烧器时，应先停止给粉机并关闭二次风门，一次风吹扫数分钟后再关闭一次风门，以防止一次风管内产生煤粉沉积。

（2）对配有直吹式制粉系统的锅炉，若锅炉负荷变化不大，则可通过调节运行制粉系统的出力来满足。当负荷变化较大，则需投、停制粉系统才能满足负荷要求。此时，必须考虑燃烧器组合运行工况的合理性，投运燃烧器应均衡，保持各燃烧器特别是切圆燃烧的燃烧器风粉均匀配合，防止燃烧不均或火焰偏斜。

当增加负荷时，应先增加一次风量，利用磨煤机内的存煤量作为增加负荷开始的缓冲调节，然后增加给煤量。当降低负荷时，应先降低一次风量，然后减少给煤量，以减少燃烧调节的惯性。

为了使锅炉有一定的适应负荷变化和调节汽压的能力，运行的给粉机或给煤机应保持一定的余量，给煤量调节的速度也不宜过快，以减少对汽温和水位的冲击。另外，当负荷变化较大，需投、停燃烧器时，对配有直吹式制粉系统的锅炉往往会引起机组负荷、主蒸汽压力和汽温的大幅度波动。这就要求在投、停制粉系统过程中加强对主蒸汽压力的监视，根据主蒸汽压力的变化趋势进行负荷调节。因为炉内燃烧工况的变化，首先反映在主蒸汽压力的变化上，待汽温和负荷大幅度升高或降低后才进行相应的调整必然造成汽温、机组负荷的大幅度波动。当主蒸汽压力变化趋势为向正方向变化时，说明燃料量过剩，需适当减少燃料量；当主蒸汽压力变化趋势为向负方向变化时，说明燃料量不足，应适当增加燃料量，直至主蒸汽压力的变化趋近于零。

6. 正常稳定运行中炉内燃烧工况

正常稳定运行中炉内燃烧工况是否正常，需通过对火焰的观察进行判断。正常稳定燃烧时，炉内具有光亮的金黄色火焰，火色稳定，火焰均匀且充满燃烧室，但不触及四周的蒸发受热面。火焰中心应在燃烧室中部，火焰中心焰色较其他区域明亮。着火点应在距燃烧器不远的地方。火焰中不应有煤粉离析，也不应有明显的星点，炉膛负压稳定。

7. 风量及炉膛负压的调节

在调整燃料量的同时，应相应调整送风机出力和引风机出力，以保证燃烧所需的风量和稳定的炉膛负压。送风量的大小应与燃料量成比例，以维持最佳的炉内过剩空气系数，保持炉内完全充分燃烧。一般过剩空气系数随锅炉负荷大小变化而变化，低负荷时过剩空气系数较大，高负荷时较小。在运行中可根据空气预热器入口烟气氧量表来修正送风量，有的锅炉还给出了不同负荷时的氧量值。

在机组负荷变化不大时，一般对送风量不做调整，以防对炉内燃烧造成较大的扰动，当负荷变化较大时，才对送风量做相应的调整。

炉膛负压是监视炉内燃烧工况的重要参数。炉膛负压维持过大，会增加炉膛和烟道的漏风，引起燃烧恶化，甚至导致灭火。反之，若炉膛负压维持过小，则部分烟道要向外冒灰，不但影响卫生，还可能烧坏设备。

当炉内燃烧工况发生变化或炉内受热面发生爆破时，必将立即引起炉膛压力发生变化。如磨煤机跳闸或部分燃烧器灭火，炉膛压力要立即向负方向变化。启动磨煤机或投运燃烧器时，炉膛压力要立即变正。

炉膛负压的调节主要是通过改变引风机出力进行的。为避免炉膛出现正压和风量不足，在增加负荷时，应先增加引风机出力，再增加送风机出力和燃料量。在减少负荷时，则应先减少燃料量和送风量，再减少引风机出力。

8. 燃烧器的运行方式

燃烧工况的好坏，不仅受配风工况的影响，而且与炉膛热负荷及燃烧器的运行方式有关。为了保持燃烧稳定，在低负荷时要少投入燃烧器，并尽可能投入相邻的燃烧器，使火焰集中。单台燃烧器的热负荷不能太低，因为低负荷时，炉膛内温度低，容易灭火，在必要时可投油助燃。在负荷较高时，应尽可能投入较多的燃烧器。这样做一方面可使燃料量均匀分布，使火焰充满炉膛，避免因局部热负荷过高发生结渣或烧损燃烧器；另一方面使每个燃烧器都有一定的调节余量，以适应负荷变化的需要。

为了保持燃烧在燃烧室中心位置和避免发生火焰偏斜等现象，各燃烧器应尽可能均衡对称地投运，各燃烧器的燃料重、风量应尽可能均匀一致。但有时为了适应锅炉负荷和减少热偏差允许有意识地改变各燃烧器之间的负荷分配和风量配比。

五、直流锅炉的调节特点

直流锅炉没有汽包作为汽水分界面，所以给水量或燃料量单独变化时将引起加热、蒸发、过热三区段受热面积比例的变化，导致过热器汽温的大幅度变化。所以，直流锅炉在运行中要严格地保持给水量与燃料量的比例。

当进行汽压或机组负荷调节时，一般先通过给水量的调节来满足要求，同时调节燃料量，以保证合适的给水量与燃料量的比例，维持汽温稳定。

由于在实际运行中，要严格地保持给水量与燃料量的比例是很不容易的，所以直流锅炉也配有喷水减温装置，用保持燃料量和给水量的比例对过热器汽温进行粗调，用喷水减温作为细调，以严格保证精确的过热器汽温。为了保证较精确的煤水比，通常在受热面过热区段的起始部分选择一个合适的工况点，用该点的工质温度来控制煤水比，一般称该点为中间点。由于负荷改变时，炉内辐射传热量、对流传热量的比例以及加热热量、过热热量的比例发生变化，所以中间点的温度一般不是定值，而是随机组负荷的改变而改变。

1. 过热器汽温调节

保持煤水比不变，则可维持过热器汽温不变。煤水比的变化是汽温变化的基本原因。当过热器汽温偏低时，首先应适当增加燃料量或减小给水量，使汽温升高，然后用喷水减温方法精确保持汽温。

受不稳定动态过程及过热器管壁金属储热的影响，过热器汽温有较大的迟延，而且越接近过热器出口迟延越大，必须用中间点汽温作为超前信号，使调节提前，才能得到较稳定的汽温值。中间点越靠近过热器的入口端，汽温调节的灵敏度越高。中间点的工质状态在维持额定汽温的负荷范围内为微过热状态，其过热度一般要求保持在20℃以上。

2. 汽压调节

汽压调节的任务是调节并保持锅炉蒸发量与汽轮机所需蒸汽量的平衡。对于汽包锅炉，蒸发量的改变主要是通过燃烧调节来达到，与给水量无直接关系。也就是说，在燃烧不变的情况下，只改变给水量的大小，锅炉蒸发量不会改变。对于直流锅炉，蒸发量由给水量决定，燃料量的变化不能直接引起锅炉蒸发量的变化，只有在锅炉给水量变化时才使锅炉蒸发量变化。当调节给水量以保持汽压稳定时，必然要引起汽温的变化，所以在调压过程中必须校正过热器汽温。

第二节　汽轮机运行监视和调整

一、主蒸汽压力的监视和调整

当主蒸汽温度不变的情况下，进入汽轮机的主蒸汽压力升高的幅度在运行规程规定范围之内时，可提高机组的经济性。因为压力升高可使热降增大，在同样的负荷下进汽流量就会减少，对机组的运行经济性有好处。但是，如果主蒸汽压力升高超过规定范围时，将会直接威胁机组的安全。因此，制造厂及现场运行规程明文规定不允许汽轮机的进汽压力超过极限值。主蒸汽压力过高的危害有以下三方面：

(1) 最危险的是引起调速级叶片过负荷。尤其当喷嘴调节的机组第一个调速汽门全开，而第二个调速汽门将要开启时，调速级热降增大，动叶片上所承受的弯应力也达到最大，而动叶片的弯应力与蒸汽量和调速级热降的乘积成正比，所以即使蒸汽量不超过设计值，也会因热降增大引起动叶片超负荷。

(2) 蒸汽温度正常而压力升高时，机组末几级叶片的蒸汽湿度要增大，使末几级动叶片工作条件恶化，水冲刷严重。对高温高压机组来说，主蒸汽压力升高 0.5MPa，最末级叶片的湿度大约增加 2%。目前大型机组末几级叶片的蒸汽湿度一般控制在 15% 以内。

(3) 主蒸汽压力过高会引起主蒸汽管道、自动主汽门、调速汽门、汽缸法兰盘及螺栓等处的内应力增高。这些承压部件及紧固件在应力增高的条件下运行，会缩短使用寿命，甚至会造成部件的损坏或变形、松弛。

因此，当主蒸汽压力超过允许值时，必须采取措施，否则不允许运行。采取的措施有：①通知锅炉恢复汽压或开启旁路系统降压；②如果机组没有带到满负荷时，可暂时增大负荷加大进汽量，必要时可开启锅炉安全阀，达到降压目的等。

当主蒸汽温度不变而压力降低时，汽轮机内可用热降减少，使汽耗量增加，经济性降低。若调速汽门开度不变，进汽量将成比例地减少，如汽压降低过多则带不到满负荷。当汽压降低超过允许值时，应通过调整锅炉燃烧及时恢复正常汽压，必要时可降低负荷，减少耗汽量，来恢复正常汽压。

二、主蒸汽温度的监视

在实际运行中，主蒸汽温度变化的可能性较大，而主蒸汽温度变化对汽轮机安全和经济运行影响十分严重，因而要加强对主蒸汽温度的监视。

1. 主蒸汽温度高

主蒸汽温度升高，汽轮机的热降和功率会稍有升高，热耗降低，汽温每升高 5℃，热耗可降低 0.12% ~ 0.14%。主蒸汽温度的升高超过允许范围对汽轮机设备的主要危害有以下三方面：

（1）首先使调速级段内热降增加，从而使该段的动叶片发生过负荷。

（2）使金属材料的机械强度降低，蠕变速度增加。如主蒸汽管道和汽缸等高温部件工作温度超过允许的工作温度，将导致设备损坏或缩短部件的使用寿命，使汽缸、汽门、高压轴封等的紧固件发生松弛现象，乃至减小紧力或松脱。这些紧固件的松弛现象，随着在高温下工作的时间增加而增加。

（3）使各部件受热变形和受热膨胀加大，如膨胀受阻有可能使机组的振动加剧。

因此，在运行规程中严格地规定了主蒸汽温度允许升高的极限数值。如一般对额定汽温为 538℃ 的机组，允许温度变化 - 10 ~ + 5℃。因此，在电网允许的情况下，当主蒸汽温度超过规定时应进行锅炉调整，加强汽轮机监视，同时配合做好各项工作。如果锅炉调整无效，当主蒸汽温度达到停机条件时，应按规程规定停机或紧急停机。

2. 主蒸汽温度低

主蒸汽温度降低不但影响机组的经济性，降温速度过快，还会威胁设备的安全，必须果断迅速处理。主蒸汽温度降低的危害主要有以下三方面：

（1）主蒸汽温度下降缓慢时，温度应力不是主要矛盾，但若要保持电负荷不变就要增加进汽量，使机组经济性降低。一般地说，主蒸汽温度每降 10℃，汽耗将增加 1.3% ~ 1.5%，而热耗约增加 0.3%。

（2）主蒸汽温度降低而汽压不变时，末几级叶片的蒸汽湿度将增大，对末几级动叶片的叶顶冲刷加剧，将缩短叶片的使用寿命。

（3）当主蒸汽温度急剧下降时，将使轴封等套装部件的温度迅速降低，产生很大的热应力，汽缸等高温部件会产生不均匀变形，使轴向推力增大。汽温急剧下降，往往又是发生水冲击事故的征兆。

对于额定汽温为 538℃ 的机组，当主蒸汽温度降至 500℃ 时，应停机；当汽温直线下降 50℃ 或 10min 内下降 50℃ 时，应紧急停机。

三、再热蒸汽参数的监视

蒸汽从高压缸排出后，经过再热器管道进入中压缸，压力将会有不同程度的降低，这个压力损失，通常称为再热器压损。再热器压损为蒸汽通过再热器系统的压力损失与高压缸排汽压力之比，一般以百分数表示。

在正常运行中，再热蒸汽压力是随蒸汽流量的变化而变化的。再热器压损的大小，对汽轮机的经济性有着显著的影响。

如果发现再热蒸汽压力不正常地升高，说明进入中压缸的蒸汽阻力增加，应及时查明原因并采取相应的措施。如果再热蒸汽压力升高达到安全门动作的程度，一般是由调节和保护系统方面的故障引起的。遇到此种情况，要首先检查中压自动主汽门和调速汽门是否关闭，并迅速采取处理措施，使之恢复正常。

再热蒸汽温度通常随着主蒸汽温度和汽轮机负荷的改变而发生变化。同主蒸汽温度一样，再热蒸汽温度的变化，也直接影响着设备的安全和经济性。

再热蒸汽温度超过额定值时，会造成汽轮机和锅炉部件损坏或缩短使用寿命。

当再热蒸汽温度升高时，最好不使用喷水减温装置。因为此时向再热器喷水，将直接增加中、低压缸的蒸汽量，一方面会引起中、低压缸各级前的压力升高，造成隔板和动叶片的应力增加和轴向推力的增加；另一方面对经济性也很不利。

再热蒸汽温度低于额定值时，不仅会使末级叶片应力增大，还会引起末几级叶片的湿度增加，若长期在低温下运行，将加剧叶片的侵蚀。在运行中，如果发现再热蒸汽汽温下降情况与负荷的变化不相适应，要检查锅炉再热器减温水门是否关闭严密。

四、凝汽器真空的监视和调整

凝汽器真空的变化，对汽轮机的安全与经济运行有很大的影响。凝汽器真空高即汽轮机排汽压力低，可以使汽轮机减小耗汽量提高经济性。一般情况下真空降低 1%，汽轮机的热耗将增加 0.7% ~ 0.8%。正因为如此，所以对凝汽式机组来讲通常要维持较高的真空。

凝汽器的真空是依靠汽轮机的排汽在凝汽器内迅速凝结成水，体积急剧缩小而造成的。如排汽冷却而凝结成 30℃ 左右的凝结水，相应的饱和压力只有 4kPa，这时如果蒸汽干度为 90%，每千克蒸汽的容积为 31.9m³，则蒸汽凝结成水后容积只有 0.001m³，即缩小到原来蒸汽容积的三万分之一左右。汽轮机带负荷运行中，真空泵的作用是抽出凝汽器中不凝结的气体，以利于蒸汽的凝结。

为使汽轮机的排汽能够迅速冷却，需要向凝汽器通入冷却水（循环水）。若要维持较高的真空，在冷却水温度相同的情况下必须通入更多的冷却水，也即要耗费更多的电量。凝汽器真空分为经济真空和极限真空，提高真空度将增大机组的输出功率和供水电耗。当净效益（两者之差）最大时的真空值称为经济真空；极限真空，是指受汽轮机末级喷嘴的膨胀能力限制，当真空继续提高时，机组负荷将不再增加的真空值。

汽轮机的真空下降（排汽室温度升高）时会有如下危害：

（1）使低压缸及轴承座等部件受热膨胀，引起机组中心变化，使汽轮机产生振动。

（2）由于热膨胀和热变形，可能使端部轴封径向间隙减小乃至消失。

（3）如果排汽温度过分升高，可能引起凝汽器管板上的铜管胀口松弛，破坏了凝汽器的严密性。

（4）由于排汽压力升高，汽轮机的可用热降减小，除了不经济外，出力也将降低，还有可能引起轴向推力变化。

在实际运行中，真空下降的原因很多，但经常造成真空下降的原因是真空系统的严密性受到破坏。为保证真空系统的严密性，运行中要定期检查，发现问题及时消除。真空严密性的指标规定为：当负荷稳定在额定负荷的 80% 以上，关闭空气门或停止射水泵（真空泵）3～5min，凝汽器真空下降速度不大于 0.1kPa/min。

真空下降，应及时采取措施。若真空继续下降，应按规程规定减负荷，直至将真空回升。凝汽器真空下降达低真空保护整定值时保护应动作停机。在低真空的条件下运行，对末级叶片或较长叶片，由于偏离空气动力学设计点很远，汽流的冲击或颤动，易使叶片发生损坏。

五、监视段压力的监视

凝汽式汽轮机除最后一、二级叶片外，调速级压力和各段抽汽压力均与蒸汽流量成正比。根据这个原理，在运行中就可以有效地监督通流部分工作是否正常。各抽汽段和调速级压力，通常又称之为监视段压力。

在一般情况下，汽轮机制造厂根据热力和强度计算结果，给出了每台汽轮机额定负荷下的蒸汽流量和监视段压力，以及最大允许蒸汽流量和最大允许监视段压力。最大允许监视段压力通常对应制造厂进行强度计算时的工况，并考虑了制造工艺误差等因素的影响，通常还留有一定的裕量。即使是相同型号的汽轮机，由于每台机组有各自的特点，所以在同一负荷下的各监视段压力也不完全相同。因此对每台机组来说，应参照制造厂家给定的数据，在安装或大修后，在通流部分正常的情况下进行实测，求得负荷、流量和监视段压力的关系，作为平时运行监督的标准。

在同一负荷（流量）下监视段压力升高，说明压力升高的某个监视段后通流面积减小。这多数情况是由于结了盐垢，有时也会由于某些金属零件碎裂和机械杂物堵塞了通流部分或叶片损伤变形等造成的。显然当某个加热器停运时，也将使相应的抽汽段压力升高。

监视时，不但要看监视段压力绝对值的升高是否超过规定值，还要看各段抽汽的压差是否超过规定的允许值。如果某个级段抽汽的压差超过规定值，将会使该级段隔板和动叶片的工作应力增大，从而造成设备损坏事故。

汽轮机结垢严重时要进行清洗。加热器停运时，要根据具体情况决定是否需要限制负荷和限制负荷的量值。通流部分损坏时应及时修复，暂不能修复时也要考虑在必要时适当地限制汽轮机负荷。

六、轴向位移的监视

汽轮机转子的轴向位移，现场习惯称为窜轴。

汽轮机运行中，转子受到沿汽流方向的作用力引起轴向位移，此作用力由蒸汽作用在汽轮机内每一个级和端汽封凸肩的轴向力构成，称为轴向推力。轴向位移用来表征汽轮机转子在轴向推力作用下的位移状况。轴向位移过大，会使汽轮机动静部分发生碰摩，造成设备损坏事故。

为了减小轴向推力，在设计上采取了一些措施，如高、中压缸对头布置，低压缸为分流结构，轮盘上开平衡孔等。这些措施使汽轮机转子的轴向推力或互相抵消，或大为减弱，从而大大减轻推力轴承的承载。

汽轮机组的轴向推力大小和方向与许多因素有关，要进行精确的计算十分困难。轴向位移保护装置（窜轴保护装置）是防止因推力轴承磨损或轴向推力过大引起汽轮机通流部分严重损坏的保护装置。当轴向位移过大超过允许极限时，该保护装置应立即动作强迫停机。

机组运行中，发现轴向位移增大时，应对汽轮机全面检查，倾听内部声音，对照胀差变化，测量检查轴承振动，同时注意监视推力瓦的温度和回油温度的变化。一般规定，推力瓦温度不允许超过 95℃，回油温度不允许超过 75℃。

汽轮机运行中轴向推力增大的原因有以下几方面：

（1）汽温、汽压下降。

（2）隔板轴封间隙因磨损而增大。

（3）蒸汽品质不良，引起通流部分结垢。

（4）发生水冲击事故。

（5）负荷变化。一般来讲凝汽式机组随负荷增加而推力增大，对抽汽式机组或背压式机组来讲最大的轴向推力将可能在某一中间负荷时出现。

七、机组振动的监视

对大型汽轮发电机组进行振动监视，在防止因振动造成设备损坏事故方面有着重要的意义。目前对大型汽轮发电机组的振动监视，一般都采用非接触式测振仪对机组转轴振动振幅或振动轨迹进行测量。当测得的振动幅值达整定值时，由热工控制和保护系统进行振动报警或自动停机，从而防止因振动引起设备损坏。

对额定转速为 3000r/min 的汽轮机，其轴承振动双振幅值在 0.05mm 以下为合格，在 0.03mm 以下为良好，在 0.02mm 以下为优良。带负荷运行时一般定期在机组各支撑轴承处测量汽轮机的振动。振动应从垂直、横向和轴向三个方向进行测量。垂直和横向测得的振动值除与转子振动特性有关外，还分别与轴承垂直或横向的刚性有关；轴向振动值也与轴承刚性有关，并往往随轴承的垂直振动而变化。在测量振动时，应尽量维持机组负荷、参数、真空不变，以便比较。

在汽轮机振动监视方面应做好以下几方面的工作：

（1）首先要求运行人员熟悉掌握有关机组振动的基本知识，能够及时地分析判断机组启动、运行和事故处理中发生异常振动的可能原因，并及时地采取正确有效的处理措施。

运行人员还应熟悉汽轮发电机组轴系的每个临界转速和每个轴承平时运行的振动情况，注意不要把机组的异常振动误认为临界转速。

（2）运行人员在巡回检查中，要注意检查机组的振动情况，注意积累经验。一个经验丰富的运行人员，凭感觉就能发现 0.01~0.02mm 的振动变化。正常运行时，至少应每隔 10 天测量一次各轴承三个方向的振动，并记入专用的台账。如发现振动有异常变化时，除采取必要的措施（如降低负荷等）外，还应及时向车间负责人进行汇报，以便采取更得力的措施。

除建立的振动记录台账应由车间技术负责人保管外，还应建立振动管理技术台账，定期地对每台机组振动情况进行分析检查。

（3）现场应配备性能符合要求并定期进行过校验的携带式振动表计，测量振动应在规定的部位（最好做出记号）由专人进行。

（4）在机组启动时应做到以下几点：

1）一定要具备合乎要求的测振表计，否则汽轮机不应启动。

2）冲转前大轴热弯曲值、上下汽缸温差、相对胀差、蒸汽参数应符合要求，否则禁止冲动转子。

3）转子冲动前必须连续盘车 4h 以上。

4）合理地选择稳定暖机转速。稳定暖机转速应在不灵敏转速附近。

5）在机组升速或运转中突然发生异常振动的较常见原因是转子平衡恶化或自激振荡，此时应注意检查叶片等转子部件损坏的象征、水冲击的象征以及油膜振荡的象征等。当机组振动突然增大到规定的数值时，要果断地采取停机措施。如通过检查分析确定振动为自激振荡时，可不采取立即停机的措施，而首先改变有功负荷和无功负荷，观察振动的变化情况，如振动仍不降低，则应采取紧急停机措施。

（5）检修人员要严格执行各项检修工艺标准，努力降低机组的振动，对于与机组振动有关的检测项目（如检测转子中心、对轮瓢偏、大轴弯曲、轴瓦的间隙、紧力等），必须进行认真的检查测量并做好记录。对于直接影响振动的设备缺陷应及时消除。振动值不合格的机组不允许长期运行。

八、胀差的监视

在机组启停过程中和负荷变化时必须注意监视胀差。若机组在热状态下存在着胀差和胀差变化，意味着安装时动静部分的轴向间隙发生了变化。如果胀差变化超过了规定值，致使某一局部地方动静轴向间隙消失，就会发生动静之间摩擦，轻则增加启动时间、降低经济性，重则引起机组振动、大轴弯曲、叶片掉落等严重事故，甚至毁坏整台机组。因此，在启停或运行中要严格监视和控制胀差的变化，防止对汽轮机的安全经济运行造成不良影响。

大容量机组由于长度增加，汽缸膨胀死点增多以及采用双层缸、合缸结构等，致使转子与汽缸的相对膨胀比中小型机组的数值大而且情况复杂。尽管目前运行的大型汽轮机都设有胀差指示器，但它只能指示测点处的胀差值，并不能准确地反映汽轮机各截面处的胀差情况。运行实践表明，虽然胀差指示器指示数值在允许的范围之内，有时却在转子与汽缸的某些地方会出现摩擦现象。因此，对各种工况下的胀差值要进行详细的分析，必要时要重新计算，才能确定某一胀差可能产生危险的工况和合理的胀差控制范围。

当温度成线性变化时，最大热应力与最大胀差都是温升率的线性函数，最大热应力与最大胀差产生的时间也大体相同。因此通过控制温升率可以同时控制最大热应力和最大胀差，但控制时应注意兼顾两者，同时满足两者的要求。

制造厂给出的胀差极限值，一般选取室温下转子推力盘靠在推力瓦的非工作瓦块（或工作瓦块）上作为胀差的零位，安装或检修时都应以此为基准进行测量和调整。

九、轴瓦温度的监视

汽轮发电机组主轴在轴承支持下高速旋转，引起轴瓦和润滑油温度的升高，所以在运行中要监视轴瓦温度和回油温度。当发现下列情况时应停止汽轮机运行。

（1）任一轴承回油温度超过定值或突然升高接近定值。

（2）轴瓦乌金温度超过定值。

（3）回油温度升高，轴承内冒烟时。

（4）润滑油压低于规定值。

（5）润滑油温超过极限值无法恢复时。

为保证轴瓦的润滑和冷却，运行中要经常检查油箱油位和冷油器的运行情况。当油箱油位降到最低值无法及时恢复时，也要停止汽轮机的运行。

第三节　发电机运行调整和维护

一、发电机功率调节

电力系统发生事故（失去一部分电源或负荷）或运行方式改变时，会引起线路负荷潮流分布的变化以及用户负荷的变化，使电力系统中的有功功率（或无功功率）失去平衡，造成系统频率（或电压）的升高或降低。因此，在运行中应按照给定的负荷曲线或调度员命令，对各发电机的有功功率或无功功率进行调整，以维持频率或电压在允许范围内。

（一）有功功率的调整

1. 系统频率变化的原因

设系统中有 m 台机组，各机组原动机的输入总功率为 $\sum_{i=1}^{m} p_{i\,\text{in}}$，各机组的总输出功率为 $\sum_{i=1}^{m} p_{i\,\text{out}}$，当忽略机组内部损耗时，输入、输出功率平衡，即

$$\sum_{i=1}^{m} p_{i\,\text{in}} = \sum_{i=1}^{m} p_{i\,\text{out}} \qquad (17-1)$$

如果这时系统负荷突然变动使发电机组功率增加 ΔP_L，而由于机械的惯性，输入功率还来不及做出反应，则有

$$\sum_{i=1}^{m} p_{i\,\text{in}} < \sum_{i=1}^{m} p_{i\,\text{out}} + \Delta P_\text{L} \qquad (17-2)$$

则机组输入总功率小于负荷要求的电功率。为了保持功率的平衡，机

组只有把转子的一部分动能转换成电功率，致使机组转速降低，系统频率下降。其间的关系如下

$$\sum_{i=1}^{m} p_{i,\,\text{in}} = \sum_{i=1}^{m} p_{i,\,\text{out}} + \Delta P_{L} + \frac{\text{d}}{\text{d}t}\left(= \sum_{i=1}^{m} W_{i}\right) \qquad (17-3)$$

式中 W_{i}——机组的动能。

可见，系统频率的变化是由于发电机的输出功率与原动机的输入功率失去平衡所致。电力系统负荷是不断变化的，而原动机输入功率的改变则较缓慢，因此系统频率总会有波动，不过随着电力系统容量的增大，在计划用电和机组自动调频的前提下，频率将越来越稳定。

电力系统负荷瞬时变动情况的示意图如图 17-1 所示。从图 17-1 可看出，负荷可以分成几种不同的分量：第一种为频率较高的随机分量，变化周期一般小于 10s；第二种为脉动分量，变化幅度较大，变化周期在 10s～3min；第三种为变化很缓慢的持续分量。负荷的变动必将导致电力系统频率的变化，由于电

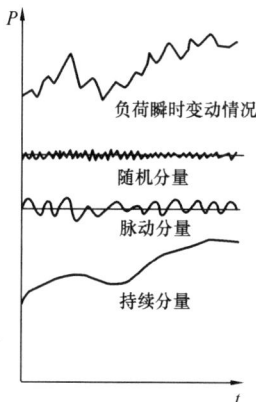

图 17-1　电力系统负荷瞬时变动情况示意图

力系统本身是一个惯性系统，所以对频率的变化起主要影响的是负荷的第二、第三种分量。

2. 电力系统的负荷频率特性

当系统频率变化时，整个系统的负荷也要随着改变。负荷随频率而改变的特性叫作负荷频率特性。电力系统的各种有功负荷，有的与频率变化无关，有的与频率变化成正比，有的与频率的二次方成正比，有的与频率的三次方成正比，有的与频率的更高次方成正比，负荷的频率特性一般可表示为

$$P_{L} = a_{0}P_{LN} + a_{1}P_{LN}\left(\frac{f}{f_{N}}\right) + a_{2}P_{LN}\left(\frac{f}{f_{N}}\right)^{2} + a_{3}P_{LN}\left(\frac{f}{f_{N}}\right)^{3}$$
$$+ \cdots + a_{n}P_{LN}\left(\frac{f}{f_{N}}\right)^{n} \qquad (17-4)$$

式中 f_{N}——额定频率；

P_L——系统频率为 f 时整个系统的有功负荷；

P_{LN}——系统频率为额定值 f_N 时整个系统的有功负荷；

a_0，a_1，a_2，a_3，…，a_n——上述各类负荷占 P_{LN} 的比例系数。

当系统负荷的组成及性质确定后，负荷频率特性方程也就唯一地确定了，根据负荷频率特性方程做出负荷频率特性曲线，如图 17-2 所示。

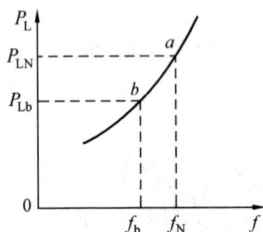

图 17-2 负荷频率特性

由图 17-2 可知，在额定频率 f_N 时，系统负荷为 P_{LN}，当频率下降到 f_b 时，系统负荷由 P_{LN} 下降到 P_{Lb}。如果系统频率升高，负荷将增大。也就是说，当系统内机组的输入功率 $\sum_{i=1}^{m} P_{i\ in}$ 和负荷间失去平衡时，系统负荷也参与了调节作用。这一特性有利于系统中有功功率在另一频率值下的重新平衡。这种现象称为负荷的频率调节效应。

3. 发电频率特性

当系统的负荷变化引起频率改变时，发电机组的调速系统工作，改变原动机进汽量，调节发电机的输入功率以适应负荷的需要。通常把由于频率变化而引起发电机组输出功率变化的关系称为发电频率特性或调节特性。

如图 17-3 所示。如发电机以额定频率 f_N 运行时（相当于图 17-3 中 a 点），其输出功率为 P_{ga}；当系统负荷增加而使频率下降到 f_b 时，则发电机组由于调速器的作用，使输出功率增加到 P_{gb}（相当于图 17-3 中 b 点）。可见，对应于频率下降 ΔP_g，发电机组的输出功率增加。很显然，这是一种有差调节，其特性称为有差调节特性。

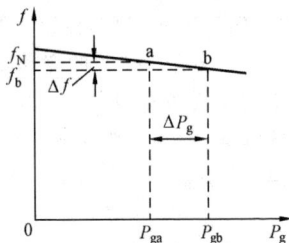

图 17-3 发电机频率特性

4. 电力系统频率特性

电力系统主要是由发电机组、输电网络及负荷组成，如果把输电网络的功率损耗看成是负荷的一部分，则电力系统可简化为图 17-4（a）所示框图。在稳态频率为 f_N 的情况下，P_{in}、P_g 和 P_L 都相等，因此在讨论电力系统频率特性时，就可以将电力系统看成为由发电机组和负荷这两个环节构成的一个闭环系统，则发电频率特性与负荷频率特性的交点，如

图 17 – 4 (b) 中的 a 点所示，就是电力系统的频率稳定运行点。

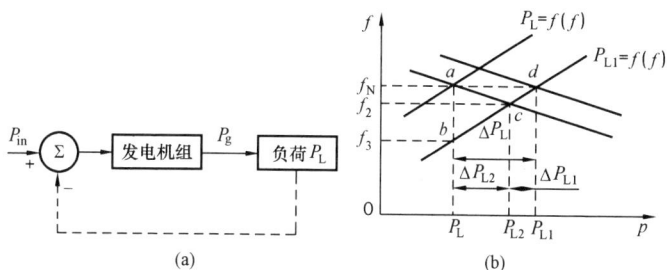

图 17 – 4　电力系统框图及其频率特性

可见，如果系统中的负荷增加 ΔP_L，则总负荷变为 P_{L1}，假设这时系统内的所有机组均无调速器，机组的输入功率恒定为 P_{in} 且等于 P_L，则系统频率将逐渐下降，负荷所取用的有功功率也逐渐减小。依靠负荷调节效应系统达到新的平衡，运行点由 a 点移到 b 点，频率稳定值下降到 f_3，系统负荷所取用的有功功率仍然为原来的 P_L 值。在这种情况下，频率偏差值 Δf 决定于 ΔP_L 值的大小。一般 Δf 是相当大的，但是实际上各发电机组都装有调速器，当系统负荷增加，频率开始下降后，调速器即起作用，增加机组的输入功率 P_{in}。经过一段时间后，运行点稳定在 c 点，这时系统负荷所取用的功率为 P_{L2}，小于额定频率下所取用的功率 P_{L1}，频率稳定在 f_2。此时的频率偏差 Δf 要比无调速器时小得多，由此可见，调速器对频率的调节作用是很明显的。调速器的这种调节作用通常称为一次调节。如果负荷变动相当大，则所引起的频率下降也较大，可能超出允许的频率偏差范围。同时，由于频率下降而引起的负荷减小，也就表示生产率的降低。这就要求运行人员手动操作或由自动调频装置自动操作调速器的整定机构，使特性曲线向上移动，于是频率上升，负荷取用的功率也增加。当系统机组的输入功率与负荷所需要的总功率 P_{L1} 又相平衡时，运行点移到 d 点。这时频率恢复到额定值 f_N。这种调整调速器移动特性曲线使频率恢复到额定值的操作称为二次调节，即调频装置的这种调节作用称为二次调节。

（二）无功功率的调整

同步发电机的原理电路图如图 17 – 5 （a） 所示。图 17 – 5 （a） 中 GEW 是励磁绕组，机端电压为 $\dot{U}_g$，电流为 $\dot{I}_g$。在正常情况下，流经 GEW

的励磁电流为 I_{ex}，由它所建立的磁场使定子产生的空载感应电动势为 $\dot{E}_q$，改变 $\dot{I}_{ex}$ 的大小，$\dot{E}_q$ 值就相应改变，由等值电路图可得 $\dot{E}_q$ 与 $\dot{U}_g$ 的关系式为

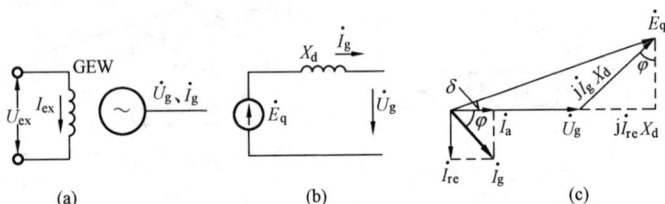

图 17-5　同步发电机

$$\dot{U}_g + j \dot{I}_g X_d = \dot{E}_q \qquad (17-5)$$

式中　X_d——发电机的直轴电抗。

由图 17-5 所示的相量图可得发电机感应电动势感应电动势 $\dot{E}_q$ 与端电压 $\dot{U}_g$ 的有效值关系为

$$\dot{E}_q \cos\delta = \dot{U}_g + I_{re} X_d \qquad (17-6)$$

式中　δ——$\dot{E}_q$ 与 $\dot{U}_g$ 间的相角，即发电机的功率角；

I_{re}——发电机的无功电流。

一般 δ 的值很小，可近似认为 $\cos\delta \approx 1$，于是上式可简化为

$$E_q \approx U_g + I_{re} X_d \qquad (17-7)$$

由此可看出同步发电机的外特性（端电压与无功电流的关系）必然

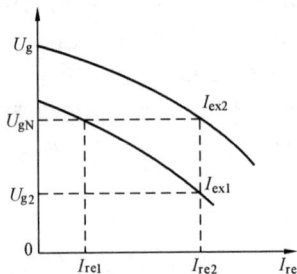

图 17-6　同步发电机的外特性

是下降的，即当励磁电流 I_{re} 一定时，发电机端电压 U_g 随无功负荷增大而下降，如图 17-6 所示，当无功电流为 I_{re1} 时，发电机端电压为额定值 U_{gN}，励磁电流为 I_{re1}，当无功电流增大到 I_{re2} 时，如果励磁电流不增加，则端电压降至 U_{g2}，可能满足不了运行的要求，必须将励磁电流增大到 I_{ex2} 才能维持端电压为额定值 U_{gN}。同理，无功电流减小时，U_g 也会上升，此时必

第二篇　集控值班

须减小励磁电流。

可见，发电机无功功率的调整，是通过改变励磁电流的大小来调节的，从而使发电机电压维持在允许值范围内。发电机均装有自动励磁调整装置，用来自动调节无功负荷。必须指出的是，对于发电机来讲，每一个给定的有功功率都有一个对应的最小励磁电流，进一步减小励磁电流将使发电机失去稳定。所以调整发电机无功功率时，要参照发电机的 $P-Q$ 曲线，不能使发电机的运行点跑出 $P-Q$ 曲线外。

二、发电机的运行维护

为了保证发电机的安全运行，运行人员应经常注意监视发电机有功功率、无功功率、定子电压、定子电流、转子电压、转子电流。除此之外，还应定时监视发电机各部温度和发电机轴承系统、冷却系统的参数，当参数超出规定时应及时调整。同时，做好正常巡视检查工作，对发电机的异常状态应认真分析，及时处理，尽力避免发生事故。

（一）发电机电压、频率变动的允许范围

发电机的电压、频率变动允许范围应遵守制造厂家的规定。一般情况下，发电机电压变化为额定电压的 $\pm 5\%$ 时，定子电流也相应变化为额定电流的 $\pm 5\%$。在此变化范围内，发电机可带满负荷长期运行，但发电机电压最大允许变动范围不应超过额定电压的 $\pm 10\%$。发电机运行中，最好保持额定频率 50Hz 运行，在频率变动 ± 0.5Hz 时，发电机可按额定容量运行，但频率最大允许变化范围不得超过额定频率的 $\pm 5\%$，即范围为 $47.5 \sim 52.5$Hz。

（二）发电机各部温度的监视和冷却系统的运行维护

运行中的发电机，除发出有功功率和无功功率外，本身也要消耗一部分能量，所消耗能量主要包括铁损、铜损、摩擦损耗、通风损耗、杂散损耗。这些损耗转换为热能，导致发电机各部温度升高。

发电机各主要部件的允许温度和温升，特别是对氢内冷、水内冷及氢外冷机组各主要部件的允许温度和温升应严格执行制造厂的规定。发电机在运行中，不论处于何种工作状态，都必须注意各主要部件温度和温升，使之不超规定值，以保证发电机安全运行且不影响寿命。为了保证发电机能在绝缘材料的允许温度下长期运行，必须靠发电机冷却系统把损耗所产生的热量排出去。发电机冷却系统故障，有的会影响发电机出力，有的则可能直接损坏主设备绝缘，所以应加强对冷却系统的检查维护。大容量汽轮发电机一般都采用氢冷或水冷。对氢冷和水冷机组应特别注意以下事项：

（1）氢气压力下降。密封油中断或油压过低，突然甩负荷引起的过冷却，冷却水温过低，误开氢气系统阀门，漏氢等原因会造成发电机氢压下降。当氢压下降使氢气传热能力降低时，应根据用氢气冷却的有效部分的温升条件，降低发电机出力。

（2）氢气纯度降低。

1）密封瓦的检修质量不好或结构不合理，致使密封瓦的氢气侧回油量过大，使氢油分离后的气体含有大量的油蒸气。

2）冷却器漏水或漏入机壳内的油因温度差异而被吸收，放出水分和空气。

3）补氢纯度不合格等会造成发电机氢气纯度降低。

当氢气纯度不合格时（一般要求氢气纯度不低于98%），应进行"排污"，并补充新鲜氢气，否则，随着氢气纯度的降低，其热容量（氢压一定）和热传导性能降低，密度增加，将导致冷却气体温度和发电机温度的升高以及通风损耗的增加，严重时引起氢气爆炸。

（3）运行中应做好氢干燥器（分离发电机内氢气中水分的一种装置）的维护工作，注意监视发电机内氢气湿度不超过 $8\sim12g/m^3$，防止绝缘受潮。同时对采用水氢氢冷却方式的发电机应保持定子绕组冷却水入口温度比冷氢温度高5℃左右，防止定子绕组结露。

（4）对采用水氢氢冷却方式的发电机，应经常注意监视氢水压差，防止定子冷却水漏入发电机内。

（5）运行中应注意监视发电机氢气与密封油的压差，以防止密封油跑进机壳，一方面造成定子绕组端部沾油，损坏绝缘；另一方面浸泡发电机引线套管处绝缘，造成事故。

（6）对水冷机组应该严格注意出水温度。出水温度升高，是由于进水少、漏水和内部发热不正常引起，应特别注意。

（7）发电机并网后，负荷的上升速度除考虑汽轮机因素外，对水冷机组还要考虑使各部分发热膨胀均匀，定子端部周期性振动缓慢增加，以保证水接头和绝缘水管逐渐适应，避免突然产生振动而使接头的焊缝开裂。所以发电机并网后，应在1h内逐渐将负荷升至额定值，且上升速度要均匀。

（8）发电机正常运行的检查规定：

1）运行中的发电机应按规定进行巡回检查，并根据运行情况及季节、天气变化、负荷变化、检修等情况进行不同部位的重点检查。发现异常时，应及时分析和处理。

2）运行中应按时打印各种报表记录，每隔2h抄表一次。且应进行运行工况分析。发现异常时应及时汇报，并增加巡视次数，尽快查明原因。

（9）发电机正常运行中检查每班不少于两次，检查项目如下：

1）发电机运转声音正常，振动不大于0.05mm。

2）发电机、励磁变压器及冷却系统各部参数正常。

3）发电机各部温升、温度符合规程规定，无局部过热现象。

4）发电机滑环碳刷清洁无损坏，碳刷压力均匀接触良好，不过短、不冒火、不跳跃，刷辫、滑环不过热，滑环最高温度不超过120℃（每班至少用测温枪测量一次滑环处的最高温度，并做好记录）。

5）发电机氢、油、水系统各法兰、阀门无渗漏现象，各阀门开关位置状态正确。

6）发电机引线及封闭母线无异常，外壳温度不超过60℃。

7）封闭母线微正压装置运行正常。

8）漏氢检测装置运行正常，无漏氢超量信号。

9）氢在线监测仪运行正常，各显示值在规定范围内。

10）继电保护及自动装置无异常，各压板位置正确。

11）发生故障后，应对发电机进行全面检查。

（10）发电机经受外部短路冲击和短时过载运行后，应对发电机进行一次详细的外部检查。检查的项目如下：

1）立即检查各引出线接头有无过热现象。

2）冷却水管路有无漏水，氢气系统有无漏氢。

3）发电机封闭母线、发电机、主变压器、励磁变压器温度是否正常，有无过热、绝缘变色、断线，有无异音，充油设备有无漏油。

4）发电机励磁系统各整流元件有无异常，有无报警，碳刷有无异常。

5）发变组保护、励磁调节器有无异常信号和告警，强励是否动作。

6）机组振动情况是否正常。

（11）运行中更换发电机碳刷的注意事项：

1）每班检查发电机滑环碳刷时，若发现长度小于1/3总长或有损坏的碳刷，应及时更换，更换后的碳刷接触面在正常压力下不小于总面积的3/4，同极碳刷一次更换不超过2块。

2）在发电机转子滑环上进行维护工作，若需将碳刷从刷握内提起来时，必须事先对同极的其他碳刷采取"可靠接触"的措施。

3）操作人员必须小心，不使衣服被机器挂住，扣紧袖口，发辫应盘在帽内。

4）工作时站在绝缘垫上，不得同时接触两极或一极与接地部分，也不能两人同时在两极上进行工作，防止短路。

5）新换碳刷应为同一型号规格，并进行必要的研磨，接触面达到50%以上，碳刷与刷握的间隙不能过大也不能过小，应保证碳刷在刷握内能上下伸缩自如，不卡涩也不晃动。

6）碳刷维护工作必须有人监护，提起碳刷前必须测量各碳刷电流分布情况，防止失磁；在将碳刷装入刷握检查接触面的时候，应将刷辫全部握在手掌中或将刷辫朝向远离另一极的方向，防止短路。

7）在转子两点接地保护投入时，禁止更换或调整发电机碳刷，并停止励磁回路的其他工作。

第四节　机组的负荷调节和滑压运行

一、负荷调节

由于电力系统的频率和负荷经常变化，机组要适应频率的调节及经济调度的要求，需经常进行负荷调节。机组的负荷调节通常有以下几种情况：

（1）当电网频率变化，汽轮机调速系统动作时，汽轮机调速汽门开大或关小，使汽轮机进汽量改变，从而引起主蒸汽压力变化。这时锅炉侧要相应地进行主蒸汽压力调节、燃烧调节，以维持能量的平衡。还应进行水位调节，调整给水量以维持工质的平衡以及汽温调节以维持蒸汽温度的稳定。

（2）按照电网调度指令调整负荷应由锅炉和汽轮机协调进行：①锅炉侧改变燃料进行燃烧调节，改变给水量进行水位调节；②汽轮机侧调整调速汽门开度，改变进汽量从而改变机组输出功率。主蒸汽压力的稳定则需要锅炉和汽轮机的协调动作。按照指令调整负荷时，要注意负荷调整的速度，以保持汽压、汽温的稳定及机组的安全。如果负荷需要增加较大，应首先检查机组辅机（如引风机、送风机）、制粉系统、给水泵的状态并做必要的调整，使其能适应负荷的要求。

（3）电网事故或机组内发生事故而引起强制减负荷。例如，当给水泵跳闸、给水流量减少时，必须减少机组负荷，以保证机组的安全。故障时的强制减负荷，由于减负荷的幅度较大，锅炉侧要迅速减少燃烧量，降低蒸发量，汽轮机调速汽门也迅速关小，以控制汽轮机转速或主蒸汽压力。强制减负荷时要注意燃烧工况和机组参数的稳定及机组的安全。

负荷调节是机组运行中的一项重要工作。负荷调节时，由于燃烧量、蒸发量的改变，锅炉、汽轮机的工况发生了变化，汽压、汽温、水位等均要进行调节，汽轮机、发电机也应加强监视。另外，由于机组负荷与燃料量、给水量、过热器喷水量及调速汽门开度等均存在着对应关系，负荷调节结束后，还应检查这些参数，以掌握机组的状态，及时发现隐患。

二、机组的滑压运行

随着电力系统的发展，原来承担基本负荷的大容量机组，近年来逐渐承担调峰的任务。机组调峰基本上有三种方式：①在额定参数下，根据电网的需要调整负荷，也称定压运行；②频繁地停机和开机，即后夜电网低谷负荷时停机，早上高峰负荷时再开机，又称两班制运行（即机组启、停调峰）；③滑压运行。采用第一种方式调整负荷，在低负荷时，主蒸汽的节流损失很大，机组的热效率下降，尤其对大容量机组很不经济。当前大容量机组调峰主要采用第三种方式。

（一）滑压运行的优点

机组滑压运行是指保持汽轮机调速汽门全开或部分全开，通过锅炉调整主蒸汽压力达到调整汽轮机输出功率，满足电力系统负荷需要的一种机组运行方式。变压运行时，主蒸汽温度保持不变，主蒸汽压力随负荷的变化而变化，故变压运行又称为滑压运行。变压运行主要有下列优点：

（1）机组负荷变动的情况下，可以减小高温部件的温度变化范围，从而降低汽缸和转子的热应力、热变形，提高部件的使用寿命。汽轮机变压运行时，主蒸汽压力随负荷变化而相应变化，但主蒸汽温度保持不变；当负荷变化较大时，调速级的温度变化比定压运行时要小得多。这使得汽缸、转子等金属部件的热应力和热变形也小，不仅增加了机组的可靠性，也增加了机组的负荷变化率，以适应电力系统负荷变化的需要。

（2）低负荷时能保持较高的热效率。滑压运行与定压运行相比，在低负荷时有较高的热效率。滑压运行时主蒸汽压力随负荷的减小而下降，而主蒸汽温度不变，使进入汽轮机的容积流量也基本不变，汽流在叶片里的流动偏离设计工况小，在负荷变化相同时，变压运行比定压运行热效率下降得也少。变压运行时调速汽门全开或基本全开，使得低负荷时节流损失很小。又因变压运行时蒸汽压力减小，使得对末级长叶片的侵蚀也得到缓和。

（3）给水泵功耗减小。机组滑压运行时应采用变速给水泵，如汽动给水泵等。当汽轮机的负荷降低时，给水流量和压力随之减少，变速给水泵消耗功率也随之减小，负荷越低，功率消耗越小。

（4）有利于机组变工况运行和快速启停操作。在工况变动时，滑压调节汽轮机高压缸各级蒸汽温度实际上近乎保持不变。而喷嘴调节温度变化较大，再考虑到调节级为部分进汽，调节级后沿周向温度分布是不均匀的。当工况变化时，汽轮机的温度工况比滑压调节要差得多。滑压调节还由于没有调节级，可直接在汽缸上铸出全周进汽的进汽室，可使高温进汽部分在结构和形状上得到简化。滑压运行时，由于锅炉的汽温和汽轮机各级温度变化均较小，因此有利于机组的快速启停和变工况。汽轮机变工况主要受到温度变化的限制。理论与实践表明，如温度变化的数值小，则允许的升（降）温速度也可较大；反之，温度变化的数值大，则允许的升（降）温速度就较小。因此，如汽轮机的设计及材料已定，要想增加机组允许的升（降）温速度以改善机组的变工况性能，就应减小温度变化数值。滑压运行就能达到这个目的。这一优点，对于大功率机组更为突出。

（二）滑压运行对负荷的适应性分析

（1）滑压运行机组对电网调频的适应性较差。因为当机组功率增大时，锅炉必然增加燃烧以提高汽压，但此时锅炉的储热能力不但不能利用，还因压力的提高而储蓄了一部分热量，这样就增加了迟延时间。因此，滑压运行的机组对负荷的反应速度比定压运行差，故滑压运行机组一般不宜参与调频。

（2）滑压运行可以减轻汽轮机结垢。通常负荷变动时，锅炉汽包内的水垢受水力冲击而被粉碎并随蒸汽带出，造成汽轮机结垢。滑压运行低负荷时蒸汽压力低，受水力冲击而被击碎的水垢减少，因而可减轻汽轮机结垢。另外，滑压运行时蒸汽压力随负荷的降低而降低，蒸汽溶解盐分的能力减少，使蒸汽中总含盐量减少，也减轻了在汽轮机中结垢。

（三）滑压运行对锅炉的影响

（1）滑压运行对各受热面吸热量分配的影响。采用滑压运行时，负荷降低，主蒸汽压力也降低，亦即锅炉各受热面内工质的压力降低，压力降低对不同类型锅炉的影响是不一样的。滑压运行时，省煤器工质所需热量减少，水冷壁工质所需热量增加，过热器工质所需热量也减少。所以，滑压运行中负荷变化幅度越大，锅炉各受热面所需热量变化幅度也越大。这种变负荷下热量的分配关系与定压运行显然不同；定压运行时，加热、蒸发和过热所需热量在不同负荷下变化很小，并且这很小的变化仅仅是由于锅炉在不同负荷下阻力不同所引起的。在定压运行的直流锅炉中由于加热、蒸发、过热各受热面之间无固定分界点，负荷变化时，分界点将发生移动。低负荷时，省煤器和过热区段缩短，蒸发区段伸长。倘若改为滑压运行，低负荷时工质所需热量有朝相反方向变化的趋势，必将削弱上述受热面区段的变化。由上所述，滑压运行可以减少由于工况变动引起的工质参数和受热面区段变化。

（2）滑压运行对工质流动的影响。滑压运行时，负荷降低，工质压力降低，比体积增大。而比体积的增大将使自然循环锅炉的流动压头增加，水循环可靠性提高。对于强制循环锅炉，压力下降有两方面影响：压力下降，工质比体积增大，管内阻力增大，这对水动力稳定性和减少管间流量偏差是有利的；然而，在低压时，汽水比体积差增大，容易出现水动力不稳定。因此，对于强制循环锅炉，应由水动力稳定性来决定滑压运行时的最低极限负荷，同时也决定了最低工作压力。上述情况都是对亚临界压力锅炉而言的。对超临界锅炉，在滑压运行时除了对相变点附近比热容、比体积等有影响外，还应注意到，当下滑至亚临界压力时，工质由单相变为双相，必须注意汽水通道中可能出现的水动力不稳定、分配不均匀、造成较大的水力偏差以及可能发生的传热恶化等问题。为解决可能出现的危险工况，国外一些制造厂发展了带有螺旋形管圈及再循环泵的直流锅炉。螺旋形管圈吸热均匀，热偏差小，有利于防止偏高的热应力，且这种管圈形式无中间集箱，汽水分配较均匀。采用再循环泵，可实现全负荷或部分负荷循环，提高工质质量流速，有利于降低管壁温度，达到安全运行。

（四）滑压运行其他若干问题

在滑压运行时，主蒸汽、再热蒸汽温度均能维持额定值，使汽轮机各级金属温度几乎不变，无附加热应力。低负荷时排汽缸温度、排汽温度、本体膨胀、胀差和振动等都变化不大，但仍需注意以下几个问题：

（1）负荷很低时低压转子流量小，汽轮机叶片根部将产生较大的负反动度，造成蒸汽回流、效率降低和叶片根部出汽边水刷，甚至还有可能引起不稳定的漩涡，使叶片承受不稳定的激振力的颤振。

（2）锅炉低负荷时，有可能产生主汽温与再热汽温的偏差增大，对于高、中压缸合缸的机组，高、中压缸两个进汽口相邻处的温度梯度过大将产生较大的热应力。

（3）低负荷时排汽温度将升高，如升高值过大采用喷水减温，要注意可能雾化不佳、喷水位置不当而造成低压缸叶片受侵蚀。

（4）低负荷时给水加热器疏水压差很小，容易发生疏水不畅和汽蚀，因此要备有正确的检测手段和相应的保护措施。

采用变压运行时，蒸汽温度和汽轮机各部位的温度基本稳定，负荷变化快慢对汽轮机影响不大，限制负荷变化速率的主要因素是蒸汽压力变化速率和汽包上下壁温差，即变压运行时负荷变化快慢的关键在锅炉。变压运行时，主蒸汽压力随负荷变化，汽包内的饱和水蒸气温度随之相应变化，其变化速率一般规定为 1.5℃/min，汽包上下壁温差不超过 40℃ 为标准。

（5）变压运行机组的最低负荷一般取决于锅炉，而锅炉负荷下限主要取决于燃烧稳定性和水动力工况安全性两个因素。大部分锅炉纯燃煤最低稳定负荷约为 60%～70% 额定出力。

（五）滑压运行的分类和选择

（1）纯滑压运行。在整个负荷变化范围内，汽轮机所有调速汽门全开，利用锅炉改变主蒸汽压力来适应机组功率变化的运行方式，称为纯变压运行。纯变压运行存在很大的时滞，不适用于电网频率的调整。这是纯变压运行的一个主要缺点。此外，由于纯变压运行时汽门是全开的，为了防止结垢、卡涩需定期手动活动阀门。有时也会造成汽门过开，增大了阀门的动作行程，致使机组甩负荷时有超速的危险。

（2）节流滑压运行。正常情况下，调速汽门不全开，对主蒸汽保持一定的节流（5%～15%），负荷降低时进入变压运行，负荷突然上升时可以立即全开调速汽门，利用锅炉已有的稍高的蒸汽压力，达到快速增加机组负荷的运行方式，称为节流变压运行。节流变压运行弥补了纯变压运行负荷调整慢的缺点，但由于调速汽门经常节流而产生了节流损失，降低了机组的经济性。

（3）复合滑压运行。复合滑压运行是指滑压运行和定压运行相结合的一种运行方式。复合滑压运行有以下三种方式：

1）低负荷时滑压运行，高负荷时定压运行。这种运行方式既具有低负荷时变压运行的优点，又保证了机组在高负荷时的调频能力。

2）高负荷时滑压运行，低负荷时定压运行。这种方式使机组低负荷时仍保持一定的主蒸汽压力，从而可保证较高的循环效率和机组的安全运行。

3）高负荷和极低负荷时定压运行，在其他负荷时变压运行。这是目前采用比较广泛的一种复合变压运行方式，兼有前两种复合变压运行方式的特点，既保持在高负荷区域有较高的效率，又防止了在低负荷区域热效率过多的降低，同时又有良好的负荷适应性。

滑压运行是一种新技术，随着我国电力系统容量的增大，大容量机组的日益增多和自动化程度的提高，滑压运行技术将会获得更广泛的应用。

第五节 机组的经济运行

一、机组的经济指标

(一) 机组的主要经济指标

机组的经济运行状况，主要取决于其燃料和电量的消耗情况，因此，机组的主要经济指标是发电标准煤耗率和厂用电率。

发电标准煤耗率计算式为

$$b_s = \frac{B \times 10^6}{W} \times \frac{Q_{net}^r}{29271} \qquad (17-8)$$

式中 b_s——标准煤耗率，g/kWh；

  B——锅炉燃料消耗量，t；

  W——机组发电量，kWh；

  Q_{net}^r——锅炉燃料的应用基低位发热量，kJ/kg；

  29271——标准煤的发热量，kJ/kg。

厂用电率计算式为

$$\lambda_p = \frac{P_P}{P} \times 100\% \qquad (17-9)$$

式中 P_P——机组的自用电功率，kW；

  P——机组发电功率，kW。

标准煤耗率及厂用电率的大小主要取决于机组的设计、制造及选用的燃料。运行人员的调整、运行方式的选择对这两项指标也有很大影响。机组的经济运行就是要保证实现标准煤耗率和厂用电率的设计值，并尽可能地降低，以获得最大的经济效益。

根据理论可知，标准煤耗率为

$$b_s = \frac{0.123}{\eta} \qquad (17-10)$$

$$\eta = \eta_b \eta_{pi} \eta_t \eta_{ri} \eta_m \qquad (17-11)$$

式中 b_s——标准煤耗率，kg/kWh；

  η——机组热效率，%；

  η_b——锅炉效率，%；

  η_{pi}——管道效率，%；

  η_t——循环效率，%；

  η_{ri}——汽轮机相对效率，%；

η_m——汽轮发电机的机电效率,%。

降低煤耗应从提高机组热效率,即提高能量转换各环节的效率入手,根据各环节的特点采取措施,以提高整个机组的经济性。

（二）机组的技术经济小指标

在运行实践中,常把机组的标准煤耗率和厂用电率等主要经济指标分解成各项技术经济小指标。控制这些小指标,也就具体地控制了各环节的效率和厂用电率,从而保证了机组的经济性。

1. 锅炉效率

锅炉效率是表征锅炉运行经济性的主要指标。影响锅炉效率的主要因素有以下几方面:

（1）排烟热损失。排烟热损失是锅炉热损失中最大的一项,一般占锅炉热损失的4%~8%。影响排烟热损失的主要因素是排烟温度和排烟量,排烟温度越高,排烟量越大,则排烟热损失越大。

在锅炉运行中,一方面,受热面上积灰、结渣等会使传热减弱,促使排烟温度升高。因此,在运行中应注意及时吹灰打渣,保持吹灰装置运行正常,使受热面保持清洁;另一方面,由于排烟温度太低会引起锅炉尾部的酸性腐蚀,因而也不允许排烟温度降得太低,特别是在燃用硫分较高的燃料时,排烟温度应保持高一些。

为减少排烟容积,在减少炉膛及烟道漏风的前提下,要保持锅炉有较合理的过剩空气系数。过量空气系数过大会增大排烟容积,过小会引起其他损失增大。

（2）化学不完全燃烧热损失。化学不完全燃烧热损失是指可燃气体随烟气排出炉外所造成的热损失。影响这项损失的主要因素是燃料性质、过剩空气系数、炉膛温度以及炉内燃料与空气的混合情况等。当风量不足、氧气及燃料混合不好时,就会有一部分燃料未完全燃烧而生成一氧化碳（CO）从烟道排出。如烟气中含1%的CO,就会增加5%左右的锅炉热损失。

（3）机械不完全燃烧热损失。机械不完全燃烧热损失是指飞灰及排渣含碳造成的热损失。该项损失仅次于排烟热损失。影响机械不完全燃烧热损失的主要因素是燃料性质和运行人员的操作水平。如煤中含灰分、水分、挥发分高,煤粉细度不合理以及运行中锅炉一、二次风不匹配等均会使机械不完全燃烧热损失增加。

（4）散热损失。影响散热损失的因素有锅炉容量、负荷、炉相对表面积、环境温度、炉保温情况。加强保温是减少散热损失的有效措施。

（5）灰渣物理热损失。灰渣物理热损失是指炉渣排出炉外时带出的热量。影响灰渣物理热损失的因素有燃料灰分、炉渣占总灰量的比例及炉渣温度。一般固态排渣煤粉炉的该项损失很小。

2. 主蒸汽压力

主蒸汽压力是机组在运行中必须监视和调节的主要参数之一。汽压的不正常波动对机组安全、经济运行影响很大。同时，大型机组一般均采用定压－滑压－定压运行方式，除在负荷高峰期采用定压运行外，大部分时间采用滑压运行，因此必须控制主蒸汽压力在机组滑压运行曲线允许范围内。主蒸汽压力降低，蒸汽在汽轮机内做功的焓降减小，从而使汽耗增大，主蒸汽压力太高，旁路甚至安全门动作，机组运行的经济性降低。所以，在火力发电厂机组运行中，必须控制主蒸汽参数压红线（额定值）运行。

3. 主蒸汽温度

主蒸汽温度的波动同样对机组安全、经济运行有着很大的影响。汽温升高可提高机组运行经济性，但汽温过高会使工作在高温区域的金属材料强度下降，缩短过热器和机组使用寿命，严重超温时，可能引起过热器爆管。汽温过低，汽轮机末几级叶片的蒸汽湿度增加，对叶片的冲蚀作用加剧，同时使机组汽耗、热耗增加，经济性降低。

4. 凝汽器真空度

凝汽器的真空度对煤耗影响很大，真空度每下降 1%，煤耗增加 1% ~ 1.5%，出力约降低 1%。

在机组运行中，影响真空的因素很多，如真空系统的严密性、冷却水入口温度、进入凝汽器的蒸汽量、凝汽器铜管的清洁程度等。因此，运行值班人员应根据机组负荷、冷却水温、水量等的变化情况，对凝汽器真空变化及时做出判断，以保证凝汽器的安全和经济运行。

5. 凝汽器端差

凝汽器端差通常为 3 ~ 5℃。凝汽器端差每降低 1℃，真空约可提高 0.3%，汽耗可降低 0.25% ~ 3%。降低端差的措施有：

（1）保持循环水水质合格，并做好定期排污和加药工作，减轻凝汽器结垢。

（2）保持凝汽器胶球清洗系统运行正常，铜管清洁。

（3）防止凝汽器汽侧漏入空气。

6. 凝结水过冷度

凝结水过冷度通常应低于 1.5℃。凝结水出现过冷却，不仅使凝结水中含氧量增加引起设备腐蚀，而且凝结水本身的热量额外地被循环水带走，影响机组的安全、经济运行。减小凝结水过冷度的措施有以下两点：

（1）消除真空系统的不严密性，定期进行真空严密性试验，及时消除泄漏；加强对凝结水泵的监视，防止空气自凝结水泵轴封漏入；加强对低压汽封的监视及调整，防止空气漏入；对真空系统密封水加强监视，防止因密封水中断，漏入空气。

（2）保持凝汽器低水位运行，防止出现凝结水淹没铜管现象。

7. 给水温度

机组运行中，应保持给水温度在设计值运行。给水温度对机组的经济性影响很大。给水温度每降低 10℃，煤耗约增加 0.5%。提高给水温度的措施有以下四点：

（1）提高加热器的检修质量，尤其要保证高压加热器投入率。

（2）消除加热器旁路门和隔板的漏泄，防止给水短路。

（3）保证加热器疏水器正确动作，维持加热器在低水位下运行。

（4）消除低压加热器的不严密性，防止空气漏入。

8. 厂用辅机用电单耗

辅机运行方式合理与否对机组的厂用电量、供电煤耗影响很大。各辅机启停应在满足机组启停、工况变化的前提下进行经济调度，以满足设计要求，提高机组运行的经济性。

二、提高机组经济性的主要措施

1. 维持额定的蒸汽参数

根据热工理论，提高蒸汽参数可提高循环效率。但由于受金属材料的限制，机组的蒸汽参数已在设计时确定，运行中的主要任务是维持规定的蒸汽参数，即压红线运行，防止由于蒸汽参数的降低而使机组的经济性降低。

2. 保持最佳真空

提高凝汽器真空可以增加可用焓降，减小凝汽损失，提高循环效率，因此运行时应使凝汽器保持最佳真空。具体办法有以下四点：

（1）降低循环水温度。当循环水温在 20℃ 时，循环水温每下降 1℃，真空可提高 0.3%，降低煤耗 0.3%~0.5%。闭式循环供水系统应注意提高冷水塔和冷却水池的效率，降低循环水温。

（2）增加循环水量。增加循环水量可提高真空，但同时增加了循环水泵的耗电量，是否经济需综合比较。

（3）保证凝汽器传热面清洁。传热面的清洁程度可由凝汽器端差反映出来。清洁程度高，在相同的循环水温时，可改善传热效果，得到较低的排汽温度和较高的凝汽器真空。运行中要定期进行凝汽器的胶球清洗或反冲洗，以提高它的冷却效果。

（4）提高真空系统的严密性。提高真空系统的严密性的效果相当于提高了真空。

3. 充分利用回热加热设备，提高给水温度

利用回热加热设备，可减少冷源损失，提高给水温度，从而减少了煤耗，所以正常运行中要尽可能使高、低压加热器全部投入运行。运行中要注意加热器水位的调节、空气的抽出和加热器保护装置的维护，保证加热器的正常运行。

4. 合理的送风量

锅炉的送风量与锅炉的效率有直接关系。送风量过大，将增大锅炉排烟容积，使排烟损失增大，还增加引风机耗电率；送风量过小，将影响燃烧，使化学不完全燃烧热损失和机械不完全燃烧热损失增大。运行中除要保持合理的送风量外，还需维持最佳过量空气系数。最佳过量空气系数一般由锅炉热效率试验确定，运行中一般用氧量表来监视，最佳氧量值一般在 4%～5%。通过送风量的调节可维持最佳氧量值。

5. 合理的煤粉细度

煤粉较细，可减少机械不完全燃烧热损失，还可适当减少送风量，使排烟热损失降低。但为了得到较细的煤粉，要增加磨煤消耗的能量和设备的磨损。煤粉较粗时，情况刚好相反。所以运行时要选择合理的煤粉细度，使各项损失之和最小。这时的细度值一般称为经济细度。经济细度与锅炉负荷有一定的关系。锅炉负荷低时，由于炉膛温度低，燃料燃烧速度慢，煤粉应细一些；锅炉负荷高时，煤粉可粗一些。

6. 注意燃烧调整

通过燃烧调整，可减少不完全燃烧热损失，提高锅炉效率，降低煤耗。在保证汽温正常的条件下，尽可能使用下排燃烧器，或加大下排燃烧器的负荷，减小上排燃烧器的负荷，以降低火焰中心，延长燃料在炉内的停留时间，达到完全燃烧。

运行中应注意随时观察炉内燃烧情况，必要时应加以调整。通过调整各燃烧器的一、二次风量配比，保持燃烧火焰中心适当。另外，应注意对飞灰可燃物含量的监测，发现飞灰可燃物超标应及时采取措施。

当煤粉燃烧器中有油喷嘴时，应当尽量避免在同一燃烧器内进行长时间的煤油混烧。因为同一燃烧器内煤油混烧时，油滴很容易黏附在碳粒表

面，影响碳粒的完全燃烧，增大机械不完全燃烧热损失，同时也易引起结渣和烟道再燃烧。

7. 降低厂用电率

发电厂在生产过程中要消耗一部分厂用电，用以驱动辅机和用于照明。随着蒸汽初参数的提高，厂用电率也增大。对机组来说，因发电量大，厂用电量的绝对数字也相当大，节省厂用电量成为机组经济运行的重要内容。

对燃煤电厂来说，给水泵、循环水泵、引风机、送风机和制粉系统所消耗的电量占厂用电的比例很大。如中压电厂给水泵耗电占厂用电的14%左右，高压电厂给水泵耗电则占厂用电的40%左右，超临界电厂如果全部使用电动给水泵，其耗电量可占厂用电的50%。所以，降低这些电力负荷的用电量对降低厂用电率效果最明显。

（1）降低给水泵的耗电量可以采取的措施有：①采用液压联轴器，通过变化转速来调节给水量以减少节流损失；②改善管路形状等也可减少阻力；③在保证负荷需要的前提下，尽量使运行的给水泵满载，以减少给水泵运行的台数。

（2）降低循环水泵耗电量采取的措施有：①尽可能减少管道阻力损失；②排除水室内空气，以维持稳定的循环水管虹吸作用；③在保持凝汽器最有利真空的前提下，使循环水泵在合理的方式下运行，如减少循环水流量和循环水泵运行台数。

（3）降低引、送风机电耗的措施主要是采取合理的运行方式：①双速风机在低负荷时采用低速运行；②两台以上风机并列运行时，可采用经试验方法确定的各种负荷下的最经济的运行方式（包括运行台数和负荷分配），使总的耗电量最少；③及时消除烟道和炉膛各处的漏风，及时吹灰以减少烟道的阻力。另外，合理使用再循环风、暖风器以及加强对除尘器的维护以防堵灰也可减少电耗。制粉系统电耗在厂用电中也占有相当比重，应该注意通过实践找出合理的磨煤机出力、通风量、通风温度、磨煤机出口温度和煤粉细度等，使制粉系统电耗降低。此外，减少钢球磨煤机电耗的措施还有维持合理的钢球装载量，及时补充钢球。减少中速磨煤机电耗的措施则还有维持合理的磨辊压力。

8. 减少工质和热量损失

运行中应尽可能回收各项疏水，消除漏水漏汽，以减少凝结水和热量损失，降低补给水率。注意对汽轮机轴封的维护、调整，避免轴封漏汽量增加。加强对设备保温层的检查维护，减少散热损失。

9. 提高自动装置投入率

由于自动装置调节动作较快，易使各级设备和运行参数维持在最佳值，故自动装置的投入可提高锅炉效率 0.2% ~ 1.5%，降低蒸汽参数的波动，从而提高循环效率，使实际热耗可降低 2%，并可以降低辅机电耗率。

第六节　机组的报表分析和运行中的诊断

一、报表分析

企业的日报、周报、月报、季报是反映企业各个时期生产活动、产品原料消耗、小指标完成情况等的报表，也是信息反馈的最重要内容之一。

目前各厂报表种类大体有如下几类：

(1) 生产日报表。

(2) 发电厂高峰出力保证率报表。

(3) 机组启动时汽水质量统计月报。

(4) 电厂煤耗完成报表。

(5) 水汽质量合格率月报。

(6) 发电厂调峰报表。

(7) 运行代表日报表。

(8) 电压合格率报表。

(9) 生产任务及小指标完成情况月报。

(10) 机组运行方式月报。

(11) 煤质试验日报。

对各种报表的科学分析是运行管理工作中的一项重要基础工作。报表分析的目的是通过对这些报表的分析，找出影响经济效益和不安全的各种因素，从而提出改进运行方式及运行操作调整的技术措施，以求得最佳运行方式及经济运行点，降低能耗，提高安全生产水平。因此，对生产日报、日志和月报的分析是运行各岗位值班人员、单元长、值长、车间主任、科长等各级管理干部必须进行的生产活动之一。

(一) 建立系统的有层次的分析控制体系

运行值班表单是操作人员和单元长每时、每班必须分析的报表。各岗位运行日志是每班生产过程中重要操作、工况变化、影响正常生产的主要指标的记录。生产日报是企业一天的生产情况统计，是统计、技术专业人员及以上运行管理干部必须分析的报表。快速及时地分析表单、日志和日报可及时了解机组运行情况，发现生产过程中一些主要指标与定额的差距，以便于及时组织有关生产技术人员分析原因，采取对策，进行有效控制，防止偏差扩大和延续。

值班人员、单元长、值长及其他管理统计人员对表单和日报进行的分析是以指标定额为主进行的对比分析，是一项技术性很强的工作。分析人员必须熟悉生产过程，掌握生产操作及运行方式变更情况，并了解生产中薄弱环节。表单、日报分析是分层进行的。值班人员、单元长、值长对监视参数和对这些参数进行的分析以每小时分析为主，以便及时纠正生产过程各参数的偏差。职能科室、车间主任、专业工程师以分析日报为主，分析前一天生产过程中主要指标发生的偏差，重点对全厂各机组共性及特殊因素进行对比，对综合性指标进行控制。厂部对日报各项生产指标的分析重点放在价值指标和主要技术经济指标，如厂用电率、供电煤耗、补水率、设备等效可用系数等。这样，全厂形成系统的、分层并各有所侧重的分析体系，做到迅速、及时，各负其责，便于随时控制生产过程。

（二）对生产日报的分析方法

（1）互相关联的分析法。用这种方法进行分析时，先找出煤耗、厂用电、补水率等主要指标，然后找出与主要指标有关联的指标，如煤耗和锅炉效率有关，再找出与锅炉效率有关的汽温、汽压、给水温度及锅炉各项损失指标，还可找出汽轮机真空等有关指标，对这些组成像金字塔形式的指标由上而下进行分析。

（2）差额计算法。将机组运行中的小指标与小指标对大指标的影响值相比较，通过差额计算，分析出影响大指标的主要因素。

小指标对机组效率影响量参考表：

1）600MW超临界机组。600MW超临界机组小指标对机组效率影响量参考表见表17-3。

表17-3　　600MW超临界机组小指标对机组效率影响量参考表

序号	参数名称	单位	变化量	影响煤耗（g/kWh）	影响热耗率（%）	影响锅炉效率（%）
1	主汽压力	MPa	1	0.33	-0.10	—
2	主汽温度	℃	10	1.05	-0.33	—
3	再热温度	℃	10	0.8	-0.25	—
4	凝汽器背压	kPa	1	2.35	0.74	

序号	参数名称	单位	变化量	影响煤耗（g/kWh）	影响热耗率（%）	影响锅炉效率（%）
5	循环水温度	℃	1	0.6	0.19	—
6	凝结水过冷度	℃	10	0.51	0.16	—
7	给水温度	℃	10	0.9	0.28	—
8	高压缸效率	%	1	0.5	−0.16	—
9	中压缸效率	%	1	0.6	−0.19	—
10	低压缸效率	%	1	1.4	−0.44	—
11	补水率（补水至凝汽器）	%	1	0.54	0.17	—
12	主蒸汽管道处泄漏	t/h	1	0.28	0.09	—
13	再热冷段处泄漏	t/h	1	0.14	0.04	—
14	再热热段处泄漏	t/h	1	0.22	0.07	—
15	高压加热器组解列			7.5	2.36	—
16	飞灰可燃物	%	1	1.22	—	−0.36
17	排烟温度	℃	10	1.6	—	−0.47
18	排烟氧量	%	1	0.88	—	−0.26
19	厂用电率	%	1	3.2	—	—

2）600MW 亚临界湿冷机组。600MW 亚临界湿冷机组小指标对机组效率影响量参考表见表 17-4。

表 17-4　600MW 亚临界湿冷机组小指标对机组效率影响量参考表

序号	参数名称	单位	变化量	影响煤耗（g/kWh）	影响热耗率（%）	影响锅炉效率（%）
1	主汽压力	MPa	1	1.4	−0.42	—
2	主汽温度	℃	10	0.66	−0.20	—
3	再热温度	℃	10	0.76	−0.23	—
4	凝汽器背压	kPa	1	3.4	1.03	—
5	循环水温度	℃	1	0.7	0.21	—
6	凝结水过冷度	℃	10	0.4	0.12	—

第十七章　机组的运行与维护

序号	参数名称	单位	变化量	影响煤耗 (g/kWh)	影响热耗率(%)	影响锅炉效率(%)
7	给水温度	℃	10	1.5	0.45	—
8	高压缸效率	%	1	0.6	-0.18	
9	中压缸效率	%	1	0.67	-0.20	
10	低压缸效率	%	1	1.32	-0.40	
11	补水率（补水至凝汽器）	%	1	0.58	0.17	
12	主蒸汽管道处泄漏	t/h	1	0.28	0.08	
13	再热冷段管道处泄漏	t/h	1	0.14	0.04	
14	再热热段管道处泄漏	t/h	1	0.22	0.07	
15	高压加热器组解列			10.2	3.08	
16	排污率（不回收）	%	1	1.71	0.52	-0.48
17	定排泄漏	%	1	1.68	—	-0.47
18	飞灰可燃物	%	1	1.28	—	-0.36
19	排烟温度	℃	10	1.7	—	-0.47
20	排烟氧量	%	1	0.93	—	-0.27
21	厂用电率	%	1	3.4	—	—

3）600MW 亚临界空冷机组。600MW 亚临界空冷机组小指标对机组效率影响量参考表见表 17-5。

表 17-5　600MW 亚临界空冷机组小指标对机组效率影响量参考表

序号	参数名称	单位	变化量	影响煤耗 (g/kWh)	影响热耗率(%)	影响锅炉效率(%)
1	主汽压力	MPa	1	2	-0.58	—
2	主汽温度	℃	10	0.9	-0.26	
3	再热温度	℃	10	0.77	-0.22	
4	凝汽器背压	kPa	1	1.08	0.31	
5	循环水温度	℃	1	0.7	0.20	
6	凝结水过冷度	℃	10	0.4	0.12	

序号	参数名称	单位	变化量	影响煤耗（g/kWh）	影响热耗率（%）	影响锅炉效率（%）
7	给水温度	℃	10	1.5	0.43	—
8	高压缸效率	%	1	0.6	−0.17	—
9	中压缸效率	%	1	0.67	−0.19	—
10	低压缸效率	%	1	1.32	−0.38	—
11	补水率（补水至凝汽器）	%	1	0.58	0.17	—
12	主蒸汽管道处泄漏	t/h	1	0.28	0.08	—
13	再热冷段管道处泄漏	t/h	1	0.14	0.04	—
14	再热热段管道处泄漏	t/h	1	0.22	0.06	—
15	高压加热器组解列			10.2	2.95	—
16	排污率（不回收）	%	1	1.71	0.49	−0.46
17	定排泄漏	%	1	1.68	—	−0.45
18	飞灰可燃物	%	1	1.28	—	−0.34
19	排烟温度	℃	10	1.7	—	−0.45
20	排烟氧量	%	1	0.93	—	−0.27
21	厂用电率	%	1	3.4	—	—

4）350MW 级机组。350 机组小指标对机组效率影响量参考表见表 17−6。

表 17−6　350 机组小指标对机组效率影响量参考表

序号	参数名称	单位	变化量	影响煤耗（g/kWh）	影响热耗率（%）	影响锅炉效率（%）
1	主汽压力	MPa	1	0.33	−0.10	—
2	主汽温度	℃	10	1.05	−0.33	—
3	再热温度	℃	10	0.8	−0.25	—
4	凝汽器背压	kPa	1	2.35	0.74	—
5	循环水温度	℃	1	0.6	0.19	—

序号	参数名称	单位	变化量	影响煤耗（g/kWh）	影响热耗率（%）	影响锅炉效率（%）
6	凝结水过冷度	℃	10	0.51	0.16	—
7	给水温度	℃	10	0.9	0.28	—
8	高压缸效率	%	1	0.5	−0.16	—
9	中压缸效率	%	1	0.6	−0.19	—
10	低压缸效率	%	1	1.4	−0.44	—
11	补水率（补水至凝汽器）	%	1	0.54	0.17	—
12	主蒸汽管道处泄漏	t/h	1	0.28	0.09	—
13	再热冷段处泄漏	t/h	1	0.14	0.04	—
14	再热热段处泄漏	t/h	1	0.22	0.07	—
15	高压加热器组解列			7.5	2.36	—
16	飞灰可燃物	%	1	1.22	—	−0.36
17	排烟温度	℃	10	1.6	—	−0.47
18	排烟氧量	%		0.88	—	−0.25
19	厂用电率	%	1	3.2	—	—

5）300MW 级机组。300MW 机组小指标对机组效率影响量参考表见表 17 – 7。

表 17 – 7　300MW 机组小指标对机组效率影响量参考表

序号	参数名称	单位	变化量	影响煤耗（g/kWh）	影响热耗率（%）	影响锅炉效率（%）
1	主汽压力	MPa	1	1.77	−0.52	—
2	主汽温度	℃	10	0.91	−0.27	—
3	再热温度	℃	10	0.8	−0.24	—
4	凝汽器背压	kPa	1	3.2	0.94	—
5	循环水温度	℃	1	0.8	0.24	—
6	凝结水过冷度	℃	10	0.42	0.12	—

序号	参数名称	单位	变化量	影响煤耗（g/kWh）	影响热耗率（%）	影响锅炉效率（%）
7	给水温度	℃	10	0.44	−0.13	—
8	高压缸效率	%	1	0.55	−0.16	—
9	中压缸效率	%	1	0.64	−0.19	—
10	低压缸效率	%	1	1.41	−0.41	—
11	补水率（补水至凝汽器）	%	1	0.58	0.17	
12	主蒸汽管道处泄漏	t/h	1	0.54	0.16	
13	再热冷段管道处泄漏	t/h	1	0.28	0.08	
14	再热热段管道处泄漏	t/h	1	0.43	0.13	
15	高压加热器组解列			8.14	2.40	
16	排污率（不回收）	%	1	1.29	0.38	−0.34
17	飞灰可燃物	%	1	1.02	—	−0.27
18	排烟温度	℃	10	1.7	—	−0.45
19	排烟氧量	%	1	0.93	—	−0.25
20	厂用电率	%	1	3.41	—	—

这些数据因机组类型不同和各厂情况不同，而有所不同。各厂应通过热效率试验确定这些数据，为差额计算分析提供依据。

（3）分组比较法。对同类型机组进行比较及同一机组与历史同期进行比较，找出经济效益的差异和原因，制定措施，以便赶上同类型先进机组。

二、机组运行中的诊断

设备诊断技术是 20 世纪 60 年代发展起来的一门新学科。设备故障诊断与状态监测技术是现代设备管理的重要内容。通过高精度的检测手段监测设备运行状态的变化和使用计算机技术进行综合性的诊断，能科学地掌握和了解设备的现状，预知设备异常或故障的原因，并预知、预测设备未来状态。在建立可靠的、精确的诊断技术后，设备维修方式将由传统的定期预防性维修改革为设备状态检测维修，也为运行人员制定合理的运行方式，搞好机组运行事故预想，减少设备突发性故障，提高设备利用率及等效可用系数，提供了科学可靠的依据。

设备诊断技术在电力工业的全面应用起步较晚，大约在 20 世纪 70 年代初期。美国西屋公司最早进行了电力工业诊断技术的研究。日本的日立、三菱公司的大容量汽轮机的诊断技术发展较快，如汽轮机汽缸、主汽门、调速汽门焊口断裂诊断，汽轮机长叶片振动监视，计算机对热控设备的故障（SOS 系统）诊断等一些先进的诊断技术，经过多年的运行获得了预期的效果。

近几年来，我国电力工业引进的大型机组在诊断技术的应用及开发上发展很快，采用新技术、应用计算机软件对机组状态进行实时监测并实现综合计算、灵活的人机对话，为运行人员随时掌握设备异常及预测未来状态提供了准确信息，对提高设备运行的可靠性取得了较好的效果。目前，在大型机组设备运行中应用的诊断技术有以下几方面：

（1）旋转机械计算机故障诊断系统，可实现对大型设备的轴向位移、振动、转速、温度、偏心、胀差、油膜厚度等的实时监测。

（2）综合故障诊断系统，可诊断以下故障：支座松动、动静碰磨、汽封磨损、旋转脱离、喘振、油膜涡动、失衡等。

（3）变压器的故障监测，包括声发射技术测定局部放电、变压器铁芯多点接地监测、变压器内部故障计算机人工智能专家系统等。变压器内部故障计算机人工智能专家系统能对变压器的各种试验数据做横向及纵向的综合分析，得出结论并提出相应的措施和建议。

（4）电缆多点温度在线自动监测及火灾报警系统，可对电缆运行状态进行实时分析，预防突发性事故。

（5）电力设备在线红外热像诊断，可对电力系统运行设备进行现场红外扫描，掌握各种运行设备的热像规律，进而提出各种设备故障的热像图谱和判断标准。

（6）发电机转子绝缘及温度在线监测。

（7）声发射测量炉管泄漏和汽包焊接质量。

（8）水氢冷发电机的漏水、漏氢监测。

（9）光导纤维监测发电机局部过热。

（10）利用微波吸收原理测定飞灰含碳量。

（11）锅炉、汽轮机热应力监测。

（12）电力谐波实时分析监测，可实现电压、电流、功率各次谐波、流向、总谐波畸变、谐波分布状况的分析计算。

第七节 机组的运行管理

一、定期工作

机组的定期工作是保障机组正常运行及事故情况下能安全停运的一项重要工作，各级运行管理干部及运行值班人员都必须重视这项工作。

定期工作主要包括定期切换运行、定期试验、定期加油及定期放水和排污等项目。

由于各厂设备状况不同，机组形式不同，对定期工作各厂均有不同的规定，但共同点都是以保证设备安全运行，提高机组运行可靠性为前提。

1. 定期切换运行

切换前应制定相应的技术措施，并做好防止设备跳闸的事故预想，对确证不具备切换条件的禁止进行切换。另外，在切换前运行人员必须提前对备用设备、系统进行认真检查，确保备用设备、系统可靠备用。切换工作结束后，应将切换时间、设备状况、切换负责人以及发现的问题记录清楚。

2. 定期试验工作

定期试验工作进行前首先应确证是否具备试验条件，不能盲目地进行试验，重要的试验工作应有车间及有关人员参加，必要时还应制定并采取防止设备跳闸的措施。试验后应将试验时间、结果及负责人记录清楚。对试验结果不理想或不合格者还应提出相应的改进意见。

3. 定期加油工作

定期加油工作主要包括油位检查、油质检查和补加油。油位要求应大于油窗总刻度的2/3，对油位低于油窗总刻度2/3的设备应补加油。补油时应注意润滑油的型号，防止因型号不匹配，引发事故。加油工作应依照加油表进行，工作结束后，应将时间、加油前油位、加油后油位、油质、专责人记录清楚，并存档。车间应根据加油记录，对各部耗油情况进行分析，对补油频繁或油质改变的应采取相应的措施。

4. 其他定期工作

其他定期工作主要是指定期放水和排污以及其他工作，由各厂针对具体情况规定。

二、运行管理

运行管理是发电企业生产技术管理的重要组成部分，发电企业的各项工作最终要通过运行生产表现出来，所以，运行管理要紧紧围绕安全、经济、文明这个对现代电力企业最基本、最本质的要求，围绕企业达标、创一流这个中心，抓住设备、管理和人员素质，各环节进行，要抓好以下几方面的工作。

（1）坚持"安全第一，预防为主"的方针，制定安全目标，提高安全运行水平。

（2）建立厂、车间、单元三级安全责任制和安全管理网，定期开展活动，并按年、季、月编制运行反事故措施计划和安全技术措施计划，并落实到各单元的每个岗位。

（3）搞好季节性预防事故措施及特殊运行方式下的事故预想活动。

1）一季度重点搞好春节前的安全大检查活动及防火检查工作。

2）二季度重点做好春检工作和6月份的安全月工作，查思想、查事故隐患、查习惯性违章，并做好防暑过夏的准备工作，对现场控制柜的空调、风机及冷却器进行重点检查，防止因温度高造成设备停运。

3）三季度一般在北方地区都有设备计划检修和秋检工作，要充分做好大修设备停用的安全措施，并保证运行机组的安全运行。同时南方雨水季要注意防汛治理。

4）四季度搞好冬季迎峰大检查活动，特别是北方地区要全面做好防寒防冻工作，堵塞漏洞，防患未然。

（4）在运行单元之间、值之间开展反事故斗争，重点是杜绝五种恶性事故，即人身死亡事故、全厂停电事故、主要设备损坏事故、火灾事故和严重误操作事故。事故发生后，要坚持"四不放过"的原则，根据事故情况订出反事故措施计划，防止频发性事故的发生。

（5）加强技术经济指标管理，搞好计划统计工作，根据机组试验得出的最佳技术指标和平均先进水平编制生产计划，按月向运行值、机组下达生产计划及各项技术经济指标。

（6）加强燃料管理，对来油、煤的数量及质量进行严格的监督检查。

（7）全面开展运行小指标竞赛，按值、单元、岗位进行指标分解和考核。

（8）加强运行分析，建立运行分析制度。按分析内容分为岗位分析、定期分析、专题分析。按具体分析性质分为以下几种：

1）日常分析，指运行人员及各级管理人员的每小时岗位分析和日分析、月分析。

2）趋势分析，指专业人员根据积累的有关数据，监视设备工况渐变过程的分析。

3）专题分析，指对设备上存在的问题做出专门的研究分析。

4）预测分析，根据国内外资料及兄弟厂的经验教训，结合本厂实际情况提出针对性的预测分析。

5）运行方式分析，指对全厂公用系统及机组运行方式的经济性、安全性进行的分析，重点是一般运行方式的合理性，特殊运行方式的安全性及相应措施的可行性。

6）设备大、小修前后的分析。对设备修前、修后的各项经济技术指标进行对比分析，观察和鉴定检修与改进的效果，开展效益跟踪。

7）机组启停工况分析，指对机组在启停过程中的燃料消耗、参数控制等，在各值之间、机组之间进行分析比较。

8）事故、障碍和异常分析。

9）机组出力分析，重点分析影响高峰出力的原因及应采取的对策，提高机组的调峰水平。

（9）加强运行方式的管理。系统运行方式应符合安全经济合理的原则，对热力、电气各个公用系统的正常和特殊运行方式均应有明确的规定，节日调度、重大的试验要有措施，保证机组安全经济运行。

（10）加强经济调度和热力试验工作。机、炉热力试验要以提高机组的经济性为主，通过试验制定经济负荷分配方案，进行经济调度，保证机组在最佳工况下运行。

（11）搞好运行管理基础工作。制定各项运行管理制度，搞好运行的各项原始记录工作及其他台账管理工作，使其规范化、制度化，科学化。

（12）坚持以人为本的思想，搞好运行人员的培训工作，结合机组特点及自动控制水平，培养集控运行的全能值班员。

三、寿命管理

寿命管理就是寻求机组合理的启停方式及变工况运行时合理地控制各种参数的变化及其变化率，在启停过程中，使机组各部件的热应力、热变形、汽轮机转子与汽缸的胀差和转动部件的振动均维持在较好的水平上。

合理安排机组的启停方式，减少异常工况出现是减小应力的有效措施。如冷态启动时降低升温升压速度，正常运行中防止超温、超压或低汽温运行，工况变动时注意控制参数变化率。但在改变运行方式时，不仅要考虑机组寿命，也要顾及机组的经济性。机组的滑参数启停可以有效地减小应力，延长设备寿命。

目前，由于科学技术的发展和计算机技术的开发应用，大型机组均安装设备应力及寿命在线监测装置对寿命进行实时管理。利用计算机实时应力计算，指导运行人员在机组启动、变工况运行及停机过程中，保持应力接近许可最大值进行升速、升负荷或降负荷，可以在不增加额外寿命消耗的情况下缩短启动和停机时间，增加发电量，降低能耗。

另外，对汽轮机转子温度、应力场的实时计算，可以得到每次负荷变化的寿命消耗，到目前为止的寿命累积和消耗、自动报警。对老机组，可估算出转子剩余寿命，根据运行要求决定不同启动和变工况情况下，许可寿命消耗及相应应力许可值。随着机组控制水平的不断提高，大型机组已实现计算机自启停控制。

提示：本章共七节，其中第一、第二、第三节适用于中、高级工，第四、第五、第六、第七节适用于高级工、技师。

第十八章

机组的事故处理

第一节 机组的事故特点和处理原则

一、机组事故特点

机组由于机电炉自成一体，不像母管制那样停炉可以不停机。机组某一辅机发生故障，轻则降出力运行，严重时可导致整个机组的停运，故运行中要求机电炉在操作和调整中成为不可分割的整体，要求协调操作。

机组事故特点如下：

（1）机组容量大，事故停运后损失巨大。大型机组结构复杂，发生事故可能造成设备损坏，检修费用高，周期长，即使未造成设备损坏，由于受金属热应力的限制，其启停时间也较长。

（2）机组特别是大容量机组停运，对电力系统的影响巨大，机组启停费用也较高。

（3）机组发生严重的机组损坏事故，检修难度大，技术要求高，即使经过长时间的检修，有时也难以恢复至原来的状态，从而影响机组正常使用和设备寿命。

（4）机组纵向联系紧密，机电炉任一环节发生故障，都将影响整台机组的运行。另外，随着主机容量的增大，对辅机及辅助设备的要求也增高，不论是辅机还是辅助设备损坏，都可能造成机组降出力运行或停运。

（5）在机组故障中，辅机故障占的比例相当高。

（6）机组横向联系较弱，机组内部故障一般不影响其他机组运行，与母管制相比，事故可以限制在本机范围内。

（7）机组一般为高参数大容量机组，金属材料在设计时留的裕量极为有限，故运行中对管壁温度、运行参数有更为严格的限制。尽管如此，因参数超限、管壁超温而造成的设备事故仍占很大的比例。

（8）由于自动装置及保护装置制造质量不良、系统设计不佳和使用不当，均会造成设备的停运，甚至还会造成设备损坏事故。

（9）机组要求机电炉，特别是机炉之间协调操作，如协调不当，也可能造成机组参数超限，甚至造成机组停运或设备损坏事故。

二、机组故障处理原则

大容量机组是电力系统的主力机组，它的安全稳定运行对电力系统至关重要。当机组发生故障时，处理原则如下：

（1）首先要采取措施，尽可能迅速解除对人身和设备安全的直接威胁。

（2）保持厂用电系统的正常运行，特别是公用段和直流系统的正常运行。

（3）尽量缩小事故波及范围，并尽力保持机组安全运行。汽轮机或发电机发生事故时，应尽可能维持锅炉运行，以降低启动费用，缩短恢复时间。

（4）在事故处理过程中，要始终树立保设备意识，防止主辅设备的严重损坏。

（5）在事故处理中，要求机电炉密切配合，统筹兼顾，全面考虑，绝不能各自为政。

（6）机组结构复杂，参数众多，一般均具有较完善的自动调整及保护装置。当机组发生事故时，应根据各方面的因素综合分析，不能只凭某一现象或某一表计判断事故的性质和范围，从而造成误判断，以致扩大事故。

第二节　机组故障处理

一、锅炉故障处理

（一）水位事故

锅炉的水位事故是锅炉最易发生且后果又十分严重的事故之一。一旦发生水位事故，运行人员又未能采取正确及时的措施予以处理时，将会造成机组停运，乃至引起设备严重损坏或人身伤亡。水位事故分为满水和缺水两种。

1. 锅炉满水

锅炉满水分轻微满水和严重满水两种。当水位超过水位计最高允许水位值，但水位计上仍有水位指示时称为轻微满水；当水位不但高于水位计最高允许水位，且水位计无水位显示时称为严重满水。

（1）锅炉满水的现象：

1）所有汽包水位计指示高于正常值，水位高信号报警。

2）给水流量不正常地大于蒸汽流量（炉管爆破时例外）。

3）严重满水时，蒸汽温度急剧下降，蒸汽管道发生水冲击。

4）水位高Ⅲ值时，MFT 动作灭火。

（2）锅炉满水的原因：

1）汽包水位计故障或指示不准确，使运行人员误判断而误操作。

2）给水自动调节装置失灵，给水调节阀或给水泵调速系统故障。

3）运行工况骤变，形成虚假水位，使运行人员对水位监视不严或调整不当。

4）启停制粉系统或制粉系统故障时。

5）负荷或燃烧工况突然变化，控制调整不当。

6）安全门动作时。

（3）锅炉满水的处理：

1）发现汽包水位高时，应对照汽、水流量，校对汽包水位计指示是否正确。

2）当汽包水位高Ⅰ值（+100mm）时，切除给水自动，关小给水调节阀或调整给水泵转速，减少给水量。

3）当汽包水位高Ⅱ值（+150mm）且汽包压力小于 3.0MPa 时，事故放水门应自动打开，水位至 0mm 应自动关闭，否则应手动操作。

4）视汽温情况关小或关闭减温水，注意汽温变化；

5）水位升至高Ⅲ值（+250mm）时，MFT 动作，否则应手动 MFT，汇报值长。

6）停止给水，继续放水至正常水位后，停止放水。

7）查明原因并消除后，准备重新点火，否则按正常停炉处理。

2. 汽包缺水

（1）汽包缺水的现象：

1）所有水位计指示低于正常值，低水位信号报警。

2）给水流量不正常地小于蒸汽流量。

3）严重缺水时，主汽温度升高，汽温自动投入时，减温水流量增大。

4）水位低Ⅲ值时，MFT 动作灭火。

（2）汽包缺水的原因：

1）汽包水位计故障或指示不准确，使运行人员误判断而误操作。

2）给水自动调节装置失灵，给水调节阀或给水泵调速系统故障。

3）运行工况骤变，形成虚假水位，使运行人员对水位监视不严或调整不当。

4）启停制粉系统或制粉系统故障时。

5）负荷或燃烧工况突然变化，控制调整不当。

6）给水泵故障或给水门故障。

7）炉管爆破造成缺水。

（3）汽包缺水的处理：

1）解列给水自动，增加给水量。

2）必要时启备用给水泵运行或降低机组负荷。

3）停止定排、连排。

4）水位低Ⅲ值（−350mm），MFT动作，否则手动MFT，汇报值长。

5）灭火后关闭减温水。

6）严重缺水时，严禁向锅炉上水。

7）查找原因并消除后，方可重新上水，恢复机组运行。

8）不能立即恢复时，应按正常停炉处理。

（二）锅炉燃烧事故

炉膛灭火、烟道再燃烧是常见的燃烧事故。炉膛灭火事故处理不当，可能引起炉膛打炮事故，使事故扩大。

1. 锅炉燃烧事故的现象

（1）炉膛压力表突然负到最大。

（2）火焰电视无着火指示，炉膛无火，火检无信号。

（3）氧量表突然增到最大。

（4）汽温、汽压迅速下降，烟温下降。

（5）汽包水位先降后升。

（6）MFT动作。

2. 锅炉燃烧事故的原因

（1）运行时辅机故障跳闸或灭火保护动作。

（2）燃烧调整不当，风、粉配比不合适，磨组合不合理；

（3）锅炉负荷太低或负荷波动大，未及时投油助燃。

（4）煤种变化，煤质太差或煤粉太粗。

（5）制粉系统故障。

（6）炉管严重爆破。

（7）火检信号故障。

（8）炉内大量掉焦。

（9）全燃油时，油中带水或燃油系统故障。

（10）吹灰不正常，扰动过大。

（11）厂用电中断。

3. 锅炉燃烧事故的处理

（1）发生灭火时 MFT 应动作，否则应手动 MFT。

（2）切断进入锅炉的全部燃料。

（3）若汽包水位高Ⅲ值且 MFT 跳机保护动作，汽轮机应跳闸，否则应手动打闸。

（4）如汽机未跳闸，DEH 设 100MW/min 的速率快减负荷至 20MW，同时退出热网抽汽和工业抽汽，停止热网疏水泵，再以 3MW/min 速率减负荷至 10MW。如负荷低至 8MW 以下，将自动切至阀位控制，此时目标阀位不能设定时，可以把自动控制切至手动，再点击"手动设定"画面，在该画面内增加负荷，以防止逆功率的发生。严密监视汽轮发电机组各状态参数的变化，如有任一参数达到停机条件，应打闸停机。

（5）解列所有自动，关闭减温水，控制好汽包水位，尽量维持主汽压力。

（6）调整炉膛负压在正常范围内。

（7）查机侧各疏水联开正常，除氧器汽源切为辅汽；汽动给水泵驱动汽源切为辅汽；辅汽汽源用邻机供。

（8）当 MFT 动作原因查明后，复位跳闸转机，调整炉膛压力在 -50 ~ -150Pa 之间，风量大于 30%，满足炉膛吹扫条件，5min 后，MFT 复位，准备重新点火；若不能及时启动，应正常停炉处理。

（9）锅炉灭火后，严禁采用爆燃方式点火。

（10）锅炉点火后，当汽温接近缸温，发电机未解列时，应逐渐开大调速汽门，增加负荷，以加快升温速率；发电机已解列、汽轮机处于惰走时或当汽轮机已处于盘车状态，按极热态启动方式恢复。

（11）在恢复过程中，汽轮机要充分疏水，同时锅炉注意控制好升温、升压速度，防止过热器各段超温；注意控制好汽包水位，并且要协调好，防止因汽包水位高低而再次灭火。

（12）加负荷应快速平稳，防止主汽温大幅度波动引起蒸汽带水；及时调整并投入辅助设备运行。

（三）尾部烟道再燃烧

未燃尽的可燃物微粒沉积在烟道内或受热面上，达到着火条件而复燃，称为烟道再燃烧。

1. 尾部烟道再燃烧的现象

（1）烟道压力波动大，炉膛压力升高。

（2）燃烧处的烟温、管壁温度、汽温不正常升高。

（3）排烟温度急剧上升。

（4）烟囱冒黑烟，氧量较小，烟道不严密处有烟、火冒出。

（5）空气预热器发生二次燃烧时，空气预热器电流摆动大，外壳温度升高或烧红，并且卡涩，一、二次风温不正常地升高。

2. 尾部烟道再燃烧的原因

（1）燃烧调整不当，风粉配合不合理，油枪雾化不好，煤粉过粗使大量可燃物在尾部烟道受热面存积。

（2）长时间低负荷运行或启、停炉时燃烧不良，使可燃物积存在烟道内。

（3）吹灰不及时。

3. 尾部烟道再燃烧的处理

（1）发现烟温不正常升高时，应立即对各段烟道进行检查并投入蒸汽吹灰系统，加强预热器吹灰；控制各段烟温在规定值内。

（2）调整燃烧，稳定各运行参数，汇报值长，申请降负荷。

（3）若经采取措施无效，且排烟温度不正常地升高至250℃时，应紧急停炉。

（4）停止引、送风机，严密引、送风机出、入口挡板及各人孔、门。

（5）保证汽包水位，开启省煤器再循环。

（6）维持空气预热器运行，加强吹灰，投入空气预热器消防蒸汽，必要时应投入消防水进行灭火，直至熄火；烟温正常后联系检修，缓慢打开人孔门，检查有无火迹。

（7）确认火焰已熄灭，待烟温及尾部受热面壁温正常后，可启动引风机通风5~10min，并检查正常后，方可重新点火。

（四）过热器、再热器泄漏

运行中的过热器、再热器可能由于热偏差、管内积盐、高温腐蚀而爆破，也可能由于制造或安装时的缺陷而破坏，引起泄漏。

1. 过热器管损坏

（1）过热器管损坏的现象：

1）损坏处有泄漏声，炉管检漏装置报警，不严处向外冒烟、冒汽，炉膛压力升高。

2）过热蒸汽压力下降，蒸汽流量不正常的小于给水量。

3）引风机静叶开度增大，引风机电流升高。

4）两侧烟温差增大，且损坏处侧烟温低。

5）损坏部位前的过热汽温低，损坏部位后的过热汽温偏高。

（2）过热器管损坏的原因：

1）蒸汽品质长期不合格，使管壁内结垢或腐蚀。

2）飞灰磨损。

3）管材质量差，或安装、检修质量不合格。

4）减温水调整不当，导致过热器管疲劳损坏。

5）燃烧调整不当，火焰偏斜，造成局部过热，或管壁长期超温运行。

6）吹灰器故障，对管壁长时间冲刷。

7）管内有杂物堵塞，使流量分配不均，引起部分管子超温。

（3）过热器管损坏的处理：

1）汇报值长，尽快确定泄漏部位。

2）泄漏不严重时，降压运行，申请停炉。

3）维持汽包水位、汽温、汽压等各参数稳定。

4）泄漏严重，无法维持正常运行时，应紧急停炉。

5）停炉后，留一台引风机运行，维持炉膛负压，待炉内蒸汽抽尽后停止引风机。

2. 再热器管损坏

（1）再热器管损坏的现象：

1）损坏处有响声，炉管检漏装置报警，不严密处向外冒烟、冒汽，炉膛压力升高。

2）再热蒸汽出口压力下降，泄漏侧烟温下降，两侧烟温差增大。

3）烟气阻力增大，引风机电流和静叶开度增大。

4）泄漏或爆破点前汽温下降，泄漏或爆破点后汽温上升。

5）再热蒸汽出口汽温升高。

（2）再热器管损坏的原因：

1）蒸汽品质长期不合格，使管内结垢或腐蚀。

2）长期超温运行或飞灰磨损。

3）管材质量差，或安装、检修质量不合格。

4）减温水使用不当，使再热器管过度疲劳。

5）启、停炉或甩负荷时，再热器超温或超压。

6）管内有杂物或受热面积灰、结焦。

7）燃烧调整不当，使局部过热。

8）吹灰器安装不当或吹灰器故障，对管壁长时间冲刷。

（3）再热器管损坏的处理：

1）汇报值长，泄漏不严重时，降低负荷，请示停炉。

2）降低负荷，维持再热器出口汽温正常，保持各运行参数的稳定。

3）泄漏严重时，无法维持正常运行，应紧急停炉。

4）停炉后，留一台引风机运行，待蒸汽抽尽后停止引风机。

3. 炉外管道损坏

（1）炉外管道损坏的现象：

1）管道泄漏时，保温层潮湿、冒汽、滴水或有泄漏声。

2）管道泄漏严重时，有大量的汽、水喷出。

3）给水管路泄漏时，给水流量明显高于该负荷对应的流量。

4）蒸汽或给水压力降低，流量变化异常。

（2）炉外管道损坏的原因：

1）管道长期超压、超温运行。

2）管材不良，管道设计、制造、安装或焊接质量不合格。

3）压力和温度的频繁变化，形成管道及焊口的疲劳破坏。

4）长时间运行使易磨损部位因磨损而造成管壁减薄，管材强度降低。

5）给水品质不合格，造成管壁腐蚀。

（3）炉外管道损坏的处理：

1）若能维持运行，应适当降低负荷，汇报值长，申请停炉。

2）在泄漏或爆破处做好安全措施，以防汽、水喷出伤人，同时密切注意损坏部位的发展变化，做好事故预想。

3）若无法维持机组正常运行或危及人身、设备安全运行时，应紧急停炉。

（五）省煤器、水冷壁泄漏

1. 省煤器损坏

（1）省煤器损坏的现象：

1）损坏处有响声，炉管检漏装置报警。

2）给水流量不正常地大于蒸汽流量，汽包水位下降。

3）损坏点以后省煤器烟温偏低，两侧烟温差增大。

4）除灰系统有湿灰并排灰不畅。

5）引风机静叶开度增大，引风机电流升高。

6）损坏严重时空气加热器下部灰斗有水流出，炉膛压力增大，不严密处有烟、汽冒出。

（2）省煤器损坏的原因：

1）飞灰磨损外壁。

2）给水品质长期不合格，管内结垢、腐蚀。

3）在停炉阶段停止上水后，未开再循环门。

4）管材质量不合格，安装、检修质量不好。

5）吹灰器安装不当，或吹灰器故障，对管子长时间冲刷。

（3）省煤器损坏的处理：

1）泄漏不严重时加大给水量，维持汽包水位；汇报值长，降低负荷，同时申请停炉。

2）泄漏严重无法维持汽包水位时，应紧急停炉。

3）停炉后，应保留一台引风机运行，维持炉膛压力，待蒸汽抽尽后停止引风机。

4）停炉后应继续上水，维持汽包水位，若不能维持汽包水位时应停止上水。

5）严禁开启省煤器再循环门。

2. 水冷壁管损坏

（1）水冷壁管损坏的现象：

1）炉膛压力变正，燃烧不稳，炉膛内有泄漏声，炉管检漏装置报警。

2）给水流量不正常的大于蒸汽流量，汽包水位下降。

3）严重时蒸汽压力、流量降低。

4）引风机静叶开度增大，引风机电流升高。

5）损坏严重时可能造成锅炉灭火。

（2）水冷壁管损坏的原因：

1）给水品质长期不合格，使管内结垢、腐蚀，造成传热恶化。

2）管材质量差，安装、检修质量不合格。

3）吹灰器安装不当或吹灰器故障，对水冷壁长时间冲刷。

4）膨胀不良、热应力过大造成损坏。

5）管内有杂物，使部分管壁循环不畅，造成超温。

6）长时间低负荷运行，水循环不良。

7）掉大焦或除焦时损坏炉管。

（3）水冷壁管损坏的处理：

1）泄漏不严重时，加大给水，降低负荷运行，维持汽包水位正常；同时汇报值长，申请停炉。

2）泄漏严重，无法维持汽包水位时，应紧急停炉并可停止上水。

3）泄漏严重，造成锅炉灭火，按 MFT 处理。

4）停炉后，应保留一台引风机运行，待蒸汽抽尽后，停止引风机运行。

5）严禁开启省煤器再循环门。

二、汽轮机故障处理

（一）　汽轮机进水和进冷汽

大型再热式汽轮机，由于进水和进冷汽造成的设备损坏事故，在国内曾多次发生，因此大型汽轮机进水和进冷汽问题引起了国内外各有关单位的重视。大型汽轮机发生的设备损坏事故大多数和汽轮机进水有着直接或间接的关系。

1. 危害

汽轮机进水或进冷汽对设备的危害主要表现在以下几个方面：

（1）损坏叶片。汽轮机进水后，对动叶片产生水冲击，将会造成叶片的严重损坏，尤其是对较长的叶片更容易造成断裂、扭曲。末级长叶片拉金断裂、围带裂纹以及叶片的断裂扭曲事故绝大多数都是由水冲击造成的。当汽缸进水或进冷汽时，同样会因湿度过大造成对动叶片的冲击。

（2）引起动静摩擦。当汽缸进水或进冷汽时，使汽缸和高压汽封体受到急剧的不均匀冷却，导致汽缸和高压汽封体的变形，改变了动静间隙的分布情况，从而造成了动静摩擦。

（3）引起大轴弯曲。主要表现为两种情况：

1）由于汽缸进水或进冷汽引起动静摩擦造成大轴弯曲。

2）汽轮机停机后，在热状态下汽缸进水造成大轴弯曲。

（4）由于温差热应力过大引起部件裂纹。在高温下工作的受热部件，突然受到冷水或冷汽的冲击，将会产生很大的温差热应力，在过高的热应力或交变应力作用下，将会引起部件裂纹。高压汽封套和汽封套处转子的表面和相对应的汽封体发生的裂纹都是由于来自汽封系统冷水或冷汽反复作用的结果。

（5）造成部件永久变形。当高温金属部件受到水或冷汽的急剧冷却产生的热应力超过材料的屈服极限时，就产生永久变形。阀门和汽缸的结合面受到冷水或冷汽的冲击将会产生内张口从而造成漏汽。隔板一侧急剧冷却将会发生凹状变形，造成结合面漏汽。

（6）损坏推力轴承。当由锅炉带出的大量水进入汽轮机后，将会使轴向推力增大，以致使推力轴承因超载而损坏。这是因为水的密度比蒸汽大得多，故水流动压损大，在喷嘴中不可能获得恰当的出口速度和喷射角进入动叶片后会打击叶片的背弧，致使轴向推力增加。其推力的增大值往往达到正常工况的10倍以上。

（7）造成设备腐蚀。长期停运的汽轮机进水或进汽将会造成设备的严重腐蚀损坏。

（8）除上述对设备的直接损坏外，同时还存在某些间接的影响。如因动静摩擦引起强烈振动，还会造成轴瓦损坏、油管断裂，以及通流部件的变形，漏汽量的增加，对设备运行的经济性和安全性都会带来影响。

2. 原因

从国内外一些汽轮机进水事故来看，热力系统设计不合理、设备存在缺陷以及运行人员的误操作都有可能造成汽轮机进水或进冷汽事故。归纳起来能够进入汽轮机的水或冷汽可能来自几个方面：

（1）来自锅炉和主蒸汽系统。由于误操作或调速系统失灵，使蒸汽温度或汽包水位失去控制，都有可能将水或冷汽带入汽轮机中。由于某种原因使汽轮机负荷突然增加，或用于滑参数启动和停机过程中汽轮机调速汽门突然关小造成汽压突然升高，都可能使进入汽轮机的蒸汽带水。主蒸汽管道、锅炉过热器疏水系统不完善也可能将积水带入汽轮机。

（2）来自再热蒸汽系统。再热蒸汽管路中，通常设有减温水装置以调节再热汽温度，如减温水门不严或误操作，都可能使减温水进入汽轮机。由减温水倒入高压缸造成设备损坏的事故曾发生过多起。再热汽疏水系统设计不合理，也可能使积水进入汽轮机。

（3）来自抽汽系统。当加热器运行故障，如管子泄漏、水位调节装置失灵、疏水系统故障、抽汽系统道止门不严都有可能使加热器的积水进入汽轮机；除氧器满水，也可能使水进入汽轮机。在过去发生的汽轮机进水事故中，以抽汽系统故障占的比例最大，尤其是汽轮机长叶片的水冲击事故，绝大部分是由于抽汽系统故障造成。

（4）来自汽封系统。启动时，汽封供汽系统暖管或疏水不充分。将水送入汽封，尤其是在甩负荷时，需要投入汽封高温汽源，如果这时暖管疏水不充分，将积水带入汽封，高温的大轴表面将受到不均匀的骤冷水冲击，对大轴的危害非常严重。

汽轮机正常运行时，汽封汽源通常都来自除氧器汽平衡管，如除氧器水位失去控制也会使汽封系统进水。

（5）来自凝汽器。由于凝汽器满水，使水进入汽轮机的事例曾多次频繁地发生。汽轮机正常运行时，由于凝汽器的水位升高会严重影响真空，因此汽轮机正常运行时，凝汽器的水一般不会灌入汽缸。但在停机以后，则往往忽视对凝汽器水位的监督，如果凝汽器的除盐水补水门关闭不严，就会使水灌入汽缸，以致造成大轴弯曲和设备变形。

（6）来自汽轮机本身的疏水系统。从疏水系统向汽缸返水，多数是设计方面的原因造成的。如把不同压力的疏水接到一个联箱上，压力高的疏水就有可能从压力低的管道返回汽缸。疏水管路直径和节流孔板选择不当或在运行中堵塞，汽轮机汽缸内叶轮组内疏水开孔不当，都有可能使汽缸积水，或使积水返入汽缸。

（7）来自汽轮机旁路系统。大型汽轮机都设有较大容量的旁路系统，高压缸旁路系统减温水误开或旁路后的自动疏水装置失灵，都有可能将水倒入高压缸。

除了上述几种引起汽缸进水的可能性外，根据机组热力系统的不同，还会有其他水源进入汽轮机的可能性，所以运行人员要根据具体情况具体地进行分析。

3. 防止措施

（1）有关设备和汽水系统应满足如下的技术要求：

1）疏水点的布置要合理、完善。

2）疏水管按压力等级分别接到高、中、低疏水联箱上。

（2）在运行维护方面，要做到以下几点：

1）加强运行监督，严防发生水冲击，一旦发现汽轮机水冲击的象征或前兆（如汽温骤降、振动增大），应采取紧急事故停机措施。经验证明，对于汽轮机进水事故，运行人员处理是否及时得当，与设备的损坏程度有密切的关系。

2）注意监督汽缸温度和加热器、凝汽器水位，尤其是在停机以后也不能忽视，如发现有进水危险时，要迅速查明原因，切断水源。

3）热态启动前，主蒸汽和再热蒸汽系统要充分暖管，保证疏水畅通。

4）高压加热器保护要进行定期检查试验，保证工作性能符合设计要求。高压加热器保护不能满足运行要求时，禁止高压加热器投入运行。

5）定期检查加热器水位调节装置，保证水位调节装置和高水位报警装置工作正常。

6）定期检查加热器管束，发现泄漏及时检修处理。

7）加强除氧器水位监督，定期检查水位调节装置，杜绝发生满水事故。

8）汽轮机滑参数启停时，汽温、汽压都要严格按照规程规定调整，至少保持50℃以上的过热度。

9）定期检查再热蒸汽减温水阀门是否严密，如发现泄漏应及时检修处理。

10）停机以后给水泵中间抽水、旁路系统减温水应严密关闭。

（二）汽轮机叶片损伤

1. 汽轮机叶片损伤的原因

汽轮机叶片损伤的原因很多，归纳起来可分为几个方面。

（1）机械损伤。造成叶片机械损伤主要有以下几种情况：

1）外来的机械杂物穿过滤网进入汽轮机或滤网本身损坏进入汽轮机，造成叶片损伤。

2）汽缸内部固定零部件脱落，如阻汽环、导流环、测温套管等破坏断落，造成叶片严重损伤。

3）汽轮机因轴瓦（包括推力瓦）损坏、胀差超限、大轴弯曲以及强烈振动造成动静摩擦，引起叶片损坏。

（2）水冲击损伤。每一种进水的情况都可能造成叶片的水冲击损伤。受到水冲击以后，前几级叶片的应力突然增加，同时受到骤然冷却，往往直接引起叶片损伤，末几级叶片冲击载荷更大，更加容易因水冲击造成损伤。

（3）腐蚀和锈蚀损伤。叶片的腐蚀损伤发生在进入了湿蒸汽的各级。腐蚀介质需要适度的水分才能发生化学作用，但水分如果多到足以将聚集的腐蚀介质不断地冲走，则腐蚀又不致发生。所以最危险的区域是干湿交替变化，使腐蚀介质处于易聚集级段，这些级段又称为过渡区。由于腐蚀介质聚集的影响，将使叶片材料抗振强度急剧下降。另外，蒸汽漏入停运的汽轮机时也会造成叶片严重锈蚀。

（4）水蚀（冲刷）损伤。水蚀通常又称为冲刷，是蒸汽分离出来的水滴对叶片作用造成的机械损伤，一般发生在末几级低压长叶片上，尤其是末级叶片。因末级叶片旋转线速度高，蒸汽湿度也高，水蚀更加突出。

（5）叶片本身存在缺陷引起的损伤，主要包括以下几个方面的因素：

1）振动特性不合格。

2）设计应力过高或结构不合理。

3）材质不良或错用材料。

4）加工工艺不良。

（6）运行管理不当。在运行管理方面对叶片造成危害的情况主要有以下几方面：

1）偏离额定频率，使叶片落入共振转速范围内运行，造成叶片共振断裂。

2）过负荷运行，使叶片的工作应力增大，特别是最后几级叶片不但因蒸汽流量增大而引起过负荷，而且焓降也随之增加，叶片过负荷更加严重。

3）进汽参数不符合要求，如汽压过高、汽温偏低、真空过高，都会加剧叶片的水蚀或引起超负荷。

4）机组动静摩擦事故造成叶片机械损伤。

5）蒸汽品质不良使叶片结垢，不但会引起腐蚀而且改变了监视段压力，造成某些通流级段过负荷。

2. 汽轮机叶片损伤后断落的征象

汽轮机叶片损伤后断落时一般都有较明显的征象，只要运行人员注意检查监督，通常是不难发现的。主要征象有以下几方面：

（1）汽轮机内部或凝汽器内部产生突然的声响，有时单元控制室或运行底层都可以清楚地听到。

（2）机组振动包括振幅和相位产生明显的变化，有时还会产生瞬间强烈的抖动。这是由于断落叶片使转子失衡或产生摩擦撞击造成的。但有时叶片断落发生在转子的中部，而又未引起严重的动静摩擦时，在额定转速下不一定会表现出振动显著变化。但在启停过程中临界转速附近振动将会有明显变化。

（3）叶片损坏较多，使通流面积改变，在同一负荷下，蒸汽流量、调速汽门开度、监视段压力等都会发生变化。对反动式机组上述变化表现得更加突出。

（4）若有叶片落入凝汽器时，通常会将凝汽器铜管打坏，使循环水漏入凝结水中，从而表现为凝结水硬度和导电度突然增大很多，凝汽器水位增高，凝结水泵电流增大。

（5）若在抽汽口部位叶片断落，则叶片可能进入抽汽管道，造成抽汽止回门卡涩；或进入加热器使加热器管子损坏，使加热器水位升高。

（6）在停机惰走过程或盘车状态，听到金属摩擦声，惰走时间减小。

（7）由于轴向推力和转子的平衡情况发生了变化，有时会引起推力瓦温度和轴承回油温度升高。

显然上述一些叶片断落的征象，不可能同时表现出来，所以运行人员必须善于抓住主要征象，如机内的声响和振动增大等，及时地采取措施。

3. 汽轮机叶片损伤的处理措施

汽轮机运行中如果出现叶片断落事故时。必须采取果断的破坏真空、紧急停机措施，防止事故进一步扩大。

（三）通流部分动静摩擦

由于高参数大容量中间再热机组的部件庞大。结构复杂，如汽缸数目多，有内外缸之分，因此汽缸和转子的膨胀变得尤其复杂，又因大型机组蒸汽比容小，为了减小漏汽损失，缩小了通流部分的动静间隙，致使部件承受的压差和压力提高。一种新类型大机组投入运行时，在启停及运行中，必须对汽轮机的膨胀引起重视，否则往往由于对汽缸和转子膨胀关系认识不足，容易发生动静部分严重摩擦损坏设备的事故。

通流部分动静摩擦可造成大轴弯曲、叶片断落、叶轮损坏、隔板变形破裂、汽封套汽封片损坏等事故。

造成磨损事故的主要原因是汽缸和转子不均匀加热或冷却，启动、停机及运行方式不合理，保温层质量不良及法兰加热装置使用不当等。动静部分轴向和径向磨损的原因，往往难以绝对分开，但仍有区别。

（1）轴向磨损的原因有：

1）沿通流方向各汽缸和转子的温差不同，热膨胀不同。

2）在启停机及变工况运行时，法兰加热装置投入不当，正负胀差超过极限值，使轴向间隙消失。

（2）径向磨损的主要原因是汽缸变形和转子热弯曲。上下汽缸或法兰内外温差大，是汽缸变形的主要原因。如果汽封和转子发生摩擦，不可避免地会带来转子的弯曲。在启动前转子产生弯曲，往往是在上下汽缸温差较大的情况下，未能正确使用盘车的结果。

为了防止通流部分在运行中摩擦，在启停机及变工况运行时应严格控制温差、胀差和转子偏心度值。

当遇到异常情况如突然甩负荷或蒸汽参数大幅度变化时，在采取了必要措施后（如投入高温汽源）胀差仍超极限值，应果断地采取停机措施，以防造成动静部分摩擦。

（四）汽轮机超速

高速转动机械的零部件在旋转工作过程中承受很大的离心力。离心力与转速的平方成正比。由于某些原因，造成汽轮发电机组从电力系统中解列，突然甩负荷时，汽轮机的转速会迅速升高，可能会超过转子强度所允许的转速，引起转子破坏。

汽轮机超速原因多数是由于调节系统某些部件工作不正常，保护系统故障，计算机控制的机组计算机系统故障及设备本身有缺陷等所造成。除此之外，汽轮机超速还由于中间再热机组蒸汽比容小，漏汽的质量流量大，主汽门和调速汽门的严密性差；抽汽止回门不严密或卡涩；再加上多数中间再热机组，中压调速汽门也不是很严密等所造成。汽轮机超速又往往和运行操作维护有关。按照不同的事故原因和故障环节，可分别按以下几种情况对汽轮机超速进行讨论。

（1）调节系统有缺陷。汽轮机调节系统除了要保证在稳定工况下，汽轮机在额定转速下正常运行外，还应保证汽轮机在甩负荷后，转速的升高不超过规定的允许值。如果调节系统在甩负荷后不能维持机组空载运行，就可能引起汽轮机超速过高。从调节系统来看，汽轮机超速过高的原因有以下几点：

1）自动主汽门、调速汽门严密性不合格或调速汽门卡涩不能正常关闭。

2）抽汽止回门动作失灵或不严。

3）调节系统动态特性不良，调节系统迟缓率过大或调节部件卡涩，调节系统速度变动率过大。

4）EH系统伺服阀故障以及DEH系统的其他缺陷，造成主汽门、调汽门未及时关回。

（2）汽轮机超速保护系统故障：

1）超速保安器不动作或动作转速过高。

2）超速保安器滑阀卡涩。

（3）运行操作调整不当：

1）油质管理不善，如汽封漏汽过大造成油中进水，引起调节和保安系统滑阀卡涩。

2）运行中同步器调整超过了规定调整范围，不但造成机组甩负荷后转速升高，还会使调节系统滑阀行程进入极限，从而造成卡涩。

3）蒸汽带盐，造成自动主汽门和调速汽门卡涩。

4）超速试验操作不当，转速飞升过快。

运行人员要熟悉超速时的征象，如声音异常，转速指示连续上升，油压升高，振动增大，负荷到零或仅带厂用电等。遇到超速情况时应按规程规定进行紧急停机处理，防止事故扩大。

（4）处理要点：

1）破坏真空，紧急停机，确认转速应下降，并启动交流润滑油泵。

2）检查高、中压主汽门、调门、各抽汽止回门、电动门迅速关闭，高压缸排汽止回门关闭。

3）若发现转速继续上升，应立即停炉，打开对空排汽锅炉泄压，禁止开高、低压旁路系统。

4）对机组进行全面检查，必须待超速原因查明，故障排除确认机组处于正常状态后，方可重新启动。全速后，应校验危急保安器超速试验及各超速保护装置动作正常后方可并网带负荷。

5）重新启动时，应对汽轮机振动、内部声音、轴承温度、轴向位移、推力瓦温度等进行重点检查与监视，发现异常应停止启动。

（五）油系统事故

汽轮机油系统的主要任务是供给汽轮发电机组各轴承润滑用油，供给调节和保安系统压力油。若油系统发生故障而又处理不当，可能造成轴承烧毁，以致损坏主机或使调节系统失灵对负荷失去控制，严重影响主机运行的安全。油系统事故主要表现为轴承断油、油管道振动、主油箱油位下降、油中进水使油质劣化和油系统着火等几方面。

（1）轴承断油。发生轴承断油的可能原因主要有以下几点：

1）在汽轮机运行中进行油系统切换时发生误操作。

2）机组启动定速后，停止高压油泵时，不注意监视油压。当出现射油器工作失常，主油泵止回门卡涩等情况，使主油泵失压而润滑油泵又未联动时，将引起断油，或在润滑油泵联动前的瞬间，也会引起断油。

3）油系统积存大量空气未能及时排除，充塞进油管路，往往会造成轴瓦瞬间断油，烧坏轴瓦。如在油过滤器、冷油器切换时，未按规定预先排除空气，会使大量的空气进入供油管路，造成轴瓦瞬间断油。

4）启动、停机过程中润滑油泵不上油。

5）主油箱油位过低，射油器进入空气，使主油泵断油。

6）因厂用电中断，直流油泵不能及时投入时，造成轴瓦断油。

7）供油管道断裂，大量漏油造成轴瓦供油中断。

8）安装或检修时油系统存留棉纱等杂物，造成进油系统堵塞。

9）轴瓦在运行中移位，如轴瓦反转，造成进油孔堵塞。

（2）油系统管道振动。油系统启动时，空气未排尽而引起油系统管道振动，严重时可将油管法兰盘振裂而大量漏油。

（3）主油箱油位下降。油系统及冷油器漏油或将放油门误开等，均能引起油箱油位下降，如不及时补油，油位低于射油器喉部时，将使主油泵断油。

（4）油系统进水。汽轮机高压汽封段回汽压力过大或供汽压力调整不当，使蒸汽通过轴承窜入油系统，使油系统进水。油系统进水会造成油质劣化，腐蚀调速系统部件，使调速系统产生故障，威胁主机安全等后果。油系统进水后应严格按运行规程处理，必要时应根据规程紧急停机。

（5）油系统着火。随着机组容量的提高，工作油压力提高，油系统一旦漏油并接触到热源，很容易发生火灾。若不及时切除油源或停机，油系统着火会造成机毁人亡的严重事故。运行人员在处理油系统着火事故时，应切记以下几条：

1）打闸停机时不得启动高压油泵。

2）打闸后要立即破坏真空，以缩短机组惰走时间。

3）火势无法控制或危及油箱时应立即开启事故排油门。

4）停机过程中严防汽轮机超速，以免造成油管超压断裂或超速后机组发生强烈振动，将与汽缸相连的各种管道特别是油管道振裂。

此外，也要防止将油管道破裂后的漏油喷到热物体上，引起外部火灾事故。

（六）汽轮机大轴弯曲和断裂事故

1. 大轴弯曲事故

汽轮机大轴弯曲事故，一直是汽轮发电机组恶性事故中最为突出的一种，这种事故多数发生在高压大容量的汽轮机中。

大轴弯曲通常分为热弹性弯曲和永久性弯曲。热弹性弯曲即热弯曲，是指转子内部温度不均匀，转子受热后膨胀不均或受阻而造成转子的弯曲。这时转子所受应力未超过材料在该温度下的屈服极限。所以，通过延长盘车时间，当转子内部温度均匀后，这种弯曲会自行消失。永久弯曲则不同，转子局部地区受到急剧加热（或冷却），该区域与邻近部位产生很大的温度差，而受热部位热膨胀受到约束，产生很大的热应力，其应力值超过转子材料在该温度下的屈服极限，使转子局部产生压缩塑性变形。当转子温度均匀后，该部位将有残余拉应力，塑性变形并不消失，造成转子的永久弯曲。

（1）汽轮机大轴弯曲的原因分析。汽轮发电机组大轴弯曲的原因是多方面的，在运行中造成的大轴弯曲主要有以下几种情况：

1）汽轮机在不具备启动条件下启动。启动前，由于上下汽缸温差过大，大轴存在暂时热弯曲。机组强行启动引起强烈振动，使得动静间隙消失，引起大轴与静止部分发生摩擦，从而使摩擦部分的转子局部过热。由于转子的局部过热，使过热部分的金属膨胀受到周围材质的约束，从而产生压缩应力。如果这种压缩应力超过了材料的屈服极限，就将产生塑性变形。在转子冷却以后，摩擦的局部材质纤维组织变短，故又受到残余拉应力的作用，从而造成大轴弯曲变形。当转速低于第一临界转速时，大轴的弯曲方向和转子不平衡离心力的方向基本一致，所以往往产生越磨越弯，越弯越磨的恶性循环，以致使大轴产生永久弯曲。当转子转速大于第一临界转速时，大轴的弯曲方向和转子的离心力方向趋于相反，故有使摩擦面自动脱离接触的趋向，所以高速时，引起大轴弯曲的危害性比低速时要小得多。大轴永久弯曲后往往可以发现事故过程中，转子热弯曲的高位恰好是永久弯曲后的低位，其间有 180° 的相位差，这也说明了因热弯曲摩擦而发热的部位，恰好是受周围温度低的金属挤压产生塑性变形的部位。

2）汽缸进水。停机后在汽缸温度较高时，操作不当使冷水进入汽缸会造成大轴弯曲。因为高温状态的转子，下侧接触到冷水时，会产生局部骤然冷却，这时转子将出现很大的上下温差，产生热变形。汽缸和转子的热变形将很快使盘车中断，转子被冷却的局部在材料收缩时因受到周围温度较高的材质的约束从而产生很大的拉应力，如果这种拉应力超过了材料的屈服极限，就会产生塑性变形，即大轴形成永久弯曲。

3）机械应力过大。转子的原材料存在过大的内应力或转子自身不平衡，引起同步振动。套装转子在装配时偏斜也会造成大轴弯曲。

4）轴封供汽操作不当。当汽轮机热态启动使用高温轴封蒸汽时，轴封蒸汽系统必须充分暖管，否则疏水将被带入轴封内，致使轴封体不对称地冷却，大轴产生热弯曲。

（2）防止大轴弯曲的技术措施。在运行操作方面通常采取以下措施：

1）汽轮机冲转前的大轴晃动度、上下缸温差、主蒸汽及再热蒸汽的温度等必须符合有关规程的规定，否则禁止启动。

2）冲转前进行充分盘车，一般不少于 4h（热态启动取最大值），并尽可能避免中间停止盘车。若盘车短时间中断，则应适当延长连续盘车时间。

3）热态启动时应严格遵守运行规程中的操作规定，当轴封需要使用高温汽源时，应注意与金属温度相匹配，轴封管路经充分疏水后方可投入。

4）启动升速中应有专人监视轴承振动，如果发现异常，应查明原因并进行处理。中速以前，轴承振动超过允许值时应打闸停机。过临界转速时，振动超过 0.10mm 应打闸停机。严禁硬闯临界转速开机。

5）机组启动中，因振动异常而停机后，必须经过全面检查，并确认机组已符合启动条件，仍要连续盘车 4h，才能再次启动。

6）启动过程中疏水系统投入时，应注意保持凝汽器水位低于疏水扩容器标高。

7）当主蒸汽温度较低时，调节汽阀的大幅度摆动，有可能引起汽轮机发生水冲击。

8）机组在启、停和变工况运行时，应按规定的曲线控制参数变化。当汽温下降过快时，应立即打闸停机。

9）机组在运行中，轴承振动超标应及时处理。

10）停机后应立即投入盘车。当盘车电流较正常值大、摆动或有异音时，应及时分析、处理。当轴封摩擦严重时，应先改为手动的方式盘车180°，待摩擦基本消失后投入连续盘车。当盘车盘不动时，禁止强行盘车。

11）停机后应认真检查、监视凝汽器、除氧器和加热器的水位，防止冷汽、冷水进入汽轮机，造成转子弯曲。

12）汽轮机在热状态下，如主蒸汽系统截止阀不严，则锅炉不宜进行水压试验。如确需进行，应采取有效措施，防止水漏入汽轮机。

13）热态启动前应检查停机记录，并与正常停机曲线比较，发现异常情况应及时处理。

14）热态启动时应先投轴封后抽真空，高压轴封使用的高温汽源应与金属温度相匹配，轴封汽管道应充分暖管、疏水，防止水或冷汽从轴封进入汽轮机。

2. 大轴断裂事故

汽轮机轴系断裂事故后果极为严重，可以造成机毁人亡。造成轴系断裂的原因很复杂，国内外已发生的事故表明，轴系断裂大都发生在机组严重超速事故中，其原因除超速产生的离心力、剧烈振动引起的破坏外，又同轴系质量的不平衡、轴系共振、油膜炎稳以及转动部件质量、轴系连接件质量不良有关。

（1）引起大轴断裂事故的原因及现象：

1）蠕变和热疲劳。这类事故多发生在整锻转子上，整锻转子受叶轮、叶片离心力的作用，内孔存在切向拉应力，转子被加热时，内孔的热应力也是切向拉应力，二者叠加，综合应力可达到很高的水平。转子外表面加热时受压应力，冷却时受拉应力，综合应力小于内孔。然而转子表面承受温度变化所产生的热应力首当其冲，因此低频热疲劳易从表面开始。即转子裂纹一般出现在表面。随着裂纹的扩展，转子在横断面上沿裂纹平行方向和垂直方向的刚度有了差异。当转子受到较快冷却时，裂纹张开补偿了轴向收缩，因而在圆周上收缩应力分布也发生了差异，而使转子弯曲。这种情况发展到一定程度，便会在机组的振动上反映出来。国外总结转子低频疲劳断裂前兆的振动特征是，当汽温突然下降时，转子振动振幅可能增大 0.025～0.05μm。随着裂纹加深，较小的温度下降也会引起较大的振动。另外，对振动频率进行分析可以看到，振波中会有 2 倍或 3 倍频谐波。转子裂纹达到临界值时，转子会在瞬间折断。

2) 轴承安装不良，底脚螺栓被振松，轴承失去正常承载能力。

3) 超速。汽轮机的转速会迅速升高，可能会超过转子强度所允许的转速，引起转子破坏。

此外，在运行中，转子断裂的现象，随断裂的位置不同而有很大差别。汽轮机内部发生断轴，则整个汽轮机发生振动，同时带有强烈的撞击声，使汽缸、轴封、轴承遭受严重损坏。汽轮机外部轴的前端发生断轴时，前轴承强烈振动，并有强烈的撞击，使汽轮机调速系统、保安装置、主油泵等为轴折断部分所驱动而遭受损坏。

(2) 防止大轴断裂事故的措施：

1) 检修时，应定期对汽轮发电机大轴、大轴内孔、发电机转子护环等部件进行探伤检查，以防止产生裂纹，导致轴系严重损坏事故。

2) 减少轴系不平衡因素，必须正确设计制造和精确安装推力轴承及各支持轴承，采取有力措施，防止油膜振荡的发生。

3) 为防止联轴器螺栓断裂事故，采用抗疲劳性能较好的钢种，并改进螺栓设计加工工艺和装配工艺。同时还要定期对螺栓进行探伤检验。

4) 防止发生机组超速，以免超速后由于其他技术原因引起设备扩大损坏，造成轴系断裂。

5) 发电机出现非全相运行时，应尽力缩短发电机不对称运行的时间，加强对机组振动的监视，确保汽轮发电机组和轴系不受损伤。

(七) 汽轮机真空下降事故

汽轮机凝汽器真空下降是汽轮机的频发性事故。其主要现象为：

(1) 各真空表计指示真空下降。

(2) 排汽温度升高。

(3) 负荷自动下降。

汽轮机真空下降不仅使机组的经济性降低，严重时可能造成低压缸末级叶片发生喘振，转子振动等异常，甚至造成汽轮机事故。此外真空下降后，若保持机组负荷不变，汽轮机的进汽量势必增大，使轴向推力增大以及叶片过负荷。不仅如此，由于真空下降，使排汽温度升高，从而引起排汽缸变形，机组中心偏移，使机组产生振动，以及凝汽器铜管因受膨胀产生松弛、变形甚至断裂。因此机组在运行中发现真空下降时，除应按规定减负荷外，必须查明原因及时处理。如真空继续下降，为避免排汽温度上升到不容许的程度，甚至使自动排大气薄膜安全门动作，应在达到极限值时停机。

1. 凝汽器真空下降的原因分析

能引起凝结器真空下降的原因大致可分成循环水中断或减少、凝汽器空气抽出设备及其系统事故、系统漏空气、凝汽器汽侧满水等几个方面。

（1）循环水中断或减少。发生循环水中断或循环水量减少时，凝汽器循环水进水压力降低到零，循环水泵电流到零，出水温度升高，循环水进出口温差增大，真空急剧下降。其处理方法如下：

1）发现循环水泵电源事故时，应首先启动备用循环水泵，关闭事故水泵的出水门。若两台水泵都处于运行状态，同时跳闸时，可以在极短时间内（两台水泵未倒转时），从外部检查确认电动机正常后，可立即合闸。

2）若由于误关凝汽器循环水进水门或是误关凝汽器循环水出水门时，则现象比较明显。此时阀门开度指示将有大的改变，循环泵电流减小或增大（据泵的型式而定），凝结器循环水入口、出口压力也相应发生变化，循环水温升随真空降低而增加。

3）当循环水量减少时，出现真空下降、循环水进水压力下降、循环水温升增大、循环水泵电流降低接近空负荷值的现象，这种情况大多是由于吸入口侧被杂质严重堵塞，或水泵盘根处漏入空气，通过吸水池供水的循环水泵也可能是吸水池水位过低等原因所致，应立即开启备用泵供水，停下异常运行的循环水泵，清除进口堵塞物，对盘根进行严密性处理，或对吸水池补充水源。

对于循环水断水使真空急剧下降的事故，在处理过程中，应同时按规定减负荷，当负荷减到零真空仍不能维持时，应立即停机。当循环水中断导致被迫停机时，因排汽缸温度、排汽压力升高，为避免过热骤冷，增加凝汽器铜管的损伤，需等凝汽器冷却到50℃，再经凝汽器送水。同时检查汽轮机排汽缸上自动排汽门薄膜，若有破裂立即调换。

（2）凝汽器空气抽出设备及其系统事故。目前国内已投产的大型机组，其凝汽器空气抽出设备大致有两个类型：一是配射水泵的射水抽气器，二是机械真泵泵。空气抽出设备及其系统事故按其严重程度可分为两种情况：一种是失去抽空气作用，且空气门未关闭大量空气或水从外面倒回凝汽器，引起凝汽器真空快速下降及凝结水水质变坏；另一种是抽空气作用减弱或完全不能抽空气但尚无倒空气倒水，这类事故发生时真空下降速度较慢。

真空快速下降的可能原因是：①射水泵因某种原因失电或跳闸而备用泵未自动启动，射水泵断水失压而备用泵未启动，带水箱的射水系统失水，射水抽气器进水门误关而空气门未联动关闭等；②机械真空泵因某种原因失电或跳闸而备用泵未启动，水环式机械真空泵断水而空气门未关闭。这两种情况都是抽气器失水（进水压力到零）或真空泵失去作用、空气从空气门大量倒回凝汽器。当抽气器喷嘴严重堵塞时，现象与上述情况相同，同时进水压力表指示升高。以上事故的处理方法都是启动备用射水泵抽气器或真空泵替代事故设备，或恢复水箱、真空泵正常供水。此外带水箱的射水系统水温太高，机械式真空泵水温太高，各种原因引起的抽气器进水压力低，抽气器喷嘴轻微堵塞，使抽气器或真空泵效率降低，从而使凝汽器内滞留气体量增加引起凝汽器真空缓慢下降。

（3）真空系统漏空气造成真空下降。如果凝汽器的真空下降，排除了循环水，抽气器和凝结水系统、轴封的影响外，则应考虑低压（真空）系统漏空气。它是影响真空下降的最常见的原因。

真空系统大量漏空气，通常会发生与凝汽器连接的膨胀不畅的管道接口或发生机械碰撞的地方。真空系统漏空气的主要原因及处理方法有：

1）真空系统不严密存在较小泄漏点。这类真空下降的特点是下降速度缓慢，而且真空下降到某一定值后即保持稳定不再下降，这说明漏空气量和抽气量达到平衡。

2）与真空系统相连接的一些管道、法兰、焊口、人孔门、安全门、通大气的隔绝门和放气放水门以及水位计等处不严密易产生泄漏。若负荷减小时真空下降，负荷增加时真空升高，则漏空气点在正常运行时处于微真空状态。机组运行中查出泄漏点，最好使用专用的检漏仪。用烛火查找时应遵守电业安全工作规程规定和注意防火，漏点找出后应及时堵漏。

3）若在系统操作之后真空系统漏空气，则应检查所操作设备或系统是否造成了向凝汽器漏空气。尤其是排汽到主机凝汽器的汽动给水泵停用，其排汽蝶阀漏汽的异常情况已在电厂多次发生。如凝汽器排水系统中的水封筒水封破坏造成的漏空气、通大气和通凝汽器的疏水排汽等阀门门芯泄漏等异常情况也多次发生，在这些地方操作时应特别注意对真空的影响，发现漏空气应立即停止操作，消除泄漏。

（4）凝结水系统的不正常运行。对使用蒸汽抽气器的机组，凝结水是抽气的冷却水源，凝结水泵事故或水泵汽化、漏入空气多而打不出水时，使抽气器冷却水量减少或中断，不能正常工作，造成凝汽器真空下降。

凝汽器水位升高引起的真空下降，其最大的特点是在真空下降、排汽温度升高的同时凝结水温度下降、过冷度增加。水位越高，真空降得越多，凝结水温度降得越多。当水位高至凝汽器抽气口时，抽气器或真空泵工作被破坏，真空将急剧下降。

凝汽器水位异常升高影响真空时，应开大凝结水泵出口侧凝汽器水位调整门，必要时增开备用凝结水泵，迅速降低凝汽器热井水位，并查明原因进行相应处理。

（5）室外大风天气（对于直接空冷的机组影响比较大，是直接空冷机组真空突降常见与重要原因之一）。

（6）轴封系统工作不正常。轴封系统异常后，造成真空泄漏，真空下降。

（7）真空系统泄漏或有关阀门误动。

（8）水封系统故障。

2. 真空下降的处理原则

当发现汽轮机真空下降后，处理步骤如下：

发现排汽装置真空下降时，应对照就地真空表、低压缸排汽温度及凝结水温度，并检查热工信号报警情况，分析、判断真空下降的原因，进行下列处理：

（1）检查当时机组有无影响真空下降的操作，如有应立即停止。

（2）排汽装置真空下降，在查明原因的同时，应启动备用真空泵运行，提高轴封供汽压力。

（3）汽轮机真空低于62kPa汽轮机"真空低"报警，且联启备用真空泵，否则应手动启动备用真空泵。

（4）汽轮机真空低于58kPa时，应汇报值长减负荷。

（5）汽轮机真空低于27.2kPa真空低保护动作跳闸，否则手动打闸停机。

（6）查轴封系统：

1）检查各轴封汽源控制站和溢流站是否正常，调整轴封母管压力正常。

2）若低压轴封母管压力、温度低，应手动调整正常。

3）检查轴加及轴加负压情况，检查轴加疏水是否正常，水封是否破坏，否则应启动备用轴封风机和调整轴封疏水。

（7）检查凝结水泵是否漏空气或汽化，真空泵是否低水位或无水位运行。否则应启动备用泵。

（8）检查真空系统的水位计、放水门、低压段法兰、管道及阀门是否泄漏。

（9）真空继续下降至规定停机极限值，低真空停机保护未动作时，应进行事故停机。因真空下降进行事故停机，严禁汽水继续排入凝汽器，在机组脱扣后不可向凝汽器排汽排水。如汽轮机高、低压旁路自动投用，则应切除自动，并关闭高、低压旁路。循环水中断引起的事故停机，停机过程中和停机后不应立即向凝汽器停送循环水，一般需待低压缸排汽温度降至50℃以下，再向凝汽器送循环水，另外还需检查低压缸排汽安全门是否动作损坏。

（10）真空下降时，应注意低压缸的排汽温度，排汽温度升高至大于允许值时，排汽缸喷水冷却装置应自动投入，否则应手动投用。

（八）汽轮机轴承损坏事故

造成轴承损害事故的因素很多，如设计结构、安装检修工艺及运行操作等。

1. 轴承油温升高和轴瓦断油的分析诊断

轴承油温的升高分为所有轴承的温度均升高和某一轴承的温度升高两种情况。汽轮机在运行中，如果发现所有轴承的温度均有升高现象时，应首先检查润滑油压和油量是否正常。如润滑油压和油量均正常，可确认是因冷油器工作失常所致。如冷油器冷却水量不足，夏季冷却水温过高以及冷油器脏污使传热不良等，此时应增大冷却水量。若冷却水温升高时，可投入备用冷油器加强冷却，降低润滑油温度。如发现某一轴承油温局部升高，应检查是否该轴承有杂物堵塞使油量减少，不足以冷却轴承而使油温升高，或轴承内混入杂物，摩擦产生热量使温度升高。

轴瓦从温度升高到烧毁有一个过程。当发现轴承温度升高后，应采取措施控制轴承油温在允许范围内，这些措施是：

（1）若轴承进油温度即冷油器出油温度升高，可开大冷油器冷却水出水门，增加冷却水量，降低轴承进油温度。

（2）若轴承油压降低，应分析原因，加以消除，必要时启动润滑油泵，维持正常轴承进油压力。

（3）检查转子振动情况有无异常，如果所采取的措施无效，轴承进油压力降低到运行极限值，或轴承回油温度升高到运行极限值时，应立即紧急停机。

2. 推力轴承烧损的原因及处理原则

推力瓦烧毁表现在推力瓦轴承乌金温度升高，温度升高到一定值时，会使轴承乌金熔化。推力瓦轴承乌金温度的升高，除了由于轴承油压、油温的影响外，主要还由于汽轮机轴向推力的增加，或者由于汽轮机载荷过大（新蒸汽温度低，而又保持额定功率），或者由于汽轮机发生了水冲击并又延缓了停机。对于推力瓦轴承乌金温度，目前许多电厂规定最高为90℃。发现推力瓦轴承乌金温度升高，并接近规定最高值时，应立即着手处理。例如，降低进油温度；降低负荷，减小推力；改变高中压缸的抽汽量以平衡正向、反向推力；合理调整主蒸汽及再热蒸汽温度等。

推力瓦烧损的事故现象主要表现为轴向位移增大，推力瓦乌金温度及回油温度升高，机器的外部现象是推力瓦冒烟。为保证轴向位移表的准确性，还应和胀差表的指示值相对照。当发现轴向位移逐渐增加时，应迅速减负荷使之恢复正常。特别注意检查推力瓦块金属温度和回油温度，并经常检查汽轮机运行情况和倾听机组有无异音，并检查测量振动。如果轴向位移增大，推力瓦温度急剧升高，并伴随不正常的响声、噪声和振动，或轴向位移超过规程规定时，应迅速破坏真空紧急停机。

3. 轴承损坏事故的防止措施

为杜绝断油事故，必须严格执行以下几点：

（1）低油压保护一定要可靠。

（2）直流油泵要做全容量启动运行试验一段时间，以考验泵的性能和熔丝是否合适。

（3）直流油泵在检修期间，如无特殊措施，不允许主机启动运行。

（4）注意在切换高压油泵为主油泵运行的操作过程时要缓慢，并密切注意油压变化。在切换冷油器操作时，要严格监护，防止误操作，并密切注意油压。

（5）油系统的油质和清洁度必须完全合格，以防止油系统内的设备卡涩和油泵入口滤网的堵塞。

三、发电机故障处理

（一）发电机 – 变压器组内部短路

发电机 – 变压器组内部发生短路故障时，将伴随有系统冲击，表计摆动，机组运转噪声突变，短路弧光，发电机 – 变压器组保护动作，发电机 – 变压器组主断路器、灭磁开关和厂用电分支断路器掉闸，厂用电备用电源自投，汽轮机甩负荷等现象。

发电机 – 变压器组内部短路故障产生的主要原因多是制造上的缺陷、安装和检修的质量不良、运行人员的误操作、绝缘老化、大气过电压和操作过电压的作用以及外部发生短路故障时的电流冲击等。如发电机 – 变压器组内部发生短路故障时，继电保护或断路器拒动，此时必须手动断开主断路器、灭磁开关及厂用电分支断路器；当备用电源自投未动作时，应手动强送厂用电；锅炉和汽轮机按紧急甩负荷的各项步骤进行处理。然后，根据保护掉牌和故障录波情况，分析判断故障的形式和部位。

（二）发电机失磁后的异步运行

发电机在运行中由于某种原因失去励磁电流，使转子磁场消失，叫作发电机的失磁。若失磁后的发电机不与电力系统解列，则发电机将由同步运行转入带一定有功功率，以某一转差与电力系统保持联系的异步运行状态。

发电机失去励磁的原因很多，一般在同轴励磁系统中常由于励磁回路断线（转子回路断线、励磁机电枢回路断线、励磁机励磁绕组断线等）、自动灭磁开关误碰、误跳闸以及转子回路短路和励磁机与原动机在连接对轮处的机械脱开等原因造成失磁。大容量发电机半导体静止励磁系统中，常由于可控整流元件损坏、晶体管励磁调节器故障等原因引起发电机失磁。

1. 发电机失磁后异步运行的现象

发电机失磁后异步运行时，各表计的现象如下：

（1）励磁电流消失，励磁电流表指示为零（全失磁）或接近于零（部分失磁）。

（2）有功功率表指示减小，并且发生摆动。

（3）无功功率表指示由正值变为负值，并且摆动。

（4）定子电流表指示增大，并且摆动。

（5）发电机出口电压表指示降低，并且摆动。

（6）转子电压表指示摆动。

（7）功率因数指示进相。

（8）失磁保护报警。

2. 发电机失磁后异步运行时的处理原则

对于不允许无励磁异步运行的发电机应立即与电力系统解列，以免损坏设备或造成电力系统事故。对于允许无励磁异步运行的发电机应立即把负荷减至40%额定负荷以下，手动断开灭磁开关，退出自动调节装置和强行励磁装置，并在规定时间内恢复励磁。在恢复励磁期间，应密切监视发电机定子电流和无功功率不超规定值，必要时按发电机允许过负荷规定执行，同时注意厂用电电压水平，必要时厂用电可倒至备用电源。若轻度失磁应：①增加无功负荷；②降低有功负荷；③检查失磁原因并排除。

(三) 发电机的振荡和失步

发电机在运行中转子磁场和定子旋转磁场是相对静止的。由于某种原因，如负荷突然变化、电力系统参数改变以及电力系统故障等原因使发电机受到扰动时，会出现转子的拖动力矩和电磁力矩的不平衡，这种不平衡会造成转子速度变化，而转子本身所具有的惯性，又使转子不能很快平衡这种不平衡力矩，因此就会造成定子电磁量的摆动，同时转子转速也不停地在同步转速附近变化。这就是发电机的振荡。

振荡一般分为两种类型：一种是由于振荡中的能量消耗，振幅越来越小，逐渐衰减下来，在经过一定的往复振荡后，发电机转子将处于新的平衡位置，进入了稳定运行状态。这种振荡叫同期振荡；另一种是转子磁场轴线和气隙磁场轴线的夹角即功角不断增大，在其振荡过程中有可能产生一种振幅越来越大的所谓自摆脱同步现象。在这种情况下，发电机转子将被拖出同步转速而无法进入新的稳定运行状态。这种振荡叫非同期振荡。非同期振荡造成发电机失步。

1. 发电机振荡的现象

发电机振荡时各电气量变化与表计指示现象如下：

(1) 定子电流剧烈摆动并超过正常值。

(2) 定子电压剧烈摆动且电压降低。

(3) 系统电压、频率摆动且电压降低。

(4) 有功负荷、无功负荷大幅摆动。

(5) 转子电压、电流在正常值附近摆动。

(6) 发电机随振荡周期发出有节奏的鸣声。

2. 发电机振荡失步的原因

根据运行经验，造成发电机失步主要有以下几种原因：

(1) 静稳定破坏。这种情况往往发生在运行方式改变，使发电机输出功率超过极限输出功率，造成发电机功角单调增大，引起发电机失步。

(2) 发电机与电力系统联系的阻抗突然增加。造成阻抗增加常常是由于联系发电机与电力系统的较长的多回线路中的部分线路跳闸或误操作造成的。由于阻抗的突然增加，使传输功率极限下降，造成转子拖动力矩和电磁力矩不平衡，从而引起发电机失步。

(3) 电力系统中功率突然发生严重不平衡。大型机组突然甩负荷、切除或投入电力系统的某些元件等，使电力系统中的潮流分布发生很大变化和出现严重的功率不平衡，造成电力系统稳定的破坏，发生发电机振荡。

（4）大型机组失磁，大型机组失磁将吸收大量的无功功率。电力系统无功功率不足，电压下降，容易引起发电机振荡。

（5）原动机调速系统失灵。作为原动机的汽轮机，其调速系统调整失灵，使汽轮机功率突增或突减，都会造成发电机力矩失去平衡而引起振荡。

3. 发电机振荡的处理

处理发电机振荡事故，一方面要冷静沉着分析，准确地判断；另一方面要有整体观念，及时报告调度，听从指挥。若发生的发电机振荡是同期振荡，则不需要操作什么，仅要做好处理一旦发生事故的思想准备。若振荡已造成失步时，则要尽快创造恢复同步运行的条件，通常采取下列措施：

（1）增加发电机的励磁。发生发电机振荡时，对于有自动电压调节装置的发电机不要退出调节器和强励，可任其自动调整励磁；对于无自动电压调节装置的发电机，则要手动增加励磁。增加励磁的作用是为了增加定、转子磁场间的电磁拉力，用以削弱转子的惯性作用力，使发电机较易在达到功率平衡点附近时被拉入同步。

（2）若是一台发电机失步，可适当减轻它的有功出力，即关小汽轮机的汽门，以便于将失步的发电机拉入同步。

（3）按上述方法进行处理，经 1~2min 后仍未使发电机进入同步状态，则可以考虑将失步发电机与电力系统解列。

（四）发电机非同期并列

当启动中已励磁的发电机的电压幅值、相位、频率与电力系统的电压幅值、相位、频率存在较大差异，即不满足发电机同期条件时，由人为操作或自动装置动作误将该发电机并入电力系统，将发生非同期并列。非同期并列产生的巨大冲击电流、强大的电动力和热效应，将使发电机定子绕组变形、扭弯、绝缘崩裂，定子绕组头部熔化，甚至将定子绕组烧毁。与此同时，使电力系统电压下降，严重时会引起系统振荡，乃至瓦解。发生发电机非同期并列事故时，应根据事故现象正确判断和处理。根据运行经验，当同期条件差得不很大时，并网发电机无剧烈声音和振动，而且表计摆动很快趋于缓和，这时可不必停机，发电机会被拉入同步，进入稳定运行状态。若并网发电机产生很大的冲击和强烈的振动，表计摆动剧烈而且并不衰减时，应紧急停运发电机，待试验检查确认机组无损坏时，方可再次启动。

（五）发电机定子接地短路

1. 发电机定子接地短路的现象

（1）定子接地报警。

（2）发电机中性点电流、零序电压指示增加。

2. 发电机定子接地短路的处理

（1）若定子接地保护动作跳闸，应按"主开关掉闸"一条处理。

（2）若定子接地保护未动作：

1）对发电机系统进行检查。

2）当中性点电流及零序电压指示增大时，应汇报值长及车间。

3）检查是否由于 YH 保险熔断或插头松动引起误发信号。

4）检查发电机有无漏水现象及 20kV 系统有无明显的接地故障。

5）当判明发电机定子回路接地时汇报值长解列发电机。

（六）发电机转子一点接地故障

由于发电机滑环绝缘损坏或转子槽口、引出线绝缘损坏或转子绕组严重变形及端部严重脏污，会造成发电机转子一点接地。转子一点接地构不成回路，发电机可继续运行，但有可能发展成两点接地故障。转子两点接地时，流过故障点的相当大的故障电流会灼伤转子本体；部分绕组被短接，使气隙磁通失去平衡，从而引起振动。此外，还有可能使轴系和汽轮机磁化。所以，发生转子一点接地故障时，应申请尽快安排停机处理。

发电机转子一点接地故障的处理要点：

（1）停止励磁回路导电部分上的工作。

（2）对励磁回路进行详细检查，是否有明显接地，若因滑环或励磁回路的积污引起时，则应用低于 0.3MPa 的无油、无水压缩空气进行吹扫，同时投入转子两点接地保护。

（3）若查明确系发电机转子发生金属性接地，经检修人员确认且无法消除，应立即停机处理。

（七）发电机冷却系统故障

当水内冷发电机定子、转子泄漏冷却水不严重时，若将水压降低其漏水消失，可监视运行，申请停机处理；若降低水压仍然漏水，则应减负荷停机。当定子、转子漏水，并伴随定子、转子绕组接地时，应紧急停运发电机。另外，当发电机断水而断水保护拒动时，也应紧急停运发电机。氢内冷发电机氢压达不到额定值时，应降低机组负荷。如不能维持最低运行氢压，应停机处理。

（八）厂用电中断

机组厂用电是重要负荷，除应具有正常的工作电源外，还应具有备用电源。当工作电源故障跳闸时，备用电源应自动投入。若备用电源自动投入装置失灵、备用电源用断路器拒动或厂用母线发生永久性故障致使备用电源自投不成功或自投后复跳时，将发生厂用电中断事故。大容量机组的厂用电负荷一般将机、炉的重要双套辅机分别接在两段厂用电母线上。若一段厂用电母线失电时必然影响机组出力，此时应酌情投油枪助燃，使锅炉稳定燃烧，调整炉膛负压和二次风压，保持锅炉出口参数稳定，并派专人手动盘转不允许停止运转的回转式空气预热器等辅机。此时如汽轮机重要辅机系统的备用设备联动投入正常，则应重点监视和控制主机运行工况；如备用设备未自投，则应按规程规定强投备用设备；当备用设备投入失败而危及主机安全时，应紧急停运机组。如一段厂用电母线电源中断，备用电源未自投或自投不成功，应根据保护动作情况和就地检查情况，判断故障原因和故障性质，尽快恢复失电厂用电母线的供电。

机组厂用电全部中断时，锅炉将灭火，汽轮机将跳闸，发电机将解列。此时应检查机组的保安电源即柴油发电机是否启动，如未自动启动应立即就地手动启动，以保证机组安全停运；同时将厂用电动机置于停止位置，防止水泵倒转；对真空系统、轴封系统、回热加热系统、冷却水系统等进行必要的切换操作，维持事故油泵运行。此外，应查明厂用电全部中断原因，积极恢复厂用电。一旦厂用电源恢复，应迅速将汽轮机辅机启动，锅炉重新点火，并根据设备状态及真空情况使机组重新接带负荷。

1. 6kV A 段母线或 B 段母线失电

（1）6kV A 段母线或 B 段母线失电的现象：

1）DCS 系统报警，有关保护动作信号发出。

2）失电段母线工作电源开关跳闸。

3）失电段母线电压指示为零，工作分支电流指示为零。

4）失电段所带电动机全部失电，部分备用辅机联锁启动。

5）失电段所带的 380V 各 PC 段母线失电。

6）RUNBACK 保护动作。

7）炉膛负压、一、二次风压迅速下降，锅炉可能灭火。

8）汽温、汽压、蒸汽流量、真空下降。

9）汽包水位先低后高。

10）机组负荷下降。

（2）6kV A 段母线或 B 段母线失电的处理：

1）在没有高压厂用变压器分支后备保护动作信号或厂用电快切装置保护闭锁信号时，应就地检查工作电源开关确断，并拉至"试验"位置，允许强送备用电源开关一次。

2）按 RUNBACK 动作处理，若 RUNBACK 未动作，立即减负荷至 50% 额定负荷 BMCR。

3）检查正常段备用泵（风机）应联锁启动，否则立即手动启动。

4）如锅炉未灭火，增加运行侧引风机、送风机、磨煤机出力，调整炉膛负压及氧量正常，视情况投入油枪稳定燃烧。

5）及时调整水位、汽温、汽压及燃烧。

6）关闭各跳闸转机出、入口门（挡板），并复位各跳闸设备按钮。

7）尽量调整各运行参数在正常范围。

8）若锅炉灭火，按 MFT 动作处理。

9）若 6kV A 段或 B 段失电，应检查保安段电压是否正常，若保安段失电应立即手动启动柴油发电机组接带保安段。

10）检查直流系统及 UPS 系统供电正常。

11）将故障母线段上所接变压器的高、低压侧开关停电，并将其所带 380V 各工作母线段倒由备用电源接带；检查 6kV 母线，若无明显故障，将工作电源及备用电源开关停电，测 6kV 母线的绝缘；若测母线绝缘不合格，联系检修处理。

12）若测母线绝缘正常，可由备用电源向 6kV 母线充电，系统恢复正常后，启动所接带电动机运行、升负荷至正常；然后将厂用电倒至正常运行方式。

13）若因备用电源开关或厂用电快切装置故障引起失电，应尽快处理后恢复。

2. 6kV A、B 段母线同时失电

（1）6kV A、B 段母线同时失电的现象：

1）DCS 系统报警，有关保护动作信号发出。

2）各段母线电压指示为零。

3）6kV 母线 A、B 段工作开关均跳闸。

4）柴油发电机联启。

5）汽轮机跳闸。

6）MFT 动作。

7）程跳逆功率保护动作，发电机解列。

8）所有运行的泵与风机失电，电流到零。

（2）6kV A、B 段母线同时失电的处理：

1）检查主开关及灭磁开关确已断开，若未断开，检查有功到零立即手动解列、灭磁。

2）立即启动直流润滑油泵，空侧直流密封油泵。

3）检查保安段供电情况，若保安段失电，立即手动启动柴油发电机组。

4）柴油发电机组启动正常后，检查保安段、直流系统及 UPS 供电正常。

5）检查 MFT 动作，炉膛的所有燃料已切断，过、再热器减温水已关闭，否则立即手动执行。

6）检查高、中压主汽门、调门及各抽汽止回门、高压缸排汽止回门均已关闭，机组转速下降，否则立即查明原因并采取相应措施。

7）冬季运行时，手动关闭汽轮机本体至排气装置各疏水阀门。

8）解除各辅机联锁开关，复位各辅机跳闸按钮。

9）380V 保安段恢复供电后，立即启动下列设备：

a. 交流润滑油泵（正常后停运直流润滑油泵）。

b. 顶轴油泵。

c. 汽轮机盘车装置（转速到零时）。

d. 空侧交流密封油泵（正常后停运空侧直流密封油泵）。

e. 氢侧交流密封油泵。

f. 送风机润滑油泵、空气加热器导向、推力油泵。

g. 火检冷却风机。

h. 启动空气加热器备用电机，保持空气加热器正常运行。

10）完成停机后其他操作。

11）根据保护动作情况，查明厂用电中断原因，尽快恢复厂用电源。

12）厂用电源恢复后，汇报值长，尽快点火开机。

第三节　电力系统运行异常或故障对机组的影响

机组一般直接和高压电网连接，因此电力系统故障对机组运行影响很大，尤其是发电机与电网有直接的电磁联系，所以以电力系统故障对机组的发电机影响最大。

一、电压、频率变动对机组的影响

电压、频率是电能质量的两个重要指标。电压、频率过高或过低不但对用户不利，而且对电力系统本身也不利。下面介绍电力系统电压、频率变动对机组的影响。

1. 电压高于额定值时的影响

（1）转子表面和转子绕组的温度升高。漏磁通和高次谐波磁通引起的附加损耗与电压的平方成正比，电压越高，损耗增加越快，由损耗引起的发热也就越大，使转子表面和转子绕组的温度升高，并有可能超过允许值。

（2）定子铁芯温度升高。铁芯的发热是由两个因素决定的：一个是铁芯本身的损耗；另一个是定子绕组热量传到铁芯。当电压升高时，铁芯内磁通密度增加，损耗也就增加，而损耗近似与磁通的平方成正比，所以磁通的增加引起损耗的很快增加。另外，大容量机组的铁芯比小机组相对利用率高，磁通更接近饱和，致使电压升高引起的损耗增加会更加明显。所以，电压升高，使铁芯损耗大大上升，从而使铁芯的温度大大升高。

（3）定子的部件可能出现局部高温。电压升高，磁通密度增加，铁芯的饱和程度加剧，使较多的磁通逸出定子轭部并穿过某些结构部件（如支持筋、机座、齿压板等）形成回路，在结构部件中产生涡流，有可能造成局部高温。

（4）对定子绕组绝缘产生威胁。正常情况下，发电机耐受 1.3 倍的额定电压，对定子绕组的绝缘影响不大。但当运行多年的发电机绝缘已老化，或发电机本身有潜伏性绝缘缺陷时，电压超过额定值容易发生危险，造成绝缘击穿事故。

2. 电压低于额定值时的影响

（1）降低发电机运行的稳定性。这里所说的运行稳定性包括两个方面：一是并列运行的稳定性，另一个是发电机电压的稳定性。并列运行稳定性降低可从发电机的功角特性看出。当电压降低时，功率极限幅值降低，要保持输出功率不变，必须增大功角，而功角越接近 90°，稳定性越低。发电机电压稳定性降低是由于发电机电压降低时发电机定子铁芯可能处于不饱和部分运行，此时励磁电流稍有变化，发电机电压就有较大的变化，使电压不稳定。

（2）定子绕组温度可能升高。当电压降低时要保持发电机输出功率不变，则必须增加定子电流，而定子电流增大会使定子绕组温度升高。

（3）影响厂用电动机的出力和安全运行。电动机的异步转矩与其端电压的平方成正比，若端电压下降到额定电压的 90%，该转矩将下降到最大转矩的 81%。厂用电动机转矩降低，对锅炉和汽轮机运行都会带来影响，有可能造成发电机发出的有功功率降低。若不降低厂用电动机出力，则电动机电流会显著增加，使绕组温度上升，加速绝缘老化，严重情况下，甚至使电动机烧毁。

3. 频率升高时的影响

（1）使转子的部件损坏。当频率升高时，会使发电机、汽轮机转子加速，离心力增加，易使转子的部件损坏。所以汽轮机装有危急保安器作为超速保护。

（2）引起定子铁芯温度上升。频率升高时发电机定子铁芯的磁滞、涡流损耗增加，从而引起铁芯的温度上升。

4. 频率降低时的影响

（1）使转子风扇出力降低。频率降低，转子转速也降低，使转子两端风扇的出力降低，风量下降，从而使发电机的冷却条件变坏，使各部分的温度升高。

（2）使发电机电动势下降。发电机电动势与频率、磁通成正比。频率降低，使发电机电动势降低，导致发电机出力降低。若要保持发电机电动势不变，势必要增加励磁电流，以增加磁通，从而使转子绕组的温度升高。

（3）当频率下降时，如仍要保持发电机出力，可能引起发电机部件超温。频率降低，使发电机电动势降低，要保持出力不变，就要增加发电机励磁电流，而增加励磁的结果，会使定子铁芯出现磁饱和现象，磁通逸出，使发电机部件（如机座的某些部件）产生局部高温，甚至有的部位冒火星。

（4）会引起汽轮机叶片断裂。频率低，转速也低，会引起汽轮机末级叶片出现低频共振而损坏断裂。

（5）使厂用电动机的运转状况变坏，严重时会影响电力系统的安全稳定运行。频率降低，发电厂厂用电动机的转速也随之下降，使厂用机械的出力也相应降低，进而使汽轮发电机发出的有功功率继续减少，导致电力系统频率的再度降低，如此循环下去，可能会破坏电力系统的稳定运行。

5. 电压、频率变动时的处理措施

当电力系统发生事故，如突然甩负荷，使发电机电压升高时，在励磁调节器自动调节投运的条件下，可实现发电机自动强减励磁；在励磁调节器手动调节投运的条件下，则应手动迅速降低励磁，减小无功，但注意不得超过发电机出力图即 $P - Q$ 图允许的范围。当电力系统发生事故，如发生发电厂近区短路故障，使发电机电压较大幅度下降时，在励磁调节器自动调节投运的条件下，可实现发电机自动强行励磁，快速提高励磁到顶值电压，使发电机向电力系统提供大量的无功功率，以消除振荡，将异步运行的发电机拉入同步，恢复稳定运行；在励磁调节器手动调节投运的条件下，则应手动迅速增大励磁，减小发电机有功功率，防止出现失步。

当电力系统发生事故，如突然甩负荷，使机组频率升高时，要迅速降低机组的有功功率，避免电力系统失去稳定或汽轮发电机组超速。当电力系统发生事故使机组频率降低时，发电厂中各机组应尽一切可能增加有功出力，以弥补电力系统有功功率的不足；当频率降到 46Hz 时，应按事先制定的反事故措施方案使发电机与电力系统解列，带一部分负荷及厂用电，保证厂用电系统供电正常，以便消除故障后尽快使发电机并网，恢复电力系统正常运行。

二、功率因数变动对机组的影响

功率因数 $\cos\alpha$ 的大小表示发电机向电力系统输送无功功率的多少。发电机额定功率因数是在额定功率下，定子电压和电流之间相角差的余弦值。一般发电机的额定功率因数值在 0.85 左右。

1. 功率因数高时的影响

发电机的功率因数在额定值到 1.0 的范围内变动时，如果出力不受汽轮机容量限制，其定子电流可等于额定值，保持发电机为额定出力。这时发电机发出的无功功率小，转子电流不会超过其额定电流。为了保持稳定运行，发电机的功率因数不应超过迟相 0.95 运行。因为发电机的功率因数越高，表示发电机输出的无功功率就越少，当 $\cos\alpha_1 = 1$ 时，就不送出无功功率。而无功功率是通过调节励磁电流来得到的，减少了励磁电流，就降低了发电机的电动势，从而使发电机定子与转子磁极间的吸力减小，功角增大，因此会使发电机运行的静态稳定性降低。现代发电机组都装有自动调整励磁装置，将稳定区扩大了，在必要时，可以在 $\cos\alpha_1 = 1$ 的条件下运行，并允许对进行过进相运行试验的机组在功率因数为进相 0.95 ~ 1.0 的范围内运行。

2. 功率因数降低时的影响

当功率因数低于额定值时，发电机的出力也降低。因为功率因数越低，定子电流的无功分量越大，由于感性无功电流起去磁作用，因此减弱主磁通的作用也越大。这时为了维持定子电压不变，必须增加转子电流，若保持发电机出力不变，则必然会使转子电流超过额定值，还会引起转子绕组的温度超过允许值而使转子绕组过热。若运行中发电机的功率因数低

第二篇 集控值班

于额定值，值班人员必须注意调整出力，使转子电流不超过允许值。

三、电力系统故障引起发电机的过负荷运行

当电力系统失去一部分电源（如发电机掉闸）或电力系统故障引起系统电压下降时，为了维持电力系统稳定运行和保证对重要用户供电的可靠性，则允许发电机在短时间内过负荷运行。

短时间的过负荷对发电机绝缘寿命影响不太大。这是因为发电机在额定工况下运行时，其温度较其所用绝缘材料的最高允许温度低，有一定的备用量供过负荷时使用。另外，绝缘老化需要一定时间的变化过程，介质损失的增大和击穿电压的降低，也都有一个高温作用的时间过程，因而发电机短时间过负荷还是允许的。

短时间过负荷的允许值，应遵守制造厂的规定。若无制造厂规定时可按下面的情况执行。实际工作中所遇到的发电机短时过负荷通常有两种：第一种是电流超过额定值很多，但过负荷时间很短，通常不到 2min；第二种是过负荷电流不大，小于 1.1 倍额定电流，而时间较长，通常大于10min。这两种过负荷允许的过负荷电流及时间是不相同的。

对于第一种过负荷，因为过负荷的时间很短，而增加的损失产生的热量大部分来不及传到外面，而全部用于使发电机的定子绕组和铁芯的温度升高。

发电机由于短时过负荷而额外增加的温升可由式（18-1）求得：

$$\Delta\theta = \frac{tJ_N^2}{150}\left(\frac{I^2}{I_N^2} - 1\right) \qquad (18-1)$$

式中　$\Delta\theta$——因过负荷引起定子绕组的额外温升；

　　　J_N——发电机定子绕组的额定电流密度；

　　　t——过负荷时间；

　　　I——过负荷电流；

　　　I_N——发电机额定电流。

而允许过负荷时间为：

$$t = \frac{150}{J_N^2\left(\dfrac{I^2}{I_N^2} - 1\right)}\Delta\theta \qquad (18-2)$$

由式（18-2）可知，当过负荷引起定子绕组额外增加的允许温升已知时，则发电机只要按此式计算出的过负荷时间运行即可。

对于第二种过负荷，因为过负荷的时间较长，因此不能忽略温升增加而引起的附加发热量。为不影响发电机使用寿命，这种过负荷不宜经常使用，只有在事故情况下方可使用，而且要限制发电机的温度不超过其绝缘的允许温度。

当发电机过负荷时，可首先降低励磁电流即减少发电机发出的无功功率。但降低励磁电流时，应注意发电机的功率因数不应超过额定值，同时还要注意发电机母线电压不应过低。若降低励磁电流不能解决发电机过负荷问题时，则应设法降低发电机发出的有功功率，必要时可根据事故停电次序，拉掉部分次要负荷。

四、电力系统不对称运行对发电机的影响

由于电力系统中三相负荷的不对称或发生不对称短路故障，都会使发电机处于三相不对称运行状态。这时可以把不对称的三相电流分解成三组三相对称的电流，即正序、负序、零序电流。但由于发电机一般都是星形接线，且中性点没有引出中性线，故零序电流不能流通。正序电流在空气隙中产生一个正序旋转磁场，旋转方向与转子同向。负序电流在空气隙中产生一个负序旋转磁场，旋转方向与转子反向，其转速对转子的相对速度而言是 2 倍的同步转速。这个以 2 倍同步转速扫过转子表面的负序旋转磁场将产生两个主要后果：一是使转子表面发热；二是使转子产生振动。

负序磁场扫过转子表面时，会在转子铁芯的表面、槽楔、转子绕组、阻尼绕组以及转子其他金属部件中感应出 2 倍于工频即 $100Hz$ 的电流。这个电流不能深入到转子深处（因为深处感抗很大），它只能在表面流通。这个电流大部分通过转子本体、套箍、中心环，引起相当可观的损耗，其值与负序电流的平方成正比。这种损耗将使转子表面发热达到不能允许的程度，尤其是产生的局部高温区，则更加危险。

振动是由脉动力矩造成的，而脉动力矩的大小与转子磁路对称程度有关。对于汽轮发电机，其转子是隐极式圆柱体，沿圆周气隙中磁阻相差不大，磁场比较均匀，所以脉动力矩较小，引起的振动较小，危害不大。

发电机不对称运行的限制条件有两个。

（1）长时间不对称运行的限制条件。发电机不对称负荷的允许值应遵守制造厂的规定。若制造厂无规定时，可按照下列规定执行：

1）汽轮发电机的三相电流之差，不得超过额定值的 10%。

2）任意一相的定子电流不得超过额定值。

满足上述规定条件，允许汽轮发电机在满负荷条件下带不对称负荷长期运行。在低于额定负荷连续运行时，各相电流之差应符合下列由试验得出的三个条件：①转子本体上任一点温度不超过允许值；②机械振动不超过允许值；③最大一相定子电流不超过额定值。

运行人员通常以观察负序电流表或三相电流表的不对称情况对发电机的不对称运行进行监视。

（2）短时间暂态不对称运行的限制条件。电力系统发生单相或两相不对称短路故障、单相重合闸动作等引起的不对称运行叫暂态不对称运行。暂态不对称运行引起的负序电流会使发电机转子严重发热而烧坏部件，因此规定一个短时间（指持续时间不超过 100～120s）的负序电流允许值是很重要的。目前各国通用的发电机短时负序电流允许值判据为

$$I_2^2 t \leqslant A \tag{18-3}$$

式中　　t——时间；

　　　　I_2——时间 t 内变化着的负序电流有效值；

　　　　A——常数，各种发电机 A 值的大小与楔条材料、线负荷大小、几何尺寸等因素有关，对于内冷机组，$A = 3\sim10$。

发电机的负序过流保护就是根据 $I_2^2 t \leqslant A$ 的动作特性构成的。

第四节　机组事故案例

一、锅炉事故案例

（一）锅炉塌灰，引起燃烧室正压保护动作灭火

某厂 1 号炉（1650t/h，17.46MPa，塔式布置），由于塌灰，使燃烧室压力达到 +2000Pa，发生正压保护动作灭火，并使水冷壁前墙左角撕裂的事故。机组带 450MW 负荷运行，锅炉燃烧室压力突然由 -50Pa 至正满表，正压无延时保护动作灭火，同时锅炉房一声巨响，大量蒸汽从 16m 水冷壁前左角喷出。

该炉燃用煤种含灰量大（30%左右），而设计的烟气流速较低（6m/s 左右），全部对流受热面及燃烧室均布置于一个筒体内，使受热面很容易积灰。当积灰量达到过饱和程度时，遇炉内扰动或掉焦时，大量积灰会同时陷落，瞬时可抵消引风机的抽吸作用，使燃烧室由微负压变为正压。当正压值达到正压保护动作值时则保护动作，灭火停机。

此次事故，正压值最大时达到了 +2000Pa，由于 16m 前左角水冷壁管密封条焊接不合格，水冷壁的冷钢带又未按要求进行加固，造成从此处泄压，并将一根水冷壁管拉断。解决塌灰的唯一方法就是进行对流受热面吹灰，保持受热面清洁。虽然设计对流受热面吹灰装置是为了清洁受热面，提高运行经济性，但是对于塔式锅炉，防止塌灰也成了吹灰装置的一个主要任务。

（二）辐射式过热器爆管泄漏

某厂 2 号炉（1650t/h，17.46MPa，低倍率复合循环锅炉），由于操作不当，发生辐射式过热器超温爆管泄漏事故。

机组因故障停运 20min 后，锅炉重新点火，以 1.8℃/min 速度升温，1.5h 后机组并网，2h 40min 后机组负荷升至正常负荷，助手巡检发现辐射式过热器泄漏严重，申请停机。

该炉在燃烧室出口处水冷壁管上水平环绕敷设有一级辐射式过热器，以保证燃烧室出口烟温在规定范围内，在辐射式过热器入口设有一级喷水减温装置。停炉后对辐射式过热器进行检查，发现在水吹灰器入炉膛处的辐射式过热器让位管发生爆破，金相检验为短期超温爆管，而对辐射式过热器壁温和出口汽温的记录检查发现从未发生过超温现象。

在爆管区段，布置有数个火焰观察孔和水吹灰器，所有开孔均由相同的 4 根辐射式过热器管子让位弯制而成，而其他区段均为直管段，无观察孔和水吹灰器。由于弯头较多，使局部阻力增加，而启动初期蒸汽流量较小，造成流量不均；另外让位管处管子向火面积较其他直管段大，接受辐射热也多，造成局部超温，而局部超温一般是无法监视的。运行操作上，启动初期特别是热态恢复过程中，盲目地追求升温升压速度，点火时，油枪同时全部投入，使炉内热负荷增长过快，辐射式过热器入口减温水也未投入，使水吹灰器区辐射式过热器管内流量过小以至于干烧，造成超温爆管。而在正常运行中，由于蒸汽流量较大，管内流量足以满足冷却要求，故不会发生超温爆管。

从此次事故中应接受如下几点教训：

（1）锅炉点火操作应严格按规程要求进行，油枪应逐步投入，以防炉内热负荷增长过快或引起过大的热应力。

（2）启动初期应按规定及时投入辐射式过热器前喷水减温，增加其通流量，以补充蒸汽流量的不足。但应注意喷水量不能过大，以防止过热器过水。

（三）锅炉灭火放炮

某电厂 3 号炉（HG－670/140－8 型），因司炉操作严重失误，造成燃烧室灭火放炮，使锅炉本体受到严重损坏。事故前，15 台燃烧器及下排 2、4 号油枪运行，机组负荷 185MW；2 点 15 分，司炉根据值长命令将负荷降至 170MW 运行。这时副司炉报告 2 号磨煤机不能运行，1 号原煤仓煤位 4.5m。司炉怕煤位下降太快，影响机组正常运行，于是将下排 2、4 号燃烧器及第二排的 7 号燃烧器停止运行。2 时 35 分司炉又根据值长命令将负荷降至 160MW；2 时 40 分汽轮机甩负荷至 140MW，使汽压由 13.5MPa 升至 13.76MPa，司炉便又停止 9、11 号燃烧器，当发现燃烧室压力为 –500Pa 时，又将 9、11 号燃烧器投入运行，造成燃烧室压力正负波动一次。司炉见势不好，便命副司炉出去看火，刚跑到门口就听到炉房一声巨响。此时，司炉立即停止 1 台引风机和 2 台送风机，保持 1 台引风机运行，通风 10min 后停止。此次事故使后墙水冷壁向后移位，将 4 号角燃烧器以上至后墙转弯处连接的鳍片管撕开，最宽处约 0.8m；折焰角尖端移位，尾部烟道上部竖井转弯处靠左侧角部被撕开，后包墙向后移位最宽处为 0.4m，侧包墙向左侧移位 0.3m。该炉整组燃烧器高近 7m，按正常的运行方式应该是在任何负荷下均要保证最下层 4 台燃烧器稳定运行，这样才能保证以上几排燃烧器稳定着火；减负荷需要停止部分燃烧器时，应先停止上排燃烧器，然后逐渐由上至下将燃烧器停运。按当时运行情况，减负荷 15MW 完全可以不停止燃烧器，采用降低上排燃烧器出力的办法来保证汽压，但是，司炉仅凭 2 号磨煤机不能运行，1 号原煤仓煤位低，就将 2、4、7 号燃烧器停运，造成炉内燃烧工况第一次大的扰动。虽然下排有两支油枪助燃，但因油枪距第一排燃烧器有 1.5m，距第二排燃烧器 2.6m，由于 2、4 号燃烧器停运，因此投运的油枪起不到稳燃的作用。在第二次减负荷时，汽压只上升了 0.46MPa，且又刚达到额定压力，这时司炉应仔细观察汽压变化的趋势，再做相应的处理。可是，司炉错误地停止了第三排 9、11 号燃烧器，造成炉内燃烧工况第二次大的扰动，使燃烧室压力降至 –380Pa。这时，如果司炉能适当调整燃烧室负压，还是可以避免灭火的。可是，司炉又错误地投入 9、11 号燃烧器，造成炉内燃烧工况的第三次大的扰动，使燃烧室压力剧增至 +1100Pa，而后迅速下降至 –1740Pa，导致灭火，灭火后灭火保护拒动，司炉本应执行紧急停炉，但司炉却命令副司炉去就地看火，造成锅炉在 13 台燃烧器灭火条件下继续运行约 1min，导致炉膛爆炸。

（四）锅炉主蒸汽严重超温

某厂 2 号炉（1150t/h，17.26MPa，控制循环汽包炉），因机炉操作不当，引起两次锅炉超温，温度高达 600℃。事故前负荷 350MW，采用锅炉跟踪调节方式，燃烧控制投自动，主蒸汽温度 530℃，B、C、D、E 等 4 台磨煤机运行，燃料量 125t/h；8 时 10 分，高压加热器因水位高保护动作掉闸，汽轮机负荷由 350MW 突增至 380MW，汽轮机值班员发现负荷增后，立即手动减负荷至 280MW，后又减至 255MW，使汽压急剧升高。8 时 12 分，锅炉值班员发现汽压突增，将燃烧控制由自动切为手动，并将煤量减至100t/h，发现主蒸汽压力不降，主蒸汽温度升至600℃，故又将煤量减至70t/h，并全开减温水门，将燃烧器仰角调至最低；8时15分，主蒸汽温度下降至480℃，锅炉值班员又增加煤量至100t/h，并关小减温水门，调整燃烧器仰角，主蒸汽温度约半分钟后又迅速上升至600℃，经再次调整汽温才稳定至530℃，负荷300MW，后又将负荷加至350MW。导致这次事故的主要原因是值班人员误操作，降负荷过快、幅度过大，对参数变化的原因不加任何分析就进行操作。

高压加热器掉闸后，导致抽汽量减少，汽轮机负荷突增，引起供除氧器的五段抽汽压力升高，致使除氧器压力升高，故除氧器安全门和汽动给水泵的前置泵安全门动作。汽轮机值班员发现后未判明事故原因，急于降低负荷，故迅速将负荷降至255MW，导致主蒸汽压力突增，主蒸汽温度升高。锅炉值班员在发现了主蒸汽压力和主蒸汽温度升高后，也未分析原因，只采取降燃料和调温手段，未及时联系汽轮机值班员升负荷降压，另外调温幅度也过大，导致主蒸汽温度大幅度波动。

高压加热器掉闸引起负荷的波动是瞬间的，不手动降负荷，负荷也会自动降回至设定值。另外，采用调温手段不宜大幅度调整，特别是机组带较高负荷时，以防汽温大幅度波动。如果在汽温大幅度波动的同时，又出现其他故障或操作错误，很可能发生超温停机事故，从而使事故扩大。

（五）锅炉汽包满水

某厂1号炉（1150t/h，17.25MPa，控制循环汽包炉）由于水位表管冻结和运行人员误判断造成锅炉汽包严重满水。事故前机组负荷350MW，两台汽动给水泵运行，电动给水泵备用，给水调节投自动，电视显示汽包的水位表实际水位模糊不清。

8时48分，CRT电视显示水位表、水位记录表均指示水位 –300mm，汽动给水泵转速升至6500r/min，给水流量增至1300t/h，运行人员发现水位仍不回升，又将电动给水泵启动，向锅炉上水；8时50分，汽温急剧下降，运行人员仍未意识到事故的真相；8时51分，发现汽轮机机头主蒸汽管法兰冒汽，判明是满水，立即打闸停机，打闸时汽温最低至430℃。

由于汽包水位表管冻结，而所有水位表及给水调节均采用共同信号，故水位表均指示为最低，给水泵转速自动加大，导致水位实际升高。运行人员发现水位低，未进行任何分析判断，就将电动给水泵启动，继续增加上水量，而原来给水流量已至1300t/h，锅炉蒸发量为1100t/h，显然给水过剩，最终满水也是必然的。

这次事故的教训是深刻的，主要有：

（1）给水调整要保持给水量与蒸发量相一致，当给水量不正常地大于蒸发量时应及时查明原因，不能盲目操作。

（2）当汽包水位下降时，应首先检查原因，再作相应处理。当增加给水量而汽包水位不升高或继续下降时，不能盲目地单凭汽包水位进行给水量的调整。

（3）水位表管应采取防冻措施，电视监视的水位表要保持清晰，并加强维护。

二、汽轮机事故案例

（一）汽轮机进冷汽、进水事故

1. 由Ⅰ级旁路减温水漏入汽缸

某电厂200MW机组在启动过程中，Ⅰ级旁路根据锅炉负荷要求开60%，未投减温水，而汽轮机司机要求保持再热汽温为120℃左右。因而投入减温水。减温水调整阀开启70%，大量减温水喷入Ⅰ级旁路，这时Ⅰ级旁路的两疏水阀中，甲阀为全开，乙阀为稍开，高压缸排汽止回阀后疏水阀稍开，止回阀前疏水未开，高压缸疏水阀稍开，漏入的减温水不能经疏水阀全部疏出，高压排汽止回阀尺寸大又关闭不严，在减温水投入1h后，减温水即漏入高压缸，因汽缸疏水口稍开，水只淹至外缸下，没有浸到内缸。

根据记录，启动前高压内缸内壁上下温差为28℃，外缸上下内壁温差为29℃，在启动17min后，高压内缸内壁上下温差为36℃，外壁上下温差为78℃，而外缸内壁上下温差达145℃，充分表明高压缸已进水。但抄表记录人员未汇报，司机也未查看记录，21min时，盲目冲转开机至1500r/min时出现振动，1800r/min时紧急停机，已造成高压缸内动静碰摩事故。

2. 锅炉满水

某发电厂因锅炉水冷壁管爆破，炉膛为正压，汽温突降，汽轮机在3min内由满负荷紧急降负荷停机，这时再热汽温已降至370℃。经32h锅炉修复后，打水压试验，司机令关闭电动闸阀及其旁路，开防腐门，水压为10.8MPa时，防腐门连续淌水，表明电动隔离阀有漏水已漏到主汽阀前，但水是否进入汽缸，司机当时并未检查。在停机42h后锅炉点火后，汽轮机抽真空，供轴封汽，这时，高压缸的上下缸温差为45℃。20min后，上下缸温差达78℃，未查明原因，只开启各处疏水准备开机。后因锅炉方面的原因，在锅炉点火后5h汽轮机方才冲转，汽轮机仍为半热态启动。冲转后低速暖机，检查认为机组各处都正常（实际上 2 号瓦的垂直振动比以往已增大 1 倍左右），升速到 1380r/min 时，机组振动强烈，便破坏真空停机，听到金属摩擦声，惰走只有 9min。这次机组碰摩事故，是汽轮机进了水，汽缸及转子产生热变形，在尚未完全恢复时，又半热态启动造成的。

3. 超速试验时蒸汽带水事故

某电厂因锅炉水冷壁泄漏停运，5 天后，汽轮机冲转，20min 后达到全速，27min 后并列，带负荷 20 ~ 30MW。因该机已运行 3000h 以上，未做超速试验，按规定启动后进行超速试验，故待高压缸缸温达 210℃后，在带负荷 26min 后，即降低负荷，汽轮机便又解列。先做超速保护的充油活动试验，因指示信号灯不亮，无法判断试验结果，后进行超速试验。先试 2 号超速保护，动作正常，保护动作、自动主汽阀等关闭。后重新挂熔断器，将转速恢复到 3000r/min，切换进行 1 号超速保护试验，用同步器升速到 3150r/min，再用超速试验滑阀升速时，高压调节汽阀突然开到最大，后转速又突降到 2900r/min，松开超速试验滑阀，调节汽阀开度反向，转速回升，如此连续进行三次，情况完全相同。当第三次转速降至 2900r/min时，机组发生强烈振动，同时发现轴封处冒白汽，主汽阀阀杆处漏水，司机请示后停机，惰走 24min，投盘车不成，改用行车钢丝绳拉转，定期盘车 180°。盘车后大轴晃度为 0.055mm，转子轴向移动 5mm 左右。

这次事故是因机组并网前，停用了旁路，在超速试验时旁路未投入运行，锅炉向空排汽门也未开启，锅炉在很低负荷下运行，在进行 2 号超速保险试验时，锅炉流量相对变化幅度很大，汽压瞬时急剧下降，锅炉产生汽水共腾，蒸汽带水。事后检查发现两自动主汽阀前的疏水管二并一的疏水管总门堵塞，电动主汽阀前的疏水点不在最低位置，在做 1 号超速保护试验时，调节汽阀开度又大幅度变化，主汽流量大幅度变化，再次发生汽水共腾，一些积水被带入汽轮机，增大了轴向推力，加上轴向位移保护失灵，最终使推力轴承损坏。

（二）径向碰摩大轴弯曲事故

1. 轴封进冷汽引起汽缸变形

（1）事故经过。某发电厂 200MW 机组，因 220kV 母线短路而停机。于次日上午 10 时 50 分开机，除氧器已加热到 130℃，用除氧器间汽平衡管蒸汽向轴封供汽，11 时 00 分真空抽至 26.9kPa。此时高压内缸下缸内壁温度为 370℃，内缸上缸内壁温度测点已坏，启动工作因交接等其他问题拖延。到 13 时 00 分，高压内缸下缸内壁温度已降到 340℃未引起重视。

至 13 时 52 分，新汽压力为 2.06MPa，主汽温为 395℃，润滑油温为 42℃，大轴晃动度指示为 0.06mm，盘车电流为 15 ~ 18A，稍有摆动。13 时 55 分将供轴封汽改用新汽，并投用汽加热系统，用电动隔离阀的旁路阀冲转开机。冲转时，高压内缸下缸内壁温度又降至 278℃。冲转后转速维持在 490 ~ 500r/min，振动不大。14 时 00 分后继续升速，当转速接近 1500r/min 时，振动变大，1、2 号轴承振动达 0.16 及 0.14mm，立即打闸停机，同时破坏真空。14 时 08 分转子静止，惰走 5min，盘车投不上，后用行车盘动转子，大轴晃动度指示达 1.03mm，便将转子停在此位置，利用汽缸上下温差直轴。待大轴晃度变小到 0.35mm 后，指示值不再变化。15 时 51 分，投电动连续盘车，但大轴晃度不再下降，表明大轴已产生永久性弯曲。

（2）事故原因分析如下：

1）事故发生的主要原因是在热态启动时，轴封供汽温度偏低，真空又拉得较高，使缸内进入大量低温蒸汽，使汽缸壁温大幅度下降，未引起重视。上汽缸温度计损坏，不了解上下缸温差扩大的变化，引起汽缸变形拱背，汽缸收缩变形。启动后动静发生碰摩，转子局部过热，使大轴产生永久性弯曲。

2）次要原因是轴封汽切换到新汽太晚，用电动隔离阀的旁路开机，阀后的管道没有得到暖管，使得进汽温度也会偏低。

3）开缸检修时又发现转子中心相对于汽缸低 0.18mm，使轴封下间隙偏小。

2. 汽轮机下缸进水失察引起碰摩

（1）事故经过。某发电厂 200MW 机组带 140 ~ 150MW 运行，26 日因锅炉泄漏，于 11 时 55 分打闸停机。29 日锅炉检修结束，6 时 40 分锅炉点火，10 时 05 分汽轮机冲转，10 时 30 分并网，带上 15MW 负荷，因锅炉问题汽温急剧上升，十几分钟内汽轮机进口处主蒸汽温度由 340℃上升到 480℃，高压缸差胀由 2mm 上升到 4.8mm，汽轮机被迫减负荷到零，但高压缸差胀仍有增大趋势，于是解列打闸停机，打闸后高压缸差胀突增到 5mm 以上（指示表已到头）。经研究决定待高压缸差胀减小到 3mm 以下、新蒸汽压力为 2.943MPa、温度为 350℃以上再开机。于当日晚 21 时差胀变小，满足上述条件，汽轮机轴封送汽暖管，锅炉点火，投高压旁路，未投减温水；22 时新汽压力、新汽及再热汽温近于满足启动要求，便准备开机；22 时 10 分供轴封汽，开始抽真空，暖法兰加热装置联箱；22 时 15 分投低压旁路及其减温水；23 时 30 分投高压旁路减温水；次日 0 时 13 分开电动隔离阀；0 时 15 分停高压旁路减温水；0 时 19 分投法兰加热装置；0 时 21 分冲转。当时主汽压及再热汽压为 2.649/2.453MPa 及 0.294/0.432MPa，新汽及再热汽温为 360/306℃ 及 245/241℃，高、中低压缸差胀分别为 2.55、0.3、0.95mm，轴向位移为 0.1mm，真空为 89.32kPa。冲转后，于 0 时 28 分转速开至 800r/min，因振动过大，打闸停机，同时破坏真空。0 时 35 分转子静止，投盘车未果。待 1 时 12 分投盘车成功，测得大轴晃度为 0.13mm，2 时 25 分大轴晃度增大至 0.36mm，判定大轴弯曲，决定进行检修。

（2）事故原因分析。第一次启动过程中，发现汽温升高，差胀增大，再减负荷必然进一步促进差胀增大，不如立即停机处理。第二次启动前，实际上高压下缸已进水，问题在于司机未看表计及记录，而记录人员只管记录，未发现问题。根据记录，在启动前 0 时 00 分，高压内缸内壁及外壁上下温差为 28℃ 及 59℃；在冲转前 0 时 20 分，高压内缸内壁上/下温度及外壁上/下温度，以及外缸内壁上/下温度和外壁上/下温度分别为 280/218℃、250/215℃、250/115℃ 及 250/122℃，外缸内外壁上下温差已达 135℃ 及 138℃，都已明确表明外缸下部有水。

当时高压旁路减温水的温度为 110℃，表明高压旁路的减温水已由高压缸排汽止回阀倒漏入高压缸。因此，此次大轴弯曲事故完全是由于运行人员素质低、失责，在高压缸上、下缸温差极大条件下盲目启动所致。

3. 大轴晃度表不准，上下缸温差过大，启动时碰摩

（1）事故经过。某发电厂装有前苏联生产的 K-200-130-3 型汽轮机。因锅炉水冷壁爆破停机，停炉检修后打水压至 10.8MPa，汽轮机防腐门发现有淌水现象。锅炉抢修后，6 时 55 分锅炉点火，汽轮机抽真空并供轴封汽，这时高压外缸上下缸温度计指示分别为 203℃ 及 153℃；7 时 15 分真空抽到 40kPa，高压缸上下缸温度分别为 230℃ 及 152℃。后因锅炉问题拖延，轴封供汽时间过长，高压转子差胀达 2.2mm，故投法兰加热装置；11 时 05 分稍开主汽阀后，机组便转动，维持转速 120r/min；11 时 25 分正式冲转，11 时 28 分升速到 500r/min。低速暖机情况正常。冲转时高压外缸上、下温度分别为 192℃ 和 151℃，中压缸上、下温度分别为 106℃ 和 72℃，大轴晃动度正常；11 时 45 分升速到 1200r/min，前轴承箱有晃动；11 时 48 分转速升到 1800r/min，机组发生强烈振动，打闸停机，并破坏真空。2 号瓦垂直振动为 0.3mm，听到高压缸前轴封有金属摩擦声；11 时 58 分静止，惰走时间为 9min，投盘车。

（2）事故原因。待转子冷却后，揭 2 号瓦检查，发现高压联轴节前

挡油环处大轴晃动度为 0.13mm（揭轴承盖测量），在确认大轴已弯后，大轴晃动表指示仍只为 0.02 ～ 0.03mm，表明大轴晃度表不准。此次大轴的弯曲是由于运行人员在汽缸上下温差大、大轴晃动表不准条件下盲目开机所致。

4. 汽缸跑偏引起轴向碰摩

（1）事故经过。某电厂一台 200MW 国产机组，在小修结束后准备启动。盘车检查大轴晃度正常，待锅炉供汽达启动参数时冲转，于 23 时 25 分转速达 500r/min，高压轴封冒火花，打闸停机，23 时 40 分投盘车，大轴晃度先偏大后变为正常。经研究认为振动并不过大，决定加大轴封进汽再启动；于次日 0 时 24 分第二次冲转，0 时 35 分转速达 1300r/min 左右，前轴封又冒火花，打闸停机，这时 2 号轴瓦振动有些增大；0 时 53 分，当惰走至 90r/min 时转动突然停止，投盘车，高压前轴封有较大的摩擦声，大轴晃度达 0.70mm，但经 20min 后又变为正常。分析认为是由于热变形引起碰摩，2 号轴承振动加大与碰摩有关，决定在摩擦消除后再行启动；于 11 时 33 分摩擦声消失，再次开机。这样又开机数次。最后经研究，启动曾发现外缸温高于内缸温，可能汽缸膨胀受阻，产生碰摩，决定冲转时汽温提高 80 ～ 100℃，冲转前 30min 送轴封汽，加强疏水，加快启动速度，并注意汽缸膨胀，当振动超标时立即打闸停机；又做第六次启动，22 时 5 分转速达 1200r/min，尚一切正常，但到 1400 ～ 1500r/min 时，1、2 号轴承振动又增大超标，再次打闸停机；22 时 30 分停转，测大轴晃度为 0.35mm，但 45min 后又正常。决定解体检查，转入事故检修。

（2）事故原因分析。开缸后测量高压汽封间隙：右侧 0.05mm 塞尺塞不进，左侧间隙很大，经测量证明汽缸向左移动了 2.5mm，使汽封等右面碰摩损坏很严重。最后查明事故根源是高压外缸前部立键与汽缸连接处两只定位销未装，这时销钉孔已错开约 4mm，使汽缸在横向上呈自由状态。随着停机后汽缸因推拉力的改变汽缸跑偏值也会有改变，可能是大轴晃度变大后又很快正常的原因之一。

（三）轮系振动损坏举例

我国××电厂引进 GEC 公司生产的三缸两排汽 362.5MW 机组。投运14000h 后，在运行中因为振动突然加大而紧急停机。开缸检查发现低压转子发电机侧第三级叶片断了两片，形线部剩余长度分别为 20mm 及75mm。另有四片叶片根部外销钉孔切向半径处断裂，有六片在同一位置有裂纹。在叶片组间的连接片大部分有裂纹或者断裂，围带也有少数断落。因有两片叶片断落，碰撞到其他叶片，使大部分叶片受到损伤，有

30%左右的叶片严重损伤。此级装在喷嘴钣上伸到叶片顶部的阻汽片被完全磨去，阻汽环有些部分被磨大3～4mm。喷嘴片也均受伤，凹坑为0～20.5mm不等。次一级的喷嘴片和动叶也有被前级断下的叶片围带打伤的，有几片叶片受伤严重，已完全不能再使用。

（四）叶片断裂事故

某热电厂CC－50－90/42/15型双抽凝汽式汽轮机，有两级调整抽汽，中压抽汽压力为4.12MPa（42at），低压抽汽为1.47MPa（15at）。末级叶片长540mm，为自由叶片。该机事故前已运行33976h，数月前曾进行小修，重点解决真空严密性问题。在小修快结束时，发现末级有一叶片断去70mm，对全级叶片进行测频，一阶切向振动频率均在制造厂规定的81～113Hz范围内，表明叶片振动特性无大的变动，但限于时间，未作进一步检查与处理。事故发生时振动突然增大，后即紧急停机。因上次小修曾发现断叶片情况，故即开缸检查，发现原断去70mm的叶片又断去一段，只剩下1/3左右，为进一步查明全级叶片情况，用溶剂清洗叶片后，用着色法进行探伤，又发现另有14片有穿透裂纹，均发生在出汽边，有9片裂纹长度在10mm以上，并有两片各有4条裂纹，有一片有3条裂纹。由于叶片断落与其他叶片碰撞，断下叶片已碰弯变形，其他叶片也有碰撞变形。

该叶片断裂损坏的原因是蒸汽品质不佳，蒸汽中含有的有害腐蚀介质在叶片上沉积，当有水时成为溶液状态，腐蚀甚强，尤其有氯离子存在，极易生成腐蚀坑，引起应力集中，产生裂纹并发展，降低材料的疲劳强度，使原安全倍率降低，引起振动疲劳损坏。引起蒸汽及给水品质不合格的原因是热用户的凝结水返回时未化验处理，直接供到除氧器。在正常条件下，返回的凝结水是合格的，但热用户有时设备故障，使凝结水被污染，因而引起给水品质降低，使汽轮机通流部分结垢和腐蚀。

（五）火灾事故

1. 某电厂125MW火灾事故

某电厂125MW机组，在运行中于某日下午3时02分，因调速系统发生剧烈摆动，值班人员检查发现油动机顶部一个螺孔向外漏油，喷出约一尺多高，设法堵塞，但未能堵住。油喷到高温蒸汽管道的保温层上，于3时15分着火，初火不大，当即扑灭。3时17分，由于油动机摆动引起油管振动，使油动机下部油管法兰垫破裂，大量向外喷油，油喷到附近保温不全的高温蒸汽管道上，引起大火。值长下令停机。在停机过程中因控制电缆已被烧毁，无法遥控停机，只得到机头打闸才使机停下来。另又误开高压油泵，大量漏油，3时33分烧到屋架，3时45分烧到控制室。当时因通往事故放油门的唯一通道被大火封堵，无法打开事故放油门放油，直至油箱中的油漏完、高压辅助油泵打不出油，喷油停止，火灾才停止，15t透平油全部烧光，前后烧了1h22min火才熄灭。由于此巨大火灾，机组损失极大，单元控制室设备全部烧毁，汽轮机设备大部分被烧坏，屋架倒塌，近一年不能发电。

该机在10天前便已发现油动机下法兰漏油，当时只紧一紧螺丝，没有查明原因，留下了隐患，加上油动机油管法兰结构有缺陷，几根油管并在一起，使端盖的垫子不易压紧。另也反映运行规程不合理，火灾事故停机时要开高压辅助油泵，原来是旁路系统用压力油动作快速减压减温阀，但该厂已改用其他动力源，而规程并未相应改变，因而处理不当，使火灾扩大。

2. 某电厂数台机漏油火灾事故

某电厂内某号机原有油管法兰垫子不紧、连接不好等缺陷。某日在运行中，油箱处有压力油喷出，约二尺多高，未及时停机处理，喷出的油着火，大火从机头烧到汽缸，从油箱上部扩大到运行层和凝汽器层。火焰喷到屋顶，屋顶面上油毛毡着火，油毛毡上面着火的沥青从屋顶滴下，又将邻机的机头、汽缸外的油漆和仪表盘的电缆等同时点燃着火，火灾扩大。

在起火后，指挥操作不当误停了给水泵，锅炉缺水，另一台机炉被迫停机。在停机过程中，启动给水泵汽轮机小油泵，又发生操作错误，调整油泵出口油压时，进汽阀调错方向，使给水泵汽轮机超速，振动加剧，使汽动油泵出口油管振落，大量油喷出起火，使火灾事故进一步扩大，燃烧到机头及发电机。此机及另一相邻机的电缆、仪表盘全部烧毁。火灾历时2.5h。此次火灾除设备缺陷没有及时消除外，更反映出运行人员水平低，不能胜任岗位工作。

3. 某电厂油动机漏油引起火灾事故

某电厂一中压机组，中压油动机因法兰毗裂漏油，着火后蔓延得很快，扩展到机头，司机猛冲到机头打闸停机，但慌忙中忘切断高压油泵的联动开关，在汽轮机的转速降低、主油泵出口压力降低时，高压辅助油泵自动启动，继续有高压油喷出，扩大火灾，直至在其他人员协助开启事故放油门，油被放尽后，火势才减小被扑灭。

4. 某电厂漏氢着火

汽轮发电机组中氢冷发电机漏氢事故时会引起爆炸和火灾。如某电厂一台100MW氢冷发电机，因发电机封氢用的密封油泵检修，密封油系统倒为备用系统运行，密封瓦回油经9.5m的U形管目主油箱。当夜因电网负荷较高，为多带功率，加强发电机冷却，将氢压由0.05MPa升高到0.075MPa，经5h运行后，发现氢压降低至0.071MPa，检查未见异常，便按常规补氢至0.08MPa。经20min氢压又下降到0.01MPa，运行人员未分析原因又补氢到0.06MPa以上，这时听到主油箱一声巨响，并见起火，运行人员即用CO_2使发电机退氢并打闸停机。在主油箱爆破时，注油器出口止回阀拉裂漏油，并使轴承和密封瓦断油，密封瓦失效，漏氢着火。在灭火后检查发现因轴承断油，轴瓦全部熔化，动静发生碰摩损坏。

事故原因为氢压超标（备用系统运行时应小于0.05MPa），U形管不能密封使氢漏到主油箱后爆炸起火。

（六）断油烧瓦事故

1. 事故一

某电厂第一台200MW机组，在试运行中自带厂用电（高压备用变压器在检修），这时因保护误动作，发电机跳闸，机组超速，超速保护动作停机。司机投直流电动油泵及破坏真空，继而启动柴油发电机投保安电源，跳闸3min后投直流油泵未成功，此时汽轮机转速下降到1960r/min，油压下降到0.075MPa，跳闸5min后，转速下降到1300r/min时，油压下降到零，惰走5min，停机后盘车不动。检查发现2、3号瓦因断油烧坏，其他瓦也有损伤。事故原因是保护误动作，使发电机跳闸，厂用电全部中断。直流备用油泵因继电器故障未投入供油，保安电源投入后启动交流油泵不成功，导致烧瓦事故。

2. 事故二

某电厂5号机为200MW机组，一次停机前，司机通知凝结水泵值班工试转交直流油泵，在试转良好后，凝结水泵值班工试转时关闭了油泵出口阀门，使备用油泵失去联动备用作用。在打闸停机后，当汽轮机转速下降到1400r/min时，油压降低，使低压备用油泵联动，但因出口阀被关闭，油压继续下降，司机再次启动高压油泵，但三次启动均未成功，这时司机再令助手到零米去开启油泵阀门，但为时已晚。机组断油烧瓦，使2号瓦烧磨去3mm，3号瓦烧磨去2.5mm，6号瓦烧磨严重，推力轴承工作瓦块乌金烧损，轴封片有不同程度磨损，机组停运23天。

3. 事故三

某电厂200MW机组，运行中因汽温突降，汽轮机打闸停机。这时因电气运行人员倒厂用电操作不当，引起厂用电中断，直流润滑油泵自启动，但启动后熔断器熔断，造成轴承断油，引起轴瓦损伤。事后分析直流熔断器熔断的原因主要是事故时直流电源投入频繁，使蓄电池容量降低，加上直流润滑油泵、密封油泵等同时启动，电压降低，使直流电动机过载，引起熔断器熔断。这种事故平时试验检查时不易被发现，应引起注意。

（七）压力容器爆破事故

1. 事故一

某发电厂除氧器为压力式除氧器，额定压力为 0.235MPa 表压。汽轮机在高峰后停机作为备用。次日早晨开机，锅炉开启主汽门，利用余汽供汽暖管，汽轮机侧汽压为 1.62MPa。由于司机没有检查除氧器系统有关阀门开闭情况，没有将除氧器热备用时由锅炉来的二次汽进汽汽阀关闭，也没有将除氧器至疏水器的直通旁路阀、连续排污扩容器底部的出水阀和疏水扩容器的大气排放阀打开。锅炉点火升压，投连续排污，当时连续排污扩容器内压力为 0.39MPa，除氧器压力为 0.177MPa。在锅炉汽压上升时，除氧器压力上升到 0.285MPa，在汽轮机冲转后，突然一声巨响，一台除氧器头爆破，大量汽水外泄，立即停机停炉。事故后检查，发现除氧器头裂开长 2900mm、宽 440mm 的张口，约占周长的 62%，水箱也多处变形。

事故原因是未关锅炉的备用汽源，也未打开排污扩容器的疏水门及疏水扩容器通大气门，使除氧器超压，安全阀一只未动作，一只动作后未复位，表明安全阀工作也不正常。

2. 事故二

某发电厂 200MW 机组，7 时 45 分交班司机通知化学值班人员，增加凝汽器的补水量。于 8 时 03 分，下夜班人员交班时，接班人员认为水箱水位偏低，只有 1.6m，而规定正常水位为 1.8~2.2m，故交班司机助手启动 1 号低位水泵，同时开大 2 号低位水泵的出口阀和向低位水箱补充除盐水的阀门，向除氧器补水。根据记录表分析，这时也开了二级抽汽，加大进汽量。8 时 05 分，交班司机助手返回控制室，到 8 时 20 分，除氧器水箱水位回升到 1.8m，压力为 0.461MPa 表压，接班人员同意接班后，交班司机助手通知 0m 值班员停 1 号低位水泵，恢复到 8 时 3 分前运行状态，但未关二级抽汽阀门，交班人员离去。随后，接班司机发现除氧器压力升高得很快，已超过 0.5886MPa 表压，跑出控制室叫回交班人员，当交班司机助手回控制室不久，8 时 23 分除氧器便发生了爆破。

事故原因分析：事故直接原因为夜班值班人员，未按规程维持正常水位，在水位过低时，未按正常方式向凝汽器补水，而是用低位水泵直接向除氧器补水。还违反规程，在机组满负荷时用二级回热抽汽（2.432MPa表压）向除氧器供汽，在减小除氧器的补水后，又未将二级抽汽关闭。根据记录曲线看出，除氧器压力很快升高到 0.981MPa 表压以上，而除氧器配用的安全阀，动作时开度过小，排放量严重不足，最终造成除氧器压力上升过高引起爆破。

（八）汽轮机超速事故

1. 事故一

某发电厂×号汽轮发电机组为200MW 中间再热凝汽式机组，于1985年10月29日在发电机电气故障甩负荷过程中，由于严重超速而造成机组严重损坏，汽轮机本体报废。

（1）事故经过。10月29日由于锅炉引风机因故需处理，负荷降到130MW。风机修复工作结束后，21时30分时发电机有功功率增至170MW。励磁电流未做调整，加负荷后不久，电网控制室"装置故障"光字牌亮，一路出线开关掉闸，并立即派人检查，当检查人员回来时，回头看到机房已起火。在21时30分左右单元控制室照明先暗后亮，又由特亮到正常，同时听到机组声音异常，电气值班员听到事故喇叭响，并看到表计大幅度摆动，发电机"失磁"光字牌亮，×机主变压器出线开关、励磁、灭磁开关均掉闸，但厂用系统开关未跳，随后手操拉掉厂用变压器出线上的开关，由备用高压变压器供厂用电的开关在厂用母线失压时自投成功。×号监盘副司机，听到事故喇叭响，机组声音异常，看到表计摆动，又看到盘面转速指示已达 3830r/min，立即远方手动事故按钮停机，关电动主汽门。此时机房尘土飞扬，烟雾弥漫。司机正在一单元控制室开会，在照明先暗后亮后赶回到车头，用时约30s，看到车头转速高达4380r/min，立即手拍危急保安器停机。司机和邻机司机同时将同步器和启动阀摇至零位时，听到一声巨响，机头起火，火势向机尾迅速蔓延。起火后，副司机立即停下高压辅助油泵，开低压油泵，并进行事故放油。不久机头下电缆便着火，向一单元控制室蔓延，经奋力扑救，电缆着火在距夹层5m处被扑灭。

锅炉值班员也在照明先暗后亮，后又从特别亮回到正常之后，看到所有表计大幅度摆动，锅炉水位迅速下降到负200mm，主蒸汽压力上升（不如以往甩负荷后升压速度快），立即切断给粉机电源，停排粉机，紧急停炉。当压力上升到14.024MPa 时，开启过热器、再热器对空排汽阀及汽包安全阀。

汽轮机在着火后，经大家全力抢救灭火，大火于22时30分被扑灭。

（2）事故分析结论：

1）叶片、围带、销钉的损坏，根据应力计算分析证明最高转速达4000r/min左右。

2）联轴节螺栓在结构上、材质上、加工及淬火工艺上有一些缺陷。螺栓的损坏是由于拉伸及弯曲所造成的，这只有在高速、强振动下才可能产生后果，损坏后也会再使振动增大。

3）产生超速的原因是高压调节汽阀漏汽，一只自动主汽阀卡涩，中压主汽阀关闭延迟，高、中压调节汽阀未能及时关闭，是造成超速也是机组严重损坏的主要原因；在转速升高后，由于油膜振荡使振动加剧，强烈振动只是高速、碰摩损坏的后果。

2. 事故二

某热电厂高压 C50 - 90/13 - 2 型供热机组，因调节汽阀摆动，负荷降到零后调节汽阀停止摆动，但负荷又自动升到 8MW，因这时同步器已无法控制负荷，便打闸解列停机，在主汽阀关闭后转速急速飞升，机头指示表指针已到满刻度，不久一声巨响，机组爆破，转子断为 6 段，低压缸碎裂，叶片、叶轮和断轴全部飞脱，四扇屋架塌落。事故是由于打闸解列前未先关闭供热管道上的电动隔离门，打闸后主汽阀虽已关闭，但联动保护装置未投入，使因供热管道上的止回阀未关闭，供热管道中的大量蒸汽倒回汽轮机，使汽轮机超速，引起全机损坏。

三、电气设备事故案例

（一）发电机定子接地

某厂 2 号发电机（500MW）运行中发电机定子接地保护动作掉闸。掉闸后对发电机定子接地保护范围内设备进行检查，发现发电机封闭母线套管 B 相温度较其他两相高，且有油迹。后打开发电机封闭母线伸缩节部位套管和封闭母线拐点处套管端盖检查，发现伸缩节部位套管密封圈掉下，拐点处套管端盖有落下的密封圈且已炭化。

分析造成这次事故的原因，是由于发电机封闭母线伸缩节部位套管密封圈只是套在套管上未加固定，再加上发电机 10 号轴瓦漏油和发电机振动，从而使密封圈掉下，导致 B 相出线通过密封圈与封闭母线外壳相连造成发电机出线单相接地。

事故后对发电机封闭母线伸缩节部位套管密封圈进行了打眼固定，避免类似事故的发生。

（二）发电机铁芯烧损

某厂 5 号发电机（200MW）大修后做完各种机械、电气试验并网后，发现发电机三相电压不平衡，发电机转子挠度满表，轴振动增大，7、8号轴瓦处冒烟并伴随有放电声，立即打闸停机。经检查发现发电机9号轴瓦处油管连接法兰螺丝烧化，7号轴瓦处大轴接地刷辫烧断，4、9、10号轴瓦不同程度放电烧坏。抽转子后检查，发现转子绕组有两处匝间短路，定子铁芯励侧端部和通风孔中发现熔渣。发电机解体后检查，发现铁芯故障点在发电机励侧右上角与垂直方向成60°角左右位置，轴向近励侧热风出口前半段中间地方的轭部，烧损的熔洞在矽钢片的出风孔处，熔洞呈上大下小的形状，洞口上部成不规则的三角形，直径100～150mm，洞深200mm处沿通风孔熔成两个断断续续连通的圆形小洞，外侧洞直径80mm，内侧洞直径60mm，洞口内被熔渣断续堵塞，洞深直到发电机定子铁芯中部的通风处被绝缘板阻隔，共2000mm。

5号发电机发生铁芯烧损的根本原因是铁芯松动或发电机制造中铁芯内异物造成的铁芯局部短路，致使运行中铁芯长时间发热逐渐发展而成的，但本次大修后启动期间铁芯发热烧损更加加剧。整个事故发展过程大致可这样描述：由于松动的局部铁芯或存在的异物在运行中振动、磨损，使绝缘破坏，造成铁芯局部短路、发热，又促进了冲片绝缘破坏。这次大修后按规程规定进行的空载试验，试验电压升到1.3倍的额定电压，使磁通密度增大，越发加剧了短路点的发展。空载试验后到故障停机前，发电机加额定电压的时间约1h 20min。这段时间是这次铁芯故障集中发展的较重要时期。此期间铁芯被烧熔后的熔液和熔渣，被冷却氢气沿风道吹出，流经或落下的部位可能造成新的铁芯短路点，使故障发展。铁芯熔渣的增加可能造成故障部位风道局部堵塞，熔液不再凝结成渣状，而成液体状沿风道间隙向两侧延伸，直至励侧压环和中央热风道出口被绝缘板和风道挡住才限制了故障进一步扩展。由于发电机铁芯温度测点刚好布置在圆周向故障点的对侧，故障点铁芯温度升高，温度测点无法反应。铁芯故障部位在电气空间处于C相上下层绕组之内，使C相因此而去磁，造成三相电压不平衡。C相位置铁芯损坏，使气隙磁通不平衡，产生了轴电压，并随铁芯损坏加大而急剧升高，从而使励侧以后轴瓦绝缘损坏形成轴电流，同时产生较大振动，使轴瓦损坏。

（三）发电机转子接地

某厂7号发电机（200MW）运行中发转子接地信号，电气监盘人员将信号复归，2min后"转子接地"信号又发，发电机7、8号轴瓦振动大，就地检查发电机有异音，立即进行打闸停机。停机后抽出发电机转子，发现转子有几处过热痕迹，转子内部及定子引线处有焦痕，励侧第二层端盖加强筋处有 10 处断裂，第三层端盖与风挡接触面约 $300cm^2$ 熔在一起，端盖及轴瓦磁化严重。该发电机经抢修及更换备用转子后并网。

分析造成这次事故的原因，主要是转子制造质量差，再加上发电机进油导致发生转子接地故障，又由于发电机转子设计上没有两点接地保护导致事故扩大。事故后厂家对故障转子进行了修复，并对同类型机组的转子进行了改造。同时在发电机转子加装绝缘测量装置，并研究增装发电机转子两点接地保护。

（四）主变压器 C 相高压套管损坏

某厂 1 号主变压器为奥地利艾林公司生产的 TEQ‐205A44DgR‐99 型强迫油循环风冷变压器，由三台单相变压器组合而成，容量为 $3 \times 210000kVA$。

当某厂 1 号机组初次并网发电，负荷升至 384MW 时，1 号主变压器 C 相轻瓦斯保护动作发信号，后又连续多次发生轻瓦斯保护动作信号。将负荷降至 250MW 以下，轻瓦斯保护信号基本不发。从轻瓦斯气体继电器取气点火，有爆炸声，火焰呈蓝紫色。取油样化验，乙炔含量严重超标。用 IEC 三比值法判断轻瓦斯保护动作反应的为高能量放电性故障。后电力科学研究院对该变压器进行局部放电试验，当 C 相电压升至 $1.42U_N/3$ 时，变压器高压套管顶部放炮，经检查发现将军帽密封环已崩开。打开套管升高座人孔门检查发现套管底部有黑色杂质。将高压套管吊下检查，发现套管底部端头严重烧伤。

根据现象及安装情况，认为套管底部固定屏蔽罩紧固螺栓外露尺寸过大，造成两个端面之间形成间隙，两个端面之间只靠很小一部分面积与螺栓接触，是造成事故的主要原因。首先，由于螺栓本身电阻较大，接触面积小，通流能力受到限制，又由于接触面的接触压力不能保证，接触面又未经过精加工，更增大了接触电阻。当带负荷后，尤其是大负荷时，接触面和螺丝严重发热，过热又导致了接触面迅速氧化和烧损，使接触电阻进一步增大，过热情况更加严重，形成了恶性循环。其次，由于仅靠一小部分面积及螺栓接触，当负荷电流很大时，接触电阻也大，在两个端面之间的间隙上的电压降也随之增大；又由于电流的收缩，使得间隙中的电场发生了严重的畸变，局部场强增大，间隙产生了放电现象，导致了变压器油的裂解，产生了可燃性气体，导致瓦斯保护动作，并严重烧伤了主接触面和连接螺栓。负荷电流较小时，放电不易发生，瓦斯保护不会动作。底部接头发生放电现象，产生了可燃气体，一部分进入了主变压器的气体继电器，大部分进入了套管的中心管，做局部放电试验时，拉杆对中心管放电，点燃了套管中可燃性气体，发生了爆炸，使套管内压力剧增，将军帽密封环崩开。

事故后更换了主变压器 C 相高压套管和损坏部件，更换后测定固定屏蔽罩螺栓长度满足要求，重新滤油，注油后投入运行。

（五）发电机定子线棒漏氢

某进口 900MW 发电机正常漏氢量为每天 18m^3，为机内氢容量的 1.5%，运行 5 个月后漏氢量达到正常时的 10 倍左右。事故时发现定子冷却水系统水位降低，补水报警，在水系统中发现大量氢气，所以初步认定机内氢气进入水系统，机内定子线棒冷却水系统有泄漏现象，经过联系机组以 5MW/min 速率降功率停机。从发现问题至停机历时 8h 多，一般情况下，如发现定子冷却水系统泄漏，由于氢压高于水压，水不易进入机内，如氢压尚能维持，可选择合适的时机停机查找和处理，不必立即解列，以致造成过大影响。

一般机内定子冷却水系统泄漏有下列几种可能情况：

（1）定子绝缘引水管有裂缝或水接头有泄漏。

（2）定子水接头焊缝泄漏或汇流管焊缝、法兰连接处泄漏。

（3）定子线棒空心导线被小铁块等异物钻孔而引起泄漏。

（4）定子线棒空心导线材质有问题产生裂纹而泄漏。

这次事故查找也基本上是按以上顺序进行的。发电机排氢后，打开入孔，并进行 0.2MPa 气压试验，底部发现有水，但未能定位泄漏点。后打水压检查时，发现汽端线圈端部轴向压板间隙有水滴出，怀疑定子水接头焊缝有泄漏，后经氢气检查也未确定泄漏点。最后抽出转子，拆除事故区的周向及轴向压板，发现 17 槽线棒有一小孔。进一步检查，见蚀孔产生在 17 号上层线棒角上，蚀孔顶部直径为 5~6mm。后将导线绝缘除去，使空心导线暴露出来，见有一小铁块钻穿了空心导线并镶嵌在其上角，小铁块一端已进入空心导线通水部分，另一端尚露在其外面。氢气是通过小铁块与导线壁间的间隙漏入水系统中。

后经过专家对小铁块的材料、大小及蚀孔大小和形状的分析，认为小铁块是在制造过程中进入事故点的。

小铁块如何钻孔？分析认为：由于线圈通过很强的 50Hz 交流电，在线圈周围产生很强的电磁场。该小铁块在磁场作用下做 100Hz 的交变运动，其力的方向趋向导线中心；且该小铁块本身感应有涡流；高频运动与涡流也使该小铁块发热。运动和发热的小铁块逐渐将绝缘磨损，很像一般生物虫蛀一样。因此，称这种能钻孔的小铁块等异物为电磁虫。当小铁块与绝缘相摩擦时，由于绝缘材料是由云母、玻璃布、环氧树脂组成，具有一定硬度，使小铁块磨损变小，因此小铁块从外向内运动时，蚀孔是外大内小。此次事故引起停机近1个月。作为制造厂要吸取这一教训，进一步加强下线场地的环境清洁度，保证无异物存放在机内。作为发电厂也要防止检修时将异物遗漏在机内。一般来说，根据过去其他电机小铁块等异物产生事故的经验，运行一年后，如不再出现电磁虫蛀现象，就可以比较放心。

还有一些机组漏氢是由于绕组线棒冷却水路堵塞，引起线棒过热变形开裂造成，因此运行人员要充分利用测温元件监视各线棒水路有无堵塞现象。

（六）启动变压器故障引起厂用电中断

某厂启动变压器为一台额定容量70000kVA、奥地利艾林公司生产的TDQ－754L22FgR－99型油浸风冷有载调压变压器。该变压器内部故障引起厂用电全部中断。

某厂共装有两台500MW机组，其启动电源由一台启动变压器供给。当时2号机组小修，1号机组启动，1号机组6kV厂用11段和12段母线负荷分别经6kV公用Ⅰ段和Ⅱ段母线由启动变压器供电。1号机组在启动13号射水泵时，电缆中间过渡箱短路放炮，同时启动变压器的保护发"碰壳保护""分支过流保护"信号并动作于跳闸，造成全厂厂用电中断。事故后柴油发电机启动，保证了机组的安全停运。事故后检查发现变压器低压绕组绝缘很低。放油打开人孔进入检查，发现变压器内部有几块绝缘垫脱落。打开变压器铁芯与外壳的连接线，测绕组对铁芯绝缘，绝缘很低，判断为绕组与铁芯间绝缘损坏。究其原因是：该厂双机刚投产，由于制造、安装遗留缺陷，造成多次6kV厂用电系统短路事故。如曾发生三次电动给水泵电动机（额定容量9500kW）端部绑线松动引起的短路事故和多次高压电动机接线盒短路事故。这些事故对启动变压器造成多次冲击，再加上变压器制造质量存在问题，导致了变压器内部故障的发生。事故发生后，因启动变压器短期内不能修复，后改从升压站母线经2号主变压器、2号高压厂用变压器给厂用电系统反送电（将2号发电机出线封闭母线在软连接处解开，以使2号发电机与2号主变压器和2号高压厂用变压器隔离），才扭转了全厂厂用电中断的局面。同时，该厂根据实际情况制定了防止6kV厂用电系统短路的技术措施，收到了较好的效果。

（七）冷却水滤网损坏造成发电机定子三相短路

某厂1990年7月15日10时30分，3号发电机在运行中突然爆炸，

第十八章 机组的事故处理

发电机 - 变压器大差动、发电机差动及匝间保护动作，主变压器 220kV 断路器及磁场开关跳闸，机组横向保护动作，3 号机停运。3 号发电机汽侧大端盖，所有窥视孔有机玻璃破碎，小室铁门弹出 1.5m，小室墙变形，经检查，发电机汽端第 5 槽上层渐伸线被熔化约 0.5m，第 13、第 19、第 20 槽出水头子熔断，塑料主水管断裂，整个汽侧花篮口被熏黑，大端盖内侧有深 2~3mm、120mm×180mm 电弧熔坑。经过电机厂检修，于 8 月 4 日 24 时 00 分并网复役。

对定子和整个定子冷却水系统进行全面检查时，发现 3 号发电机定子进水滤网冲破（滤网属电机厂第 1 代滤网），破碎滤网残物进入定子绕组，造成定子绕组水回路局部阻塞汽化，部分线棒严重过热，引起线棒绝缘损坏对地放电，瞬时引起三相短路爆炸事故，当时对定子水回路进行反冲洗，冲出剩下的其余滤网残留物。

电机厂提供了新型滤网，更换了不合格滤网，通过实际运行验证，新滤网寿命可满足运行要求。

（八）发电机断水保护动作跳机

1995 年 4 月 29 日 8 时 40 分，某电厂 9 号发电机水冷泵乙检修，调换转子水冷泵甲运行，8 时 58 分转子水冷泵甲突然跳闸，强送不成，造成发电机转子断水保护动作。经查，转子水冷泵甲机械部分正常，是热保护误动作造成的，于 13 时 50 分重新并网。转子水冷系统有 2 只水冷泵，1 只运行，1 只备用，而转子断水保护由 2 只电触点压力表动合触点并联至中间出口继电器，从设计原理上看就失去备用，再发生运行泵因机械、电气故障或热工的任何原因跳泵就会造成转子断水停机事故。因此，必须对单泵的运行可靠性先做事先检查，保证泵、电动机操作回路、电动机开关、热工保护可靠，方可在单泵运行时，对另一台泵进行维修。

（九）发电机滑环故障

某厂 300MW 机组运行中，有功 300MW，无功 160Mvar，定子电流为 1090A，转子电压为 440V，转子电流为 1700A。14 时 32 分，发现发电机滑环有电刷打火，就近检查几块电刷继续打火，打开滑环罩，电刷已多处冒火，形成环火，无法处理，随即减负荷停机。在切换厂用电时某断路器拒动，此时发电机有功功率为 200MW、无功功率为 80 Mvar，无功功率开始上下摆动。14 时 37 分，无功功率到零，且"失磁单元动作""低励限制"信号发出，拉开发电机断路器，解列停机。停后检查，里滑环刷架上大部分挂有玻璃丝带，40 只电刷刷握烧坏，连接件烧熔，整个刷架绝缘件烧坏，里滑环内侧大轴上 5 层玻璃丝带脱光，里滑环内侧烧断，并延伸到轴里 30mm 轴孔被烧一个洞，里滑环组合引线绝缘烧光。

滑环与电刷是传递励磁电流的中间环节，它们不同于静止的部件，因此是机组的薄弱环节，滑环与电刷是通过滑动接触面来传递功率的，电刷的接触特性主要表现为瞬变的接触压降和摩擦系数，而接触压降和摩擦系数又和滑环表面的线速度、接触电阻、电刷的电流密度以及加于电刷上的压力等因素有关，并主要反应在接触面的稳定和各电刷的均流问题上。据有关资料介绍，电刷和滑环在滑动接触时，电刷下面的气流有抬起电刷的趋势，当圆周速度为 70m/s 时，电刷的工作压力为 0.157MPa，电刷表面积为 22mm×30mm 时，电刷下面的最大空气压力约为 0.40MPa。由于各块电刷在滑环上滑动条件各不相同，这样电刷抬起的程度不一致，从而造成各块电刷接触电阻的差异，引起并联电刷之间的电流分布不均匀，破坏了滑动接触的稳定性。虽然 300MW 发电机滑环带有螺纹沟，对上述情况有所改善，但不能完全消除。励磁电流是经过滑环与电刷的接触面进入转子绕组的，在这个面上很容易形成一层氧化膜，这层氧化膜如果不均匀，则接触电阻增大，接触压降也增大，如果超过电刷接触压降的极限值，滑动接触点的电损耗将过大，并引起过热，电刷数量越多，摩擦系数越大，则摩擦损耗也越大，引起的发热也越严重。电刷有一特性，即所谓的"负温度特性"。随着电刷温度的增高，它的接触电阻反而降低，在 80～100℃时最低，当温度超过 100℃时，接触电阻又急剧增加。这对接触面的稳定和各电刷间的均流极为不利。当某一块电刷进入不正常状态，并开始发热，由于负温度效应，电刷的接触电阻反而减少，这样流过此电刷的电流将增加，则该块电刷越加发热，直到接触电阻降至最低点，流过的电流最大为止，如此恶性循环，使电刷劣化加速。这种"崩溃"式的变化，使原流经此电刷上的电流进行"雪崩"式重新分配，可能会使电刷上的电流负荷差达 10 倍以上。当然接触电阻小的电刷将得到大部分的电流，很可能使它们也发生"雪崩"。这种连锁反应的后果是非常严重的。该案例中，从 14 时 32 分到 14 时 37 分，几分钟内发展如此迅速，正是这种"雪崩"式的连锁反应。从几块电刷打火开始到整个刷架起火，从滑环过热到绝缘损坏，一点接地，两点接地，通过大轴短路放电，烧坏引线，以及在轴孔内被烧成一个洞，完全有可能在短时间内完成，这是电刷的特性所决定的。

1. 引发事故的原因

（1）第一种可能是滑环电刷表面污垢，使接触面变坏，引起打火，过热，使玻璃丝带脱落，因玻璃丝带没有每层涂环氧树脂，没有成为一体，在离心力的作用下飞出缠到刷架上，引发事故。

（2）第二种可能是由于绝缘工艺处理本身不良，玻璃丝带在高速运行中由于离心力作用而自行脱落，随离心力飞出缠到刷架上，破坏了电刷的正常运行，使电刷打火，进而发展成环火。

（3）第三种可能是由于机组轴系振动引起电刷打火。发电机、励磁机轴承采用三支承结构，轴系振动会带动滑环一起振动，从而影响到电刷与滑环的接触。

另外，振动还会造成冲击摩擦。这是因为 300MW 机组滑环表面线速度极高，电刷处于上限状态运行。滑环稍有振动极易造成电刷跳跃，这种冲击摩擦进一步破坏了接触特性，增大了瞬间接触摩擦力，一方面对滑环表面材料具有破坏性，另一方面剧烈摩擦将会引起电刷振动加剧，甚至有可能引起共振。这样便会导致刷辫散裂、断股、电刷碎裂造成事故。电刷边缘碎裂时，因为滑环表面有螺纹沟，一般不出现的"气垫"现象，在振动中也会出现。这是因为这些边缘的破碎处为高速气流提供了入口，使电刷与滑环间形成了空气薄层，导致接触压降急剧增加，摩擦系数急剧降低，使电刷运行很不稳定，并使电刷温升变高，造成电流分布不均，如果再有其他电刷不正常的话，极有可能形成恶性循环。另外，由于"气垫"气的作用，将在电刷上产生一个不平衡的偏转力矩，使电刷倾斜，幅角增大，加剧了电刷的振动，使运行恶化。

2. 采取的措施

针对上面的分析建议采取如下措施：

（1）如果发现振动现象，可从以下几方面处理：①调整转子中心，检查滑环表面的椭圆度；②检查转子本体有否机械损伤（特别是横向裂纹）；③检查转子绕组匝间绝缘状况及转子的冷却系统，避免造成转子热不平衡现象；④调整密封油温的温差，使轴瓦上的振动最小；⑤检查刷架结构、滑环与刷握间隙、电刷恒压弹簧等符合要求。

（2）建议定型于耐磨性好、材质均匀、金相组织稳定的材料。

（3）制造厂应严格工艺要求，加强质量监督，把好质量关。

（4）正确维护。定期进行滑环和电刷的清洁工作，测量电刷的均流度，及时更换损坏的电刷。

（5）有条件可采用无刷励磁系统，消除滑动接触。

（十）断路器绝缘杆湿污闪引发停机故障

1990 年 2 月 16 日 1 时 13 分，某电厂厂用高压变压器 3B 在运行中突然爆炸起火，3 号机发电机 – 变压器组大差动、高压厂用变压器 3B 重瓦斯等动作，机组解列，同时 6kV 3B 段备用进线断路器过流和后加速动作，查出故障点为 6kV 3B 备用断路器下桩头三相因湿污闪对环氧拉杆沿面放电，引起厂用高压变压器 3B 爆炸，运行人员迅速排除故障，在事故发生31h 后使 3 号机组恢复运行。

1. 事故原因

（1）厂用高压变压器 3B 爆炸原因为动稳定设计标准偏低，制造厂按一般配电变压器设计，短路阻抗也偏小（5.8%），不能承受实际短路电流冲击而引起爆炸。

（2）6kV 3B 段用断路器下桩头三相短路原因：该小车开关柜所用的小车环氧拉杆经分析，表面漆膜易脱落，内部材料易吸潮，工艺粗糙，表面易积尘，受潮后发生沿面放电，引起短路故障。

2. 改进措施

环氧拉杆母线支持瓷瓶等绝缘涂复高效硅脂，改进绝缘件材料，电厂准备在大修中逐步更换。改进开关室通风，防止外界潮湿空气侵入，采用隔离措施和微正压防潮方案。

（十一）老鼠窜入引起断路器三相短路跳闸

1990 年 1 月 9 日 22 时 22 分，某厂厂用高压变压器 2B 处一声巨响，爆炸起火，2 号主变压器差动跳闸，厂用高压变压器 2B 差动和重瓦斯保护跳闸，机组紧急停机，6kV 厂用 2A、2B 失电，6kV 厂用 2B 段备用电源断路器自投后，后加速保护跳闸。同时 11 号高压备用变压器差动保护误动作，使 6kV 公用 1A、1B 失电。2 号机应急保安电源柴油发电机自启动成功，保证了 2 号机保安电源的供电，22 时 35 分，排除了 6kV 厂用 2B 段的故障点，用 12 号高压备用变压器充电，迅速恢复了 2 号机厂用电。经现场检查，在轴冷泵 2B 断路器母线侧发现一只老鼠，引起母线短路，触发厂用高压变压器 2B 爆炸。经过抢修，在紧急停机 32h 后并网复役。

高压厂用变压器 2B 爆炸原因：动稳定设计标准偏低（按一般配电变压器设计），短路阻抗也偏小，不能承受实际短路电流，解体检查，经制造厂确认，变压器因动稳性偏低，由短路时电动力引起相间短路爆炸。对策：结合大修逐台更换全部不合格厂用高压变压器。加强防小动物封堵的质量验收和灭鼠措施。

（十二）电压互感器匝间短路使发电机定子接地保护动作

某厂 1993 年 12 月 14 日，1 号发电机出力 210MW。5 时 10 分，1 号发电机定子接地保护动作，跳闸，机组全停。经分别对发电机、变压器、封闭母级及附件和保护本身进行检查，发现发电机电压互感器 A 相匝间短路，引起发电机定子接地保护动作。发电机定子接地保护的信号零序电压 $3U_0$ 是取自电压互感器的开口三角，正常时由于三相平衡，开口三角电压为零。当定子发生单相接地时，由于发电机是中性点非直接接地系统，故接地相对地电压为零，另两相对地电压从相电压升高到线电压，于是电压互感器的开口三角有电压输出。现在虽然没有发生单相接地，但因电压互感器一次侧 A 相发生匝间短路，即 A 相绕组匝数减少，则在次级感应出的 A 相电压数值就不等于另两相，形成次级三相电压不平衡，开口三角就有电压输出。A 相被短路的匝数越多，开口三角输出电压也越大。如果输出电压大于定子接地保护整定值，则定子接地保护动作。为了防止因电压互感器故障而使发电机定子接地保护动作，可用加装闭锁装置来实现，用两个电压互感器的开口三角构成"与"门电路作为闭锁。由于两只电压互感器同时发生同样的故障概率是很少的，因此当一只电压互感器发生故障时，只有一个开口三角有电压，则可发信号。当发生单相接地故障时，两只电压互感器的开口三角均有电压输出，则可延时后跳闸。

（十三）发电机中性点接地装置断线导致保护动作跳机

1991 年 12 月 1 日，某厂 3 号机满负荷运行。11 时 59 分，发电机定子接地保护动作，机组跳闸。经检查发现发电机中性点接地装置一根二次线接头（硬线）弯头处断裂，使定子接地保护失去了三次谐波制动量而动作。基波零序电压只能保护发电机定子绕组从端口起 80% 左右的区域，为了覆盖定子绕组中性点附近 20% 左右的死区，利用三次谐波电压比较法，因为在正常时，机端的三次谐波电压始终小于中性点处的三次谐波电压。但当在中性点附近发生单相接地时（理论上是在从中性点算起的 50% 定子绕组范围内发生单相接地），首端三次谐波电压将大于中性点的三次谐波电压。利用这个原理，取首端三次谐波作为动作量，以中性点三次谐波电压作为制动量。如果单相接地发生在近中性点区域，则制动量将小于动作量而动作。作为制动量的中性点三次谐波电压，取自发电机中性点接地变压器的二次侧，现在这里发生断线，使中性点三次谐波消失，即制动量消失，于是保护动作导致跳闸停机。事故后，将导线经金相分析，发现在安装时导线已被夹伤。又因中性点装置是在主厂房 6m 层处，由于工作环境振动大，从而发生断裂。因此，保护装置本身应有自测闭锁机构，可自动区分是二次回路故障，还是一次回路故障，防止保护装置误动。

提示：本章共四节，全部适用于高级工、技师。

第二篇 集控值班